全国高职高专教育土建类专业教学指导委员会规划推荐教材

典型工程施工图图集

（含房屋工程的建筑、结构、暖通、给水排水、电气专业和路桥工程全套图纸）

魏珊珊　王林生　刘　玲　夏清东　主编

汤万龙　主审

中国建筑工业出版社

图书在版编目（CIP）数据

典型工程施工图图集（含房屋工程的建筑、结构、暖通、
给水排水、电气专业和路桥工程全套图纸）/魏珊珊等主编.
北京：中国建筑工业出版社，2008
全国高职高专教育土建类专业教学指导委员会规划推荐教材
ISBN 978-7-112-10139-9

Ⅰ.典… Ⅱ.魏… Ⅲ.建筑工程—工程施工—图集—高
等学校；技术学校—教材 Ⅳ.TU74-64

中国版本图书馆CIP数据核字（2008）第125582号

本图集按从小型到大型、从简单到复杂顺序编制了七套具有代表性且内容完整的建筑工程施工图：包
括配电站（钢筋混凝土结构）、民用住宅（砌体结构）、单层工业厂房（排架结构）、综合楼（框架结构）、
体育馆（大型公共建筑）、道路工程、桥梁工程等，每套图纸函盖了完整的建筑、结构、给水排水、采暖、
通风与空调、电气等专业施工图纸。

本图集可供高职高专院校的工程造价、建筑工程管理、建筑工程技术、工程监理、建筑设计技术、给
水排水工程技术、建筑装饰工程技术、房地产经营与估价等专业作为工程识图、预算练习、施工图预算专
业实训、施工图预算毕业实训时使用，也可作为大专院校本科相关专业、工程类中职学校和建筑企业人员
岗位培训进行工程识图与施工图预算时的配套图纸。

本图集第1章施工图识读基础知识是制图标准的提炼；第2章配电站工程、第3章砖混住宅工程的施
工图纸可供低年级学生在建筑识图、房屋建筑与构造、工程概预算等课程教学中选用；第4章单层工业厂
房工程、第5章试验楼工程施工图纸可供施工图预算专业实训使用；第6章体育馆工程施工图纸可供高年
级学生为施工图预算进行毕业实训时选用；第7章道路工程、第8章桥梁工程施工图纸可供相关专业作为
路桥施工图预算或毕业设计时选用。

＊ ＊ ＊

责任编辑：张　晶
责任设计：董建平
责任校对：王　爽　孟　楠

全国高职高专教育土建类专业教学指导委员会规划推荐教材

典型工程施工图图集
（含房屋工程的建筑、结构、暖通、给水排水、电气专业和路桥工程全套图纸）
魏珊珊　王林生　刘　玲　夏清东　主编
汤万龙　主审
＊
中国建筑工业出版社出版、发行（北京西郊百万庄）
各地新华书店、建筑书店经销
北京千辰公司制版
北京同文印刷有限责任公司印刷
＊
开本：880×1230毫米　横1/8　印张：53½　字数：1690千字
2009年1月第一版　　2010年11月第三次印刷
定价：**98.00**元
ISBN 978-7-112-10139-9
（16942）

序　言

　　全国高职高专教育土建类专业教学指导委员会工程管理类专业指导分委员会（原名高等学校土建学科教学指导委员会高等职业教育专业委员会管理类专业指导小组）是建设部受教育部委托，由建设部聘任和管理的专家机构。其主要工作任务是，研究如何适应建设事业发展的需要设置高等职业教育专业，明确建设类高等职业教育人才的培养标准和规格，构建理论与实践紧密结合的教学内容体系，构筑"校企合作、产学结合"的人才培养模式，为我国建设事业的健康发展提供智力支持。

　　在建设部人事教育司和全国高职高专教育土建类专业教学指导委员会的领导下，2002年以来，全国高职高专教育土建类专业教学指导委员会工程管理类专业指导分委员会的工作取得了多项成果，编制了工程管理类高职高专教育指导性专业目录；在重点专业的专业定位、人才培养方案、教学内容体系、主干课程内容等方面取得了共识；制定了"工程造价"、"建筑工程管理"、"建筑经济管理"、"物业管理"等专业的教育标准、人才培养方案、主干课程教学大纲；制定了教材编审原则；启动了建设类高等职业教育建筑管理类专业人才培养模式的研究工作。

　　全国高职高专教育土建类专业教学指导委员会工程管理类专业指导分委员会指导的专业有工程造价、建筑工程管理、建筑经济管理、房地产经营与估价、物业管理及物业设施管理等6个专业。为了满足上述专业的教学需要，我们在调查研究的基础上制定了这些专业的教育标准和培养方案，根据培养方案认真组织了教学与实践经验较丰富的教授和专家编制了主干课程的教学大纲，然后根据教学大纲编审了本套教材。

　　本套教材是在高等职业教育有关改革精神指导下，以社会需求为导向，以培养实用为主、技能为本的应用型人才为出发点，根据目前各专业毕业生的岗位走向、生源状况等实际情况，由理论知识扎实、实践能力强的双师型教师和专家编写的。因此，本套教材体现了高等职业教育适应性、实用性强的特点，具有内容新、通俗易懂、紧密结合工程实践和工程管理实际、符合高职学生学习规律的特色。我们希望通过这套教材的使用，进一步提高教学质量，更好地为社会培养具有解决工作中实际问题的有用人才打下基础。也为今后推出更多更好的具有高职教育特色的教材探索一条新的路子，使我国的高职教育办的更加规范和有效。

全国高职高专教育土建类专业教学指导委员会
工程管理类专业指导分委员会

前　言

本图集是针对高职高专工程造价、建筑工程管理、建筑工程技术、工程监理、建筑设计技术、给排水工程技术、建筑装饰工程技术、房地产经营与估价等专业进行工程识图、预算练习、施工图预算专业实训、施工图预算毕业实训而选编的配套施工图。为保证工程识图及施工图预算的系统性和完整性，本图集由简入繁、由易到难，突出工程类高职高专多个专业的实践性教学环节的共性。着重培养学生的识图能力、审图能力和施工图预算能力。施工图纸的设计与图集的编排，是本施工图集设计人员与图集编写成员心血的结晶。

本图集在结构编排与图纸取舍方面主要有以下四个特点：

1. 工程实例的代表性

本图集选择了普通钢筋混凝土结构、砌体结构、排架结构、框架结构、大型复杂结构和路桥工程等六种具有代表性的典型工程实例，图集中的施工图体现了新规范、新工艺、新技术，兼顾了我国南、北方建筑的风格。

2. 图纸内容的完整性

本图集提供的五套房屋施工图纸，均包括实际施工所需的全部建筑施工图、结构施工图、给水排水施工图、采暖施工图、通风与空调施工图、电气施工图。提供的路桥施工图纸包括道路与桥梁的全部施工图。提供的图纸完整地反映了所选典型工程的全部内容，体现了本图集内容全面的特点。在组织教学时任课教师有充分的选择空间，有效解决了以往施工图集中图纸不全的问题。

3. 专业需求的特殊性

考虑部分院校个别专业和岗位培训的特殊需求，本图集专门提供了一套完整的道路工程施工图和桥梁工程施工图，以满足相应专业教学和岗位培训进行路桥识图与预算的需要。

4. 识图教学的规律性

本图集施工图纸按照由简到繁的顺序编排，教学内容由易到难，符合工程识图和专业教学的规律性，可满足工程类多个专业的教学需要。

承担本图集编写工作的单位是：深圳职业技术学院、黑龙江建筑职业技术学院、新疆建设职业技术学院。

具体编写成员分工为：

第1章：深圳职业技术学院夏清东；

第2章：深圳职业技术学院魏珊珊；

第3章：深圳职业技术学院魏珊珊，黄河勘测规划设计有限公司魏晓晖、支建凯；

第4章：黑龙江建筑职业技术学院王林生、关秀霞；

第5章：新疆建设职业技术学院刘玲主编，其中建筑施工图由王新玲编写；结构施工图由陈淑绢编写；设备施工图由侯晓云、米彦蓉编写；电气施工图由刘玲编写。增补大样图由范斌、于沙、周萍、张军提供。该章在编写中得到了新疆自治区建筑设计研究院刘鸣、张锐、周密、汪利洪、戴卫平、李玉成的支持和指导。

第6章：深圳职业技术学院魏珊珊、侯友然、何冰、邓湘平；

第7章：黑龙江建筑职业技术学院王林生、边喜龙；

第8章：黑龙江建筑职业技术学院王林生、李宝昌。

本图集由深圳职业技术学院夏清东统稿，深圳职业技术学院魏珊珊对图集的第二章至第八章的七套图纸进行了全面的编纂、排版，新疆建设职业技术学院汤万龙教授对图集的结构提出了许多指导意见并担任主审。在本图集编写过程中，得到了众多设计院、所的大力支持，在此向图纸的设计者表示衷心的感谢。因各种原因，本图集中的施工图难免会有错误，敬请使用者指出并能反馈，以使图集能进一步完善，为此，编写组将深表谢意。

目　录

1　施工图识读基础知识 ………………………………………………… 1
　1.1　施工图制图规定简介 …………………………………………… 1
　1.2　施工图纸的组成 ………………………………………………… 3
　1.3　施工图识读概述 ………………………………………………… 3
　1.4　施工图常用图例 ………………………………………………… 5
2　配电站工程 ………………………………………………………… 11
　2.1　图纸目录 ………………………………………………………… 11
　2.2　建筑施工图 ……………………………………………………… 12
　2.3　结构施工图 ……………………………………………………… 23
　2.4　电气施工图 ……………………………………………………… 35
　2.5　给水排水施工图 ………………………………………………… 50
3　砖混住宅工程 ……………………………………………………… 55
　3.1　图纸目录 ………………………………………………………… 55
　3.2　建筑施工图 ……………………………………………………… 56
　3.3　结构施工图 ……………………………………………………… 70
　3.4　电气施工图 ……………………………………………………… 81
　3.5　给水排水施工图 ………………………………………………… 93
4　单层工业厂房工程 ………………………………………………… 101
　4.1　图纸目录 ………………………………………………………… 101
　4.2　建筑施工图 ……………………………………………………… 102
　4.3　结构施工图 ……………………………………………………… 108
　4.4　电气施工图 ……………………………………………………… 116
　4.5　给水排水施工图 ………………………………………………… 127
5　试验楼工程 ………………………………………………………… 133
　5.1　图纸目录 ………………………………………………………… 133
　5.2　建筑施工图 ……………………………………………………… 135
　5.3　结构施工图 ……………………………………………………… 155
　5.4　水暖消防施工图 ………………………………………………… 183
　5.5　电气施工图 ……………………………………………………… 204
6　体育馆工程 ………………………………………………………… 222
　6.1　图纸目录 ………………………………………………………… 222
　6.2　建筑施工图 ……………………………………………………… 225
　6.3　结构施工图 ……………………………………………………… 271
　6.4　电气施工图 ……………………………………………………… 293
　6.5　空调施工图 ……………………………………………………… 333
　6.6　给水排水施工图 ………………………………………………… 344
7　道路工程 …………………………………………………………… 358
　7.1　图纸目录 ………………………………………………………… 358
　7.2　道路施工图 ……………………………………………………… 359
8　桥梁工程 …………………………………………………………… 398
　8.1　图纸目录 ………………………………………………………… 398
　8.2　桥梁施工图 ……………………………………………………… 399

1 施工图识读基础知识

1.1 施工图制图规定简介

图线宽度规定：粗实线、粗虚线、粗点划线——b；中实线、中虚线、中点划线——$0.5b$；细实线、细虚线、细点划线——$0.25b$；折断线、波浪线——$0.25b$。b 可为 0.18mm、0.25mm、0.35mm、0.5mm、0.7mm、1.0mm、1.4mm、2.0mm。

1.1.1 符号

（1）剖面剖切符号

① 剖面图的剖切符号由剖切位置线及剖视方向线组成，用粗实线绘制。② 剖切符号的编号采用阿拉伯数字，按由左至右、由下至上连续编排，并注写在剖视方向线的端部。③ 转折的剖切位置线，在转角的外侧加注与该符号相同的编号。见图 1.1。

（2）断（截）面剖切符号

① 断（截）面的剖切符号用剖切位置线表示，粗实线绘制。② 断（截）面剖切符号的编号用阿拉伯数字表示，按顺序由左至右、由下至上写在剖切位置线旁，编号所在侧为剖视方向。③ 剖面图或断面图如与被剖切图不在同一张图内时，在剖切位置线的另一侧注明其所在图纸号，或在图上集中说明。见图 1.1、图 1.2。

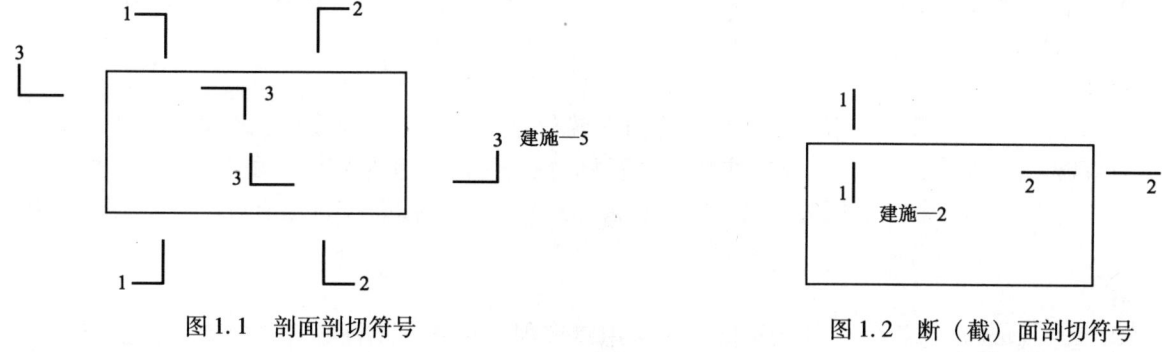

图 1.1　剖面剖切符号　　　　　图 1.2　断（截）面剖切符号

（3）索引符号

① 索引出的详图如与被索引的图同在一张图纸内，索引符号的上半圆中用阿拉伯数字注明该详图的编号，下半圆中间画一段水平细实线。② 索引出的详图如与被索引的图不在同一张图纸内，索引符号下半圆中用阿拉伯数字注明该详图所在图纸的图纸号。③ 索引出的详图如采用标准图，在索引符号水平直径的延长线上加注该标准图册的编号。见图 1.3。④ 索引符号用于索引剖面详图时，在被剖切的部位绘剖切位置线，以引出线引出索引符号，引出线所在一侧为剖视方向。见图 1.4。

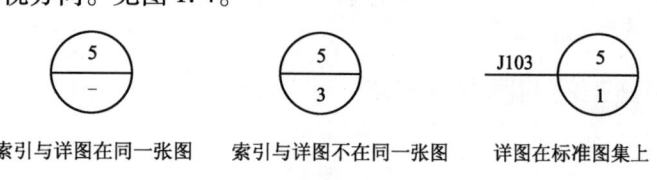

索引与详图在同一张图　　索引与详图不在同一张图　　详图在标准图集上

图 1.3　索引符号

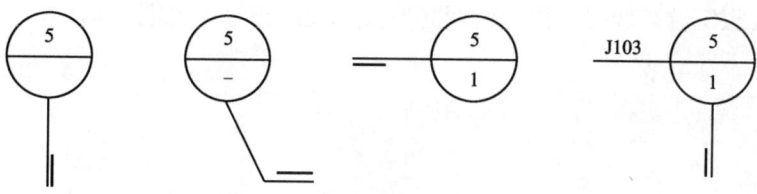

图 1.4　索引符号用于索引剖面详图

（4）详图符号

① 详图的位置和编号用详图符号表示。② 详图与索引在一张图时，在详图符号内用阿拉伯数字注明详图编号。③ 详图与索引不在同一张图时，上半圆注详图编号，下半圆注被索引图纸号。见图 1.5。

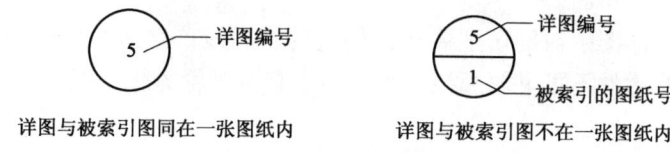

详图与被索引图同在一张图纸内　　详图与被索引图不在同一张图纸内

图 1.5　详图符号

（5）其他符号

① 对称符号。② 连接符号。③ 指北针。见图 1.6。

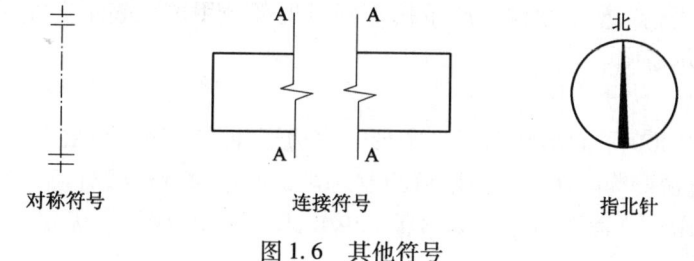

对称符号　　　　连接符号　　　　指北针

图 1.6　其他符号

1.1.2 定位轴线

（1）一般规定

① 定位轴线用细点划线绘制。② 平面图上定位轴线编号常在图的下方与左侧，横向用阿拉伯数字从左至右顺序编写，竖向用大写拉丁字母从下至上顺序编写。见图 1.7。

（2）附加轴线

① 用分数表示。② 两根轴线之间的附加轴线，分母表示前一轴线编号，分子表示附加轴线编号，用阿拉伯数字顺序编写。③ ①轴线或Ⓐ轴线之前的附加轴线，分母 01、0A 分别表示位于①轴线或Ⓐ轴线之前的轴线。见图 1.7。

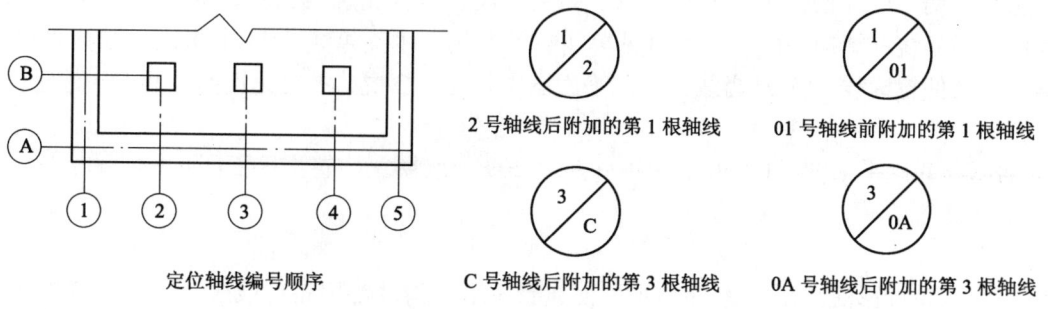

定位轴线编号顺序　　2 号轴线后附加的第 1 根轴线　　01 号轴线前附加的第 1 根轴线

C 号轴线后附加的第 3 根轴线　　0A 号轴线后附加的第 3 根轴线

图 1.7　定位轴线

1

（3）一个详图适用几根定位轴线时，同时注明各有关轴线的编号。见图1.8。

用于两根轴线　　用于三根以上轴线　　用于三根以上连续编号轴线

图1.8　详图用于多根定位轴线

1.1.3　建筑施工图制图主要规定

（1）线型

①粗实线：平面、剖面、详图中被剖切主要建筑构造的轮廓线；立面图的外轮廓线；构配件详图中的外轮廓线。②中实线：建筑构造及构件不可见轮廓线；平面图中起重机轮廓线；拟扩建建筑物轮廓线。

（2）比例

①平、立、剖面图：1∶50、1∶100、1∶200。②局部放大图：1∶10、1∶20、1∶50。③配件及构造详图：1∶1、1∶2、1∶5、1∶10、1∶20、1∶50。

（3）平面图

①按直接正投影法绘制。②在建筑物的门窗洞口处水平剖切俯视（屋顶应为屋面以上俯视），图内包括剖切面及投影方向，高窗、通气孔、槽、地沟、起重机等不可见部分用虚线表示。③平面较大的建筑物采用分区法绘制平面图，并绘有组合示意图。

（4）立面图

①按直接正投影法绘制。②平面形状曲折、圆形、多边形建筑物绘制成展开立面图时，图名后加"展开"二字。③简单的对称式建筑物或构配件，立面图可绘制一半，并在对称轴线处画对称符号。④有定位轴线的建筑物，根据两端定位轴线号编注立面图名称（如：①～⑨、Ⓐ～Ⓕ立面图），无定位轴线的建筑物，按平面图各面的方向确定名称。

（5）剖面图

①按直接正投影法绘制。②图内包括剖切面和投影方向可见的建筑构造、构配件及必要的尺寸、标高。

（6）尺寸标注

楼地面、地下层地面、楼梯、阳台、平台、台阶等处的高度尺寸及标高：①平面图及详图注写完成面标高。②立、剖面图及详图注写完成面的标高及高度方向的尺寸。③其余部位注写毛面尺寸及标高。

1.1.4　结构施工图制图主要规定

（1）线型

①粗实线：螺栓、钢筋；结构平面图中单线构件及钢、木支撑线。②中实线：结构平面图及详图中剖到或可见墙身轮廓线、钢木构件轮廓线。③细实线：钢筋混凝土构件轮廓线、基础平面图中基础轮廓线。④粗虚线：不可见螺栓、钢筋；结构平面图中不可见单线构件及钢、木支撑线。⑤中虚线：结构平面图中不可见墙身轮廓线及钢、木构件轮廓线。⑥细虚线：基础平面图中管沟轮廓线、不可见钢筋混凝土构件轮廓线。

（2）比例

①结构平面图与基础平面图：1∶50、1∶100、1∶200。②圈梁、管沟平面图：1∶200、1∶500。③详图：1∶10、1∶20、1∶50。

（3）绘图

①结构图用直接正投影法绘制。②在结构平面布置图上，构件常用轮廓线表示，如单线能表示清楚时，也可用单线表示。③结构平面图上的剖、断面详图的编号顺序按下列规定编排：外墙按顺时针方向从左下角开始编、内横墙从左到右编、内纵墙从上到下编。

（4）常用构件代号

见表1.1所列。

常用结构构件代号　　　　　　　　　　表1.1

序号	1	2	3	4	5	6	7	8	9	10	11	12	13	14
名称	板	屋面板	空心板	槽形板	折板	密肋板	楼梯板	盖板	檐口板	墙板	天沟板	梁	屋面梁	吊车梁
代号	B	WB	KB	CB	ZB	MB	TB	GB	YB	QB	TGB	L	WL	DL
序号	15	16	17	18	19	20	21	22	23	24	25	26	27	28
名称	圈梁	过梁	连系梁	基础梁	楼梯梁	檩条	屋架	托架	天窗架	框架	刚架	支架	柱	基础
代号	QL	GL	LL	JL	TL	LT	WJ	TJ	CJ	KJ	GJ	ZJ	Z	J
序号	29	30	31	32	33	34	35	36	37	38	39	40		
名称	设备基础	桩	柱间支撑	垂直支撑	水平支撑	梯	雨篷	阳台	梁垫	预埋件	钢筋网	钢筋骨架		
代号	SJ	ZH	ZC	CC	SC	T	YP	YT	LD	M	W	G		

注：结构图中的代号为名称中关键字的汉语拼音首写字母。

1.1.5　给水排水施工图制图主要规定

（1）线型

①粗实线：新建各种给水排水管道线。②中实线：给水排水设备、构件的可见轮廓线；厂区（小区）给水排水管道图中新建建筑物、构筑物的可见轮廓线，原有给水排水管道线。③细实线：厂区（小区）给水排水管道图中原有建筑物、构筑物的可见轮廓线。④粗虚线：拟建各种给水排水管道线。⑤中虚线：给水排水设备、构件的不可见轮廓线；厂区（小区）给水排水管道图中新建建筑物、构筑物的不可见轮廓线。

（2）比例

①泵房平、剖面图：1∶100、1∶60、1∶50、1∶40、1∶30。②室内给水排水平面图：1∶300、1∶200、1∶100、1∶50。③给水排水系统图：1∶200、1∶100、1∶50。④部件、零件详图：1∶50、1∶40、1∶30、1∶20、1∶10、1∶5、1∶1、2∶1。

（3）标高

①沟道（明沟、暗沟、管沟）和管道标注起迄点、转角点、连接点、变坡点、交叉点标高；沟道标注沟内底标高；压力管道标注管中心标高；室内外重力管道标注管内底标高；室内架空重力管道可标注管中心标高，但图中应说明。②室内管道一般标注相对标高，室外管道一般标注绝对标高，当无绝对标高资料时，也可标注相对标高。

（4）管径

①管径以毫米（mm）为单位。②低压流体输送用镀锌焊接钢管、不镀锌焊接钢管、铸铁管、硬聚氯乙烯管、聚丙烯管等，管径以公称直径 DN 表示，如 DN15、DN50。③耐酸陶瓷管、混凝土管、钢筋混凝土管、陶土管（缸瓦管）等，管径以内径 d 表示，如 d380、d230。④焊接钢管（直缝或螺旋缝电焊钢管）、无缝钢管等，用外径×壁厚表示，如 D108（外径）×4（壁厚）。

（5）编号

①给水排水附属构筑物（阀门井、检查井、水表井、化粪池等）的编号用构筑物代号后加阿拉伯数字表示，构筑物代号采用汉语拼音字头。②给水阀门井的编号顺序从水源到用户，从干管到支管再到用户。③排水检查井的编号顺序从上游到下游，先干管后支管。

1.1.6　供暖、通风与空调施工图制图主要规定

（1）线型

①粗实线：供暖供热、供气干管、立管；风管及部件轮廓线；系统图中的管线；非标准部件的外轮廓线。②中实线：散热器及散热器连接管线；供暖、通风、空调设备的轮廓线；风管的法兰盘线。③细实线：平、

剖面图中的土建轮廓线;材料图例线。④ 粗虚线:供暖回水管、凝结水管线;平、剖面图中非金属风道的内表面轮廓线。⑤ 中虚线:风管被遮挡部分轮廓线。⑥ 细虚线:原有风管轮廓线;供暖地沟;工艺设备被遮挡部分轮廓线。

（2）比例

① 总平面图:1:500、1:1000。② 总图中管道断面图:1:50、1:100、1:200。③ 平、剖面图及放大图:1:20、1:50、1:100。④ 详图:1:1、1:2、1:5、1:10、1:20。

（3）绘图

① 供暖通风平、剖面图用直接正投影法绘制。② 供暖通风系统图以轴测投影法绘制。

（4）供暖图管径

① 管径以毫米（mm）为单位。② 焊接钢管用公称直径 DN 表示,如 DN15、DN32。③ 无缝钢管用外径和壁厚表示,如 D114×5。

（5）供暖图编号

① 立管表示法 (Ln),其中 L 表示立管,n 表示编号,用阿拉伯数字表示。② 入口表示法 (Rn),其中 R 表示入口,n 表示编号。

（6）供暖平面图

① 柱式散热器只标注数量。② 圆翼形散热器标注根数、排数,如:3（每排根数）×5（排数）。③ 光管散热器标注管径、长度、排数,如:D108（管径 mm）×3000（管长 mm）×5（排数）。④ 串片式散热器标注长度、排数,如:1.0（长度 m）×5（排数）。

（7）通风、空调图

① 平面图按本层平顶以下俯视绘制。② 剖面图是反映系统全貌的部位直立剖切,剖视方向为向上、向左。③ 平、剖面图中的风管用双线绘制,风管法兰盘用单线绘制。④ 通风、空调系统编号为系统名称的汉语拼音字头加阿拉伯数字,如:送风系统为 S—1、2、3。

1.1.7　电气施工图制图主要规定

（1）线型

① 实线:简图主要内容用线,可见轮廓线,可见导线。② 虚线:辅助线,屏蔽线,机械连接线,不可见轮廓线,不可见导线,计划扩展内容线。

（2）比例

① 系统图、电路图等常用符号绘制,一般不按比例。② 位置图常用比例:1:10、1:20、1:50、1:100、1:200、1:500。

（3）绘图一般规定

① 连接线或导线采用:水平布置、垂直布置、斜交叉线。② 单线表示法:一组导线中若导线两端处于不同位置时,在实际位置标以相同的标记;多根导线汇入用单线表示的线组时,汇接处用斜线表示;单线表示多根导线时,表明导线根数。③ 当电路水平布置时,项目代号标在符号的上方;垂直布置时标在符号左方。④ 当连接线水平布置时,端子代号标注在线的上方;垂直布置时标在线的左方。

1.1.8　公路施工图制图主要规定

（1）路线平面图

① 方位:用坐标网和指北针表示。② 比例:山岭重丘区 1:2000,微丘区和平原区 1:5000。③ 地物如河流、农田、房屋、桥梁、铁路等用图例表示。④ 地形用等高线表示。

（2）路线纵断面图

① 水平方向表示长度,垂直方向表示高程。② 竖向绘图比例大于横向绘图比例,一般扩大 10 倍。③ 图中不规则细折线表示设计中心线处的纵向地面线。④ 图中粗实线为公路中线的纵向设计线。

（3）路基横断面图

① 地面线用细实线表示,设计线用粗实线表示,公路的超高、加宽在图中反映出。② 每张路基横断面上布设角标,注明图纸序号及总张数。③ 一般用中粗点划线表示征地界线。

1.2　施工图纸的组成

1.2.1　房屋建筑施工图

房屋建筑施工图包括总平面图、建筑施工图、结构施工图、设备施工图。

（1）总平面图主要由总平面布置图、竖向设计图、土方工程图、管道综合图、绿化布置图、详图等组成。

（2）建筑施工图主要由平面图、立面图、剖面图、地沟平面图、详图等组成。

（3）结构施工图主要由基础平面图、基础详图、结构布置图、钢筋混凝土构件详图、钢结构详图、木结构详图、节点构造详图等组成。

（4）设备施工图按专业不同分为给水排水施工图、电气施工图、供暖通风施工图等。

1）给水排水施工图分为室外给水排水施工图和室内给水排水施工图。室外给水排水施工图包括:总平面图、管道纵断面图、取水工程总平面图、取水头部（取水口）平、剖面及详图、取水泵房平、剖面及详图、其他构筑物平、剖面及详图、输水管线图、给水净化处理站总平面图及高程系统图、各净化构筑物平、剖面及详图、水泵房平、剖面图、水塔、水池配管及详图、循环水构筑物的平、剖面及系统图、污水处理站的平面和高程系统图等。室内给水排水图包括:平面图、系统图、局部设施图、详图等。

2）电气施工图包括:供电总平面图、变配电所图、电力图、电气照明图（照明平面图、照明系统图、照明控制图、照明安装图）、自动控制与自动调节图、建筑物防雷保护图等。

3）供暖通风施工图分为平面图、剖面图、系统图及原理图。平面图包括:供暖平面图、通风除尘平面图、空调平面图、冷冻机房平面图、空调机房平面图。剖面图包括:通风除尘和空调剖面图、空调机房剖面图、冷冻机房剖面图。系统图包括:供暖管道系统图、通风空调和防尘管道系统图、空调冷热媒管道系统图。原理图主要有空调系统控制原理图等。

1.2.2　路桥施工图

路桥施工图包括公路路线工程图、涵洞工程图、桥梁工程图、道班房工程图。

（1）公路路线工程图主要由路线平面图、路线纵断面图、路基横断面图等组成。

（2）涵洞工程图主要由平面图、立面图、剖面图、详图等组成。

（3）桥梁工程图主要由桥位平面图、桥位地质纵断面图、总体布置图、上下部结构构造图、构件结构图、详图等组成。

（4）道班房工程图主要由平面图、立面图、剖面图、详图等组成。

1.3　施工图识读概述

1.3.1　总平面图识读

（1）目录与设计说明

目录一般先列新绘制图纸,后列选用的标准图、通用图或重复利用图。设计说明一般写在图纸上,如重复利用某一专门的施工图纸及其说明时,应标注编制单位名称和编制日期。

（2）总平面布置图

读图侧重点：①城市坐标网、场地建筑坐标网、坐标值。②场地四周的城市坐标和场地建筑坐标。③建筑物、构筑物定位的场地建筑坐标、名称、室内标高及层数。④拆除旧建筑的范围边界、相邻单位的有关建筑物、构筑物的使用性质，耐火等级及层数。⑤道路、铁路和明沟等的控制点（起点、转折点、终点等）的场地建筑坐标和标高、坡向、平曲线要素。⑥指北针、风玫瑰。⑦建筑物、构筑物所使用的名称编号表。⑧说明。如尺寸单位、比例、城市坐标系统和高程系统的名称，城市坐标网与场地建筑坐标网的相互关系、补充图例、设计依据等。

（3）竖向设计图

读图侧重点：①地形等高线和地物。②场地建筑坐标网、坐标值。③场地外围的道路、铁路、河渠或地面的关键性标高。④建筑物、构筑物的名称（或编号）、室内外设计标高（包括铁路专用线设计标高）。⑤道路、铁路、明沟的起点、变坡点、转折点和终点等的设计标高、纵坡度、纵坡距、纵坡向、平曲线要素、竖曲线半径、关键性坐标、道路的单面坡或双面坡。⑥挡土墙、护坡或土坎等构筑物的坡顶和坡脚的设计标高。⑦用高距为0.10～0.50m的设计等高线表示的设计地面起伏状况。⑧指北针。⑨说明。如尺寸单位、比例、高程系统的名称、补充图例等。

（4）土方工程图

读图侧重点：①地形等高线、原有的主要地形、地物。②场地建筑坐标网、坐标值。③场地四周的城市坐标和场地建筑坐标。④设计的主要建筑物、构筑物。⑤高距为0.25～1.00m的设计等高线。⑥20m×20m或40m×40m方格网，各方格点的原地面标高、设计标高、填挖高度、填区和挖区间的分界线、各方格土方量、总土方量。⑦土方工程平衡表。⑧指北针。⑨说明。如尺寸单位、比例、补充图例、坐标和高程系统名称、弃土和取土地点、运距、施工要求等。

（5）管道综合图

读图侧重点：①管道总平面布置。②场地四周的建筑坐标。③各管线的平面布置。④场外管线接入点的位置及城市和场地建筑坐标。⑤指北针。⑥说明、尺寸单位、比例、图例、施工要求等。

（6）绿化布置图

读图侧重点：①绿化总平面布置。②场地四周的场地建筑坐标。③植物种类及名称、行距和株距尺寸，群栽位置范围、各类植物数量。④建筑小品和美化设施的位置、设计标高、指北针。⑤说明、尺寸、比例、图例、施工要求等。

（7）详图

读图侧重点：①道路标准横断面。②路面结构。③混凝土路面分格。④铁路路基标准横断面。⑤小桥涵。⑥挡土墙、护坡、建筑小品。

1.3.2 建筑施工图识读

（1）目录与设计说明（首页）

目录识读侧重点：图纸的张数、编号、每张图纸上包含的内容。

设计说明（首页）识读侧重点：设计依据、设计规模和建筑面积、相对标高与总平面图绝对标高的关系、用料说明、特殊要求的做法说明、采用新材料、新技术的做法说明、门窗表。

（2）平面图

平面图分为各楼层平面图和屋面平面图。

楼层平面图识读侧重点：①墙、柱、垛、门窗位置及编号，门的开启方向，房间名称或编号，轴线编号。②柱距（开间）、跨度（进深）尺寸、墙体厚度、柱和墩断面尺寸。③轴线间尺寸、门窗洞口尺寸、分段尺寸、外包总尺寸。④伸缩缝、沉降缝、防震缝位置及尺寸。⑤卫生器具、水池、台、橱、柜、隔断位置。⑥电梯、楼梯位置及上下方向示意和主要尺寸。⑦地下室、平台、阁楼、人孔、墙上留洞位置尺寸与标高，重要设备位置尺寸与标高。⑧阳台、雨篷、踏步、坡道、散水、通风道、管线竖井、烟囱、垃圾道、消防梯、雨水管位置

及尺寸。⑨室内外地面标高、设计标高、楼层标高，剖切线及编号，平面图上节点详图或详图索引号。⑩夹层平面图、高窗平面图、吊顶、留洞等局部放大平面图。

屋面平面图识读侧重点：墙檐沟、檐沟、屋面坡度及坡向、水落口、屋脊（分水线）、变形缝、楼梯间、水箱间、电梯间、天窗、屋面上人孔、室外消防梯、详图索引号等。

（3）立面图

读图侧重点：①建筑物两端及分段轴线编号。②女儿墙顶、檐口、柱、伸缩缝、沉降缝、防震缝、室外楼梯、消防梯、阳台、栏杆、台阶、雨篷、花台、腰线、勒脚、留洞、门、窗、门头、雨水管、装饰构件、抹灰分格线等。③门窗典型示范具体形式与分格。④各部分构造、装饰节点详图索引、用料名称或符号。

（4）剖面图

读图侧重点：①墙、柱、轴线、轴线编号。②室外地面、底层地面、各层楼板、吊顶、屋架、屋顶各组成层次、出屋面烟囱、天窗、挡风板、消防梯、檐口、女儿墙、门、窗、楼梯、台阶、坡道、散水、防潮层、平台、阳台、雨篷、留洞、墙裙、踢脚板、雨水管及其他装修等。③门、窗、洞口高度、层间高度、总高度等。④底层地面标高，各层楼面及楼梯平台标高，屋面檐口、女儿墙顶、烟囱顶标高，高出屋面的水箱间、楼梯间、电梯机房顶部标高，室外地面标高，底层以下各层标高。⑤节点构造详图索引号。

（5）详图

读图侧重点：局部构造、艺术装饰处理等的详细做法。

1.3.3 结构施工图识读

（1）目录与设计说明（首页）

目录识读侧重点：图纸的张数、编号、每张图纸上包含的内容。

设计说明（首页）识读侧重点：①所选用结构材料的品种、规格、型号、强度等级，某些构件的特殊要求。②地基土概况，对不良地基的处理措施和基础施工要求。③采用的标准构件图集。④施工注意事项，如施工缝的设置、特殊构件的拆模时间、运输、安装要求等。

（2）基础平面图

读图侧重点：①承重墙位置、柱网布置、基坑平面尺寸及标高、纵横轴线关系、基础和基础梁布置及编号、基础平面尺寸及标高。②基础的预留孔洞位置、尺寸、标高。③桩基的桩位平面布置及桩承台平面尺寸。④有关的连接节点详图。⑤说明：如基础埋置在地基土中的位置及地基土处理措施等。

（3）基础详图

读图侧重点：①条形基础的剖面（包括配筋、防潮层、地圈梁、垫层等），基础各部分尺寸、标高及轴线关系。②独立基础的平面及剖面（包括配筋、基础梁等），基础的标高、尺寸及轴线关系。③桩基的承台梁或承台板钢筋混凝土结构、桩基位置、桩详图、桩插入承台的构造等。④筏形基础的钢筋混凝土梁板详图及承重墙、柱位置。⑤箱形基础的钢筋混凝土墙的平面、剖面、立面及其配筋。⑥说明。基础材料、防潮层做法、杯口填缝材料等。

（4）结构布置图

多（高）层建筑结构布置图分为各层结构平面布置图及屋面结构平面布置图。

各层结构平面布置图识读侧重点：①轴线网及墙、柱、梁等位置、编号。②预制板的跨度方向、板号、数量、预留孔洞位置及其尺寸。③现浇板的板号、板厚、预留孔洞位置及其尺寸、钢筋平面布置、板面标高。④圈梁平面布置、标高、过梁的位置及其编号。

屋面结构平面布置图识读侧重点：除各层结构平面布置图内容外，还有屋面结构坡度、坡向、屋脊及檐口处的结构标高等。

单层工业厂房结构布置图分为构件布置图及屋面结构布置图。

构件布置图识读侧重点：柱网轴线，柱、墙、吊车梁、连系梁、基础梁、过梁、柱间支撑等的布置、构件标高、详图索引号、有关说明等。

屋面结构布置图识读侧重点：柱网轴线、屋面承重结构的位置及编号、预留孔洞的位置、节点详图索引号、有关说明等。

（5）钢筋混凝土构件详图

现浇构件详图识读侧重点：① 纵剖面：长度、轴线号、标高及配筋情况、梁和板的支承情况。② 横剖面：轴线号、断面尺寸及配筋。③ 复杂构件的模板图（含模板尺寸、预埋件位置、必要的标高等）。④ 配筋图：纵剖面表示的钢筋形式、箍筋直径及间距；横剖面表示的钢筋直径、数量及断面尺寸。

预制构件详图识读侧重点：预留孔洞，预埋件的位置、尺寸和编号。

（6）节点构造详图

读图侧重点：连接材料、附加钢筋、预埋件的规格、型号、数量、连接方法、相关尺寸、与轴线关系等。

1.3.4 给水排水施工图识读

（1）室内给水排水施工图

平面图识读侧重点：① 底层及标准层主要轴线编号、用水点位置及编号、给水排水管道平面布置、水管位置及编号、底层给水排水管道进出口与轴线位置尺寸和标高。② 热交换器站、开水间、卫生间、给水排水设备及管道较多地方的局部放大平面图。③ 各层平面卫生设备、生产工艺用水设备位置和给水排水管道平面布置图。

系统图识读侧重点：管道走向、管径、坡度、管长、进出口（起点、末点）、标高、各系统编号、各楼层卫生设备和工艺用水设备的连接点位置和标高。室内外标高差及相当于室内底层地面的绝对标高。

局部设施图识读侧重点：建筑物内的提升、调节或小型局部给水排水处理设施。

详图识读侧重点：管道附件、设备、仪表及特殊配件。

（2）室外给水排水施工图

平面图识读侧重点：① 房屋中的给水引入管、污水排出管、雨水连接管的位置。② 给水排水的各种管道、水表、检查井、化粪池等附属设施。③ 管道管径、检查井的编号、标高及相关尺寸等。

纵剖面图识读侧重点：排水管道的纵向尺寸、坡度、埋深、检查井的位置、深度，各种交叉管道的空间位置。

1.3.5 暖通空调施工图识读

（1）设计说明（首页）

读图侧重点：① 供暖总耗热量及空调冷热负荷、耗热、耗电、耗水等指标。② 热媒参数及系统总阻力、散热器型号。③ 空调室内外参数、精度。④ 制冷设计参数。⑤ 空气洁净室的净化级别。⑥ 隔热、防腐、材料选用等。⑦ 图例、设备汇总表。

（2）平面图

暖通空调平面图包括供暖平面图，通风、除尘平面图，空调平面图，冷冻机房平面图，空调机房平面图。

读图侧重点：① 供暖平面图：供暖管道、散热器和其他供暖设备、供暖部件的平面布置、散热器数量、干管管径、设备型号规格等。② 通风、除尘平面图：管道、阀门、风口等平面布置，风管及风口尺寸、各种设备的名称规格等。③ 冷冻机房平面图：制冷设备的位置及基础尺寸、冷媒循环管道与冷却水的走向及排水沟的位置、管道的阀门等。④ 空调机房平面图：风管、给水排水及冷热媒管道、阀门、消声器等平面位置、管径、断面尺寸、管道及各种设备的定位尺寸等。

（3）剖面图

暖通空调剖面图包括通风、除尘和空调剖面图，空调机房、冷冻机房剖面图。

读图侧重点：① 通风、除尘和空调剖面图：管道、设备、零部件的位置，管径、截面尺寸、标高，进排风口形式、尺寸及标高、空气流向、设备中心标高、风管出屋面的高度、风帽标高、拉索固定等。② 空调机房、冷冻机房剖面图：通风机、电动机、加热器、冷却器、消声器、风口及各种阀门部件的竖向位置及尺寸，制冷设备的竖向位置及尺寸、设备中心基础表面、水池、水面线及管道标高，汽水管坡度及坡向。

（4）系统图

读图侧重点：管道的管径、坡度、坡向及有关标高，各种阀门、减压器、加热器、冷却器、测量孔、检查口、风口、风帽等部件的位置。

（5）原理图

读图侧重点：空调系统控制点与测点的联系、控制方案及控制点参数，空调和控制系统的所有设备轮廓、空气处理过程的走向，仪表及控制元件型号。

1.3.6 电气施工图识读

（1）平面图

读图侧重点：① 配电箱、灯具、开关、插座、线路等的平面布置。② 线路走向、引入线规格。③ 说明。电源电压、引入方式、导线选型和敷设方式、照明器具安装高度、接地或接零。④ 照明器具、材料表。

（2）系统图

读图侧重点：配电箱、开关、熔断器、导线型号规格、保护管径和敷设方法、照明器具名称等。

1.3.7 路桥施工图识读

（1）公路路线工程图

路线平面图识读侧重点：控制点、坐标网、比例，路线所处区域的地形、地物分布情况，路线在平面的走向，曲线的设置情况及平曲线要素，路线与公路、铁路、河流交叉的位置，路线在平面图中的总体布置情况。

路线纵断面图识读侧重点：① 水平、垂直向采用的比例与水准点位置。② 路线纵向的地势起伏情况及土质分布。③ 坡度和坡长。④ 路线填、挖情况。⑤ 竖曲线的位置及竖曲线要素。⑥ 路线纵向其他工程构造物的分布情况。⑦ 竖曲线与平曲线的配合关系。

路基横断面图识读侧重点：各中心桩处横向地面起伏、设计路基横断面情况及两者间的相互关系。

（2）涵洞工程图

读图侧重点：基础、洞身、洞口的构造。

（3）桥梁工程图

读图侧重点：① 桥梁种类、主要技术指标、施工措施及注意事项、比例等。② 桥梁的位置、水文、地质状况。③ 桥梁类型、孔数、跨径、墩台数、总长、总高、河床断面及地质情况、桥的宽度、人行道的尺寸和主梁断面形式。④ 建筑材料、工程数量、钢筋明细表及说明、详细构造。

1.4 施工图常用图例

1.4.1 总平面图图例

见表1.2所列。

总平面图常用图例 表1.2

序　号	名　　称	图　　例	说　　明
1	新建建筑物	5 ▲	1. 粗实线绘制 2. ▲表示出入口 3. 右上角数字表示层数
2	原有建筑物		细实线绘制
3	计划扩建的预留地或建筑物		中虚线绘制

序 号	名 称	图 例	说 明
4	拆除的建筑物	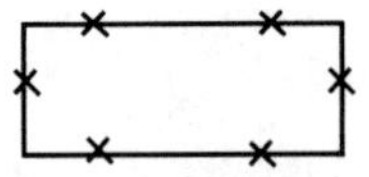	细实线绘制
5	建筑物下面的通道	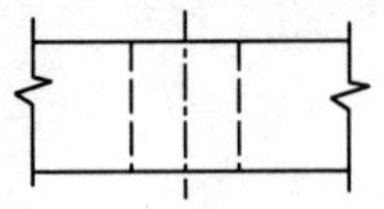	
6	围墙及大门	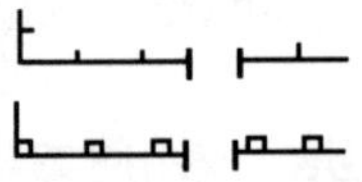	上图表示实体性围墙,下图表示通透性围墙,若仅表示围墙可不画大门
7	挡土墙	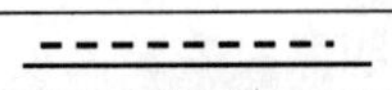	被挡的土在突出的一侧
8	坐标	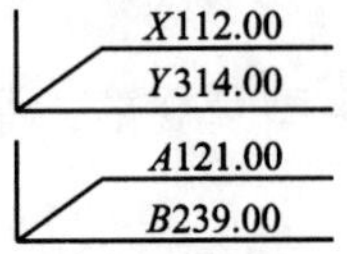 X112.00 Y314.00 A121.00 B239.00	1. 上图表示测量坐标 2. 下图表示施工坐标
9	方格网交叉点标高	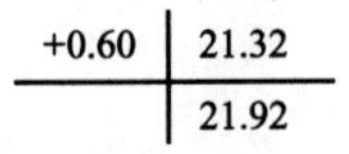 +0.60 │ 21.32 21.92	21.32 为原地面标高,21.92 为设计标高,+0.60 为施工标高,－为挖方(＋为填方)
10	雨水口		
11	烟囱		实线为烟囱下部直径,虚线为基础,必要时可注写烟囱高度与上、下口直径
12	填方区、挖方区、未整平区及零点线	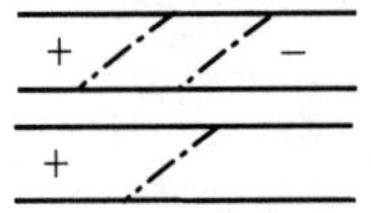 + −	"＋"表示填方区,"－"表示挖方区,中间为未整平区,点划线为零点线
13	填挖边坡		边坡较长时,可在一端或两端局部表示,下边线为虚线时表示填方
14	护坡		同填挖边坡
15	室内标高	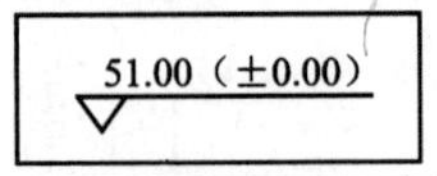 51.00(±0.00)	
16	室外标高	 ▼ 151.00	室外标高也可用等高线表示
17	新建道路	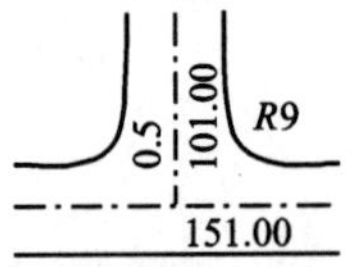 R9 151.00 101.00 0.5 151.00	R9 为转弯半径 9m,151.00 为路面中心标高,0.5 为 0.5% 纵向坡度,101.00 为变坡点间距离
18	原有道路		
19	计划扩建道路	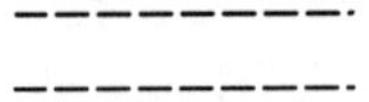	
20	拆除道路	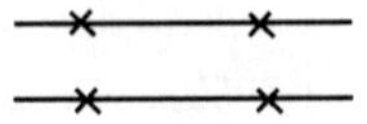	
21	桥梁	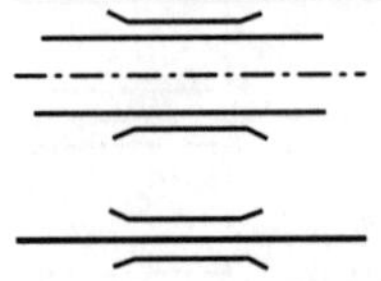	1. 上图为公路桥 2. 下图为铁路桥 3. 用于旱桥时应注明

序 号	名 称	图 例	说 明
22	落叶、针叶树		
23	常绿阔叶灌木		
24	草坪	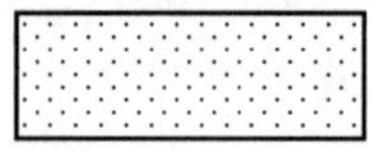	

1.4.2 建筑施工图图例

见表 1.3 所列。

建筑施工图常用图例 表 1.3

序 号	名 称	图 例	说 明
1	楼梯	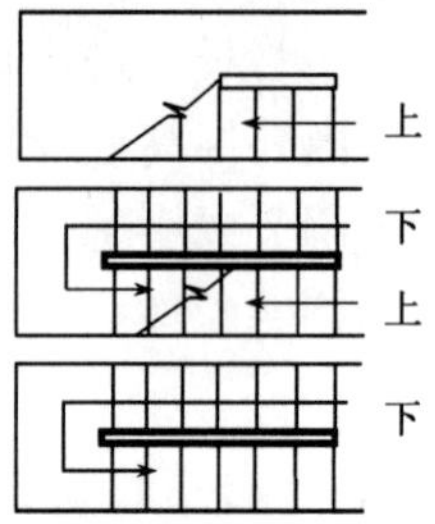 上 下 上 下	1. 上图为底层楼梯平面,中间为中间层楼梯平面,下图为顶层楼梯平面 2. 楼梯及栏杆扶手的形式和楼梯段踏步按实际情况绘制
2	坡道	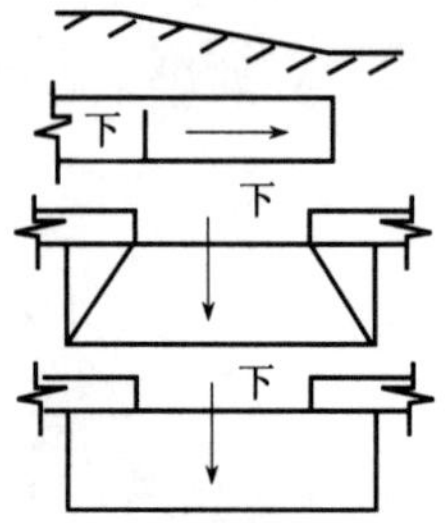 下 下 下	1. 上图为长坡道 2. 中间和下图为门口坡道
3	平面高差	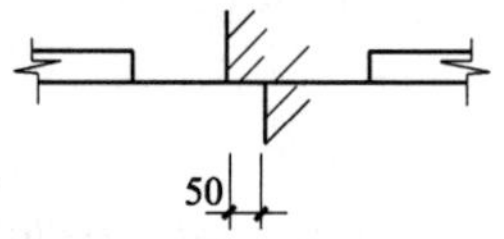 50	1. 适用于高差小于100mm的两个地面或楼面相连接处 2. 50 表示高差
4	检查孔	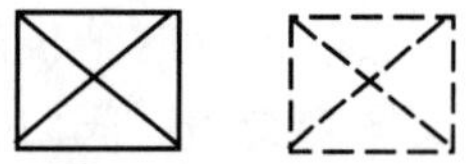	1. 左图为可见检查孔 2. 右图为不可见检查孔
5	孔洞		
6	坑槽	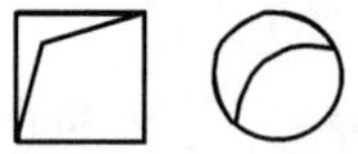	
7	墙预留洞	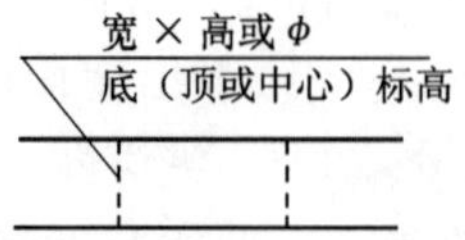 宽×高或φ 底(顶或中心)标高	1. 以洞中心或洞边定位 2. 宜以涂色区别墙体和留洞位置

序　号	名　　称	图　　例	说　　明
8	墙预留槽	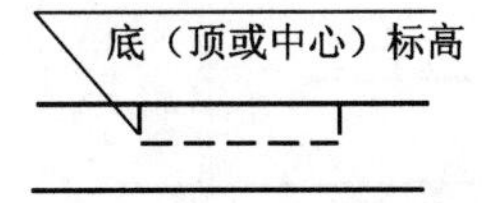 底（顶或中心）标高	1. 以洞中心或洞边定位 2. 宜以涂色区别墙体和留洞位置
9	烟道	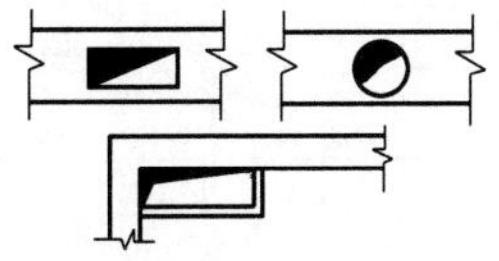	1. 阴影部分可以涂色代替 2. 烟道（通风道）与墙体同一材料，其相接处墙身线应断开
10	通风道	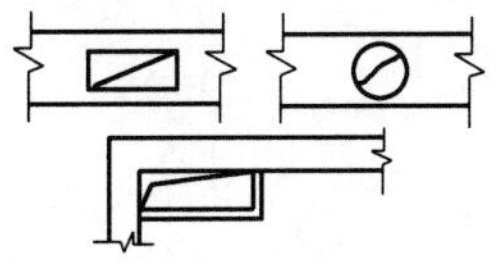	
11	空门洞	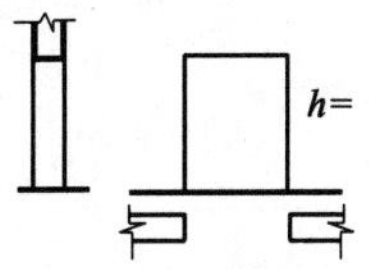 $h=$	h 为门洞高度
12	单扇门（包括平开或单面弹簧）	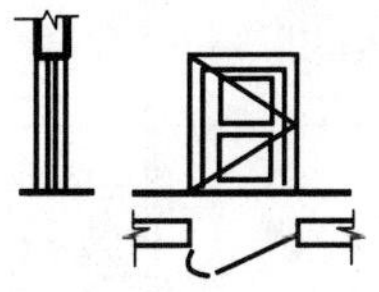	1. 门的名称代号用 M 2. 图例中剖面图左为外、右为内，平面图下为外、上为内 3. 立面图中开启方向线交角的一侧为安装合页的一侧，实线为外开，虚线为内开 4. 平面图上门线应90°或45°开启，开启弧线应绘出 5. 立面图上的开启线在一般设计中可不表示，在详图及室内设计图中应表示 6. 立面形式应按实际情况绘出
13	双扇门（包括平开或单面弹簧）	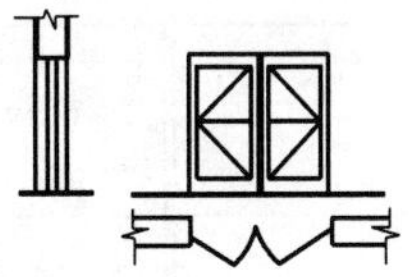	
14	对开折叠门	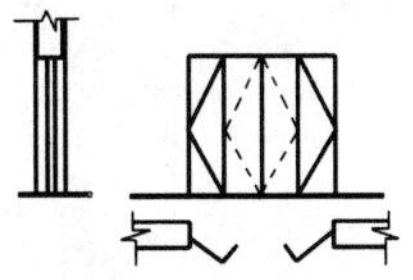	
15	墙外单扇推拉门	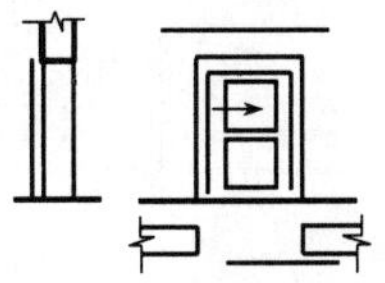	
16	墙外双扇推拉门	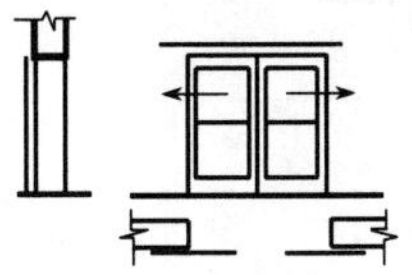	
17	单扇双面弹簧门	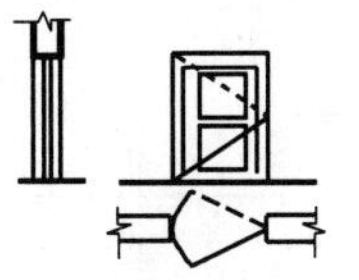	
18	双扇双面弹簧门	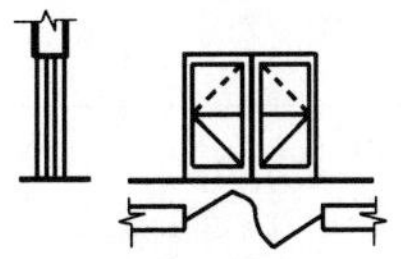	

序　号	名　　称	图　　例	说　　明
19	单层固定窗	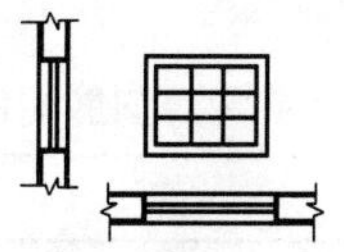	
20	单层外开平开窗	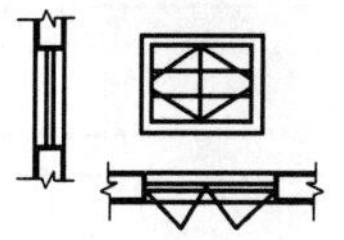	1. 窗的名称代号用 C 表示 2. 立面图中的斜线表示窗的开启方向，实线为外开，虚线为内开；开启方向线交角的一侧为安装合页的一侧，一般在设计图中不表示 3. 图例中剖面图左为外、右为内，平面图下为外、上为内 4. 平面图和剖面图上的线仅说明开关方式，在设计中不需表示 5. 窗的立面形式应按实际情况绘出 6. 小比例绘图时，平、剖面的窗线可用单粗线表示 7. h 为窗底距本层楼地面的高度
21	双层内外开平开窗	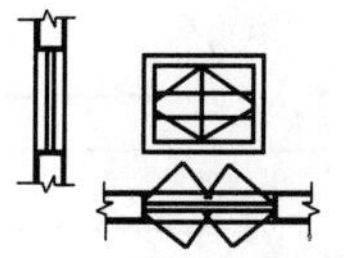	
22	推拉窗	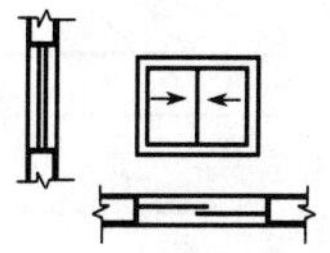	
23	单层外开上悬窗	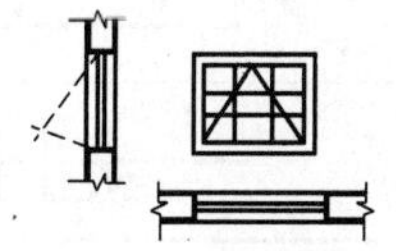	
24	单层中悬窗	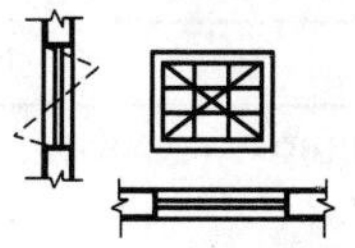	
25	高窗	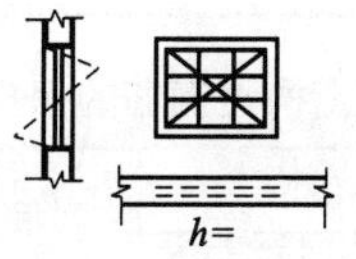 $h=$	
26	电梯	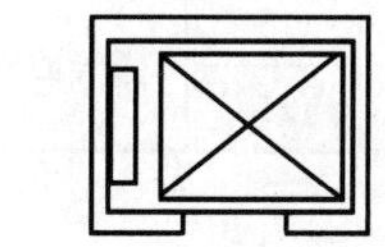	1. 电梯应注明类型 2. 门和平衡锤的位置按实际情况绘制
27	梁式起重机	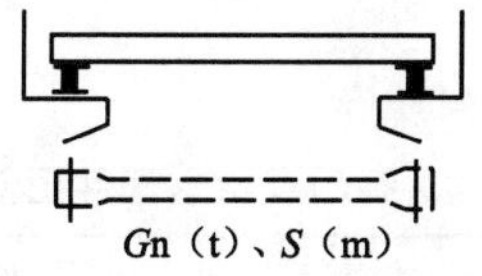 Gn(t)、S(m)	1. 上图表示立面（或剖面），下图表示平面 2. Gn——起重机起重量，以 t 表示 3. S——起重机跨度或臂长，以 m 计算
28	桥式起重机	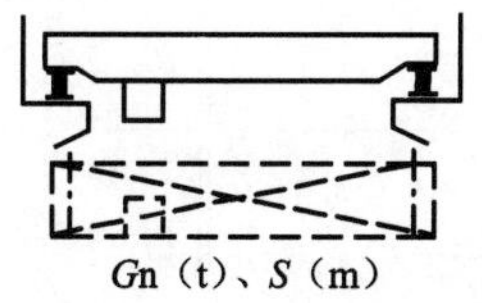 Gn(t)、S(m)	

1.4.3 结构施工图图例、钢筋代号及保护层厚度

见表 1.4～表 1.6 所列。

常用钢筋图例 表 1.4

序 号	名 称	图 例	说 明
1	钢筋横断面		
2	无弯钩的钢筋端部		下图表示长短两根钢筋投影重叠时，可在短钢筋端部用45°短线表示
3	带半圆弯钩的钢筋端部		
4	带直钩的钢筋端部		
5	带丝扣的钢筋端部		
6	无弯钩的钢筋搭接		
7	带半圆弯钩的钢筋搭接		
8	带直钩的钢筋搭接		
9	套管接头（花篮螺栓）		

常用钢筋代号 表 1.5

序号	钢 筋 名 称	代号	序号	钢 筋 名 称	代号	序号	钢 筋 名 称	代号
1	HPB235（Q235）	ϕ	3	HRB400（20MnSiV、20MnSib、20MnTi）	Φ	5	冷拔低碳钢丝	ϕ^b
2	HRB335（20MnSi）	Φ	4	RRB400（K20MnSi 等）	Φ^R	6	冷拉Ⅳ级钢筋	Φ^L

钢筋混凝土构件钢筋的保护层厚度（mm） 表 1.6

环境条件	构件类型	混凝土强度等级			环境条件	构件类型	混凝土强度等级		
		≤C20	C25 及 C30	≥C35			≤C20	C25 及 C30	≥C35
室内正常环境	板、墙、壳	15	15	15	露天或室内高温环境	板、墙、壳	35	25	15
	梁和柱	25	25	25		梁和柱	45	35	25

1.4.4 给水排水施工图图例

见表 1.7 所列。

阀门及给水配件图例 表 1.7

序 号	名 称	图 例	序 号	名 称	图 例
1	闸阀		3	三通阀	
2	角阀		4	四通阀	

续表

序 号	名 称	图 例	序 号	名 称	图 例
5	截止阀		21	蝶阀	
6	电动阀		22	弹簧安全阀	
7	液动阀		23	平衡锤安全阀	
8	气动阀		24	自动放气阀	平面 系统
9	减压阀		25	浮球阀	平面 系统
10	旋塞阀	平面 系统	26	延时自闭冲洗阀	
11	底阀		27	吸水喇叭口	
12	球阀		28	疏水器	
13	隔膜阀		29	放水龙头	平面 系统
14	气开隔膜阀		30	皮带龙头	平面 系统
15	气闭隔膜阀		31	洒水（栓）龙头	
16	温度调节阀		32	化验龙头	
17	压力调节阀		33	肘式龙头	
18	电磁阀		34	脚踏龙头	
19	止回阀		35	混合水龙头	
20	消声止回阀		36	旋转水龙头	

1.4.5 供暖施工图图例

见表 1.8 所列。

表 1.8

配件图例

序号	名 称	图 例	备 注	序号	名 称	图 例	备 注
1	补偿器			15	绝热管		
2	套管补偿器			16	保护套管		
3	方形补偿器			17	伴热管		
4	弧形补偿器			18	固定支架		
5	波纹管补偿器			19	流向	→或▷	
6	球形补偿器			20	坡度及坡向	i=0.003	
7	自动放气阀			21	集气管排气装置		
8	水泵			22	除污器（过滤器）		左为立式除污器，中为卧式除污器，右为Y型过滤器
9	活接头			23	节流孔板、减压孔板		在不致引起误解时，可用右面方法表示
10	法兰			24	散热器及手动放气阀		左为平面图画法，中为剖面图画法，右为系统图画法
11	法兰盖			25	散热器及控制阀		左为平面图画法，右为剖面图画法
12	丝堵	或		26	疏水阀		在不致引起误解时，可用右面方法表示，也称疏水器
13	可曲挠橡胶软接头			27	变径管（异径管）		左为同心异径管，右为偏心异径管
14	金属软管			28	减压阀	或	左图小三角为高压，右图右侧为高压端

1.4.6 通风施工图图例

见表 1.9 所列。

表 1.9

风道、阀门及附件图例

序号	名 称	图 例	备 注	序号	名 称	图 例	备 注
1	砌筑风烟道			15	板式换热器		
2	其他风烟道			16	电加热器		
3	消声器消声弯头			17	加湿器		
4	插线板			18	挡水板		
5	蝶阀			19	窗式空调器		
6	风管止回阀			20	分体空调器		
7	三通调节阀			21	风机盘管		
8	软接头	~ 或		22	天圆地方		左接矩形风管，右接圆形风管
9	软管			23	对开多叶调节器		左为手动，右为电动
10	风口	或		24	防火阀		表示70℃动作的常开阀
11	百叶窗			25	排烟阀	280℃	左为280℃动作常闭阀，右为280℃动作常开阀
12	轴流风机	或		26	气流方向	→→	左为通用表示法，中表示送风，右表示回风
13	离心风机			27	空气过滤器		左为粗效，中为中效，右为高效
14	检查孔测量孔	检 测		28	减振器	⊙ △	左为平面图右为剖面图

1.4.7 电气施工图图例

见表1.10所列。

室内电气照明常用图例 表1.10

序 号	线 型	名 称	序 号	线 型	名 称
1		单相插座	15		单极开关
2		单相插座（暗装）	16		单极开关暗装
3		带接地插孔单相插座	17		双极开关
4		带接地插孔单相插座（暗装）	18		双极开关暗装
5		带接地插孔三相插座	19		三极开关
6		带接地插孔三相插座（暗装）	20		三极开关暗装
7		具有单极开关的插座	21		单极拉线开关
8		带防溅盒的单相插座	22		延时开关
9		配电箱	23		单极双控开关
10		熔断器的一般符号	24		双极双控开关
11		灯的一般符号	25		带防溅盒的单极开关
12		荧光灯（图示为三管）	26		风扇的一般符号
13		顶棚灯	27		向上配线
14		壁灯	28		向下配线

1.4.8 路桥施工图图例

见表1.11所列。

路桥施工图常用图例 表1.11

序 号	名 称	图 例	序 号	名 称	图 例
1	房屋		13	管理机构	
2	铁路		14	防护网	
3	大车路		15	防护栏	
4	小路		16	隔离墩	
5	堤坝		17	水库鱼塘	
6	水沟		18	高压电力线	
7	河流		19	低压电力线	
8	渡船		20	草地	
9	涵洞		21	水稻田	
10	桥梁		22	旱地	
11	隧道		23	菜地	
12	养护机构		24	果树	

2 配电站工程

2.1 图纸目录

设计序号	×××	工程名称	配电站	单项名称	
设计阶段	施工图	结构类型		完成日期	
专 业	序 号	图纸编号	图 纸 内 容	页 码	
建筑	1	建施-01	建筑设计说明	12	
	2	建施-02	室内外装修做法表	13	
	3	建施-03	总平面图	14	
	4	建施-04	一层平面图	15	
	5	建施-05	二层平面图	16	
	6	建施-06	屋顶平面图	17	
	7	建施-07	①ₐ～⑥ₐ轴立面图、⑥ₐ～①ₐ轴立面图	18	
	8	建施-08	Ⓐₐ～Ⓒₐ轴立面图、Ⓒₐ～Ⓐₐ轴立面图、1-1剖面图	19	
	9	建施-09	楼梯详图	20	
	10	建施-10	卫生间大样、节点详图（一）	21	
	11	建施-11	门窗表、门窗大样、节点详图（二）	22	
结构	12	结施-01	结构设计说明（一）	23	
	13	结施-02	结构设计说明（二）	25	
	14	结施-03	基础平面图	26	
	15	结施-04	柱定位图	27	
	16	结施-05	首层层间梁布置图	28	
	17	结施-06	二层梁配筋图	29	
	18	结施-07	二层板配筋图	30	

续表

设计序号	×××	工程名称	配 电 站	单项名称	
设计阶段	施工图	结构类型		完成日期	
专 业	序 号	图纸编号	图 纸 内 容	页 码	
结构	19	结施-08	屋面结构布置图	31	
	20	结施-09	楼梯详图	32	
	21	结施-10	首层构造柱平面图	33	
	22	结施-11	二层构造柱平面图	34	
电气	23	电施-01	电气设计说明、图例	35	
	24	电施-02	设备材料明细表	36	
	25	电施-03	高压系统图	37	
	26	电施-04	低压系统图（一）	38	
	27	电施-05	低压系统图（二）	39	
	28	电施-06	低压系统图（三）	40	
	29	电施-07	低压系统图（四）	41	
	30	电施-08	一层设备布置平面图	42	
	31	电施-09	变配电站剖面图	43	
	32	电施-10	一层接地平面图	44	
	33	电施-11	照明、电话、电视系统图	45	
	34	电施-12	一层照明平面图	46	
	35	电施-13	二层照明平面图	47	
	36	电施-14	一层电话、电视平面图	48	
	37	电施-15	二层电话、电视平面图	49	
给水排水	38	水施-01	给水排水设计说明、图例、材料	50	
	39	水施-02	室外给水排水总平面图	51	
	40	水施-03	一层给水排水平面图	52	
	41	水施-04	二层给水排水平面图	53	
	42	水施-05	卫生间大样图	54	

2.2 建筑施工图

建筑设计说明

一、设计依据

1. 《深圳市建设工程设计方案设计审批意见书》2001 年 8 月 13 日（深规图设方字 4200210047 号）。
2. 《深圳市公安消防局建筑工程设计审核意见书》[深公消建审（2002）方 067—D773 号]。
3. 深圳职业技术学院有关工程设计要求的函件及资料。
4. 深圳市中航建筑设计公司"深圳职业技术学院学生宿舍区配电站方案设计"（02306）。
5. 国家有关规范及深圳市现行规定及法规。

二、工程概况

本工程用地位于深圳职业技术学院新校区东部学生宿舍区中心地带，西为教学区，本工程为新校区中心变配电站。

建筑面积：地上 707.2m²

层　　数：地上 2 层

防火等级：一级

三、设计标高

1. 本工程水泵房设计标高 ±0.000 相当于绝对标高 28.750m。
2. 本工程总平面图尺寸及标高以米（m）为单位，其余图纸尺寸均以毫米（mm）为单位；除特别注明外，建筑图纸上的标高为建筑完成面标高，结构图纸上的标高为扣除面层厚的结构标高。

四、墙体工程

1. 建筑平面图中涂黑的墙体为钢筋混凝土墙，其设计及留洞均详结施。砖墙留洞见建施，墙体内预埋铁件应作防锈处理，预埋木砖等应作防腐处理，墙体留洞需与相应的水、电等图纸核对无误方可施工。
2. 除特别注明外，内外墙墙体为加气混凝土砌块，厚度详平面图。
3. 墙体的砌筑高度均至上部结构面，墙体与钢筋混凝土框架的锚拉、构造除按本工程结构设计说明要求外，还应按《加气混凝土砌块墙建筑构造》87SJ139 及《深圳市非承重墙混凝土小型空心砌块墙体技术规程》SJG 06—1997 办理。

五、防水工程

1. 本工程屋面防水标准为 Ⅱ 级，防水耐久年限为 15 年，防水设防为二道。
2. 卫生间墙体及楼面防水设防为一道，做法详建施 2。隔墙最下 120mm 高砌红砖两皮，地面坡向地漏，坡度为 1%。
3. 外墙防水采用聚合物水泥砂浆，突出墙面的窗台、檐板上部均做 3% 的向外排水沟坡，下部做滴水。
4. 主要节点防水：屋面雨水口、屋面泛水、管道穿屋面等部位采用三道防水设防。除原有屋面防水外，另外涂抹增强层，材料同屋面接口并外嵌填密封材料。构造做法参见《深圳建筑防水构造图集 A》。

六、门窗工程

1. 门窗应委托合格的专业厂家根据本工程门窗立面及有关规范要求进行设计施工、安装和现场核实等，并应对其结构的安全、质量等全面负责，应特别注意做好门窗四周的防水措施。本门窗立面尺寸均为洞口尺寸，未扣除安装缝厚及地面装修厚度，制作加工应自行扣除。

门窗构造应符合《深圳市民用建筑设计要求与规定》及深圳市建设局文件（深建材〈2001〉19 号）。

2. 凡门窗洞宽大于 700mm 的均需设钢筋混凝土过梁，依结构说明施工。

七、内外装修

内外装修做法详见相关图纸及说明，原则上有关材料质量及颜色应根据设计要求选好样品或作出样板，经甲方及设计单位认可后方可订货，并由专业公司安装施工，确保质量。

八、楼梯

楼梯施工按建施及结施的图纸要求进行，施工中应配合栏杆设计安设预埋件。

九、其他

1. 各专业工种施工图说明由各专业分述，各专业工种应在施工过程中密切配合，以减少各专业工种施工不协调的情况，确保施工质量。
2. 各专业工种施工图纸有矛盾时，施工前请通知设计单位处理。
3. 凡有关设计的修改补充，应以我公司出具的相应文件为准。
4. 所有预埋件应作防腐处理，木件浸柏油二遍，铁件刷红丹二遍。
5. 凡说明未详尽之处均按国家规范、规定办理。

选用标准图集目录

序　号	图　集　名　称
1	楼梯栏杆　98ZJ 401
2	室外装修及配件　98ZJ 901
3	建筑防水构造图集 SJ. A
4	阳台　外廊栏杆　98ZJ 411
5	建筑构造用料做法　98ZJ 001
6	坡屋面　00SJ 202（一）
7	建筑构造通用图集　88J 11

工程名称	配电站
图纸内容	建筑设计说明
图纸编号	建施-01

室内外装修做法表

代　号	材　料　与　做　法	使 用 部 位	代　号	材　料　与　做　法	使 用 部 位	代　号	材　料　与　做　法	使 用 部 位
楼面 1	防滑地砖楼面（防水） 防水：SJ.A 厕 Ⅱ1121 ·8～10 厚防滑陶瓷地砖，白水泥浆擦缝 ·20 厚 1：3 水泥砂浆 ·聚合物水泥基涂膜 1.0 厚 ·1：3 水泥砂浆找坡找平层，最薄处 10 厚 ·钢筋混凝土楼板	所有卫生间 颜色：灰色 规格：300×300	踢脚 1	水泥砂浆踢脚（120 高） ·刷素水泥浆一遍 ·15 厚 2：1：8 水泥石灰砂浆，分两次抹灰 ·10 厚 1：2 水泥砂浆抹面压光	所有水泥砂浆 楼地面	涂 1	清漆 ·木基层清理、除污、打磨等 ·润粉 ·刮腻子 ·刷色 ·清漆三遍	木门、楼梯 扶手及木 装修
楼面 2	防滑地砖楼面 ·8～10 厚防滑陶瓷地砖，白水泥浆擦缝 ·3～4 厚水泥胶结合层 ·1：2.5 水泥砂浆找坡找平层 ·素水泥浆结合层一遍 ·钢筋混凝土楼板	办公、走廊、楼梯 规格：300×300	踢脚 2	面砖踢脚（120 高） ·17 厚 1：3 水泥砂浆 ·3～4 厚 1：1 水泥砂浆镶贴 ·8～10 厚面砖，水泥浆擦缝	所有面砖 楼地面	涂 2	调合漆 ·清理金属面除锈 ·除锈漆或红丹一遍 ·刮腻子，抹光 ·白色调合漆二遍	详栏杆大样
地面 1	水泥砂浆地面 ·20 厚 1：2 水泥砂浆抹面压光 ·素水泥浆结合层一遍 ·80 厚 C10 混凝土 ·素土夯实	高低压配电室 变压器室 发电机房	顶棚 1	抹灰顶棚 ·钢筋混凝土底板面清理干净 ·7 厚 1：1：4 水泥石灰砂浆 ·5 厚 1：0.5：3 水泥石灰砂浆 ·刷普通涂料二遍	高低压配电室 变压器室 发电机房	外墙 1	高级外墙涂料 SJ.A 墙 Ⅰ44104	色彩详立面
内墙 1	乳胶漆内墙 ·15 厚 1：3 水泥砂浆打底 ·5 厚 1：2 水泥砂浆，面刮乳胶漆腻子一道 ·刷乳白色乳胶漆二遍	除卫生间外 其他内墙面	顶棚 2	乳胶漆顶棚 ·钢筋混凝土底板面清理干净 ·7 厚 1：1：4 水泥石灰砂浆 ·5 厚 1：0.5：3 水泥石灰砂浆 ·腻子刮平，刷乳胶漆三道	楼梯间、办公、走廊	屋面 1	块瓦坡屋面　详 00SJ202 Ⅶ⅜ 防水层为卓宝	
内墙 2	釉面砖内墙 防水：SJ.A 厕 Ⅱ1111 ·20 厚 1：3 水泥砂浆 ·聚合物水泥砂浆 5 厚 ·3～4 厚 1：2 水泥胶结合层 ·4～5 厚釉面砖白水泥擦缝	卫生间 面材颜色规格 另定	顶棚 3	轻钢龙骨顶棚 ·轻钢龙骨 UC50，吊筋Φ8，中距小于 1200×1200 ·穿空铝板	卫生间			

注：表中单位为毫米。

工程名称	配电站
图纸内容	室内外装修做法表
图纸编号	建施-02

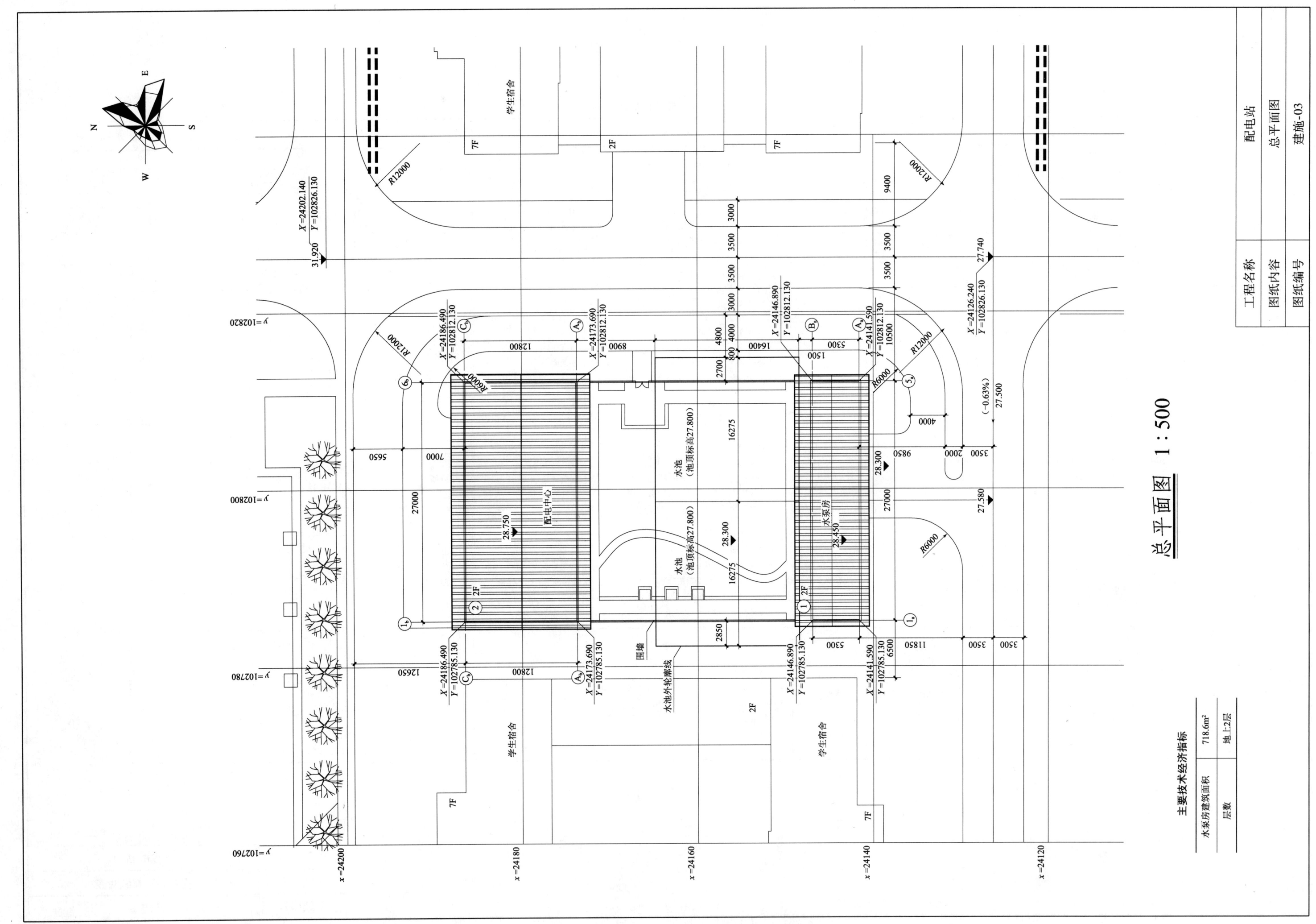

总平面图 1:500

工程名称	配电站
图纸内容	总平面图
图纸编号	建施-03

主要技术经济指标		
水泵房建筑面积	718.6m²	
层数	地上2层	

14

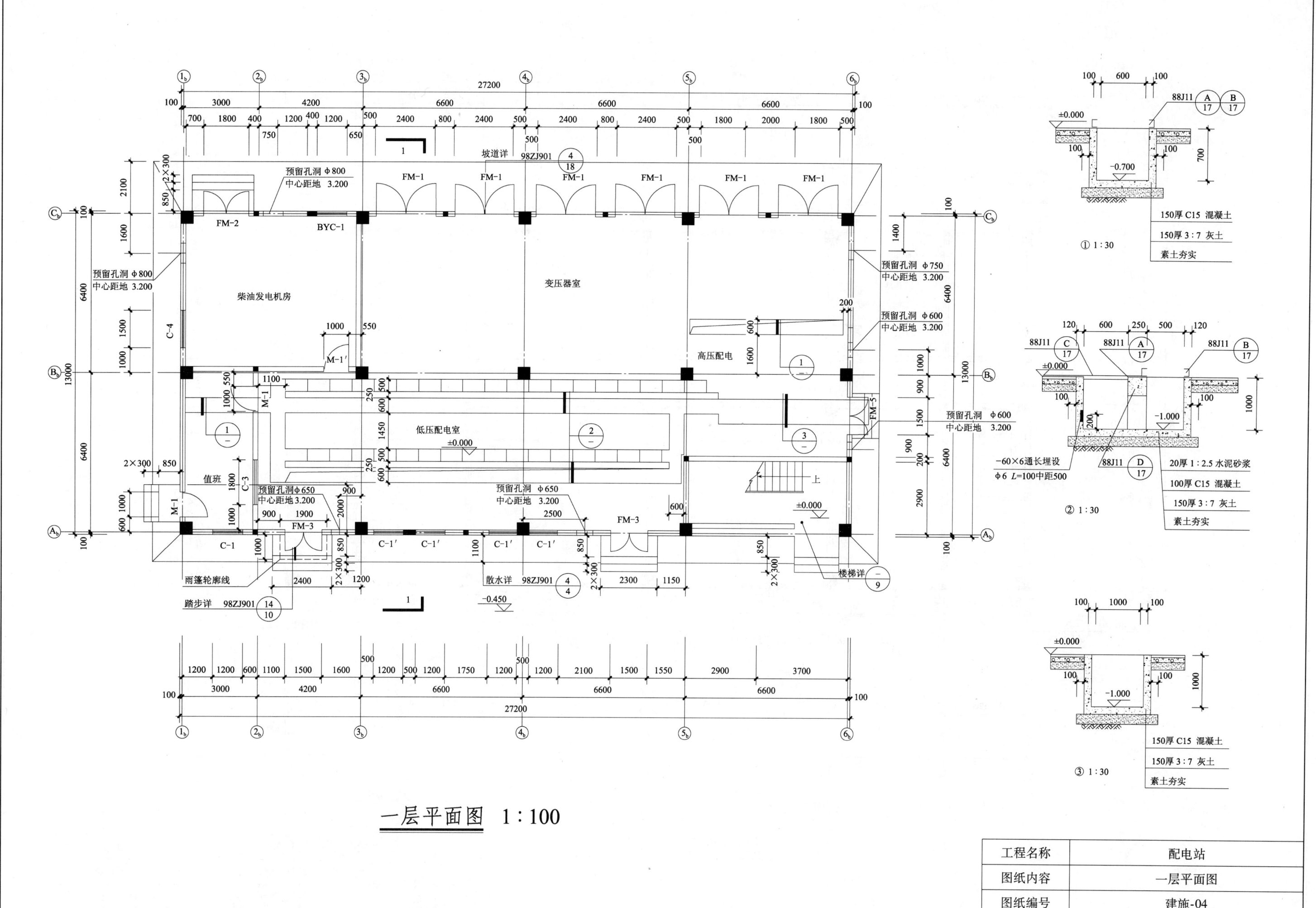

一层平面图 1：100

工程名称	配电站
图纸内容	一层平面图
图纸编号	建施-04

15

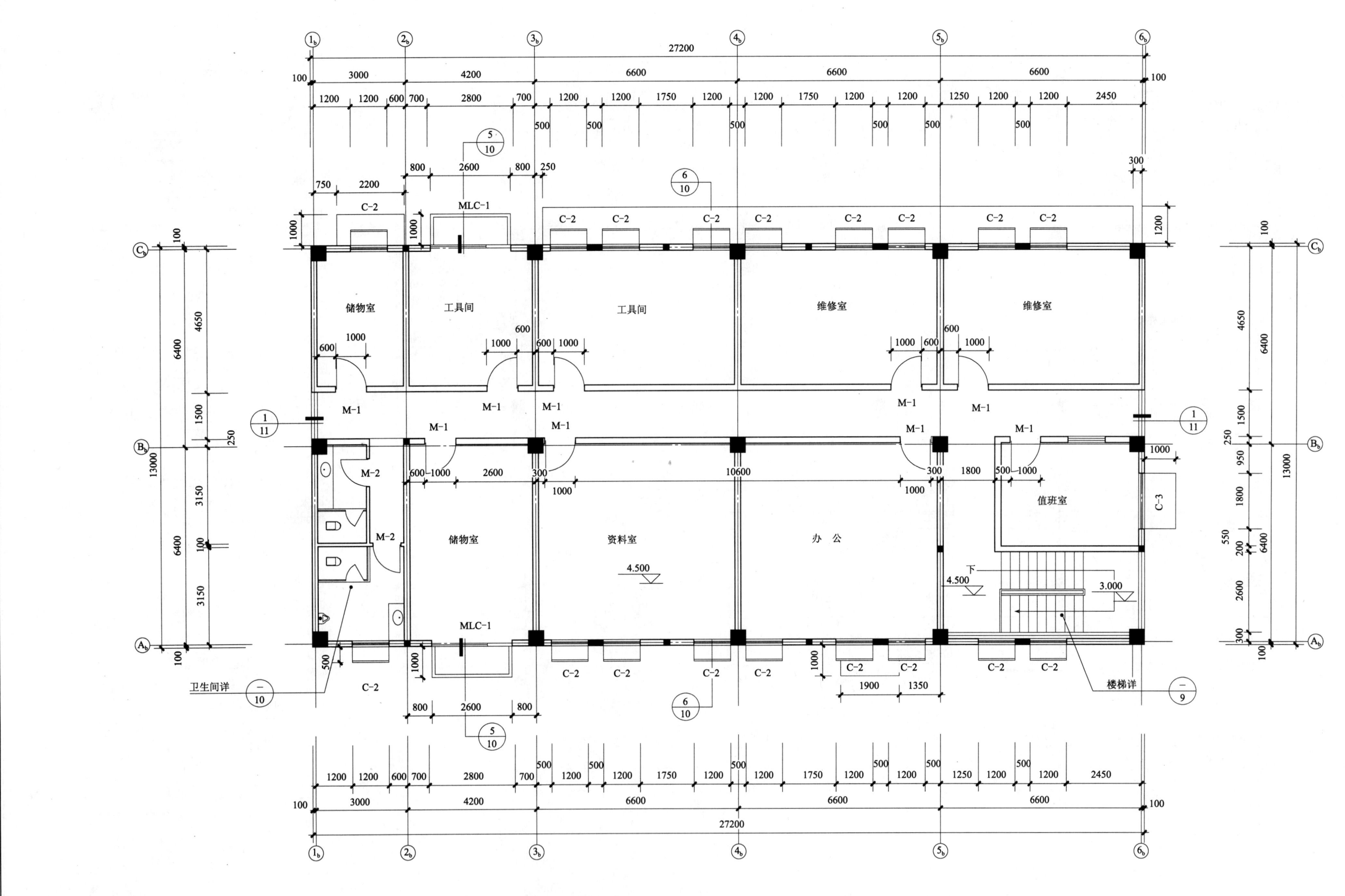

二层平面图 1:100

工程名称	配电站
图纸内容	二层平面图
图纸编号	建施-05

16

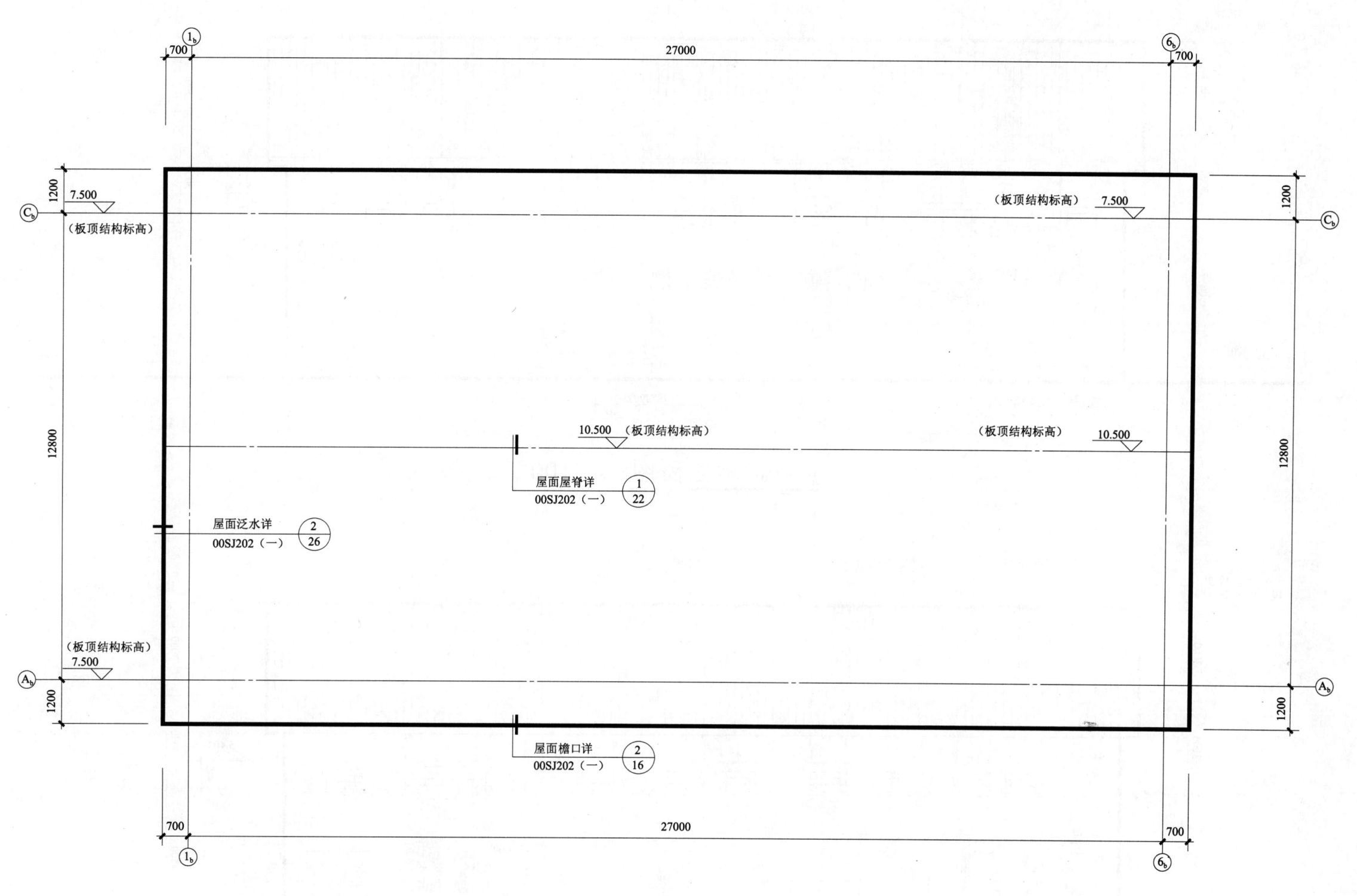

屋顶平面图 1：100

屋顶平面图中标注：

27000 700

（板顶结构标高）7.500

10.500 （板顶结构标高）

（板顶结构标高）

屋面屋脊详 1 / 22
00SJ202（一）

屋面泛水详 2 / 26
00SJ202（一）

屋面檐口详 2 / 16
00SJ202（一）

12800 1200 700

工程名称	配电站
图纸内容	屋顶平面图
图纸编号	建施-06

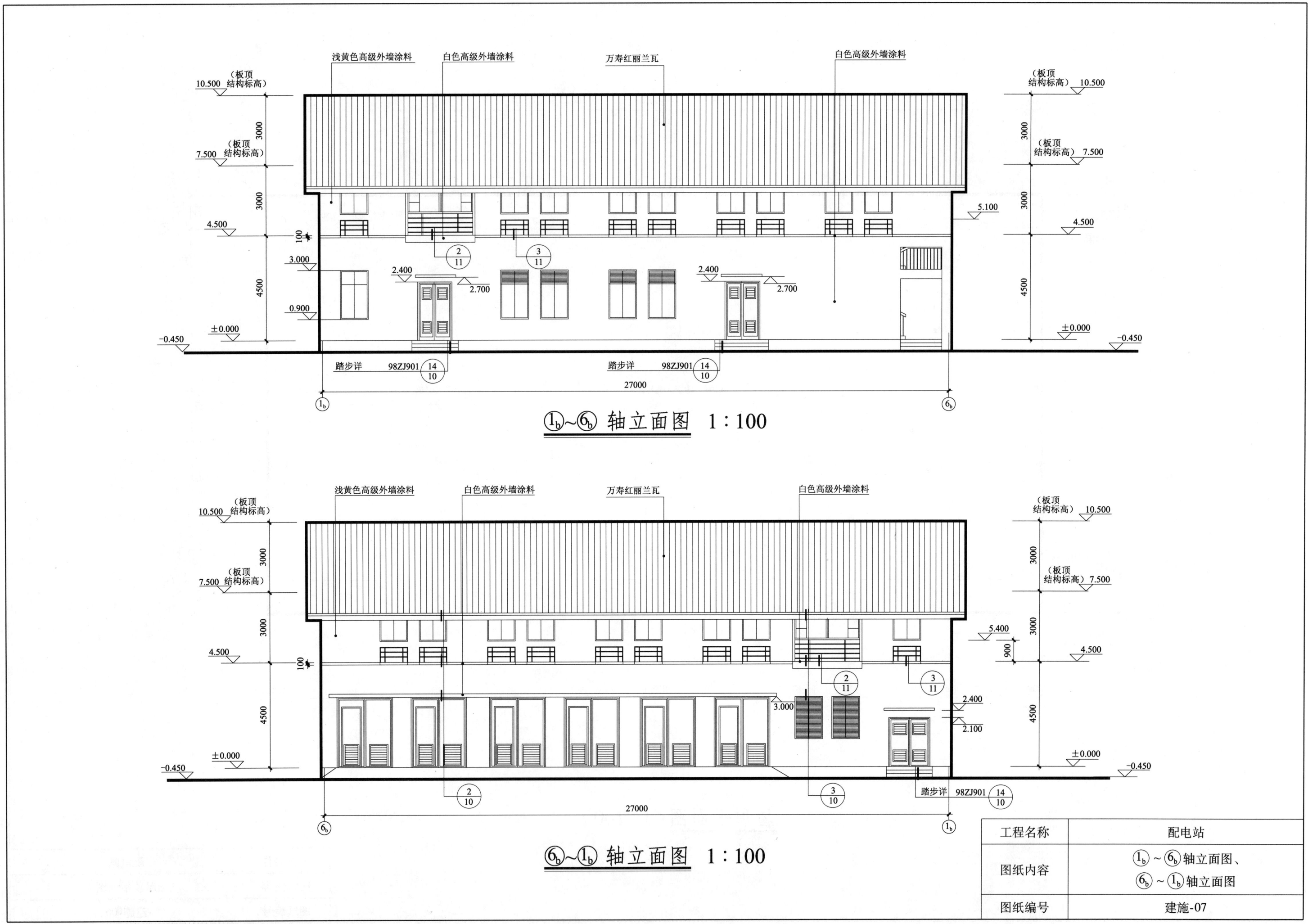

浅黄色高级外墙涂料　　白色高级外墙涂料　　万寿红丽兰瓦　　白色高级外墙涂料

（板顶
10.500　结构标高）

3000

（板顶
7.500　结构标高）

3000

4.500

100

3.000

2.400

0.900

2.700

±0.000

-0.450

踏步详　98ZJ901　14/10　　　　　踏步详　98ZJ901　14/10

27000

（板顶
结构标高）10.500

3000

（板顶
7.500　结构标高）

3000

5.100

4.500

4500

±0.000

-0.450

2/11　　3/11

2.400

2.700

①ᵦ　　　　　　　　　　　　　　　　⑥ᵦ

①ᵦ～⑥ᵦ 轴立面图　1：100

浅黄色高级外墙涂料　　白色高级外墙涂料　　万寿红丽兰瓦　　白色高级外墙涂料

（板顶
10.500　结构标高）

3000

（板顶
7.500　结构标高）

3000

4.500

100

4500

±0.000

-0.450

3.000

2/10　　　3/10

（板顶
结构标高）10.500

3000

（板顶
结构标高）7.500

3000

5.400

900

4.500

2/11　　　3/11

2.400

2.100

4500

±0.000

-0.450

踏步详　98ZJ901　14/10

27000

⑥ᵦ　　　　　　　　　　　　　　　　①ᵦ

⑥ᵦ～①ᵦ 轴立面图　1：100

工程名称	配电站
图纸内容	①ᵦ～⑥ᵦ轴立面图、⑥ᵦ～①ᵦ轴立面图
图纸编号	建施-07

18

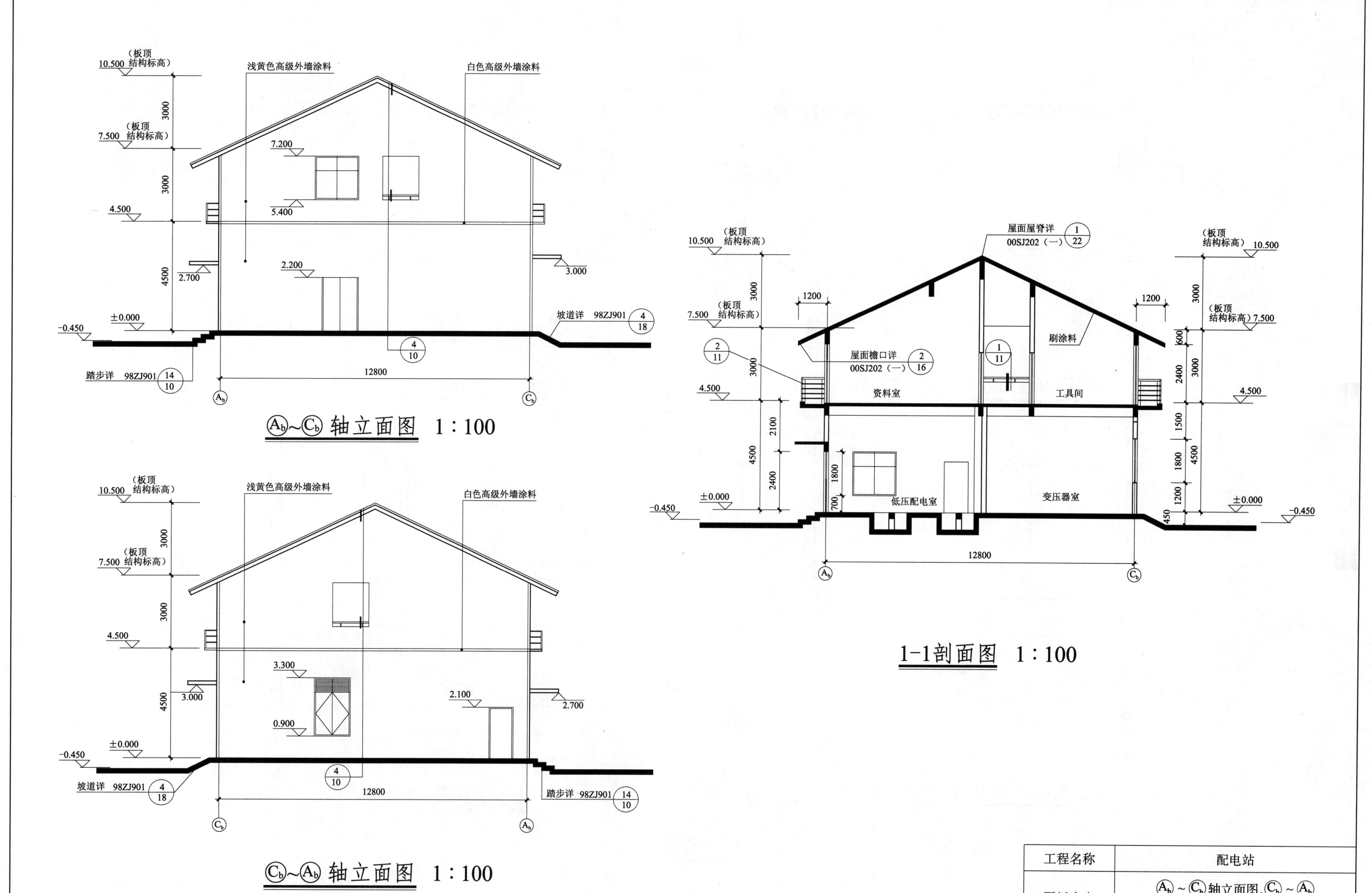

(板顶结构标高) 10.500

3000

(板顶结构标高) 7.500

3000

7.200

浅黄色高级外墙涂料

白色高级外墙涂料

4.500

5.400

2.700

4500

2.200

2.000

±0.000

-0.450

坡道详 98ZJ901 4/18

踏步详 98ZJ901 14/10

4/10

12800

Ab ~ Cb 轴立面图 1:100

(板顶结构标高) 10.500

3000

(板顶结构标高) 7.500

浅黄色高级外墙涂料

白色高级外墙涂料

4.500

3000

3.300

2.100

4500

3.000

0.900

2.700

±0.000

-0.450

坡道详 98ZJ901 4/18

4/10

12800

踏步详 98ZJ901 14/10

Cb ~ Ab 轴立面图 1:100

屋面屋脊详 00SJ202(一) 1/22

(板顶结构标高) 10.500

3000

(板顶结构标高) 7.500

1200

屋面檐口详 00SJ202(一) 2/16

刷涂料

2/11

3000

4.500

资料室

工具间

1/11

(板顶结构标高) 10.500

3000

1200

(板顶结构标高) 7.500

600

3000

2400

4500

1500

1800

1200

4.500

2100

4500

2400

1800

700

±0.000

低压配电室

变压器室

±0.000

-0.450

450

-0.450

Ab

12800

Cb

1-1剖面图 1:100

工程名称	配电站
图纸内容	Ab ~ Cb 轴立面图、Cb ~ Ab 轴立面图、1-1 剖面图
图纸编号	建施-08

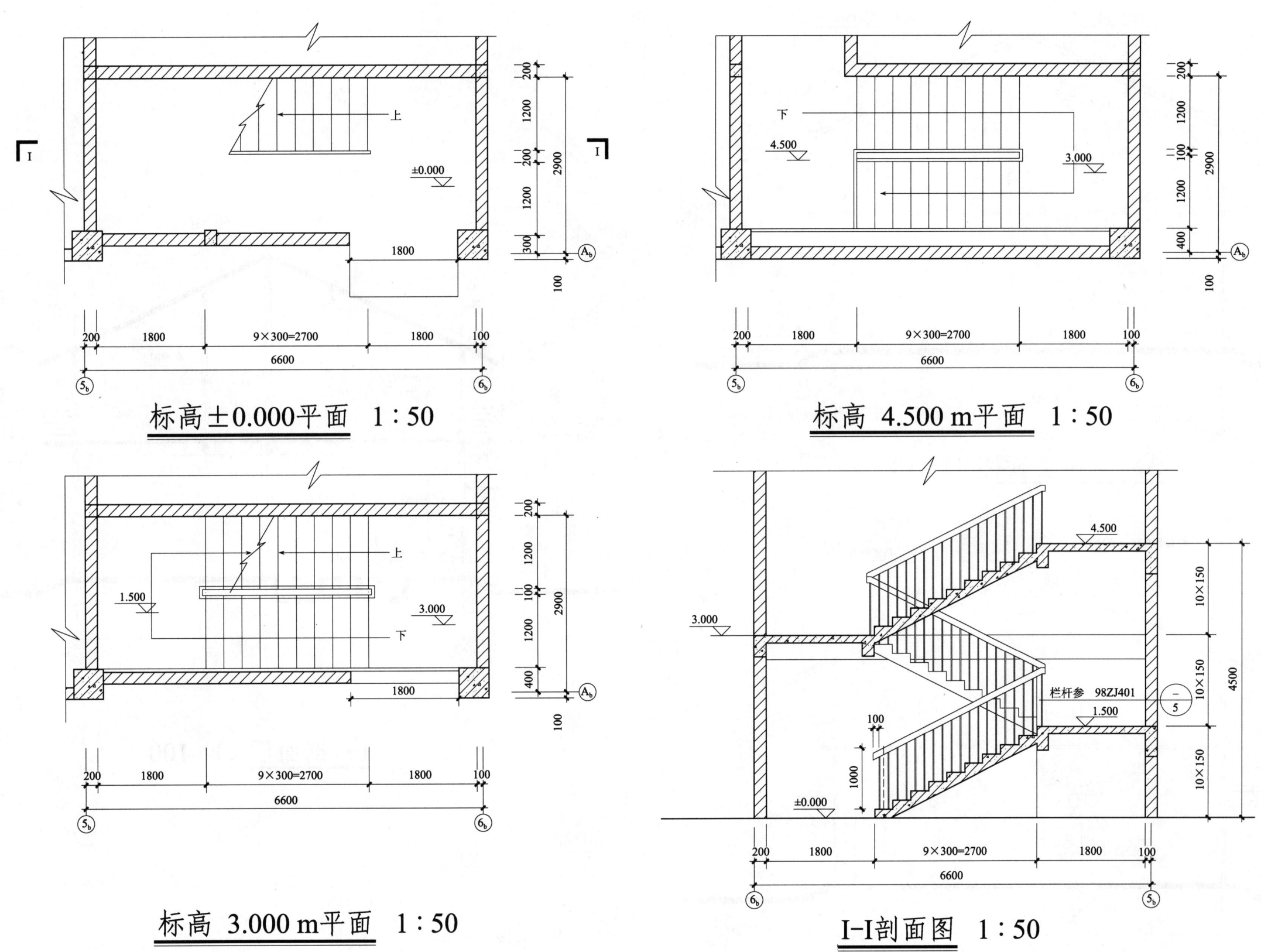

标高±0.000平面 1:50

标高 4.500 m平面 1:50

标高 3.000 m平面 1:50

I-I剖面图 1:50

栏杆参 98ZJ401

楼梯详图

工程名称	配电站
图纸内容	楼梯详图
图纸编号	建施-09

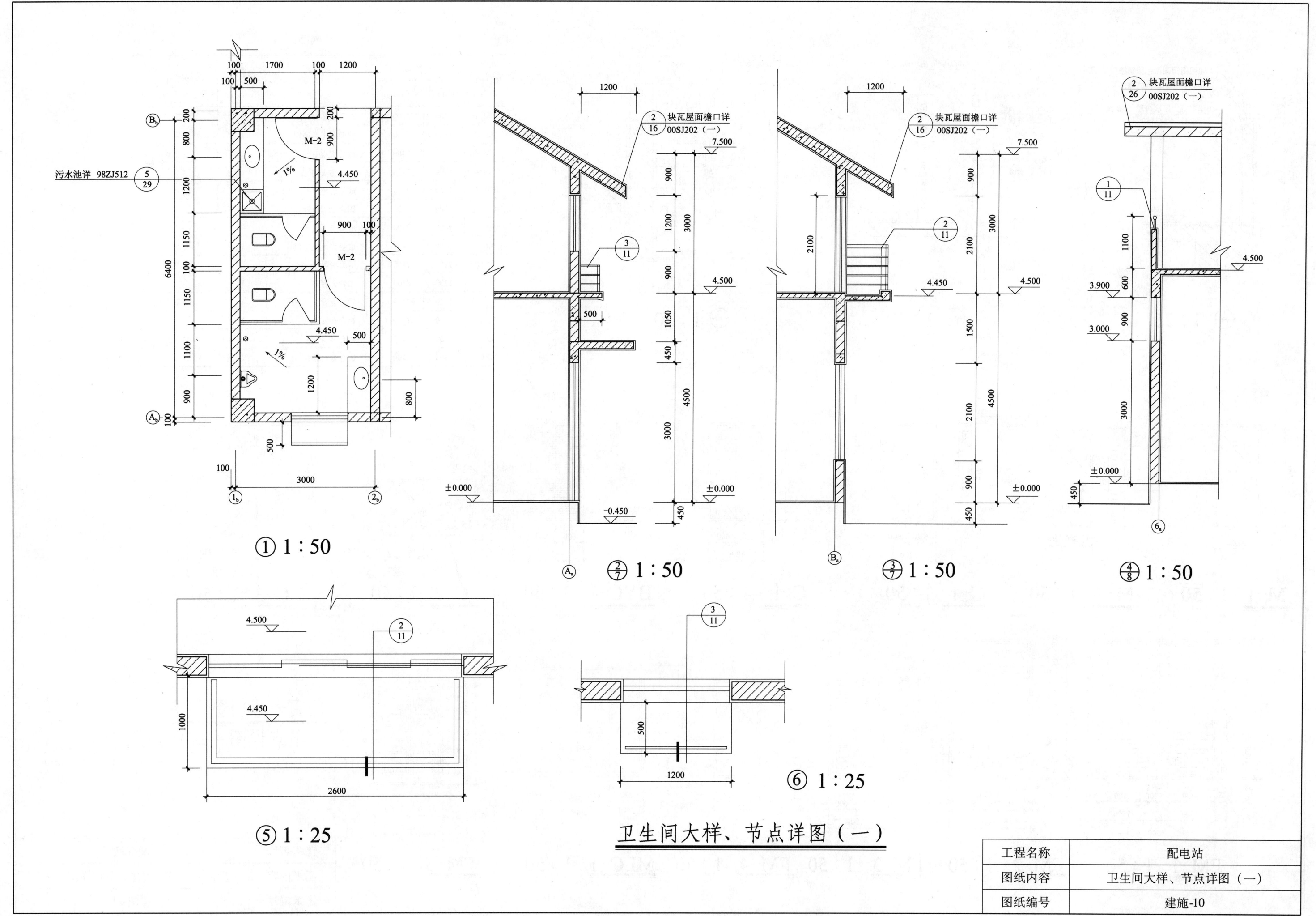

① 1:50

$\frac{2}{7}$ 1:50

$\frac{3}{7}$ 1:50

④ 1:50

⑤ 1:25

⑥ 1:25

污水池详 98ZJ512 $\frac{5}{29}$

块瓦屋面檐口详 $\frac{2}{16}$ 00SJ202（一）

块瓦屋面檐口详 $\frac{2}{16}$ 00SJ202（一）

块瓦屋面檐口详 $\frac{2}{26}$ 00SJ202（一）

卫生间大样、节点详图（一）

工程名称	配电站
图纸内容	卫生间大样、节点详图（一）
图纸编号	建施-10

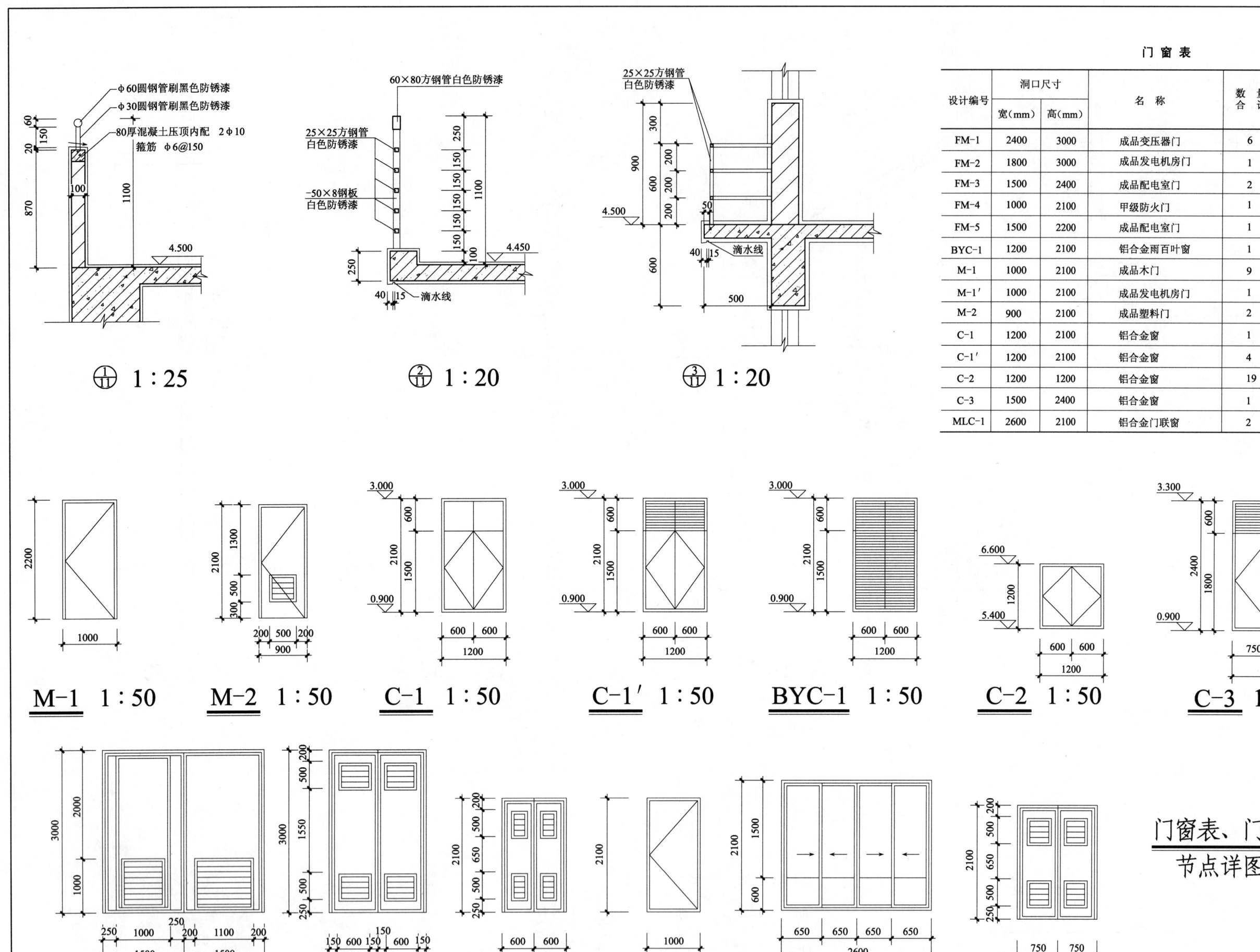

门 窗 表

设计编号	洞口尺寸		名 称	数 量 合 计	备 注
	宽(mm)	高(mm)			
FM-1	2400	3000	成品变压器门	6	带防雨百叶
FM-2	1800	3000	成品发电机房门	1	带防雨百叶
FM-3	1500	2400	成品配电室门	2	带防雨百叶
FM-4	1000	2100	甲级防火门	1	
FM-5	1500	2200	成品配电室门	1	
BYC-1	1200	2100	铝合金雨百叶窗	1	
M-1	1000	2100	成品木门	9	
M-1′	1000	2100	成品发电机房门	1	防噪声
M-2	900	2100	成品塑料门	2	带百叶
C-1	1200	2100	铝合金窗	1	
C-1′	1200	2100	铝合金窗	4	带防雨百叶
C-2	1200	1200	铝合金窗	19	
C-3	1500	2400	铝合金窗	1	带防雨百叶
MLC-1	2600	2100	铝合金门联窗	2	

门窗表、门窗大样、
节点详图（二）

工程名称	配电站
图纸内容	门窗表、门窗大样、节点详图（二）
图纸编号	建施-11

2.3 结构施工图

结构设计说明（一）

一、设计依据

1. 审批文件，建设单位要求，详见建施图。
2. 国家现行结构设计规范、规程。
3. 国家行业标准及地方结构设计规范、规程。
4. 建筑专业和设备专业提供的设计条件。
5. 岩土工程勘察报告：深圳市协鹏工程勘察有限公司2003年1月提供的《深圳职业技术学院新校区水泵房、配电房岩土工程勘察报告》。
6. 设计使用基准期为50年，结构安全等级为二级。

二、自然条件

1. 工程所在地：西丽留仙大道北侧。
2. 基本风压：$W_0 = 0.75 \text{kN/m}^2$。
3. 地震基本烈度：7度，按丙类建筑设计。
4. 建筑场地类别：Ⅱ类。
5. 勘测期间地下水稳定水位为绝对标高见岩土工程勘察报告。
6. 地下水腐蚀性：对钢筋混凝土结构具弱腐蚀性。
7. 场地的地形、地貌、工程地质特性详见《岩土工程勘察报告》。

三、设计概要

1. 建筑物概况：本建筑物为配电房，地上二层。
2. 图中所注标高均为相对标高。
3. 抗震建筑类别：丙类。
4. 结构类型：混凝土框架结构。
5. 抗震设防烈度：7度。
6. 结构抗震等级：3级。
7. 基础形式为柱下独立基础。
8. 荷载标准值：

  （1）阳台：3.5kN/m²；   走廊、楼梯：2.5kN/m²；

       不上人屋面：0.5kN/m²；   卫生间：2.5kN/m²；

       其余房间：5kN/m²。

  （2）其他均布活荷载标准值按《建筑结构荷载规范》GB 50009—2001取值

9. 施工图表示方法和构造详图，采用国家标准00G101图集。
10. 平面布置图中，除有注明者外，梁、墙、柱均以轴线居中，或梁边与柱、墙边齐；斜梁、弧梁以轴线交点连线为中线；梁长以实际放样尺寸为准。
11. 图中标高以米（m）为单位，其余均以毫米（mm）为单位。

四、材料

1. 钢筋

HPB235钢筋Φ $f_y = 210 \text{N/mm}^2$

HRB335级钢筋Φ $f_y = 300 \text{N/mm}^2$

2. 型钢、钢板：Q235A
3. 焊条：E43（3号钢，HPB235级钢筋的焊接）；E50（HRB335钢筋，HRB335钢筋与HRB335钢筋的焊接）。
4. 混凝土强度等级除特别注明外，均为C30。
5. 混凝土抗腐蚀措施：

本工程宜采用普通硅酸盐水泥或矿渣硅配盐水泥，水灰比小于0.60。

最少水泥用量350kg/m³，铝酸三钙含量小于80％。

6. 砌体材料与强度等级：

（1）砌体材料，详建施图。

（2）砌体材料密度及强度等级若采用下述材料时，其密度限制及强度等级要求如下：

① 砌块砌体密度<10kN/m³，材料强度MU5，用M5.0混合砂浆砌筑。

② 地面以下墙体均用M5.0水泥砂浆砌筑。

五、施工与设计配合事宜

1. 图纸会审：

施工前必须进行图纸会审，结施与建施、水施、设施、电施密切相关，必须与这些专业图纸对照、核查，如有问题，在施工前解决。

2. 基础工程：

（1）地基基础：详基础图纸。

（2）隔墙基础大样见结施-02图1。

（3）回填土要求分层夯实，密实度不小于0.92。

（4）在基坑开挖前及施工过程中，应进行人工降低地下水位，将地下水降至基底以下不小于500mm，开挖基坑时应注意边坡稳定，定期观测其对周围道路、市政设施和建筑物有无不利影响，对深度大于5m的深基坑应作专门设计。

（5）基础底板及梁、承台底应浇100mm厚C10素混凝土垫层，每边宽出100mm；承台、梁等结构构件与土层接触的侧壁宜做120mm砖模，以保证施工质量。

（6）基础底板下的土层应保持原状（未扰动）；若经扰动，要求分层夯实。

3. 框架柱、混凝土墙：

（1）保证柱、梁节点核心区混凝土强度和密实度不小于5MPa，当墙、柱和梁的混凝土强度等级相差时，节点区混凝土按强度等级高的混凝土施工，分界面应在墙、柱外边500mm处，如结施-02图2所示。

（2）当柱与砌体墙相连时，应沿柱高设拉墙筋2Φ6@600（砖墙时2Φ6@500）拉墙筋伸入柱内250mm，伸出柱边$L \geq 700$mm及$L \geq 1/5$墙长中较大者，或至门窗洞边拉墙筋末端带弯钩，如结施-02图3所示。

（3）混凝土墙内两层钢筋网之间设拉结筋，除注明者外，拉结筋均为Φ6@600梅花形设置，拉结筋应与墙水平筋匀布。

4. 梁：

（1）对跨度$L \geq 4$m或悬挑梁跨$L \geq 2$m的梁支模时应按施工规范3/1000要求起拱。

（2）悬挑梁必须在混凝土强度达到100％后方可拆模，在施工期间不得悬挂或堆放材料。悬挑梁配筋构造示意见结施-02图4。

（3）交叉梁（井字梁）体系中，短跨梁底筋置于长跨梁底筋之下。

工程名称	配电站
图纸内容	结构设计说明（一）
图纸编号	结施-01

23

（4）梁中预留直径$\phi \leqslant 150$的圆洞，要设钢套管及加强筋，见结施-02 图5。

（5）框架梁纵筋在端节点水平锚固长度$< 0.45L_{aE}$时，按结施-02 图6加横向短筋。

（6）屋面反梁，阻挡屋面排水时，在梁内排水标高预埋$\phi 50$过水管，上反梁纵筋在托梁内锚固见结施-02 图7。

（7）托梁端节点为梁时，其纵向钢筋的锚固要求见结施-02 图8。

（8）梁高不小于650mm时，需加梁侧纵向钢筋，做法参国标00G101。

（9）当次梁高度大于主梁时，附加筋构造见结施-02 图22。

5. 楼层（屋面）板：

（1）板中分布钢筋除注明外，上下层分布筋均为$\phi 6@200$。

（2）板配筋图中所注支座钢筋长度均从梁边算起，见结施-02 图10 板支座钢筋的锚固，见结施-02 图11。

（3）板内预埋管要放在上、下层钢筋网之间。

若埋管处上面无钢筋时，则沿管长方向加设$\phi 6@150$的钢筋网，见结施-02 图12。

（4）板面钢筋要保证正确位置，不能塌落。在挑板的阳角处设放射筋，见结施-02 图13。

（5）板跨$L > 4m$情况下，支模时，跨中起拱1/400。

（6）板上预留洞口：

a）洞口尺寸小于300mm时，钢筋不切断，绕洞口通过。

b）300mm $<$ 洞口尺寸 $<$ 800mm时，按结施-02 图14 设加强筋。

c）洞口尺寸大于800mm时，加边梁，除图中注明者外，按结施-02 图15 设边梁。

（7）凡建施有吊顶时，均按建施要求，埋设吊顶钢筋。

（8）双向配置受力筋的双向板，短向筋置于长向筋之下。

（9）在靠近外墙的楼板阳角位置1/3 短跨范围内，面筋间距加密至100mm。

6. 构造柱：

（1）构造柱设置在砌筑墙体的端部、转角、丁字接头处，以及宽度大于2.5m的门窗洞口两侧；当墙长大于6m时，需每隔3m设一构造柱。

（2）构造柱必须先砌墙后浇柱，墙应砌成马牙槎，并设拉墙筋。

（3）构造柱截面、配筋及拉墙筋见结施-02 图16，构造柱上下纵筋须锚入梁或板内大于350mm，按建施隔墙布置预留。

7. 圈梁：

（1）当砌体墙高度大于4m时，在墙中部（或门、窗洞顶）设置与混凝土柱、墙连接的通长混凝土圈梁，见下表：

圈梁尺寸及配筋

墙厚 t（mm）	梁截面尺寸（mm）	纵 筋	箍 筋	备 注
$t \leqslant 120$	$t \times 120$	$4\phi 10$	$\phi 6@200$	
$120 < t \leqslant 240$	$t \times 200$	$4\phi 12$	$\phi 6@200$	
$t > 240$	$t \times 300$	$4\phi 14$	$\phi 6@200$	

（2）圈梁纵向钢筋在转角、丁字接头处的大样见结施-02 图17。

8. 过梁：

（1）砌体墙中的门窗洞口顶低于楼层梁底时，依据洞宽和墙厚，按结施-02 图18及下表选设过梁。

过梁表（混凝土强度等级为C20）

L_0（mm）	h（mm）	a（mm）	①	②	③
$L_0 \leqslant 1000$	120	240	$2\phi 10$	$2\phi 8$	$\phi 6@200$

续表

L_0（mm）	h（mm）	a（mm）	①	②	③
$1000 < L_0 \leqslant 1500$	180	240	$2\phi 12$	$2\phi 10$	$\phi 6@200$
$1500 < L_0 \leqslant 2000$	240	240	$2\phi 16$	$2\phi 10$	$\phi 6@200$
$2000 < L_0 \leqslant 2500$	240	240	$2\phi 18$	$2\phi 10$	$\phi 6@200$
$2500 < L_0 \leqslant 3000$	300	350	$3\phi 16$	$2\phi 10$	$\phi 8@200$
$3000 < L_0 \leqslant 4000$	300	350	$3\phi 18$	$2\phi 10$	$\phi 8@200$

（2）砌体墙中的门窗洞口顶低于梁底高度而不足过梁高度时，应直接在梁底挂板，见结施-02 图19。

（3）对于混凝土柱、墙边的门、窗洞口的过梁，施工柱、墙时，应留出过梁钢筋，见结施-02 图20。

六、其他事宜

1. 结施图中仅留出了各专业提供的较大洞口，较小洞口请按各专业图纸要求预留，不得事后在混凝土构件上剔槽、打洞。

2. 凡需浇捣楼板的各管道井，在楼面施工时，应先配好板钢筋，待管道安装完毕，再浇筑该部分楼板混凝土。

3. 楼梯栏杆的连接及埋件详建施图。

4. 铝制管道不允许埋在混凝土构件内，以免铝与钢筋发生电化反应，若必须用铝管，则其表面必须有有效的防护层。

5. 防雷引下线，对梁、板、柱（或墙）、基础内钢筋的焊接要求，详电施图。

6. 沉降观测按《地基与基础工程施工及验收规范》GB 50202—2002 要求，设置沉降观测点（及水准点）并定期观测，观测点至少在建筑物外墙四角及变形缝两侧设置。

7. 未尽事宜须遵守国家及本工程所属地区有关施工验收规范、规程和规定。

工程名称	配电站
图纸内容	结构设计说明（一）
图纸编号	结施-01

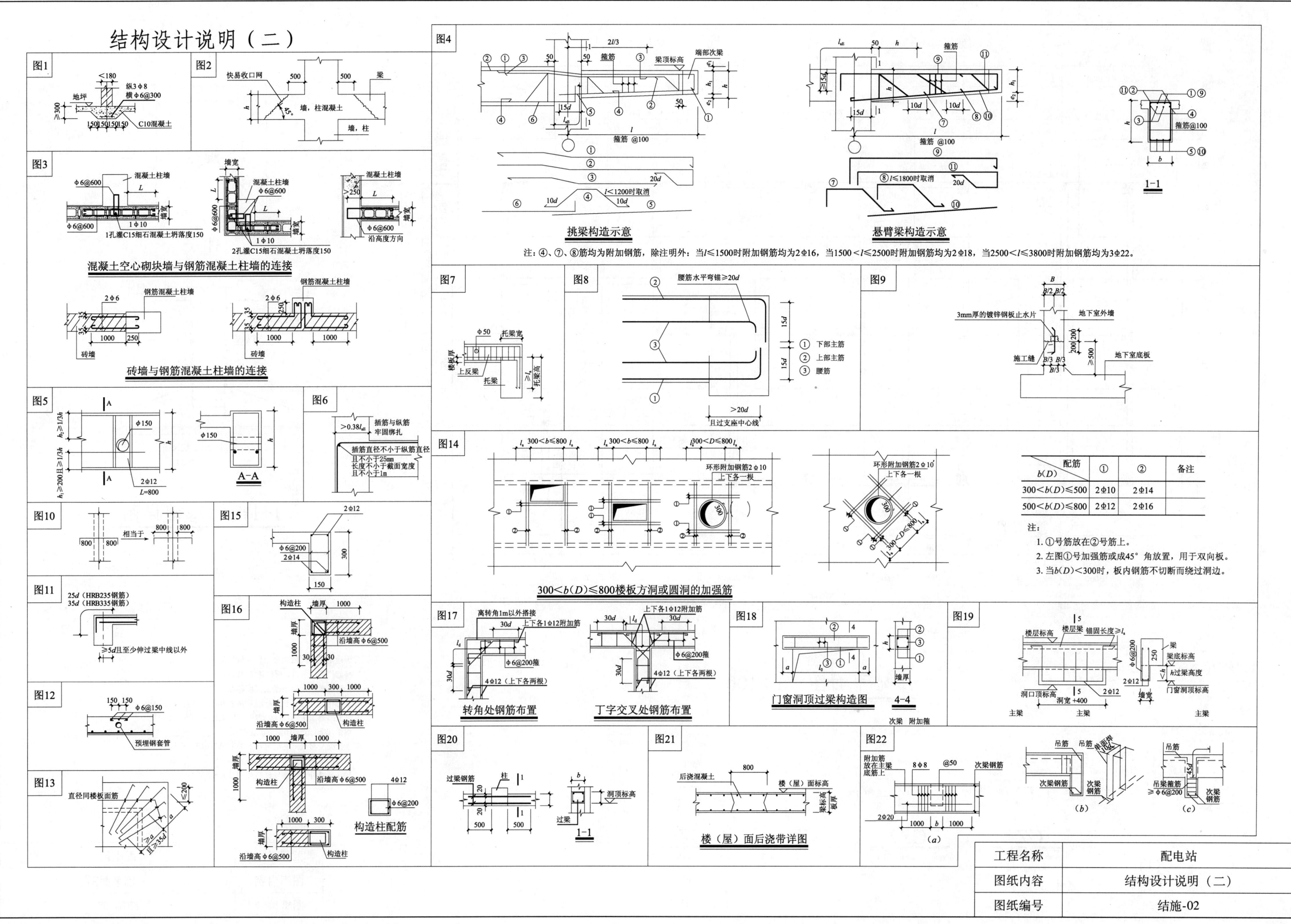

结构设计说明（二）

图1
纵3φ8
横φ6@300
地坪
≥300
<180
150 50 50 50 50
C10混凝土

图2
500
500
梁
快易收口网
45°
h
墙、柱混凝土
墙、柱

图3
混凝土柱墙
φ6@600
L
墙宽
1φ10
φ6@600
1孔灌C15细石混凝土坍落度150
墙宽

混凝土柱墙
φ6@600
L
墙宽
墙宽
2孔灌C15细石混凝土坍落度150

混凝土柱墙
L
250
沿高度方向

混凝土空心砌块墙与钢筋混凝土柱墙的连接

钢筋混凝土柱墙
2φ6
35 35
1000 250
砖墙

钢筋混凝土柱墙
2φ6
50 35
1000 1000
砖墙

砖墙与钢筋混凝土柱墙的连接

图5
A
φ150
h₁≥200且h₁>1/3h
h₁≥1/3h
A
2φ12
L=800

A-A
φ150
h

图6
插筋与纵筋牢固绑扎
>0.38l_aE
插筋直径不小于纵筋直径
且不小于25mm
长度不小于截面宽度
且不小于1m

图10
800 800
800 800
相当于

图11
25d（HRB235钢筋）
35d（HRB335钢筋）
≥5d且至少伸过梁中线以外

图12
150 150
φ6@150
预埋钢套管

图13
直径同楼板面筋
≥200
≥2√5d

图15
2φ12
300
φ6@200
2φ14
150

图16
构造柱
墙厚
1000
沿墙高φ6@500
30 30
1000
墙厚
1000 300 1000
沿墙高φ6@500
构造柱
墙厚
1000
1000 300 1000
墙厚
构造柱
沿墙高φ6@500
墙厚
1000
1000 300 1000
构造柱
沿墙高φ6@500

构造柱配筋
4φ12
φ6@200

图4
50 50 2l/3 箍筋
梁顶标高
端部次梁
15d
l_aE
箍筋 l@100
①②③④⑤⑥⑦

挑梁构造示意

l_aE 50 h
箍筋
15d
10d 10d
箍筋@100
l≤1800时取消
20d
⑦⑧⑨⑩⑪

悬臂梁构造示意

1-1
箍筋@100
h
b

注：④、⑦、⑧筋均为附加钢筋，除注明外：当l≤1500时附加钢筋均为2φ16，当1500<l≤2500时附加钢筋均为2φ18，当2500<l≤3800时附加钢筋均为3φ22。

图7
φ50
托梁宽
楼板厚
上反筋
托梁
l_a
托梁高

图8
腰筋水平弯锚≥20d
15d
15d
①下部主筋
②上部主筋
③腰筋
>20d
且过支座中心线

图9
B/2 B/2
3mm厚的镀锌钢板止水片
地下室外墙
200 200
施工缝
500
地下室底板
B/3 B/3
B/3

图14
l_a 300<b≤800 l_a
l_a 300<b≤800 l_a
300<D≤800 l_a
环形附加钢筋2φ10
上下各一根
环形附加钢筋2φ10
上下各一根
300
300<D≤800

300<b(D)≤800楼板方洞或圆洞的加强筋

配筋 b(D)	①	②	备注
300<b(D)≤500	2φ10	2φ14	
500<b(D)≤800	2φ12	2φ16	

注：
1. ①号筋放在②号筋上。
2. 左图①号加强筋或成45°角放置，用于双向板。
3. 当b(D)<300时，板内钢筋不切断而绕过洞边。

图17
离转角1m以外搭接
30d
上下各1φ12附加筋
φ6@200箍
4φ12（上下各两根）
l_a
30d

30d l_a 30d
上下各1φ12附加筋
φ6@200箍
4φ12（上下各两根）

转角处钢筋布置   **丁字交叉处钢筋布置**

图18
② 4
a l₀ ① a
h
①

墙厚

门窗洞顶过梁构造图

4-4
②③①

图19
楼层标高
楼层梁
锚固长度≥l_a
φ6@200
250
梁底标高
h/过梁高度
门窗洞顶标高
洞口顶标高
洞宽 +400
主梁
2φ12
主梁
墙宽
梁

图20
过梁钢筋
柱
I
I
20 20
500 500
过梁
洞顶标高
b

1-1
b
过梁

图21
后浇混凝土
800
楼（屋）面标高
板厚

楼（屋）面后浇带详图

图22
附加筋
放在主梁底筋上
8φ8 @50
次梁钢筋
1000 b 1000
2φ20
次梁 附加筋

(a)

吊筋
构造柱
次梁钢筋
次梁钢筋
次梁钢筋
吊梁钢筋
≥φ6@200
(b)

吊筋
φ6@200
次梁钢筋
(c)

工程名称	配电站
图纸内容	结构设计说明（二）
图纸编号	结施-02

25

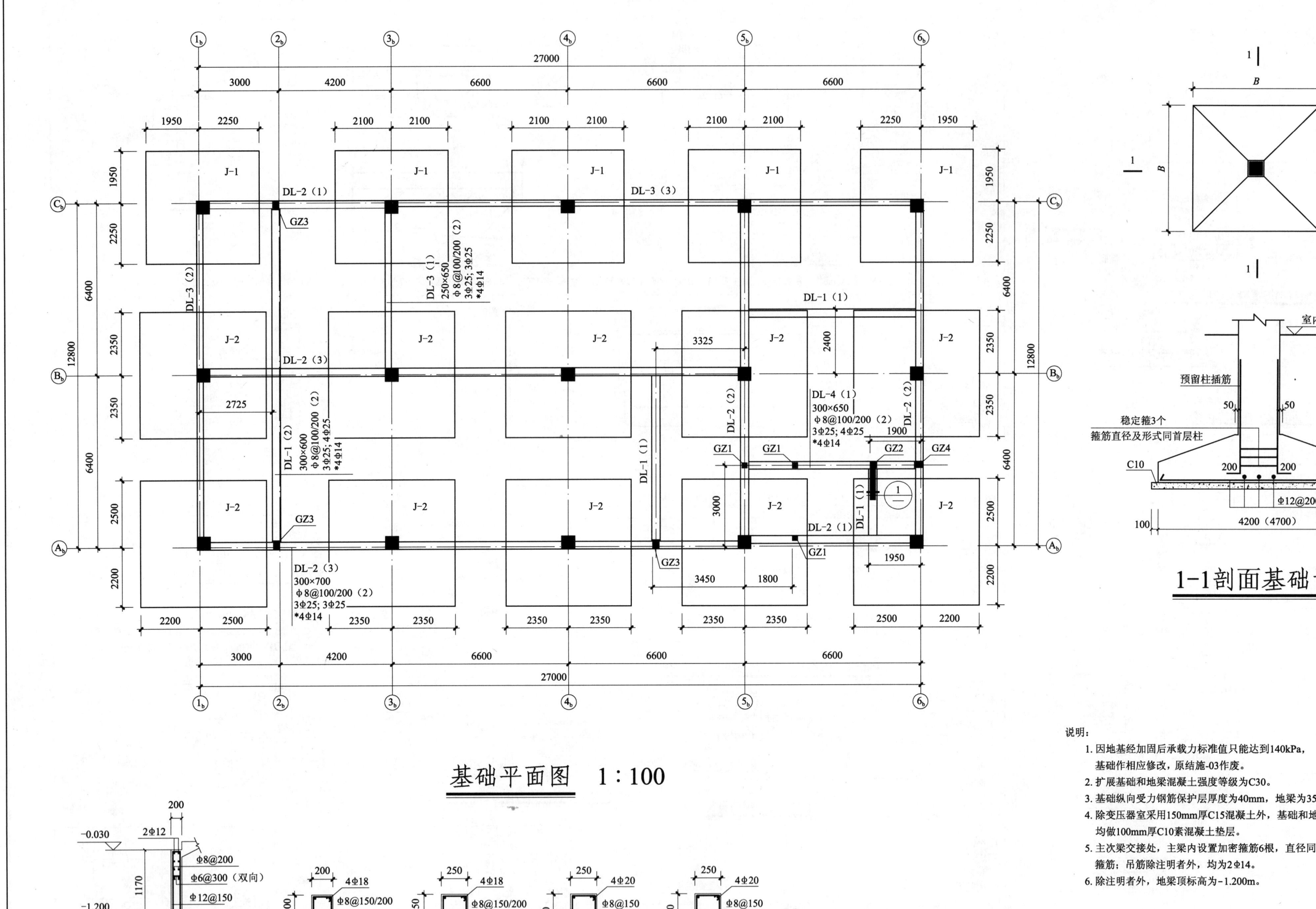

基础平面图 1:100

1-1剖面基础详图

室内地坪

预留柱插筋

稳定箍3个
箍筋直径及形式同首层柱

C10

Φ12@200 (Φ12@150)

①

GZ1
标高 -1.200~1.470

GZ2
标高 -1.200~2.970

GZ3
标高 -1.200~4.470

GZ4
标高 -1.200~2.970

说明:
1. 因地基经加固后承载力标准值只能达到140kPa,
基础作相应修改,原结施-03作废。
2. 扩展基础和地梁混凝土强度等级为C30。
3. 基础纵向受力钢筋保护层厚度为40mm,地梁为35mm。
4. 除变压器室采用150mm厚C15混凝土外,基础和地梁下
均做100mm厚C10素混凝土垫层。
5. 主次梁交接处,主梁内设置加密箍筋6根,直径同主梁内
箍筋;吊筋除注明者外,均为2Φ14。
6. 除注明者外,地梁顶标高为-1.200m。

工程名称	配电站
图纸内容	基础平面图
图纸编号	结施-03

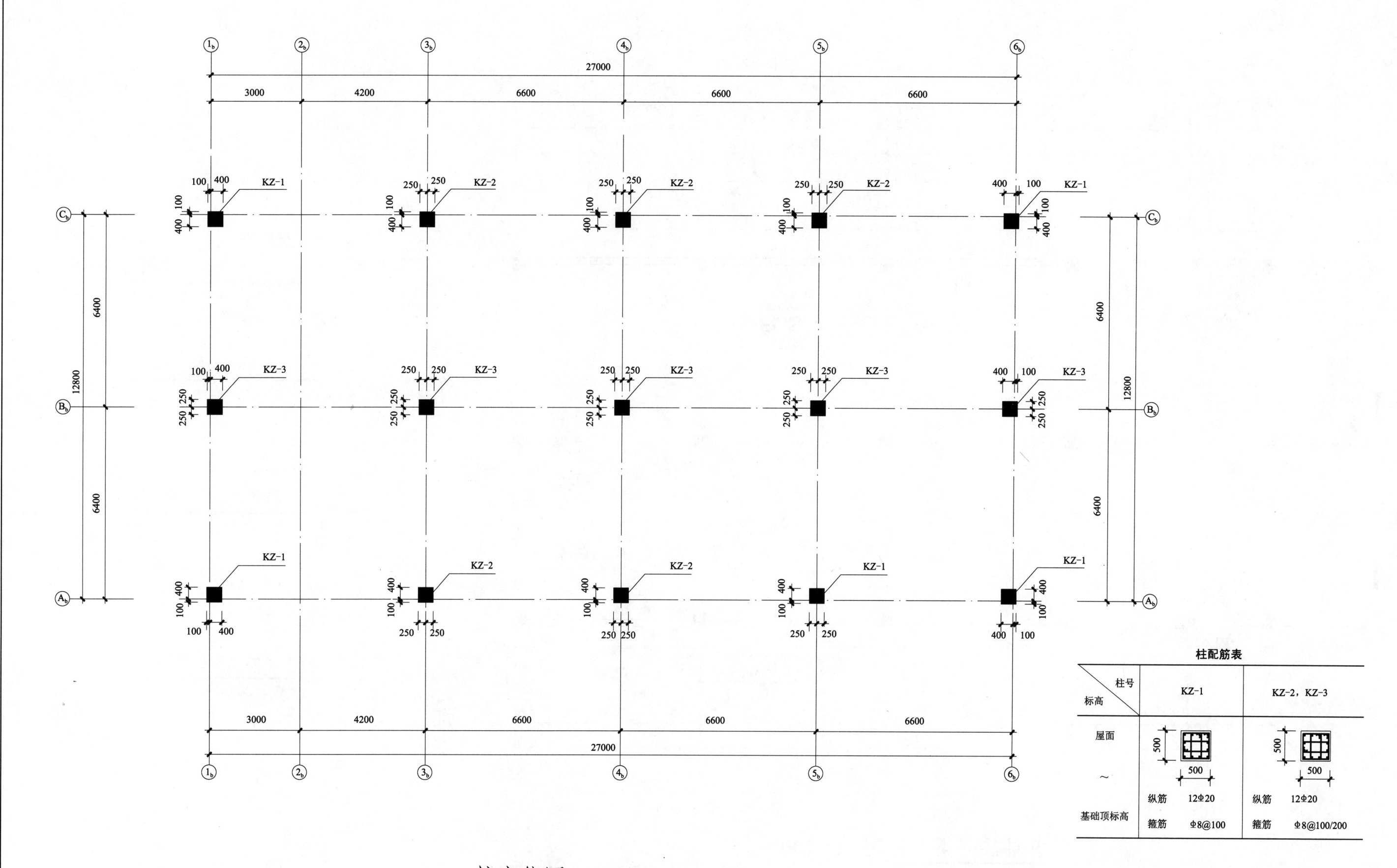

柱定位图 1:100

工程名称	配电站
图纸内容	柱定位图
图纸编号	结施-04

柱配筋表

柱号 标高	KZ-1	KZ-2，KZ-3
屋面 ~ 基础顶标高	500 500 纵筋　12Φ20 箍筋　Φ8@100	500 500 纵筋　12Φ20 箍筋　Φ8@100/200

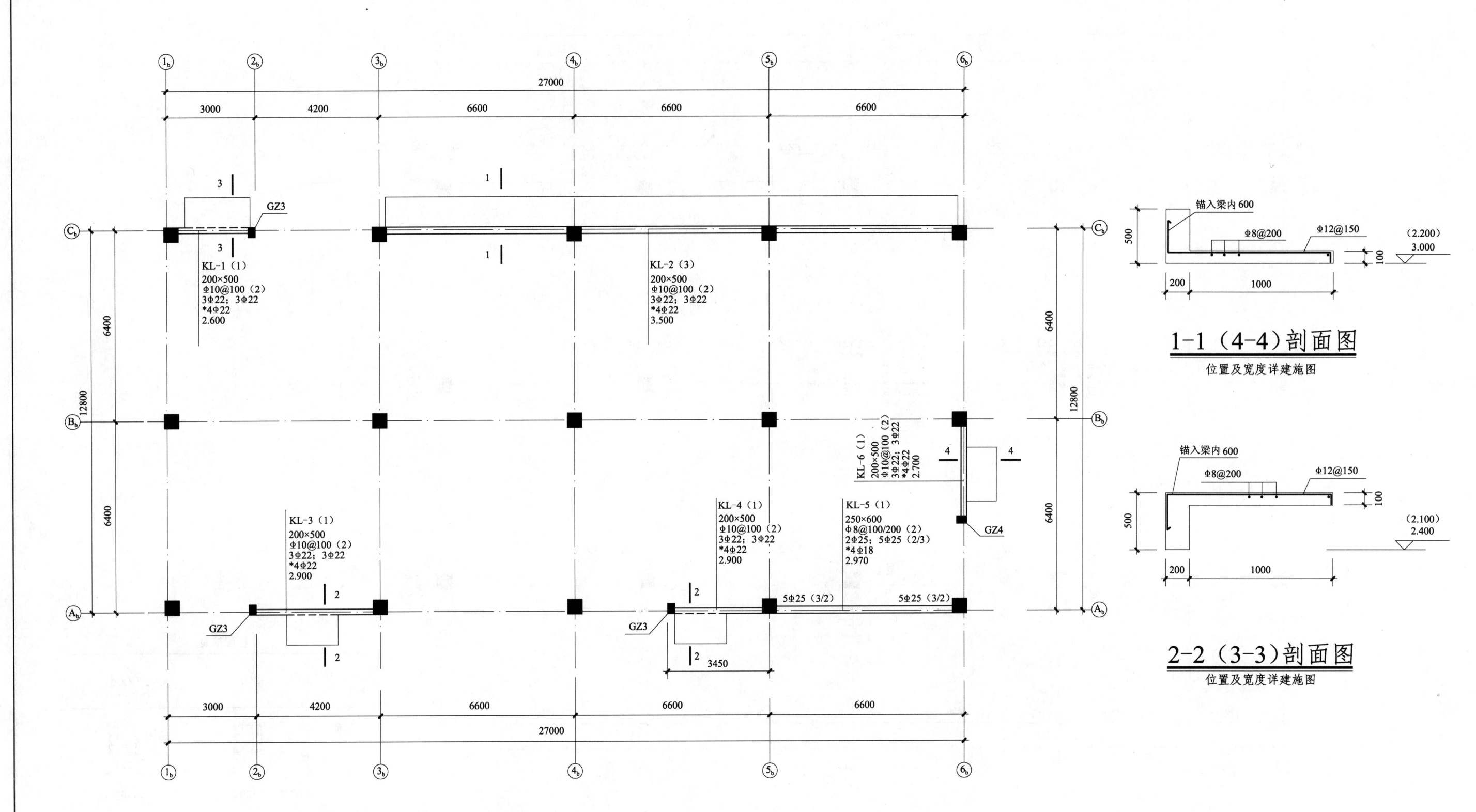

首层层间梁布置图 1:100

1-1 (4-4) 剖面图
位置及宽度详建施图

2-2 (3-3) 剖面图
位置及宽度详建施图

工程名称	配电站
图纸内容	首层层间梁布置图
图纸编号	结施-05

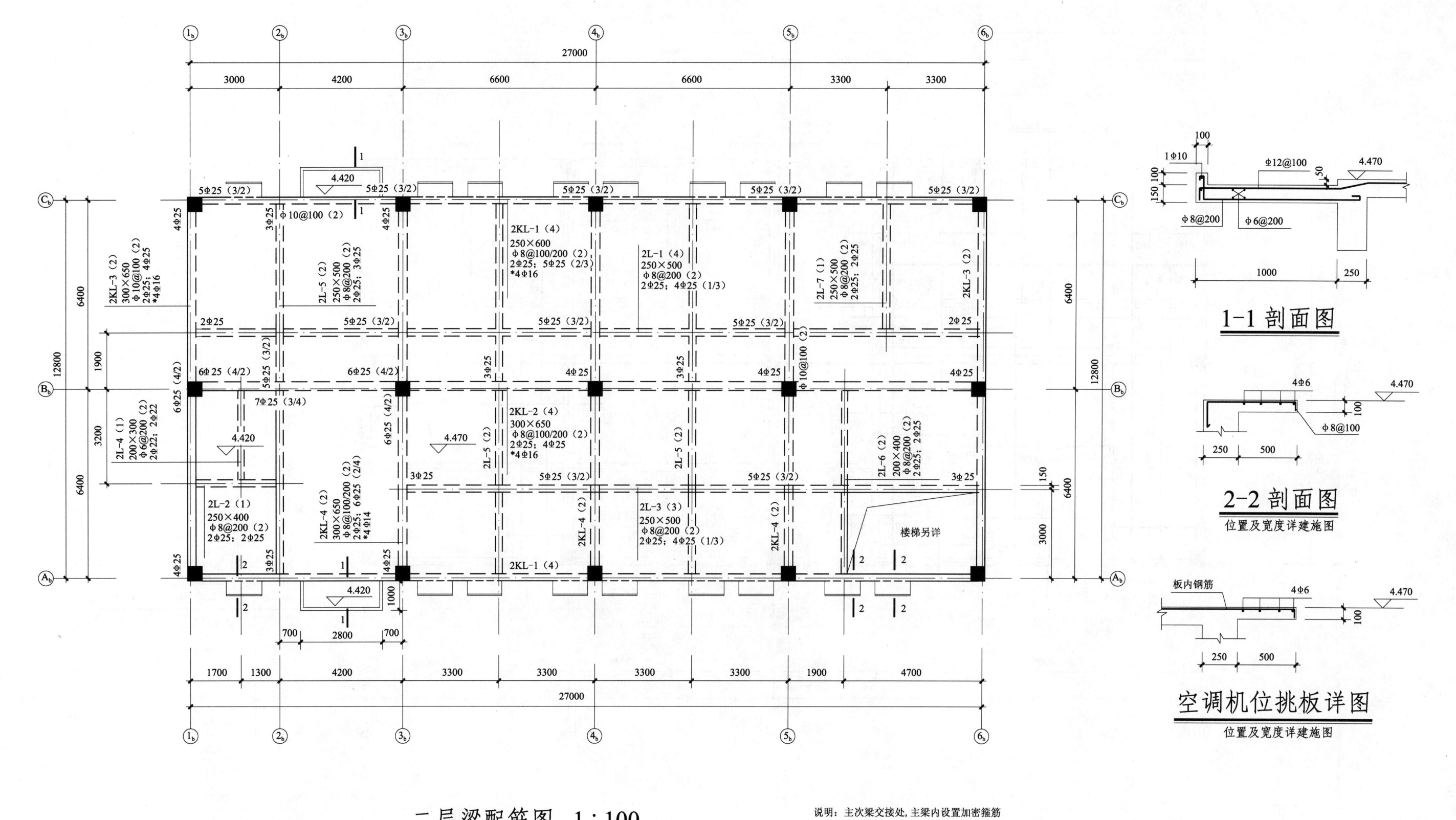

二层梁配筋图 1：100

板厚120mm

说明：主次梁交接处,主梁内设置加密箍筋
6根,直径同主梁内箍筋；吊筋除注明
者外,均为2Φ14。

1-1 剖面图

2-2 剖面图
位置及宽度详建施图

空调机位挑板详图
位置及宽度详建施图

工程名称	配电站
图纸内容	二层梁配筋图
图纸编号	结施-06

29

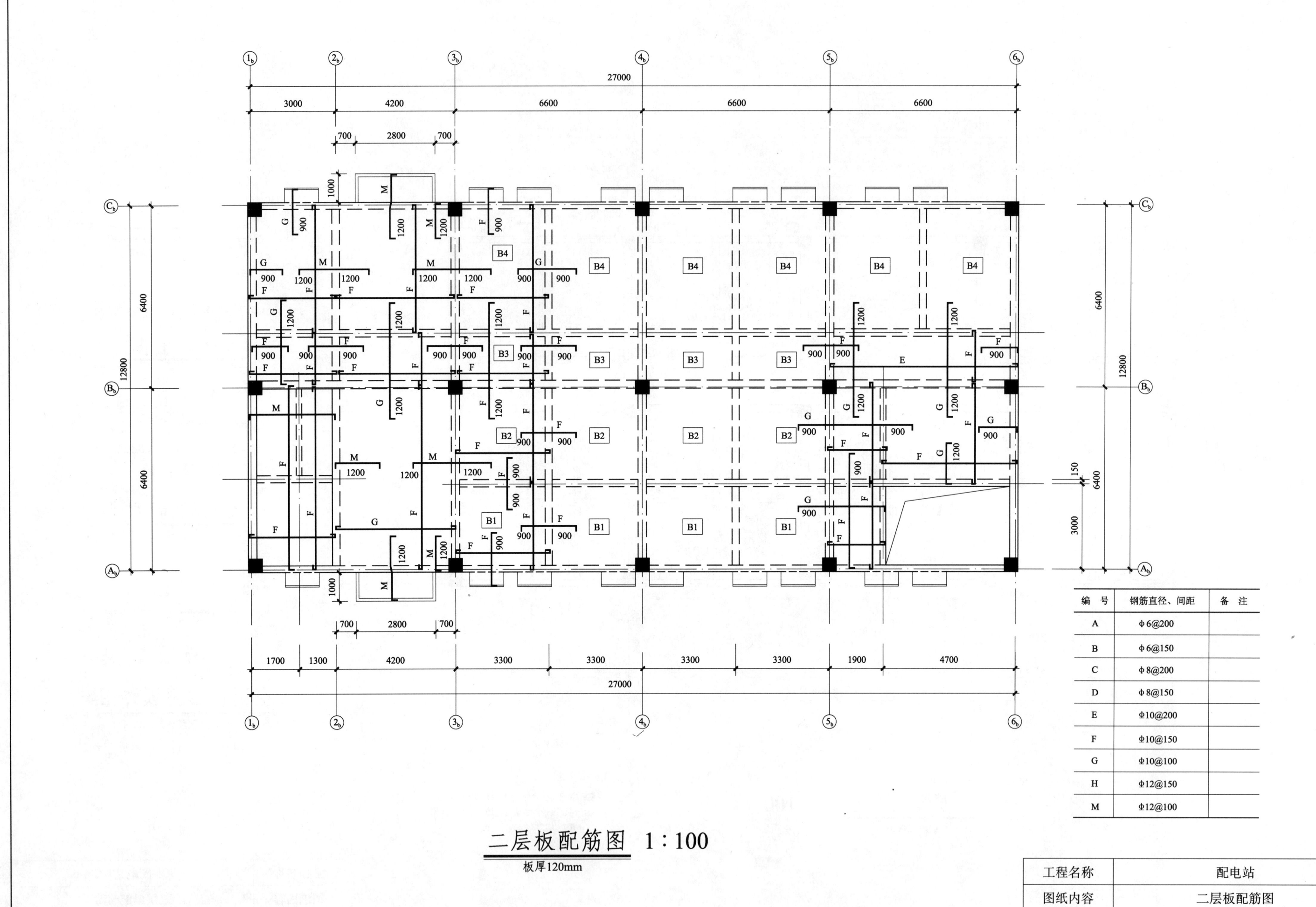

二层板配筋图 1：100

板厚120mm

编 号	钢筋直径、间距	备 注
A	Φ6@200	
B	Φ6@150	
C	Φ8@200	
D	Φ8@150	
E	Φ10@200	
F	Φ10@150	
G	Φ10@100	
H	Φ12@150	
M	Φ12@100	

工程名称	配电站
图纸内容	二层板配筋图
图纸编号	结施-07

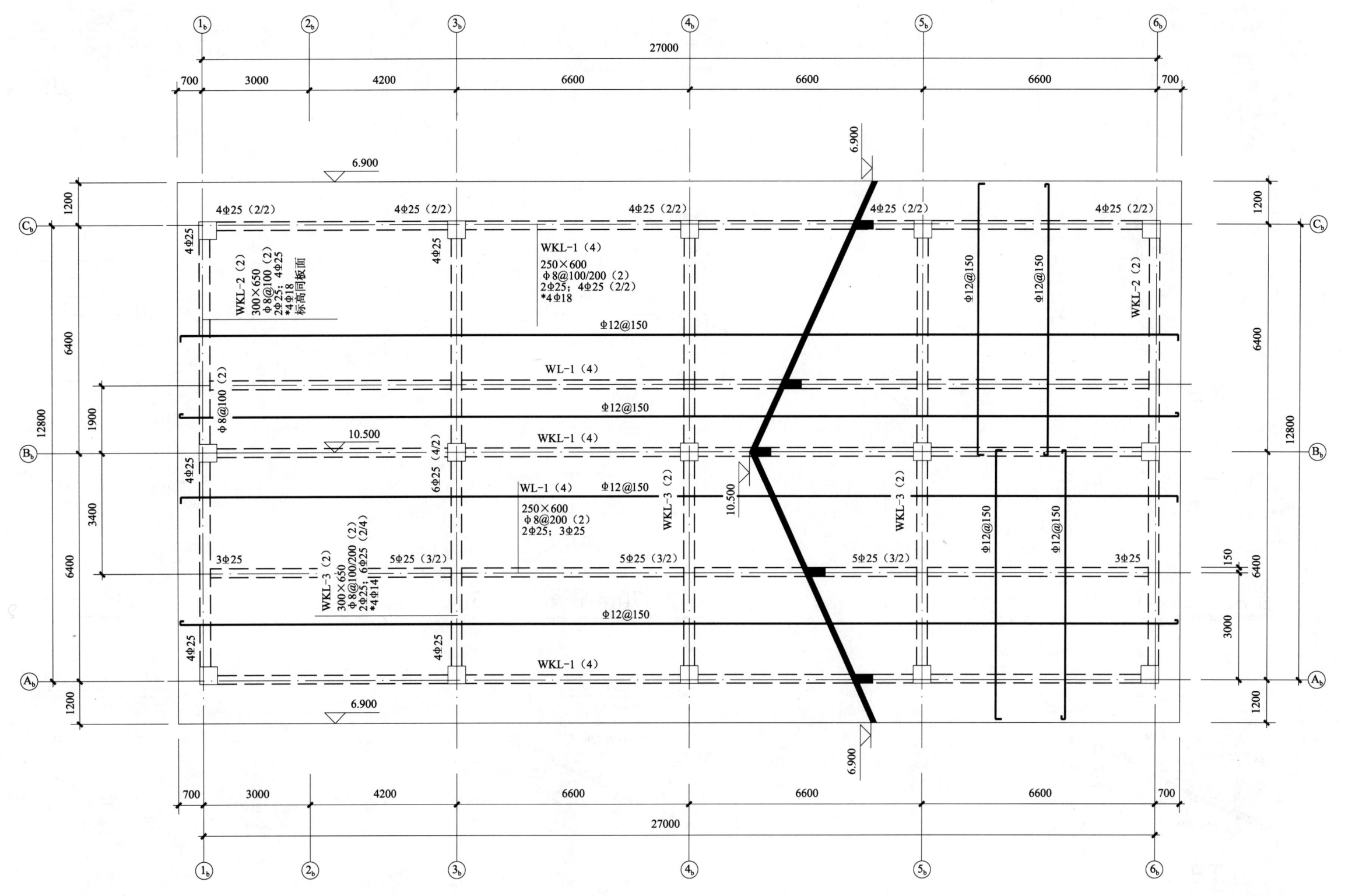

屋面结构布置图 1：100
板厚150mm

工程名称	配电站
图纸内容	屋面结构布置图
图纸编号	结施-08

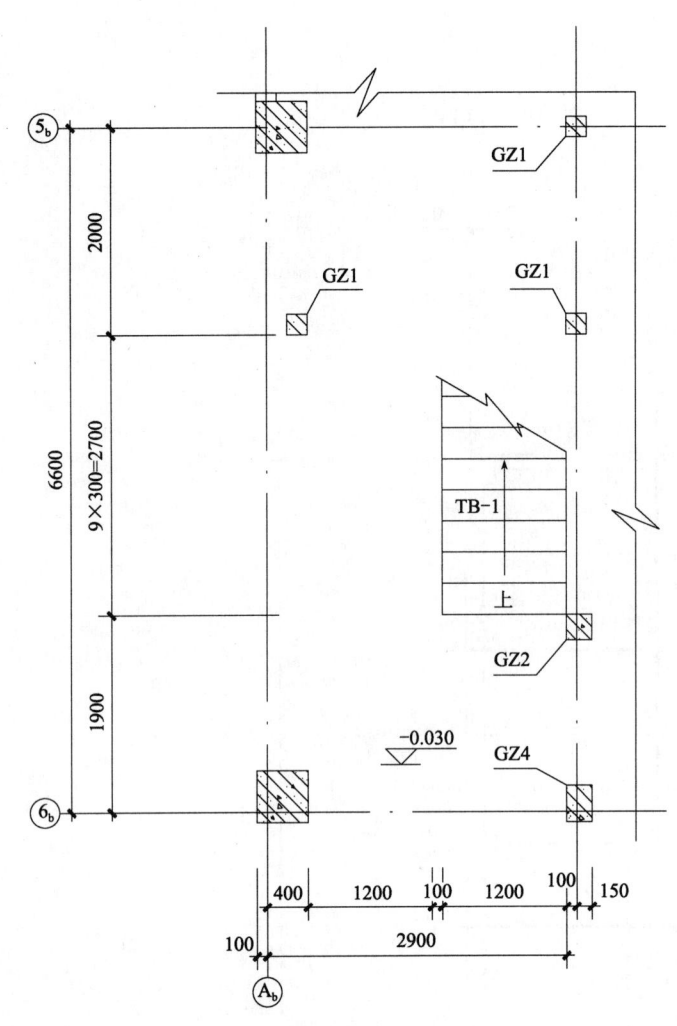

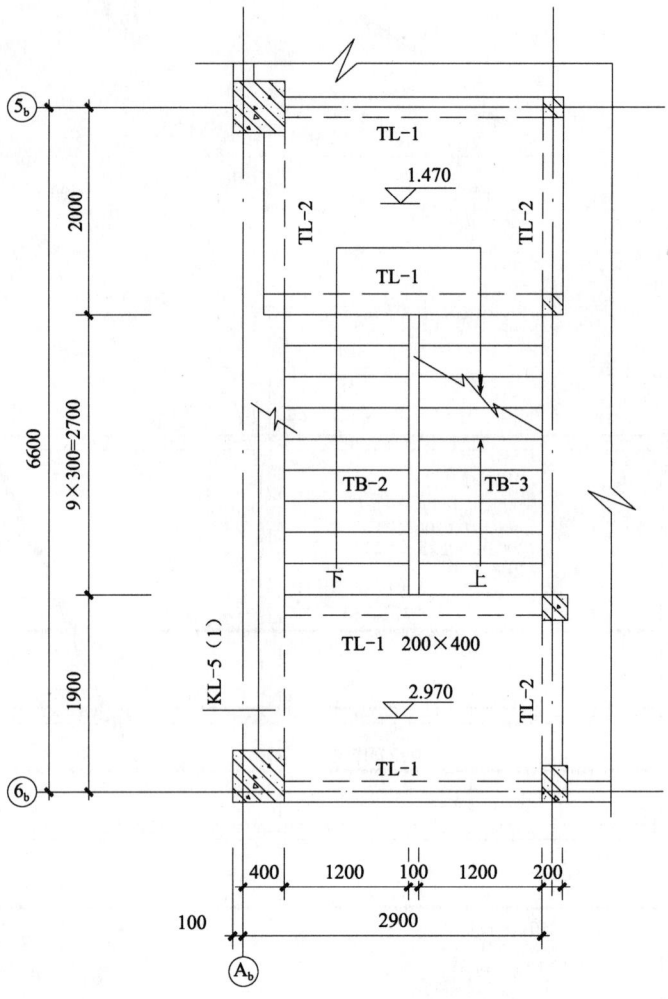

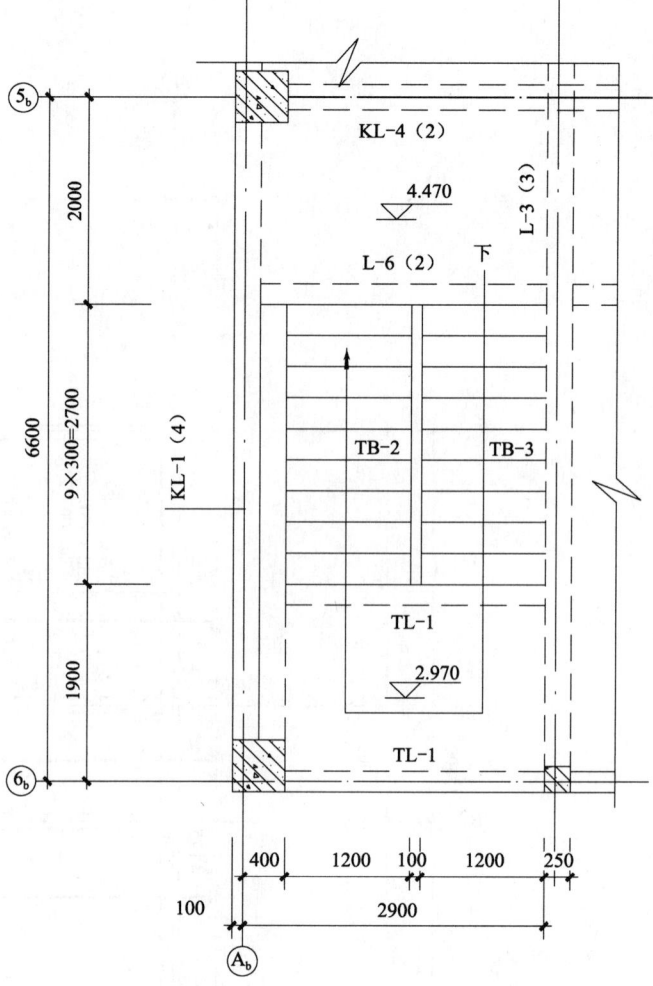

首层平面 1：50

标高2.970m平面 1：50

二层平面 1：50

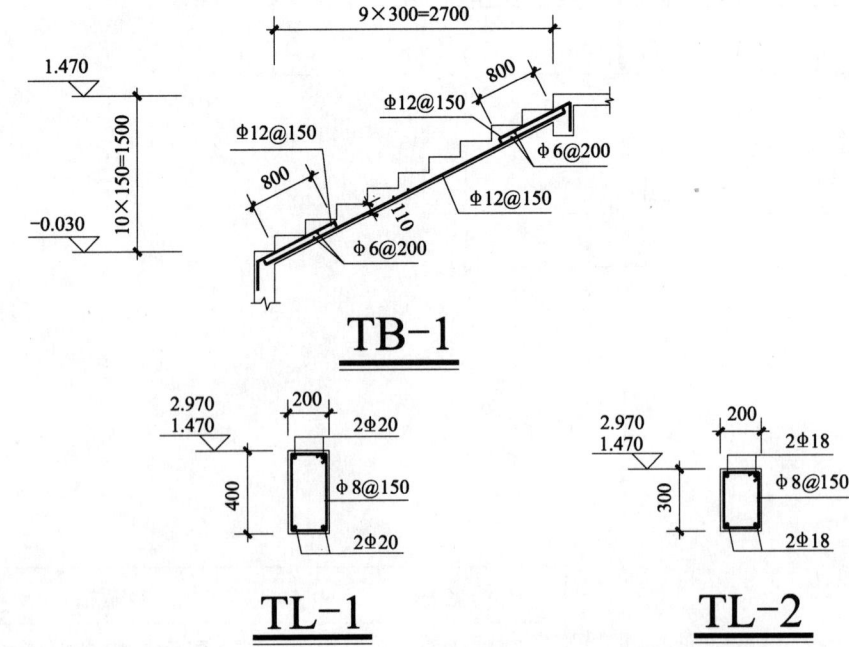

TB-1

TL-1　　　TL-2

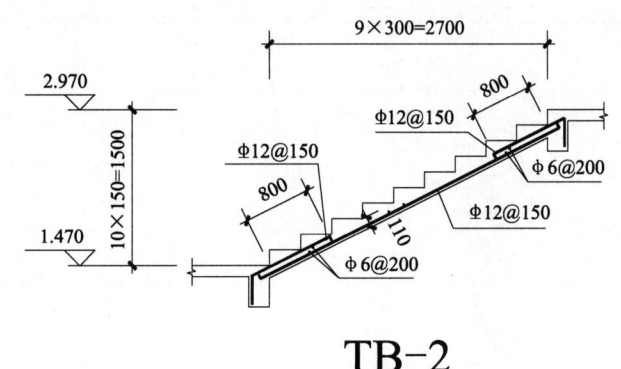

TB-2

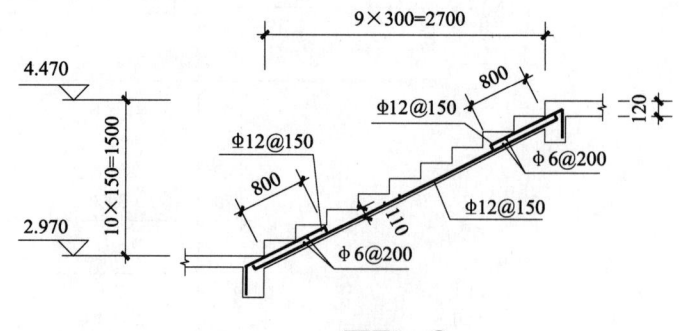

TB-3

楼梯详图

说明：
1. 楼梯混凝土强度等级C30。
2. 休息平台板和楼梯间内楼层板厚110mm。
3. 楼梯间内休息平台板配筋为φ8@150，双层双向，通长配置。

工程名称	配电站
图纸内容	楼梯详图
图纸编号	结施-09

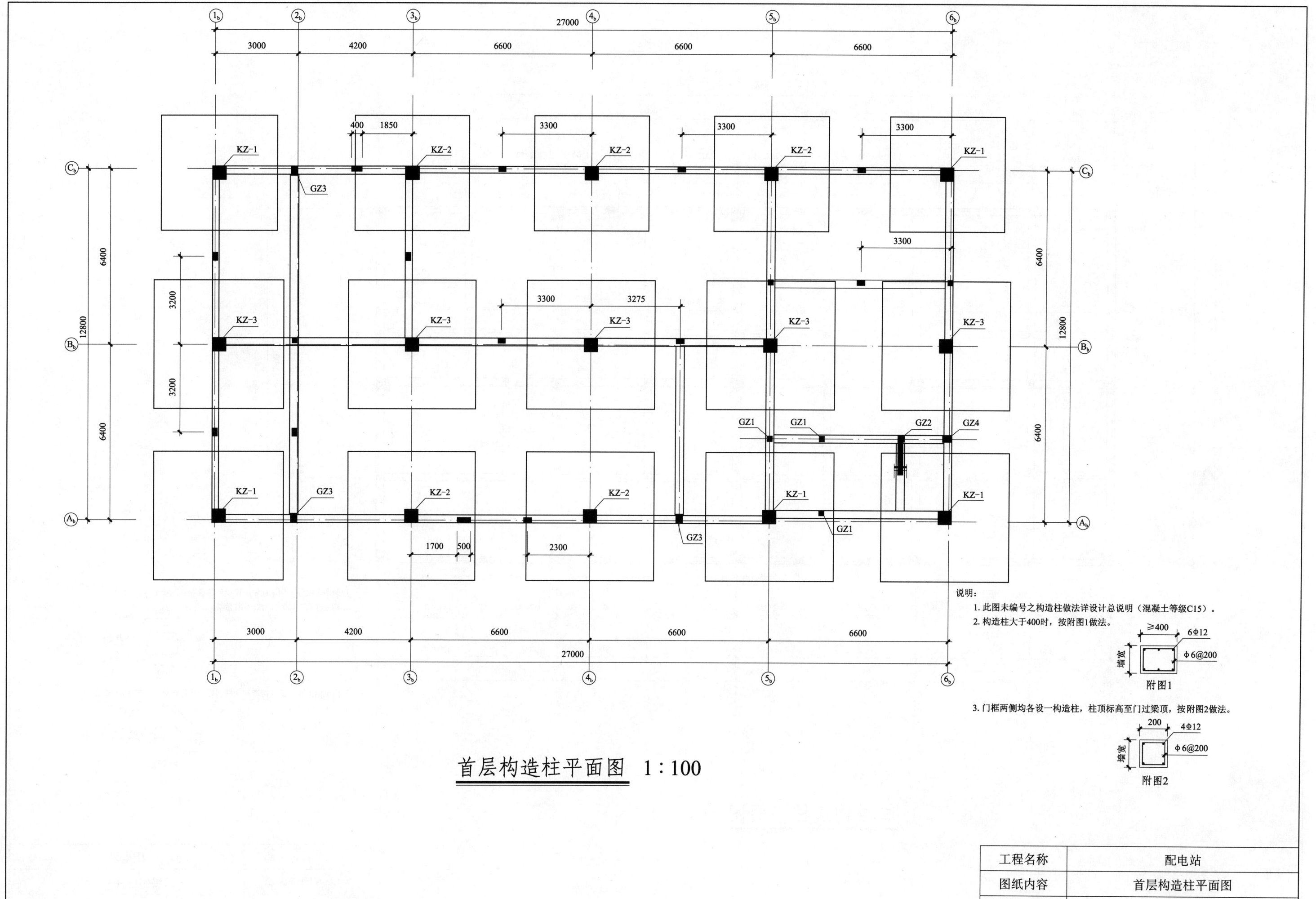

说明:
1. 此图未编号之构造柱做法详设计总说明（混凝土等级C15）。
2. 构造柱大于400时，按附图1做法。

≥400 6Φ12
墙宽 Φ6@200
附图1

3. 门框两侧均各设一构造柱，柱顶标高至门过梁顶，按附图2做法。

200 4Φ12
墙宽 Φ6@200
附图2

首层构造柱平面图 1:100

工程名称	配电站
图纸内容	首层构造柱平面图
图纸编号	结施-10

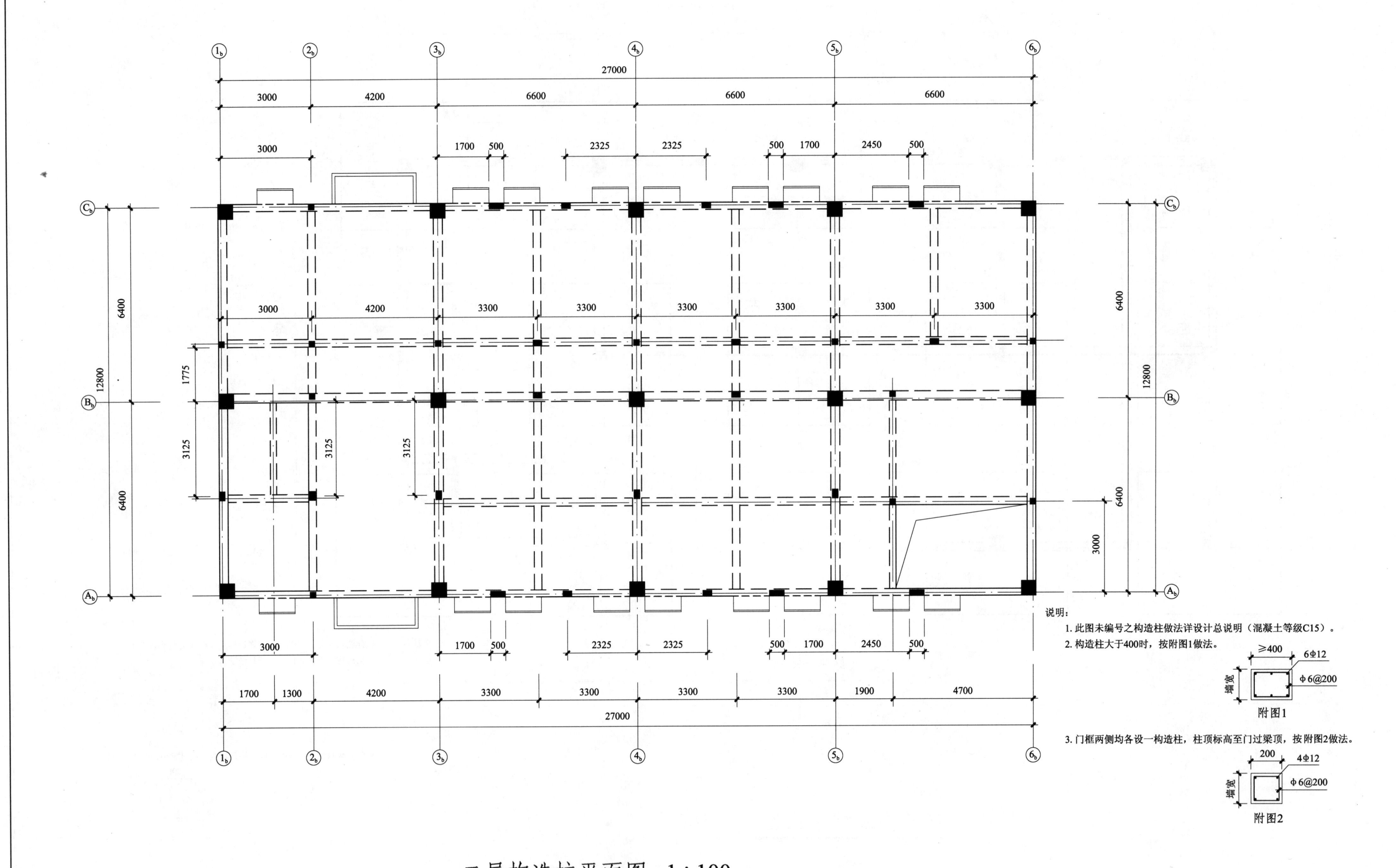

说明:
1. 此图未编号之构造柱做法详设计总说明(混凝土等级C15)。
2. 构造柱大于400时,按附图1做法。
3. 门框两侧均各设一构造柱,柱顶标高至门过梁顶,按附图2做法。

附图1

附图2

二层构造柱平面图 1:100

工程名称	配电站
图纸内容	二层构造柱平面图
图纸编号	结施-11

2.4 电气施工图

电气设计说明

一、设计内容

高、低压供配电系统，变电所照明系统，接地系统，电话系统。

二、设计说明

1. 两路 10kV 供电电源由城市供电网络供电，电源引入采用交联聚乙烯绝缘电力电缆，直埋敷设。

2. 六台变压器采用分列运行方式，施工安装参见 99D268。根据消防水泵、食堂等重要负荷的容量确定柴油发电机的容量为 250kW。

3. 低压配电系统采用单母线分段系统，并设有重要母线为消防水泵、食堂等供电，消防设备等均为双回路供电，末端自投，应急备用电源取自柴油发电机，应急电源和市电电源之间采用电气和机械联锁，当市电掉电时，柴油发电机组可在 15s 内自启动，对重要负荷（如生活水泵、食堂用电等）继续供电；当市电掉电且发生火灾时，则通过火警信号切除所有非消防电源，柴油发电机专供消防负荷（消防泵、喷淋泵等）供电。当市电恢复时，经过 1～10s 确认时间，发电机受电开关自动断开，变压器进线开关自动合闸。

采用低压电容集中补偿方式，补偿后的功率因数在 0.9 以上。

4. 高压开关柜选用 10kV 环网柜，低压开关柜选用 GCS 型抽出式开关柜，安装参见 88D263。

5. 高压进户电缆采用 YJV-10kV 交联聚乙烯绝缘电力电缆，低压配出电缆选用 YJV-1kV 聚乙烯绝缘，护套内钢带铠装电力电缆，由变电所电缆沟引出至室外电缆沟配至各用电点。

电缆沟支架预埋参见标准图 94D164-26 页。

6. 各类供用电设备安装方式及高度如下：

（1）变压器采用落地安装方式，详见各有关图集。

（2）高、低压配电柜采用预埋角钢及槽钢上焊接固定方式，详见各有关图集。

（3）照明箱墙上暗装，底边距地 1.5m。

（4）灯开关距地 1.5m，插座除图纸上另有标注外，其余插座距地 0.3m。

7. 变电所内的高、低压配电设备、变压器等均需要可靠接地，要求接地电阻不大于 4Ω，详见接地平面图。

8. 本说明以及未尽事宜的施工均应满足《电气装置安装工程施工及验收规范》的要求。

电气施工人员应密切配合土建施工，预留孔、洞。

9. 电话系统：

（1）进户电缆及交接箱的型号及规格由电信局确定。

（2）进户电缆埋地引入，保护管室外埋深 0.8m。

（3）室内交接箱箱底距地 0.5m，用户插座盒底距地 0.3m，均为暗装。

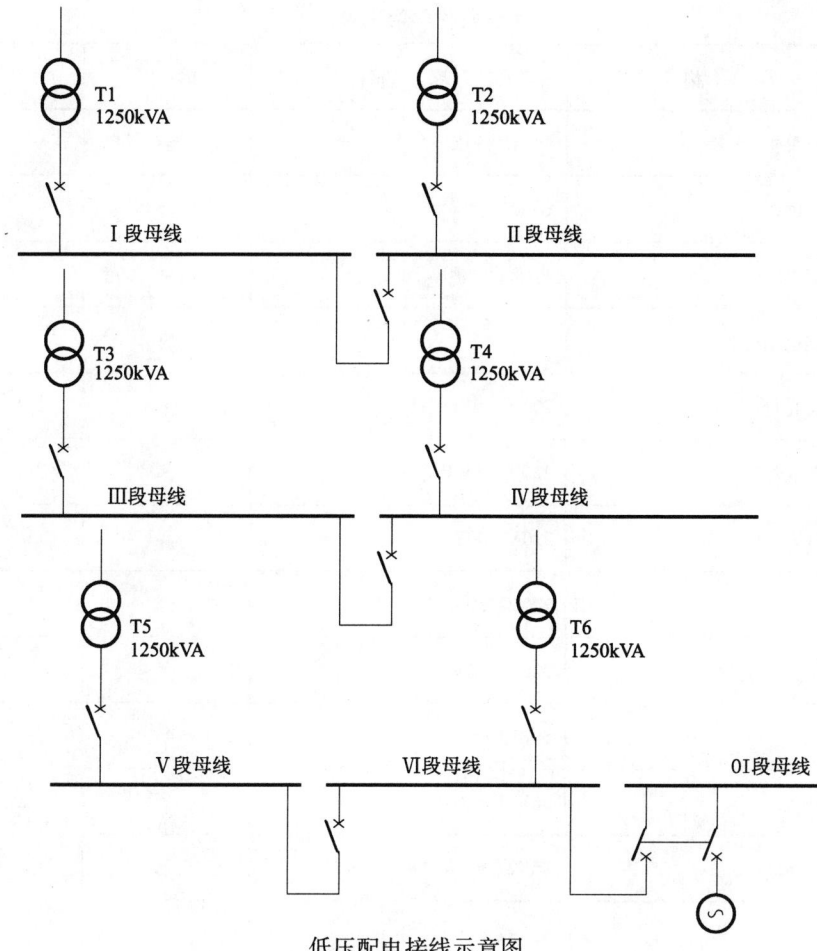

低压配电接线示意图

图例表

	图例符号	名称		图例符号	名称
1		照明配电箱	11	H	电话插座
2		电风扇调速开关	12		排气扇
3		单、双、四联开关	13		单管日光灯
4		暗装单相插座	14		双管日光灯
5		电视放大器	15	FZX	电视放大分配器箱
6		吸顶灯	16		
7	T	电视插孔	17		
8		风扇	18		
9		电视四分支器	19		
10		电话交接箱	20		

工程名称	配电站
图纸内容	电气设计说明、图例
图纸编号	电施-01

序 号	名 称	规 格	单 位	数 量	序 号	名 称	规 格	单 位	数 量
1	高压开关柜	NORMAFIX	台	11	27	PVC 管	φ50	m	
2	低压开关柜	GCK	台	41	28	PVC 管	φ20	m	
3	照明配电箱	自带蓄电池	块	1	29	镀锌圆钢	φ10	m	
4	照明配电箱		块	1	30	镀锌圆钢	φ12	m	
5	单管荧光灯	220V 40W	盏	43	31	风扇调速开关		个	11
6	双管荧光灯	220V 2×40W	盏	14	32	电话交接箱		个	1
7	吸顶灯	220V 40W	盏	13	33	电话插座		个	11
8	排气扇	220V 50W	台	2	34	电视放大分配器箱		个	1
9	吊扇	220V 75W	台	11	35	电视四分支器		个	3
10	单相插座	86Z13-10	个	55	36	电视插孔		个	10
11	四联开关	86K41-6	个	1	37	电话电缆		m	
12	双联开关	86K21-6	个	18	38	电视电缆		m	
13	单联开关	86K11-6	个	2	39	干式变压器	SC9-1250kVA	台	6
14	声控开关		个	9	40	柴油发电机	250DEBF	台	1
15	电缆	YJV-4×240+1×120	m		41			台	1
16	电缆	YJV$_{22}$-3×95+2×50	m		42				
17	电缆	YJV$_{22}$-3×120+2×70	m		43				
18	电缆	YJV$_{22}$-3×185+2×95	m		44				
19	电缆	ZR-YJV-4×120+1×70	m						
20	铜芯绝缘线	BV-0.5 25mm^2	m						
21	铜芯绝缘线	BV-0.5 4mm^2	m						
22	铜芯绝缘线	BV-0.5 2.5mm^2	m						
23	铜芯绝缘线	BV-0.5 6mm^2	m						
24	铜芯绝缘线	BV-0.5 16mm^2	m						
25	钢管	φ150	m						
26	钢管	φ80	m						

工程名称	配电站
图纸内容	设备材料明细表
图纸编号	电施-02

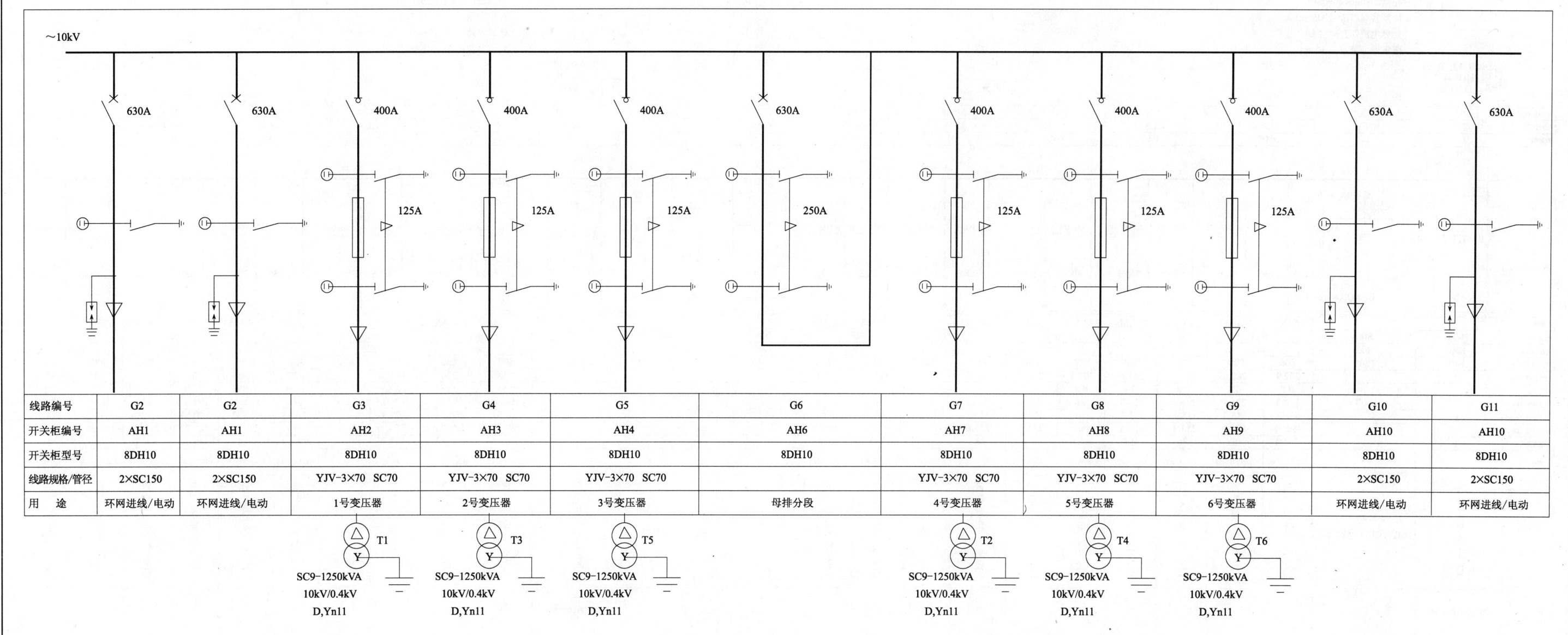

~10kV

| 630A | 630A | 400A | 400A | 400A | 630A | 400A | 400A | 400A | 630A | 630A |

| 125A | 125A | 125A | 250A | 125A | 125A | 125A |

线路编号	G2	G2	G3	G4	G5	G6	G7	G8	G9	G10	G11
开关柜编号	AH1	AH1	AH2	AH3	AH4	AH6	AH7	AH8	AH9	AH10	AH10
开关柜型号	8DH10	8DH10	8DH10	8DH10	8DH10	8DH10	8DH10	8DH10	8DH10	8DH10	8DH10
线路规格/管径	2×SC150	2×SC150	YJV-3×70 SC70	YJV-3×70 SC70	YJV-3×70 SC70		YJV-3×70 SC70	YJV-3×70 SC70	YJV-3×70 SC70	2×SC150	2×SC150
用 途	环网进线/电动	环网进线/电动	1号变压器	2号变压器	3号变压器	母排分段	4号变压器	5号变压器	6号变压器	环网进线/电动	环网进线/电动

T1
SC9-1250kVA
10kV/0.4kV
D,Yn11

T3
SC9-1250kVA
10kV/0.4kV
D,Yn11

T5
SC9-1250kVA
10kV/0.4kV
D,Yn11

T2
SC9-1250kVA
10kV/0.4kV
D,Yn11

T4
SC9-1250kVA
10kV/0.4kV
D,Yn11

T6
SC9-1250kVA
10kV/0.4kV
D,Yn11

说明：进线电缆规格由供电局确定。

高压系统图

工程名称	配电站
图纸内容	高压系统图
图纸编号	电施-03

补偿前：P_e=2014.4kW
　　　K_x=0.45
　　　cosφ=0.85
　　　P_j=906.48kW
需补偿：Q=127kvar
补偿后：cosφ=0.9
计算容量：S_j=1005.5kVA
计算电流：L_j=1526A
变压器负荷率：80.4%

补偿前：P_e=1986.27kW
　　　K_x=0.47
　　　cosφ=0.85
　　　P_j=933.5kW
需补偿：Q=131kvar
补偿后：cosφ=0.9
计算容量：S_j=1035.3kVA
计算电流：L_j=1571.5A
变压器负荷率：82.8%

T1　SC9-1250kVA　10/0.4kV　D,Yn11
T2　SC9-1250kVA　10/0.4kV　D,Yn11

TMY-3[2（80×8）]

配电屏排列号	1AA1	1AA2	1AA3	1AA4	1AA5	1AA6	1AA7	1AA8	2AA1	2AA2	2AA3	2AA4	2AA5	2AA6	2AA7
配电屏型号	GCK	GCK	GCK	GCK	GCK	GCK	GCK	GCK	GCJ	GCK	GCK	GCK	GCK	GCK	GCK
方案编号	01	16	04	04	04	04	04	04	03	16	01	04	04	04	04	04

一次线路方案 / 电压（500V）：

- 1AA1：RMW1-2500/4P，2500/5，E441
- 1AA2：QSA-630，RT20，B30C，BCMJ0.4-16-3，JKG
- 1AA3：RMM2-630/400 3P*（400/5）；RMM2-630/500 3P*（500/5）
- 1AA4：RMM2-630/500 3P*（500/5）；RMM2-630/R500 3P*（500/5）
- 1AA5：RMM2-630/R400 3P*（400/5）；RMM2-630/500 3P*（500/5）
- 1AA6：RMM2-630/500 3P*（500/5）；RMM2-630/500 3P*（500/5）
- 1AA7：RMM2-630/500 3P*（500/5）；RMM2-630/R400 3P*（400/5）
- 1AA8：RMW1-1600/4P（2000/5）
- 2AA1：RMW1-2500/4P
- 2AA2：QSA-630，RT20，B30C，BCMJ0.4-16-3，2500/5，E441，JKG
- 2AA3：RMM2-630/500 3P*（500/5）；RMM2-630/500 3P*（500/5）
- 2AA4：RMM2-630/500 3P*（500/5）；RMM2-630/500 3P*（500/5）
- 2AA5：RMM2-630/500 3P*（500/5）；RMM2-630/500 3P*（500/5）
- 2AA6：RMM2-630/500 3P*（500/5）；RMM2-630/400 3P*（400/5）
- 2AA7：RMM2-630/500 3P*（500/5）

回路编号		1ALM1	1ALM2	1ALM3	1ALM4	1ALM5	1ALM6	1ALM7		1ALM8	1ALM9			2ALM1	2ALM2	2ALM3		2ALM4	2ALM5	2ALM6	2ALM7	2ALM8	2ALM9
柜宽（mm）	1000	800	600	600	600	600	600	600	800	800	1000	600	600	600			600		
柜深（mm）	800	800	800	800	800	800	800	800	800	800	800	800						
小室高度（mm）	1840	1840	800	800	800	800	800	800	800	800	800	800	1840	1840	1840	800	800	800	800	800	800	800	800	800	800
设备容量（kW）		202.9	282.6	282.6	282.6	207.5	282.6	282.6		282.6	168.4			220	220	180.77		220	220	220	220	202.9	282.6
需用系数		0.8	0.8	0.8	0.8	0.8	0.8	0.8		0.8	0.94			0.88	0.88	0.86		0.88	0.88	0.88	0.88	0.8	0.8
有功功率（kW）	300	162.3	226.1	226.1	226.1	166	226.1	226.1		226.1	157.9	300		194.4	194.4	174.15		194.4	194.4	194.4	194.4	162.3	226.1
无功功率（kvar）		83.15	115.3	115.3	115.3	84.66	115.3	115.3		115.3	97.86			120.53	120.53	107.97		120.53	120.53	120.53	120.53	83.15	115.3
计算容量（kVA）		182.36	253.8	253.8	253.8	186.34	253.8	253.8		253.8	185.76			228.73	228.73	204.91		228.73	228.73	228.73	228.73	182.36	253.8
计算电流（A）		276.3	385	385	385	282.6	385	385		385	281.46			346.52	346.52	310.43		346.52	346.52	346.52	346.52	276.3	385
用途		A座1号进线	A座2号进线	A座3号进线	A座5号进线	A座4号进线	A座6号进线	A座7号进线	备用	A座8号进线	B座1号进线			B座2号进线	B座3号进线	B座4号进线	备用	B座5号进线	B座6号进线	B座7号进线	B座8号进线	C座1号进线	C座2号进线
导线规格	CFW-3A-2500A/4P	厂标配套配干式电容器	YJV-3×240+2×120	YJV-3×240+2×120	YJV-3×240+2×120	YJV-3×240+2×120	YJV-3×240+2×120	YJV-3×240+2×120	YJV-3×240+2×120		YJV-3×240+2×120	YJV-3×240+2×120	厂标配套配干式电容器	CFW-3A-2500A/4P	YJV-3×240+2×120	YJV-3×240+2×120	YJV-3×240+2×120		YJV-3×240+2×120	YJV-3×240+2×120	YJV-3×240+2×120	YJV-3×240+2×120	YJV-3×240+2×120	YJV-3×240+2×120
备注	由1号变压器T1引来												由2号变压器T2引来										

低压系统图（一）

工程名称	配电站
图纸内容	低压系统图（一）
图纸编号	电施-04

补偿前：P_e=2388.6kW
K_x=0.4
cosϕ=0.85
P_j=955.44kW
需补偿：Q=134kvar
补偿后：cosϕ=0.9
计算容量：S_j=1005.5kVA
计算电流：L_j=1526A
变压器负荷率：80.4%

补偿前：P_e=2388.6kW
K_x=0.4
cosϕ=0.85
P_j=955.44kW
需补偿：Q=134kvar
补偿后：cosϕ=0.9
计算容量：S_j=1005.5kVA
计算电流：L_j=1526A
变压器负荷率：80.4%

T3 SC9-1250kVA 10/0.4kV D,Yn11

T4 SC9-1250kVA 10/0.4kV D,Yn11

配电屏排列号	3AA1	3AA2	3AA3	3AA4	3AA5	3AA6	3AA7	3AA8	4AA1	4AA2	4AA3	4AA4	4AA5	4AA6	4AA7
配电屏型号	GCK	GCK	GCK	GCK	GCK	GCK	GCK	GCK	GCJ	GCK	GCK	GCK	GCK	GCK	GCK
方案编号	01	16	04	04	04	04	04	03	16	01	04	04	04	04	04

TMY-3[2（80×8）] QSA-630 TMY-3 QSA-630

2500/5 E441 RT20 B30C 2500/5 E441 RT20 B30C

RMW1-2500/4P JKG RMM2-630/500 3P* RMM2-630/400 3P* RMM2-630/500 3P* RMM2-630/500 3P* RMM2-630/500 3P* RMM2-630/500 3P* RMM2-630/400 3P* RMM2-630/500 3P* RMM2-630/500 3P* RMM2-630/500 3P* RMW1-1600/4P RMW1-2500/4P JKG RMM2-630/400 3P* RMM2-630/500 3P* RMM2-630/500 3P* RMM2-630/500 3P* RMM2-630/500 3P* RMM2-630/400 3P* RMM2-630/500 3P* RMM2-630/500 3P*

BCMJ0.4-16-3 BCMJ0.4-16-3

2500/5 500/5 400/5 500/5 500/5 500/5 500/5 400/5 500/5 500/5 500/5 2000/5 2500/5 400/5 500/5 500/5 500/5 500/5 400/5 500/5 500/5

回路编号			3ALM1	3ALM2	3ALM3	3ALM4	3ALM5	3ALM6	3ALM7	3ALM8	3ALM9				4ALM1	4ALM2	4ALM3	4ALM4	4ALM5	4ALM6	4ALM7	4ALM8	4ALM9
柜宽（mm）	1000	800	600		600		600		600		600		800	1000	800	600		600		600		600		600
柜深（mm）	800	800	800		800		800		800		800		800	800	800	800		800		800		800		800
小室高度（mm）	1840	1840	800	800	800	800	800	800	800	800	800	800	1840	1840	1840	800	800	800	800	800	800	800	800	800	800
设备容量（kW）			282.6	207.5	282.6	282.6	282.6	282.6	202.9	282.6	282.6					207.5	282.6	282.6	282.6	282.6	202.9	282.6	282.6	282.6
需用系数			0.8	0.8	0.8	0.8	0.8	0.8	0.8	0.8	0.8					0.8	0.8	0.8	0.8	0.8	0.8	0.8	0.8	0.8
有功功率（kW）	300		226.1	166	226.1	226.1	226.1	226.1	162.3	226.1	226.1			300		166	226.1	226.1	226.1	226.1	162.3	226.1	226.1	226.1
无功功率（kvar）			115.3	84.66	115.3	115.3	115.3	115.3	83.15	115.3	115.3					84.66	115.3	115.3	115.3	115.3	83.15	115.3	115.3	115.3
计算容量（kVA）			253.8	186.34	253.8	253.8	253.8	253.8	182.36	253.8	253.8					186.34	253.8	253.8	253.8	253.8	182.36	253.8	253.8	253.8
计算电流（A）			385	282.6	385	385	385	385	276.3	385	385					282.6	385	385	385	385	276.3	385	385	385
用途			C座3号进线	C座4号进线	C座5号进线	C座6号进线	C座7号进线	C座8号进线	D座1号进线	D座2号进线	D座3号进线	备用				D座4号进线	D座5号进线	D座6号进线	D座7号进线	D座8号进线	E座1号进线	E座2号进线	E座3号进线	E座4号进线
导线规格	CFW-3A-2500A/4P	厂标配套 配干式电容器	YJV-3×240+2×120	YJV-3×240+2×120	YJV-3×240+2×120	YJV-3×240+2×120	YJV-3×240+2×120	YJV-3×240+2×120	YJV-3×240+2×120	YJV-3×240+2×120	YJV-3×240+2×120			CFW-3A-2500A/4P	厂标配套 配干式电容器	YJV-3×240+2×120	YJV-3×240+2×120	YJV-3×240+2×120	YJV-3×240+2×120	YJV-3×240+2×120	YJV-3×240+2×120	YJV-3×240+2×120	YJV-3×240+2×120	YJV-3×240+2×120
备注	由3号变压器T3引来													由4号变压器T4引来										

一次线路方案
电压（500V）

低压系统图（二）

工程名称	配电站
图纸内容	低压系统图（二）
图纸编号	电施-05

低压系统图（三）

工程名称	配电站
图纸内容	低压系统图（三）
图纸编号	电施-06

计算参数

补偿前：$P_e = 1877.47\text{kW}$
$K_x = 0.5$
$\cos\phi = 0.85$
$P_j = 938.7\text{kW}$
需补偿：$Q = 132\text{kvar}$
补偿后：$\cos\phi = 0.9$
计算容量：$S_j = 1041\text{kVA}$
计算电流：$L_j = 1580.3\text{A}$
变压器负荷率：83.3%

变压器：SC9-1250kVA　10/0.4kV　D,Yn11　T5

一次线路方案：TMY-3[2（80×8）]　电压（500V）

配电屏一览

配电屏排列号	配电屏型号	方案编号	柜宽(mm)	柜深(mm)
5AA1	GCK	01	1000	800
5AA2	GCK	16	800	800
5AA3	GCK	04	600	800
5AA4	GCK	04	600	800
5AA5	GCK	04	600	800
5AA6	GCK	04	600	800
5AA7	GCK	04	600	800
5AA8	GCK	03	800	800
6AA1	GCK	04	600	800
6AA2	GCK	04	600	800
6AA3	GCK	04	600	800
6AA4	GCK	04	600	800
6AA5	GCK	05	600	800

进线及补偿柜

- 5AA1（进线）：RMW1-2500/4P，电流互感器 2500/5，配 kWh、$kVar$、$\cos\phi$、V、$A\times3$ 表及 E441；导线规格 CFW-3A-2500A/4P；备注：由5号变压器T5引来
- 5AA2（补偿）：QSA-630，RT20，RMW1-2500/4P，JKG，BCMJ0.4-16-3，B30C；厂标配套配干式电容器；容量 300（kvar）

出线回路明细

回路编号	用途	断路器	互感器	设备容量(kW)	需用系数	有功功率(kW)	无功功率(kvar)	计算容量(kVA)	计算电流(A)	小室高度(mm)	导线规格
5ALM1	E座5号进线	RMM2-630/400 3P*	400/5	207.5	0.8	166	84.66	186.34	282.6	800	YJV-3×240+2×120
5ALM2	E座6号进线	RMM2-630/500 3P*	500/5	282.6	0.8	226.1	115.3	253.8	385	800	YJV-3×240+2×120
5ALM3	E座7号进线	RMM2-630/500 3P*	500/5	282.6	0.8	226.1	115.3	253.8	385	800	YJV-3×240+2×120
—	备用	RMM2-630/500 3P*								800	
5ALM4	E座8号进线	RMM2-630/500 3P*	500/5	282.6	0.8	226.1	115.3	253.8	385	800	YJV-3×240+2×120
5ALM5	F座1号进线	RMM2-630/400 3P*	400/5	168.4	0.94	157.9	97.86	185.76	281.46	800	YJV-3×240+2×120
5ALM6	F座2号进线	RMM2-630/500 3P*	500/5	220	0.88	194.4	120.53	228.73	346.52	800	YJV-3×240+2×120
5ALM7	F座3号进线	RMM2-630/500 3P*	500/5	220	0.88	194.4	120.53	228.73	346.52	800	YJV-3×240+2×120
5ALM8	F座4号进线	RMM2-630/500 3P*	500/5	180.77	0.96	174.15	107.97	204.91	310.43	800	YJV-3×240+2×120
5ALM9	F座5号进线	RMM2-630/500 3P*	500/5	220	0.88	194.4	120.53	228.73	346.52	800	YJV-3×240+2×120
—	（5AA8）	RMW1-1600/4P	2000/5							1840	
6ALM1	F座6号进线	RMM2-630/500 3P*	500/5	220	0.88	194.4	120.53	228.73	346.52	800	YJV-3×240+2×120
6ALM2	F座7号进线	RMM2-630/500 3P*	500/5	220	0.88	194.4	120.53	228.73	346.52	800	YJV-3×240+2×120
6ALM3	F座8号进线	RMM2-630/400 3P*	400/5	220	0.88	194.4	120.53	228.73	346.52	800	YJV-3×240+2×120
—	备用	RMM2-630/500 3P*								800	
6ALM4	食堂电力	RMM2-630/500 3P*	500/5	323		123	75	142	215	800	YJV22-3×185+2×95
6ALM5	食堂空调	RMM2-630/630 3P*		334		178	110	209	317	800	YJV22-3×185+2×95
6ALM6	水泵房	RMM2-630/630 3P*	250/5	371.8		256.3	58.88	111.77	458	800	2（YJV22-3×95+2×50）
—	备用	RMM2-250/250 3P	250/5							800	
6ALM7	食堂照明	RMM1-63H/50 3P	50/5	96		82	51	146	215	400	YJV22-3×120+2×70
6ALM8	本所照明 AL1	RMM1-63H/25 3P	25/5	11.81	9.28	6.2	11.77	17.62		240	BV-5×16-S40-FC
6ALM9	本所照明 AL2	RMM1-63H/25 3P	25/5	22.88	15.58	9.66	18.33	23.67		240	BV-4×25+1×16-S50-FC
—	备用										
—	备用										

备注：由5号变压器T5引来

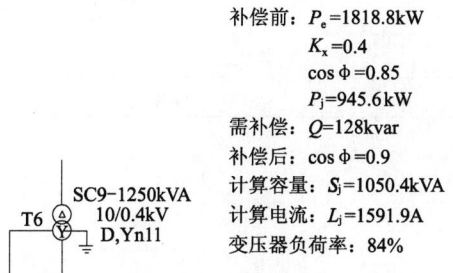

补偿前: P_e=1818.8kW
K_x=0.4
cos φ=0.85
P_j=945.6kW
需补偿: Q=128kvar
补偿后: cos φ=0.9
计算容量: S_j=1050.4kVA
计算电流: I_j=1591.9A
变压器负荷率: 84%

T6　SC9-1250kVA　10/0.4kV　D,Yn11

配电屏排列号	6AA6	6AA7	7AA1	7AA2			
配电屏型号	GCK	GCK	GCK	GCK			
方案编号	16	01	14	05			
一次线路方案 电压（500V）	接6AA5柜　QSA-630　JKG　RT20　B30C　BCMJ0.4-16-3	E441　2500/5　RMW1-2500/4P　2500/5	600/5　电气机械联锁　RMW1-630/630 4P　RMW1-630/630 4P　600/5	RMM2-250/250 3P 250/5	RMM2-400/320 3P 400/5	RMM2-250/250 3P 250/5	RMM2-400/320 3P 400/5
回路编号				7ALM1	7ALM2		
柜宽（mm）	800	1000	600	600			
柜深（mm）	800	800	800	800			
小室高度（mm）	1840	1840	1840	400	480	400	480
设备容量（kW）				371.8	323		
需用系数							
有功功率（kW）	300			110	123		
无功功率（kvar）				62.8	75		
计算容量（kVA）				129	142		
计算电流（A）				196	215		
用途			发电机自投	水泵房	食堂电力	备用	备用
导线规格	厂标配套　配干式电容器	CFW-3A-2500A/4P	2（ZR-YJV-3×185-2×95-S100-FC）	ZRYJV22-3×95-2×50	ZRYJV22-3×120+2×70		
备注		由6号变压器T6引来					

控制箱
S
P_e=694.8kW
P_j=233kW
cos φ=0.85
I_j=415.3A
柴油发电机容量为250kW

低压系统图（四）

说明: 应急电源和市电电源之间采用电气和机械联锁，当市电掉电时，柴油发电机组应在15s内自启动，对重要负荷继续供电，当市电掉电且发生火灾时，则通过火警信号切断所有非消防电源，柴油发电机组专供消防负荷用电；当市电恢复后，经数秒延时确认后，断开发电机开关，合上变压器出线开关。

工程名称	配电站
图纸内容	低压系统图（四）
图纸编号	电施-07

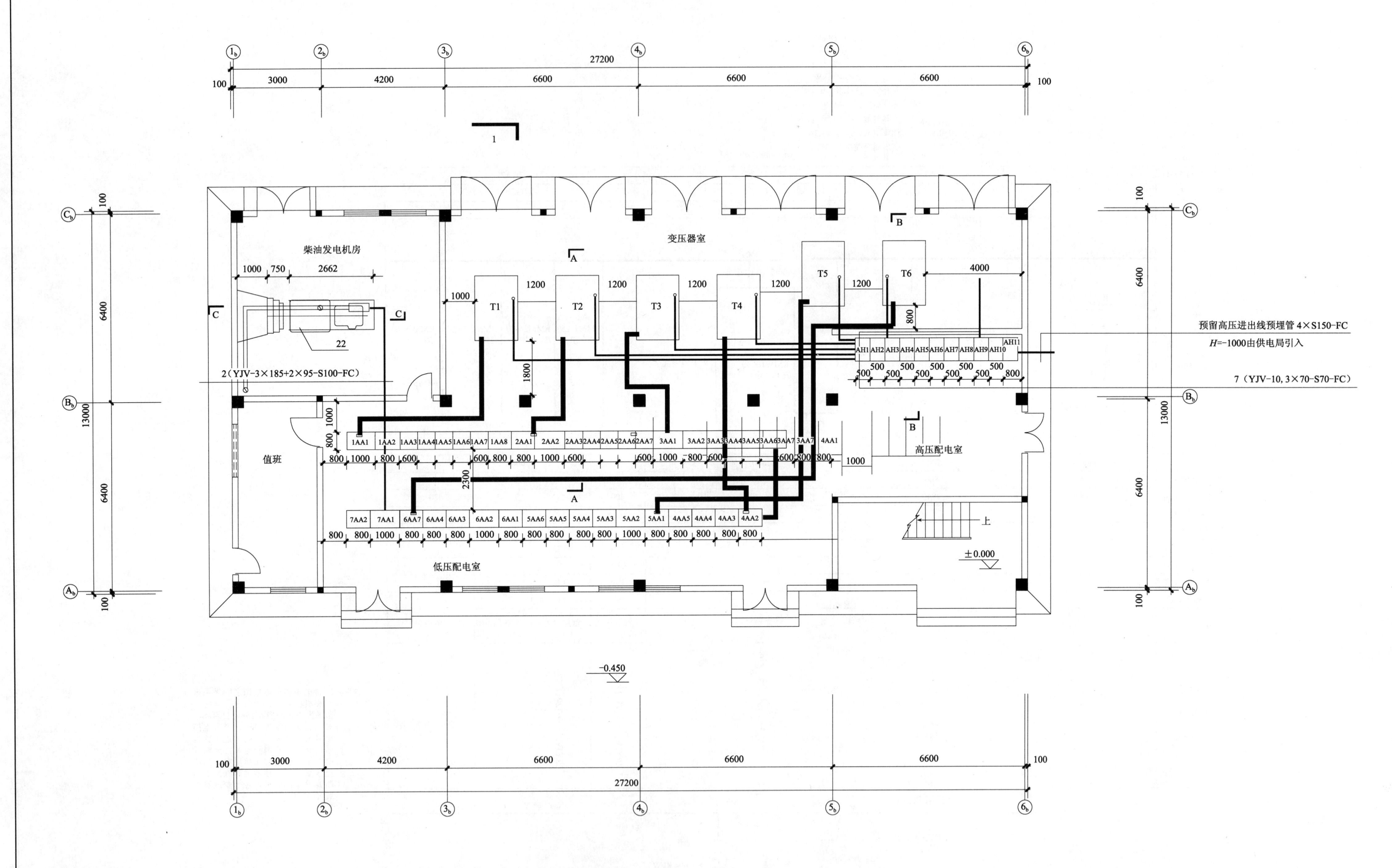

一层设备布置平面图 1：100

工程名称	配电站
图纸内容	一层设备布置平面图
图纸编号	电施-08

42

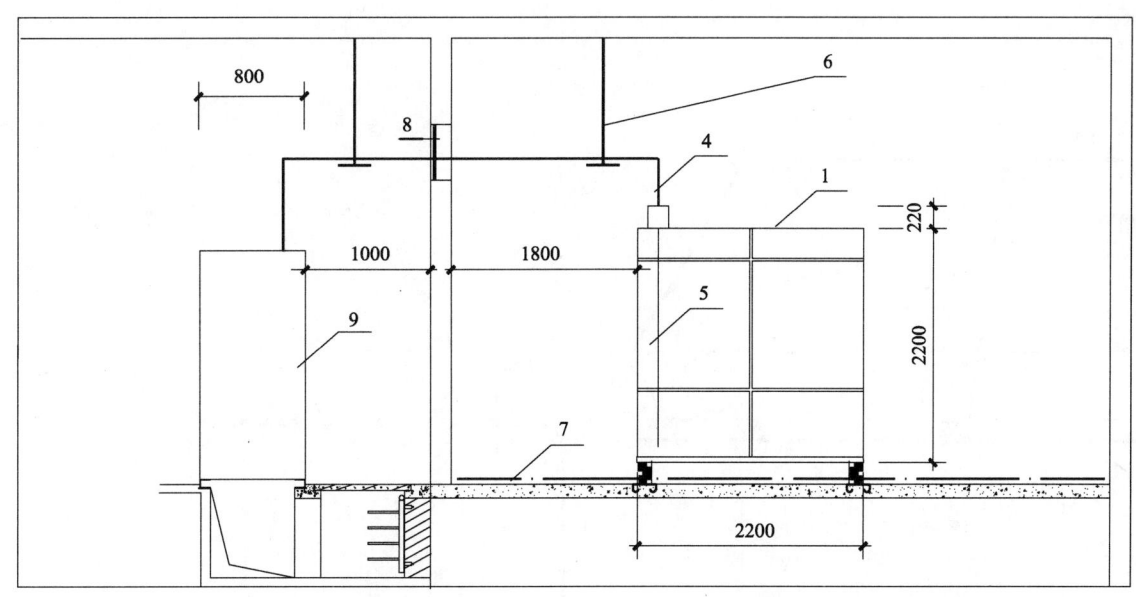

变配电站A-A剖面图 1：50

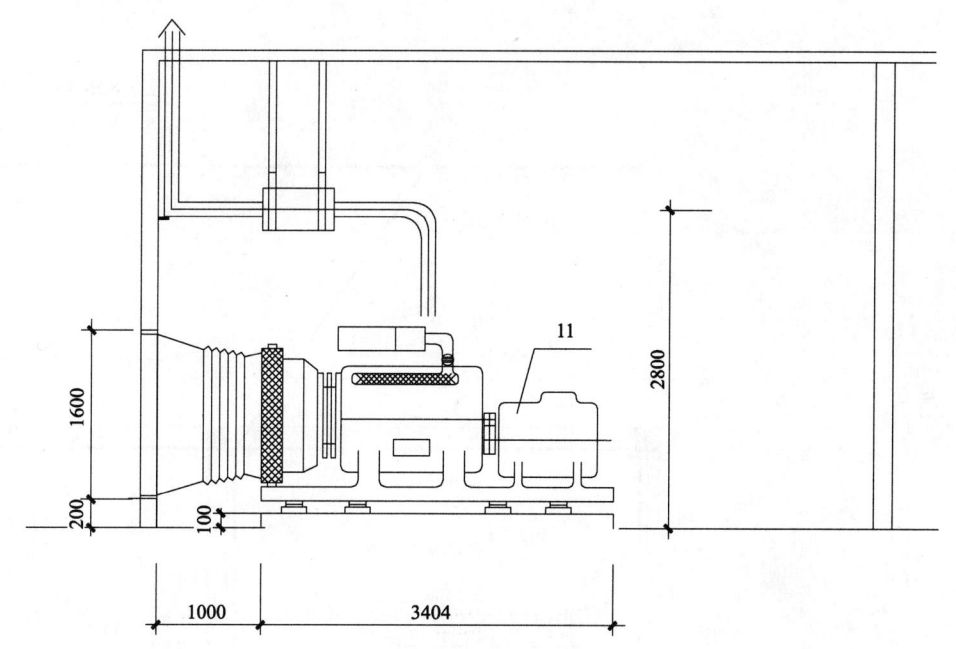

变配电站C-C剖面图 1：50

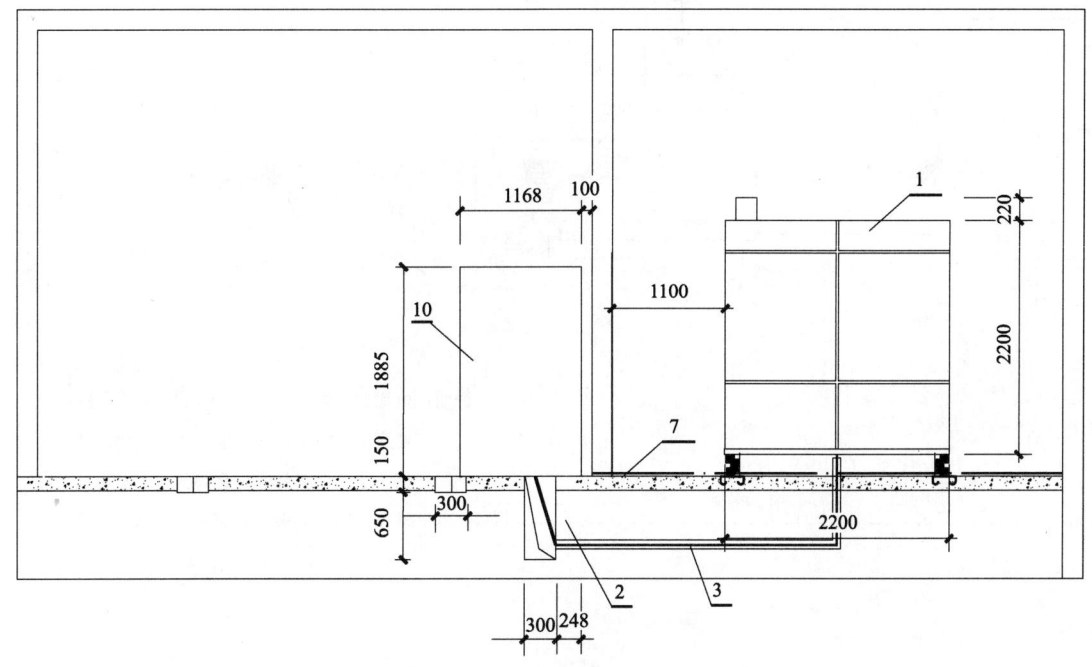

变配电站B-B剖面图 1：50

主要设备表

序号	名　　称	型号及规格	单位	数量	备　注
1	干式变压器	SC9-1250kVA	台	6	
2	高压电缆	YJV-10kV-3×35	m	60	
3	电缆保护管	φ100	m	60	
4	低压母线	CMC-3A　2000A	m	60	99D268—33
5	变压器工作接地线	VV-1×185	m	30	99D268—32
6	母线吊架		…	20	
7	PE 接地干线	−40×4	m	60	88D563—18、19、20
8	低压母线穿墙板		个	6	99D268—30
9	低压配电屏	GCS	…	35	
10	高压柜	NORMAFIX	台	8	
11	柴油发电机	250DEBF	台	1	

工程名称	配电站
图纸内容	变配电站剖面图
图纸编号	电施-09

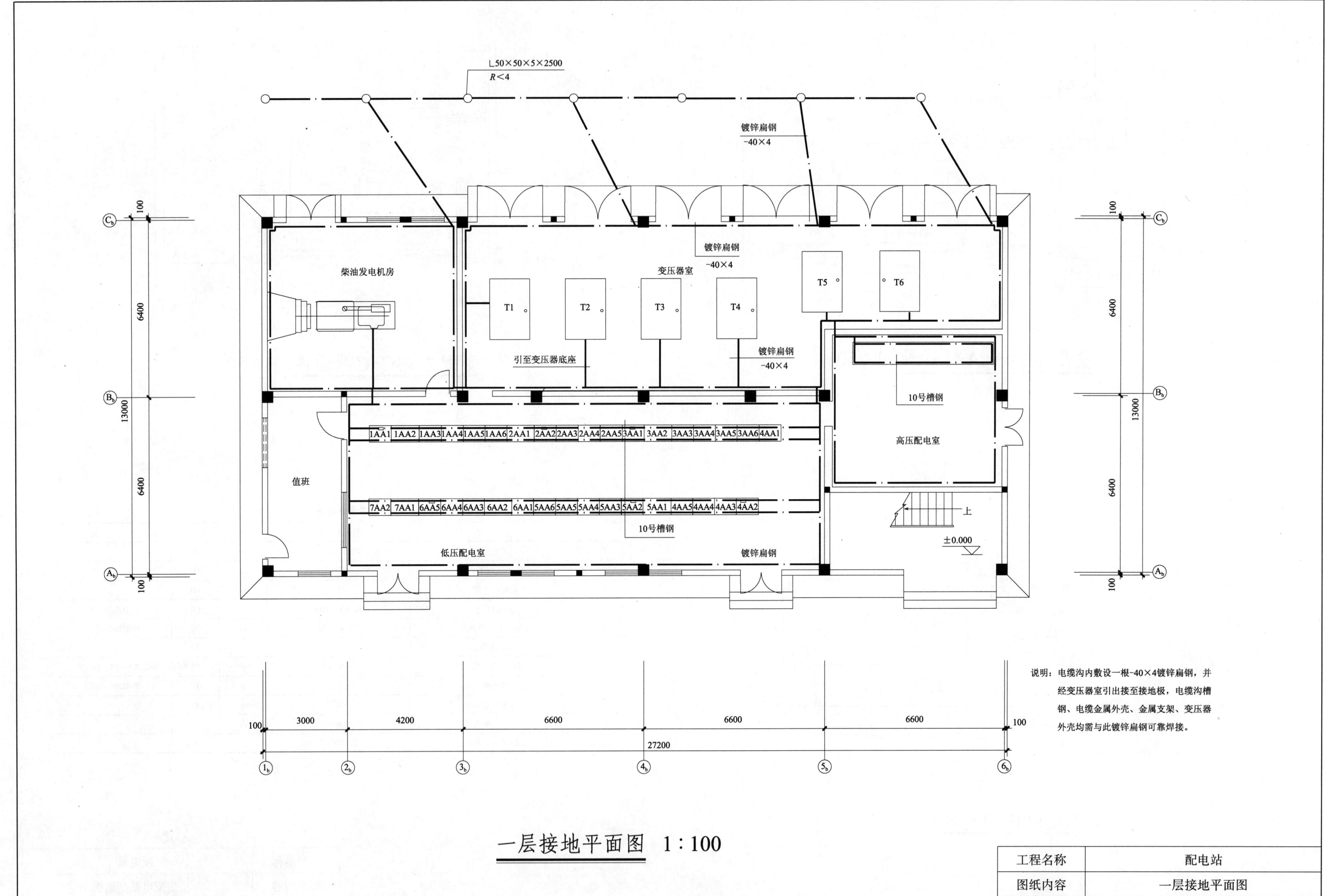

L50×50×5×2500
R<4

镀锌扁钢
-40×4

镀锌扁钢
-40×4

柴油发电机房

变压器室

T1 T2 T3 T4 T5 T6

引至变压器底座

镀锌扁钢
-40×4

10号槽钢

高压配电室

1AA1 1AA2 1AA3 1AA4 1AA5 1AA6 2AA1 2AA2 2AA3 2AA4 2AA5 3AA1 3AA2 3AA3 3AA4 3AA5 3AA6 4AA1

值班

7AA2 7AA1 6AA5 6AA4 6AA3 6AA2 6AA1 5AA6 5AA5 5AA4 5AA3 5AA2 5AA1 4AA5 4AA4 4AA3 4AA2

10号槽钢

上

±0.000

低压配电室

镀锌扁钢

说明: 电缆沟内敷设一根-40×4镀锌扁钢,并
经变压器室引出接至接地极,电缆沟槽
钢、电缆金属外壳、金属支架、变压器
外壳均需与此镀锌扁钢可靠焊接。

100 3000 4200 6600 6600 6600 100

27200

6400 13000 6400 100

6400 13000 6400 100

① ② ③ ④ ⑤ ⑥

一层接地平面图 1:100

工程名称	配电站
图纸内容	一层接地平面图
图纸编号	电施-10

44

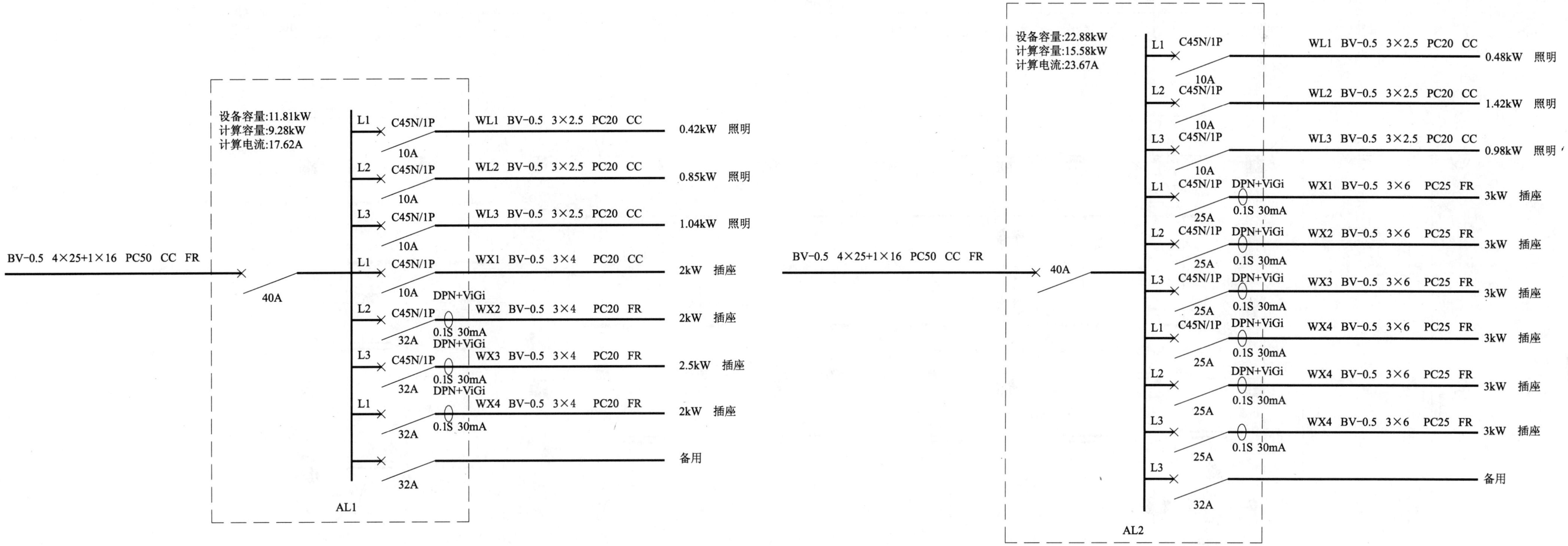

照明系统图

设备容量:11.81kW
计算容量:9.28kW
计算电流:17.62A

BV-0.5 4×25+1×16 PC50 CC FR

40A

AL1

L1 C45N/1P WL1 BV-0.5 3×2.5 PC20 CC   0.42kW 照明
    10A
L2 C45N/1P WL2 BV-0.5 3×2.5 PC20 CC   0.85kW 照明
    10A
L3 C45N/1P WL3 BV-0.5 3×2.5 PC20 CC   1.04kW 照明
    10A
L1 C45N/1P WX1 BV-0.5 3×4 PC20 CC   2kW 插座
    10A DPN+ViGi
L2 C45N/1P WX2 BV-0.5 3×4 PC20 FR   2kW 插座
    32A 0.1S 30mA
        DPN+ViGi
L3 C45N/1P WX3 BV-0.5 3×4 PC20 FR   2.5kW 插座
    32A 0.1S 30mA
        DPN+ViGi
L1 C45N/1P WX4 BV-0.5 3×4 PC20 FR   2kW 插座
    32A 0.1S 30mA
                              备用
    32A

设备容量:22.88kW
计算容量:15.58kW
计算电流:23.67A

BV-0.5 4×25+1×16 PC50 CC FR

40A

AL2

L1 C45N/1P WL1 BV-0.5 3×2.5 PC20 CC   0.48kW 照明
    10A
L2 C45N/1P WL2 BV-0.5 3×2.5 PC20 CC   1.42kW 照明
    10A
L3 C45N/1P WL3 BV-0.5 3×2.5 PC20 CC   0.98kW 照明
    10A
L1 C45N/1P DPN+ViGi WX1 BV-0.5 3×6 PC25 FR   3kW 插座
    25A 0.1S 30mA
L2 C45N/1P DPN+ViGi WX2 BV-0.5 3×6 PC25 FR   3kW 插座
    25A 0.1S 30mA
L3 C45N/1P DPN+ViGi WX3 BV-0.5 3×6 PC25 FR   3kW 插座
    25A 0.1S 30mA
L1 C45N/1P DPN+ViGi WX4 BV-0.5 3×6 PC25 FR   3kW 插座
    25A 0.1S 30mA
L2 DPN+ViGi WX4 BV-0.5 3×6 PC25 FR   3kW 插座
    25A 0.1S 30mA
L3 WX4 BV-0.5 3×6 PC25 FR   3kW 插座
    25A 0.1S 30mA
L3   备用
    32A

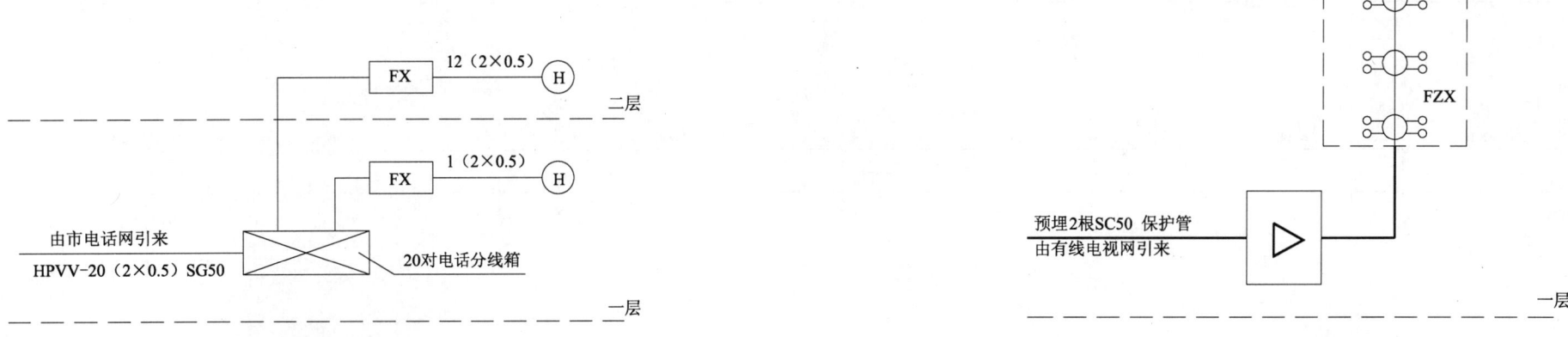

电话系统图

12 (2×0.5) FX H
二层
1 (2×0.5) FX H

由市电话网引来
HPVV-20 (2×0.5) SG50   20对电话分线箱
一层

电视系统图

FZX

预埋2根SC50 保护管
由有线电视网引来
一层

工程名称	配电站
图纸内容	照明、电话、电视系统图
图纸编号	电施-11

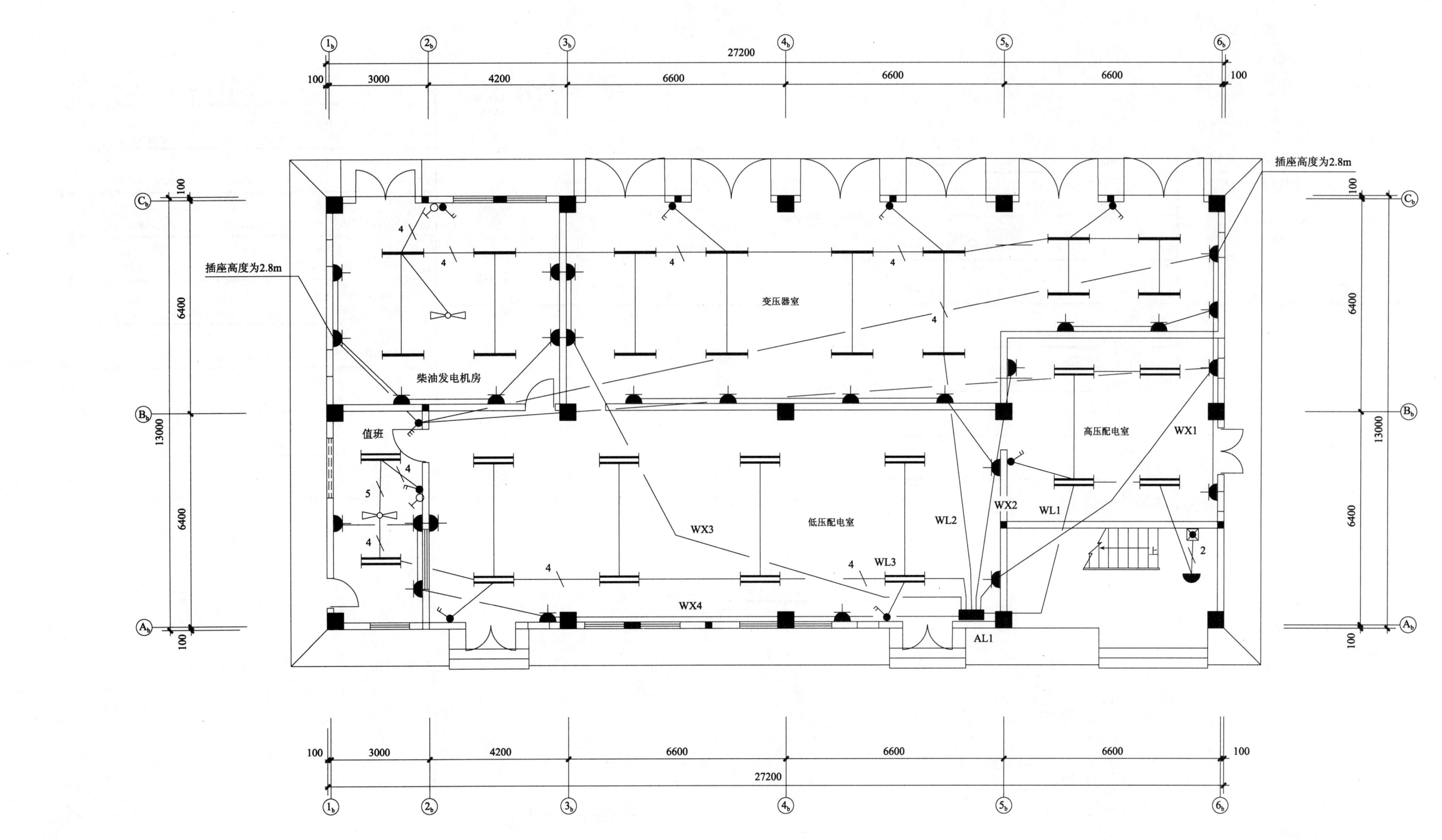

一层照明平面图 1:100

工程名称	配电站
图纸内容	一层照明平面图
图纸编号	电施-12

46

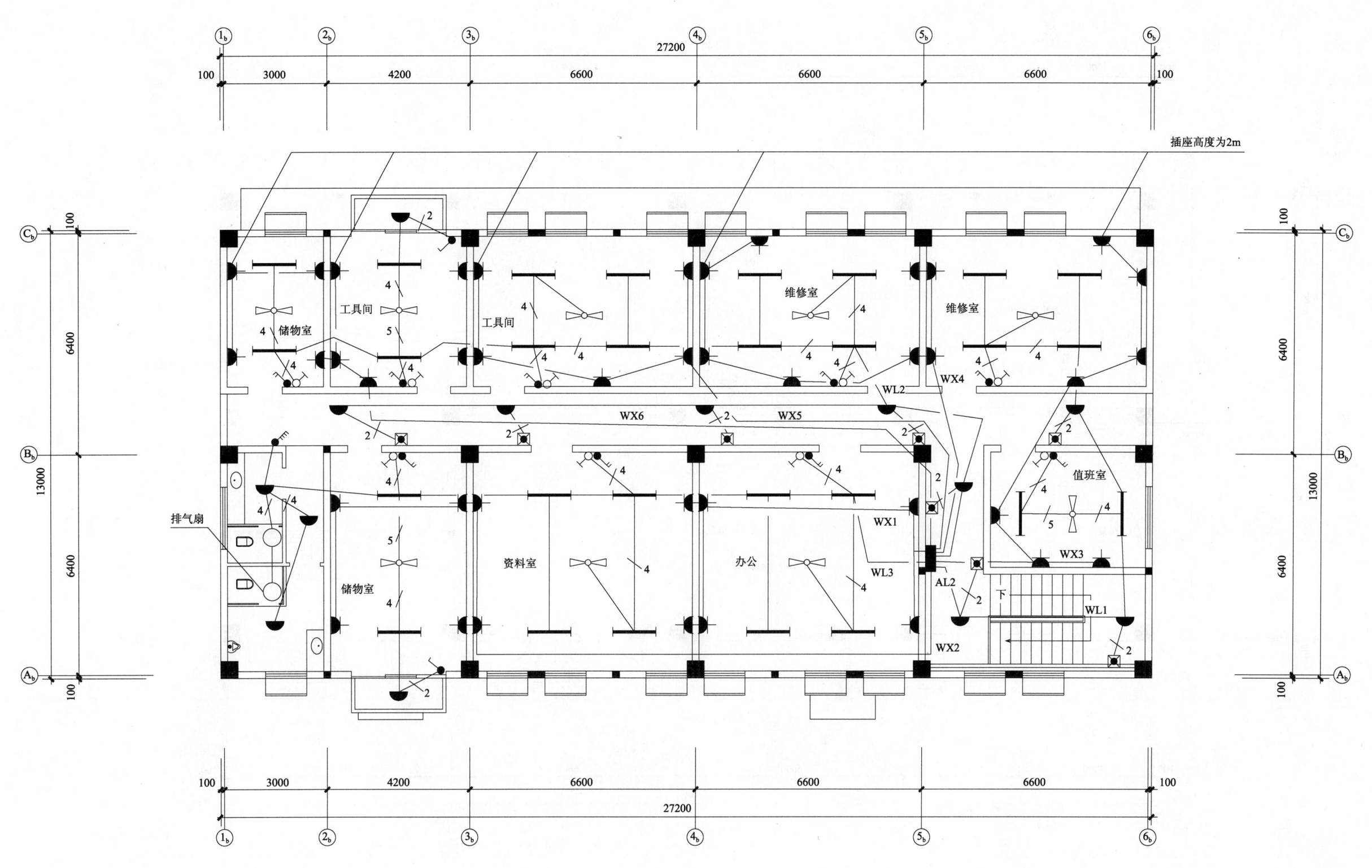

二层照明平面图 1:100

工程名称	配电站
图纸内容	二层照明平面图
图纸编号	电施-13

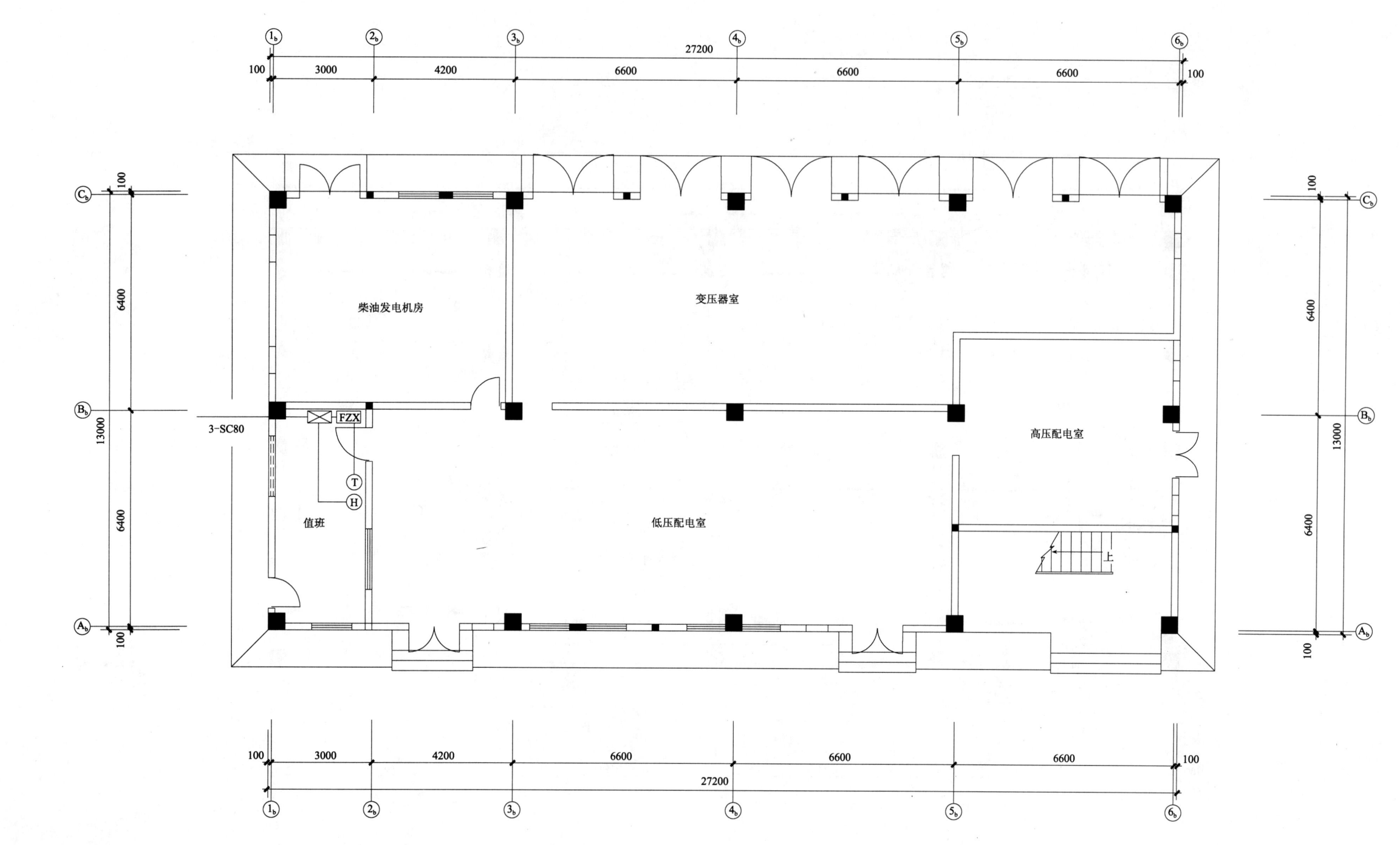

一层电话、电视平面图 1:100

工程名称	配电站
图纸内容	一层电话、电视平面图
图纸编号	电施-14

柴油发电机房

变压器室

高压配电室

低压配电室

值班

上

FZX

3-SC80

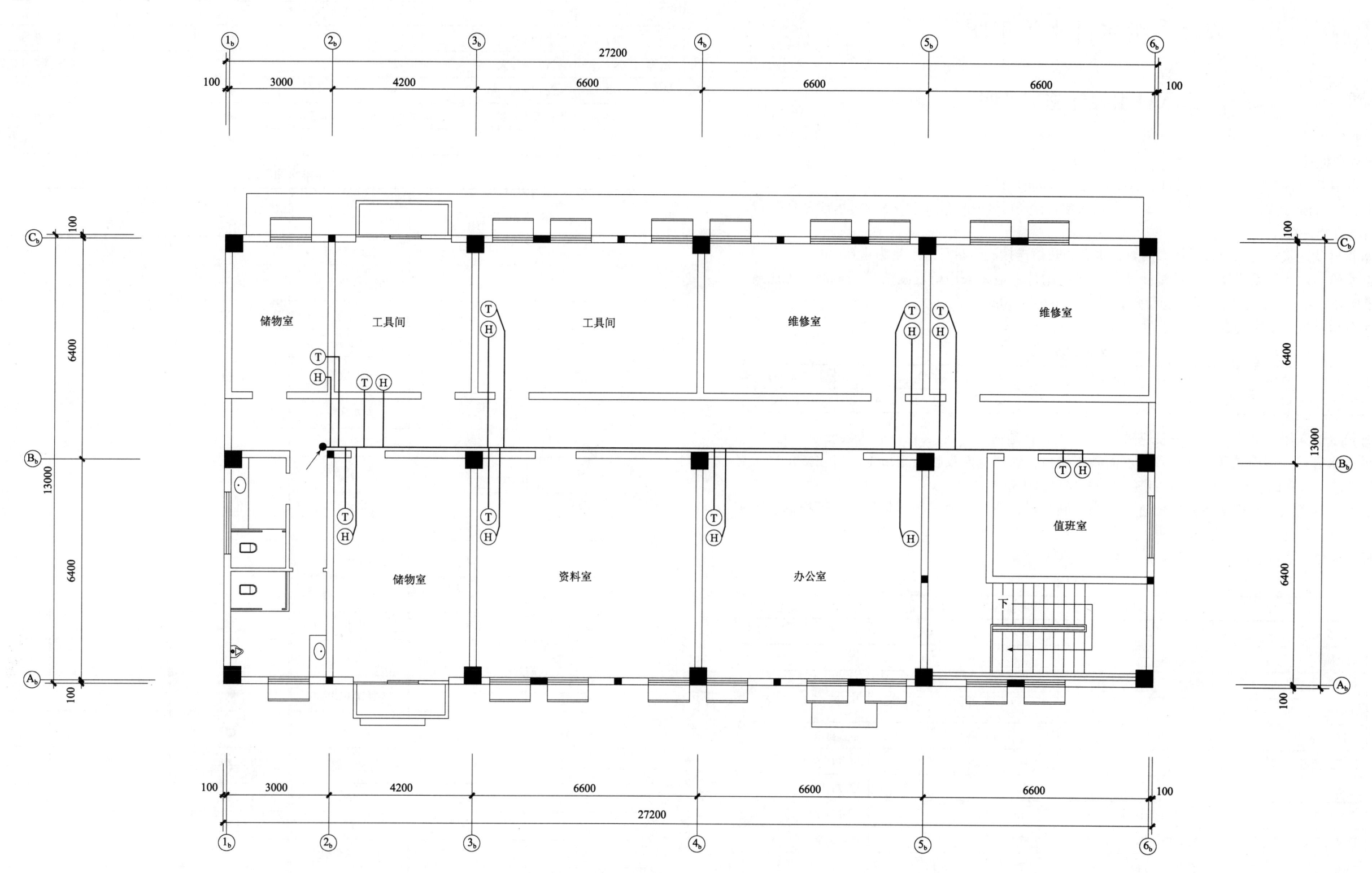

二层电话、电视平面图 1:100

工程名称	配电站
图纸内容	二层电话、电视平面图
图纸编号	电施-15

2.5 给水排水施工图

给水排水设计施工说明

一、尺寸和标高

1. 尺寸除管长、标高以米（m）计外，其余以毫米（mm）计。

2. 标高：室内标高以室内 ±0.000 计，给水及消火栓管标高指管中心标高，雨水及污水管为管底标高。

二、给水排水系统

1. 给水管材及连接室内入户管采用聚丙烯给水管，热熔连接。生活日用水量为 4.0m/d³。

2. 污废水管与雨水管采用硬聚氯乙烯排水管。排水附件：地漏采用防返漏防臭型地漏，各地漏应设于地面最低处。存水弯同卫生器具配套订购，其水封不小于50mm。

3. 排水管道坡度：卫生间管道安装坡度请参照下表执行。

卫生间管道安装坡度

管径（mm）	DN50	DN75	DN100	DN125	DN150	DN200
坡度	0.035	0.025	0.02	0.015	0.01	0.008

4. 室外给水管采用给水铸铁管，一般埋深为0.7m（设计地面到管顶），给水管应敷设在老土层上。

5. 室外排水管采用钢筋混凝土排水管，水泥砂浆接口，管道应敷设在老土层上，可在接口处做混凝土垫层；管道敷设在回填土上时，应把土夯实，并做混凝土带形基础。

6. 施工前，请落实给水排水接驳口位置和标高，施工时，请与其他工种密切配合，可根据现场实际情况调整管道，避免管道相互碰撞。

三、其他未尽事项请遵照相应规范及规程执行。

主要材料表

序号	名称	型号及规格	单位	数量	备注
1	给水龙头	DN15	个	2	
2	截止阀	DN25/15	个	2/1	
3	延时自闭阀	DN25	个	2	
4	小便器冲洗阀	DN15	个	1	
5	洗脸盆		座	2	甲方自定
6	蹲式大便器		座	2	甲方自定
7	立式小便斗		具	1	甲方自定
8	顶棚排气扇	210m³/h×160Pa×0.05kW	个	1	甲方自定
9	顶棚排气扇	450m³/h×180Pa×0.05kW	个	1	甲方自定
10	地漏	DN50	个	2	
11	通气帽	DN100	个	1	
12	聚丙烯塑料给水管	DN25/15 生活给水用	米	依施工图	
13	硬聚氯乙烯排水管	DN100/50	米	依施工图	
14	钢筋混凝土排水管	DN200/300	米	依施工图	
15	污水检查井	φ1000 钢筋混凝土	座	3	参图集 S231-28-21

续表

序号	名称	型号及规格	单位	数量	备注
16	雨水检查井	φ1000 钢筋混凝土	座	5	参图集 S231-28-21
17	可调式减压阀	DN25	个	1	维持阀后压力 0.25MPa
18	风路止回阀	φ150	个	2	
19	手提式灭火器	磷酸铵盐干粉灭火器@ A	具	4	安装在二层
20	CO_2 灭火器	MT3	具	8	安装在一层

给水排水图例表

图例（平面图）	图例（管系图）	名称	图例（平面图）	图例（管系图）	名称
—— J ——	——	生活给水管		同左	浮球阀
—— X ——	同上	消火栓给水管			阀门井
— — —	同左	排水管	YD	YD	雨水斗
— — —		雨水管			排水漏斗
JN	JN	给水立管			圆形地漏
PN	PN	污水立管			蹲式大便器
YN	YN	雨水立管			立式小便器
XN	XN	消火栓立管			洗脸盆
		清扫口			污水池
		通气帽			坐式大便器
		S形存水弯			角式截止阀
		P形存水弯			矩形化粪池
		检查口			雨水口
		乙字管			检查井
		延时自闭冲洗阀		同左	水表
		放水龙头			水泵接合器
	同左	截止阀			室外消火栓
	同左	闸阀			室内消火栓（单栓）
	同左	蝶阀			室内消火栓（双栓）
		卫生间排气扇			手提式灭火器
	同左	止回阀			轴流风机
		风路止回阀			

工程名称	配电站
图纸内容	给水排水设计说明、图例、材料
图纸编号	水施-01

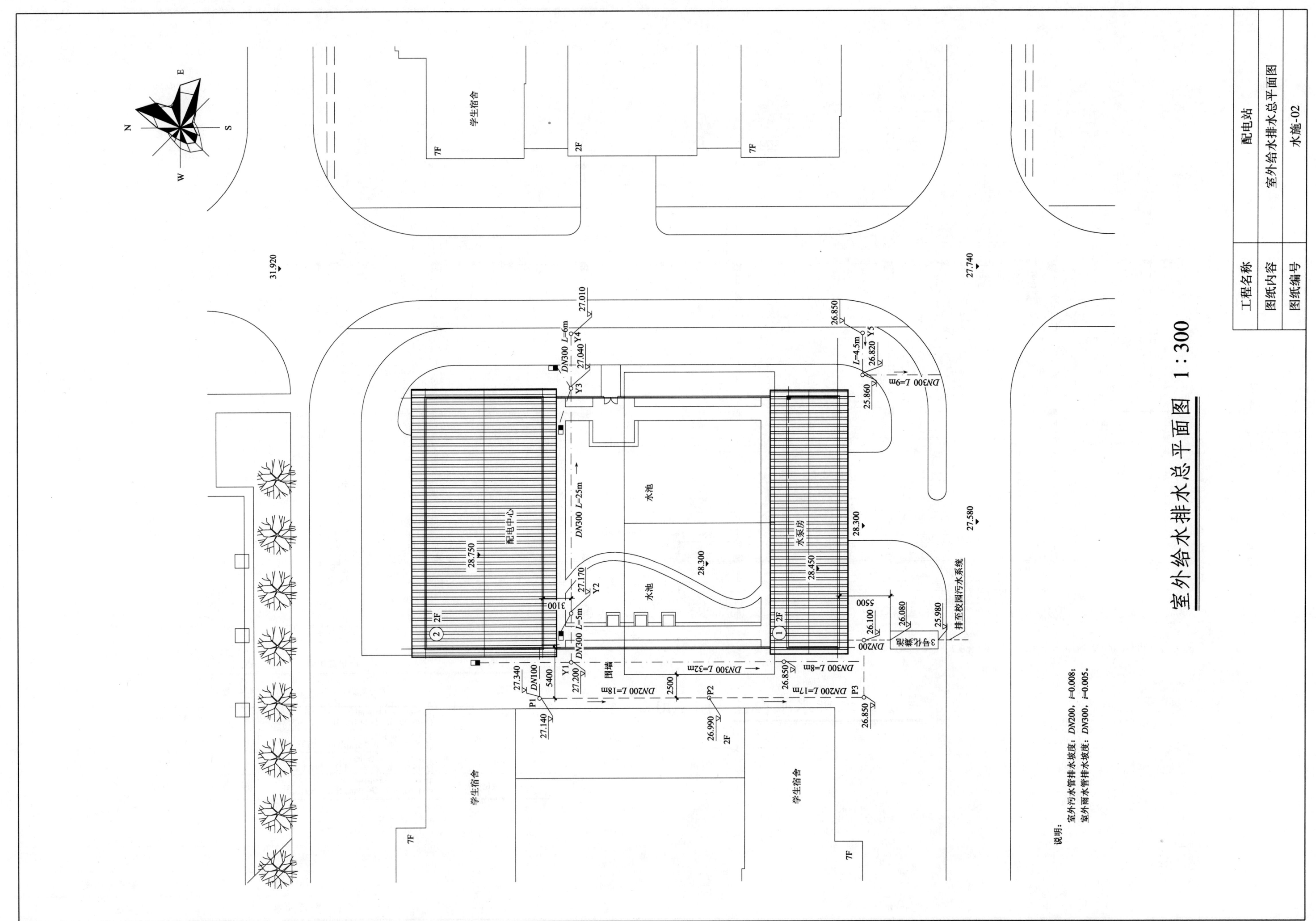

室外给水排水总平面图 1:300

工程名称	配电站
图纸内容	室外给水排水总平面图
图纸编号	水施-02

说明: 室外污水管排水坡度: DN200, i=0.008;
室外雨水管排水坡度: DN300, i=0.005。

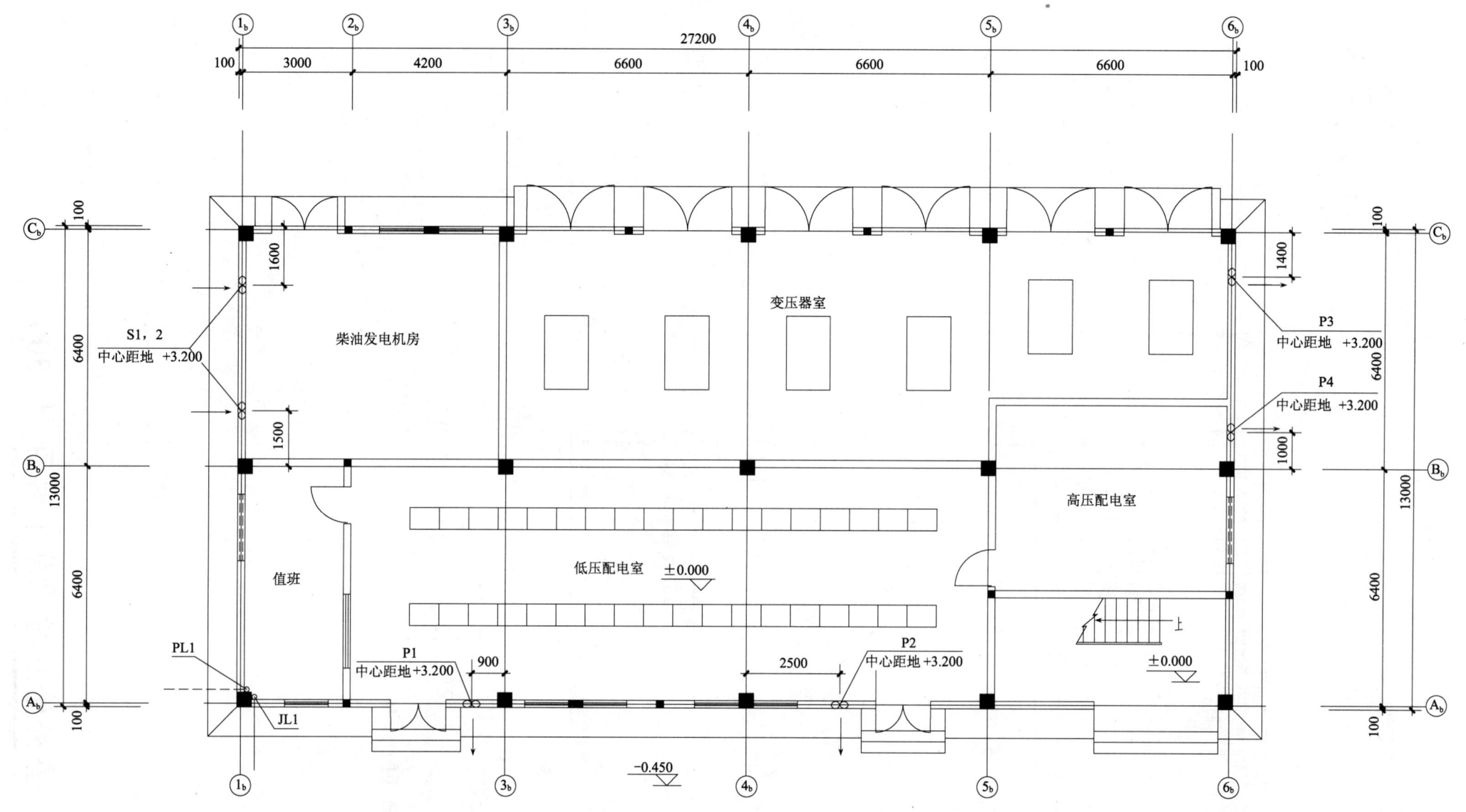

说明：在一层各配电间门后配备手提式二氧化碳灭火器两瓶（MT3）。

一层给水排水平面图 1：100

风机选用表

序号	名 称	型号及规格	单位	数量	备 注
1	轴流风机	T35-11 n=1450r/min Q=7655m³/h P=14.1mmH₂O N=0.35kW	台	1	P3 带联动百叶
2	轴流风机	T35-11 n=1450r/min Q=2273m³/h P=7.5mmH₂O N=0.09kW	台	1	P4 带联动百叶
3	轴流风机	T35-11 n=1450r/min Q=3920m³/h P=9mmH₂O N=0.18kW	台	2	P1，2带联动百叶
4	轴流风机	T35-11 n=1450r/min Q=11682m³/h P=19mmH₂O N=1.1kW	台	2	S1，2带联动百叶

工程名称	配电站
图纸内容	一层给水排水平面图
图纸编号	水施-03

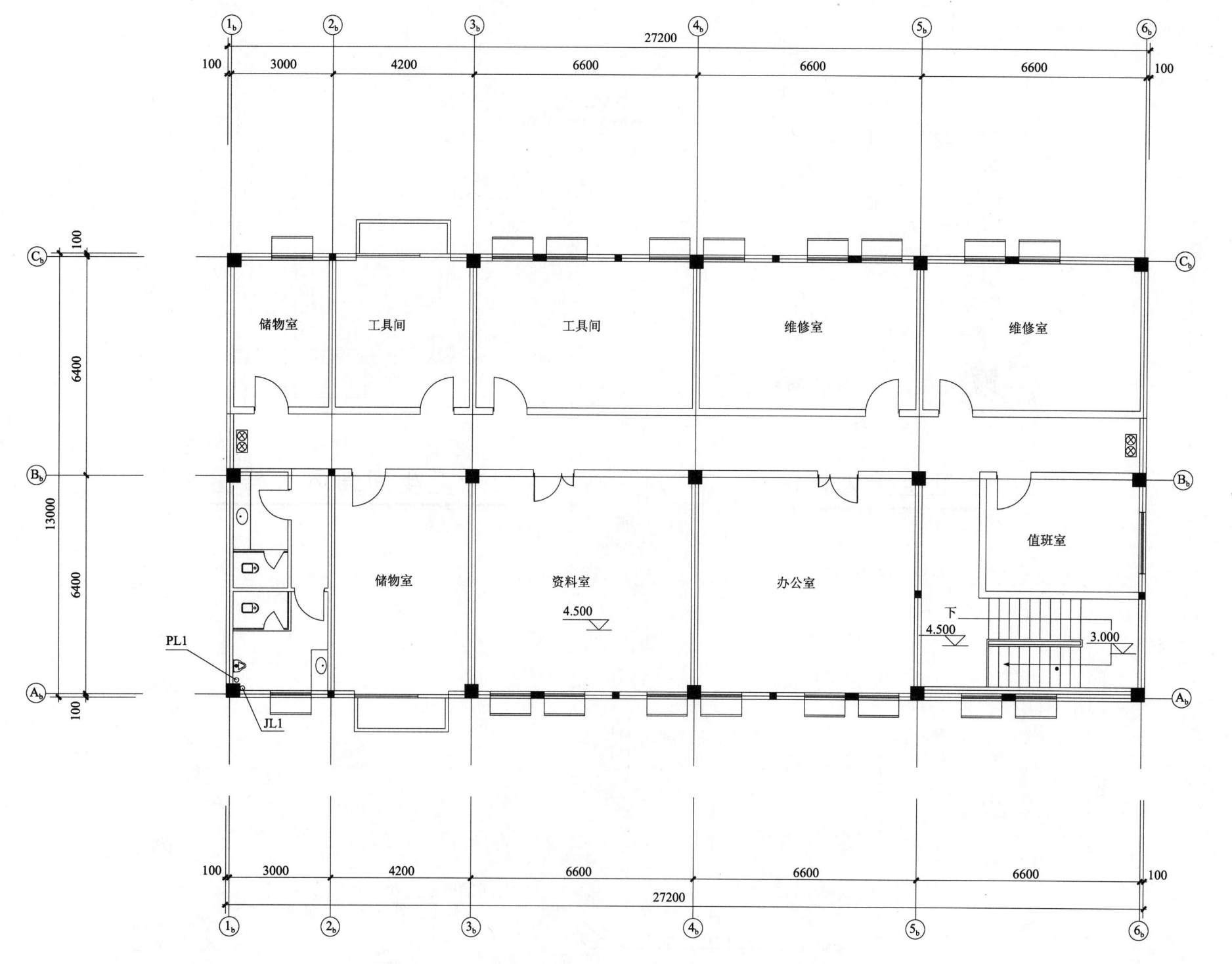

说明：在二层配备手提式灭火器四具，
型号：磷酸铵盐干粉型，5A。

二层给水排水平面图 1：100

工程名称	配电站
图纸内容	二层给水排水平面图
图纸编号	水施-04

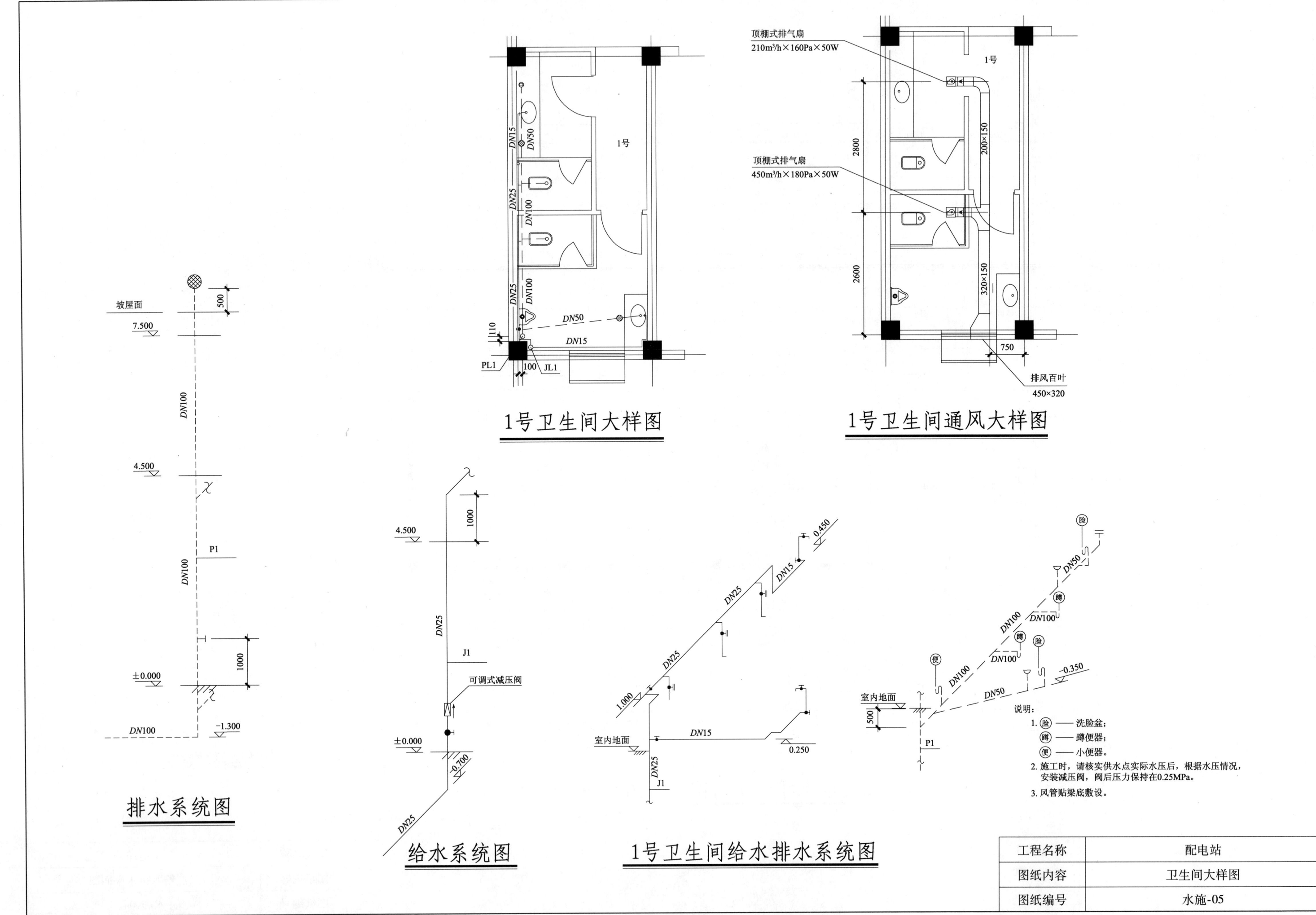

坡屋面

7.500

500

DN100

4.500

DN100   P1

±0.000

1000

DN100   -1.300

排水系统图

1号

DN15 DN50

DN25

DN100

DN25 DN100

110 DN50

PL1 100 JL1 DN15

1号卫生间大样图

顶棚式排气扇
210m³/h×160Pa×50W

顶棚式排气扇
450m³/h×180Pa×50W

2800

200×150

320×150

2600

750

排风百叶
450×320

1号卫生间通风大样图

4.500

1000

DN25

J1

可调式减压阀

±0.000

DN25   0.700

DN25

给水系统图

0.450

DN25 DN15

DN25

1.000

室内地面

DN15

DN25   0.250

J1

脸 DN50

DN100 蹲

DN100 DN100

便 DN100 蹲 脸

室内地面 DN100 便

500 DN50 -0.350

P1

说明:
1. 脸 —— 洗脸盆;
   蹲 —— 蹲便器;
   便 —— 小便器。
2. 施工时,请核实供水点实际水压后,根据水压情况,
   安装减压阀,阀后压力保持在0.25MPa。
3. 风管贴梁底敷设。

1号卫生间给水排水系统图

工程名称	配电站
图纸内容	卫生间大样图
图纸编号	水施-05

3 砖混住宅工程

3.1 图纸目录

设计序号	×××	工程名称	砖混住宅	单项名称	
设计阶段	施工图	结构类型		完成日期	
专业	序号	图纸编号	图纸内容		页码
建筑	1	建施-01	建筑设计说明		56
	2	建施-02	室内装修表、门窗表、门窗大样、外墙装修做法		57
	3	建施-03	地下层平面图		58
	4	建施-04	一层平面图		59
	5	建施-05	二~五层平面图		60
	6	建施-06	六层平面图		61
	7	建施-07	夹层平面图		62
	8	建施-08	屋顶平面图		63
	9	建施-09	①~㉕轴立面图		64
	10	建施-10	㉕~①轴立面图		65
	11	建施-11	Ⓐ~Ⓕ轴立面图、Ⓕ~Ⓐ轴立面图		66
	12	建施-12	1-1剖面图、2-2剖面图		67
	13	建施-13	楼梯大样、卫生间大样		68
	14	建施-14	节点大样		69
结构	15	结施-01	结构设计总说明（一）、（二）		70、71
	16	结施-02	基础平面布置图		72
	17	结施-03	标高-0.030m结构平面图		73
	18	结施-04	标高2.970~11.970m结构平面图		74

设计序号	×××	工程名称	砖混住宅	单项名称	
设计阶段	施工图	结构类型		完成日期	
专业	序号	图纸编号	图纸内容		页码
	19	结施-05	标高14.970m结构平面图		75
	20	结施-06	标高17.970m结构平面图		76
	21	结施-07	坡屋顶结构平面图		77
	22	结施-08	详图		78
	23	结施-09	楼梯详图（一）		79
	24	结施-10	楼梯详图（二）		80
电气	25	电施-01	电气设计说明（一）、（二）		81、82
	26	电施-02	强弱电系统图		83
	27	电施-03	配电箱接线图		84
	28	电施-04	地下室电气平面图		85
	29	电施-05	一层供电干线平面图		86
	30	电施-06	一层弱电干线平面图		87
	31	电施-07	二~六层户型电气平面图		88
	32	电施-08	夹层电气平面图		89
	33	电施-09	户型弱电平面图		90
	34	电施-10	屋顶防雷平面图		91
	35	电施-11	接地平面图		92
给水排水	36	水施-01	给水排水设计说明（一）、（二）		93、94
	37	水施-02	给水排水系统图、卫生间厨房放大平面		95
	38	水施-03	地下室给水排水平面图		96
	39	水施-04	一层给水排水平面图		97
	40	水施-05	二~五层给水排水平面图		98
	41	水施-06	六层给水排水平面图		99
	42	水施-07	夹层给水排水平面图		100

3.2 建筑施工图

建筑设计说明

一、工程概况

1. 工程名称：绿城住宅小区住宅楼5号楼。
2. 建筑类别：本建筑为二类多层建筑，建筑物耐久年限为50年。
3. 抗震设防烈度：6度。
4. 建筑耐火等级：二级。
5. 结构形式：本工程为砖砌体结构。
6. 总建筑面积为3972.3m²，主体建筑高度为20.85m，地上6层，地下1层。
7. 本工程一层室内相对标高为±0.000，室内外高差为0.75m，图中所注尺寸以毫米（mm）为单位，标高以米（m）为单位，绝对标高见总平面。

二、设计依据

1. 有关文件及资料
（1）与建设单位签订的设计合同。
（2）建设单位提供的设计委托任务书。
（3）建设单位认可的建筑方案。
（4）其他专业提供的有关资料。
2. 执行规范、规程及标准
《民用建筑设计通则》GB 50352—2005
《工程建设标准强制性条文》房屋建筑部分（2002）
《建筑设计防火规范》GB 50016—2006
《住宅设计规范》GB 50096—1999（2003）

三、防水工程

1. 屋面防水：屋面防水等级为二级，做法根据《屋面工程技术规范》GB 50345—2004。具体做法坡屋面见05ZJ001—126页—屋54；上人屋面见05ZJ001—111页—屋5；雨篷、雨罩面层做法参见05ZJ001—123页—屋46。
2. 卫生间防水楼面做法选用05ZJ001—32页—楼33，0.5%坡度坡向地漏。
3. 地下室防水采用4mm厚单层SBS改性沥青卷材防水，参见98ZJ311—23页—3。

四、墙身工程

除注明者外，地下室外墙为370mm厚，其他承重墙为240mm厚，非承重墙为120mm厚，卫生间墙根部应用C15混凝土做180mm高条带，墙体留洞见建施图与设备施工图，砌体强度见结施图。

五、楼面地面

凡设有地漏房间应做防水层，图中未注明整个房间做坡度者，均在地漏周围1.0m范围内做1%坡度坡向地漏；卫生间的楼地面应低于相邻房间0.02m；阳台地面比相邻房间地面低0.02m。

六、门窗

1. 所有外墙门窗均立樘墙中，内门立樘与开启方向墙抹灰面平，内窗居墙中。
2. 门或门洞位置除注明者外，均距墙面120mm，距砖（混凝土）柱面120mm。
3. 防火门窗耐火极限为甲级1.2h，乙级0.9h，丙级0.6h，复合型钢质防火卷帘耐火极限为1.8h。

4. 防火门窗、防火卷帘制作厂家应有消防部门资质审查合格证书并对设计制作或施工安装及产品质量负全部责任。

七、消防设计

1. 本工程耐火等级为二级。
2. 地下室为1个防火分区，每个防火分区面积不超过500m²。
3. 地上部分每层为一个防火分区。

八、装修

1. 所有外墙水平凸出线角均做滴水线，做法参98ZJ901—23页—A、B。
2. 除图中注明者外，所有门洞及阳角均做同门洞口高1:2水泥砂浆护角，80mm宽，厚度同粉刷层。
3. 室外散水宽1000mm，沿建筑物周边布置，做法参98ZJ901—4页—2。
4. 室内外装修见装修做法表。
5. 所有木门窗及木制品，均用二级红松或一级杉木制作。
6. 楼梯木扶手、木制花格等用硬杂木制作。

九、油漆

1. 除图中注明外，所有户内木门满刮腻子二道，其他木门满刮腻子二道，面刷一底二道青白色调合漆。
2. 除图中注明者外，楼梯栏杆（钢扶手）刷防锈漆一道，白色调合漆二道，木扶手面刷一底二道白色调合漆。
3. 金属制品露面部分刷防锈漆一道，面刷与墙面类同或相同调合漆二道，不露面部分刷防锈漆二道，不刷面漆。
4. 金属雨水管（泄水管）、屋面检修钢梯刷防锈漆一道，面刷与墙面类同或相同调合漆二道。
5. 凡木料与砌体接触部分均满涂焦油沥青防腐处理。

十、节能

住宅部分外墙采用50mm厚挤塑聚苯乙烯泡沫塑料保温板，做法详GB 50016—2006，A型外墙外保温系统详《住宅建筑规范》GB 50368—2005外墙门窗采用单框中空塑钢门窗。

屋面保温层采用50mm厚挤塑聚苯乙烯泡沫塑料保温板。

十一、其他

1. 所有预留孔洞需与结构、给水排水、暖通、电气、动力等专业图纸密切配合施工。
2. 每层施工前应结合各专业图纸详细核准预留条件后，方可进行钢筋绑扎和混凝土浇筑等工作。
3. 本工程所用材料、成品、半成品均需经过建设单位认定合格后方可使用。
4. 本工程中所用外墙涂料的色彩需经建设单位及设计单位共同认可后方可施工使用。
5. 本工程中所有预埋件均需作防腐防锈处理，所有外露金属构件均作防锈处理。
6. 图中未尽事宜，施工时须遵照国家现行的有关规范、规程及标准执行。

工程名称	砖混住宅
图纸内容	建筑设计说明
图纸编号	建施-01

门窗表

类别	设计编号	洞口尺寸（mm）宽	洞口尺寸（mm）高	采用标准图集及编号 图集代号	采用标准图集及编号 编号	数量	备 注
窗	C-1	1500	250			16	50系列白色塑钢单框单层浮法白玻窗外设防鼠网
	C-2	600	250			4	
	C-3	660	1600			12	85系列白色塑钢单框中空浮法毛玻璃外墙开启窗加窗纱
	C-4	600	1600			76	
	C-5	1500	1600			55	85系列白色塑钢单框中空浮法白玻外墙开启窗加窗纱
	C-6	2400	2380			23	95系列白色塑钢单框单层浮法白玻外墙开启窗加窗纱
	C-7	1200	1900			23	
	C-8	1200	1600	详见本页		12	85系列白色塑钢单框中空浮法白玻外墙开启窗加窗纱
	C-9	1500	4400			3	85系列白色塑钢单框单层浮法白玻外墙开启窗加窗纱
	C-10	700	1600			24	85系列白色塑钢单框中空浮法毛玻璃外墙开启窗加窗纱
	C-11	600	440			2	
	C-12	2400	440			6	
	C-13	900	1040			6	95系列白色塑钢单框中空浮法白玻外墙开启窗加窗纱
	C-14	2100	440			6	
	C-15	660	440			4	
门	M-1	900	2100	88ZJ601	M21-0921	26	木门
	M-2	1200	2100			20	成品三防门
	M-3	900	2100	88ZJ601	M21-0921	83	木门
	M-4	700	2100		M25-0721	50	木门
	M-5	1500	2200			2	成品单元防盗门
	M-6	2400	2500			1	
	M-7	1500	2100	详见本页		6	95系列白色塑钢单框中空浮法白玻
门联窗	TLM-1	1500	2500			47	95系列白色塑钢单框单层浮法白玻
	TLM-2	2100	2500	详见本页		19	95系列白色塑钢单框中空浮法白玻
防火门	FM-1	1000	2100			3	乙级防火门

注：1. 表中所示尺寸均为洞口尺寸，制作时由厂家根据洞口大小考虑用料及加固。
　　2. 所有外窗开启扇处均做纱窗。
　　3. 除图中注明者外，所有门窗五金零件按预算定额配齐。

门窗大样

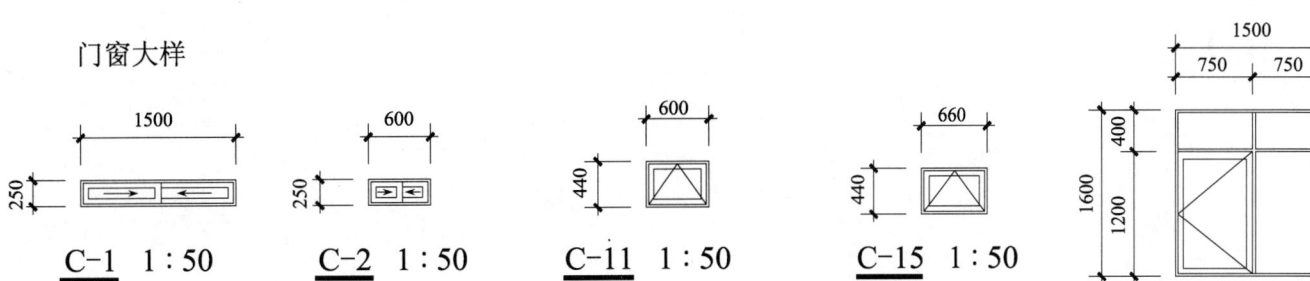

C-1 1:50　　C-2 1:50　　C-11 1:50　　C-15 1:50

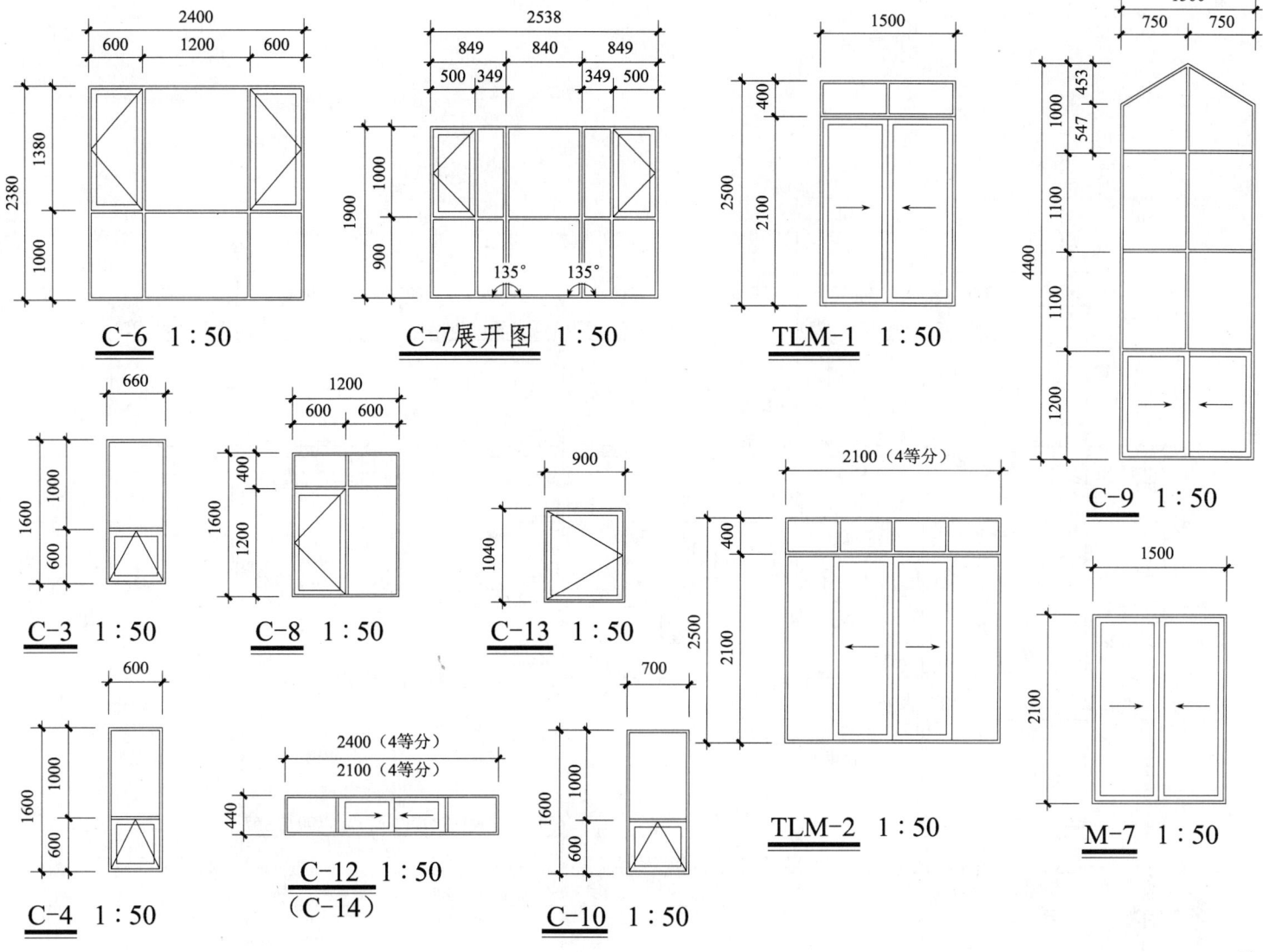

C-6 1:50　　C-7展开图 1:50　　TLM-1 1:50　　C-9 1:50

C-3 1:50　　C-8 1:50　　C-13 1:50　　TLM-2 1:50　　M-7 1:50

C-4 1:50　　C-12 1:50（C-14）　　C-10 1:50

室内装修一览表

序 号	部位名称	楼、地面	墙裙、踢脚	内墙	顶棚	备 注
1	客厅、卧室、餐厅	陶瓷地砖楼面 05ZJ001—25页—楼1	陶瓷地砖踢脚 005ZJ001—37页—踢17	混合砂浆 05ZJ001—45页—内墙4 05ZJ001—93页—涂23	混合砂浆 05ZJ001—75页—顶3 05ZJ001—93页—涂23	
2	地下室、楼梯间	水泥砂浆楼、地面 05ZJ001—7页—地1 05ZJ001—23页—楼1	水泥砂浆踢脚 05ZJ001—35页—踢4	混合砂浆 05ZJ001—45页—内墙4 05ZJ001—93页—涂23	混合砂浆 05ZJ001—75页—顶3 05ZJ001—93页—涂23	
3	厨房、卫生间、阳台	陶瓷地砖楼面 05ZJ001—32页—楼33	2. 3.	釉面砖内墙面 05ZJ001—47页—内墙10	水泥砂浆 05ZJ001—75页—顶4 05ZJ001—93页—涂23	

外墙装修

1. 外墙-1：外墙乳胶漆，墙面颜色见立面，做法见05ZJ001—70页—外墙23。
2. 外墙-2：外墙面砖，墙面颜色见立面，做法见05ZJ001—66页—外墙12。

工程名称	砖混住宅
图纸内容	室内装修表、门窗表、门窗大样、外墙装修做法
图纸编号	建施-02

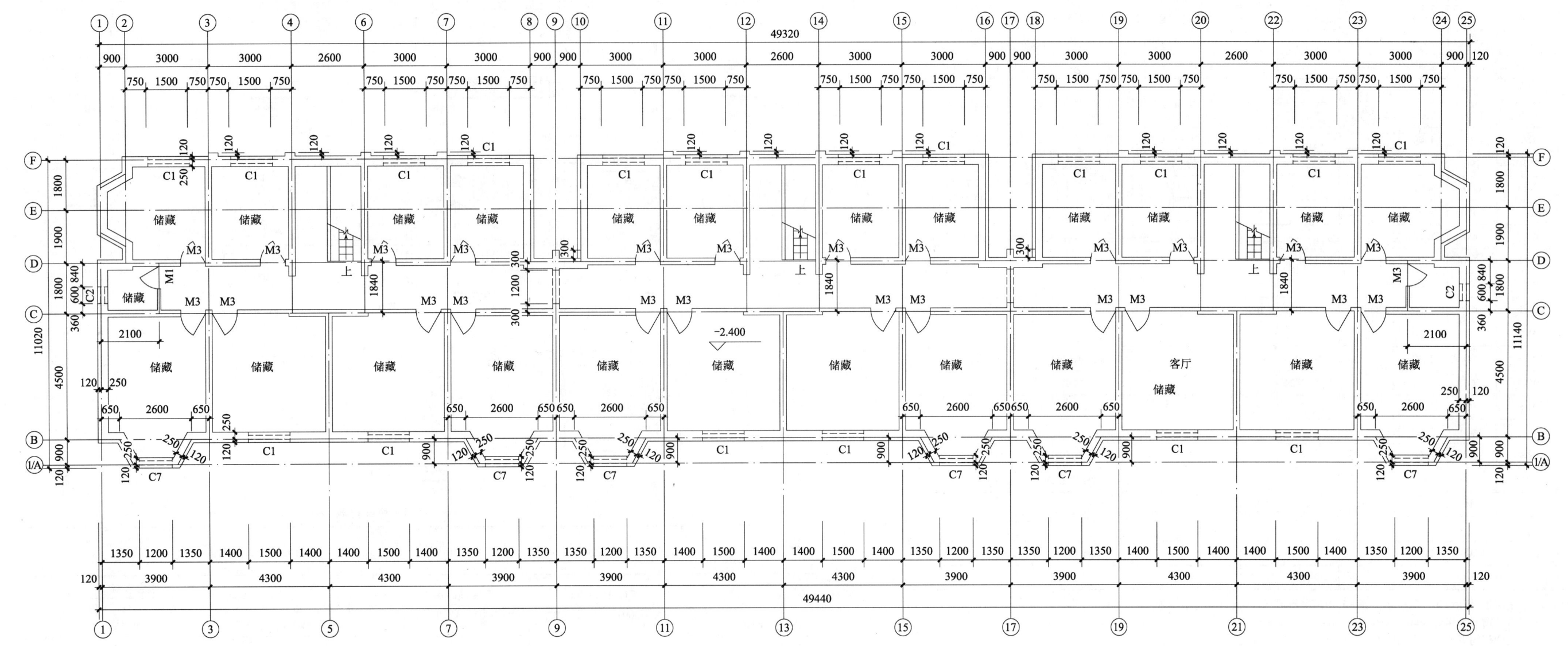

地下层平面图 1:100

工程名称	砖混住宅
图纸内容	地下层平面图
图纸编号	建施-03

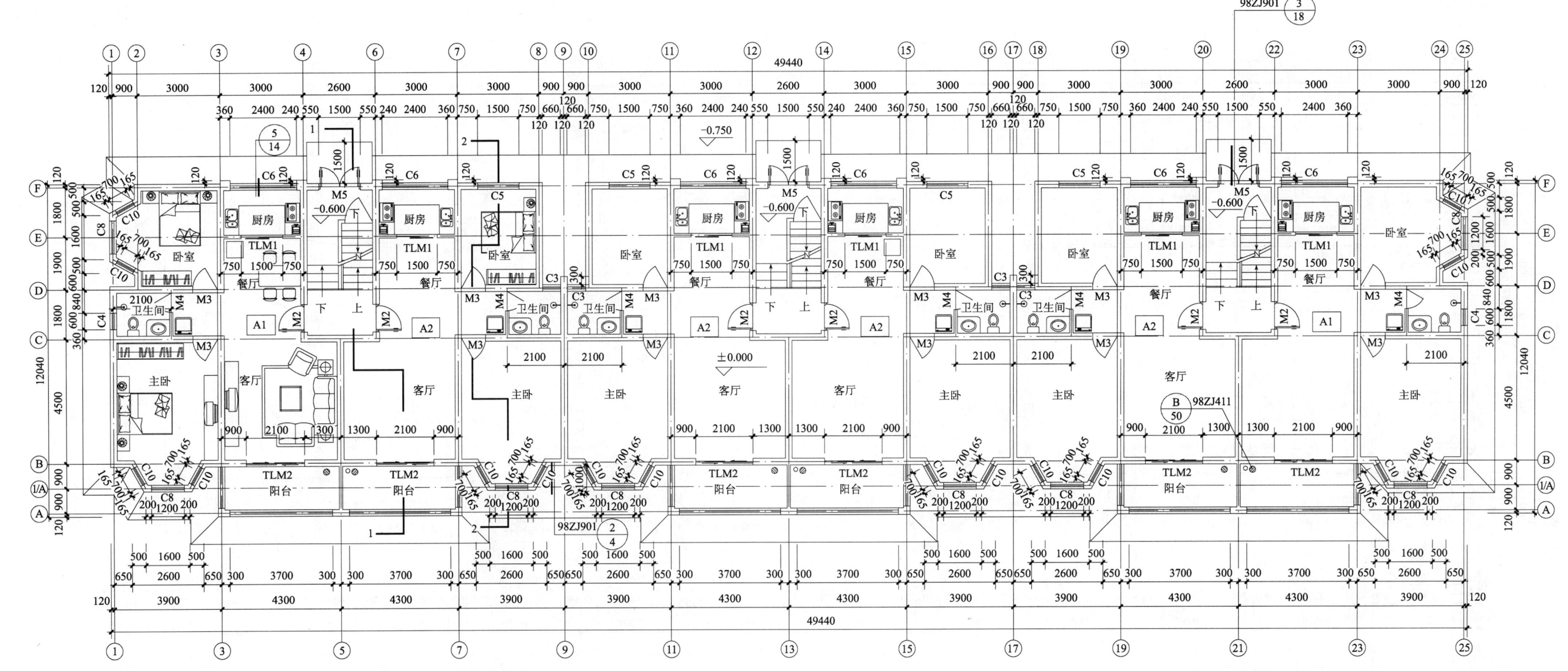

说明:卫生间、厨房、阳台比同楼层标高低20mm。

一层平面图 1:100

户型面积指标

	建筑面积（m²）	使用面积（m²）	阳台面积（m²）
A1户型	83.9	65.8	7.8
A2户型	81.1	64.0	7.8

工程名称	砖混住宅
图纸内容	一层平面图
图纸编号	建施-04

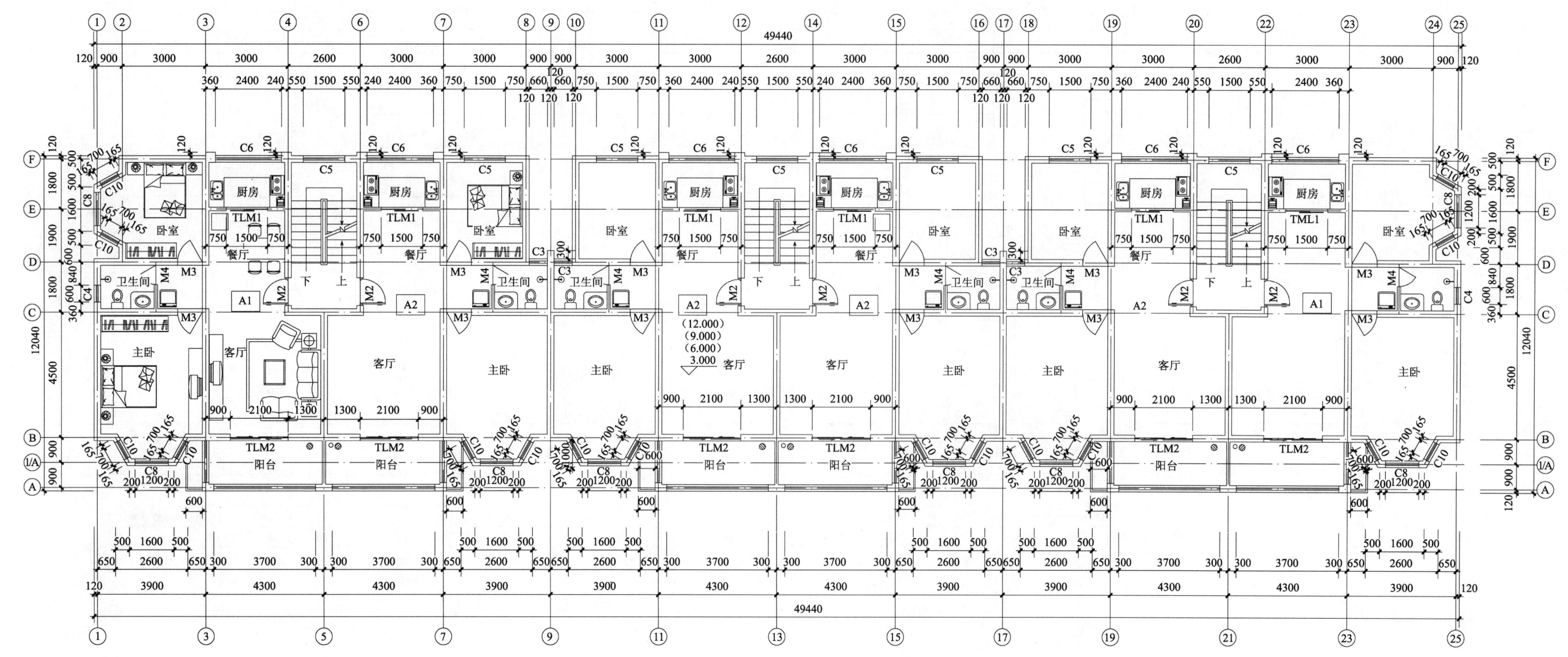

说明：卫生间、厨房、阳台比同楼层标高低20mm。

二~五层平面图 1：100

工程名称	砖混住宅
图纸内容	二～五层平面图
图纸编号	建施-05

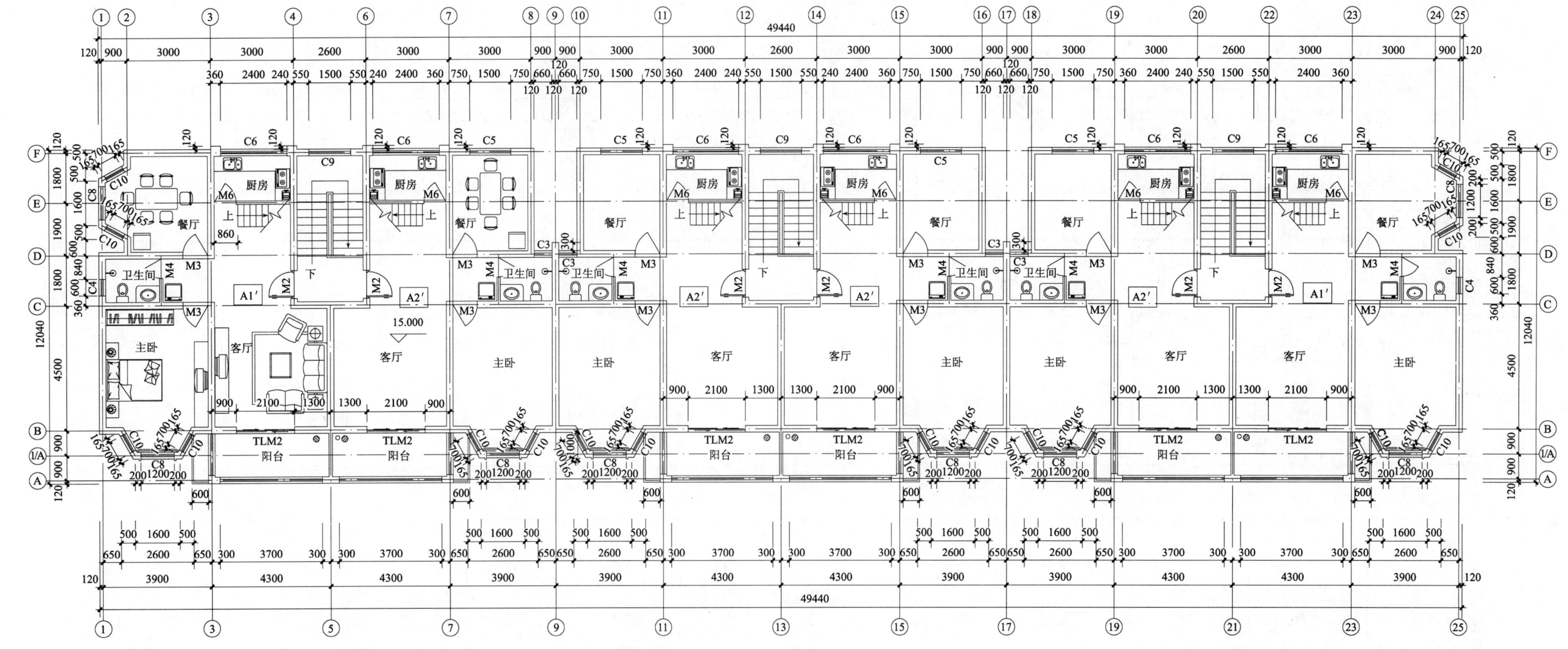

说明：卫生间、厨房、阳台比同楼层标高低20mm。

六层平面图　1：100

户型面积指标

	建筑面积（m²）	使用面积（m²）	阳台面积（m²）	露台面积（m²）
A1′户型	141.7	113.4	7.8	15.6
A2′户型	138.9	111.6	7.8	15.6

工程名称	砖混住宅
图纸内容	六层平面图
图纸编号	建施-06

61

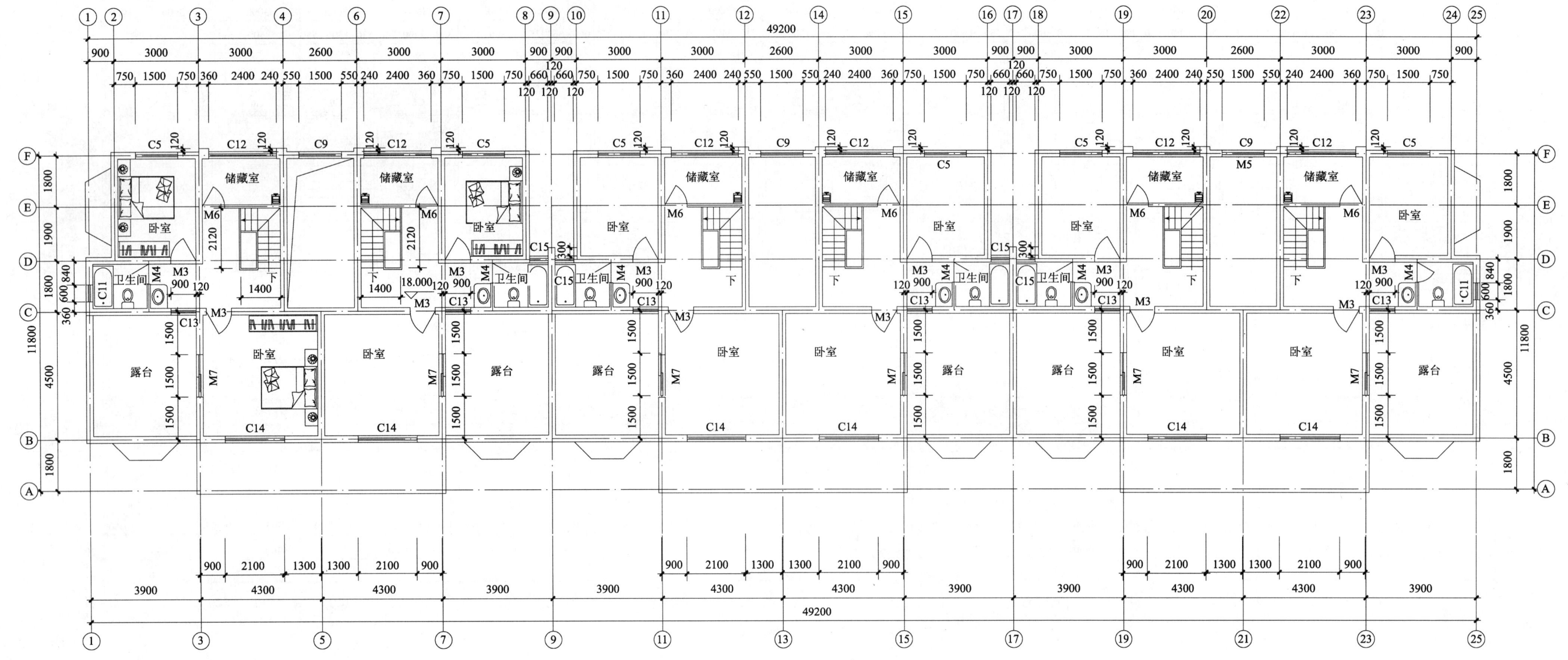

说明：卫生间、厨房、阳台比同楼层标高低20mm。

夹层平面图 1：100

工程名称	砖混住宅
图纸内容	夹层平面图
图纸编号	建施-07

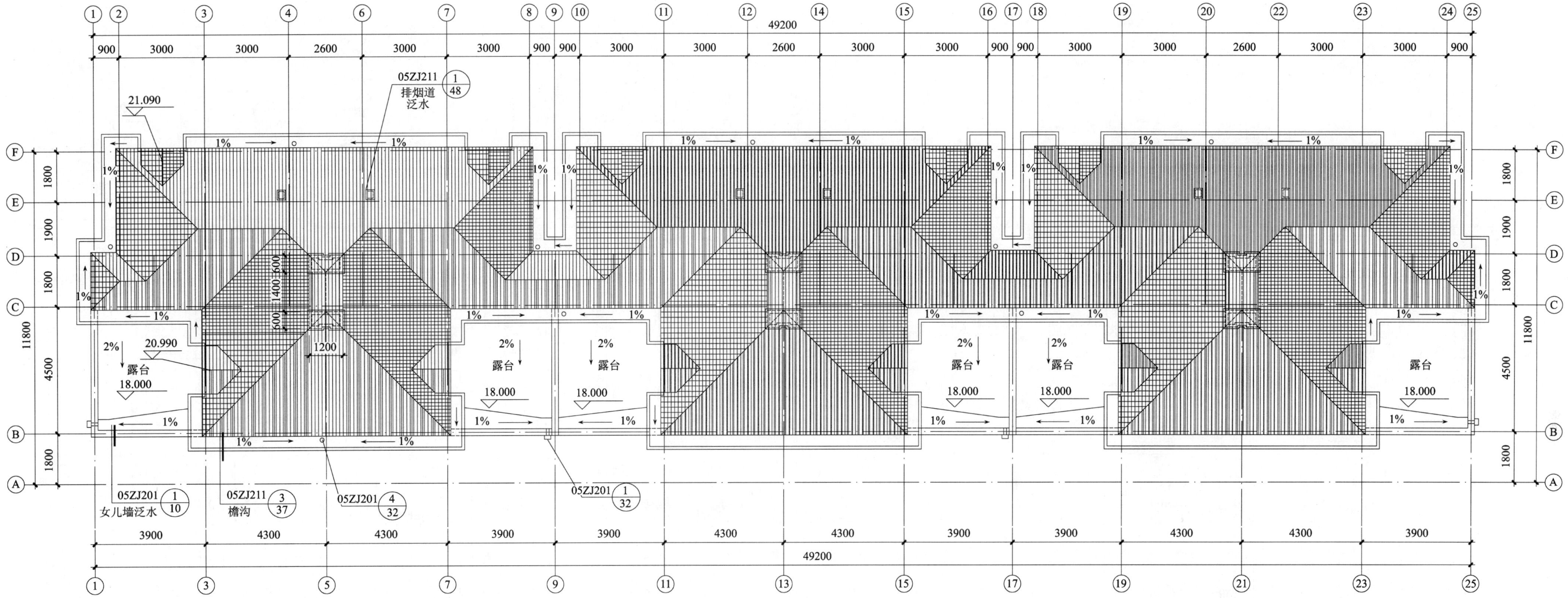

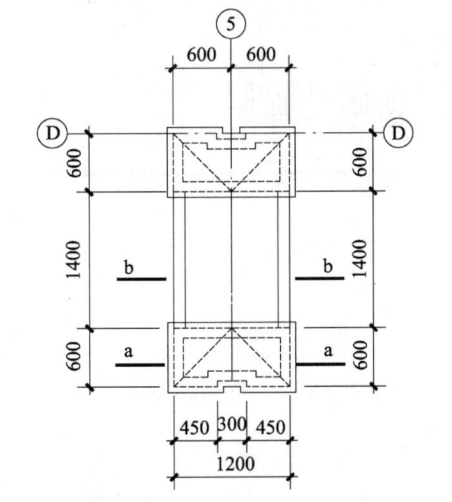
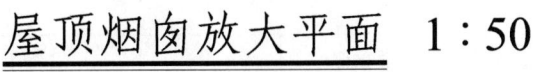
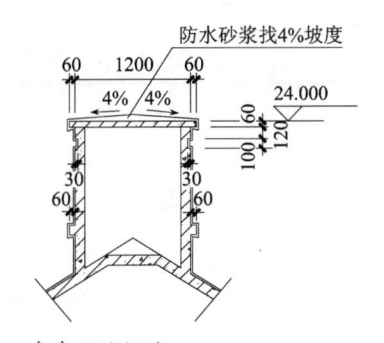
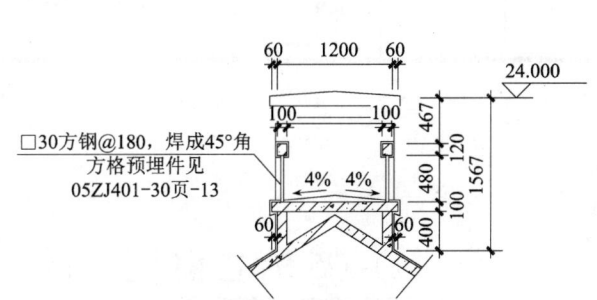

49200

900 3000 3000 2600 3000 3000 900 900 3000 3000 2600 3000 3000 3000 900 900 3000 3000 2600 3000 3000 900

21.090

05ZJ211 排烟道泛水 1/48

1% 1% 1% 1% 1% 1% 1%

1800 1900 1800

1%

1400 500 500

20.990 1200

2% 2% 2% 2% 2%

露台 18.000 露台 18.000 露台 18.000 露台 18.000 露台 18.000 露台 18.000

1% 1% 1% 1% 1% 1% 1%

11800 4500 1800

05ZJ201 1/10 女儿墙泛水   05ZJ211 3/37 檐沟   05ZJ201 4/32   05ZJ201 1/32

3900 4300 4300 3900 3900 4300 4300 3900 3900 4300 4300 3900

49200

屋顶平面图 1:100

600 600

600 1400 600

b   b

a   a

450 300 450
1200

屋顶烟囱放大平面 1:50

防水砂浆找4%坡度

60 1200 60
4% 4%
24.000
100 60 120
30 30
60 60

a-a剖面图 1:50

60 1200 60
100 100
24.000
467
□30方钢@180，焊成45°角方格预埋件见05ZJ401-30页-13
120
4% 4%
480
100
1567
60
400

b-b剖面图 1:50

工程名称	砖混住宅
图纸内容	屋顶平面图
图纸编号	建施-08

外墙-1
米色

外墙-2
砖红色

外墙-1
灰色

23.800
22.600
21.653
20.523
19.900
19.500
17.500
15.900
15.300
14.500
12.900
11.500
9.900
8.500
6.900
5.500
3.900
2.500
0.900
-0.750

①

㉕

①~㉕轴立面图 1:100

说明:窗台板、线脚、柱子及空调搁板外表面做法见外墙-1,颜色为浅灰色。

工程名称	砖混住宅
图纸内容	①~㉕轴立面图
图纸编号	建施-09

外墙-1
米 色

外墙-2
砖红色

外墙-1
灰 色

23.800
22.600
21.653
20.523
19.900

17.500
15.900

14.500
12.900

11.500
9.900

8.500
6.900

5.500
3.900

2.500
0.900

-0.750

㉕
①

㉕~①轴立面图 1：100

说明：窗台板、线脚、柱子及空调搁板外表面做法见外墙-1，颜色为浅灰色。

工程名称	砖混住宅
图纸内容	㉕~①轴立面图
图纸编号	建施-10

65

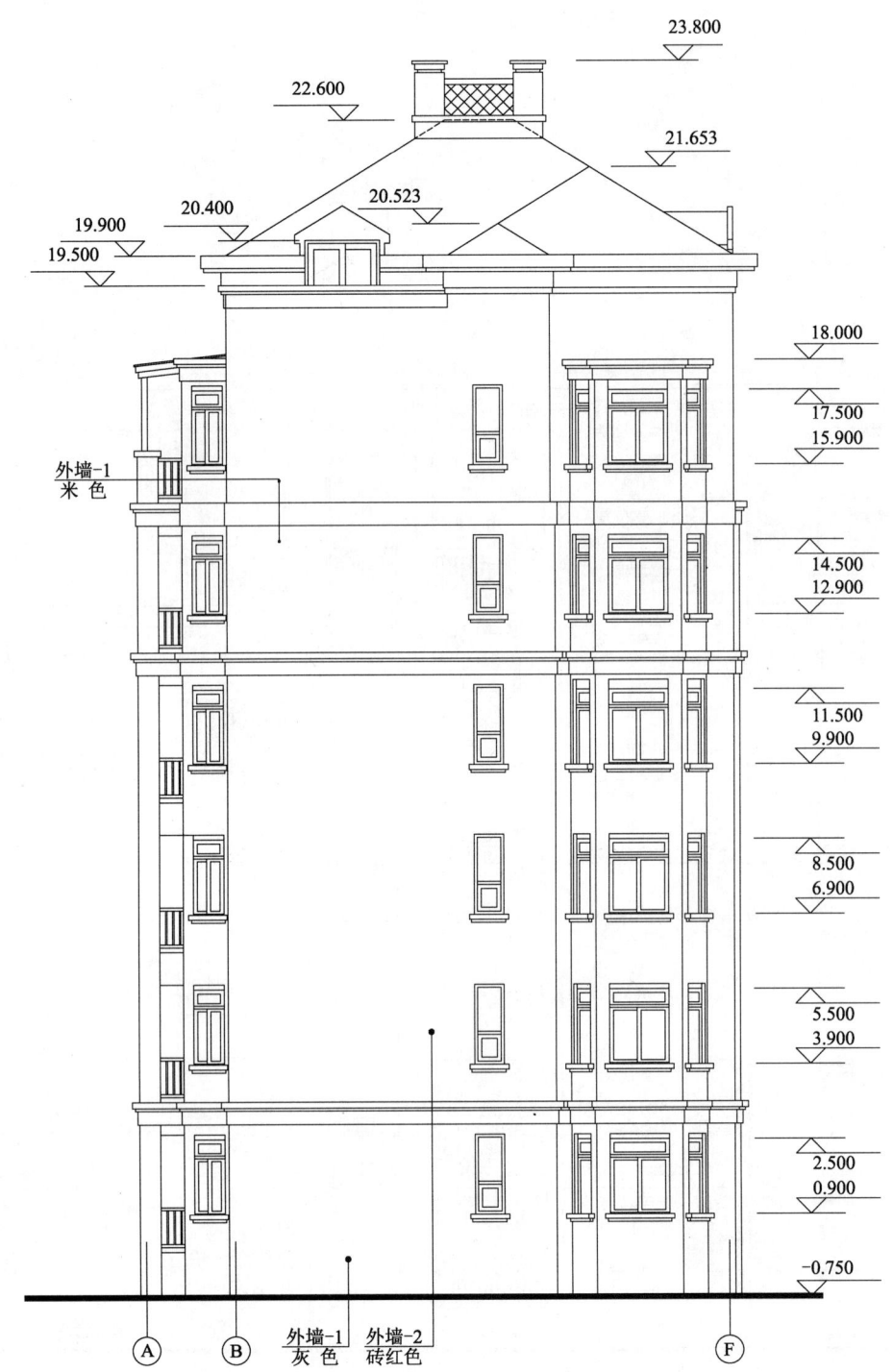

23.800

22.600

21.653

20.400　20.523

19.900
19.500

外墙-1
米　色

18.000

17.500
15.900

14.500
12.900

11.500
9.900

8.500
6.900

5.500
3.900

2.500
0.900

-0.750

Ⓐ　Ⓑ 外墙-1　外墙-2 Ⓕ
　　　灰色　　砖红色

Ⓐ～Ⓕ 轴立面图　1：100

23.800

22.600

21.653

20.523

20.400　19.900
19.500

17.500
15.900

外墙-1
米　色

14.500
12.900

11.500
9.900

8.500
6.900

5.500
3.900

2.500
0.900

-0.750

Ⓕ 外墙-2　外墙-1 Ⓑ　Ⓐ
　 砖红色　灰色

Ⓕ～Ⓐ 轴立面图　1：100

说明：窗台板、线脚、柱子及空调搁板外表面做法见外墙-1，颜色为浅灰色。

工程名称	砖混住宅
图纸内容	Ⓐ～Ⓕ轴立面图、Ⓕ～Ⓐ轴立面图
图纸编号	建施-11

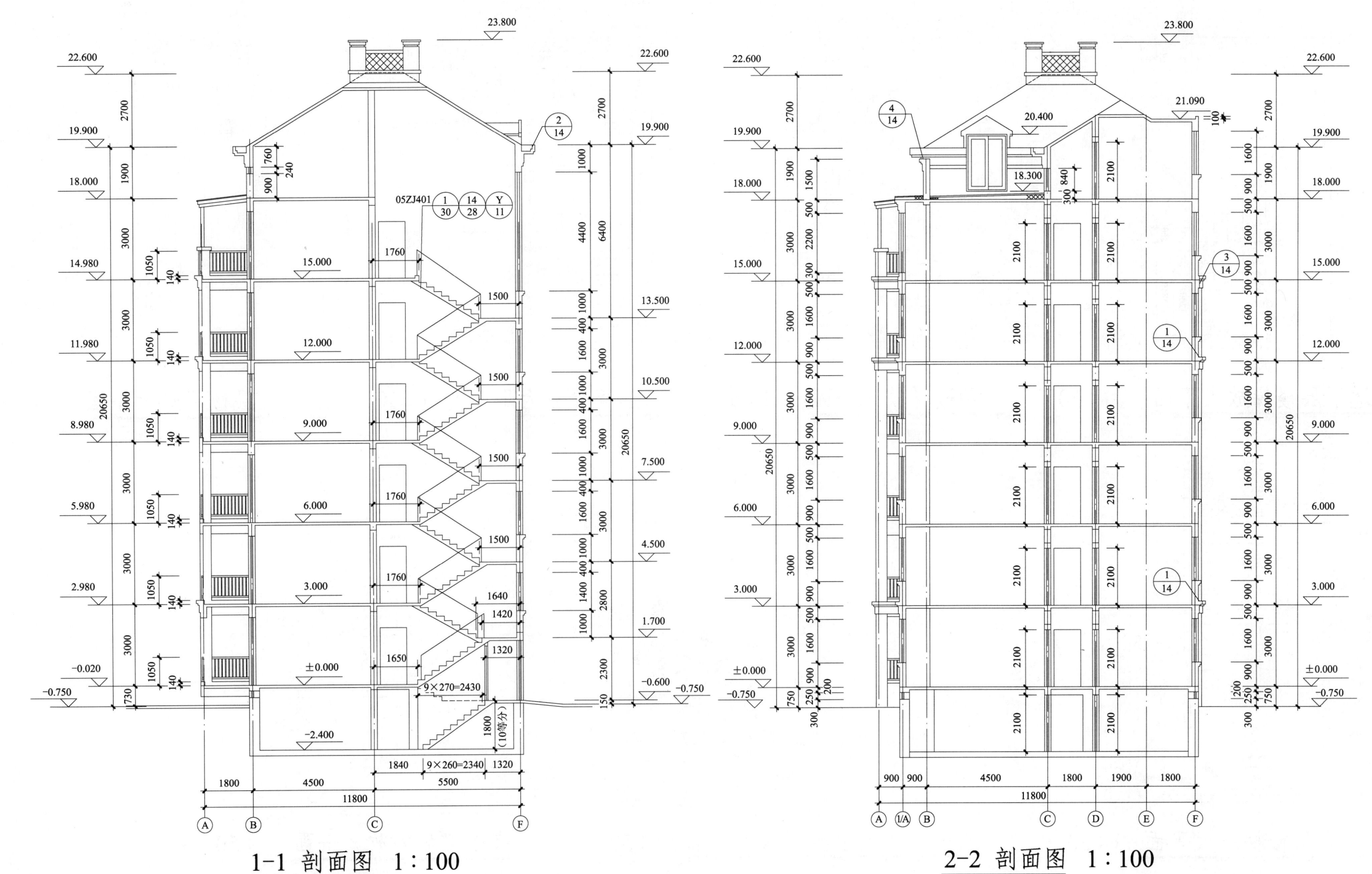

1-1 剖面图 1:100

2-2 剖面图 1:100

工程名称	砖混住宅
图纸内容	1-1 剖面图、2-2 剖面图
图纸编号	建施-12

67

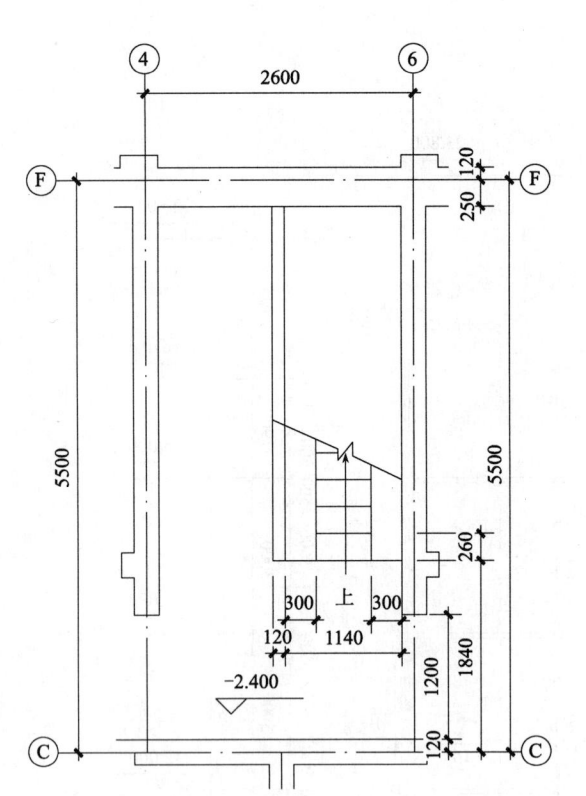

地下层楼梯放大平面　　　1：50

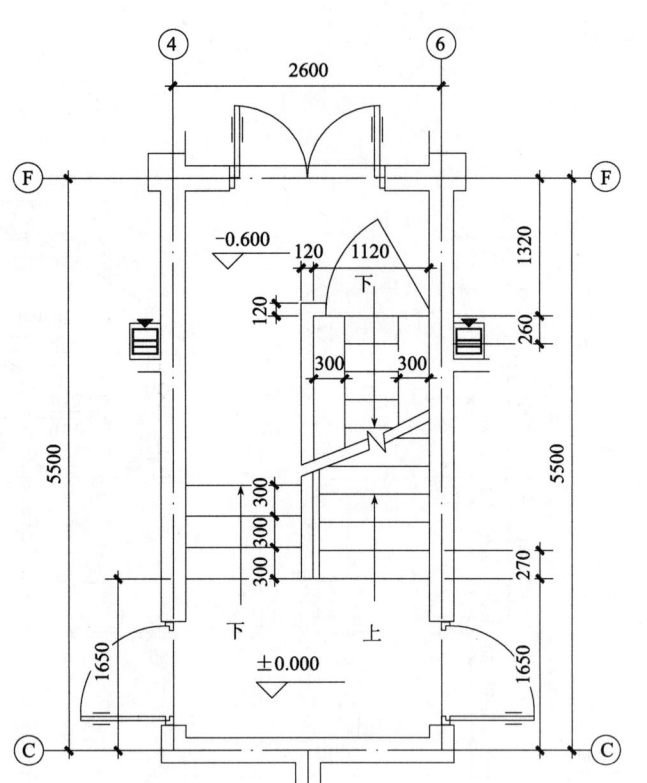

一层楼梯放大平面　　　1：50

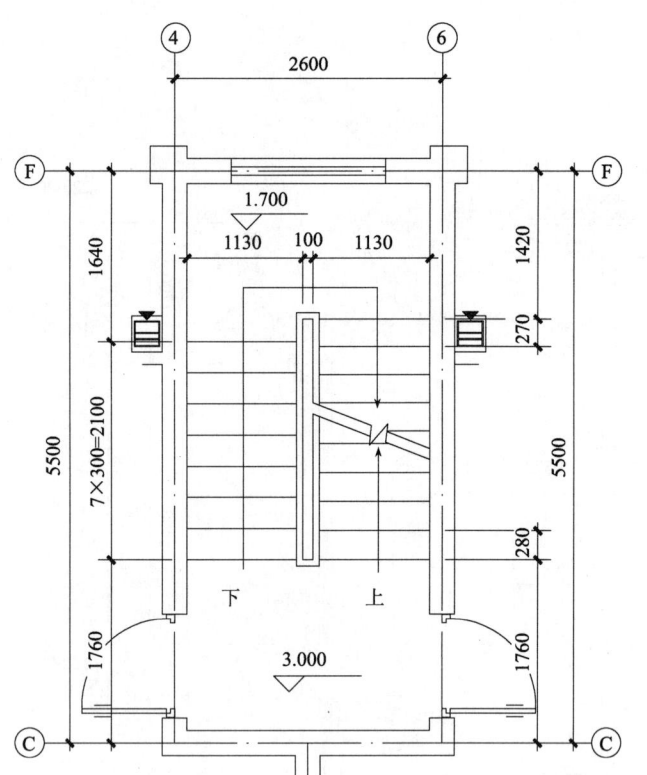

二层楼梯放大平面　　　1：50

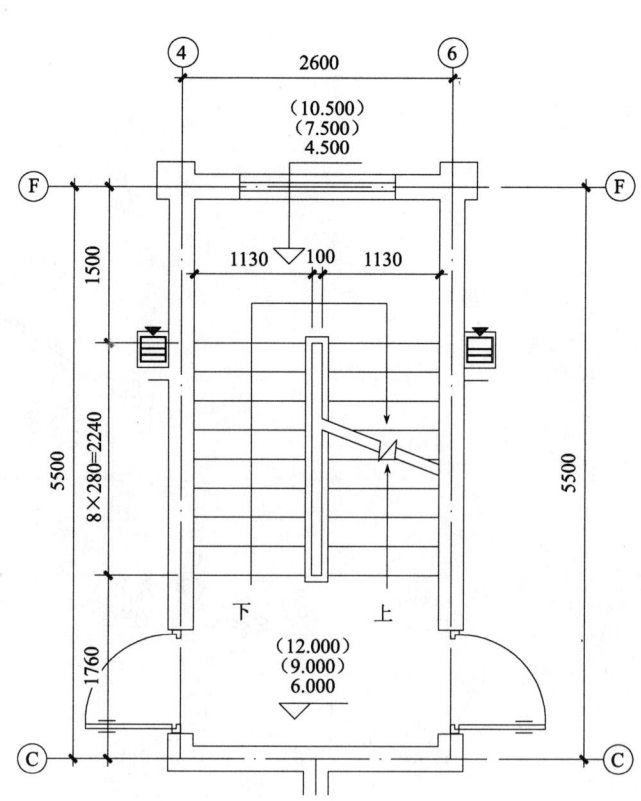

三～五层楼梯放大平面　　　1：50

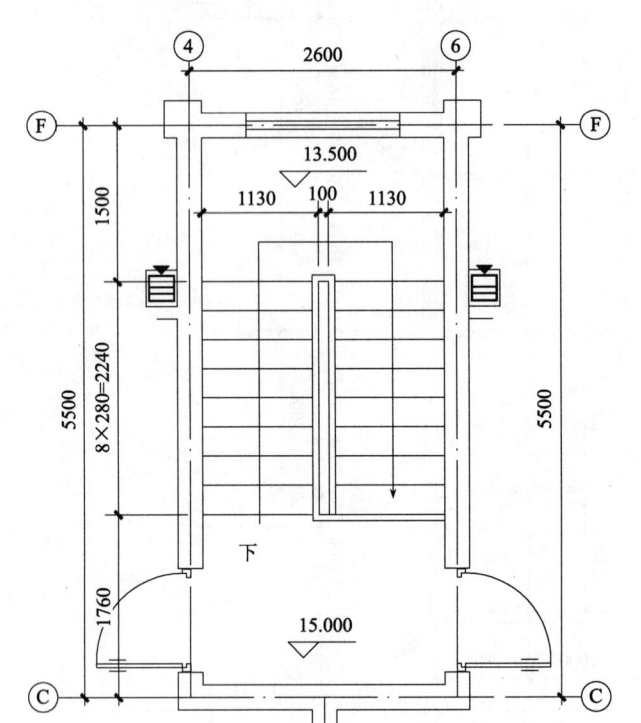

三～六层楼梯放大平面　　　1：50

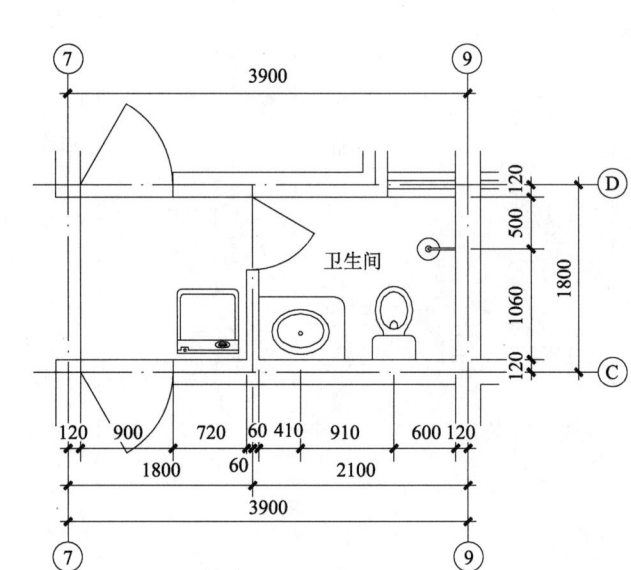

一～六层卫生间放大平面　　　1：50

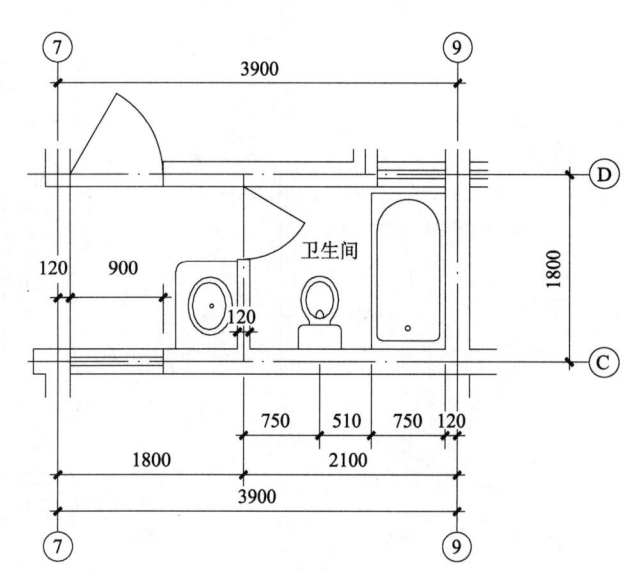

夹层卫生间放大平面　　　1：50

工程名称	砖混住宅
图纸内容	楼梯大样、卫生间大样
图纸编号	建施-13

选用标准图集

序 号	图集编号	图 集 名 称	备 注
01	05ZJ001	建筑构造用料做法	中南标
02	05ZJ201	平屋面	中南标
03	05ZJ211	平屋面	中南标
04	98ZJ311	地下工程防水	中南标
05	05ZJ401	楼梯栏杆	中南标
06	98ZJ411	阳台、外廊栏杆	中南标
07	88ZJ601	常用木门	中南标
08	98ZJ901	室外装修及配件	中南标
09	2000YJ205	住宅厨房卫生间烟气集中排风道	河南省标
10	05YJ3-1	外墙外保温	河南省标

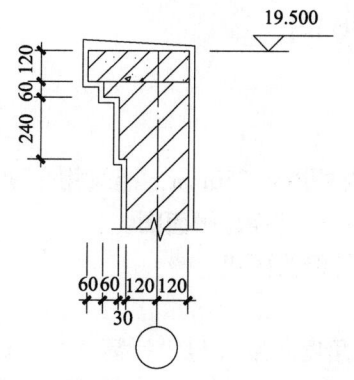

④ 1 : 20

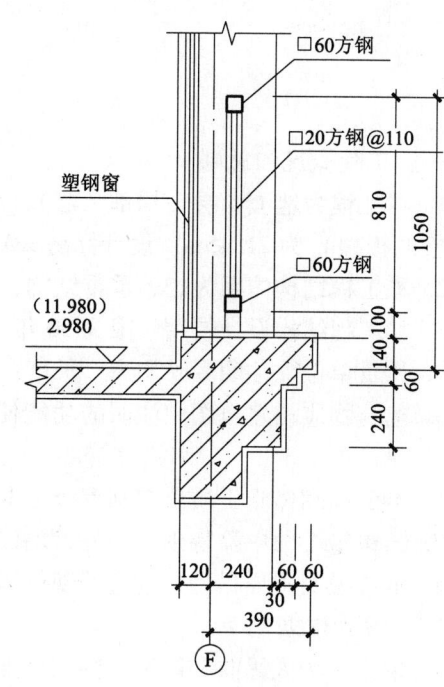

⑤ 1 : 20

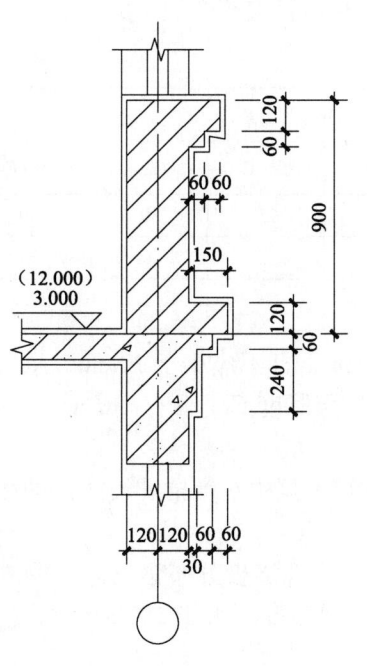

① 1 : 20

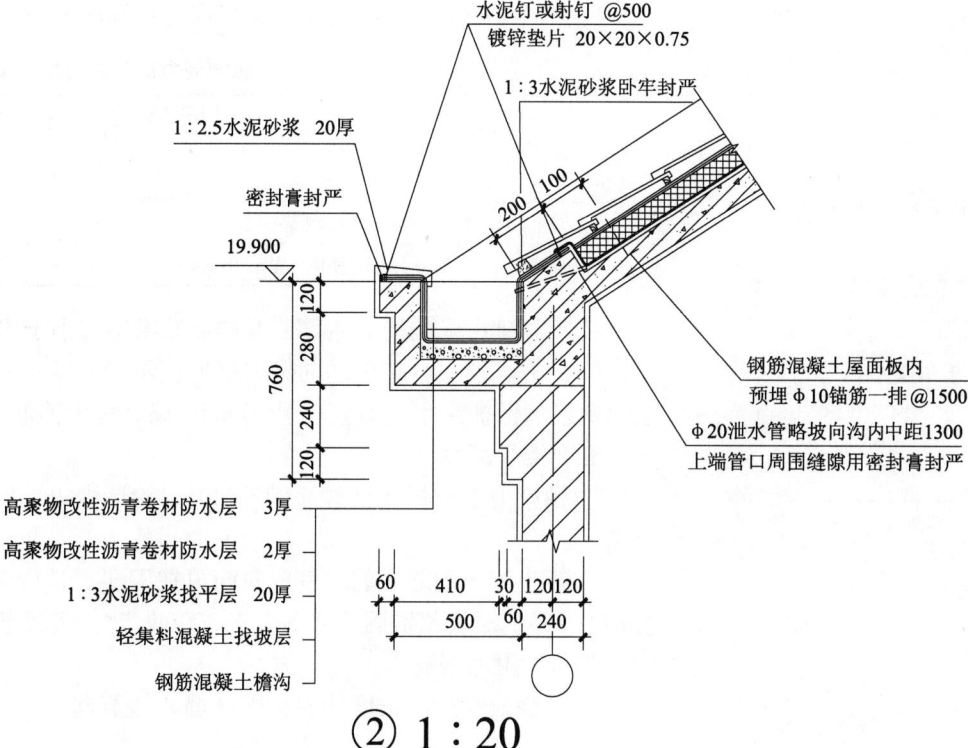

水泥钉或射钉 @500
镀锌垫片 20×20×0.75
1:3水泥砂浆卧牢封严
1:2.5水泥砂浆 20厚
密封膏封严
钢筋混凝土屋面板内
预埋φ10锚筋一排@1500
φ20泄水管略坡向沟内中距1300
上端管口周围缝隙用密封膏封严

高聚物改性沥青卷材防水层 3厚
高聚物改性沥青卷材防水层 2厚
1:3水泥砂浆找平层 20厚
轻集料混凝土找坡层
钢筋混凝土檐沟

② 1 : 20

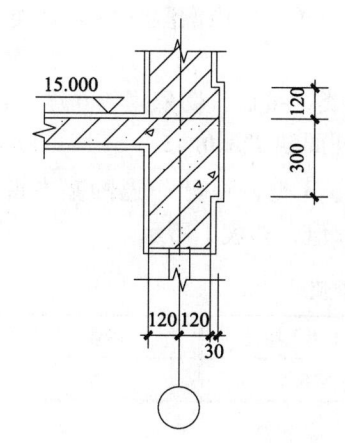

③ 1 : 20

工程名称	砖混住宅
图纸内容	节点大样
图纸编号	建施-14

3.3　结构施工图

结构设计说明

一、工程概况和总则

1. 本工程为地上 6 层（局部 7 层），地下 1 层，室内外高差 750mm，建筑物高度（室外地面至主要屋面板的板顶）为 21.15m。设计标高 ±0.000 相当于绝对标高详总平面图。

2. 本工程结构体系为砌体承重结构，地基基础设计等级为丙级。

3. 本工程结构设计使用年限为 50 年。

4. 计量单位除注明者外均为，长度：毫米（mm），角度：度（°），标高：米（m）。

5. 建筑物应按建筑图中注明的功能使用，未经技术鉴定或设计许可，不得改变结构的用途和使用环境。

6. 本工程砌体施工质量控制等级为 B 级及以上等级。

7. 结构施工图中除特别注明外，均以本总说明为准。

8. 本总说明未详尽处，应遵照现行国家有关规范与规程规定施工。

二、设计依据

1. 采用中华人民共和国现行国家标准规范和规程进行设计，主要有：

《建筑结构荷载规范》GB 50009—2001　《混凝土结构设计规范》GB 50010—2002
《建筑抗震设计规范》GB 50011—2001　《建筑地基基础设计规范》GB 50007—2002
《砌体结构设计规范》GB 50003—2001　《建筑地基处理技术规范》JGJ 79—2002
《多孔砖砌体结构技术规范》JGJ 137—2001　《砌体工程施工质量验收规范》GB 50203—2002

2. 《沈丘县绿城水岸名家住宅小区东区岩土工程勘察报告》（周口市水利勘测设计院，2007 年 12 月）。

3. 本工程的混凝土结构的环境类别：室内正常环境为一类，室内潮湿环境为二类 a，露天及与水土直接接触部分为二类 b。

4. 建筑结构安全等级为二级，建筑抗震设防类别为丙类，抗震设防烈度为 6 度，设计基本地震加速度 0.05g，设计地震分组为第一组；场地类别为 III 类；特征周期 $T_g = 0.45$s。

5. 50 年一遇的基本风压为 0.40kN/m²，地面粗糙度为 B 类，50 年一遇的基本雪压为 0.40kN/m²，活荷载标准值按《建筑结构荷载规范》GB 50009—2001 取值，如表 1 所示。

楼屋面活荷载标准值　　　　　　　　表 1

楼屋面用途	楼梯	阳台	不上人屋面	商业	其他
活荷（kN/m²）	3.5	2.5	0.5	3.0	2.0

三、材料选用及要求

1. 混凝土强度等级：

基础垫层 C10；基础筏板 C30；±0.000 以下与土层接触的构造柱，圈梁 C30，±0.000 以上梁板、圈梁、构造柱、过梁、压顶、栏板、楼梯等，除结构施工图中特别注明者外均采用 C20。

2. 钢材：

（1）φ 表示 HPB235 钢筋（$f_y = 210$N/mm²）；Φ 表示 HRB335 钢筋（$f_y = 300$N/mm²）；施工时任何钢筋的替换，均应经设计单位同意方可进行。

（2）焊条：E43xx 用于 HPB235 钢筋，E50xx 用于 HRB335 钢筋，焊条性能应符合现行国家标准的规定。

3. 砌体：

（1）各层砌体强度等级见表 2，所有砂浆均不得采用红黏土作为砂浆掺合料。

砌体强度等级　　　　　　　　表 2

标高（m）	±0.000 以下		±0.000~6.000		6.000 以上	
项目	实心黏土砖	水泥砂浆	多孔砖	混合砂浆	多孔砖	混合砂浆
强度等级	MU10	M10	MU10	M7.5	MU10	M5

（2）墙体厚度：-0.030m 以下地下室外墙为 370mm，其余承重墙均为 240mm，非承重隔墙为 120mm。

四、钢筋混凝土的一般构造

1. 钢筋的连接：

纵向受拉钢筋的最小锚固长度及搭接长度详表 3，表中：d 为锚固或搭接钢筋的直径，当不同直径的钢筋搭接时，按较小的直径计算；所有锚固长度均应不小于 250mm；所有搭接长度均应不小于 300mm。

纵向受拉钢筋的最小锚固长度（最小搭接长度）　　　　表 3

钢筋种类 ＼ 混凝土强度等级	C20	C30
HPB235	31d（44d）	24d（34d）
HRB335	40d（56d）	30d（42d）

2. 钢筋的保护层：

（1）纵向受力钢筋的混凝土保护层最小厚度不应小于钢筋的公称直径，且应符合表 4 的要求。

纵向受力钢筋的混凝土保护层厚度（mm）　　　　表 4

构件类别 ＼ 混凝土强度等级 ＼ 环境类别	板、墙、壳		梁		柱	
	C20	C25~C40	C20	C25~C40	C20	C25~C40
室内正常环境及不与土壤接触等一类环境	20	15	30	25	30	30
室内潮湿、露天及与土水接触等二类 a、b 环境	—	25	—	35	—	35

（2）基础中纵向受力钢筋的保护层厚度不应小于 40mm。

（3）板、墙中分布钢筋的保护层厚度不应小于表中相应数值减 10mm，且应不小于 10mm，悬臂板上部钢筋的保护层厚度不应小于 20mm，梁、柱中箍筋和构造钢筋的保护层厚度不应小于 15mm。

五、楼屋面板

1. 预应力空心板选自省标 02YG201，构造做法详见图集 02YG201 第 91 页中 6 度抗震设防区的相关要求。

2. 现浇双向板之底筋，其短向筋放在下层，长向筋放在短向筋之上。现浇板分布钢筋除注明外均为 φ6@250；楼板预留洞尺寸不大于 300mm 时，将板筋由洞边绕过，不得截断；大于 300mm 时，应按设计要求设附加钢筋。

3. 现浇负筋标注长度均为从梁（墙）边算起。

工程名称	砖混住宅
图纸内容	结构设计总说明（一）
图纸编号	结施-01

六、钢筋混凝土构造柱及圈梁

1. 构造柱的位置见各层结构平面图；构造柱沿房屋全高对正贯通，构造柱纵筋应穿过各层圈梁；要求先砌砖墙后浇混凝土柱，墙与构造柱连接处砌成马牙槎，构造详见 02YG001—1，构造柱生根于基础或屋面圈梁中 35d。

2. 本工程各层的所有墙厚不小于 240mm 的墙体均设置现浇钢筋混凝土封闭圈梁，圈梁构造详见 02YG001—1。当圈梁兼作过梁使用时在梁底另加 1 根 ϕ12 纵筋，长度为洞口净宽加两倍墙厚，圈梁遇洞口搭接构造详见 02YG001—1。

七、砌体工程

1. 后砌的非承重隔墙和填充墙（厚度小于 240mm）应沿墙高每 500mm 配置 2 ϕ6 钢筋与承重墙或构造柱拉结，每边伸入墙内应不小于 600mm，拉结筋锚入承重墙内不小于 600mm 或锚入构造柱内不小于 200mm，如图 1 所示。

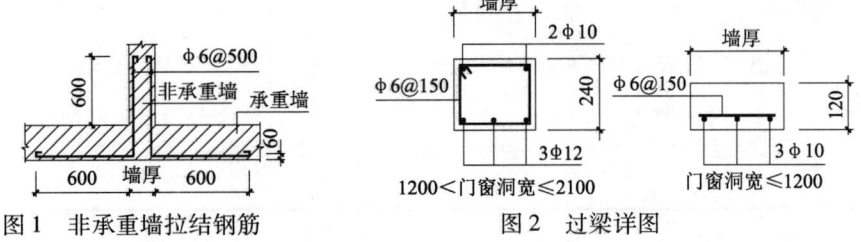

图 1 非承重墙拉结钢筋　　　　图 2 过梁详图

2. 砌体墙中的门、窗洞顶需设过梁，过梁除另有注明外，统一按图 2 处理，当洞边为混凝土柱时，须在过梁标高处的柱内预埋过梁钢筋，待施工过梁钢筋时，将过梁底筋及架立筋与之焊接；当洞顶与结构梁（或板）底的距离小于上述各类过梁高度时，过梁须与结构（圈）梁（或板）浇成整体，梁宽同墙厚，过梁两端各伸入支座砌体内的长度不小于墙厚，且不小于 240mm。

3. 房屋底层和顶层窗台标高处设置沿纵横墙通长的水平现浇钢筋混凝土带，高度为 60mm，宽度同墙体，纵向钢筋 3 ϕ6。

4. 屋顶女儿墙采用砌体时应设置构造柱与屋面梁连接，构造柱间距不大于 4m，并设置压顶圈梁。

八、其他

1. 凡预留洞、预埋件或吊钩等应严格按照结构图并配合其他工种图纸进行施工，严禁擅自留洞、留设水平槽或事后凿洞，不得在承重墙上埋设通长水平管道或水平槽，不得在截面长边小于 500mm 的承重墙内埋设管线。

2. 悬臂构件必须在混凝土强度达到 100% 设计强度，且抗倾覆部分砌体施工结束后，方可拆除支撑。

3. 构造柱、基础等兼作防雷接地时，其有关纵筋必须焊接，双面焊缝长度 $L \geqslant 5d$，具体要求详电施图。

4. 结构封顶后，应及时组织中间验收，验收合格后方可粉刷。

5. 本工程结构计算采用中国建筑科学研究院编制的 PKPM（2006 年 12 月）网络版系列软件。

工程名称	砖混住宅
图纸内容	结构设计总说明（二）
图纸编号	结施-01

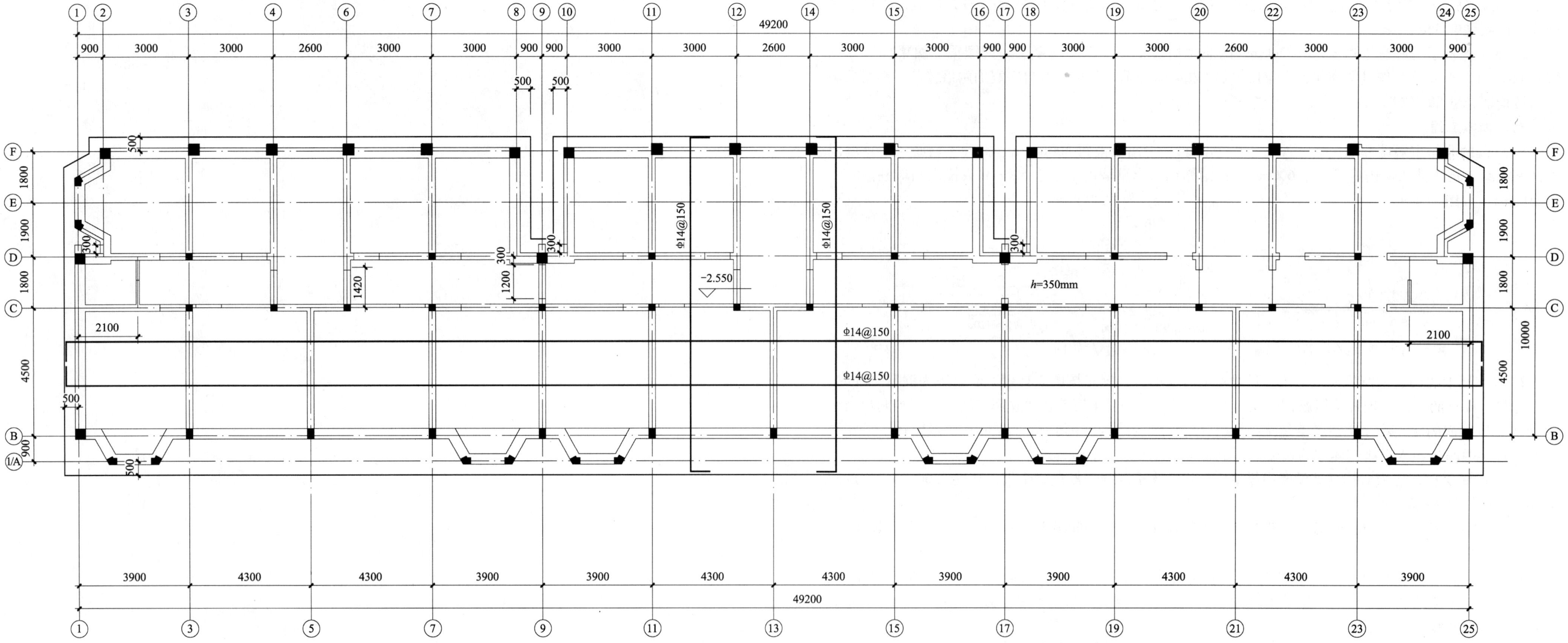

基础平面布置图 1:100

−2.550

h=350mm

Φ14@150

Φ14@150

Φ14@150

49200

49200

900 3000 3000 2600 3000 3000 900 900 3000 3000 2600 3000 3000 900 900 3000 3000 2600 3000 3000 900

3900 4300 4300 3900 3900 4300 4300 3900 3900 4300 4300 3900

1800 1900 1800 10000 4500 900

2100 2100

500 500 500 300 1420 300 1200 300 300

说明:

1. 地形地貌:本工程建筑场地较为平坦,地貌单元属黄淮河冲洪积平原。勘探期间地下水位
埋深7.900~9.700m,年变幅1.20m左右,基础施工可不考虑地下水的影响。
地下水类型属孔隙潜水。本工程场地土类型属中软土,地基土不液化。

2. 地层结构:根据地质报告,本场地地层主要由回填土、粉土、粉质黏土和砂土等组成,在
各地质分区内,地层分布稳定,地基土均匀。

3. 地基与基坑:本工程基坑在开挖及基础施工过程中,应采取有效措施,确保施工和周围建
筑安全。地下室施工完毕后,基坑不能长期暴露,应及时素土分层夯实回填,
要求压实系数大于0.94。

4. 本工程持力层位于ÈLÉ-2层粉土层粉质黏土,地基承载力特征值为110kPa。
地基开挖后基底有若有回填土层,需挖除回填采取三七灰土分层夯实回填至设计标高,
压实系数不小于0.95。

5. 本工程基础采用现浇混凝土筏板基础,混凝土强度等级C30,筏板底采用100厚C10
混凝土垫层四周扩出基础外边100。

6. 构造柱截面及配筋见结施-03。

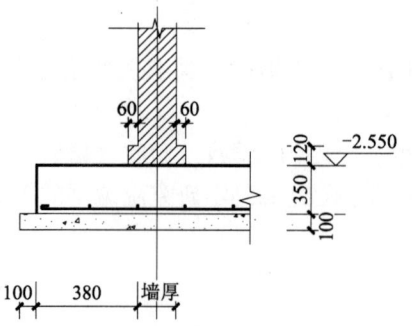

60 60
−2.550
350 120
100
100 380 墙厚

基础剖面大样

工程名称	砖混住宅
图纸内容	基础平面布置图
图纸编号	结施-02

72

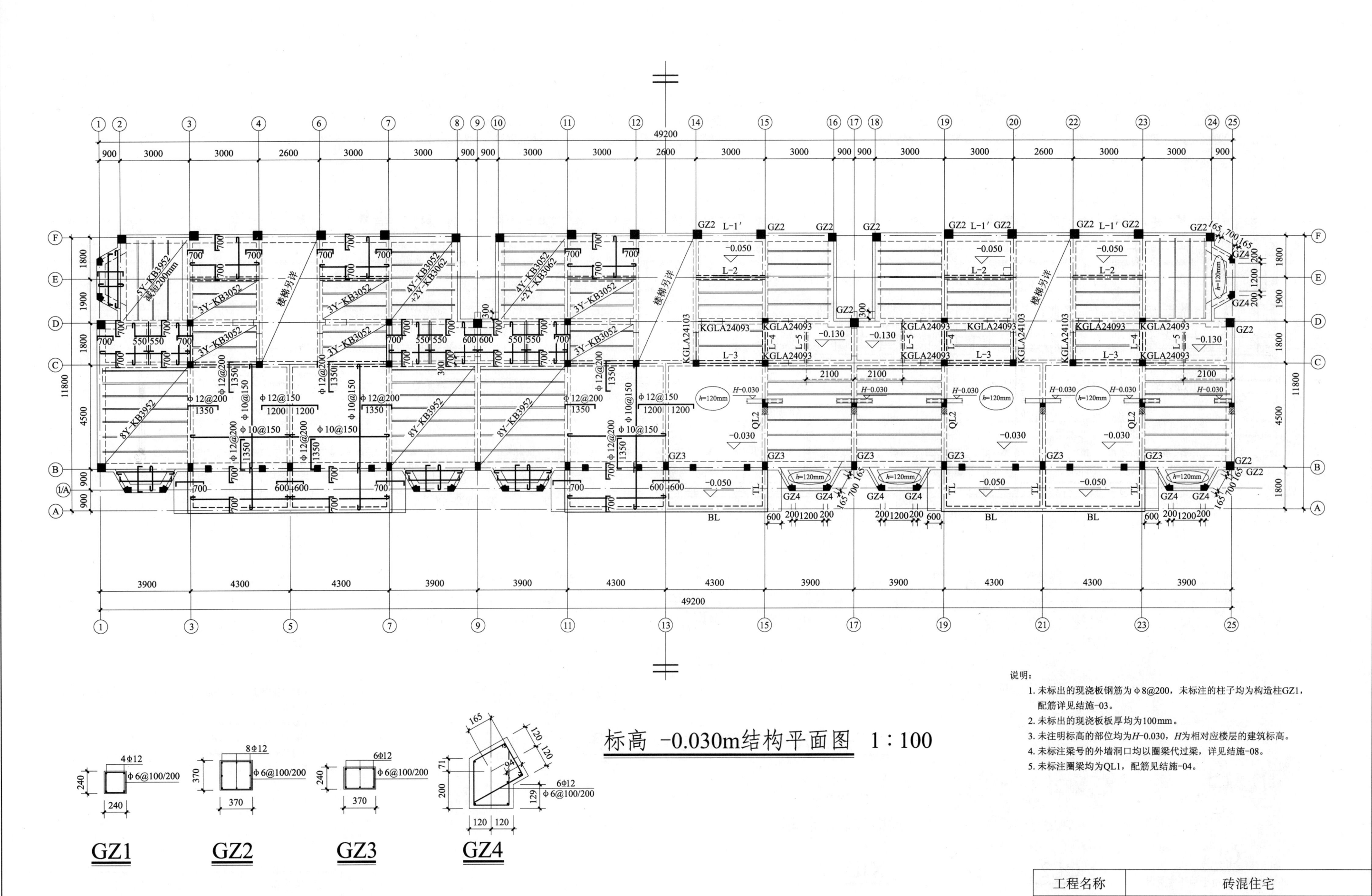

标高 −0.030m结构平面图 1：100

GZ1 GZ2 GZ3 GZ4

说明：
1. 未标出的现浇板钢筋为 φ8@200，未标注的柱子均为构造柱GZ1，配筋详见结施-03。
2. 未标出的现浇板板厚均为100mm。
3. 未注明标高的部位均为H−0.030，H为相应楼层的建筑标高。
4. 未标注梁号的外墙洞口均以圈梁代过梁，详见结施-08。
5. 未标注圈梁均为QL1，配筋见结施-04。

工程名称	砖混住宅
图纸内容	标高−0.030m结构平面图
图纸编号	结施-03

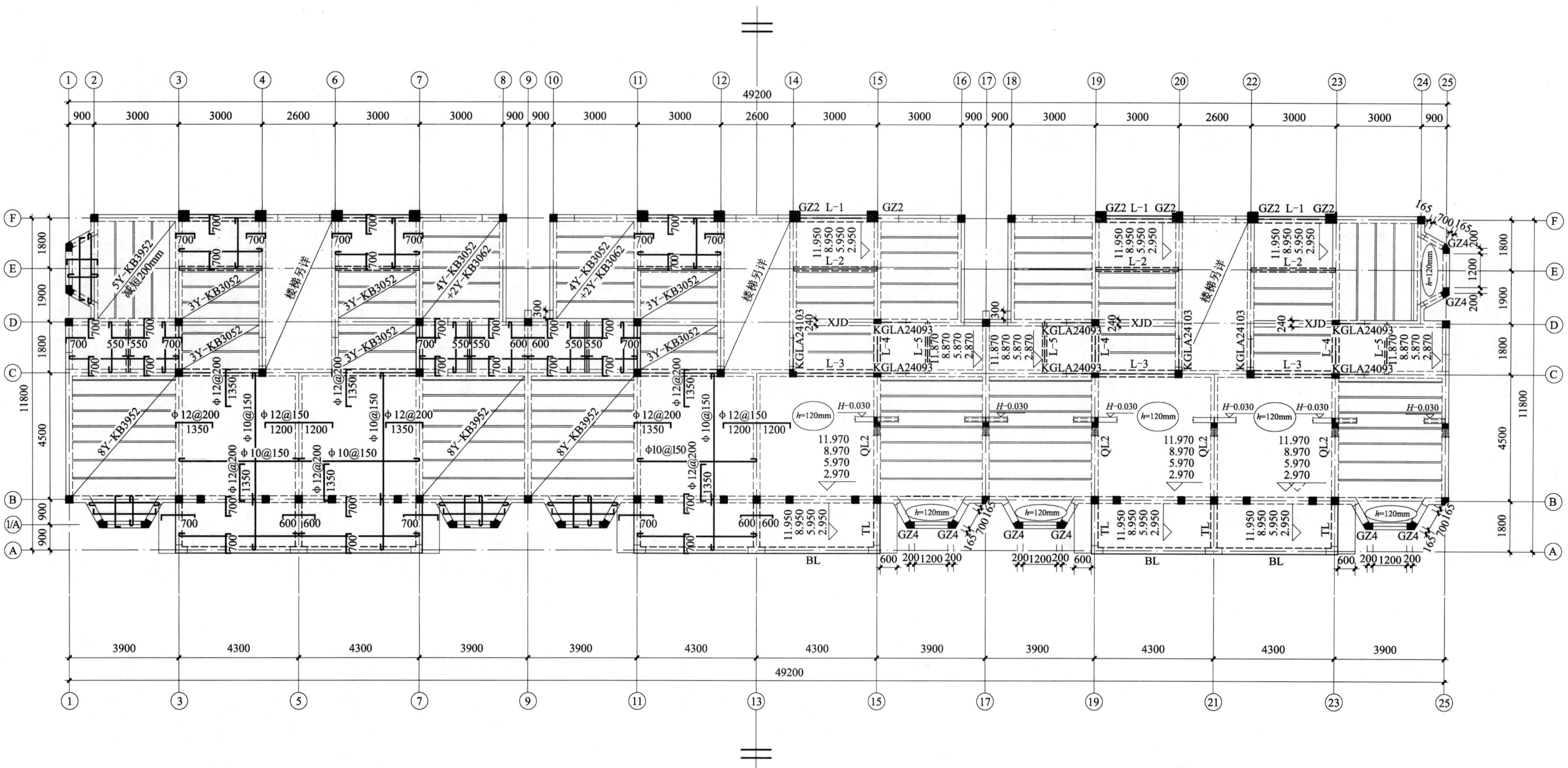

标高2.970~11.970m结构平面图 1:100

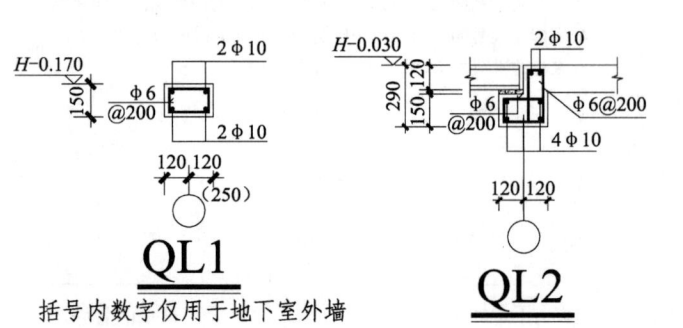

QL1
括号内数字仅用于地下室外墙

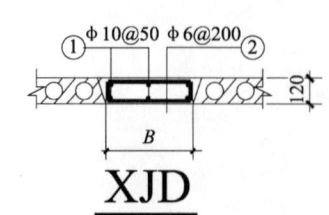

QL2

XJD

说明:
1. 未标出的现浇板钢筋为φ8@200，未注明的柱子均为构造柱GZ1，配筋详见结施-03。
2. 未标出的现浇板板厚均为100。
3. 未注明标高的部位均为H-0.030，H为相对应楼层的建筑标高。
4. 未标注梁的外墙洞口均以圈梁代过梁，详见结施-08。
5. 未标注圈梁均为QL1，配筋见结施-04。

工程名称	砖混住宅
图纸内容	标高2.970~11.970m结构平面图
图纸编号	结施-04

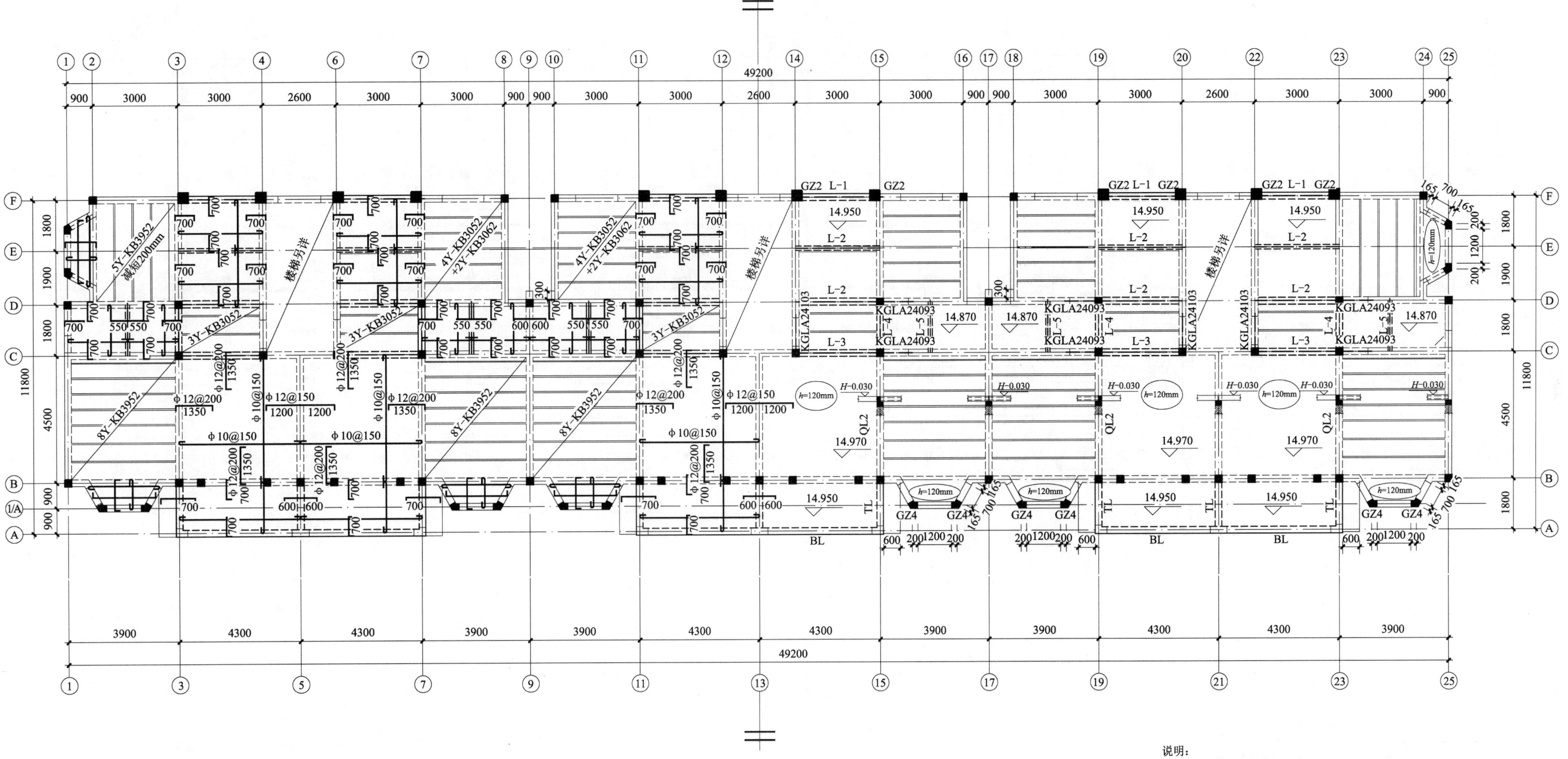

标高 49200

标高 14.970m结构平面图　　1：100

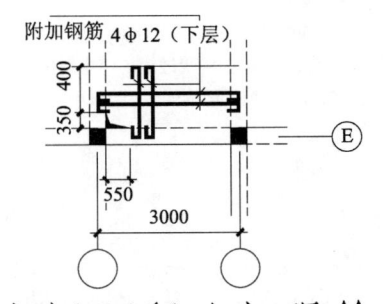

附加钢筋 4Φ12（下层）

350 400

550

3000

现浇板预留孔加强筋

说明：
1. 未标出的现浇板钢筋为 Φ8@200，未标注的柱子均为构造柱GZ1，配筋详见结施-03。
2. 未标出的现浇板厚均为100。
3. 未注明标高的部位均为 H-0.030，H为相对应楼层的建筑标高。
4. 未标注梁号的外墙洞口均以圈梁代过梁，详见结施-08。
5. 未标注圈梁均为QL1，配筋见结施-04。

工程名称	砖混住宅
图纸内容	标高 14.970m 结构平面图
图纸编号	结施-05

75

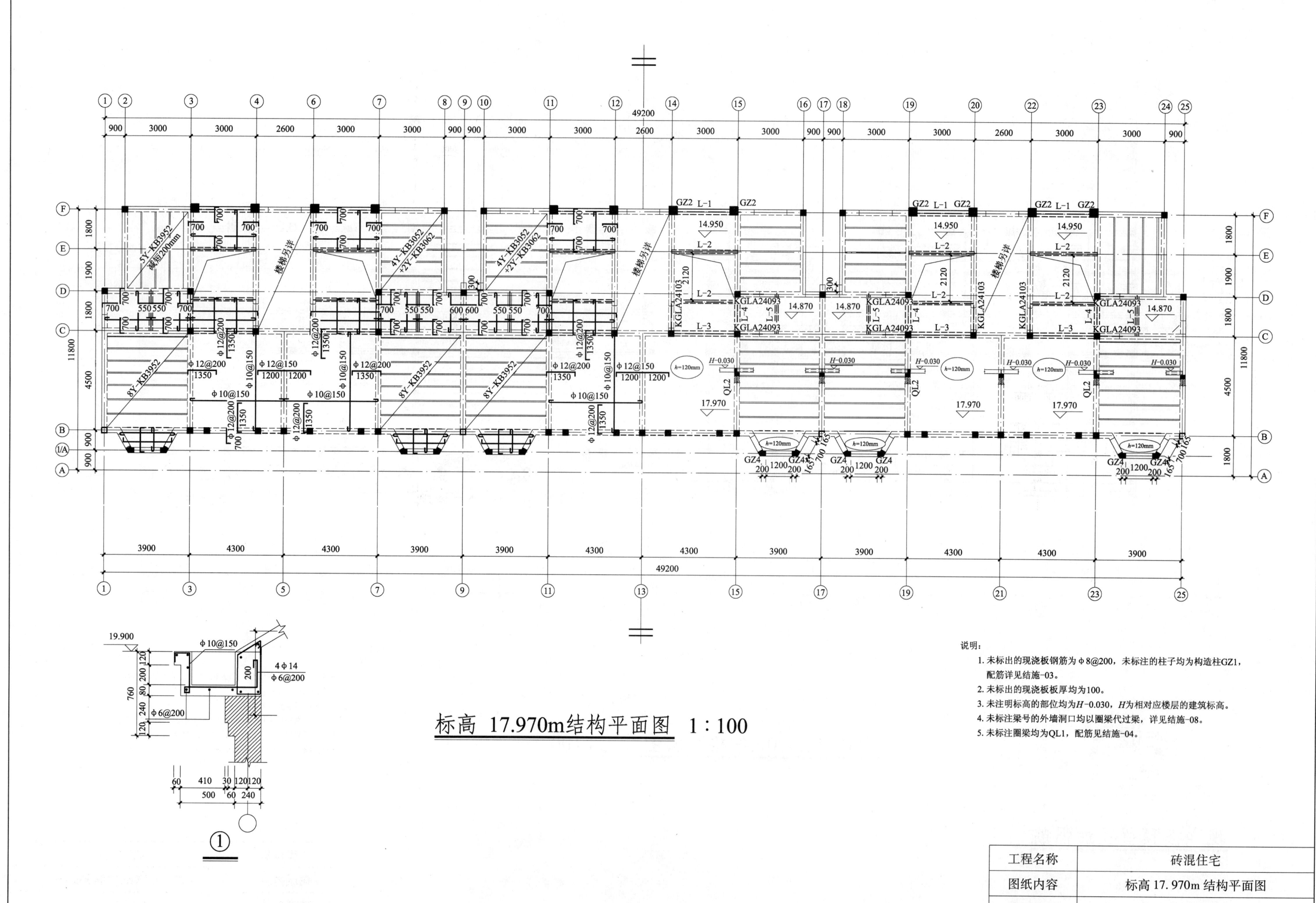

标高 17.970m结构平面图 1:100

说明:
1. 未标出的现浇板钢筋为φ8@200,未标注的柱子均为构造柱GZ1,配筋详见结施-03。
2. 未标出的现浇板板厚均为100。
3. 未注明标高的部位均为H-0.030,H为相对应楼层的建筑标高。
4. 未标注梁号的外墙洞口均以圈梁代过梁,详见结施-08。
5. 未标注圈梁均为QL1,配筋见结施-04。

工程名称	砖混住宅
图纸内容	标高17.970m结构平面图
图纸编号	结施-06

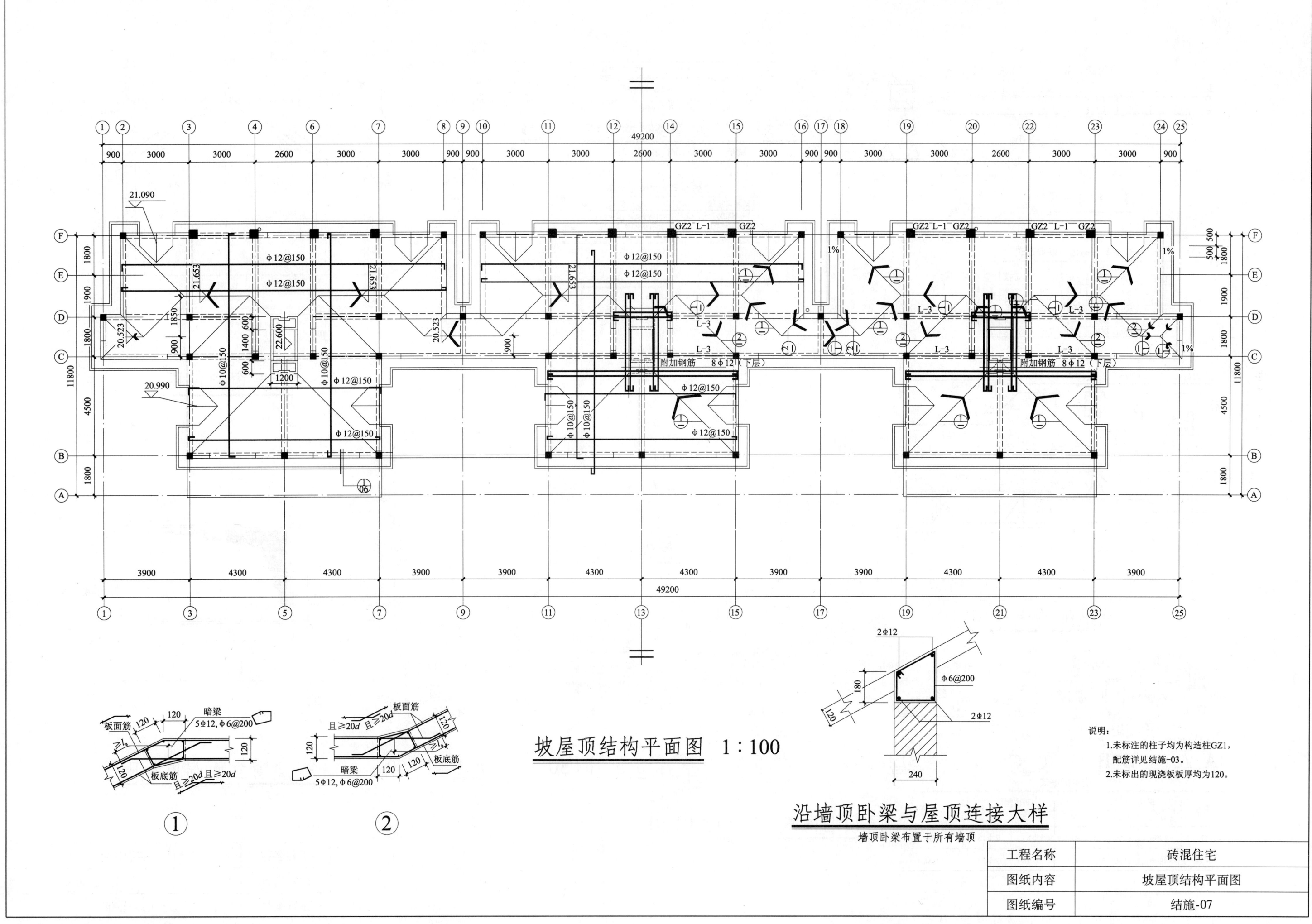

坡屋顶结构平面图 1:100

沿墙顶卧梁与屋顶连接大样

墙顶卧梁布置于所有墙顶

说明:
1.未标注的柱子均为构造柱GZ1,
  配筋详见结施-03。
2.未标出的现浇板板厚均为120。

工程名称	砖混住宅
图纸内容	坡屋顶结构平面图
图纸编号	结施-07

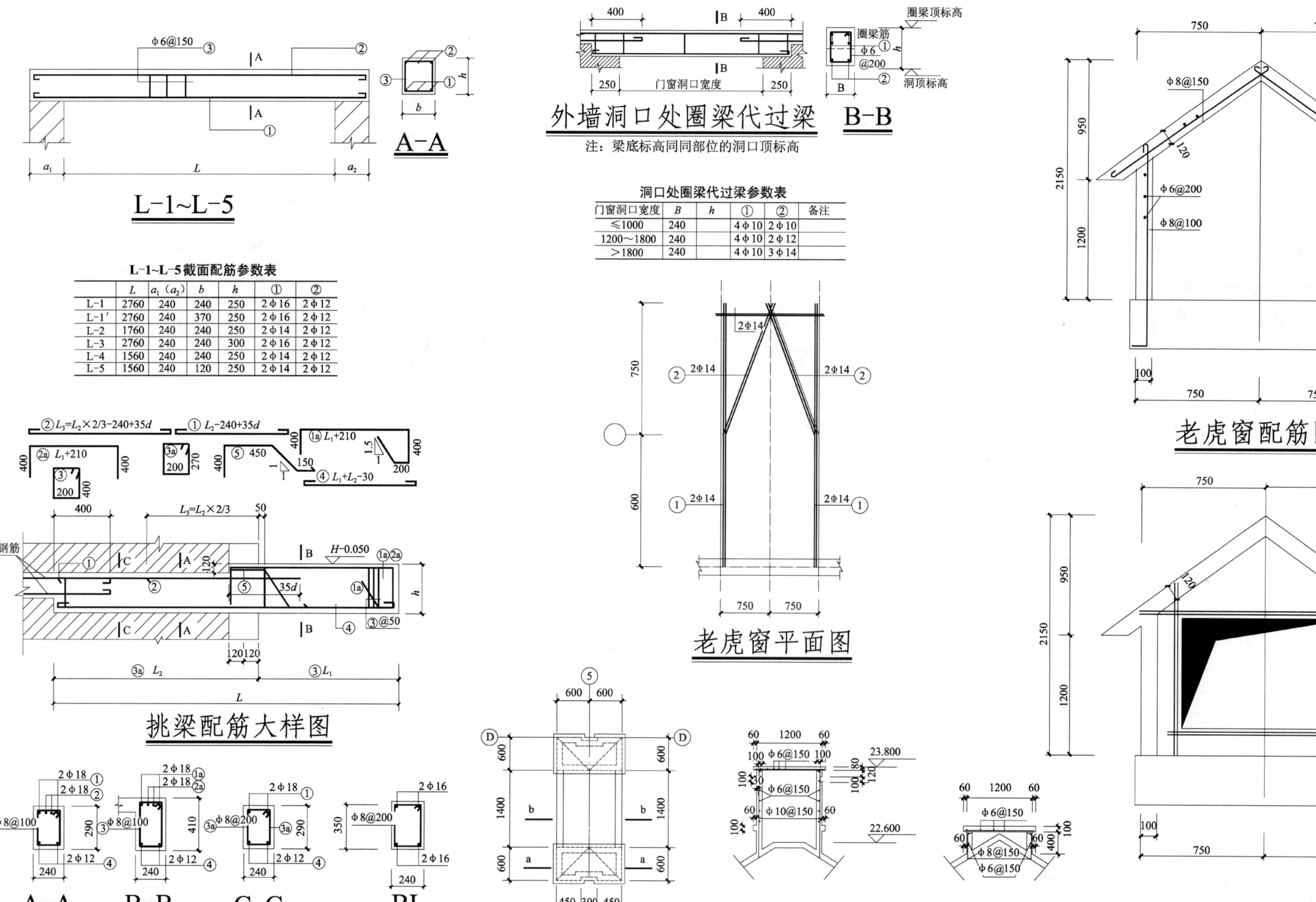

φ6@150 ③
A
② ②
③ h
A ③ ①
a₁ L a₂ b

A-A

L-1~L-5

L-1~L-5截面配筋参数表

	L	a₁(a₂)	b	h	①	②
L-1	2760	240	240	250	2φ16	2φ12
L-1'	2760	240	370	250	2φ16	2φ12
L-2	1760	240	240	250	2φ14	2φ12
L-3	2760	240	240	300	2φ16	2φ12
L-4	1560	240	240	250	2φ14	2φ12
L-5	1560	240	120	250	2φ14	2φ12

外墙洞口处圈梁代过梁 **B-B**

注：梁底标高同同部位的洞口顶标高

洞口处圈梁代过梁参数表

门窗洞口宽度	B	h	①	②	备注
≤1000	240		4φ10	2φ10	
1200~1800	240		4φ10	2φ12	
>1800	240		4φ10	3φ14	

挑梁配筋大样图

老虎窗平面图

老虎窗配筋图

A-A **B-B** **C-C** **BL**

挑梁配筋表

编号	挑梁几何尺寸(mm)			挑梁配筋		梁顶标高
	L	L₁/L₂	H	① ①	② 2a	
TL	3900	1500/2400	410	2φ8	2φ18	H-0.050
WTL	4800	1500/3300	410	2φ18	2φ18	18.000

屋顶烟囱放大平面 1:50

a-a 1:50 **b-b 1:50**

老虎窗立面洞口加固

工程名称	砖混住宅
图纸内容	详图
图纸编号	结施-08

78

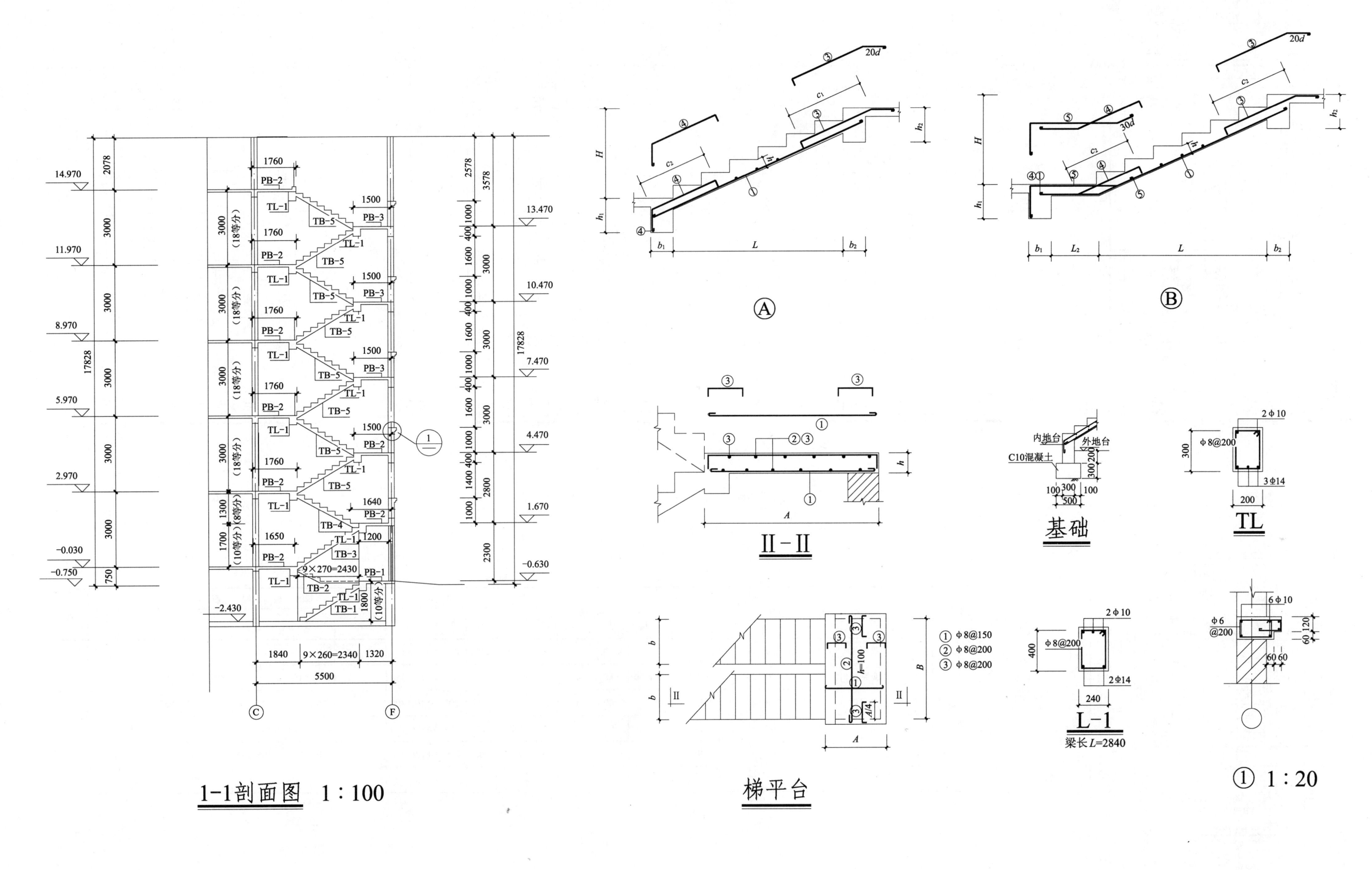

1-1剖面图 1:100

Ⅱ-Ⅱ

梯平台

基础

TL

L-1
梁长L=2840

① 1:20

① φ8@150
② φ8@200
③ φ8@200

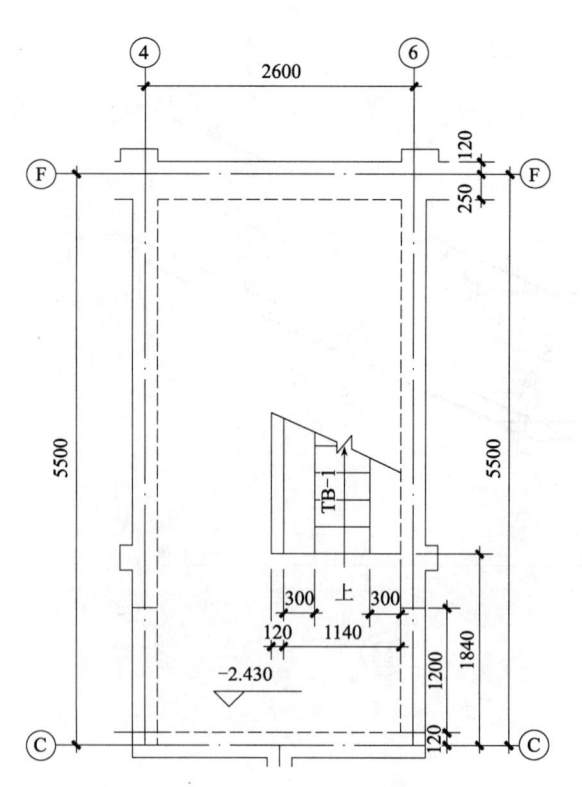

地下层楼梯放大平面 1：50

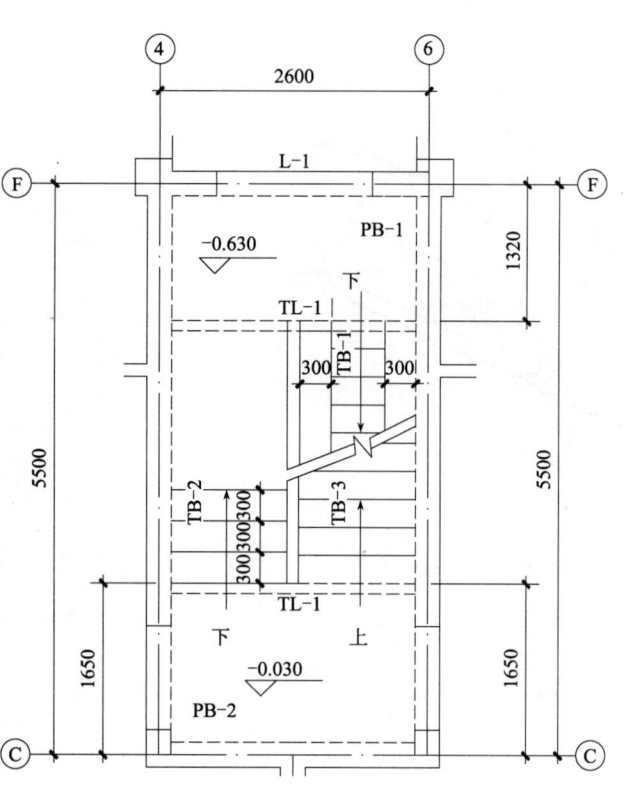

一层楼梯放大平面 1：50

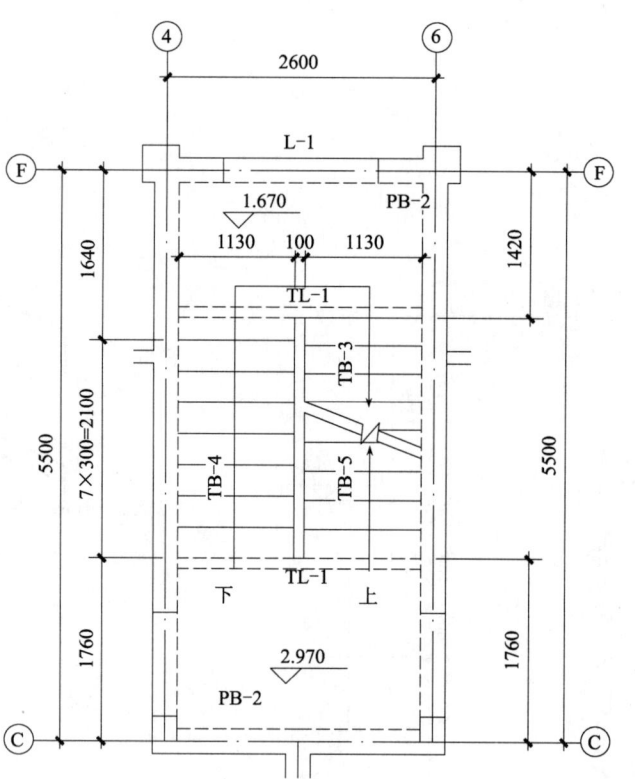

二层楼梯放大平面 1：50

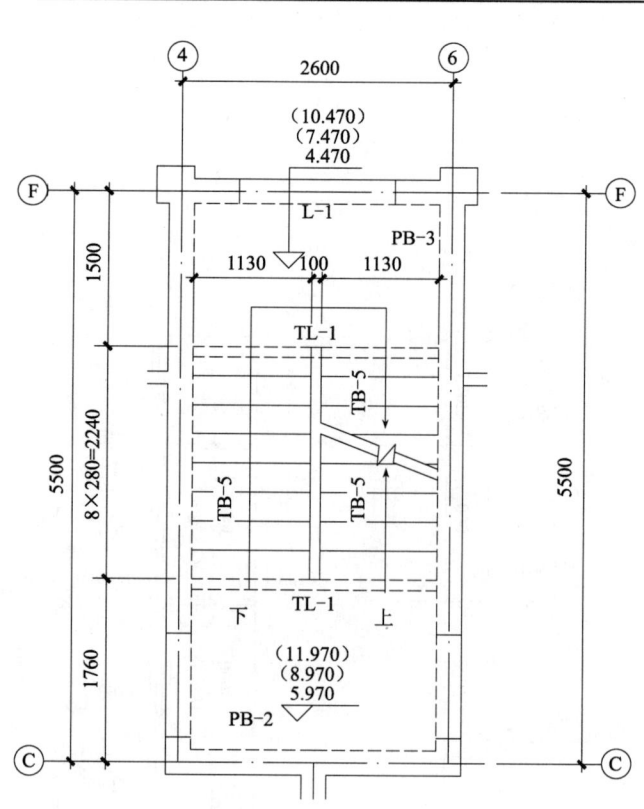

三至五层楼梯放大平面 1：50

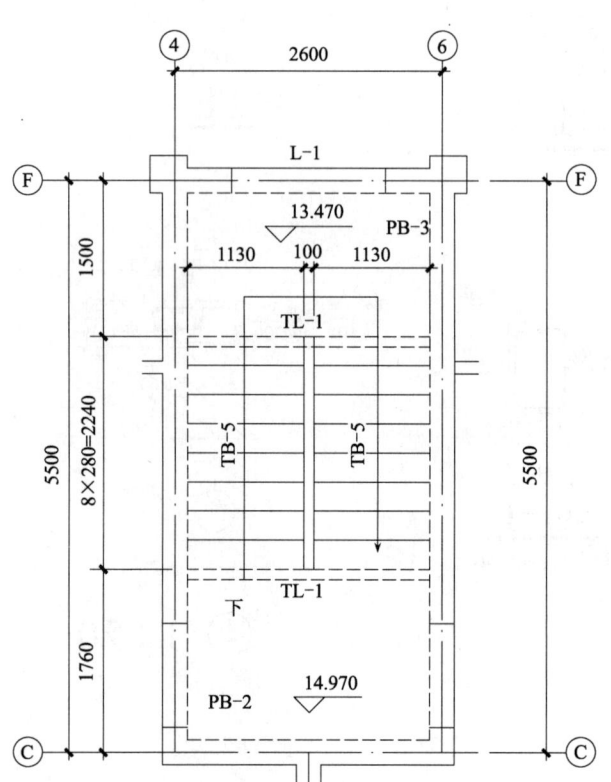

六层楼梯放大平面 1：50

TB-X 配筋

名称	编号	标高	类型	板厚 h	尺 寸					级数	踏步尺寸		支座尺寸		梯 板 配 筋								备注
					D	L	L_1	L_2	H		宽	高	b_1	b_2	①	②	③	④	⑤	c_1	c_2	c_3	
1号楼梯	TB-1	见平面	A	100		2340			1800	10	260	180	200	200	φ10@100		φ10@150	φ10@150		850	850		
	TB-2	见平面	B	100		900		1530	600	4	300	150				φ10@150	φ10@150	φ10@150	φ10@150	700	700		
	TB-3	见平面	A	100		2430			1700	10	270	170		200	φ10@100		φ10@150	φ10@150		850	850		
	TB-4	见平面	B	100		2100		330	1300	8	300	162.5		200		φ10@150	φ10@150	φ10@150	φ10@150	800	800		
	TB-5	见平面	A	100		2240			1500	9	280	166.67	200	200	φ10@120		φ10@150	φ10@150		850	850		

工程名称	砖混住宅
图纸内容	楼梯详图（二）
图纸编号	结施-10

3.4 电气施工图

电气设计说明

一、设计依据

1. 建筑概况：

本工程为绿城水岸名家 5 号多层住宅楼工程，地下一层为储藏室，地上 6 层为住宅。总建筑面积 3972.3 m²，建筑主体高度为 20.85m，预制楼板，局部为现浇楼板。

2. 建筑、结构等专业提供的其他设计资料；

3. 建设单位提供的设计任务书及相关设计要求；

4. 中华人民共和国现行主要规程规范及设计标准：

《民用建筑电气设计规范》　　　JGJ/T 16—92
《建筑设计防火规范》　　　　　GB 50016—2006
《住宅设计规范》　　　　　　　GB 50096—1999（2003）
《住宅建筑规范》　　　　　　　GB 50368—2005
《建筑物防雷设计规范》　　　　GB 50057—94（2000）

二、设计范围

1. 主要设计内容：供配电系统、建筑物防雷和接地系统、电话系统、有线电视系统、宽带网系统、可视门铃系统等。

2. 多功能可视门铃系统应根据甲方选定的产品要求进行穿线，系统的安装和调试由专业公司负责。

3. 有线电视、电话和宽带网等信号来源应由甲方与当地主管部门协商解决。

三、供配电系统

1. 本建筑为普通多层建筑，其用电均为三级负荷。

2. 楼内电气负荷及容量如下：

三级负荷：安装容量 234.0kW；计算容量 140.4kW。

3. 楼内低压电源均由室外变配电所采用三相四线铜芯铠装绝缘电缆埋地引来，系统采用 TN-C-S 制，放射式供电，电源进楼处采用 -40×4 镀锌扁钢重复接地。

4. 计量：在各单元一层集中设置电表箱进行统一计量和抄收。

5. 用电指标：根据工程具体情况及甲方要求，用电指标为每户单相住宅 6kW/8kW。

6. 照明插座和空调插座采用不同的回路供电，普通插座回路均设漏电保护装置。

四、线路敷设及设备安装

1. 线路敷设：室外强弱电干线采用铠装绝缘电缆直接埋地敷设，进楼后穿厚壁电线管暗敷设，埋深为室外地坪下 0.8m；所有支线均穿厚壁电线管或阻燃硬质 PVC 管沿墙、楼板或屋顶保温层暗敷设。

2. 设备安装：除平面图中特殊注明外，设备均为靠墙、靠门框或居中均匀布置，其安装方式及安装高度均参见"主要电气设备图例表"，若位置与其他设备或管道位置发生冲突，可在取得设计人员认可后根据现场实际情况作相应调整。

3. 电气平面图中，除图中已注明的外，灯具回路为 2 根线，插座回路均为 3 根线，穿管规格分别为：其中 BV-2.5 线路 2～3 根 PVC16，4～5 根 PVC20。

4. 图中所有配电箱尺寸应与成套厂配合后确定，嵌墙暗装箱据此确定其留洞大小。

五、建筑物防雷和接地系统及安全措施

1. 根据《建筑物防雷设计规范》（GB 50057—94），本建筑应属于第三类防雷建筑物，采用屋面避雷网、防雷引下线和自然接地网组成建筑物防雷和接地系统。

2. 本楼防雷装置采用屋脊、屋檐避雷带和屋面暗敷避雷线形成避雷网，其避雷带均采用 φ10 镀锌圆钢，支高 0.15m，支持卡子间距 1.0m 固定（转角处 0.5m）；其他突出屋面的金属构件均应与屋面避雷网作可靠的电气连接。

3. 本楼防雷引下线利用结构柱四根上下焊通的 φ10 以上的主筋充当，上下分别与屋面避雷网和接地网作可靠的电气连接，建筑物四角和其他适当位置的引下线在室外地面上 0.8m 处设置接地电阻测试卡子。

4. 接地系统为建筑物地圈梁内上下两层钢筋中各两根主筋相互焊接形成地网。

5. 在室外部分的接地装置相互焊接处均应刷沥青防腐。

6. 本楼采用强弱电联合接地系统，接地电阻应不大于 1Ω，若实测结果不满足要求，应在建筑物外增设人工接地极或采取其他降阻措施。

7. 配电箱外壳等正常情况下不带电的金属构件均应与防雷接地系统作可靠的电气连接。

8. 本楼应做总等电位联结，总等电位板由紫铜板制成，应将建筑物内保护干线、设备进线总管及进出建筑物的其他金属管道进行等电位联结，总等电位联结线采用 BV-25、PVC32，总等电位联结均采用等电位卡子，禁止在金属管道上焊接。

9. 卫生间作局部等电位联结，采用 -25×4 热镀锌扁钢引至局部等电位箱（LEB）。局部等电位箱底边距地 0.3m 嵌墙安装，将卫生间内所有金属管道和金属构件联结。具体做法参见国际《等电位联结安装》02D501—2。

六、电话系统、有线电视系统、网络系统

1. 每户按 2 对电话考虑，在客厅、卧室等处设置插座，由一层电话分线箱引两对电话线至住户集中布线箱，由住户集中布线箱引到每个电话插座。

2. 在客厅、主卧设置电视插座，电视采用分配器-分支器系统。图像清晰度不低于 4 级。

3. 在一层楼梯间设置网络交换机，每户在书房设置一个网络插座。

4. 室内电话线采用 RVS-2×0.5，电视线采用 SYWV-75-5，网线采用超五类非屏蔽双绞线。所有弱电分支线路均穿硬质 PVC 管沿墙或楼板暗敷。

七、可视门铃系统

1. 本工程采用总线制多功能可视门铃系统，各单元主机可通过电缆相互联成一个系统，并将信号接入小区管理中心。

2. 每户在住户门厅附近挂墙设置户内分机。

3. 每户住宅内的燃气泄漏报警、门磁报警、窗磁报警、紧急报警按钮等信号均引入对讲分机，再由对讲分机引出，通过总线引至小区管理中心。

八、其他内容

图中有关做法及未尽事宜均应参照《国家建筑标准设计-电气部分》和国家其他规程规范执行，有关人员应密切合作，避免漏埋或漏焊。

工程名称	砖混住宅
图纸内容	电气设计说明（一）
图纸编号	电施-01

主要电气设备图例表

序 号	图 例	名 称	规 格	高 度	备 注
1	▬	总配电箱	（见系统图）	梁底暗装	
2	▬	单元电表箱	（见系统图）	梁底暗装	
3	▬	用户开关箱	（见系统图）	嵌墙1.6m	
4	⊗	客厅花灯	用户自理	吸顶	
5	⊖	声光控顶灯	1×40W	吸顶	
6	⊗	普通白炽灯	1×40W	吸顶	
7	⊗	防水吸顶灯	1×40W	吸顶	
8	❸	浴霸	用户自理		
9	⌁	单联单控跷板开关	250V－10A	嵌墙1.3m	
10	⌁	双联单控跷板开关	250V－10A	嵌墙1.3m	
11	⌁	浴霸开关	设备配套	嵌墙1.3m	
12	▽	二三极双联安全插座	250V－10A	嵌墙0.3m	（安全型）
13	▽	二三极防溅安全插座	250V－10A	嵌墙1.5m	（安全型）
14	▽R	电热水器防溅插座	250V－10A	嵌墙2.0m	（普通型）
15	▽C	抽油烟机插座	250V－10A	嵌墙2.0m	（普通型）
16	▽	洗衣机用带开关插座	250V－10A	嵌墙1.5m	（安全型）
17	▽	单相三极空调插座	250V－16A	嵌墙2.0m	（普通型）
18	▽	单相三极空调插座	250V－16A	嵌墙0.3m	（安全型）客厅空调用
19	LEB	局部等电位联结端子箱	300×200×120	嵌墙0.3m	
20	MEB	总等电位联结端子箱	300×200×120	嵌墙0.3m	
21	▱	有线电视插座	（甲方自选）	嵌墙0.3m	
22	▱	电话插座	（甲方自选）	嵌墙0.3m	
23	▱	信息插座	（甲方自选）	嵌墙0.3m	
24	▰	电话接线箱	STO－30	嵌墙2.0m	
25	▰	电话接线箱	STO－80	嵌墙2.0m	
26	▱	有线电视前端箱	（电视台定）	底边距地1.8m	嵌墙暗装
27	▱	有线电视接线箱	250×200×100	底边距地1.8m	嵌墙暗装
28	▭	宽带网前端箱	（电信局定）	底边距地1.8m	嵌墙暗装
29	▱	可视门铃室内机	（甲方自定）	1.5m挂墙	
30	▱	可视门铃层间分配器箱	（甲方自定）	嵌墙2.0m	
31	◈	电控门锁	（甲方选定）		（单元防盗门上）
32	△	红外/微波双技术探测器	（甲方选定）	挂墙2.2m	
33	▣	呼叫按钮	（甲方选定）	嵌墙1.0m	
34	▣	燃气泄露报警器	（燃气公司定）	挂墙2.2m	
35	⊖	门磁/窗磁开关	（甲方选定）	门窗上沿	

工程名称	砖混住宅
图纸内容	电气设计说明（二）
图纸编号	电施-01

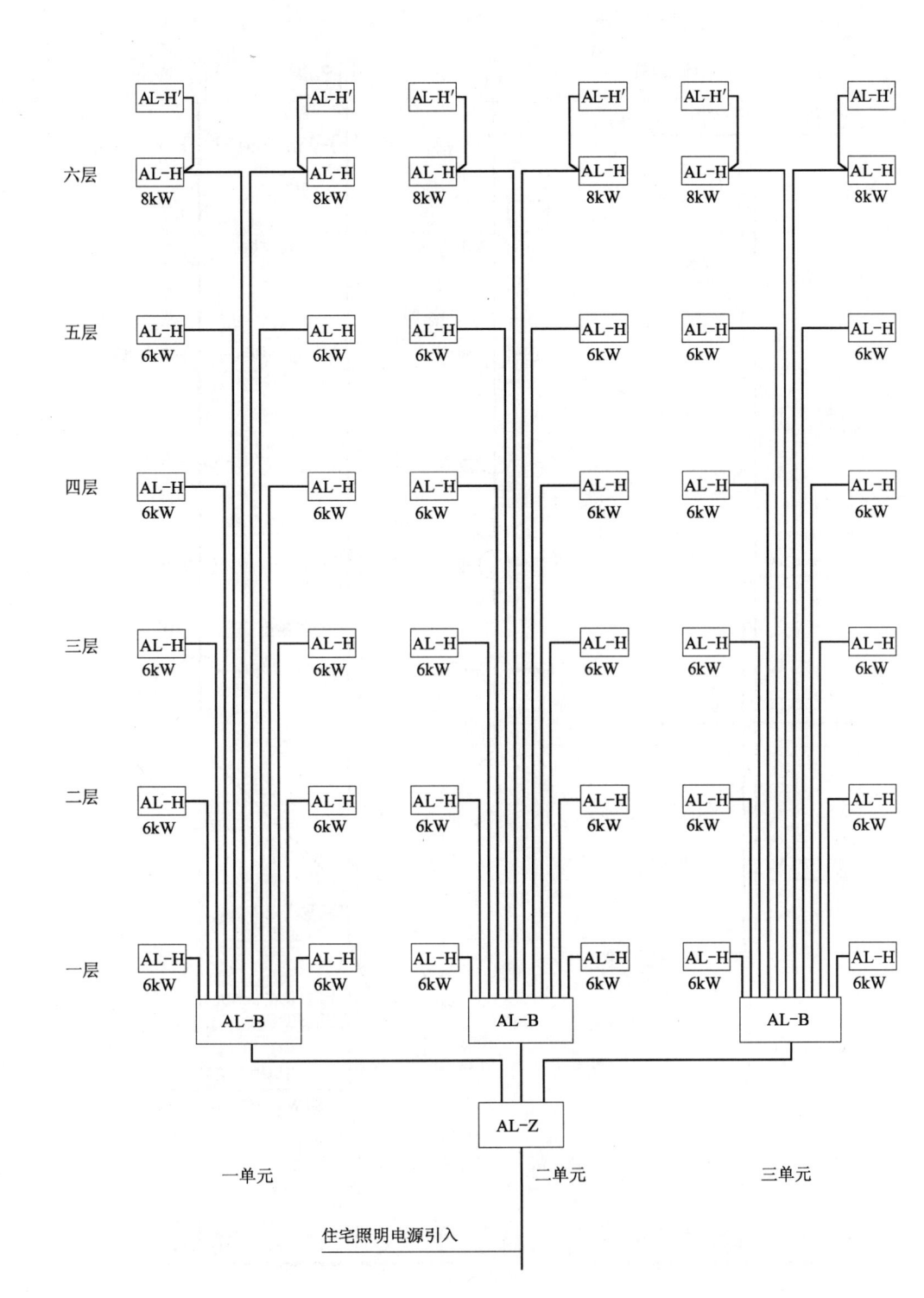

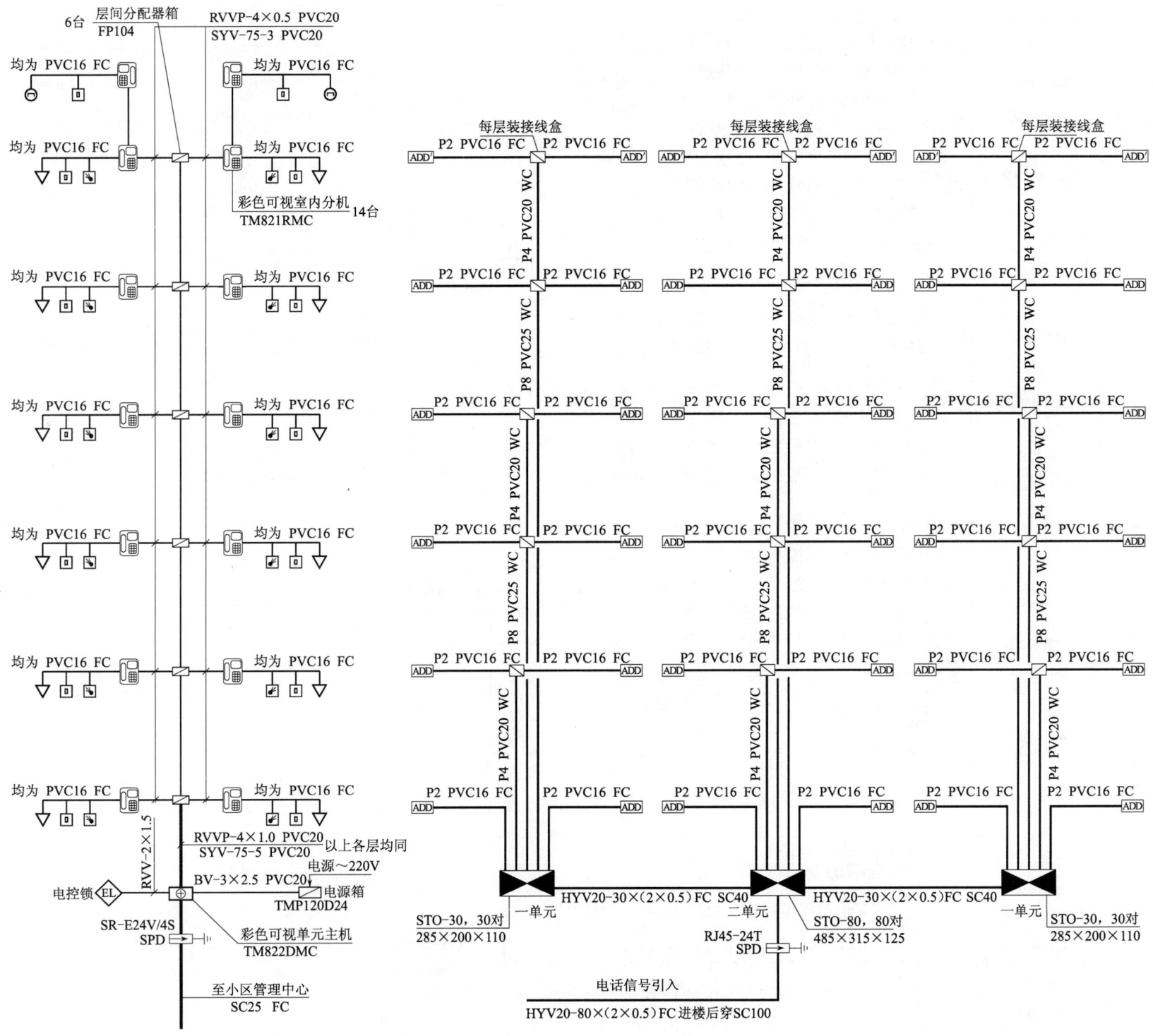

供电干线系统图

可视对讲系统图

说明：各个单元的可视对讲系统的接线图相同，
图中仅示出一个单元。
该系统由服务提供商负责安装及调试。

电话系统图

工程名称	砖混住宅
图纸内容	强弱电系统图
图纸编号	电施-02

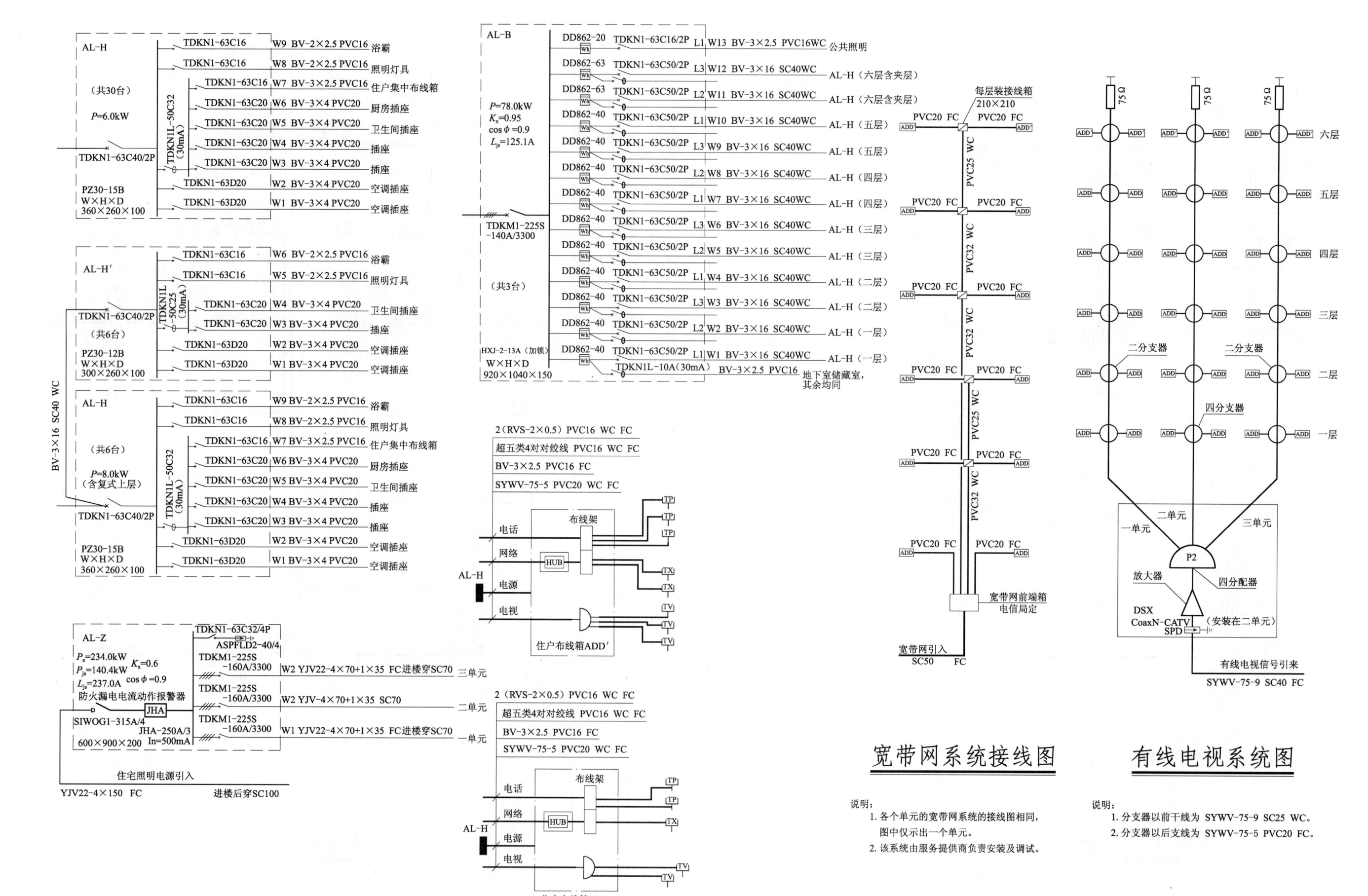

宽带网系统接线图

说明:
1. 各个单元的宽带网系统的接线图相同,图中仅示出一个单元。
2. 该系统由服务提供商负责安装及调试。

有线电视系统图

说明:
1. 分支器以前干线为 SYWV-75-9 SC25 WC。
2. 分支器以后支线为 SYWV-75-5 PVC20 FC。

工程名称	砖混住宅
图纸内容	配电箱接线图
图纸编号	电施-03

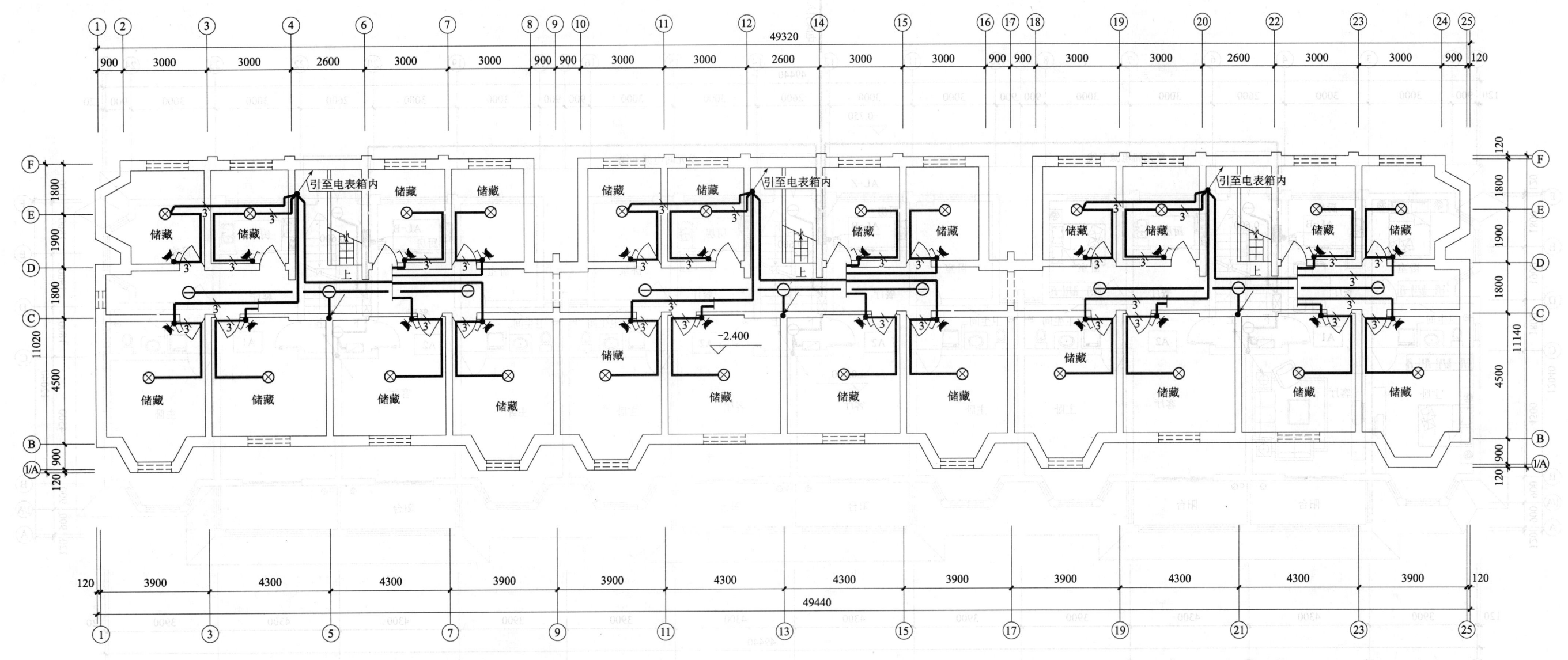

地下室电气平面图 1：100

工程名称	砖混住宅
图纸内容	地下室电气平面图
图纸编号	电施-04

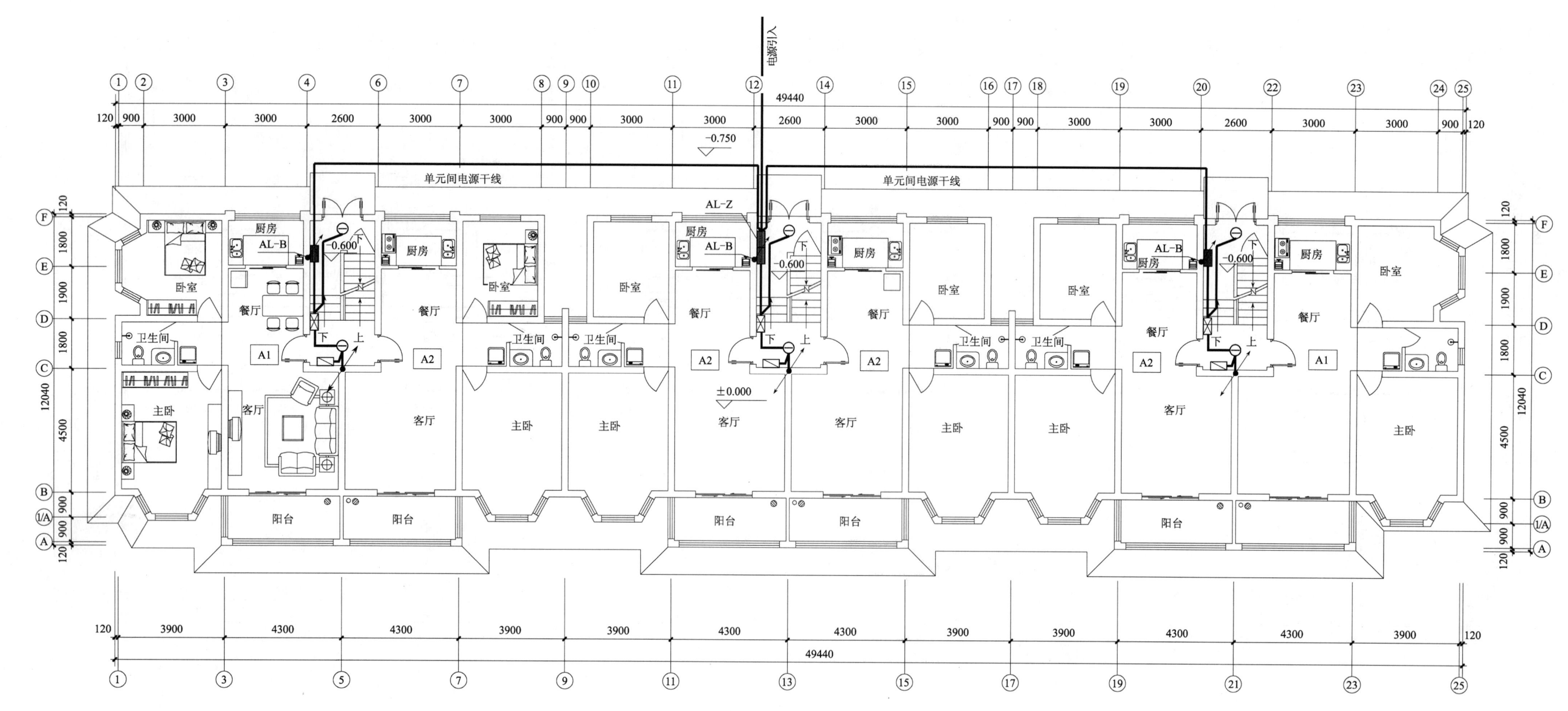

一层供电干线平面图 1:100

工程名称	砖混住宅
图纸内容	一层供电干线平面图
图纸编号	电施-05

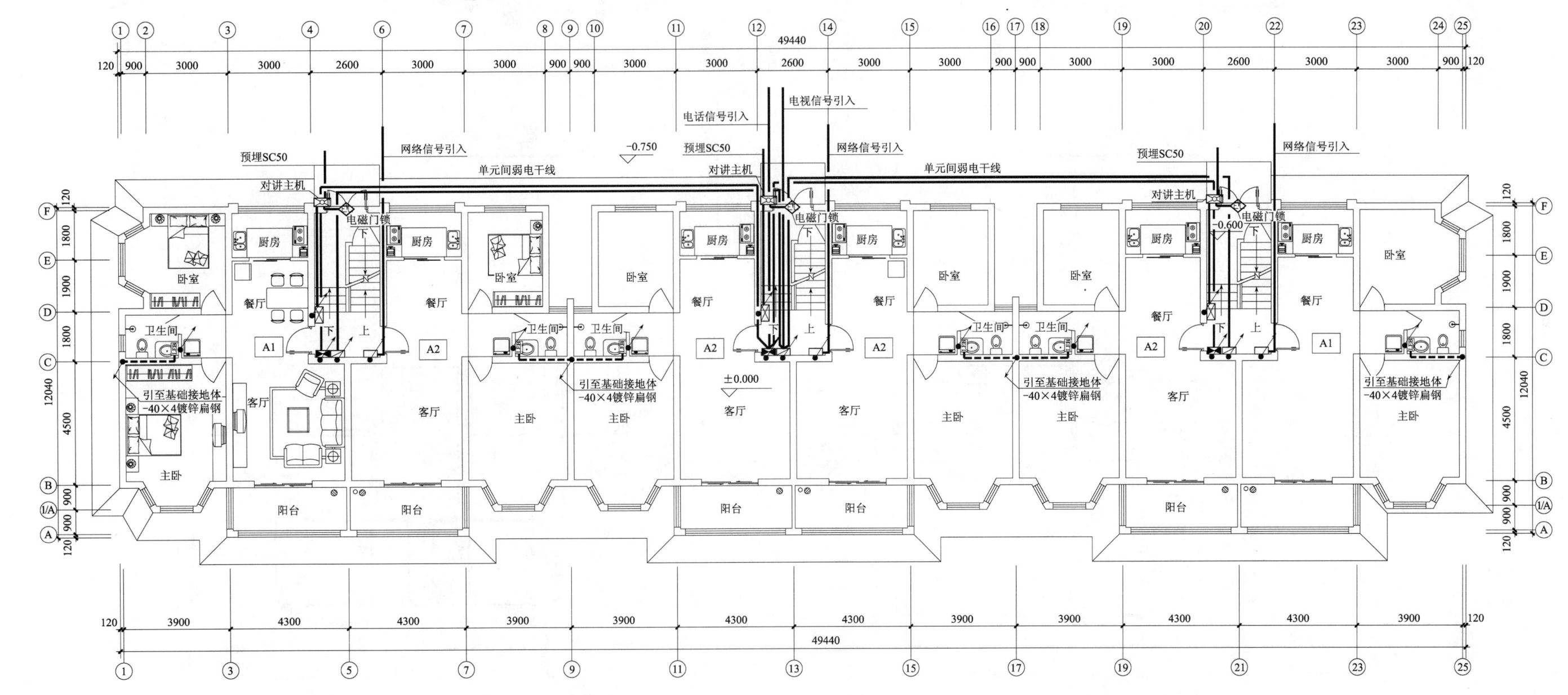

一层弱电干线平面图　1：100

工程名称	砖混住宅
图纸内容	一层弱电干线平面图
图纸编号	电施-06

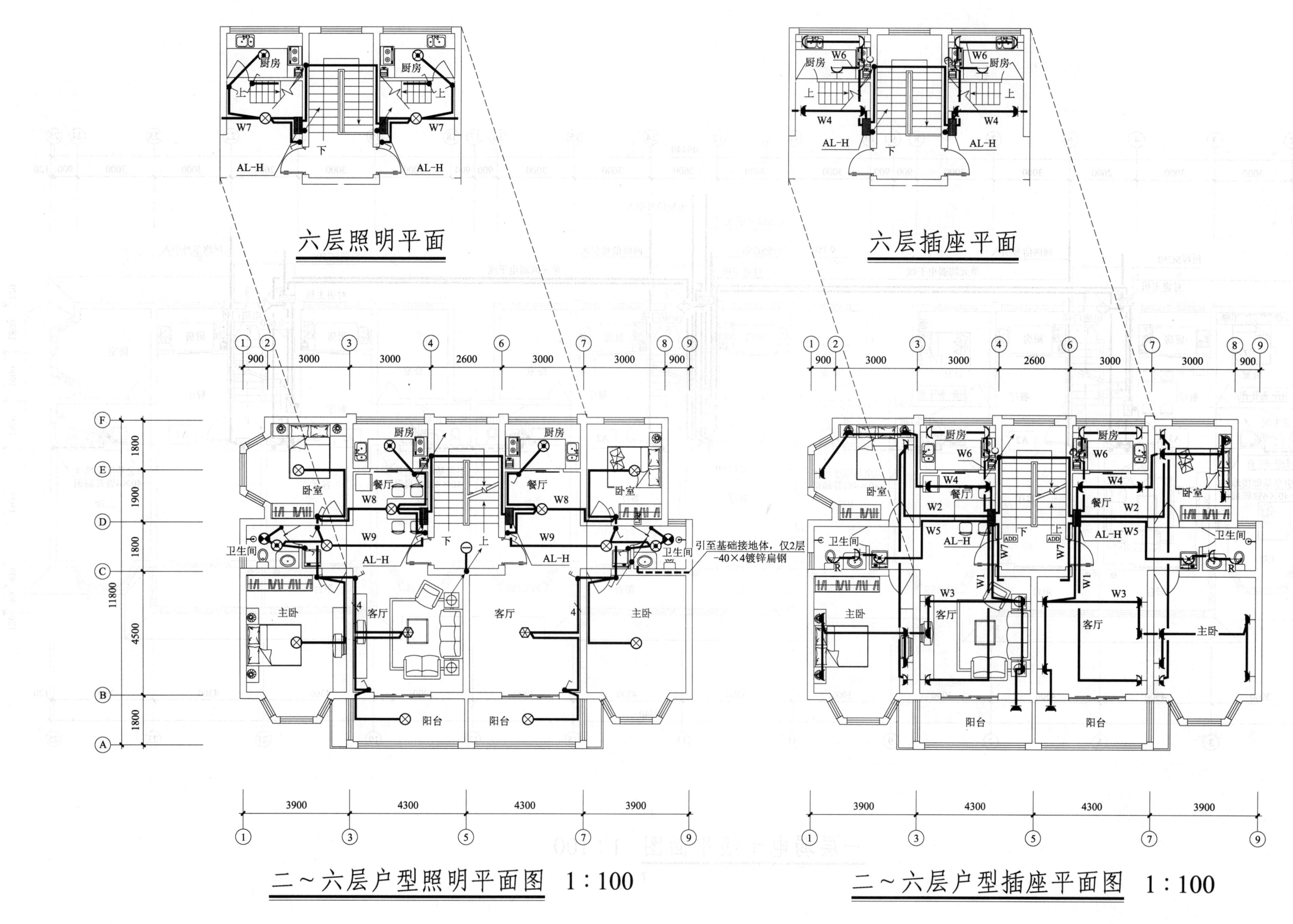

六层照明平面

六层插座平面

二～六层户型照明平面图 1:100

二～六层户型插座平面图 1:100

引至基础接地体,仅2层
-40×4镀锌扁钢

工程名称	砖混住宅
图纸内容	二～六层户型电气平面图
图纸编号	电施-07

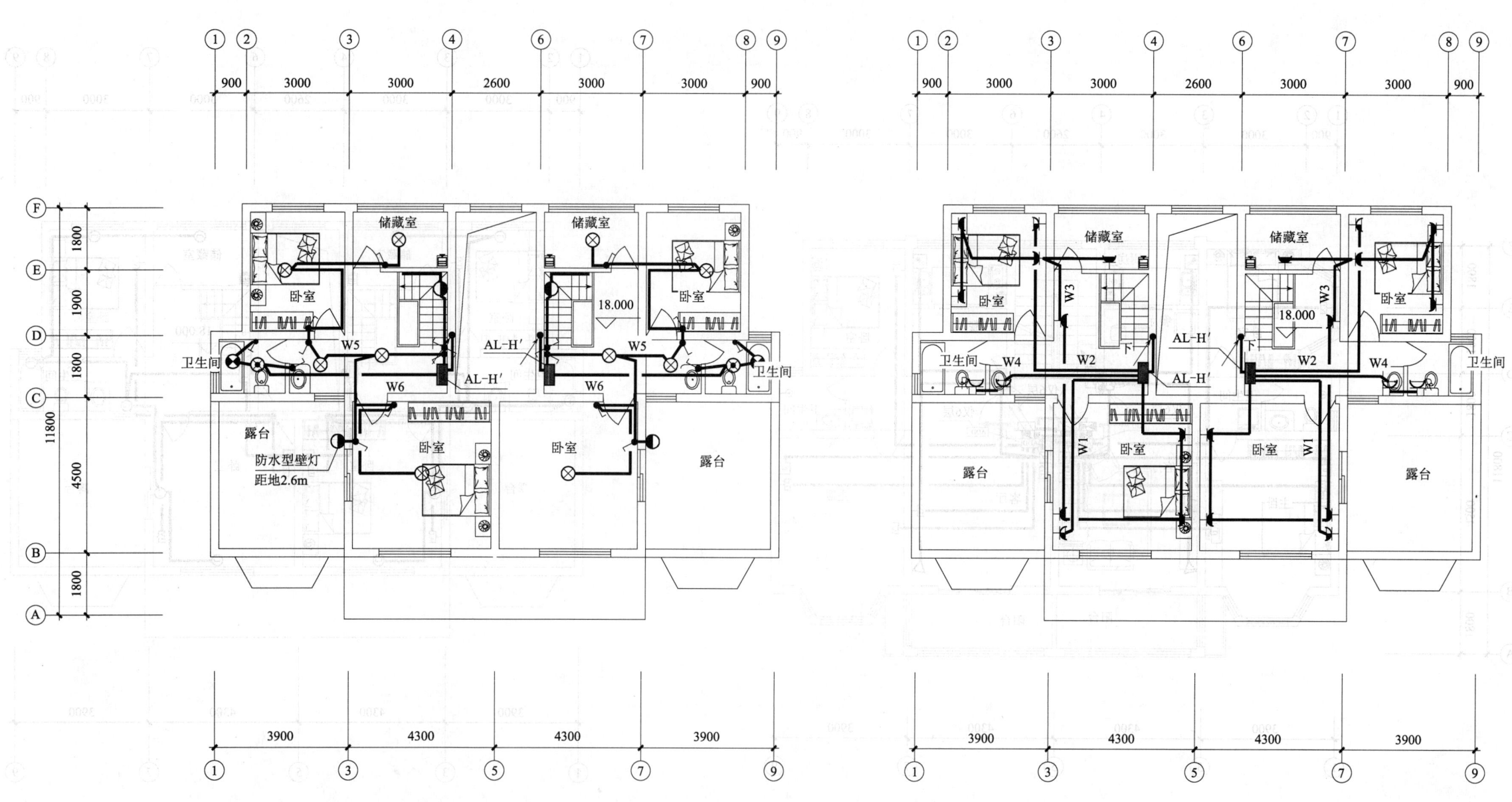

夹层照明平面图 1:100

夹层插座平面图 1:100

工程名称	砖混住宅
图纸内容	夹层电气平面图
图纸编号	电施-08

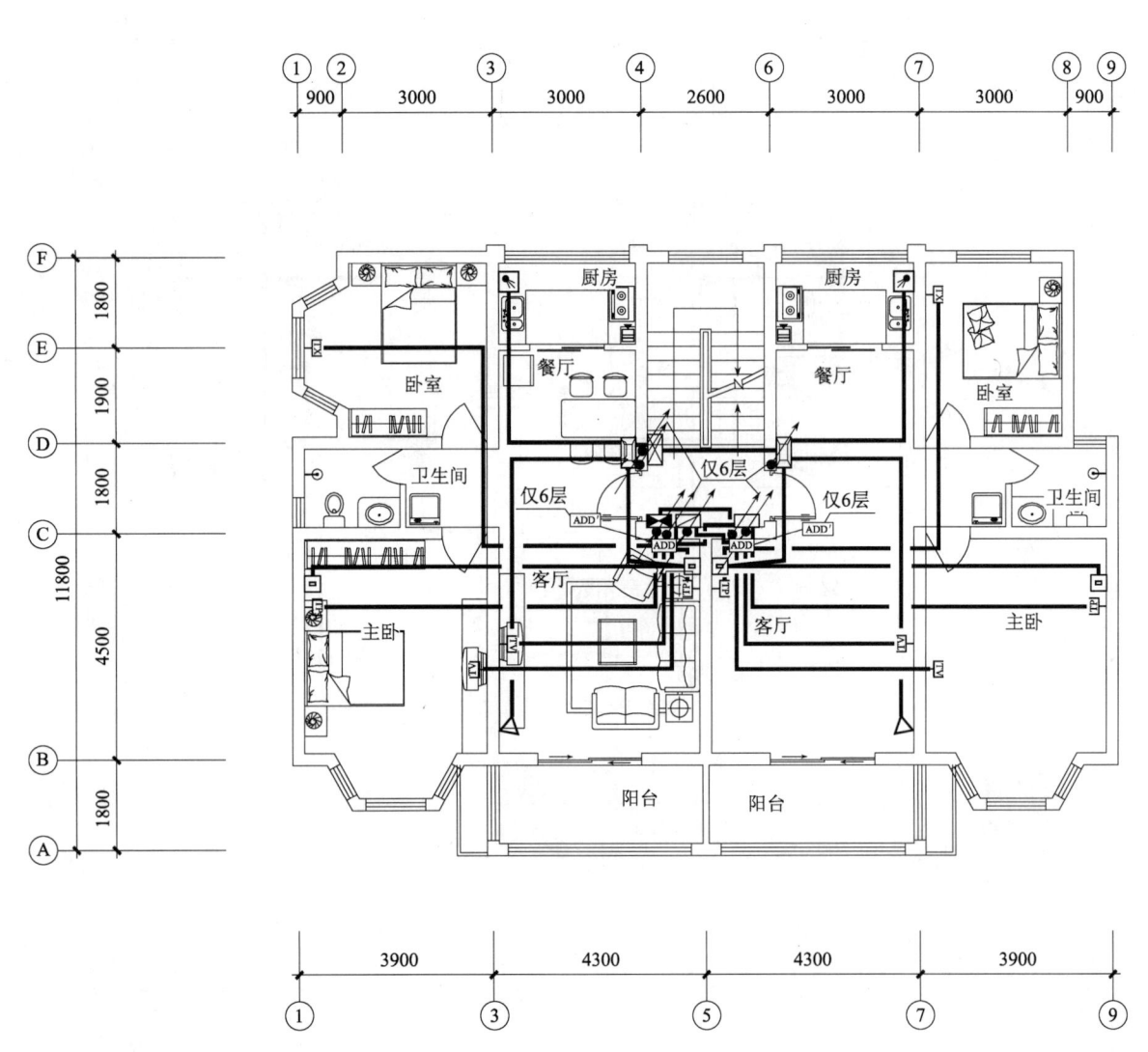

二~六层弱电平面图 1:100

夹层弱电平面图 1:100

工程名称	砖混住宅
图纸内容	户型弱电平面图
图纸编号	电施-09

90

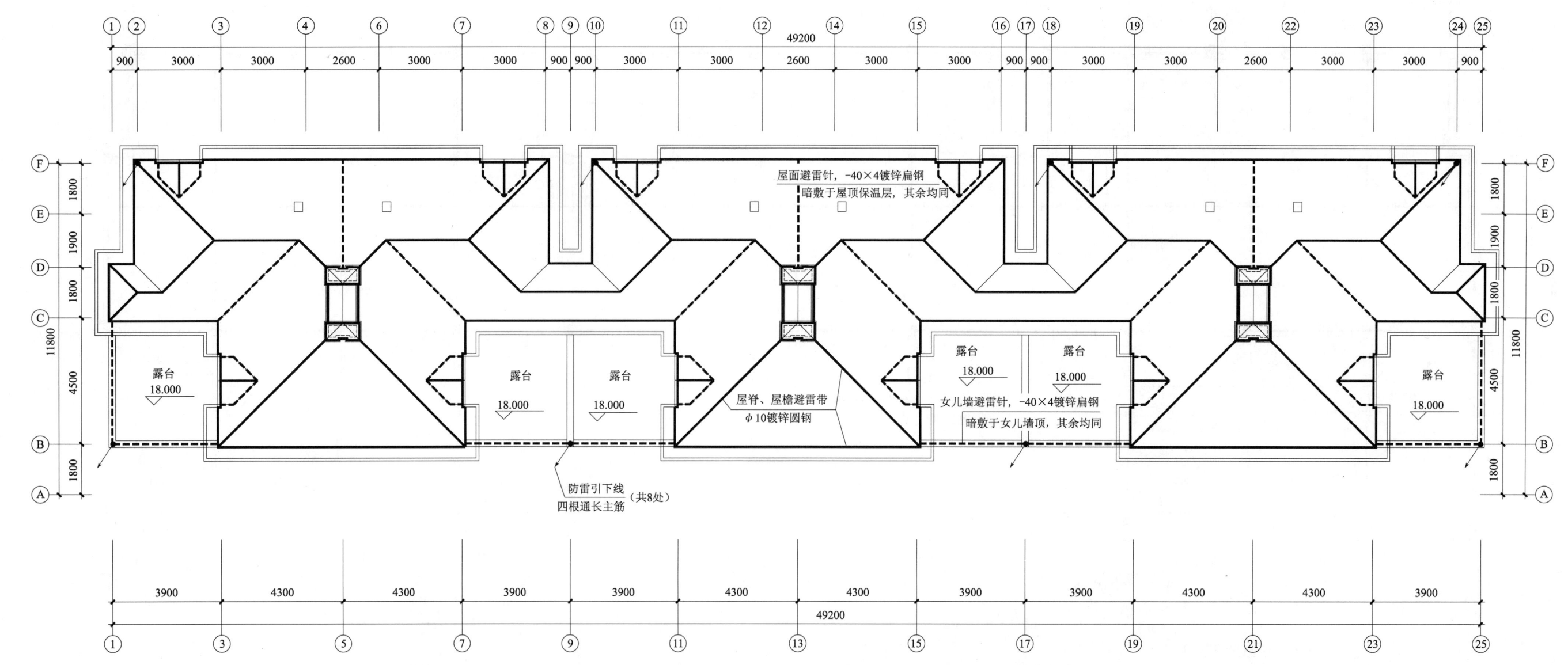

屋顶防雷平面图 1:100

工程名称	砖混住宅
图纸内容	屋顶防雷平面图
图纸编号	电施-10

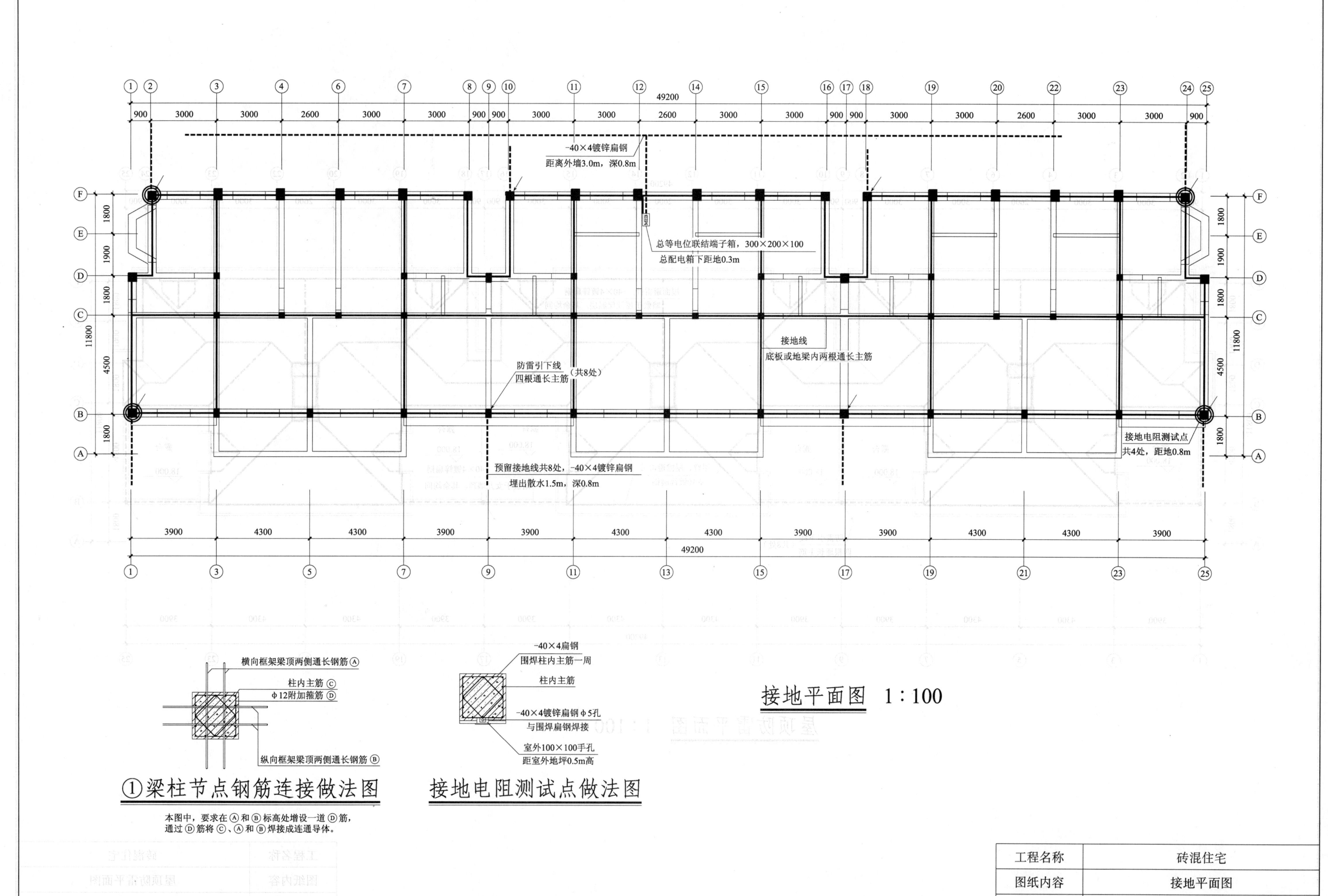

-40×4镀锌扁钢
距离外墙3.0m，深0.8m

MEB

总等电位联结端子箱，300×200×100
总配电箱下距地0.3m

接地线
底板或地梁内两根通长主筋

防雷引下线
四根通长主筋（共8处）

接地电阻测试点
共4处，距地0.8m

预留接地线共8处，-40×4镀锌扁钢
埋出散水1.5m，深0.8m

49200

11800

接地平面图　1：100

横向框架梁顶两侧通长钢筋 Ⓐ
柱内主筋 Ⓒ
φ12附加箍筋 Ⓓ
纵向框架梁顶两侧通长钢筋 Ⓑ

① 梁柱节点钢筋连接做法图

本图中，要求在Ⓐ和Ⓑ标高处增设一道Ⓓ筋，
通过Ⓓ筋将Ⓒ、Ⓐ和Ⓑ焊接成连通导体。

-40×4扁钢
围焊柱内主筋一周
柱内主筋
-40×4镀锌扁钢φ5孔
与围焊扁钢焊接
室外100×100手孔
距室外地坪0.5m高

接地电阻测试点做法图

工程名称	砖混住宅
图纸内容	接地平面图
图纸编号	电施-11

92

3.5 给水排水施工图

给水排水设计说明

一、设计依据
1. 建设单位提供的本工程有关资料和设计任务书。
2. 建筑和有关工种提供的作业图和有关资料。
3. 国家有关的设计规范。
《住宅设计规范》GB 50096—1999（2003）
《建筑给水排水设计规范》GB 50015—2003
《建筑灭火器配置设计规范》GB 50140—2005

二、设计范围
本项工程设计包括建筑以内的给水排水管道系统。

三、给水排水系统及消防系统
本工程设有生活给水系统，生活排水系统。
1. 生活给水系统：水表均设置在室外水表井内，水表井的位置见总图。
设计参数：最高日用水量：31m³/d
最高日最大小时用水量：3.30m³/d
由室外给水管道直接供水，水压为0.30MPa。
2. 生活污水系统：本楼污、废水采用合流制，经化粪池处理后经小区管网排入市政污水管网。最高日排水量：27.90m³/d。
3. 灭火器配置
休息平台设2具MF/ABC-1粉灭火器，每具1kg。

四、管材和接口
1. 生活给水管：采用PN1.0MPa的PPR管，热熔连接。
2. 污水管道采用螺旋消声UPVC排水塑料管粘接连接。
建筑排水横管水流转角小于135°时必须设清扫口。
排水立管与排出横管连接采用两个45°弯头。

五、阀门及附件
1. 给水管DN>50mm采用闸阀阀门，其余采用球阀。
2. 地漏采用防反溢地漏，水封高度不小于50mm，下排水接管。
洗衣机地漏采用专用地漏。
3. 地面清扫口表面与地面平。

六、卫生洁具
卫生器具及其五金配件应采用建设部认可的低噪声节水型产品。

七、管道敷设
1. 给水排水立管穿楼板时，应设套管，套管内径应比管道大两号，下面与楼板下平，上面比楼板面高20～30mm，管间隙用油麻填实，并用沥青灌平。
2. 排水立管穿楼板时应预留孔洞，管道安装完后将孔洞严密捣实，立管周围应高出楼板设计标高10～20mm的阻水圈。

3. 管道穿楼板及墙体时，应根据图中所注管道标高、位置配合土建工种预留孔洞或预埋套管，管道穿地下室外墙应预埋刚性防水套管。详见02S404。
4. 管道支架：管道支架或管卡应固定在楼板上或承重结构上。

八、管道试压（各种管道根据系统进行水压试验）
1. 给水管应以1.5倍的工作压力，并不小于1.5MPa的试验压力做水压试验，10min内压力下降不大于0.05MPa为合格。
2. 生活污水管注水高度以一层楼的高度为标准，在10min内无渗漏为合格。

九、管道冲洗
1. 给水管道在系统运行前必须进行冲洗，要求以系统最大设计流量或不小于2.0m/s的流速进行，直到出水的水色和透明度与进水目测一致为合格。
2. 排水管道冲洗以管道畅通为合格。

十、其他
1. 图中所注尺寸除管长、标高以米（m）计外，其余以毫米（mm）计。
2. 所注标高：给水管等指管中心，污水管指管内底。
3. 排水管道坡度
排水支管均为0.026；
排水横干管 $DN100/D_e110$，$i=2\%$，D_e160，$i=1\%$
4. PPR管的管径规格见下表：

PPR 管的管径规格

管　径	D_e20	D_e25	D_e32
壁厚（mm）	2.3	2.3	2.9

5. 除本设计说明外，还应遵守《建筑给水排水及采暖工程施工质量验收规范》GB 50242—2002的规定进行施工。

主要材料表

名　称	规格及型号	单　位	数　量	备　注
坐便		个	42	安装见99S 304—67
淋浴	DN15	个	42	安装见99S 304—129
洗脸盆	594×480	个	42	安装见99S 304—38
防返溢地漏	DN50	个	78	
洗衣机专用地漏	DN50	个	36	
水龙头	DN15	个	36	陶瓷芯片密封
厨房洗涤池	860×500	个	36	安装见99S 304—25
球阀	DN25	个	36	
手提磷酸铵盐干粉灭火器	MF/ABC3	个	45	
旋翼式水表	DN25	套	36	包括水表和阀门（室外）

工程名称	砖混住宅
图纸内容	给水排水设计说明（一）
图纸编号	水施-01

图 例	名 称	图 例	名 称
——	生活给水管	🔾 ↑	通气帽
- - -	生活污水管	╘ ╙	存水弯
⚲JL	给水立管	⊢	检查口
⚲WL	污水立管	○ ⍐	地漏
⊢⋈	截止阀	○ ⍐	清扫口
⋈	闸阀	⊏▭	蹲便器
⊢	延时自闭冲洗阀	⊠	污水池
⊢	水龙头	▲	手提式灭火器
⊙	洗脸盆	▯◎	坐便器
⊿	止回阀	◁◎	洗涤池
◀	防倒流止回阀	—○	淋浴器
⊘	水表	][	防水套管

选用标准图纸目录

序 号	图 名	图 集 号	备 注
1	管道支架及吊架	03S402	国标
2	卫生设备安装	99S304	国标
3	排水设备附件制造及安装	04S301	国标
4	建筑排水用硬聚氯乙烯管道安装	96S406	国标
5	建筑给水聚丙烯管道工程技术规范	GB/T 50349—2005	国标
6	给水塑料管安装	02SS405	国标

工程名称	砖混住宅
图纸内容	给水排水设计说明（二）
图纸编号	水施-01

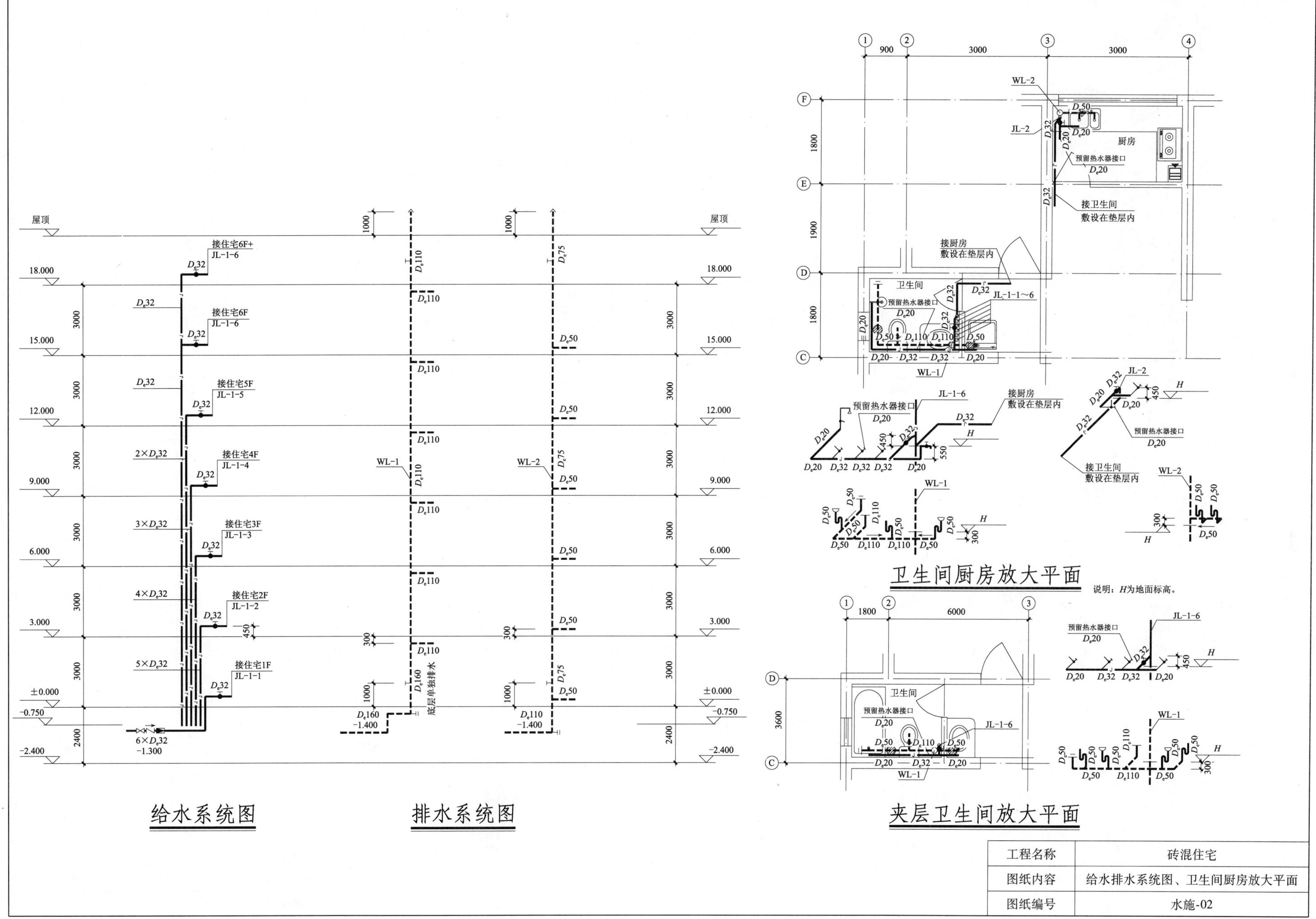

给水系统图

排水系统图

卫生间厨房放大平面

说明：H为地面标高。

夹层卫生间放大平面

工程名称	砖混住宅
图纸内容	给水排水系统图、卫生间厨房放大平面
图纸编号	水施-02

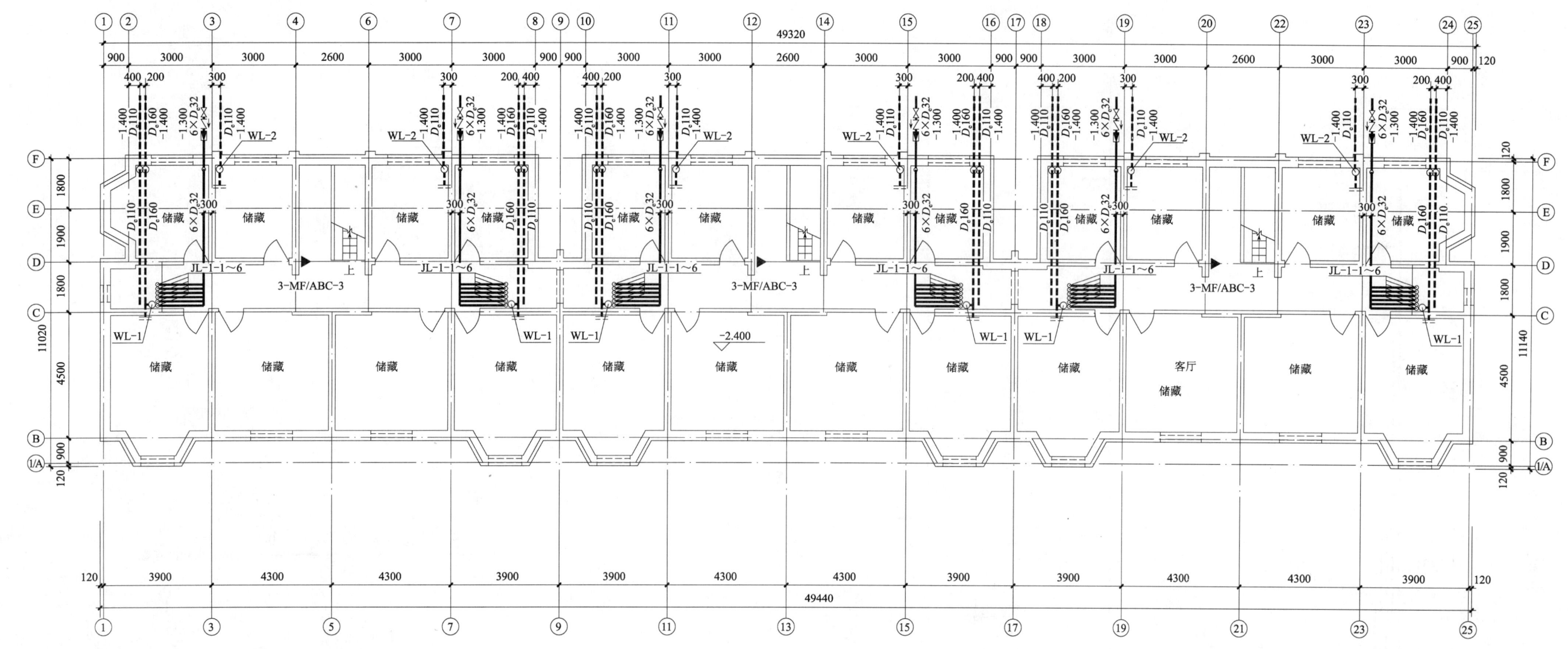

地下室给水排水平面图 1:100

工程名称	砖混住宅
图纸内容	地下室给水排水平面图
图纸编号	水施-03

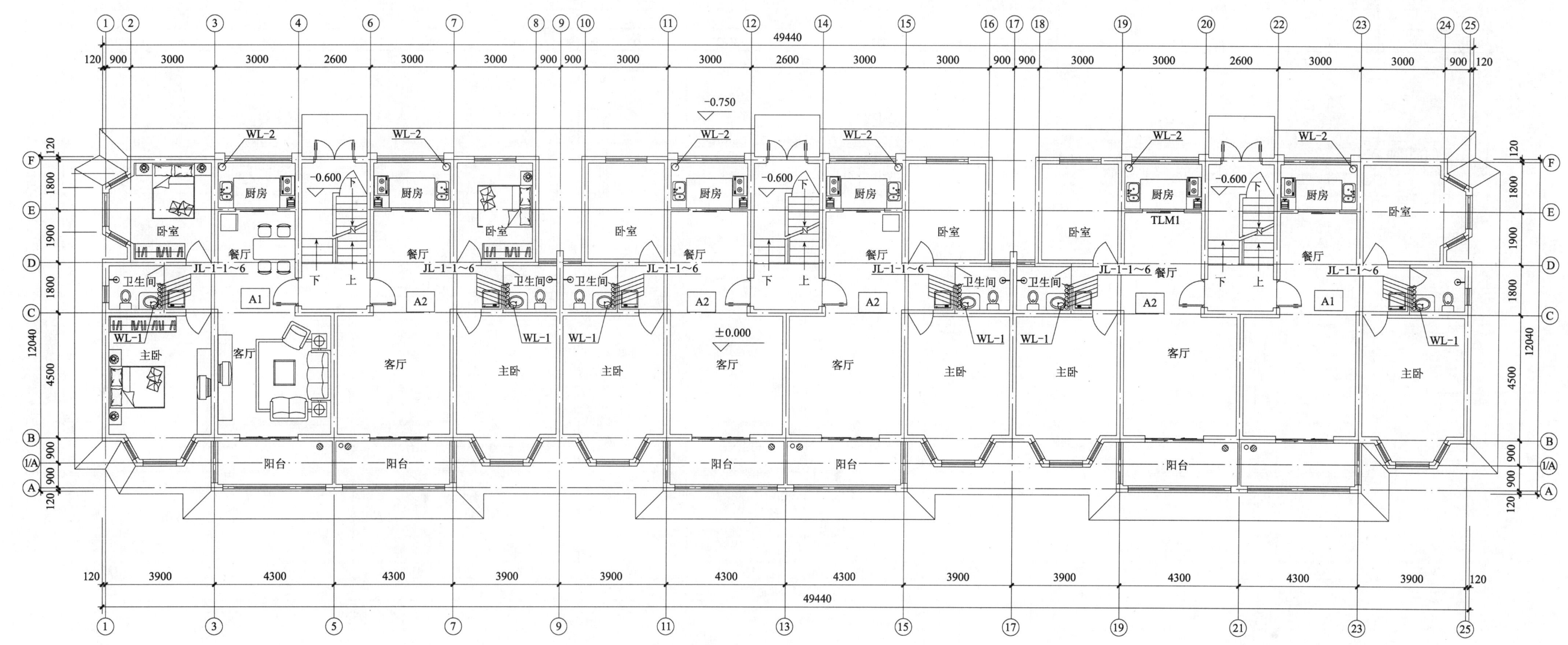

说明：卫生间、厨房、阳台比同楼层标高低20mm。

一层给水排水平面图　1：100

工程名称	砖混住宅
图纸内容	一层给水排水平面图
图纸编号	水施-04

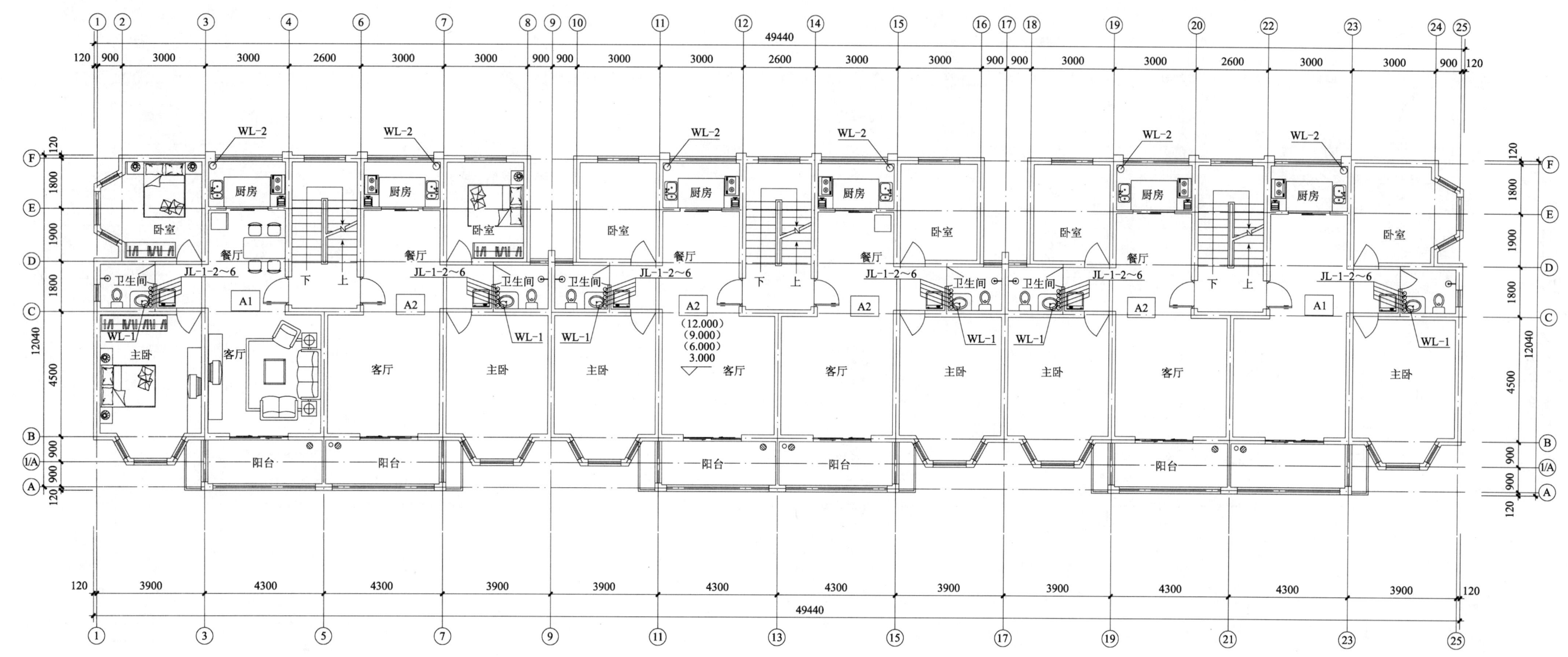

说明：卫生间、厨房、阳台比同楼层标高低20mm。

二～五层给水排水平面图 1：100

工程名称	砖混住宅
图纸内容	二～五层给水排水平面图
图纸编号	水施-05

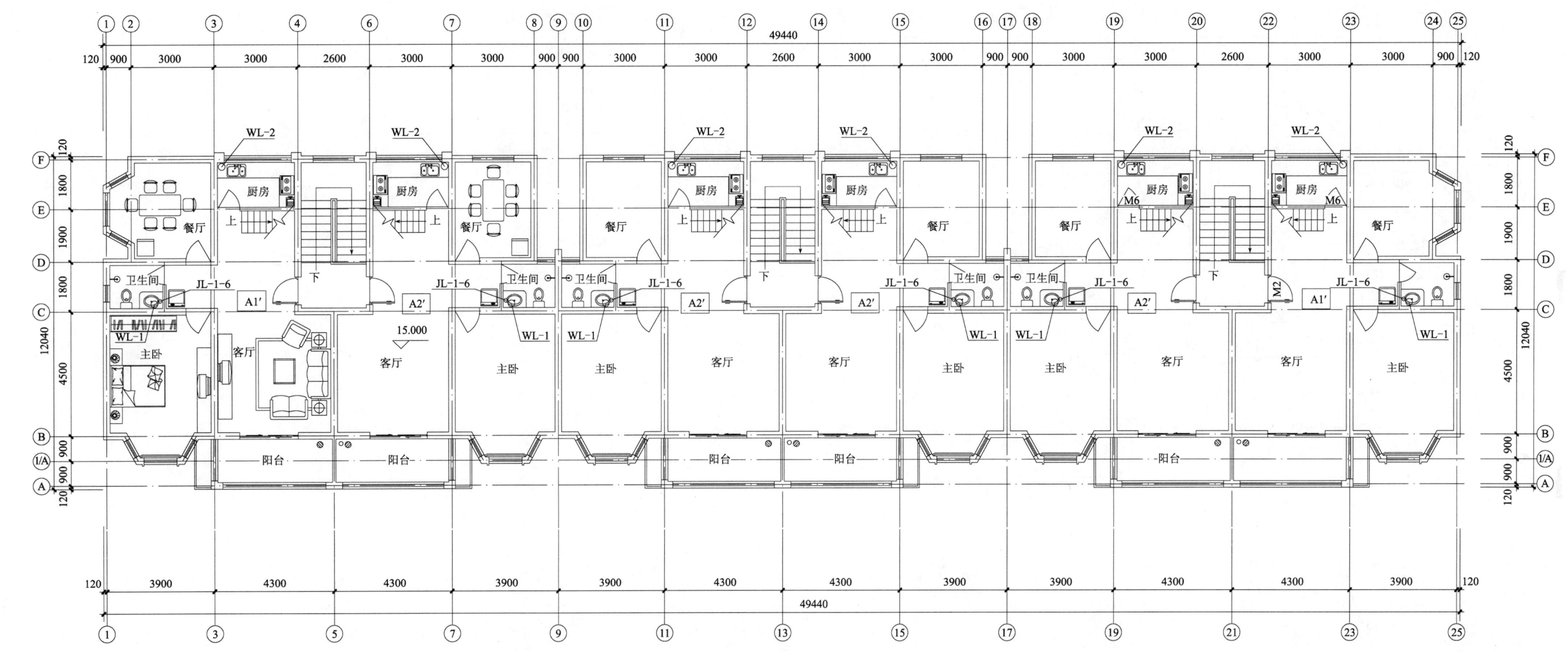

说明：卫生间、厨房、阳台比同楼层标高低20mm。

六层给水排水平面图 1：100

工程名称	砖混住宅
图纸内容	六层给水排水平面图
图纸编号	水施-06

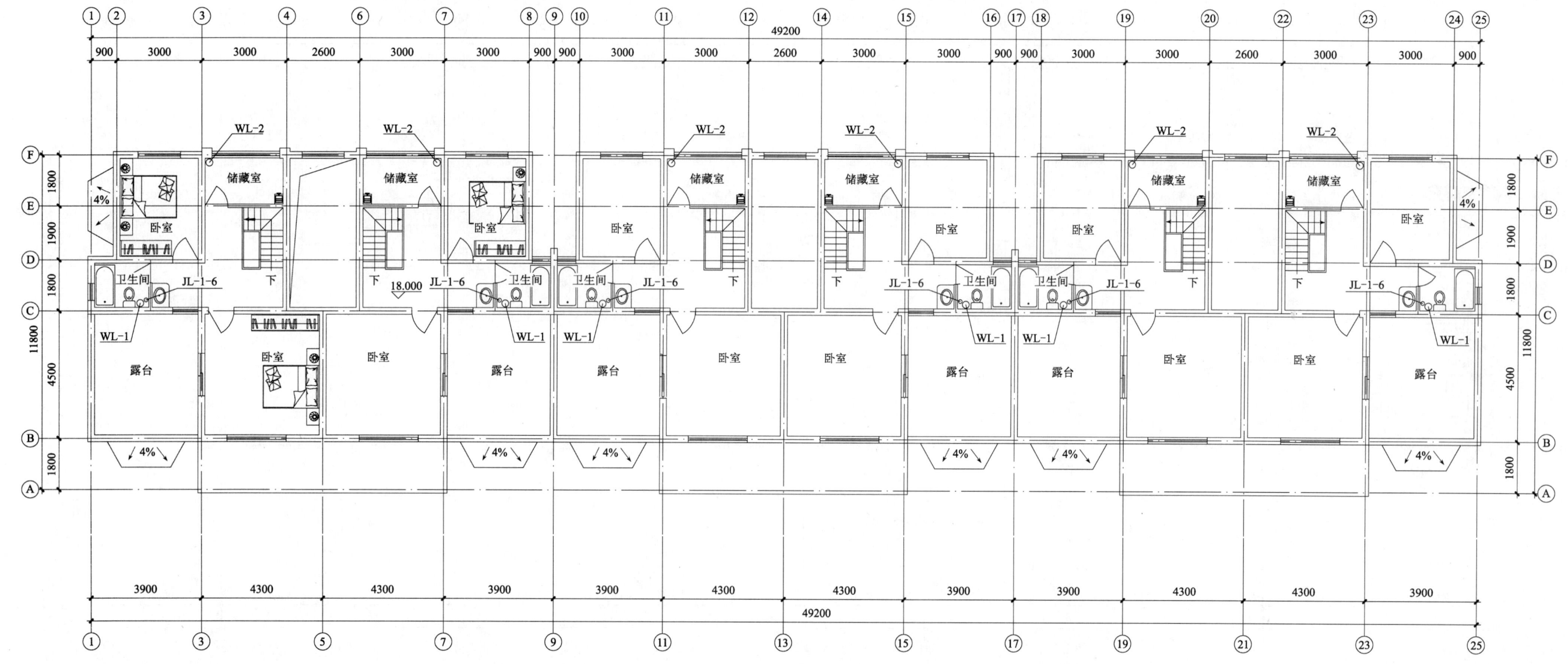

注明：卫生间、厨房、阳台比同楼层标高低20mm。

夹层给水排水平面图　1∶100

工程名称	砖混住宅
图纸内容	夹层给水排水平面图
图纸编号	水施-07

4 单层工业厂房工程

4.1 图纸目录

设计序号	×××	工程名称	单层工业厂房	单项名称	
设计阶段	施工图	结构类型		完成日期	
专 业	序 号	图纸编号	图 纸 内 容		页 码
建筑	1	建施-01	建筑设计说明		102
	2	建施-02	室内装修做法表、门窗表		103
	3	建施-03	一层平面图		104
	4	建施-04	二、三层平面图		105
	5	建施-05	正立面图、背立面图		106
	6	建施-06	东立面图、1-1剖面图		107
结构	7	结施-01	桩位布置图及桩身详图		108
	8	结施-02	基础平面图及基础梁布置图		109
	9	结施-03	基础详图		110
	10	结施-04	屋架及屋架支撑布置图		111
	11	结施-05	屋面板、天沟, 吊车梁、车挡及柱间支撑布置图		112
	12	结施-06	预制柱与外墙圈梁锚固图		113
	13	结施-07	预制柱模板图、抗风柱模板及配筋图		114
	14	结施-08	预制柱配筋图		115
电气	15	电施-01	低压配电系统图		116
	16	电施-02	照明配电系统图		117
	17	电施-03	插座、风机、消防水泵、液化气贮瓶间、凉水塔配电系统图		118
	18	电施-04	一层电力管线平面图		119

续表

设计序号	×××	工程名称	单层工业厂房	单项名称	
设计阶段	施工图	结构类型		完成日期	
专 业	序 号	图纸编号	图 纸 内 容		页 码
电气	19	电施-05	一层照明平面图		120
	20	电施-06	一层照明及电力干线平面图		121
	21	电施-07	二、三层照明平面图		122
	22	电施-08	一层电话平面图		123
	23	电施-09	二、三层电话、有线电视平面图		124
	24	电施-10	主厂房基础接地及防雷平面图		125
	25	电施-11	厂区照明总平面图		126
给水排水	26	水施-01	设计说明		127
	27	水施-02	一层供暖平面图		128
	28	水施-03	二、三层供暖平面图		129
	29	水施-04	供暖系统图（一）		130
	30	水施-05	供暖系统图（二）		131
	31	水施-06	供暖系统图（三）		132

4.2 建筑施工图

建筑设计说明

一、设计依据
1. 建设单位提供的设计委托书及相关资料和要求。
2. 现行国家有关规范、标准、规定。
3. 规划局审批意见书。

二、总图位置
位于大连东高新型管材股份有限公司厂区内。

三、设计标高
1. 本建筑物的±0.000所对应的绝对标高见总图。
2. 平面位置详见总平面图。

四、建筑规模和耐火等级
1. 总占地面积：3557.51m²。
2. 总建筑面积：4658.49m²。
3. 建筑物的耐火等级为二级。

五、工程性质
本工程为大连东高新型管材股份有限公司东北高速高密度聚乙烯大口径增强管厂。

六、图注尺寸
本工程施工图中总图及标高以米（m）为单位，其余均以毫米（mm）为单位。

七、墙身做法
1. 内外墙为机制红砖砌体。
2. ±0.000以下墙体采用MU10机制红砖，M7.5水泥砂浆砌筑。
3. ±0.000以上墙体采用MU10机制红砖，M5混合砂浆砌筑。

八、构造做法
1. 坡屋面构造做法：
详见《坡屋面建筑构造》01J 202—2第8页PW7b。
其中：红色彩钢压型夹芯板屋面板型为ARP-1000，A值为100mm，
保温材料为聚苯乙烯。
（1）压型夹芯板与檩条间的连接采用自攻螺钉，并位于顺水方向的板与板间的连接处，每块板至少有3个用自攻螺钉与同一根檩条固定，每块板的中间应有不小于两个点用自攻螺钉与檩条固定。
（2）板与板间用拉铆钉连接，屋脊板、封檐板、盖缝板等各种配件间的连接，应背向主导风向，搭接长度应为150mm，用拉铆钉连接，拉铆钉横向中距200mm，外露钉头满涂密封胶。
2. 屋面排水：有组织排水（具体做法按相关图集施工）。
3. 多步台阶做法：详见龙02J 2002第73页节点3，台阶下设防冻层，加铺300mm厚中砂。
4. 台阶挡墙做法详见龙02J 2002第75页节点5。
5. 散水构造做法：详见龙02J 2002第69页节点1，散水下设防冻胀层，加铺300mm厚中砂。
6. 楼地面做法详见2005—20S—104—TJ—2。

九、室内外装饰
1. 室外装饰详见立面图。
2. 室内装饰详见2005—20S—104—TJ—2。
3. 本工程设计，不包括高级装修。

十、门窗
1. 门窗规格详见门窗表。
2. 窗户均为塑钢窗。
3. 窗五金按常规做法。
4. 门窗加工前应详细核对土建尺寸和数量，如有差异以实际为准。

十一、防火
本工程应严格按本工程消防平面图设计标注位置设置固定灭火器。

十二、其他
1. 本工程施工时，必须与结构、水、电、暖、弱电等各工种密切配合，图中所示沟、槽、洞、孔及预埋件必须预留，不得后凿。
2. 本工程设计文件如有不明之处，建设单位、施工单位和监理单位应立即通知设计单位，以便设计人员及时处理。
3. 未尽事宜，均按国家现行有关施工验收规范规程执行。

工程名称	单层工业厂房
图纸内容	建筑设计说明
图纸编号	建施-01

室内装修做法表

层数	部位\房间名称	楼地面 名称	楼地面 编号	踢角 名称	踢角 编号	内墙面 名称	内墙面 编号	顶棚 名称	顶棚 编号	备注
一层	厂房	混凝土地面	LJ-2001 工程做法 13/38			纸筋麻刀灰墙面	LJ-2001 工程做法 7/14			
	办公室	磨光花岗石地面	LJ-2001 工程做法 14/39			釉面砖（瓷砖）墙面	LJ-2001 工程做法 35/22	PVC 条板吊顶	LJ-2001 工程做法 23/68	
	辅助车间	混凝土地面	LJ-2001 工程做法 13/38	花岗石板踢角	LJ-2001 工程做法 16/34	纸筋麻刀灰墙面	LJ-2001 工程做法 7/14	板底抹灰顶棚	LJ-2001 工程做法 5/62	
	卫生间及浴室厨房	铺地砖地面	LJ-2001 工程做法 13/38			釉面砖（瓷砖）墙面	LJ-2001 工程做法 35/22	PVC 条板吊顶	LJ-2001 工程做法 23/68	
	楼梯间	铺地砖地面	LJ-2001 工程做法 13/38	花岗石板踢角	LJ-2001 工程做法 6/32					
二、三层	办公房间	铺地砖楼面	LJ-2001 工程做法 12/53	花岗石板踢角	LJ-2001 工程做法 16/34	纸筋麻刀灰墙面	LJ-2001 工程做法 7/14	板底抹灰顶棚	LJ-2001 工程做法 5/62	内墙为轻型墙时：LJ-2001 工程做法 10/15
	卫生间及浴室厨房	铺地砖地面	LJ-2001 工程做法 11/53	花岗石板踢角	LJ-2001 工程做法 6/32	釉面砖（瓷砖）墙面	LJ-2001 工程做法 35/22	PVC 条板吊顶	LJ-2001 工程做法 23/68	
	楼梯	磨光花岗石楼面	LJ-2001 工程做法 18/55							
选用图集		黑龙江省建筑标准设计《工程做法》DDJ 07—111—01　LJ—2001								

门窗表

类型	设计编号	洞口尺寸（mm）	1层	2层	3层	合计	图集名称	页次	选用型号	备注
门	M1024	1000×2400	6	24	17	47				
	M1224	1200×2400		1	3	4				
	M1524	1500×2400	6			6				
	M1536	1500×3600	3			3				
	M2424	2400×2400	3			3				
	M2436	2400×3600	1			1				
	M4836	4800×3600	2			2				
	M4845	4800×4500	3			3				
组合门	M5436	5400×3600	1			1				
窗	C1818	1800×1800		30	30	60				
	C1836	1800×3600	1			1				
	C2124	2100×2400	12		12	24				
	C2424	2400×2400	2			2				
	C3018	3000×1800		4	4	8				
	C4224	4200×2400			2	2				
	C4255	4800×2400	2			2				
	C4824	4800×2400			14	14				
	C4836	4800×3600	10			10				
	C4855	4800×2400	10			10				

注：门、窗均为厂家定型合格产品。

本工程所有图集如下：

《工程做法》龙 02J2001	黑龙江省建筑标准设计
《室外工程》龙 02J2002	黑龙江省建筑标准设计
《楼梯》龙 02J2004	黑龙江省建筑标准设计
《TS20 外墙外保温建筑节能构造》龙 02J922	黑龙江省建筑标准设计
《坡层面建筑构造》01J 202—2	国家标准设计

工程名称	单层工业厂房
图纸内容	室内装修做法表、门窗表
图纸编号	建施-02

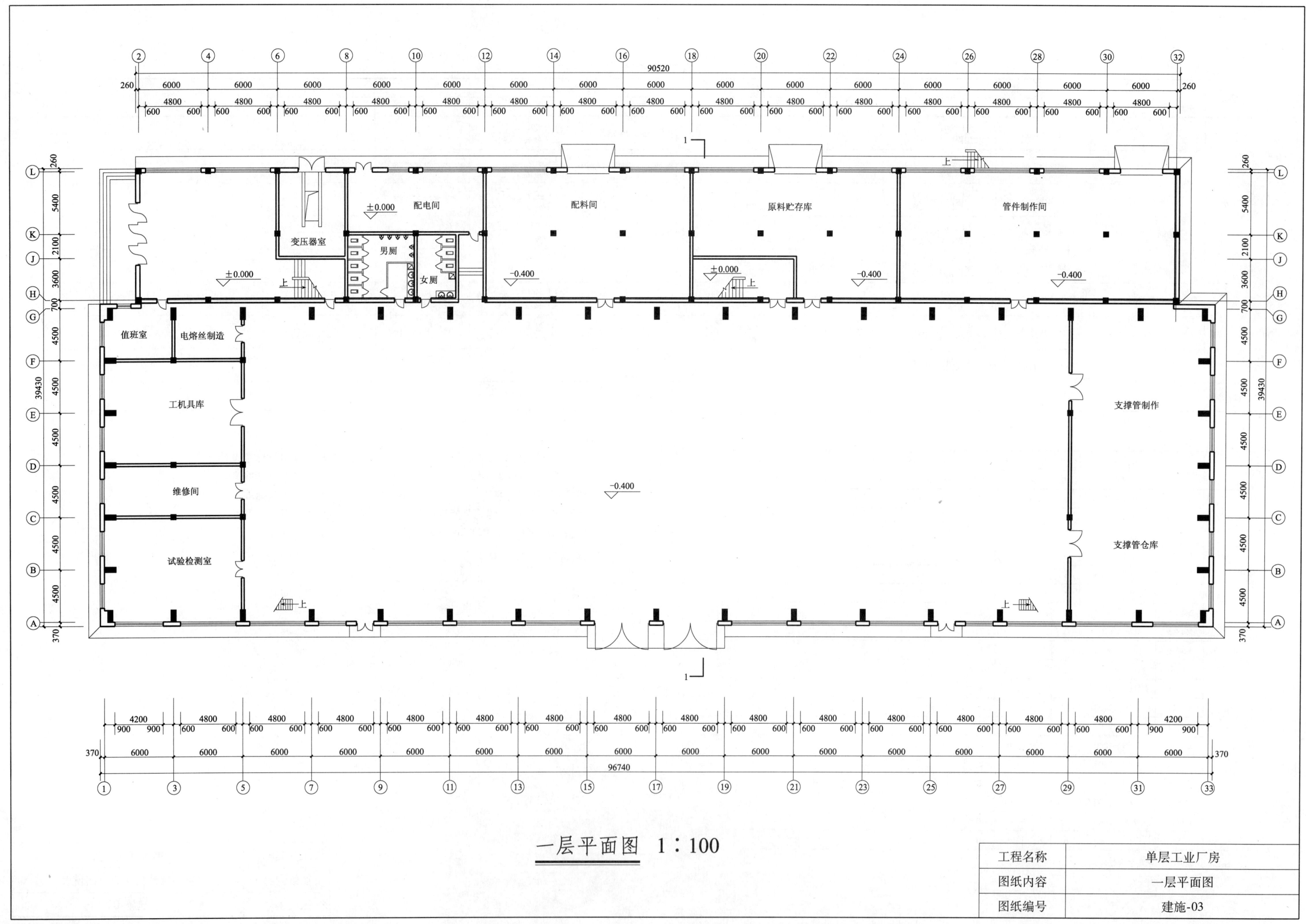

一层平面图 1：100

工程名称	单层工业厂房
图纸内容	一层平面图
图纸编号	建施-03

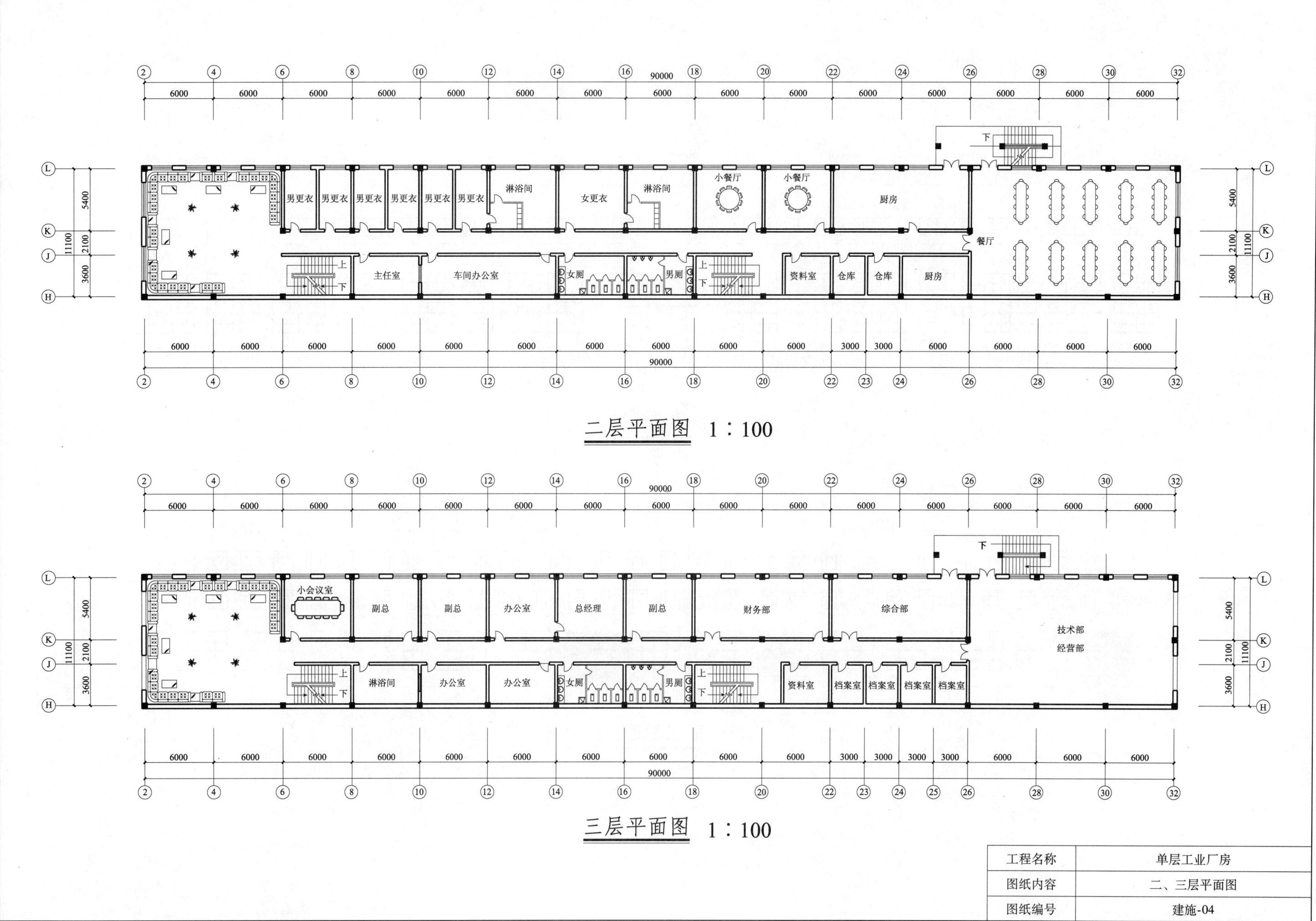

二层平面图 1:100

三层平面图 1:100

工程名称	单层工业厂房
图纸内容	二、三层平面图
图纸编号	建施-04

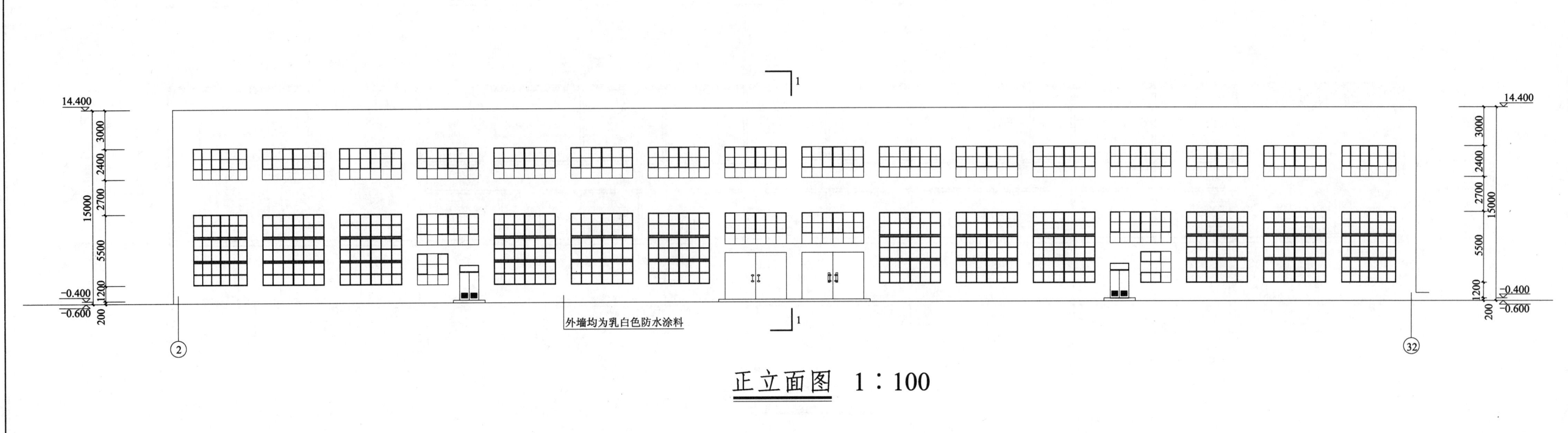

外墙均为乳白色防水涂料

正立面图 1：100

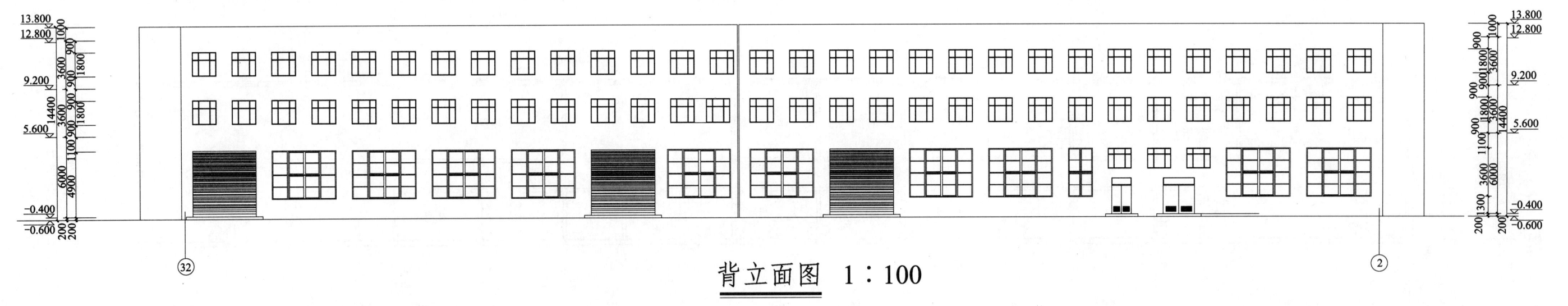

背立面图 1：100

工程名称	单层工业厂房
图纸内容	正立面图、背立面图
图纸编号	建施-05

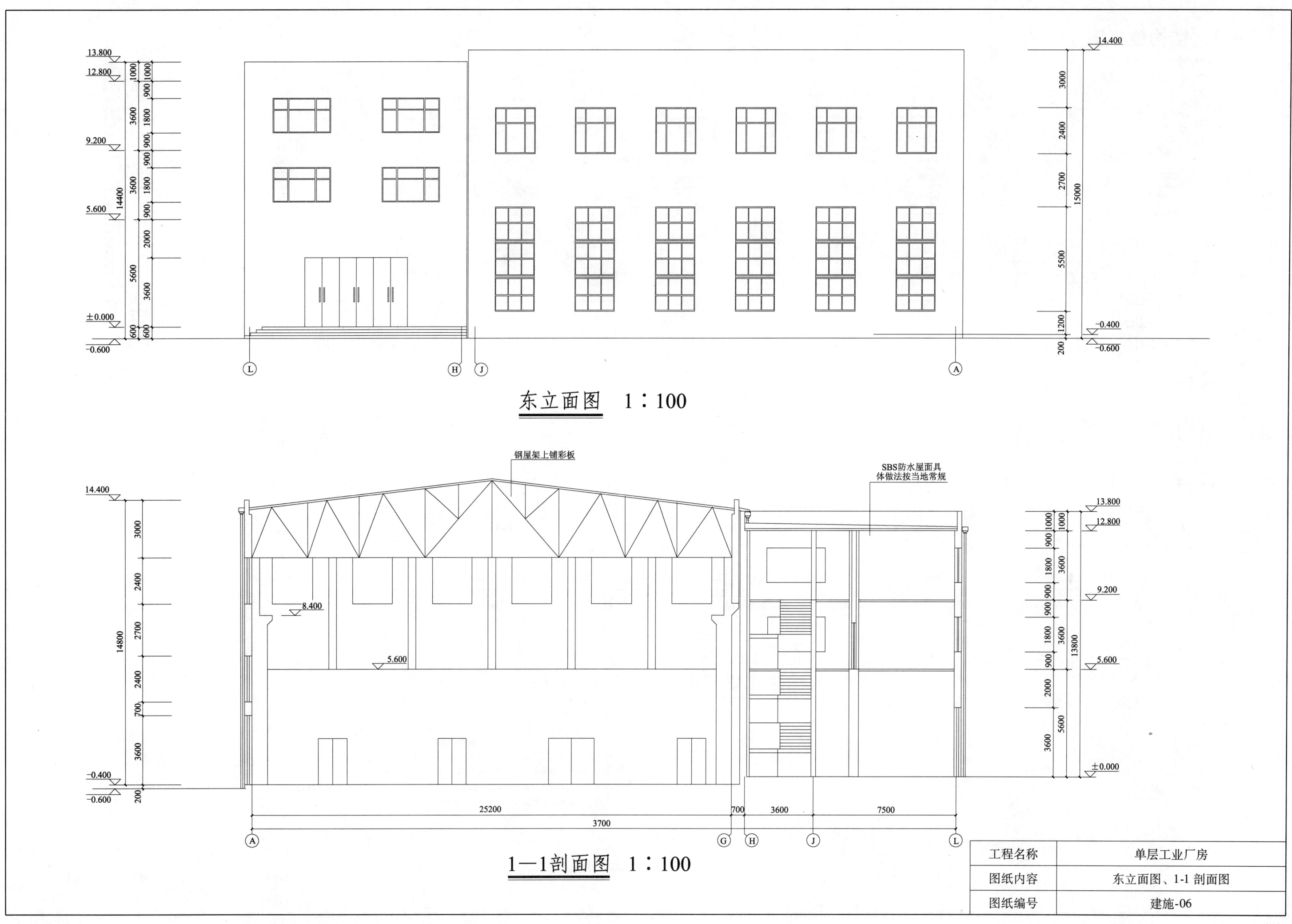

东立面图 1：100

钢屋架上铺彩板

SBS防水屋面具
体做法按当地常规

1—1剖面图 1：100

工程名称	单层工业厂房
图纸内容	东立面图、1-1剖面图
图纸编号	建施-06

107

4.3 结构施工图

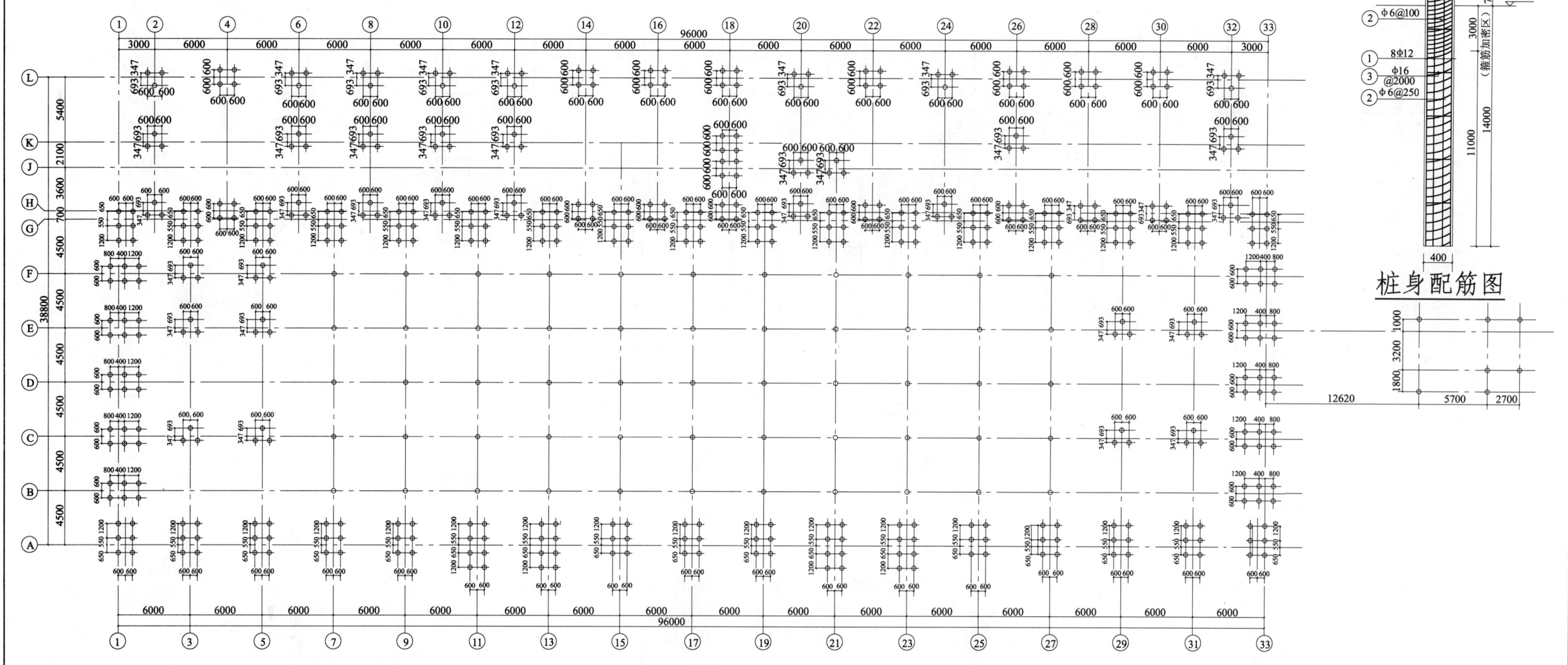

桩位布置图

桩身配筋图

说明:
1. 本图尺寸以（mm）计,标高以（m）计。
2. ±0.000相当于绝对标高4.460m（大连高程）。
3. 材料:混凝土C25;φ为HPB235级钢,Φ为HRB335级钢。
4. 本图轴线定位详见厂区总平面图。
5. 本工程采用电动振拔沉管灌注桩,桩长根据建设单位提供的《岩土工程勘察报告书》确定。
   如地质情况与报告不符,请及时与设计院联系。
6. 单桩承载力要求垂直力不小于500kN,水平力不小于20kN。
7. 本工程应先试桩后打桩,成桩质量需经动测后方可施工承台。
8. 桩身所注标高为承台底面标高,桩身长=桩长+740mm,施工承台时需先凿除640mm。
9. 桩身2号筋为螺旋箍筋,3号筋为环向箍筋,间距2000mm。
10. 桩内主筋伸入承台500mm。

工程名称	单层工业厂房
图纸内容	桩位布置图及桩身详图
图纸编号	结施-01

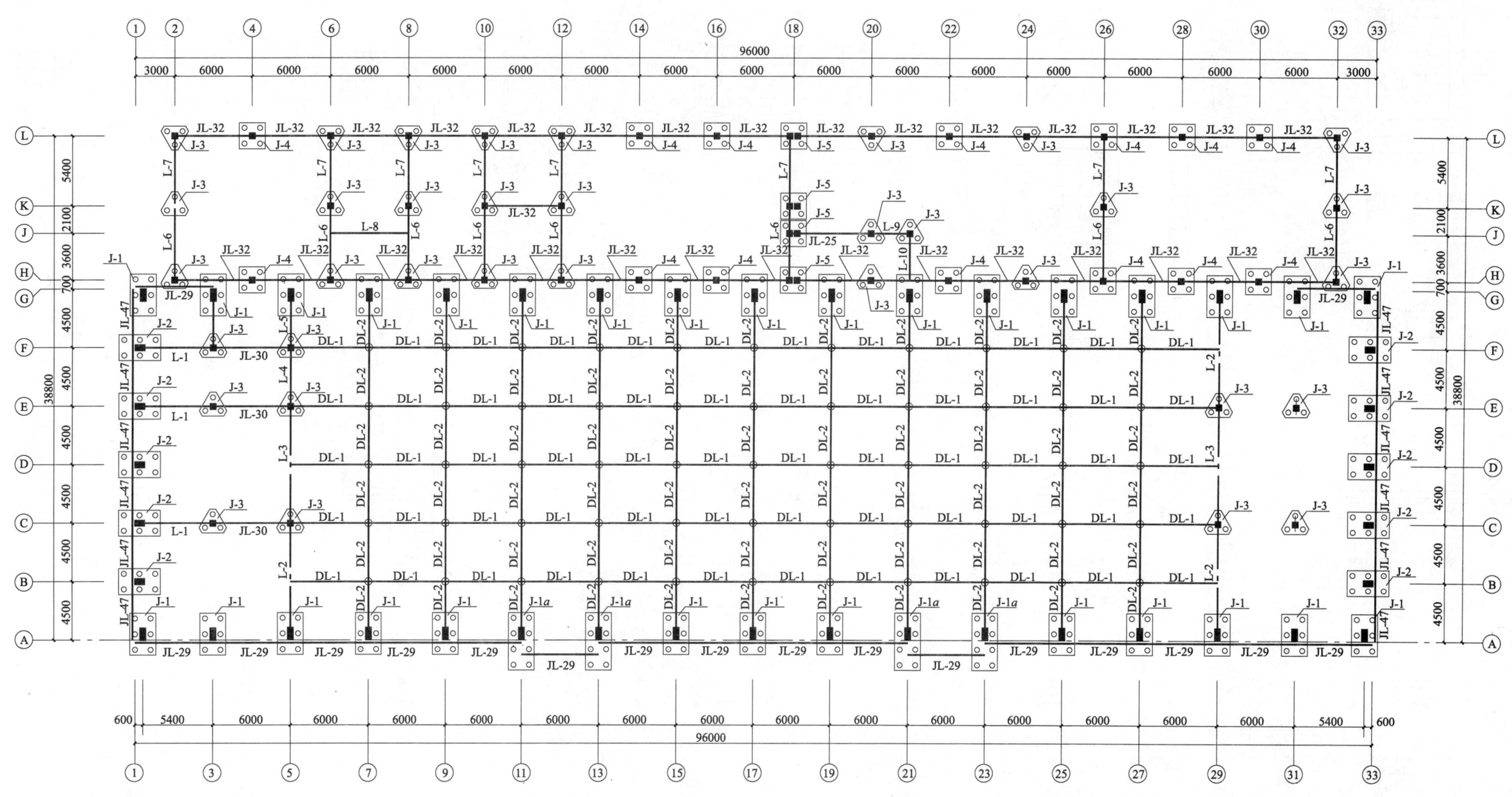

基础平面图及基础梁布置图　1：100

基 础 梁 选 用 表

梁编号	L-1	L-2	L-3	L-4	L-5	L-6	L-7	L-8	L-9	L-10
选用梁号	JL-30	JL-36	JL-36	JL-32	JL-32	JL-32	JL-32	JL-25	JL-25	JL-25
长度	4950	7750	8450	3950	3250	5150	4850	6000	2450	3600
备注			H改为600							

说明：

1. 本图尺寸以mm计，标高以m计。

2. ±0.000相当于绝对标高4.460m（大连高程）。

3. 本图只表示基础之间相对尺寸，基础尺寸见各单体详图。

4. 本图轴线定位详见厂区总平面图。

5. 基础详图见结施-03。

6. 基础梁选自93G320，其相关节点、承台变高处增设混凝土垫块及防冻胀做法均见93G320。

工程名称	单层工业厂房
图纸内容	基础平面图及基础梁布置图
图纸编号	结施-02

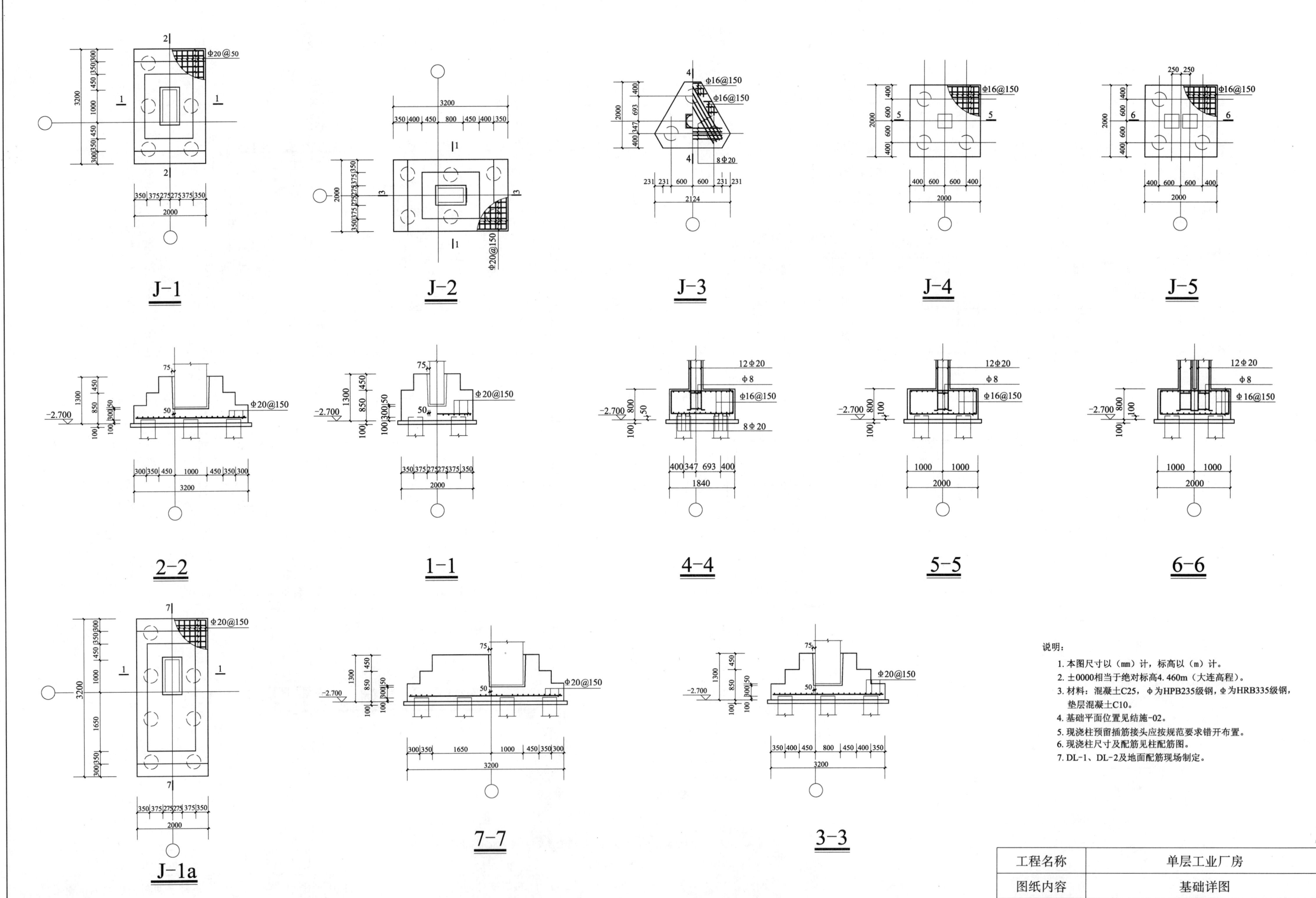

说明:
1. 本图尺寸以（mm）计，标高以（m）计。
2. ±0000相当于绝对标高4.460m（大连高程）。
3. 材料：混凝土C25，Φ 为HPB235级钢，Φ 为HRB335级钢，垫层混凝土C10。
4. 基础平面位置见结施-02。
5. 现浇柱预留插筋接头应按规范要求错开布置。
6. 现浇柱尺寸及配筋见柱配筋图。
7. DL-1、DL-2及地面配筋现场制定。

工程名称	单层工业厂房
图纸内容	基础详图
图纸编号	结施-03

110

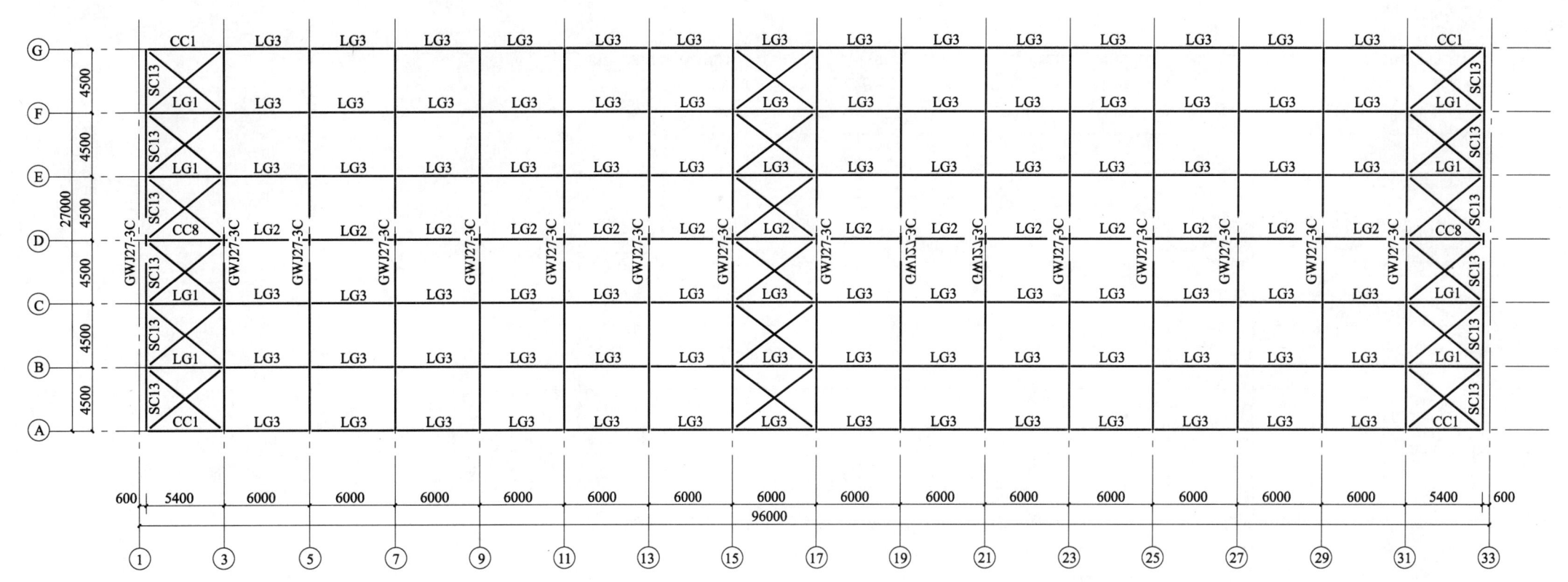

屋架及屋架上弦支撑布置图

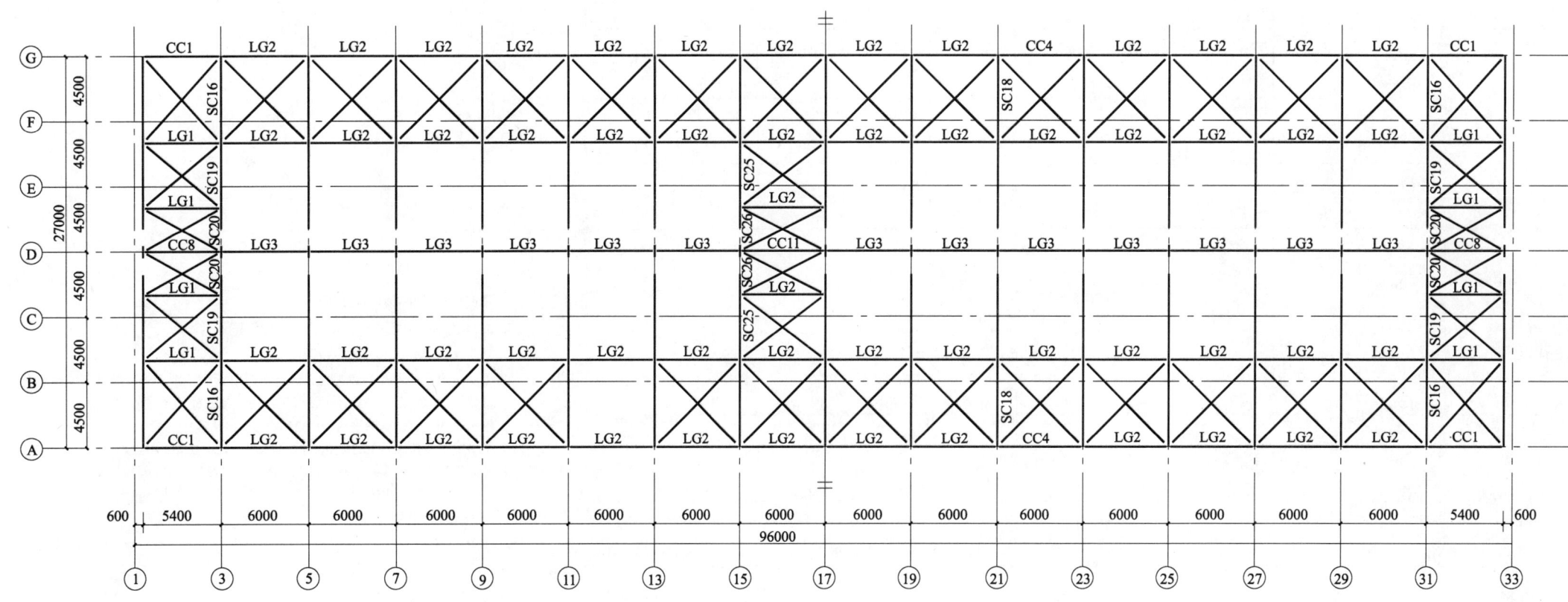

屋架下弦支撑布置图

工程名称	单层工业厂房
图纸内容	屋架及屋架支撑布置图
图纸编号	结施-04

111

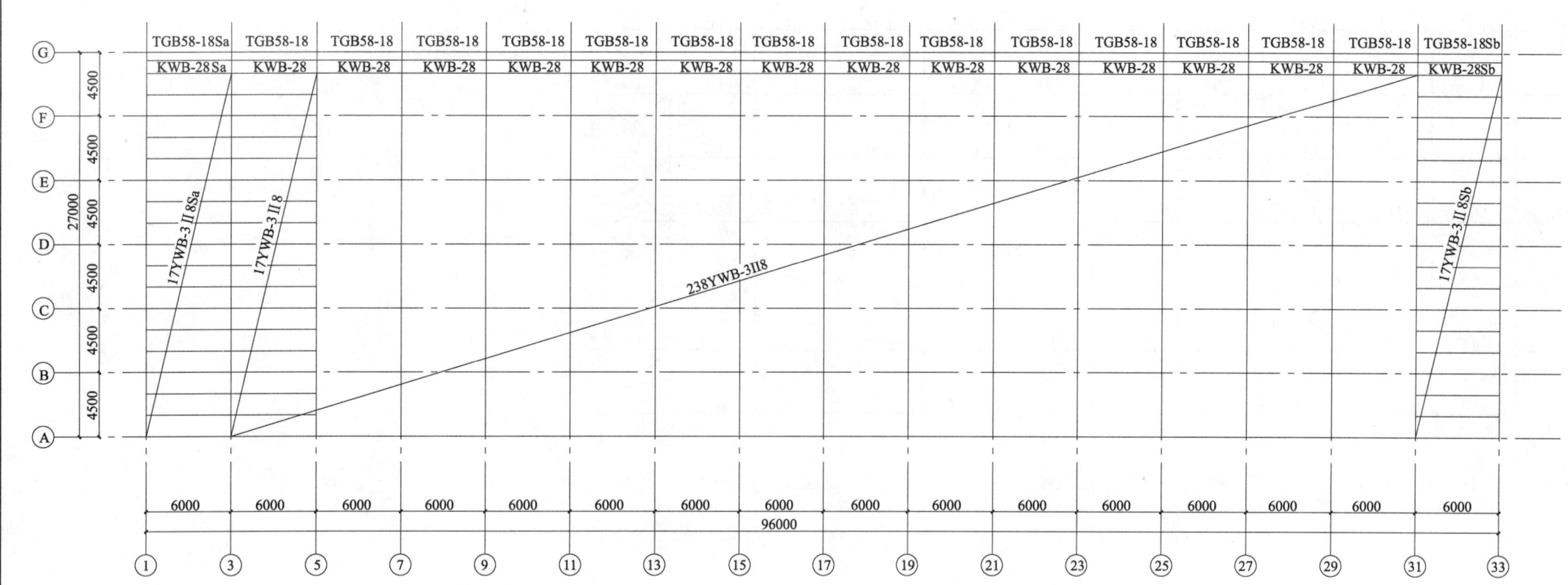

<u>屋面板、天沟布置图</u>　1：100

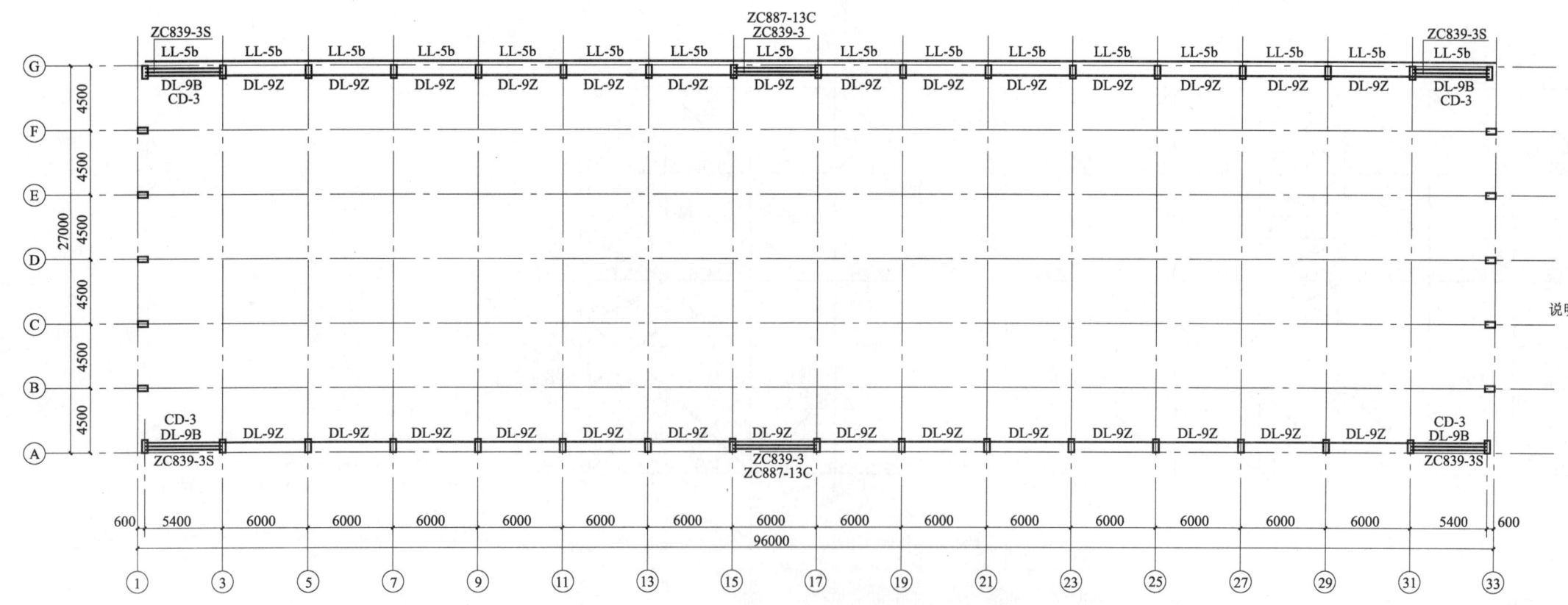

说明:
1. 本图尺寸以mm计,标高以m计。
2. ±0.000相当于绝对标高4.460m(大连高程)。
3. 屋面板、嵌板及天沟板选自92G410(一)、(二)、(三)。
4. 每块屋面板必须有三点与屋架焊牢,焊缝长度不小于80,焊缝高度不小于6。板缝间用C20细石混凝土浇灌密实。相邻屋面板的吊钩应相互焊连。
5. 吊车梁DL-9Z.DL-9B选自95G323(二),梁柱连接详图见95G323(二)。
6. 吊车轨道连接选用95G325中的DGL-13,CD-3选自95G323。
7. 柱间支撑ZC839-3.3a、ZC887-13C选自CG97336(二)。
8. 连系梁LL-5b选自93G321,连系梁节点及埋件均见93G321。

<u>吊车梁、车挡及柱间支撑布置图</u>　1：100

工程名称	单层工业厂房
图纸内容	屋面板、天沟,吊车梁、车挡及柱间支撑布置图
图纸编号	结施-05

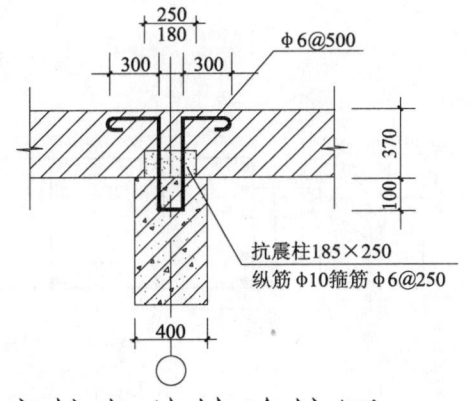

厂房柱与外墙连接图

外墙与柱顶圈梁、柱连接

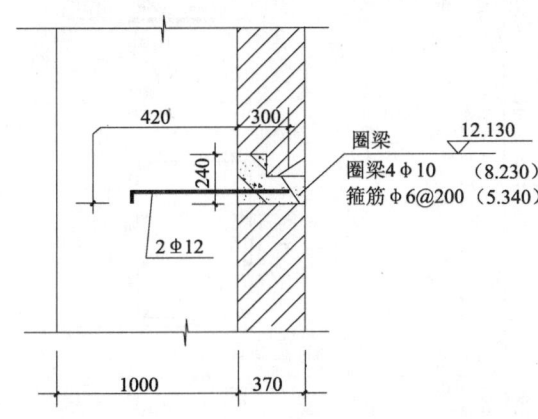

厂房柱与圈梁连接图

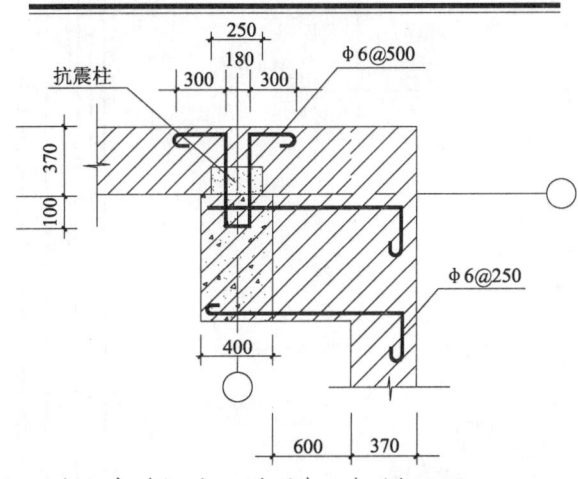

厂房边柱与外墙连接图

说　明（柱子）

1. 考虑到施工工期要求及现场制作条件，本设计厂房柱为矩形变截面柱。

2. 本图所有尺寸均以 mm 计。

3. 采用材料：

（1）混凝土 C20；

（2）钢筋：柱子受力主筋及预埋件的锚筋采用 HRB335 级钢筋，构造筋及箍筋采用 HPB235 级钢筋。

（3）钢板采用 3 号钢；钢材的质量应满足国家现行标准的规定。

4. 焊条：

（1）HPB235 级钢筋同 HPB235 级钢筋或 HPB235 级钢筋同钢板焊接时采用 E43××型焊条。

（2）HRB335 级钢筋同 HRB335 级钢筋或 HRB335 级钢筋同钢板焊接时选用 E50××型焊条。

（3）焊条质量应符合《碳钢焊条》GB/T 5117—1995 标准的要求。

5. 混凝土保护层厚度：

（1）受力钢筋为 25mm；

（2）箍筋及构造钢筋为 15mm。

6. 有关钢筋施工要求（附图1）：

（1）矩形截面柱的箍筋应做成 135°弯钩。

（2）支撑预埋件宜先放入柱钢筋骨架内就位，然后再绑预埋件附近的箍筋，严禁采用将锚筋割断后插入钢筋骨架内的做法。

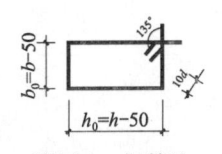

附图 1　钢筋施工要求

7. 柱的制作、运输及堆放：

柱子制作、运输及堆放，除应遵守《混凝土结构工程施工质量验收规范》GB 50204 的有关规定外，并应遵守以下各项要求：

（1）制作。

① 混凝土强度等级必须满足设计强度，水灰比不大于 0.6。

② 混凝土必须捣制密实，牛腿处尤应注意。

③ 当采用平卧、重叠法制作时，其重叠层数不能超过 3 层，并应验算柱底模及其基层，待下层强度达到 5N/mm² 后，方可浇筑上层混凝土，两层之间应有隔离措施。

④ 拆模：在混凝土强度能保证构件不开裂、棱角完整时，可拆除侧模；当混凝土强度达到设计强度 75% 以上时，可拆除底模。

⑤ 柱子所有外露铁件，均刷涂红丹两道，防锈漆两道。

（2）运输。

柱混凝土强度达到设计强度 100% 时，方可运输。

（3）吊装。

① 柱子吊装时，混凝土强度必须达到设计强度的 100%。

② 柱子安装前，必须在下列位置标注中心线：

基础杯口顶面处四周；

柱顶处侧面；

柱牛腿吊车轨道中心线处。

③ 要确定基础杯口底标高，并根据柱的实际长度确定垫层厚度，以此保证安装后柱顶标高的正确性。

④ 柱子的起吊方法：

采用二点原地翻身，一点起吊的方法，详见附图 2。吊环钢筋为 Φ22 的 HPB235 级钢筋。

严禁使用冷加工钢筋，钢筋锚固长度为 30d。

8. 吊车梁、轨道梁、钢屋架的制作施工方法及验收标准参见 95G323（二）、95G325、97G511 图集中之总说明。

9. 选用标准。吊车梁：95G323（二）中 DL—9；

轨道梁：95G325 中 DGL—13，CD—3 选自 95G325—13；

钢屋架：95G511 中 GWJ27—3C。

10. 轨道梁中，零件③⑥④详图选自 95G325 中 20 页；复合橡胶垫板选自 95G325 中 22 页，车挡自 95G325 中 CD—3。

11. ⒶＡ轴吊车梁需预埋吊车滑线埋件。

12. 吊装钢屋架时，钢屋架需与柱顶用螺栓连接就位，柱顶预埋螺栓做法见附图3。

附图 2　吊车梁

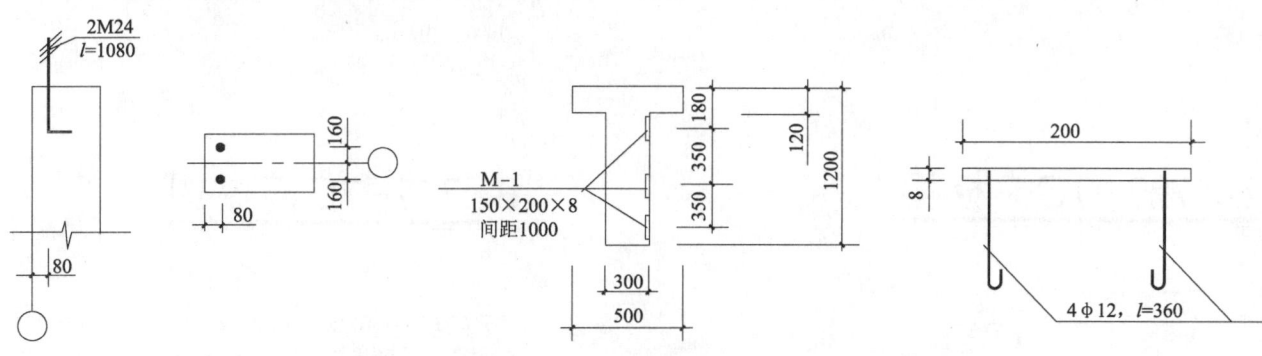

附图 3　柱顶预埋螺栓做法

工程名称	单层工业厂房
图纸内容	预制柱与外墙圈梁锚固图
图纸编号	结施-06

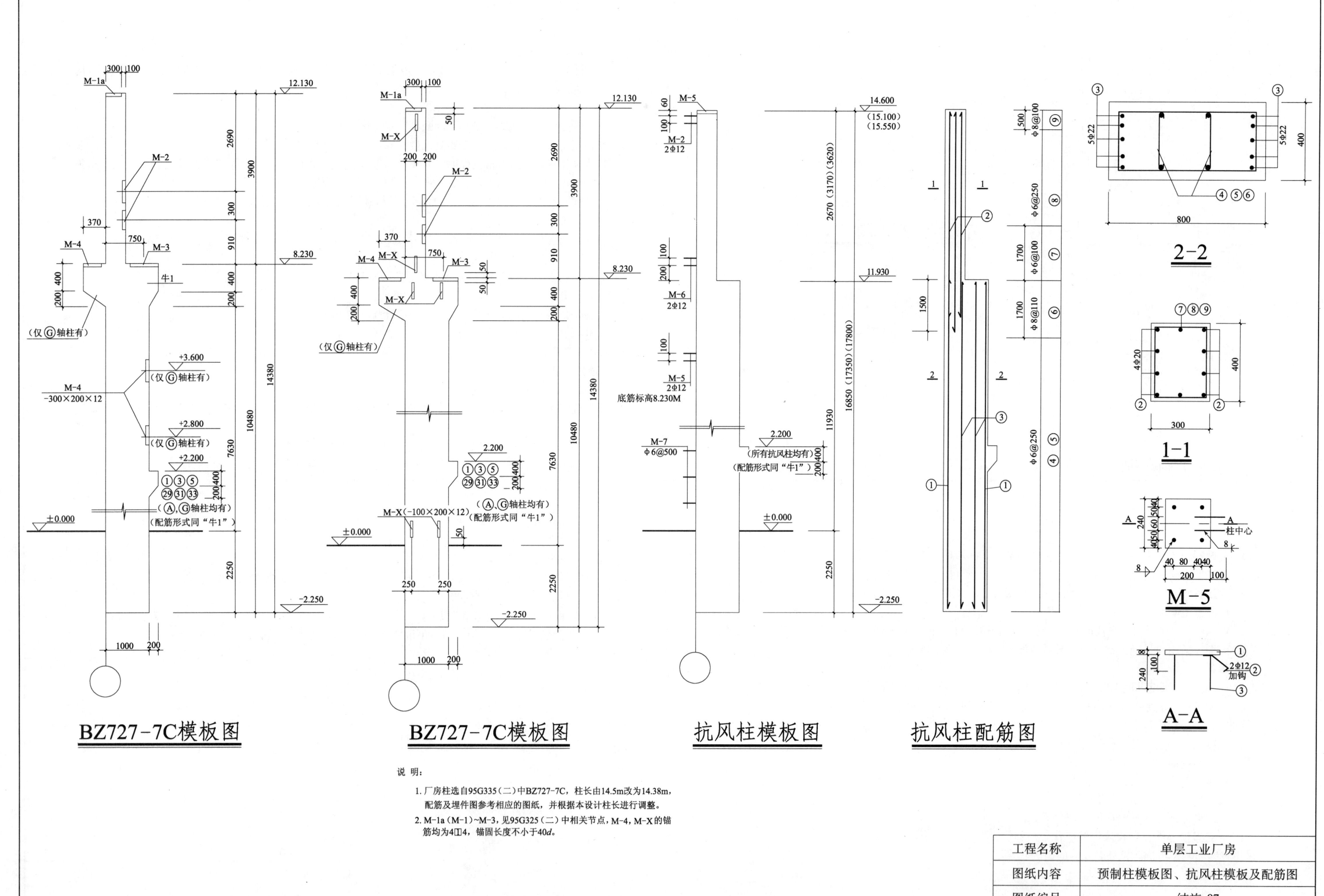

BZ727-7C模板图

BZ727-7C模板图

抗风柱模板图

抗风柱配筋图

2-2

1-1

M-5

A-A

说明：

1. 厂房柱选自95G335（二）中BZ727-7C，柱长由14.5m改为14.38m，配筋及埋件图参考相应的图纸，并根据本设计柱长进行调整。

2. M-1a（M-1）~M-3，见95G325（二）中相关节点，M-4，M-X的锚筋均为4□4，锚固长度均不小于40d。

工程名称	单层工业厂房
图纸内容	预制柱模板图、抗风柱模板及配筋图
图纸编号	结施-07

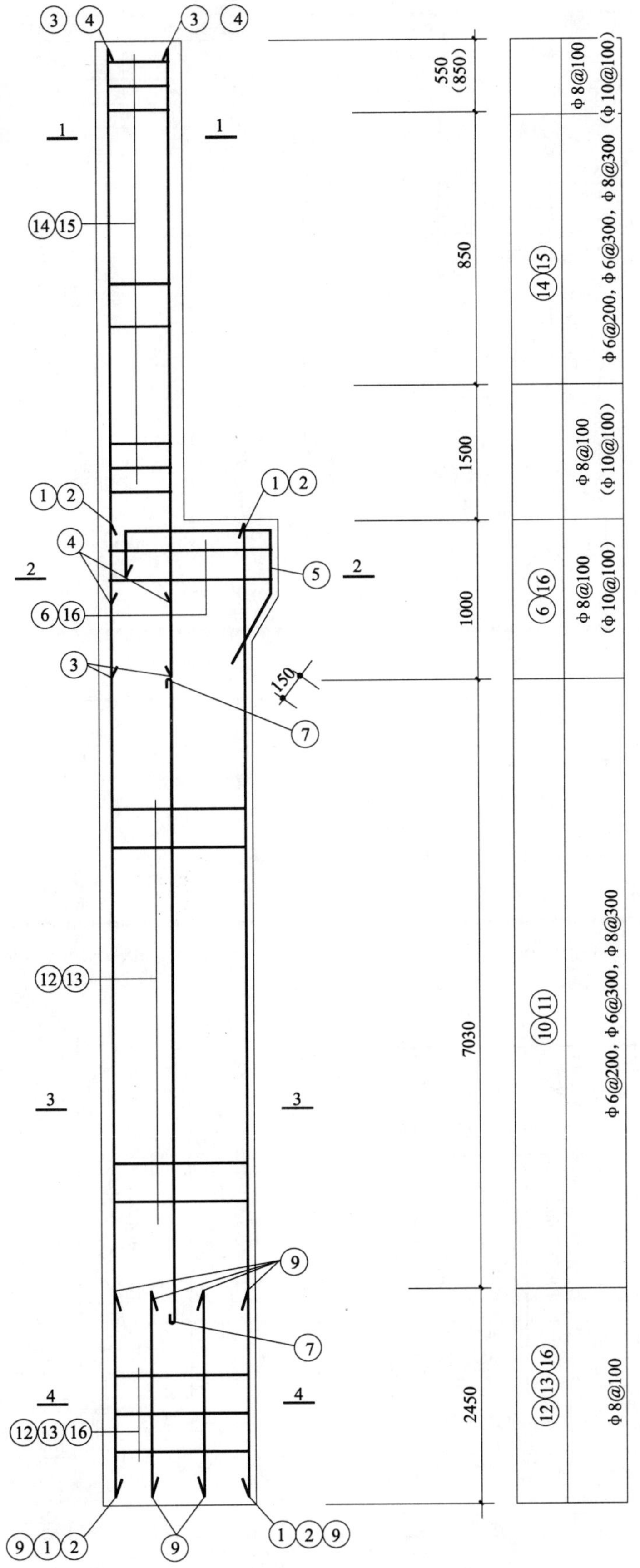

1-1

2-2

3-3

4-4

BZ730-6D配筋图
（BZ730c-6D配筋图）

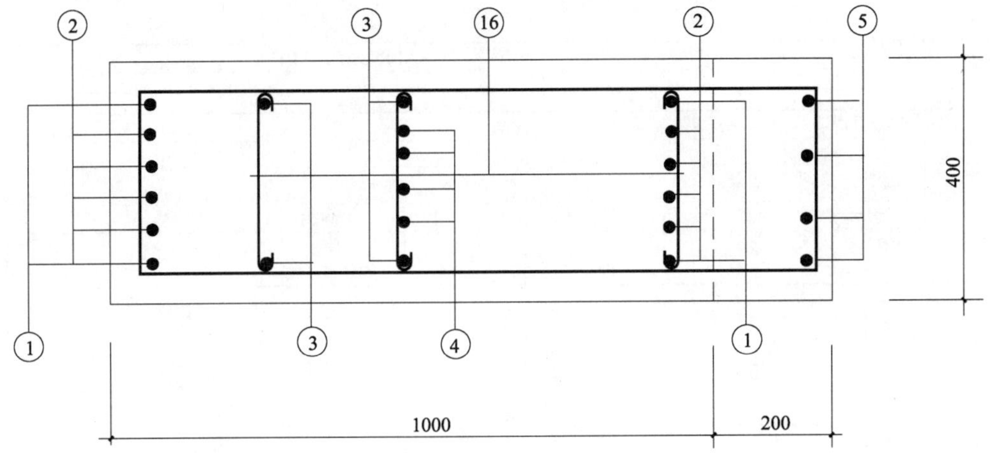

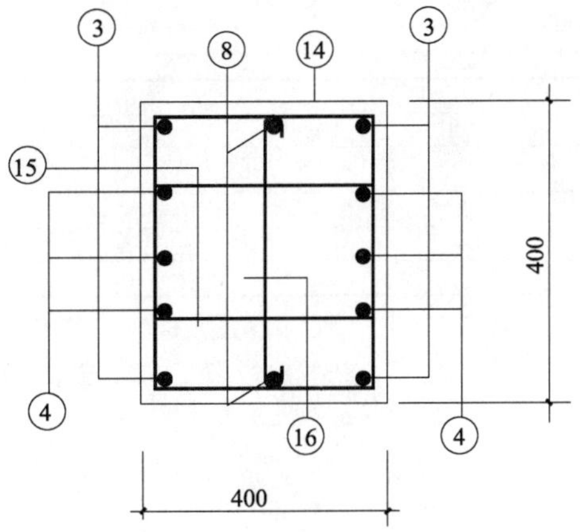

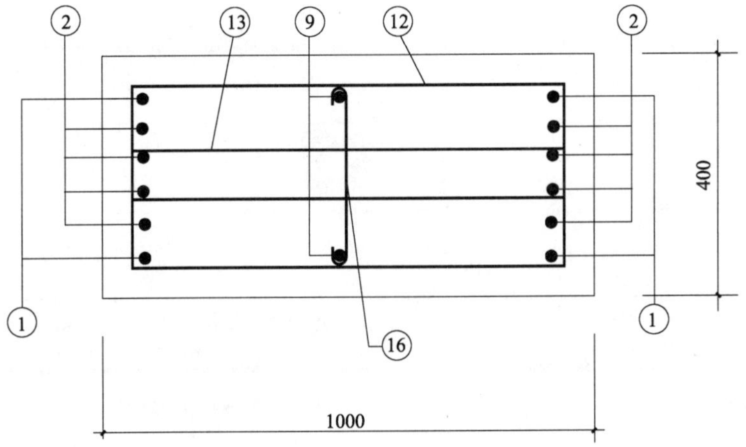

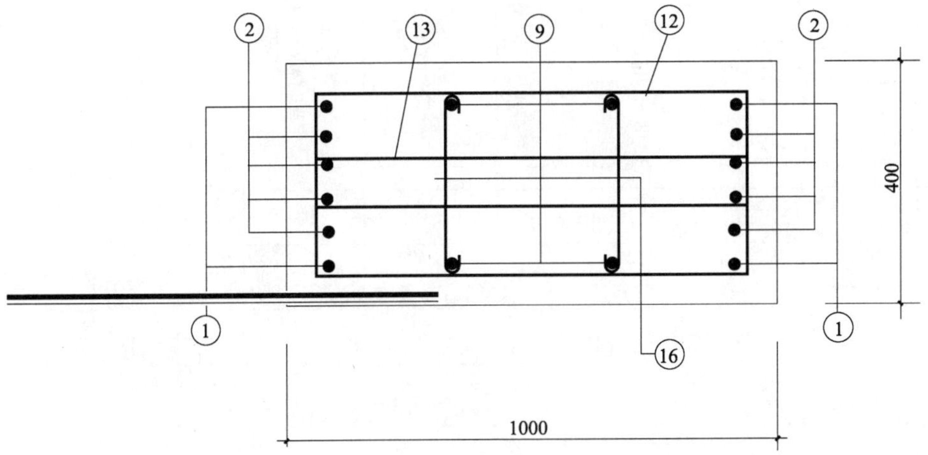

柱钢筋表

编号	钢筋简图	规格	长度	根数	重量
①	10430	Φ25	10430	4	
②	10430	Φ22	10430	6	
③	5350	Φ22	5350	4	
④	5050	Φ20	5050	6	
⑤	180 880 420 360	Φ16	1840	4	
⑥	350 1055~1255 950~1150	Φ8			
⑦	7780	Φ10	7900		

说 明：
　图中钢筋表中仅标注了主要钢筋的长度，
　其余钢筋尺寸施工中根据截面尺寸现场
　确定。

工程名称	单层工业厂房
图纸内容	预制柱配筋图
图纸编号	结施-08

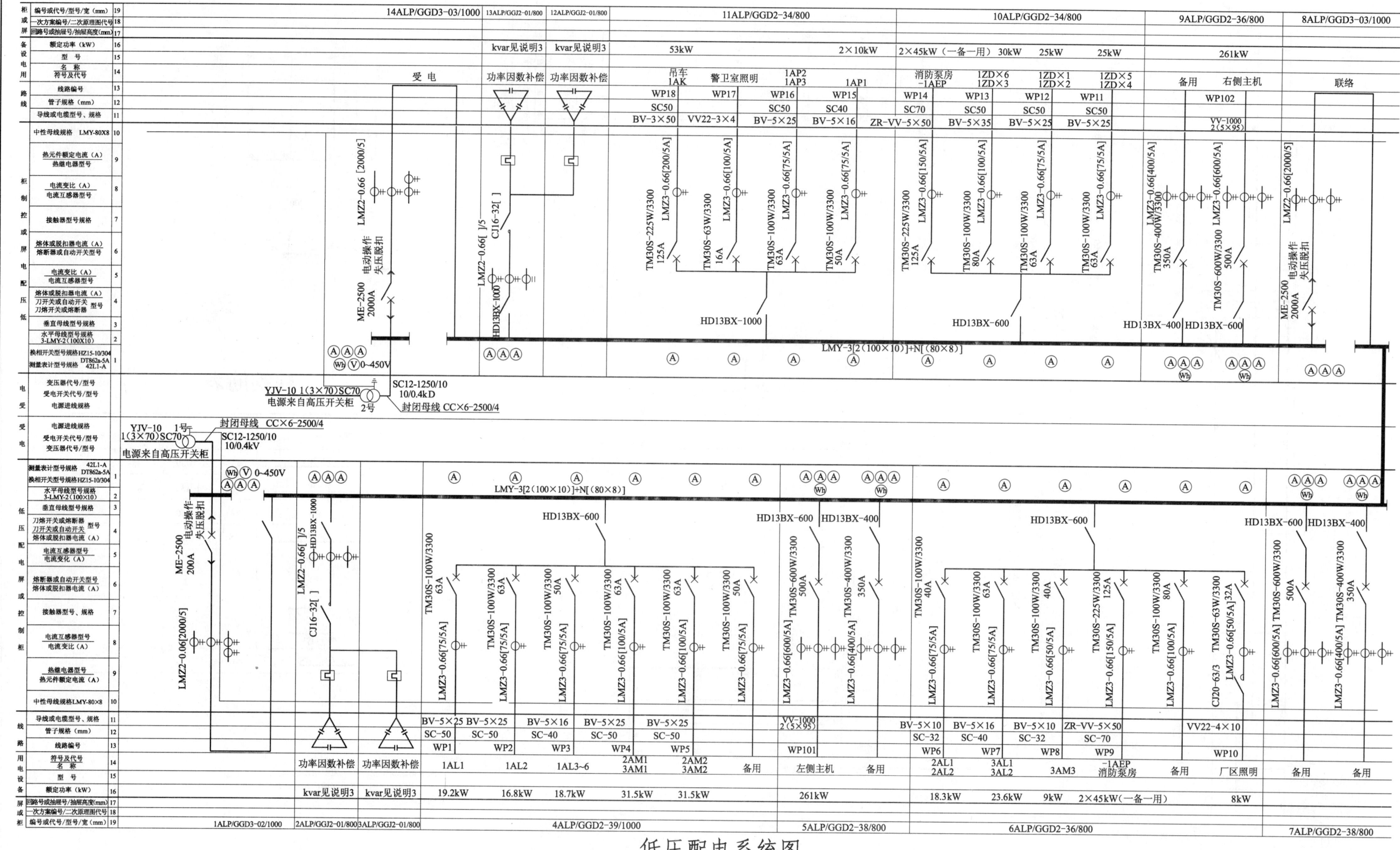

低压配电系统图

说明:
1. 变压器容量是由建设单位考虑其他负荷确定的。
2. 各回路的二次线路方案采用GGD标准设计方案。
3. 由于变压器最终负荷不能确定,无法确定无功功率,因此无法确定补偿容量。

工程名称	单层工业厂房
图纸内容	低压配电系统图
图纸编号	电施-01

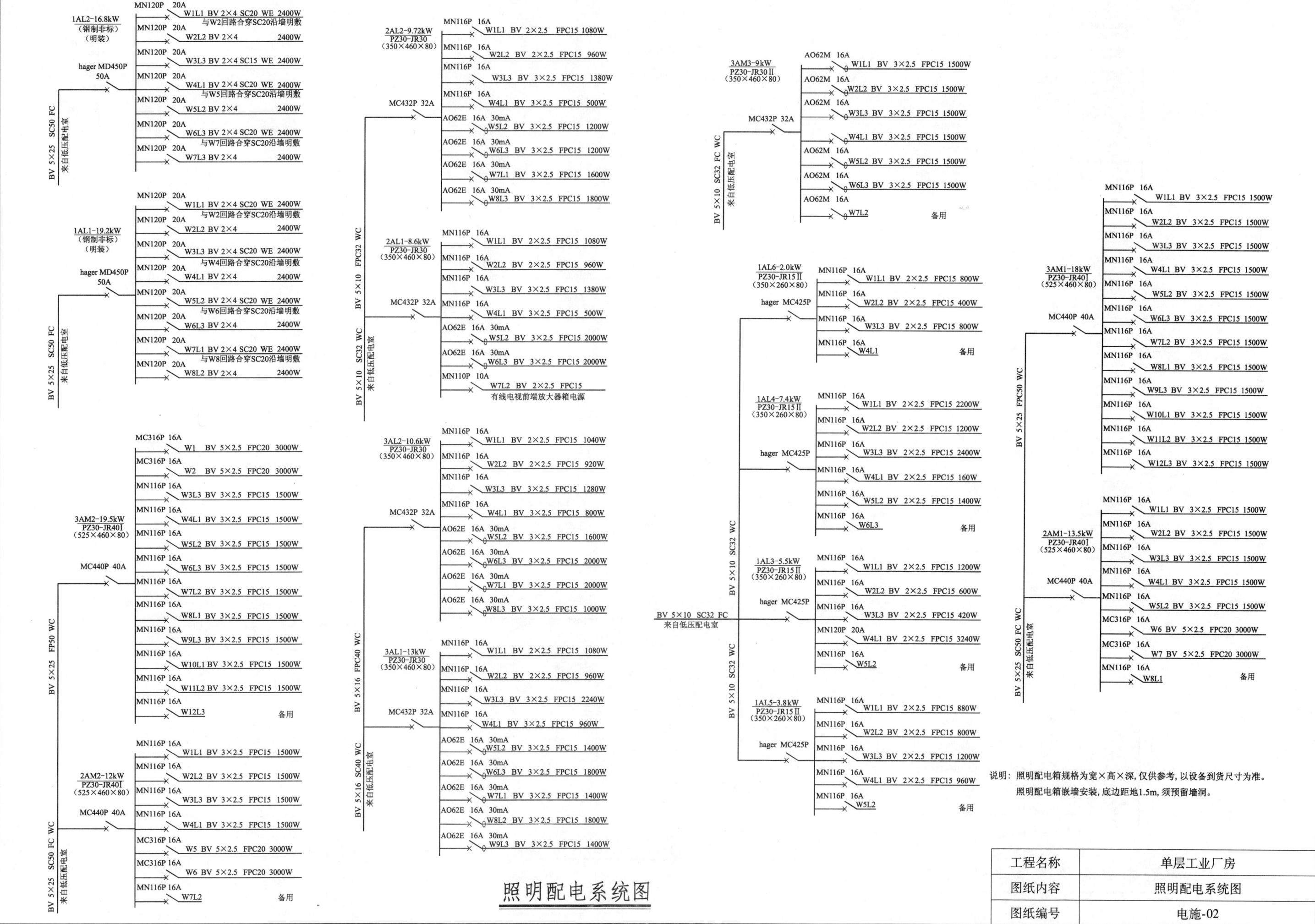

照明配电系统图

工程名称	单层工业厂房
图纸内容	照明配电系统图
图纸编号	电施-02

说明：照明配电箱规格为宽×高×深,仅供参考,以设备到货尺寸为准。
照明配电箱嵌墙安装,底边距地1.5m,须预留墙洞。

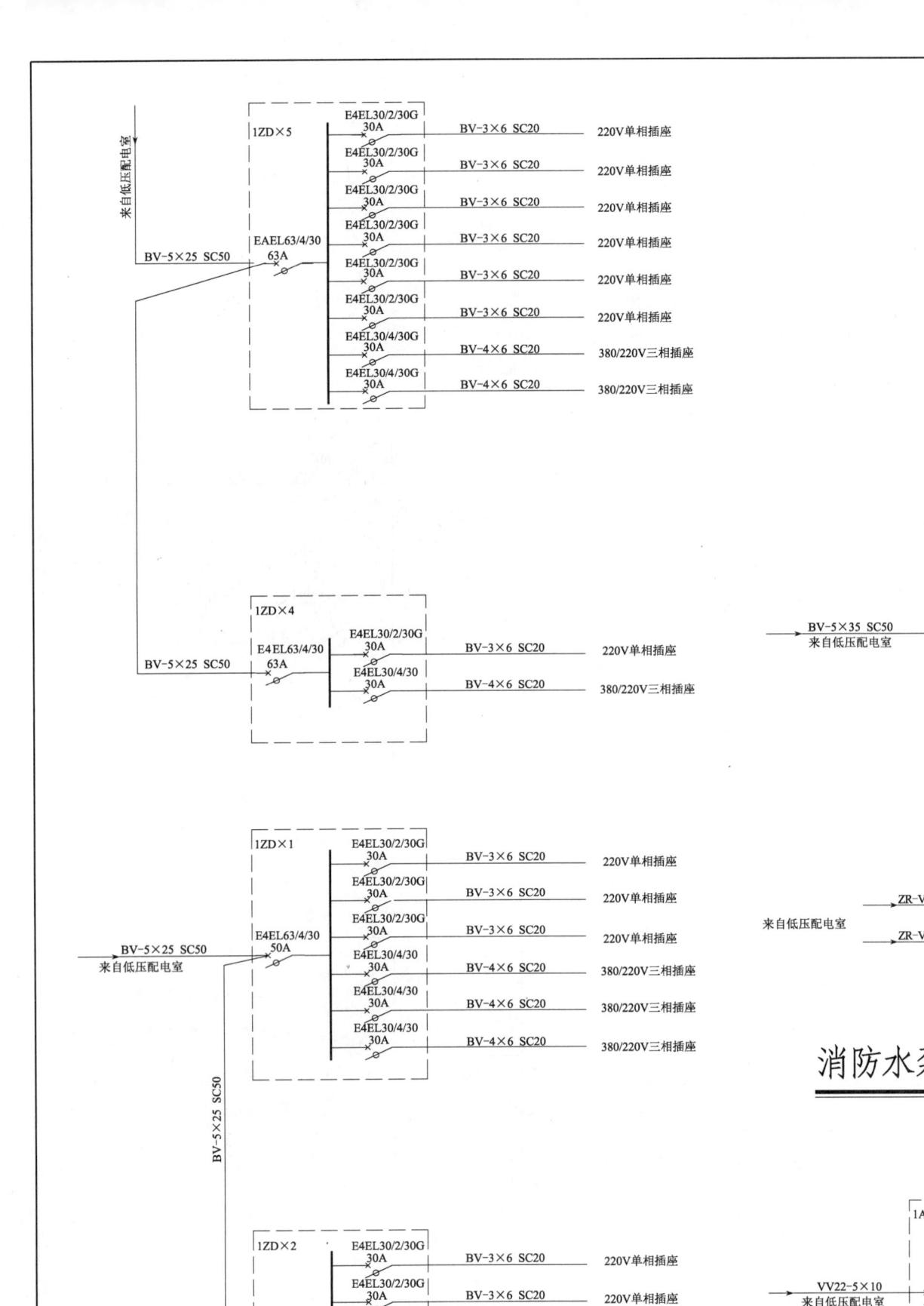

插座电源箱配电系统图

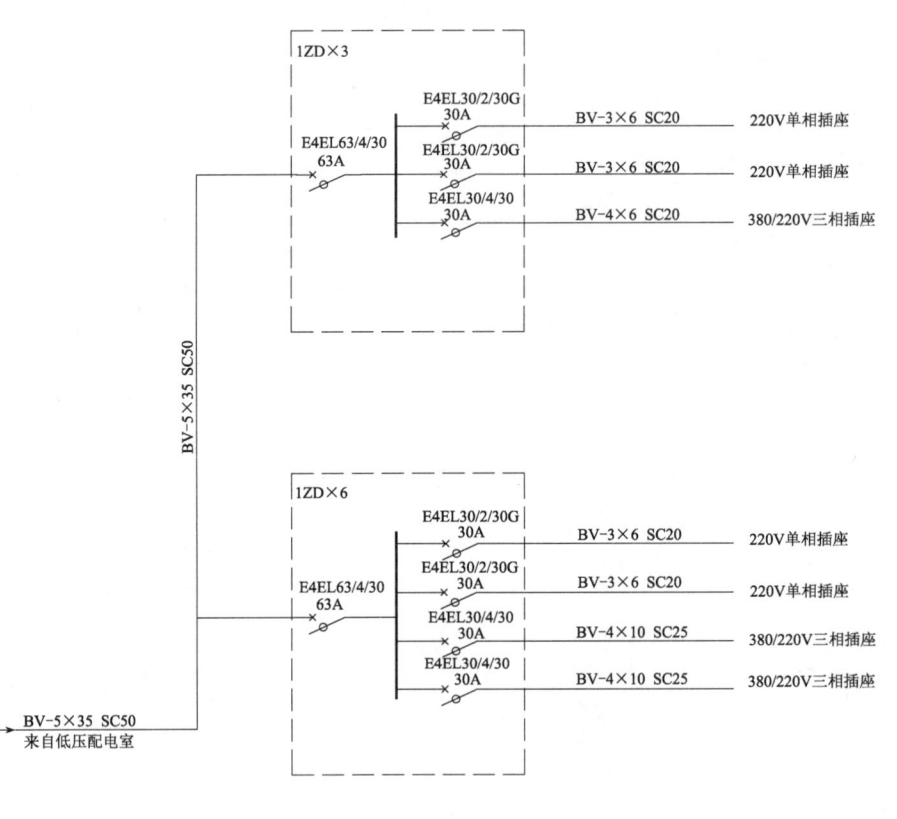

插座电源箱配电系统图

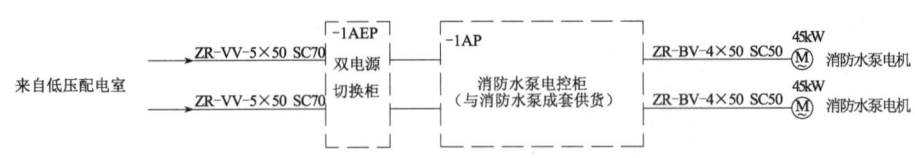

消防水泵电控箱配电系统图（一台工作一台备用）

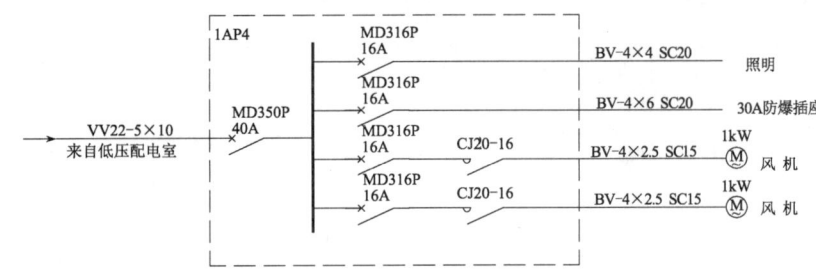

液化气贮瓶间电控箱配电系统图

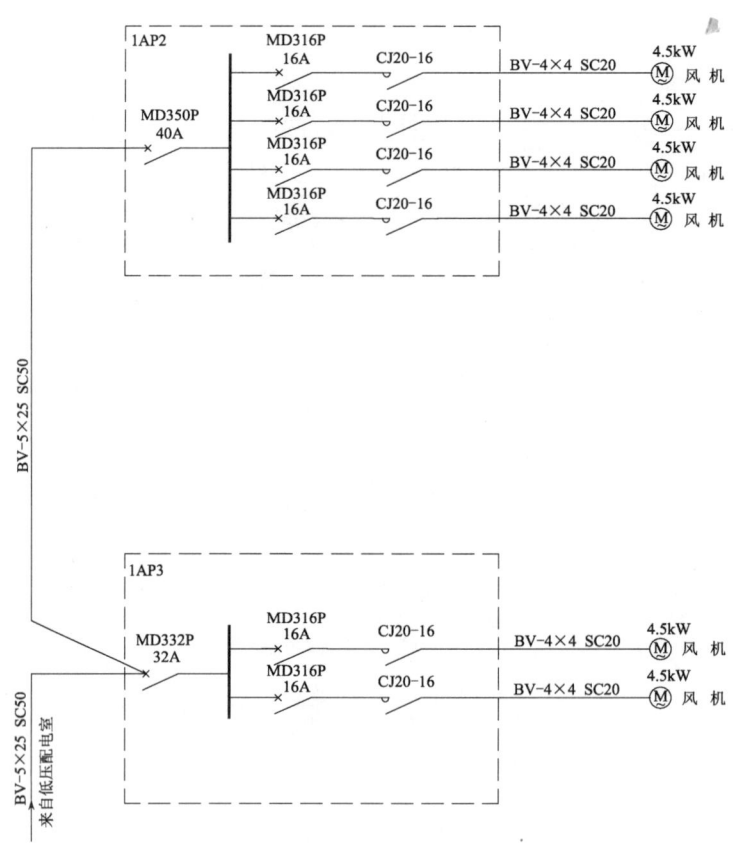

风机电控箱配电系统图

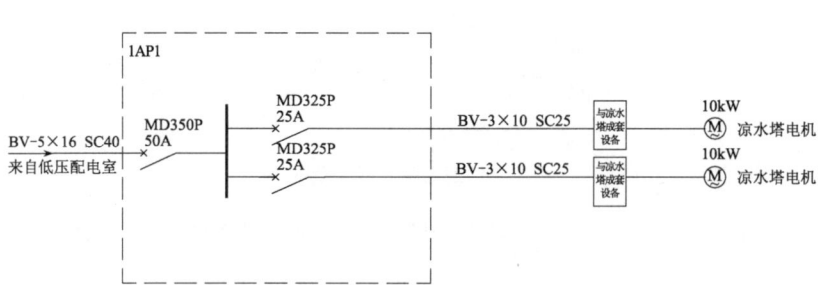

凉水塔电控箱配电系统图

工程名称	单层工业厂房
图纸内容	插座、风机、消防水泵、液化气贮瓶间、凉水塔配电系统图
图纸编号	电施-03

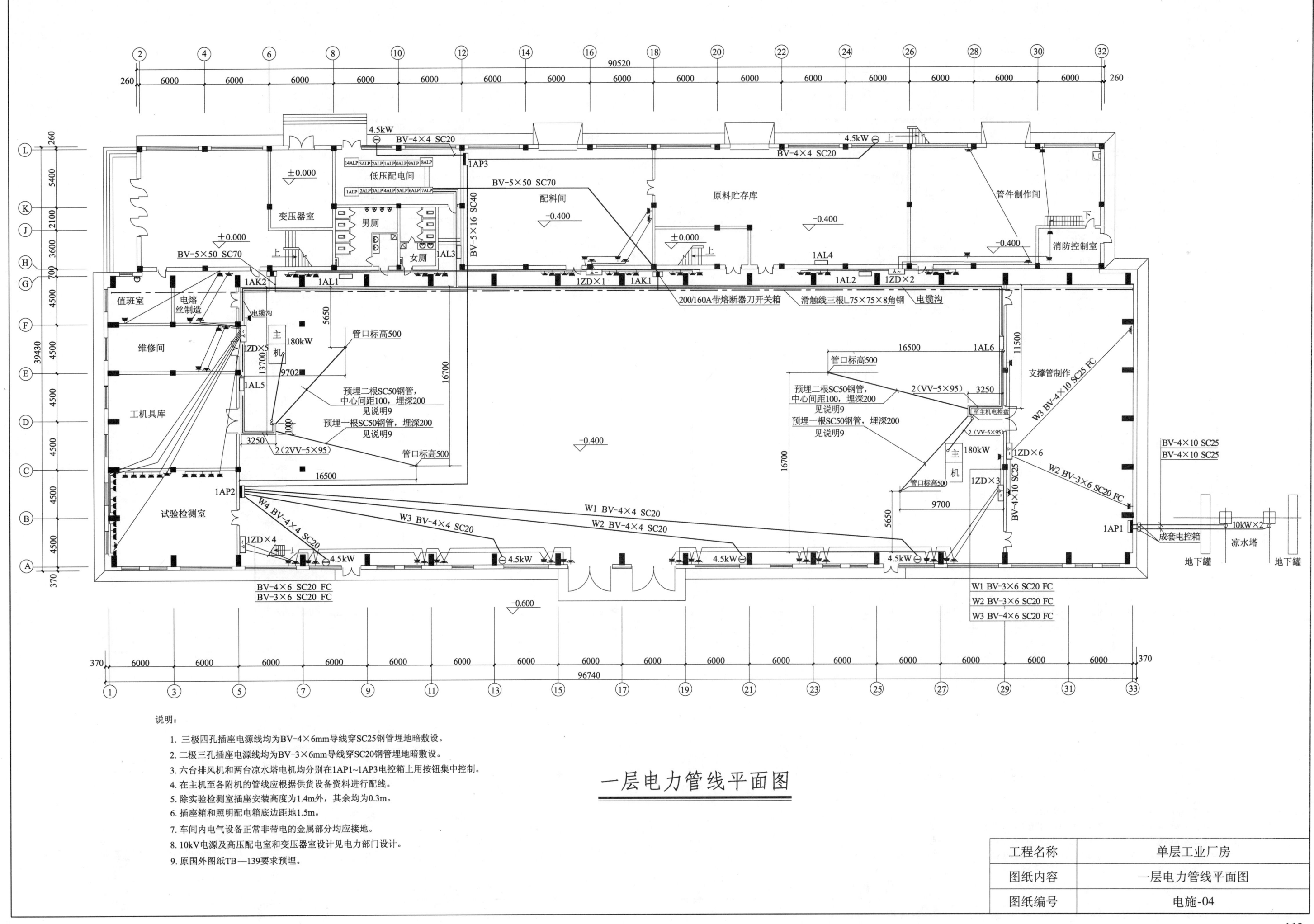

一层电力管线平面图

工程名称	单层工业厂房
图纸内容	一层电力管线平面图
图纸编号	电施-04

说明：

1. 三极四孔插座电源线均为BV-4×6mm导线穿SC25钢管埋地暗敷设。
2. 二极三孔插座电源线均为BV-3×6mm导线穿SC20钢管埋地暗敷设。
3. 六台排风机和两台凉水塔电机均分别在1AP1~1AP3电控箱上用按钮集中控制。
4. 在主机至各附机的管线应根据供货设备资料进行配线。
5. 除实验检测室插座安装高度为1.4m外，其余均为0.3m。
6. 插座箱和照明配电箱底边距地1.5m。
7. 车间内电气设备正常非带电的金属部分均应接地。
8. 10kV电源及高压配电室和变压器室设计见电力部门设计。
9. 原国外图纸TB—139要求预埋。

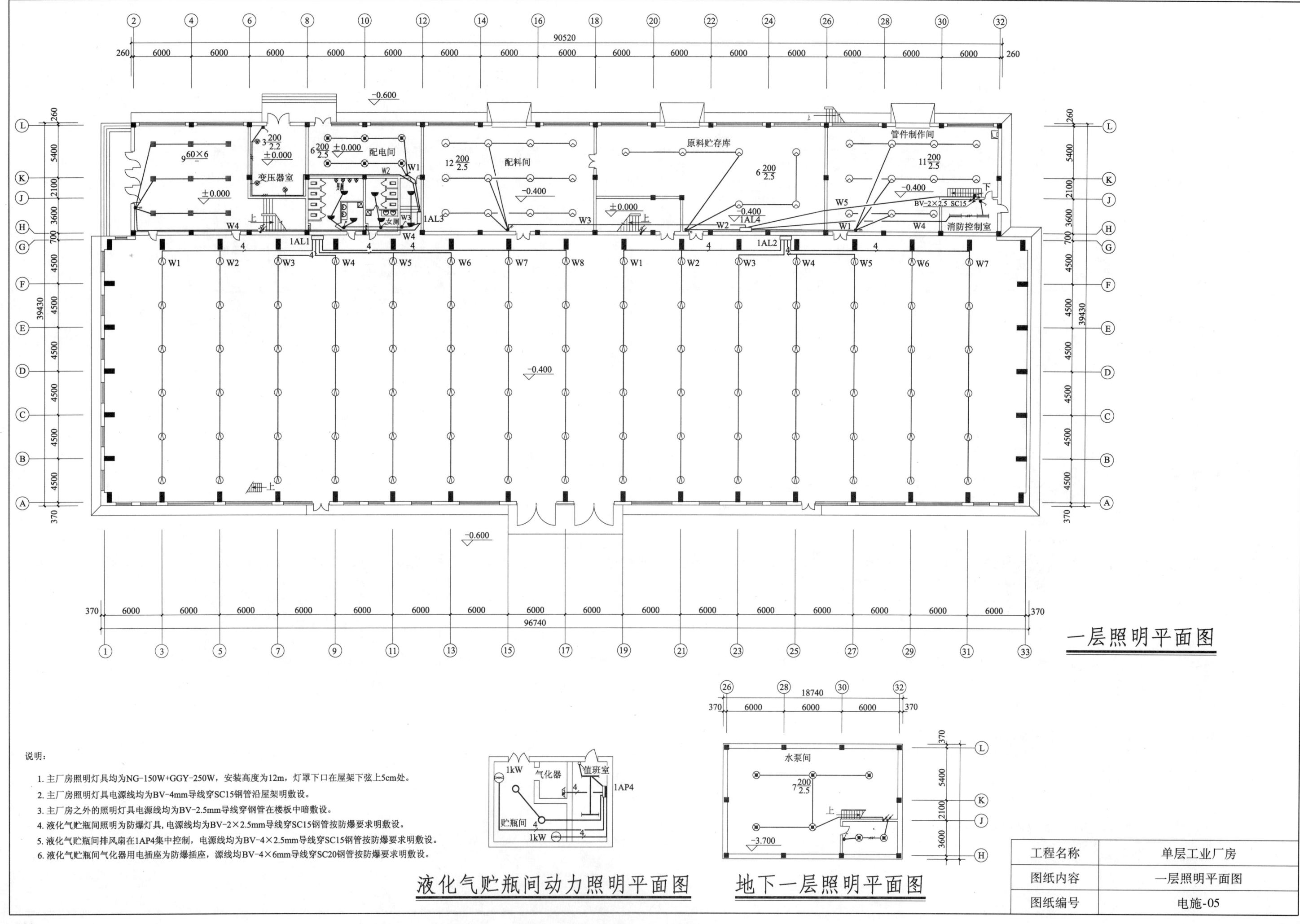

一层照明平面图

说明：
1. 主厂房照明灯具均为NG-150W+GGY-250W，安装高度为12m，灯罩下口在屋架下弦上5cm处。
2. 主厂房照明灯具电源线均为BV-4mm导线穿线SC15钢管沿屋架明敷设。
3. 主厂房之外的照明灯具电源线均为BV-2.5mm导线穿钢管在楼板中暗敷设。
4. 液化气贮瓶间照明为防爆灯具，电源线均为BV-2×2.5mm导线穿线SC15钢管按防爆要求明敷设。
5. 液化气贮瓶间排风扇在1AP4集中控制，电源线均为BV-4×2.5mm导线穿线SC15钢管按防爆要求明敷设。
6. 液化气贮瓶间气化器用电插座为防爆插座，源线均为BV-4×6mm导线穿线SC20钢管按防爆要求明敷设。

液化气贮瓶间动力照明平面图

地下一层照明平面图

工程名称	单层工业厂房
图纸内容	一层照明平面图
图纸编号	电施-05

120

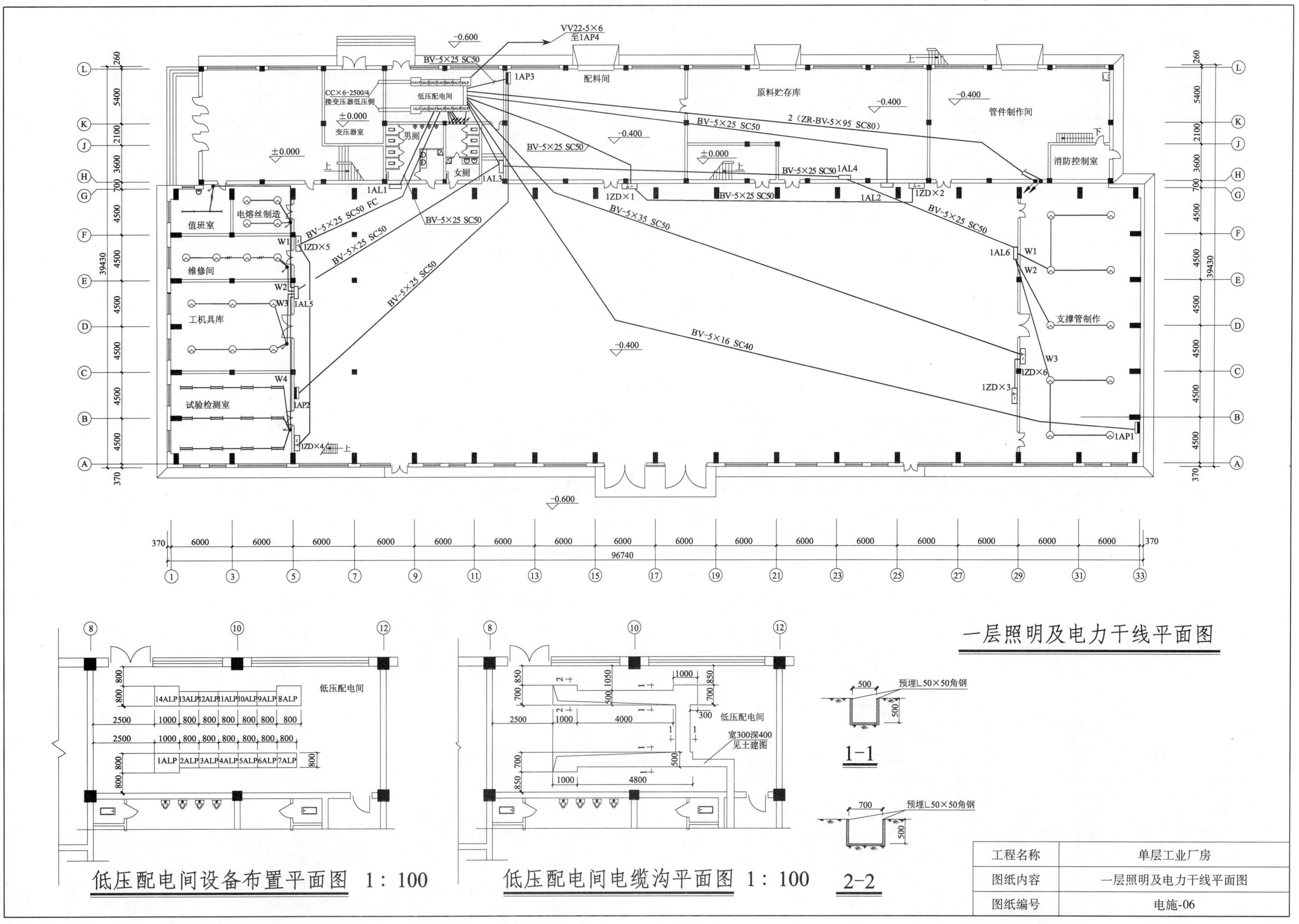

一层照明及电力干线平面图

低压配电间设备布置平面图 1：100

低压配电间电缆沟平面图 1：100　2-2

工程名称	单层工业厂房
图纸内容	一层照明及电力干线平面图
图纸编号	电施-06

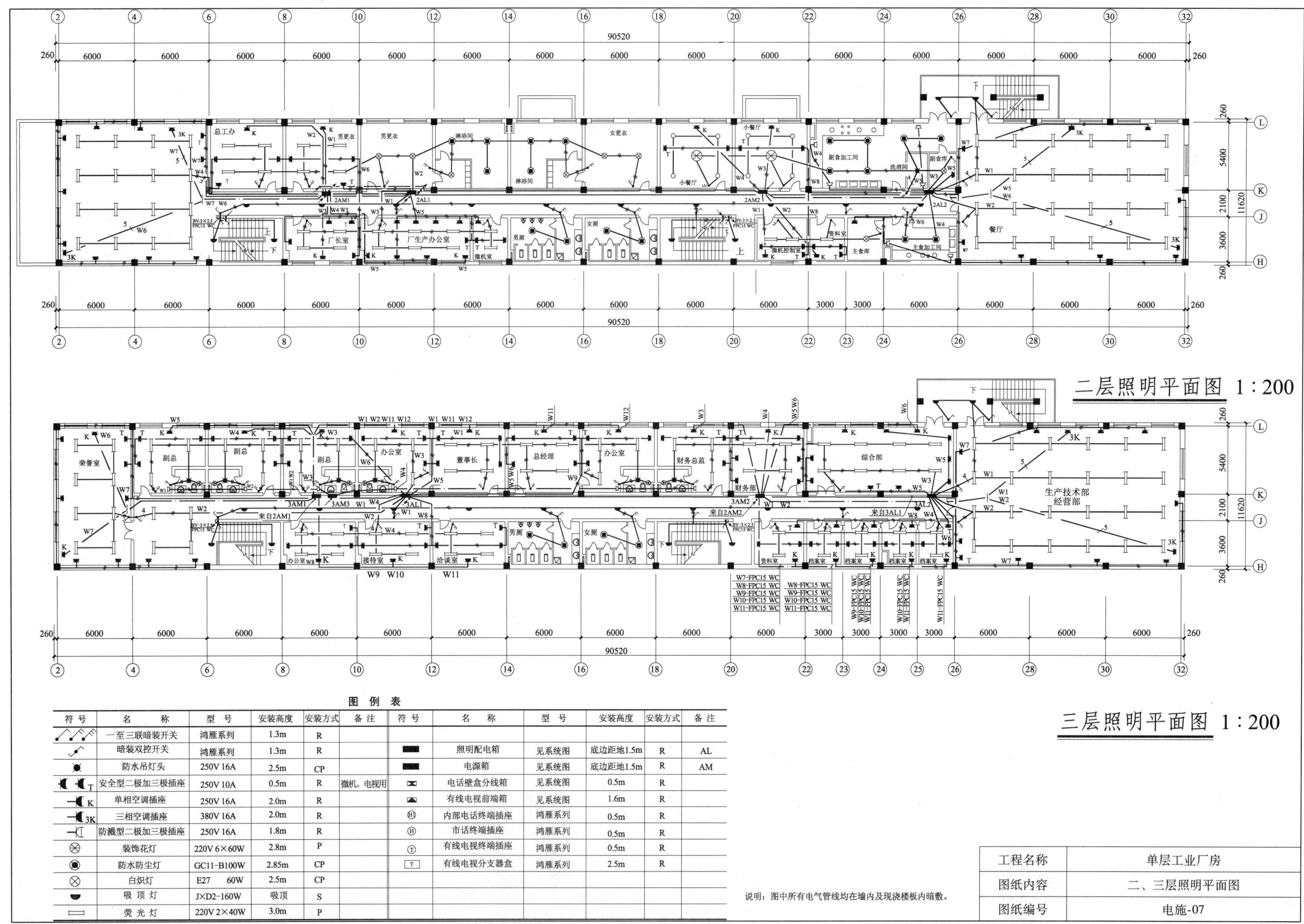

二层照明平面图 1：200

三层照明平面图 1：200

图 例 表

符号	名 称	型 号	安装高度	安装方式	备注	符号	名 称	型 号	安装高度	安装方式	备注
	一至三联暗装开关	鸿雁系列	1.3m	R			照明配电箱	见系统图	底边距地1.5m	R	AL
	暗装双控开关	鸿雁系列	1.3m	R			电源箱	见系统图	底边距地1.5m	R	AM
	防水吊灯头	250V 16A	2.5m	CP			电话壁盒分线箱	见系统图	0.5m	R	
	安全型二极加三极插座	250V 10A	0.5m	R	微机、电视用		有线电视前端箱		1.6m	R	
K	单相空调插座	250V 16A	2.0m	R			内部电话终端插座	鸿雁系列	0.5m	R	
3K	三相空调插座	380V 16A	2.0m	R			市话终端插座	鸿雁系列	0.5m	R	
	防溅型二极加三极插座	250V 16A	1.8m	R			有线电视终端插座	鸿雁系列	0.5m	R	
	装饰花灯	220V 6×60W	2.8m	P		T	有线电视分支盒	鸿雁系列	2.5m	R	
	防水防尘灯	GC11-B100W	2.85m	CP							
	白炽灯	E27 60W	2.5m	CP							
	吸 顶 灯	J×D2-160W	吸顶	S							
	荧 光 灯	220V 2×40W	3.0m	P							

说明：图中所有电气管线均在墙内及现浇楼板内暗敷。

工程名称	单层工业厂房
图纸内容	二、三层照明平面图
图纸编号	电施-07

122

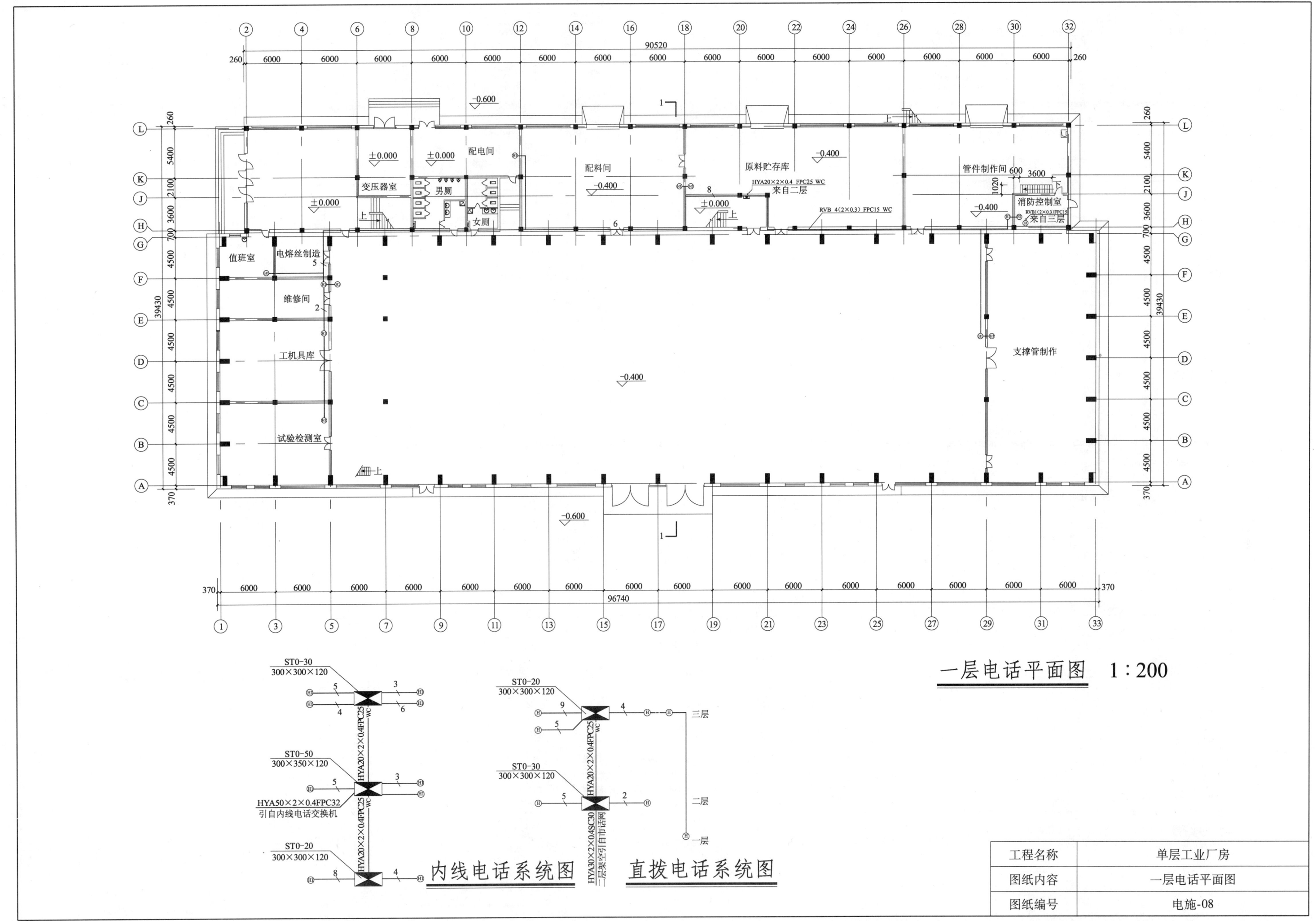

一层电话平面图 1：200

内线电话系统图　　直拨电话系统图

工程名称	单层工业厂房
图纸内容	一层电话平面图
图纸编号	电施-08

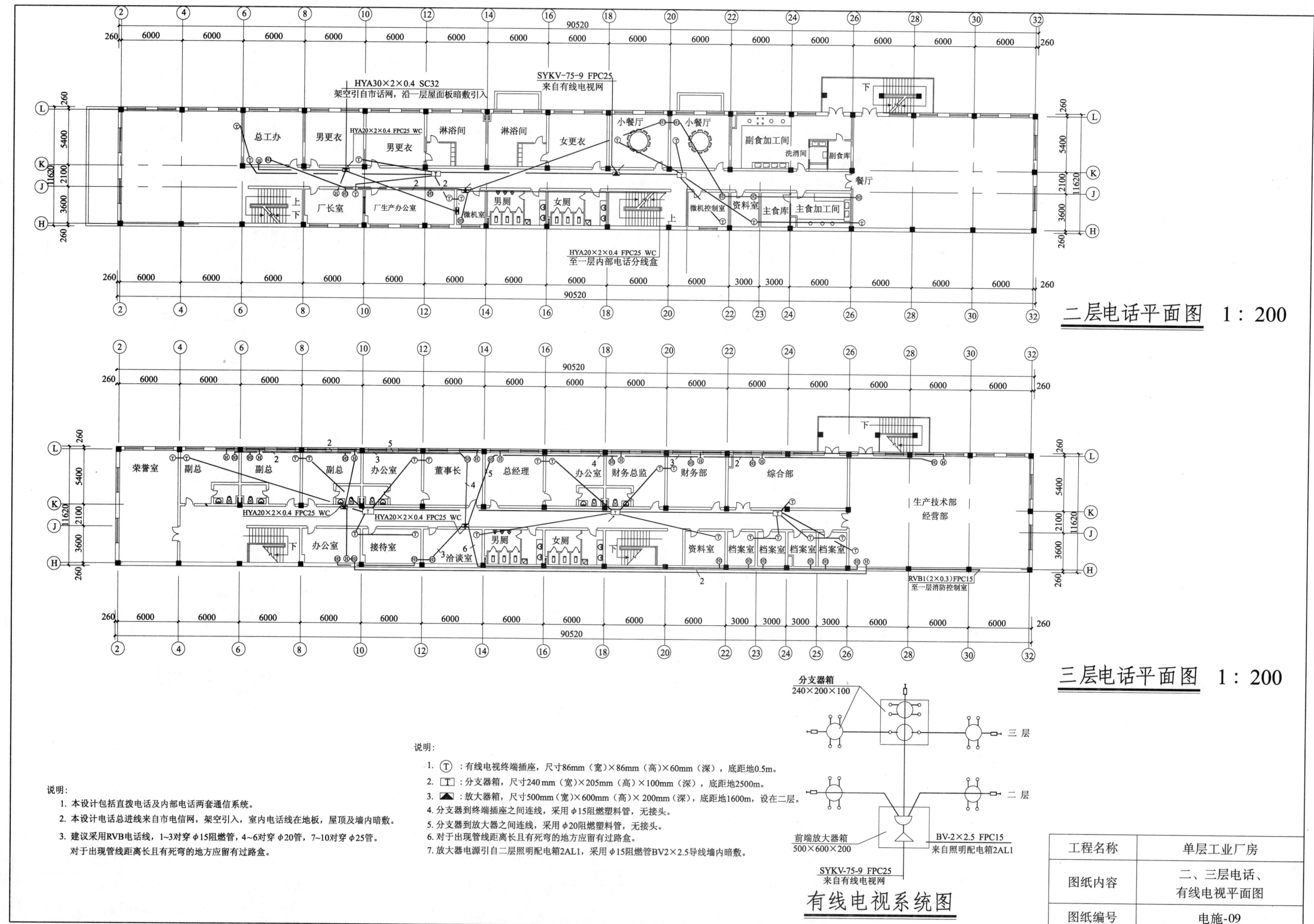

二层电话平面图 1：200

HYA30×2×0.4 SC32
架空引自市话网，沿一层屋面板暗敷引入

SYKV-75-9 FPC25
来自有线电视网

HYA20×2×0.4 FPC25 WC

总工办　男更衣　男更衣　淋浴间　淋浴间　女更衣　小餐厅　小餐厅　副食加工间　洗消间　副食库

厂长室　厂生产办公室　微机控制室　男厕　女厕　微机控制室　资料室　主食库　主食加工间　餐厅

HYA20×2×0.4 FPC25 WC
至一层内部电话分线盒

三层电话平面图 1：200

荣誉室　副总　副总　副总　办公室　董事长　总经理　办公室　财务总监　财务部　综合部

HYA20×2×0.4 FPC25 WC
HYA20×2×0.4 FPC25 WC

生产技术部
经营部

办公室　接待室　洽谈室　男厕　女厕　资料室　档案室　档案室　档案室　档案室

RVB1(2×0.3)FPC15
至一层消防控制室

有线电视系统图

分支器箱
240×200×100

三层

二层

前端放大器箱
500×600×200

SYKV-75-9 FPC25
来自有线电视网

BV-2×2.5 FPC15
来自照明配电箱2AL1

说明：
1. ⊤ ：有线电视终端插座，尺寸86mm（宽）×86mm（高）×60mm（深），底距地0.5m。
2. ⊓ ：分支器箱，尺寸240（宽）×205mm（高）×100mm（深），底距地2500m。
3. ◣ ：放大器箱，尺寸500mm（宽）×600mm（高）×200mm（深），底距地1600m，设在二层。
4. 分支器到终端插座之间连线，采用φ15阻燃塑料管，无接头。
5. 分支器到放大器之间连线，采用φ20阻燃塑料管，无接头。
6. 对于出现管线距离长且有死弯的地方应留有过路盒。
7. 放大器电源引自二层照明配电箱2AL1，采用φ15阻燃塑管BV2×2.5导线墙内暗敷。

说明：
1. 本设计包括直拨电话及内部电话两套通信系统。
2. 本设计电话总进线来自市电信网，架空引入，室内电话线在地板、屋顶及墙内暗敷。
3. 建议采用RVB电话线，1~3对穿φ15阻燃管，4~6对穿φ20管，7~10对穿φ25管。
对于出现管线距离长且有死弯的地方应留有过路盒。

工程名称	单层工业厂房
图纸内容	二、三层电话、有线电视平面图
图纸编号	电施-09

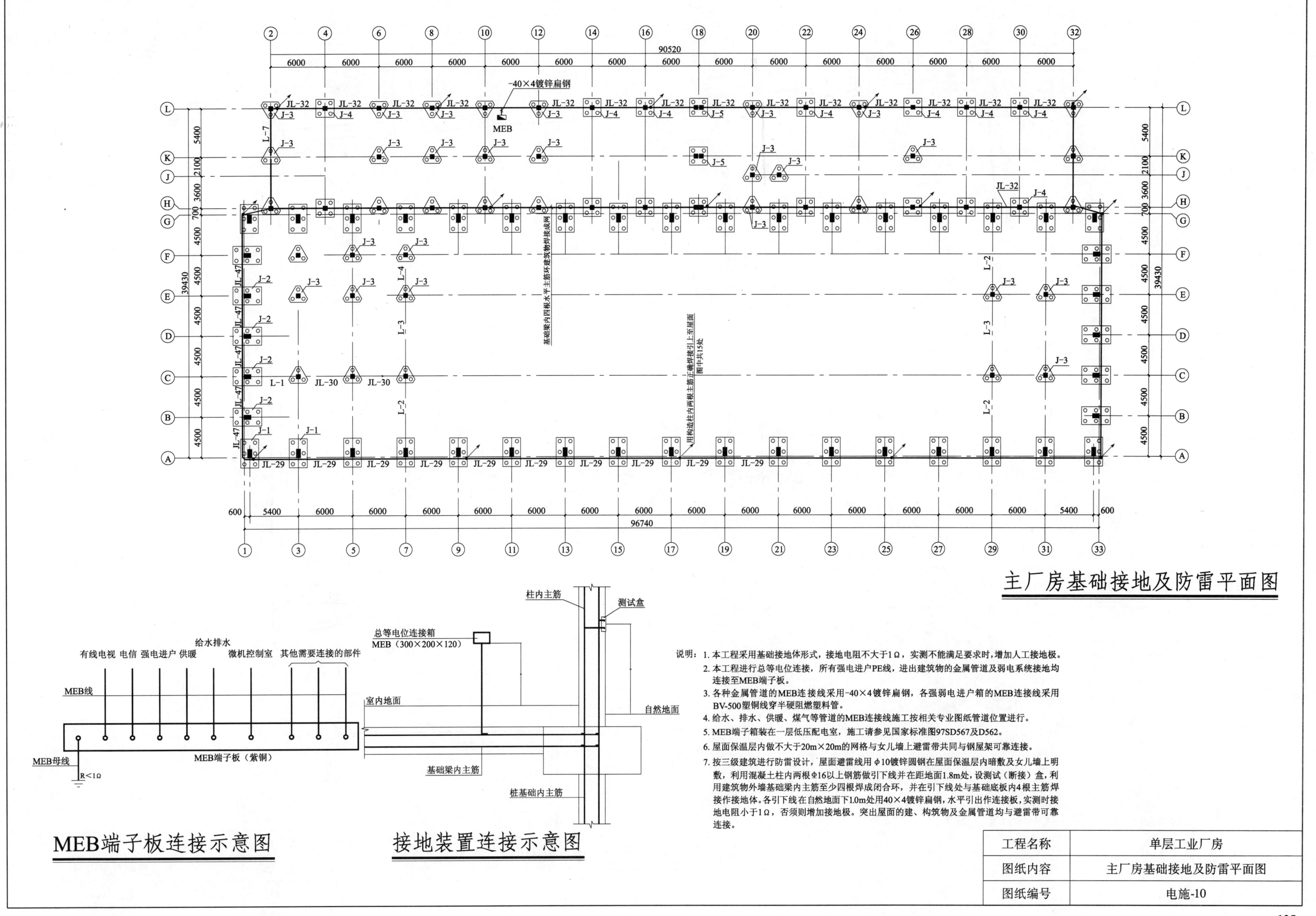

主厂房基础接地及防雷平面图

MEB端子板连接示意图

接地装置连接示意图

说明：1. 本工程采用基础接地体形式，接地电阻不大于1Ω，实测不能满足要求时，增加人工接地极。

2. 本工程进行总等电位连接，所有强电进户PE线，进出建筑物的金属管道及弱电系统接地均连接至MEB端子板。

3. 各种金属管道的MEB连接线采用-40×4镀锌扁钢，各强弱电进户箱的MEB连接线采用BV-500塑铜线穿半硬阻燃塑料管。

4. 给水、排水、供暖、煤气等管道的MEB连接线施工按相关专业图纸管道位置进行。

5. MEB端子箱装在一层低压配电室，施工请参见国家标准图97SD567及D562。

6. 屋面保温层内做不大于20m×20m的网格与女儿墙上避雷带共同与钢屋架可靠连接。

7. 按三级建筑进行防雷设计，屋面避雷线用φ10镀锌圆钢在屋面保温层内暗敷及女儿墙上明敷，利用混凝土柱内两根Φ16以上钢筋做引下线并在距离地面1.8m处，设测试（断接）盒，利用建筑物外墙基础梁内主筋至少四根焊成闭合环，并在引下线处与基础底板内4根主筋焊接作接地体。各引下线在自然地面下1.0m处用40×4镀锌扁钢，水平引出作连接线，实测时接地电阻小于1Ω，否则要增加接地极。突出屋面的建、构筑物及金属管道均与避雷带可靠连接。

工程名称	单层工业厂房
图纸内容	主厂房基础接地及防雷平面图
图纸编号	电施-10

125

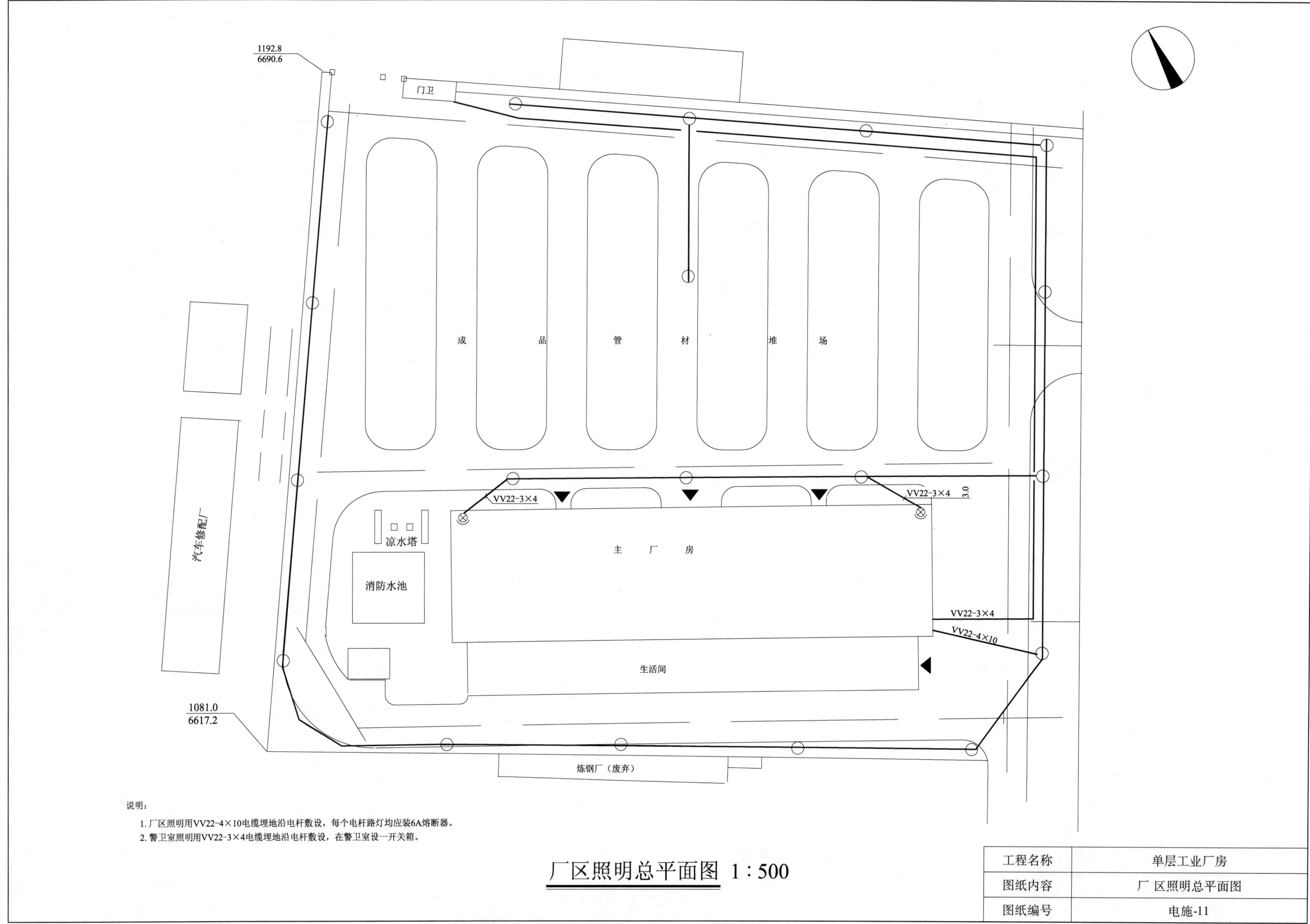

1192.8
6690.6

门卫

成 品 管 材 堆 场

汽车修配厂

凉水塔

消防水池

主 厂 房

生活间

VV22-3×4
VV22-3×4
VV22-3×4
VV22-4×10
3.0

1081.0
6617.2

炼钢厂（废弃）

说明：
1. 厂区照明用VV22-4×10电缆埋地沿电杆敷设，每个电杆路灯均应装6A熔断器。
2. 警卫室照明用VV22-3×4电缆埋地沿电杆敷设，在警卫室设一开关箱。

厂区照明总平面图 1：500

工程名称	单层工业厂房
图纸内容	厂区照明总平面图
图纸编号	电施-11

4.5 给水排水施工图

设计说明

1. 供暖室内计算温度：

序　号	房　间　名　称	室内计算温度（℃）
1	办公	20
2	其他	16

2. 该建筑供暖总设计热负荷为 370kW，$H = 0.01$MPa。

3. 供暖热媒为 95℃/70℃ 低温水，由换热站供给。

4. 本设计全部供暖管段采用普通焊接钢管，管径小于 32mm 为丝接，管径不小于 32mm 为焊接。

5. 散热器为 680 型铸铁散热器。

6. 系统安装后进行水压试验，试验压力为 0.6MPa，试压合格后对系统反复直至排出的水不含泥砂、铁屑等杂质。

7. 设计图中所注的管道标高，均为管中心标高。

8. 本设计供水管用调节阀，回水干管用闸阀，立管上部用闸阀，下部用截止阀。

9. 集气罐的制作见国标 T903，DN150，其排水管引至附近水盆，排水管径为 DN150。

10. 地沟内的供、回水管道需要保温，保温材料为加强玻璃棉管壳，厚度为 30mm。

11. 散热器和不保温管道涂刷一道防锈漆，两道面漆（银粉）；保温管道刷防锈漆两道。

12. 穿墙及楼板处供暖管段外设铁皮套管。卫生间套管高出地面 50mm，其他与楼板或墙面平。

13. 轴流风机安装见国标 T116—2（防寒）。

14. 本设计说明未尽事宜按现行施工验收规范及有关规定执行。

图　例

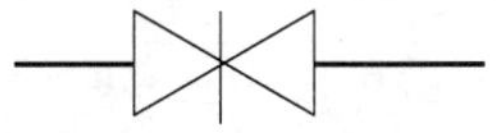	闸阀
	供水管
	回水管
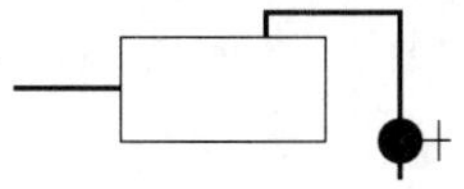	集气罐
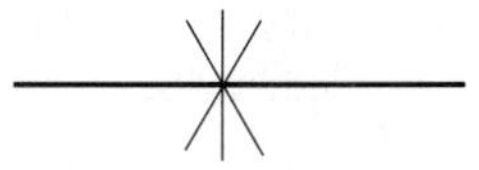	固定支架
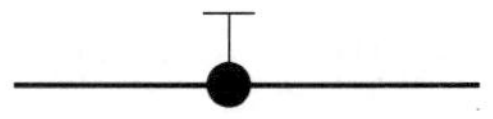	截止阀
	截止阀

工程名称	单层工业厂房
图纸内容	设计说明
图纸编号	水施-01

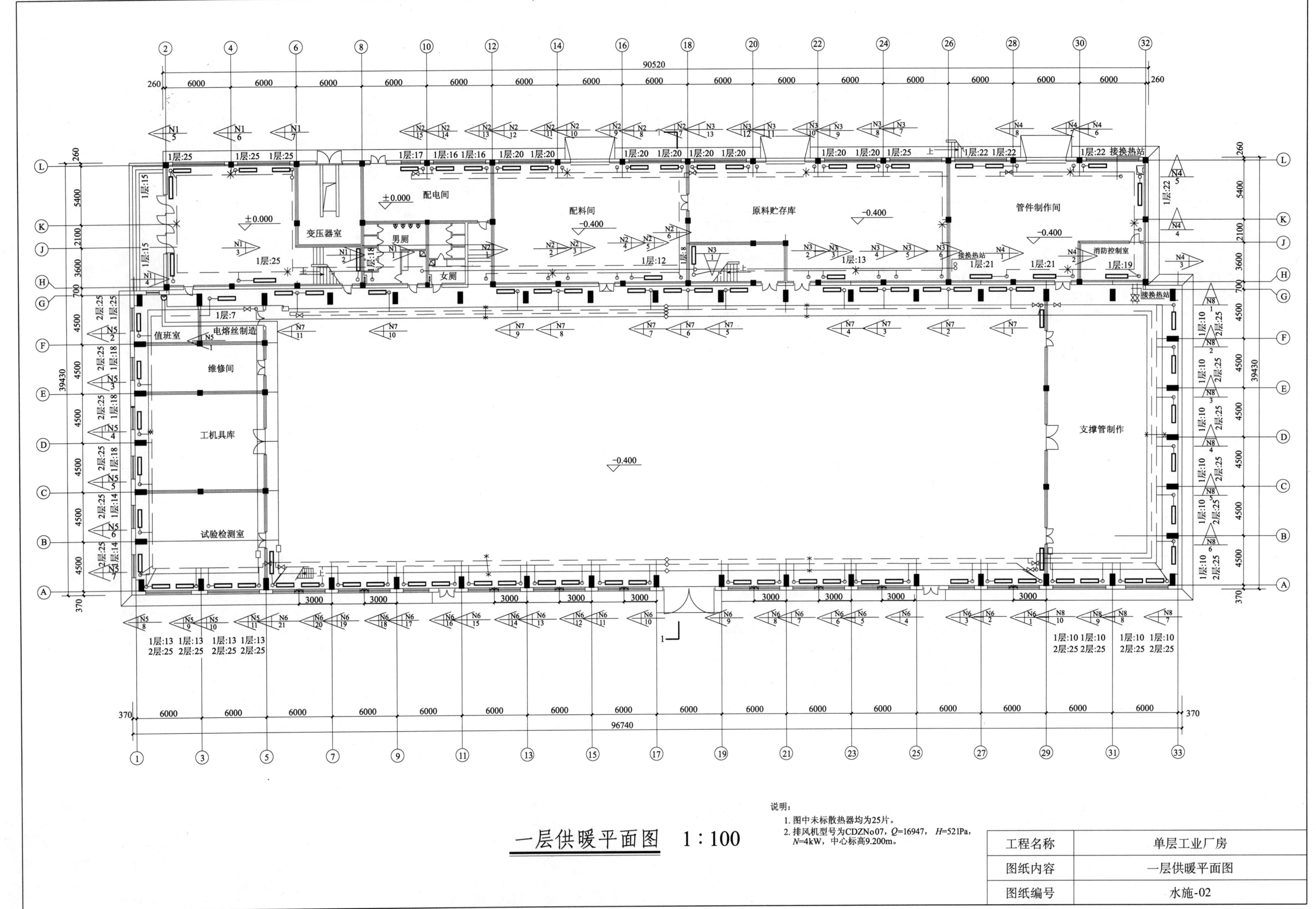

一层供暖平面图　1:100

说明:
1. 图中未标散热器均为25片。
2. 排风机型号为CDZNo07, Q=16947, H=521Pa,
   N=4kW, 中心标高9.200m。

工程名称	单层工业厂房
图纸内容	一层供暖平面图
图纸编号	水施-02

128

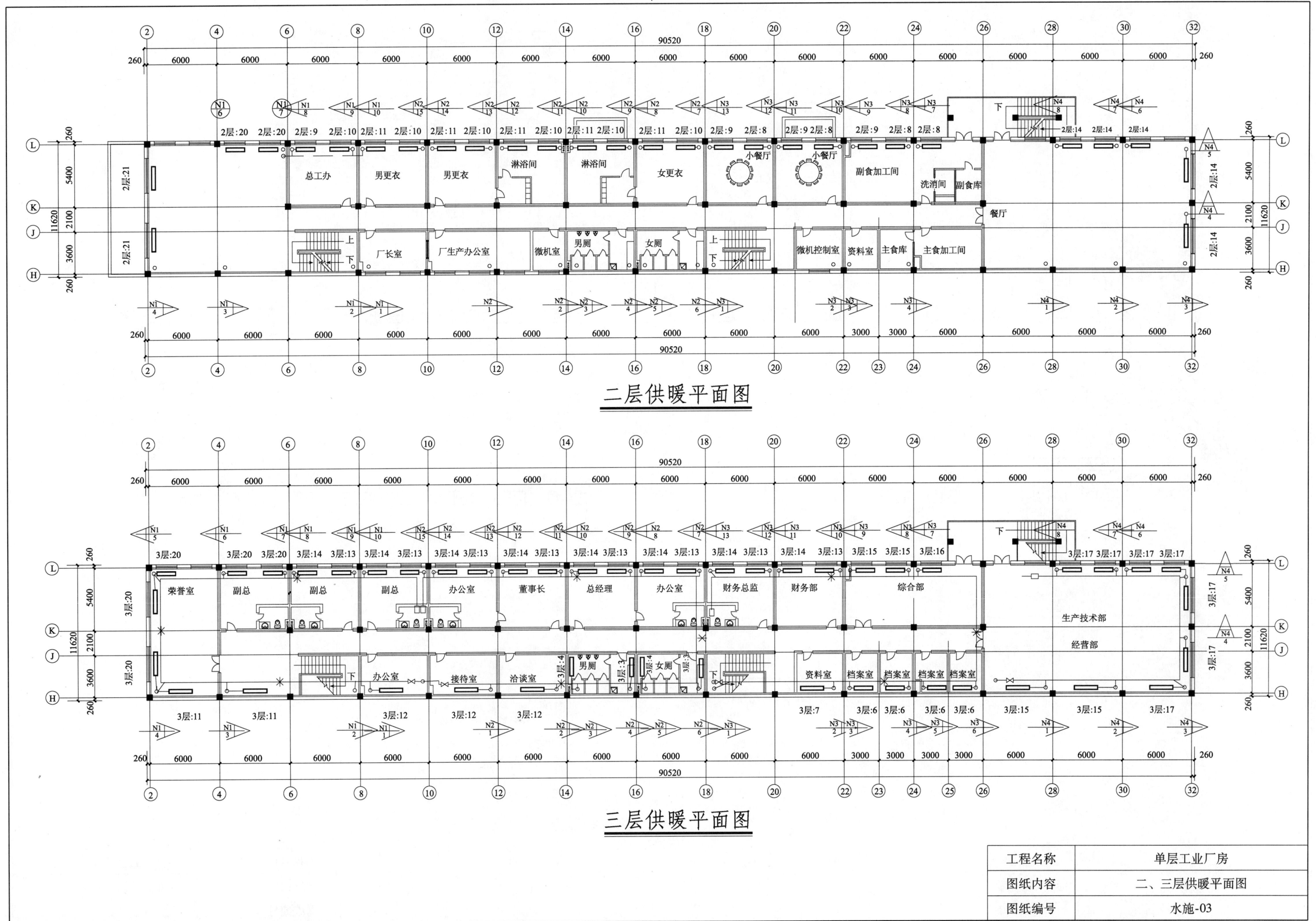

二层供暖平面图

三层供暖平面图

工程名称	单层工业厂房
图纸内容	二、三层供暖平面图
图纸编号	水施-03

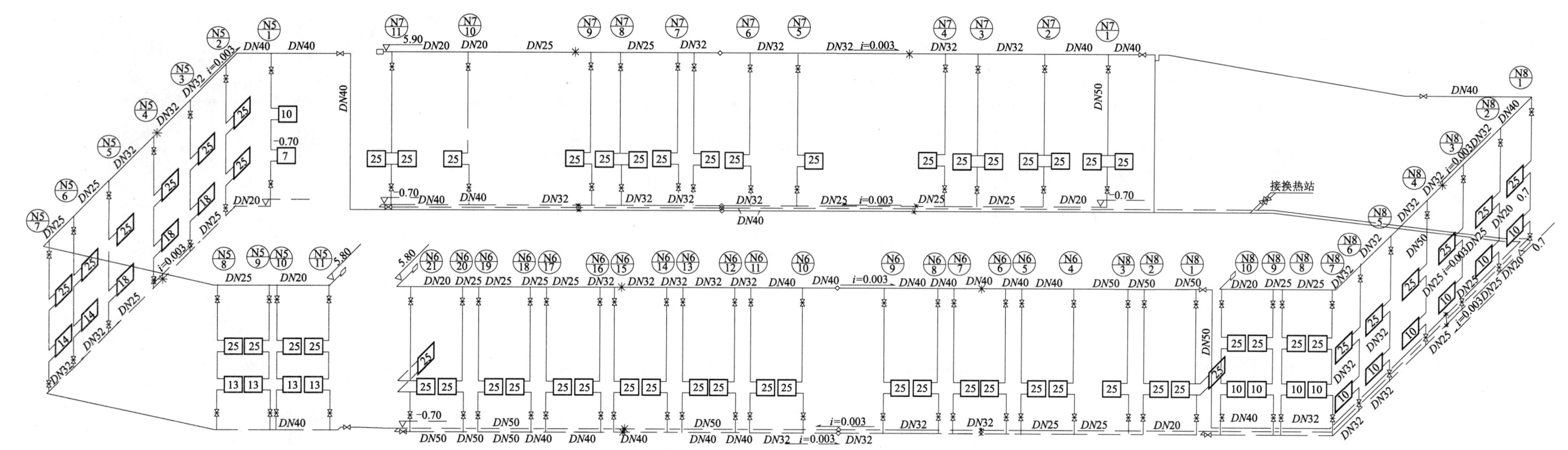

供暖系统图（一）

说明：
图中未标立支管径均为DN20×20。

工程名称	单层工业厂房
图纸内容	供暖系统图（一）
图纸编号	水施-04

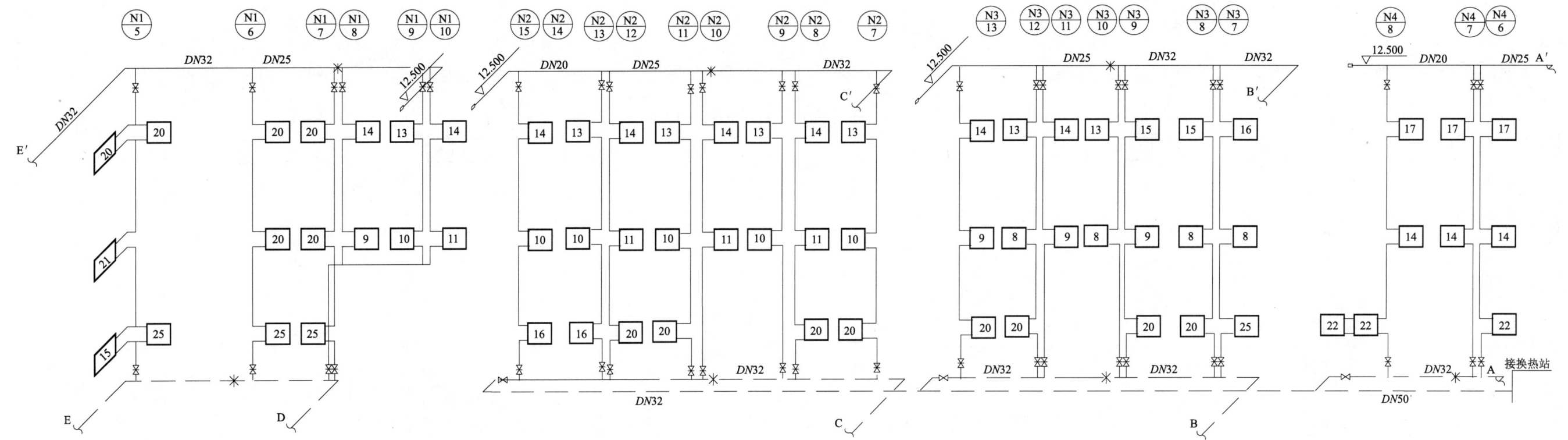

供暖系统图（二）

说明：
图中未标立支管径均为DN20×20。

工程名称	单层工业厂房
图纸内容	供暖系统图（二）
图纸编号	水施-05

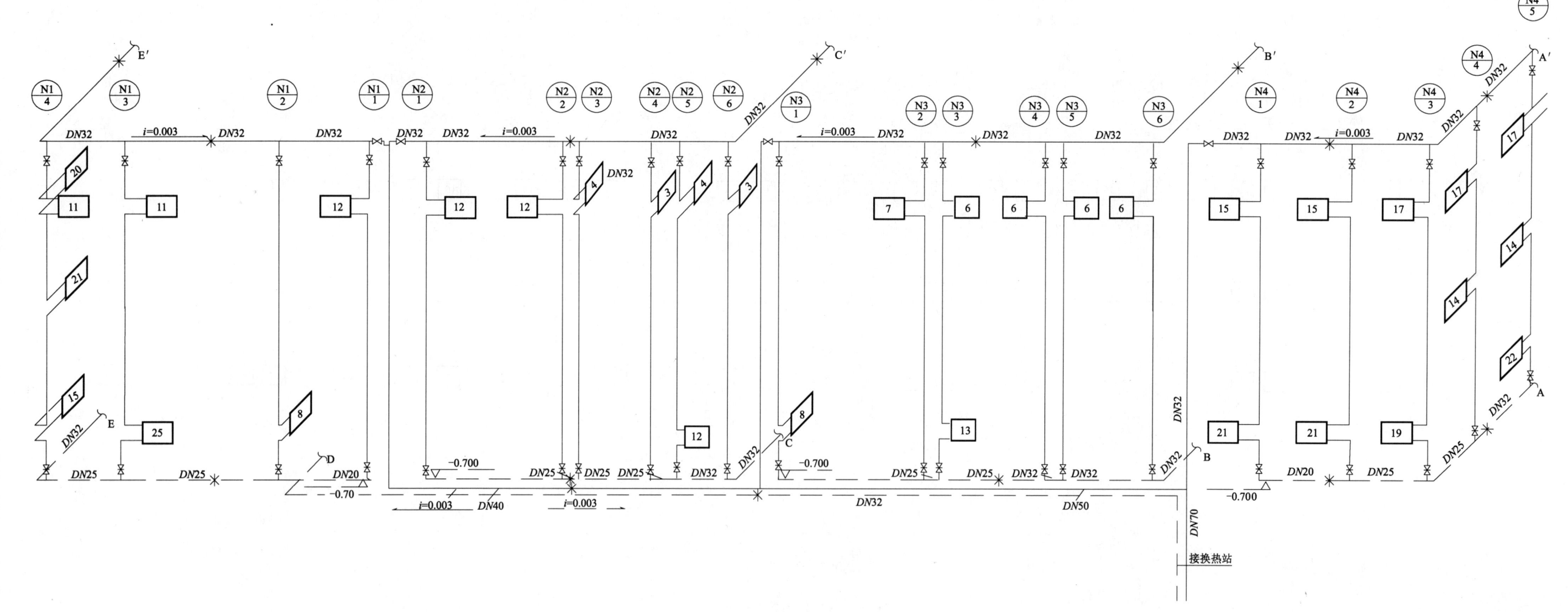

供暖系统图（三）

说明:
图中未标立支管径均为DN20×20。

工程名称	单层工业厂房
图纸内容	供暖系统图（三）
图纸编号	水施-06

5 试验楼工程

该试验楼为工业建筑，作为教学实例，框架结构具有广泛性和代表性。该工程具有以下特点：

1. 该试验楼为地上5层，局部4层，地下1层，总建筑面积4949.1m²。建筑等级为三级，耐火等级二级，建筑合理使用年限50年。

2. 该建筑的抗震设防烈度为8度，设计地震分组为第一组，场地类别为Ⅱ类。

3. 该建筑采用了节能设计：外墙用300mm厚加气混凝土砌块墙复合30mm厚胶粉聚苯颗粒保温；局部保温层采用200mm厚加气混凝土复合50mm厚聚苯板保温；外窗采用60型单框双玻塑钢共挤型材节能保温窗。

4. 该建筑采用了无障碍设计：主入口设计了残疾人坡道，坡道两侧设扶手；公共走道宽度满足轮椅通行宽度大于1500mm；门的净宽满足轮椅通行尺寸大于800mm；公共卫生间设置了无障碍厕位。

5. 暖通专业包括供暖、给水、排水、消防工程等。

6. 电气专业包括强电部分、电话系统、通信网络系统等。

7. 为了配合教学的需要，该工程各专业施工图选用了篇幅相当的大样图。

8. 该工程建筑、结构、暖通、电气等专业施工图均配有识图导读，对教学具有积极的指导意义。

5.1 图纸目录

设计序号	×××	工程名称	试 验 楼	单项名称	
设计阶段	施工图	结构类型		完成日期	
专 业	序 号	图纸编号	图 纸 内 容	页 码	
建筑	1	建施-01	总平面图	135	
	2	建施-02	建筑设计说明（一）、（二）、（三）	136、137、138	
	3	建施-03	地下室平面图	139	
	4	建施-04	一层平面图	140	
	5	建施-05	二层平面图	141	
	6	建施-06	三层平面图	142	
	7	建施-07	四层平面图	143	

设计序号	×××	工程名称	试 验 楼	单项名称	
设计阶段	施工图	结构类型		完成日期	
专 业	序 号	图纸编号	图 纸 内 容	页 码	
建筑	8	建施-08	屋顶及五层平面图	144	
	9	建施-09	①~⑦轴立面图	145	
	10	建施-10	Ⓐ~Ⓗ轴立面图	146	
	11	建施-11	⑦~①轴立面图	147	
	12	建施-12	Ⓗ~Ⓐ轴立面图	148	
	13	建施-13	剖面图及大样图	149	
	14	建施-14	剖面图（一）	150	
	15	建施-15	剖面图（二）	151	
	16	建施-16	大样图（一）	152	
	17	建施-17	大样图（二）	153	
	18	建施-18	大样图（三）、门窗统计表	154	
结构	19	结施-01	结构设计说明（一）	155	
	20	结施-02	结构设计说明（二）	156	
	21	结施-03	结构设计说明（三）	157	
	22	结施-04	结构设计说明（四）	158	
	23	结施-05	结构设计说明（五）	159	
	24	结施-06	结构设计说明（六）	160	
	25	结施-07	结构设计说明（七）	161	
	26	结施-08	结构设计说明（八）	162	
	27	结施-09	基础平面布置图	163	
	28	结施-10	J-1~J-11基础详图	164	
	29	结施-11	J-12~J-18基础详图	165	
	30	结施-12	柱平面布置图	166	
	31	结施-13	柱表（一）	167	
	32	结施-14	柱表（二）	168	
	33	结施-15	地下室顶板层结构平面图	169	
	34	结施-16	地下室顶板层梁配筋图	170	
	35	结施-17	一层顶板层结构平面图	171	

133

续表

设计序号	×××	工程名称	试 验 楼	单项名称	
设计阶段	施工图	结构类型		完成日期	
专 业	序 号	图纸编号	图 纸 内 容	页 码	
结构	36	结施-18	一层顶板层梁配筋图	172	
	37	结施-19	二层顶板层结构平面图	173	
	38	结施-20	二层顶板层梁配筋图	174	
	39	结施-21	三层顶板层结构平面图	175	
	40	结施-22	三层顶板层梁配筋图	176	
	41	结施-23	四层顶板层结构平面图	177	
	42	结施-24	四层顶板层梁配筋图	178	
	43	结施-25	五、六层顶板层结构平面图	179	
	44	结施-26	五、六层顶板层梁配筋图	180	
	45	结施-27	LT1 结构图	181	
	46	结施-28	LT2 结构图	182	
水暖消防设施	47	设施-01	供暖、给水、排水、消防工程设计说明	183、184	
	48	设施-02	地板辐射供暖设计与施工说明	185	
	49	设施-03	地下室供暖、消防、给水排水平面图	186	
	50	设施-04	一层供暖平面图	187	
	51	设施-05	二层供暖平面图	188	
	52	设施-06	三层供暖平面图	189	
	53	设施-07	四层供暖平面图	190	
	54	设施-08	五层供暖平面图	191	
	55	设施-09	一层给水排水平面图、一层卫生间给水排水平面图	192	
	56	设施-10	二层给水排水平面图、二至五层卫生间给水排水平面图	193	
	57	设施-11	三层给水排水平面图、斗式小便器安装大样图	194	
	58	设施-12	四层给水排水平面图及残疾人用洗脸盆安装大样图	195	
	59	设施-13	五层消防给水排水平面图、水箱间布置平面图	196	
	60	设施-14	散热器供暖系统图	197	
	61	设施-15	消火栓系统图	198	
	62	设施-16	给水系统图	199	
	63	设施-17	排水系统图、水箱间接管平面图	200	

续表

设计序号	×××	工程名称	试 验 楼	单项名称	
设计阶段	施工图	结构类型		完成日期	
专 业	序 号	图纸编号	图 纸 内 容	页 码	
水暖消防设施	64	设施-18	地暖系统图	201	
	65	设施-19	主要设备材料明细表、热力入口大样图	202	
	66	设施-20	卫生器具安装大样图	203	
电气	67	电施-01	电气设计说明、图例表	204	
	68	电施-02	低压配电总系统图	205	
	69	电施-03	地下室接地平面图	206	
	70	电施-04	地下室动力、干线平面图、插座箱系统图	207	
	71	电施-05	地下室照明平面图	208	
	72	电施-06	配电箱系统图	209	
	73	电施-07	一层照明平面图	210	
	74	电施-08	二层照明平面图	211	
	75	电施-09	配电箱系统图	212	
	76	电施-10	三、四层照明平面图	213	
	77	电施-11	五层照明平面图、配电箱系统图、水箱间动力、照明平面图	214	
	78	电施-12	地下室弱电平面图、电话系统图、通信网络系统图	215	
	79	电施-13	一层弱电平面图	216	
	80	电施-14	二层弱电平面图	217	
	81	电施-15	三、四、五层弱电平面图、电缆由壕沟内引入建筑物的敷设	218	
	82	电施-16	大样图（一）	219	
	83	电施-17	大样图（二）	220	
	84	电施-18	大样图（三）	221	

5.2 建筑施工图

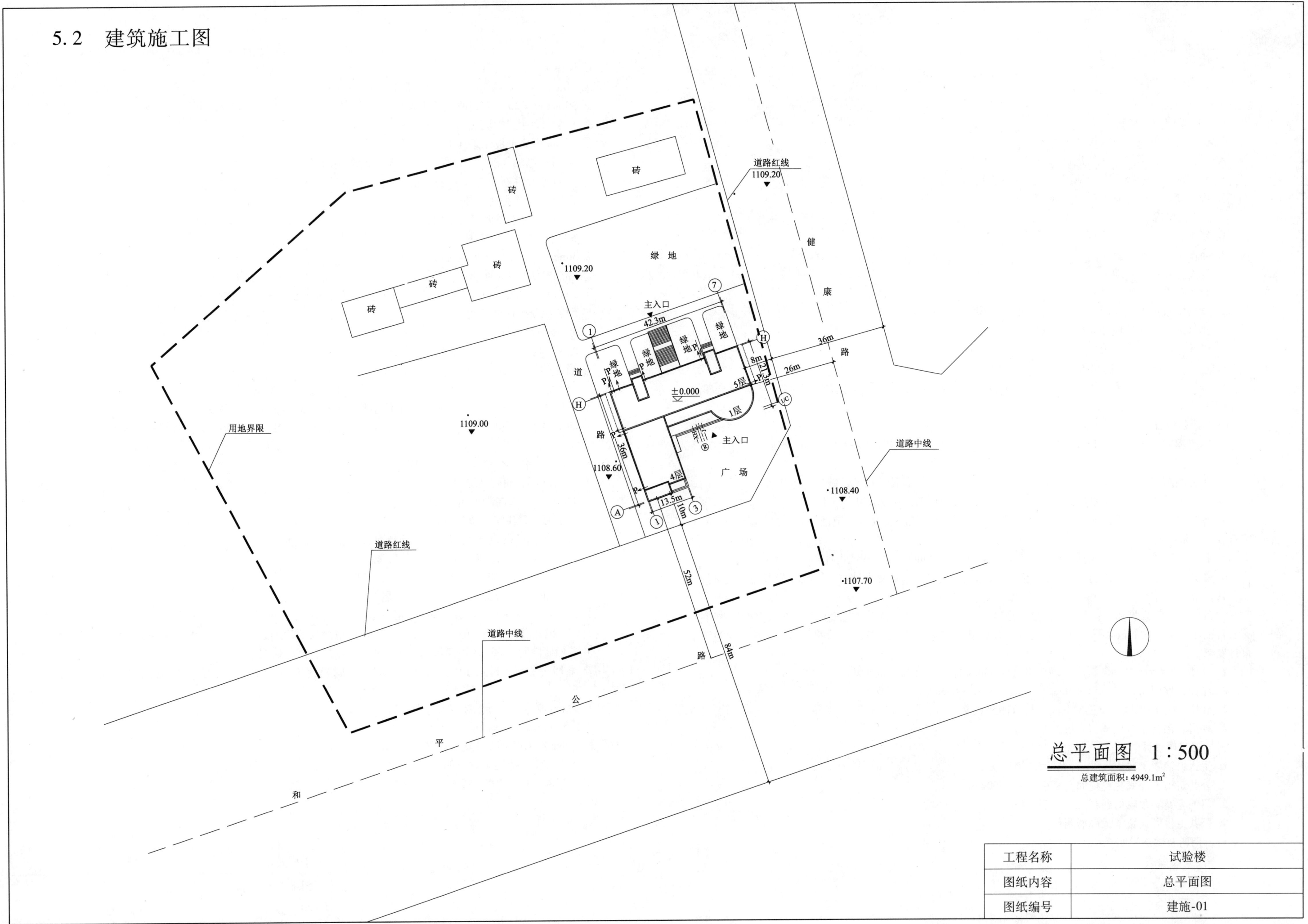

总平面图 1：500

总建筑面积：4949.1m²

工程名称	试验楼
图纸内容	总平面图
图纸编号	建施-01

建筑设计说明

一、施工图设计依据

1. 由某建设单位提供的设计任务委托书。
2. 由当地规划部门下达的建筑红线图。
3. 工程地质勘察报告和用地周围道路管网资料。
4. 国家规定的现行有关法规、规范。

二、工程概况

1. 建筑名称：××综合楼。
2. 建设单位：××公司。
3. 建设地点：××地区。
4. 总建筑面积：4949.1m²。
5. 建筑层数：地上5层，局部4层，地下1层。
6. 建筑高度：室外地坪至檐口21m。
7. 设计标高：

建筑±0.000暂定为1108.5m。

8. 本工程建筑等级为三级，耐火等级二级，屋面防水等级二级，抗震设防烈度为7度，建筑合理使用年限50年。

三、消防设计

1. 本工程建筑高度21.150m，执行《建筑设计防火规范》GBJ 16—87（2001年版），耐火等级二级。
2. 工程周围留有环形消防车道，建筑各边均直接落地，且有扑救场地，满足消防扑救要求。
3. 本工程同相邻建筑物的距离均大于消防规范所要求的最小防火间距。
4. 本建筑分设三个安全出口，建筑内各部均满足安全疏散距离要求，疏散走道、楼梯及门的宽度均符合规范最小宽度要求。
5. 各层平面均各自为一个独立的防火分区，且小于2500m²，满足规范设计要求。
6. 本建筑的室内装修选材标准均按现行国家标准《建筑内部装修设计防火规范》的有关规定执行。

四、节能设计

为贯彻国家节能政策，针对严寒、寒冷地区供暖能耗大、热环境质量差的情况，本工程严格执行国家、自治区有关节能的设计标准和法规进行设计，满足《公共建筑节能设计标准》GB 50189—2005的设计要求。

1. 外墙：300mm厚加气混凝土砌块墙复合30mm厚胶粉聚苯颗粒保温。
2. 屋面：保温层采用200mm厚加气混凝土复合50mm厚聚苯板保温。
3. 外窗：60型单框双玻钢塑共挤型材节能保温窗。
4. 外门：铝合金框玻璃门、成品保温门。

五、无障碍设计

1. 主入口设置了残疾人坡道，坡道两侧设扶手。
2. 公共走道宽度满足轮椅通行宽度大于1500mm。
3. 门的净宽满足轮椅通行尺寸大于800mm。
4. 公共卫生间设置了无障碍厕位。

六、用料及做法说明

（一）屋面做法

1. 屋面1　不上人屋面做法
① SBS防水卷材两道共6mm厚（附砂）。
② 30mm厚C20细石混凝土找平层。
③ 碎加气块找2%坡。
④ 50mm厚聚苯板保温（上翻梁均作）。
⑤ 200mm厚加气混凝土块保温层（填于上翻的梁间）。
⑥ 2mm厚改性沥青防水卷材隔气层（卷材搭接宽度大于70mm，条粘或点粘）。
⑦ 钢筋混凝土屋面板刮平。

2. 屋面2　上人屋面（用于阳台）
① SBS防水卷材两道共6mm厚（附砂）。
② 30mm厚C20细石混凝土找平层。
③ 碎加气块找2%坡。
④ 2mm厚改性沥青防水卷材隔气层（卷材搭接宽度大于70mm，条粘或点粘）。
⑤ 钢筋混凝土屋面板刮平。

（二）楼地面做法

1. 地1　低温热水地辐射供暖铺地砖地面
① 铺5~10mm厚地砖地面，干水泥擦缝。
② C15细石混凝土垫层随打随抹平，加热管上皮厚度大于30mm厚。
③ 沿外墙内侧贴20mm厚聚苯乙烯泡沫塑料保温层，高与垫层上皮平。
④ 铺18号镀锌光圆钢丝网，与加热管绑牢（或铺真空镀铝聚酯薄膜一层，或铺玻璃布基铝箔贴面层一层）。
⑤ 40mm厚聚苯乙烯泡沫塑料保温层。
⑥ 1.5mm厚涂膜防潮层。
⑦ 80mm厚C15混凝土随打随抹平。
⑧ 素土夯实，压实系数0.90。

2. 地2　低温热水地辐射供暖铺地砖地面（用于有水房间）
① 铺5~10mm厚地砖地面，干水泥擦缝。
② 撒素水泥（洒适量清水）。
③ 20mm厚1:3干硬性水泥砂浆结合层。
④ 1.5mm厚环保型聚氨酯涂膜防水层一道。
⑤ C15细石混凝土垫层随打随抹平，从门口向地漏找1%的坡，加热管上皮最薄处大于30mm厚。
⑥ 沿外墙内侧贴20mm厚聚苯乙烯泡沫塑料保温层，高与垫层上皮平。
⑦ 铺18号镀锌光圆钢丝网，与加热管绑牢（或铺真空镀铝聚酯薄膜一层，或铺玻璃布基铝箔贴面层一层）。
⑧ 40mm厚聚苯乙烯泡沫塑料保温层。
⑨ 1.5mm厚涂膜防潮层。
⑩ 80mm厚C15混凝土随打随抹平。
⑪ 素土夯实，压实系数0.90。

〈注：以上施工注意事项参详新02J 01—地—10页〉

工程名称	试验楼
图纸内容	建筑设计说明（一）
图纸编号	建施-02

3. 地3 水泥砂浆地面

① 20mm 厚 1:2 水泥砂浆压实抹光。

② 水泥浆一道（内掺建筑胶）。

③ 100mm 厚 C15 混凝土垫层。

④ 素土夯实。

4. 楼1 低温热水地辐射供暖铺地砖楼面

① 铺 5～10mm 厚地砖楼面，干水泥擦缝。

② C15 细石混凝土垫层随打随抹平，加热管上皮厚度大于 30mm 厚。

③ 沿外墙内侧贴 20mm×50mm 聚苯乙烯泡沫塑料保温层，高与垫层上皮平。

④ 铺 18 号镀锌光圆钢丝网，与加热管绑牢（或铺真空镀铝聚酯薄膜一层，或铺玻璃布基铝箔贴面层一层）。

⑤ 30mm 厚聚苯乙烯泡沫塑料保温层。

⑥ 10mm 厚 1:3 水泥砂浆找平层。

⑦ 现浇钢筋混凝土楼板。

5. 楼2 低温热水地辐射供暖铺地砖楼面（用于有水房间）

① 铺 5～10mm 厚地砖楼面，干水泥擦缝。

② 撒素水泥（洒适量清水）。

③ 20mm 厚 1:3 干硬性水泥砂浆结合层

④ 1.5mm 厚环保型聚氨酯涂膜防水层一道。

⑤ C15 细石混凝土垫层随打随抹平，从门口向地漏找 1% 的坡，加热管上皮最薄处大于 30mm 厚。

⑥ 沿外墙内侧贴 20mm×50mm 聚苯乙烯泡沫塑料保温层，高与垫层上皮平。

⑦ 铺 18 号镀锌光圆钢丝网，与加热管绑牢（或铺真空镀铝聚酯薄膜一层，或铺玻璃布基铝箔贴面层一层）。

⑧ 30mm 厚聚苯乙烯泡沫保温层。

⑨ 10mm 厚 1:3 水泥砂浆找平层。

⑩ 现浇钢筋混凝土楼板。

6. 楼3 水泥砂浆楼面（有防水，用于水箱间）

① 20mm 厚 1:2.5 水泥砂浆压实抹光。

② 水泥浆一道（内掺建筑胶）。

③ 35mm 厚 C20 细石混凝土，随打随抹光。

④ 2mm 厚非焦油型聚氨酯防水涂料，四周卷起 150mm。

⑤ 1:3 水泥砂浆找坡层，最薄处 20mm 厚。

⑥ 楼面结构层。

（三）踢脚 （高度为 100mm）

踢1 铺地砖踢脚

（四）内墙

1. 内墙1

① 刷乳胶漆。

② 6mm 厚 1:2.5 水泥砂浆压实抹光。

③ 6mm 厚 1:1:6 水泥石灰膏砂浆抹平。

④ 6mm 厚 1:0.5:4 水泥石灰膏打底扫毛。

2. 内墙2

① 白水泥擦缝。

② 粘贴 5mm 厚釉面砖。

③ 6mm 厚 1:2 水泥砂浆结合层。

④ 6mm 厚 1:1:6 水泥石灰膏砂浆抹平。

⑤ 6mm 厚 1:0.5:4 水泥石灰膏打底扫毛。

（五）顶棚

1. 棚1 板底喷涂顶棚

① 喷刷顶棚耐擦洗涂料。

② 板底石膏腻子刮平。

③ 素水泥浆一道甩毛（内掺建筑胶）。

2. 棚2 纸面石膏板轻钢龙骨吊顶（乳胶漆饰面，不上人）

3. 棚3 矿棉吸声板轻钢龙骨走道吊顶（不上人）

4. 棚4 铝合金方板吊顶（不上人）

① 0.8～1.0mm 厚铝合金方板面层；

② 铝合金横撑⊥32×24×1.2，中距 500～600mm。

③ 铝合金龙骨⊥32×24×1.2，中距 500～600mm（边龙骨 L27×16×1.2）。

④ 大龙骨 60mm×30mm×1.5mm（吊点附吊挂），中距小于 1200mm。

⑤ φ8 螺栓吊杆、双向吊点（中距 900～1200mm）。

⑥ 钢筋混凝土板内预留 φ10 钢筋环，双向吊点（吊点距 900～1200mm）。

（六）外墙面

外墙1 外墙保温贴面砖墙面。

① 基层墙体。

② 界面砂浆。

③ 胶粉聚苯颗粒保温层。

④ 抗震砂浆。

⑤ 热镀锌钢丝网。

⑥ 抗裂砂浆。

⑦ 面砖结合层砂浆。

⑧ 饰面。

（七）室外部分

室外台阶及坡道

1. 主入口：花岗石台阶做法

① 20～30mm 厚石质板材面层，稀水泥浆擦缝。

② 撒素水泥面。

③ 30mm 厚 1:3 干硬水泥砂浆结合层，向外。

④ 素水泥浆一道。

⑤ 60mm 厚 C20 混凝土，台阶面向外坡 1%。

⑥ 150mm 厚——32 卵石灌 M5 水泥混合砂浆。

⑦ 素土夯实。

工程名称	试验楼
图纸内容	建筑设计说明（二）
图纸编号	建施-02

2. 次入口：水泥台阶做法
① 20mm 厚 1：2.5 水泥砂浆抹面压实压光。
② 水泥砂浆结合层一道。
③ 60mm 厚 C20 混凝土台阶面向外坡 1%。
④ 150mm 厚——32 卵石灌 M5 混合砂浆。
⑤ 素土夯实。
3. 散水
① 50mm 厚 C20 细石混凝土面撒 1：1 水泥砂浆压光，靠墙缝宽 10mm，沥青砂浆嵌缝。
② 150mm 厚卵石灌 M5 混合砂浆。
③ 素土夯实向外坡 3%。
注：散水宽度 1000mm。

（八）墙体
1. 框架结构外围护墙采用 300mm 厚加气混凝土砌块，复合 30mm 厚胶粉聚苯颗粒保温（见外墙保温）。
2. 框架柱外抹 80mm 厚胶粉聚苯颗粒保温与外墙皮取齐。
3. 内隔墙采用 150mm 厚加气混凝土砌块墙。
4. 砌体隔墙与承重柱交接处，沿高度每 0.5m，设 2φ6 拉结筋，伸入墙内 1m。
5. 两种不同材料墙体接缝处，沿缝贴 300mm 钢板网，然后进行墙面抹灰施工。

（九）门窗
1. 本工程门窗材质详见门窗统计表。
2. 门窗规格详见门窗表及相关大样，加工定货时，厂家应根据地区基本风压值和建筑物高度核算门窗抗风压强度。
3. 除木门外，各类门窗产品均须有国家主管部门颁发的合格证。防火门产品应有消防局，公安局销售许可证。
4. 凡外墙面窗与墙身接口处必须用聚氨酯发泡剂嵌严密实。
5. 所有内木门均为中等做法，制作安装应符合国家及自治区相关规范及规定，并加做成品门套。
6. 混凝土窗台板：C20 水磨石窗台板宽 220mm。
7. 市售成品窗帘杆现场安装（除楼梯间、门厅及卫生间外）。
8. 出入口处及面积大于 1.5m² 的门窗玻璃均应使用安全玻璃。

（十）防火处理
1. 所有钢结构件均刷防火涂料，耐火极限达到 1h。
2. 所有木制装修构件（木板，木龙骨，木制纤维板，木制复合板等）底层均涂防火涂料，再做饰面装修。

（十一）楼梯、栏杆扶手
1. 楼梯栏杆见大样（不锈钢管壁厚 3mm）。
2. 室外台阶采用不锈钢扶手栏杆，做法同上。
（注：长度大于 500mm 的水平段栏杆、临空楼梯扶手栏杆高度为 1050mm）

（十二）楼地面说明
1. 有水浸楼面应低于相邻楼面 20mm，并从门口向地漏找 1% 坡。
2. 防水层沿立墙卷起，高出楼地面 250mm。
3. 管道穿楼板时采用预埋套管法，套管应高出楼面 50mm。管道与套管之间用沥青麻丝填塞严密。

（十三）防潮、防腐、防锈处理
地质报告显示无地下水，故只作防潮处理。
1. 外墙墙体在低于室内地坪 60mm 处做 25mm 厚 1：2.5 水泥砂浆，内掺 5% 防水剂的水平防潮层。

2. 与混凝土、加气混凝土接触的木活均在接触面涂刷防腐油一道。
3. 所有露明铁件除注明外均刷防锈漆一道，面层刷灰铅油两道。

（十四）其他
1. 室内外护角：阳角均用 1：2 水泥砂浆，厚度与相邻墙面抹灰相同。高度：墙体阳角为 2000mm，门窗洞口阳角高度大于 2000mm 者为 2000mm，不足者与洞口同高。
2. 凡楼板及墙体留洞均应与设备、电气、结构专业对照施工，其他未详尽说明做法处详见结构、设备、电气专业图纸。
3. 室外大楼梯做法说明：
① 20mm 厚大理石板面层，白水泥浆擦缝。
② 20mm 厚 1：2.5 水泥砂浆结合层。
③ 25mm 厚 1：3 水泥砂浆找平层。
④ 素水泥浆结合层一道。
⑤ 钢筋混凝土基层。

室内工程做法索引表

层　数		房　间　名　称	楼面地面	踢　脚	内　墙	顶　棚
地下室	1	所有房间	地3	/	内墙1	棚1
一层	1	商业用房	地1	踢1	内墙1	棚2
	2	卫生间及其前室	地2	/	内墙2	棚4
二层三层四层	1	门厅	楼1	踢1	内墙1	棚2
	2	办公室、档案室、值班收发室等	楼1	踢1	内墙1	棚2
	3	会议定	楼1	踢1	内墙1	棚2
	4	走道	楼1	踢1	内墙1	棚3
	5	卫生间及其前室	楼2	/	内墙2	棚4
五层	1	大会议室，会议室	楼1	踢1	内墙1	棚2
	2	办公室	楼1	踢1	内墙1	棚1
	3	走道	楼1	踢1	内墙1	棚3
	4	卫生间及其前室	楼2	/	内墙2	棚4
楼梯间	1	一层地面	地1	踢1	内墙1	棚1
	2 楼梯间楼梯段	·铺 8～10mm 厚地砖楼面，干水泥擦缝 ·散素水泥面（洒适量清水） ·20mm 厚 1：3 干硬性水泥砂浆找平层		踢1	内墙1	棚1
阳台			屋面2	/	内墙1	棚1
水箱间			楼3	/	内墙1	棚1

工程名称	试验楼
图纸内容	建筑设计说明（三）
图纸编号	建施-02

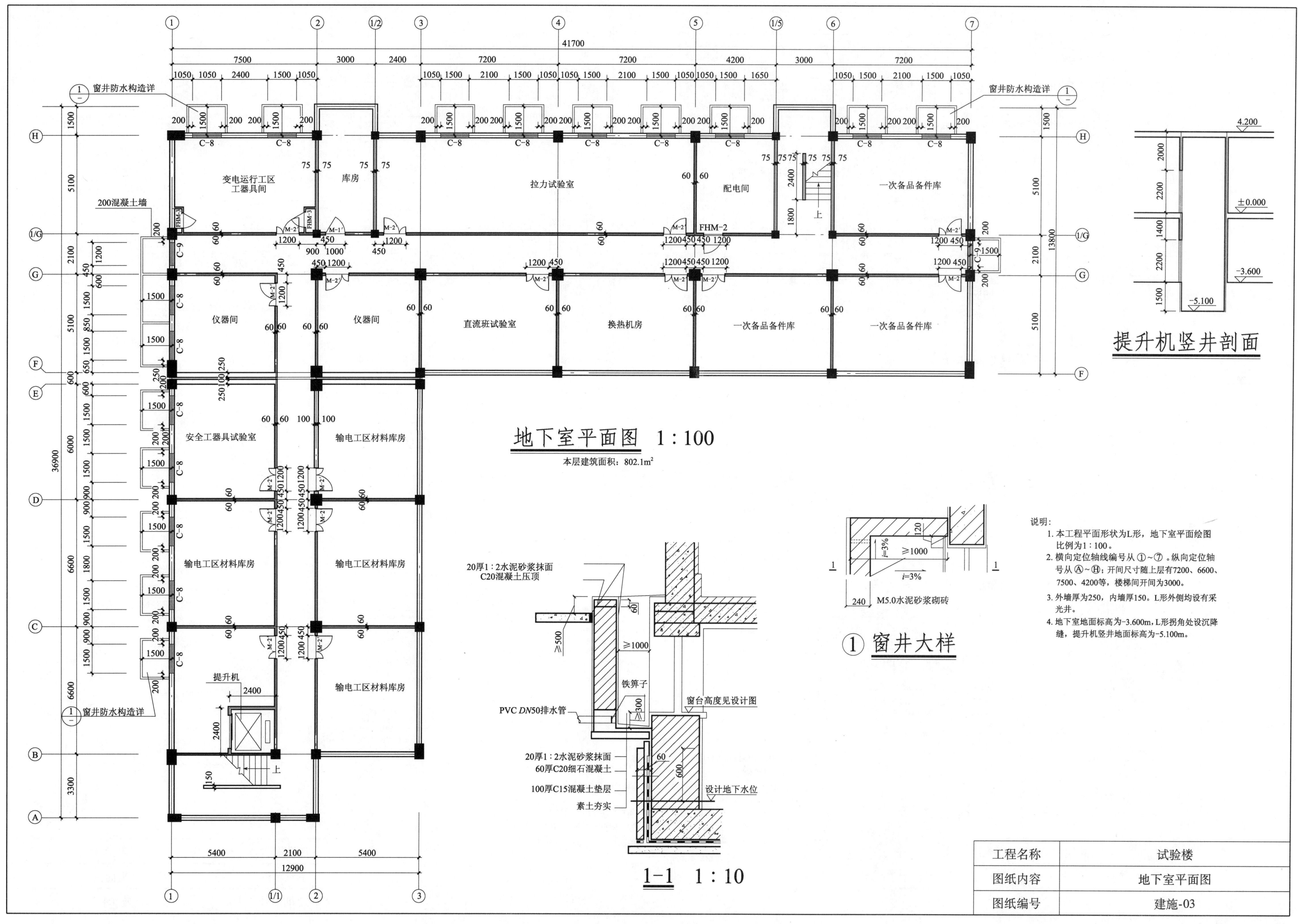

地下室平面图　1:100

本层建筑面积：802.1m²

提升机竖井剖面

变电运行工区工器具间　库房　拉力试验室　配电间　一次备品备件库

仪器间　仪器间　直流班试验室　换热机房　一次备品备件库　一次备品备件库

安全工器具试验室　输电工区材料库房

输电工区材料库房　输电工区材料库房

输电工区材料库房

提升机

窗井防水构造详

200混凝土墙

① 窗井大样

20厚1:2水泥砂浆抹面
C20混凝土压顶

铁箅子

PVC DN50排水管

窗台高度见设计图

20厚1:2水泥砂浆抹面
60厚C20细石混凝土
100厚C15混凝土垫层
素土夯实

设计地下水位

240　M5.0水泥砂浆砌砖

1-1　1:10

说明：
1. 本工程平面形状为L形，地下室平面绘图比例为1:100。
2. 横向定位轴线编号从①~⑦。纵向定位轴号从Ⓐ~Ⓗ。开间尺寸随上层有7200、6600、7500、4200等，楼梯间开间为3000。
3. 外墙厚为250，内墙厚150。L形外侧均设有采光井。
4. 地下室地面标高为-3.600m，L形拐角处设沉降缝，提升机竖井地面标高为-5.100m。

工程名称	试验楼
图纸内容	地下室平面图
图纸编号	建施-03

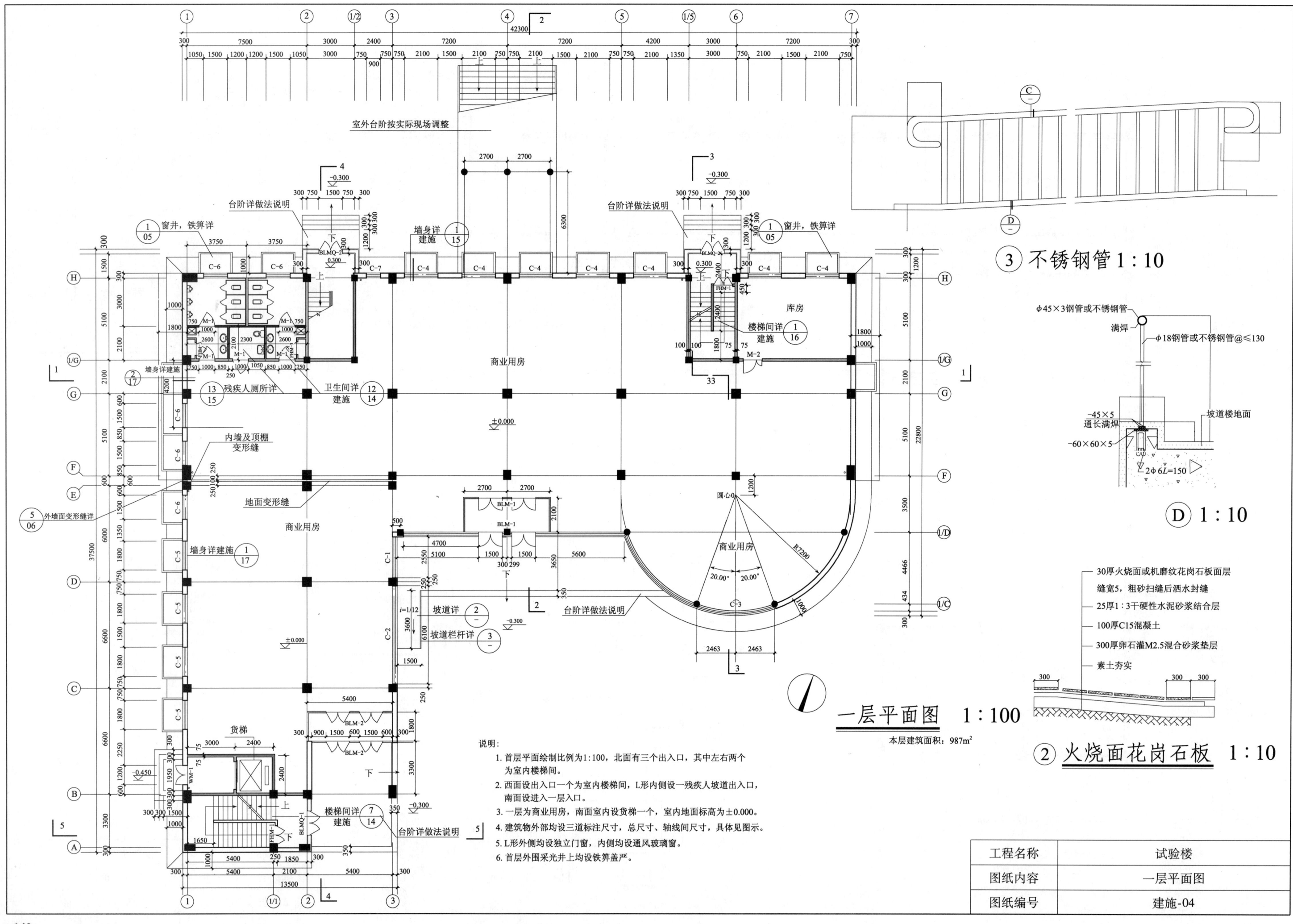

一层平面图 1:100

本层建筑面积：987m²

③ 不锈钢管 1:10

D 1:10

② 火烧面花岗石板 1:10

- 30厚火烧面或机磨纹花岗石板面层
- 缝宽5，粗砂扫缝后洒水封缝
- 25厚1:3干硬性水泥砂浆结合层
- 100厚C15混凝土
- 300厚卵石灌M2.5混合砂浆垫层
- 素土夯实

说明：
1. 首层平面绘制比例为1:100，北面有三个出入口，其中左右两个为室内楼梯间。
2. 西面设出入口一个为室内楼梯间，L形内侧设一残疾人坡道出入口，南面设进入一层入口。
3. 一层为商业用房，南面室内设货梯一个，室内地面标高为±0.000。
4. 建筑物外部均设三道标注尺寸，总尺寸、轴线间尺寸，具体见图示。
5. L形外侧均设独立门窗，内侧均设通风玻璃窗。
6. 首层外围采光井上均设铁算盖严。

工程名称	试验楼
图纸内容	一层平面图
图纸编号	建施-04

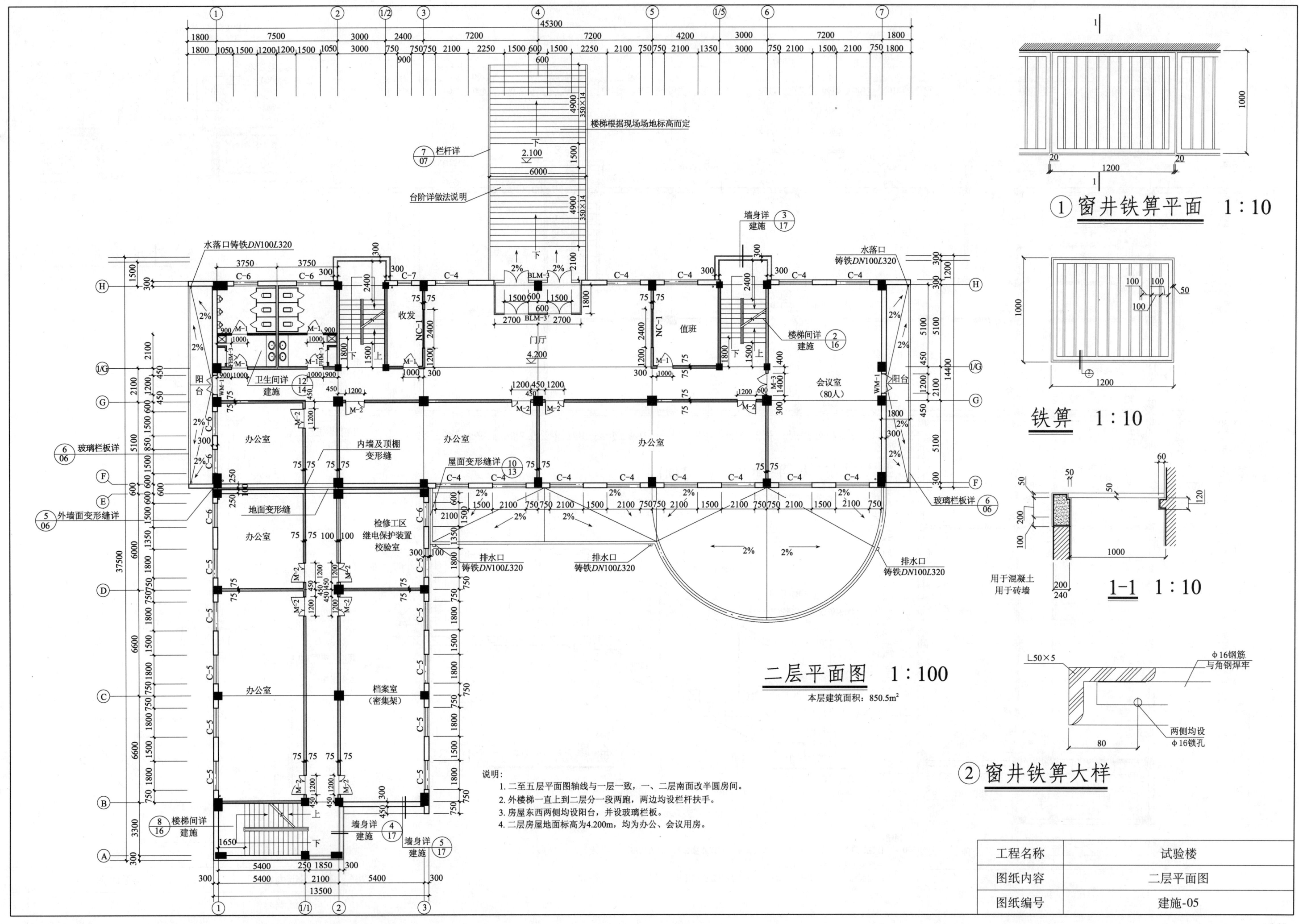

① 窗井铁箅平面 1:10

铁箅 1:10

1-1 1:10

用于混凝土
用于砖墙

② 窗井铁箅大样

φ16钢筋
与角钢焊牢
两侧均设
φ16锁孔
L50×5

二层平面图 1:100

本层建筑面积:850.5m²

说明:
1.二至五层平面图轴线与一层一致,一、二层南面改半圆房间。
2.外楼梯一直上到二层分一段两跑,两边均设栏杆扶手。
3.房屋东西两侧均设阳台,并设玻璃栏板。
4.二层房屋地面标高为4.200m,均为办公、会议用房。

办公室
卫生间详 建施 ⑫ ⑭
阳台
玻璃栏板详 ⑥ 06
外墙面变形缝详 ⑤ 06
地面变形缝
内墙及顶棚变形缝
屋面变形缝详 ⑩ ⑬
办公室
检修工区
继电保护装置校验室
办公室
档案室(密集架)
楼梯间详 建施 ⑧ ⑯
墙身详 建施 ④ ⑰
墙身详 ⑤ ⑰
收发
门厅 4.200
值班
会议室(80人)
阳台
楼梯间详 建施 ② ⑯
墙身详 建施 ③ ⑰
水落口铸铁DN100L320
排水口 铸铁DN100L320
排水口 铸铁DN100L320
排水口 铸铁DN100L320
水落口铸铁DN100L320
栏杆详 ⑦ 07
台阶详做法说明
楼梯根据现场场地标高而定

工程名称	试验楼
图纸内容	二层平面图
图纸编号	建施-05

141

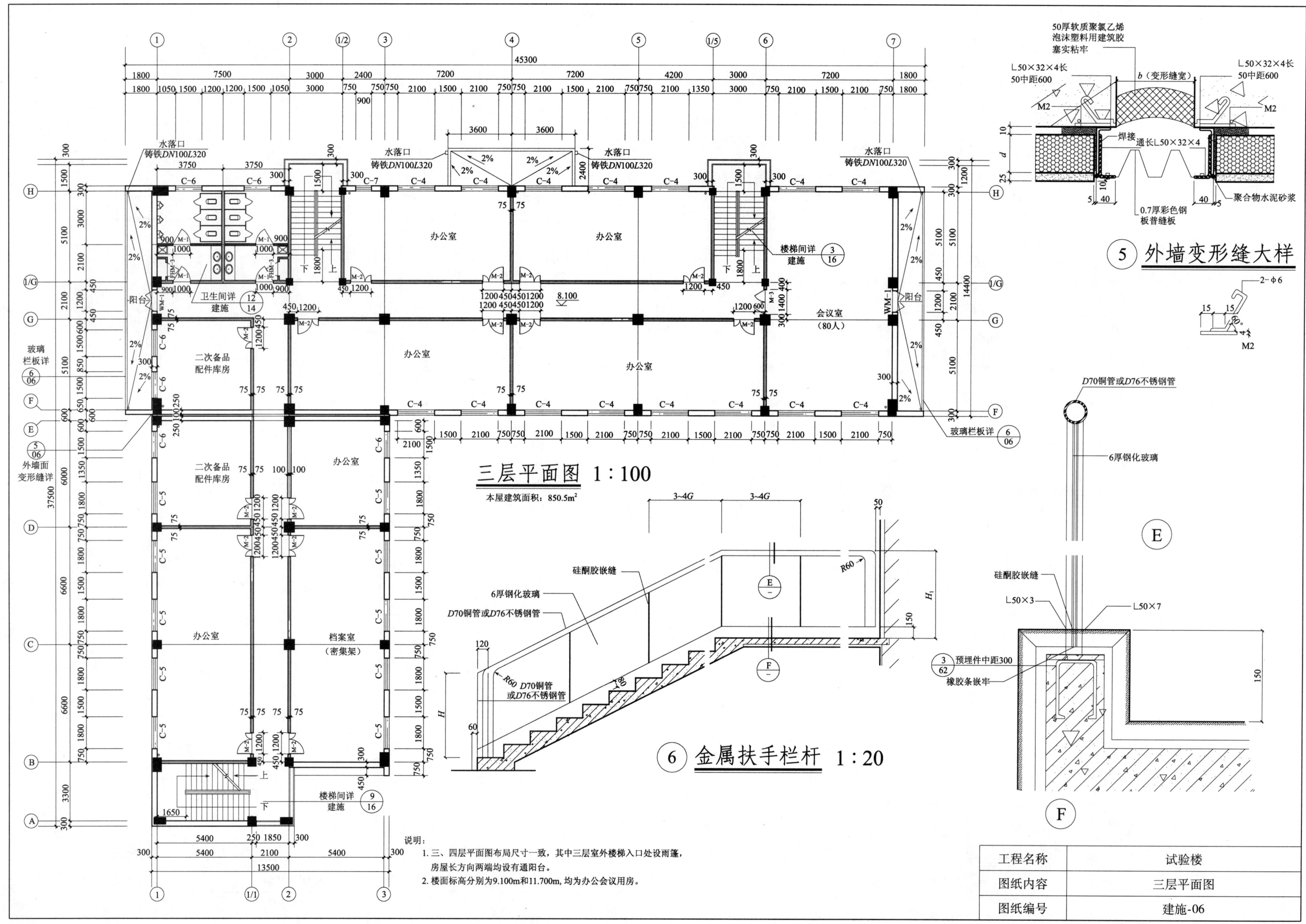

三层平面图 1:100

本屋建筑面积：850.5m²

⑤ 外墙变形缝大样

⑥ 金属扶手栏杆 1:20

说明：
1. 三、四层平面图布局尺寸一致，其中三层室外楼梯入口处设有雨篷，
   房屋长方向两端均设有通阳台。
2. 楼面标高分别为9.100m和11.700m，均为办公会议用房。

工程名称	试验楼
图纸内容	三层平面图
图纸编号	建施-06

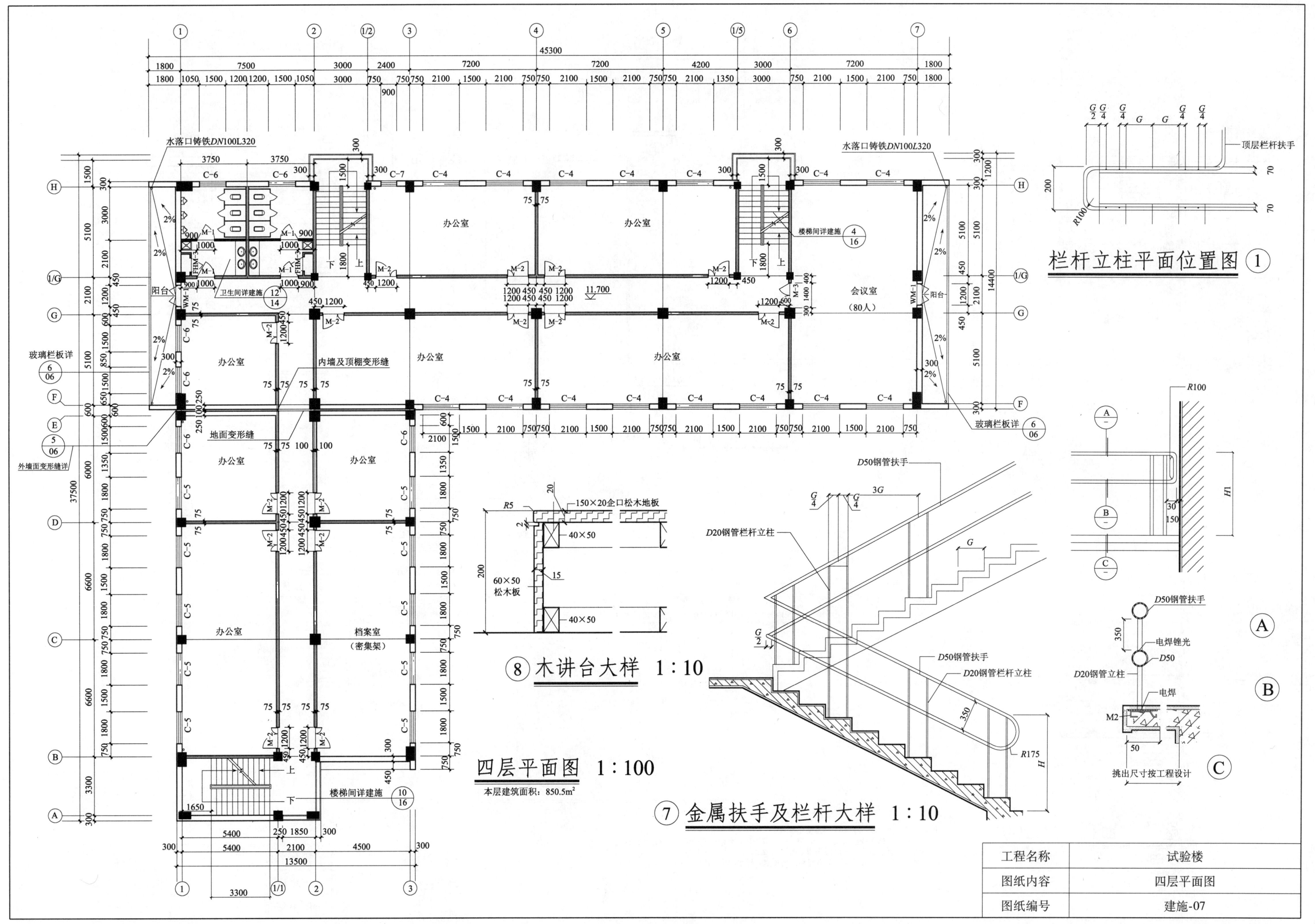

栏杆立柱平面位置图 ①

⑧ 木讲台大样 1:10

四层平面图 1:100

本层建筑面积：850.5m²

⑦ 金属扶手及栏杆大样 1:10

水落口铸铁DN100L320
水落口铸铁DN100L320
顶层栏杆扶手

办公室
办公室
会议室（80人）
办公室
办公室
办公室
办公室
档案室（密集架）

阳台
卫生间详建施 12/14
内墙及顶棚变形缝
地面变形缝
玻璃栏板详 6/06
玻璃栏板详 5/06
外墙面变形缝详
楼梯间详建施 4/16
楼梯间详建施 10/16
玻璃栏板详 6/06

D50钢管扶手
D20钢管栏杆立柱
D50钢管扶手
D20钢管栏杆立柱
D50钢管扶手
电焊锉光
D50
D20钢管立柱
电焊
挑出尺寸按工程设计

150×20企口松木地板
60×50松木板
40×50
40×50

工程名称	试验楼
图纸内容	四层平面图
图纸编号	建施-07

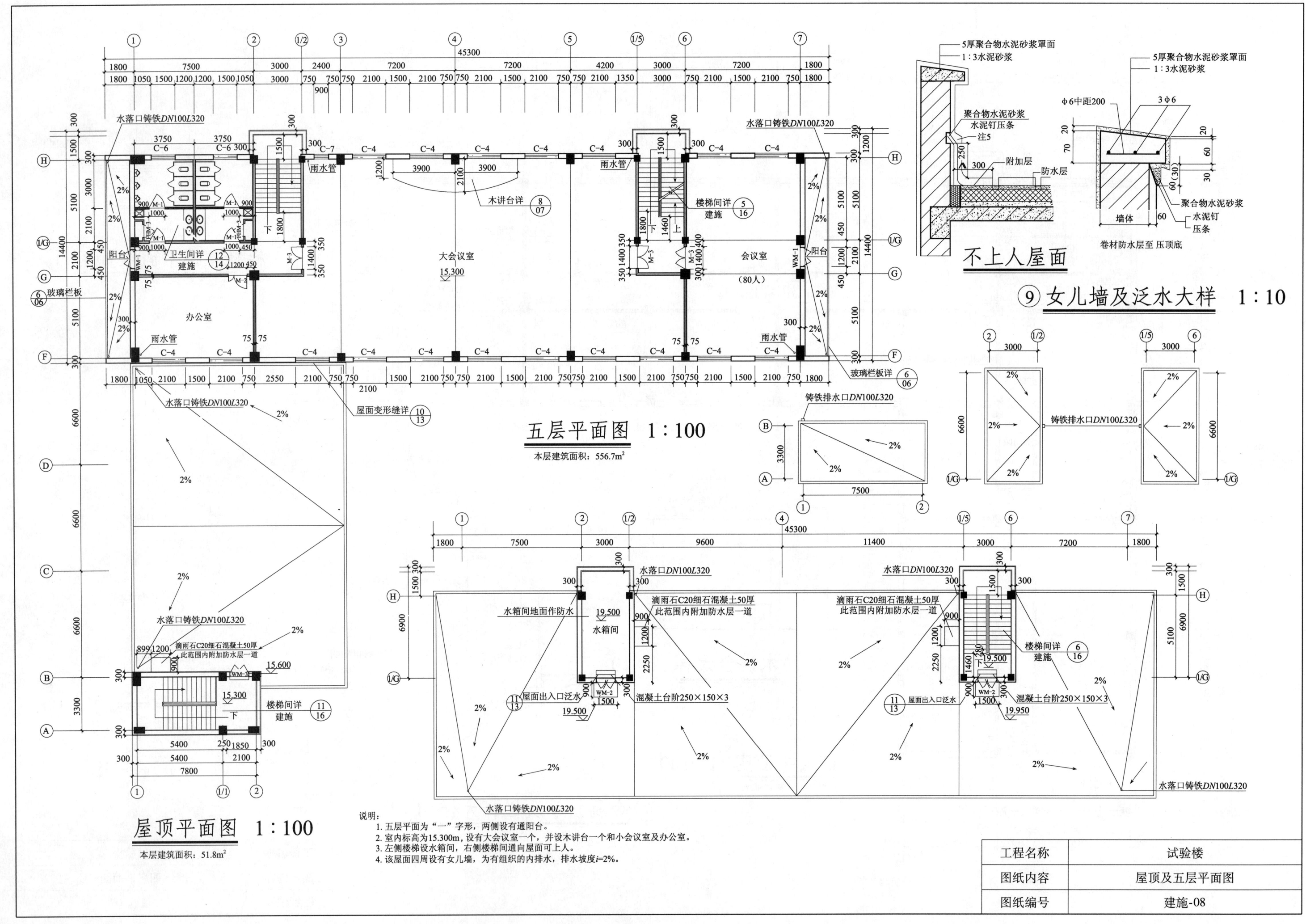

五层平面图 1:100

本层建筑面积：556.7m²

不上人屋面

⑨ 女儿墙及泛水大样 1:10

屋顶平面图 1:100

本层建筑面积：51.8m²

说明：
1. 五层平面为"一"字形，两侧设有通阳台。
2. 室内标高为15.300m，设有大会议室一个，并设木讲台一个和小会议室及办公室。
3. 左侧楼梯设水箱间，右侧楼梯间通向屋面可上人。
4. 该屋面四周设有女儿墙，为有组织的内排水，排水坡度i=2%。

工程名称	试验楼
图纸内容	屋顶及五层平面图
图纸编号	建施-08

144

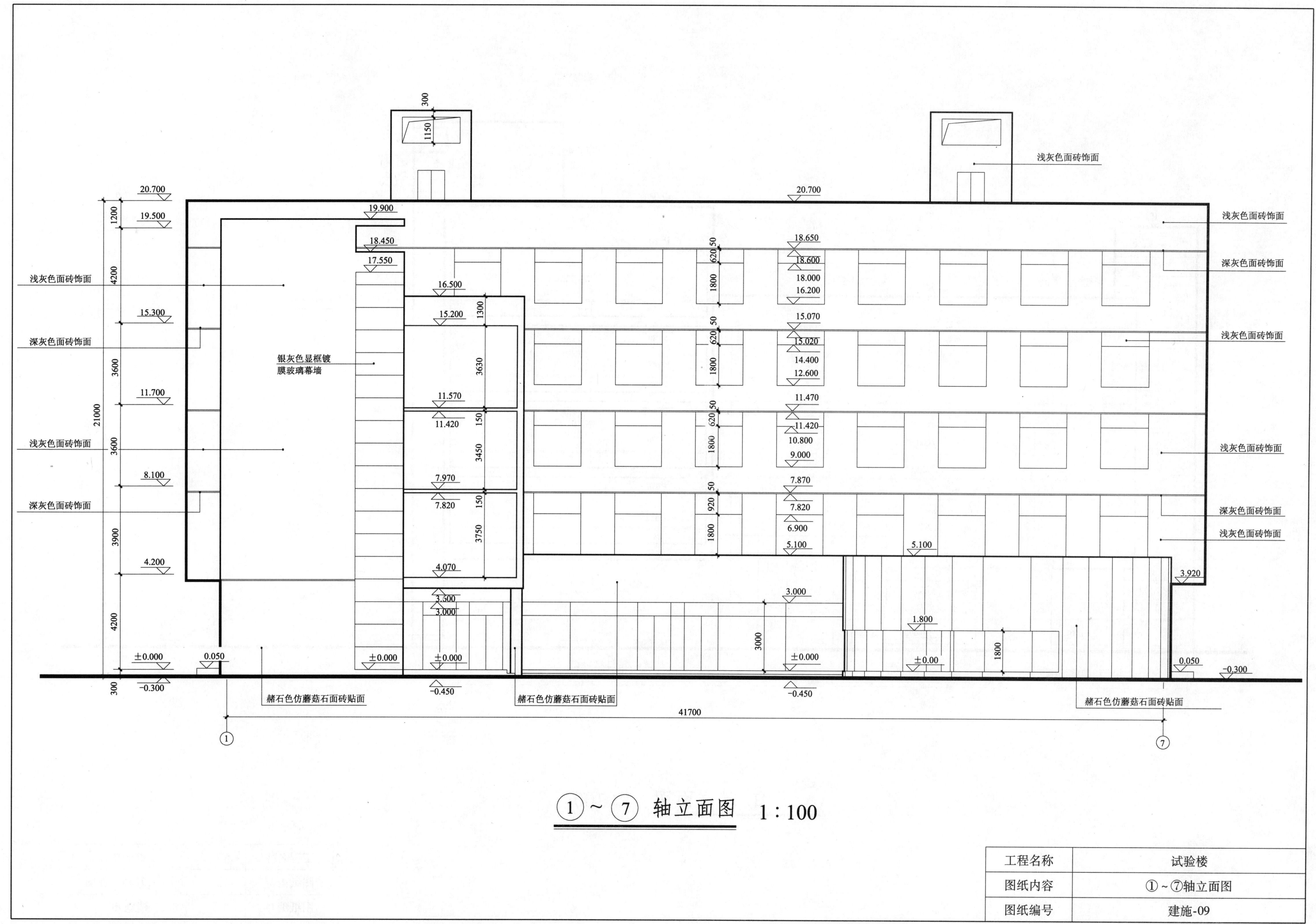

①～⑦ 轴立面图 1：100

工程名称	试验楼
图纸内容	①～⑦轴立面图
图纸编号	建施-09

浅灰色面砖饰面

深灰色面砖饰面

浅灰色面砖饰面

深灰色面砖饰面

浅灰色面砖饰面

银灰色显框镀膜玻璃幕墙

浅灰色面砖饰面

深灰色面砖饰面

赭石色仿蘑菇石面砖贴面

赭石色仿蘑菇石面砖贴面

赭石色仿蘑菇石面砖贴面

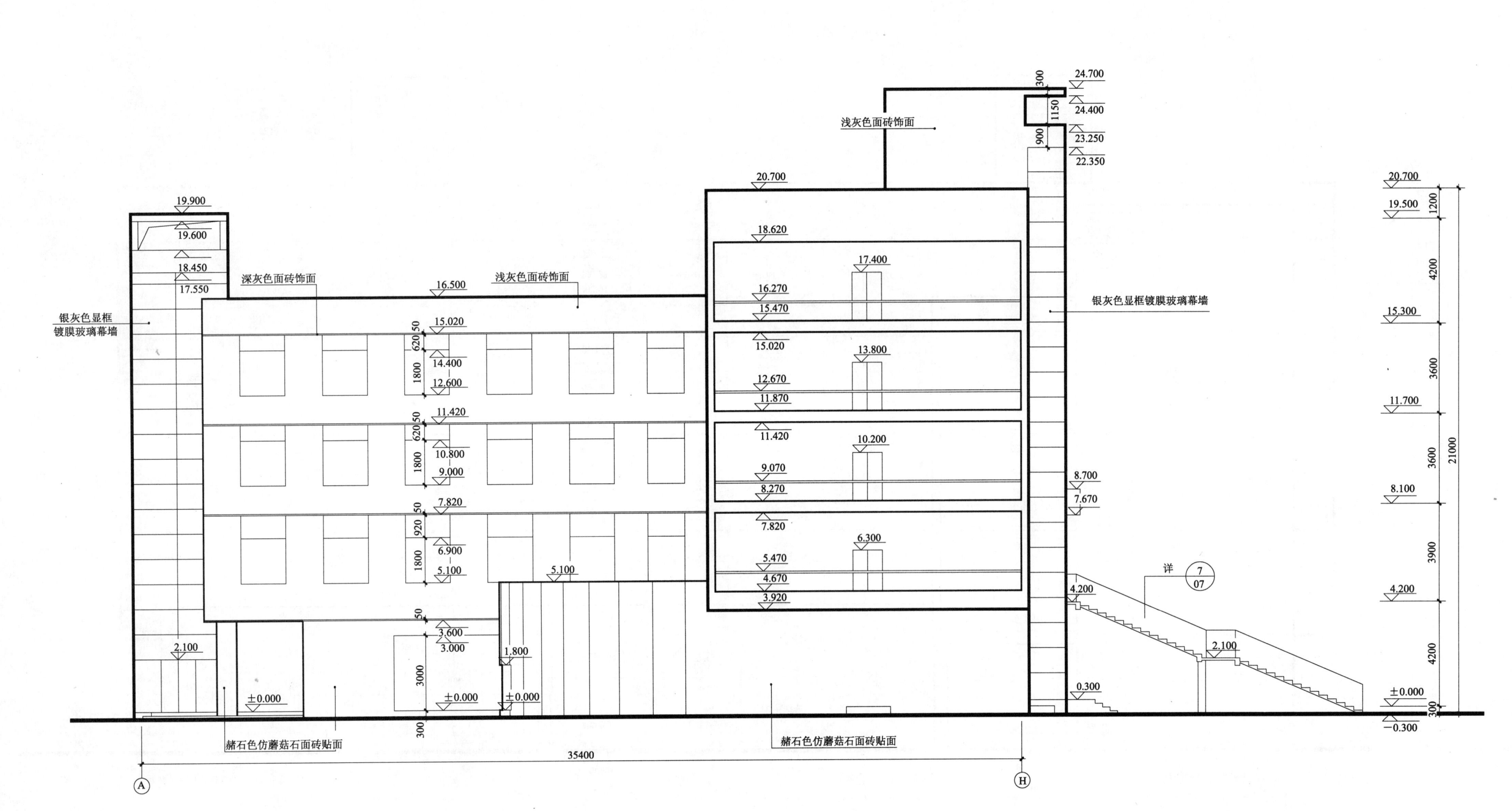

浅灰色面砖饰面

银灰色显框镀膜玻璃幕墙

深灰色面砖饰面

浅灰色面砖饰面

银灰色显框镀膜玻璃幕墙

银灰色显框镀膜玻璃幕墙

详 ⑦
07

赭石色仿蘑菇石面砖贴面

赭石色仿蘑菇石面砖贴面

Ⓐ~Ⓗ 轴立面图 1:100

工程名称	试验楼
图纸内容	Ⓐ~Ⓗ轴立面图
图纸编号	建施-10

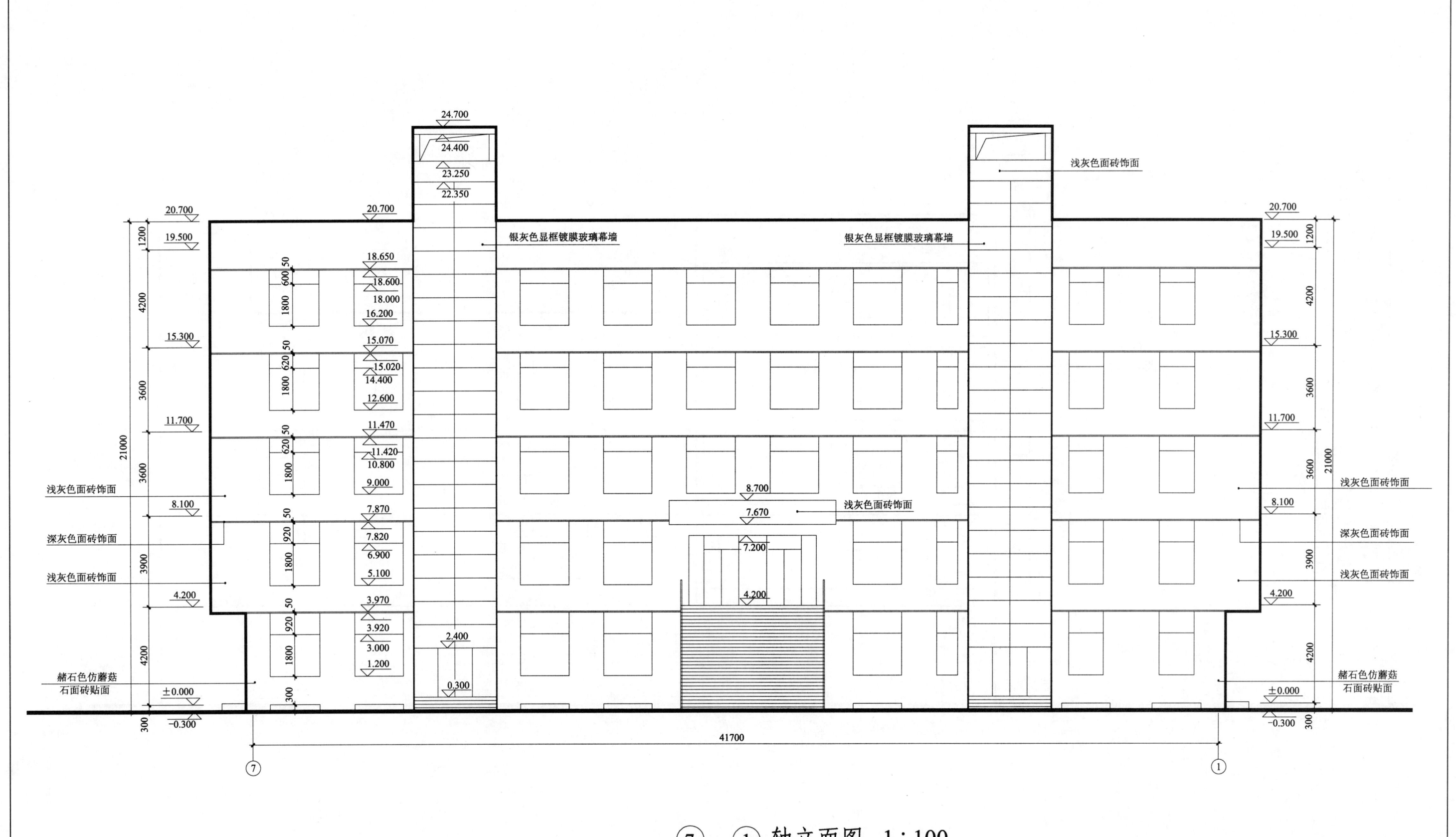

24.700
24.400
23.250
22.350

浅灰色面砖饰面

20.700
19.500
18.650
18.600
18.000
16.200

15.300
15.070
15.020
14.400
12.600

11.700
11.470
11.420
10.800
9.000

8.100
7.870
7.820
6.900
5.100

4.200
3.970
3.920
3.000
1.200

±0.000
-0.300

20.700
19.500

1200
4200
3600
3600
3900
4200
21000

600 50
1800
620 50
1800
620 50
1800
920 50
1800
920 50
1800
300

银灰色显框镀膜玻璃幕墙

银灰色显框镀膜玻璃幕墙

浅灰色面砖饰面

8.700
7.670

7.200

4.200

2.400

0.300

浅灰色面砖饰面

浅灰色面砖饰面

深灰色面砖饰面

浅灰色面砖饰面

赭石色仿蘑菇
石面砖贴面

20.700
19.500

15.300

11.700

8.100

4.200

±0.000
-0.300

1200
4200
3600
3600
3900
4200
21000
300

浅灰色面砖饰面

深灰色面砖饰面

浅灰色面砖饰面

赭石色仿蘑菇
石面砖贴面

赭石色仿蘑菇
石面砖贴面

±0.000
-0.300

300

41700

⑦   ①

⑦~① 轴立面图 1:100

工程名称	试验楼
图纸内容	⑦~①轴立面图
图纸编号	建施-11

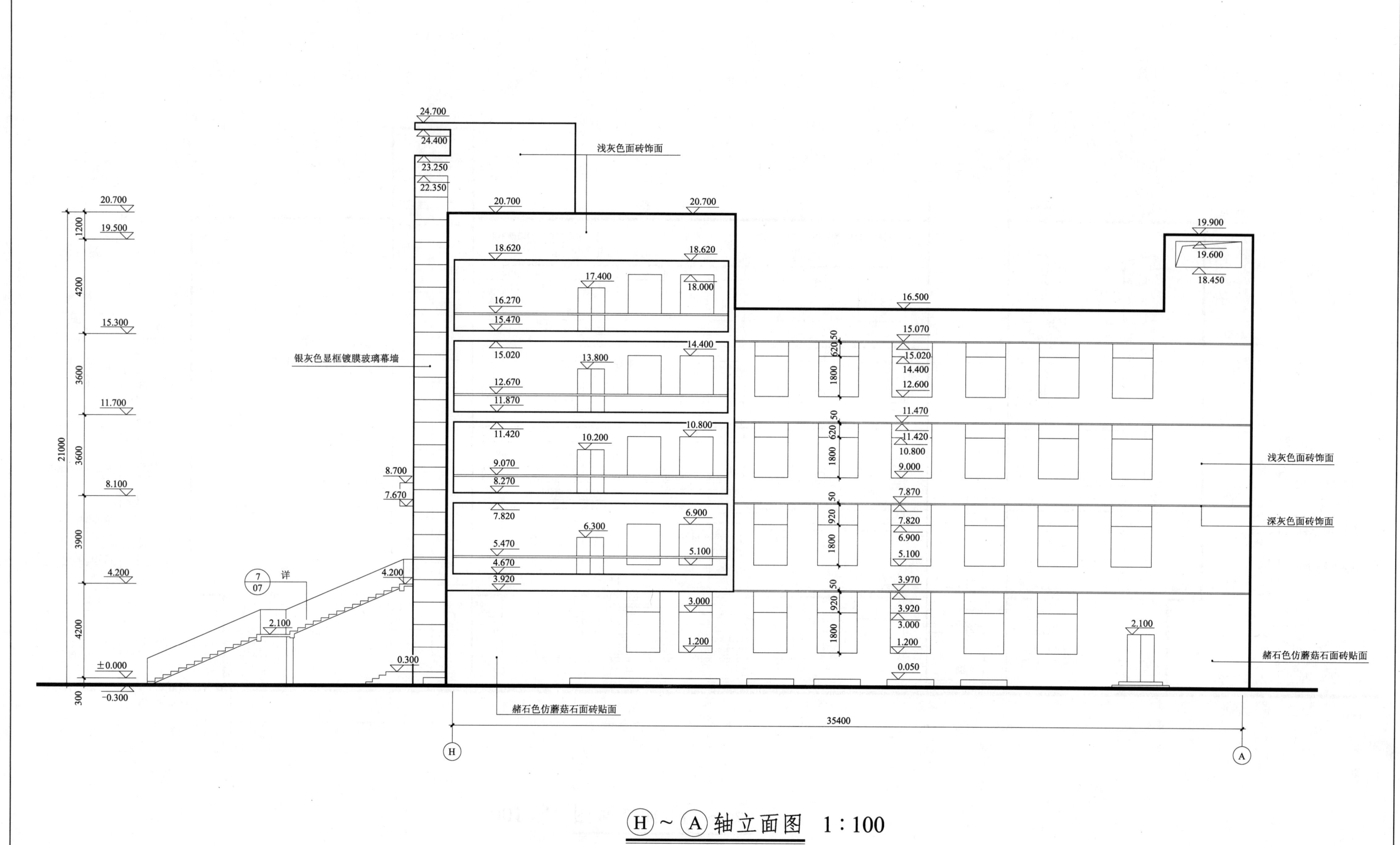

24.700
24.400
23.250
22.350

浅灰色面砖饰面

20.700

20.700

20.700

19.900
19.600
18.450

18.620

18.620

17.400
18.000

16.500

16.270
15.470

银灰色显框镀膜玻璃幕墙

15.300

15.300

15.020

14.400

15.020
14.400
12.600

13.800

12.670
11.870

11.700

11.470
11.420
10.800
9.000

11.420

10.800

10.200

9.070
8.270

8.700

7.670

7.820

6.900

7.870
7.820
6.900
5.100

6.300

5.470

5.100

4.670
3.920

4.200

7 详
07

4.200

3.000

3.970
3.920
3.000
1.200

2.100

3.000

2.100

1.200

浅灰色面砖饰面

深灰色面砖饰面

±0.000

0.300

0.050

赭石色仿蘑菇石面砖贴面

300
-0.300

赭石色仿蘑菇石面砖贴面

35400

Ⓗ

Ⓐ

<u>Ⓗ～Ⓐ轴立面图 1:100</u>

工程名称	试验楼
图纸内容	Ⓗ～Ⓐ轴立面图
图纸编号	建施-12

148

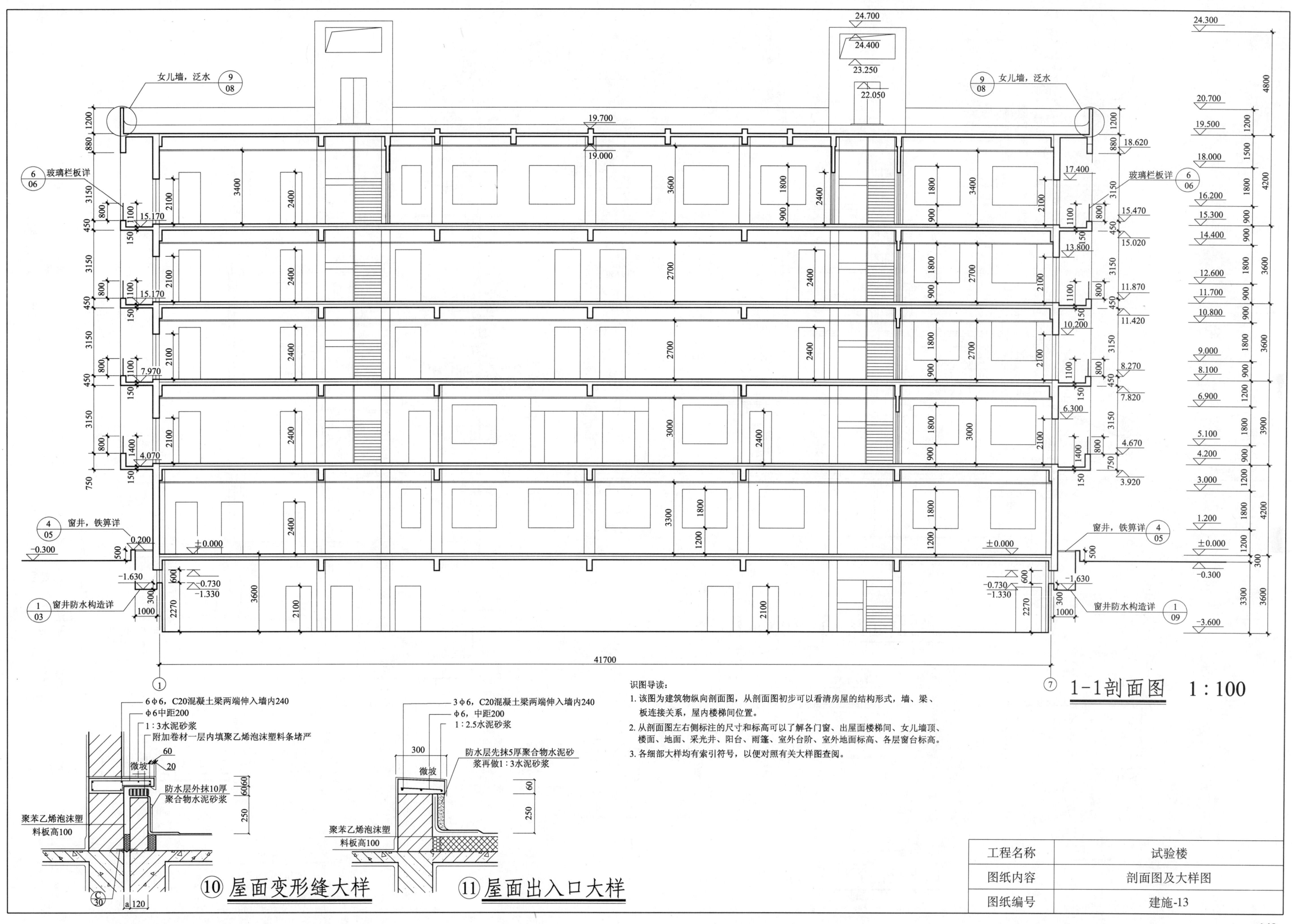

識圖導讀：

1. 該圖為建築物縱向剖面圖，從剖面圖初步可以看清房屋的結構形式，牆、梁、板連接關係，屋內樓梯間位置。

2. 從剖面圖右側標注的尺寸和標高可以了解各門窗、出屋面樓梯間、女兒牆頂、樓面、地面、采光井、陽台、雨篷、室外台階、室外地面標高、各層窗台標高。

3. 各細部大樣均有索引符號，以便對照有關大樣圖查閱。

1-1剖面圖 1:100

⑩ 屋面變形縫大樣

⑪ 屋面出入口大樣

工程名稱	試驗樓
圖紙內容	剖面圖及大樣圖
圖紙編號	建施-13

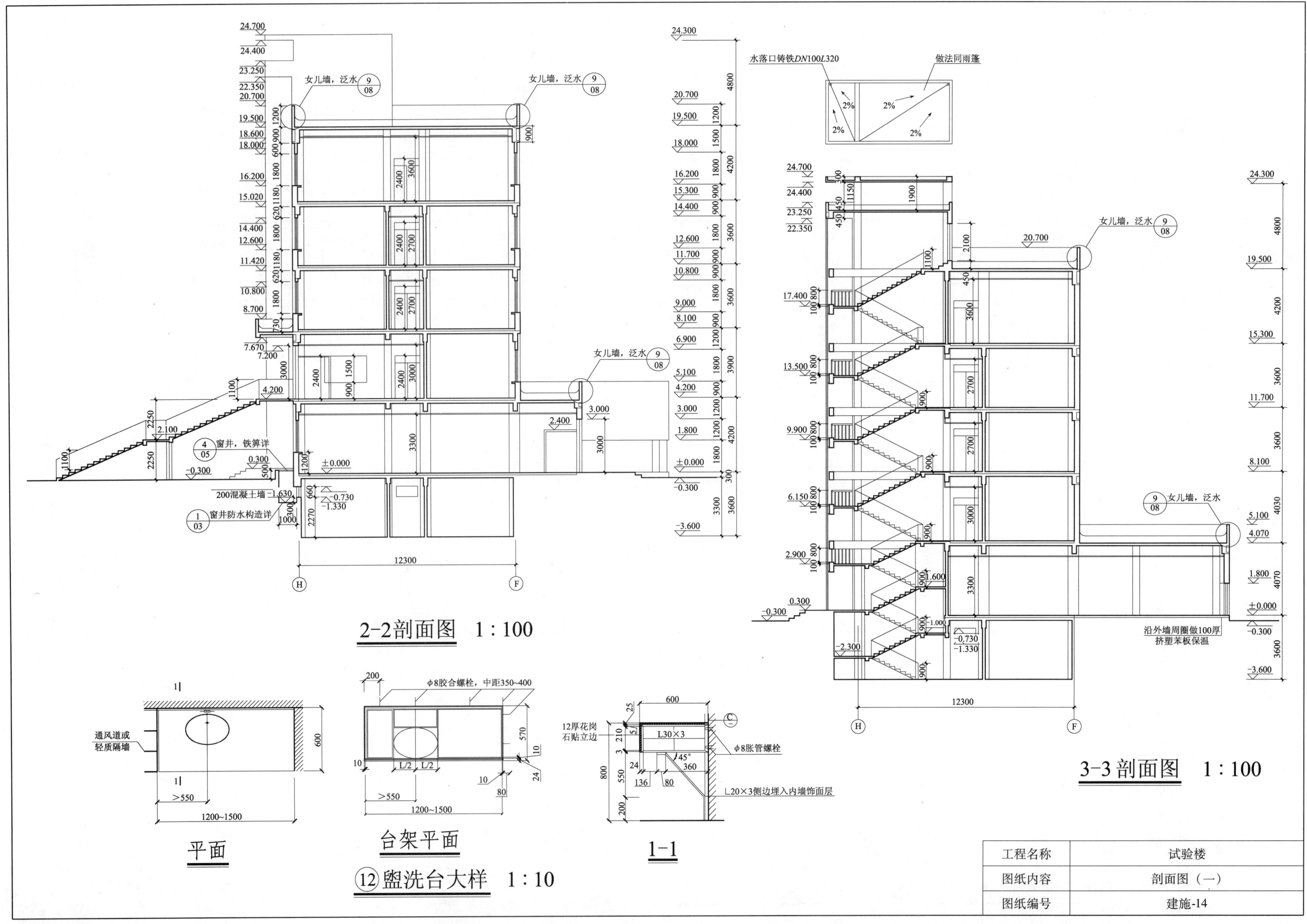

2-2剖面图 1:100

3-3剖面图 1:100

平面

台架平面

1-1

⑫盥洗台大样 1:10

工程名称	试验楼
图纸内容	剖面图（一）
图纸编号	建施-14

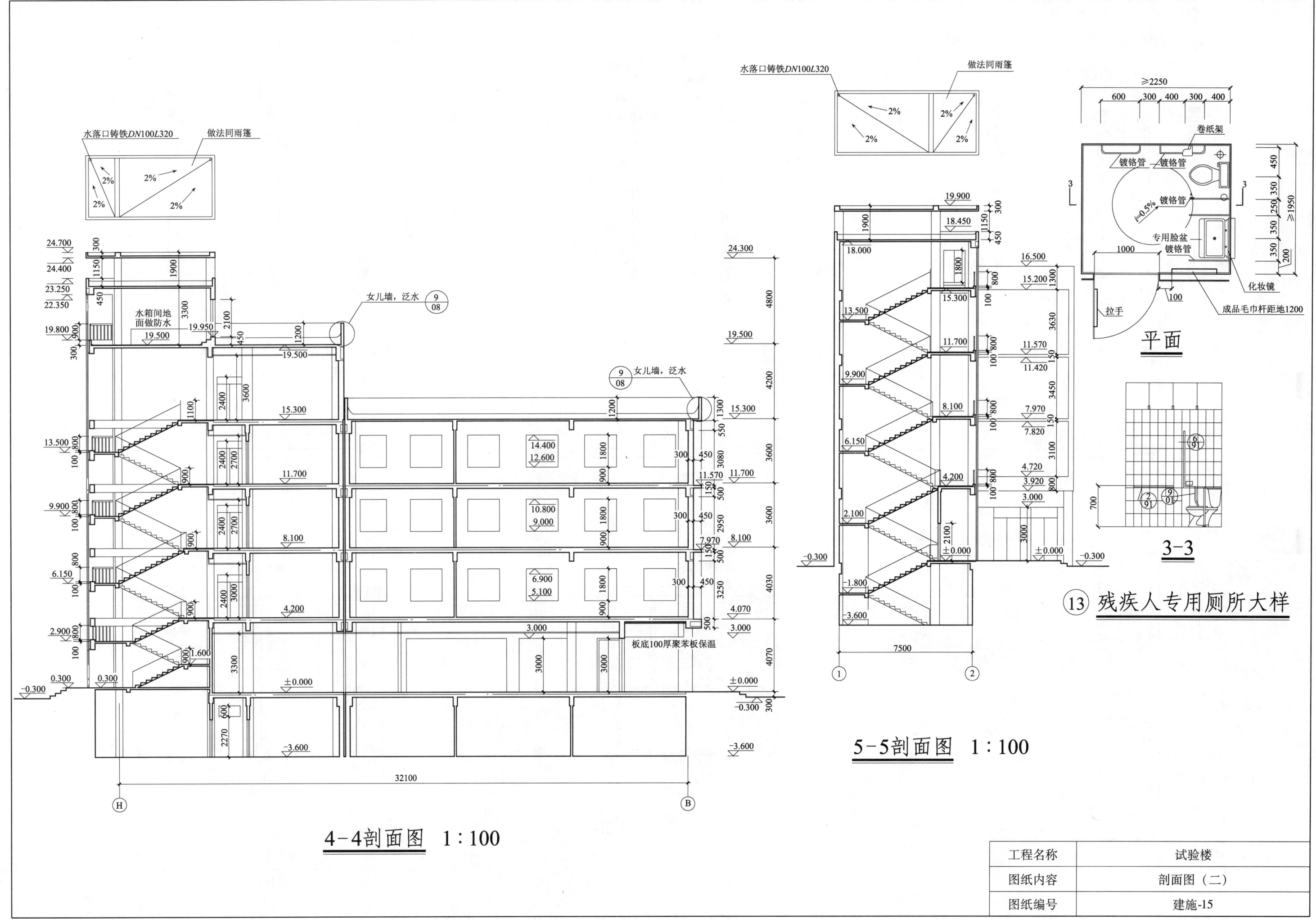

水落口铸铁DN100L320   做法同雨篷

水落口铸铁DN100L320   做法同雨篷

女儿墙，泛水 ⑨ 08

女儿墙，泛水 ⑨ 08

水箱间地面做防水

板底100厚聚苯板保温

4-4剖面图 1：100

5-5剖面图 1：100

⑬ 残疾人专用厕所大样

卷纸架

镀铬管   镀铬管

镀铬管

i=0.5%

专用脸盆

镀铬管

化妆镜

成品毛巾杆距地1200

拉手

平面

3-3

工程名称	试验楼
图纸内容	剖面图（二）
图纸编号	建施-15

151

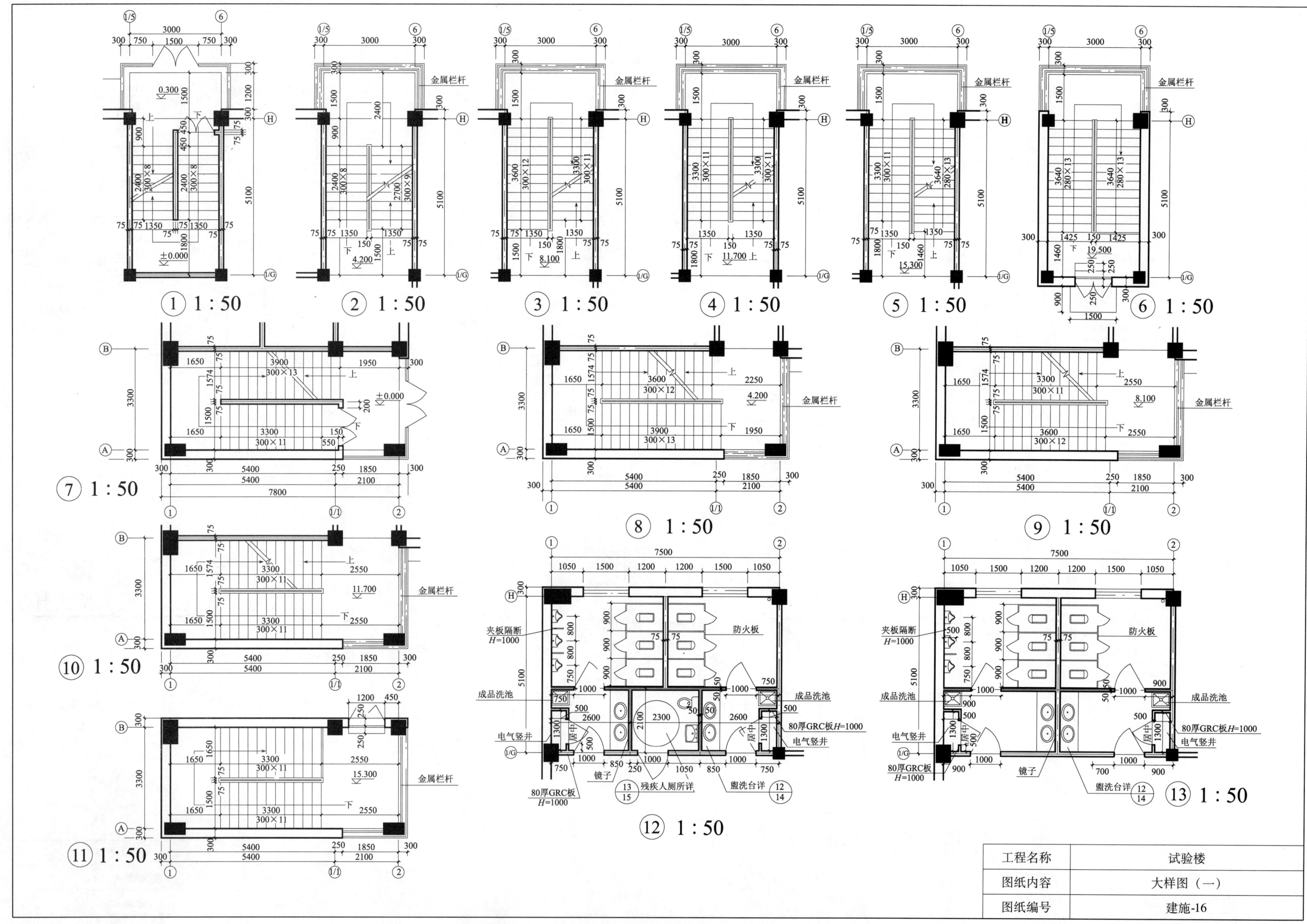

工程名称	试验楼
图纸内容	大样图（一）
图纸编号	建施-16

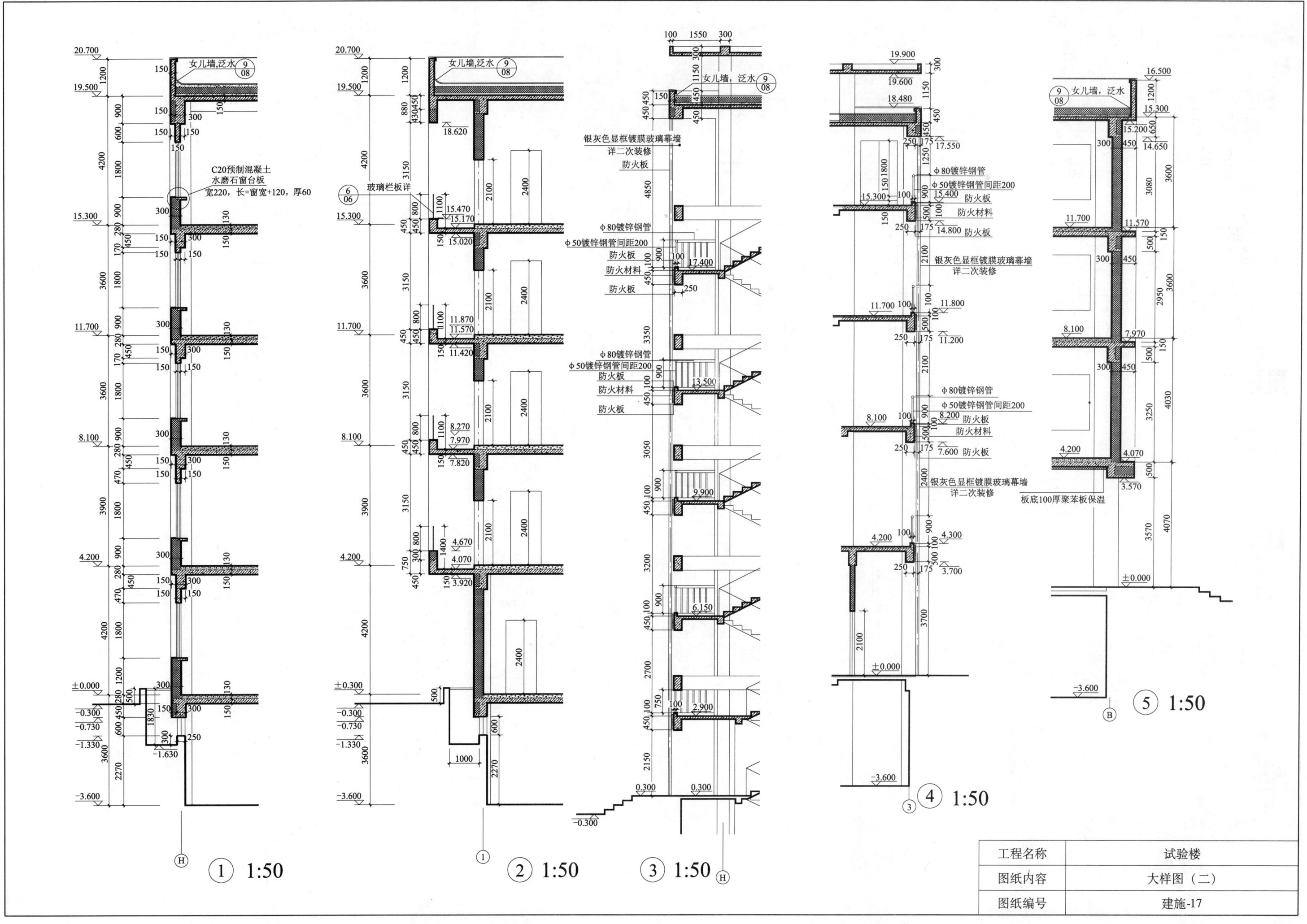

女儿墙,泛水 ⑨/08

C20预制混凝土
水磨石窗台板
宽220，长=窗宽+120，厚60

玻璃栏板详 ⑥/06

银灰色显框镀膜玻璃幕墙
详二次装修
防火板
Φ80镀锌钢管
Φ50镀锌钢管间距200
防火板
防火材料
防火板

Φ80镀锌钢管
Φ50镀锌钢管间距200
防火板
防火材料
防火板

银灰色显框镀膜玻璃幕墙
详二次装修

女儿墙,泛水 ⑨/08

板底100厚聚苯板保温

① 1:50

② 1:50   ③ 1:50

④ 1:50

⑤ 1:50

工程名称	试验楼
图纸内容	大样图（二）
图纸编号	建施-17

153

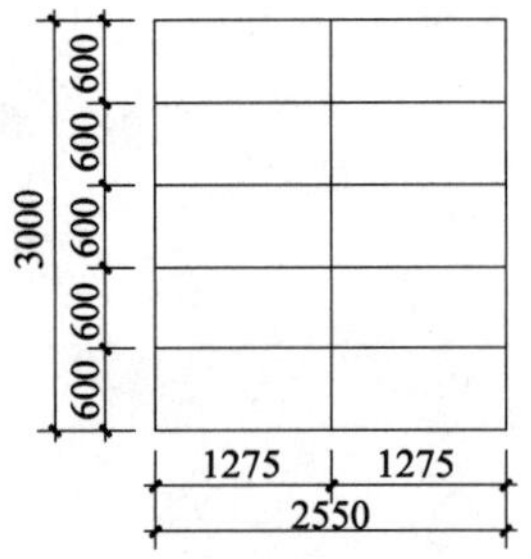

C-1 铝合金窗

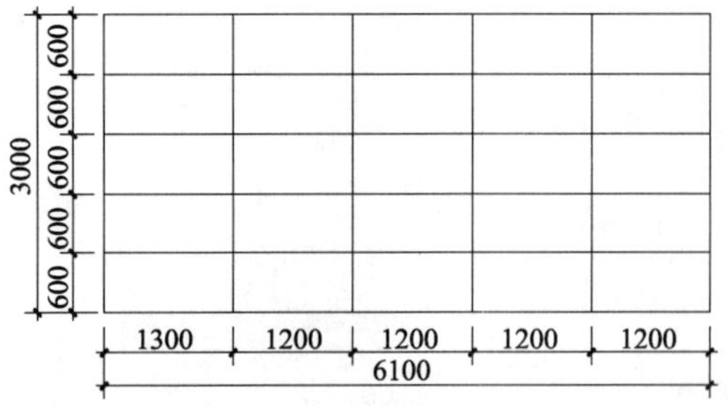

C-2 铝合金窗

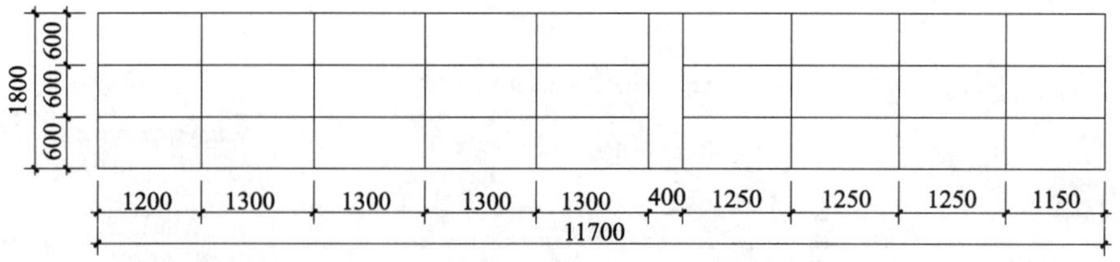

C-3 铝合金窗

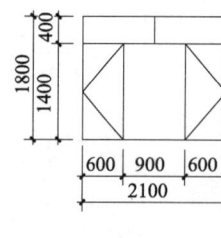

C-4 塑钢窗

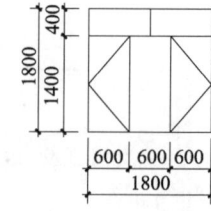

C-5 塑钢窗

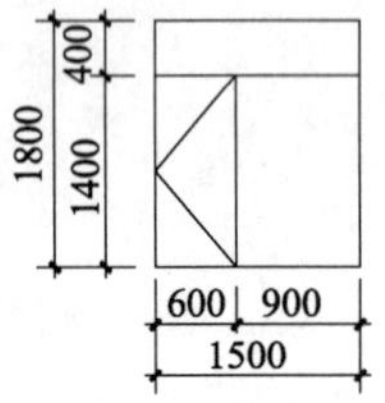

C-6 塑钢窗

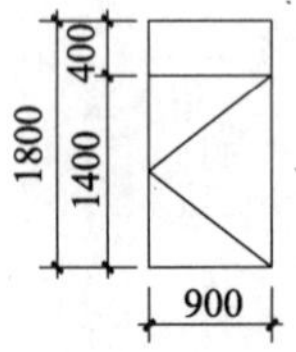

C-7 塑钢窗

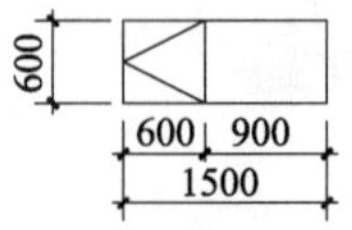

C-8 塑钢窗

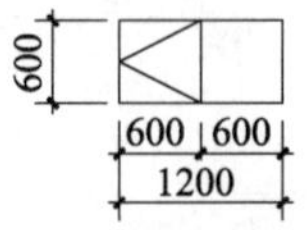

C-9 塑钢窗

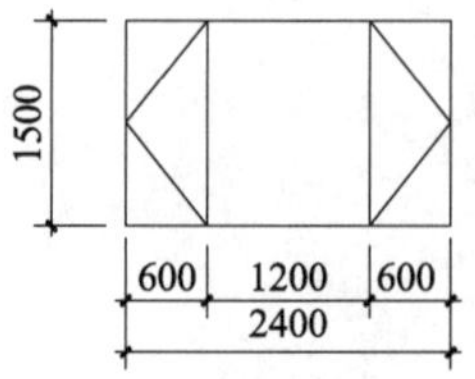

NC-1 塑钢窗

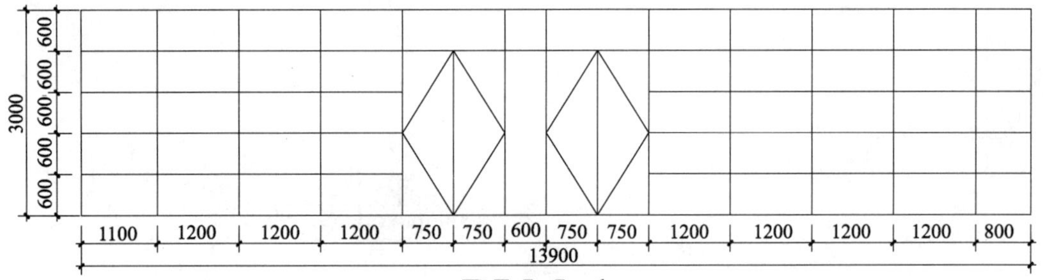

BLM-1 铝合金门窗

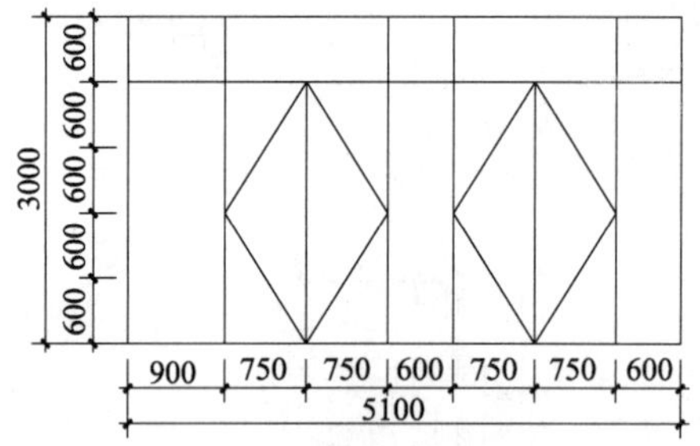

BLM-2 铝合金门

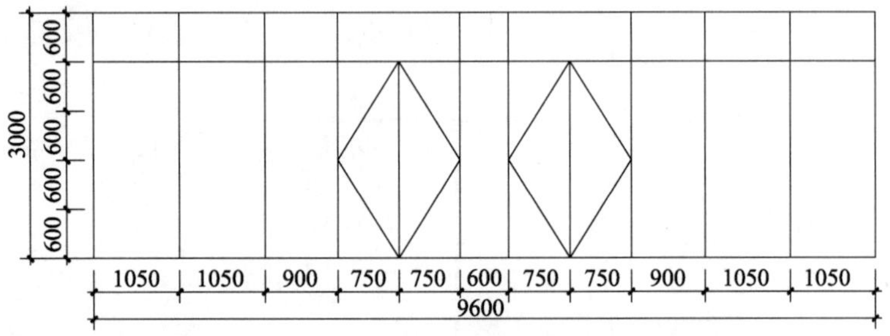

BLM-1′ 铝合金门

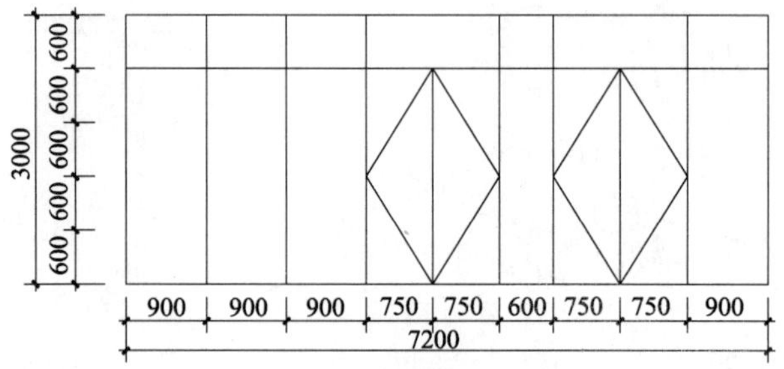

BLM-2′ 铝合金门

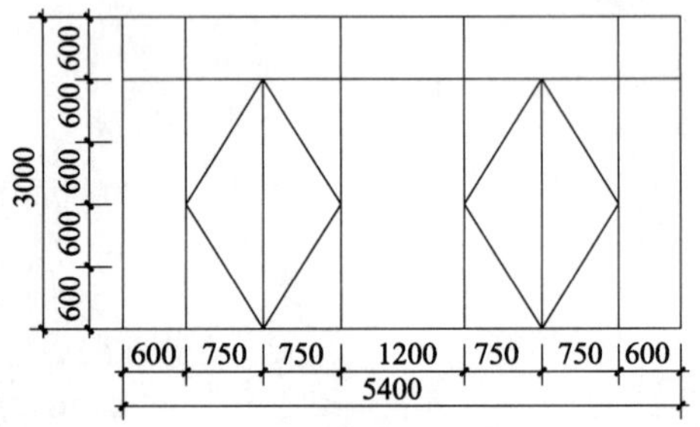

BLM-3 铝合金门

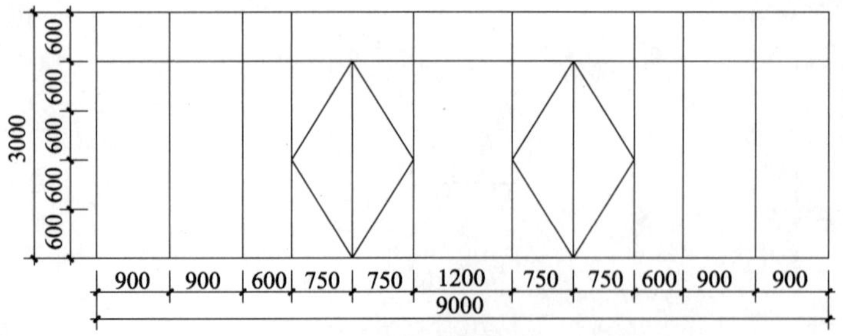

BLM-3′ 铝合金门

门窗统计表

门窗名称	洞口尺寸	门窗数量	备注及选用图集
C-1	2550×3000	1	铝合金窗（分格详建施）
C-2	6100×3000	1	铝合金窗（分格详建施）
C-3	11700×1800	1	铝合金窗（分格详建施）
C-4	2100×1800	68	塑钢单框双玻保温型平开窗（分格详建施）
C-5	1800×1800	34	塑钢单框双玻保温型平开窗（分格详建施）
C-6	1500×1800	25	塑钢单框双玻保温型平开窗（分格详建施）
C-7	900×1800	5	塑钢单框双玻保温型平开窗（分格详建施）
C-8	1500×600	16	塑钢单框双玻保温型平开窗（分格详建施）
C-9	1200×600	2	塑钢单框双玻保温型平开窗（分格详建施）
NC-1	2400×1500	2	塑钢单框单玻内平开窗（分格详建施）
BLM-1	13900×3000	1	保温型铝合金门（分格详建施）
BLM-1′	9600×3000	1	保温型铝合金门（分格详建施）
BLM-2	5100×3000	1	保温型铝合金门（分格详建施）
BLM-2′	7200×3000	1	保温型铝合金门（分格详建施）
BLM-3	5400×3000	1	保温型铝合金门（分格详建施）
BLM-3′	9000×3000	1	保温型铝合金门（分格详建施）
BLMQ-1	5450×17550	1	玻璃幕墙详二次装修
BLMQ-2	6600×22050	2	玻璃幕墙详二次装修
FHM-1	1200×2100	2	新99J705（五）69页 MFM1-13 乙级防火门
FHM-2	1000×2100	1	新99J705（五）69页 MFM1-9 甲级防火门
FHM-3	900×2100	10	新99J705（五）69页 MFM1-8 丙级防火门
M-1	1000×2400	18	成品木门，甲方自理（卫生间门下设百叶）
M-1′	1000×2100	1	成品木门，甲方自理
M-2	1200×2400	43	成品木门，甲方自理
M-2′	1200×2100	16	成品木门，甲方自理
M-3	1400×2400	6	成品木门，甲方自理
WM-1	1200×2100	9	保温型铝合金平开门，甲方自理
WM-2	1200×2100	2	保温型铝合金平开门，甲方自理
WM-3	1200×1800	1	保温型铝合金平开门，甲方自理

注：门窗统计如有遗漏处，均以实际发生数量为准。凡玻璃面积大于 $1.5m^2$ 的门窗均需做安全玻璃，门窗生产厂家需根据当地风压值进行抗风压强度计算。

工程名称	试验楼
图纸内容	大样图（三）、门窗统计表
图纸编号	建施-18

5.3 结构施工图

结构设计说明（用于钢筋混凝土框架、框剪、剪力墙结构）

一、工程概况

建设地址：位于 XXX 市城南。

工程概况：本项目由两栋框架结构组成，一栋为地下 1 层地上 5 层，另一栋为地下 1 层地上 4 层，两栋间用防震缝分隔。

二、建筑结构的安全等级及设计使用年限、混凝土构件的环境类别

建筑结构的安全等级：二级

设计使用年限：50 年

建筑抗震设防类别：丙类

地基基础设计等级：乙级

混凝土构件的环境类别见附表1：

混凝土构件的环境类别	附表 1
混 凝 土 构 件	环 境 类 别
与土层直接接触的构件及筏基底板、防水底板、挡土墙	三
雨篷、女儿墙、不封闭阳台、露天构件、有覆土的地下室顶板梁、在建筑防水层以内与回填土直接接触的其他构件、水池、集水坑	二 b
其他地下室构件	二 a
其余混凝土构件	一

未经技术鉴定或设计许可，不得改变结构的使用环境。

三、自然条件

1. 基本风压：$W_0 = 0.45 kN/m^2$（按 50 年重现期），地面粗糙度类别为 B 类。

2. 基本雪压：$S_0 = 0.25 kN/m^2$（按 50 年重现期）。

3. 本工程抗震设防烈度为 8 度（设计地震分组为第一组，设计基本地震加速度值为 0.2g）。场地类别 III 类。

4. 场地的工程地质及地下水条件：

（1）所依据的岩土工程勘察报告为 xx 岩土工程咨询专业公司提供的《岩土工程勘察报告》，编号 YT—2006—1072。

（2）地形地貌。

本工程场地地貌属冲击平原，地势平坦。

（3）地层见附表2。

地层表					附表 2
层 号	岩 性	厚（m）	f_{ak}（kPa）	E_0（MPa）	
1	杂填土	0.4 ~ 1.3			
2	粉土层	0.4 ~ 1.3			须清除
3	中砂层	3 ~ 3.3	160	10	持力层
4	粉质黏土层	未揭穿该层	160	10	持力层

（4）地下水及腐蚀性。

地下水埋深7.5m，根据地质报告及征求甲方同意，地下水埋深较深，不考虑地下水的影响。

（5）场地土类型及建筑场地类别。

场地土类型为中软场地土，建筑场地类别为 III 类，地基无液化土层。

四、相对标高

本工程相对标高 ±0.000 相当于绝对标高，详总平面图。

五、本工程设计遵循的主要标准、规范、规程

1. 《建筑结构可靠度设计统一标准》GB 50068—2001。

2. 《建筑抗震设防分类标准》GB 50223—2004。

3. 《建筑结构荷载规范》GB 50009—2001。

4. 《建筑地基基础设计规范》GB 50007—2002。

5. 《建筑抗震设计规范》GB 50011—2001。

6. 《混凝土结构设计规范》GB 50010—2002。

7. 《钢结构设计规范》GB 50017—2003。

8. 《砌体结构设计规范》GB 50003—2001。

9. 国家现行的其他有关规范及规程。

本工程按现行国家设计标准进行设计，施工时除应遵守本说明及各设计图纸说明外，尚应严格执行现行国家及工程所在地区的有关规范或规程。

六、本工程设计计算所采用的计算程序

结构计算使用软件：PKPM 系列建筑结构软件（2004 年 12 月版），地基基础计算：JCCAD 设计软件。

七、楼面均布活荷载标准值（未注明的执行《建筑结构荷载规范》GB 50009—2001）

楼面均布活荷载标准值见附表3。

楼面均布活荷载标准值						附表 3
主要房间名称	档案室（密集架）	楼梯间	商业用房	办 公	会议室	一般库房
标准值（kN/m²）	12.0	3.5	3.5	2.0	2.0	5.0

注：以上各项活荷载适用于一般使用条件，当使用荷载较大或情况特殊时，建设单位必须通知设计人按实际情况采用，具体房间名详施工，未经技术鉴定或设计许可，不得改变使用用途。

八、地基基础（除施工图说明者外）

1. 地基采用天然地基，持力层为第 3 层中砂层。持力层承载力特征值 160kPa。

2. 建设单位应请有资质的勘察单位查明地基底及建筑场地周围有无人防地道、井坑、墓穴、杂填土等特殊地层。建设单位应请有资质的岩土工程设计单位对已查明的特殊地层进行加固处理，加固处理方案必须向结构设计人反馈。对特殊地层处理完后方可进行基础施工。

3. 基槽开挖至基底标高以上 200 ~ 300mm 时，应进行普遍钎探，机械挖土时应按有关规范要求进行，坑底应保留 200 ~ 300mm 厚的土层用人工开挖，基槽开挖不应扰动持力层土的原状结构，如经扰动应挖除扰动部分。基础施工前应通知勘察、监理、设计等有关单位共同验槽。钎探、验槽如发现土质与地质报告不符时，需会同勘察、施工、监理、设计共同协商研究处理。

4. 本工程基坑较深，开槽时应按土方与爆破工程施工及验收规范有关规定放坡，对基坑距道路、市政既有建筑物较近处应进行边坡支护，以确保道路、市政管线和现有管线及现有建筑物的安全和施工的顺利进行。边坡支护应由有相应设计施工资质的单位承担。

工程名称	试验楼
图纸内容	结构设计说明（一）
图纸编号	结施-01

5. 地基局部超深时采用 C15 素混凝土垫层升台，地基大部分超深时另行处理。

6. 钢筋混凝土基础底面应做强度为 C15 的 100mm 厚混凝土垫层，垫层宜比基础每侧宽出 100mm。

7. 钢筋混凝土基础（包括筏板及防水底板）钢筋的保护层厚度不小于 40mm，当有地下水时防水钢筋混凝土构件迎水面钢筋的保护层厚度不小于 50mm。

8. 钢筋混凝土墙、柱钢筋与基础连接。

（1）独立基础及条形基础：柱、墙纵向钢筋全部锚入基底并满足锚固长度。见附图 8.8.1.1、8.8.1.2。

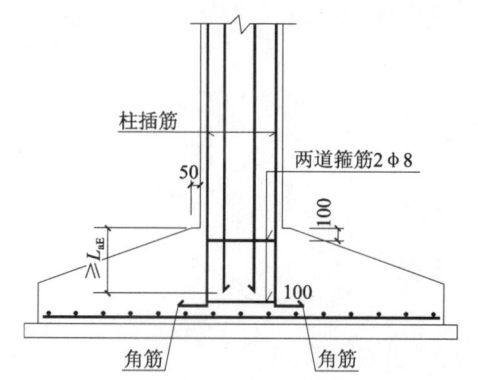

附图 8.8.1.1　扩展基础墙、柱插筋示意图
（基础高度大于柱钢筋锚固长度 L_{aE}）

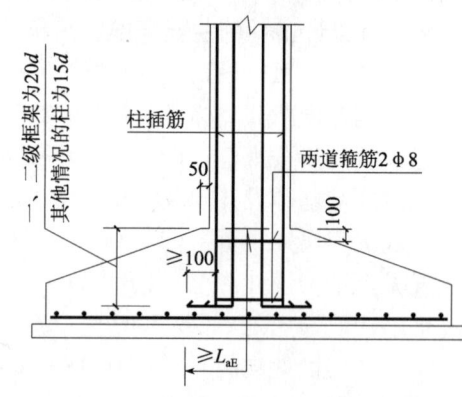

附图 8.8.1.2　扩展基础墙、柱插筋示意图
（基础高度小于柱钢筋锚固长度 L_{aE}）

（2）筏形基础：框架柱、剪力墙暗柱、端柱全部纵筋通到基础底，并满足锚固长度，剪力墙竖向分布筋伸入筏基梁内满足锚固长度即可（锚固长度从筏基梁顶面算起）。

（3）箱形基础：当框架内柱的三面或四面与箱形基础的墙相连时，除柱的四角钢筋直通基底外，其余纵向钢筋可以锚入箱基中并满足锚固长度，框架外柱、与剪力墙相连的柱与一侧与箱形基础墙相连或四周无墙的地下室内柱的主筋应直通到基底，剪力墙竖向分布筋伸入箱基内满足锚固长度（锚固长度从箱基顶板底算起）。

9. 筏形基础梁、板配筋平面表示法及构造详图集《混凝土结构施工图平面整体表示方法制图规则和构造详图》04G 101—3。

10. 填充外墙基础厚不小于 200mm（施工单位也可根据当地实际情况自定）。填充内墙基础厚不小于 200mm，详见标准图，当基础置于基础梁或钢筋混凝土底板上时取消混凝土部分。隔墙基础厚不大于 150mm，详见标准图。填充墙基础洞做法及基础阶梯形放坡详见标准图集。

11. 室内管沟详图见标准图集（选用无地下水一般地区室内管沟）。

12. 基础施工完毕（有地下室时在地下室顶板施工完毕，基础外侧防水、防腐施工完成后），用不含对基础有侵蚀作用的戈壁土、角砾石或黄土分层回填夯实，工程周围回填应按《地下工程防水技术规范》GBJ 50108—2001 中第 9.0.6 条要求施工。回填土压实系数不小于 0.94。

13. 地下室为主体结构的嵌固层，按建筑保温要求外墙防水层在冻土深度以上可采用厚度不大于 70mm 的挤塑聚苯板兼防护，在冻土深度以下严禁用低密度材料防护（包括挤塑聚苯板）。

14. 紧邻的两栋房屋在地下室如果设结构缝，用双墙断开时，室外地坪以下缝间应填砂。

九、地下结构防腐蚀

1. 地下结构要加强防腐蚀处理。

2. 本工程地下土对混凝土有结晶类强腐蚀性，需按《工业建筑防腐蚀设计规范》GB 50046—95 要求施工。

（1）与强腐蚀性土壤直接接触的钢筋混凝土挡土墙、柱、梁、基础按强腐蚀（最小水泥用量 400kg/m³，最大水灰比 0.4），与土壤接触处的混凝土中水泥采用抗硫酸盐水泥。

（2）与强腐蚀性土壤直接接触的钢筋混凝土挡土墙、柱、梁（不包括有建筑防水做法的一侧），应在接触面涂环氧沥青厚浆型涂料 2 遍，基础底部做碎石灌沥青或沥青混凝土垫层，厚度不应小于

100mm，基础表面涂冷底子油 2 遍，沥青胶泥 2 遍。

十、主要结构材料

1. 钢筋：

φ 为 HPB235 级钢筋，Φ 为 HRB335 级钢筋，Φ 为 HRB400 级钢筋。

2. 型钢、钢板、钢管：Q235B，焊条按《钢筋焊接及验收规程》JGJ 18—96 第三章采用。

3. 混凝土强度等级：

（1）基础混凝土强度等级见附表 4。

基础混凝土强度等级　　　　　　　　附表 4

独立柱基及墙下条基	基　础　梁	素混凝土垫层
C30	C30	C15

（2）主体结构构件混凝土强度等级（图中特殊注明者除外）见附表 5。

主体结构构件混凝土强度等级　　　　附表 5

挡土墙	框架柱	梁	板	楼梯	楼梯间 XZ
C30	C40	C30	C30	C30	C30

（3）构造柱、填充墙水平系梁、填充墙洞口边框、压顶、现浇过梁混凝土强度等级采用 C20，并须符合使用环境条件下的混凝土耐久性基本要求。女儿墙等外露现浇构件及其他未注明的现浇混凝土构件均采用 C30 混凝土浇筑。

（4）选用标准构件按标准图要求并不低于使用环境条件下的混凝土耐久性基本要求。

4. 结构混凝土的耐久性基本要求（主体结构合理使用年限为 100 年时另行要求）见附表 6。

结构混凝土的耐久性基本要求　　　　附表 6

环境类别	最大水灰比	最小水泥用量（kg/m³）	最低混凝土强度等级	最大氯离子含量（%）	最大碱含量（kg/m³）
一	0.65	225	C20	1.0	不限制
二 a	0.60	250	C25	0.3	3.0
二 b	0.55	275	C30	0.2	3.0
三	0.50	300	C30	0.1	3.0

5. 填充墙

填充墙所用材料详见建筑施工图，其材料强度按以下要求施工：

（1）平毛石基础采用 M5 水泥砂浆砌强度等级为 MU30 的平毛石。毛石混凝土基础强度等级为 C15。砖基础采用 M5 水泥砂浆砌强度等级为 MU10 的烧结普通砖。

（2）直接置于基础顶面上的填充墙，防潮层以下用 M5 水泥砂浆砌强度等级为 MU10 的烧结普通砖（当用多孔砖时需用 M5 水泥砂浆灌孔）。

（3）空心陶粒混凝土砌块墙用 M5 混合砂浆砌强度等级为 MU2.5 的空心陶粒混凝土块。

（4）烧结多孔砖砌体墙用 M5 混合砂浆砌强度等级为 MU10 的烧结多孔砖。

（5）烧结普通砖砌体墙用 M5 混合砂浆砌强度等级为 MU10 的烧结普通砖（当采用黏土砖时应注意本地区有关规定的限制条件）。

（6）加气混凝土砌块墙用 M5 混合砂浆砌强度等级为 A5.0 的加气混凝土块。

工程名称	试验楼
图纸内容	结构设计说明（二）
图纸编号	结施-02

十一、钢筋混凝土结构构造

1. 钢筋接头形式及要求：

（1）梁、柱、剪力墙、板的钢筋连接可采用机械连接、绑扎搭接或焊接，连接应符合国家现行有关标准规定。

（2）梁、柱、剪力墙纵向钢筋接头直径不小于20mm时优先采用Ⅱ级机械连接接头。

（3）纵向钢筋直径大于28mm，偏心受拉柱内的纵筋不宜采用绑扎搭接接头。

（4）框架抗震等级为一、二、三级的框架柱纵向钢筋接头在高层底部加强区及框支梁、柱纵向钢筋接头，应采用机械连接。

（5）接头宜避开非连接区，相邻纵向钢筋连接接头尽量相互错开，在同一截面内钢筋接头面积百分率不应大于50%，Ⅰ级机械连接接头的接头百分率可不受限制。当无法避开时，应采用Ⅰ级或Ⅱ级机械连接接头，且接头百分率不应大于50%。

（6）柱在一层层高内，梁在一跨内接头每根钢筋不宜多于一个。

2. 梁：

（1）梁非通长配筋切断点详03G 101—1修正版的相关部分，但第一断点从柱内皮算起按 $L_n/3$ 和 $1.2L_{aE}+h$ 取大值并须不小于 $1/6L_n+L_{aE}$，第二断点从柱内皮算起按 $L_n/4$ 和 $1.2L_{aE}+h$ 取大值（L_n 为左右净跨值的较大值），当梁端有挑梁时靠挑梁一端第一断点从柱内皮算起还须保证：楼层 $1.2L$，屋面 $1.5L$（L 为挑梁净挑尺寸）。

（2）如梁与柱偏心值大于柱宽1/4时，按附图11.2.2对梁做水平加腋。

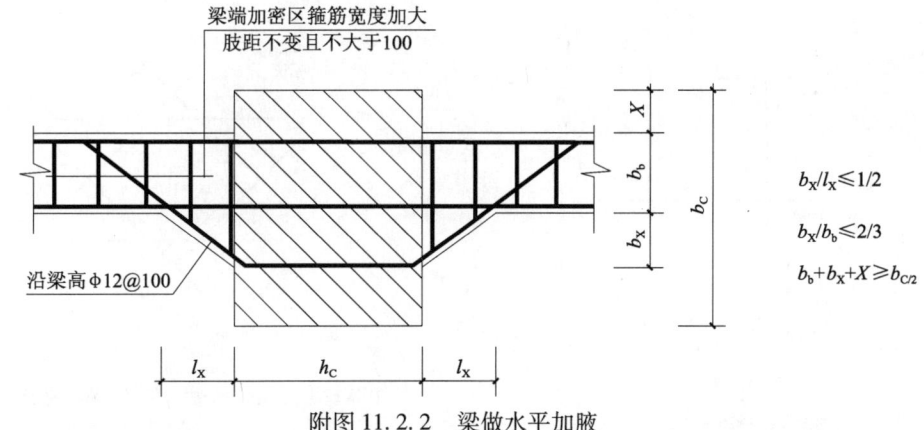

$$b_X/l_X \leq 1/2$$
$$b_X/b_b \leq 2/3$$
$$b_b+b_X+X \geq b_{c/2}$$

附图11.2.2　梁做水平加腋

（3）当梁跨度不小于9m时，梁跨中起拱2‰；当挑梁跨度 $l\geq2m$ 时，端头起拱5‰。

（4）同一轴线上不同梁号的梁纵筋尽量连通，以减少梁柱节点的钢筋锚固数量。

（5）现浇主梁与次梁交接处，或梁下部挂有集中荷载处，应附加吊筋或箍筋，未注明的当左右次梁梁跨度之和的1/2梁长 $l\leq3m$ 时总设6根箍筋（直径同梁箍筋），当 $3m<l\leq6m$ 时总设8根箍筋并设 $2\phi18$ 吊筋，当 $l>6m$ 时总设8根箍筋，并设 $2\phi25$ 吊筋（施工图已说明者按施工图）。当悬臂梁端有次梁时，应在次梁内侧悬臂梁上设箍筋，数量同前。

（6）梁定位尺寸图中未注明者均以轴线均分，当梁宽 $b<350mm$ 时，梁上部负筋中两根角筋应通长；当梁宽 $b\geq350mm$ 时，梁上部负筋中四根钢筋（包括两根角筋）应通长（图中注明者除外）；当梁上（下）部仅有两根通长受力钢筋时，增设 $2\phi12$ 架立筋，与支座筋搭接400mm（或锚入支座）。当梁腰高 $b\leq450mm$ 时，梁腰筋见详图。腰筋钢筋当梁宽不大于350mm时为 $\phi10$，梁宽 $400\sim550mm$ 时为 $\phi12$，梁宽为 $600\sim750mm$ 时为 $\phi14$，超过800mm时由设计人确定。抗扭筋可代替腰筋，弧梁腰筋由设计人定。

（7）梁上小洞口加固大样详见附图11.2.7.1、11.2.7.2，梁上开洞尺寸及位置见附表7。

注：1. 当孔洞直径小于 $h/10$ 及100mm时，孔洞边可不设补强钢筋。
　　2. 当孔洞直径小于 $h/5$ 及150mm时，孔洞按图示设置构造钢筋，A_{s1}、A_{s2} 取 $2\phi12$；

A_v 箍筋取 $2\phi12$，A_{sv}^c、A_{sv}^t 箍筋取 $1\phi10$。

3. 当孔洞直径不满足上述要求时，配筋由设计人员经过计算确定且不得小于构造配筋。

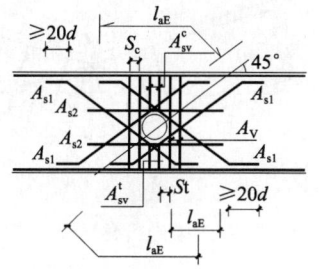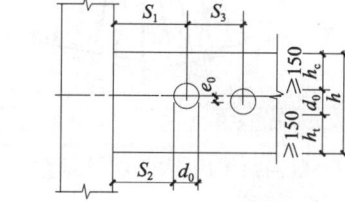

附图11.2.7.1　梁上小洞口加固大样　　　附图11.2.7.2　梁上开洞位置示意

梁上开洞尺寸及位置　　　　　　附表7

地区	$\dfrac{e_0}{h}$	跨中 $l/3$ 区域			梁端 $l/3$ 区域			
		d_0/h	h_c/h	S_3/d_0	d_0/h	h_c/h	S_2/h	S_3/d_0
非地震区	≤0.1（偏向拉区）	≤0.4	≥0.3	≥2.0	≤0.3	≥0.35	≥1.0	≥2.0
地震区							≥1.5	≥3.0

（8）水平、竖向折梁的配筋构造大样详附图11.2.8.1～附图11.2.8.5。

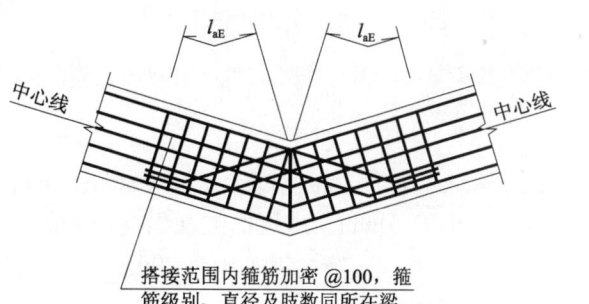

搭接范围内箍筋加密@100，箍筋级别、直径及肢数同所在梁

附图11.2.8.1　水平折梁配筋构造

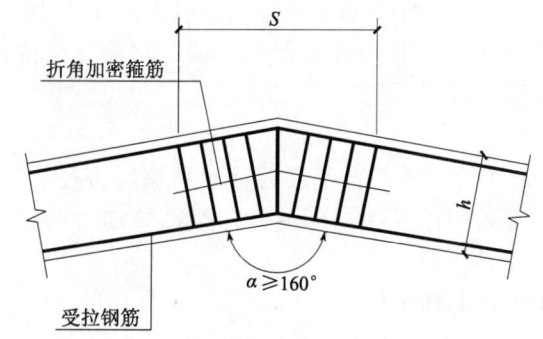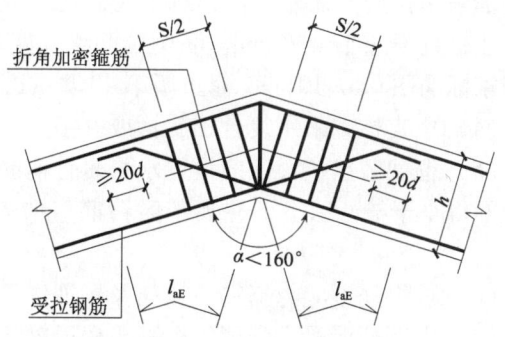

附图11.2.8.2　竖向折梁内折角区受拉折角 $\alpha\geq160°$ 配筋　　　附图11.2.8.3　竖向折梁内折角区受拉折角 $\alpha<160°$ 配筋

注：S 范围内增设箍筋由设计人员确定。$S\geq h\cdot\tan\left(\dfrac{3}{8}\alpha\right)/\sin\left(\dfrac{1}{2}\alpha\right)$

　　折角加密箍筋平面表示法：原位标注为（折角加密箍筋）/加密范围 S 如：（$\phi10@50(2)$）/500

工程名称	试验楼
图纸内容	结构设计说明（三）
图纸编号	结施-03

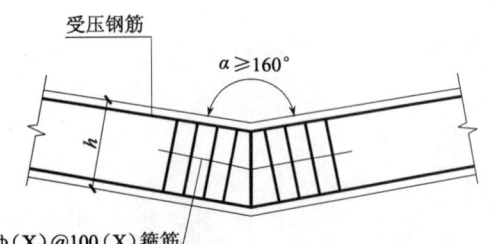

每侧4φ(X)@100(X)箍筋
级别、直径及肢数同所在梁

附图 11.2.8.4　竖向折梁内折角区受压折角 $\alpha \geqslant 160°$ 配筋

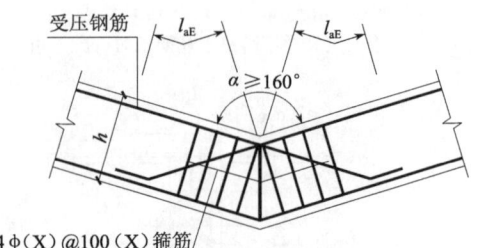

每侧4φ(X)@100(X)箍筋
级别、直径及肢数同所在梁

附图 11.2.8.5　竖向折梁内折角区受压折角 $\alpha < 160°$ 配筋

（9）柱、剪力墙顶纯悬挑梁按附图 11.2.9 要求施工

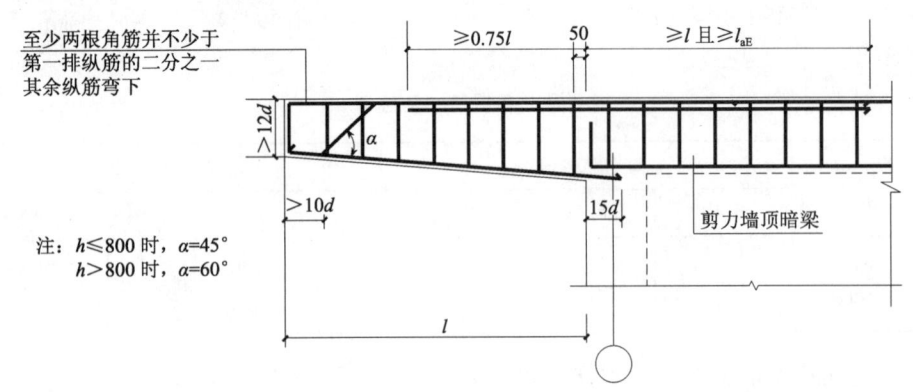

至少两根角筋并不少于第一排纵筋的二分之一其余纵筋弯下

注：$h \leqslant 800$ 时，$\alpha = 45°$
　　$h > 800$ 时，$\alpha = 60°$

剪力墙顶暗梁

附图 11.2.9　剪力墙顶纯悬挑梁

注：当挑梁上部纵筋直径大于暗梁时，按暗梁纵筋直径在断点处机械连接或搭接。当挑梁上部纵筋直径大于暗梁时，改为同位暗梁纵筋兼挑梁纵筋挑出。

3. 柱：

（1）截面尺寸大于 400mm 的柱纵向钢筋间距不宜大于 200mm；非抗震柱纵向钢筋间距不宜大于 300mm。柱纵向受力钢筋的净距不应小于 50mm；高层框支柱纵向钢筋的间距不应小于 80mm。

（2）柱加密区箍筋肢距不宜大于下值：一级抗震等级为 200mm，二三级抗震等级为 250mm 和 20 倍箍筋直径的较大值，四级抗震等级为 300mm。

（3）柱箍筋一般形式见国家标准图 03G 101—1 修正版第 46 页，柱内复合箍除框架节点核心区外不得全部采用拉筋。柱箍筋应为封闭式，其末端应做成 135° 弯钩且弯钩末端平直段长度不应小于 10 倍箍筋直径，且不应小于 75mm。采用拉筋组合箍时拉筋紧靠纵筋并勾住封闭箍筋。一般圆箍筋搭接构造参照国家标准图 03G 101—1 修正版第 40 页的圆柱螺旋箍筋搭接构造图 2。

（4）框支柱应采用复合螺旋箍或井字复合箍。

（5）框架节点核心区应设置水平复合箍筋。核心区未注明水平复合箍筋者其水平箍筋直径、肢数、间距不得小于核心区上下柱加密区箍筋值中的较大值，可采用由外围封闭箍筋与全部拉筋组合式复合箍筋。

（6）柱纵筋不应与箍筋、拉筋及预埋件等焊接（电气接地除外）。

（7）框架柱混凝土强度等级高于楼层梁板时，梁柱节点处混凝土按以下原则处理：

1）以混凝土强度 $5.0N/mm^2$ 为一级，当柱混凝土强度等级高于梁混凝土等级不超过一个等级时，梁柱节点处混凝土可随梁板混凝土强度等级浇筑。

2）当柱混凝土强度等级高于梁板不大于两个等级时，而柱子四边皆有现浇框架梁者，梁柱节点处的混凝土可随梁板一同浇筑。

3）当不符合上面两条的规定时，梁柱节点处混凝土应按柱混凝土强度等级单独浇筑。按附图 11.3.7 要求施工。在节点混凝土初凝前即浇筑梁板低等级混凝土，并加强振捣和养护。

4. 钢筋混凝土墙：

（1）钢筋混凝土墙分布钢筋集中标注方法示意：

墙编号（墙厚）　分布筋排数　　如：Q1（250）2
水平分布筋　　　　　　φ10@150
竖向分布筋　　　　　　φ10@150

（2）钢筋混凝土墙拉结钢筋直径：墙厚小于 250mm 时为 6mm；墙厚大于或等于 250mm 时为 8mm；横向和竖向间距均不大于 600mm，采用梅花状布置。

（3）钢筋混凝土墙混凝土强度等级高于楼层板时，墙板节点处混凝土可按附图 11.4.3 要求施工。

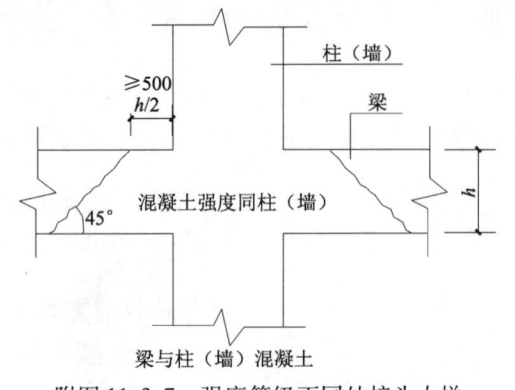

梁与柱（墙）混凝土

附图 11.3.7　强度等级不同处接头大样

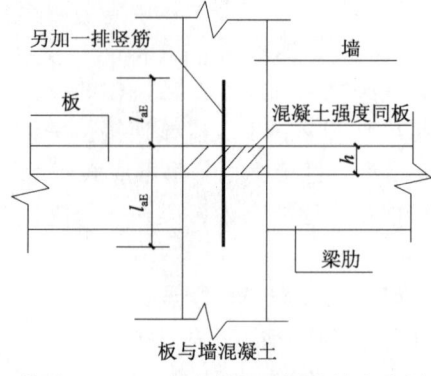

板与墙混凝土

附图 11.4.3　强度等级不同处接头大样

（4）剪力墙或其他混凝土墙开洞口时图中未注明洞边加筋者洞口加强筋构造见附图 11.4.4。

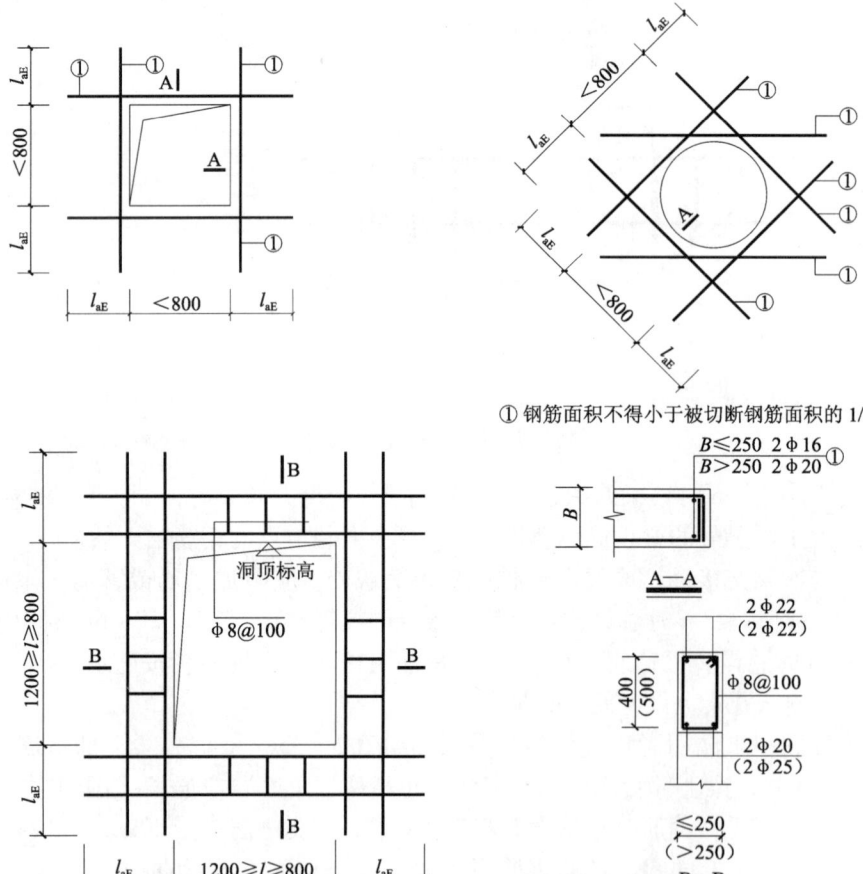

① 钢筋面积不得小于被切断钢筋面积的 1/2。

附图 11.4.4　洞口加强筋构造

工程名称	试验楼
图纸内容	结构设计说明（四）
图纸编号	结施-04

（5）当门窗洞顶与连梁梁底标高有高差时除注明者外，过梁断面及配筋详见附图 11.4.5。

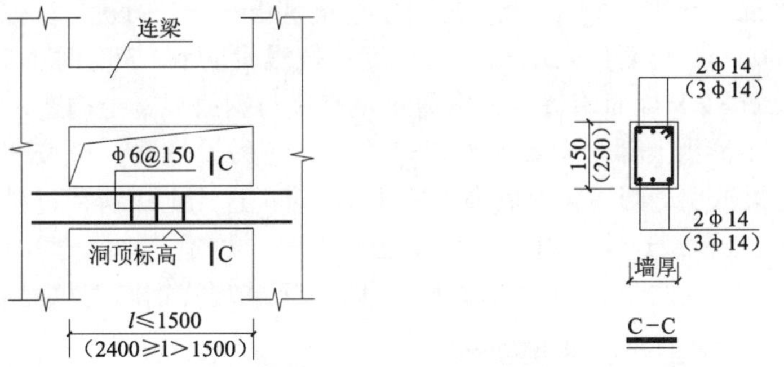

附图 11.4.5 洞口过梁

（6）框架-剪力墙结构中剪力墙应在各楼层处加设暗梁（楼层有边框梁除外），纯剪力墙结构中应在剪力墙收顶处加设暗梁，暗梁见附图 11.4.6 及附表 8

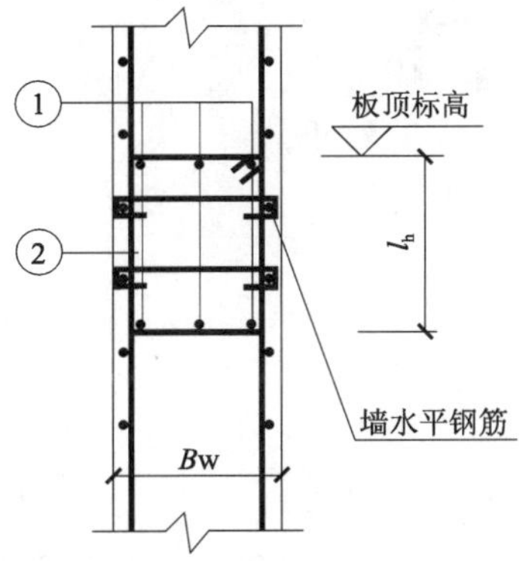

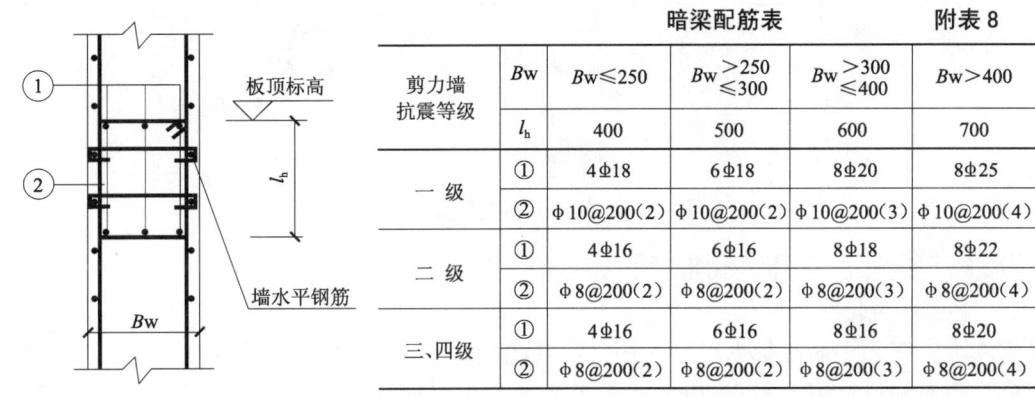

暗梁配筋表　　附表 8

剪力墙抗震等级	Bw	Bw≤250	Bw>250 ≤300	Bw>300 ≤400	Bw>400
	l_h	400	500	600	700
一 级	①	4Φ18	6Φ18	8Φ20	8Φ25
	②	ф10@200(2)	ф10@200(2)	ф10@200(3)	ф10@200(4)
二 级	①	4Φ16	6Φ16	8Φ18	8Φ22
	②	ф8@200(2)	ф8@200(2)	ф8@200(3)	ф8@200(4)
三、四级	①	4Φ16	6Φ16	8Φ16	8Φ20
	②	ф8@200(2)	ф8@200(2)	ф8@200(3)	ф8@200(4)

附图 11.4.6 剪力墙暗梁构造要求

注：暗梁处墙竖筋及水平筋照设，暗梁与框架梁和连梁纵筋搭接长度不小于 40d。

（7）挡土墙（包括剪力墙兼挡土墙）竖向钢筋尽量不设接头，如果设应按附图 11.4.7 要求施工。

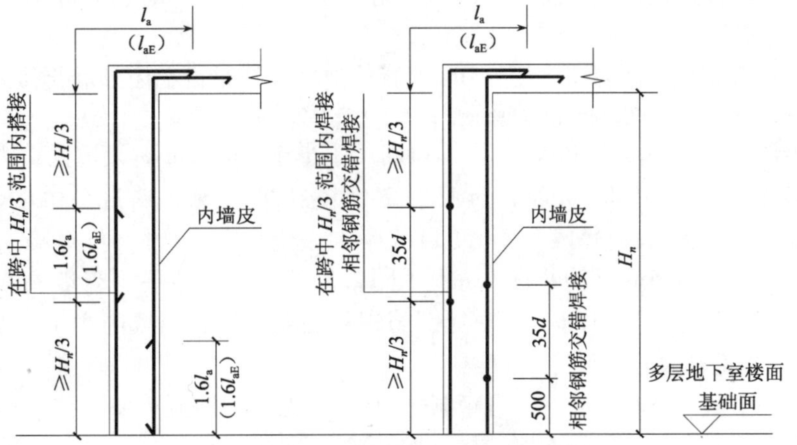

附图 11.4.7 挡土墙竖向钢筋连接

（8）施工图中挡土墙墙端无（暗）柱者，墙端按附图 11.4.8 要求施工。挡土墙一般情况下竖向钢筋设在外排。

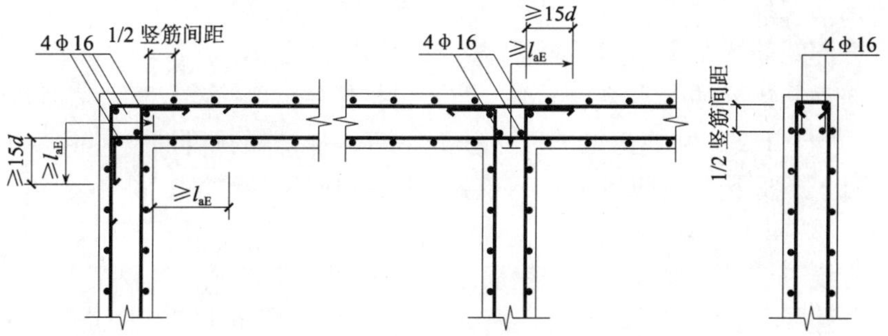

附图 11.4.8 挡土墙水平箍筋锚固

5. 现浇板：

（1）现浇板中未注明的分布钢筋（含架立筋）为ф6@200，受力钢筋直径大于或等于 12mm 时分布钢筋为ф8@250；当受力筋面积相当于ф14@100～ф16@120 时，分布钢筋为ф8@200。当受力筋更大时详施工图。

（2）暴露在大气中的悬挑板、阳台挡板、板式女儿墙等当长度大于 12m 时，必须每隔 12m 左右设置温度缝（留缝须避开转角处），缝宽 5mm，分布钢筋断开。

（3）板中主筋遇不大于 300mm 的洞不得截断，需绕洞而过，并在洞边附加等于弯折钢筋面积的短筋，伸过洞边 35d，遇 300mm＜洞宽≤800mm 洞做洞边加筋，做法详附图 11.5.3。洞口尺寸大于 800mm 时洞边设小梁。

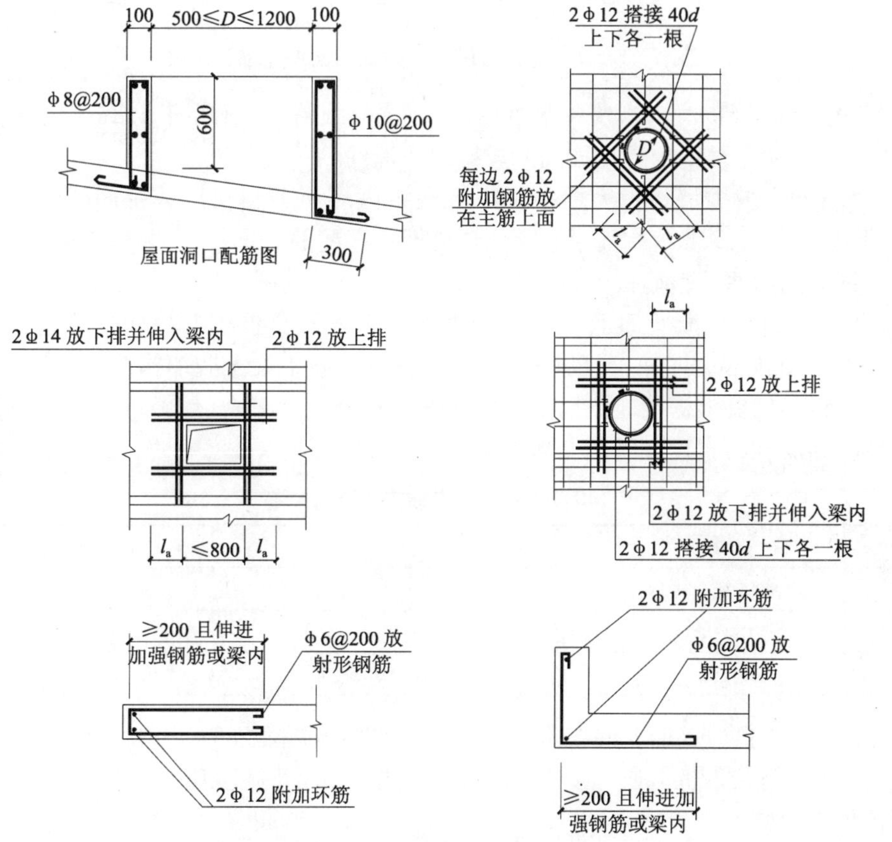

附图 11.5.3 楼板洞小于 800 加固

洞两侧附加钢筋面积之和不得小于切断钢筋面积

加强筋板底及板面均设

工程名称	试验楼
图纸内容	结构设计说明（五）
图纸编号	结施-05

（4）管道井内钢筋在预留洞口处不得切断，待管道安装后用高一级混凝土浇筑。

（5）板底短跨方向钢筋置于下排，板面短跨方向钢筋置于上排。

（6）板上部纵向钢筋锚入端支座长度不小于 l_a（包括错层处），板上部纵向钢筋不得在中支座断开锚固，平直锚固段不小于 $15d$，并伸至梁外侧主筋以下弯，顶部做挑耳时应伸到挑耳外边（留保护层）。板下部纵向钢筋锚入支座的长度应不小于 $5d$，并不小于 $100mm$。

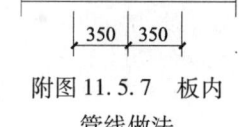
附图 11.5.7　板内管线做法

（7）板内埋设管线时，管线应放在板底钢筋之上板上部钢筋之下，且须布置在板厚中部的 1/3 范围内。当板内管线处无板面钢筋时，应增加 $\phi6@200$ 钢筋于板面，见附图 11.5.7。

（8）楼、屋面悬挑板阴阳角应配置附加斜向构造钢筋，见附图 11.5.8。

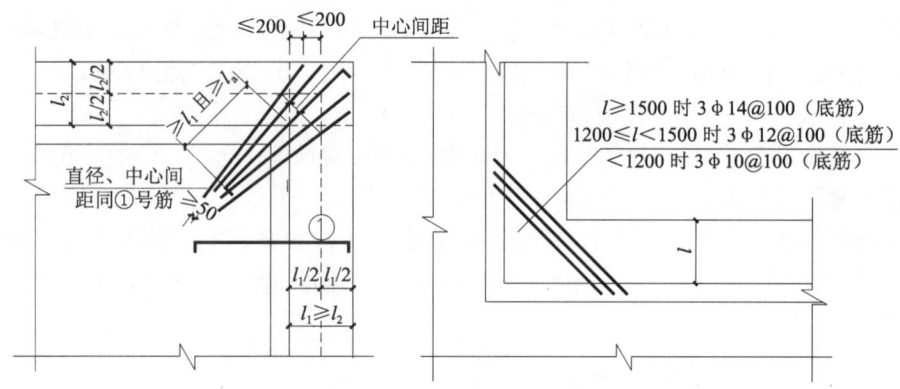
附图 11.5.8　悬挑板阴阳角附加斜向构造钢筋做法

（9）当板跨度不小于 6m 时，板跨中起拱 2.5‰，当挑板跨度 l 不小于 1.8m 时，端头起拱 1%。

（10）板梁上下应注意预留构造柱插筋或连接用的埋件。

（11）框架、框架—剪力墙、剪力墙结构房屋在室内环境下当长度分别超过 55m、50m、45m 时，露天环境下分别超过 35m、33m、30m 时，应在现浇板的未配筋表面按附表 9 布置抗温度、收缩构造冷轧带肋钢筋网，钢筋网与原有钢筋按受拉钢筋的要求搭接或在周围边构件中锚固。

（12）现浇板采用商品混凝土时宜在未配筋表面按附表 9 布置构造冷轧带肋钢筋网，当板厚大于 150mm 且采用商品混凝土时，应在未配筋表面按附表 9 布置抗混凝土收缩构造冷轧带肋钢筋网，钢筋网与原有钢筋按受拉钢筋的要求搭接或在周围边构件中锚固。

构造冷轧带肋钢筋网的直径和间距见附表 9。

构造冷轧带肋钢筋网直径和间距 附表 9

板的厚度（mm）	80	90	100	110	120
钢筋网规格	$\phi^R4@150$	$\phi^P5@140$	$\phi^P4@120$	$\phi^P4@110$	$\phi^P4@100$
板的厚度（mm）	130	140	150	160	≥180
钢筋网规格	$\phi^P5@150$	$\phi^P5@150$	$\phi^P5@130$	$\phi^P5@120$	$\phi^P5@100$

（13）现浇板中上部贯通钢筋允许在跨中连接，其构造详见国标 04G 101—4 第 26 页，下部贯通钢筋允许在支座处 100% 搭接、机械或焊接连接（基础筏板、防水底板相反）。

十二、砌体填充墙体

1. 填充墙平面位置、门窗洞口尺寸、标高及墙厚按建筑图施工，不得随意更改。

90mm、240mm 厚填充墙的高度分别不得超过 2.8m（1.8mm）、6.0m（3.8m），中间值墙厚的允许高度按插入法取值，厚不小于 250mm 填充墙高度不得超过 6.0m（3.8m）（括号内数字用于上端为自由端时墙的允许高度）。如果墙的高度超过允许值应通知本工程结构设计人作加强处理。

2. 钢筋混凝土墙、柱、构造柱应按建筑施工图中填充墙的位置预留拉筋及窗台板、过梁、水平系梁、压顶纵筋。

3. 砌体填充墙应沿混凝土墙、柱、构造柱全高每隔 500mm 左右设置 2ϕ6 拉筋，锚入混凝土墙、柱、构造柱内不小于 200mm，拉筋伸入填充墙内长度：抗震设防 6、7 度时不应小于墙长的 1/5，且不应小于 700mm，抗震设防 8、9 度时沿墙全长贯通，填充墙与钢筋混凝土构造柱连接处应做马牙槎。

4. 填充墙门窗洞口不能由上部结构梁兼洞口过梁时，应另设过梁，可按国家标准图集《钢筋混凝土过梁》中的填充墙过梁选用，当过梁上墙高不大于 1m 时，选用 1 级荷载过梁；当过梁上墙高大于 1m 且不小于 2m 时，选用 2 级荷载过梁。过梁遇混凝土墙、柱、构造柱时，过梁纵筋锚入混凝土墙、柱、构造柱内不得小于 l_a。当洞宽大于 3.6m 时，按附图 12.4 下挂现浇钢筋陶粒混凝土过梁。

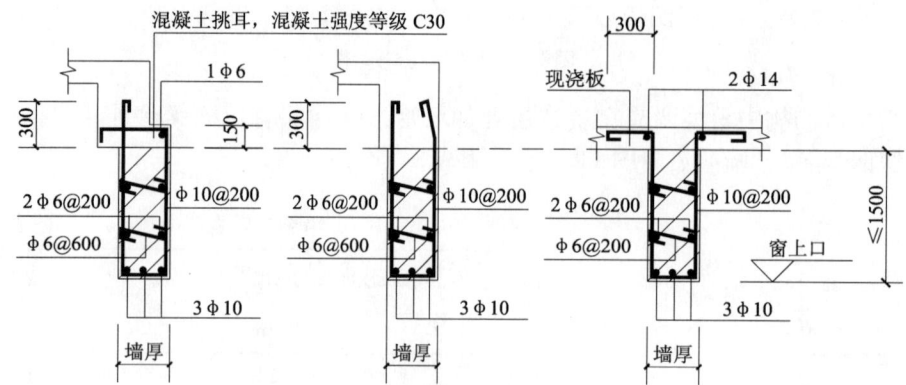
附图 12.4　现浇钢筋陶粒混凝土过梁

5. 砌体填充墙的构造柱设置（需按以下编号顺序布置构造柱）。

（1）填充外墙的构造柱设置：

1）填充外墙应在无钢筋混凝土墙、柱相接的转角处、悬墙端设置构造柱。

2）填充外墙当洞口宽度大于 2400mm，洞口高度大于 1800mm，且距洞边 500mm 无钢筋混凝土墙、柱、构造柱时，应在洞边设置构造柱。距洞边 500mm 有钢筋混凝土墙、柱、构造柱时洞边可不设构造柱，但洞口过梁应伸入钢筋混凝土墙、柱、构造柱内；当洞间墙宽尺寸不大于 1200mm 时，洞边构造柱可取消，改为在墙中部设一根构造柱（尽量设在内外墙交接处）；当洞间墙宽尺寸不大于 500mm 时，按附图 12.5.1 设构造柱，构造柱改为同墙宽，当柱宽尺寸不小于 350mm 时，宽边纵筋配 2 倍，箍筋改为四肢箍。

3）实体长墙及小开口墙应间隔不大于 4.0m 设置构造柱，尽量设在内外墙交接处。

（注：小开口墙指墙上开洞口尺寸其宽度不大于 2400mm，高度不大于 1800mm 的开洞墙）

4）小开口墙当洞口宽度不小于 1500mm，洞口高度不小于 1500mm 时设边框，边框见附图 12.5.2。

5）外墙窗洞口宽不小于 3600mm 时，窗洞下部墙体及填充墙上端为自由端墙，且墙高不大于 1200mm，墙厚不小于 240mm，应每隔 2.1m（当墙厚不小于 300mm 时，可每隔 2.5m 设构造柱，当墙厚为 200mm 时，应每隔 1.5m 设构造柱）按附图 12.5.3 设置构造柱。当墙高大于 1200mm，且不大于 1800mm 时，可采用不小于 250mm 厚现浇钢筋陶粒混凝土墙，当墙高大于 1800mm 需另行处理。

（2）填充内墙的构造柱设置

1）内墙门窗洞口宽大于 2400mm，且距洞边 500mm 无钢筋混凝土墙、柱、构造柱时应在洞边设置构造柱。距洞边 500mm 有钢筋混凝土墙、柱、构造柱时洞边可不设构造柱，但洞口过梁应伸入钢筋混凝土墙、柱、构造柱内。

工程名称	试验楼
图纸内容	结构设计说明（六）
图纸编号	结施-06

2）当风道长边尺寸大于1.8m时，应在"厂""丁"转角处设构造柱；当风道长边尺寸大于3.6m时还需在墙中部间隔不大于3.6m设置构造柱。

3）内墙净高大于4.0m时：① 应在"厂"形转角处及无侧向约束墙端设置构造柱（一端有侧向约束的悬墙端，当悬墙长度小于12倍墙厚时无侧向约束墙可不设构造柱；当洞高大于3.2m时，洞两侧按无侧向约束墙端处理）；② 有侧向约束之间的墙长度大于6m（抗震设防烈度为9度时大于5m）时，应在墙中部间隔不大于6m（抗震设防烈度为9度时间隔不大于5m）设构造柱。

（注：填充墙有侧向约束指：与墙相接的混凝土墙、柱（包括构造柱）；在垂直墙面方向同时砌筑有长度不小于5倍墙厚，且不小于1.0m的填充墙。

4）墙长超过层高2倍时，应在墙端设置构造柱，墙端有混凝土墙、柱相接除外。

5）有侧向约束之间的墙长超过层高2倍时，应在墙中部间隔不大于2倍层高处设置构造柱。

6）内墙上端为自由端（墙顶未到梁板底）时，应每隔3.6m左右设1根构造柱，当墙端无钢筋混凝土墙、柱时还应在墙端增设构造柱。

7）独立墙垛宽不大于500mm，且墙端均无侧向约束时，洞间墙宽不大于500mm，且洞高大于1500mm时，按附图12.5.1设构造柱，构造柱宽改为同墙宽。

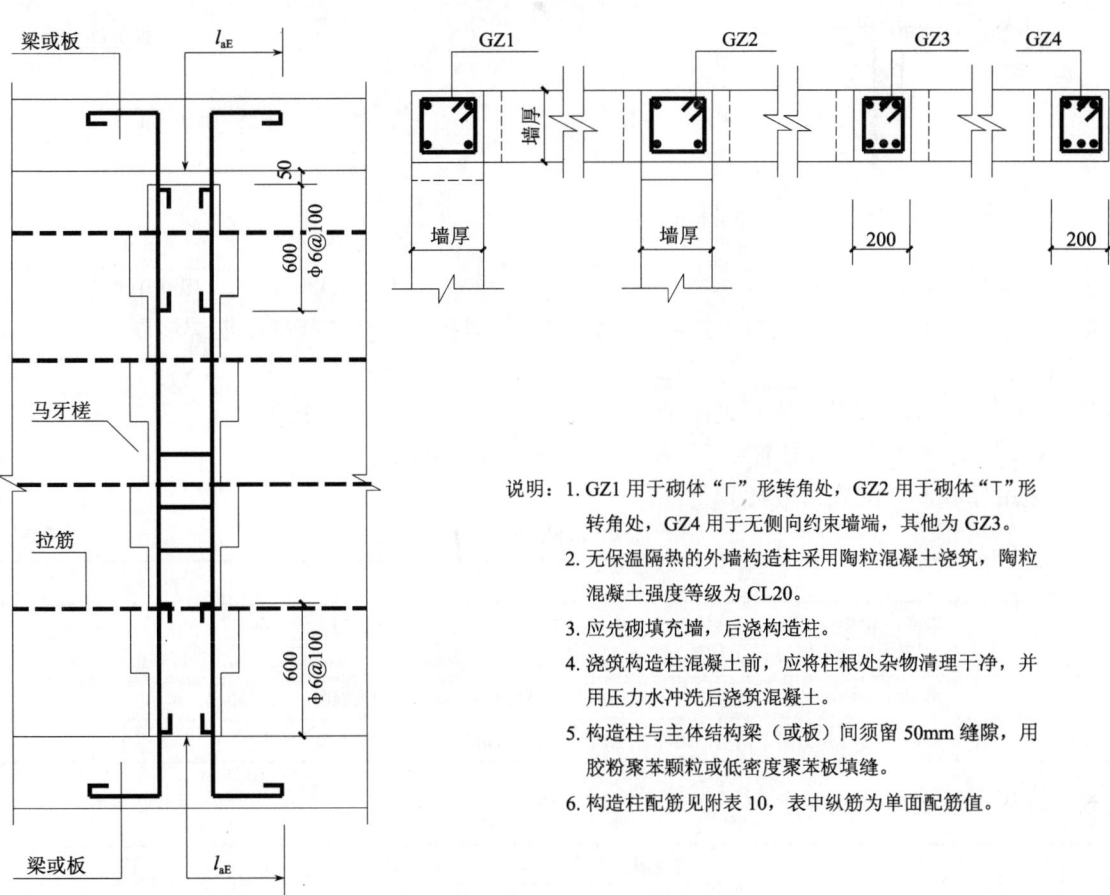

说明：1. GZ1用于砌体"厂"形转角处，GZ2用于砌体"丁"形转角处，GZ4用于无侧向约束墙端，其他为GZ3。
2. 无保温隔热的外墙构造柱采用陶粒混凝土浇筑，陶粒混凝土强度等级为CL20。
3. 应先砌填充墙，后浇构造柱。
4. 浇筑构造柱混凝土前，应将柱根处杂物清理干净，并用压力水冲洗后浇筑混凝土。
5. 构造柱与主体结构梁（或板）间须留50mm缝隙，用胶粉聚苯颗粒或低密度聚苯板填缝。
6. 构造柱配筋见附表10，表中纵筋为单面配筋值。

附图12.5.1 上下有支点的构造柱

8）内墙门洞宽大于1.2m时（不包括窗洞及设备洞），在洞边设边框，边框见附图12.5.2。

9）内墙连续开洞，其洞间墙宽小于0.8m时，洞边设边框，边框见附图12.5.2。

（3）多层房屋女儿墙按上端为自由端填充外墙处理。高层房屋在顶部严禁采用砌体女儿墙。

（4）紧靠填充墙有钢筋混凝土墙、柱时可不另设构造柱，填充墙拉筋及水平系梁按要求锚入钢筋混凝土墙、柱内即可。

（5）上下有支点的构造柱按附图12.5.1施工，上端为自由端的构造柱按附图12.5.3施工。

		柱号	GZ1	GZ2	GZ3（GZ4）		
距地高度		墙净高	$H_0 \leq 5m$	$5m < H_0 \leq 6m$	$H_0 \leq 4m$	$4m < H_0 \leq 4.2m$	$4.2m < H_0 \leq 4.4m$
外墙	≤30m		2Φ10 Φ6@200	2Φ12 Φ6@200	2Φ12 Φ6@200	2Φ12+1Φ14（2Φ12） Φ6@200	2Φ16（2Φ12） Φ6@200
	>30m ≤45m				2Φ12 Φ6@200	2Φ14+1Φ14（2Φ12） Φ6@200	3Φ14（2Φ12） Φ6@200
	>45m ≤60m				2Φ12 Φ6@200	3Φ14（2Φ12） Φ6@200	2Φ14+1Φ16（2Φ14） Φ6@200
	>60m ≤80m				2Φ14 Φ6@200	2Φ16+1Φ14（2Φ14） Φ6@200	3Φ14（2Φ12） Φ6@200
	>80m ≤100m				2Φ14 Φ6@200	3Φ16（2Φ14） Φ6@200	3Φ14（2Φ14） Φ6@200
内墙	≤100m		2Φ10 Φ6@200	2Φ12 Φ6@200	2Φ10 Φ6@200	2Φ12（2Φ10） Φ6@200	3Φ10（2Φ10） Φ6@200

构造柱配筋　　　　附表10

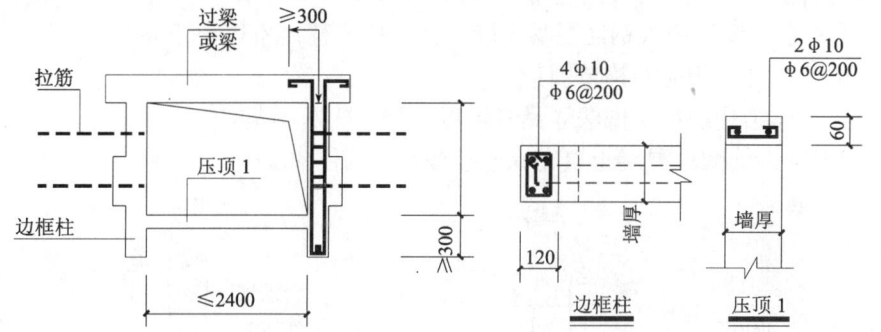

附图12.5.2 砌体墙小洞口边框

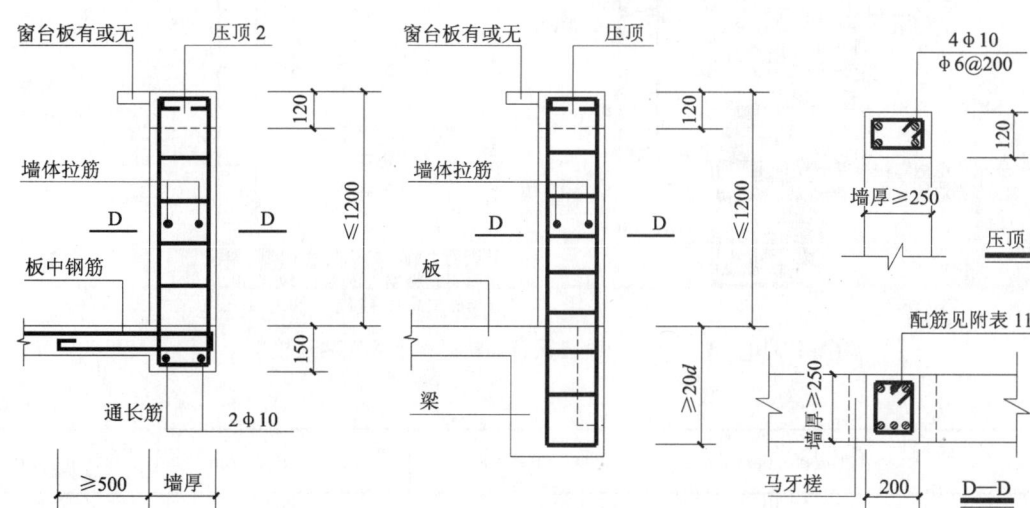

附图12.5.3 上端为自由端的构造柱

6. 填充墙当墙净高大于4.00m时，应在墙体半高处（或门窗洞顶）设置与柱连接且沿墙全长贯通的钢筋混凝土水平系梁，水平系梁纵筋锚入钢筋混凝土墙、柱、构造柱内不得小于l_a。洞口处过梁照设，水平系梁纵筋通过，箍筋取大者，过梁高度大于120mm时取120mm。

工程名称	试验楼
图纸内容	结构设计说明（七）
图纸编号	结施-07

当水平系梁被门洞切断时，应在洞顶设置1道不小于被切断的水平系梁断面和配筋的钢筋混凝土附加水平系梁，其配筋尚应满足过梁的要求，其搭接长度不应小于1000mm。当两水平系梁高差不大于500mm时，水平系梁也可沿洞口垂直拐弯与过梁连成框架，见附图12.6。

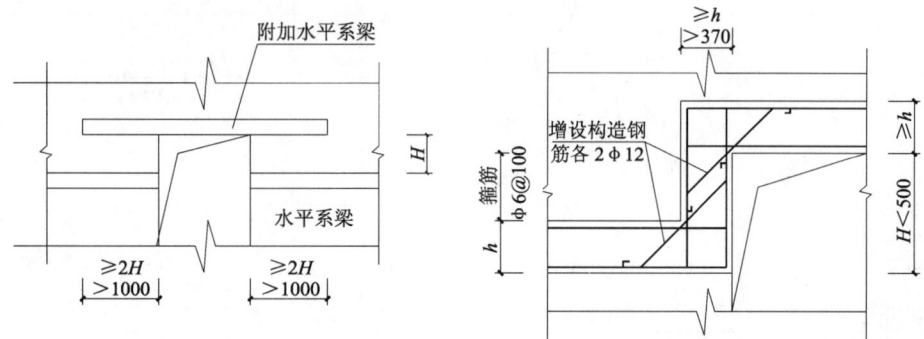

附图12.6　高低水平系梁搭接

7. 填充墙上端为自由端（墙顶未到梁板底）时，应在墙顶处设置与柱连接且沿墙全长贯通的钢筋混凝土水平系梁，水平系梁纵筋锚入钢筋混凝土墙、柱、构造柱内不得小于l_a。

8. 墙顶与楼层梁连接详见相应的构造图集。

9. 墙板构造及与主体结构的拉结做法详见各墙板的相应构造图集。

10. 砌体外墙及现浇钢筋陶粒混凝土填充墙连接构造见附图12.10。

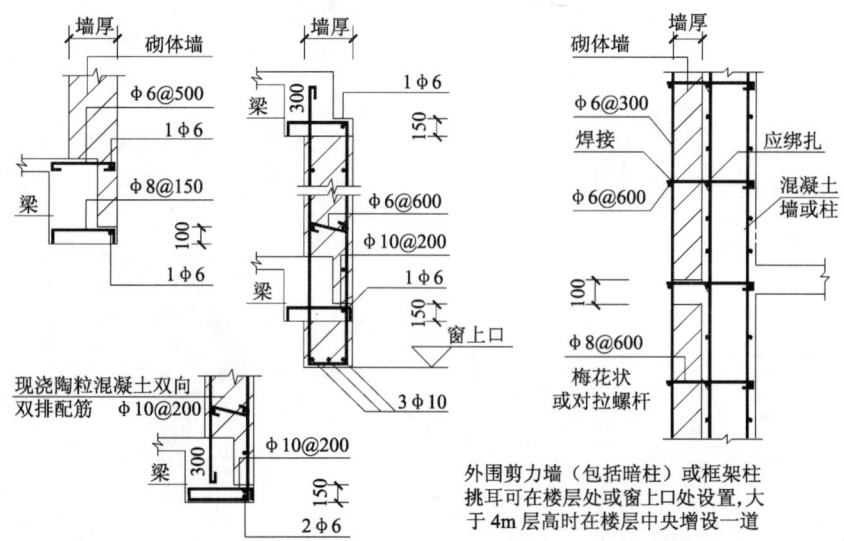

附图12.10　砌体外墙及现浇钢筋陶粒混凝土填充墙连接构造

外围剪力墙（包括暗柱）或框架柱挑耳可在楼层处或窗口处设置，大于4m层高时在楼层中央增设一道。

附表11

墙净高 距地高度	$H≤0.6m$	$0.6m<H≤0.8m$	$0.8m<H≤1.0m$	$1.0m<H≤1.2m$
≤30m	2φ10 φ6@200	2φ12 φ6@200	2φ12 φ6@200	2φ12 φ6@200
>30m ≤45m	2φ10 φ6@200	2φ12 φ6@200	2φ12 φ6@200	2φ14 φ6@200
>45m ≤60m	2φ10 φ6@200	2φ12 φ6@200	2φ12 φ6@200	2φ14 φ6@200
>60m ≤80m	2φ10 φ6@200	2φ12 φ6@200	4φ12 φ6@200	2φ14 φ6@200
>80m ≤100m	2φ10 φ6@200	2φ12 φ6@200	4φ12 φ6@200	3φ12 φ6@200

注：1. 无保温隔热的外墙构造柱采用陶粒混凝土浇筑，强度等级为CL20。
　　2. 应先砌填充墙，后浇构造柱。
　　3. 浇筑构造柱混凝土前，应将柱根处杂物清理干净，并用压力水冲洗后浇筑混凝土。

十三、其他

1. 本工程图示尺寸以毫米（mm）为单位，标高以米（m）为单位。

2. 本工程未考虑冬期、雨期施工措施，施工单位应根据有关施工及验收规范自定。

3. 砌体质量等级控制为B级，施工中应严格遵守国家现行的施工及验收规范和操作规程。

4. 本工程楼面施工荷载不得超过2.0kN/m²，如果需在楼板上大面积堆料，楼板底模及支撑系统不得拆除，并且支撑系统须进行强度验算。

5. 施工中应密切配合建筑及设备、电气施工图做好预留及预埋工作，管道井内宜预设管道支架或埋件。现浇板，剪力墙上留洞应与建筑、设备、电气图配合预留，不得任意打洞。剪力墙暗柱上留洞必须通过结构设计人员。

6. 电梯定货必须符合本工程图纸所提供的电梯井道尺寸、门洞尺寸以及电梯机房的要求。电梯井道、电梯间预埋件及电梯门信号预留孔、机房地面预留孔、检修吊钩位置应符合样本的要求。电梯检修吊钩做法详附图13.6.1、附图13.6.2。

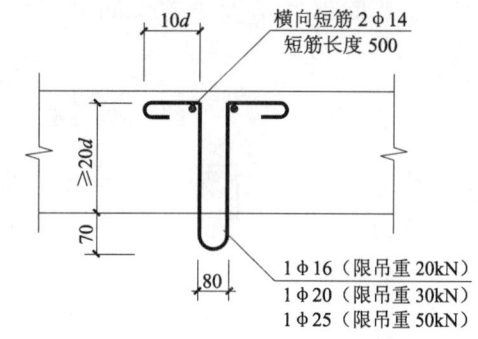

附图13.6.1　梁上电梯吊钩大样　　　附图13.6.2　板上电梯吊钩大样

7. 防雷措施应按电气施工图要求，柱或墙内防雷通长焊接纵筋须与基础钢筋焊接联网。

8. 所有外露铁件应涂刷防锈漆二底二面。

9. 结构施工图中所示做法与本页说明矛盾时，以结构施工图所示做法为准。

10. 本施工图必须经有关的施工图审查机构审查批准后方可施工。

十四、选用标准设计图集见附表12

标准设计图集表　　　　　附表12

代　　号	图　　　　　名
03G 101—1	混凝土结构施工图平面整体表示方法制图规则和构造详图（修正版） （现浇混凝土框架、剪力墙、框架-剪力墙、框支-剪力墙结构）
03G 101—2	混凝土结构施工图平面整体表示方法制图规则和构造详图（现浇混凝土板式楼梯）
04G 101—3	混凝土结构施工图平面整体表示方法制图规则和构造详图（筏形基础）

十五、常用钢筋混凝土构件代号

筏基梁	JL	挡土墙	DQ	框架柱	KZ	楼层框架梁	KL	现浇板	B
筏基板	JB	人防墙	RQ	框支柱	KZZ	顶层框架梁	WKL	延伸悬挑板	YXB
独立柱基	J	剪力墙	Q	芯柱	XZ	次梁	L	纯悬挑板	XB
墙下条基	HJ			梁上柱	LZ	纯悬挑梁	XL	现浇空心板	KB
基础梁	DL			剪力墙上柱	QZ	剪力墙连梁	LL	预制板	YB
防水底板	FB			构造柱	GZ	剪力墙暗梁	AL	预制空心板	YKB
				剪力墙暗柱	AZ	楼梯梁	TL	楼梯板	TB
				剪力墙端柱	DZ	过梁	GL		

工程名称	试验楼
图纸内容	结构设计说明（八）
图纸编号	结施-08

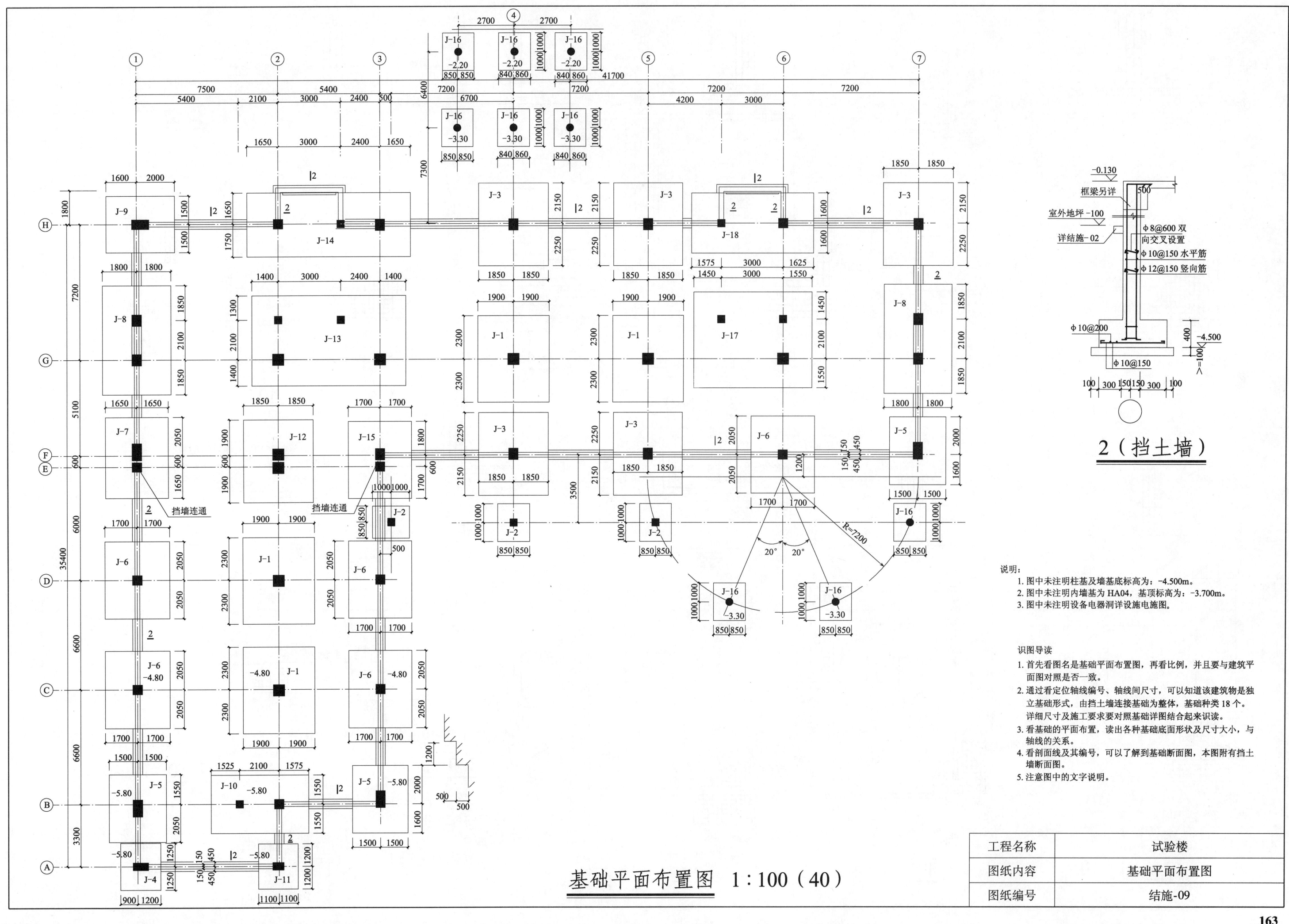

2（挡土墙）

说明:
1. 图中未注明柱基及墙基底标高为: -4.500m。
2. 图中未注明内墙基为 HA04，基顶标高为: -3.700m。
3. 图中未注明设备电器洞详设施电施图。

识图导读
1. 首先看图名是基础平面布置图，再看比例，并且要与建筑平面图对照是否一致。
2. 通过看定位轴线编号、轴线间尺寸，可以知道该建筑物是独立基础形式，由挡土墙连接基础为整体，基础种类18个。详细尺寸及施工要求要对照基础详图结合起来识读。
3. 看基础的平面布置，读出各种基础底面形状及尺寸大小，与轴线的关系。
4. 看剖面线及其编号，可以了解到基础断面图，本图附有挡土墙断面图。
5. 注意图中的文字说明。

基础平面布置图 1:100（40）

工程名称	试验楼
图纸内容	基础平面布置图
图纸编号	结施-09

163

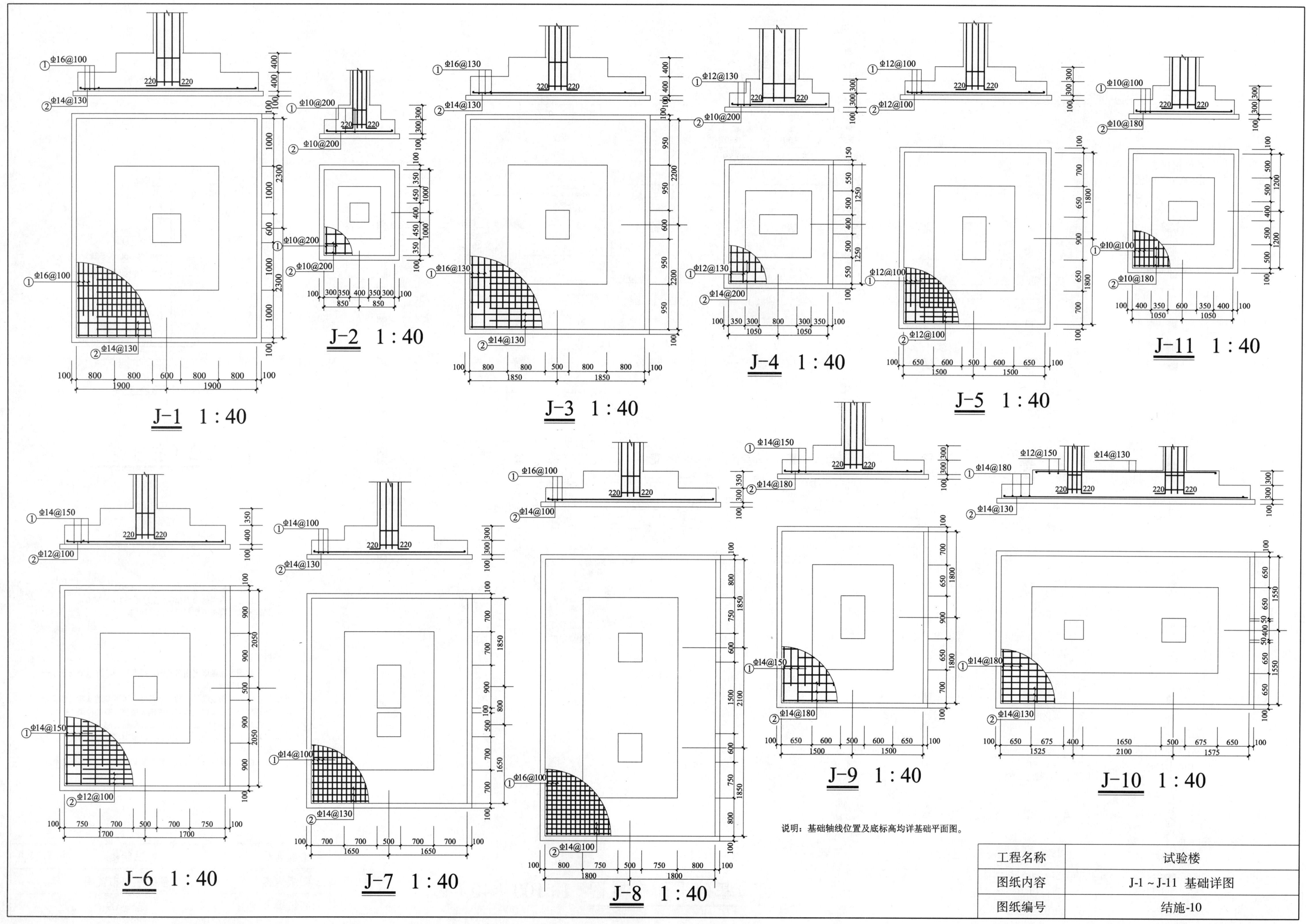

J-2 1:40

J-1 1:40

J-3 1:40

J-4 1:40

J-5 1:40

J-11 1:40

J-6 1:40

J-7 1:40

J-8 1:40

J-9 1:40

J-10 1:40

说明：基础轴线位置及底标高均详基础平面图。

工程名称	试验楼
图纸内容	J-1～J-11 基础详图
图纸编号	结施-10

164

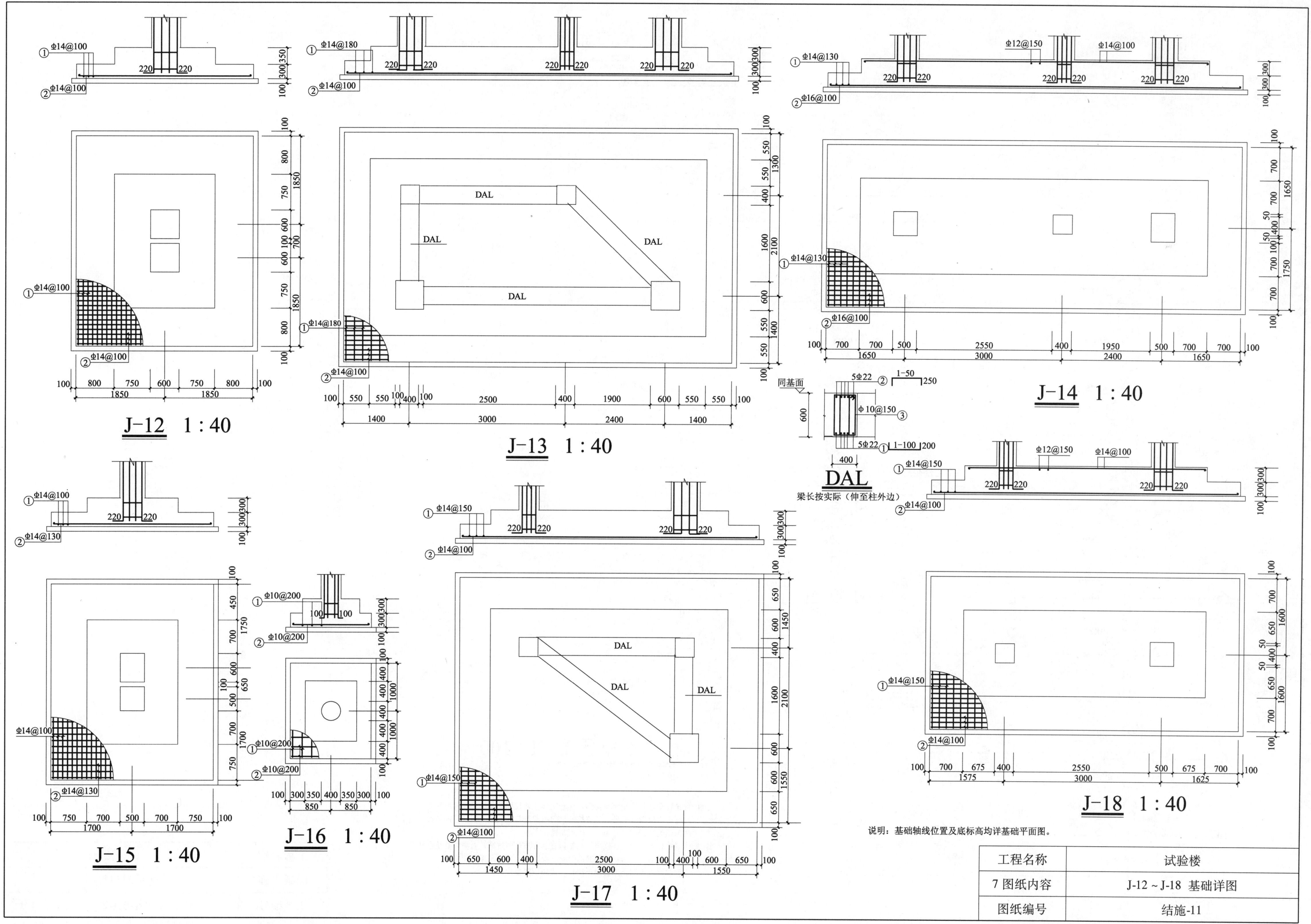

J-12 1:40

J-13 1:40

J-14 1:40

DAL
梁长按实际（伸至柱外边）

J-15 1:40

J-16 1:40

J-17 1:40

J-18 1:40

说明：基础轴线位置及底标高均详基础平面图。

工程名称	试验楼
7 图纸内容	J-12～J-18 基础详图
图纸编号	结施-11

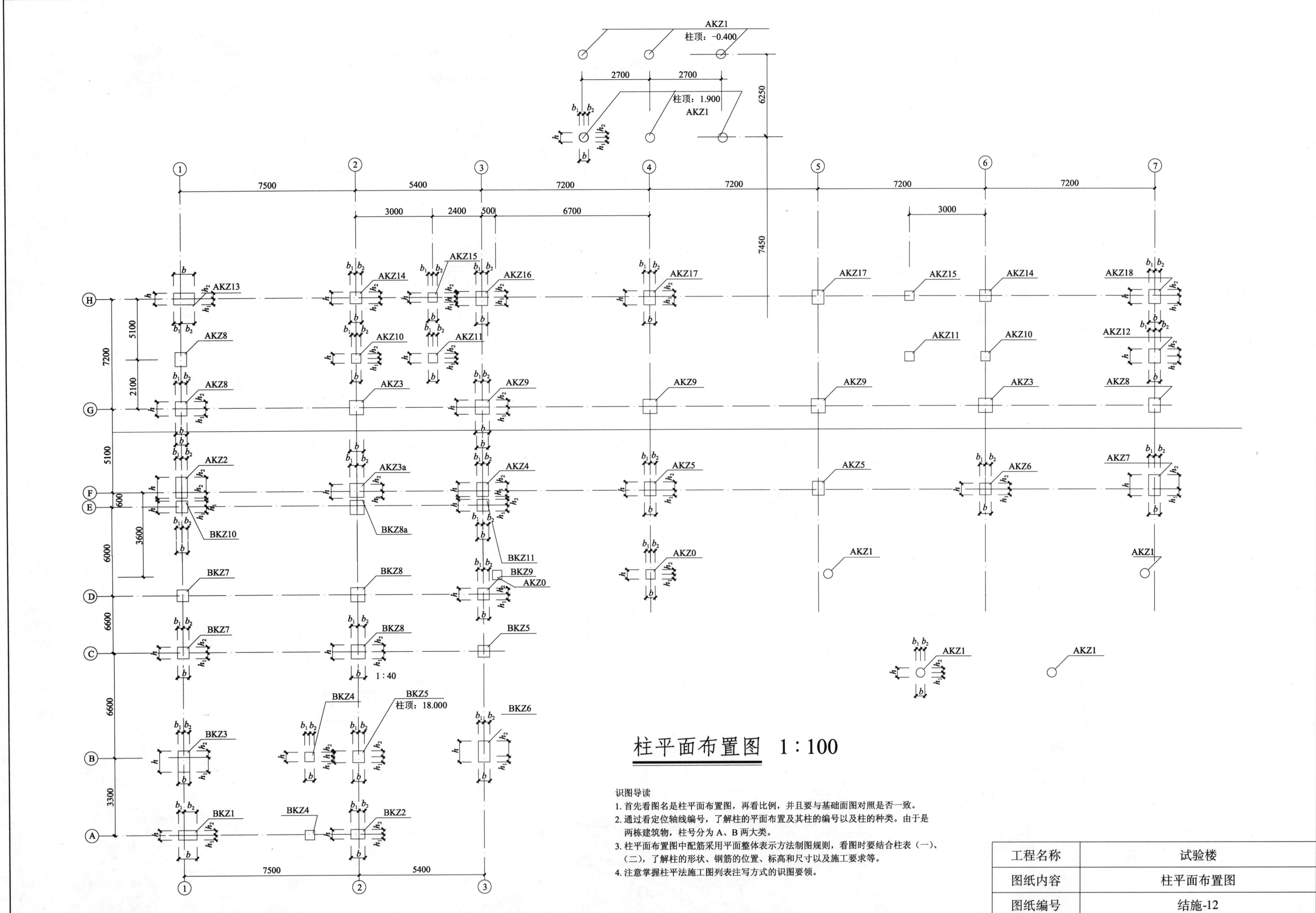

柱平面布置图 1:100

识图导读

1. 首先看图名是柱平面布置图，再看比例，并且要与基础面图对照是否一致。
2. 通过看定位轴线编号，了解柱的平面布置及其柱的编号以及柱的种类。由于是两栋建筑物，柱号分为 A、B 两大类。
3. 柱平面布置图中配筋采用平面整体表示方法制图规则，看图时要结合柱表（一）、（二），了解柱的形状、钢筋的位置、标高和尺寸以及施工要求等。
4. 注意掌握柱平法施工图列表注写方式的识图要领。

工程名称	试验楼
图纸内容	柱平面布置图
图纸编号	结施-12

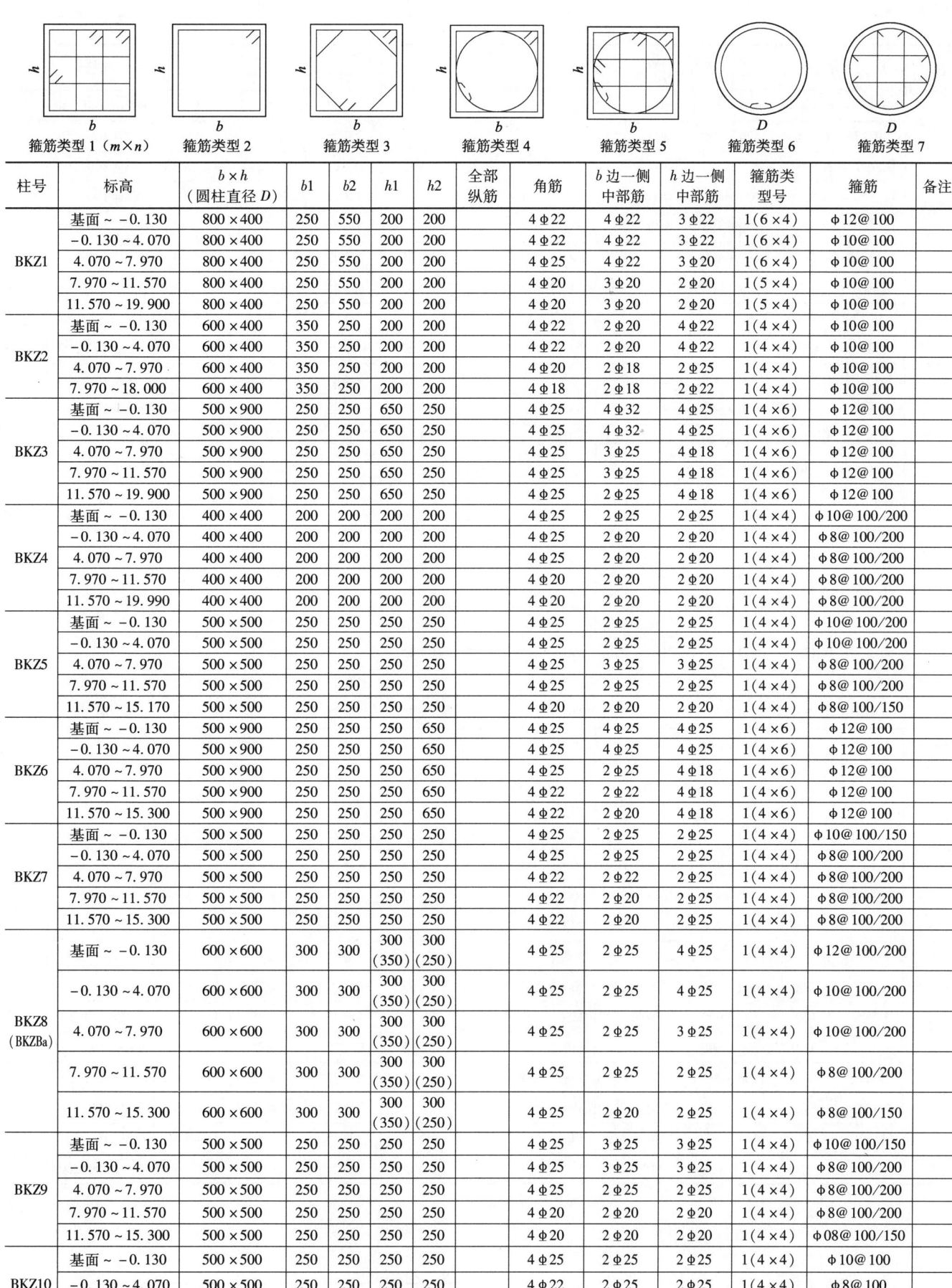

箍筋类型 1（m×n） 箍筋类型 2 箍筋类型 3 箍筋类型 4 箍筋类型 5 箍筋类型 6 箍筋类型 7

柱号	标高	b×h（圆柱直径D）	b1	b2	h1	h2	全部纵筋	角筋	b边一侧中部筋	h边一侧中部筋	箍筋类型型号	箍筋	备注
BKZ1	基面~-0.130	800×400	250	550	200	200		4Φ22	4Φ22	3Φ22	1(6×4)	Φ12@100	
	-0.130~4.070	800×400	250	550	200	200		4Φ22	4Φ22	3Φ22	1(6×4)	Φ10@100	
	4.070~7.970	800×400	250	550	200	200		4Φ25	4Φ22	3Φ20	1(6×4)	Φ10@100	
	7.970~11.570	800×400	250	550	200	200		4Φ20	3Φ20	2Φ20	1(5×4)	Φ10@100	
	11.570~19.900	800×400	250	550	200	200		4Φ20	2Φ20	2Φ20	1(4×4)	Φ10@100	
BKZ2	基面~-0.130	600×400	350	250	200	200		4Φ22	2Φ20	4Φ22	1(4×4)	Φ10@100	
	-0.130~4.070	600×400	350	250	200	200		4Φ22	2Φ20	4Φ22	1(4×4)	Φ10@100	
	4.070~7.970	600×400	350	250	200	200		4Φ20	2Φ18	2Φ25	1(4×4)	Φ10@100	
	7.970~18.000	600×400	350	250	200	200		4Φ18	2Φ18	2Φ22	1(4×4)	Φ10@100	
BKZ3	基面~-0.130	500×900	250	250	650	250		4Φ25	4Φ32	4Φ25	1(4×6)	Φ12@100	
	-0.130~4.070	500×900	250	250	650	250		4Φ25	4Φ32	4Φ25	1(4×6)	Φ12@100	
	4.070~7.970	500×900	250	250	650	250		4Φ25	3Φ25	4Φ18	1(4×6)	Φ12@100	
	7.970~11.570	500×900	250	250	650	250		4Φ25	3Φ25	4Φ18	1(4×6)	Φ12@100	
	11.570~19.900	500×900	250	250	650	250		4Φ25	2Φ25	4Φ18	1(4×6)	Φ12@100	
BKZ4	基面~-0.130	400×400	200	200	200	200		4Φ25	2Φ25	2Φ25	1(4×4)	Φ10@100/200	
	-0.130~4.070	400×400	200	200	200	200		4Φ25	2Φ20	2Φ20	1(4×4)	Φ8@100/200	
	4.070~7.970	400×400	200	200	200	200		4Φ20	2Φ20	2Φ20	1(4×4)	Φ8@100/200	
	7.970~11.570	400×400	200	200	200	200		4Φ20	2Φ20	2Φ20	1(4×4)	Φ8@100/200	
	11.570~19.990	400×400	200	200	200	200		4Φ20	2Φ20	2Φ20	1(4×4)	Φ8@100/200	
BKZ5	基面~-0.130	500×500	250	250	250	250		4Φ25	2Φ25	2Φ25	1(4×4)	Φ10@100/200	
	-0.130~4.070	500×500	250	250	250	250		4Φ25	2Φ25	2Φ25	1(4×4)	Φ10@100/200	
	4.070~7.970	500×500	250	250	250	250		4Φ25	3Φ25	3Φ25	1(4×4)	Φ8@100/200	
	7.970~11.570	500×500	250	250	250	250		4Φ25	2Φ25	2Φ25	1(4×4)	Φ8@100/200	
	11.570~15.170	500×500	250	250	250	250		4Φ20	2Φ20	2Φ20	1(4×4)	Φ8@100/150	
BKZ6	基面~-0.130	500×900	250	250	250	650		4Φ25	4Φ25	4Φ25	1(4×6)	Φ12@100	
	-0.130~4.070	500×900	250	250	250	650		4Φ25	2Φ25	4Φ18	1(4×6)	Φ12@100	
	4.070~7.970	500×900	250	250	250	650		4Φ25	2Φ25	4Φ18	1(4×6)	Φ12@100	
	7.970~11.570	500×900	250	250	250	650		4Φ22	2Φ22	4Φ18	1(4×6)	Φ12@100	
	11.570~15.300	500×900	250	250	250	650		4Φ22	2Φ20	4Φ18	1(4×6)	Φ12@100	
BKZ7	基面~-0.130	500×500	250	250	250	250		4Φ25	2Φ25	2Φ25	1(4×4)	Φ10@100/150	
	-0.130~4.070	500×500	250	250	250	250		4Φ25	2Φ25	2Φ25	1(4×4)	Φ8@100/200	
	4.070~7.970	500×500	250	250	250	250		4Φ25	2Φ22	2Φ25	1(4×4)	Φ8@100/200	
	7.970~11.570	500×500	250	250	250	250		4Φ22	2Φ20	2Φ25	1(4×4)	Φ8@100/200	
	11.570~15.300	500×500	250	250	250	250		4Φ22	2Φ20	2Φ25	1(4×4)	Φ8@100/200	
BKZ8（BKZ8a）	基面~-0.130	600×600	300	300	300(350)	300(250)		4Φ25	2Φ25	4Φ25	1(4×4)	Φ12@100/200	
	-0.130~4.070	600×600	300	300	300(350)	300(250)		4Φ25	2Φ25		1(4×4)	Φ10@100/200	
	4.070~7.970	600×600	300	300	300(350)	300(250)		4Φ25	2Φ25	3Φ25	1(4×4)	Φ10@100/200	
	7.970~11.570	600×600	300	300	300(350)	300(250)		4Φ25	2Φ25	2Φ25	1(4×4)	Φ8@100/200	
	11.570~15.300	600×600	300	300	300(350)	300(250)		4Φ25	2Φ25	2Φ25	1(4×4)	Φ8@100/150	
BKZ9	基面~-0.130	500×500	250	250	250	250		4Φ25	3Φ25	3Φ25	1(4×4)	Φ10@100/150	
	4.070~7.970	500×500	250	250	250	250		4Φ25	3Φ25	3Φ25	1(4×4)	Φ8@100/200	
	7.970~11.570	500×500	250	250	250	250		4Φ20	2Φ20	2Φ20	1(4×4)	Φ8@100/200	
	11.570~15.300	500×500	250	250	250	250		4Φ20	2Φ20	2Φ20	1(4×4)	Φ08@100/150	
BKZ10	基面~-0.130	500×500	250	250	250	250		4Φ25	2Φ25	2Φ25	1(4×4)	Φ10@100	
	-0.130~4.070	500×500	250	250	250	250		4Φ22	2Φ25	2Φ25	1(4×4)	Φ8@100	
	4.070~15.170	500×500	250	250	250	250		4Φ20	2Φ20	2Φ20	1(4×4)	Φ8@100	

柱号	标高	b×h（圆柱直径D）	b1	b2	h1	h2	全部纵筋	角筋	b边一侧中部筋	h边一侧中部筋	箍筋类型型号	箍筋	备注
BKZ11	基面~-0.130	500×500	250	250	250	250		4Φ25	2Φ25	2Φ25	1(4×4)	Φ10@100	
	-0.130~4.070	500×500	250	250	250	250		4Φ25	2Φ25	2Φ25	1(4×4)	Φ8@100	
	4.070~15.300	500×500	250	250	250	250		4Φ20	2Φ20	2Φ20	1(4×4)	Φ8@100	

箍筋类型 1（m×n） 箍筋类型 2 箍筋类型 3 箍筋类型 4 箍筋类型 5 箍筋类型 6 箍筋类型 7

柱号	标高	b×h（圆柱直径D）	b1	b2	h1	h2	全部纵筋	角筋	b边一侧中部筋	h边一侧中部筋	箍筋类型型号	箍筋	备注
AKZ1（AKZ1a）	基面~-0.130	D400	200	200	200	200	8Φ25				7	Φ8@100	
	-0.130~4.070	D400	200	200	200	200	8Φ25(8Φ16)				7	Φ8@100	
AKZ2	基面~-0.130	500×900	250	250	250	650		4Φ25	4Φ32	4Φ25	1(4×6)	Φ12@100	
	-0.130~4.070	500×900	250	250	250	650		4Φ25	4Φ32	4Φ25	1(4×6)	Φ10@100	
	4.070~7.970	500×900	250	250	250	650		4Φ25	4Φ25	4Φ25	1(4×6)	Φ10@100	
	7.970~11.570	500×700	250	250	250	450		4Φ25	4Φ22	4Φ22	1(4×6)	Φ10@100	
	11.570~15.170	500×700	250	250	250	450		4Φ25	2Φ22	4Φ20	1(4×6)	Φ10@100	
	15.170~19.500	500×700	250	250	250	450		4Φ25	2Φ22	4Φ20	1(4×6)	Φ10@100	
AKZ3（AKZ3a）	基面~-0.130	600×600	300	300	300(250)	300(350)		4Φ25	2Φ25	3Φ25	1(4×4)	Φ10@100/150	
	-0.130~4.070	600×600	300	300	300(250)	300(350)		4Φ25	2Φ25	3Φ25	1(4×4)	Φ10@100/150	
	4.070~7.970	600×600	300	300	300(250)	300(350)		4Φ25	2Φ25	3Φ25	1(4×4)	Φ8@100/150	
	7.970~11.570	600×600	300	300	300(250)	300(350)		4Φ22	2Φ22	3Φ22	1(4×4)	Φ8@100/150	
	11.570~15.170	600×600	300	300	300(250)	300(350)		4Φ22	2Φ22	3Φ22	1(4×4)	Φ8@100/150	
	15.170~19.500	500×500	250	250	250	250		4Φ22	2Φ22	3Φ22	1(4×4)	Φ8@100/150	
AKZ17	基面~-0.130	500×600	250	250	350	250		4Φ25	2Φ25	3Φ25	1(4×4)	Φ12@100/200	
	-0.130~4.070	500×600	250	250	350	250		4Φ25	2Φ25	3Φ25	1(4×4)	Φ10@100/200	
	4.070~7.970	500×600	250	250	350	250		4Φ25	2Φ25	3Φ25	1(4×4)	Φ10@100/200	
	7.970~11.570	500×600	250	250	350	250		4Φ25	2Φ25	3Φ25	1(4×4)	Φ10@100/200	
	11.570~15.170	500×600	250	250	350	250		4Φ25	4Φ25	2Φ25	1(4×4)	Φ8@100/200	
	15.170~19.700	500×600	250	250	350	250		4Φ25	4Φ25	2Φ25	1(4×4)	Φ8@100/200	
AKZ18	基面~-0.130	500×600	250	250	350	250		4Φ25	3Φ25	3Φ25	1(4×4)	Φ12@100	
	-0.130~4.070	500×600	250	250	350	250		4Φ25	3Φ25	3Φ25	1(4×4)	Φ10@100	
	4.070~7.970	500×600	250	250	350	250		4Φ25	3Φ25	3Φ25	1(4×4)	Φ8@100	
	7.970~15.170	500×600	250	250	350	250		4Φ25	2Φ25	2Φ25	1(4×4)	Φ8@100	
	15.170~19.500	500×600	250	250	350	250		4Φ25	2Φ25	2Φ25	1(4×4)	Φ8@100	
AKZ0	基面~-4.070	400×400	200	200	200	200		4Φ22	2Φ22	2Φ22	1(4×4)	Φ8@100/150	
AKZ4	基面~-0.130	500×600	250	250	250	350		4Φ25	2Φ25	2Φ25	1(4×4)	Φ8@100/200	
	-0.130~4.070	500×600	250	250	250	350		4Φ25	2Φ25	2Φ25	1(4×4)	Φ10@100/200	
	4.070~7.970	500×600	250	250	250	350		4Φ25	2Φ25	2Φ25	1(4×4)	Φ8@100/200	
	7.970~11.570	500×600	250	250	250	350		4Φ22	2Φ22	2Φ22	1(4×4)	Φ8@100/200	
	11.570~15.170	500×600	250	250	250	350		4Φ22	4Φ22	2Φ22	1(4×4)	Φ8@100/200	
	15.170~19.700	500×600	250	250	250	350		4Φ25	4Φ25	2Φ25	1(4×4)	Φ8@100/200	

工程名称	试验楼
图纸内容	柱表（一）
图纸编号	结施-13

续表

柱号	标高	$b \times h$（圆柱直径D）	$b1$	$b2$	$h1$	$h2$	全部纵筋	角筋	b边一侧中部筋	h边一侧中部筋	箍筋类型号	箍筋	备注
AKZ5	基面~-0.130	500×600	250	250	250	350		4Φ25	2Φ25	2Φ25	1(4×4)	Φ12@100/200	
	-0.130~4.070	500×600	250	250	250	350		4Φ25	2Φ25	2Φ25	1(4×4)	Φ10@100/200	
	4.070~7.970	500×600	250	250	250	350		4Φ25	2Φ25	2Φ25	1(4×4)	Φ10@100/200	
	7.970~11.570	500×600	250	250	250	350		4Φ22	2Φ22	2Φ22	1(4×4)	Φ10@100/200	
	11.570~15.170	500×600	250	250	250	350		4Φ22	4Φ25	2Φ22	1(4×4)	Φ8@100/200	
	15.170~19.700	500×600	250	250	250	350		4Φ25	4Φ25	2Φ25	1(4×4)	Φ8@100/200	
AKZ6	基面~-0.130	500×500	250	250	250	250		4Φ25	2Φ25	2Φ25	1(4×4)	Φ10@100/200	
	-0.130~4.070	500×500	250	250	250	250		4Φ25	2Φ25	2Φ25	1(4×4)	Φ10@100/200	
	4.070~7.970	500×500	250	250	250	250		4Φ25	2Φ25	2Φ25	1(4×4)	Φ8@100/200	
	7.970~11.570	500×500	250	250	250	250		4Φ25	2Φ25	2Φ25	1(4×4)	Φ8@100/200	
	11.570~15.170	500×500	250	250	250	250		4Φ25	2Φ25	2Φ25	1(4×4)	Φ8@100/150	
	15.170~19.500	500×500	250	250	250	250		4Φ25	2Φ25	2Φ25	1(4×4)	Φ8@100/150	
AKZ7	基面~-0.130	500×900	250	250	300	600		4Φ25	4Φ25	4Φ25	1(4×6)	Φ12@100	
	-0.130~4.070	500×900	250	250	300	600		4Φ25	4Φ25	4Φ25	1(4×6)	Φ10@100	
	4.070~7.970	500×900	250	250	300	600		4Φ25	4Φ25	4Φ25	1(4×6)	Φ10@100	
	7.970~11.570	500×900	250	250	300	600		4Φ25	2Φ25	4Φ22	1(4×6)	Φ10@100	
	11.570~15.170	500×700	250	250	250	450		4Φ25	2Φ25	4Φ22	1(4×6)	Φ8@100	
	15.170~19.500	500×700	250	250	250	450		4Φ25	2Φ22	4Φ22	1(4×6)	Φ8@100	
AKZ8	基面~-0.130	500×600	250	250	300	300		4Φ25	4Φ28	2Φ25	1(4×4)	Φ12@100/200	
	-0.130~4.070	500×600	250	250	300	300		4Φ25	4Φ28	2Φ25	1(4×4)	Φ10@100/200	
	4.070~7.970	500×600	250	250	300	300		4Φ25	4Φ28	2Φ25	1(4×4)	Φ10@100/200	
	7.970~11.570	500×600	250	250	300	300		4Φ25	4Φ25	2Φ25	1(4×4)	Φ10@100/200	
	11.570~15.170	500×600	250	250	300	300		4Φ25	2Φ20	2Φ25	1(4×4)	Φ8@100/200	
	15.170~19.500	500×600	250	250	300	300		4Φ22	2Φ22	2Φ22	1(4×4)	Φ8@100/200	
AKZ9	基面~-0.130	600×600	300	300	300	300		4Φ25	2Φ25	3Φ25	1(4×4)	Φ10@100/200	
	-0.130~4.070	600×600	300	300	300	300		4Φ25	2Φ25	3Φ25	1(4×4)	Φ10@100/200	
	4.070~7.970	600×600	300	300	300	300		4Φ25	2Φ25	3Φ25	1(4×4)	Φ8@100/200	
	7.970~11.570	600×600	300	300	300	300		4Φ25	3Φ25	2Φ25	1(4×4)	Φ8@100/200	
	11.570~15.170	600×600	300	300	300	300		4Φ25	3Φ25	2Φ25	1(4×4)	Φ8@100/200	
AKZ10	基面~-0.130	400×400	200	200	200	200		4Φ25	2Φ25	2Φ25	1(4×4)	Φ12@100/150	
	-0.130~4.070	400×400	200	200	200	200		4Φ25	2Φ25	2Φ25	1(4×4)	Φ10@100/200	
	4.070~7.970	400×400	200	200	200	200		4Φ25	2Φ25	2Φ25	1(4×4)	Φ8@100/200	
	7.970~11.570	400×400	200	200	200	200		4Φ25	2Φ25	2Φ25	1(4×4)	Φ8@100/200	
	11.570~15.170	400×400	200	200	200	200		4Φ25	2Φ25	2Φ25	1(4×4)	Φ8@100/200	
	15.170~19.370	400×400	200	200	200	200		4Φ22	2Φ22	2Φ22	1(4×4)	Φ8@100/200	
	19.370~24.70	400×400	200	200	200	200		4Φ22	2Φ22	2Φ22	1(4×4)	Φ8@100/200	

续表

柱号	标高	$b \times h$（圆柱直径D）	$b1$	$b2$	$h1$	$h2$	全部纵筋	角筋	b边一侧中部筋	h边一侧中部筋	箍筋类型号	箍筋	备注
AKZ11	基面~-0.130	400×400	200	200	200	200		4Φ25	2Φ25	2Φ25	1(3×3)	Φ10@100/150	
	-0.130~7.970	400×400	200	200	200	200		4Φ25	2Φ25	2Φ25	1(3×3)	Φ8@100/150	
	7.970~11.570	400×400	200	200	200	200		4Φ25	2Φ25	2Φ25	1(3×3)	Φ8@100/150	
	11.570~15.170	400×400	200	200	200	200		4Φ22	2Φ22	2Φ22	1(3×3)	Φ8@100/150	
	15.170~19.370	400×400	200	200	200	200		4Φ22	2Φ22	2Φ22	1(3×3)	Φ8@100/150	
	19.370~24.700	400×400	200	200	200	200		4Φ22	2Φ22	2Φ22	1(3×3)	Φ8@100/150	
AKZ12	基面~-0.130	500×600	250	250	300	300		4Φ25	3Φ25	2Φ25	1(4×4)	Φ12@100/200	
	-0.130~4.070	500×600	250	250	300	300		4Φ25	3Φ25	2Φ25	1(4×4)	Φ10@100/200	
	4.070~7.970	500×600	250	250	300	300		4Φ25	3Φ25	2Φ25	1(4×4)	Φ8@100/200	
	7.970~11.570	500×600	250	250	300	300		4Φ25	2Φ25	2Φ25	1(4×4)	Φ8@100/200	
	11.570~15.170	500×600	250	250	300	300		4Φ25	2Φ22	2Φ22	1(4×4)	Φ8@100/200	
	15.170~19.500	500×600	250	250	300	300		4Φ25	2Φ22	2Φ22	1(4×4)	Φ10@100/200	
AKZ13	基面~-0.130	900×500	300	600	250	250		4Φ25	4Φ25	3Φ25	1(6×4)	Φ12@100	
	-0.130~4.070	900×500	300	600	250	250		4Φ25	4Φ25	3Φ25	1(6×4)	Φ10@100	
	4.070~7.970	900×500	300	600	250	250		4Φ25	4Φ25	3Φ25	1(6×4)	Φ10@100	
	7.970~11.570	900×500	300	600	250	250		4Φ25	4Φ25	3Φ25	1(6×4)	Φ10@100	
	11.570~15.170	700×500	250	450	250	250		4Φ22	4Φ25	3Φ25	1(6×4)	Φ8@100	
	15.170~19.500	700×500	250	450	250	250		4Φ22	4Φ25	3Φ22	1(6×4)	Φ8@100	
AKZ14	基面~-0.130	500×500	250	250	250	250		4Φ25	2Φ25	2Φ25	1(4×4)	Φ10@100	
	-0.130~4.070	500×500	250	250	250	250		4Φ25	2Φ25	2Φ25	1(4×4)	Φ10@100	
	4.070~7.970	500×500	250	250	250	250		4Φ25	2Φ25	2Φ25	1(4×4)	Φ10@100	
	7.970~11.570	500×500	250	250	250	250		4Φ25	2Φ25	2Φ25	1(4×4)	Φ8@100	
	11.570~15.170	500×500	250	250	250	250		4Φ22	2Φ22	2Φ22	1(4×4)	Φ8@100	
	15.170~19.370	500×500	250	250	250	250		4Φ22	2Φ22	2Φ22	1(4×4)	Φ8@100	
	19.370~24.700	400×400	200	200	200	200		4Φ25	2Φ25	2Φ25	1(3×3)	Φ8@100	
AKZ15	基面~-0.130	400×400	200	200	200	200		4Φ25	2Φ25	2Φ25	1(4×4)	Φ10@100	
	-0.130~4.070	400×400	200	200	200	200		4Φ25	2Φ25	2Φ25	1(3×3)	Φ10@100	
	4.070~7.970	400×400	200	200	200	200		4Φ25	2Φ25	2Φ25	1(3×3)	Φ10@100	
	7.970~11.570	400×400	200	200	200	200		4Φ25	2Φ25	2Φ25	1(3×3)	Φ8@100	
	11.570~24.700	400×400	200	200	200	200		4Φ22	2Φ22	2Φ22	1(3×3)	Φ8@100	
AKZ16	基面~-0.130	500×600	250	250	350	250		4Φ25	2Φ25	3Φ28	1(4×4)	Φ12@100/200	
	-0.130~4.070	500×600	250	250	350	250		4Φ25	2Φ25	3Φ28	1(4×4)	Φ10@100/200	
	4.070~7.970	500×600	250	250	350	250		4Φ25	2Φ25	2Φ25	1(4×4)	Φ10@100/200	
	7.970~11.570	500×600	250	250	350	250		4Φ25	2Φ25	2Φ25	1(4×4)	Φ8@100/200	
	11.570~15.170	500×600	250	250	350	250		4Φ25	4Φ25	2Φ25	1(4×4)	Φ8@100/200	
	15.170~19.700	500×600	250	250	350	250		4Φ25	4Φ25	2Φ25	1(4×4)	Φ8@100/200	

工程名称	试验楼
图纸内容	柱表（二）
图纸编号	结施-14

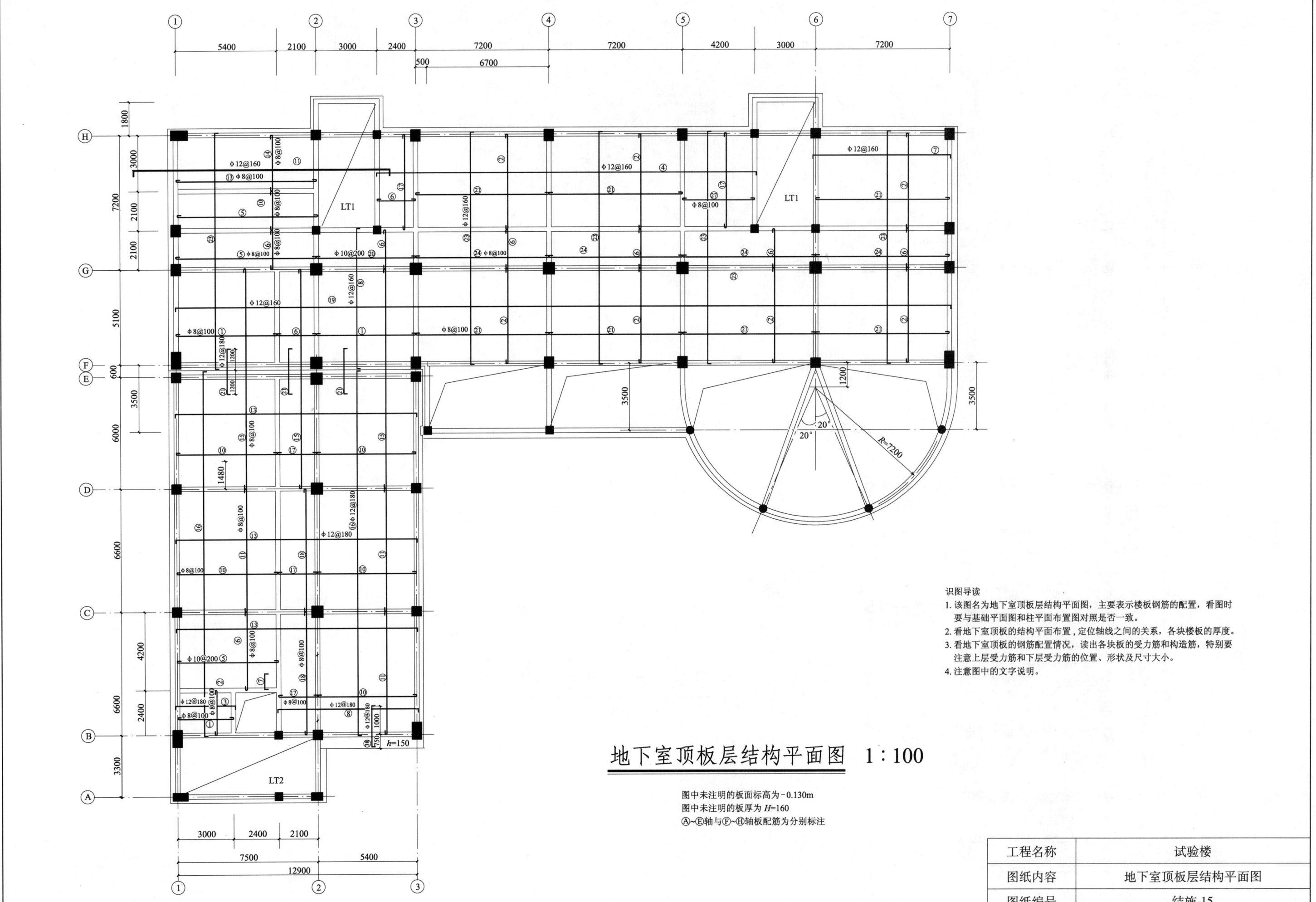

地下室顶板层结构平面图 1:100

识图导读
1. 该图名为地下室顶板层结构平面图，主要表示楼板钢筋的配置，看图时要与基础平面图和柱平面布置图对照是否一致。
2. 看地下室顶板的结构平面布置，定位轴线之间的关系，各块楼板的厚度。
3. 看地下室顶板的钢筋配置情况，读出各块板的受力筋和构造筋，特别要注意上层受力筋和下层受力筋的位置、形状及尺寸大小。
4. 注意图中的文字说明。

图中未注明的板面标高为−0.130m
图中未注明的板厚为H=160
Ⓐ~Ⓔ轴与Ⓕ~Ⓗ轴板配筋为分别标注

工程名称	试验楼
图纸内容	地下室顶板层结构平面图
图纸编号	结施-15

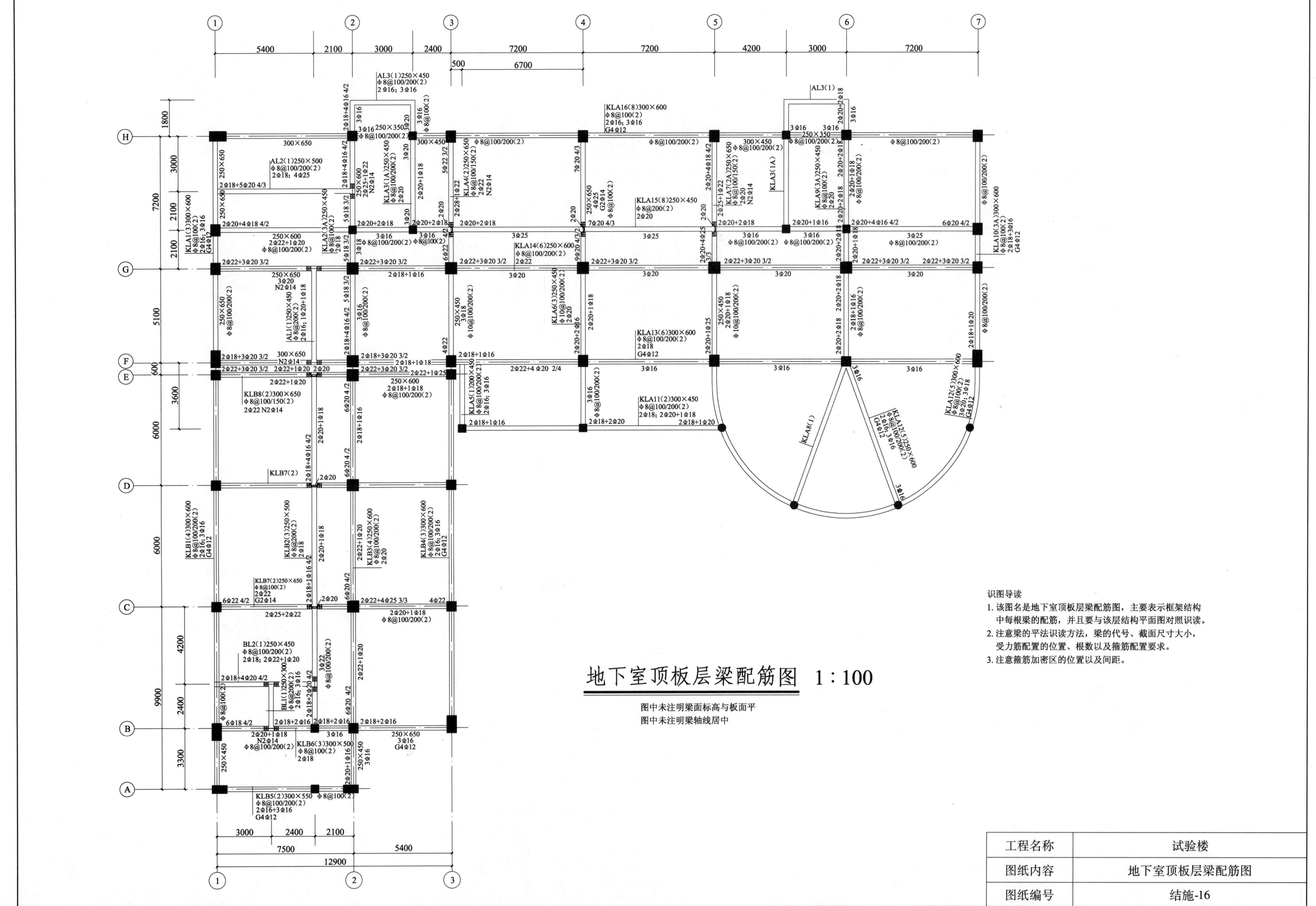

地下室顶板层梁配筋图 1:100

图中未注明梁面标高与板面平
图中未注明梁轴线居中

识图导读

1. 该图名是地下室顶板层梁配筋图,主要表示框架结构
   中每根梁的配筋,并且要与该层结构平面图对照识读。
2. 注意梁的平法识读方法,梁的代号、截面尺寸大小,
   受力筋配置的位置、根数以及箍筋配置要求。
3. 注意箍筋加密区的位置以及间距。

工程名称	试验楼
图纸内容	地下室顶板层梁配筋图
图纸编号	结施-16

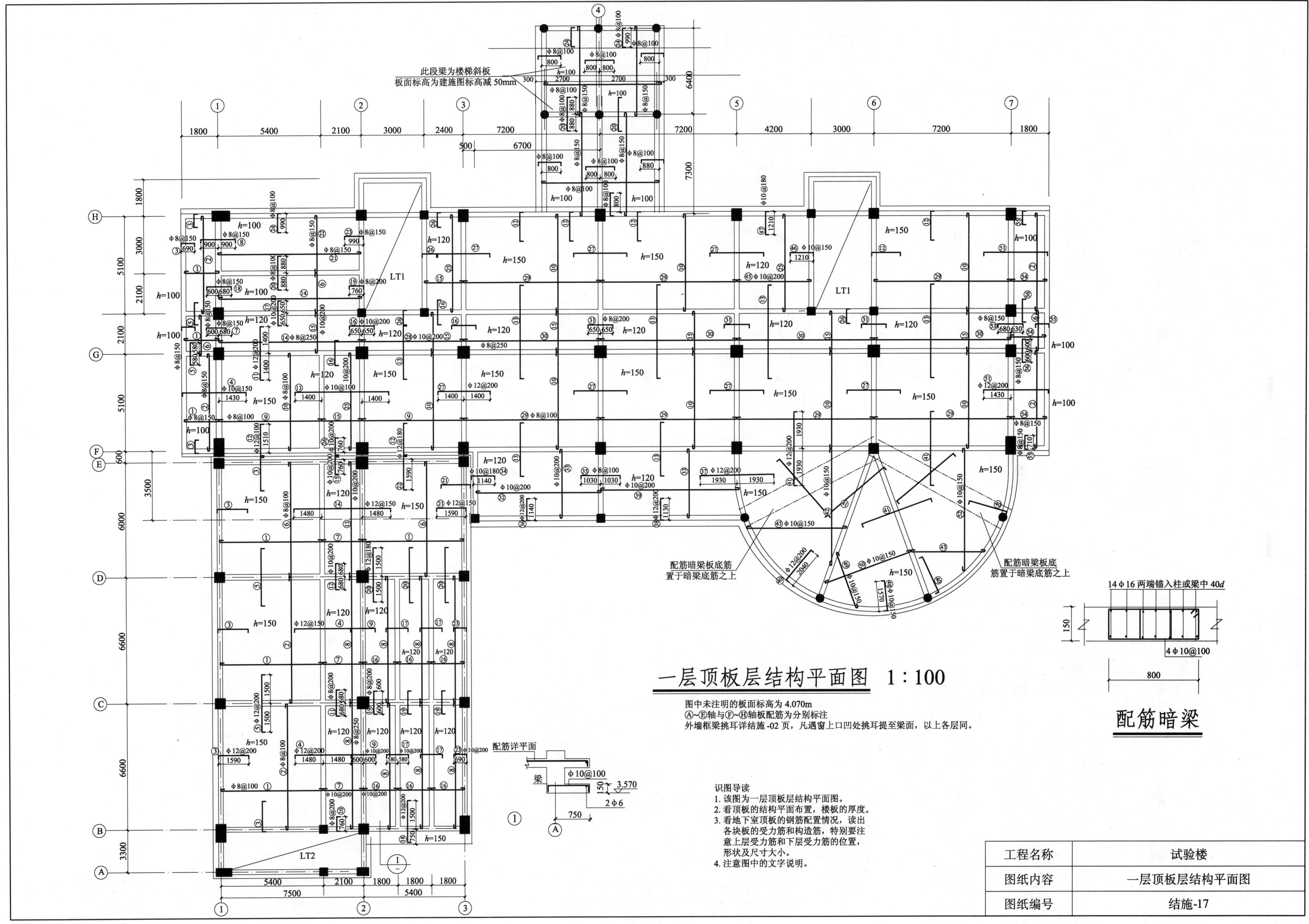

此段梁为楼梯斜板
板面标高为建施图标高减50mm

一层顶板层结构平面图 1:100

图中未注明的板面标高为4.070m
Ⓐ~Ⓔ轴与Ⓕ~Ⓗ轴板配筋为分别标注
外墙框梁挑耳详结施-02页,凡遇窗上口凹处挑耳提至梁面,以上各层同。

配筋暗梁板底筋
置于暗梁底筋之上

配筋暗梁板底
筋置于暗梁底筋之上

配筋详平面

梁

配筋暗梁

识图导读
1. 该图为一层顶板层结构平面图。
2. 看顶板的结构平面布置,楼板的厚度。
3. 看地下室顶板的钢筋配置情况,读出
   各块板的受力筋和构造筋,特别要注
   意上层受力筋和下层受力筋的位置,
   形状及尺寸大小。
4. 注意图中的文字说明。

工程名称	试验楼
图纸内容	一层顶板层结构平面图
图纸编号	结施-17

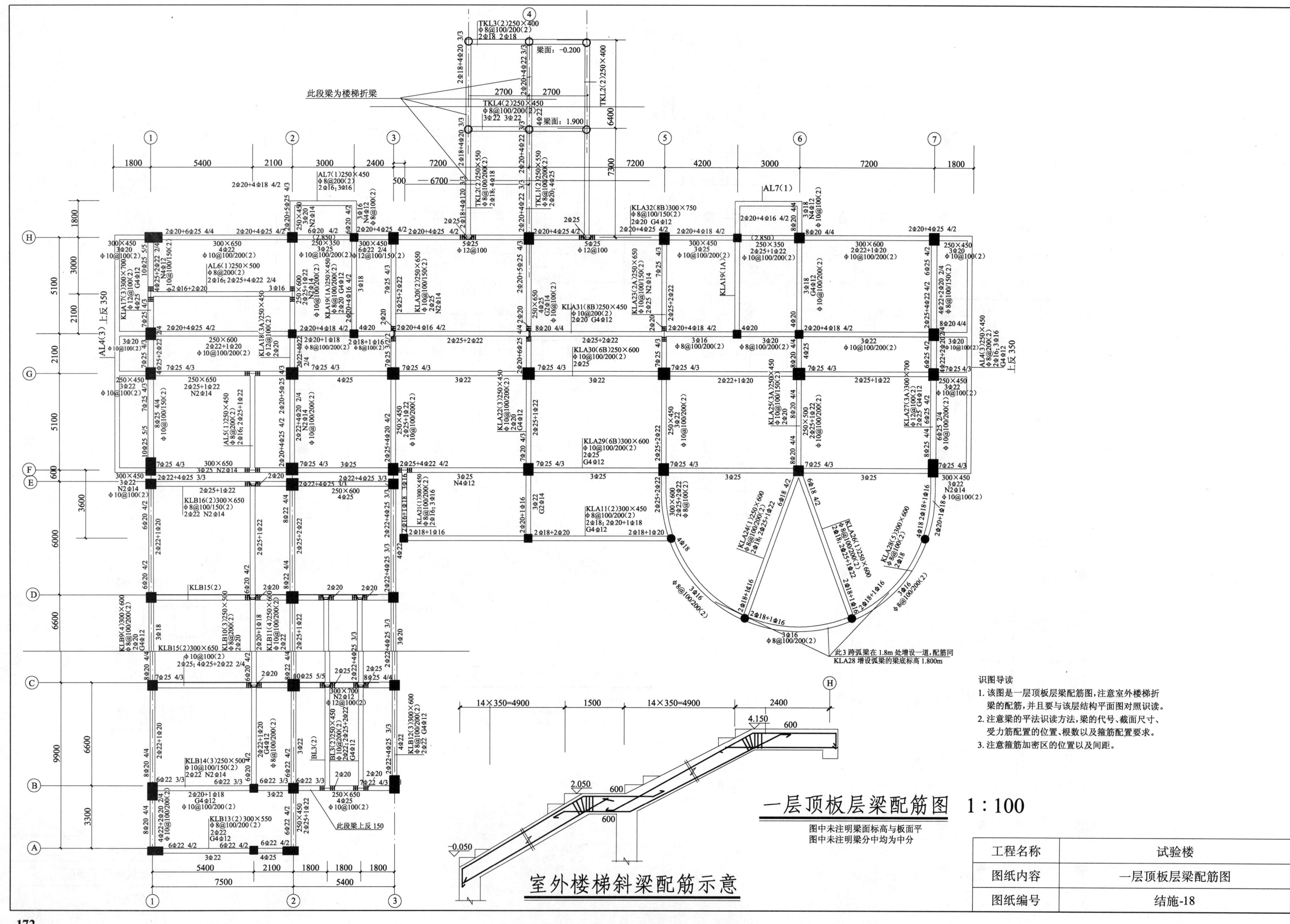

此段梁为楼梯折梁

一层顶板层梁配筋图 1:100

图中未注明梁面标高与板面平
图中未注明梁分中均为中分

室外楼梯斜梁配筋示意

识图导读
1. 该图是一层顶板层梁配筋图,注意室外楼梯折梁的配筋,并且要与该层结构平面图对照识读。
2. 注意梁的平法识读方法,梁的代号、截面尺寸、受力筋配置的位置、根数以及箍筋配置要求。
3. 注意箍筋加密区的位置以及间距。

工程名称	试验楼
图纸内容	一层顶板层梁配筋图
图纸编号	结施-18

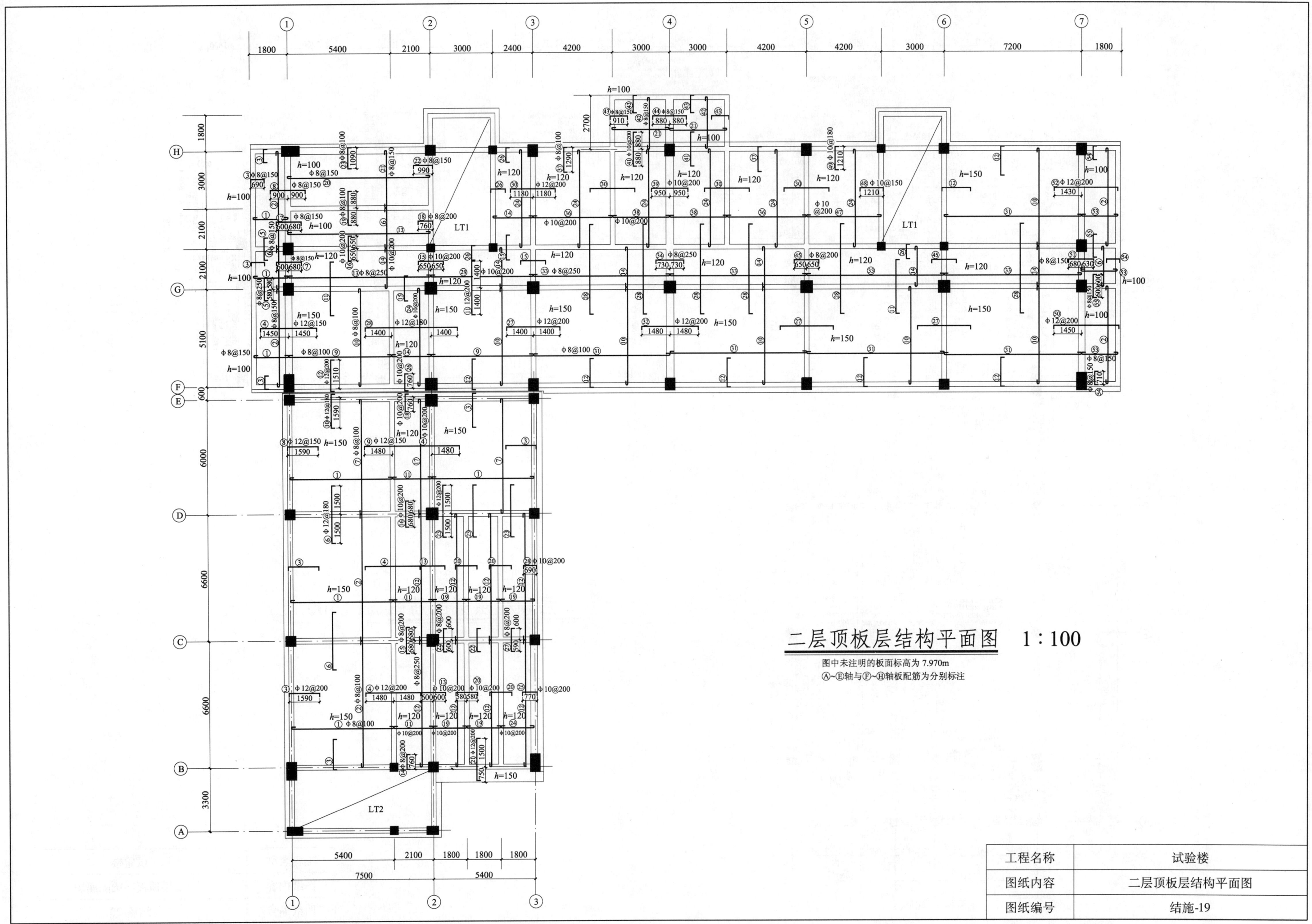

二层顶板层结构平面图 1:100

图中未注明的板面标高为 7.970m
Ⓐ~Ⓔ轴与Ⓕ~Ⓗ轴板配筋为分别标注

工程名称	试验楼
图纸内容	二层顶板层结构平面图
图纸编号	结施-19

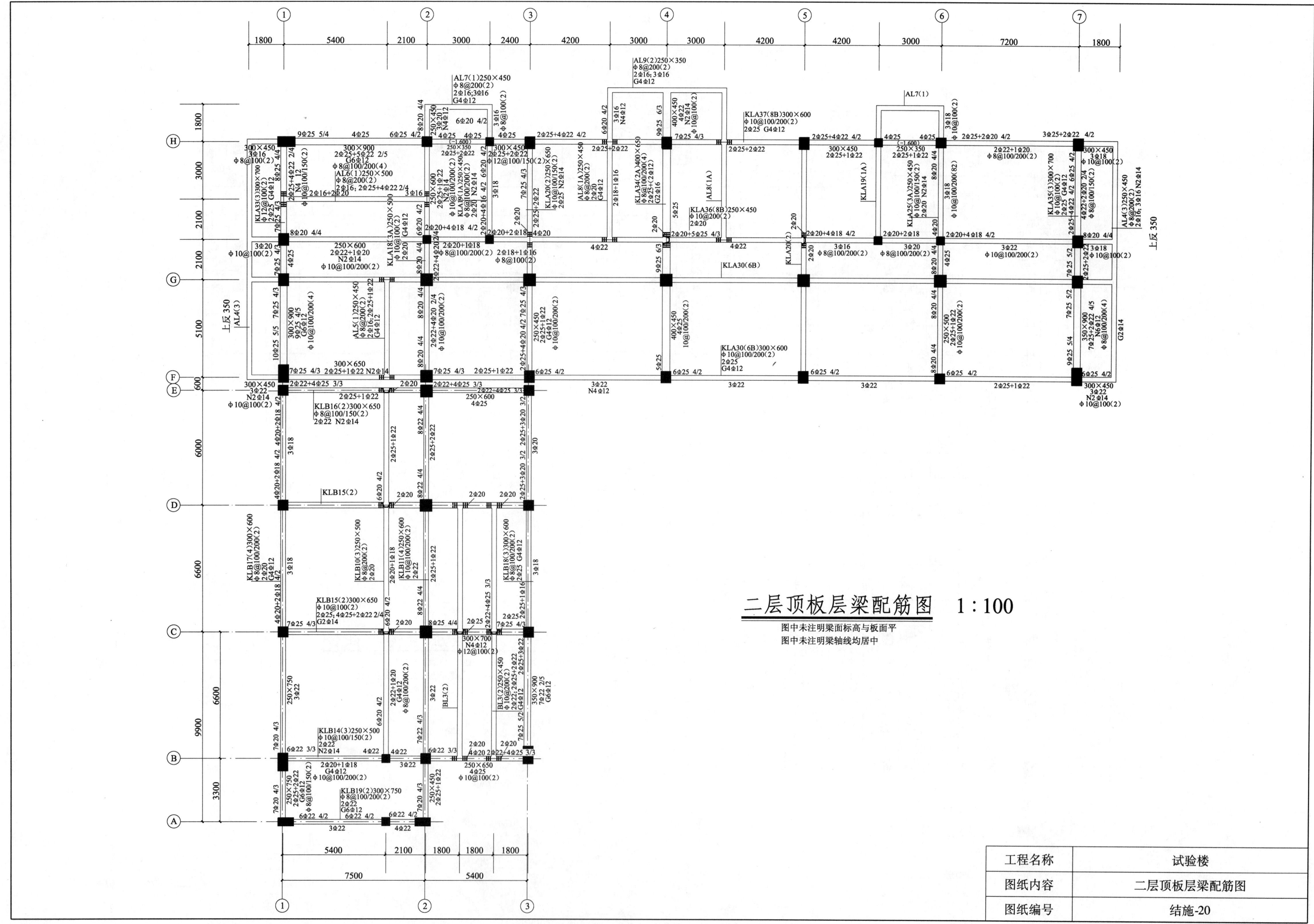

二层顶板层梁配筋图 1：100

图中未注明梁面标高与板面平
图中未注明梁轴线均居中

工程名称	试验楼
图纸内容	二层顶板层梁配筋图
图纸编号	结施-20

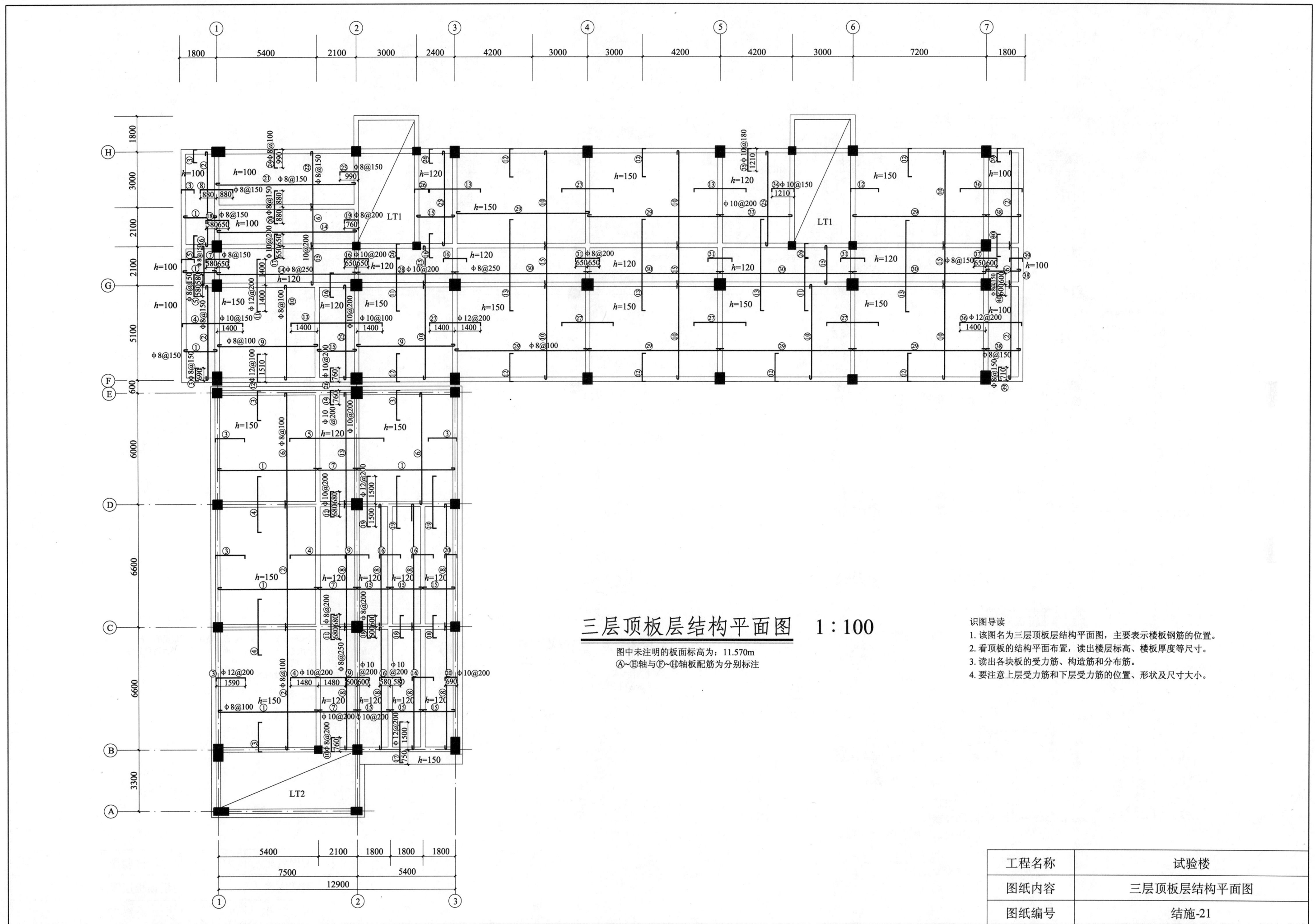

三层顶板层结构平面图 1:100

图中未注明的板面标高为:11.570m
Ⓐ~Ⓔ轴与Ⓕ~Ⓗ轴配筋为分别标注

识图导读
1. 该图名为三层顶板层结构平面图,主要表示楼板钢筋的位置。
2. 看顶板的结构平面布置,读出楼层标高、楼板厚度等尺寸。
3. 读出各块板的受力筋、构造筋和分布筋。
4. 要注意上层受力筋和下层受力筋的位置、形状及尺寸大小。

工程名称	试验楼
图纸内容	三层顶板层结构平面图
图纸编号	结施-21

175

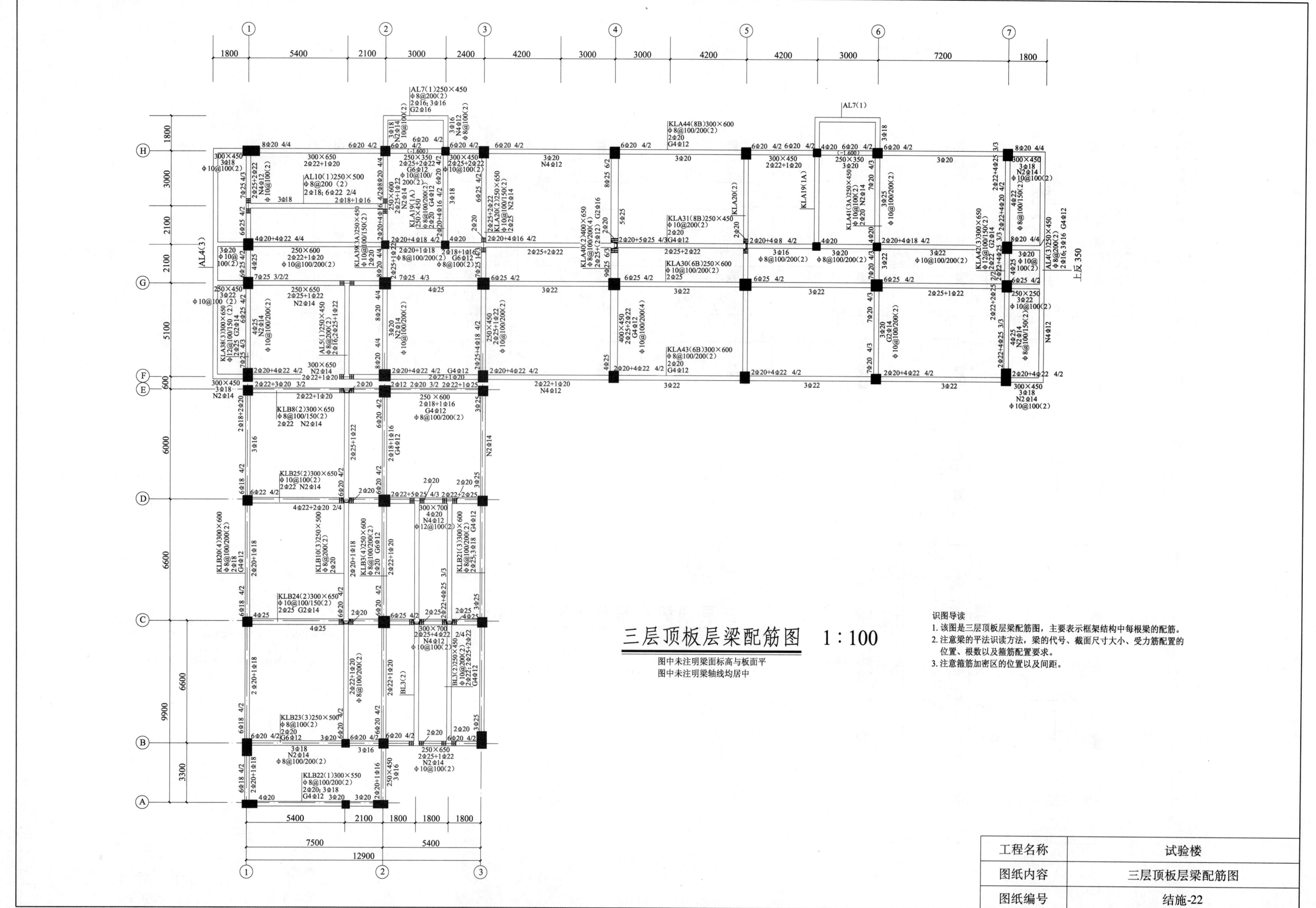

三层顶板层梁配筋图 1∶100

图中未注明梁面标高与板面平
图中未注明梁轴线均居中

识图导读
1. 该图是三层顶板层梁配筋图,主要表示框架结构中每根梁的配筋。
2. 注意梁的平法识读方法,梁的代号、截面尺寸大小、受力筋配置的位置、根数以及箍筋配置要求。
3. 注意箍筋加密区的位置以及间距。

工程名称	试验楼
图纸内容	三层顶板层梁配筋图
图纸编号	结施-22

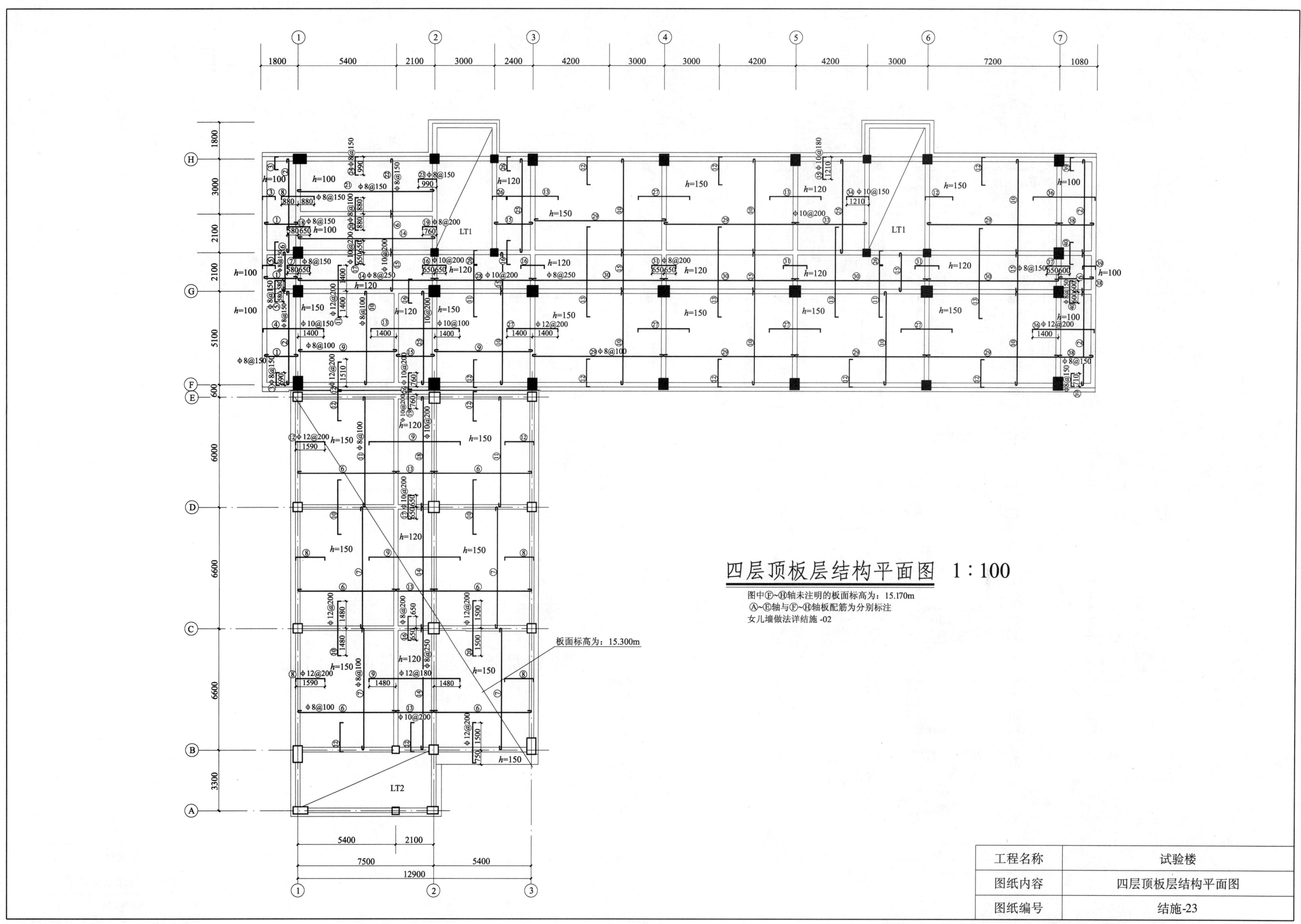

四层顶板层结构平面图 1:100

图中Ⓕ~Ⓗ轴未注明的板面标高为：15.170m
Ⓐ~Ⓔ轴与Ⓕ~Ⓗ轴板配筋为分别标注
女儿墙做法详结施-02

板面标高为：15.300m

工程名称	试验楼
图纸内容	四层顶板层结构平面图
图纸编号	结施-23

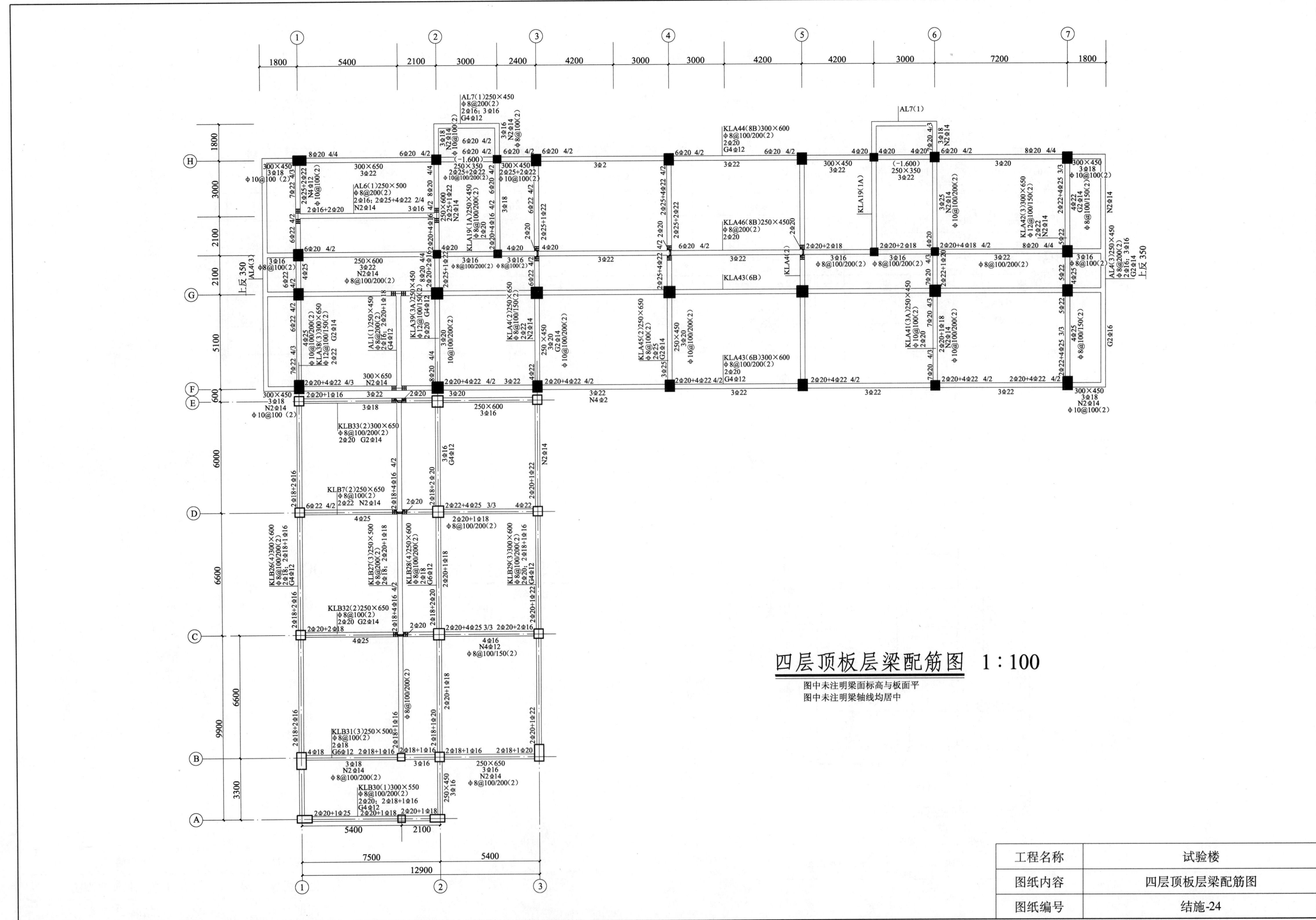

四层顶板层梁配筋图 1:100

图中未注明梁面标高与板面平
图中未注明梁轴线均居中

工程名称	试验楼
图纸内容	四层顶板层梁配筋图
图纸编号	结施-24

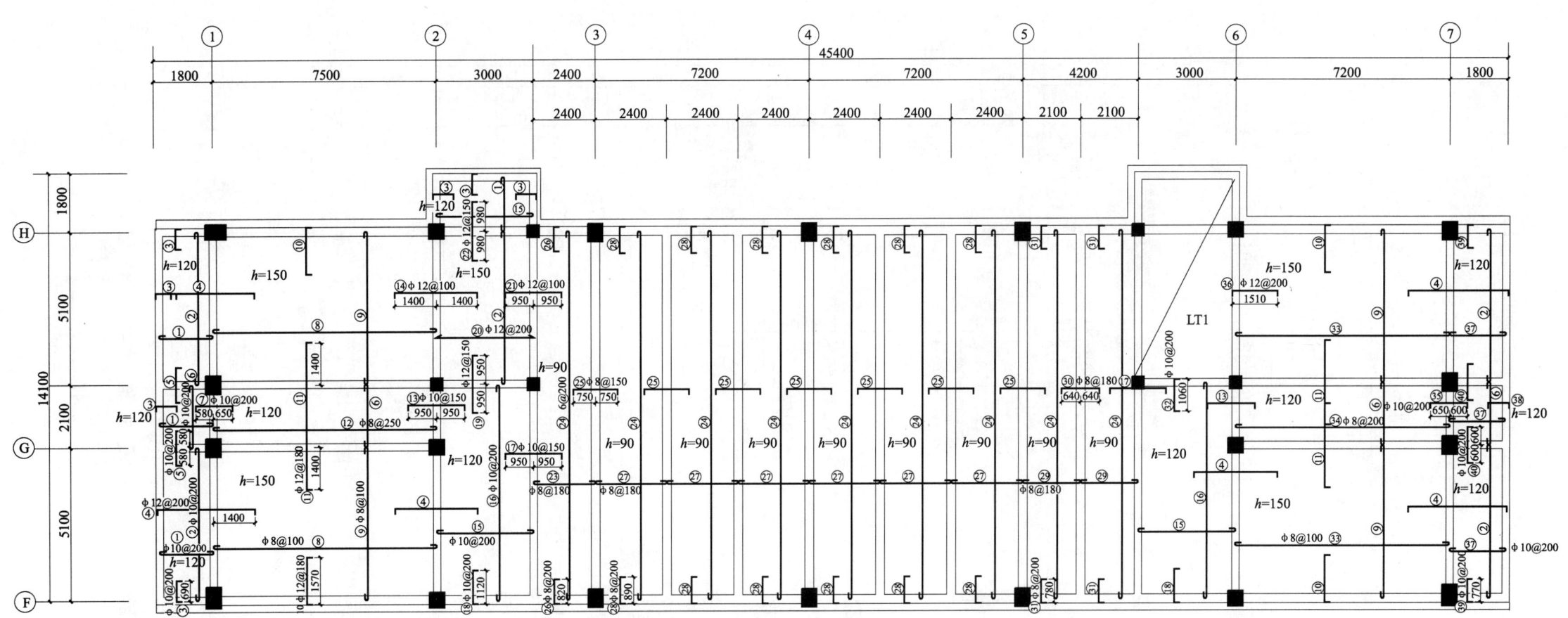

五层顶板层结构平面图 1：100

图中未注明的板面标高为：19.500m
女儿墙做法详结施-20

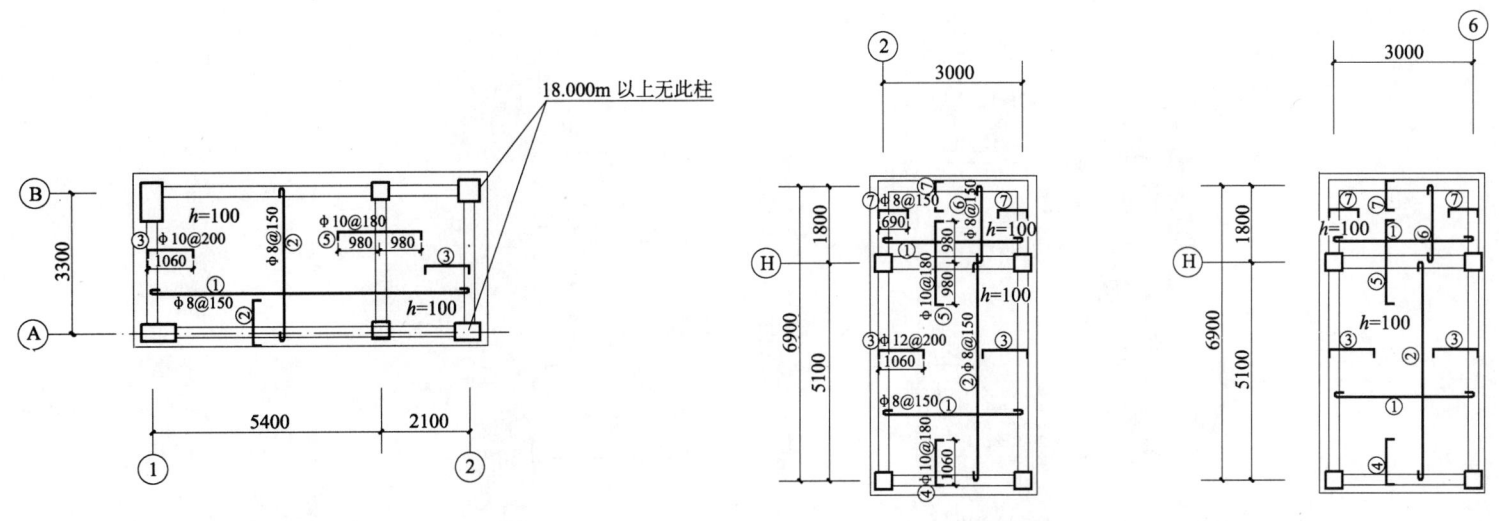

五层顶板层结构平面图

图中未注明的板面标高为：18.000m，19.700m

六层顶板层结构平面图 1：100

图中未注明的板面标高为：22.800m，24.500m

工程名称	试验楼
图纸内容	五、六层顶板层结构平面图
图纸编号	结施-25

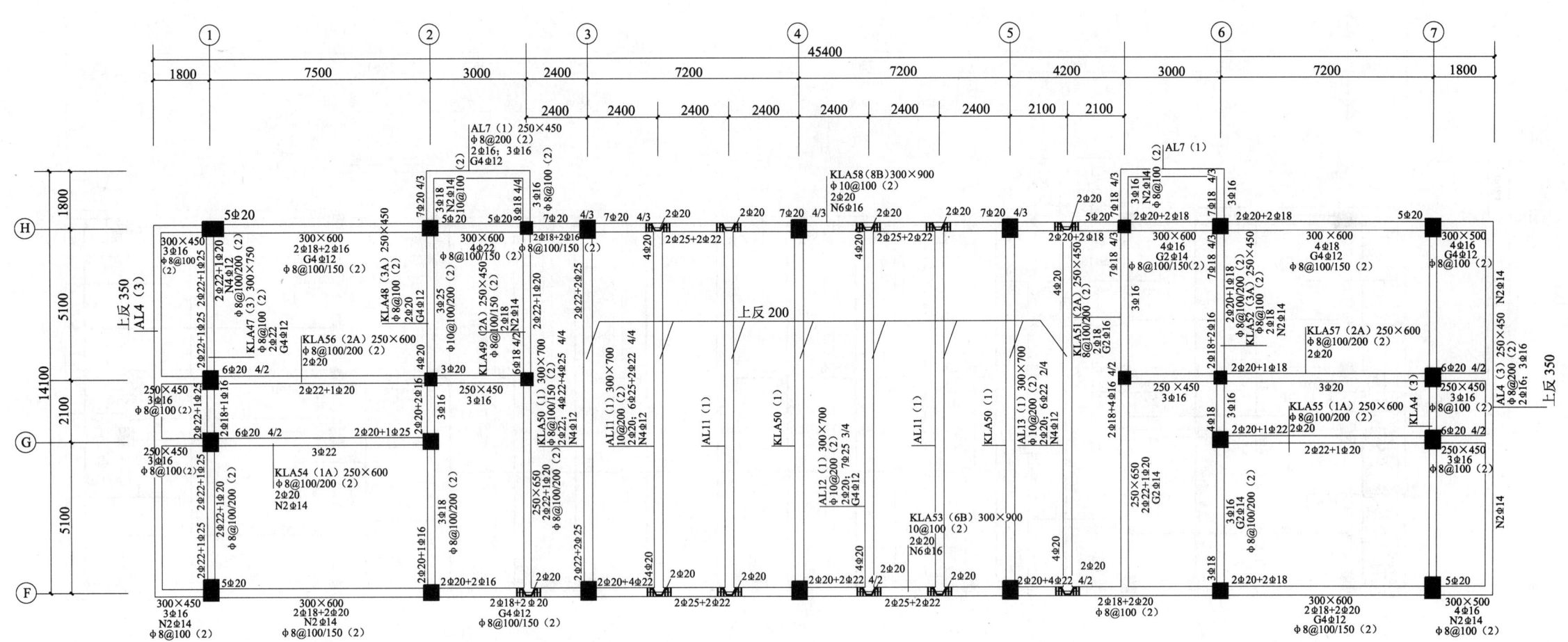

五层顶板层梁配筋图

图中未注明梁面标高与板面平
图中未注明梁分中均为中分

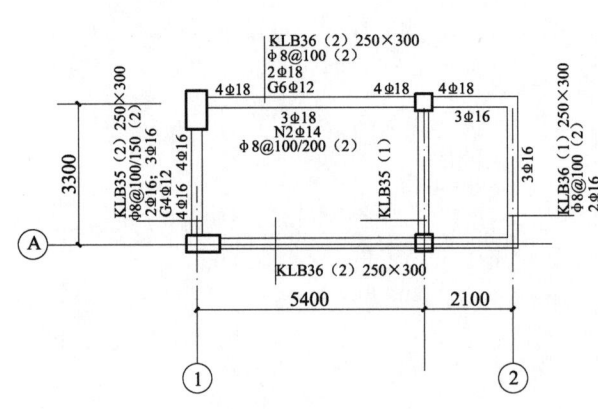

五层顶板层梁配筋图

图中未注明梁面标高与板面平
图中未注明梁轴线均居中
图中未注明梁面标高分别为：18.000m，19.900m

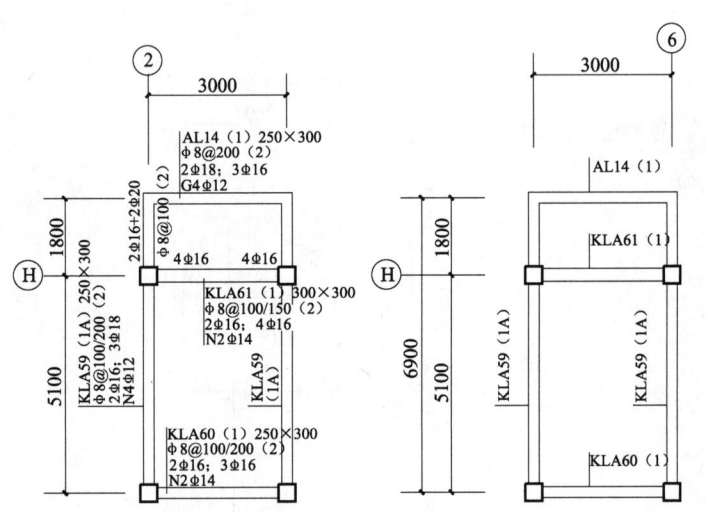

六层顶板层梁配筋图 1：100

图中未注明梁面标高与板面平
图中未注明梁轴线均居中

工程名称	试验楼
图纸内容	五、六层顶板层梁配筋图
图纸编号	结施-26

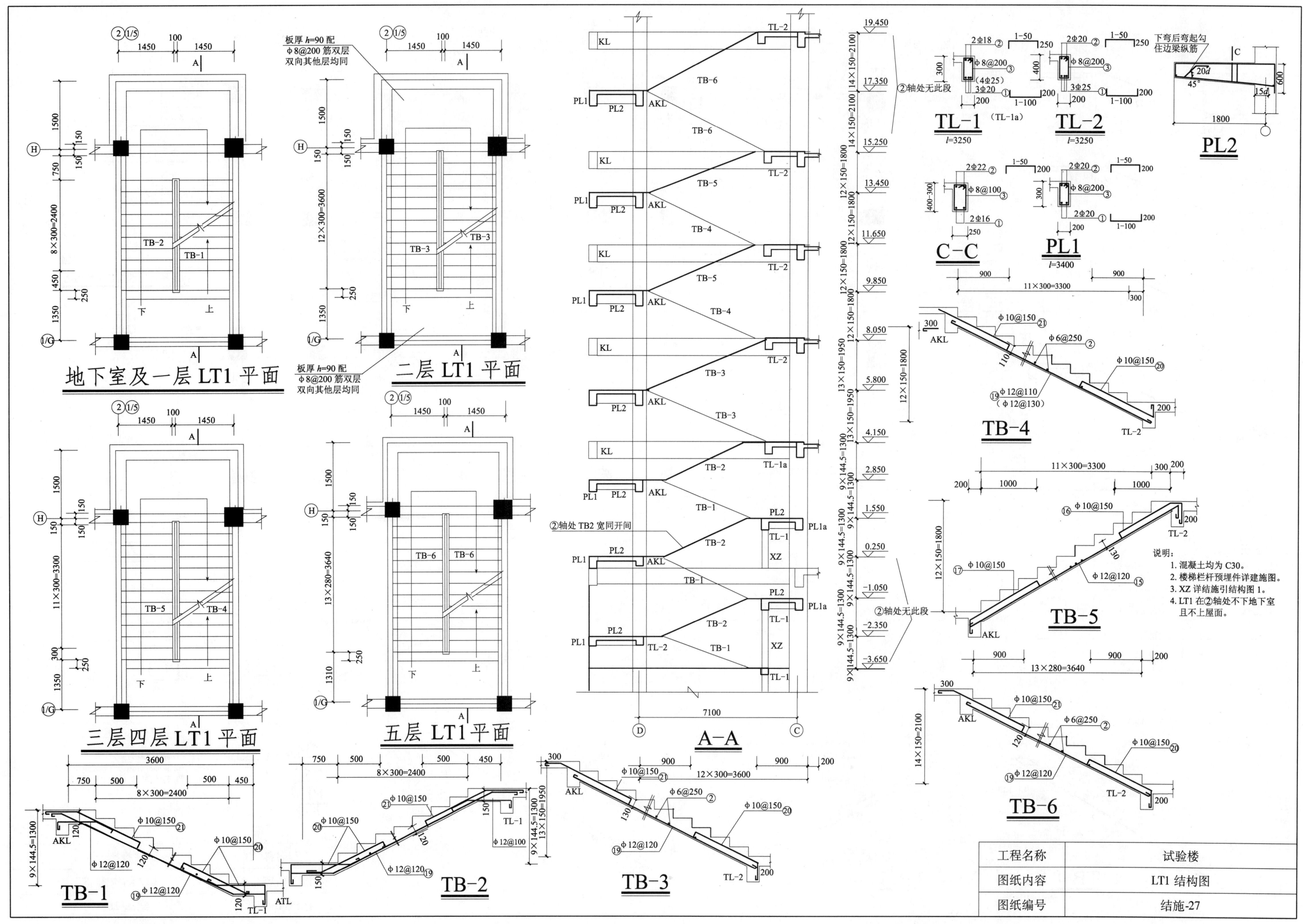

地下室及一层LT1平面

板厚h=90配
φ8@200筋双层
双向其他层均同

二层LT1平面

三层四层LT1平面

五层LT1平面

TB-1

TB-2

TB-3

TB-4

TB-5

TB-6

TL-1 (TL-1a)
l=3250

TL-2
l=3250

PL2

C-C

PL1
l=3400

A-A

说明:
1. 混凝土均为C30。
2. 楼梯栏杆预埋件详见施工图。
3. XZ详结施引结构图1。
4. LT1在②轴处不下地下室且上屋面。

②轴处TB2宽同开间

②轴处无此段

②轴处无此段

工程名称	试验楼
图纸内容	LT1 结构图
图纸编号	结施-27

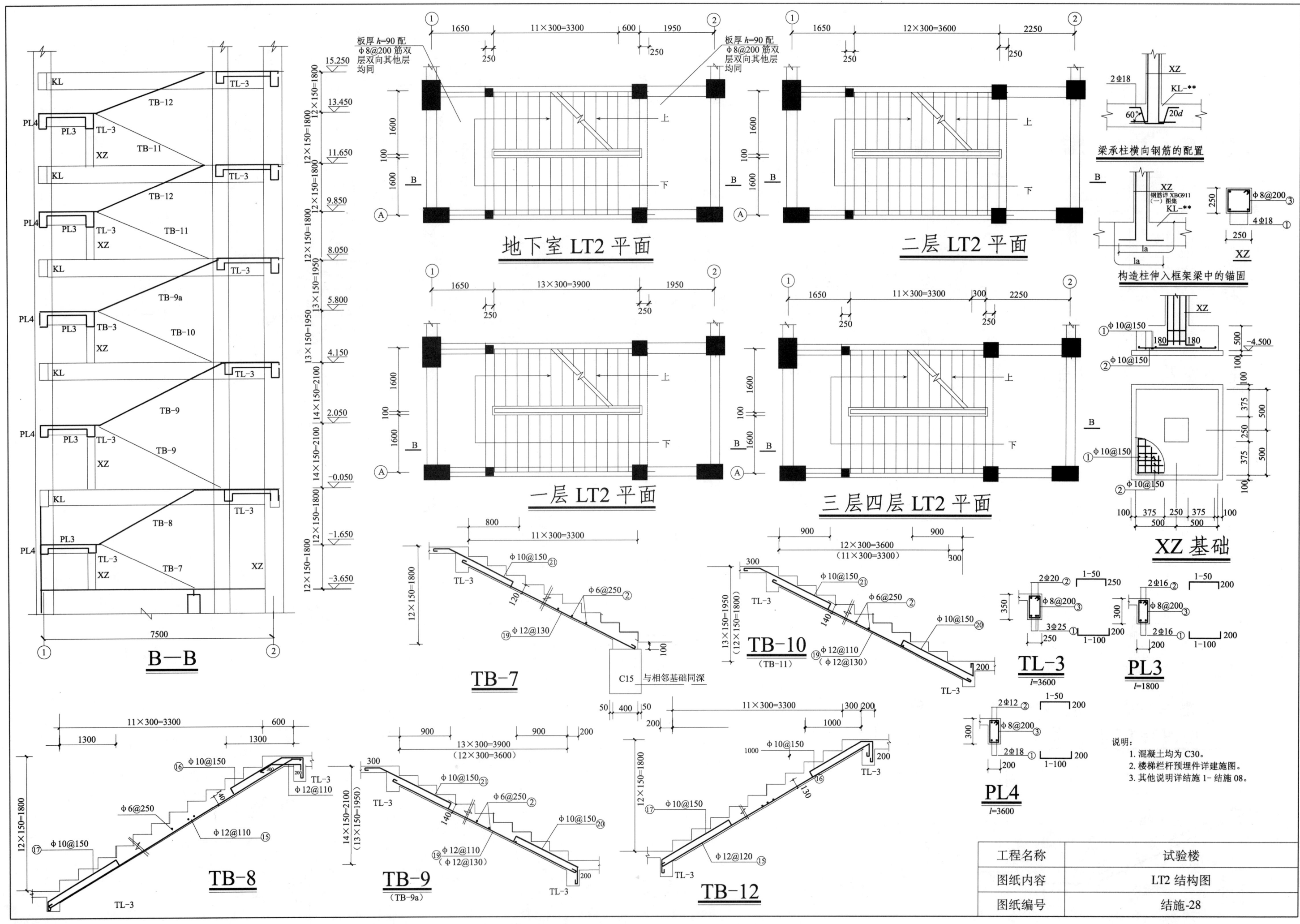

地下室 LT2 平面

二层 LT2 平面

一层 LT2 平面

三层四层 LT2 平面

梁承柱横向钢筋的配置

构造柱伸入框架梁中的锚固

XZ 基础

B—B

TB-7

TB-10
(TB-11)

TL-3
l=3600

PL3
l=1800

PL4
l=3600

TB-8

TB-9
(TB-9a)

TB-12

说明：
1. 混凝土均为C30。
2. 楼梯栏杆预埋件详建施图。
3. 其他说明详结施1-结施08。

工程名称	试验楼
图纸内容	LT2 结构图
图纸编号	结施-28

5.4　水暖消防施工图

供暖、给水、排水、消防工程设计说明

一、供暖

本设计卫生间、楼梯间以及地下室采用散热器供暖，其余房间采用低温热水地板辐射供暖。本工程由设在地下室的换热间提供地暖热源。市政热力管网一次水（供水温度95℃，回水温度70℃）经换热机组将40℃地暖回水加热至50℃供水温度。地暖系统由设在换热机组内的补水泵定压。

（一）散热器供暖主要设计参数

供暖室外设计计算温度 t_w = −14℃，散热器供暖建筑面积1000m²，计算热负荷为84.72kW，面积热指标84.7W/m²，系统计算阻力为6.80kPa，热煤采用95～70℃热水，散热器采用TZ4-6-5型。

（二）管道安装

1. 供暖管材采用焊接钢管，DN≤32mm 螺纹连接，DN≥40mm 焊接。

2. 阀门采用柱塞阀，连接方式：DN≤50mm 螺纹连接，DN≥70mm 法兰连接；阀门工作压力为1.0MPa。

3. 管道穿过墙壁和楼板应设管径比穿管大2级的钢制套管。安装在墙壁的套管其两端与饰面相平。安装在楼板内的套管其顶端应高出装饰地面20mm，安装在卫生间及厨房的套管，其顶端应高出装饰地面50mm，套管的底部与楼板底相平。穿过楼板的套管与管道之间应用阻燃密实材料和防水油膏填实，穿墙套管与管道之间应用阻燃密实材料填实。

4. 管道弯头采用煨弯时，弯曲半径一般为 R =（2～4）D（D 为管道外径）；DN≥100mm 时可采用冲压弯头。

5. 管道支架的间距详见《建筑给水排水及采暖工程施工质量验收规范》GBJ 50242—2002。

6. 图中所注的管道安装标高，均以管中心为准，未标注坡度者，均以 i = 0.003 的坡度坡向泄水点。

7. 管道系统中最低点应设放水装置，在系统最高点应设放气装置。

（三）散热器安装

1. 组对散热器所用衬垫，热水系统采用石棉橡胶板，高温水系统使用涂过铅油的石棉绳。

2. 水平单管串联系统的散热器，每组设 D6 手动放气阀一只，并设在散热器顶部。

3. 水平串联管的散热器当不设在壁龛时，串联管应做乙字弯，当设在深60mm的壁龛内时，串联管可平直敷设，但每隔两组散热器应设一补偿器。

（四）防腐与保温

1. 管沟、顶棚、地下室以及一层楼梯间内敷设的热水供暖供、回水管，除锈后刷防锈漆两遍再进行保温，保温材料采用30mm厚的超细玻璃棉管壳，保护层采用玻璃布外刷乳胶漆。

2. 不供暖房间的膨胀水箱及设备刷防锈漆两遍后进行保温，设计未规定时，可采用30mm厚的超细玻璃棉管壳，外刷防水涂料两遍。

3. 散热器在清除表面及砂芯后刷防锈漆两遍，再刷调合漆两遍。

（五）试压

1. 热水供暖系统，应以系统顶点工作压力加0.1MPa做水压试验，同时在系统顶点的试验压力不得小于0.3MPa。

2. 系统在试验压力下10min内，压力降不大于0.02MPa，降至工作压力后，不渗不漏为合格。

（六）冲洗

系统在投入使用前，热水供回水管用以系统能达到的最大压力和流量进行冲洗，直到出水口的水色和透明度与入水口目测一致为合格。

二、室内给水

（一）适用条件

1. 气候条件：供暖室外计算温度为 −40℃ 以上，地震烈度为8度，最大冻土深度为2m。

2. 适用于一般工业企业及民用建筑的室内给水施工与安装。

（二）给水流量及用水量

给水设计秒流量为5.12L/s，给水最高日用水量27.5m³/日，最大小时用水量2.86m³/h。

（三）生活管道系统安装

1. 给水管材采用塑料管，管件连接。

2. 阀门采用柱塞阀，阀门工作压力为1.0MPa。

3. 管道穿过墙壁和楼板的钢制套管安装要求见供暖系统的设计说明。

4. 管道活动支、吊架的间距，可按本说明供暖系统第（二）的第5条执行。

5. 图中所注的管道安装标高，均以管中心为准，未标注坡度者，均以 i = 0.003 的坡度坡向泄水点。

（四）防腐及保温

1. 明设不保温钢管、给水铸铁管刷防锈漆两遍，再刷银粉或由设计确定的面漆两遍，保温管仅刷防锈漆两遍。

2. 硬聚氯乙烯管（UPVC）不另刷漆，镀锌钢管根据装修要求刷面漆一遍，镀锌层破坏部分，应刷防锈漆一遍，再刷面漆两遍。

3. 暗设在管沟及顶棚或地下室内不保温的钢管，刷防锈漆两遍，铸铁管刷热沥青两遍。

4. 埋在地下室的铸铁管刷热沥青两遍，当为钢管时再包扎一层玻璃丝布后再刷热沥青一遍。

5. 明设钢支、吊架刷防锈漆一遍，面漆一遍，暗设钢支、吊架、套管均刷防锈漆两遍。

（五）试压及冲洗

1. 给水管的水压试验，一般按系统工作压力的1.5倍进行试压，但不小于0.6MPa，不大于1.0MPa，然后降至工作压力，做外观检查，不渗不漏为合格，本工程工作压力为0.35MPa。

2. 给水系统冲洗时，以系统内最大设计流量为冲洗流量或不小于1.5m/s的流速冲洗，直到出水口水色和透明度与入口目测一致为合格。

三、室内排水及雨水

排水流量：最高日排水量24.75m³/日。

（一）本说明只适用于一般工业企业及民用建筑的生活污水和雨水的排除

（二）管道安装

1. 管材与连接：

（1）生活排水管：采用 UPVC 塑料管，配件连接。

（2）雨水管：DN≥50mm，采用 UPVC 塑料管，配件连接。

（3）±0.000 以上采用 UPVC 塑料管，地下室及出户管采用铸铁管。

（4）排水采用的硬聚氯乙烯管按《建筑排水硬聚氯乙烯管道施工及验收规程》施工。

2. 卫生器具的安装位置要准确平直，安装高度除设计注明外，应按《建筑给水排水及采暖工程施工质量验收规范》GBJ 50242—2002 执行。卫生器具支架必平整牢固，并与器具贴紧。

3. 安装地漏时，地面坡向地漏，地漏算子顶面应低于地面5～10mm。

4. 装在室内地面不经常排水的地漏下面应加装 P 型或 S 型存水弯。

工程名称	试验楼
图纸内容	供暖、给水、排水、消防 工程设计说明
图纸编号	设施-01

5. 立管检查孔安装高度，其中心距安装地面为 1m，地面清扫口应与地面相平。

6. 生活污水管道的坡度，当设计未注明时应按下表规定的通用度安装。

生活污水管道坡度表

管 径（mm）	通 用 坡 度	最 小 坡 度	备 注
50	0.035	0.025	
100	0.020	0.012	图中所注的管道标高均以管底为准
150	0.010	0.007	
200	0.008	0.005	

7. 排水管道应严格按通用坡度施工，如确有困难时，也不得小于上表规定的最小坡度坡向出口。

8. 屋面雨水口在接入立管前设一不小于 300mm 的暂存砂砾袋。

9. 排水系统伸顶通气管应高出屋面不小于 700mm。

（三）防腐

1. 明设铸铁管刷防锈漆两遍，银粉漆或灰铅油两遍，埋地钢管先刷热沥青两遍包扎玻璃布一层后再刷热沥青一遍。

2. 明设钢支、吊架刷防锈漆一遍，再刷灰铅油一遍。

（四）试验与回填土

1. 系统投入使用前须做灌水试验，灌水高度，当为生活排水时，其高度为不低于底层的地面，以不渗不漏为合格。当为雨水管时，其高度为最高雨水斗至立管底部出口，以灌满水后 15min 再灌满延续 5min，液面不降、不渗、不漏为合格。

2. 暗设或埋设的排水管，须在隐蔽前做灌水试验。

3. 回填土必须在试验合格后进行，回填土须分层夯实。

四、消防给水

本建筑属低层防火建筑

（一）消防设计秒流量

室内消火栓设计秒流量为 15L/s。

（二）消防管道系统安装

1. 管材与连接：

消火栓管采用：DN≤100mm 为焊接钢管，丝接。

DN>100mm 为焊接钢管，焊接。

2. 阀门采用柱塞阀，阀门工作压力为 1.0MPa。

3. 消火栓灭火系统的管道安装，除管材及阀门外均同于第二项第（三）条，即生活管道系统安装说明的各条。

（三）防腐及保温

1. 明设不保温钢管：刷防锈漆两遍，再刷面漆两遍，保温管仅刷防锈漆两遍。

2. 镀锌钢管根据装修要求刷面漆一遍，镀锌层破坏部分应刷防锈漆一遍，再刷面漆两遍。

3. 暗设在管沟及顶棚或地下室内不保温的钢管，刷防锈漆两遍。

4. 埋在地下的钢管刷热沥青两遍，包扎一层玻璃丝布后，再用热沥青刷一遍。

5. 明设钢支、吊架刷防锈漆一遍，再刷面漆一遍，暗设钢支、吊架套管均刷防锈漆两遍。

（四）试压及冲洗

1. 消防系统试验压力以工作压力加 0.4MPa，但最低不小于 0.4MPa，其压力保持 2h，无渗漏为合格，消火栓系统工作压力为 0.6MPa。

2. 室内消火栓系统应将室内管道以最大消防设计流量冲洗干净。

3. 室内消火栓系统在与室外给水管道连接之前，必须将室外地下管道以消防时的最大设计流量冲洗干净。

五、其他

（一）施工安装详图

1. 供暖系统和给水系统采用国标。

2. 排水系统采用国标 92S220。

（二）管道穿过基础、墙壁和楼板，应配合土建预留孔洞。

（三）本说明未尽事项按《建筑给水排水及采暖工程施工质量验收规范》GBJ 50242—2002 执行。

（四）按规定工程中禁止使用螺旋升降的铸铁水龙头。

（五）塑料管安装必须熟悉所选管材生产厂的安装使用说明书，严格遵守塑料管施工规程。

（六）凡设计有特殊要求，或与本说明不同时，均按设计说明执行。

图例

序　号	图　例	名　称
1	————	95℃供暖供水管
2	- - - - - - -	70℃供暖回水管
3	—DN—	50℃地暖供水管
4	- - -DN- - -	40℃地暖回水管
5	—J—	生活给水管
6	—W—	生活污水管
7	—Y—	雨水管
8	—XH—	消火栓供水管
9	—YS—	溢流排污管
10	—RH—	软化水管

工程名称	试验楼
图纸内容	供暖、给水、排水、消防 工程设计说明
图纸编号	设施-01

地板辐射供暖设计与施工说明

一、设计说明

1. 低温地板辐射供暖系统技术参数：热煤为低温热水，供回水温度为50℃～40℃，供回水温差为10℃。室内温度 20℃。本建筑地暖部分热负荷为 177.23kW，地暖建筑面积 4095m²，热指标为43.3W/m²，系统阻力为28kPa。

2. 低温地板辐射供暖的加热盘管未特殊注明者均采用 D16×20PEX 管。PEX 管耐压等级不小于1.0MPa。

3. 低温地板辐射供暖地板构造如图所示。

4. 热媒由地下室换热机房内的换热机组提供。

5. 豆石混凝土填充层应在沿墙、过门及图中标注的地方设膨胀缝。当地板供暖面积超过 30m² 或边长大于6m时，应设膨胀缝。

6. PEX 管穿越膨胀缝及墙体以及集、分水器与 PEX 管连接时，均应设柔性套管。

7. 未说明之处严格按照《地面辐射供暖技术规程》JGJ 142—2004 执行。

二、施工要求

1. PEX 管材和管径应符合《地面辐射供暖技术规程》JGJ 142—2004 中的有关规定。

2. PEX 管应根据施工图要求的间距排管，塑料锁固件间距按规程要求直线段间距为 0.4～0.6m，弯曲段间距为 0.2～0.3m。

3. 应确保豆石混凝土达到设计要求，并采取措施防止施工中对 PEX 管造成损伤。

4. 低温地板辐射供暖系统的安装必须根据施工图的要求施工。在保证房间内管间距不变的情况下，管长允许 +5% 的误差。

5. 低温地板辐射供暖工程施工及验收执行《地面辐射供暖技术规程》JGJ 142—2004 中的有关规定。

三、其他

1. 图中未示管道间距处，管道间距在 150～300mm 之间，可以视现场情况而定。

2. 管道布置时，管道距墙边或构筑物间距不大于100mm。

3. 保温层苯板密度在 22kg/m³ 以上，并应符合《地面辐射供暖技术规程》JGJ 142—2004 中 4.2.2 条的有关规定。

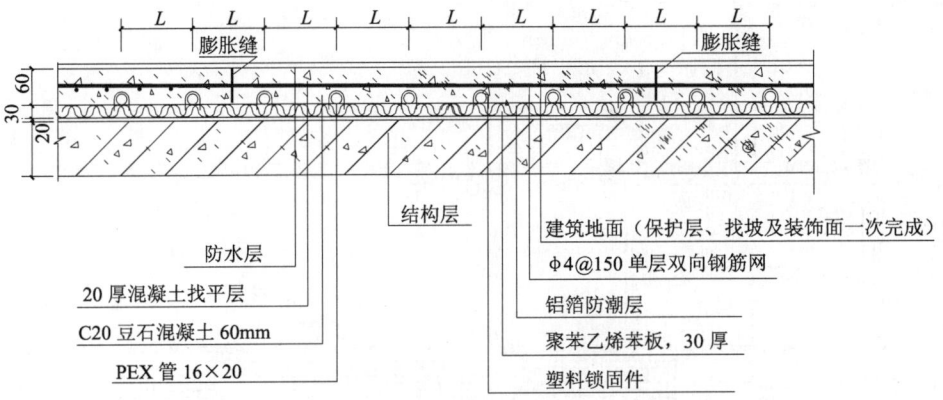

卫生间低温地板辐射供暖剖面大样图

防水层做法：刷聚氨酯两遍，上洒小石砾。

建筑地面（保护层、找坡及装饰面一次完成）
φ4@150 单层双向钢筋网
铝箔防潮层
聚苯乙烯苯板，30 厚
塑料锁固件
防水层
20 厚混凝土找平层
C20 豆石混凝土 60mm
PEX 管 16×20
结构层

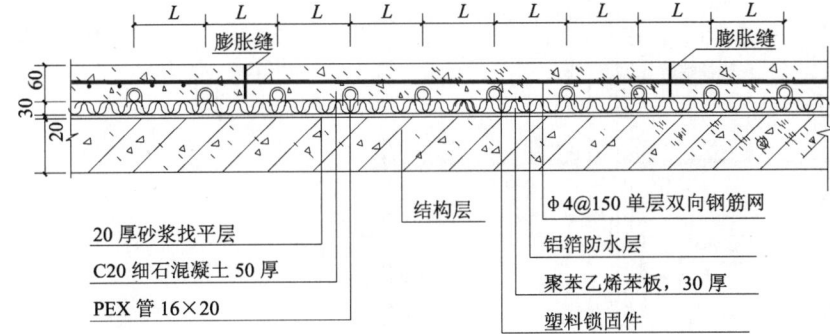

低温地板福射供暖剖面大样图

φ4@150 单层双向钢筋网
铝箔防水层
聚苯乙烯苯板，30 厚
塑料锁固件
20 厚砂浆找平层
C20 细石混凝土 50 厚
PEX 管 16×20
结构层

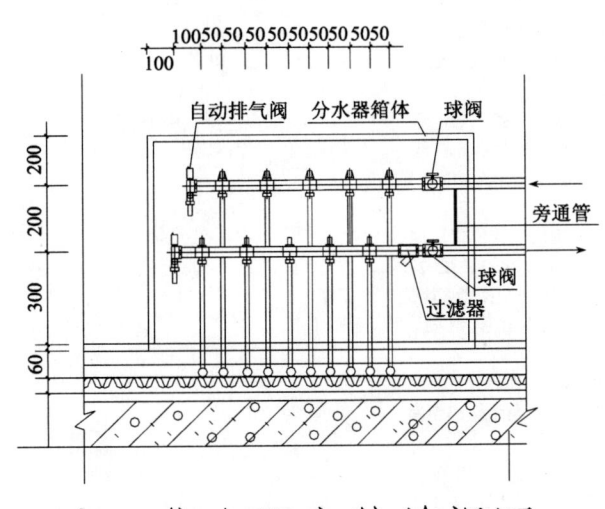

自动排气阀　分水器箱体　球阀
旁通管
球阀
过滤器

分、集水器安装前视图

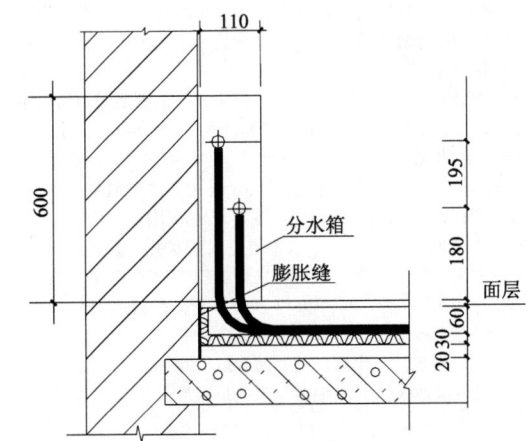

分水箱
膨胀缝
面层

分、集水器安装剖面

工程名称	试验楼
图纸内容	地板辐射供暖设计与施工说明
图纸编号	设施-02

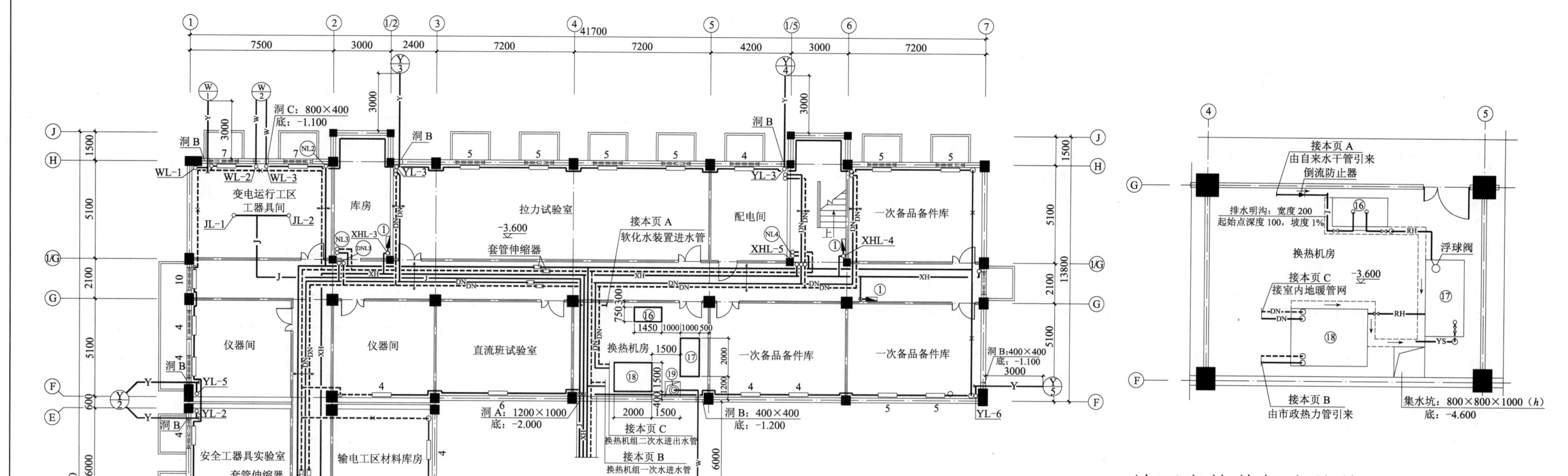

地下室换热机房接管平面图 1:100

地下室供暖、消防、给水排水平面图 1:100

识图导读

1. 平面图应分别与地暖、散热器供暖、给水、消防、排水系统系统图对照读，以掌握设备及管路的位置及管道走向。

2. 热媒进出口位于④轴线与Ⓕ轴线相交处进入换热机房，并分为两路，一路分支进入换热机组，另一路分支直接与散热器供暖系统连接。热力入口形式见大样图。

3. 散热器供暖系统供回水干管在地下室走廊分为左右两大支路并沿走廊顶棚板下-0.8m敷设，左环路供 NL3、NL2、NL1 立管供暖（卫生间及楼梯间供暖）以及地下室①与③轴线墙敷设的散热器供暖。右环路供 NL4 立管供暖（楼梯间供暖）以及地下室Ⓕ与Ⓗ轴线墙敷设的散热器供暖。卫生间及楼梯间供暖系统形式为单立管形式；地下室房间供暖系统为单管水平串联形式。

4. 室外给水经全自动软化水装置软化后进入软化水箱，并经补水泵加压后与地暖回水合流经循环泵进入换热器。进入换热机组的一次网热水（95℃/70℃）在换热器中与地暖水（50℃/40℃）进行热交换，二次水（地暖水）在地下室走廊分为左右两大支路并沿走廊顶棚板下-0.8m敷设，左环路的供、回水干管分别连接 DNL3、DNL2、DNL1 地暖供、回水立管，右环路的供、回水干管分别连接 DNL4、DNL5 地暖供、回水立管。

5. 给水、消防系统的进户管位置，均由④轴与Ⓕ轴相交处附近进入室内，图中还表示了以上各系统的干管位置，均在地下室标高为-0.800m处沿走廊一侧行走；给水管道进入室内引至工器具间，设有两根给水立管 JL-1、JL-2；消防供水管道进入室内，分别在相应位置设有五根消防立管 XHL-1、XHL-2、XHL-3、XHL-4、XHL-5 及消火栓。

6. 在本图中设有三根污水立管 WL-1、WL-2、WL-3 及排出管分别排入室外污水井，设有六根雨水立管 YL-1、YL-2、YL-3、YL-4、YL-5、YL-6 分别排入室外雨水检查井中。

7. 换热机房因排除地面积水设有一集水坑，集水坑尺寸为 800×800×1000（深），底标高为-4.600m，在软化水箱与换热机组之间设有排水明沟汇入集水坑（详见地下室换热机房平面图），集水坑污水由污水泵沿⑤轴附近排出至室外检查井。

说明：
1. 穿越配电室的管道均为焊接处理，不得留有接口。
2. 穿越窗井的排水出户管需作保温处理。

工程名称	试验楼
图纸内容	地下室供暖、消防、给水排水平面图
图纸编号	设施-03

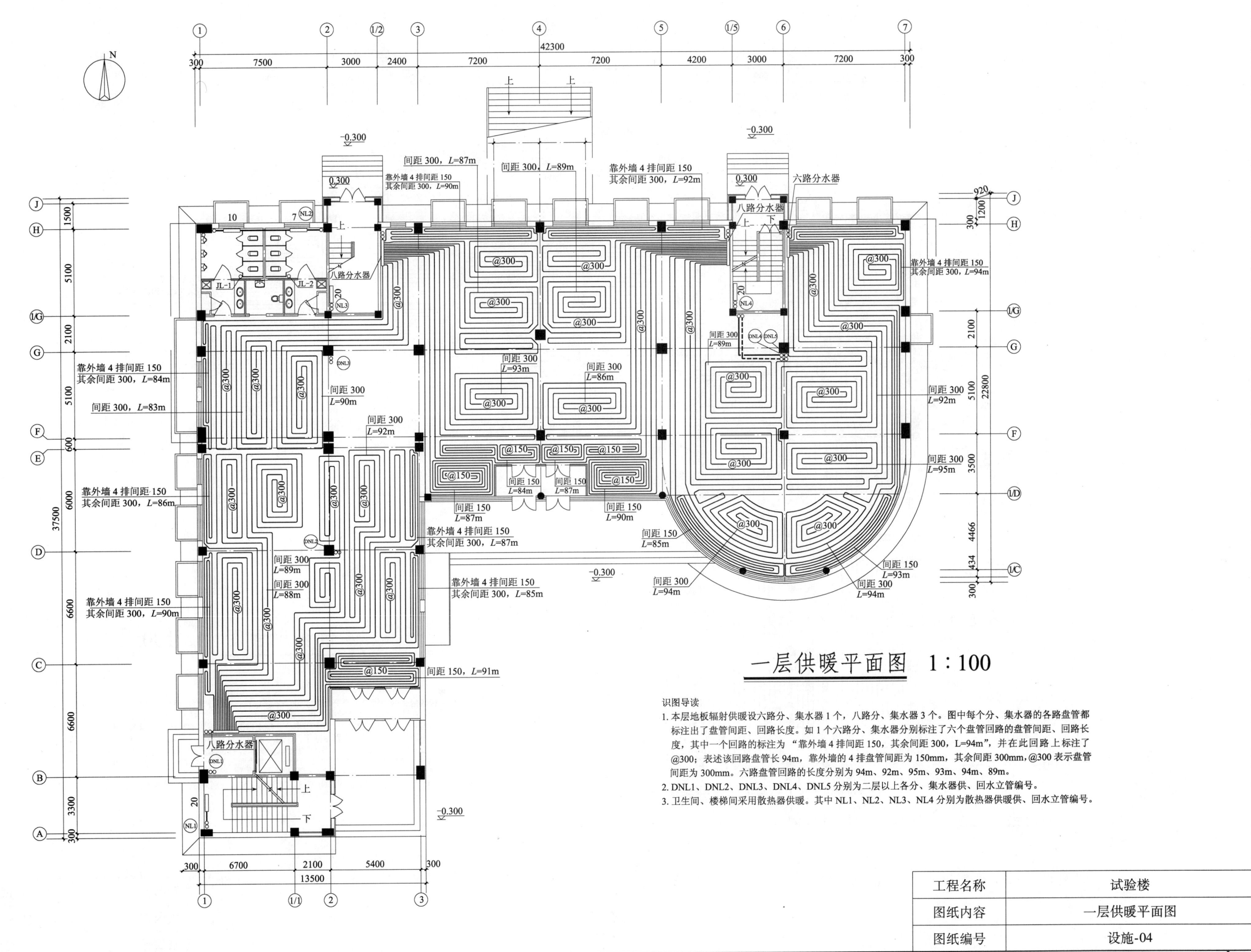

一层供暖平面图　1:100

间距 300，L=87m
靠外墙 4 排间距 150
其余间距 300，L=90m

间距 300，L=89m

靠外墙 4 排间距 150
其余间距 300，L=92m

六路分水器

八路分水器

靠外墙 4 排间距 150
其余间距 300，L=94m

间距 300
L=89m

间距 300
L=93m

间距 300
L=86m

间距 300
L=92m

间距 300
L=95m

间距 150
L=84m

间距 150
L=87m

间距 150
L=90m

间距 150
L=85m

间距 150
L=93m

间距 150
L=94m

间距 300
L=94m

靠外墙 4 排间距 150
其余间距 300，L=84m

间距 300，L=83m

间距 300
L=90m

间距 300
L=92m

靠外墙 4 排间距 150
其余间距 300，L=86m

间距 300
L=89m

间距 300
L=88m

靠外墙 4 排间距 150
其余间距 300，L=85m

靠外墙 4 排间距 150
其余间距 300，L=87m

间距 150，L=91m

靠外墙 4 排间距 150
其余间距 300，L=90m

八路分水器

N

识图导读
1. 本层地板辐射供暖设六路分、集水器 1 个，八路分、集水器 3 个。图中每个分、集水器的各路盘管都标注出了盘管间距、回路长度。如 1 个六路分、集水器分别标注了六个盘管回路的盘管间距、回路长度，其中一个回路的标注为 "靠外墙 4 排间距 150，其余间距 300，L=94m"，并在此回路上标注了 @300；表述该回路盘管长 94m，靠外墙的 4 排盘管间距为 150mm，其余间距 300mm，@300 表示盘管间距为 300mm。六路盘管回路的长度分别为 94m、92m、95m、93m、94m、89m。
2. DNL1、DNL2、DNL3、DNL4、DNL5 分别为二层以上各分、集水器供、回水立管编号。
3. 卫生间、楼梯间采用散热器供暖。其中 NL1、NL2、NL3、NL4 分别为散热器供暖供、回水立管编号。

工程名称	试验楼
图纸内容	一层供暖平面图
图纸编号	设施-04

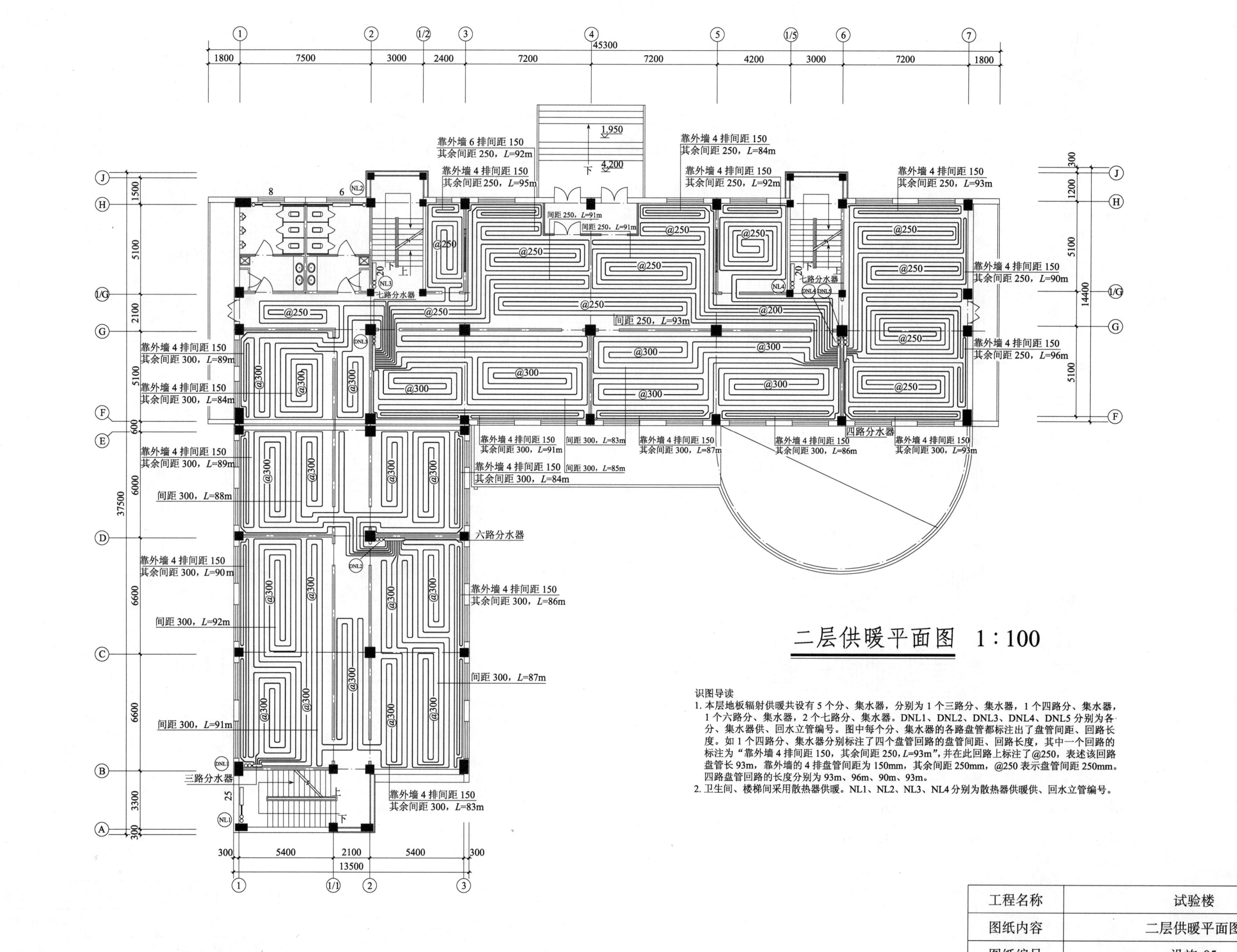

二层供暖平面图 1:100

识图导读
1. 本层地板辐射供暖共设有5个分、集水器，分别为1个三路分、集水器，1个四路分、集水器，1个六路分、集水器，2个七路分、集水器。DNL1、DNL2、DNL3、DNL4、DNL5分别为各分、集水器供、回水立管编号。图中每个分、集水器的各路盘管都标注出了盘管间距、回路长度。如1个四路分、集水器分别标注了四个盘管回路的盘管间距、回路长度，其中一个回路的标注为"靠外墙4排间距150，其余间距250，$L=93m$"，并在此回路上标注了@250，表述该回路盘管长93m，靠外墙的4排盘管间距为150mm，其余间距250mm，@250表示盘管间距250mm。四路盘管回路的长度分别为93m、96m、90m、93m。
2. 卫生间、楼梯间采用散热器供暖。NL1、NL2、NL3、NL4分别为散热器供暖供、回水立管编号。

工程名称	试验楼
图纸内容	二层供暖平面图
图纸编号	设施-05

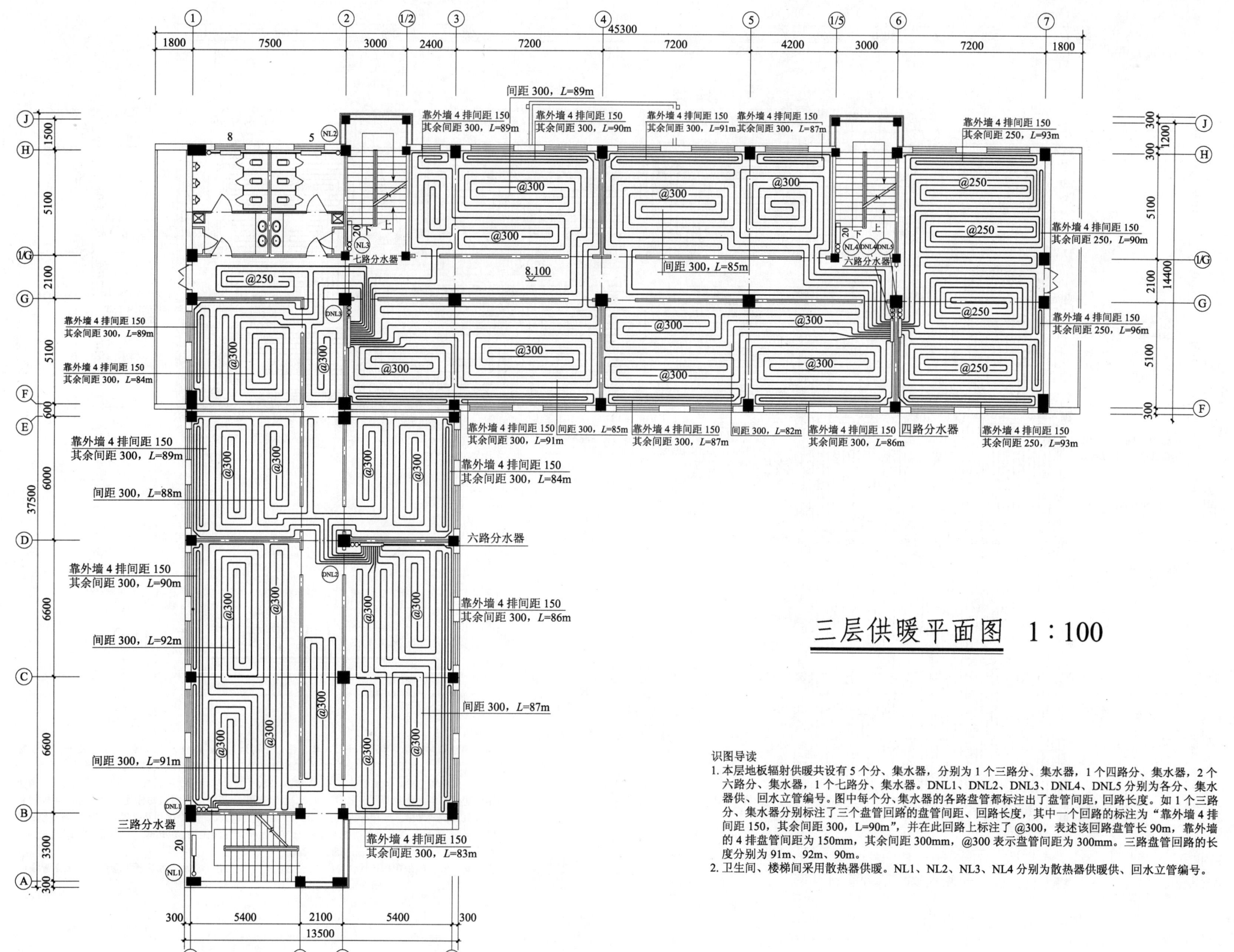

三层供暖平面图 1:100

识图导读
1. 本层地板辐射供暖共设有5个分、集水器，分别为1个三路分、集水器，1个四路分、集水器，2个六路分、集水器，1个七路分、集水器供。DNL1、DNL2、DNL3、DNL4、DNL5分别为各分、集水器供、回水立管编号。图中每个分、集水器的各路盘管都标注出了盘管间距，回路长度。如1个三路分、集水器分别标注了三个盘管回路的盘管间距、回路长度，其中一个回路的标注为"靠外墙4排间距150，其余间距300，L=90m"，并在此回路上标注了@300，表述该回路盘管长90m，靠外墙的4排盘管间距为150mm，其余间距300mm，@300表示盘管间距为300mm。三路盘管回路的长度分别为91m、92m、90m。
2. 卫生间、楼梯间采用散热器供暖。NL1、NL2、NL3、NL4分别为散热器供暖供、回水立管编号。

工程名称	试验楼
图纸内容	三层供暖平面图
图纸编号	设施-06

189

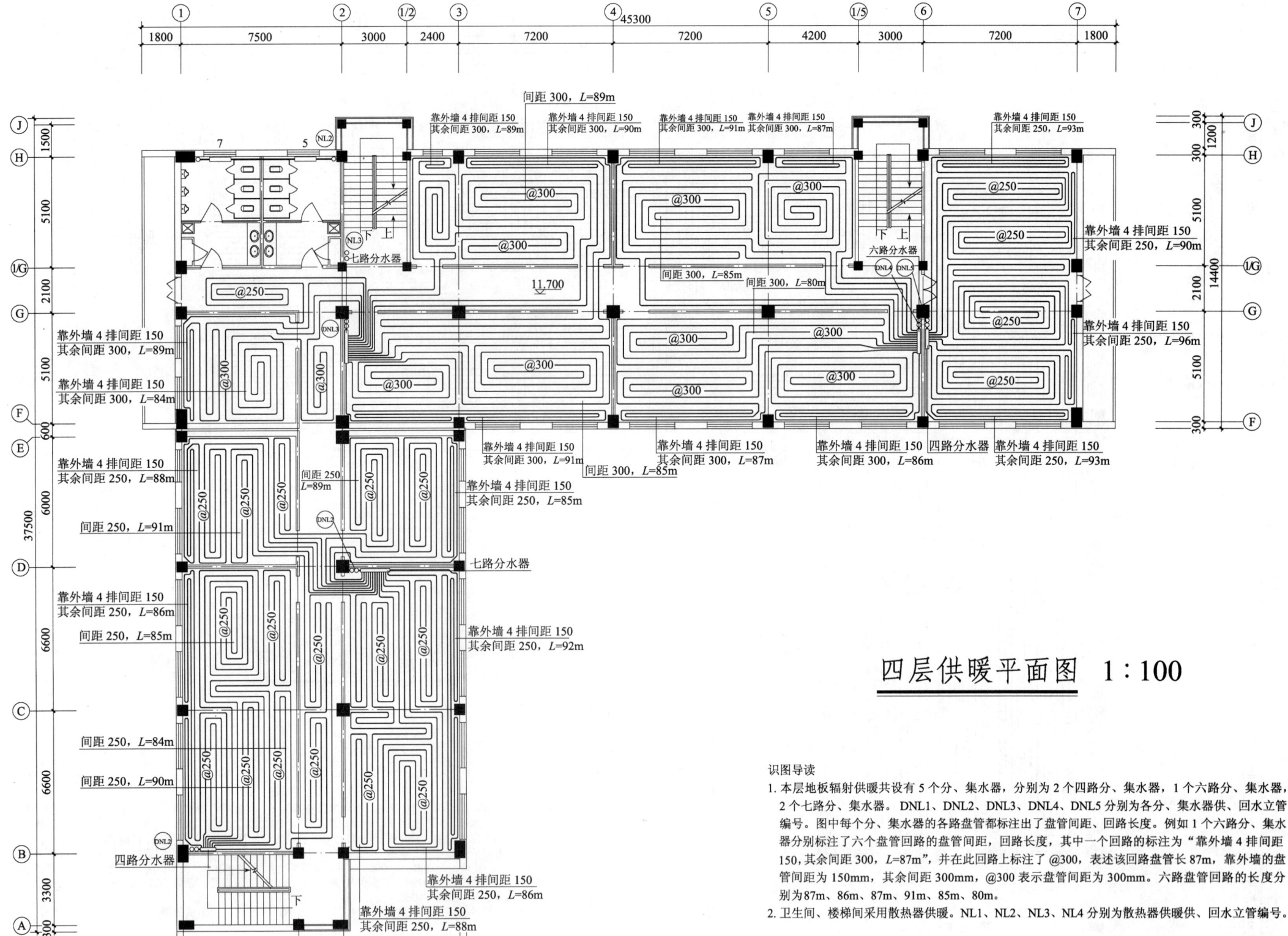

四层供暖平面图 1:100

识图导读

1. 本层地板辐射供暖共设有 5 个分、集水器，分别为 2 个四路分、集水器，1 个六路分、集水器，2 个七路分、集水器。DNL1、DNL2、DNL3、DNL4、DNL5 分别为各分、集水器供、回水立管编号。图中每个分、集水器的各路盘管都标注出了盘管间距、回路长度。例如 1 个六路分、集水器分别标注了六个盘管回路的盘管间距，回路长度，其中一个回路的标注为"靠外墙 4 排间距 150，其余间距 300，L=87m"，并在此回路上标注了 @300，表述该回路盘管长 87m，靠外墙的盘管间距为 150mm，其余间距 300mm，@300 表示盘管间距为 300mm。六路盘管回路的长度分别为 87m、86m、87m、91m、85m、80m。

2. 卫生间、楼梯间采用散热器供暖。NL1、NL2、NL3、NL4 分别为散热器供暖供、回水立管编号。

工程名称	试验楼
图纸内容	四层供暖平面图
图纸编号	设施-07

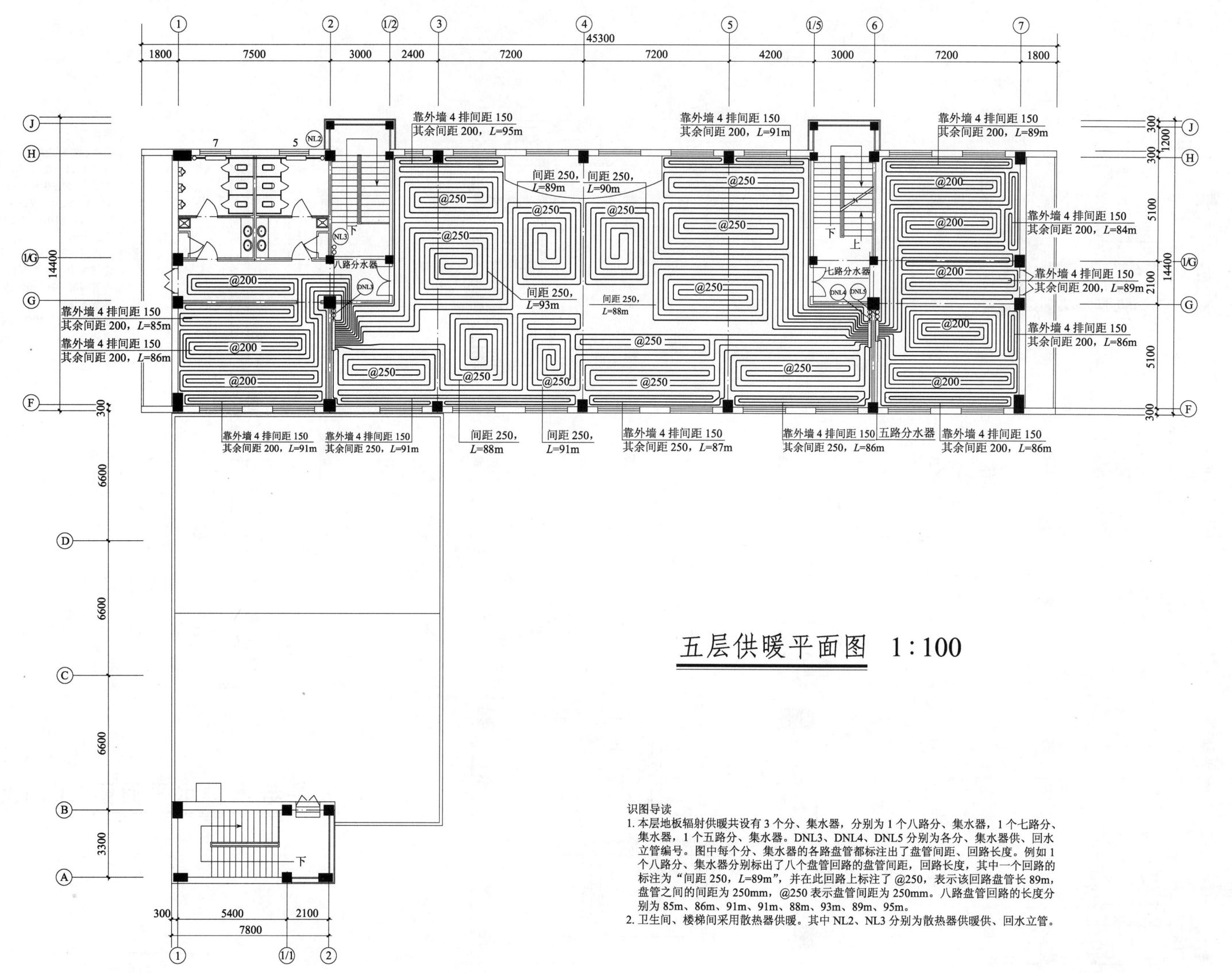

五层供暖平面图 1:100

识图导读
1. 本层地板辐射供暖共设有3个分、集水器，分别为1个八路分、集水器，1个七路分、集水器，1个五路分、集水器。DNL3、DNL4、DNL5分别为各分、集水器供、回水立管编号。图中每个分、集水器的各路盘管都标注出了盘管间距、回路长度。例如1个八路分、集水器分别标出了八个盘管回路的盘管间距，回路长度，其中一个回路的标注为"间距250，L=89m"，并在此回路上标注了@250，表示该回路盘管长89m，盘管之间的间距为250mm，@250表示盘管间距为250mm。八路盘管回路的长度分别为85m、86m、91m、91m、88m、93m、89m、95m。
2. 卫生间、楼梯间采用散热器供暖。其中NL2、NL3分别为散热器供暖供、回水立管。

工程名称	试验楼
图纸内容	五层供暖平面图
图纸编号	设施-08

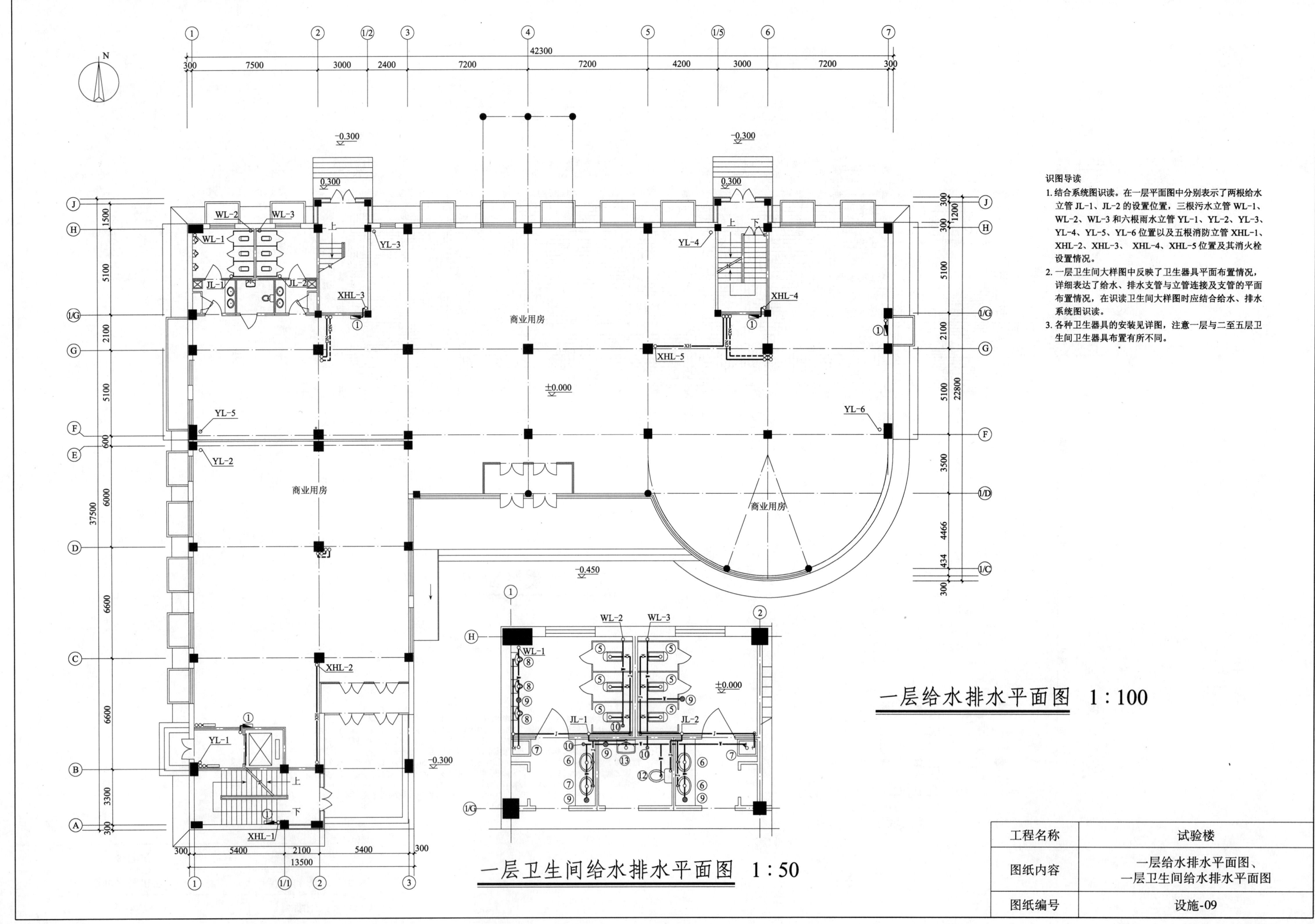

一层给水排水平面图 1:100

一层卫生间给水排水平面图 1:50

识图导读
1. 结合系统图识读。在一层平面图中分别表示了两根给水立管 JL-1、JL-2 的设置位置，三根污水立管 WL-1、WL-2、WL-3 和六根雨水立管 YL-1、YL-2、YL-3、YL-4、YL-5、YL-6 位置以及五根消防立管 XHL-1、XHL-2、XHL-3、XHL-4、XHL-5 位置及其消火栓设置情况。
2. 一层卫生间大样图中反映了卫生器具平面布置情况，详细表达了给水、排水支管与立管连接及支管的平面布置情况，在识读卫生间大样图时应结合给水、排水系统图识读。
3. 各种卫生器具的安装见详图，注意一层与二至五层卫生间卫生器具布置有所不同。

工程名称	试验楼
图纸内容	一层给水排水平面图、一层卫生间给水排水平面图
图纸编号	设施-09

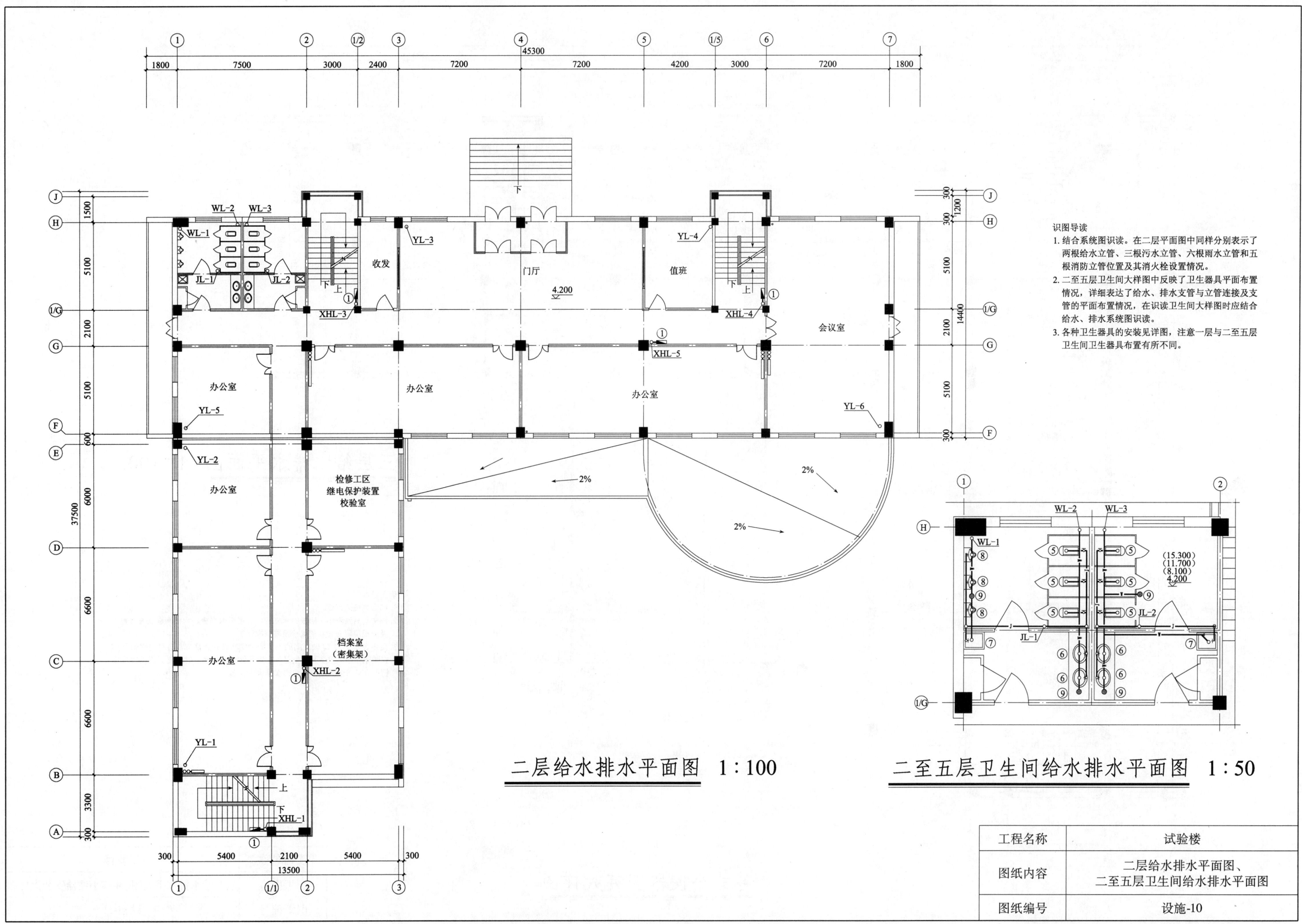

二层给水排水平面图 1:100

二至五层卫生间给水排水平面图 1:50

识图导读

1. 结合系统图识读。在二层平面图中同样分别表示了两根给水立管、三根污水立管、六根雨水立管和五根消防立管位置及其消火栓设置情况。

2. 二至五层卫生间大样图中反映了卫生器具平面布置情况,详细表达了给水、排水支管与立管连接及支管的平面布置情况,在识读卫生间大样图时应结合给水、排水系统图识读。

3. 各种卫生器具的安装见详图,注意一层与二至五层卫生间卫生器具布置有所不同。

工程名称	试验楼
图纸内容	二层给水排水平面图、二至五层卫生间给水排水平面图
图纸编号	设施-10

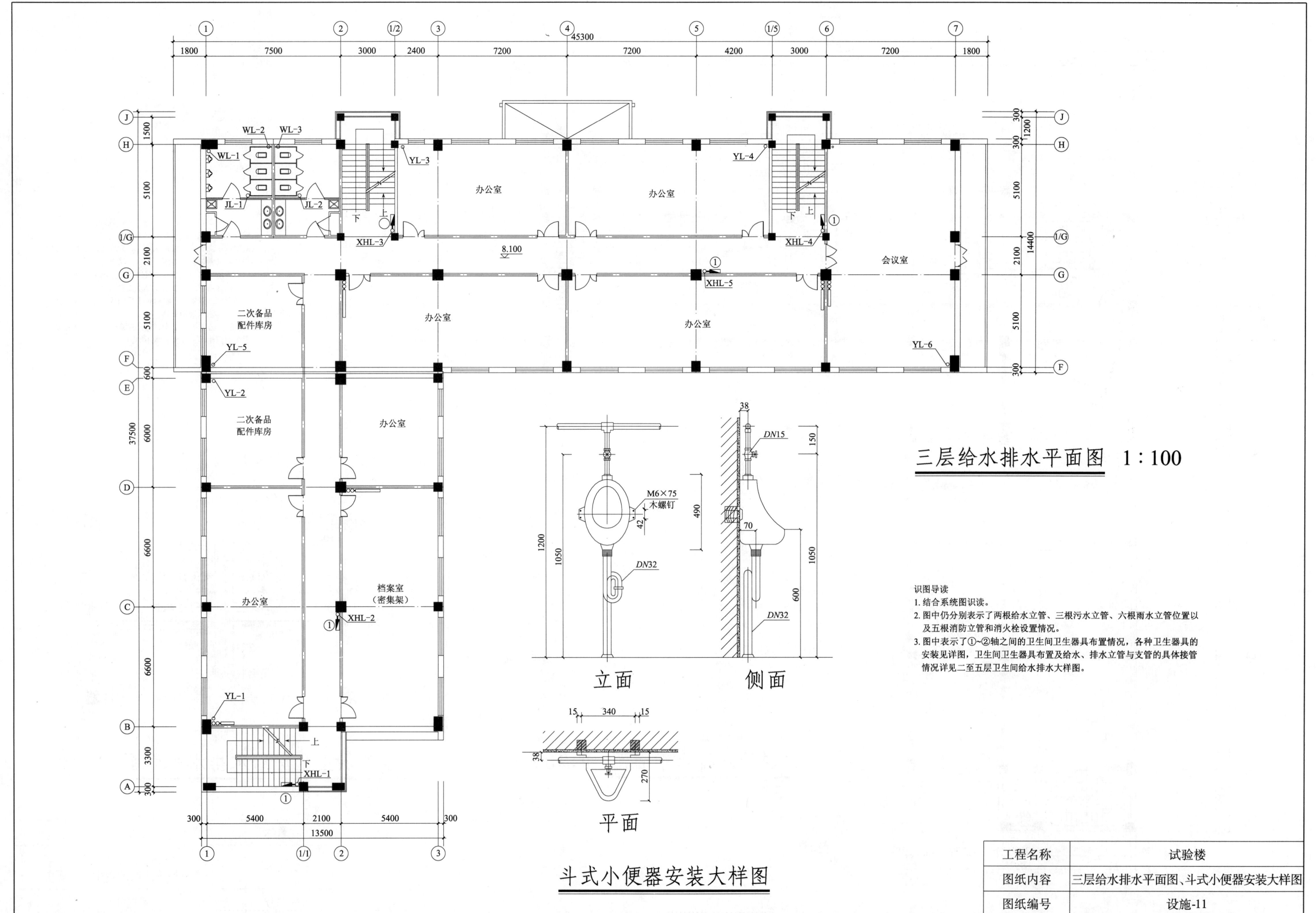

三层给水排水平面图 1:100

识图导读
1. 结合系统图识读。
2. 图中仍分别表示了两根给水立管、三根污水立管、六根雨水立管位置以及五根消防立管和消火栓设置情况。
3. 图中表示了①~②轴之间的卫生间卫生器具布置情况，各种卫生器具的安装见详图，卫生间卫生器具布置及给水、排水立管与支管的具体接管情况详见二至五层卫生间给水排水大样图。

立面　　侧面

斗式小便器安装大样图

工程名称	试验楼
图纸内容	三层给水排水平面图、斗式小便器安装大样图
图纸编号	设施-11

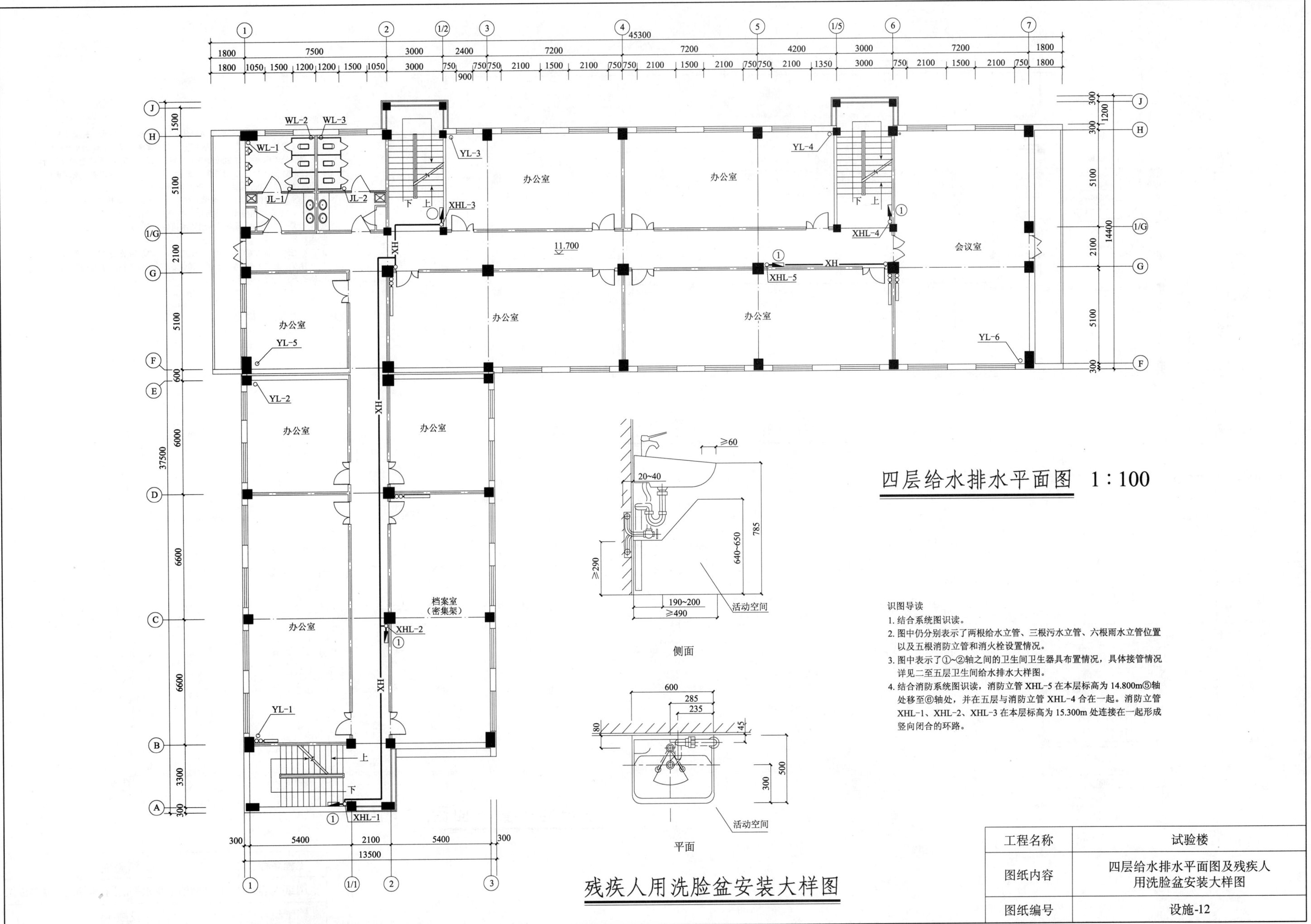

四层给水排水平面图 1:100

识图导读

1. 结合系统图识读。
2. 图中仍分别表示了两根给水立管、三根污水立管、六根雨水立管位置以及五根消防立管和消火栓设置情况。
3. 图中表示了①~②轴之间的卫生间卫生器具布置情况，具体接管情况详见二至五层卫生间给排水大样图。
4. 结合消防系统图识读，消防立管 XHL-5 在本层标高为 14.800m ⑤轴处移至⑥轴处，并在五层与消防立管 XHL-4 合在一起。消防立管 XHL-1、XHL-2、XHL-3 在本层标高为 15.300m 处连接在一起成竖向闭合的环路。

侧面

平面

残疾人用洗脸盆安装大样图

工程名称	试验楼
图纸内容	四层给水排水平面图及残疾人用洗脸盆安装大样图
图纸编号	设施-12

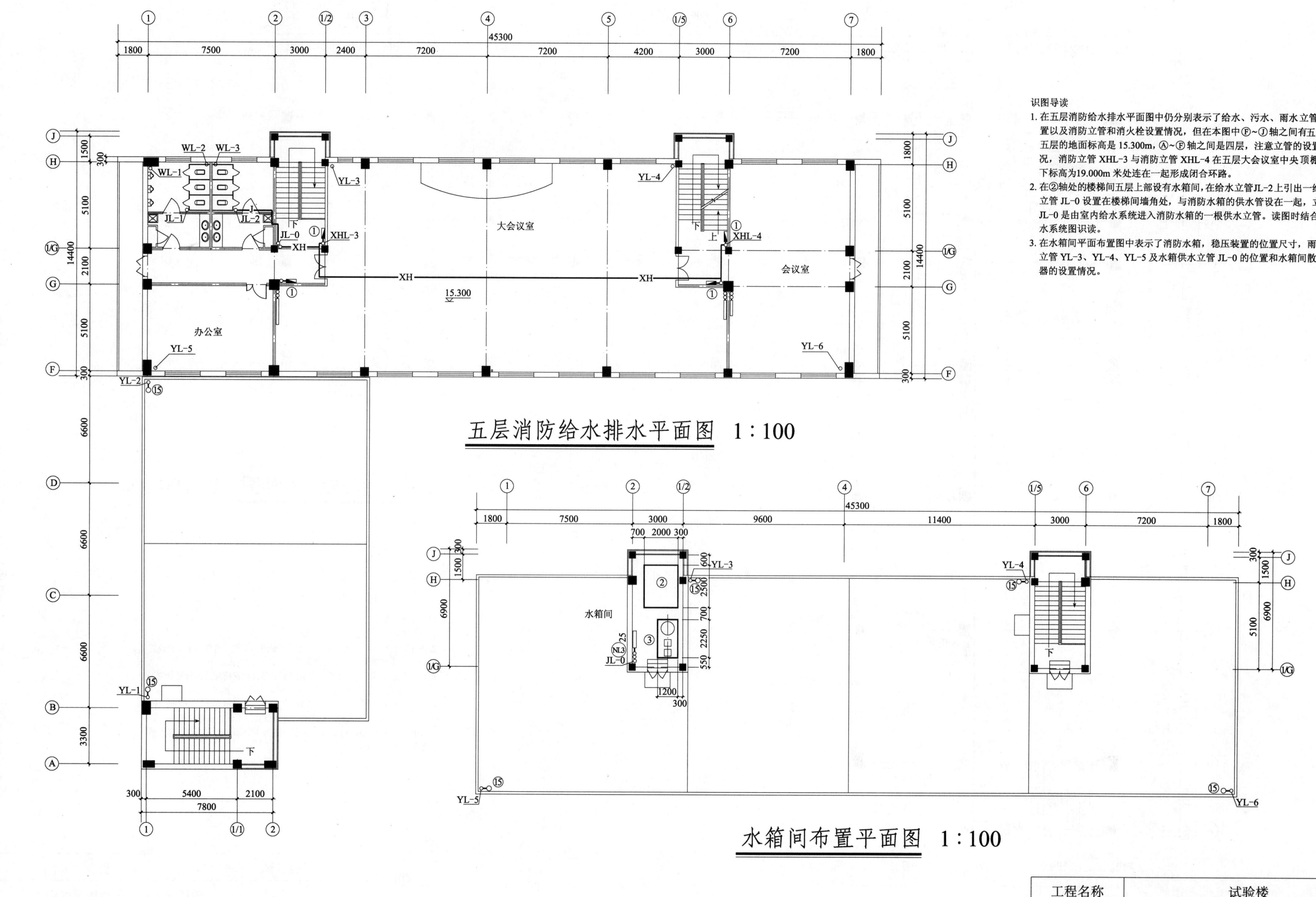

五层消防给水排水平面图　1：100

水箱间布置平面图　1：100

工程名称	试验楼
图纸内容	五层消防给水排水平面图、水箱间布置平面图
图纸编号	设施-13

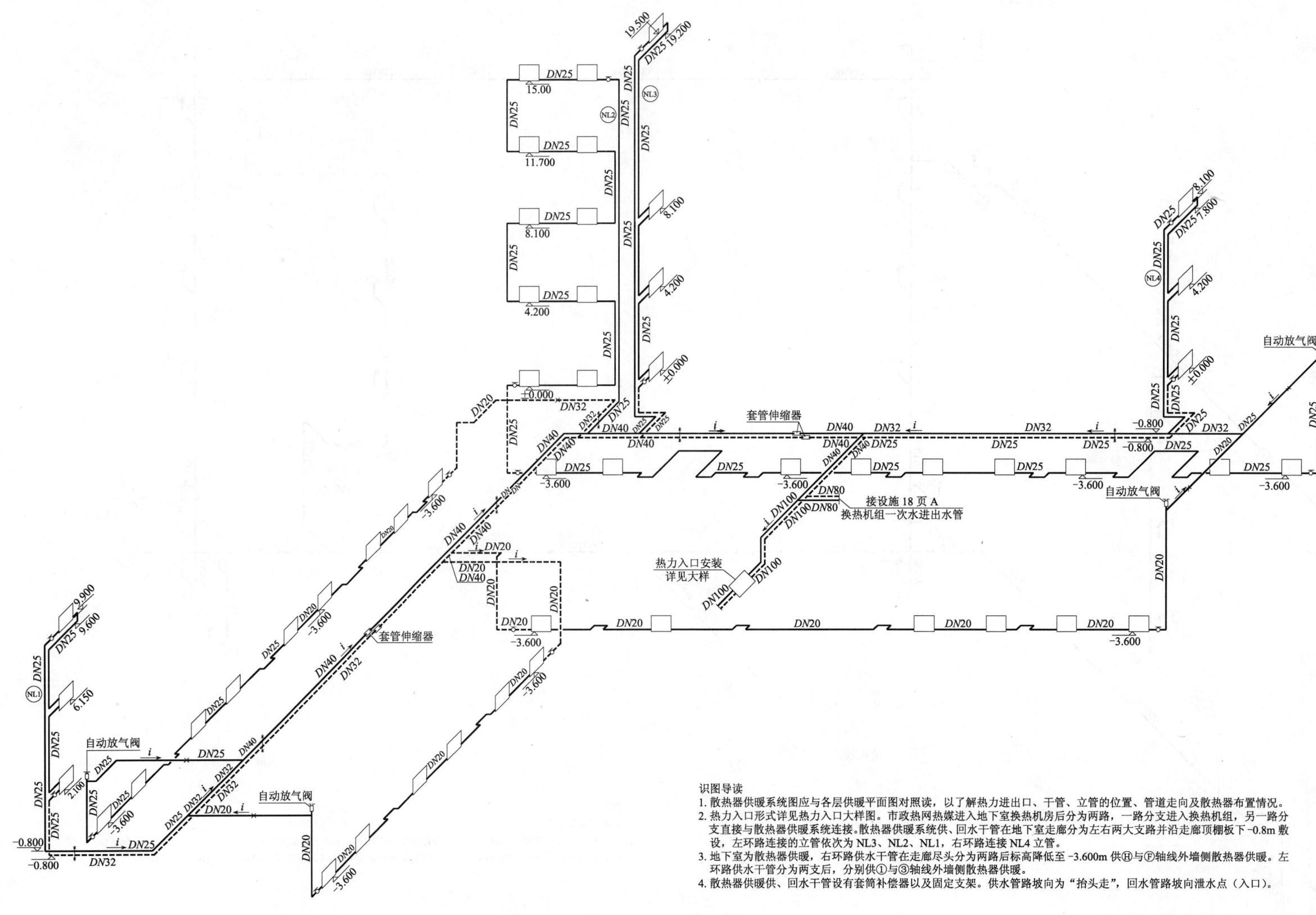

散热器供暖系统图 1:100

识图导读
1. 散热器供暖系统图应与各层供暖平面图对照读，以了解热力进出口、干管、立管的位置、管道走向及散热器布置情况。
2. 热力入口形式详见热力入口大样图。市政热网热媒进入地下室换热机房后分为两路，一路分支进入换热机组，另一路分支直接与散热器供暖系统连接。散热器供暖系统供、回水干管在地下室走廊分为左右两大支路并沿走廊顶棚板下 -0.8m 敷设，左环路连接的立管依次为 NL3、NL2、NL1，右环路连接 NL4 立管。
3. 地下室为散热器供暖，右路供水干管在走廊尽头分为两路后标高降低至 -3.600m 供⑪与Ⓟ轴线外墙侧散热器供暖。左环路供水干管分为两支后，分别供①与③轴线外墙侧散热器供暖。
4. 散热器供暖供、回水干管设有套筒补偿器以及固定支架。供水管路坡向为"抬头走"，回水管路坡向泄水点（入口）。

工程名称	试验楼
图纸内容	散热器供暖系统图
图纸编号	设施-14

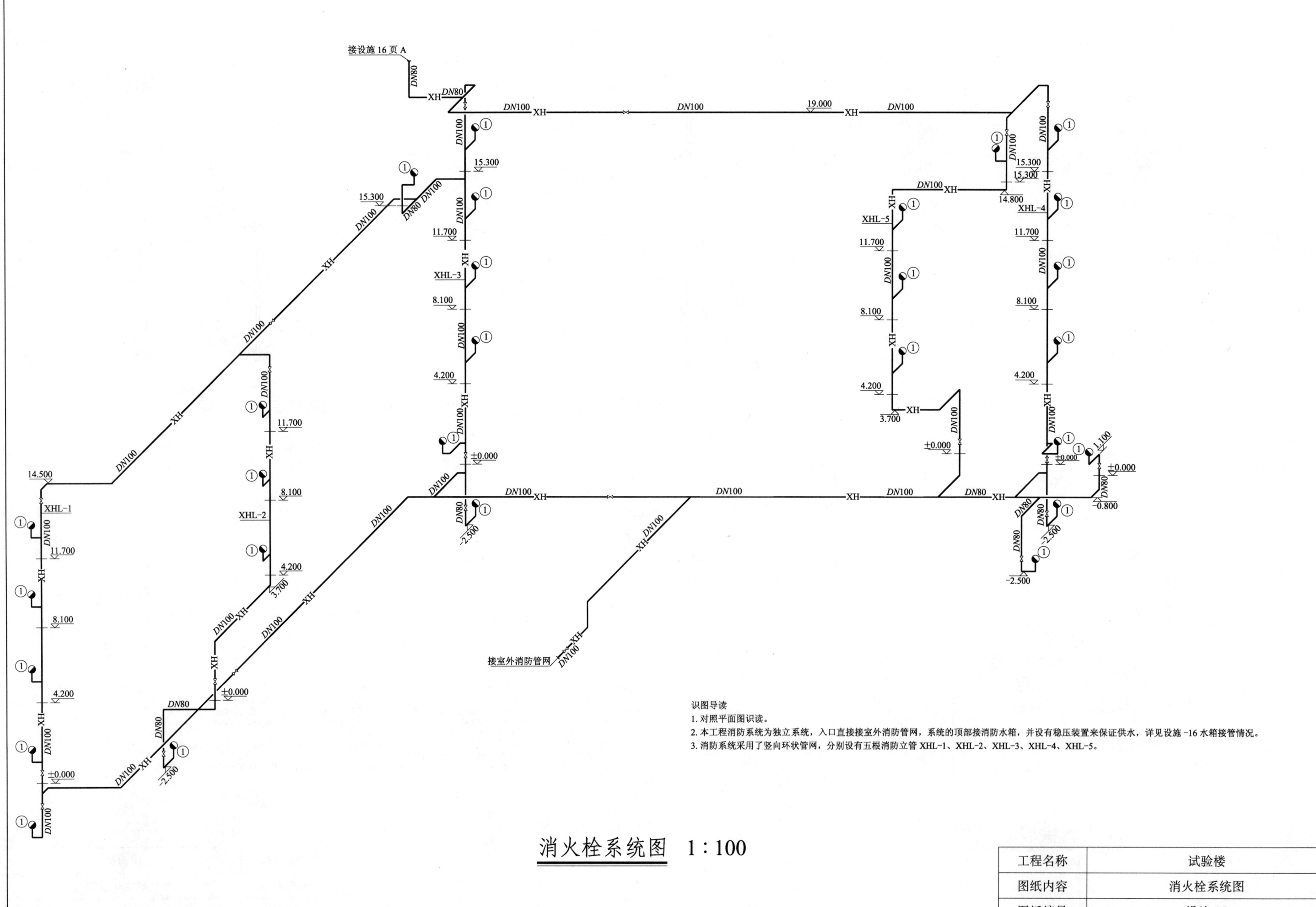

消火栓系统图 1:100

识图导读
1. 对照平面图识读。
2. 本工程消防系统为独立系统，入口直接接室外消防管网，系统的顶部接消防水箱，并设有稳压装置来保证供水，详见设施-16水箱接管情况。
3. 消防系统采用了竖向环状管网，分别设有五根消防立管 XHL-1、XHL-2、XHL-3、XHL-4、XHL-5。

工程名称	试验楼
图纸内容	消火栓系统图
图纸编号	设施-15

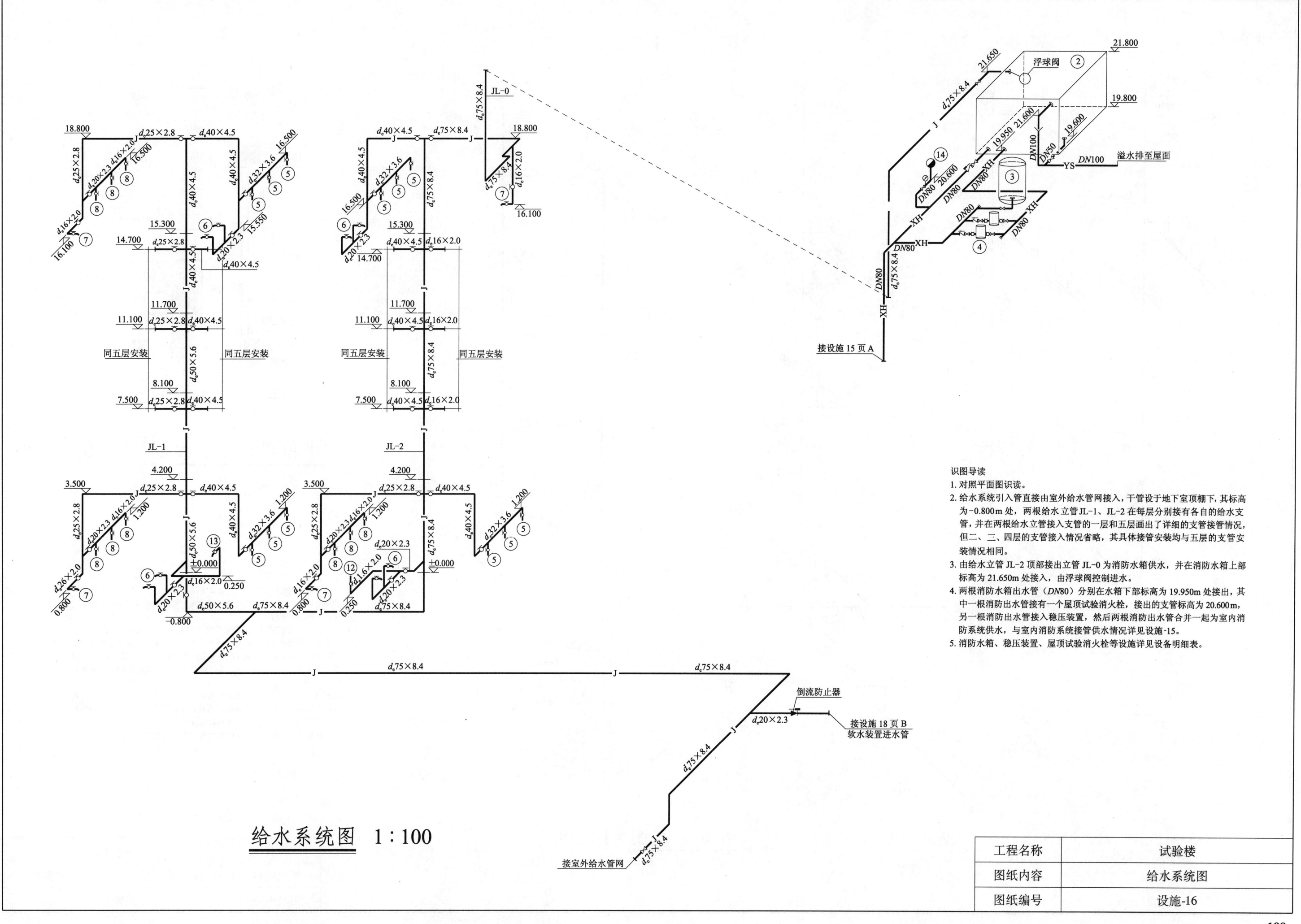

给水系统图 1:100

识图导读

1. 对照平面图识读。

2. 给水系统引入管直接由室外给水管网接入，干管设于地下室顶棚下，其标高为-0.800m处，两根给水管JL-1、JL-2在每层分别接有各自的给水支管，并在两根给水立管接入支管的一层和五层画出了详细的支管接管情况，但二、三、四层的支管接入情况省略，其具体接管安装均与五层的支管安装情况相同。

3. 由给水立管JL-2顶部接出立管JL-0为消防水箱供水，并在消防水箱上部标高为21.650m处接入，由浮球阀控制进水。

4. 两根消防水箱出水管（DN80）分别在水箱下部标高为19.950m处接出，其中一根消防出水管接有一个屋顶试验消火栓，接出的支管标高为20.600m，另一根消防出水管接稳压装置，然后两根消防出水管合并一起为室内消防系统供水，与室内消防系统接管供水情况详见设施-15。

5. 消防水箱、稳压装置、屋顶试验消火栓等设施详见设备明细表。

工程名称	试验楼
图纸内容	给水系统图
图纸编号	设施-16

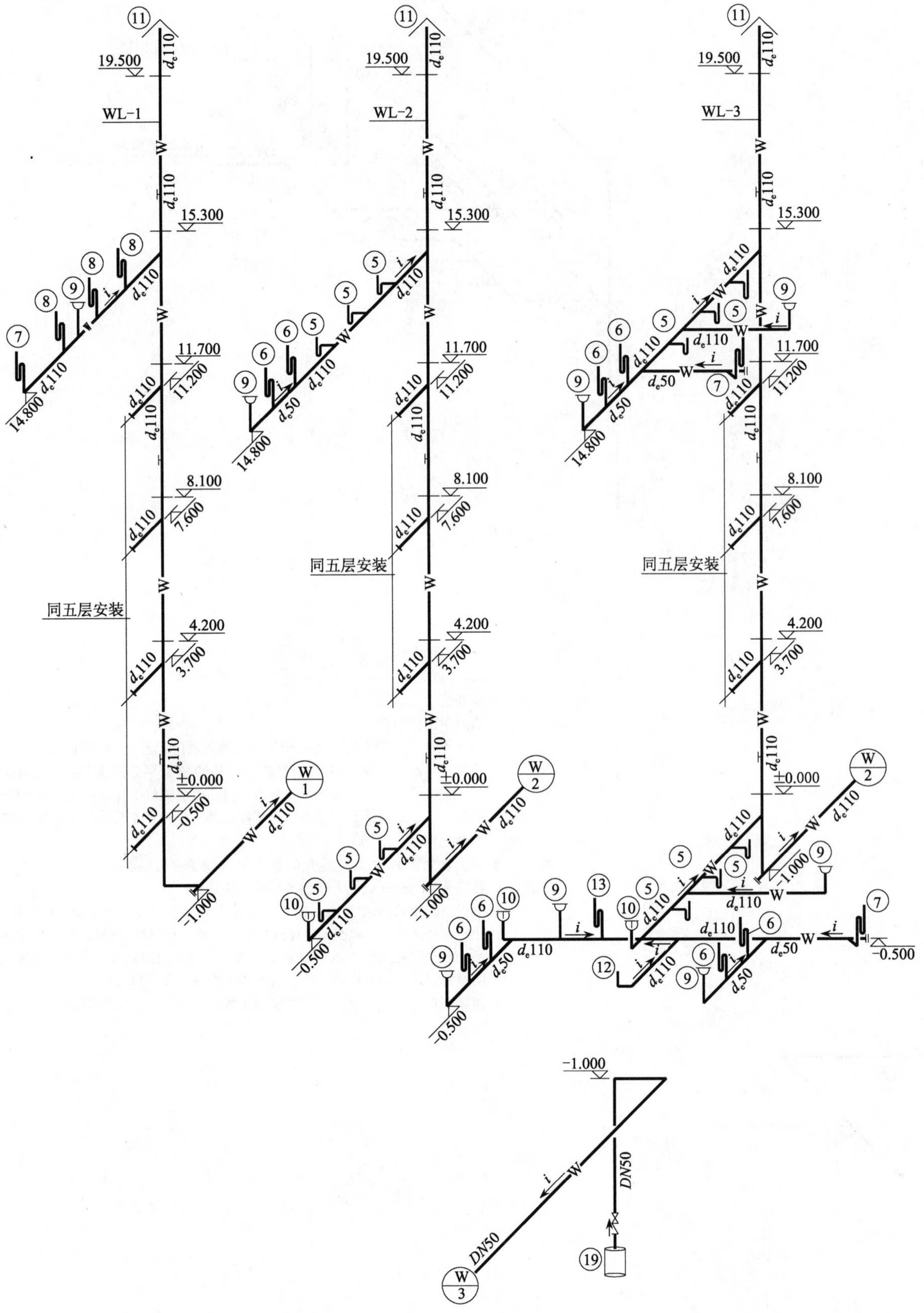

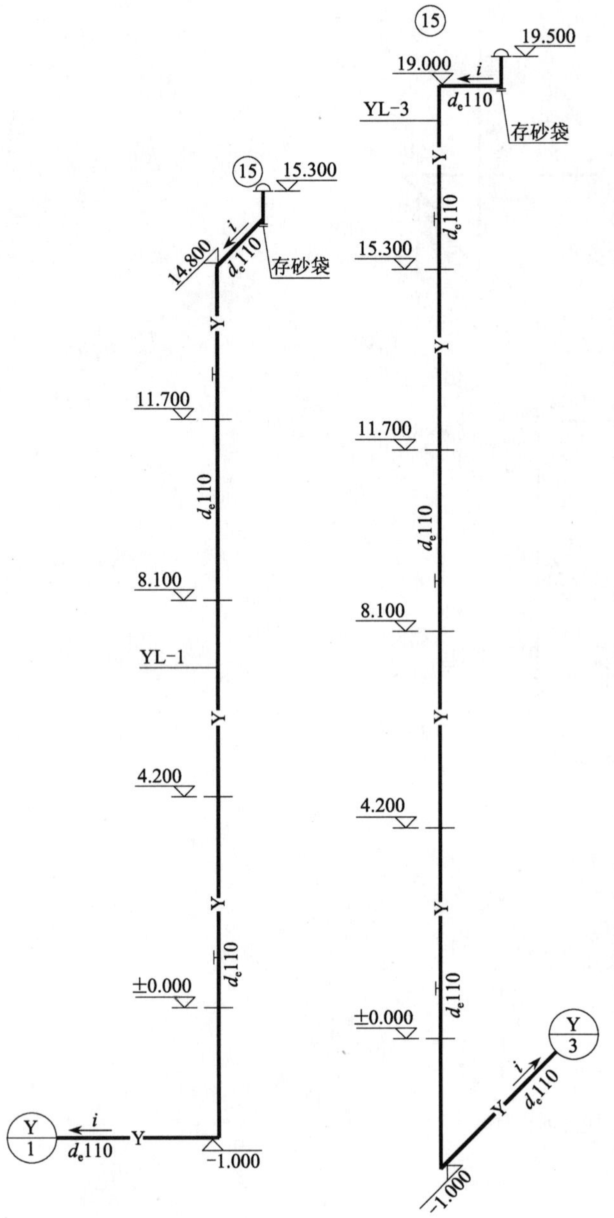

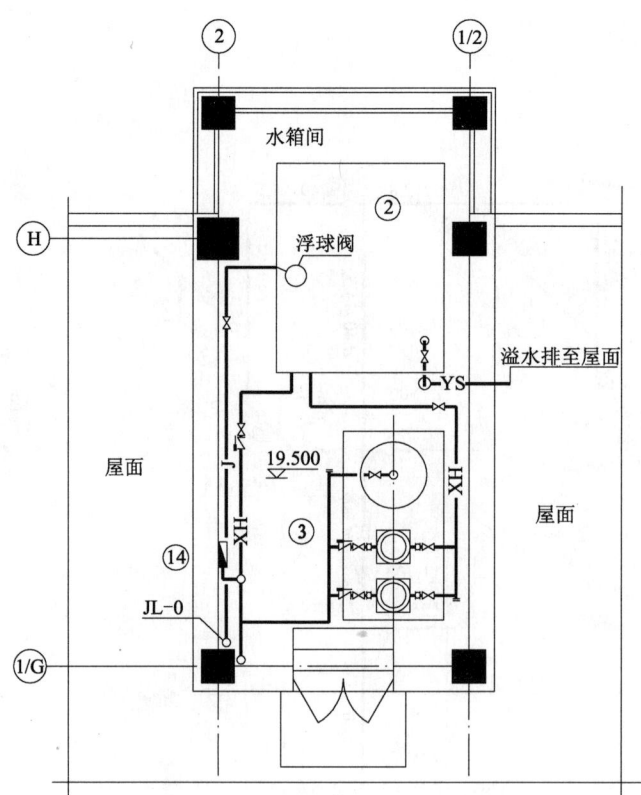

水箱间接管平面图 1：50

水箱间

浮球阀

溢水排至屋面

-YS

屋面

19.500

HX

HX

屋面

JL-0

识图导读

1. 排水系统有三根独立的排水立管及系统，即 WL-1、WL-2、WL-3 分别排至室外，排出管标高均为 -1.000m，注意污水立管 WL-3 的一层排水支管的接管情况。

2. 换热机房的污水泵排水是独立系统，由标高为 -1.000m 处排至室外。

3. 由于本工程是前半部分四层、后半部分五层的建筑，雨水系统只画出了四层屋面雨水排除系统 YL-1 系统和五层屋面雨水排除系统 YL-3 系统，其他 YL-2 系统与 YL-1 系统对称，YL-4、YL-5、YL-6 系统与 YL-3 系统对称。

4. 在水箱间大样图中表示了消防水箱、稳压装置的接管平面布置，并在水箱间②轴附近设有一个试验消火栓，水箱间的地面标高是 19.500m。识读本图时应分别结合给水和消防系统图识读。

5. 消防水箱、稳压装置的具体参数详见设备材料明细表。

说明：
1. YL-2 与 YL-1 相同安装。
2. YL-4、YL-5、YL-6 与 YL-3 对称或相同安装。

WL-1   WL-2   WL-3

YL-3   存砂袋

YL-1

同五层安装   同五层安装   同五层安装

19.500   15.300   11.700   11.200   8.100   7.600   4.200   3.700   ±0.000   -0.500   -1.000

19.000   19.500   15.300   14.800

排水系统图 1：100

工程名称	试验楼
图纸内容	排水系统图、水箱间接管平面图
图纸编号	设施-17

200

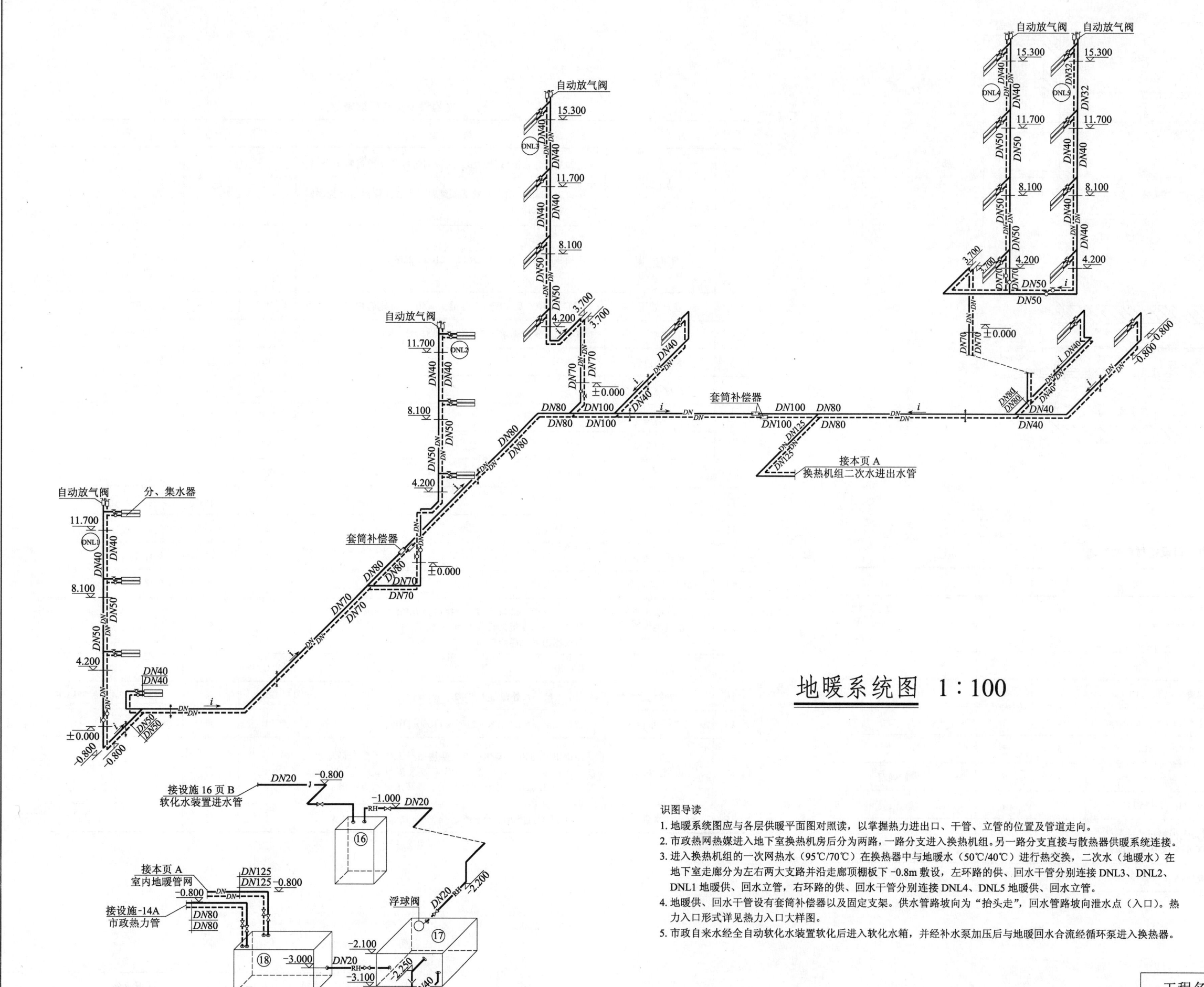

自动放气阀

自动放气阀　自动放气阀

说明:
1. 换热机组、全自动软化水装置、循环泵、补水泵等设备上的压力表、温度计、阀门、除污器等各种配件应按照生产厂家的要求配置齐全。
2. 未注明的连接换热机组、全自动软化水装置、循环泵、补水泵的支管管径、标高同该设备接口直径及所在位置标高。
3. 各种水泵出水口支管的管径比水泵出水口接管直径大一号。
4. 温度计刻度范围: 0℃~100℃。

套筒补偿器

接本页 A
换热机组二次水进出水管

分、集水器
自动放气阀

套筒补偿器

地暖系统图　1:100

接设施 16 页 B
软化水装置进水管

浮球阀

接本页 A
室内地暖管网

接设施-14A
市政热力管

排入排水明沟

识图导读
1. 地暖系统图应与各层供暖平面图对照读, 以掌握热力进出口、干管、立管的位置及管道走向。
2. 市政热网热媒进入地下室换热机房后分为两路, 一路分支进入换热机组。另一路分支直接与散热器供暖系统连接。
3. 进入换热机组的一次网热水 (95℃/70℃) 在换热器中与地暖水 (50℃/40℃) 进行热交换, 二次水 (地暖水) 在地下室走廊分为左右两大支路并沿走廊顶棚板下 -0.8m 敷设, 左环路的供、回水干管分别连接 DNL3、DNL2、DNL1 地暖供、回水立管, 右环路的供、回水干管分别连接 DNL4、DNL5 地暖供、回水立管。
4. 地暖供、回水干管设有套筒补偿器以及固定支架。供水管路坡向为 "抬头走", 回水管路坡向泄水点 (入口)。热力入口形式详见热力入口大样图。
5. 市政自来水经全自动软化水装置软化后进入软化水箱, 并经补水泵加压后与地暖回水合流经循环泵进入换热器。

工程名称	试验楼
图纸内容	地暖系统图
图纸编号	设施-18

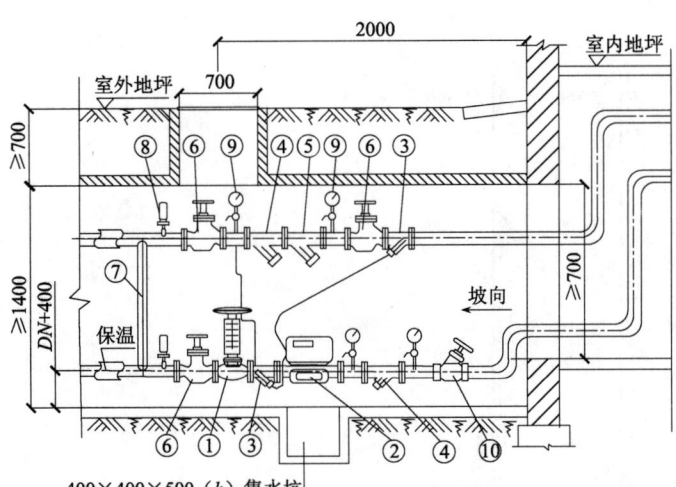

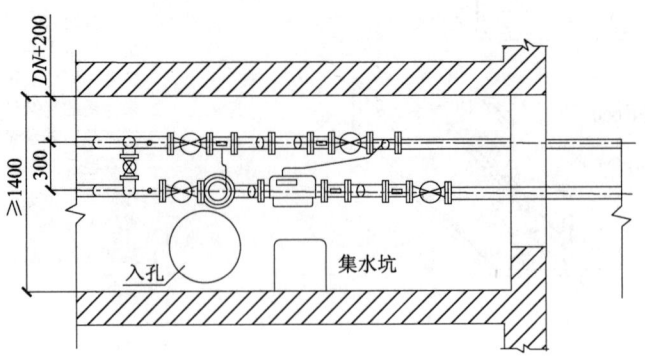

热力入口大样图

热力入口设备材料明细表

编 号	名 称	规 格 型 号	数量	单位	备 注
1	自力式压力控制阀	IVD-IVF/IVFS	1	个	
2	热量表		1	个	
3	温度传感器专用套管	规格按热量表配	2	个	
4	Y 型水过滤器	规格同管径网孔：3.0mm	2	个	
5	Y 型水过滤器	规格同管径网孔：0.75mm	1	个	
6	截止阀	J Ⅱ T-16 41T	5	个	
7	闸阀		1	个	按设计确定
8	温度计	WNG-11 0～150℃	2	个	
9	压力表	压力表弹簧压力表 Y-100 1.5 级 0～1MPa	4	个	
10	平衡阀	（规格同入户管径）	1	个	规格按设计确定

主要设备材料明细表

编号	名 称	规 格 型 号	数量	单位	备 注
1	消火栓	乙型消火栓水枪口径 D19，内设消防按钮麻质衬胶水龙带，长度 25m 接口为 DN65，消火栓箱下需配置灭火器灭火器型号为磷酸铵盐干粉灭火器两个 5A	24	套	
2	消防水箱	容积 9m³，A×B×H＝2612×2109×2109	1	套	水箱顶厚 2mm，水箱底和水箱壁均厚 3mm，水箱重量 1015kg
3	稳压装置	ZWL-I-X-100 型，配套气压罐 D＝800，标定容积 300L	1	套	详见 98S176-11 页
4	水泵	与稳压装置配套水泵 25LCW3-10X5 型，N＝1.5kW×2			详见 98S179-11 页
5	蹲式大便器	冲洗阀	30	套	见详图
6	洗脸盘（台式）		20	套	见详图
7	污水池	甲型	10	套	
8	小便斗	冲洗阀	15	套	见详图
9	地漏	DN100	31	个	
10	清扫口	DN100	3	个	
11	通气帽	DN100	2	个	
12	坐式大便器		1	套	见详图
13	残疾人洗脸盘		1	套	见详图
14	试验消火栓	乙型消火栓水枪口径 D19，接口为 DN65 麻质衬胶水龙带，长度 15m， 内配压力表及消防按钮	1	套	
15	雨水口	DN100	6	个	
16	全自动软化水装置	ZRL-1 型，水处理量 1.5～2.5m³/h	1	套	（220V 2A）0.35kWh
17	软化水箱	容积 2m³，A×B×H＝2109×1106×1106	1	套	
18	热交换机组	XDN-BOD-300 型换热机组，换热面积 3.0m² 配套循环水泵 Q＝20m³/h，H＝19m，N＝5.5kW 补水泵 Q＝0.9m³/h，H＝25m，N＝3.0kW 其中板式换热器、循环水泵均为一用一备	1	套	
19	污水泵	KWQ15-15-1.5 型，Q＝15m³/h，H＝15m，N＝1.5kW	1	套	

工程名称	试验楼
图纸内容	主要设备材料明细表、热力入口大样图
图纸编号	设施-19

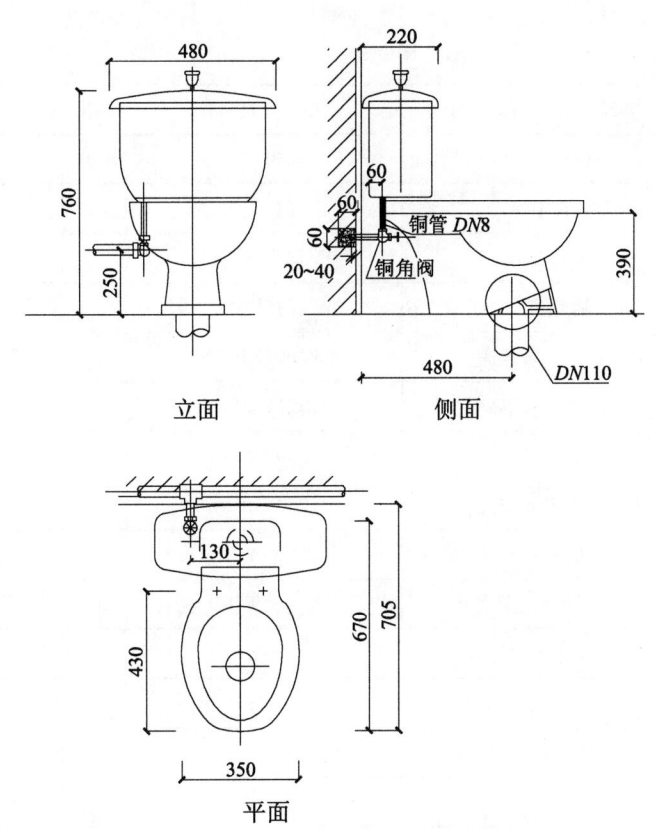

立面　　　　　　　　　侧面

平面

坐便器连体式安装大样图

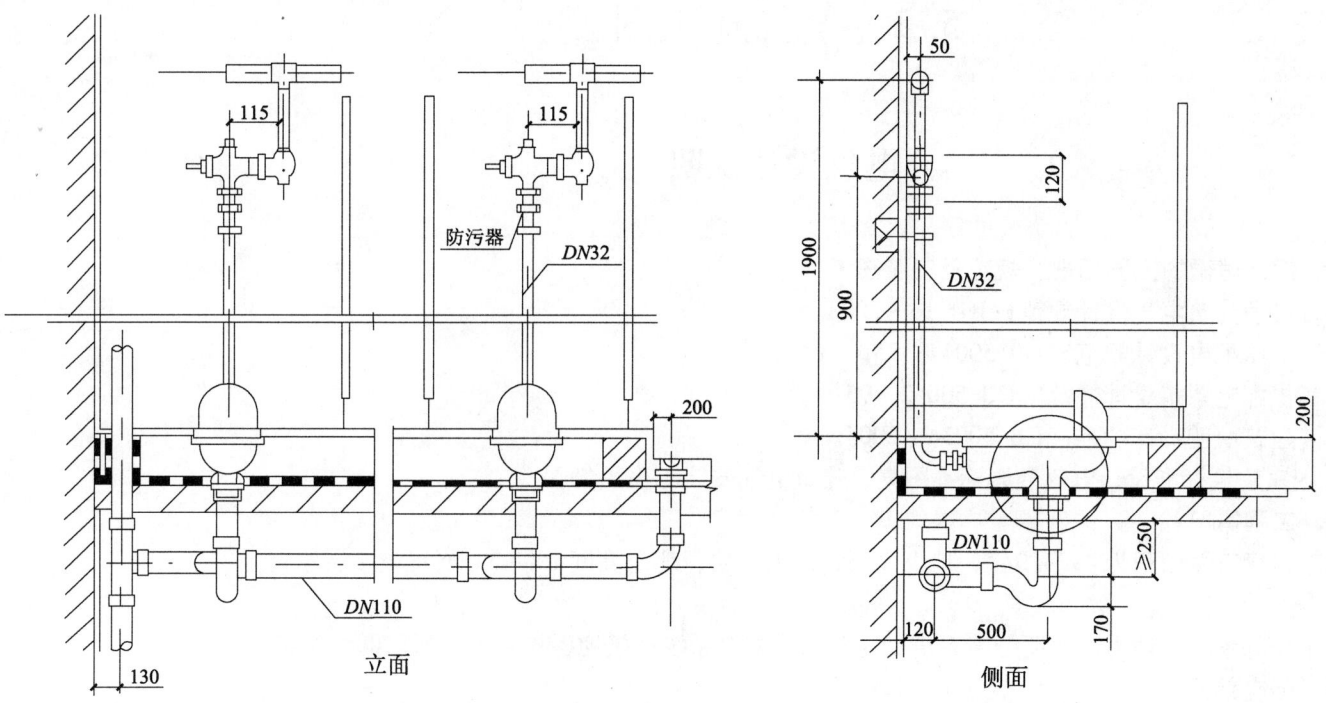

立面　　　　　　　　　侧面

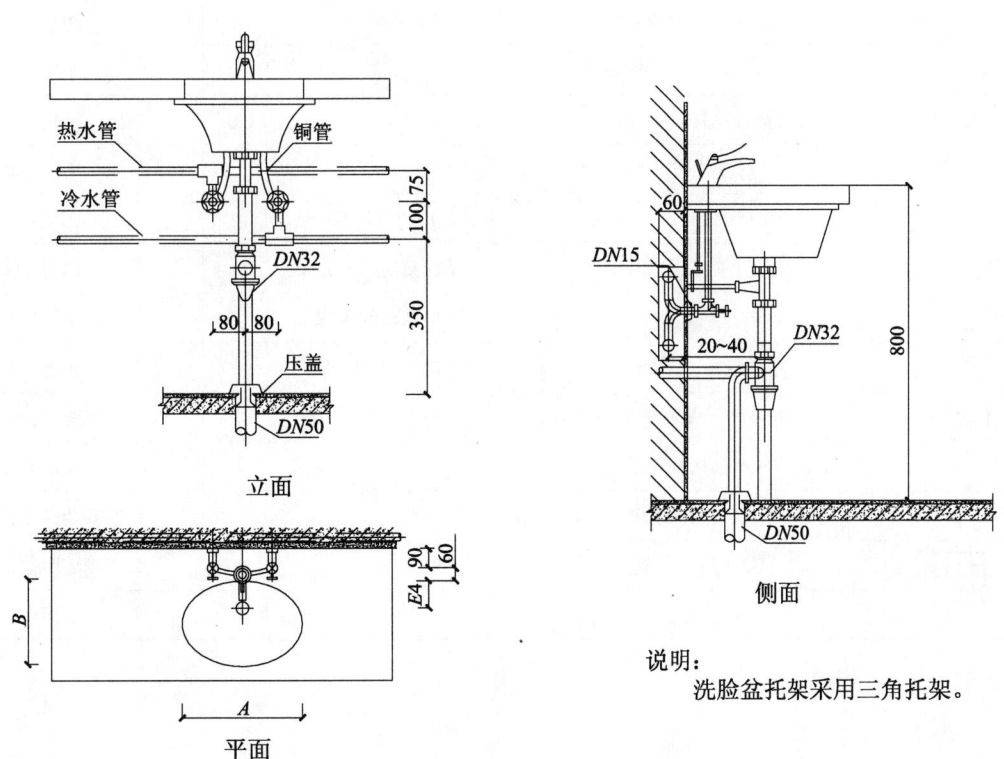

立面　　　　　　　　　侧面

说明：
洗脸盆托架采用三角托架。

台式洗脸盆—混合龙头安装大样图

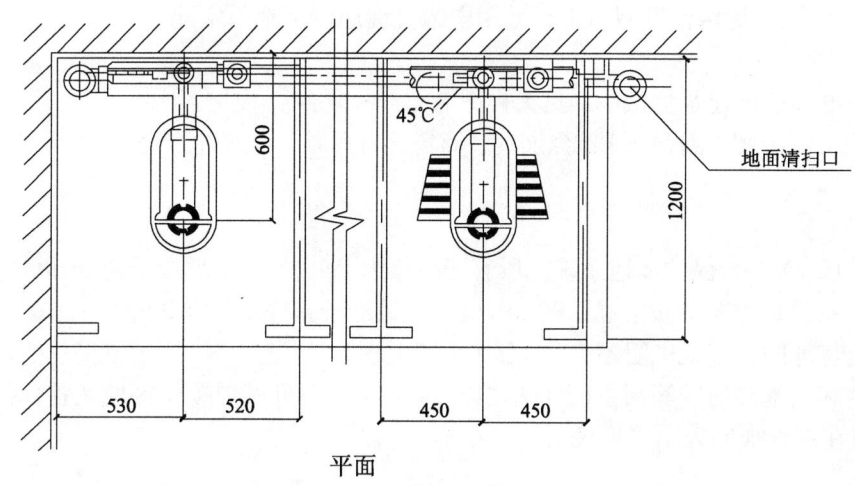

平面

蹲式大便器—冲洗阀安装大样图

工程名称	试验楼
图纸内容	卫生器具安装大样图
图纸编号	设施-20

5.5 电气施工图

电气设计说明

一、设计遵循的主要标准、规范及安装图集
1. 《民用建筑电气设计规范》JGJ 16—2008。
2. 《低压配电设计规范》GB 50054—95。
3. 《供配电系统设计规范》GB 50052—95。
4. 《建筑照明设计标准》GB 50034—2004。
5. 国家建筑标准设计电气装置标准图集、建筑电气安装工程图集。

二、工程概况
该工程建筑总面积为 4924.5m²，地上 5 层，地下 1 层，地上高度 19.8m。属三类多层建筑。

三、设计范围
低压配电系统；动力、照明配电系统；应急照明配电系统；接地保护系统；通信网络系统。

四、强电部分
1. 配电设计

（1）供电负荷等级：消防稳压泵为二级负荷，其余均为三级用电负荷。二级负荷第二电源由邻近单位引来。

（2）220/380V 低压电源由市电网引来，采用电缆直埋地引至地下室配电室。

2. 导线敷设方式

（1）直埋电力电缆进出建筑物做法详见大样图。

（2）走廊（地下室走廊没有吊顶）、会议室、商场设有吊顶，强弱电管线在吊顶内敷设，其余在现浇板内敷设。

3. 接地及安全

（1）本工程采用 TN-C-S 保护接地系统，所有配电箱内 PE、N 线接地端子均分开设置。

（2）低压配电室设总等电位联结端子箱，等电位联结端子箱底距地 0.3m。

（3）设置联合接地网，接地电阻不大于 1Ω（工艺要求）。

（4）接地装置利用基础内钢筋网主筋并辅之以 -40×4 扁钢可靠焊接作接地装置，接地电阻若实测达不到要求时，应在室外加装人工接地极。

五、其他
1. 网络通信本设计均只配管，导线型号由专业公司提供。

2. 应急灯为嵌入式安装，留洞尺寸：500×200×100（B×H×C）。

3. 强电金属线槽导线的填充率应为金属线槽截面的 20%，其载流导线根数不得大于 30 根。弱电金属线槽导线的填充率应为金属线槽截面的 50%。若平面线槽标注与实际线槽填充率不符，应以实际为准调整线槽尺寸。

4. 荧光灯选用节能型电子镇流器，$\cos\phi \geq 0.9$ 以上。

5. 施工中应严格遵守国家现行各项施工及验收规范，未经设计单位许可不得任意修改设计。

图 例 表

序号	图 例	名 称	型号规格	单位	数量	备 注
1		配电柜	GBL-Ⅱ	台		
2		照明配电箱	详系统图			
3		动力配电箱	详系统图			
4		插座箱	详系统图			
5		单相三孔暗装插座	空调用 250V 16A			安装高度：0.3m
6		单相五孔暗装插座	安全型 250V 10A			安装高度：0.3m
7		一至三联暗装开并	250V 10A			安装高度：1.4m
8		声光控制暗装开关	250V 10A			安装高度：1.4m
9		吸顶灯	60W			
10		吸顶灯（楼梯间、室外用）	60W			室外用加防水胶圈
11		防水防尘吸顶灯	60W			
12		格栅荧光灯（嵌入）	2×36W			
13		防水吸顶灯	20W			
14		镜前壁灯	40W			距地：2.0m
15		大罩筒灯（嵌入）（应急灯）	55W 应急时间 60min			
16		大罩筒灯（嵌入）	55W			
17		瓷质座灯头	40W			门上：0.1m
18		格栅荧光灯（嵌入）	3×20W			
19		单管（吊杆）荧光灯	1×36W			距地：2.8m
20		双管（吊杆）荧光灯	2×36W			距地：2.8m
21		三管（吊杆）荧光灯	3×36W			距地：2.8m
22		弯灯 45°	60W			距地：2.5m
23		应急双管（吊杆）荧光灯	2×36W 应急时间 60min			距地：2.8m
24		安全出口灯（单面）	2×8W 应急时间 30min			门上：0.1m
25		疏导灯（嵌入安装）	2×8W 应急时间 30min			距地：0.5m
26		疏导灯（嵌入安装）	2×8W 应急时间 30min			距地：0.5m
27		疏导灯（嵌入安装）	2×8W 应急时间 30min			距地：0.5m
28		电话出线盒				安装高度：0.5m
29		双口信息出线盒				安装高度：0.5m
30		网络配线架（箱）				箱底距地：1.0m
31		电话分线箱				箱底距地：1.4m

工程名称	试验楼
图纸内容	电气设计说明、图例表
图纸编号	电施-01

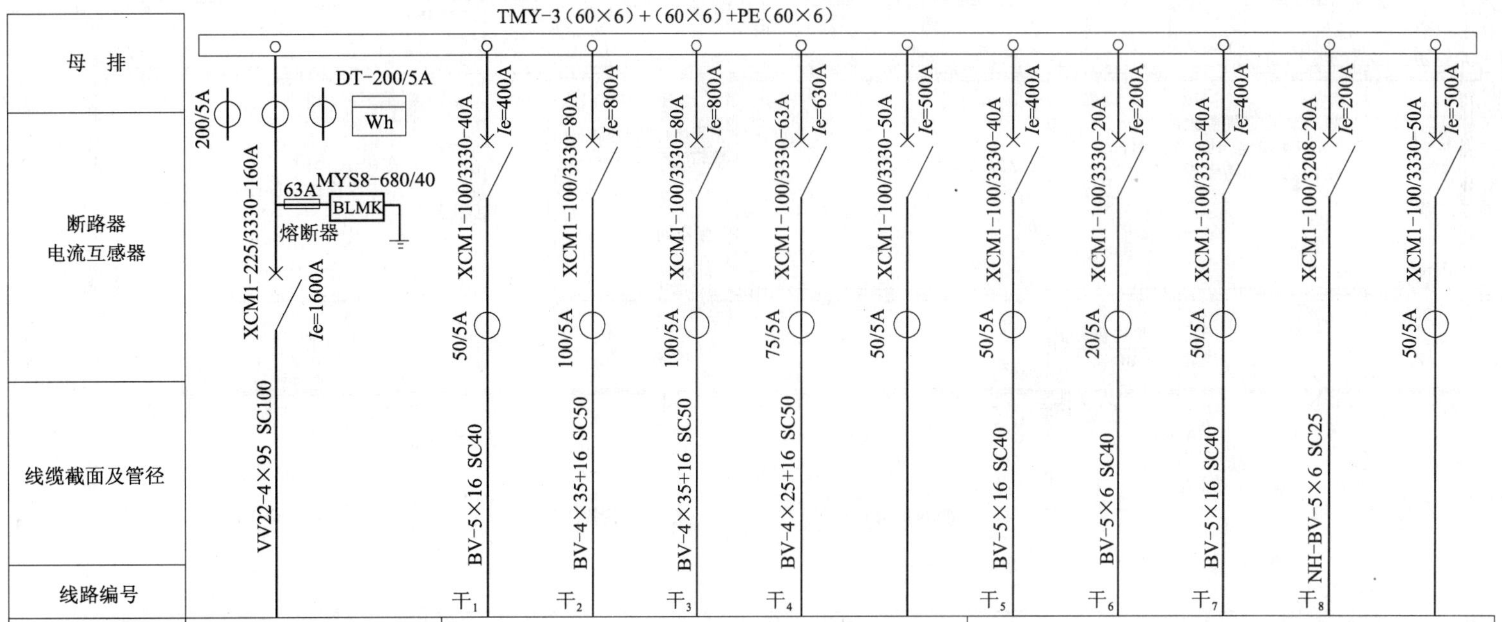

母排: TMY-3（60×6）+（60×6）+PE（60×6）

断路器 电流互感器:
- 200/5A　DT-200/5A　Wh
- XCM1-225/3330-160A　VV22-4×95 SC100
- 63A　MYS8-680/40　BLMK　熔断器　Ie=1600A

线路编号	干₁	干₂	干₃	干₄	备用	干₅	干₆	干₇	干₈
断路器	XCM1-100/3330-40A Ie=400A	XCM1-100/3330-80A Ie=800A	XCM1-100/3330-80A Ie=800A	XCM1-100/3330-63A Ie=630A	XCM1-100/3330-50A Ie=500A	XCM1-100/3330-40A Ie=400A	XCM1-100/3330-20A Ie=200A	XCM1-100/3330-40A Ie=400A	XCM1-100/3208-20A Ie=200A
电流互感器	50/5A	100/5A	100/5A	75/5A	50/5A	50/5A	20/5A	50/5A	50/5A
线缆截面及管径	BV-5×16 SC40	BV-4×35+16 SC50	BV-4×35+16 SC50	BV-4×25+16 SC50	BV-5×16 SC40	BV-5×6 SC40	BV-5×16 SC40	NH-BV-5×6 SC25	

（注：③号柜末回路 XCM1-100/3330-50A Ie=500A，50/5A，BV-5×16 SC25 为备用回路）

	①	②					③				
配电柜编号	①	②					③				
配电柜型号	GBL-Ⅱ	GBL-Ⅱ					GBL-Ⅱ				
配电柜尺寸	600×600×2000	600×600×2000					600×600×2000				
设备容量（kW）	139	18	30	42	17		10	5	15	1.5	
需要系数	0.6	0.9	0.9	0.9	0.9		1	1	0.8	1	
计算容量（kW）	83	16	27	38	15		10	5	12	1.5	
功率因数	0.9	0.9	0.9	0.9	0.9		0.8	0.8	0.8	0.8	
无功功率（kvar）	68	7.7	13	18	7.4		7.5	3.8	9	1.1	
计算电流（A）	140	27	46	64	25		19	9.5	23	2.9	
用电点	进线柜	地下室照明	2层照明	2、3、4层照明	5层照明	备用	换热机房	货梯	地下室动力	稳压泵	备用
备注											

识图导读

1. ①号配电柜为进线柜，电源引线为VV22-4×95 SC100，总开关为XCM1-225/3300-160A，总电度表为DT-200/5A，BLMK为避雷器，其型号是MYS8-680/40。
2. 低压配电总系统图中有3个配电柜。其型号均为GBL-Ⅱ，配电柜尺寸为600×600×2000。
3. 低压配电柜母排为铜母排，其型号规格为TMY-3（60×6）+（60×6）+PE（60×6）。
4. ②号配电柜引出的电源干线为干₁、干₂、干₃、干₄；③号配电柜引出的电源干线为干₅、干₆、干₇、干₈。

低压配电总系统图

工程名称	试验楼
图纸内容	低压配电总系统图
图纸编号	电施-02

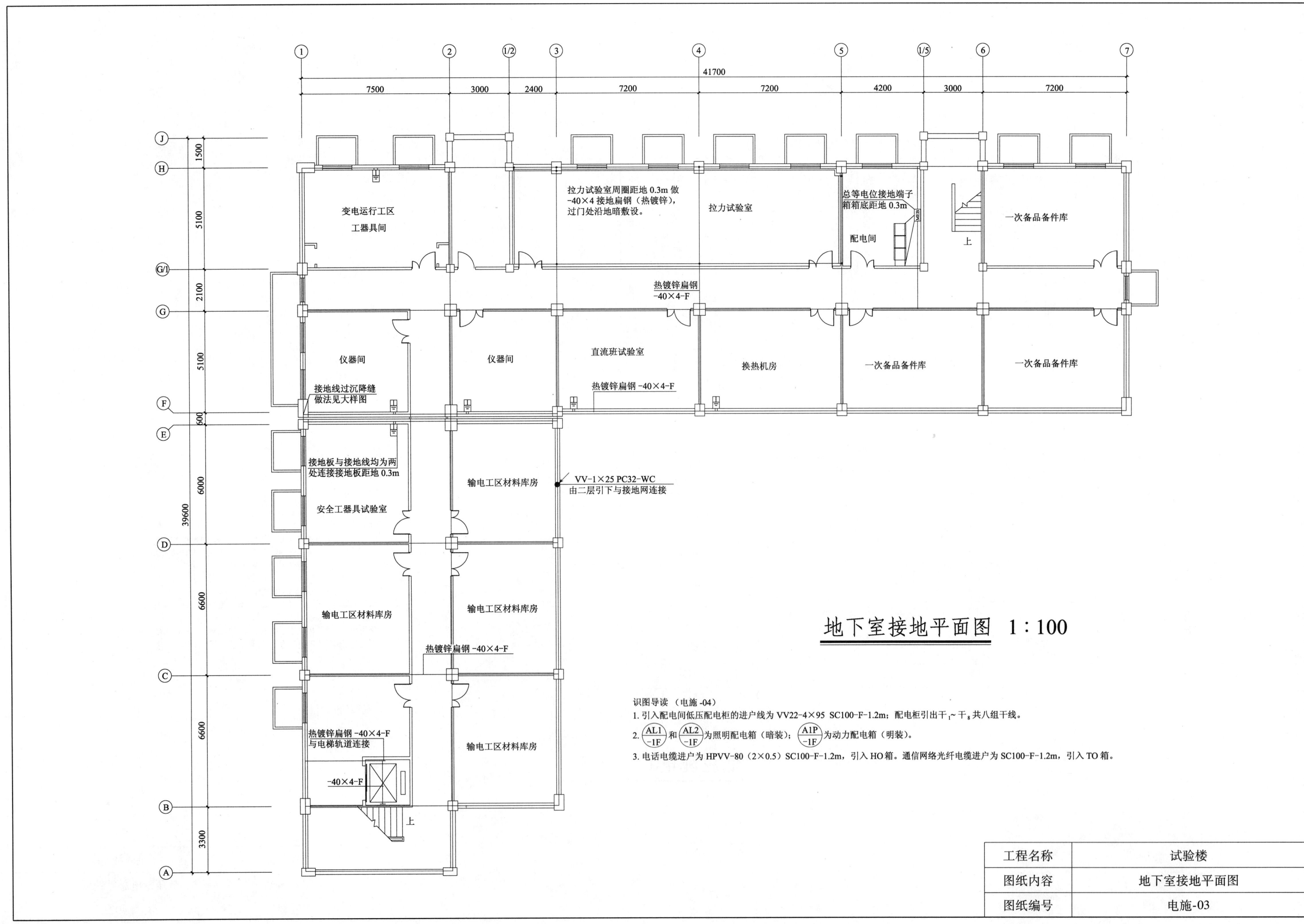

地下室接地平面图 1:100

识图导读（电施-04）
1. 引入配电间低压配电柜的进户线为 VV22-4×95 SC100-F-1.2m；配电柜引出干₁～干₈共八组干线。
2. AL1/-1F 和 AL2/-1F 为照明配电箱（暗装）；A1P/-1F 为动力配电箱（明装）。
3. 电话电缆进户为 HPVV-80（2×0.5）SC100-F-1.2m，引入 HO 箱。通信网络光纤电缆进户为 SC100-F-1.2m，引入 TO 箱。

拉力试验室周圈距地 0.3m 做 -40×4 接地扁钢（热镀锌），过门处沿地暗敷设。

总等电位接地端子箱箱底距地 0.3m

热镀锌扁钢 -40×4-F

接地线过沉降缝做法见大样图

接地板与接地线均为两处连接接地板距地 0.3m

VV-1×25 PC32-WC 由二层引下与接地网连接

热镀锌扁钢 -40×4-F

热镀锌扁钢 -40×4-F 与电梯轨道连接

-40×4-F

房间名称
变电运行工区工器具间、拉力试验室、配电间、一次备品备件库、仪器间、直流班试验室、换热机房、输电工区材料库房、安全工器具试验室

工程名称	试验楼
图纸内容	地下室接地平面图
图纸编号	电施-03

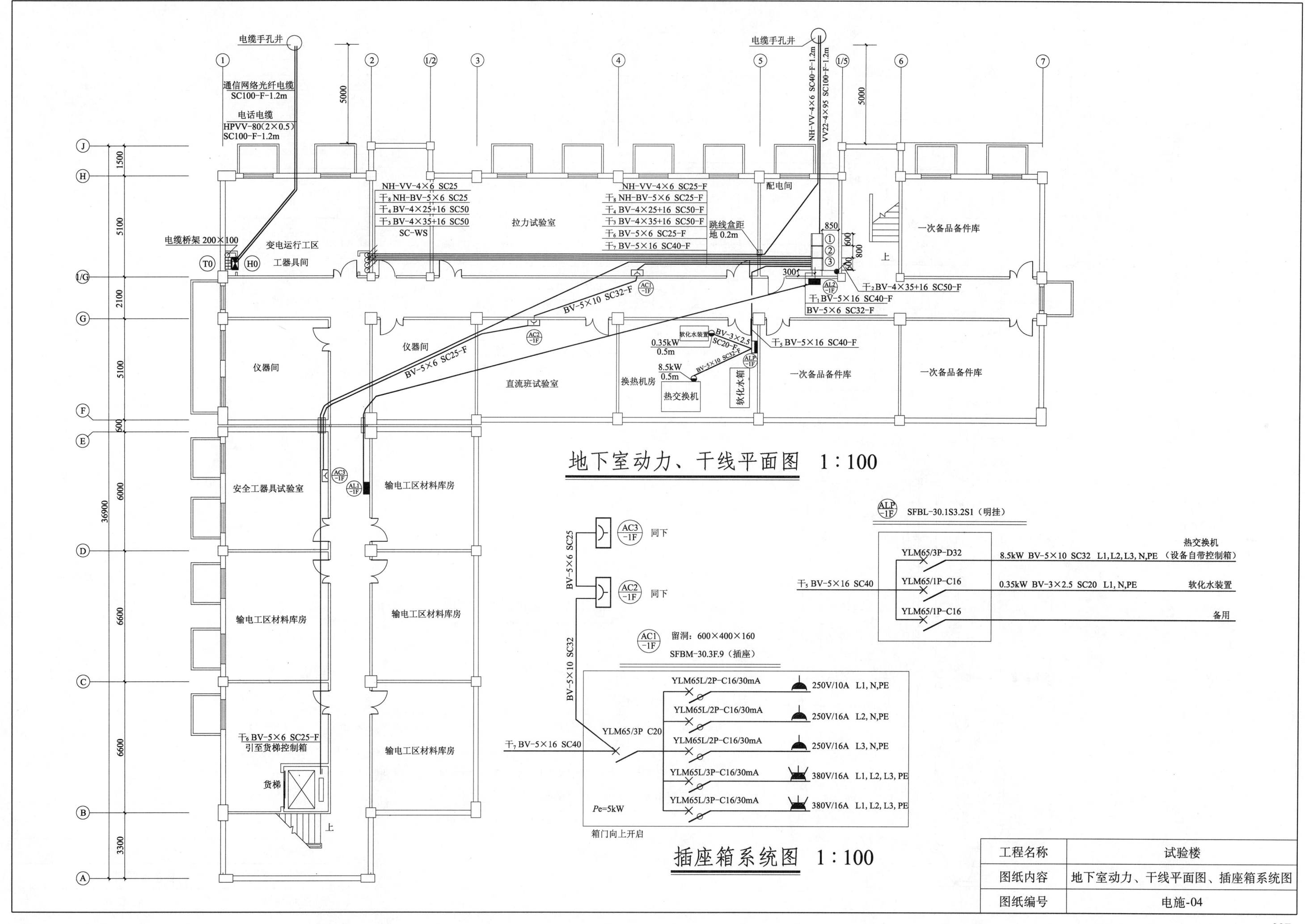

电缆手孔井

通信网络光纤电缆
SC100-F-1.2m

电话电缆
HPVV-80(2×0.5)
SC100-F-1.2m

电缆桥架 200×100
变电运行工区
工器具间

5000

NH-VV-4×6 SC25
干₈ NH-BV-5×6 SC25
干₄ BV-4×25+16 SC50
干₃ BV-4×35+16 SC50
SC-WS

拉力试验室

NH-VV-4×6 SC25-F
干₅ NH-BV-5×6 SC25-F
干₃ BV-4×25+16 SC50-F
干₃ BV-4×35+16 SC50-F
干₆ BV-5×6 SC25-F
干₇ BV-5×16 SC40-F

配电间

电缆手孔井

NH-VV-4×6 SC40-F-1.2m

VV22-4×95 SC100-F-1.2m

跳线盒距
地 0.2m

850
600
600
800
800

一次备品备件库

上

干₂BV-4×35+16 SC50-F
干₁BV-5×16 SC40-F
BV-5×6 SC32-F

仪器间

仪器间

软化水装置
0.35kW
0.5m

BV-5×10 SC32-F

BV-5×6 SC25-F

直流班试验室

换热机房

8.5kW
0.5m

热交换机

BV-3×2.5
SC20-F

BV-5×10 SC32-F

软化水箱

一次备品备件库

干₅ BV-5×16 SC40-F

一次备品备件库

300

安全工器具试验室

输电工区材料库房

输电工区材料库房

输电工区材料库房

输电工区材料库房

干₈ BV-5×6 SC25-F
引至货梯控制箱

货梯

上

地下室动力、干线平面图 1:100

SFBL-30.1S3.2S1(明挂)

YLM65/3P-D32   8.5kW BV-5×10 SC32 L1,L2,L3,N,PE   热交换机
（设备自带控制箱）

干₅ BV-5×16 SC40   YLM65/1P-C16   0.35kW BV-3×2.5 SC20 L1,N,PE   软化水装置

YLM65/1P-C16   备用

AC3
-1F   同下

AC2
-1F   同下

BV-5×6 SC25

BV-5×10 SC32

AC1
-1F   留洞：600×400×160

SFBM-30.3F.9(插座)

YLM65L/2P-C16/30mA   250V/10A L1, N,PE
YLM65L/2P-C16/30mA   250V/16A L2, N,PE
YLM65L/2P-C16/30mA   250V/16A L3, N,PE
YLM65L/3P-C16/30mA   380V/16A L1, L2, L3, PE
YLM65L/3P-C16/30mA   380V/16A L1, L2, L3, PE

干₇ BV-5×16 SC40   YLM65/3P C20

$Pe=5kW$

箱门向上开启

插座箱系统图 1:100

工程名称	试验楼
图纸内容	地下室动力、干线平面图、插座箱系统图
图纸编号	电施-04

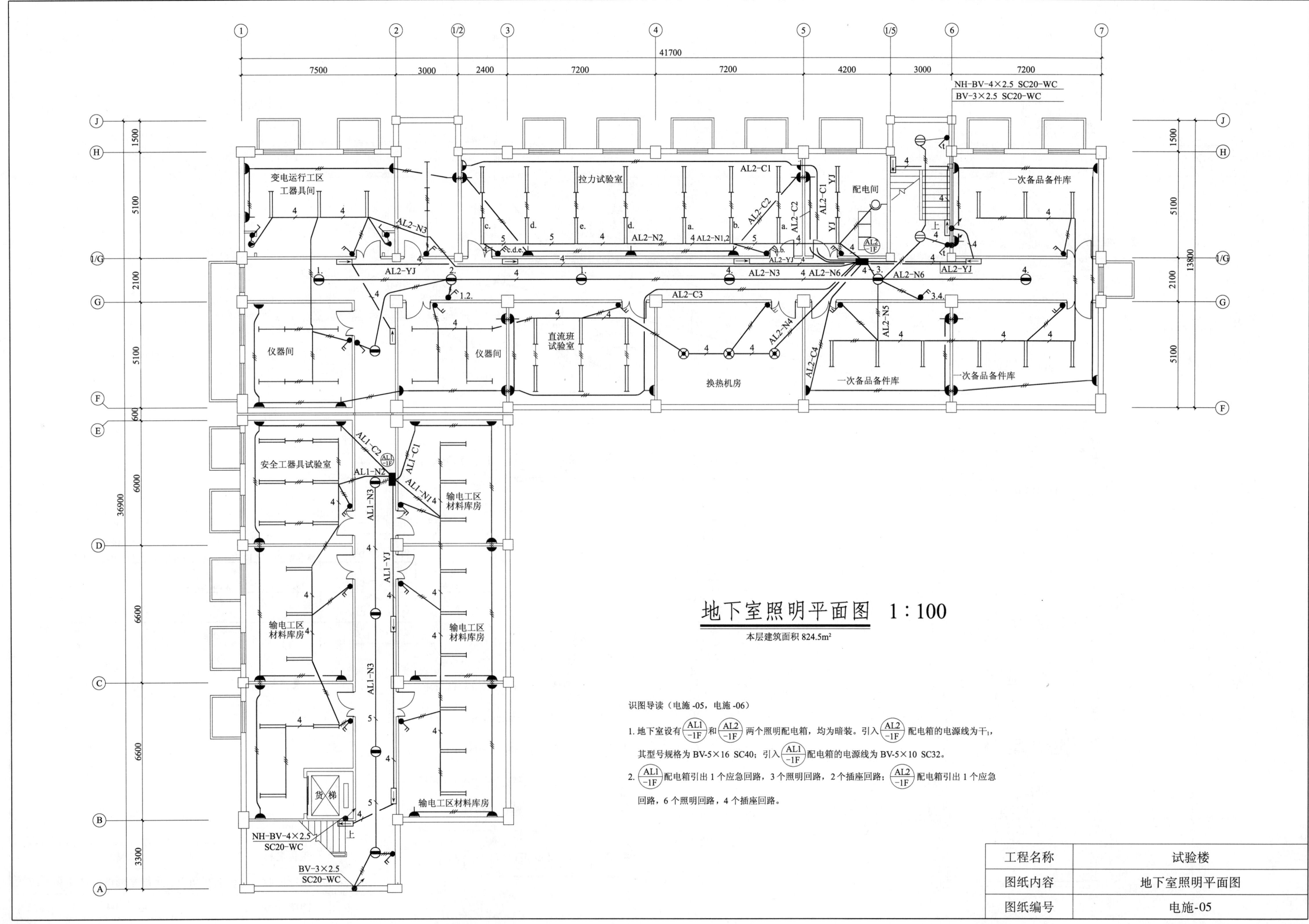

地下室照明平面图 1:100
本层建筑面积 824.5m²

识图导读（电施-05，电施-06）

1. 地下室设有 AL1/-1F 和 AL2/-1F 两个照明配电箱，均为暗装。引入 AL2/-1F 配电箱的电源线为干1，
   其型号规格为 BV-5×16 SC40；引入 AL1/-1F 配电箱的电源线为 BV-5×10 SC32。

2. AL1/-1F 配电箱引出 1 个应急回路，3 个照明回路，2 个插座回路；AL2/-1F 配电箱引出 1 个应急
   回路，6 个照明回路，4 个插座回路。

工程名称	试验楼
图纸内容	地下室照明平面图
图纸编号	电施-05

208

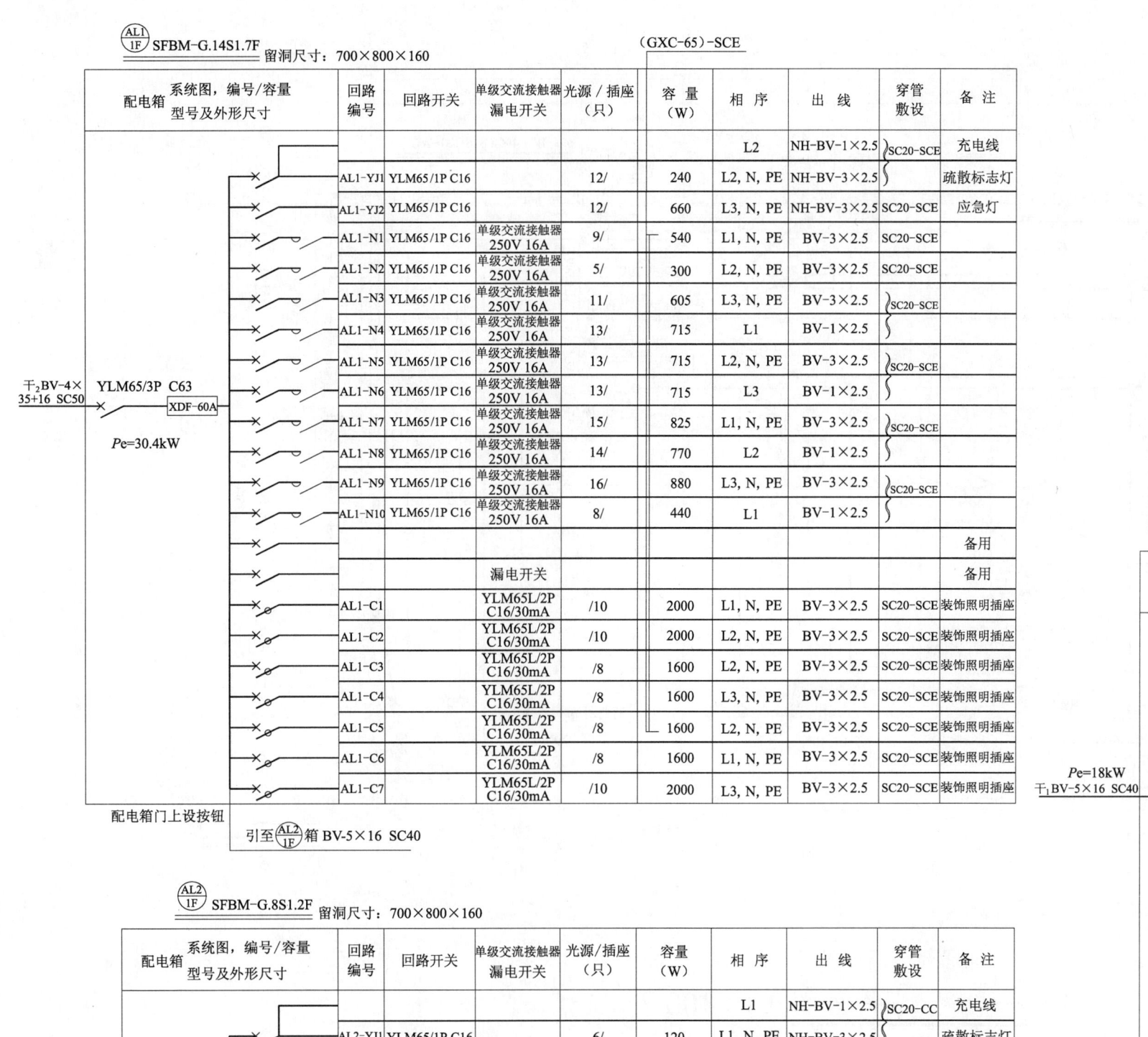

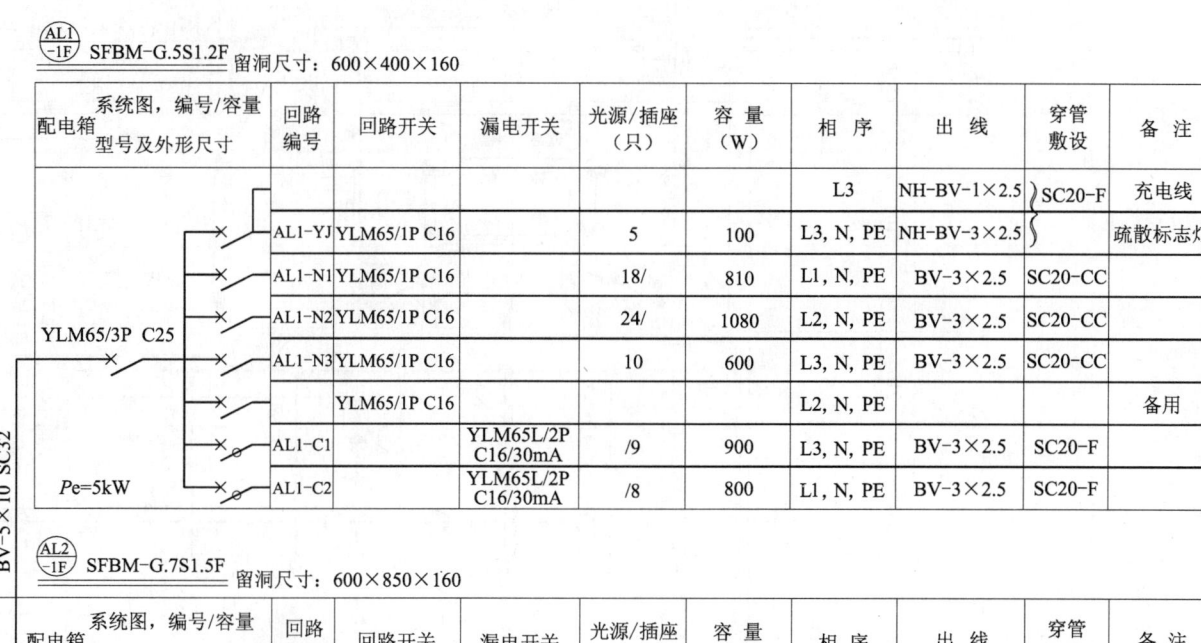

AL1-1F SFBM-G.14S1.7F 留洞尺寸：700×800×160 ／ (GXC-65)-SCE

主进线：干₂BV-4×35+16 SC50 → YLM65/3P C63 → XDF-60A，Pe=30.4kW

回路编号	回路开关	单级交流接触器/漏电开关	光源/插座(只)	容量(W)	相序	出线	穿管敷设	备注
					L2	NH-BV-1×2.5	SC20-SCE	充电线
AL1-YJ1	YLM65/1P C16		12/	240	L2, N, PE	NH-BV-3×2.5		疏散标志灯
AL1-YJ2	YLM65/1P C16		12/	660	L3, N, PE	NH-BV-3×2.5	SC20-SCE	应急灯
AL1-N1	YLM65/1P C16	单级交流接触器 250V 16A	9/	540	L1, N, PE	BV-3×2.5	SC20-SCE	
AL1-N2	YLM65/1P C16	单级交流接触器 250V 16A	5/	300	L2, N, PE	BV-3×2.5	SC20-SCE	
AL1-N3	YLM65/1P C16	单级交流接触器 250V 16A	11/	605	L3, N, PE	BV-3×2.5	SC20-SCE	
AL1-N4	YLM65/1P C16	单级交流接触器 250V 16A	13/	715	L1	BV-1×2.5		
AL1-N5	YLM65/1P C16	单级交流接触器 250V 16A	13/	715	L2, N, PE	BV-3×2.5	SC20-SCE	
AL1-N6	YLM65/1P C16	单级交流接触器 250V 16A	13/	715	L3	BV-1×2.5		
AL1-N7	YLM65/1P C16	单级交流接触器 250V 16A	15/	825	L1, N, PE	BV-3×2.5	SC20-SCE	
AL1-N8	YLM65/1P C16	单级交流接触器 250V 16A	14/	770	L2	BV-1×2.5		
AL1-N9	YLM65/1P C16	单级交流接触器 250V 16A	16/	880	L3, N, PE	BV-3×2.5	SC20-SCE	
AL1-N10	YLM65/1P C16	单级交流接触器 250V 16A	8/	440	L1	BV-1×2.5		
		漏电开关						备用
								备用
AL1-C1	YLM65L/2P C16/30mA		/10	2000	L1, N, PE	BV-3×2.5	SC20-SCE	装饰照明插座
AL1-C2	YLM65L/2P C16/30mA		/10	2000	L2, N, PE	BV-3×2.5	SC20-SCE	装饰照明插座
AL1-C3	YLM65L/2P C16/30mA		/8	1600	L2, N, PE	BV-3×2.5	SC20-SCE	装饰照明插座
AL1-C4	YLM65L/2P C16/30mA		/8	1600	L3, N, PE	BV-3×2.5	SC20-SCE	装饰照明插座
AL1-C5	YLM65L/2P C16/30mA		/8	1600	L2, N, PE	BV-3×2.5	SC20-SCE	装饰照明插座
AL1-C6	YLM65L/2P C16/30mA		/8	1600	L1, N, PE	BV-3×2.5	SC20-SCE	装饰照明插座
AL1-C7	YLM65L/2P C16/30mA		/10	2000	L3, N, PE	BV-3×2.5	SC20-SCE	装饰照明插座

配电箱门上设按钮
引至 AL2-1F 箱 BV-5×16 SC40

AL2-1F SFBM-G.8S1.2F 留洞尺寸：700×800×160

由 AL1-1F 箱引来 BV-5×16 SC40 → YLM65/3P C32，Pe=8.4kW

回路编号	回路开关	单级交流接触器/漏电开关	光源/插座(只)	容量(W)	相序	出线	穿管敷设	备注
					L1	NH-BV-1×2.5	SC20-CC	充电线
AL2-YJ1	YLM65/1P C16		6/	120	L1, N, PE	NH-BV-3×2.5		疏散标志灯
AL2-YJ2	YLM65/1P C16		5/	220	L2, N, PE	BV-3×2.5	SC20-CC	应急灯
AL2-N1	YLM65/1P C16	单级交流接触器 250V 16A	10/	550	L3, N, PE	BV-3×2.5	SC20-CC	
AL2-N2	YLM65/1P C16	单级交流接触器 250V 16A	10/	550	L1	BV-1×2.5		
AL2-N3	YLM65/1P C16	单级交流接触器 250V 16A	10/	550	L2, N, PE	BV-3×2.5	SC20-CC	
AL2-N4	YLM65/1P C16	单级交流接触器 250V 16A	9/	495	L3	BV-1×2.5		
								备用
								备用
AL2-C1	YLM65L/2P C16/30mA		/10	2000	L1, N, PE	BV-3×4	SC20-SCE	装饰照明插座
AL2-C2	YLM65L/2P C16/30mA		/80	8000	L2, N, PE	BV-3×4	SC20-SCE	装饰照明插座

配电箱门上设按钮

AL1-1F SFBM-G.5S1.2F 留洞尺寸：600×400×160

BV-5×10 SC32 → YLM65/3P C25，Pe=5kW

回路编号	回路开关	漏电开关	光源/插座(只)	容量(W)	相序	出线	穿管敷设	备注
					L3	NH-BV-1×2.5	SC20-F	充电线
AL1-YJ	YLM65/1P C16		5	100	L3, N, PE	NH-BV-3×2.5		疏散标志灯
AL1-N1	YLM65/1P C16		18/	810	L1, N, PE	BV-3×2.5	SC20-CC	
AL1-N2	YLM65/1P C16		24/	1080	L2, N, PE	BV-3×2.5	SC20-CC	
AL1-N3	YLM65/1P C16		10	600	L3, N, PE	BV-3×2.5	SC20-CC	
	YLM65/1P C16				L2, N, PE			备用
AL1-C1	YLM65L/2P C16/30mA		/9	900	L3, N, PE	BV-3×2.5	SC20-F	
AL1-C2	YLM65L/2P C16/30mA		/8	800	L1, N, PE	BV-3×2.5	SC20-F	

AL2-1F SFBM-G.7S1.5F 留洞尺寸：600×850×160

Pe=18kW 干₁BV-5×16 SC40 → XDF-40A → YLM65/3P C32，Pe=13kW ／ BV-5×16 SC32

回路编号	回路开关	漏电开关	光源/插座(只)	容量(W)	相序	出线	穿管敷设	备注
					L2	NH-BV-1×2.5	SC20-F	充电线
AL2-YJ	YLM65/1P C16		9/	180	L2, N, PE	NH-BV-3×2.5		疏散标志灯
AL2-N1	YLM65/1P C16		17/	780	L1, N, PE	BV-3×2.5	SC20-CC	
AL2-N2	YLM65/1P C16		16/	720	L2	BV-1×2.5		
AL2-N3	YLM65/1P C16		12/	540	L3, N, PE	BV-3×2.5	SC20-CC	
AL2-N4	YLM65/1P C16		19/	900	L3, N, PE	BV-3×2.5	SC20-CC	
AL2-N5	YLM65/1P C16		18/	810	L2, N, PE	BV-3×2.5	SC20-CC	
AL2-N6	YLM65/1P C16		12/	720	L1	BV-1×2.5		
								备用
								备用
AL2-C1	YLM65L/2P C16/30mA		/2	2000	L1, N, PE	BV-3×2.5	SC20-F	空调插座
AL2-C2	YLM65L/2P C16/30mA		/10	1000	L1, N, PE	BV-3×2.5	SC20-F	
AL2-C3	YLM65L/2P C16/30mA		/9	900	L2, N, PE	BV-3×2.5	SC20-F	
AL2-C4	YLM65L/2P C16/30mA		/9	900	L3, N, PE	BV-3×2.5	SC20-F	

配电箱系统图

工程名称	试验楼
图纸内容	配电箱系统图
图纸编号	电施-06

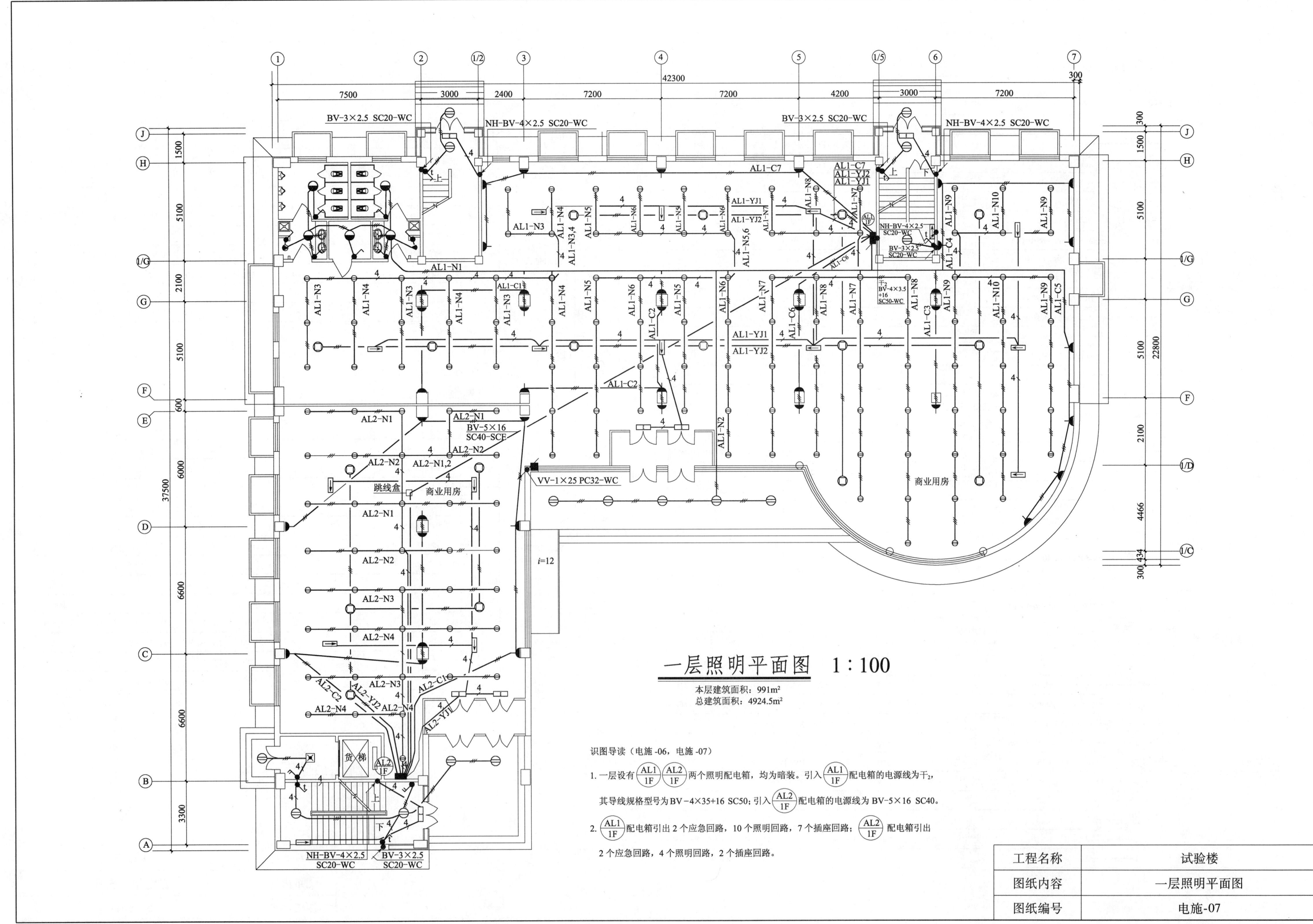

一层照明平面图 1:100

本层建筑面积：991m²
总建筑面积：4924.5m²

识图导读（电施-06，电施-07）

1. 一层设有 (AL1/1F) (AL2/1F) 两个照明配电箱，均为暗装。引入 (AL1/1F) 配电箱的电源线为干₂，

   其导线规格型号为BV-4×35+16 SC50；引入 (AL2/1F) 配电箱的电源线为 BV-5×16 SC40。

2. (AL1/1F) 配电箱引出 2 个应急回路，10 个照明回路，7 个插座回路；(AL2/1F) 配电箱引出

   2 个应急回路，4 个照明回路，2 个插座回路。

工程名称	试验楼
图纸内容	一层照明平面图
图纸编号	电施-07

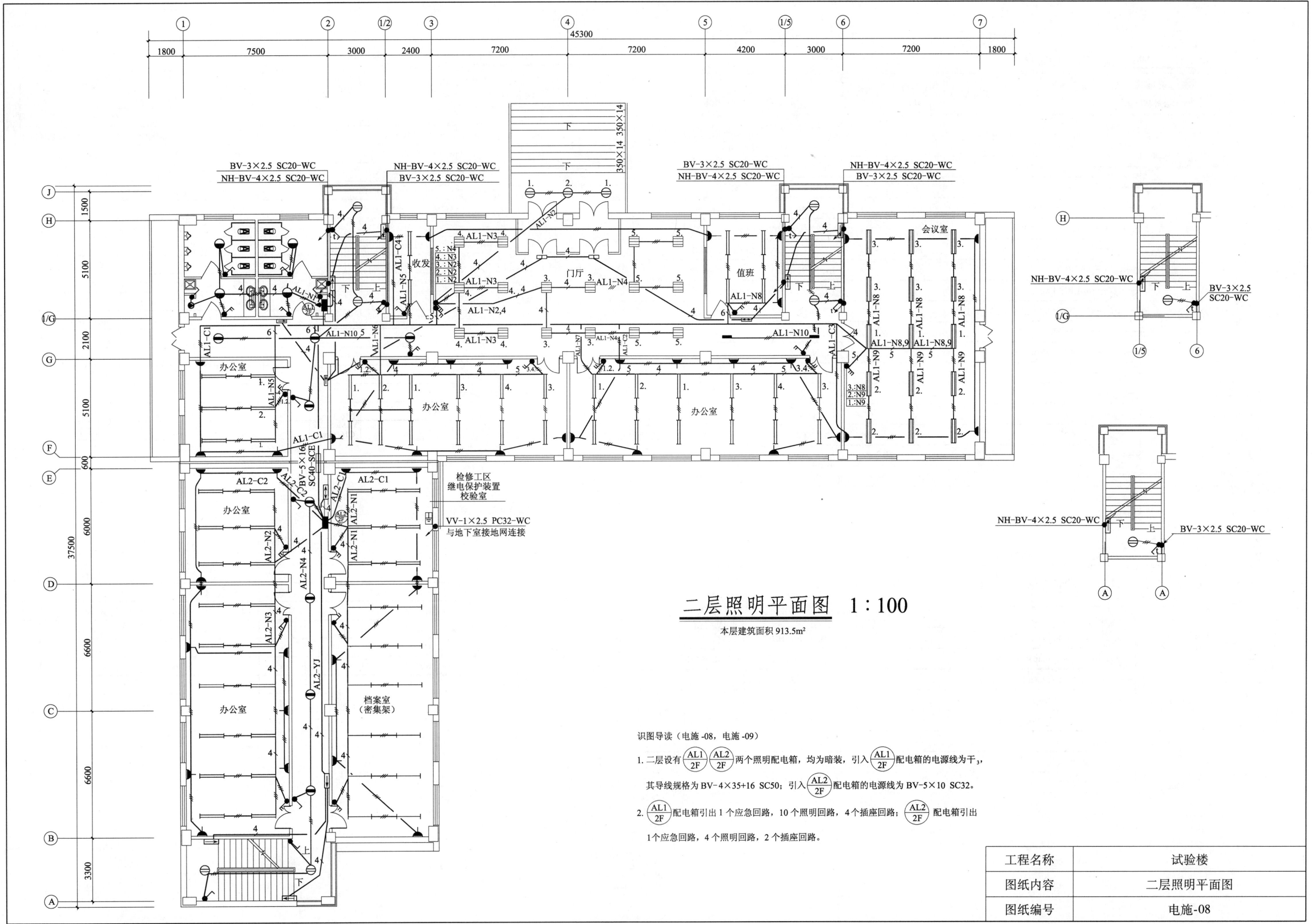

二层照明平面图 1:100

本层建筑面积 913.5m²

识图导读（电施-08，电施-09）

1. 二层设有 (AL1/2F) (AL2/2F) 两个照明配电箱，均为暗装，引入 (AL1/2F) 配电箱的电源线为干₃，

其导线规格为 BV-4×35+16 SC50；引入 (AL2/2F) 配电箱的电源线为 BV-5×10 SC32。

2. (AL1/2F) 配电箱引出 1 个应急回路，10 个照明回路，4 个插座回路；(AL2/2F) 配电箱引出

1 个应急回路，4 个照明回路，2 个插座回路。

工程名称	试验楼
图纸内容	二层照明平面图
图纸编号	电施-08

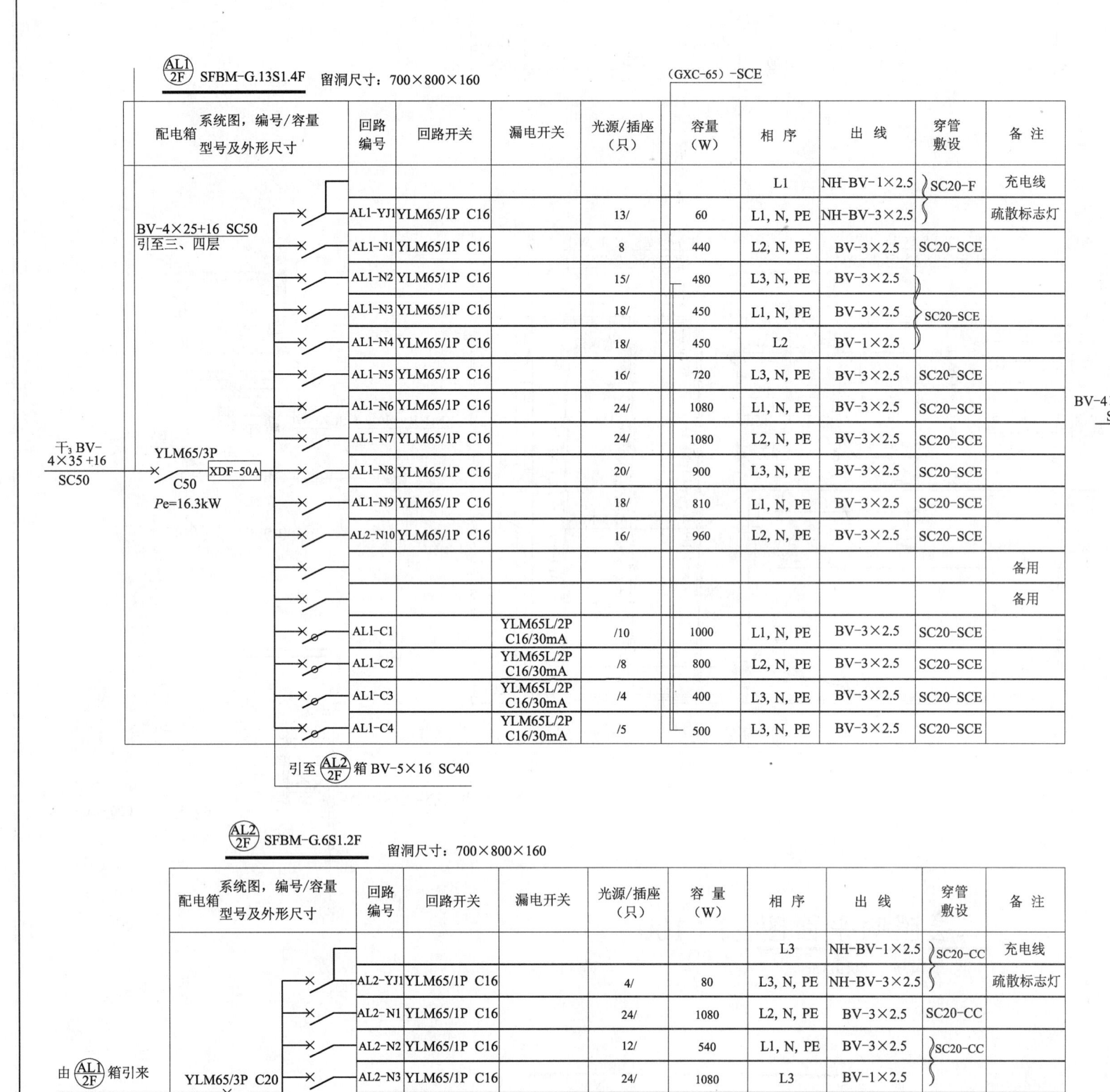

(AL1/2F) SFBM-G.13S1.4F　留洞尺寸：700×800×160　(GXC-65)-SCE

配电箱 系统图，编号/容量 型号及外形尺寸：BV-4×25+16 SC50 引至三、四层　干3 BV-4×35+16 SC50　YLM65/3P [XDF-50A] C50　Pe=16.3kW

回路编号	回路开关	漏电开关	光源/插座(只)	容量(W)	相序	出线	穿管敷设	备注
					L1	NH-BV-1×2.5	SC20-F	充电线
AL1-YJ1	YLM65/1P C16		13/	60	L1, N, PE	NH-BV-3×2.5		疏散标志灯
AL1-N1	YLM65/1P C16		8	440	L2, N, PE	BV-3×2.5	SC20-SCE	
AL1-N2	YLM65/1P C16		15/	480	L3, N, PE	BV-3×2.5		
AL1-N3	YLM65/1P C16		18/	450	L1, N, PE	BV-3×2.5	SC20-SCE	
AL1-N4	YLM65/1P C16		18	450	L2	BV-1×2.5		
AL1-N5	YLM65/1P C16		16/	720	L3, N, PE	BV-3×2.5	SC20-SCE	
AL1-N6	YLM65/1P C16		24/	1080	L1, N, PE	BV-3×2.5	SC20-SCE	
AL1-N7	YLM65/1P C16		24/	1080	L2, N, PE	BV-3×2.5	SC20-SCE	
AL1-N8	YLM65/1P C16		20/	900	L3, N, PE	BV-3×2.5	SC20-SCE	
AL1-N9	YLM65/1P C16		18/	810	L1, N, PE	BV-3×2.5	SC20-SCE	
AL2-N10	YLM65/1P C16		16/	960	L2, N, PE	BV-3×2.5	SC20-SCE	
								备用
								备用
AL1-C1		YLM65L/2P C16/30mA	/10	1000	L1, N, PE	BV-3×2.5	SC20-SCE	
AL1-C2		YLM65L/2P C16/30mA	/8	800	L2, N, PE	BV-3×2.5	SC20-SCE	
AL1-C3		YLM65L/2P C16/30mA	/4	400	L3, N, PE	BV-3×2.5	SC20-SCE	
AL1-C4		YLM65L/2P C16/30mA	/5	500	L3, N, PE	BV-3×2.5	SC20-SCE	

引至 (AL2/2F) 箱 BV-5×16 SC40

(AL1/3F)(AL1/4F) SFBM-G.13S1.4F　留洞尺寸：700×800×160　(GXC-65)-SCE

配电箱 系统图，编号/容量 型号及外形尺寸：BV-5×16 SC40 引至四层　BV-4×25+16 SC50　YLM65/3P C40 [XDF-40A]　Pe=13kW

回路编号	回路开关	漏电开关	光源/插座(只)	容量(W)	相序	出线	穿管敷设	备注
					L1	NH-BV-1×2.5	SC20-F	充电线
AL1-YJ1	YLM65/1P C16		8/	160	L1, N, PE	NH-BV-3×2.5		疏散标志灯
AL1-N1	YLM65/1P C16		14/	710	L2, N, PE	BV-3×2.5	SC20-SCE	
AL1-N2	YLM65/1P C16		16/	720	L3, N, PE	BV-3×2.5		
AL1-N3	YLM65/1P C16		20/	900	L1,N,PE	BV-3×2.5	SC20-SCE	
AL1-N4	YLM65/1P C16		24/	1080	L3	BV-1×2.5		
AL1-N5	YLM65/1P C16		24/	1080	L3, N, PE	BV-3×2.5	SC20-SCE	
AL1-N6	YLM65/1P C16		24/	1080	L1, N, PE	BV-3×2.5	SC20-SCE	
AL1-N7	YLM65/1P C16		24/	1080	L2, N, PE	BV-3×2.5	SC20-SCE	
AL1-N8	YLM65/1P C16		12/	540	L2, N, PE	BV-3×2.5	SC20-SCE	
AL1-N9	YLM65/1P C16		18/	810	L1, N, PE	BV-3×2.5	SC20-SCE	
AL1-N10	YLM65/1P C16		13/	780	L2, N, PE	BV-3×2.5	SC20-SCE	
								备用
								备用
AL1-C1		YLM65L/2P C16/30mA	/10	1000	L1, N, PE	BV-3×2.5	SC20-SCE	
AL1-C2		YLM65L/2P C16/30mA	/8	800	L2, N, PE	BV-3×2.5	SC20-SCE	
AL1-C3		YLM65L/2P C16/30mA	/4	400	L2, N, PE	BV-3×2.5	SC20-SCE	
AL1-C4		YLM65L/2P C16/30mA	/10	1000	L3, N, PE	BV-3×2.5	SC20-SCE	

BV-5×16 SC40

(AL2/2F) SFBM-G.6S1.2F　留洞尺寸：700×800×160

配电箱 系统图，编号/容量 型号及外形尺寸：由 (AL1/2F) 箱引来 BV-5×10 SC32　YLM65/3P C20　Pe=5.3kW　YLM65L/2P C16/30mA

回路编号	回路开关	漏电开关	光源/插座(只)	容量(W)	相序	出线	穿管敷设	备注
					L3	NH-BV-1×2.5	SC20-CC	充电线
AL2-YJ1	YLM65/1P C16		4/	80	L3, N, PE	NH-BV-3×2.5		疏散标志灯
AL2-N1	YLM65/1P C16		24/	1080	L2, N, PE	BV-3×2.5	SC20-CC	
AL2-N2	YLM65/1P C16		12/	540	L1, N, PE	BV-3×2.5	SC20-CC	
AL2-N3	YLM65/1P C16		24/	1080	L3	BV-1×2.5		
AL2-N4	YLM65/1P C16		6/	360	L3, N, PE	BV-3×2.5	SC20-CC	
								备用
AL2-C1		YLM65L/2P C16/30mA	/7	700	L2, N, PE	BV-3×2.5	SC20-F	
AL2-C2		YLM65L/2P C16/30mA	/10	1000	L1, N, PE	BV-3×2.5	SC20-F	

(AL2/3F)(AL2/4F) SFBM-G.6S1.2F　留洞尺寸：700×800×160

配电箱 系统图，编号/容量 型号及外形尺寸：YLM65/3P C20　Pe=5.3kW

回路编号	回路开关	漏电开关	光源/插座(只)	容量(W)	相序	出线	穿管敷设	备注
					L3	NH-BV-1×2.5	SC20-CC	充电线
AL2-YJ1	YLM65/1P C16		4/	80	L3, N, PE	NH-BV-3×2.5		疏散标志灯
AL2-N1	YLM65/1P C16		24/	1080	L2, N, PE	BV-3×2.5	SC20-CC	
AL2-N2	YLM65/1P C16		6/	270	L1, N, PE	BV-3×2.5	SC20-CC	
AL2-N3	YLM65/1P C16		24/	1080	L3,	BV-1×2.5		
AL2-N4	YLM65/1P C16		6/	360	L3, N, PE	BV-3×2.5	SC20-CC	备用
	YLM65/1P C16							
AL2-C1		YLM65L/2P C16/30mA	/7	700	L2, N, PE	BV-3×2.5	SC20-F	
AL2-C2		YLM65L/2P C16/30mA	/10	1000	L1, N, PE	BV-3×2.5	SC20-F	

配电箱系统图

工程名称	试验楼
图纸内容	配电箱系统图
图纸编号	电施-09

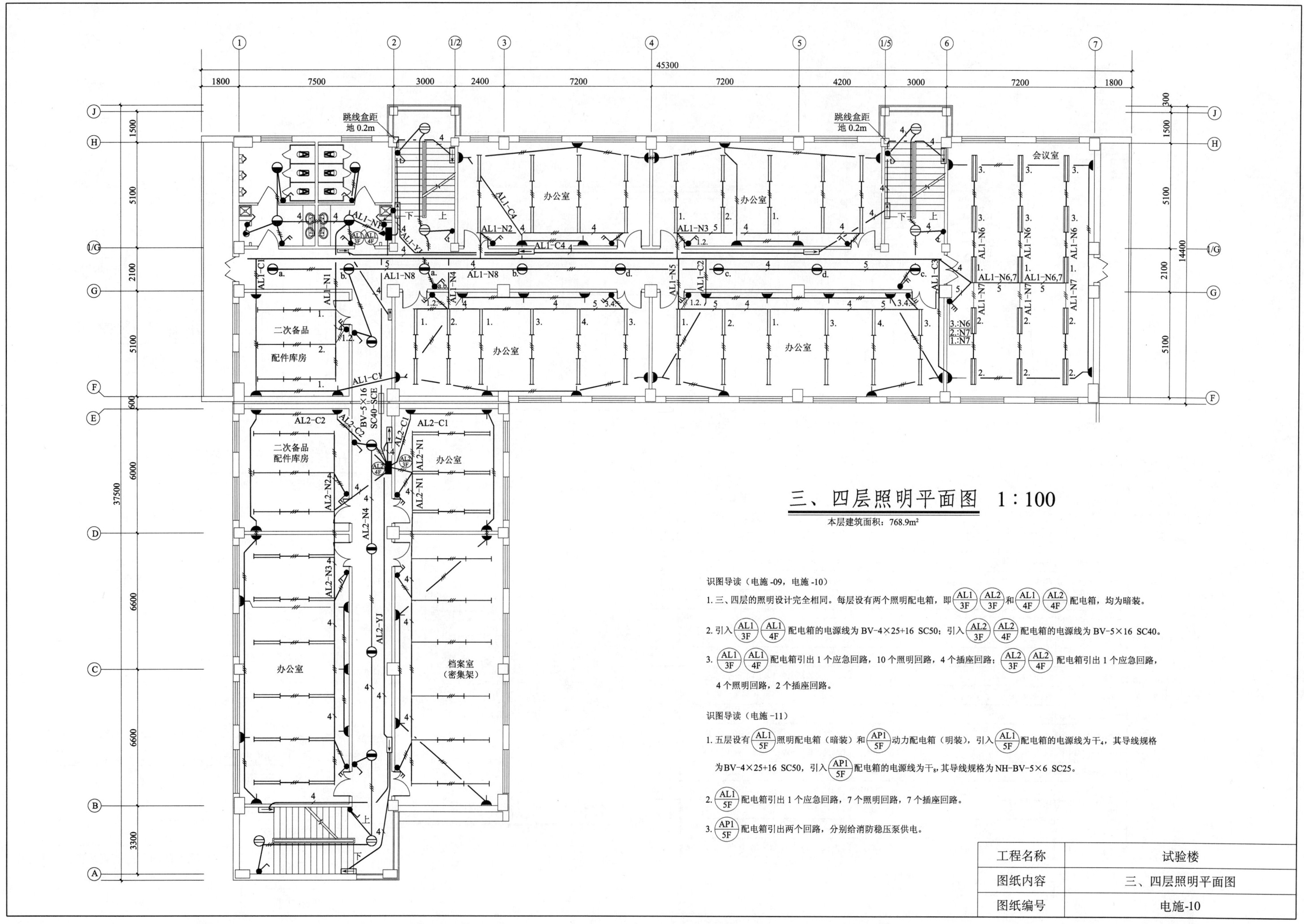

三、四层照明平面图 1:100

本层建筑面积：768.9m²

识图导读（电施-09，电施-10）

1. 三、四层的照明设计完全相同。每层设有两个照明配电箱，即 (AL1/3F) (AL2/3F) 和 (AL1/4F) (AL2/4F) 配电箱，均为暗装。

2. 引入 (AL1/3F) (AL1/4F) 配电箱的电源线为 BV-4×25+16 SC50；引入 (AL2/3F) (AL2/4F) 配电箱的电源线为 BV-5×16 SC40。

3. (AL1/3F) (AL1/4F) 配电箱引出 1 个应急回路，10 个照明回路，4 个插座回路；(AL2/3F) (AL2/4F) 配电箱引出 1 个应急回路，4 个照明回路，2 个插座回路。

识图导读（电施-11）

1. 五层设有 (AL1/5F) 照明配电箱（暗装）和 (AP1/5F) 动力配电箱（明装），引入 (AL1/5F) 配电箱的电源线为干₄，其导线规格为 BV-4×25+16 SC50，引入 (AP1/5F) 配电箱的电源线为干₈，其导线规格为 NH-BV-5×6 SC25。

2. (AL1/5F) 配电箱引出 1 个应急回路，7 个照明回路，7 个插座回路。

3. (AP1/5F) 配电箱引出两个回路，分别给消防稳压泵供电。

工程名称	试验楼
图纸内容	三、四层照明平面图
图纸编号	电施-10

213

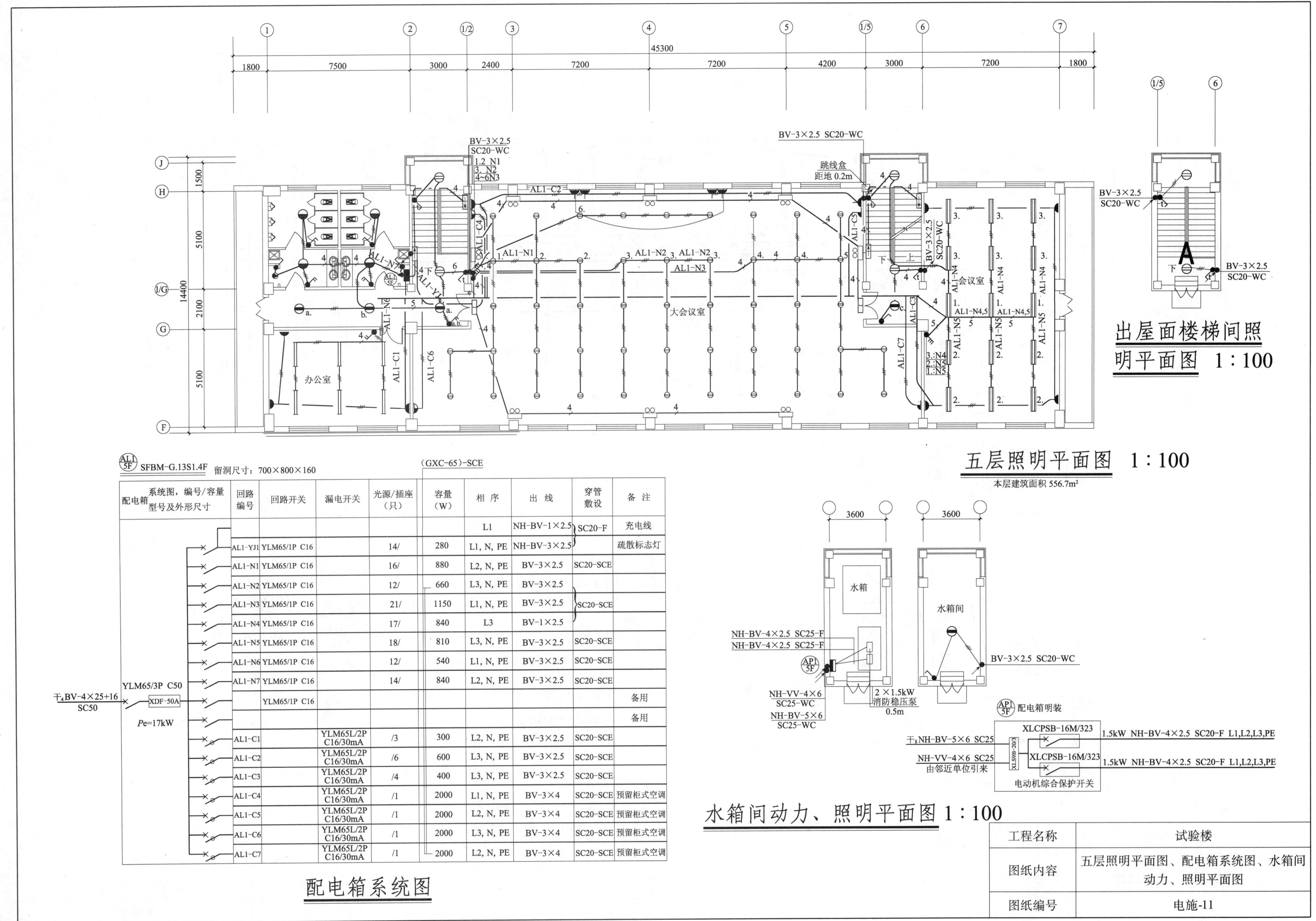

出屋面楼梯间照
明平面图 1:100

五层照明平面图 1:100
本层建筑面积 556.7m²

水箱间动力、照明平面图 1:100

配电箱系统图

配电箱 编号	系统图，编号/容量 型号及外形尺寸	回路 编号	回路开关	漏电开关	光源/插座 (只)	容量 (W)	相 序	出 线	穿管 敷设	备注
							L1	NH-BV-1×2.5	SC20-F	充电线
		AL1-YJ1	YLM65/1P C16		14/	280	L1, N, PE	NH-BV-3×2.5		疏散标志灯
		AL1-N1	YLM65/1P C16		16/	880	L2, N, PE	BV-3×2.5	SC20-SCE	
		AL1-N2	YLM65/1P C16		12/	660	L3, N, PE	BV-3×2.5		
		AL1-N3	YLM65/1P C16		21/	1150	L1, N, PE	BV-3×2.5	SC20-SCE	
		AL1-N4	YLM65/1P C16		17/	840	L3	BV-1×2.5		
		AL1-N5	YLM65/1P C16		18/	810	L3, N, PE	BV-3×2.5	SC20-SCE	
		AL1-N6	YLM65/1P C16		12/	540	L1, N, PE	BV-3×2.5	SC20-SCE	
		AL1-N7	YLM65/1P C16		14/	840	L2, N, PE	BV-3×2.5	SC20-SCE	
	YLM65/3P C50		YLM65/1P C16							备用
										备用
		AL1-C1	YLM65L/2P C16/30mA	/3	300	L2, N, PE	BV-3×2.5	SC20-SCE	
		AL1-C2	YLM65L/2P C16/30mA	/6	600	L3, N, PE	BV-3×2.5	SC20-SCE	
		AL1-C3	YLM65L/2P C16/30mA	/4	400	L3, N, PE	BV-3×2.5	SC20-SCE	
		AL1-C4	YLM65L/2P C16/30mA	/1	2000	L1, N, PE	BV-3×4	SC20-SCE	预留柜式空调
		AL1-C5	YLM65L/2P C16/30mA	/1	2000	L2, N, PE	BV-3×4	SC20-SCE	预留柜式空调
		AL1-C6	YLM65L/2P C16/30mA	/1	2000	L3, N, PE	BV-3×4	SC20-SCE	预留柜式空调
		AL1-C7	YLM65L/2P C16/30mA	/1	2000	L2, N, PE	BV-3×4	SC20-SCE	预留柜式空调

SFBM-G.13S1.4F 留洞尺寸: 700×800×160

(GXC-65)-SCE

干BV-4×25+16
SC50

XDF-50A

Pe=17kW

工程名称	试验楼
图纸内容	五层照明平面图、配电箱系统图、水箱间 动力、照明平面图
图纸编号	电施-11

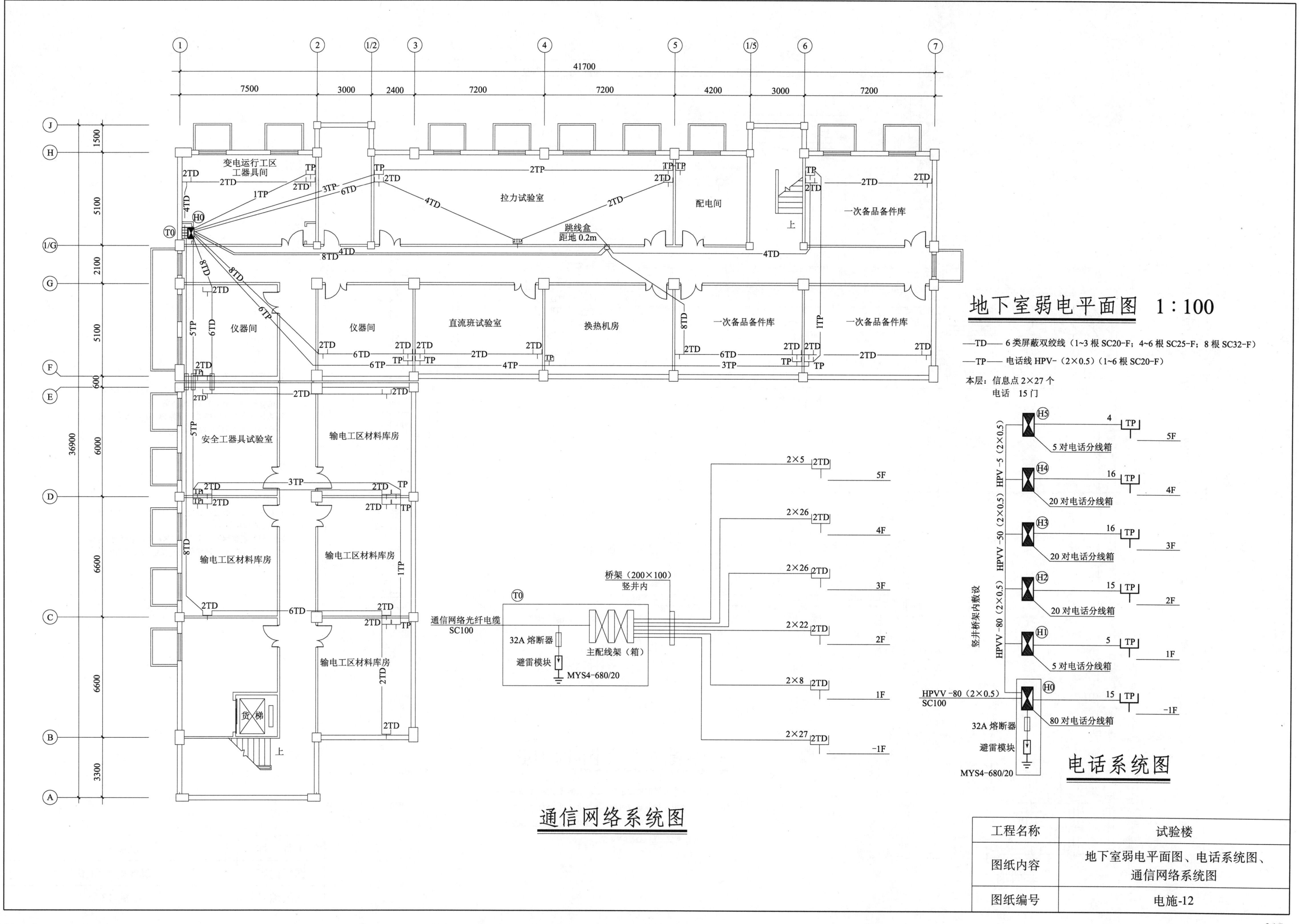

地下室弱电平面图 1:100

—TD— 6类屏蔽双绞线（1~3根 SC20-F；4~6根 SC25-F；8根 SC32-F）
—TP— 电话线 HPV-（2×0.5）（1~6根 SC20-F）

本层：信息点 2×27 个
电话 15 门

通信网络系统图

电话系统图

工程名称	试验楼
图纸内容	地下室弱电平面图、电话系统图、通信网络系统图
图纸编号	电施-12

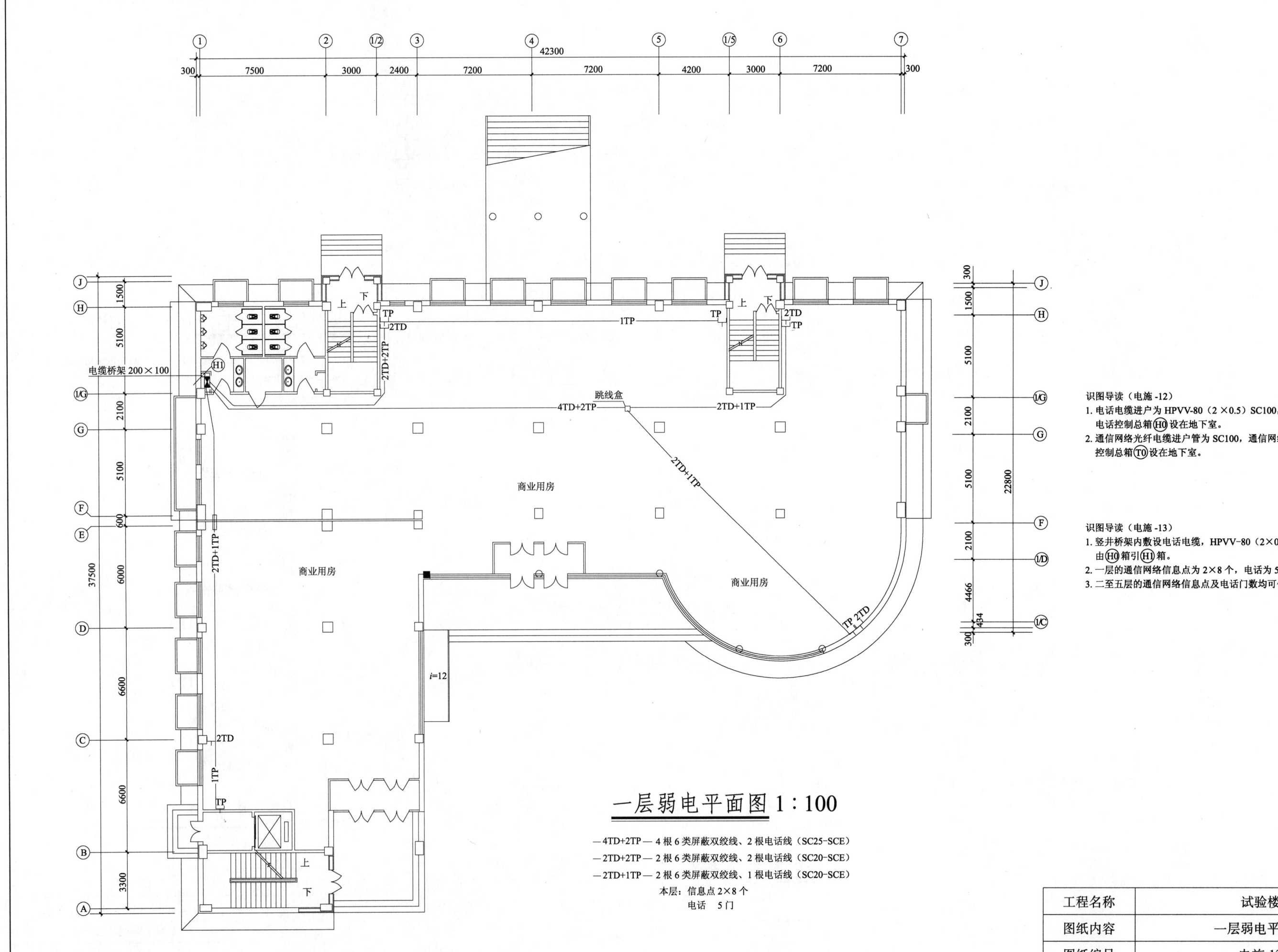

一层弱电平面图 1:100

识图导读（电施-12）
1. 电话电缆进户为 HPVV-80（2×0.5）SC100，电话控制总箱⑭ 设在地下室。
2. 通信网络光纤电缆进户管为 SC100，通信网络控制总箱⑩ 设在地下室。

识图导读（电施-13）
1. 竖井桥架内敷设电话电缆，HPVV-80（2×0.5）由⑭箱引⑪箱。
2. 一层的通信网络信息点为 2×8 个，电话为 5 门。
3. 二至五层的通信网络信息点及电话门数均可依此类推。

电缆桥架 200×100

跳线盒

商业用房

商业用房

商业用房

i=12

—4TD+2TP— 4 根 6 类屏蔽双绞线、2 根电话线（SC25-SCE）
—2TD+2TP— 2 根 6 类屏蔽双绞线、2 根电话线（SC20-SCE）
—2TD+1TP— 2 根 6 类屏蔽双绞线、1 根电话线（SC20-SCE）
本层：信息点 2×8 个
电话　5 门

工程名称	试验楼
图纸内容	一层弱电平面图
图纸编号	电施-13

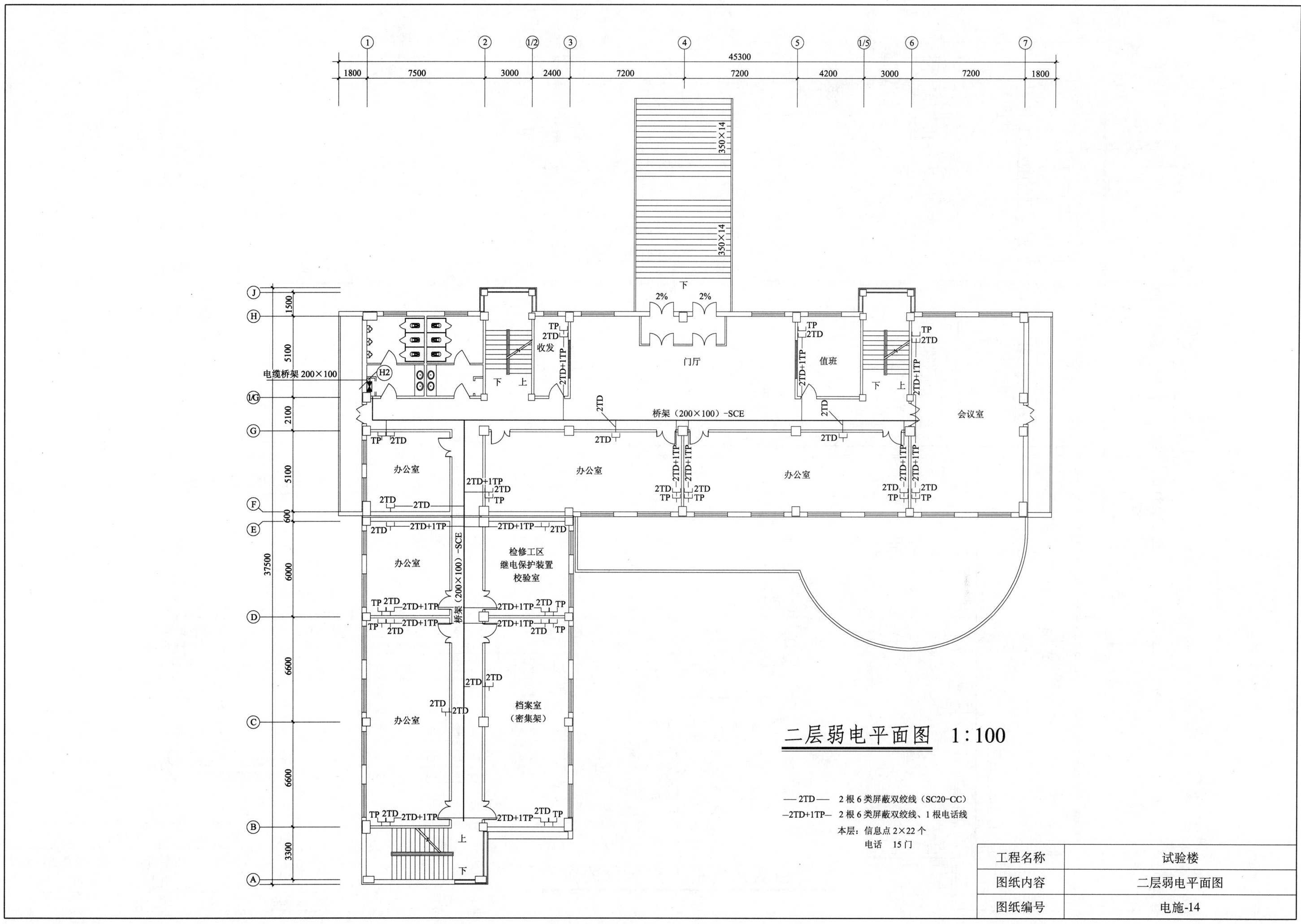

二层弱电平面图 1:100

—2TD— 2根6类屏蔽双绞线（SC20-CC）
—2TD+1TP— 2根6类屏蔽双绞线、1根电话线

本层：信息点 2×22 个
　　　电话　15 门

工程名称	试验楼
图纸内容	二层弱电平面图
图纸编号	电施-14

217

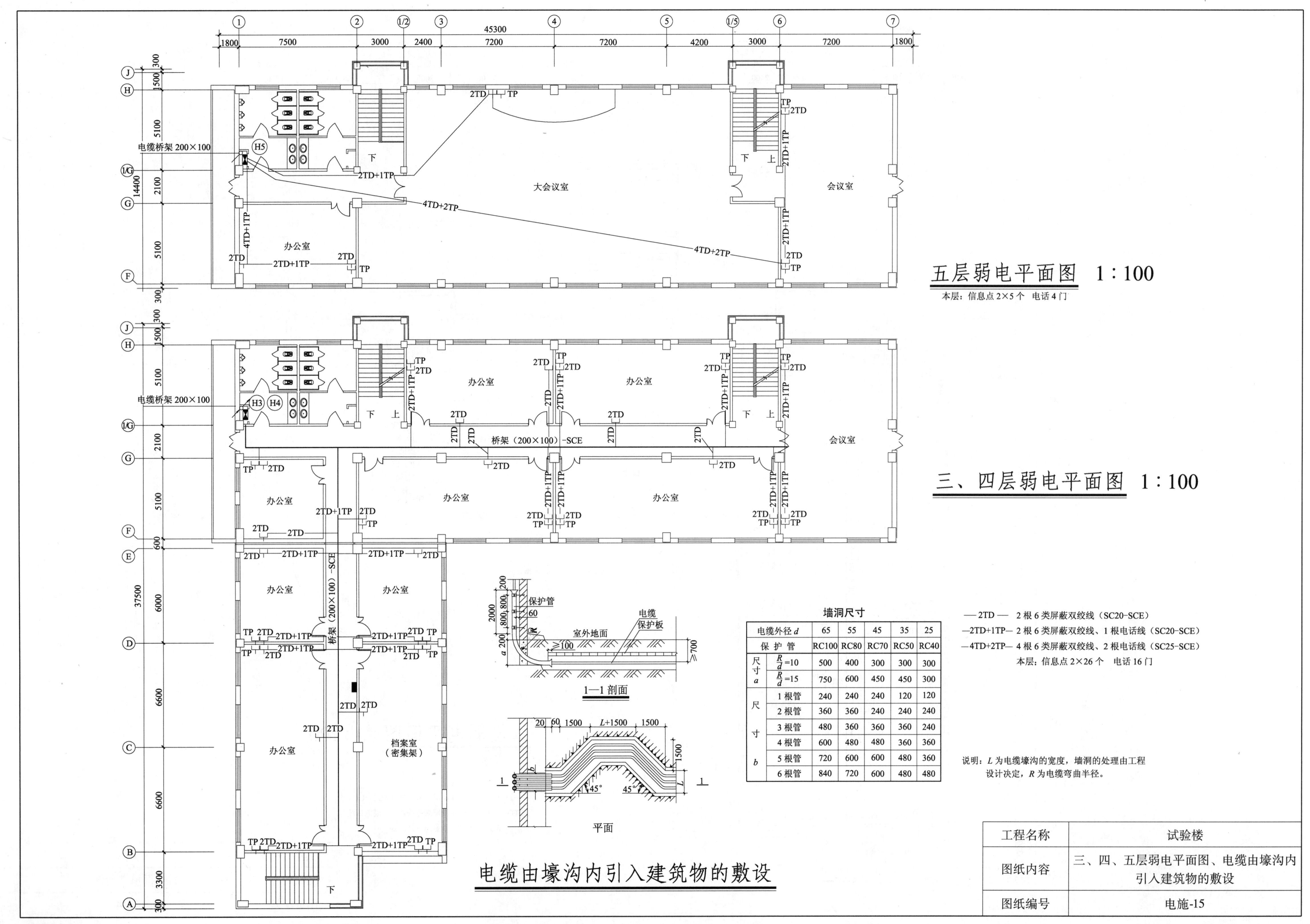

五层弱电平面图　1：100

本层：信息点 2×5 个　电话 4 门

三、四层弱电平面图　1：100

1—1 剖面

平面

电缆由壕沟内引入建筑物的敷设

墙洞尺寸

电缆外径 d	65	55	45	35	25
保 护 管	RC100	RC80	RC70	RC50	RC40
尺寸 a $\frac{R}{d}=10$	500	400	300	300	300
$\frac{R}{d}=15$	750	600	450	450	300
尺寸 b 1 根管	240	240	240	120	120
2 根管	360	360	360	240	240
3 根管	480	360	360	360	240
4 根管	600	480	480	360	360
5 根管	720	600	600	480	360
6 根管	840	720	600	480	480

—2TD— 2 根 6 类屏蔽双绞线（SC20-SCE）
—2TD+1TP— 2 根 6 类屏蔽双绞线、1 根电话线（SC20-SCE）
—4TD+2TP— 4 根 6 类屏蔽双绞线、2 根电话线（SC25-SCE）

本层：信息点 2×26 个　电话 16 门

说明：L 为电缆壕沟的宽度，墙洞的处理由工程
　　　设计决定，R 为电缆弯曲半径。

工程名称	试验楼
图纸内容	三、四、五层弱电平面图、电缆由壕沟内引入建筑物的敷设
图纸编号	电施-15

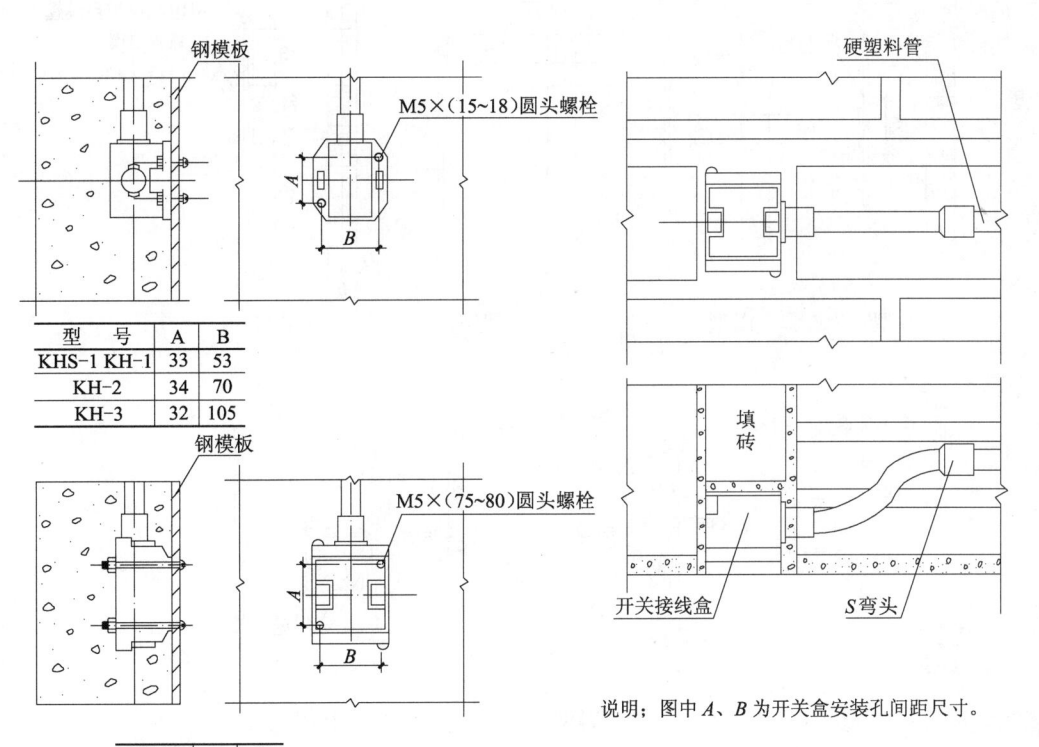

型 号	A	B
KHS-1 KH-1	33	53
KH-2	34	70
KH-3	32	105

型 号	A	B
KHF-1	52	52
KHF-2	52	76
KHF-3	52	107

说明：图中A、B为开关盒安装孔间距尺寸。

开关盒墙内安装　三孔砖墙内安装

大模板混凝土墙内安装

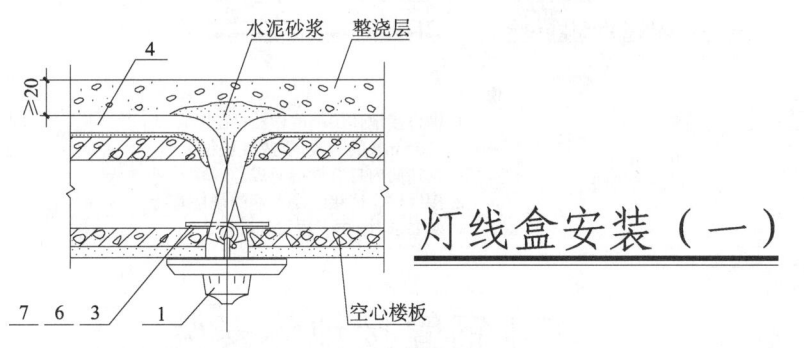

② U形扁钢吊脚加工图　③ T形钢丝吊脚加工图

用16×4扁钢加工　　　用φ4.2镀锌钢丝加工

说明：
1. 用U形吊脚悬挂灯具，重量不超过5kg。
2. 用T形吊脚悬挂灯具，重量不超过3kg。

灯线盒安装（一）

在空心楼板上安装

材料明细表

编号	名　称	型号及规格	单位	数量	备　注
1	灯线盒	由工程设计决定			
2	U形扁钢吊脚	-16×4扁钢			见②图
3	T形圆钢丝吊脚	φ4.2			见③图
4	硬塑料管				
5	圆头螺栓	M5×40			
6	螺母	M4			
7	垫圈			4	

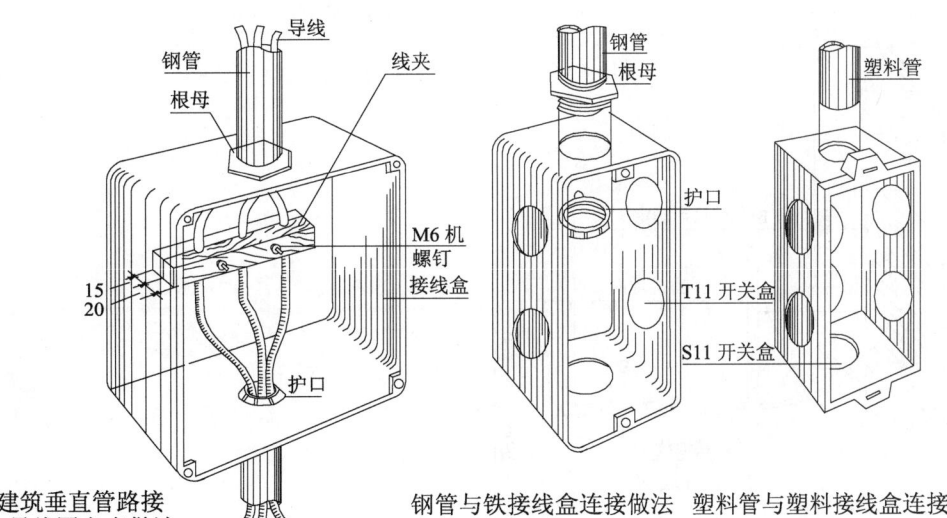

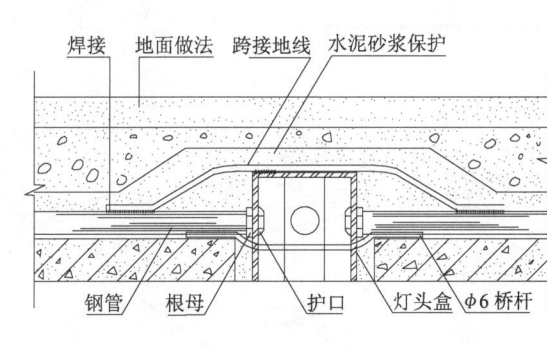

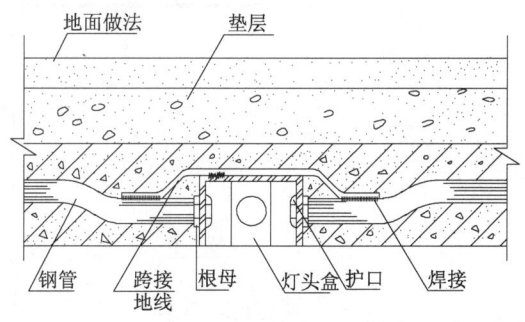

801系列接线盒规格

型 号	尺寸（mm）			
	高	宽	深	安装孔距
XT51	70	93	60	78
XT52	70	123	60	108
XT53	70	177	60	162
XS51	70	80	60	78
XS52	70	116	60	108
XS53	70	170	60	162
XS54	76	116	60	108
S11	100	55	60	84
S12	100	105	60	横45竖84
S13	100	145	60	横46竖84

说明：
1. 电线管的连接应用丝扣连接。
2. 管材采用丝扣连接时，丝扣处应涂抹铅油，在潮湿场所所需用油麻缠紧。
3. 接管前，管口内壁应锉光滑。
4. 选用接线盒时，应与装置件面板相配套。
5. S11，S12，S13为与老式开关插座面板配套使用的接线盒。

高层建筑垂直管路接线盒内导线固定点做法　　钢管与铁接线盒连接做法　塑料管与塑料接线盒连接做法

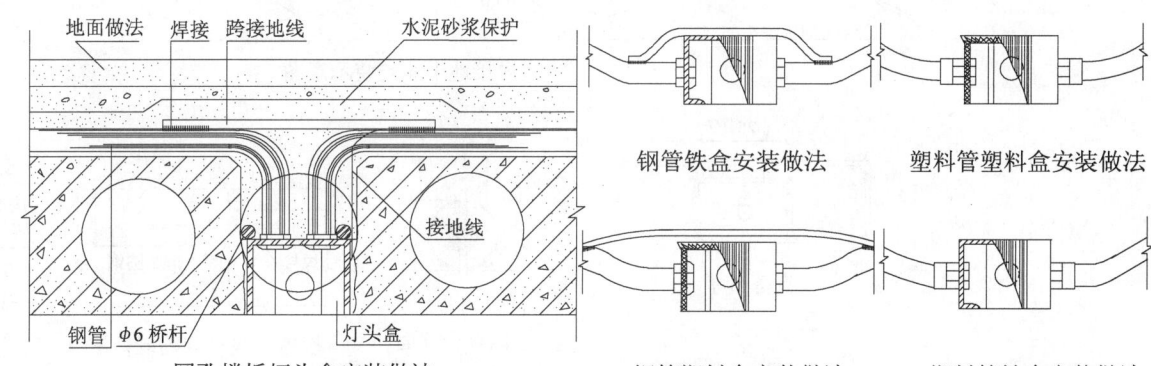

槽形楼板灯头盒安装做法　　　现制混凝土楼板灯头盒安装做法

钢管铁盒安装做法　　塑料管塑料盒安装做法

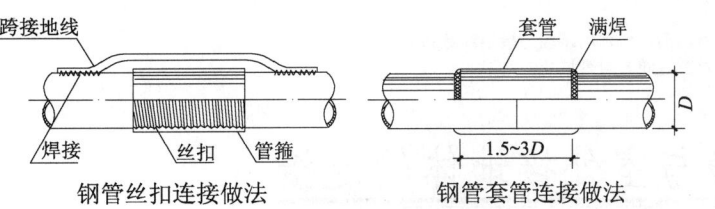

圆孔楼板灯头盒安装做法　　钢管塑料盒安装做法　　塑料管铁盒安装做法

钢管丝扣连接做法　　钢管套管连接做法

暗配灯头盒安装做法（一）

说明：在圆孔楼板、预制楼板上稳住灯头盒时，应安装好桥杆或卡铁。

暗配管与接线盒连接做法（二）

工程名称	试验楼
图纸内容	大样图（一）
图纸编号	电施-16

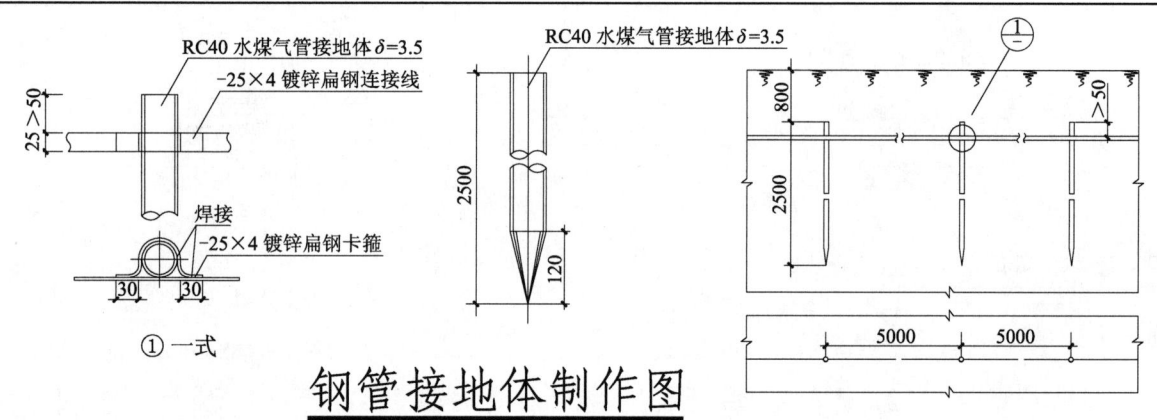

钢管接地体制作图

接地体安装

钢管接地体安装

接地体与连接线的连接方式

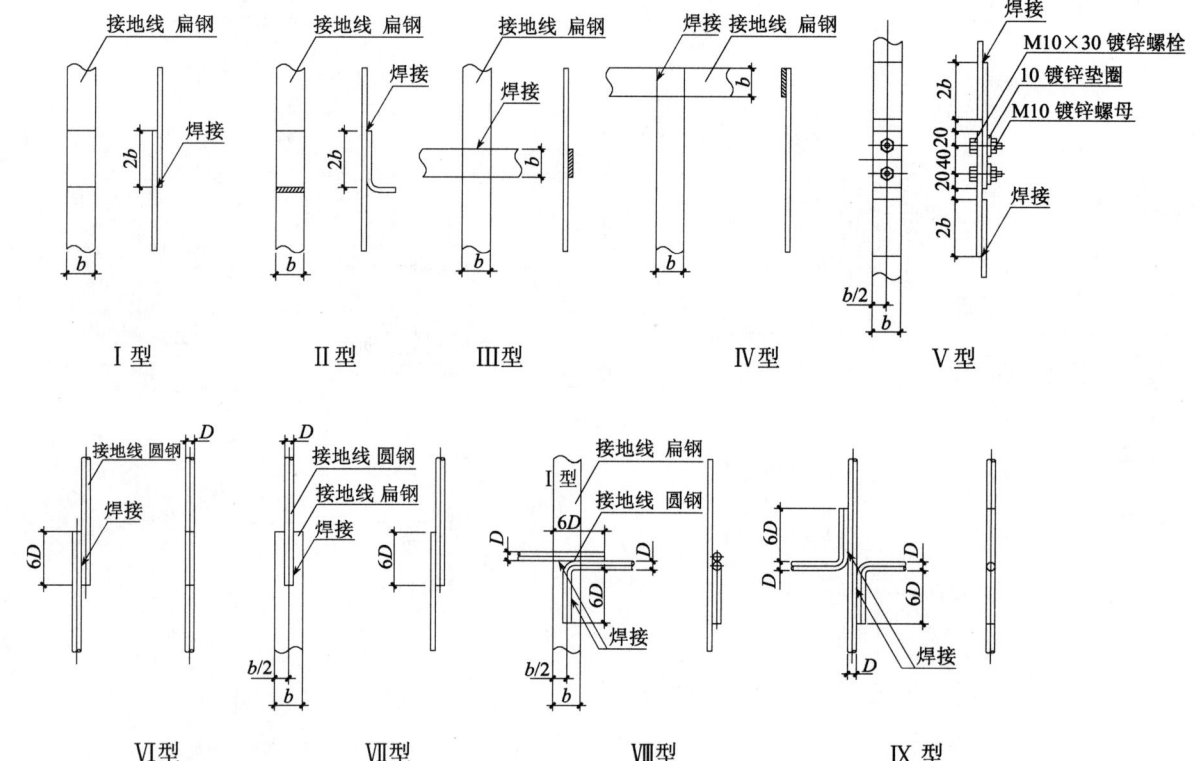

说明：
1. 钢管接地体尖端的做法：在距管口120mm长的一段，锯成圆块锯齿形，尖端向内打合焊接而成。
2. 接地体、连接线及卡箍的规格有特殊要求时，由工程设计确定。

说明：
1. 接地线之间的连接采用焊接，只有在接地电阻检测点或不允许焊接的地方才采用螺栓连接，连接处应镀锌或接触面搪锡。
2. 接地电阻检测点如接地线为圆钢时，其连接方式如Ⅶ型。

接地线的连接

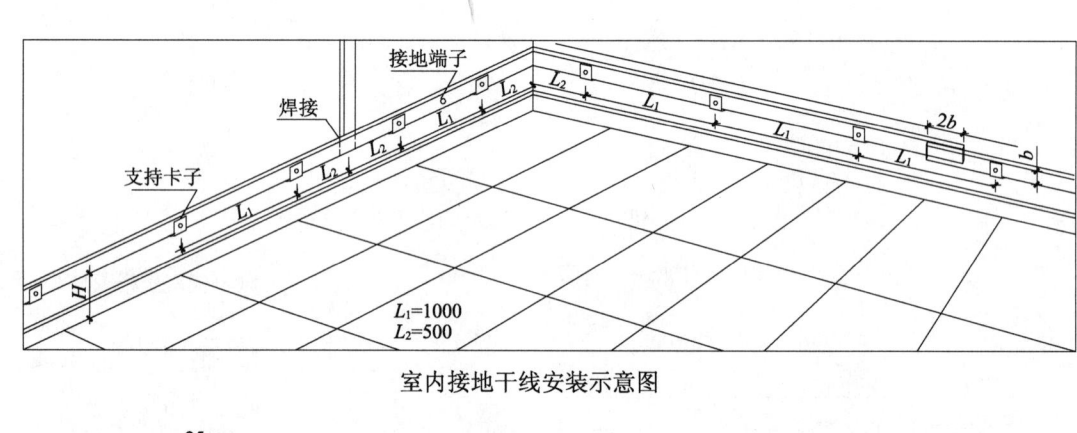

室内接地干线安装示意图

$L_1=1000$
$L_2=500$

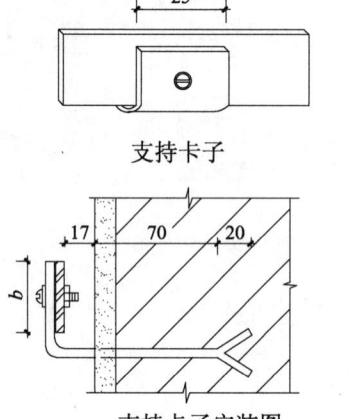

支持卡子

支持卡子安装图

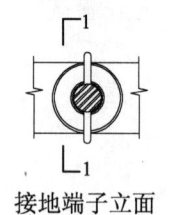

接地端子立面

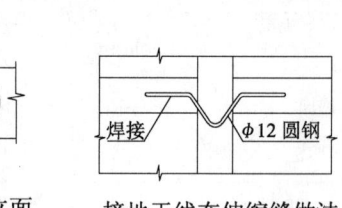

接地干线在伸缩缝做法

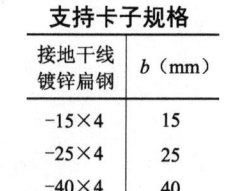

1—1

接地干线 镀锌扁钢	b（mm）
$-15×4$	15
$-25×4$	25
$-40×4$	40

支持卡子规格

说明：
1. 接地干线及接地端子位置和高度H均由设计决定。
2. 全部接地线支持卡子和接地端子一律镀锌。

室内接地干线做法

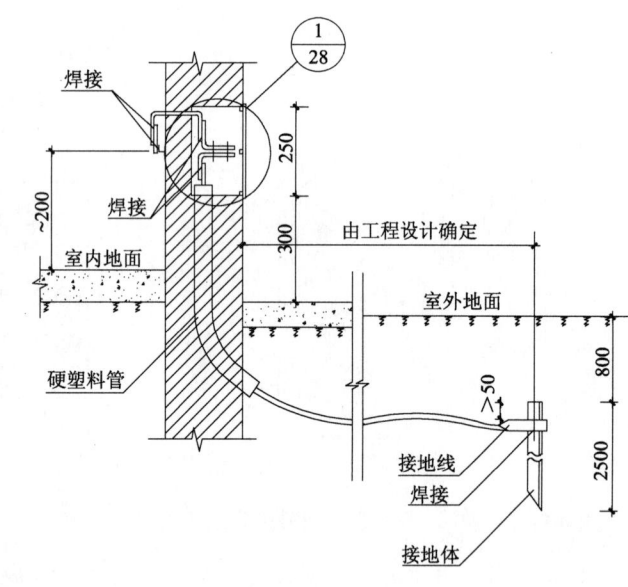

说明：
1. 为了便于测量，当接地线引入室内后，必须用螺栓与接地线连接。
2. 穿墙套管的内外管口用沥青麻丝或建筑密封膏堵死。
3. 接地体与接地线见工程设计。

室内接地线与室外接地体的连接

工程名称	试验楼
图纸内容	大样图（二）
图纸编号	电施-17

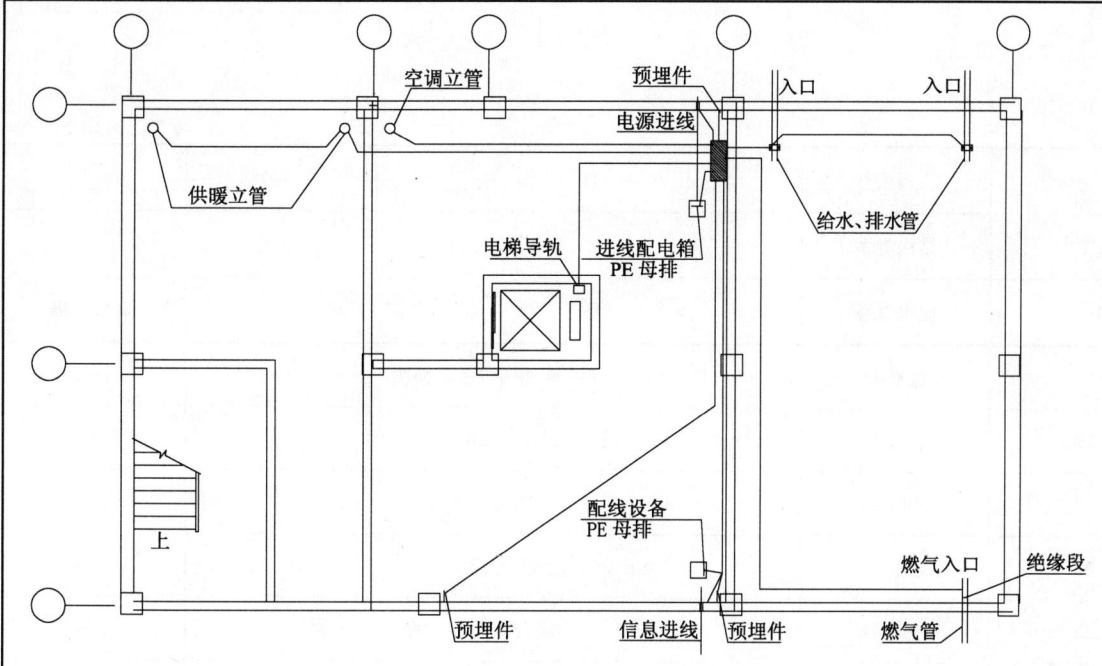

说明:
1. 所有进入建筑物的金属套管应与接地母排连接。
2. 当防雷设施利用建筑物金属体和基础钢筋作引下线和接地极时,引下线应与等电位联结系统连通以实现等电位。
3. 图中联结线均采用 -40×4 镀锌扁钢或 25mm² 铜导线在墙内或地面内暗敷。

总等电位联结平面图示例

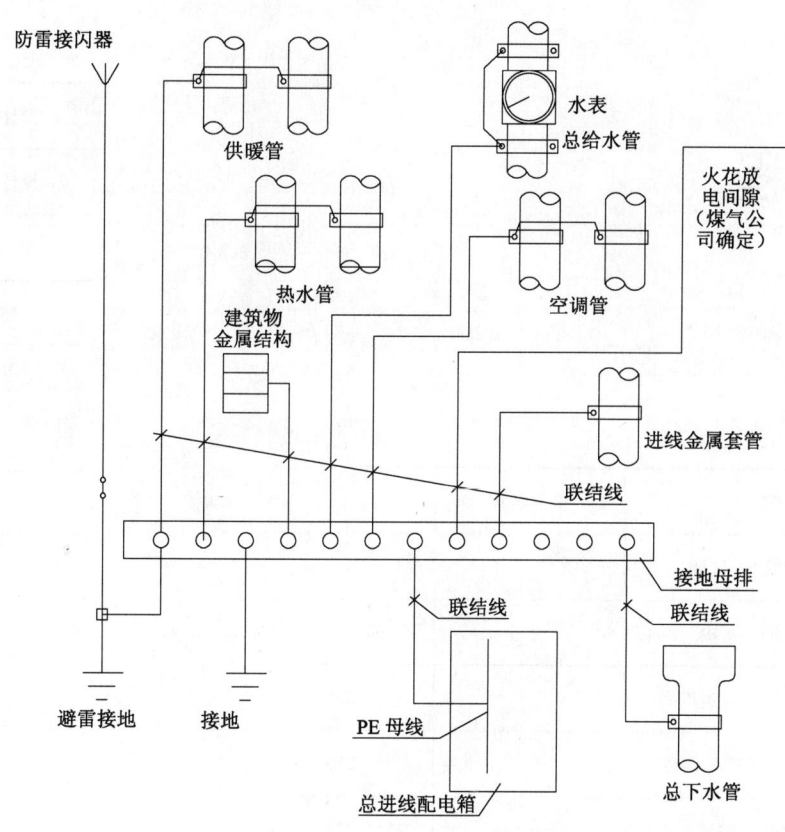

说明:
1. 所有进入建筑物的金属套管应与接地母排连接。
2. 接地母排宜设置在电源进线或进线配电箱处,并应加防护罩或装在端子箱内,防止无关人员触动。
3. 相邻近管道及金属结构允许用一根连接线连接。
4. 当防雷设施利用建筑物金属体和基础钢筋作引下线和接地极时,引下线应与等电位联结系统连通以实现等电位。
5. 当采用屏蔽电缆时,应至少在两端并宜在防雷区交界处作等电位联结,当系统要求只在一端作等电位联结时,应采用两层屏蔽,外层屏蔽与等电位联结端子板连通。
6. 联结线截面见具体工程设计。

总等电位联结系统图示例

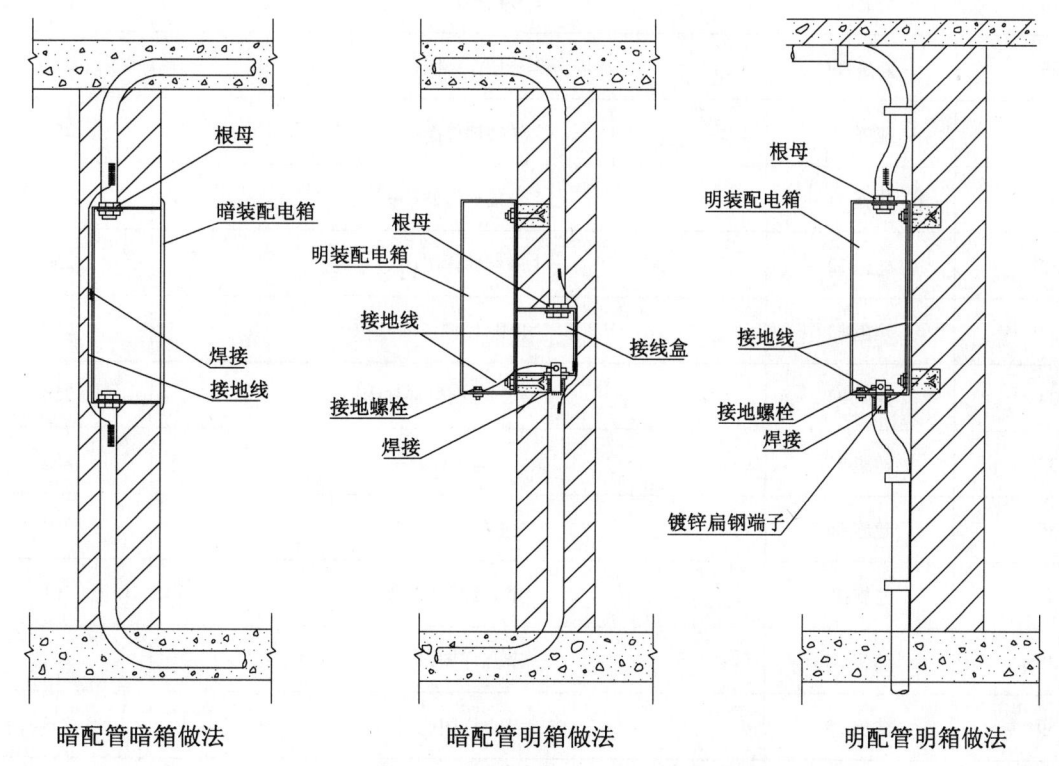

管路进配电箱做法

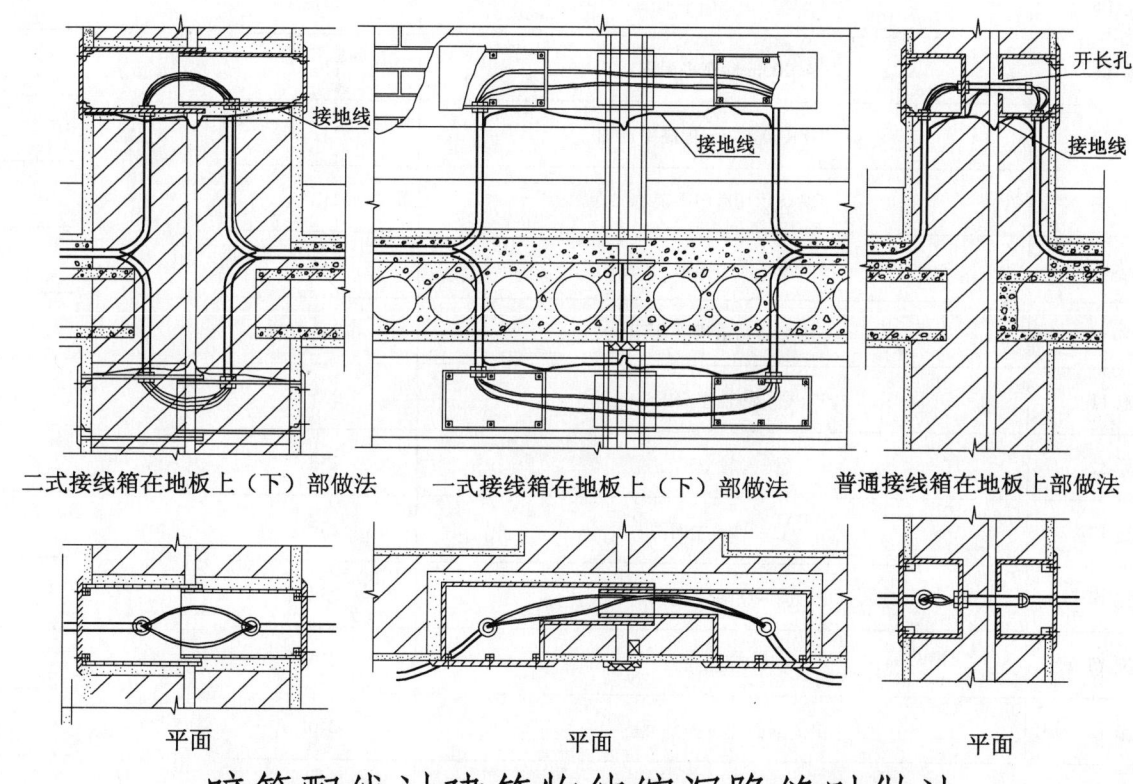

暗管配线过建筑物伸缩沉降缝时做法

工程名称	试验楼
图纸内容	大样图(三)
图纸编号	电施-18

221

6 体育馆工程

6.1 图纸目录

设计序号	×××	工程名称	体 育 馆	单项名称	
设计阶段	施工图	结构类型		完成日期	
专 业	序 号	图纸编号	图 纸 内 容	页 码	
建筑	1	建施-01	建筑设计说明	225	
	2	建施-02	门窗表	226	
	3	建施-03	室内外装修做法表	227	
	4	建施-04	总平面图	228	
	5	建施-05	±0.000 标高平面图	229	
	6	建施-06	4.000m 标高平面图	230	
	7	建施-07	9.400～10.475m 标高平面图	231	
	8	建施-08	观众厅马道层平面图	232	
	9	建施-09	16.700m 标高屋顶平面图	233	
	10	建施-10	比赛厅马道层平面图	234	
	11	建施-11	Ⓐ～Ⓜ轴立面图	235	
	12	建施-12	Ⓜ～Ⓐ轴立面图	236	
	13	建施-13	①～⑫轴立面图	237	
	14	建施-14	⑫～①轴立面图	238	
	15	建施-15	1-1 剖面图	239	
	16	建施-16	2-2 剖面图、3-3 剖面图	240	
	17	建施-17	4-4 剖面图、5-5 剖面图	241	

续表

设计序号	×××	工程名称	体 育 馆	单项名称	
设计阶段	施工图	结构类型		完成日期	
专 业	序 号	图纸编号	图 纸 内 容	页 码	
建筑	18	建施-18	6-6 剖面图、7-7 剖面图	242	
	19	建施-19	看台详图	243	
	20	建施-20	视线组织图(一)	244	
	21	建施-21	视线组织图(二)	245	
	22	建施-22	主席台裁判席详图	246	
	23	建施-23	观众席空调送风口平面布置图	247	
	24	建施-24	比赛馆木地板预埋件平面布置图	248	
	25	建施-25	1 号楼梯详图(一)	249	
	26	建施-26	1 号楼梯详图(二)	250	
	27	建施-27	2 号楼梯详图(一)	251	
	28	建施-28	2 号楼梯详图(二)	252	
	29	建施-29	3 号楼梯详图(一)	253	
	30	建施-30	3 号楼梯详图(二)	254	
	31	建施-31	4 号楼梯详图(一)	255	
	32	建施-32	4 号楼梯详图(二)	256	
	33	建施-33	5 号楼梯详图	257	
	34	建施-34	1 号、1'号钢楼梯详图	258	
	35	建施-35	卫生间大样(一)	259	
	36	建施-36	卫生间大样(二)	260	
	37	建施-37	节点详图(一)	261	
	38	建施-38	节点详图(二)	262	
	39	建施-39	节点详图(三)	263	
	40	建施-40	节点详图(四)	264	

续表

设计序号	×××	工程名称	体 育 馆		单项名称	
设计阶段	施工图	结构类型		完成日期		
专　业	序　号	图纸编号	图　纸　内　容			页　码
建筑	41	建施-41	节点详图(五)			265
	42	建施-42	门窗立面(一)			266
	43	建施-43	门窗立面(二)			267
	44	建施-44	门窗立面(三)			268
	45	建施-45	卫生间装修详图(一)			269
	46	建施-46	卫生间装修详图(二)			270
结构	47	结施-01	结构设计说明(一)			271,272
	48	结施-02	结构设计说明(二)			273
	49	结施-03	桩位平面图			274
	50	结施-04	承台平面布置图			275
	51	结施-05	地梁平面布置图			276
	52	结施-06	柱位平面图			277
	53	结施-07	柱配筋表			278
	54	结施-08	4.000m 标高平面布置及梁配筋图			279
	55	结施-09	4.000m 标高板配筋图			280
	56	结施-10	±0.000~4.000m 标高层间梁布置图			281
	57	结施-11	4.000m 标高以上层间梁布置图			282
	58	结施-12	9.400~10.475m 标高平面图			283
	59	结施-13	14.500~15.850m 标高平面图			284
	60	结施-14	18.000~18.400m 标高平面图			285
	61	结施-15	22.370m 标高平面图			286
	62	结施-16	1、2 号楼梯详图			287
	63	结施-17	3、4 号楼梯详图			288

续表

设计序号	×××	工程名称	体 育 馆		单项名称	
设计阶段	施工图	结构类型		完成日期		
专　业	序　号	图纸编号	图　纸　内　容			页　码
结构	64	结施-18	5、6、7 号楼梯详图			289
	65	结施-19	详图(一)			290
	66	结施-20	承台详图 GZ1~GZ17 配筋图			291
	67	结施-21	详图(二)			292
电气	68	电施-01	电气设计说明(一)(二)			293,294
	69	电施-02	高压供电系统图			295
	70	电施-03	低压配电系统图(一)			296
	71	电施-04	低压配电系统图(二)			297
	72	电施-05	照明系统图(一)			298
	73	电施-06	照明系统图(二)			299
	74	电施-07	空调控制箱系统图			300
	75	电施-08	低压配电网络图			301
	76	电施-09	消防自动报警及联动系统图、综合布线系统图			302
	77	电施-10	保安监控系统原理图、电视系统图			303
	78	电施-11	比赛馆传声系统图			304
	79	电施-12	电子计分系统图			305
	80	电施-13	空气处理机、冷却(冻)泵、冷水机组控制二次线路原理图			306
	81	电施-14	冷却塔风机二次线路原理图、显示屏电源控制二次线路图			307
	82	电施-15	切除非消防电源控制二次线路原理图、双速风机二次线路原理图			308
	83	电施-16	集中控制屏接线原理图			309
	84	电施-17	变配电房布置图			310
	85	电施-18	±0.000 标高照明平面图			311
	86	电施-19	4.000m 标高照明平面图			312

223

设计序号	×××	工程名称	体 育 馆	单项名称	
设计阶段	施工图	结构类型		完成日期	

专 业	序 号	图纸编号	图 纸 内 容	页 码
电气	87	电施-20	9.400~10.475m 标高照明平面图	313
	88	电施-21	观众厅马道层照明平面图	314
	89	电施-22	顶层照明及防雷平面图	315
	90	电施-23	±0.000 标高电力平面图	316
	91	电施-24	4.000m 标高电力平面图	317
	92	电施-25	9.400~10.475m 标高电力平面图	318
	93	电施-26	观众厅马道层电力平面图	319
	94	电施-27	16.700m 标高电力平面图	320
	95	电施-28	比赛厅马道层电力平面图	321
	96	电施-29	±0.000 标高消防自动报警平面图	322
	97	电施-30	4.000m 标高消防自动报警平面图	323
	98	电施-31	±0.000 标高弱电平面图	324
	99	电施-32	4.000m 标高弱电平面图	325
	100	电施-33	9.400~10.475m 标高弱电平面图	326
	101	电施-34	观众厅马道层弱电平面图	327
	102	电施-35	比赛厅马道层消防自动报警平面图	328
	103	电施-36	场馆照明平面图	329
	104	电施-37	接地平面图	330
	105	电施-38	电气总平面图	331
	106	电施-39	主要设备及材料表	332
空调	107	设施-01	空调设计说明	333,334
	108	设施-02	主要设备及材料表	335
	109	设施-03	制冷机房平、剖面图	336

设计序号	×××	工程名称	体 育 馆	单项名称	
设计阶段	施工图	结构类型		完成日期	

专 业	序 号	图纸编号	图 纸 内 容	页 码
空调	110	设施-04	±0.000 标高空调平面图	337
	111	设施-05	4.000m 标高空调平面图	338
	112	设施-06	9.400~10.475m 标高空调平面图	339
	113	设施-07	观众厅马道层空调平面图	340
	114	设施-08	比赛厅马道层空调、防排烟平面图	341
	115	设施-09	看台座位送风及空调机房剖面图	342
	116	设施-10	制冷系统原理图及柜机空调水系统图	343
给水排水	117	水施-01	给水排水设计说明、图例、材料表(一)(二)	344,345
	118	水施-02	给水排水总平面图	346
	119	水施-03	一层给水排水平面图	347
	120	水施-04	二层给水排水平面图	348
	121	水施-05	三层给水排水平面图	349
	122	水施-06	14.800m 标高屋面给水排水平面图	350
	123	水施-07	16.700m 标高屋面给水排水平面图	351
	124	水施-08	卫生间详图(一)	352
	125	水施-09	卫生间详图(二)	353
	126	水施-10	卫生间详图(三)	354
	127	水施-11	卫生间详图(四)	355
	128	水施-12	给水排水与自动喷淋系统图	356
	129	水施-13	消火栓系统图	357

6.2 建筑施工图

建筑设计说明

一、设计依据

1.《深圳市建设工程设计初步设计审批意见书》2001年8月13日(深规图设初字4200110144 '号)。
2.《深圳市公安消防局建筑工程设计审核意见书》[深公消建审(2001)初145－D30 号]。
3. 深圳职业技术学院基建处有关工程设计要求的函件及资料。
4. 深圳市同济人建筑设计有限公司"深圳职业技术学院综合体育馆初步设计"(深01－01)。
5. 国家有关规范及深圳市现行规定及法规。

二、工程概况

本工程位于深圳职业技术学院西北部,用地范围狭小,东北侧临沙河西路。总用地面积10536m²,基地西面有建成的运动场和游泳池,东面为室外球场,南为荔枝林,本工程为一多功能体育馆。

建筑等级:一级　　　　　防火等级:一级
抗震设防烈度:7度　　　总用地面积:1.0536hm²
建筑占地面积:0.496hm²　总建筑面积:11176m²
总座位数:2900

三、设计标高

1. 本工程设计标高±0.000 相当于绝对标高31.500m。
2. 本工程总平面图及标高以米(m)为单位,其余尺寸均以毫米(mm)为单位,除特别注明外,建筑图纸上的标高为建筑完成面标高,结构图纸上的标高为扣除面层厚的结构标高。

四、墙体工程

1. 建筑平面图中涂黑的墙体为钢筋混凝土墙,其设计及留洞均详结施。砖墙留洞见建筑。墙体内预埋铁件应作防锈处理,预埋木砖等应作防腐处理,墙体留洞需与相应的水、电、风等图纸核对无误方可施工。
2. 除特别注明外,外墙墙体为200mm 厚 MU7.5 黏土空心砖,内墙墙体为加气混凝土砌块,厚度详平面图,－1.000m 以上墙体砌筑砂浆采用 M5 混合砂浆,－1.000m 以下墙体砌筑砂浆采用 M5 水泥砂浆。
3. 墙体的砌筑高度均至上部结构面,墙体与钢筋混凝土框架的锚拉构造除按本工程结构设计说明要求外,还应按《加气混凝土砌块墙建筑构造》87SJ 139 及《深圳市非承重墙混凝土小型空心砌块墙体技术规程》SJG 06—1997 办理。
4. 地面标高为±0.000(－1.000m)之周边墙体,则±0.000(－1.000m)以下采用红砖砌筑,地面标高为±0.000 之周边墙体在－0.050m 处设圈梁240mm×300mm 一道,内配纵筋 4φ12,箍筋φ6@200。

五、防水工程

1. 本工程屋面防水标准为Ⅱ级,防水耐久年限为15年,防水设防为二道,做法详建施-03,屋面排水坡度不小于2%,集水沟总坡度不小于0.5%。彩色压型钢板屋面防水及构造做法详结施。
2. 厕浴墙体及楼面防水设防为一道,做法详建施-03。隔墙最下 120mm 高砌红砖两皮,地面坡向地漏,坡度为1%。
3. 外墙防水:采用聚合物水泥砂浆,突出墙面的窗台、檐板上部均做3%的向外排水沟坡,下部做滴水。
4. 地面防水:比赛场馆木地板部分采用合成高分子卷材 2mm 厚,其余地面采用聚氨酯防水涂膜2mm 厚。

5. 主要节点防水:屋面雨水口、屋面泛水、管道穿屋面等部位采用三道防水设防。除原有屋面防水外,另外涂抹增强层,材料同屋面接口处嵌填密封材料。构造做法参见《深圳建筑防水构造图集 A》。

六、门窗工程

1. 门窗应委托合格的专业厂家根据本工程门窗立面及有关规范要求进行设计施工、安装和现场核实等,并应对其结构的安全、质量等全面负责,应特别注意做好门窗四周的防水措施。本门窗立面尺寸均为洞口尺寸,未扣除安装缝厚及地面装修厚度,制作加工时应自行扣除。
2. 玻璃幕墙设计及施工均应符合《玻璃幕墙工程技术规范》,幕墙分隔及开启详见门窗立面,施工前玻璃幕墙的预埋铁件需专业厂家配合预埋。
3. 凡门窗洞宽大于 700mm 的均需设钢筋混凝土过梁,依结构说明施工。
4. 各门窗颜色详立面。

七、防火工程

1. 本工程属一级耐火等级的综合体育馆,防火分区之间的水平分隔墙均在2m 以上,分隔墙必须砌至楼板底,幕墙部位应在梁底及上部楼面之间做防火隔断,内填玻璃棉防火材料,各专业施工时应严格控制。
2. 防火门等消防设施均应按本施工图的耐火等级选用消防部门认可的合格产品。凡设备用房、防火分区门为甲级防火门,疏散楼梯间为乙级防火门,凡管道井门为丙级防火门。
3. 凡设备用房、电梯机房、楼梯间及防火分区各墙均为耐火等级不低于 3h 的防火墙,建筑的二次装修不得任意改变本施工图及各项防火设计。

八、内外装修

1. 内外装修做法详见相关图纸及说明,原则上有关材料质量及颜色应根据设计要求选好样品或做出样板,经甲方及设计单位认可后方可订货,并由专业公司安装施工,确保质量。
2. 冷冻机房、发电机房、通风机房内隔墙、顶棚作吸声处理。

九、井道

1. 砖砌竖井砌筑时必须砂浆饱满,边砌边内抹 1∶2 水泥砂浆 20mm 厚浆密封,不得漏气。
2. 设备管井检修门洞下均做 100mm 高门槛,施工时应把门高＋100mm 为实际洞高尺寸。

十、楼梯

楼梯施工按建筑及结施的图纸要求进行。施工中应配合栏杆设计安设预埋件。

十一、电梯

本工程根据甲方提供样本确定电梯井道及留洞尺寸,但其详细设计及预埋铁件等其他相关要求均由厂家提供施工详图,请建设单位尽快落实订货,以便及时配合土建施工。

十二、其他事宜

1. 各专业工种施工图说明由各专业分述,各专业工种应在施工过程中密切配合,以减少各专业工种施工不协调的情况,确保施工质量。
2. 各专业工种施工图纸有矛盾时,施工前请通知设计单位处理。
3. 凡有关设计的修改补充,应以我公司出具的相应文件为准。
4. 所有预埋件应作防腐处理,木件浸柏油二遍,铁件刷红丹二遍。
5. 凡说明未详尽之处均按国家规范、规定办理。

工程名称	体育馆
图纸内容	建筑设计说明
图纸编号	建施-01

门窗表

类别	设计编号	洞口尺寸(mm) 宽	洞口尺寸(mm) 高	±0.000 标高层	4.000m 标高层	9.400m标高层 10.470m标高层	屋面	数量合计	备注
防火门	FM1	1500	2100	4	1	1		6	甲级防火门 双扇
	FM2	1000	2100	4				4	甲级防火门 单扇
	FM3	1000	2100			2		2	乙级防火门 单扇
	FM4	1800	2100		2	2		4	乙级防火门 双扇
	FM6	600	1800	3	8	9	3	23	丙级防火门 门槛高300mm
	FM7	1500	2100	6	6			12	甲级带玻防火门
	FM8	600	1500		4			4	甲级防火门 门槛高300mm
铝合金门	LM1	1000	2100	2				2	
	LM2	2000	2100		2	2		4	
	LM3	1500	2100	2				2	
	LM4	800	1800			2		2	
铝合金门联窗	LMC1	2800	4200	2				2	
	LMC2	6000	1500	1				1	
	LMC3	13000	3500	1				1	
	LMC4	14500	3500	2				2	
	LMC5	35400	3750		1			1	
木门	M1	900	2100	8	1			9	夹板木门 单扇
	M2	1000	2100	24	11	2	6	43	〃
	M3	1200	2100	10	4			14	夹板木门 双扇
	M4	1500	2100	3		3		6	〃
	M7	1800	2100		8			8	夹板木门 双扇
	M8	2500	2100	1				1	〃
	M9	600	1800	3				3	夹板木门 单扇
	M10	800	2100		8			8	〃
铝合金窗	C1	800	3300	2				2	
	C2	6000	1500	1				1	
	C3	11200	700	2				2	
	C4	5200	700	2				2	
	C5	4500	500	4	4	4	2	18	
	C6	1500	1500	1				1	
	C7	6400	900		2	2		4	
	C8	2000	2000		2	2		4	
	C9	9100	2100		2			2	
	C10	1500	1000	3				3	
	C11	2200	4250		2	2		4	
	C12	2850	4350		2	2		4	
	C13	28800	3000	1	1			2	
	C14	1200	1000	2				2	
	C15	6700 + 3000	3100	2				2	

续表

类别	设计编号	洞口尺寸(mm) 宽	洞口尺寸(mm) 高	±0.000 标高层	4.000m 标高层	9.400m标高层 10.470m标高层	屋面	数量合计	备注
铝合金窗	C16	900	4000		2	2		4	
	C17	2300	4000			2		2	
	C18	4000	1500		2			2	
	C19	2850	3500			2		2	
百叶窗	BC1	2200	450	21				21	铝合金防尘百叶
	BC2	2200	600	5				5	〃
	BC3	2000	600	4				4	铝合金防雨百叶
	BC4	2200	1500	1				1	〃
	BC5	2000	2000	1				1	〃
	BC6	1200	800	2				2	〃
	BC7	2000	300	2				2	铝合金防尘百叶
幕墙（铝合金横显竖隐淡蓝色透明玻璃）	MQ1	楼梯间						2	弧面展开
	MQ2	52000	8000		1			1	弧面展开
	MQ3	14500	6500					2	
	MQ4	38500	5800			2		2	
	MQ5	35000	2200		2			2	
	MQ5′	35000	2200			2		2	
钢门	GM1	2400	2400	3				3	

选用标准图集目录

序号	图集名称
1	楼梯栏杆 98ZJ 401
2	室外装修及配件 98ZJ 901
3	建筑防水构造图集A SJ-A
4	钢梯 96J 435

工程名称	体育馆
图纸内容	门窗表
图纸编号	建施-02

226

室内外装修做法表

代号	材料与做法	使用部位	代号	材料与做法	使用部位	代号	材料与做法	使用部位	代号	材料与做法	使用部位
楼面1	水泥砂浆楼面 ·20mm厚1:2水泥砂浆抹面压光 ·素水泥浆结合层一遍 ·钢筋混凝土楼板	所有设备用房体育器材库库房	地面4	聚氨酯彩色涂料地面 ·聚氨酯罩面涂料 ·聚氨酯地面涂料二遍 ·聚氨酯底涂料一遍 ·满刮水泥腻子一遍,打磨平整 ·20mm厚1:2水泥砂浆找平 ·100mm厚C10混凝土 ·素土夯实	其他地面	踢脚4	聚氨酯彩色涂料踢脚(120mm高) ·刷素水泥浆一遍 ·15mm厚2:1:8水泥石灰砂浆,分两次抹灰 ·10mm厚1:2水泥砂浆抹面压光 ·满刮水泥腻子,打磨平整 ·聚氨酯底涂料一遍 ·聚氨酯涂料二遍 ·聚氨酯罩面涂料一遍	所有聚氨酯彩色涂料楼地面	屋面3	柔刚性防水屋面(无隔热层) ·种植土 ·40mm厚细石混凝土 ·干铺玻纤布一层 ·合成高分子涂膜2mm厚 ·15mm厚1:3水泥砂浆找平 ·1:8水泥陶粒找坡,最薄处40mm ·钢筋混凝土楼板,清扫干净	详见平面
楼面2	防滑地砖楼面(防水) ·8~10mm厚防滑陶瓷地砖,白水泥浆擦缝 ·3~4mm厚水泥胶结合层 ·聚合物水泥浆5mm厚 ·1:2.5水泥砂浆找坡找平层,最薄处10mm厚 ·素水泥浆结合层一遍 ·钢筋混凝土楼板	所有卫生间	地面5	木地板地面 ·双层龙骨双层木地板共200mm厚,由专业公司设计安装 ·50mm厚细石混凝土找平 ·合成高分子卷材防水20mm厚 ·素水泥浆结合层一道 ·混凝土底板200mm内配φ14@200双向双层钢筋网 ·100mm厚C10混凝土 ·素土夯实	比赛场地	顶棚1	抹灰顶棚 ·钢筋混凝土底板面清理干净 ·7mm厚1:1:4水泥石灰砂浆 ·5mm厚1:0.5:3水泥石灰砂浆 ·刷普通涂料二遍	所有设备房、器材库、库房	涂1	清理金属面除锈 ·除锈漆或红丹一遍 ·刮腻子,抹光 ·银粉漆二遍	所有水管
楼面3	花岗石楼面 ·20mm厚花岗石面层,白水泥浆擦缝 ·30mm厚1:3干硬性水泥砂浆,面撒2mm厚水泥(洒适量清水) ·素水泥浆结合层一遍 ·钢筋混凝土楼板,清扫干净	入口门厅	内墙1	乳胶漆内墙 ·刷素水泥浆一遍 ·15mm厚2:1:8水泥石灰砂浆,分两次抹灰 ·5mm厚1:2水泥砂浆 ·腻子刮平,刷乳胶漆三道	其他内墙面	顶棚2	乳胶漆顶棚 ·钢筋混凝土底板面清理干净 ·7mm厚1:1:4水泥石灰砂浆 ·5mm厚1:0.5:3水泥石灰砂浆 ·腻子刮平,刷乳胶漆三道	楼梯间	涂2	清漆 ·木基层清理,除污,打磨等 ·润粉 ·刮腻子 ·刷色 ·清漆三遍	木门,楼梯扶手及木装修
楼面4	聚氨酯彩色涂料楼面 ·聚氨酯罩面涂料 ·聚氨酯地面涂料二遍 ·聚氨酯底涂料一遍 ·满刮水泥腻子一遍,打磨平整 ·30mm厚1:2水泥砂浆找平 ·素水泥浆结合层一遍 ·钢筋混凝土楼板,清扫干净	其他地面	内墙2	釉面砖内墙 ·刷素水泥浆一遍 ·15mm厚2:1:8水泥石灰砂浆,分两次抹灰 ·聚合物水泥浆5mm厚 ·3~4mm厚1:2水泥胶结合层 ·4~5mm厚釉面砖白水泥擦缝	卫生间 面材颜色规格另定	顶棚3	轻钢龙骨顶棚 ·轻钢龙骨UC50,吊筋φ8,中距小于1200mm×1200mm ·穿空铝板	卫生间	涂3	调和漆 ·清理金属面除锈 ·除锈漆或红丹一遍 ·刮腻子,抹光 ·白色调和漆二遍	详栏杆大样
地面1	水泥砂浆地面 ·20mm厚1:2水泥砂浆抹面压光 ·素水泥浆结合层一遍 ·80mm厚C10混凝土 ·素土夯实	所有设备用房体育器材库库房	内墙3	普通涂料内墙 ·刷素水泥浆一遍 ·18mm厚1:3:9水泥石灰砂浆,分两次抹灰 ·2mm厚纸筋灰面	所有设备用房体育器材库库房	顶棚4	铝合金龙骨顶棚 ·轻钢龙骨UC50,吊筋φ8,中距小于1200mm×1200mm ·铝合金装饰面板	门厅休息厅贵宾室	路1	车行道路 ·50mm厚沥青混凝土 ·160~200mm厚碎石层 ·150~200mm厚灰土垫层	详总图
地面2	防滑地砖地面 ·8~10mm厚防滑陶瓷地砖,白水泥浆擦缝 ·3~4mm厚水泥胶结合层 ·素水泥浆结合层一遍 ·1:2.5水泥砂浆找坡找平层,最薄处10mm厚 ·聚合物水泥浆5mm厚 ·80mm厚C10混凝土 ·素土夯实	卫生间 面材颜色规格另定	踢脚1	水泥砂浆踢脚(120mm高) ·刷素水泥浆一遍 ·15mm厚2:1:8水泥石灰砂浆,分两次抹灰 ·10mm厚1:2水泥砂浆抹面压光	所有水泥砂浆楼地面	顶棚5	轻钢龙骨顶棚 ·轻钢龙骨UC50,吊筋φ8,中距小于1200mm×1200mm ·矿棉板	其他顶棚	路2	人行道路 ·M5水泥砂浆灌缝,表面平整 ·18mm厚铺地砖 ·50mm厚C15混凝土 ·150mm厚3:7灰土	详总图
地面3	花岗石地面 ·20mm厚花岗石面层,白水泥浆擦缝 ·30mm厚1:3干硬性水泥砂浆,面撒2mm厚水泥(撒适量清水) ·素水泥浆结合层一遍 ·80mm厚C10混凝土 ·素土夯实	门厅	踢脚2	花岗石踢脚(120mm高) ·15mm厚1:3水泥砂浆 ·5~6mm厚1:1水泥砂浆镶贴 ·10mm厚花岗石板水泥浆擦缝	所有花岗石楼地面	外墙1	面砖外墙面 ·12mm厚1:3水泥砂浆找平 ·聚合物水泥浆5mm厚 ·3~4mm厚水泥胶结合层 ·8~10mm厚面砖,1:1水泥浆擦缝	详见立面	裙1	胶合板墙裙 ·墙内预埋40mm×60mm×60mm防腐木砖,水平距离400mm,垂直间距400mm ·干铺350号沥青油毡一层 ·20mm×35mm宽木龙骨中距400mm,横撑20mm×35mm厚距离400mm ·定型厚胶合板 ·表面油漆另选	详平、剖面
			踢脚3	硬木踢脚(120mm高) ·墙上预埋防腐木砖 ·20×30mm通长木条上下各一条 ·18mm厚硬木踢脚	所有木地板楼地面	外墙2	铝合金板外墙面 由专业施工单位进行设计安装	详见立面	裙2	玻璃棉吸声材料墙裙 ·墙内预埋40mm×60mm×60mm防腐木砖,水平距离400mm,垂直间距400mm ·干铺350号沥青油毡一层 ·40mm×40mm木龙骨双向中距600mm ·百乳胶点粘50mm厚超细玻璃棉毡 ·铺钉白色玻璃纤维布一层 ·穿空三夹板,空径5mm,空距40mm,空阵方形排列	详平、剖面
						屋面1	柔性防水屋面(上人,有隔热层) ·砌聚苯彩色隔热复合板,素水泥浆勾缝缝宽4~5mm每5m留伸缩缝,PVC油膏嵌缝 ·15mm厚聚合物水泥砂浆 ·合成高分子卷材1.5mm厚 ·20mm厚1:0.8:4水泥石灰砂浆找平 ·钢筋混凝土楼板,清扫干净,结构找坡	详见平面			
						屋面2	刚性防水屋面(不上人,无隔热层) ·40mm厚细石混凝土设分隔缝纵横间距6000mm,分隔缝嵌填密封材料(找坡2%最薄处40mm) ·玻纤布隔离层 ·钢筋混凝土楼板,清扫干净	详见平面			

工程名称	体育馆
图纸内容	室内外装修做法表
图纸编号	建施-03

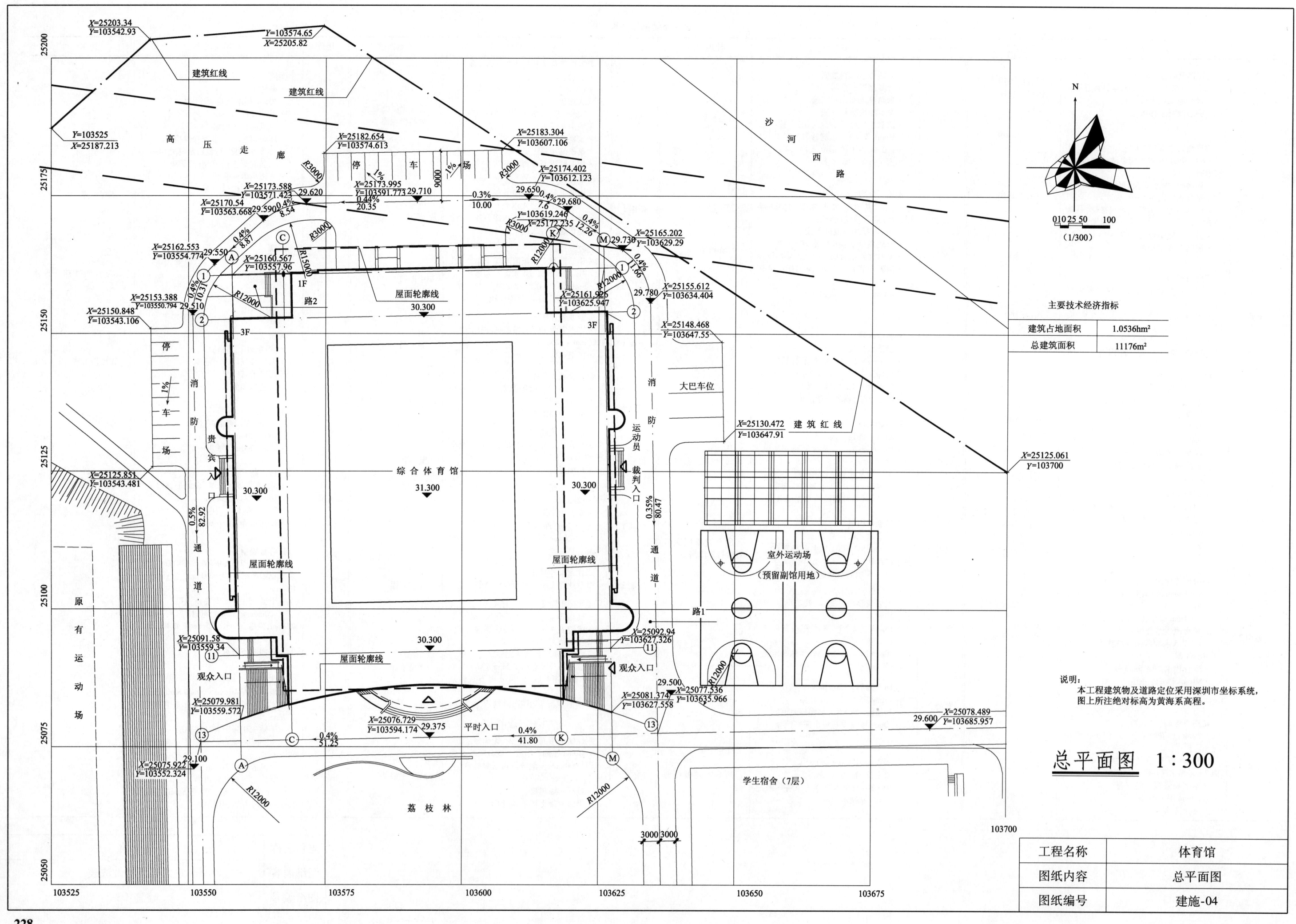

总平面图 1：300

工程名称	体育馆
图纸内容	总平面图
图纸编号	建施-04

228

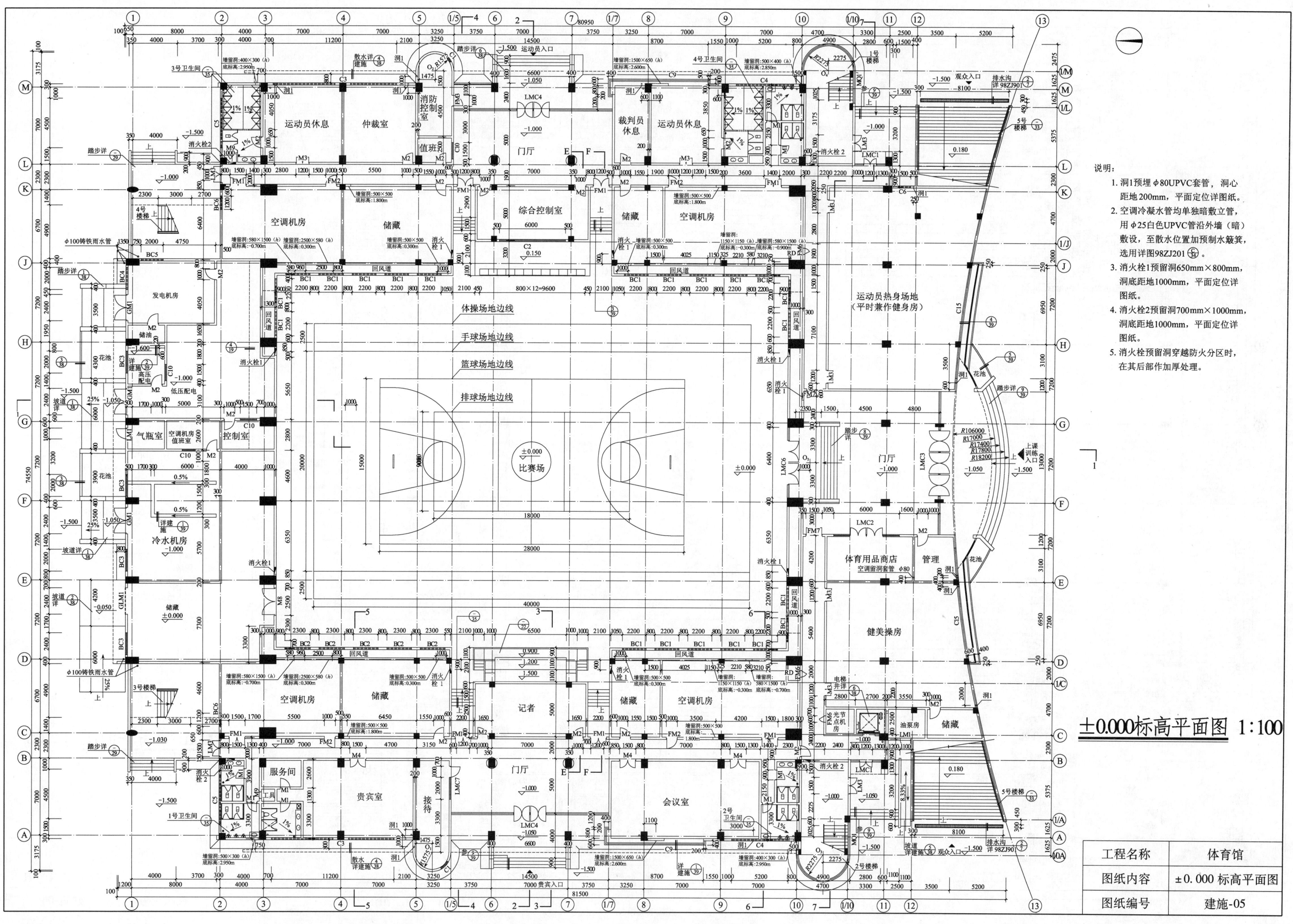

±0.000标高平面图 1:100

说明:
1. 洞1预埋φ80UPVC套管,洞心距地200mm,平面定位详图纸。
2. 空调冷凝水管均单独暗敷立管,用φ25白色UPVC管沿外墙(暗)敷设,至散水位置加预制水籖箕,选用详图98ZJ201。
3. 消火栓1预留洞650mm×800mm,洞底距地1000mm,平面定位详图纸。
4. 消火栓2预留洞700mm×1000mm,洞底距地1000mm,平面定位详图纸。
5. 消火栓预留洞穿越防火分区时,在其后部作加厚处理。

工程名称	体育馆
图纸内容	±0.000 标高平面图
图纸编号	建施-05

229

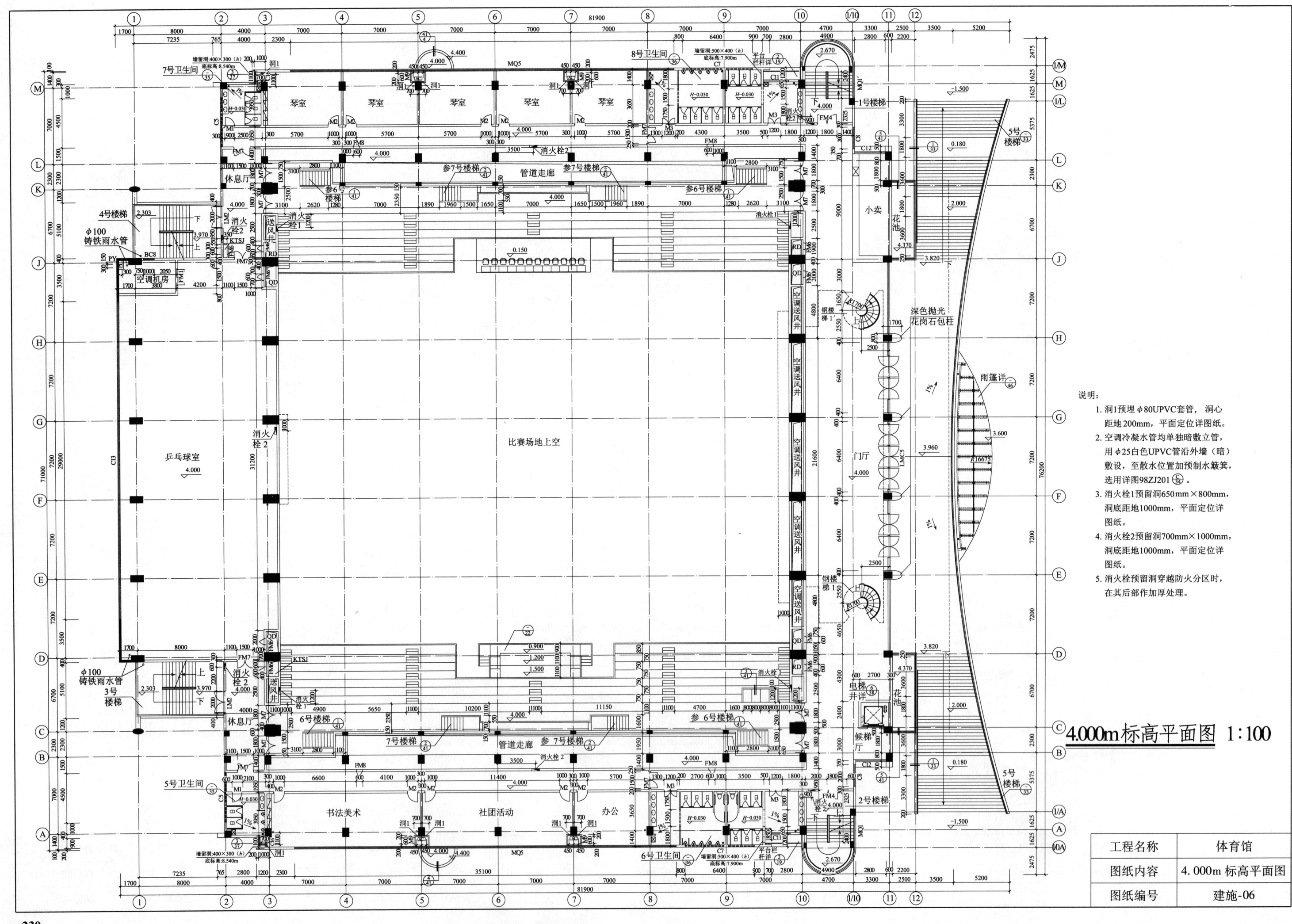

说明:
1. 洞1预埋φ80UPVC套管,洞心距地200mm,平面定位详图纸。
2. 空调冷凝水管均单独暗立管,用φ25白色UPVC管沿外墙(暗)敷设,至散水位置加预制水簸箕,选用详图98ZJ201。
3. 消火栓1预留洞650mm×800mm,洞底距地1000mm,平面定位详图纸。
4. 消火栓2预留洞700mm×1000mm,洞底距地1000mm,平面定位详图纸。
5. 消火栓预留洞穿越防火分区时,在其后部作加厚处理。

4.000m标高平面图 1:100

工程名称	体育馆
图纸内容	4.000m 标高平面图
图纸编号	建施-06

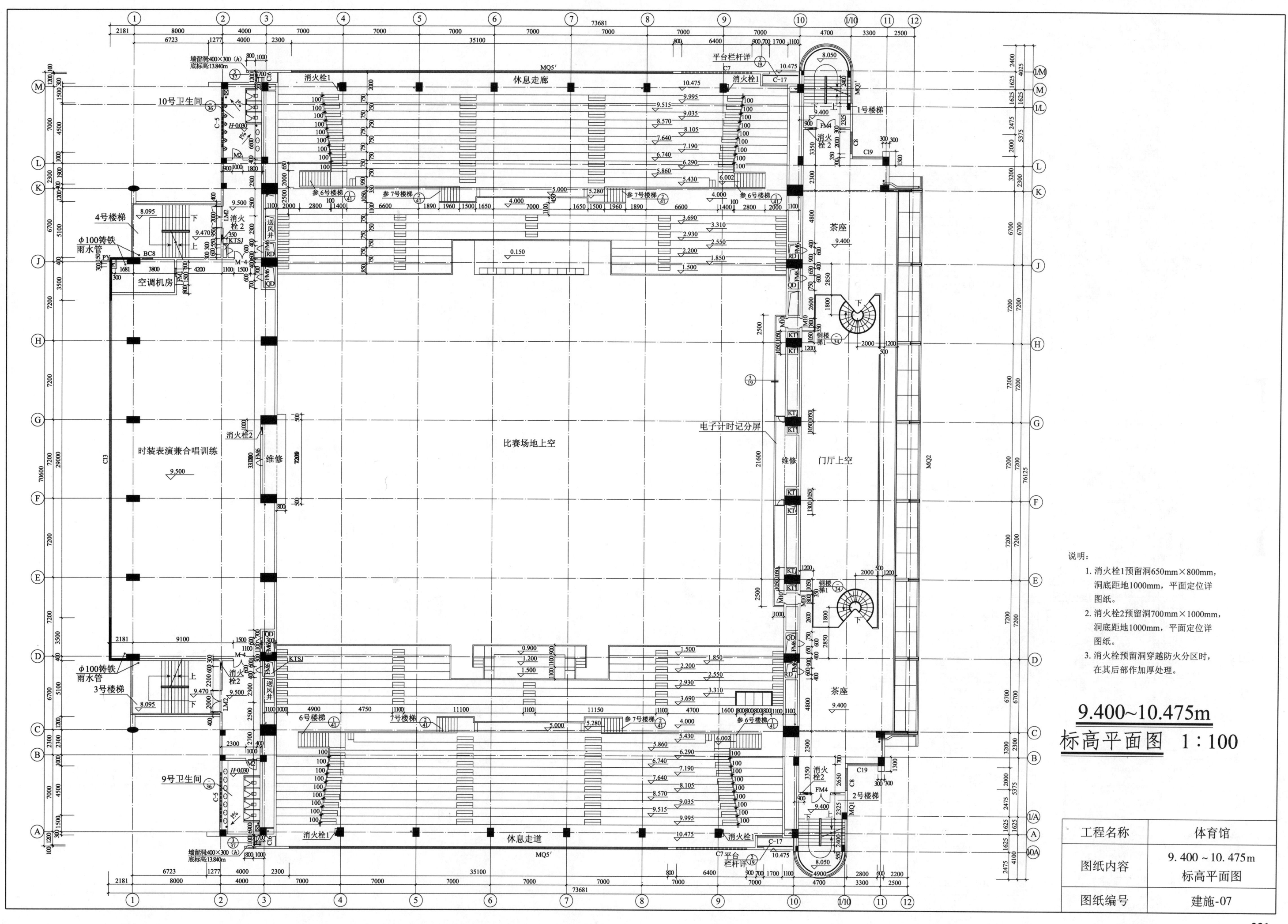

说明：
1. 消火栓1预留洞650mm×800mm，洞底距地1000mm，平面定位详图纸。
2. 消火栓2预留洞700mm×1000mm，洞底距地1000mm，平面定位详图纸。
3. 消火栓预留洞穿越防火分区时，在其后部作加厚处理。

9.400~10.475m
标高平面图　1：100

工程名称	体育馆
图纸内容	9.400～10.475m 标高平面图
图纸编号	建施-07

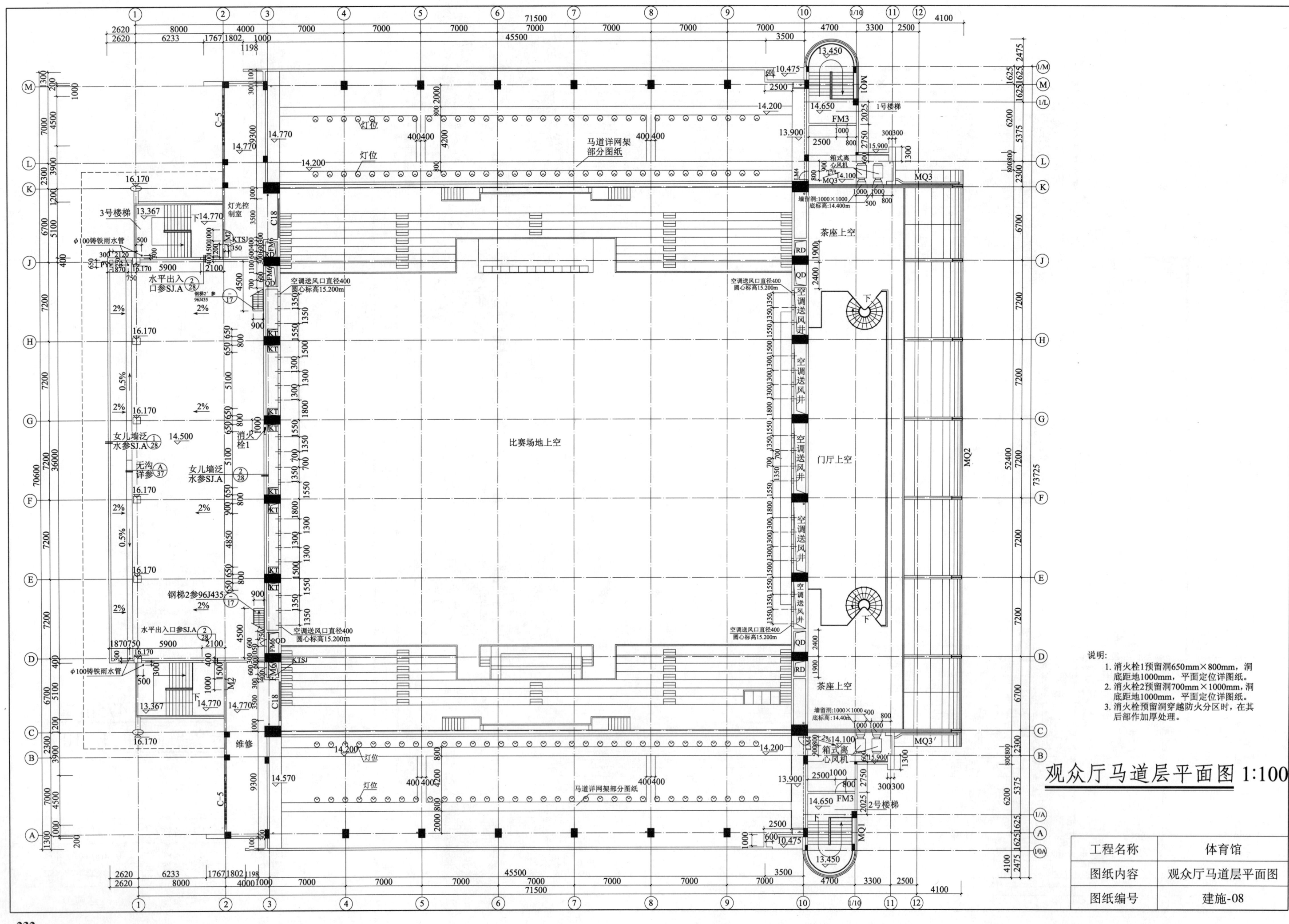

观众厅马道层平面图 1:100

说明:
1. 消火栓1预留洞650mm×800mm,洞底距地1000mm,平面定位详图纸。
2. 消火栓2预留洞700mm×1000mm,洞底距地1000mm,平面定位详图纸。
3. 消火栓预留洞穿越防火分区时,在其后部作加厚处理。

工程名称	体育馆
图纸内容	观众厅马道层平面图
图纸编号	建施-08

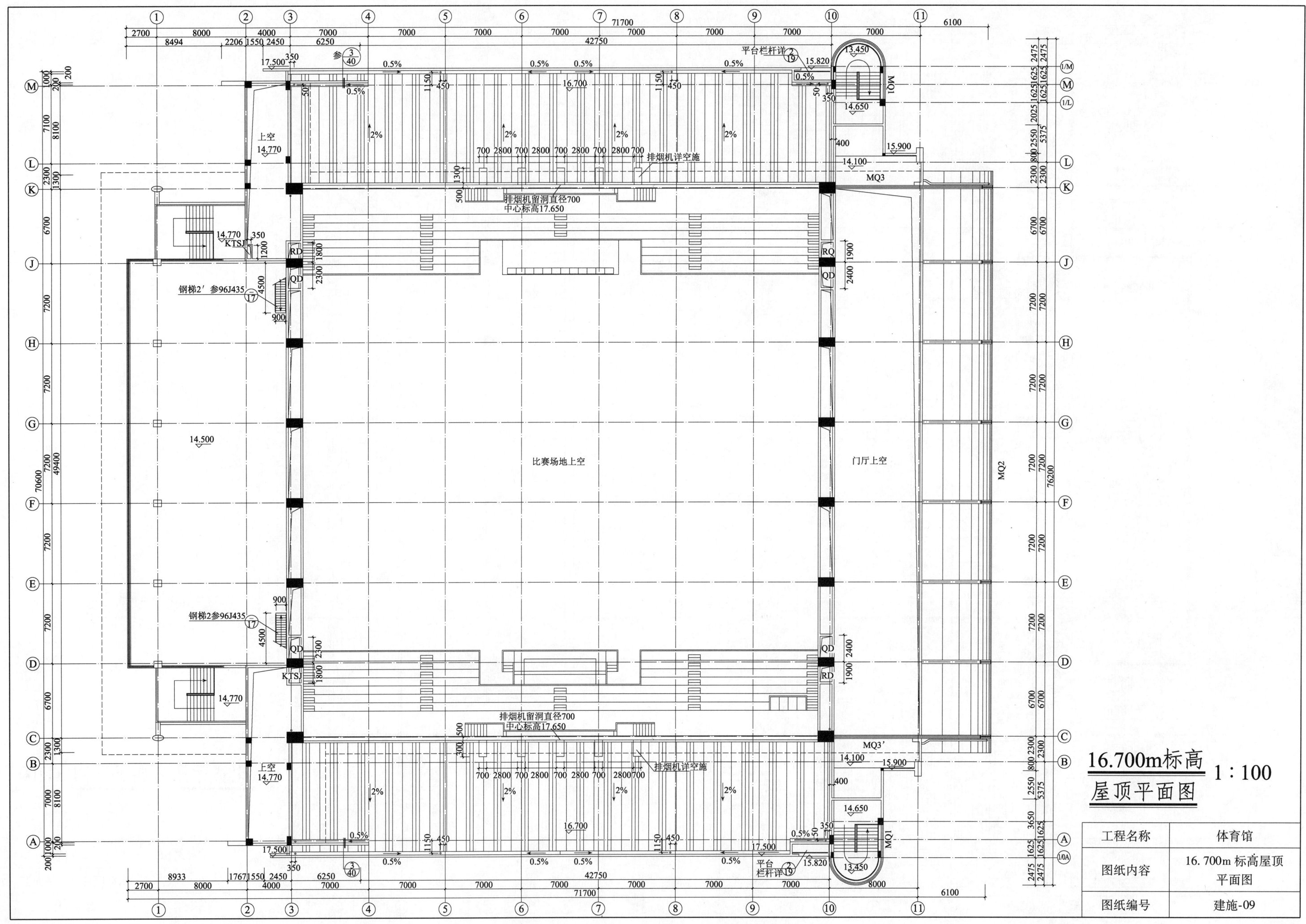

16.700m标高
屋顶平面图 1:100

工程名称	体育馆
图纸内容	16.700m 标高屋顶 平面图
图纸编号	建施-09

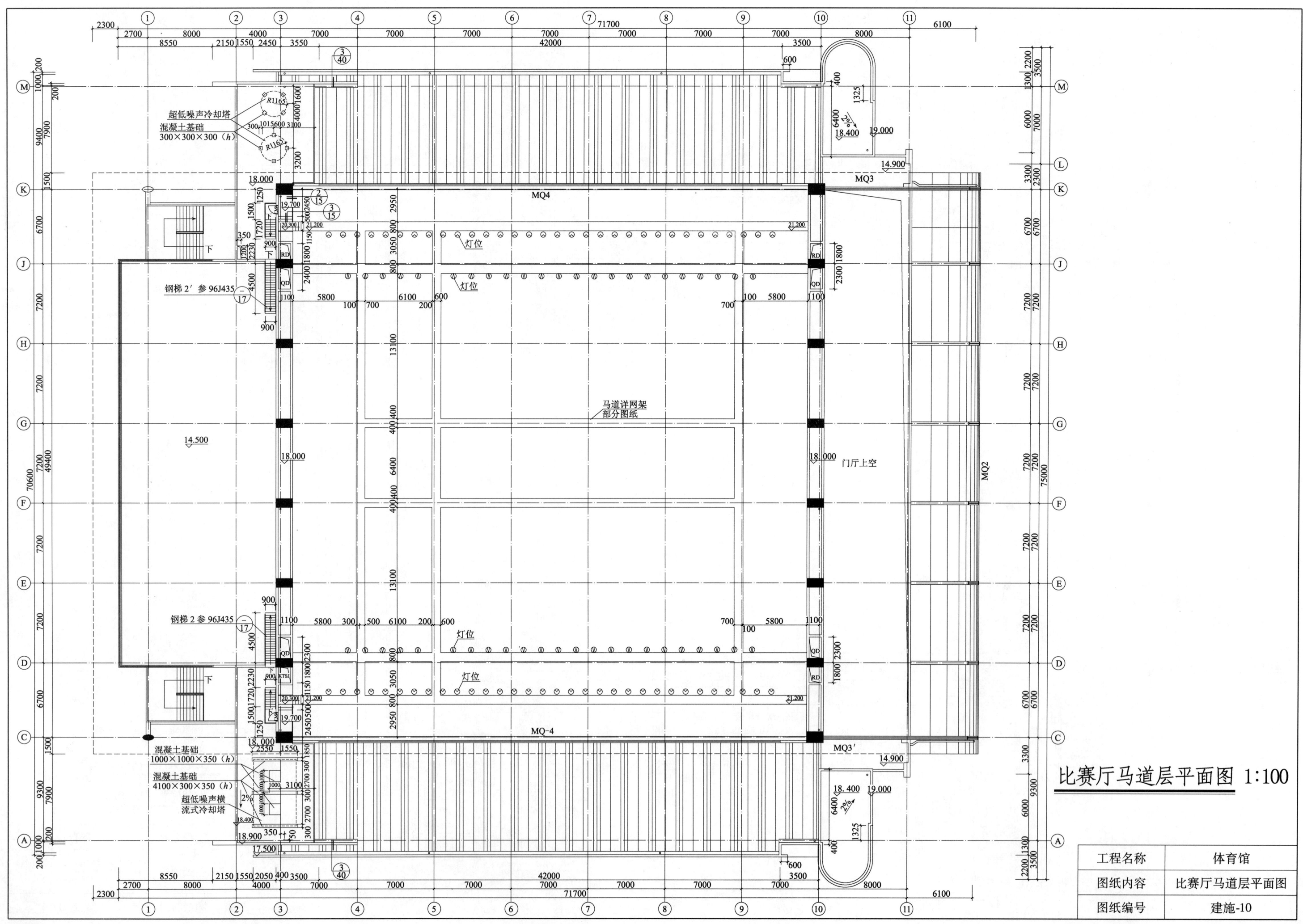

比赛厅马道层平面图 1:100

工程名称	体育馆
图纸内容	比赛厅马道层平面图
图纸编号	建施-10

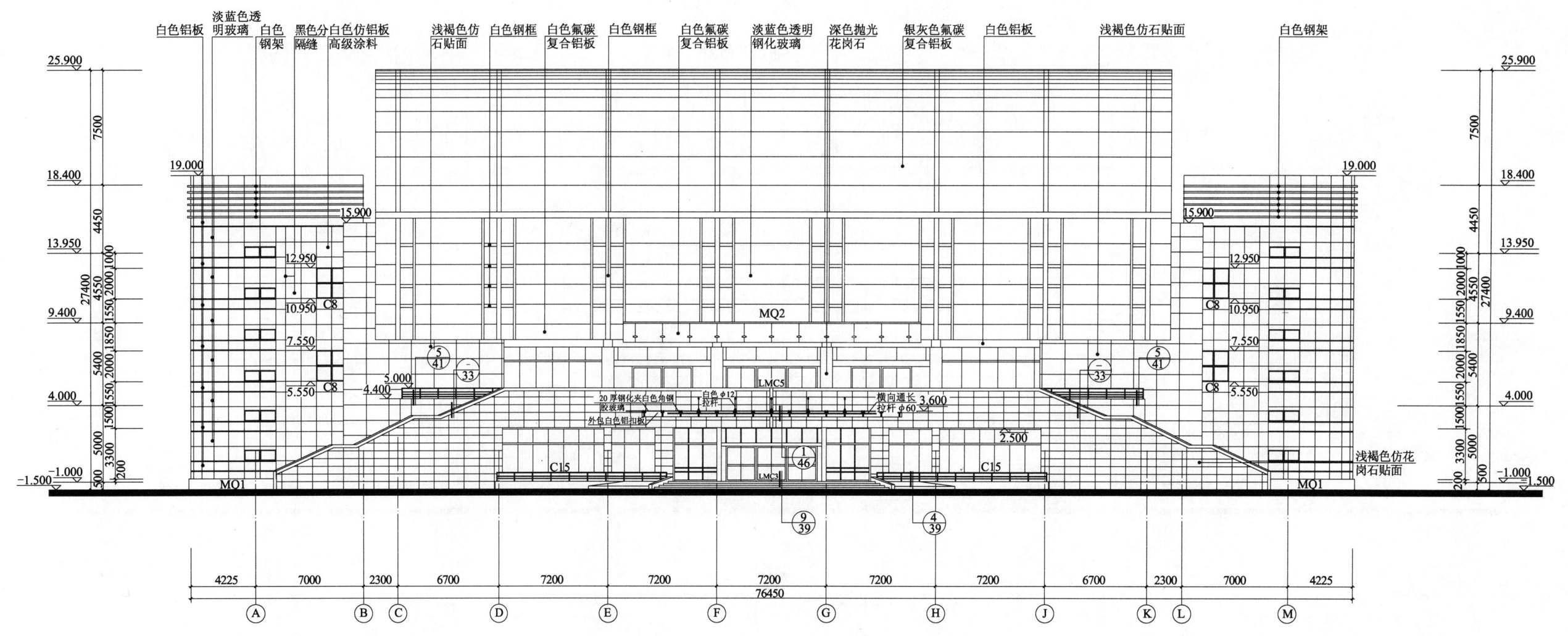

Ⓐ~Ⓜ轴立面图 1:100

工程名称	体育馆
图纸内容	Ⓐ~Ⓜ轴立面图
图纸编号	建施-11

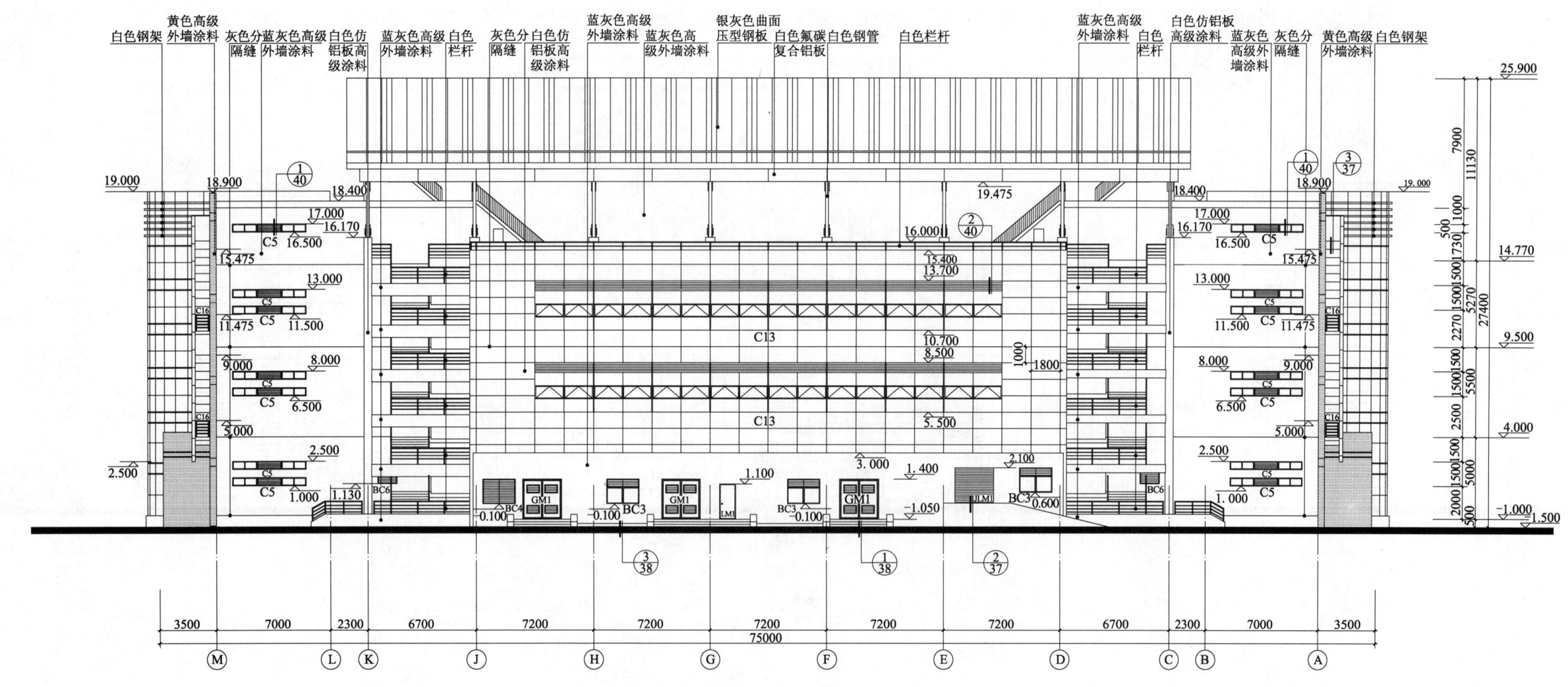

白色钢架　黄色高级外墙涂料　灰色分隔缝　蓝灰色高级外墙涂料　白色仿铝板高级涂料　蓝灰色高级外墙涂料　白色栏杆　灰色分隔缝　白色仿铝板高级涂料　蓝灰色高级外墙涂料　银灰色曲面压型钢板　白色氟碳复合铝板　白色钢管　白色栏杆　蓝灰色高级外墙涂料　白色栏杆　白色仿铝板高级涂料　灰色分隔缝　蓝灰色高级外墙涂料　黄色高级外墙涂料　白色钢架

$\underline{\text{M}\sim\text{A}\text{轴立面图}}$　　1:100

工程名称	体育馆
图纸内容	M~A轴立面图
图纸编号	建施-12

236

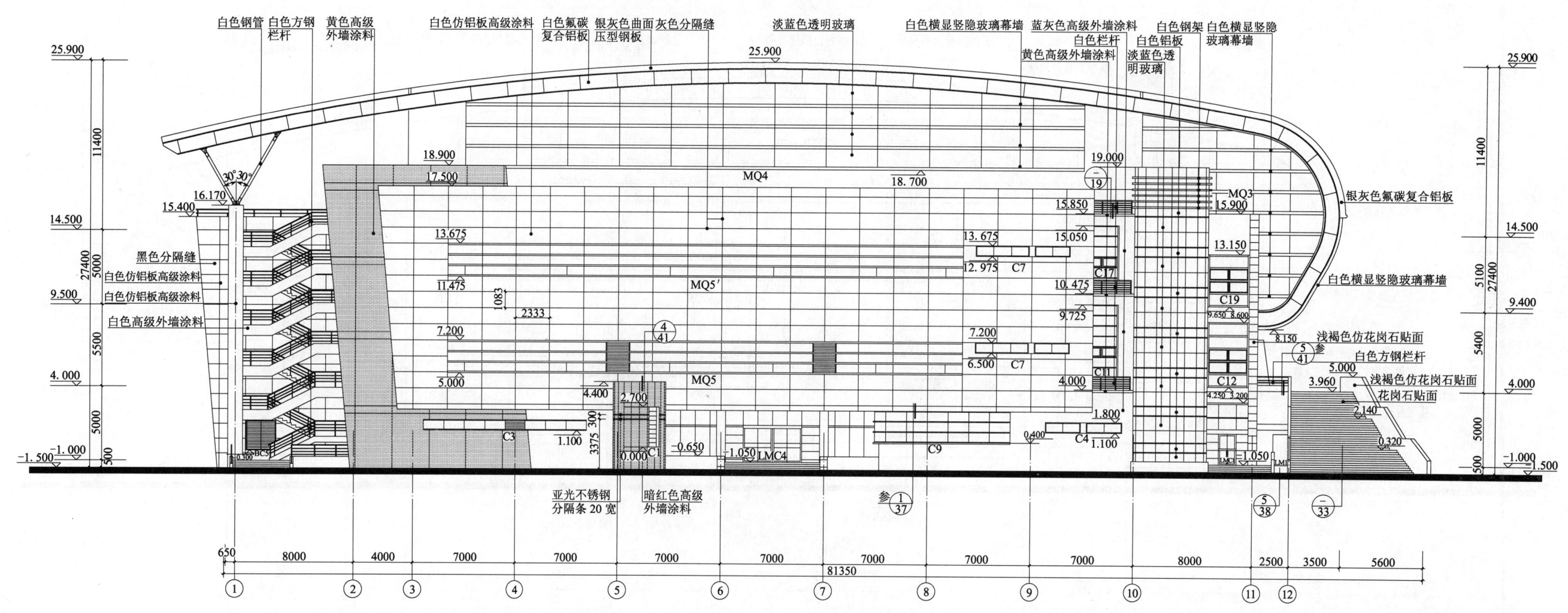

白色钢管　白色方钢　黄色高级　　白色仿铝板高级涂料　白色氟碳　银灰色曲面灰色分隔缝　　淡蓝色透明玻璃　　白色横显竖隐玻璃幕墙　蓝灰色高级外墙涂料　白色钢架　白色横显竖隐
栏杆　　外墙涂料　　　　　　　复合铝板　压型钢板　　　　　　　　　　　　　　　　　　　　　　　　黄色高级外墙涂料　白色铝板　玻璃幕墙
白色栏杆　　　　　　　　　　　　　　　　　淡蓝色透明玻璃

银灰色氟碳复合铝板

黑色分隔缝
白色仿铝板高级涂料
白色仿铝板高级涂料
白色高级外墙涂料

白色横显竖隐玻璃幕墙

浅褐色仿花岗石贴面
白色方钢栏杆
浅褐色仿花岗石贴面
花岗石贴面

亚光不锈钢　　暗红色高级
分隔条20宽　　外墙涂料

①~⑫轴立面图　1:100

工程名称	体育馆
图纸内容	①~⑫轴立面图
图纸编号	建施-13

237

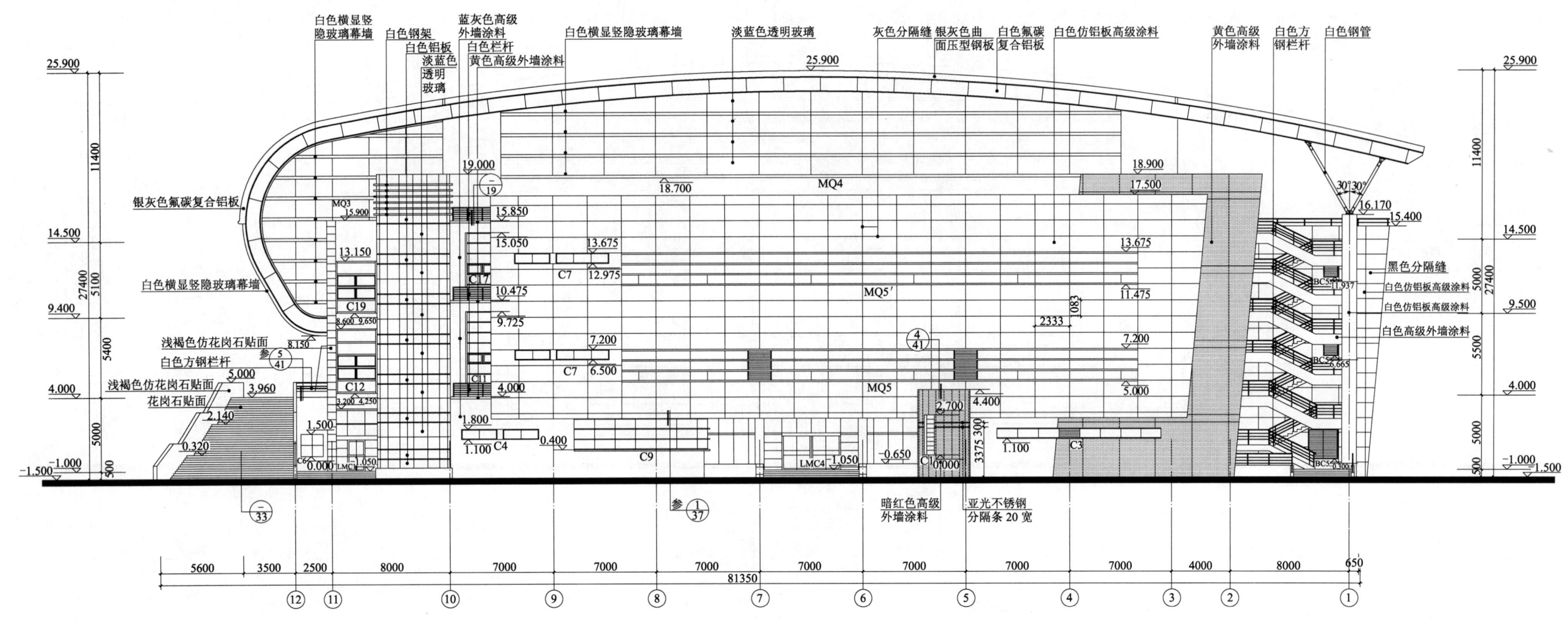

白色横显竖隐玻璃幕墙
白色钢架
白色铝板
淡蓝色透明玻璃
白色栏杆
黄色高级外墙涂料
蓝灰色高级外墙涂料
白色横显竖隐玻璃幕墙
淡蓝色透明玻璃
灰色分隔缝
银灰色曲面压型钢板
白色氟碳复合铝板
白色仿铝板高级涂料
黄色高级外墙涂料
白色方钢栏杆
白色钢管

银灰色氟碳复合铝板

白色横显竖隐玻璃幕墙

浅褐色仿花岗石贴面
白色方钢栏杆
浅褐色仿花岗石贴面
花岗石贴面

黑色分隔缝
白色仿铝板高级涂料
白色仿铝板高级涂料
白色高级外墙涂料

25.900
11400
14.500
27400
5100
9.400
5400
4.000
5000
-1.500
-1.000
500

25.900
11400
14.500
27400
5000
9.500
5500
4.000
5000
-1.000
-1.500
500

19.000
18.900
18.700
17.500
15.900
15.850
15.400
16.170
15.050
13.675
13.675
13.150
12.975
11.475
10.475
9.725
9.650
8.600
8.150
7.200
7.200
6.500
5.000
5.000
4.000
4.000
4.400
3.960
3.200 4.250
2.700
2.140
1.800
1.500
1.100
1.050
0.400
0.320
0.000
-0.650

MQ3
MQ4
MQ5'
MQ5
C17
C19
C12
C11
C7
C7
C9
C4
C3
C10
C66
LMC4
LMC4
BC5
BC5
BC5

暗红色高级外墙涂料
亚光不锈钢分隔条 20 宽

⑫～①轴立面图 1:100

5600 3500 2500 8000 7000 7000 7000 7000 7000 7000 7000 4000 8000 650
81350

⑫ ⑪ ⑩ ⑨ ⑧ ⑦ ⑥ ⑤ ④ ③ ② ①

工程名称	体育馆
图纸内容	⑫～①轴立面图
图纸编号	建施-14

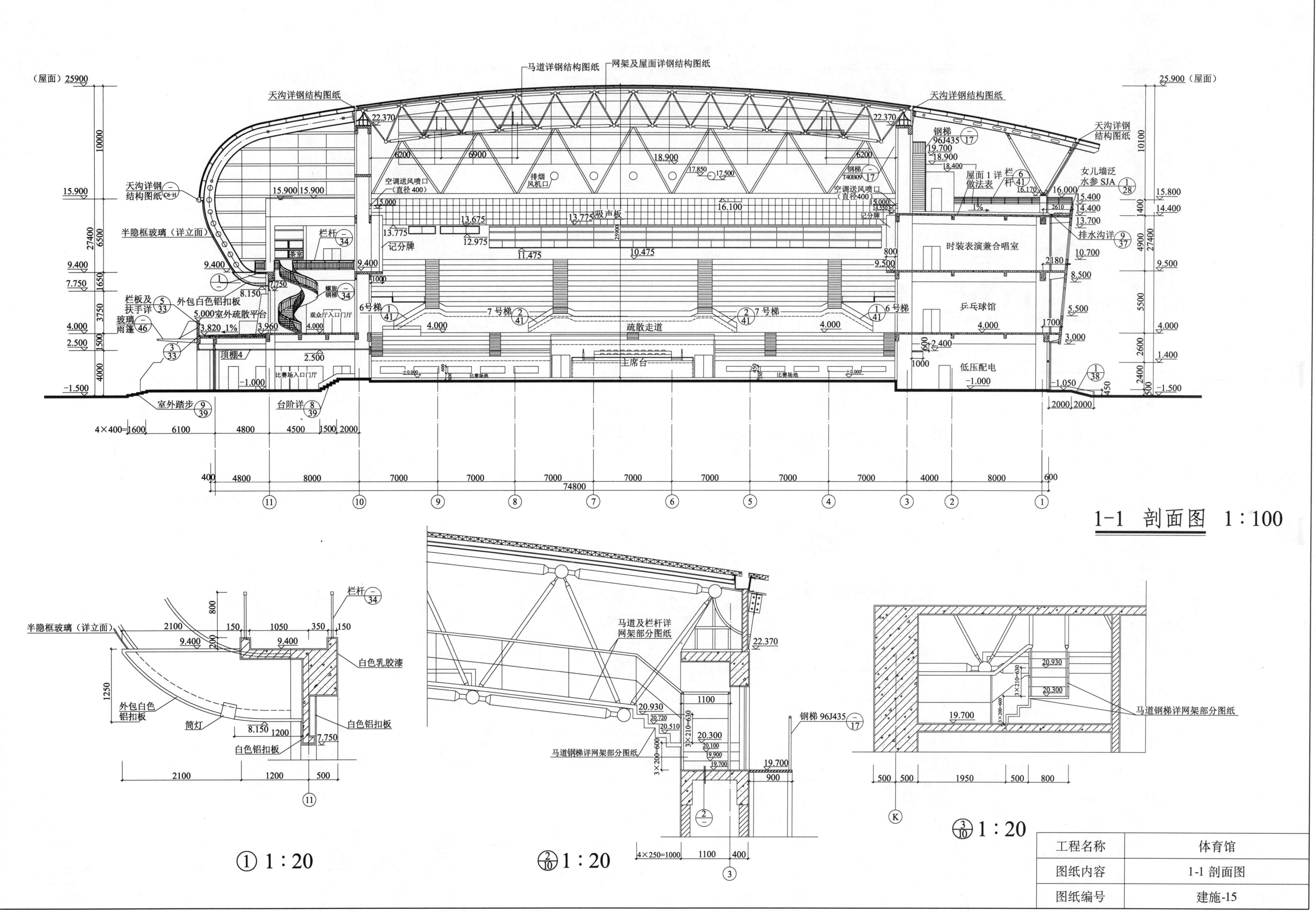

马道详钢结构图纸　网架及屋面详钢结构图纸

（屋面）25900

天沟详钢结构图纸

天沟详钢
结构图纸

25.900（屋面）

10000

22.370　22.370

天沟详钢结构图纸 ⑥⁻ᴴ

半隐框玻璃（详立面）

15.900　15.900

6200　6900　18.900　6200

空调送风喷口
（直径400）

排烟
风机口

17.850　17.500 ⑰

钢梯
96J435 ⑰
19.700
18.900
18.400

钢梯
T40B09 ⑰

钢梯
96J435 ⑰

屋面1详 ⑥
做法表　栏
杆 ㊶
16.170
16.000

女儿墙泛
水参SJA ①
28

15.800
14.400

栏杆 ㉞

15.000

空调送风喷口
（直径400）

16.000
15.350

1%

排水沟详 ⑨
37

15.900

27400　6500

13.775　13.675　13.775吸声板

16.100

记分牌

13.700

13.775
12.975

记分牌

25900

时装表演兼合唱室

2610
2180

10.700

9.400　9.400

11.475　10.475

9.400　9.500

8.500

外包白色铝扣板

螺旋
钢梯 ㉞

800

5.500

栏板及
扶手详 ⑤
33

外包白色铝扣板
5.000室外疏散平台

8.150

6号梯 ⑥
㊶

7号梯 ②
㊶

疏散走道

7号梯 ②
㊶

6号梯 ⑥
㊶

乒乓球馆

4.000

3.000

1700

玻璃
雨篷 ㊻

3.820　1%
3.960

观众厅入口门厅

4.000　4.000

4.000

2.400

2.500

顶棚4

2.500

主席台

低压配电

1000

-1.000

比赛场地

比赛场地

-1.000

450

500

2400

2600

-1.500

室外踏步 ⑨
39

台阶详 ⑧
39

比赛场入口门厅

-1.050

-1.500

2000　2000

4×400=1600　6100　4800　4500　1500　2000

400　4800　8000　7000　7000　7000　7000　7000　7000　4000　8000　600

74800

⑪　⑩　⑨　⑧　⑦　⑥　⑤　④　③　②　①

1-1　剖面图　1：100

栏杆 ㉞

半隐框玻璃（详立面）

2100　150　1050　350　150
9.400　9.400

800

白色乳胶漆

1250

外包白色
铝扣板

简灯

8.150　1200

7.750

白色铝扣板

白色铝扣板

2100　1200　500

⑪

① 1：20

22.370

马道及栏杆详
网架部分图纸

20.930

1100

20.930
20.720
20.510
20.300
20.100
9.900
19.700

3×210=630

3×200=600

马道钢梯详网架部分图纸

钢梯 96J435 ⑰

19.700

900

4×250=1000　1100　400

③

② 1：20

20.930

3×210=630

20.300

19.700

马道钢梯详网架部分图纸

500　500　1950　500　800

Ⓚ

③ 1：20
10

工程名称	体育馆
图纸内容	1-1 剖面图
图纸编号	建施-15

239

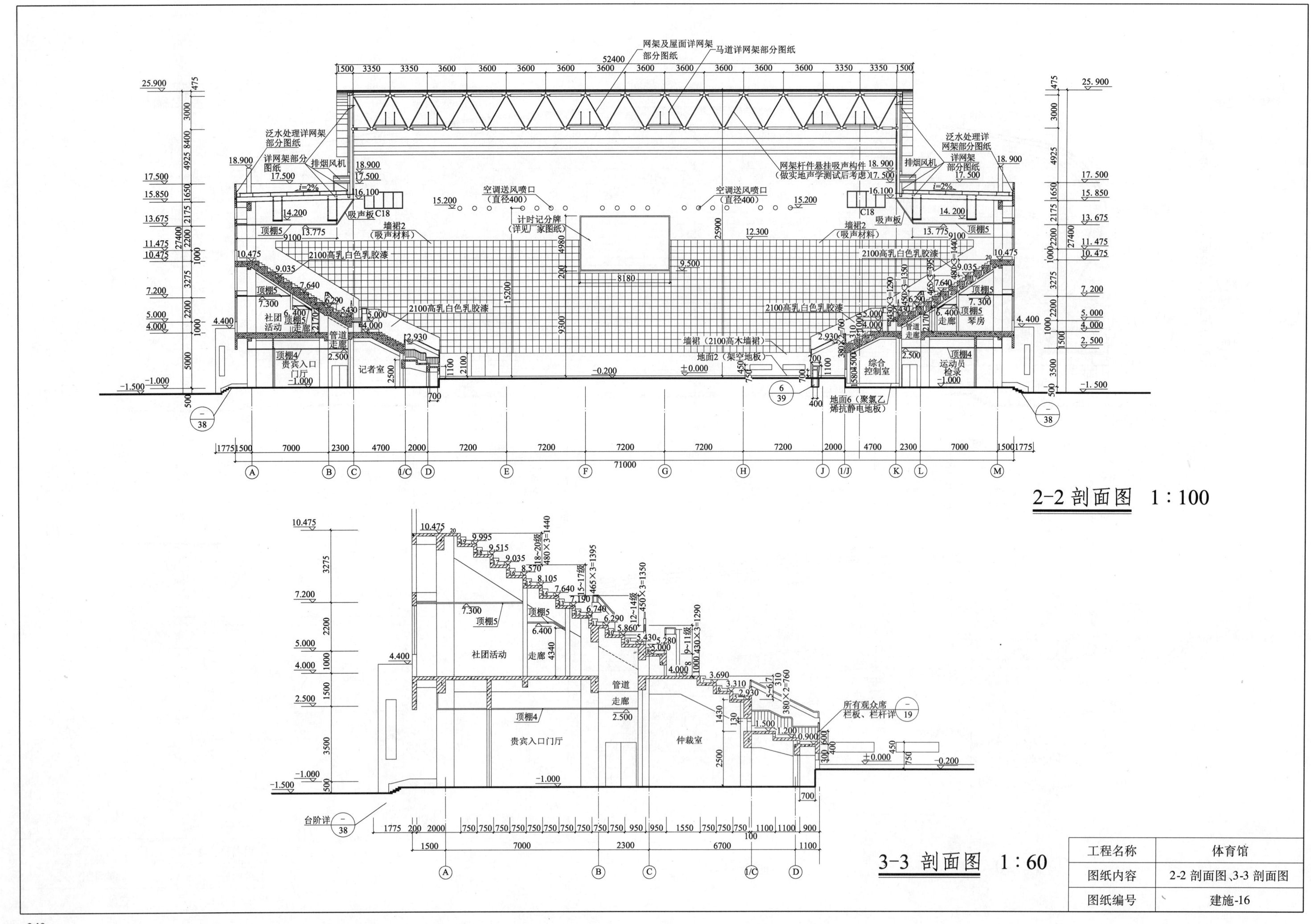

2-2 剖面图 1:100

3-3 剖面图 1:60

工程名称	体育馆
图纸内容	2-2 剖面图、3-3 剖面图
图纸编号	建施-16

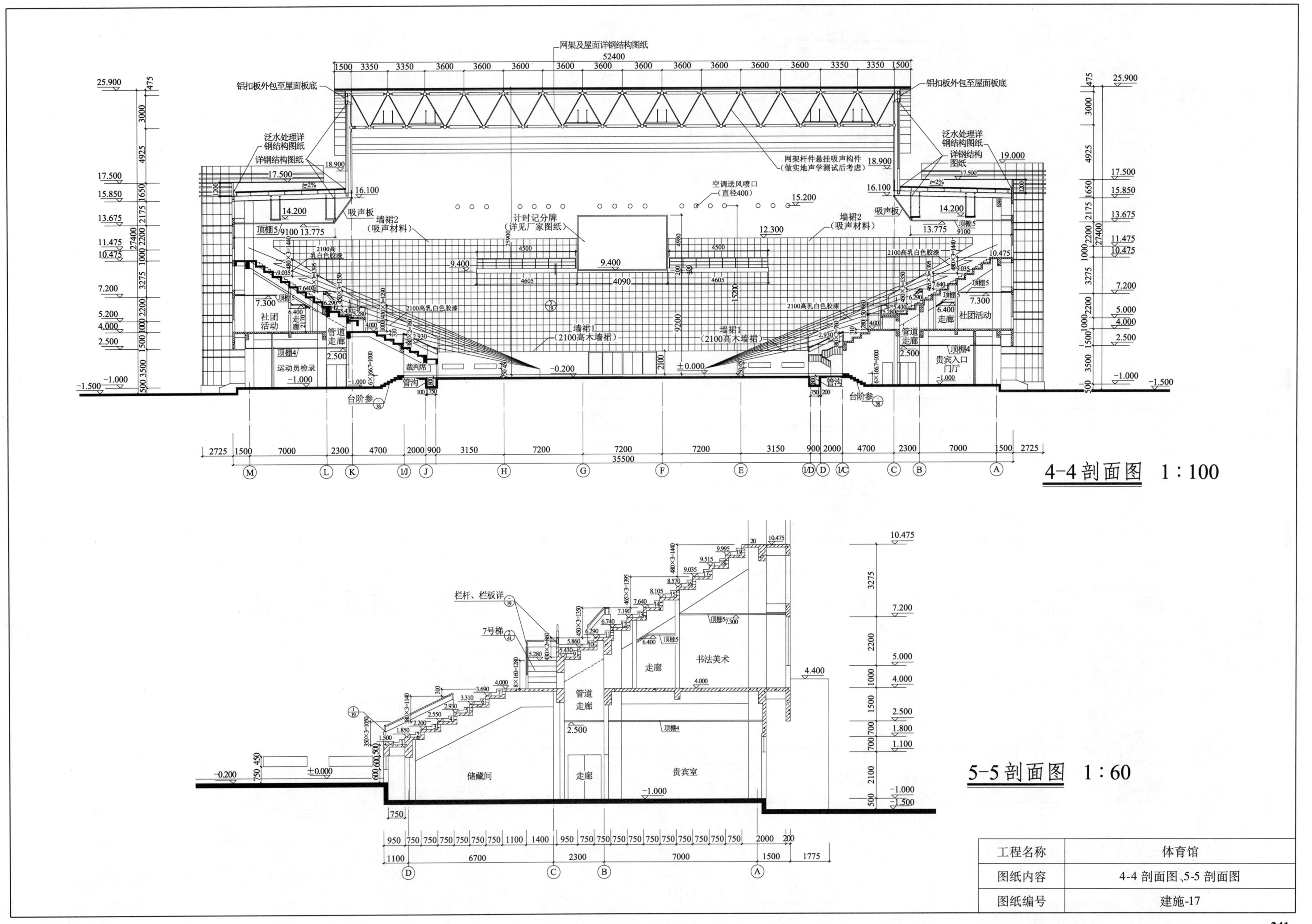

4-4 剖面图 1:100

5-5 剖面图 1:60

网架及屋面详钢结构图纸
52400

铝扣板外包至屋面板底
泛水处理详
钢结构图纸
详钢结构图纸
网架杆件悬挂吸声构件
(做实地声学测试后考虑)

吸声板
墙裙2
(吸声材料)
空调送风喷口
(直径400)

计时记分牌
(详见厂家图纸)

2100高乳白色胶漆

墙裙1
(2100高木墙裙)

社团活动

管道走廊

运动员检录
裁判席

台阶参

铝扣板外包至屋面板底
泛水处理详
钢结构图纸
详钢结构图纸

吸声板
墙裙2
(吸声材料)

2100高乳白色胶漆

社团活动
管道走廊

贵宾入口门厅

台阶参

栏杆、栏板详

7号梯

书法美术
走廊

管道走廊

储藏间
走廊
贵宾室

工程名称	体育馆
图纸内容	4-4 剖面图、5-5 剖面图
图纸编号	建施-17

241

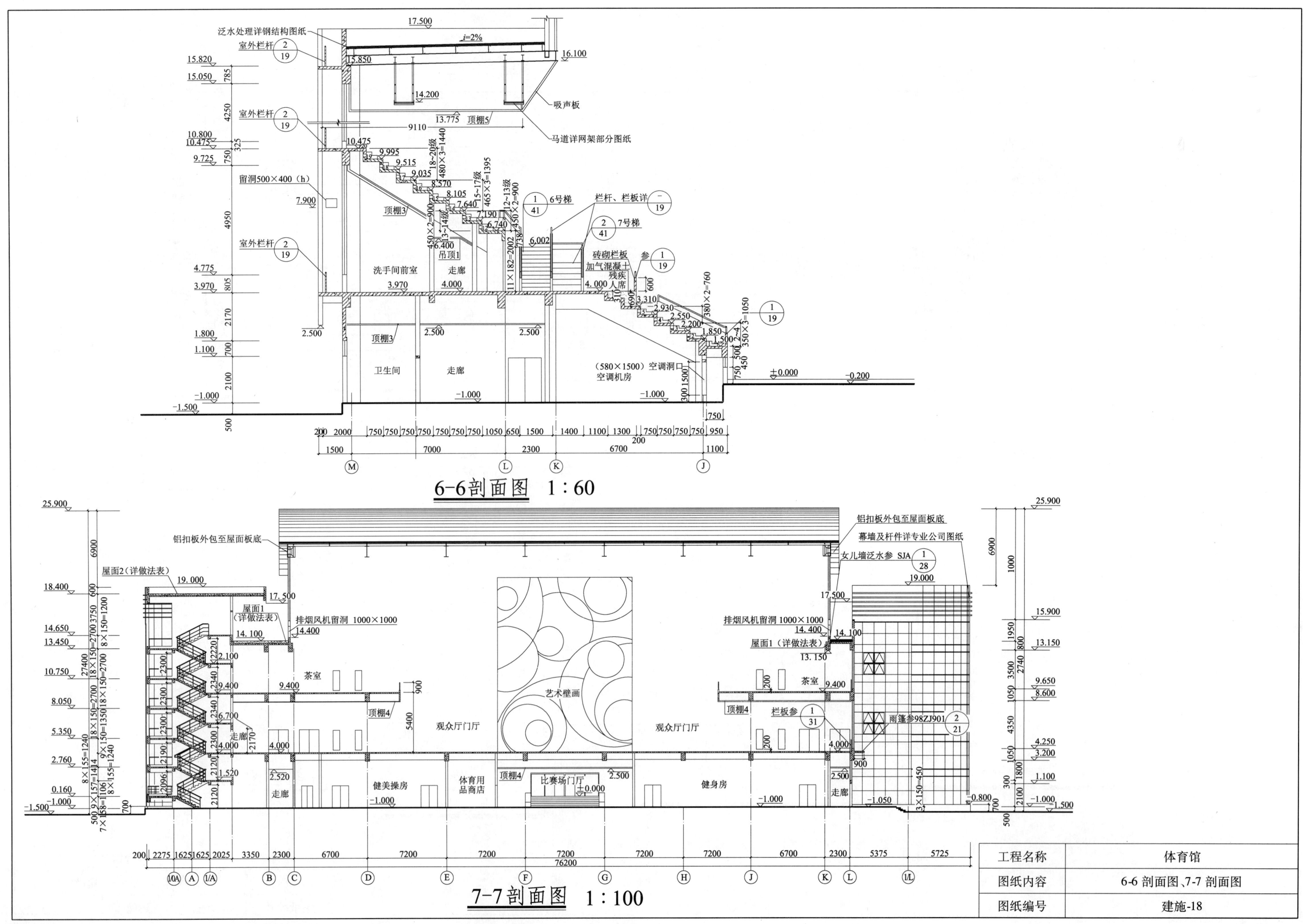

6-6剖面图 1:60

7-7剖面图 1:100

工程名称	体育馆
图纸内容	6-6剖面图、7-7剖面图
图纸编号	建施-18

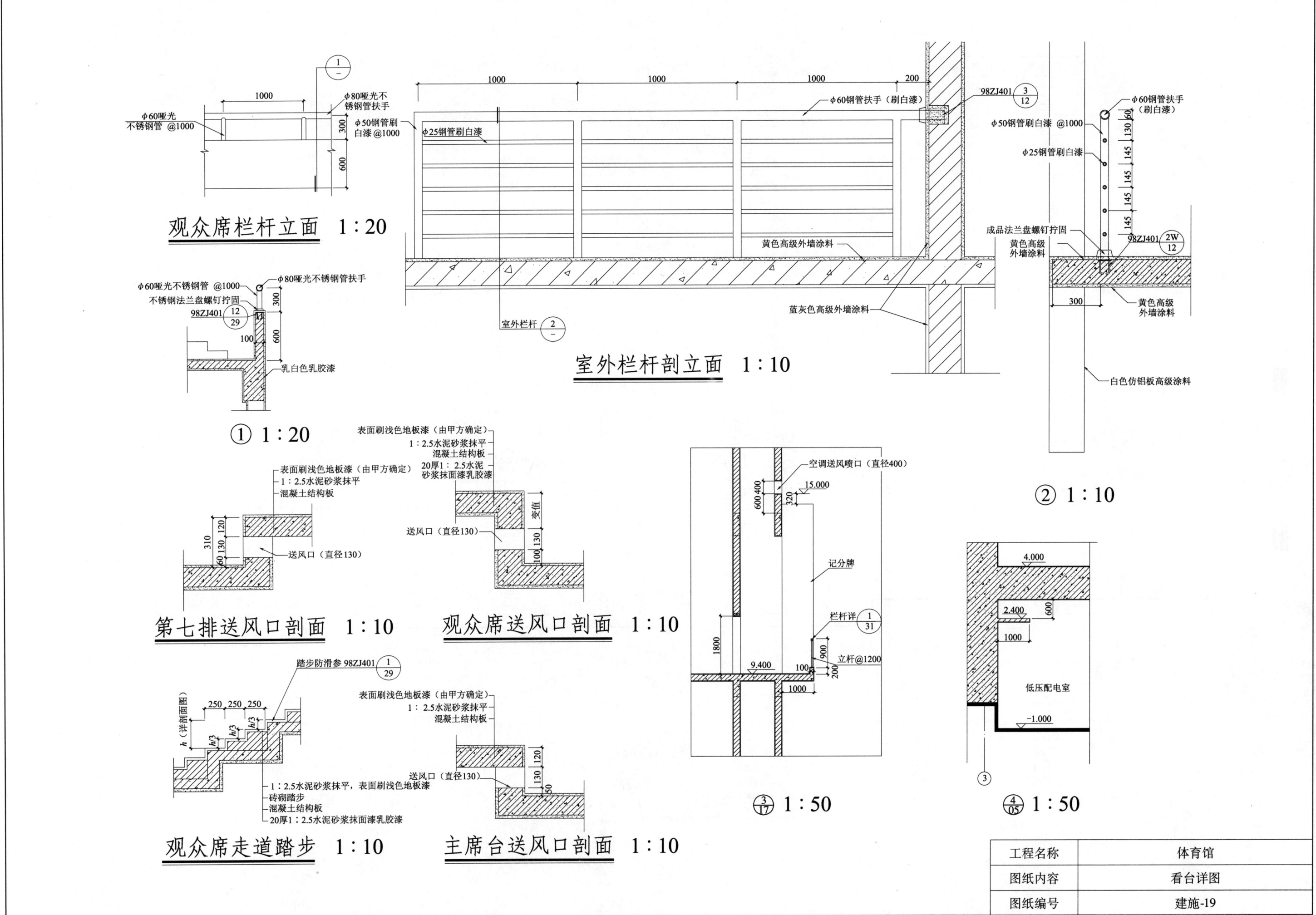

观众席栏杆立面 1:20

φ60哑光
不锈钢管
φ80哑光不
锈钢管扶手
φ50钢管刷
白漆 @1000
φ25钢管刷白漆

室外栏杆剖立面 1:10

φ60钢管扶手（刷白漆）
98ZJ401 3/12
φ50钢管刷白漆 @1000
φ25钢管刷白漆
成品法兰盘螺钉拧固
黄色高级外墙涂料
98ZJ401 2W/12
黄色高级外墙涂料
白色仿铝板高级涂料

黄色高级外墙涂料
室外栏杆 2/-
蓝灰色高级外墙涂料

φ60哑光不锈钢管 @1000
φ80哑光不锈钢管扶手
不锈钢法兰盘螺钉拧固
98ZJ401 12/29
乳白色乳胶漆

① 1:20

② 1:10

表面刷浅色地板漆（由甲方确定）
1:2.5水泥砂浆抹平
混凝土结构板
送风口（直径130）

第七排送风口剖面 1:10

表面刷浅色地板漆（由甲方确定）
1:2.5水泥砂浆抹平
混凝土结构板
20厚1:2.5水泥砂浆抹面漆乳胶漆
送风口（直径130）

观众席送风口剖面 1:10

空调送风喷口（直径400）
记分牌
栏杆详 1/31
立杆@1200

③ 17 1:50

踏步防滑参 98ZJ401 1/29
表面刷浅色地板漆（由甲方确定）
1:2.5水泥砂浆抹平
混凝土结构板
1:2.5水泥砂浆抹平，表面刷浅色地板漆
砖砌踏步
混凝土结构板
20厚1:2.5水泥砂浆抹面漆乳胶漆
送风口（直径130）

观众席走道踏步 1:10

主席台送风口剖面 1:10

低压配电室

④ 05 1:50

工程名称	体育馆
图纸内容	看台详图
图纸编号	建施-19

243

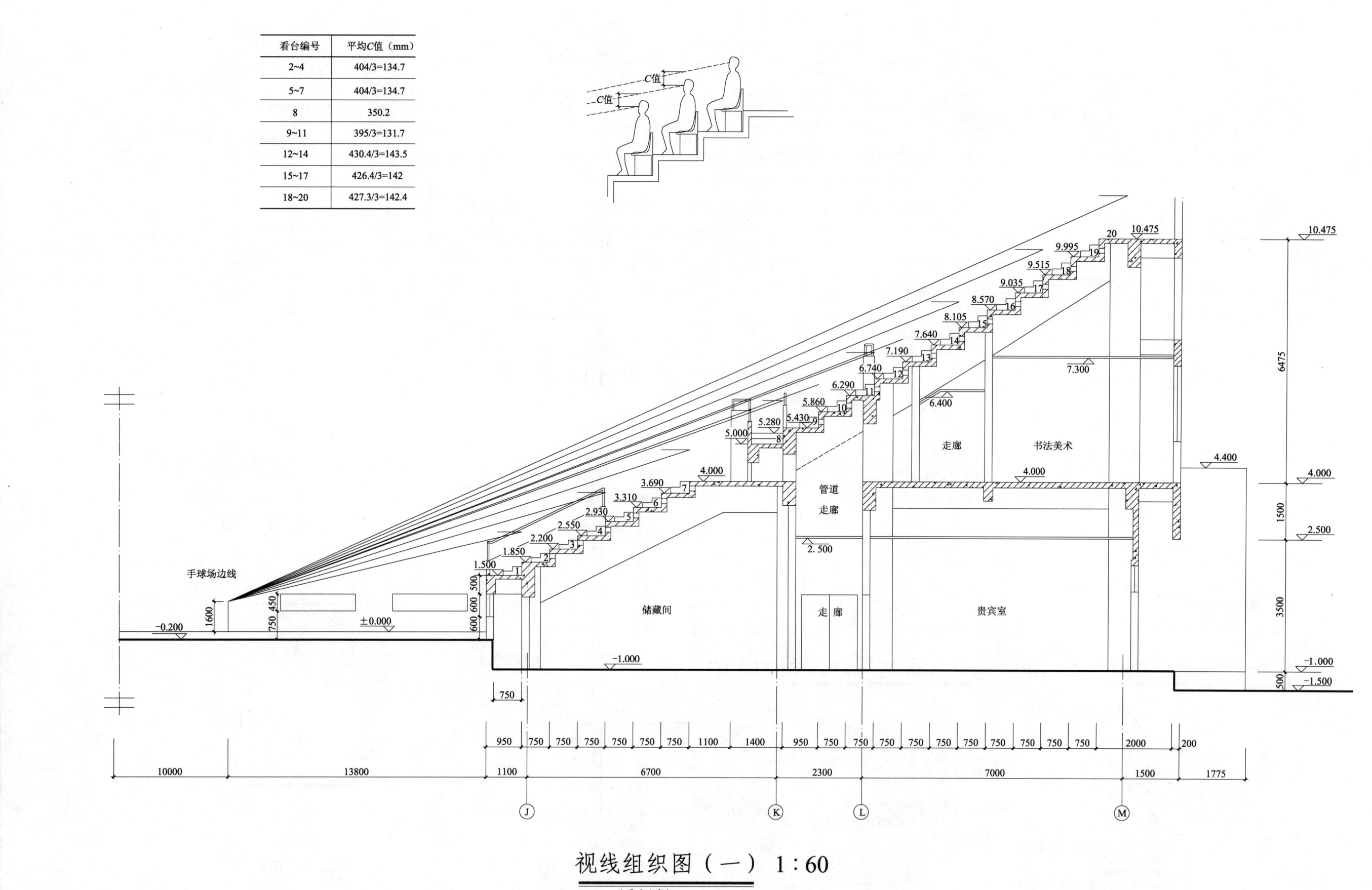

看台编号	平均C值（mm）
2~4	404/3=134.7
5~7	404/3=134.7
8	350.2
9~11	395/3=131.7
12~14	430.4/3=143.5
15~17	426.4/3=142
18~20	427.3/3=142.4

视线组织图（一）1:60

（手球比赛）

工程名称	体育馆
图纸内容	视线组织图(一)
图纸编号	建施-20

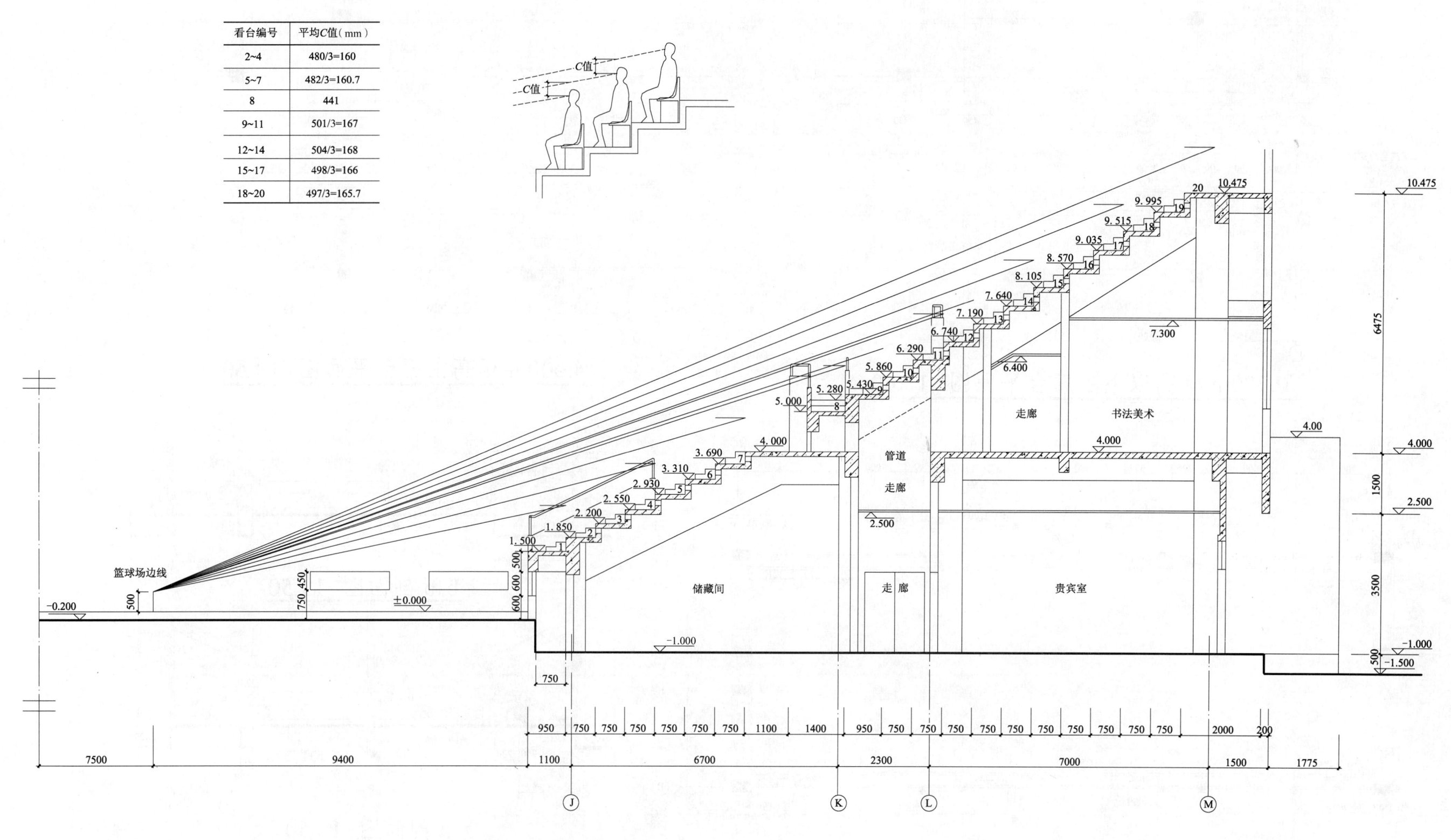

看台编号	平均C值（mm）
2~4	480/3=160
5~7	482/3=160.7
8	441
9~11	501/3=167
12~14	504/3=168
15~17	498/3=166
18~20	497/3=165.7

视线组织图（二） 1：60

（篮球比赛）

工程名称	体育馆
图纸内容	视线组织图（二）
图纸编号	建施-21

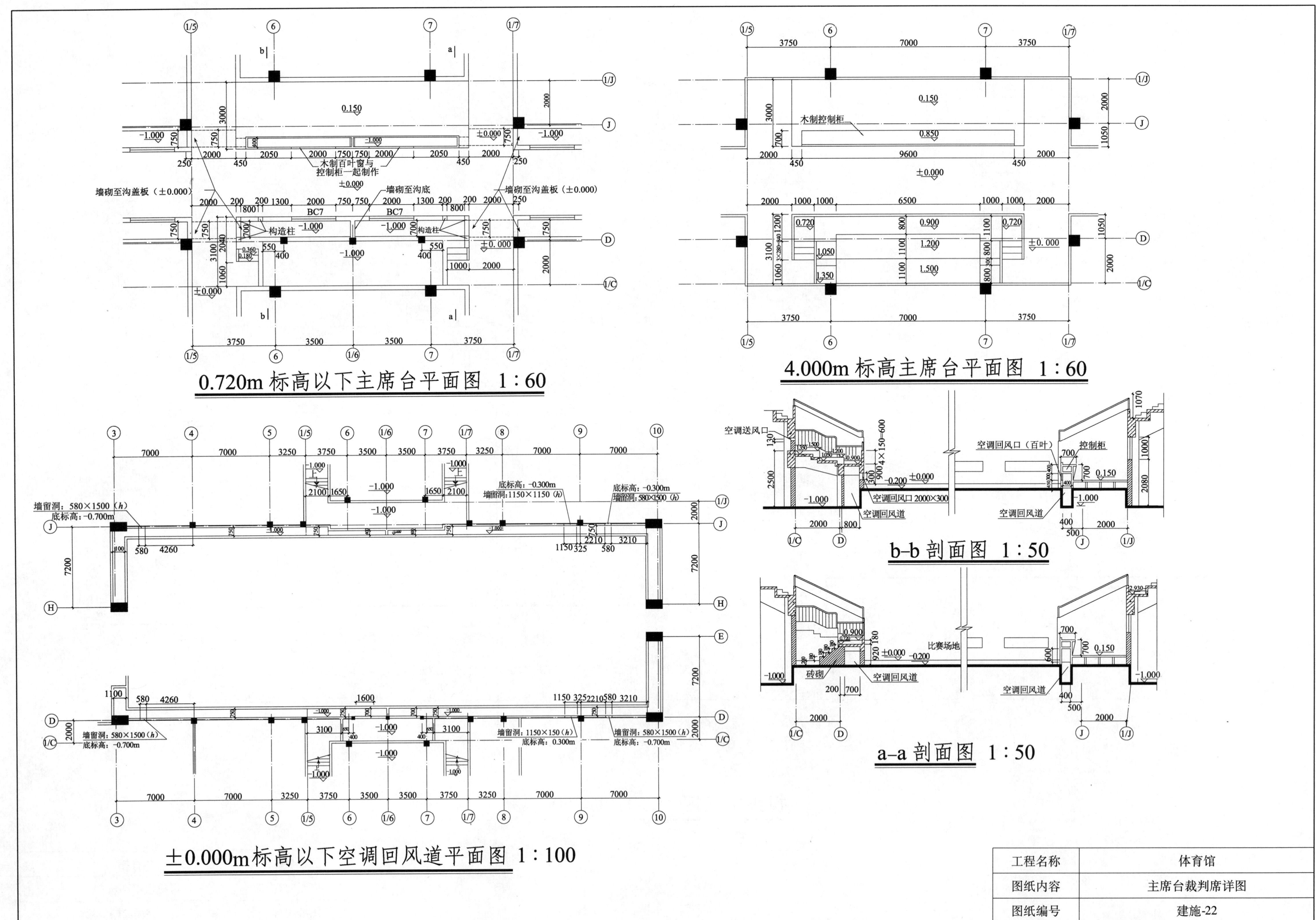

0.720m 标高以下主席台平面图 1:60

4.000m 标高主席台平面图 1:60

b-b 剖面图 1:50

a-a 剖面图 1:50

±0.000m 标高以下空调回风道平面图 1:100

工程名称	体育馆
图纸内容	主席台裁判席详图
图纸编号	建施-22

246

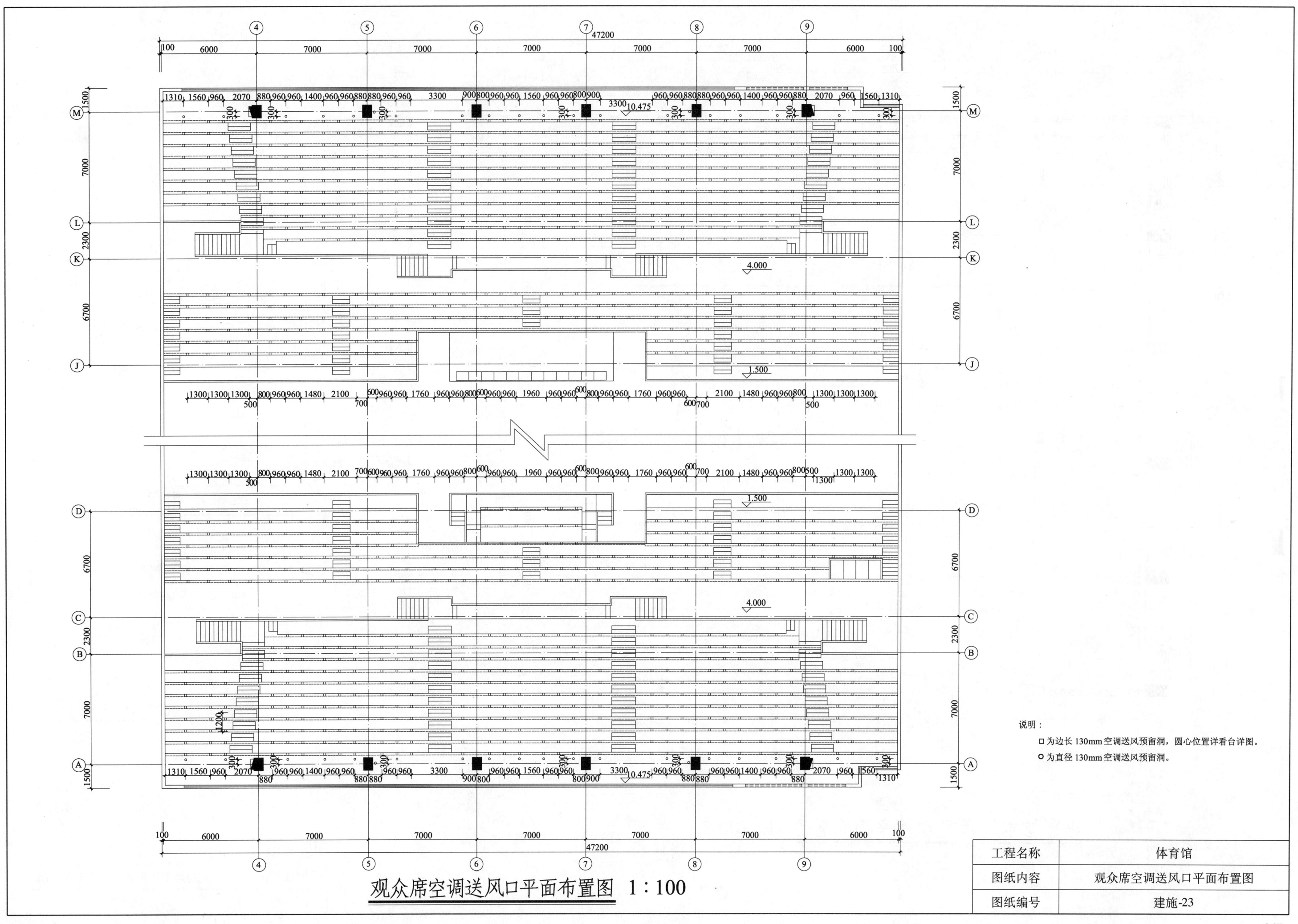

观众席空调送风口平面布置图 1：100

工程名称	体育馆
图纸内容	观众席空调送风口平面布置图
图纸编号	建施-23

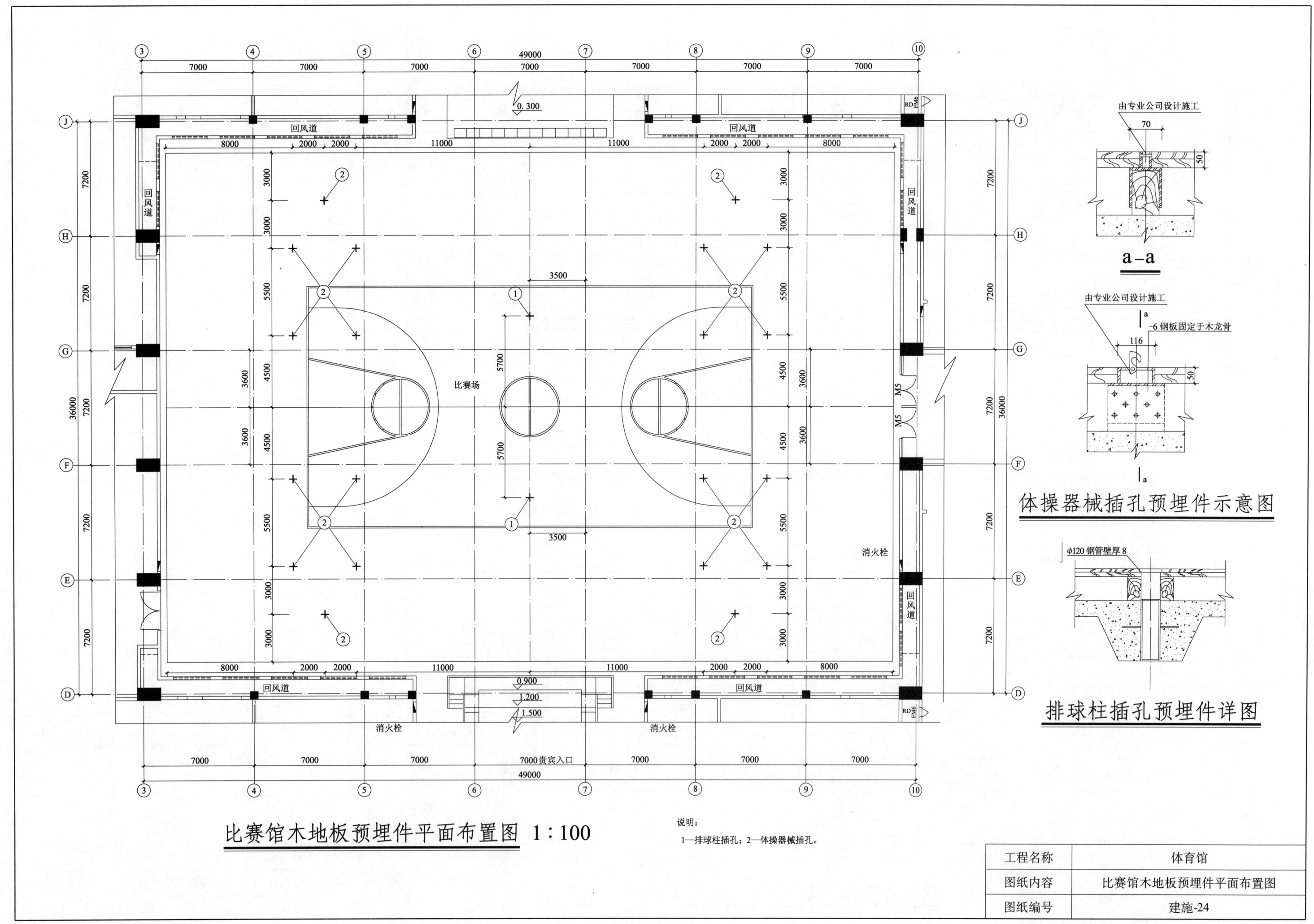

比赛馆木地板预埋件平面布置图 1：100

a—a

体操器械插孔预埋件示意图

排球柱插孔预埋件详图

说明：
1—排球柱插孔；2—体操器械插孔。

工程名称	体育馆
图纸内容	比赛馆木地板预埋件平面布置图
图纸编号	建施-24

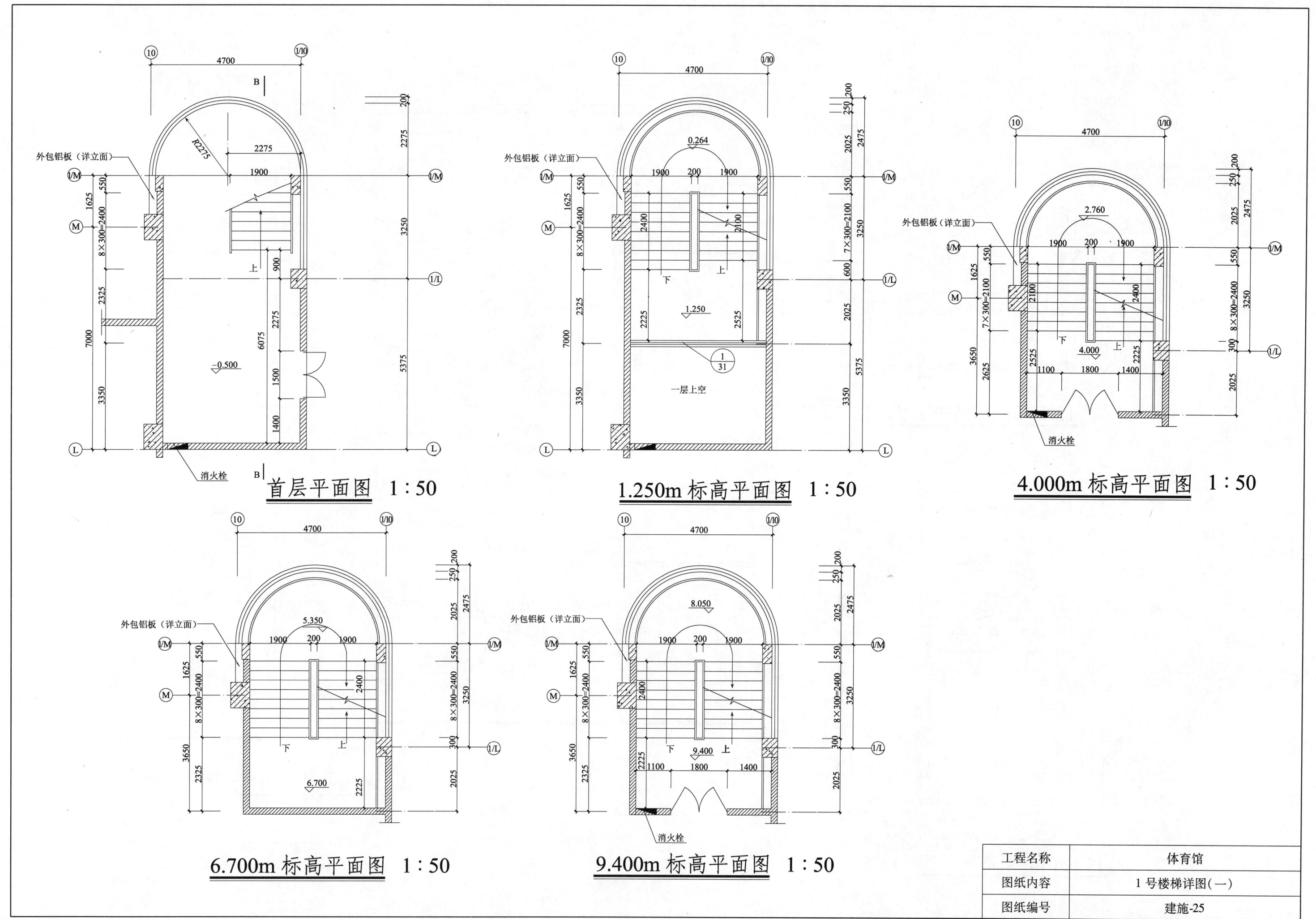

外包铝板（详立面）

R2275

2275

1900

2275

上

8×300=2400

2325

7000

6075

2275

1625

550

1500

1400

−0.500

250 200

2025 2475

3250

5375

3350

B

消火栓

B

首层平面图 1:50

外包铝板（详立面）

0.264

1900 200 1900

2400

2100

上

2225

1.250

下

2525

一层上空

1/31

8×300=2400

2325

7000

1625

550

7×300=2100

600

250 200

2025 2475

3250

5375

3350

2025

消火栓

1.250m 标高平面图 1:50

外包铝板（详立面）

2.760

1900 200 1900

2100

下

2525

4.000

上

2400

2225

7×300=2100

2625

3650

1625

550

250 200

2025 2475

550

8×300=2400

3250

300

2025

消火栓

4.000m 标高平面图 1:50

外包铝板（详立面）

5.350

1900 200 1900

2400

8×300=2400

2325

3650

1625

550

下

上

6.700

2225

250 200

2025 2475

3250

300

2025

6.700m 标高平面图 1:50

外包铝板（详立面）

8.050

1900 200 1900

2400

8×300=2400

2225

2325

3650

1625

550

下

9.400

上

1100 1800 1400

250 200

2025 2475

3250

300

2025

消火栓

9.400m 标高平面图 1:50

工程名称	体育馆
图纸内容	1号楼梯详图(一)
图纸编号	建施-25

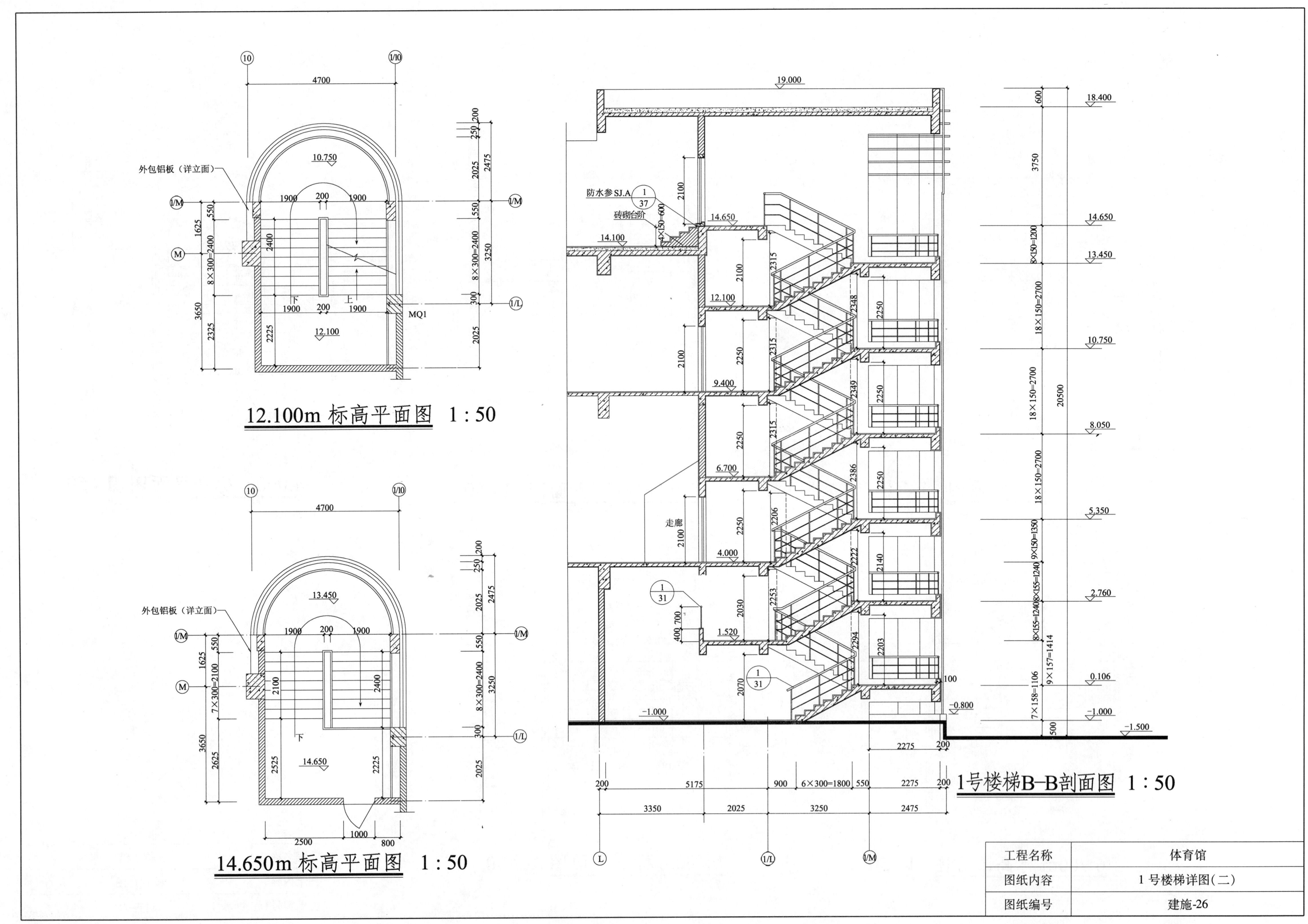

12.100m 标高平面图 1:50

14.650m 标高平面图 1:50

1号楼梯B—B剖面图 1:50

工程名称	体育馆
图纸内容	1号楼梯详图(二)
图纸编号	建施-26

250

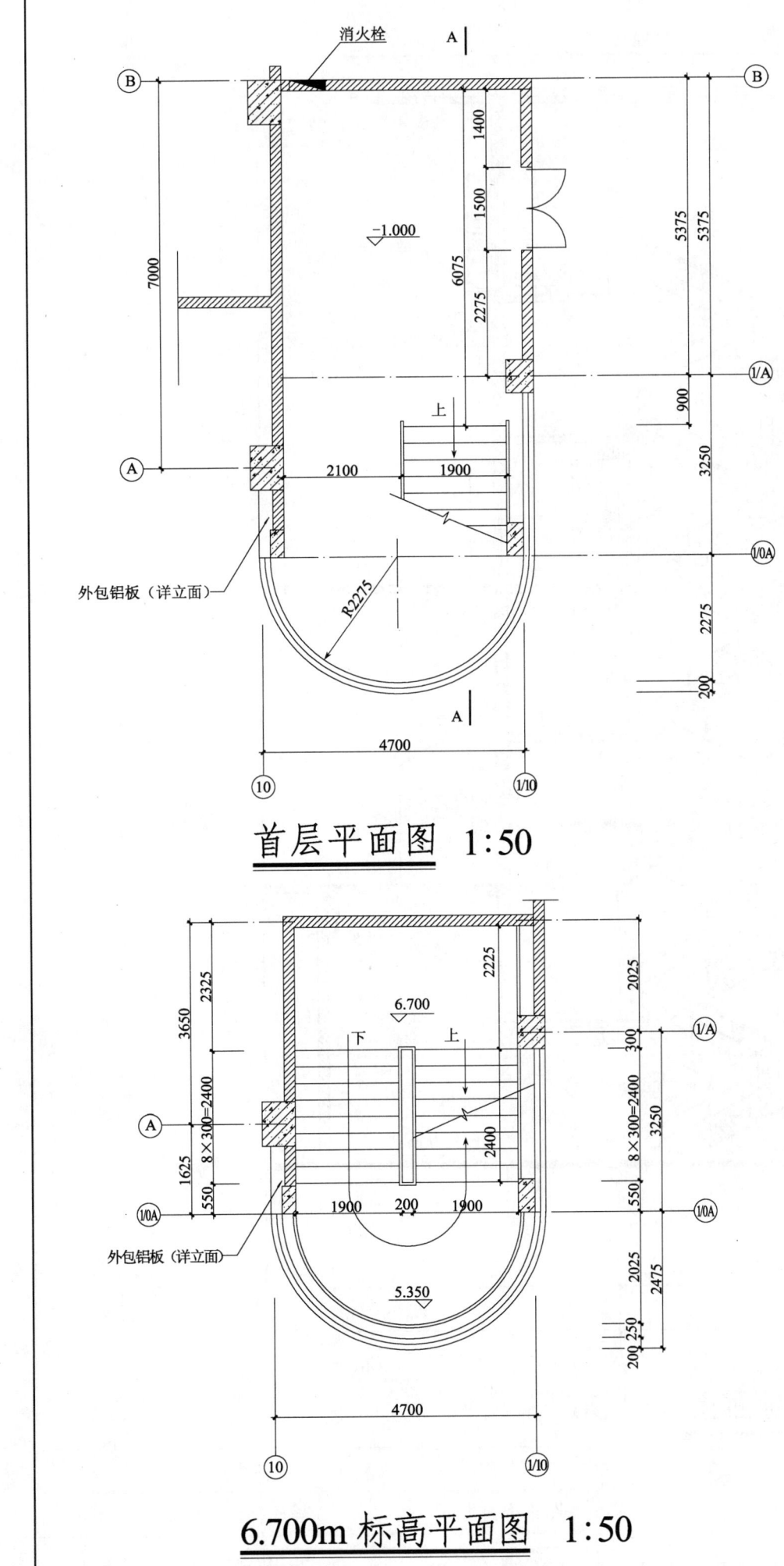

消火栓

外包铝板（详立面）

上

2100   1900

R2275

4700

首层平面图 1:50

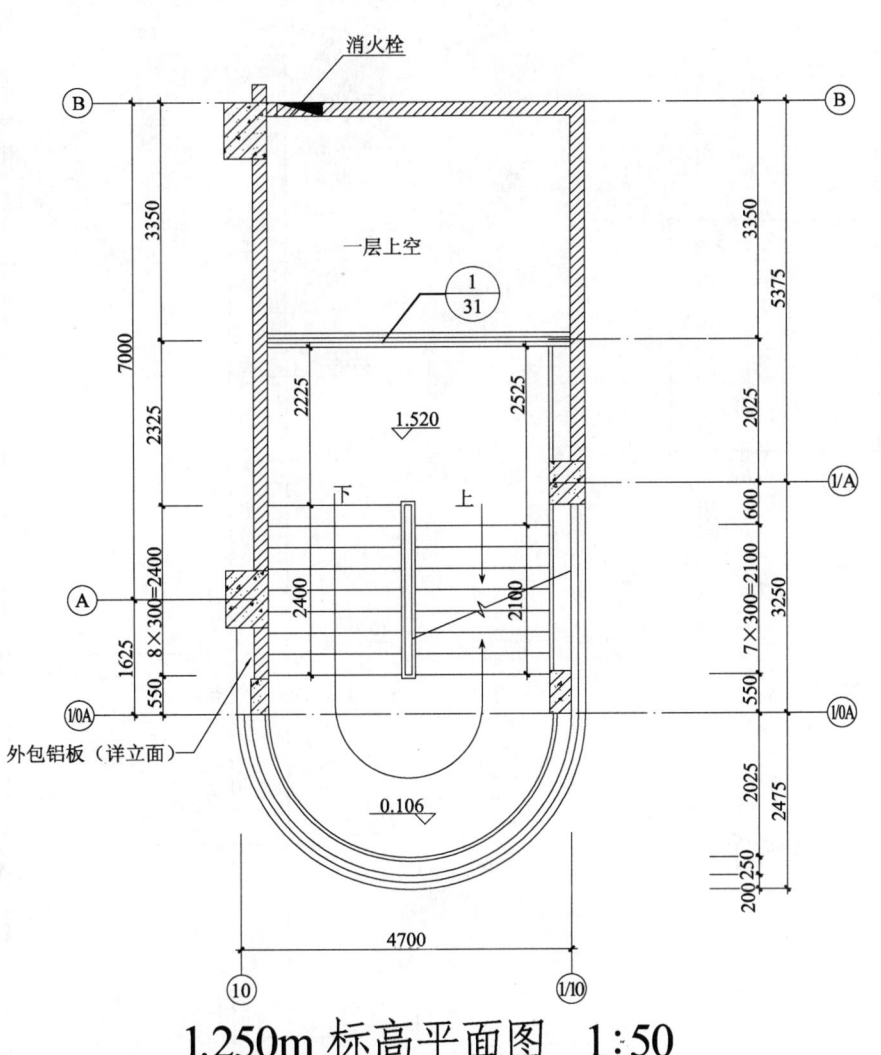

消火栓

一层上空

1.520

外包铝板（详立面）

0.106

4700

1.250m 标高平面图 1:50

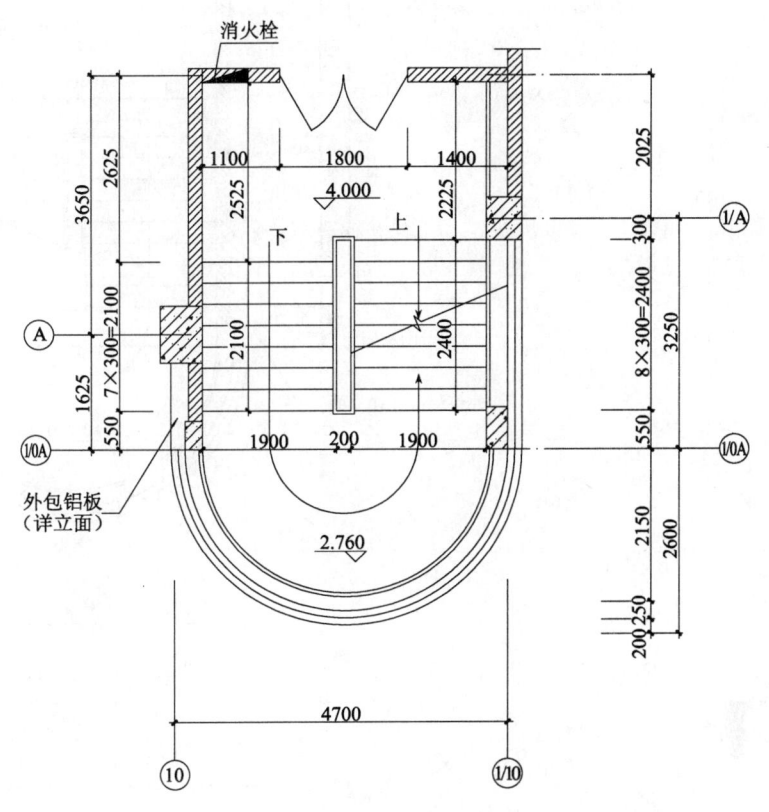

消火栓

4.000

2.760

4700

4.000m 标高平面图 1:50

消火栓

6.700

外包铝板（详立面）

1900   200   1900

5.350

4700

6.700m 标高平面图 1:50

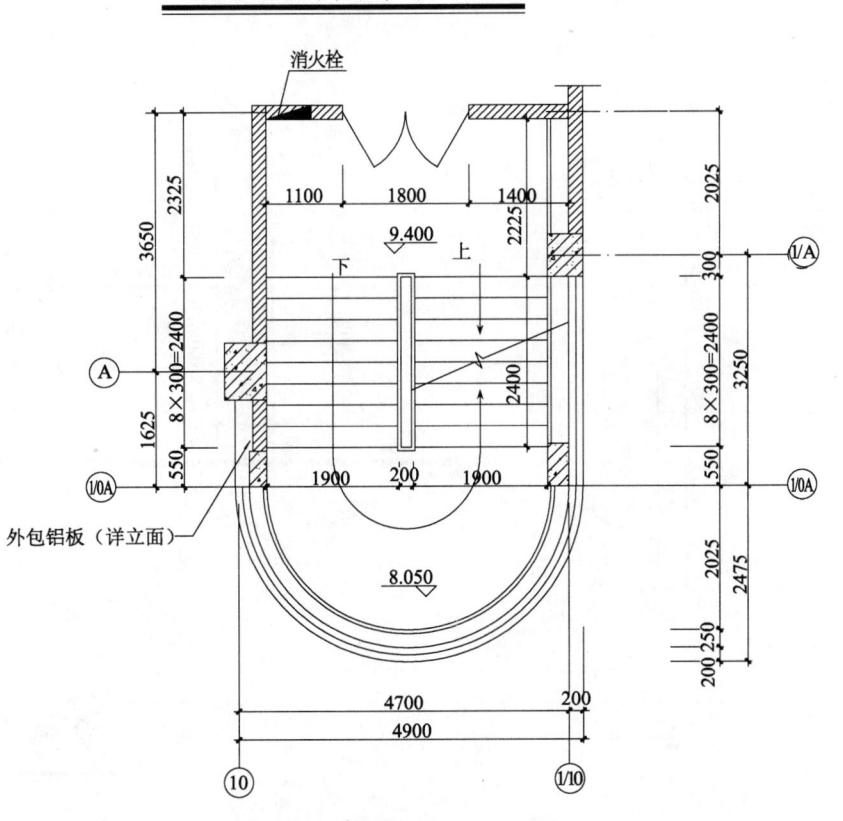

消火栓

9.400

外包铝板（详立面）

1900   200   1900

8.050

4700
4900

9.400m 标高平面图 1:50

工程名称	体育馆
图纸内容	2 号楼梯详图(一)
图纸编号	建施-27

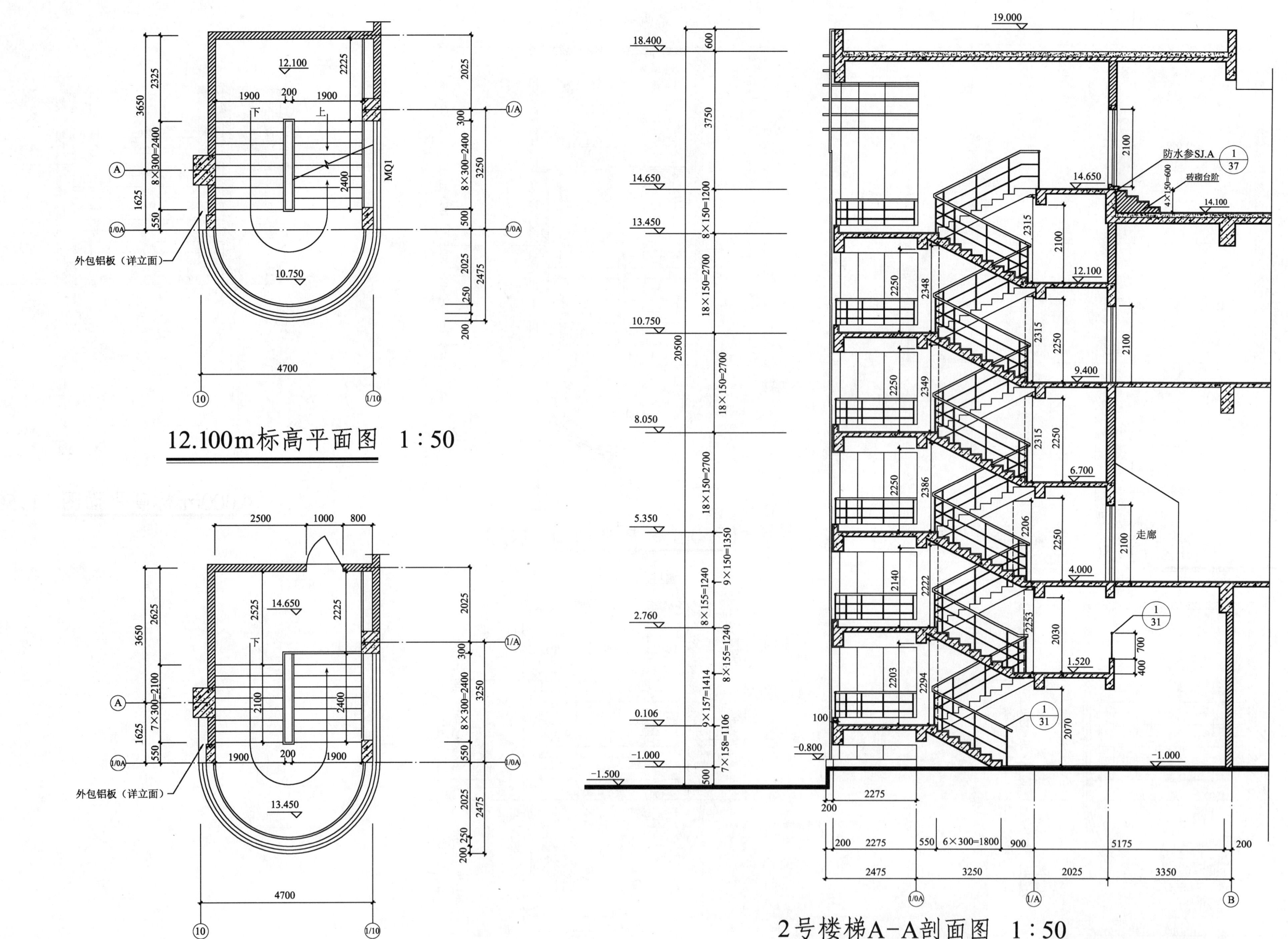

12.100m标高平面图　1：50

14.650m标高平面图　1：50

2号楼梯A-A剖面图　1：50

工程名称	体育馆
图纸内容	2号楼梯详图(二)
图纸编号	建施-28

252

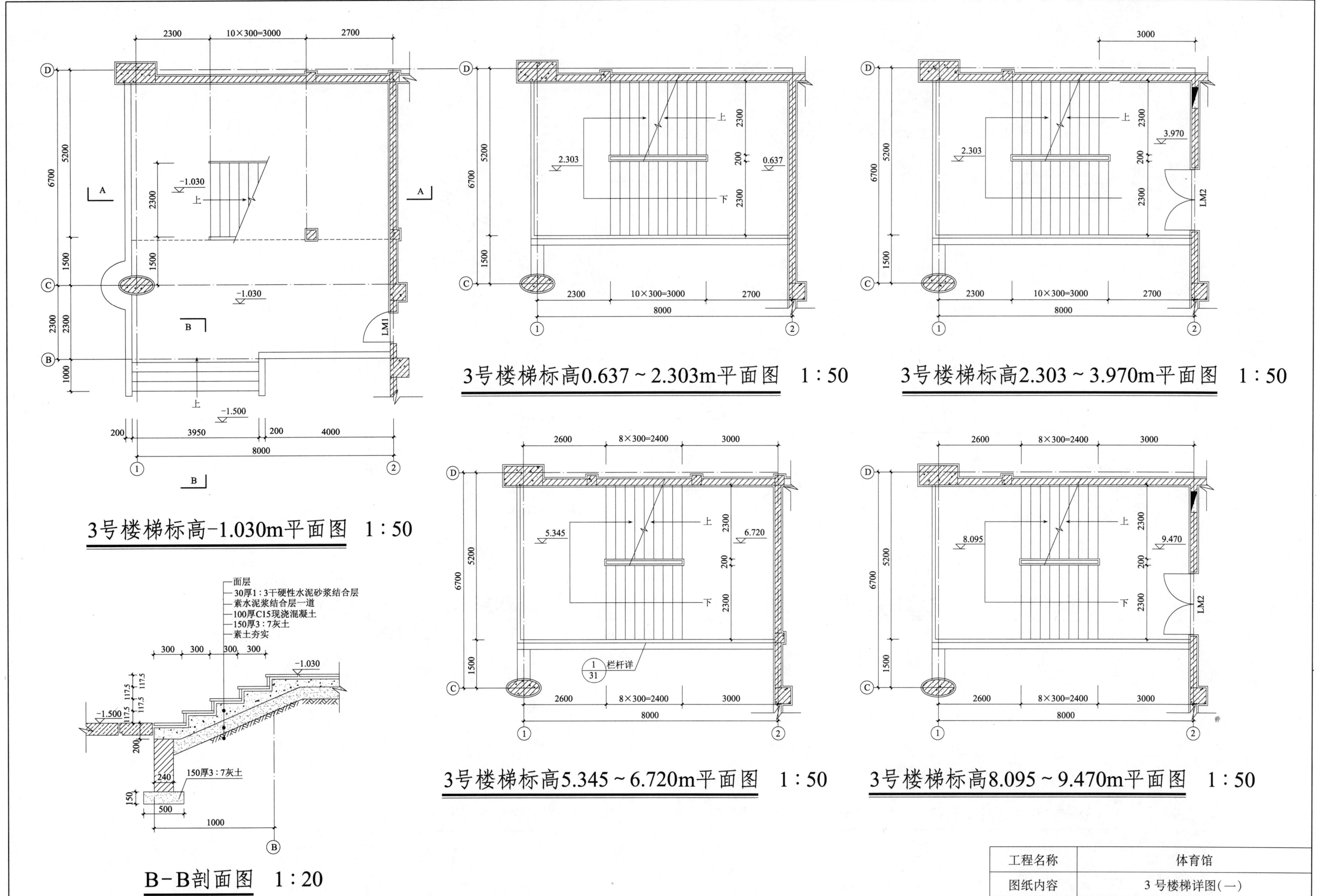

3号楼梯标高-1.030m平面图　1：50

3号楼梯标高0.637～2.303m平面图　1：50

3号楼梯标高2.303～3.970m平面图　1：50

3号楼梯标高5.345～6.720m平面图　1：50

3号楼梯标高8.095～9.470m平面图　1：50

B-B剖面图　1：20

面层
30厚1：3干硬性水泥砂浆结合层
素水泥浆结合层一道
100厚C15现浇混凝土
150厚3：7灰土
素土夯实

工程名称	体育馆
图纸内容	3号楼梯详图(一)
图纸编号	建施-29

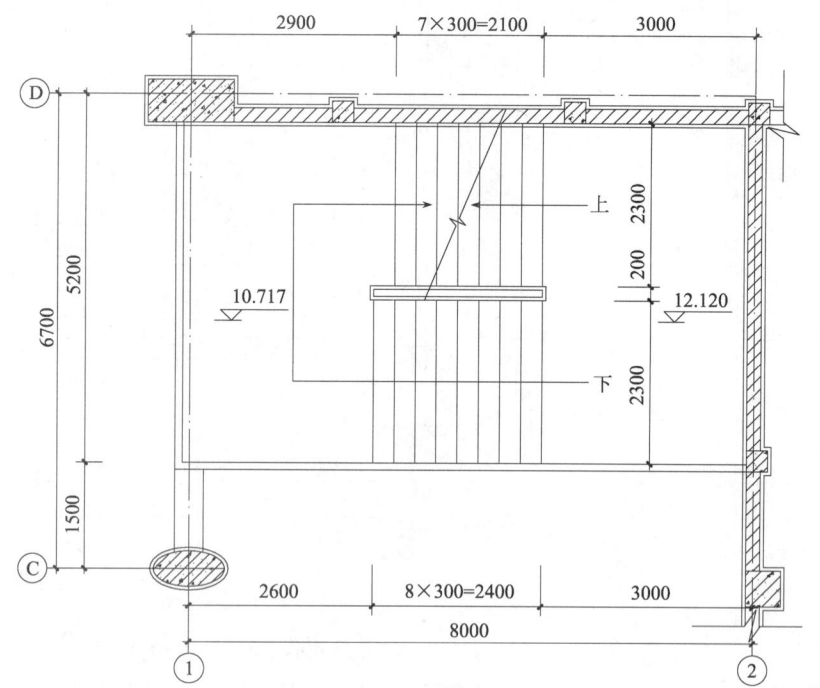

3号楼梯标高10.717~12.120m平面图 1:50

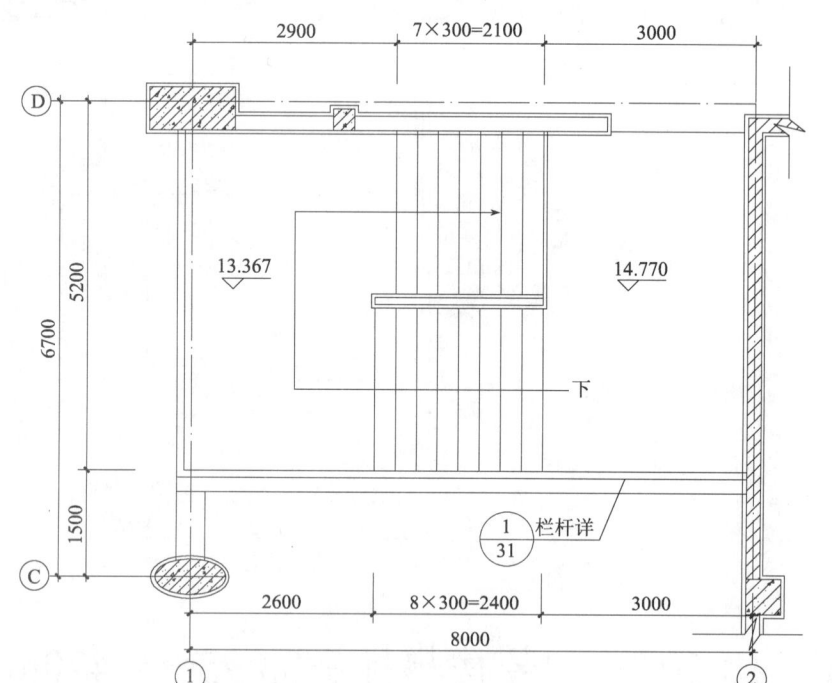

3号楼梯标高13.367~14.770m平面图 1:50

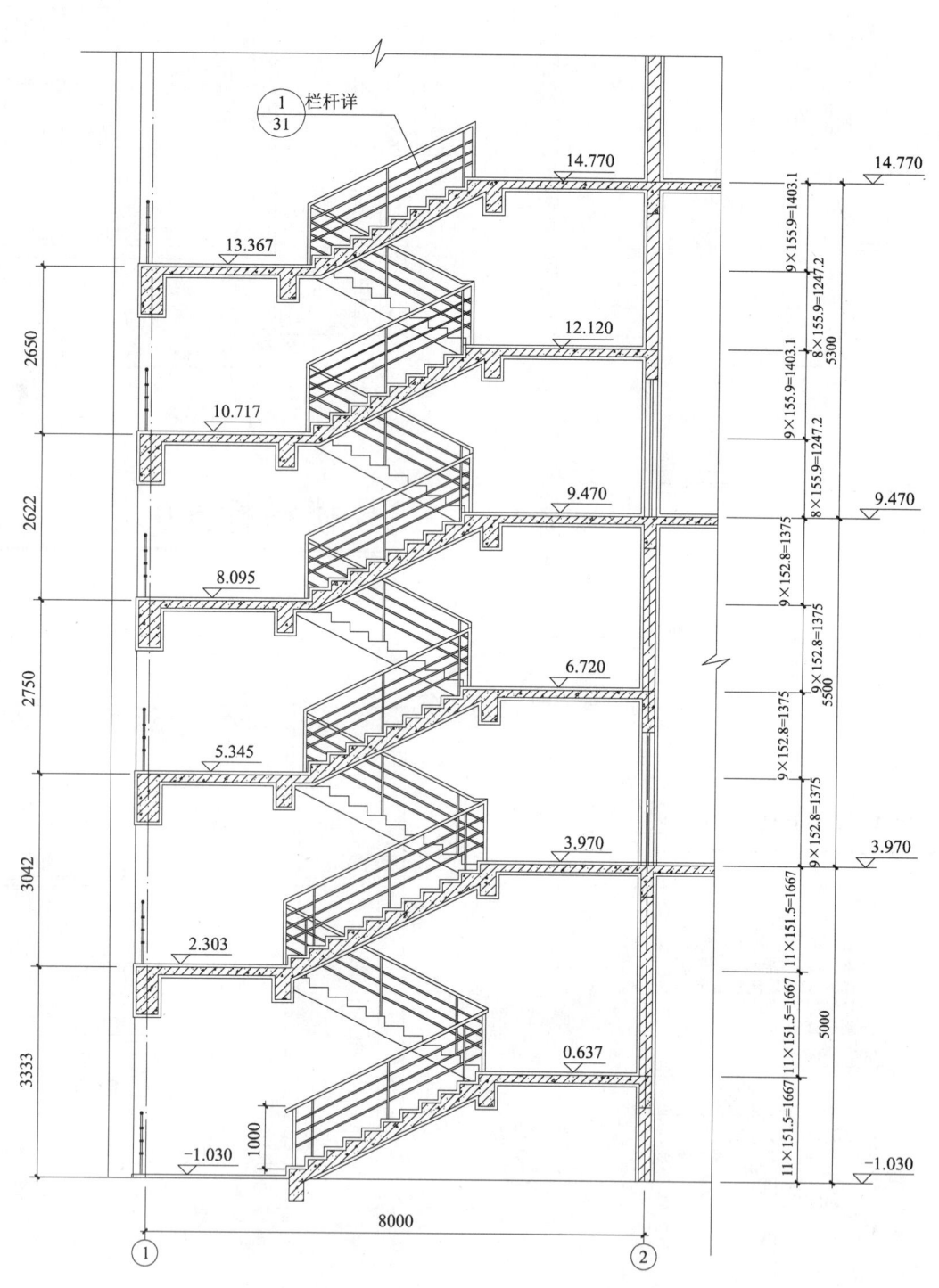

3号楼梯A-A剖面图 1:50

工程名称	体育馆
图纸内容	3号楼梯详图(二)
图纸编号	建施-30

254

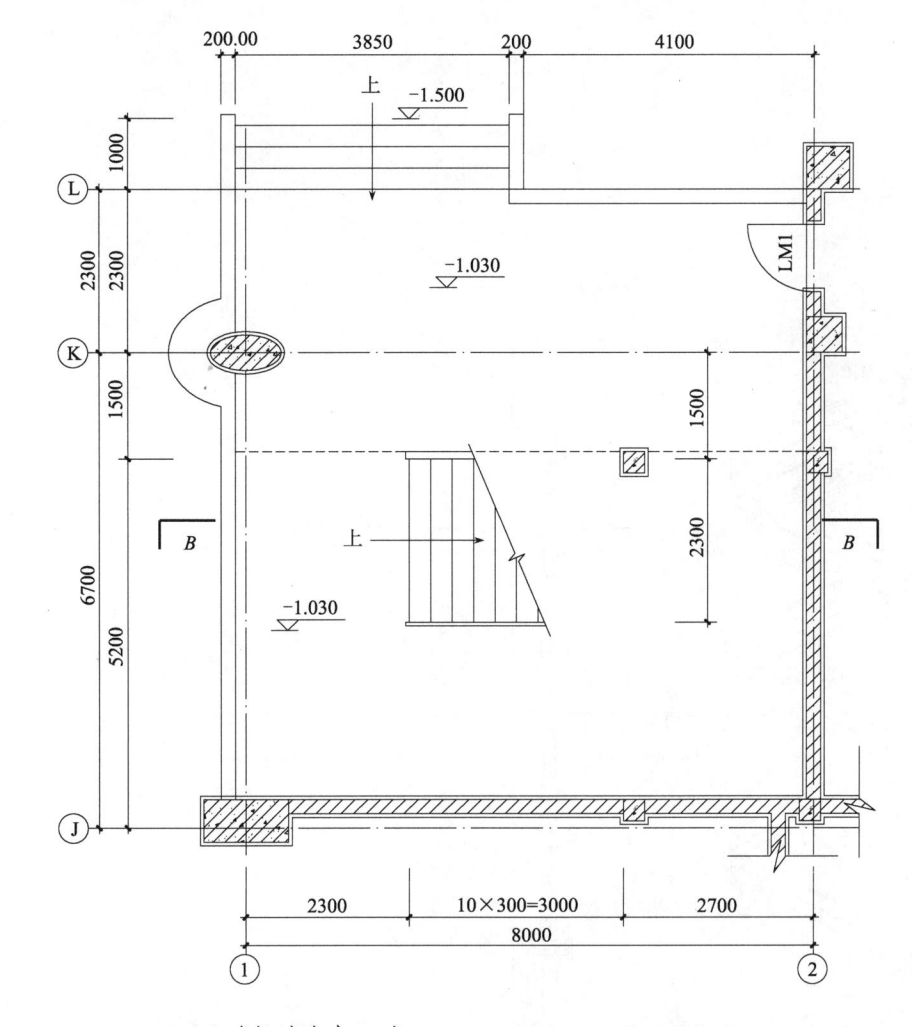

4号楼梯标高-1.030m平面图　1：50

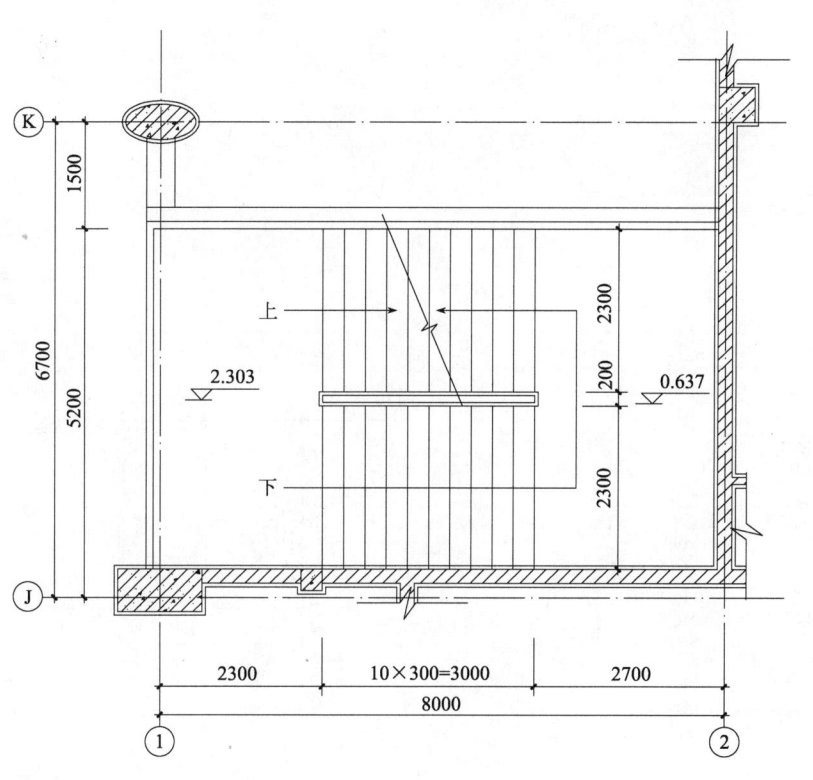

4号楼梯标高0.637~2.303m平面图　1：50

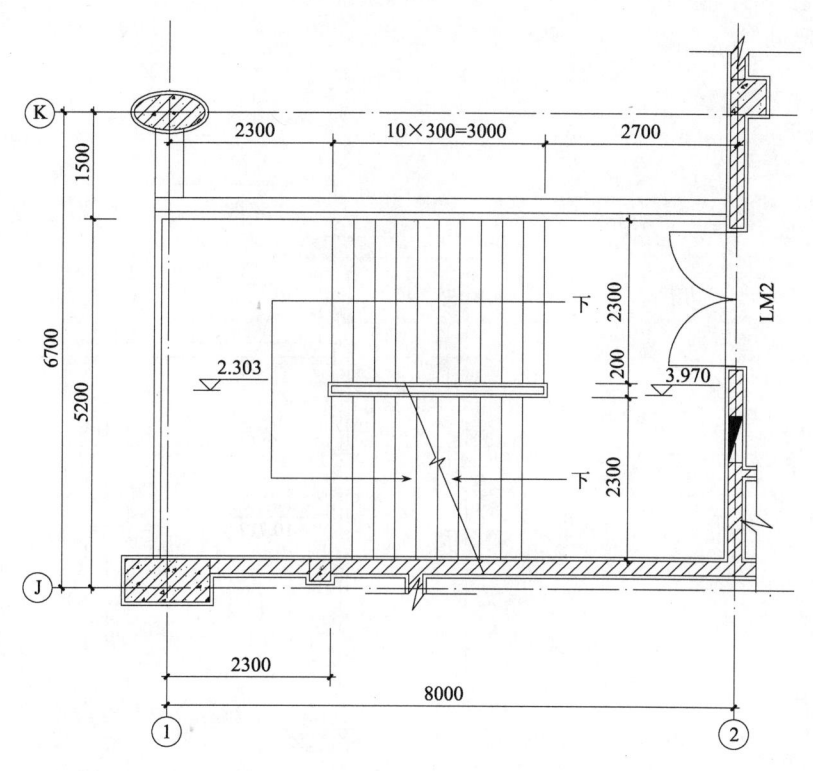

4号楼梯标高2.303~3.970m平面图　1：50

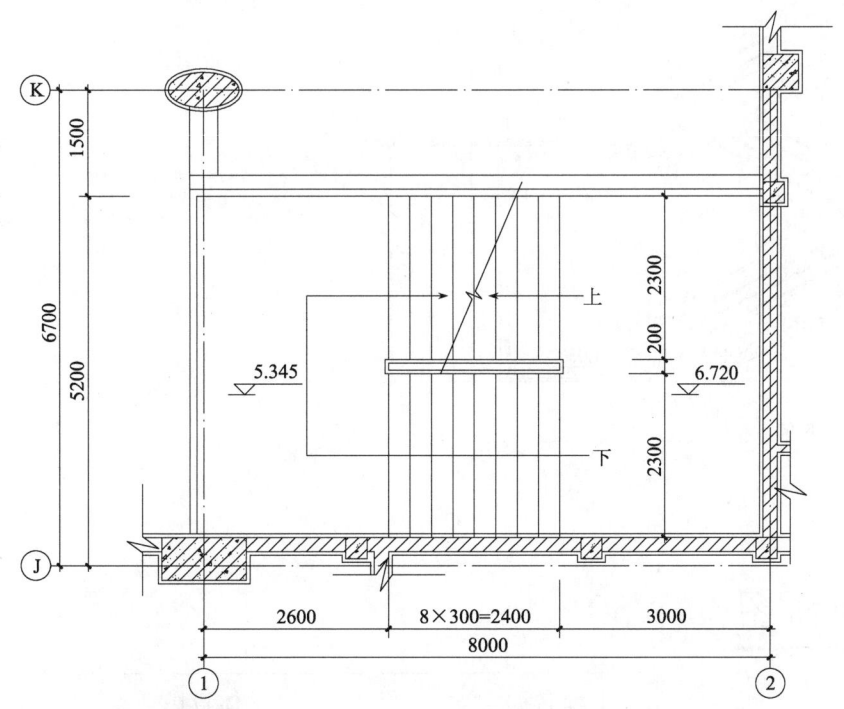

4号楼梯标高5.345~6.720m平面图　1：50

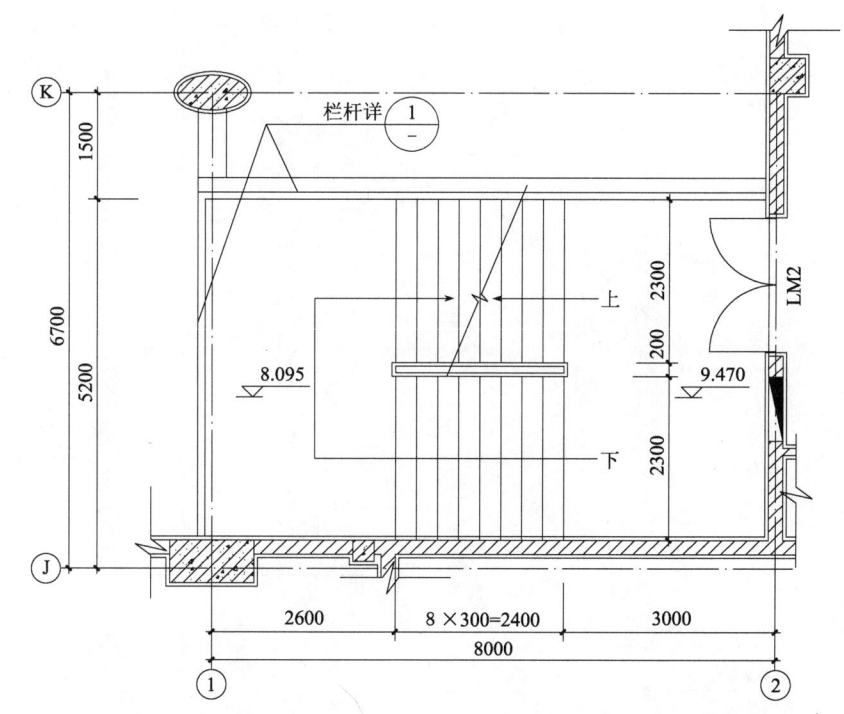

4号楼梯标高8.095~9.470m平面图　1：50

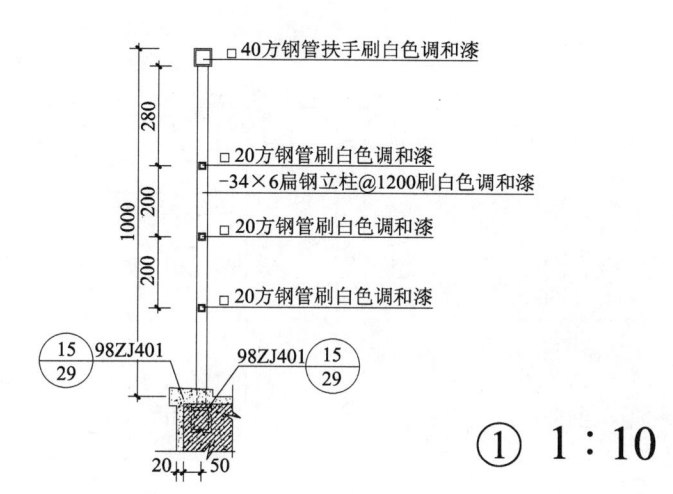

40方钢管扶手刷白色调和漆
□20方钢管刷白色调和漆
－34×6扁钢立柱@1200刷白色调和漆
□20方钢管刷白色调和漆
□20方钢管刷白色调和漆

① 1：10

工程名称	体育馆
图纸内容	4号楼梯详图(一)
图纸编号	建施-31

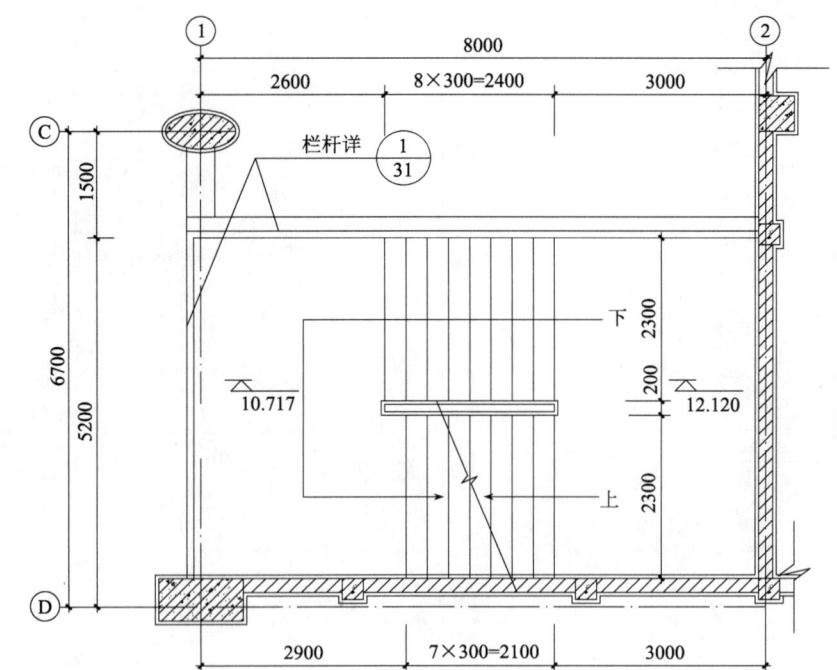

4号楼梯标高10.820~12.170m平面图　1∶50

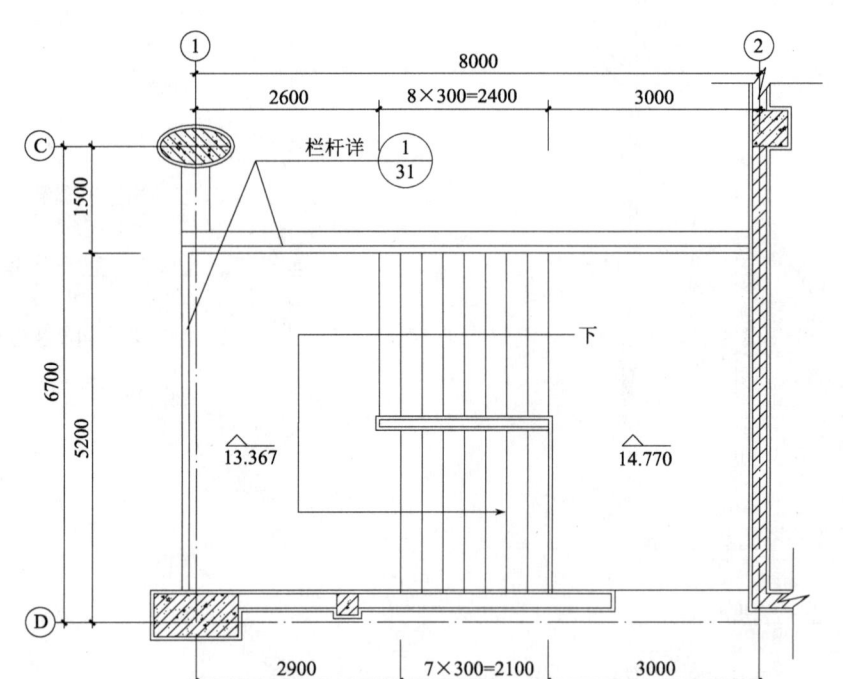

4号楼梯标高13.370~14.570m平面图　1∶50

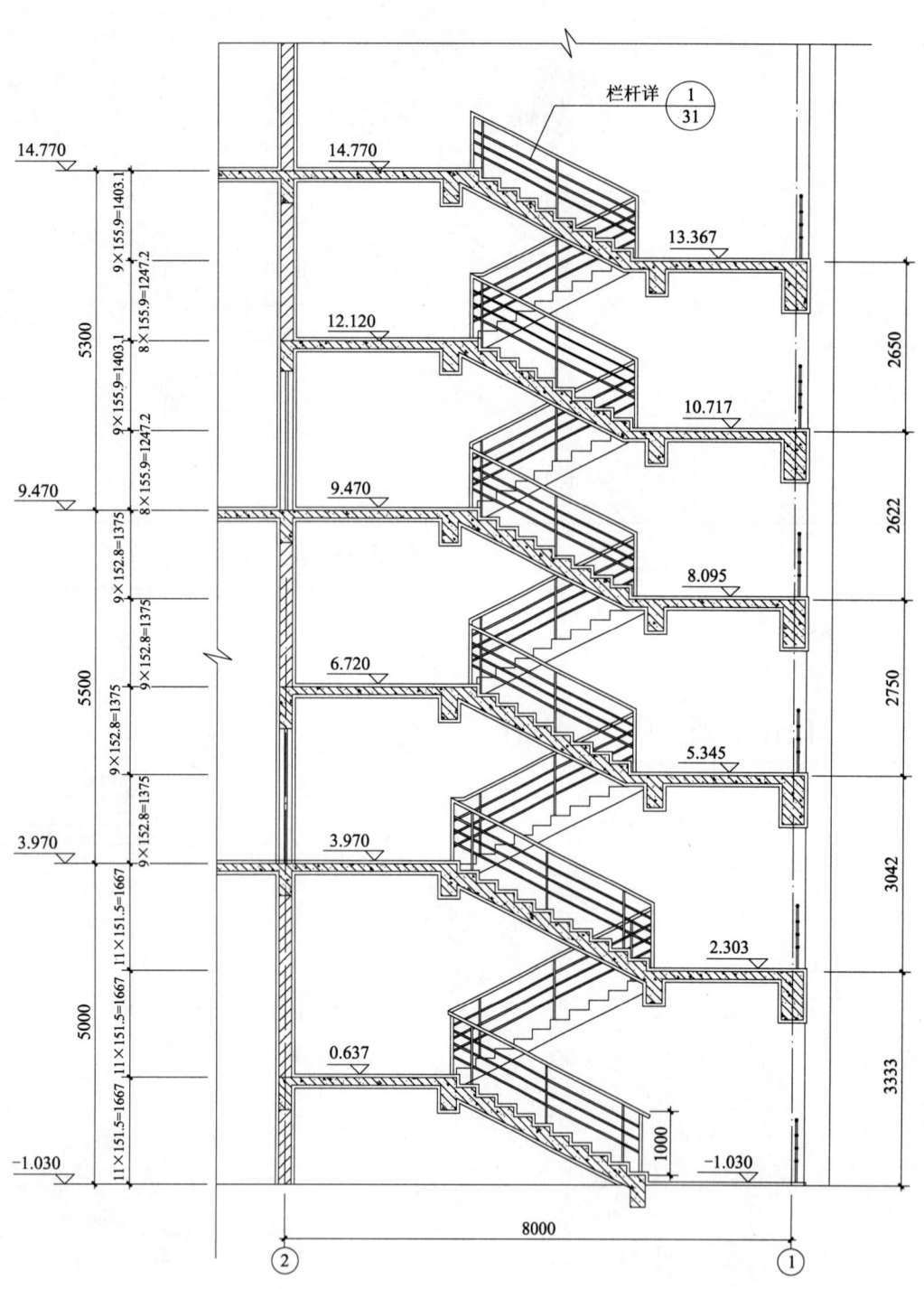

4号楼梯B-B剖面图　1∶50

工程名称	体育馆
图纸内容	4 号楼梯详图(二)
图纸编号	建施-32

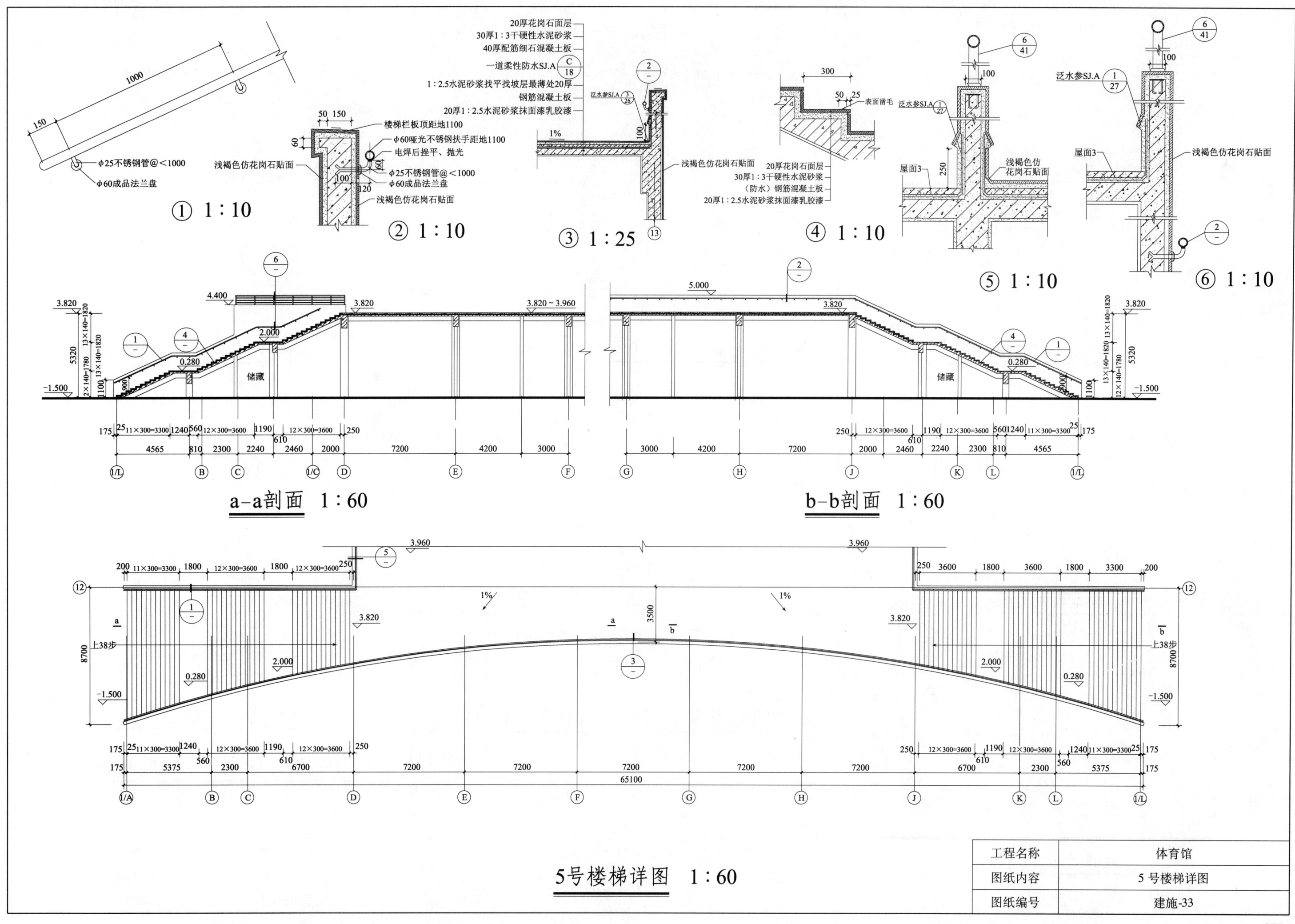

① 1:10

1000
150
φ25不锈钢管@<1000
φ60成品法兰盘

② 1:10

50 150
60
60
100
120
楼梯栏板顶距地1100
φ60哑光不锈钢扶手距地1100
电焊后挫平、抛光
φ25不锈钢管@<1000
φ60成品法兰盘
浅褐色仿花岗石贴面
浅褐色仿花岗石贴面
1%

③ 1:25

20厚花岗石面层
30厚1:3干硬性水泥砂浆
40厚配筋细石混凝土板
一道柔性防水SJ.A
1:2.5水泥砂浆找平找坡层最薄处20厚
钢筋混凝土板
20厚1:2.5水泥砂浆抹面漆乳胶漆
泛水参SJ.A
100
浅褐色仿花岗石贴面
20厚花岗石面层
30厚1:3干硬性水泥砂浆
（防水）钢筋混凝土板
20厚1:2.5水泥砂浆抹面漆乳胶漆

④ 1:10

300
50 25
表面凿毛
泛水参SJ.A
屋面3
250
浅褐色仿花岗石贴面

⑤ 1:10

100
浅褐色仿花岗石贴面
屋面3

⑥ 1:10

泛水参SJ.A
100
屋面3
浅褐色仿花岗石贴面

a-a剖面 1:60

3.820
4.400
3.820
3.820~3.960
2.000
0.280
储藏
-1.500
5320 13×140=1820 / 13×140=1780
1100 900
175 25 11×300=3300 1240 560 12×300=3600 1190 12×300=3600 250
610
4565 810 2300 2240 2460 2000 7200 4200 3000
1/L B C 1/C D E F

b-b剖面 1:60

5.000
3.820
3.820
2.000
0.280
储藏
-1.500
13×140=1820 13×140=1780 / 12×140=1820
5320
1100
250 12×300=3600 1190 12×300=3600 560 1240 11×300=3300 25 175
610
3000 4200 7200 2000 2460 2240 2300 810 4565
G H J K L 1/L

5号楼梯详图 1:60

3.960
3.960
3.820
3.500
2.000
0.280
3.820
2.000
0.280
上38步
8700
-1.500
1%
1%
上38步
8700
-1.500
200 11×300=3300 1800 12×300=3600 1800 12×300=3600 250
250 3600 1800 3600 1800 3300 200
175 25 11×300=3300 1240 12×300=3600 1190 12×300=3600 250
610
250 12×300=3600 1190 12×300=3600 1240 11×300=3300 25 175
610
175 5375 2300 6700 7200 7200 7200 7200 7200 6700 2300 5375 175
65100
1/A B C D E F G H J K L 1/L

工程名称	体育馆
图纸内容	5号楼梯详图
图纸编号	建施-33

257

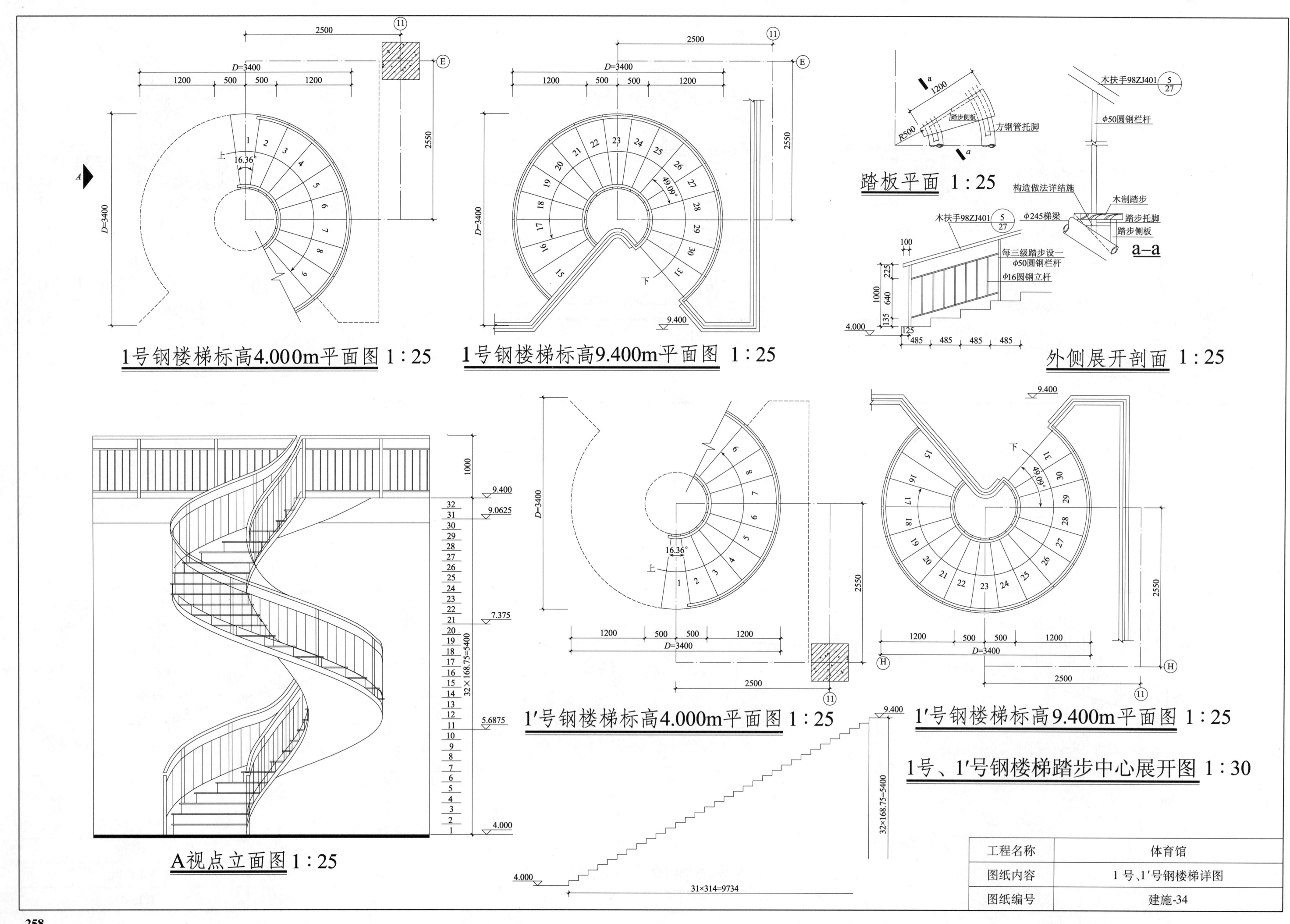

2500

D=3400

1200 500 500 1200

2550

上 16.36°

1 2 3 4 5 6 7 8 9

D=3400

A

1号钢楼梯标高4.000m平面图 1:25

2500

D=3400

1200 500 500 1200

E

2550

20 21 22 23 24 25 26 27 28 29 30 31 19 18 17 16 15

49.09°

下

9.400

1号钢楼梯标高9.400m平面图 1:25

a

1200

R500

踏步侧板

方钢管托脚

踏板平面 1:25

木扶手98ZJ401 5/27

φ50圆钢栏杆

构造做法详结施

木制踏步

φ245梯梁

踏步托脚

踏步侧板

a-a

木扶手98ZJ401 5/27

每三级踏步设一
φ50圆钢栏杆

φ16圆钢立杆

1000

225

640

135

125

4.000

485 485 485 485

外侧展开剖面 1:25

9.400

32 9.400
31
30 9.0625
29
28
27
26
25
24
23
22 7.375
21
20
19
18
17
16
15 5.6875
14
13
12
11
10
9
8
7
6
5
4
3
2
1 4.000

32×168.75=5400

1000

A视点立面图 1:25

D=3400

2550

9 8 7 6 5 4 3 2 1

16.36°

上

1200 500 500 1200

D=3400

2500

11

1'号钢楼梯标高4.000m平面图 1:25

9.400

下

15 16 17 18 19 20 21 22 23 24 25 26 27 28 29 30 31

49.09°

D=3400

1200 500 500 1200

2500

H

11

2550

1'号钢楼梯标高9.400m平面图 1:25

9.400

4.000

32×168.75=5400

31×314=9734

1号、1'号钢楼梯踏步中心展开图 1:30

工程名称	体育馆
图纸内容	1号、1'号钢楼梯详图
图纸编号	建施-34

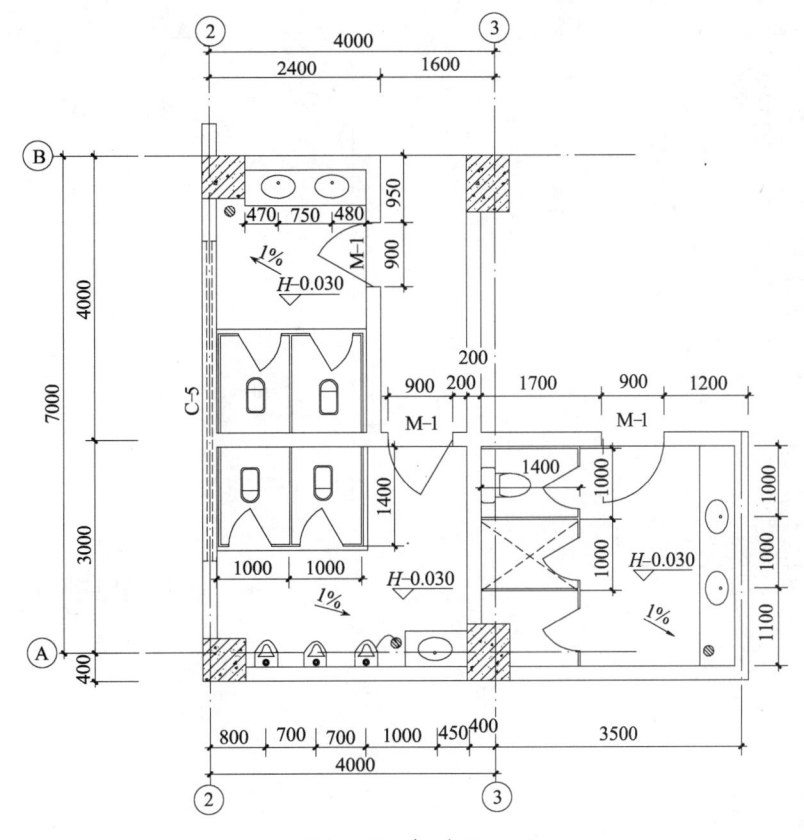

1号卫生间 1:50

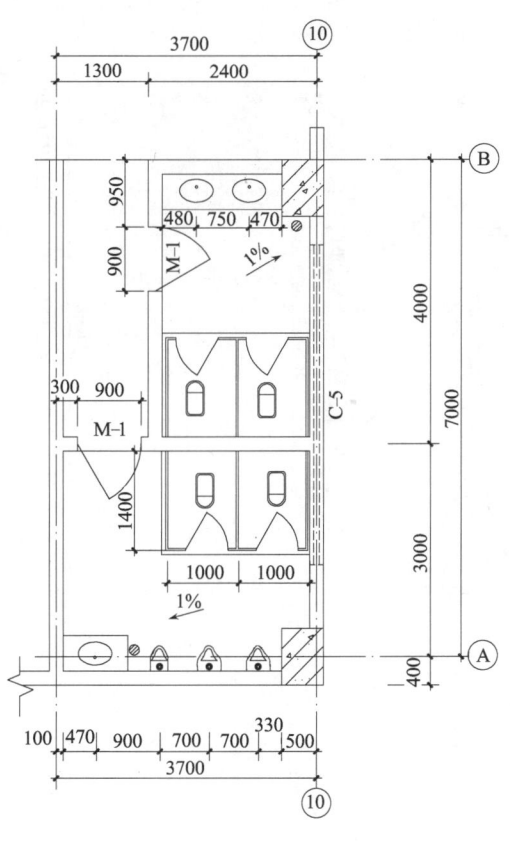

2号卫生间 1:50

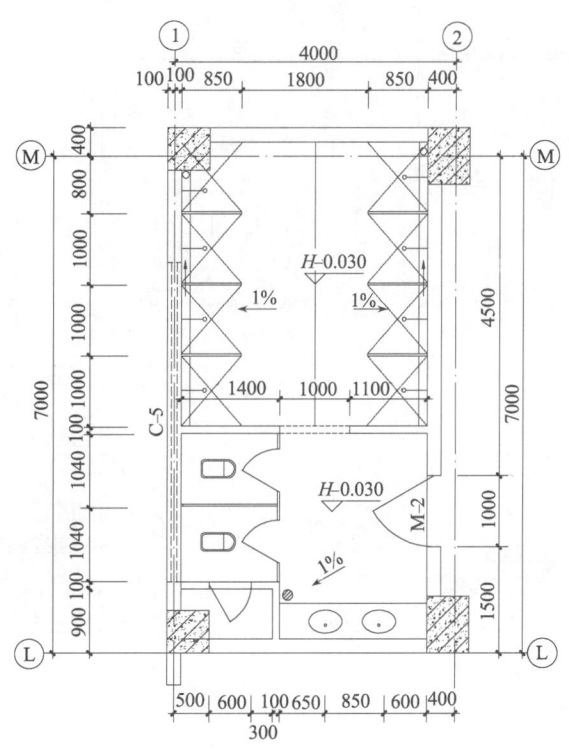

3号卫生间 1:50

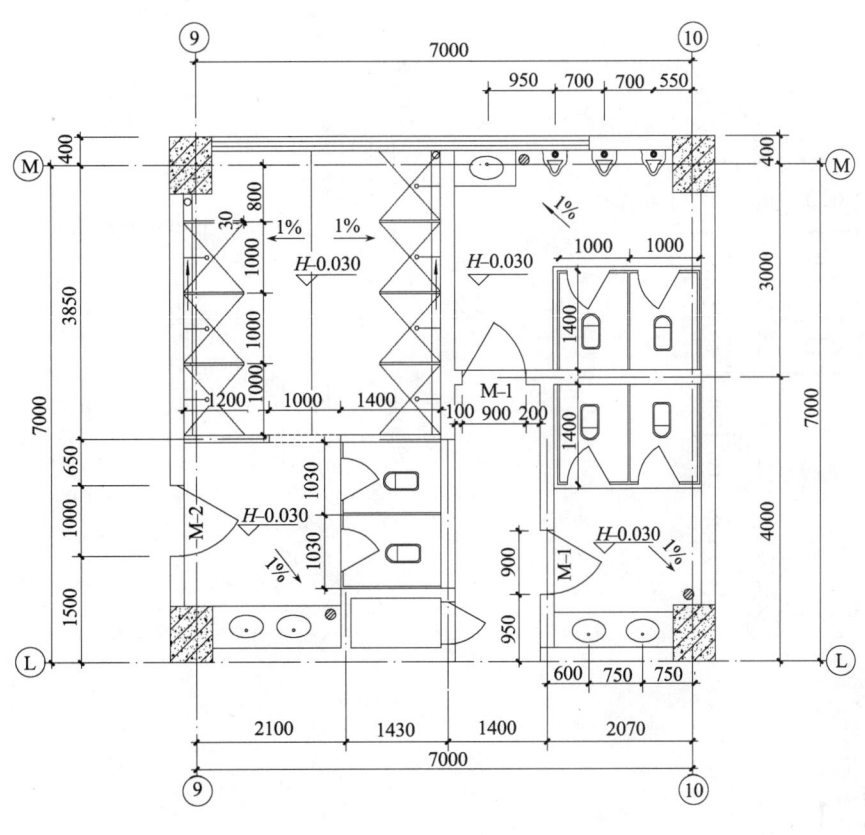

4号卫生间 1:50

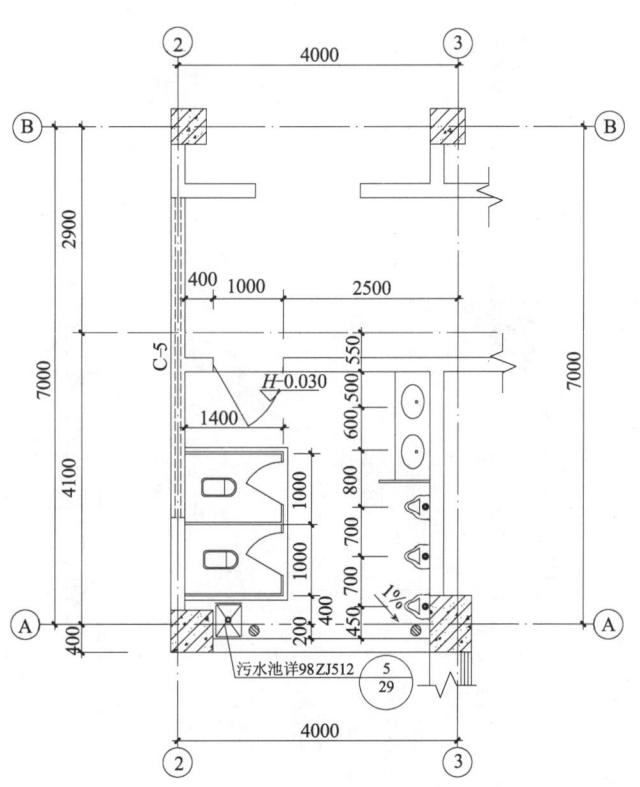

5号卫生间 1:50

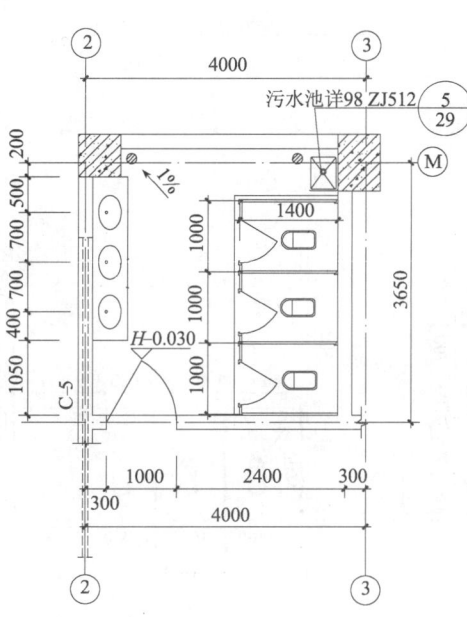

7号卫生间 1:50

工程名称	体育馆
图纸内容	卫生间大样(一)
图纸编号	建施-35

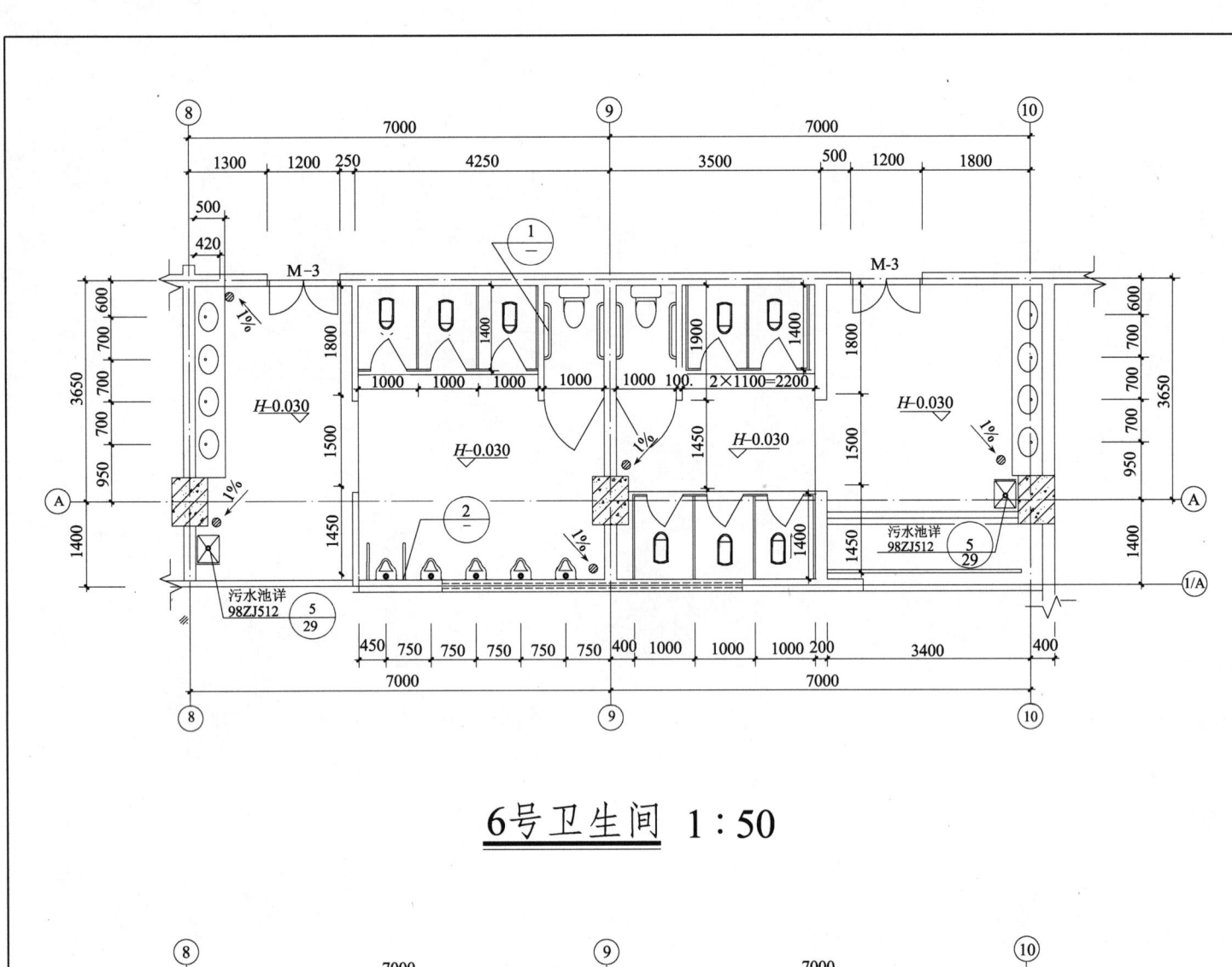

6号卫生间 1：50

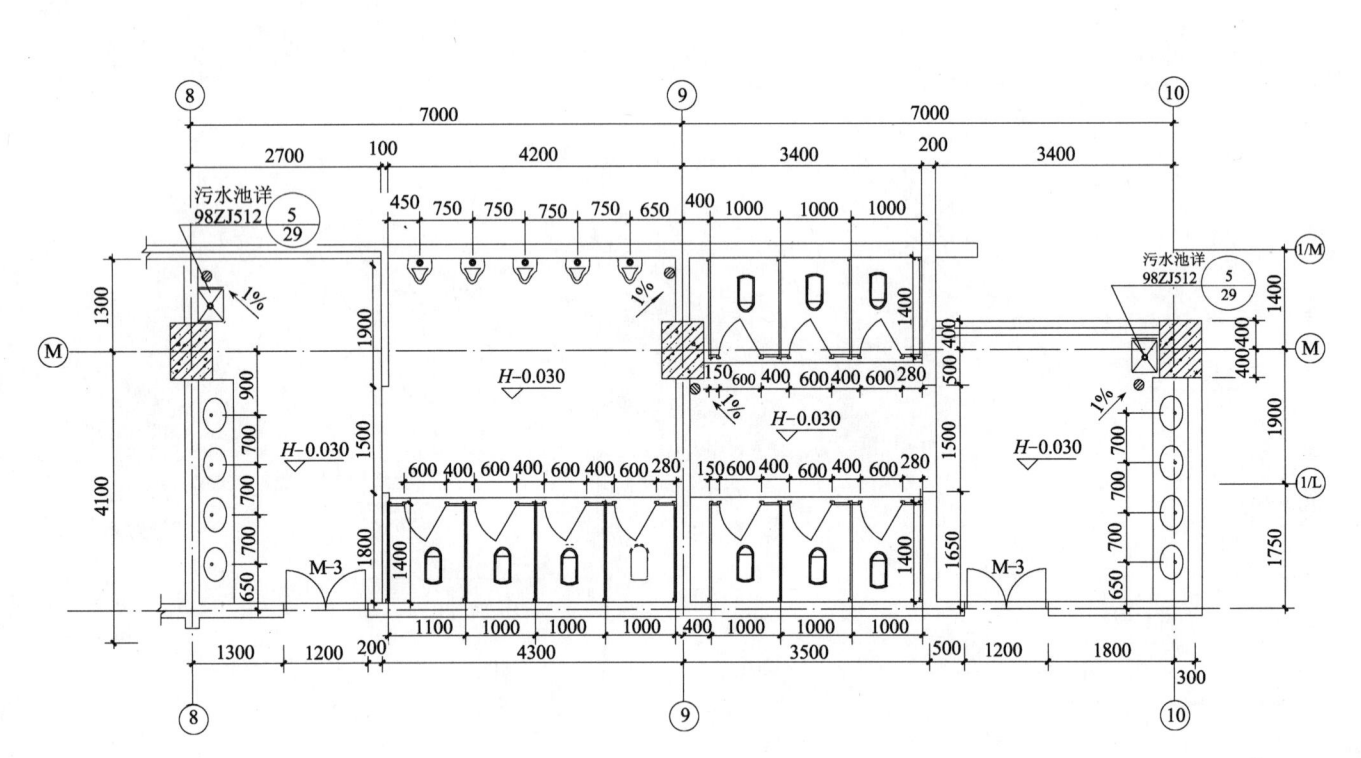

8号卫生间 1：50

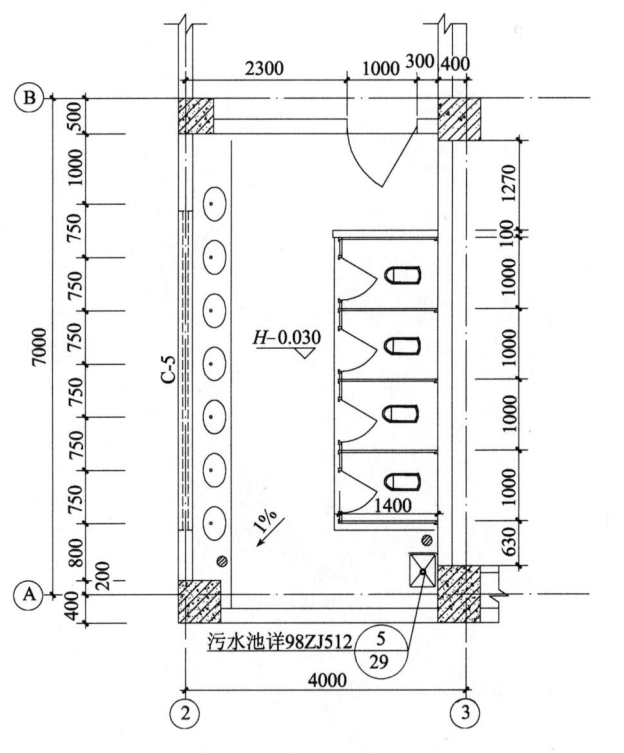

9号卫生间 1：50

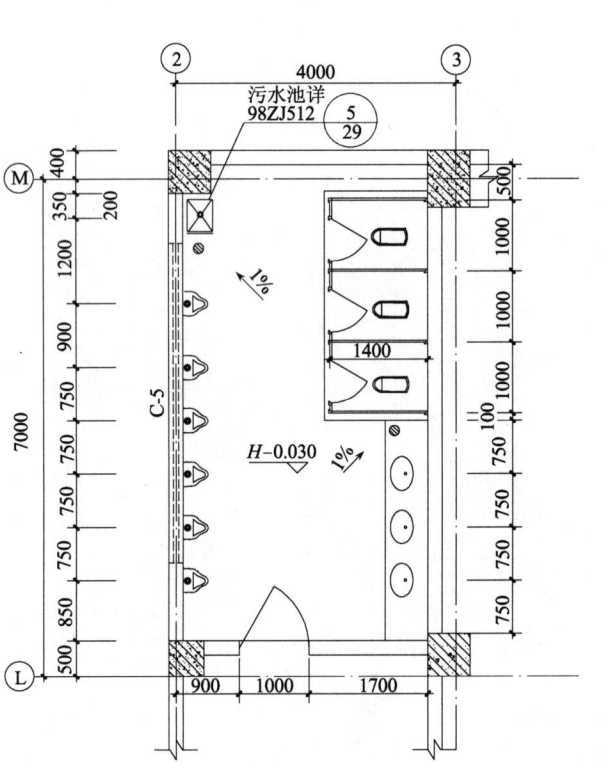

10号卫生间 1：50

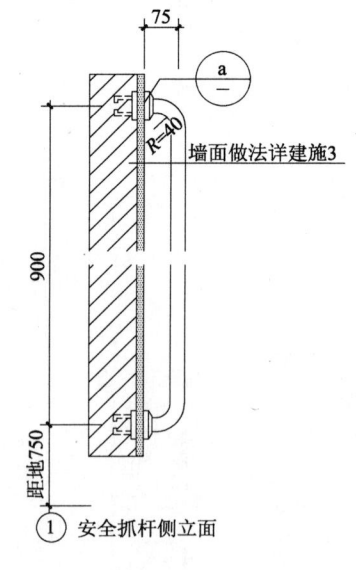

墙面做法详建施3

① 安全抓杆侧立面

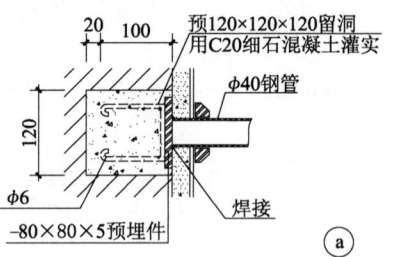

预120×120×120留洞
用C20细石混凝土灌实
φ40钢管
焊接
φ6
-80×80×5预埋件

a

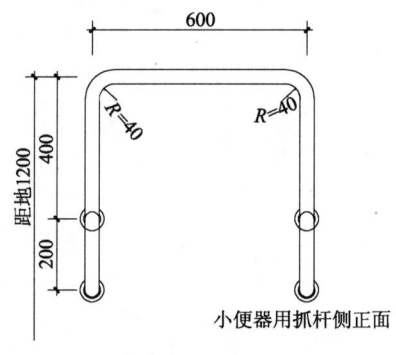

小便器用抓杆侧正面

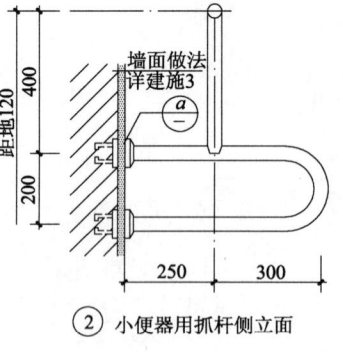

墙面做法
详建施3

② 小便器用抓杆侧立面

工程名称	体育馆
图纸内容	卫生间大样（二）
图纸编号	建施-36

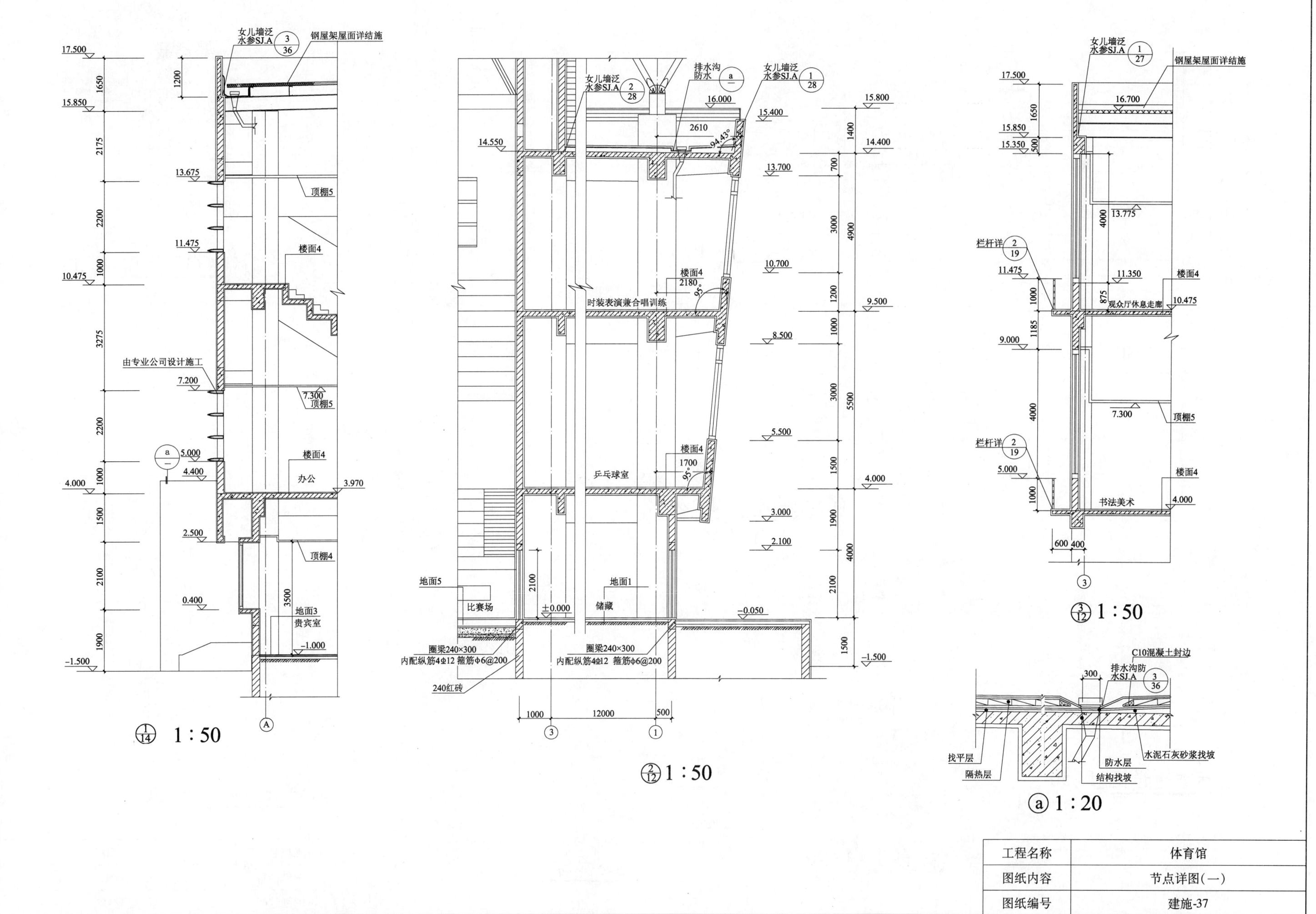

女儿墙泛水参SJ.A ③/36
钢屋架屋面详结施

17.500
1650
15.850
1200
2175
13.675
顶棚5
2200
11.475
楼面4
1000
10.475
3275
由专业公司设计施工
7.200
7.300
顶棚5
2200
a 5.000
4.400
楼面4
办公
3.970
1500
2.500
顶棚4
2100
0.400
3500
地面3
贵宾室
1900
-1.000
-1.500

①/14 1:50 Ⓐ

女儿墙泛水参SJ.A ②/28
排水沟防水
女儿墙泛水参SJ.A ①/28
a

14.550
16.000
2610
94.43°
15.800
15.400
1400
14.400
700
13.700
3000
4900
楼面4 2180 95°
时装表演兼合唱训练
10.700
1200
9.500
1000
8.500
乒乓球室
3000
5500
楼面4 1700 95°
5.500
1500
4.000
1900
3.000
2.100
地面5
比赛场
2100
±0.000
地面1
储藏
-0.050
2100
-1.500
1500
圈梁240×300
内配纵筋4Φ12 箍筋Φ6@200
圈梁240×300
内配纵筋4Φ12 箍筋Φ6@200
240红砖
1000 12000 500
③ ①

②/12 1:50

女儿墙泛水参SJ.A ①/27
钢屋架屋面详结施
17.500
16.700
1650
15.850
15.350
500
13.775
4000
栏杆详 ②/19
11.475
11.350
1000
875
观众厅休息走廊
楼面4
10.475
9.000
1185
4000
栏杆详 ②/19
7.300
顶棚5
5.000
1000
书法美术
楼面4
4.000
600 400
③

③/12 1:50

C10混凝土封边
排水沟防水SJ.A
③/36
300
找平层
隔热层
防水层
结构找坡
水泥石灰砂浆找坡

a 1:20

工程名称	体育馆
图纸内容	节点详图(一)
图纸编号	建施-37

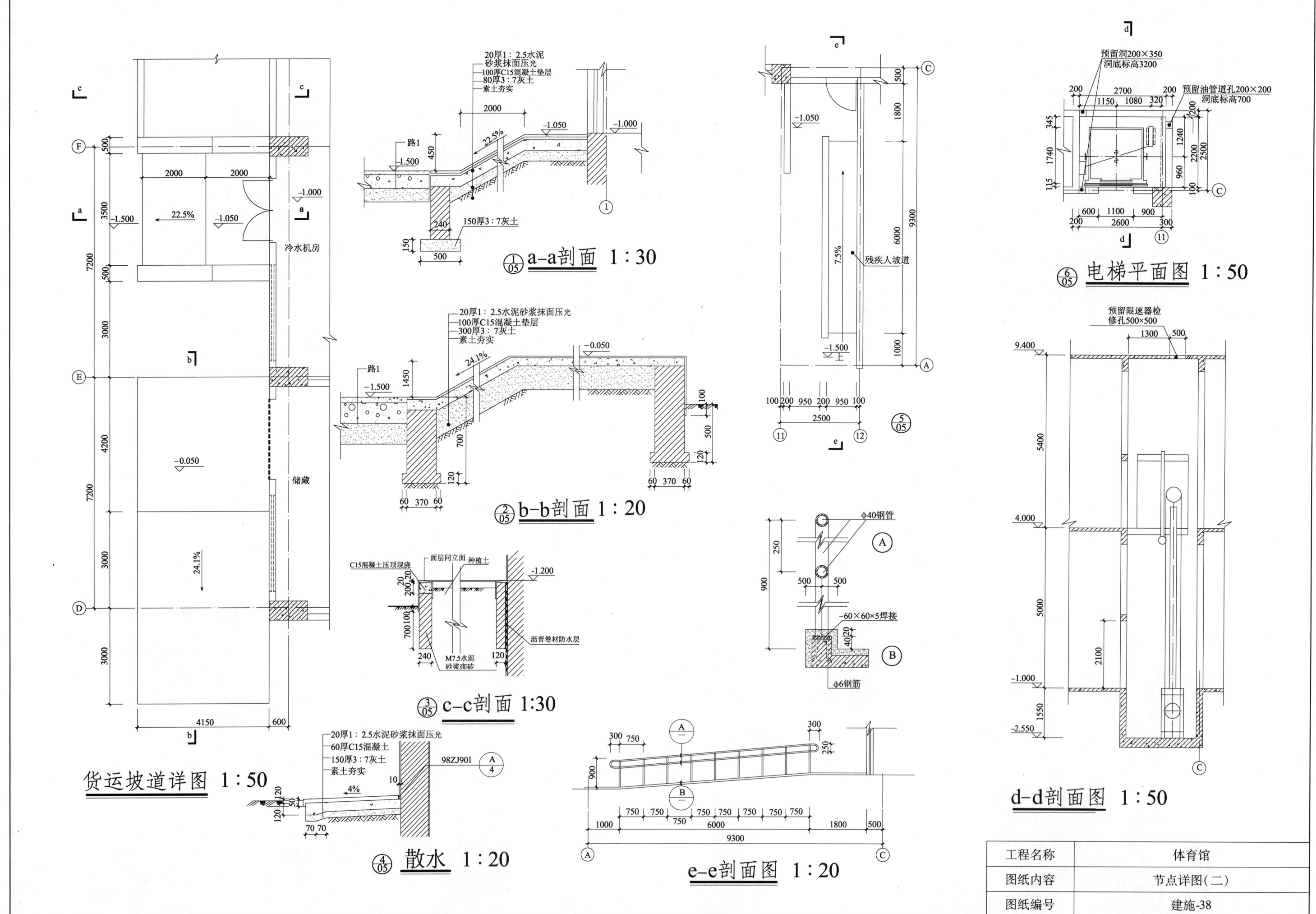

20厚1：2.5水泥
砂浆抹面压光
100厚C15混凝土垫层
80厚3：7灰土
素土夯实

①/05 a-a剖面 1：30

20厚1：2.5水泥砂浆抹面压光
100厚C15混凝土垫层
300厚3：7灰土
素土夯实

路1

②/05 b-b剖面 1：20

C15混凝土压顶现浇
面层同立面
种植土
沥青卷材防水层
M7.5水泥
砂浆砌砖

③/05 c-c剖面 1：30

货运坡道详图 1：50

20厚1：2.5水泥砂浆抹面压光
60厚C15混凝土
150厚3：7灰土
素土夯实
98ZJ901 A/4

④/05 散水 1：20

冷水机房

储藏

残疾人坡道

⑤/05

φ40钢管
-60×60×5焊接
φ6钢筋

e-e剖面图 1：20

预留洞200×350
洞底标高3200
预留油管道孔200×200
洞底标高700

⑥/05 电梯平面图 1：50

预留限速器检
修孔500×500

d-d剖面图 1：50

工程名称	体育馆
图纸内容	节点详图（二）
图纸编号	建施-38

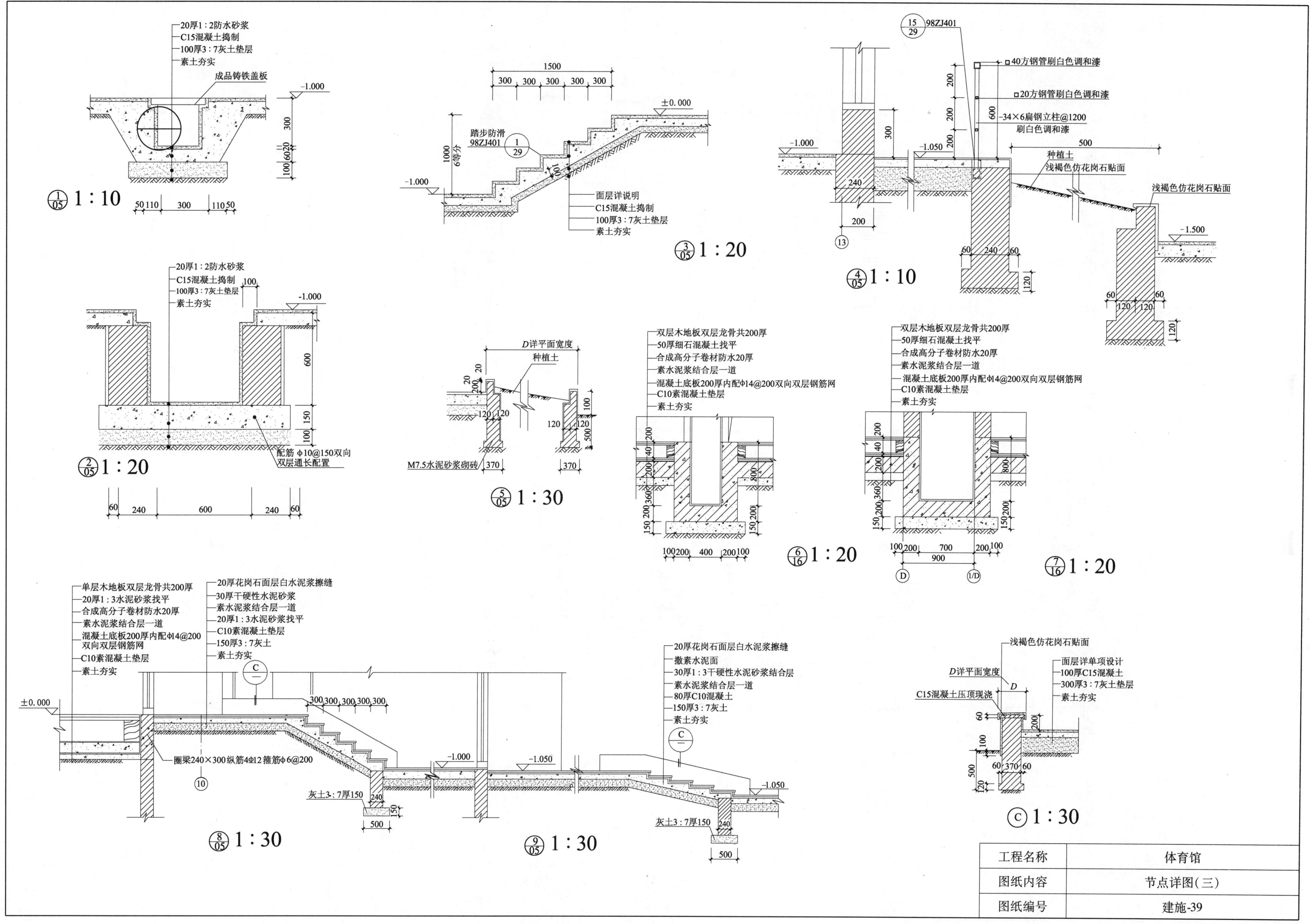

20厚1:2防水砂浆
C15混凝土捣制
100厚3:7土垫层
素土夯实

成品铸铁盖板

-1.000

①/05 1:10

50 110 300 110 50

20厚1:2防水砂浆
C15混凝土捣制
100厚3:7灰土垫层
素土夯实

-1.000

②/05 1:20

60 240 600 240 60

配筋Φ10@150双向
双层通长配置

1500
300 300 300 300 300

±0.000

踏步防滑98ZJ401 1/29

-1.000

面层详说明
C15混凝土捣制
100厚3:7灰土垫层
素土夯实

③/05 1:20

15/29 98ZJ401

40方钢管刷白色调和漆
20方钢管刷白色调和漆
-34×6扁钢立柱@1200
刷白色调和漆

-1.000 -1.050

种植土
浅褐色仿花岗石贴面

浅褐色仿花岗石贴面

-1.500

④/05 1:10

D详平面宽度

种植土

M7.5水泥砂浆砌砖 370 370

⑤/05 1:30

双层木地板双层龙骨共200厚
50厚细石混凝土找平
合成高分子卷材防水20厚
素水泥浆结合层一道
混凝土底板200厚内配Φ14@200双向双层钢筋网
C10素混凝土垫层
素土夯实

100 200 400 200 100
900

⑥/16 1:20

双层木地板双层龙骨共200厚
50厚细石混凝土找平
合成高分子卷材防水20厚
素水泥浆结合层一道
混凝土底板200厚内配Φ14@200双向双层钢筋网
C10素混凝土垫层
素土夯实

100 200 700 200 100
900

D 1/D

⑦/16 1:20

单层木地板双层龙骨共200厚
20厚1:3水泥砂浆找平
合成高分子卷材防水20厚
素水泥浆结合层一道
混凝土底板200厚内配Φ14@200双向双层钢筋网
C10素混凝土垫层
素土夯实

±0.000

圈梁240×300纵筋4Φ12箍筋Φ6@200

⑩

20厚花岗石面层白水泥浆擦缝
30厚干硬性水泥砂浆
素水泥浆结合层一道
20厚1:3水泥砂浆找平
C10素混凝土垫层
150厚3:7灰土
素土夯实

C

300 300 300 300 300

C

灰土3:7厚150 240 500

⑧/05 1:30

20厚花岗石面层白水泥浆擦缝
撒素水泥面
30厚1:3干硬性水泥砂浆结合层
素水泥浆结合层一道
80厚C10混凝土
150厚3:7灰土
素土夯实

-1.000 -1.050

-1.050

灰土3:7厚150 240 500

⑨/05 1:30

浅褐色仿花岗石贴面

面层详单项设计
100厚C15混凝土
300厚3:7灰土垫层
素土夯实

D详平面宽度
D

C15混凝土压顶现浇

C 1:30

60 370 60

工程名称	体育馆
图纸内容	节点详图(三)
图纸编号	建施-39

263

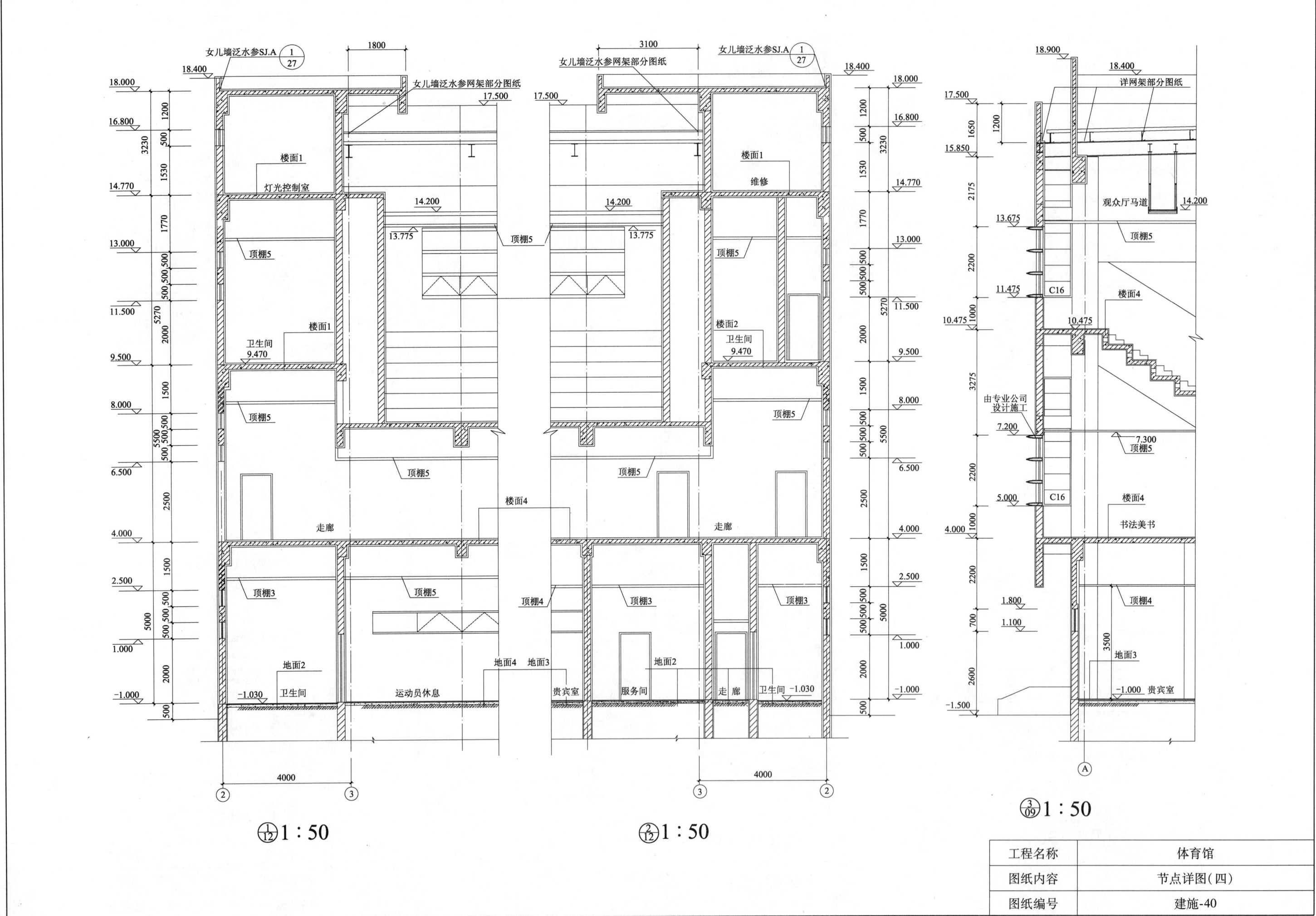

女儿墙泛水参SJ.A ①/27

18.400

女儿墙泛水参网架部分图纸

女儿墙泛水参网架部分图纸

女儿墙泛水参SJ.A ①/27

18.400

18.000
16.800
17.500
17.500
18.000
16.800

楼面1

楼面1

灯光控制室

维修

14.200
13.775
顶棚5
14.200
13.775
顶棚5

顶棚5

顶棚5

楼面1

楼面2

卫生间
9.470

卫生间
9.470

顶棚5

顶棚5

顶棚5

顶棚5

楼面4

走廊

走廊

顶棚5

顶棚4

顶棚3

顶棚5

顶棚3

顶棚3

地面4 地面3

地面2

地面2

地面4

-1.030 卫生间

运动员休息

贵宾室

服务间

走廊

卫生间 -1.030

4000

② ③

③ ②

12 1:50

12 1:50

18.900
18.400

详网架部分图纸

17.500
15.850

观众厅马道

14.200

13.675

顶棚5

11.475

C16

楼面4

10.475

10.475

由专业公司
设计施工

7.200

7.300
顶棚5

5.000

C16

楼面4

书法美书

1.800
1.100

顶棚4

地面3

-1.000 贵宾室

-1.500

Ⓐ

3/09 1:50

工程名称	体育馆
图纸内容	节点详图(四)
图纸编号	建施-40

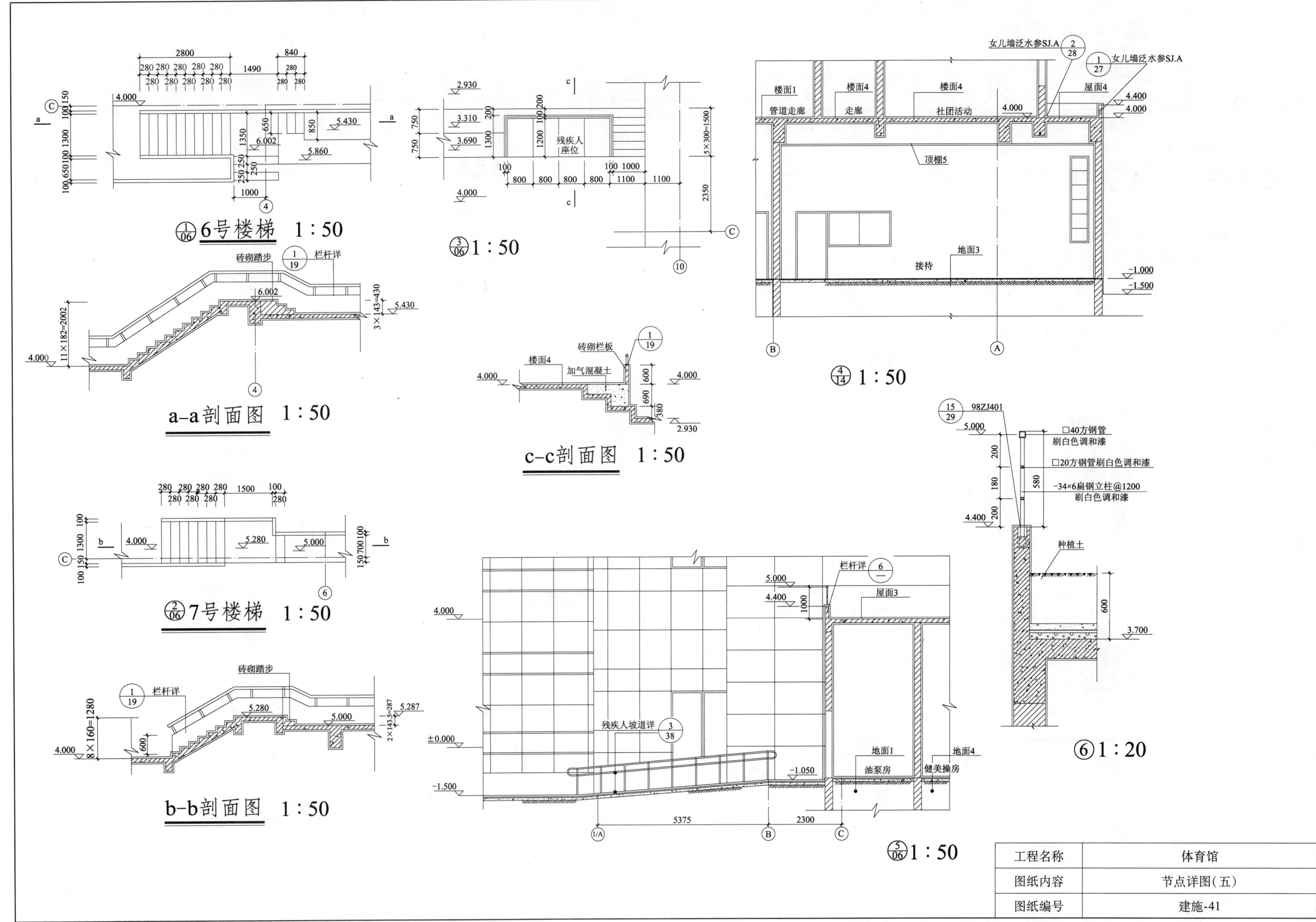

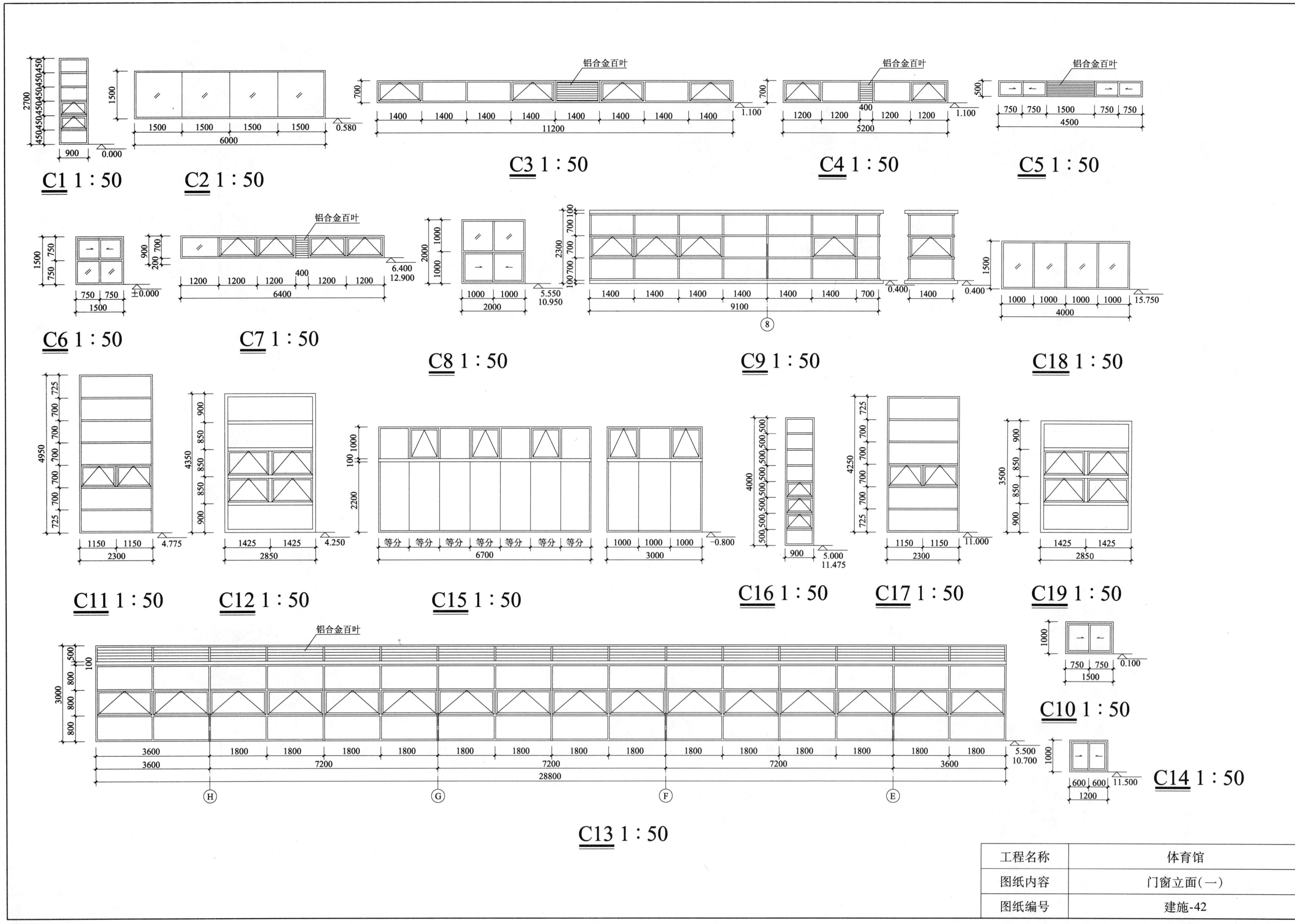

C1 1：50

C2 1：50

C3 1：50

C4 1：50

C5 1：50

C6 1：50

C7 1：50

C8 1：50

C9 1：50

C18 1：50

C11 1：50

C12 1：50

C15 1：50

C16 1：50

C17 1：50

C19 1：50

C10 1：50

C14 1：50

C13 1：50

铝合金百叶

工程名称	体育馆
图纸内容	门窗立面(一)
图纸编号	建施-42

266

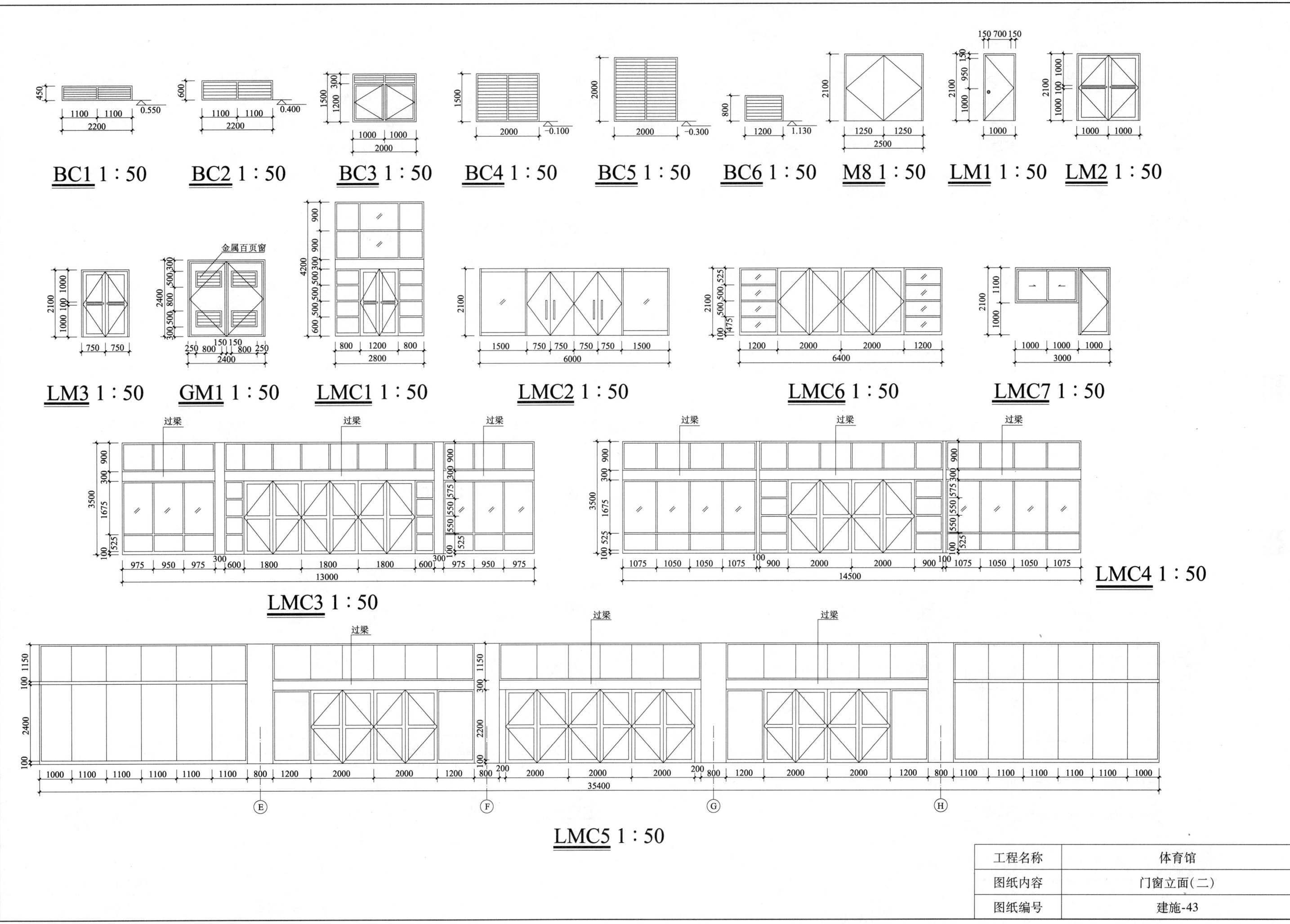

BC1 1:50 　BC2 1:50 　BC3 1:50 　BC4 1:50 　BC5 1:50 　BC6 1:50 　M8 1:50 　LM1 1:50 　LM2 1:50

LM3 1:50 　GM1 1:50 　LMC1 1:50 　LMC2 1:50 　LMC6 1:50 　LMC7 1:50

LMC3 1:50

LMC4 1:50

LMC5 1:50

金属百页窗

过梁

工程名称	体育馆
图纸内容	门窗立面(二)
图纸编号	建施-43

267

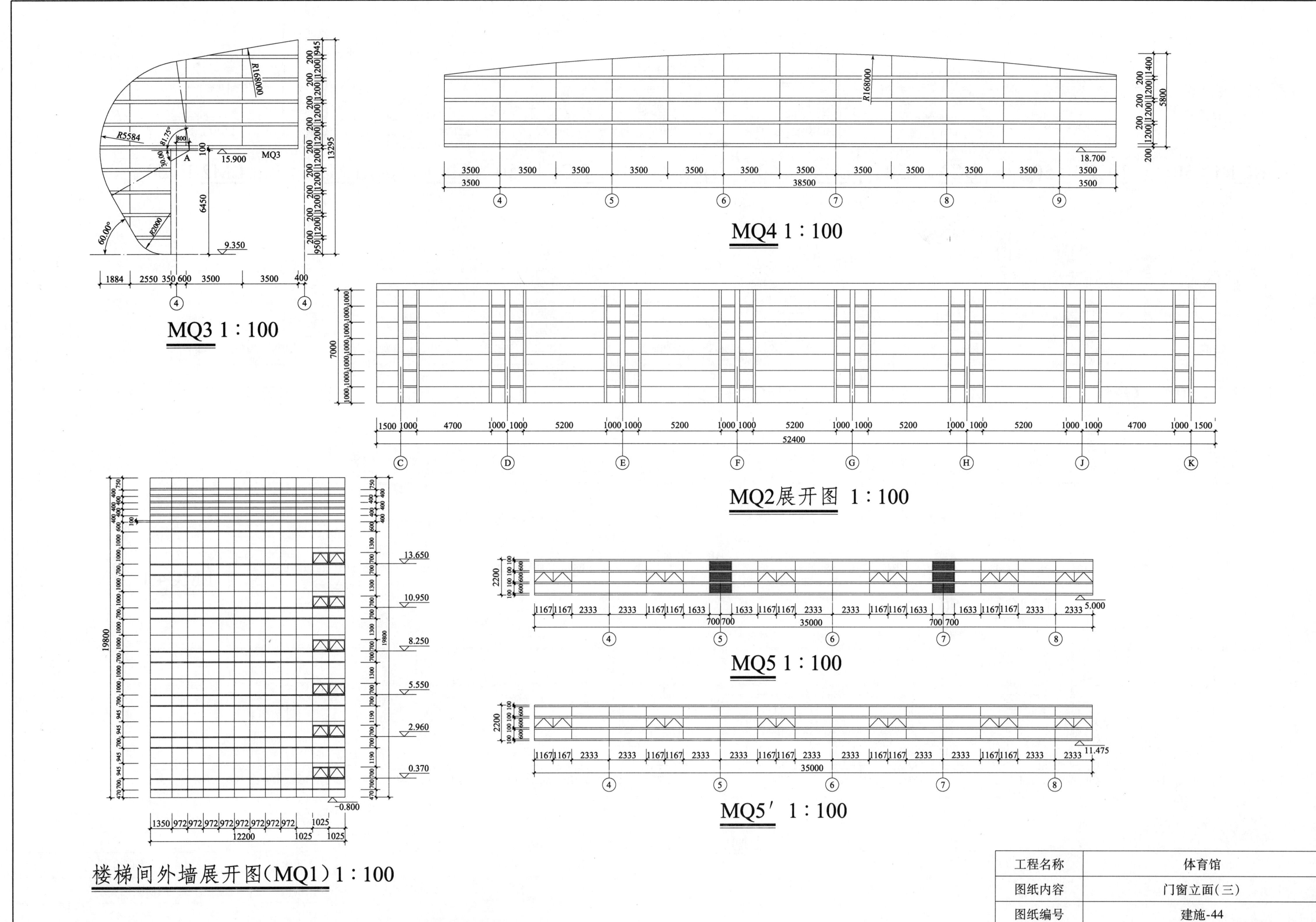

MQ3 1：100

MQ4 1：100

MQ2展开图 1：100

MQ5 1：100

MQ5′ 1：100

楼梯间外墙展开图（MQ1）1：100

工程名称	体育馆
图纸内容	门窗立面(三)
图纸编号	建施-44

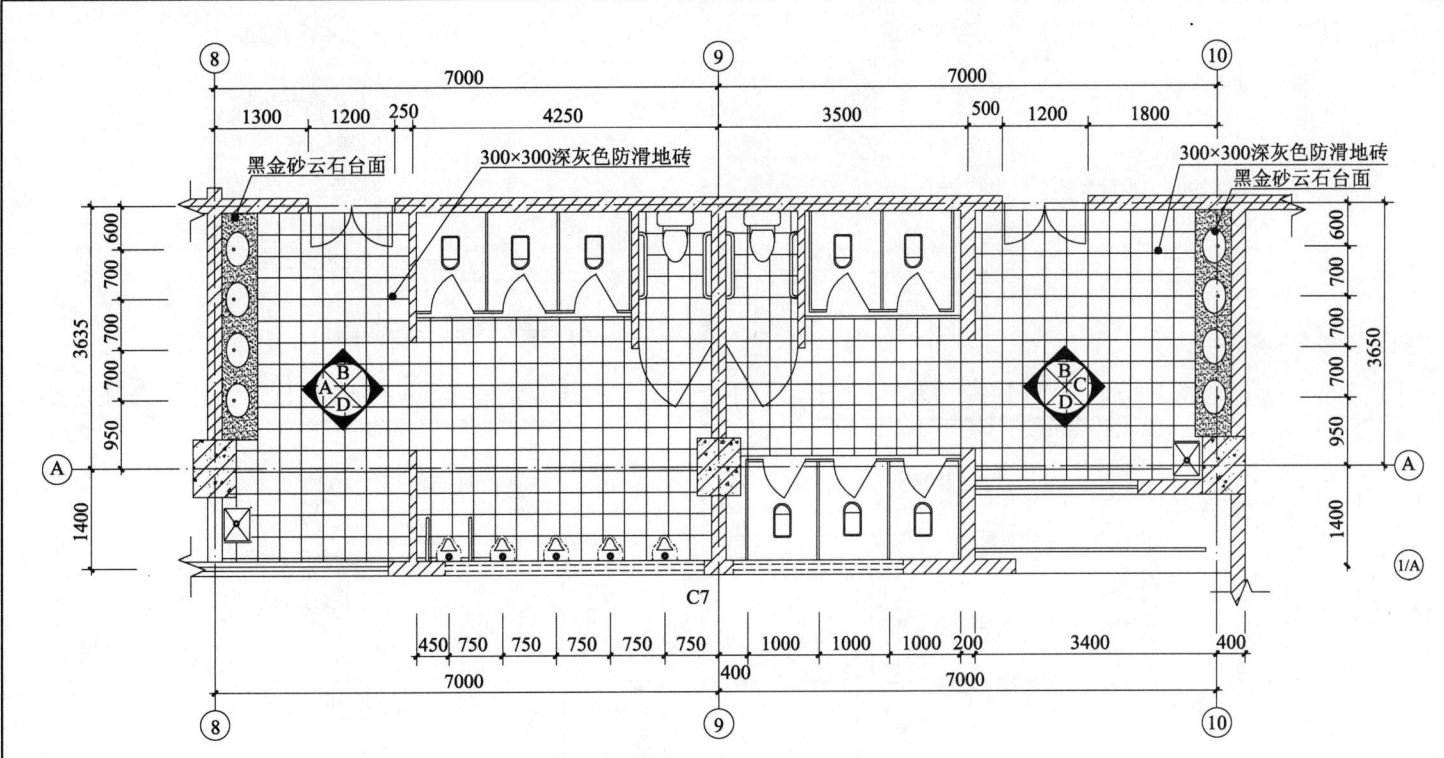

黑金砂云石台面
300×300深灰色防滑地砖
300×300深灰色防滑地砖
黑金砂云石台面

6号卫生间地面装修详图 1:50

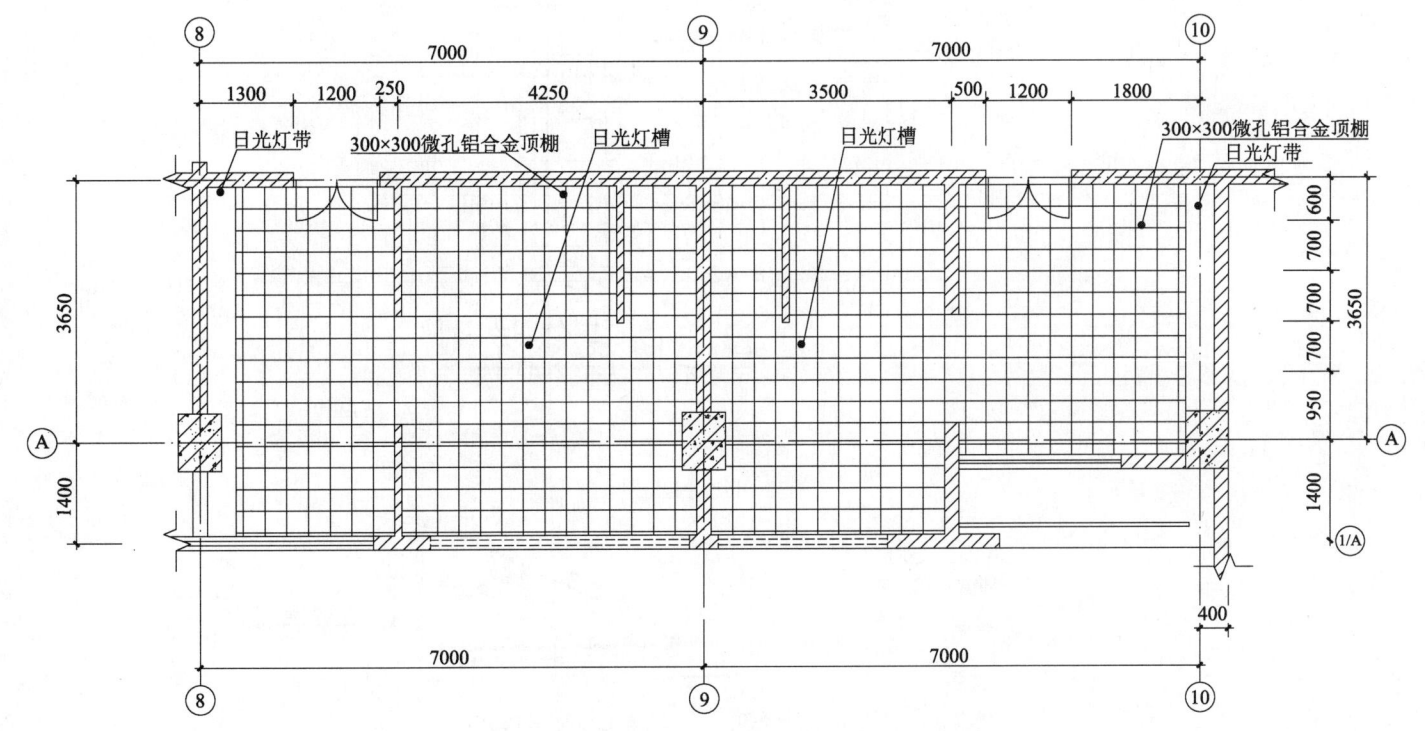

日光灯带
300×300微孔铝合金顶棚
日光灯槽
日光灯槽
300×300微孔铝合金顶棚
日光灯带

6号卫生间吊顶装修详图 1:50

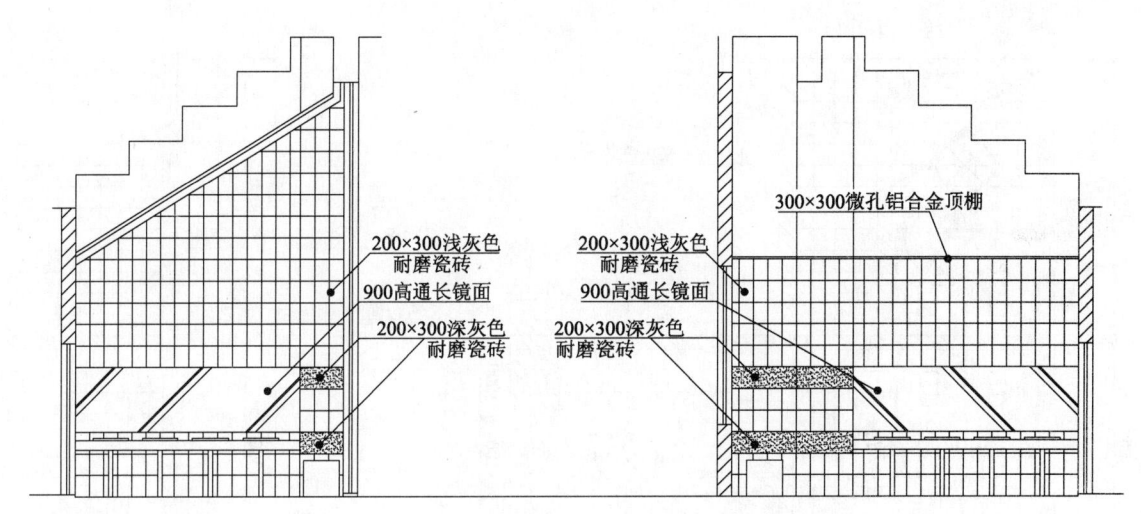

200×300浅灰色
耐磨瓷砖
900高通长镜面
200×300深灰色
耐磨瓷砖

300×300微孔铝合金顶棚
200×300浅灰色
耐磨瓷砖
900高通长镜面
200×300深灰色
耐磨瓷砖

C立面装修详图 1:50   A立面装修详图 1:50

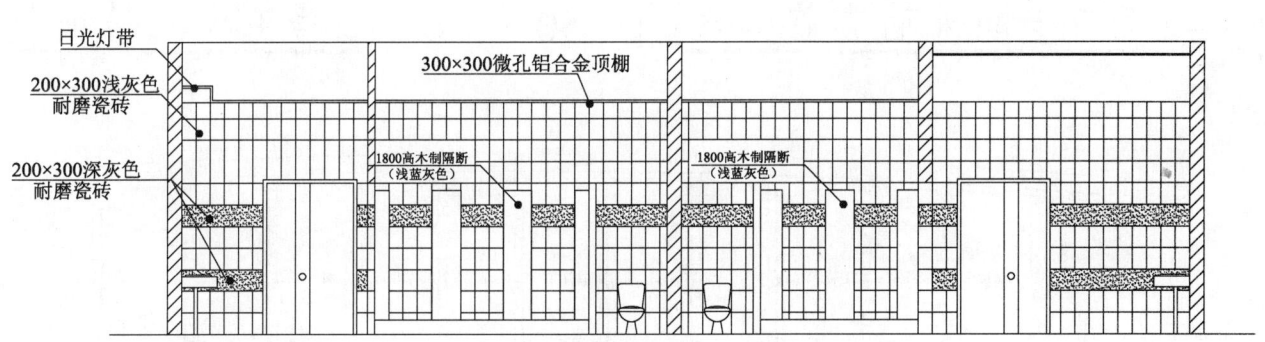

日光灯带
200×300浅灰色
耐磨瓷砖
200×300深灰色
耐磨瓷砖
300×300微孔铝合金顶棚
1800高木制隔断
(浅蓝灰色)
1800高木制隔断
(浅蓝灰色)

B立面装修详图 1:50

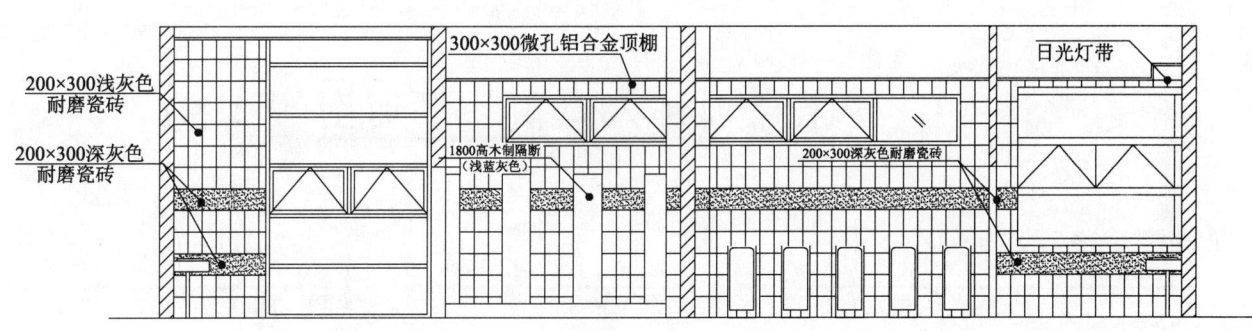

200×300浅灰色
耐磨瓷砖
200×300深灰色
耐磨瓷砖
300×300微孔铝合金顶棚
1800高木制隔断
(浅蓝灰色)
200×300深灰色耐磨瓷砖
日光灯带

D立面装修详图 1:50

工程名称	体育馆
图纸内容	卫生间装修详图(一)
图纸编号	建施-45

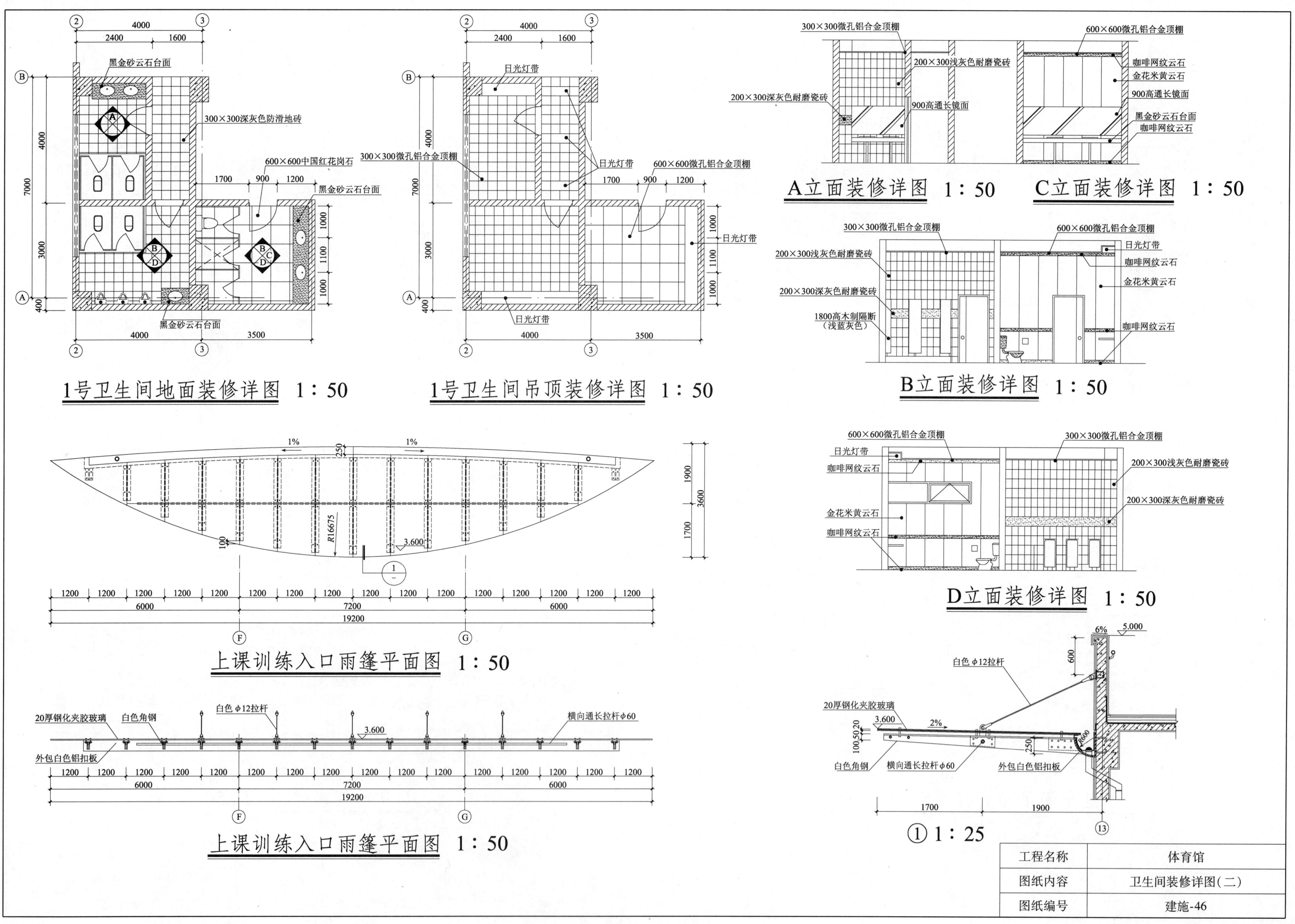

黑金砂云石台面
300×300深灰色防滑地砖
600×600中国红花岗石
黑金砂云石台面
黑金砂云石台面

1号卫生间地面装修详图 1：50

日光灯带
300×300微孔铝合金顶棚
600×600微孔铝合金顶棚
日光灯带
日光灯带

1号卫生间吊顶装修详图 1：50

300×300微孔铝合金顶棚
200×300浅灰色耐磨瓷砖
200×300深灰色耐磨瓷砖
900高通长镜面
600×600微孔铝合金顶棚
咖啡网纹云石
金花米黄云石
900高通长镜面
黑金砂云石台面
咖啡网纹云石

A立面装修详图 1：50   **C立面装修详图 1：50**

300×300微孔铝合金顶棚
600×600微孔铝合金顶棚
200×300浅灰色耐磨瓷砖
日光灯带
咖啡网纹云石
200×300深灰色耐磨瓷砖
金花米黄云石
1800高木制隔断
（浅蓝灰色）
咖啡网纹云石

B立面装修详图 1：50

600×600微孔铝合金顶棚
300×300微孔铝合金顶棚
日光灯带
咖啡网纹云石
200×300浅灰色耐磨瓷砖
金花米黄云石
200×300深灰色耐磨瓷砖
咖啡网纹云石

D立面装修详图 1：50

1%   1%
R16675
3.600

上课训练入口雨篷平面图 1：50

20厚钢化夹胶玻璃
白色角钢
白色φ12拉杆
3.600
横向通长拉杆φ60
外包白色铝扣板

上课训练入口雨篷平面图 1：50

6%   5.000
白色φ12拉杆
20厚钢化夹胶玻璃
3.600   2%
白色角钢
横向通长拉杆φ60
外包白色铝扣板

① 1：25

工程名称	体育馆
图纸内容	卫生间装修详图(二)
图纸编号	建施-46

6.3 结构施工图

结构设计说明（一）

一、设计依据

1. 审批文件、建设单位要求，详见建施图。

2. 国家现行结构设计规范、规程。

3. 国家行业标准及地方结构设计规范、规程。

4. 建筑专业和设备专业提供的设计条件。

5. 岩土工程勘察报告：深圳市协鹏工程勘察有限公司 2001 年 4 月提供的《深圳职业技术学院综合体育馆场地岩土工程详细勘察报告》。

二、自然条件

1. 工程所在地：深圳职业技术学院内。

2. 基本风压：$W_0 = 0.77 \text{kN/m}^2$。

3. 地震基本烈度：7 度。

4. 建筑场地类别：Ⅱ 类。

5. 勘测期间地下水稳定水位为绝对标高见岩土工程勘察报告。

6. 地下水腐蚀性：对钢筋混凝土结构具弱腐蚀性。

7. 场地的地形、地貌、工程地质特性详见《岩土工程勘察报告》。

三、设计概要

1. 建筑物概况：本建筑物为综合体育馆。

2. 图中所注标高均为相对标高。

3. 抗震建筑类别：丙类。

4. 结构类型：钢筋混凝土框架、屋面网架钢结构。

5. 抗震设防烈度：7 度。

6. 结构抗震等级：2 级。

7. 基础形式为高强预应力混凝土管桩。

8. 荷载标准值：

(1) 看台：3.5kN/m²   走廊、门厅、楼梯：3.5kN/m²

阳台：2.5kN/m²   设备机房：8kN/m²

厕所：2.5kN/m²   茶室：2.0kN/m²

乒乓球室、时装表演训练场地：3.5kN/m²

书法美术室、琴房、社团活动室、办公室：2.0kN/m²

上人屋面：1.5kN/m²   不上人屋面：0.3kN/m²

(2) 其他均布活荷载标准值按《建筑结构荷载规范》GB 50009—2001 取值。

9. 施工图表示方法和构造详图，采用国家标准 00G101 图集。

10. 平面布置图中，除有注明者外，梁、墙、柱均以轴线居中，或梁边与柱、墙边齐；斜梁、弧梁以轴线交点连线为中线；梁长以实际放样尺寸为准。

11. 图中标高以米（m）为单位，其余均以毫米（mm）为单位。

四、材料

1. 钢筋：

HPB235 级钢筋φ $f_y = 210 \text{N/mm}^2$

HRB335 级钢筋φ $f_y = 310 \text{N/mm}^2$

2. 型钢、钢板：详钢结构设计说明。

3. 焊条：E43（3 号钢，HPB235 级钢筋的焊接）；E50（HPB235 级钢筋，HPB235 级钢筋与 HRB335 级钢筋的焊接）。

4. 混凝土强度等级除特别注明外均为 C30。

5. 砌体材料与强度等级：

(1) 砌体材料，详建施图。

(2) 砌体材料密度及强度等级若采用下述材料时，其密度限制及强度等级要求如下：

① 砌块砌体：密度不大于 10kN/m³，材料强度 MU5，用 M5.0 混合砂浆砌筑。

② 地下停车库，设备房间内的隔墙用 MU7.5 黏土实心砖 M5.0 水泥砂浆砌筑，其他用 MU5.0 水泥空心砌块，M5.0 混合砂浆砌筑。

③ 地面以下墙体均用 M5.0 水泥砂浆砌筑。

五、施工与设计配合事宜

1. 图纸会审：

施工前必须进行图纸会审，结施与建筑、水施、设施、电施密切相关，必须与这些专业图纸对照核查，如有问题，在施工前解决。

2. 基础：

(1) 地基基础：详基础图纸。

(2) 隔墙基础大样见结施-02 图 1。

3. 框架柱：

(1) 保证柱、梁节点核心区混凝土强度和密实度。当墙、柱和梁的混凝土强度等级相差大于 5MPa 时，节点区混凝土按强度等级高的混凝土施工，分界面应在墙、柱外边 500mm 处，如结施-02 图 2 所示。

(2) 当柱与砌体墙相连时，应沿柱高设拉墙筋 2φ6@600（砖墙时 2φ6@500），拉墙筋伸入柱内 250mm，伸出柱边 $l \geq 700 \text{mm}$ 及 $l \geq 1/5$ 墙长中较大者，或至门窗洞边拉墙筋末端带弯钩，如结施-02 图 3 所示。

4. 梁：

(1) 对跨度 $l \geq 4\text{m}$ 或悬挑梁跨 $l \geq 2\text{m}$ 的梁支模时，应按施工规范 3/1000 要求起拱。

(2) 悬挑梁必须在混凝土强度达到 100% 后方可拆模，在施工期间不得悬挂或堆放材料。悬挑梁配筋构造示意见结施-02 图 4。

(3) 交叉梁（井字梁）体系中，短跨梁底筋置于长跨梁底筋之下。

(4) 梁中预留直径φ≤150 的圆洞，要设钢套管及加强筋，见结施-02 图 5。

(5) 框架梁纵筋在端节点水平锚固长度小于 $0.45 l_{aE}$ 时，按结施-02 图 6 加横向短筋。

(6) 屋面反梁，阻挡屋面排水时，在梁内排水标高预埋φ50 过水管，上反梁纵筋在托梁内锚固见结施-02 图 7。

(7) 托梁端节点为梁时，其纵向钢筋的锚固要求见结施-02 图 8。

(8) 主次梁相交处，图中未特别另加附加筋的，主梁上的附加筋大样详见结施-02 图 9。

(9) 梁高不小于 450mm 时，需加梁侧纵向钢筋，做法参国标 03G101。

(10) 当次梁高度大于主梁时，附加筋构造见结施-02 图 22。

5. 楼层（屋面）板：

工程名称	体育馆
图纸内容	结构设计说明(一)
图纸编号	结施-01

（1）板中分布钢筋除注明外，上下层分布筋均为Φ6@200。

（2）板配筋图中所注支座钢筋长度均从梁边算起见结施-02 图 10，板支座钢筋的锚固，见结施-02 图 11。

（3）板内预埋管要放在上、下层钢筋网之间，若埋管处上面无钢筋时，则沿管长方向加设Φ6@150 的钢筋网，见结施-02 图 12。

（4）板面钢筋要保证正确位置，不能塌落在挑板的阳角处设放射筋，见结施-02 图 13。

（5）板跨 $l > 4m$ 情况下，支模时，跨中起拱 1/400。

（6）板上预留洞口：

a）洞口尺寸小于 300mm 时，钢筋不切断，绕洞口通过；

b）300mm ≤ 洞口尺寸 ≤ 800mm 时，按结施-02 图 14 设加强筋；

c）洞口尺寸大于 800mm 时，加边梁。除图中注明者外，按结施-02 图 15 设边梁。

（7）凡建施有吊顶时，均按建施要求，埋设吊顶钢筋。

（8）双向配置受力筋的双向板，短向筋置于长向筋之下。

6. 构造柱：

（1）构造柱设置在砌筑墙体的端部、转角、丁字接头处，以及宽度大于 2.5m 的门窗洞口两侧，当墙长大于 6m 时，需每隔 3m 设一构造柱。

（2）构造柱必须先砌墙后浇柱，墙应砌成马牙槎，并设拉墙筋。

（3）构造柱截面、配筋及拉墙筋见结施-02 图 16，构造柱上下纵筋须锚入梁或板内大于 350mm，按建施隔墙布置预留。

7. 圈梁：

（1）当砌体墙高度大于 4m 时，在墙中部（或门、窗洞顶）设置。与混凝土柱、墙连接的通长混凝土圈梁，见下表：

圈梁尺寸及配筋

墙厚 t（mm）	梁截面尺寸（mm）	纵 筋	箍 筋	备 注
t ≤ 120	t × 120	4Φ10	Φ6@200	
120 < t ≤ 240	t × 200	4Φ12	Φ6@200	
t > 240	t × 300	4Φ14	Φ6@200	

（2）圈梁纵向钢筋在转角、丁字接头处的大样见结施-02 图 17。

8. 过梁：

（1）砌体墙中的门窗洞口顶低于楼层梁底时，依据洞宽和墙厚，按结施-02 图 18 及下表选设过滤。

过梁表（混凝土强度等级为 C20）

L_0（mm）	h（mm）	a（mm）	①	②	③
L_0 ≤ 1000	120	240	2Φ10	2Φ8	Φ6@200
1000 < L_0 ≤ 1500	180	240	2Φ12	2Φ10	Φ6@200
1500 < L_0 ≤ 2000	240	240	2Φ16	2Φ10	Φ6@200
2000 < L_0 ≤ 2500	240	240	2Φ18	2Φ10	Φ6@200
2500 < L_0 ≤ 3000	300	350	3Φ16	2Φ10	Φ8@200
3000 < L_0 ≤ 4000	300	350	3Φ18	2Φ10	Φ8@200

（2）砌体墙中的门窗洞口顶低于梁底高度而不足过梁高度时，应直接在梁底挂板，见结施-02 图 19。

（3）对于混凝土柱、墙边的门、窗洞口的过梁，施工柱、墙时，应留出过梁钢筋，见结施-02 图 20。

9. 混凝土保护层最小厚度见下表：

混凝土保护层最小厚度（mm）

构 件 类 型		混凝土强度等级
		C25 及 C30
±0.000 以上	墙、板	15
	梁、柱	25
±0.000 以下	墙、板	25
	梁、柱	35
	承台	50

10. 电梯井道、机房的预埋件、预留洞、设备基础及荷载等在主体施工前建设方应提供准确到货资料，由施工单位及设计单位核对无误后方可施工。

11. 本工程设后浇带，后浇带处钢筋贯通不切断，30 天后用比原设计强度高一级无收缩混凝土浇筑，浇筑前应清除浮浆。酥松部分及杂物并冲洗干净，浇筑后潮湿养护不少于 15 天，后浇带位置见图中所注，做法见结施-02 图 21。

12. 后浇带处的模板及支撑，应在后浇带浇完并达到设计强度后方可拆除。

六、其他事宜

1. 结施图中仅留出了各专业提供的较大洞口，较小洞口请按各专业图纸要求预留，不得事后在混凝土构件上剔槽、打洞。

2. 凡需浇捣楼板的各管道井，在楼面施工时，应先配好板钢筋，待管道安装完毕，再浇筑该部分楼板混凝土。

3. 楼梯栏杆的连接及埋件详建施图。

4. 铝制管道不允许埋在混凝土构件内，以免铝与钢筋发生电化反应。若必须用铝管，则其表面必须有有效的防护层。

5. 防雷引下线，对梁、板、柱（或墙）、基础内钢筋的焊接要求，详电施图。

6. 沉降观测：按《地基与基础工程施工及验收规范》GBJ 202—83。要求设置沉降观测点（及水准点）并定期观测，观测点至少在建筑物外墙四角及变形缝两侧设置。

7. 钢结构和网架部分详钢施图。

8. 凡混凝土构件与钢结构相交处，预埋件详钢施图。

9. 未尽事宜须遵守国家及本工程所属地区有关施工验收规范、规程和规定。

工程名称	体育馆
图纸内容	结构设计说明（一）
图纸编号	结施-01

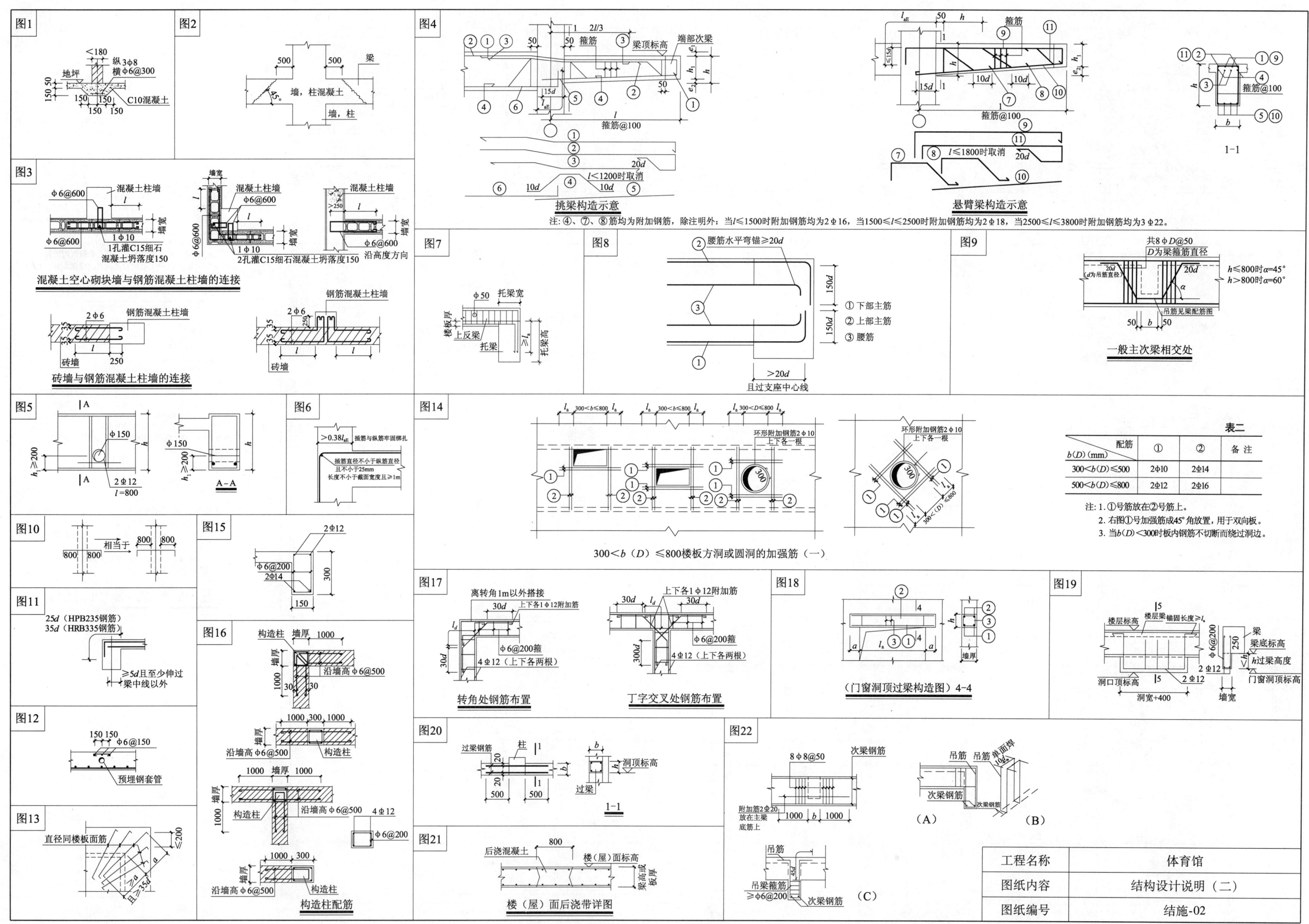

图1

图2

图3

混凝土空心砌块墙与钢筋混凝土柱墙的连接

砖墙与钢筋混凝土柱墙的连接

图4

挑梁构造示意

悬臂梁构造示意

注：④、⑦、⑧筋均为附加钢筋，除注明外：当l≤1500时附加钢筋均为2Φ16，当1500≤l≤2500时附加钢筋均为2Φ18，当2500≤l≤3800时附加钢筋均为3Φ22。

1-1

图5

图6

图7

图8

腰筋水平弯锚≥20d

①下部主筋
②上部主筋
③腰筋

图9

一般主次梁相交处

图10

图11

25d（HPB235钢筋）
35d（HRB335钢筋）

图12

预埋钢套管

图13

直径同楼板面筋

图14

表二

	配筋	①	②	备注
b(D)(mm)				
300<b(D)≤500		2Φ10	2Φ14	
500<b(D)≤800		2Φ12	2Φ16	

注：1. ①号筋放在②号筋上。
2. 右图①号加强筋成45°角放置，用于双向板。
3. 当b(D)<300时板内钢筋不切断而绕过洞边。

300<b(D)≤800楼板方洞或圆洞的加强筋（一）

图15

图16

构造柱配筋

图17

转角处钢筋布置

丁字交叉处钢筋布置

图18

（门窗洞顶过梁构造图）4-4

图19

图20

1-1

图21

楼（屋）面后浇带详图

图22

（A）

（B）

（C）

工程名称	体育馆
图纸内容	结构设计说明（二）
图纸编号	结施-02

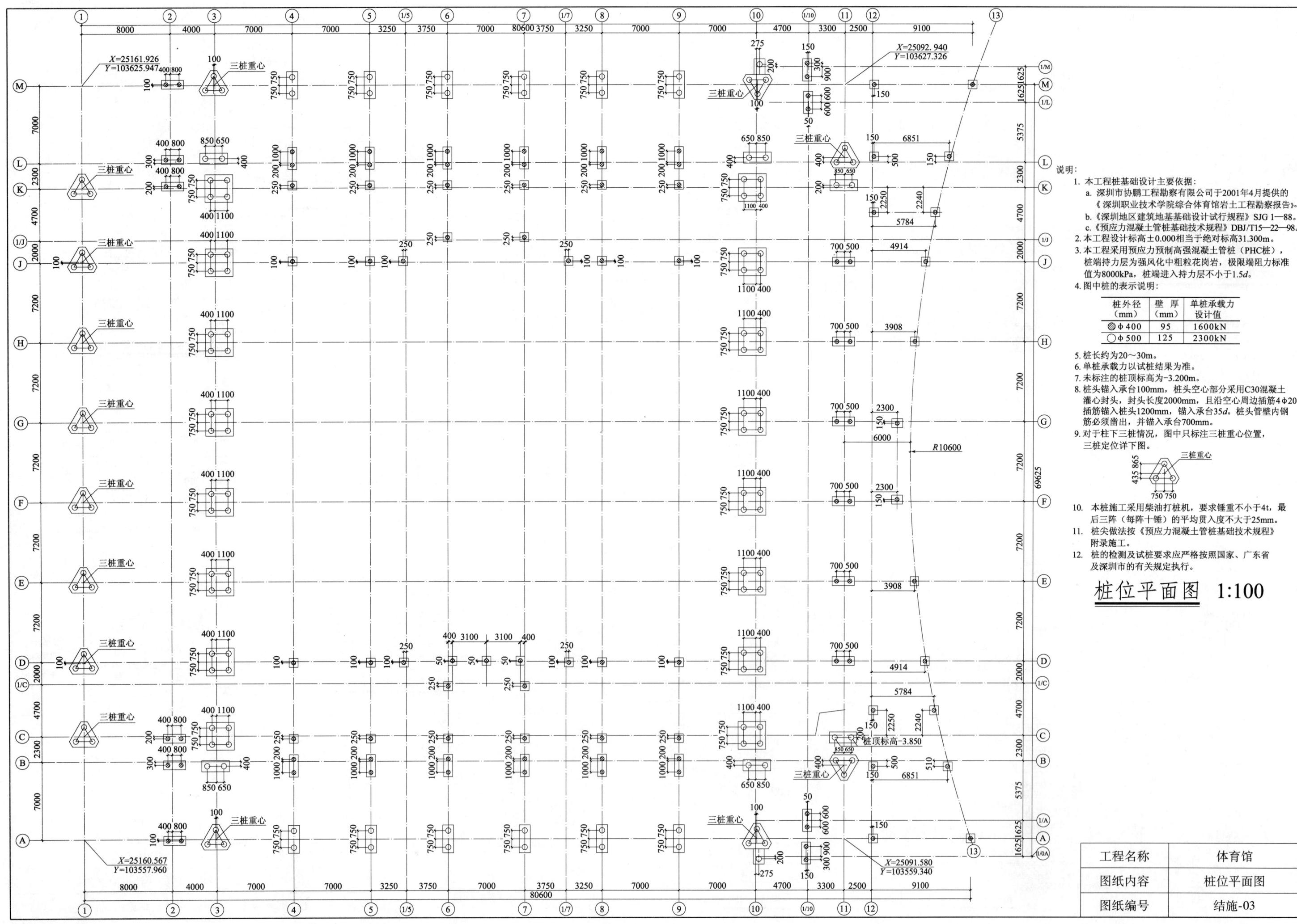

桩位平面图 1:100

说明:
1. 本工程桩基础设计主要依据:
   a. 深圳市协鹏工程勘察有限公司于2001年4月提供的《深圳职业技术学院综合体育馆岩土工程勘察报告》。
   b. 《深圳地区建筑地基基础设计试行规程》SJG 1—88。
   c. 《预应力混凝土管桩基础技术规程》DBJ/T15—22—98。
2. 本工程设计标高±0.000相当于绝对标高31.300m。
3. 本工程采用预应力预制高强混凝土管桩(PHC桩),桩端持力层为强风化中粗粒花岗岩,极限端阻力标准值为8000kPa,桩端进入持力层不小于1.5d。
4. 图中桩的表示说明:

桩外径 (mm)	壁厚 (mm)	单桩承载力设计值
◎φ400	95	1600kN
○φ500	125	2300kN

5. 桩长约为20～30m。
6. 单桩承载力以试桩结果为准。
7. 未标注的桩顶标高为-3.200m。
8. 桩头锚入承台100mm,桩头空心部分采用C30混凝土灌心封头,封头长度为2000mm,且沿空心周边插筋4φ20插筋锚入桩头1200mm,锚入承台35d。桩头管壁内钢筋必须凿出,并锚入承台700mm。
9. 对于柱下三桩情况,图中只标注三桩重心位置,三桩定位详下图。
10. 本桩施工采用柴油打桩机,要求锤重不小于4t,最后三阵(每阵十锤)的平均贯入度不大于25mm。
11. 桩尖做法按《预应力混凝土管桩基础技术规程》附录施工。
12. 桩的检测及试桩要求应严格按照国家、广东省及深圳市的有关规定执行。

工程名称	体育馆
图纸内容	桩位平面图
图纸编号	结施-03

274

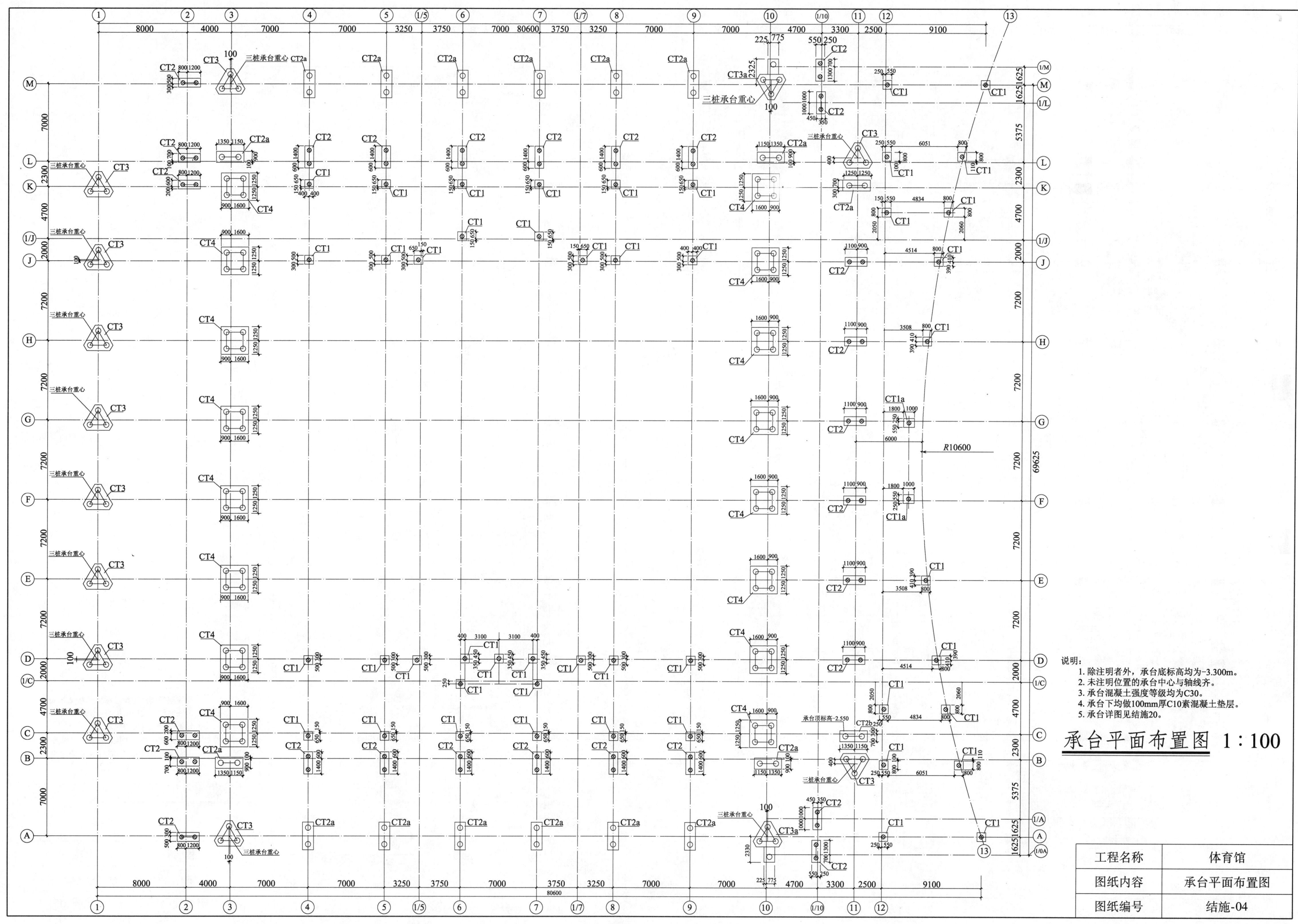

承台平面布置图 1：100

说明：
1. 除注明者外，承台底标高均为-3.300m。
2. 未注明位置的承台中心与轴线齐。
3. 承台混凝土强度等级均为C30。
4. 承台下均做100mm厚C10素混凝土垫层。
5. 承台详图见结施20。

工程名称	体育馆
图纸内容	承台平面布置图
图纸编号	结施-04

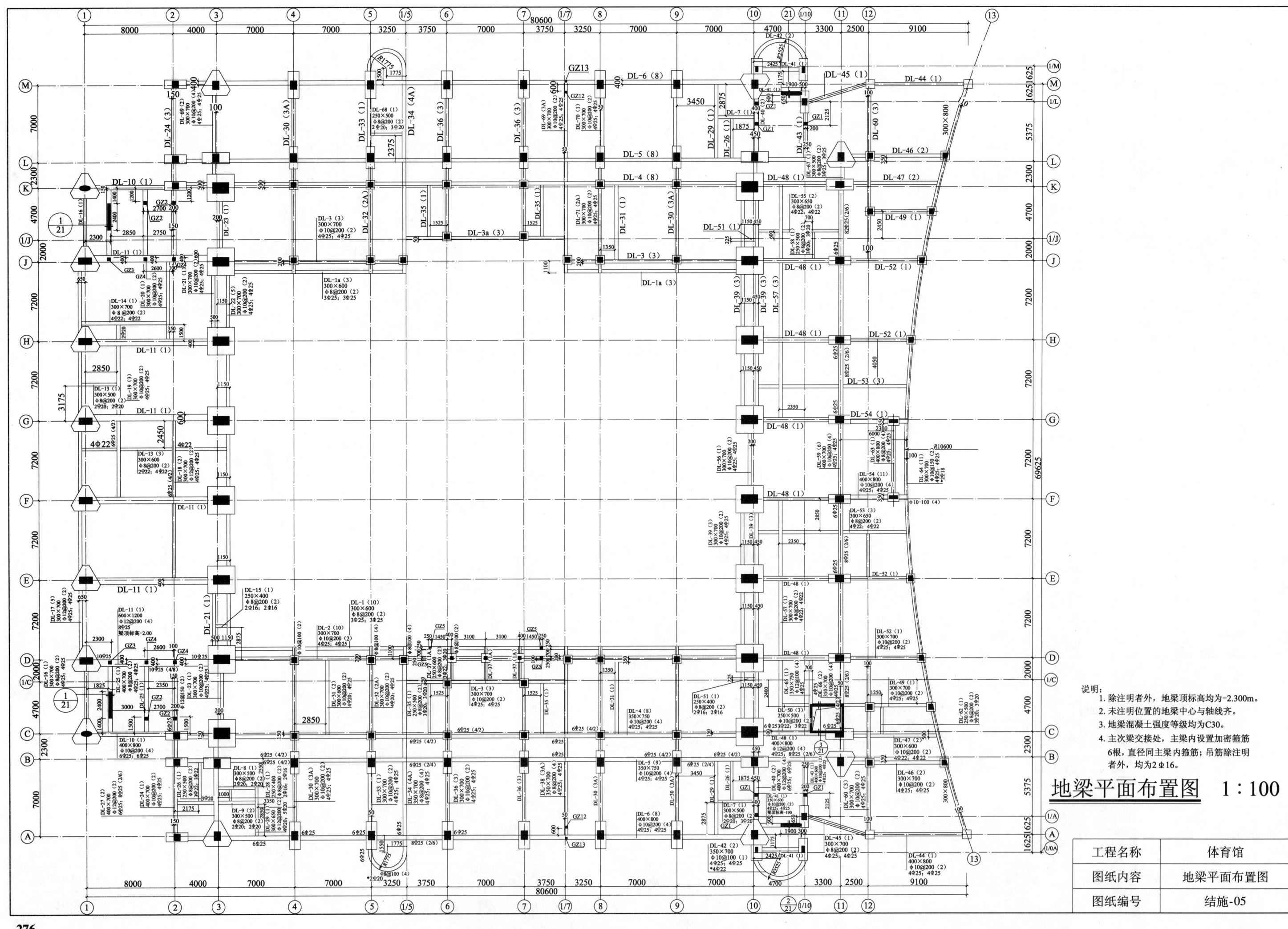

地梁平面布置图　1∶100

说明：
1. 除注明者外，地梁顶标高均为-2.300m。
2. 未注明位置的地梁中心与轴线齐。
3. 地梁混凝土强度等级均为C30。
4. 主次梁交接处，主梁内设置加密箍筋
   6根，直径同主梁内箍筋；吊筋除注明
   者外，均为2Φ16。

工程名称	体育馆
图纸内容	地梁平面布置图
图纸编号	结施-05

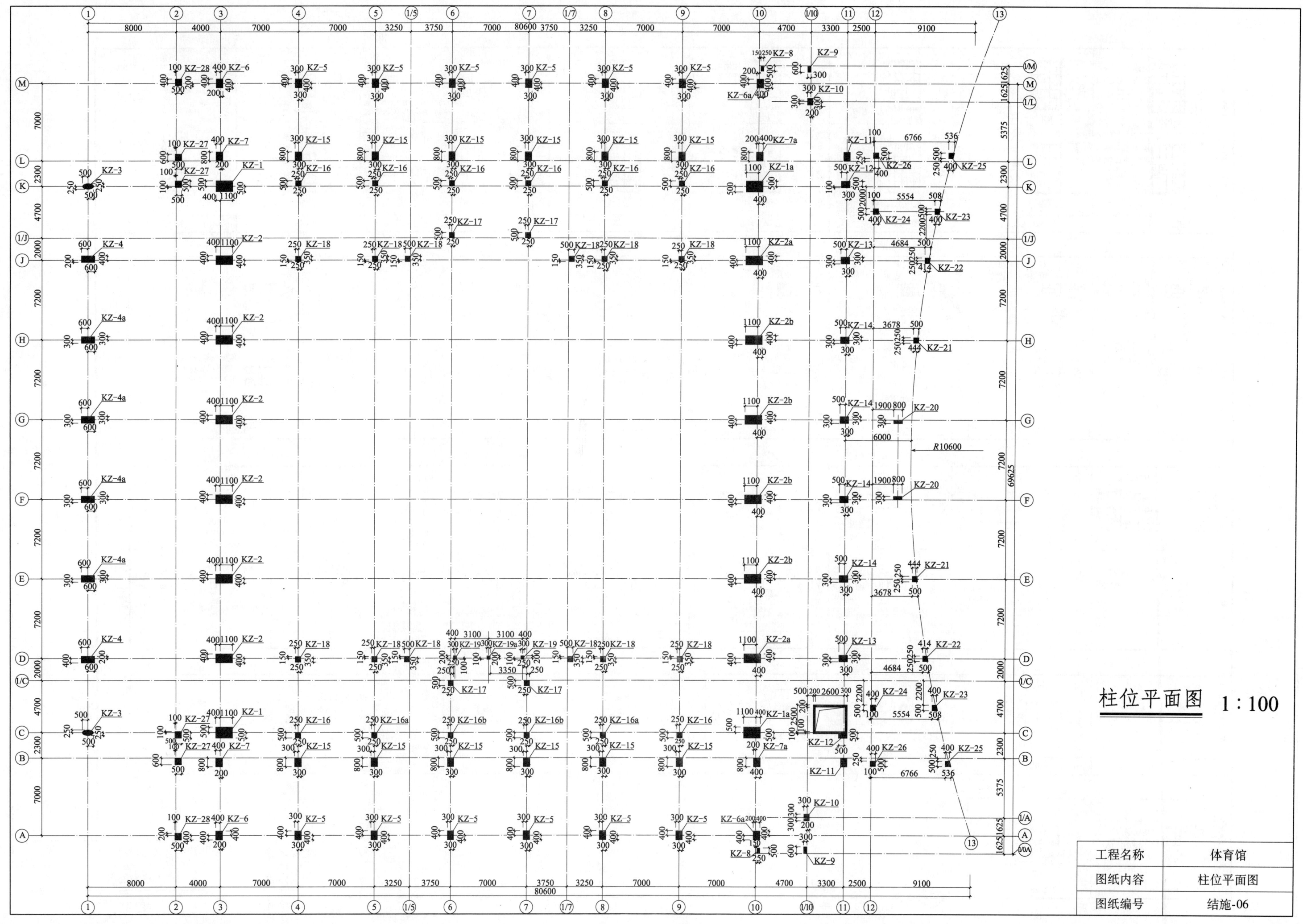

柱位平面图　1：100

工程名称	体育馆
图纸内容	柱位平面图
图纸编号	结施-06

柱 配 筋 表

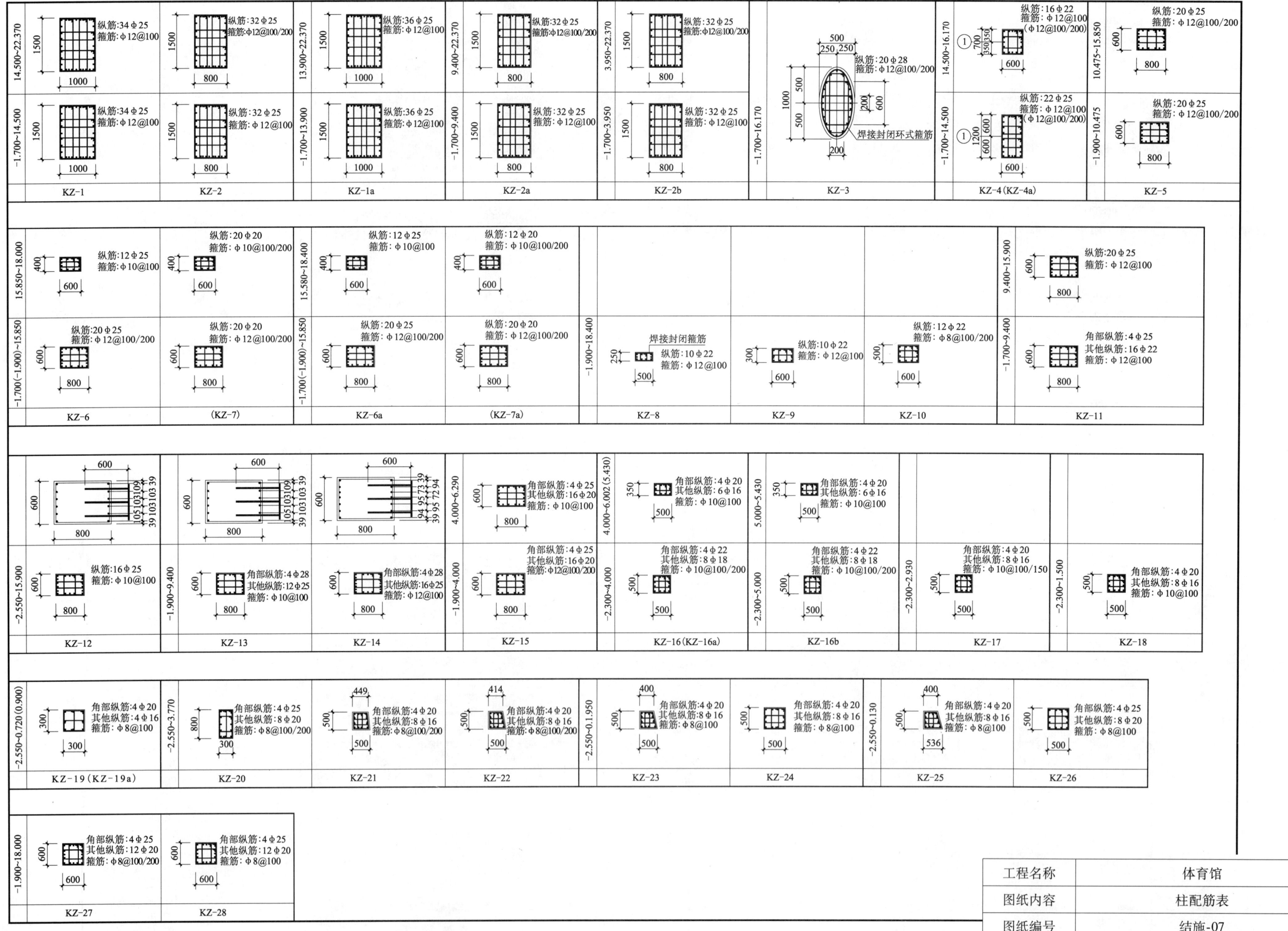

工程名称	体育馆
图纸内容	柱配筋表
图纸编号	结施-07

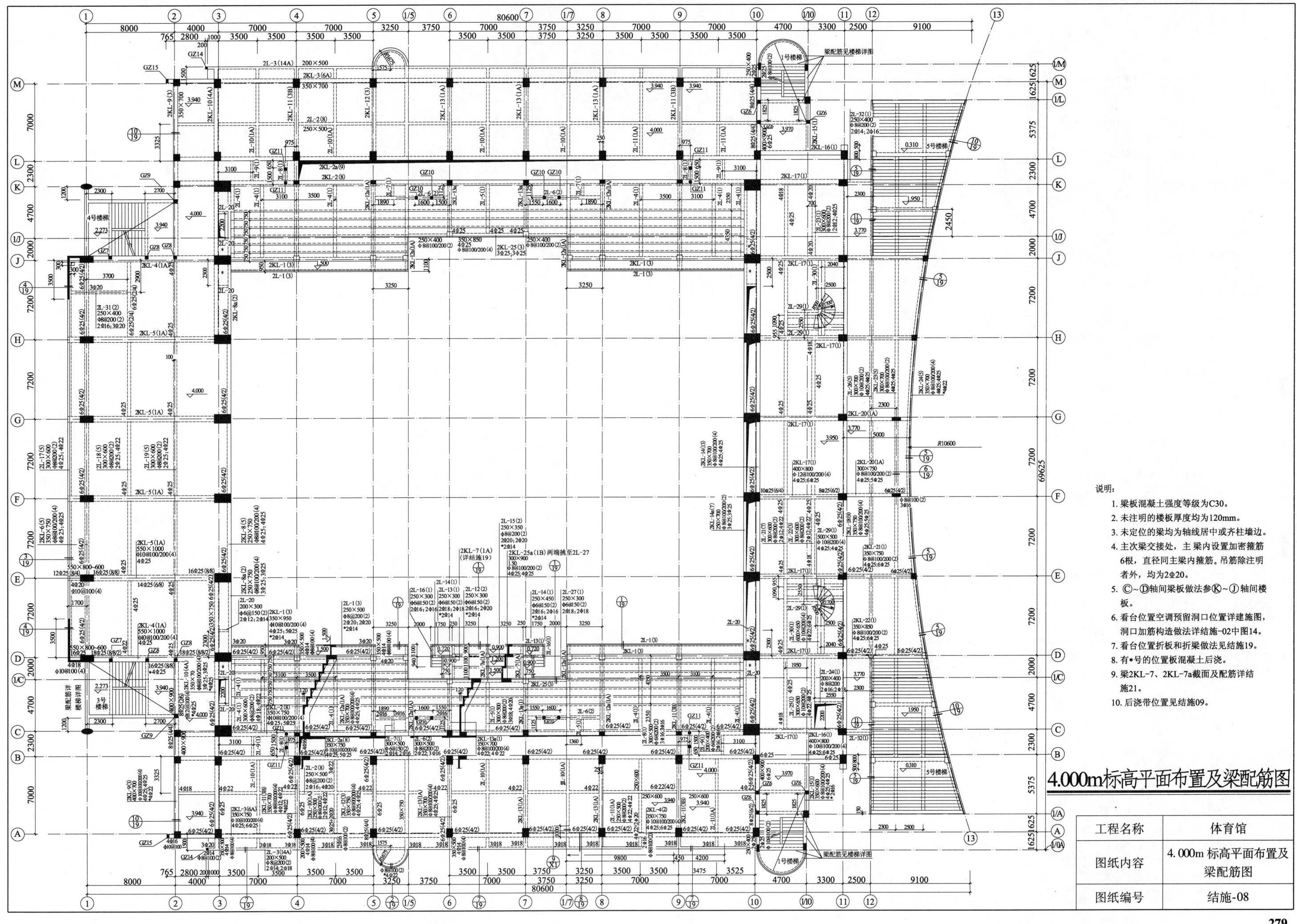

说明:
1. 梁板混凝土强度等级为C30。
2. 未注明的楼板厚度均为120mm。
3. 未定位的梁均为轴线居中或齐柱墙边。
4. 主次梁交接处,主梁内设置加密箍筋6根,直径同主梁内箍筋。吊筋除注明者外,均为2Φ20。
5. ⓒ~Ⓓ轴间梁板做法参Ⓚ~Ⓙ轴间楼板。
6. 看台位置空调预留洞口位置详建施图,洞口加筋构造做法详结施-02中图14。
7. 看台位置折板和折梁做法见结施19。
8. 有*号的位置板混凝土后浇。
9. 梁2KL-7、2KL-7a截面及配筋详结施21。
10. 后浇带位置见结施09。

4.000m标高平面布置及梁配筋图

工程名称	体育馆
图纸内容	4.000m标高平面布置及梁配筋图
图纸编号	结施-08

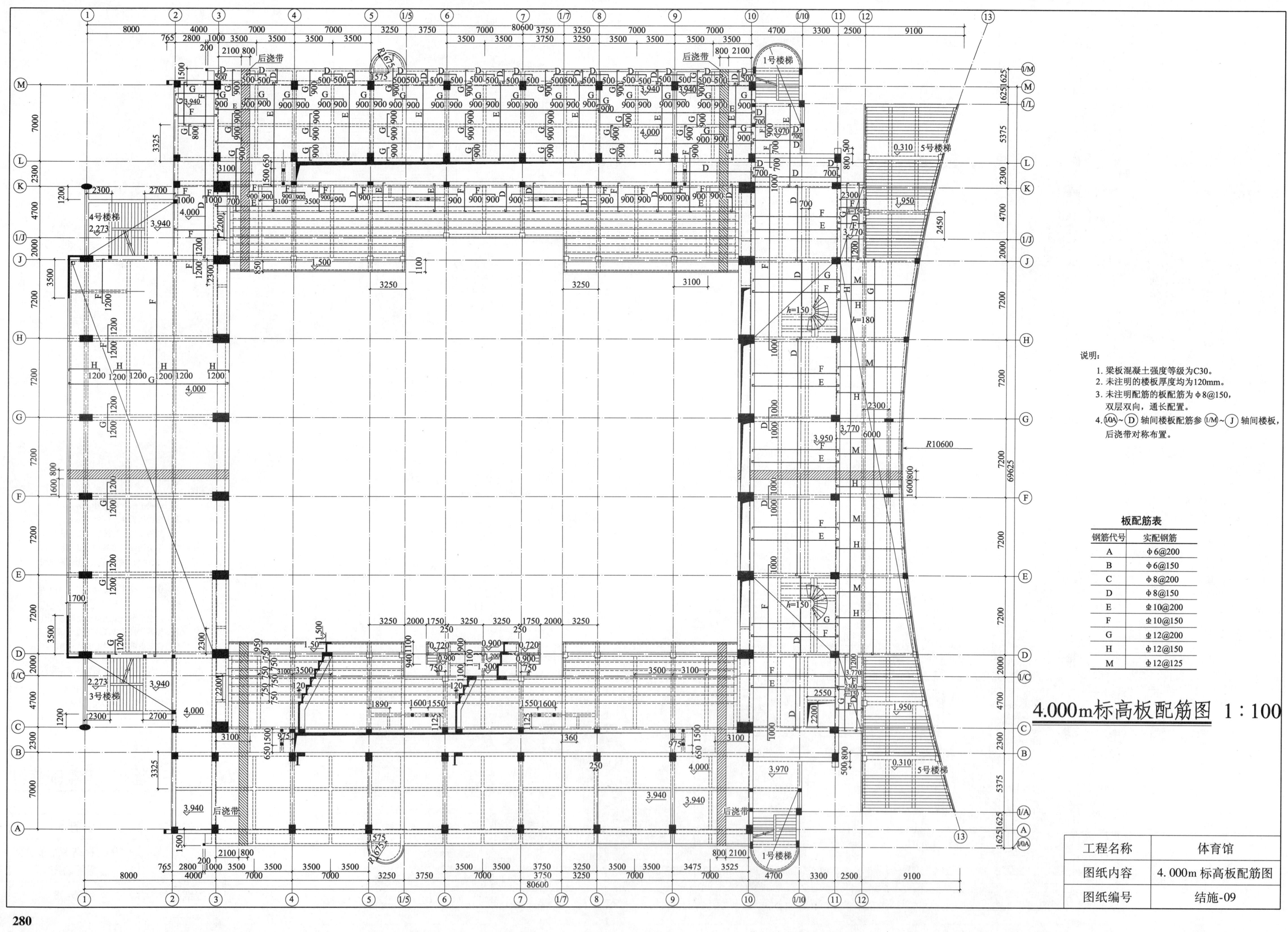

说明:
1. 梁板混凝土强度等级为C30。
2. 未注明的楼板厚度均为120mm。
3. 未注明配筋的板配筋为Φ8@150，双层双向，通长配置。
4. ①/⑩A~①/D 轴间楼板配筋参 ①/M~①/J 轴间楼板，后浇带对称布置。

板配筋表

钢筋代号	实配钢筋
A	Φ6@200
B	Φ6@150
C	Φ8@200
D	Φ8@150
E	Φ10@200
F	Φ10@150
G	Φ12@200
H	Φ12@150
M	Φ12@125

4.000m标高板配筋图 1：100

工程名称	体育馆
图纸内容	4.000m 标高板配筋图
图纸编号	结施-09

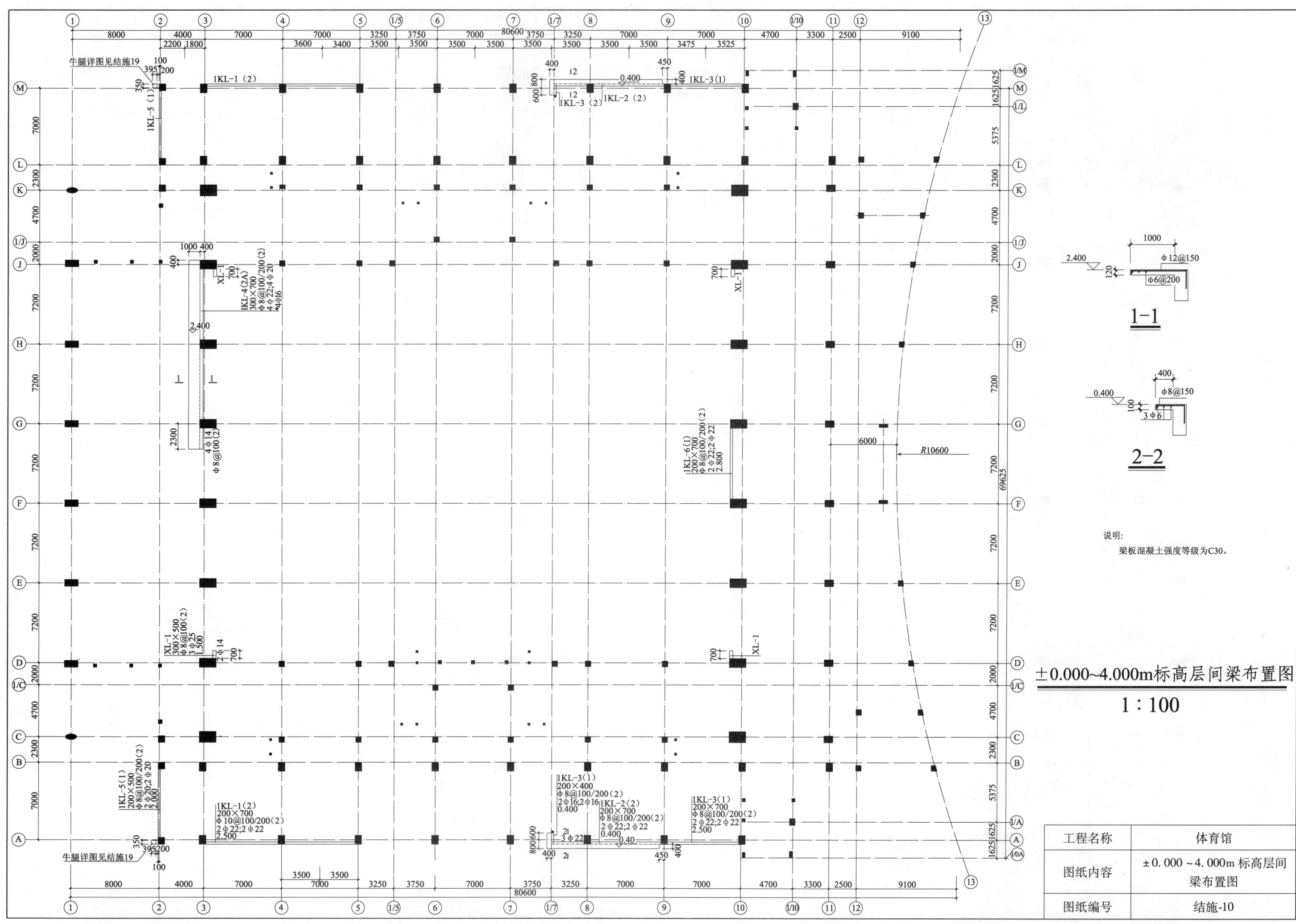

1-1

2-2

说明:
梁板混凝土强度等级为C30。

±0.000~4.000m标高层间梁布置图
1:100

工程名称	体育馆
图纸内容	±0.000~4.000m 标高层间 梁布置图
图纸编号	结施-10

281

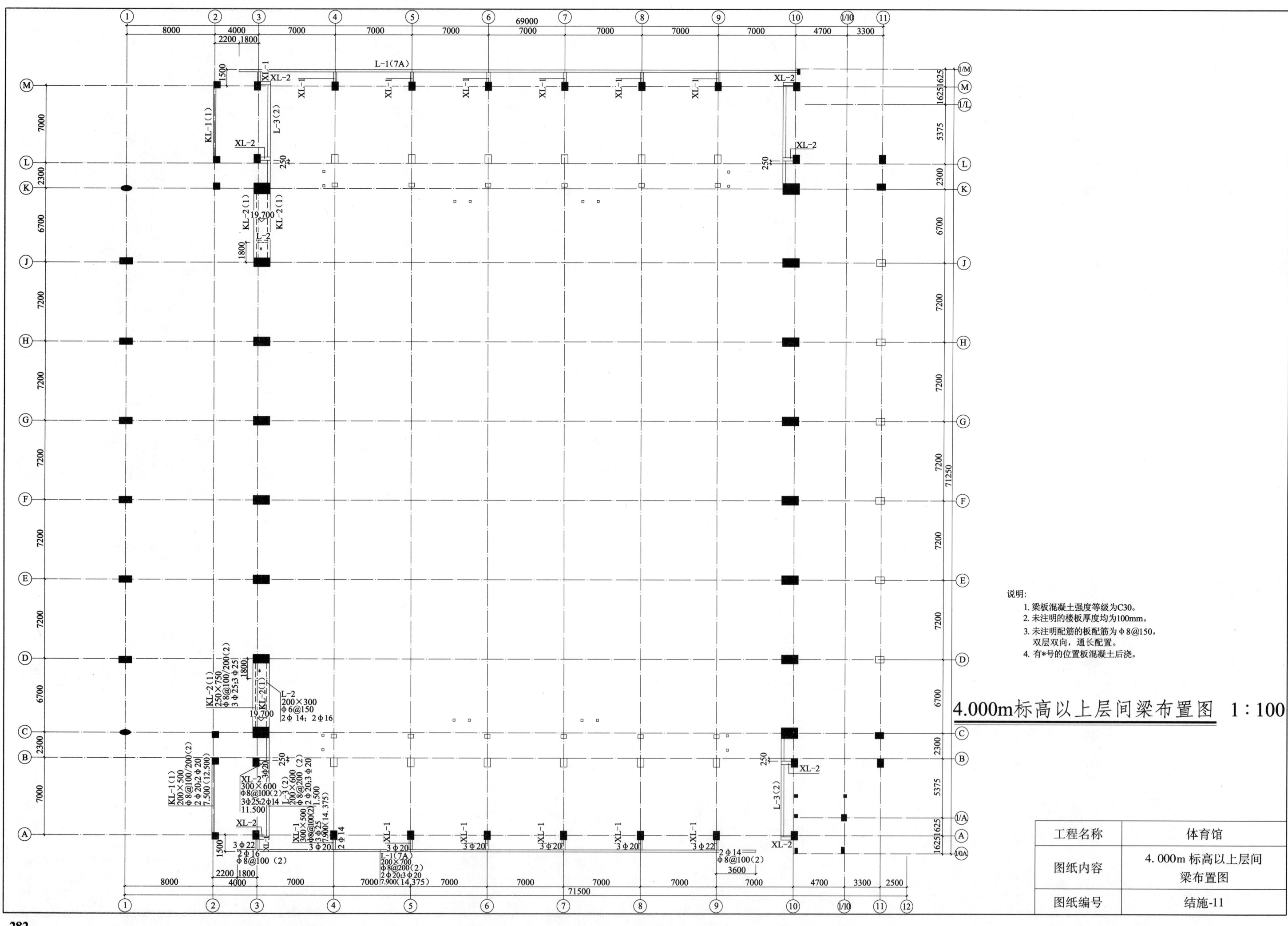

说明:
1. 梁板混凝土强度等级为C30。
2. 未注明的楼板厚度均为100mm。
3. 未注明配筋的板配筋为φ8@150，双层双向，通长配置。
4. 有*号的位置板混凝土后浇。

4.000m标高以上层间梁布置图 1:100

工程名称	体育馆
图纸内容	4.000m 标高以上层间梁布置图
图纸编号	结施-11

282

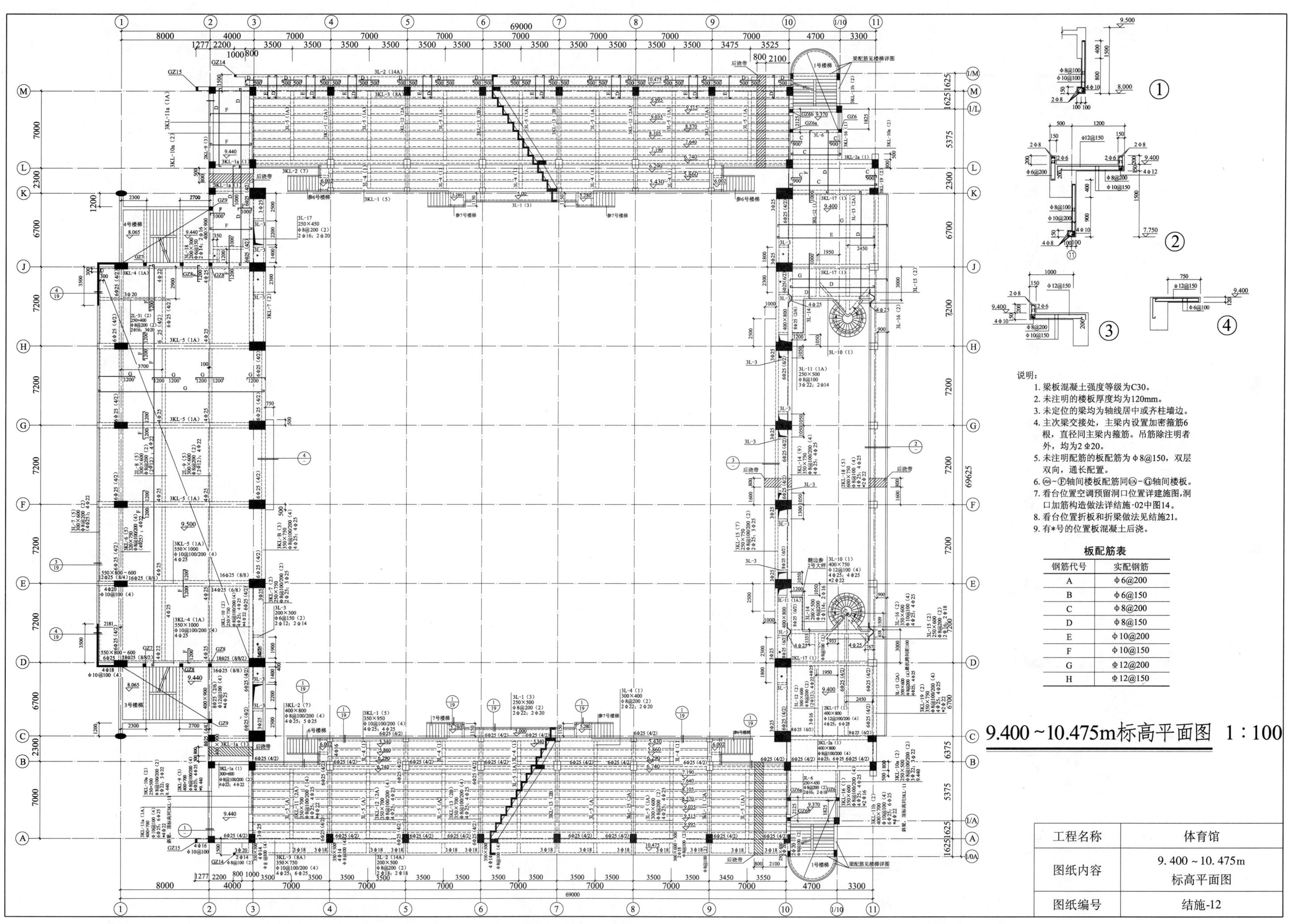

说明：
1. 梁板混凝土强度等级为C30。
2. 未注明的楼板厚度均为120mm。
3. 未定位的梁均为轴线居中或齐柱墙边。
4. 主次梁交接处，主梁内设置加密箍筋6根，直径同主梁内箍筋。吊筋除注明者外，均为2Φ20。
5. 未注明配筋的板配筋为Φ8@150，双层双向，通长配置。
6. ⑭~⑮轴间楼板配筋同⑭~⑮轴间楼板。
7. 看台位置空调预留洞口位置详建施图，洞口加筋构造做法详结施-02中图14。
8. 看台位置折板和折梁做法见结施21。
9. 有*号的位置板混凝土后浇。

板配筋表

钢筋代号	实配钢筋
A	Φ6@200
B	Φ6@150
C	Φ8@200
D	Φ8@150
E	Φ10@200
F	Φ10@150
G	Φ12@200
H	Φ12@150

9.400～10.475m标高平面图 1:100

工程名称	体育馆
图纸内容	9.400～10.475m 标高平面图
图纸编号	结施-12

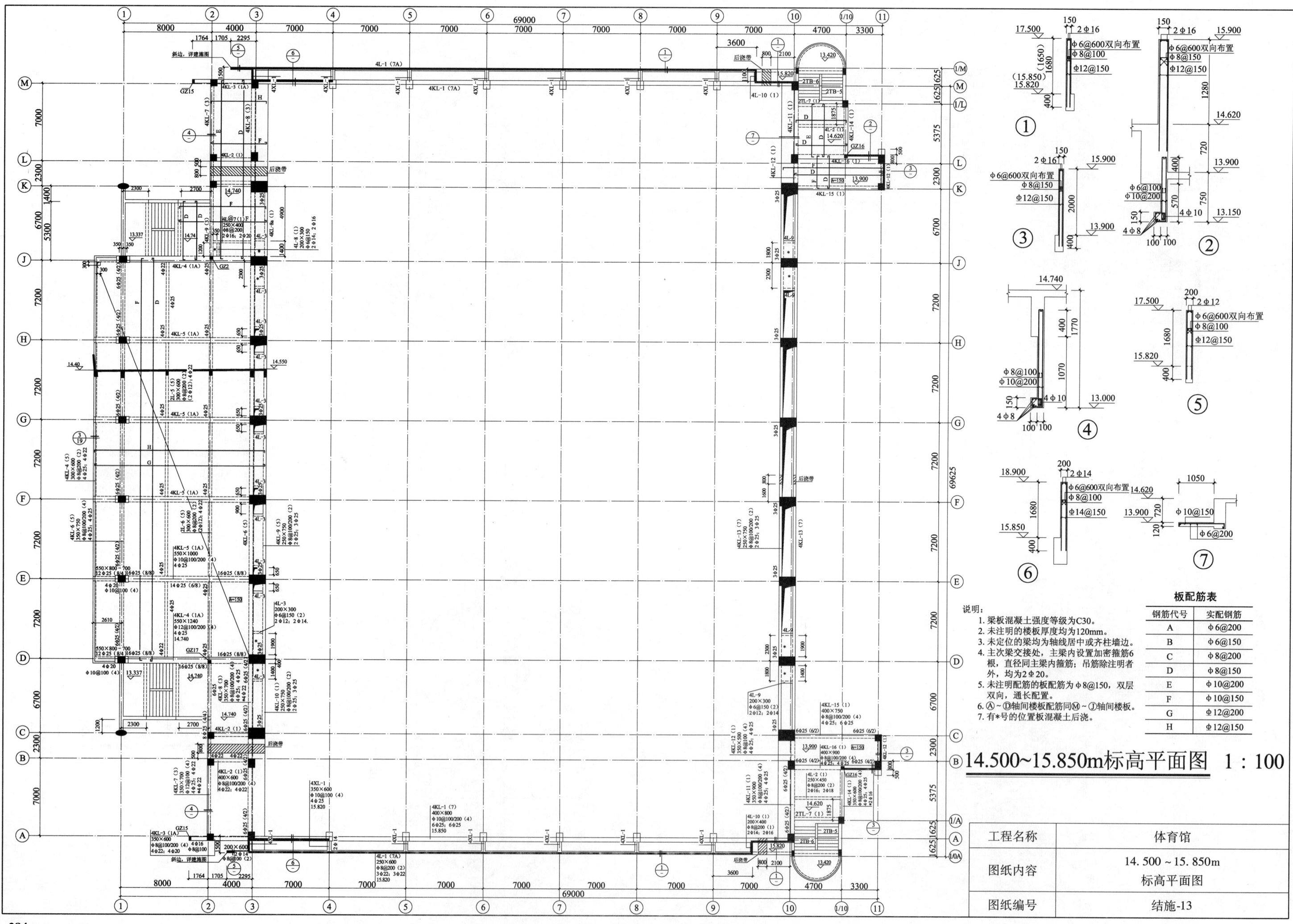

14.500~15.850m标高平面图 1：100

说明：
1. 梁板混凝土强度等级为C30。
2. 未注明的楼板厚度均为120mm。
3. 未定位的梁均为轴线居中或齐柱墙边。
4. 主次梁交接处，主梁内设置加密箍筋6根，直径同主梁内箍筋；吊筋除注明者外，均为2Φ20。
5. 未注明配筋的板配筋为Φ8@150，双层双向，通长配置。
6. A～D轴间楼板配筋同M～J轴间楼板。
7. 有*号的位置板混凝土后浇。

板配筋表

钢筋代号	实配钢筋
A	Φ6@200
B	Φ6@150
C	Φ8@200
D	Φ8@150
E	Φ10@200
F	Φ10@150
G	Φ12@200
H	Φ12@150

工程名称	体育馆
图纸内容	14.500～15.850m 标高平面图
图纸编号	结施-13

284

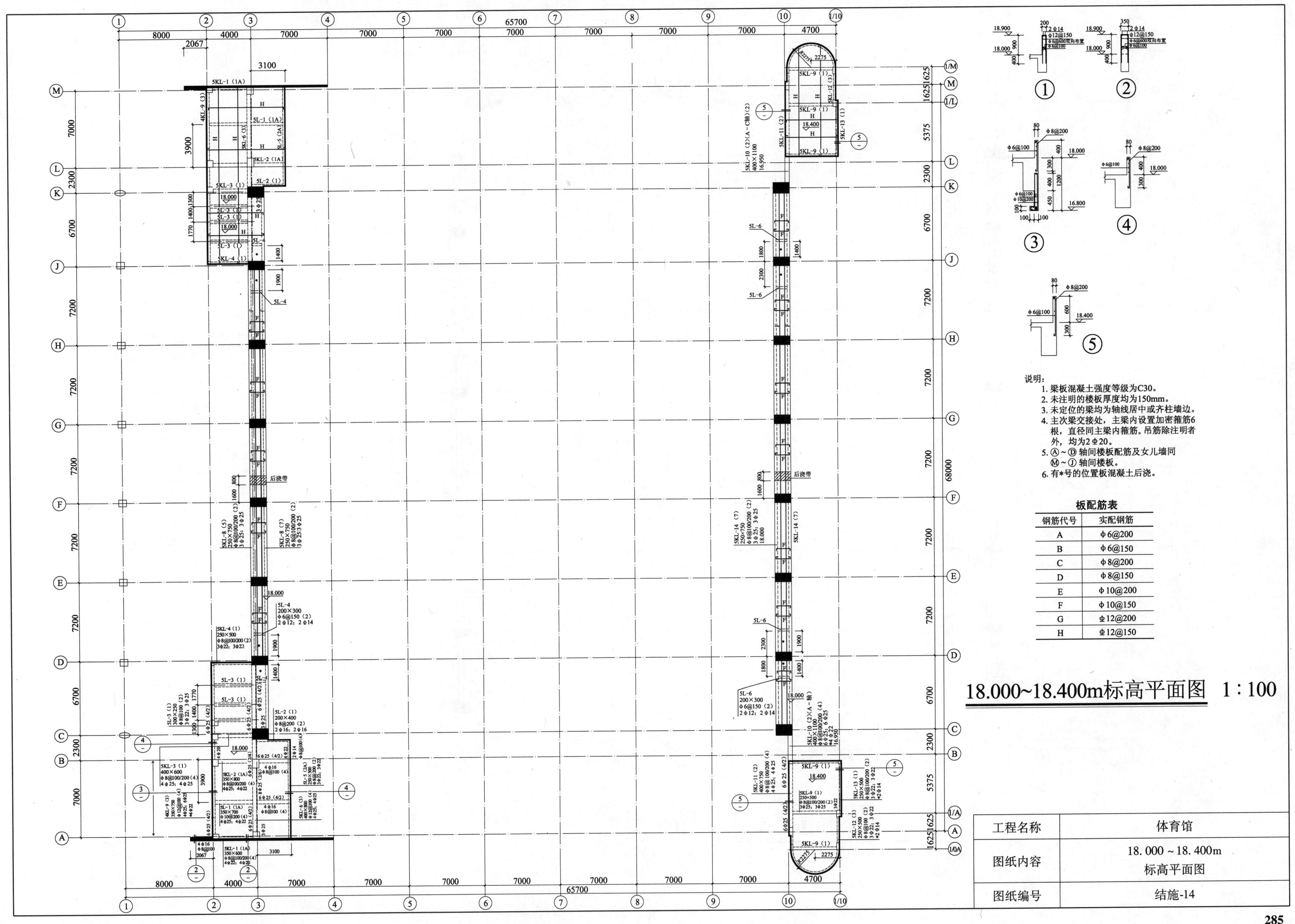

18.000~18.400m标高平面图　1：100

说明:
1. 梁板混凝土强度等级为C30。
2. 未注明的楼板厚度均为150mm。
3. 未定位的梁均为轴线居中或齐柱墙边。
4. 主次梁交接处,主梁内设置加密箍筋6根,直径同主梁内箍筋。吊筋除注明者外,均为2Φ20。
5. Ⓐ~Ⓓ轴间楼板配筋及女儿墙同Ⓜ~Ⓙ轴间楼板。
6. 有*号的位置板混凝土后浇。

板配筋表

钢筋代号	实配钢筋
A	Φ6@200
B	Φ6@150
C	Φ8@200
D	Φ8@150
E	Φ10@200
F	Φ10@150
G	Φ12@200
H	Φ12@150

工程名称	体育馆
图纸内容	18.000~18.400m 标高平面图
图纸编号	结施-14

285

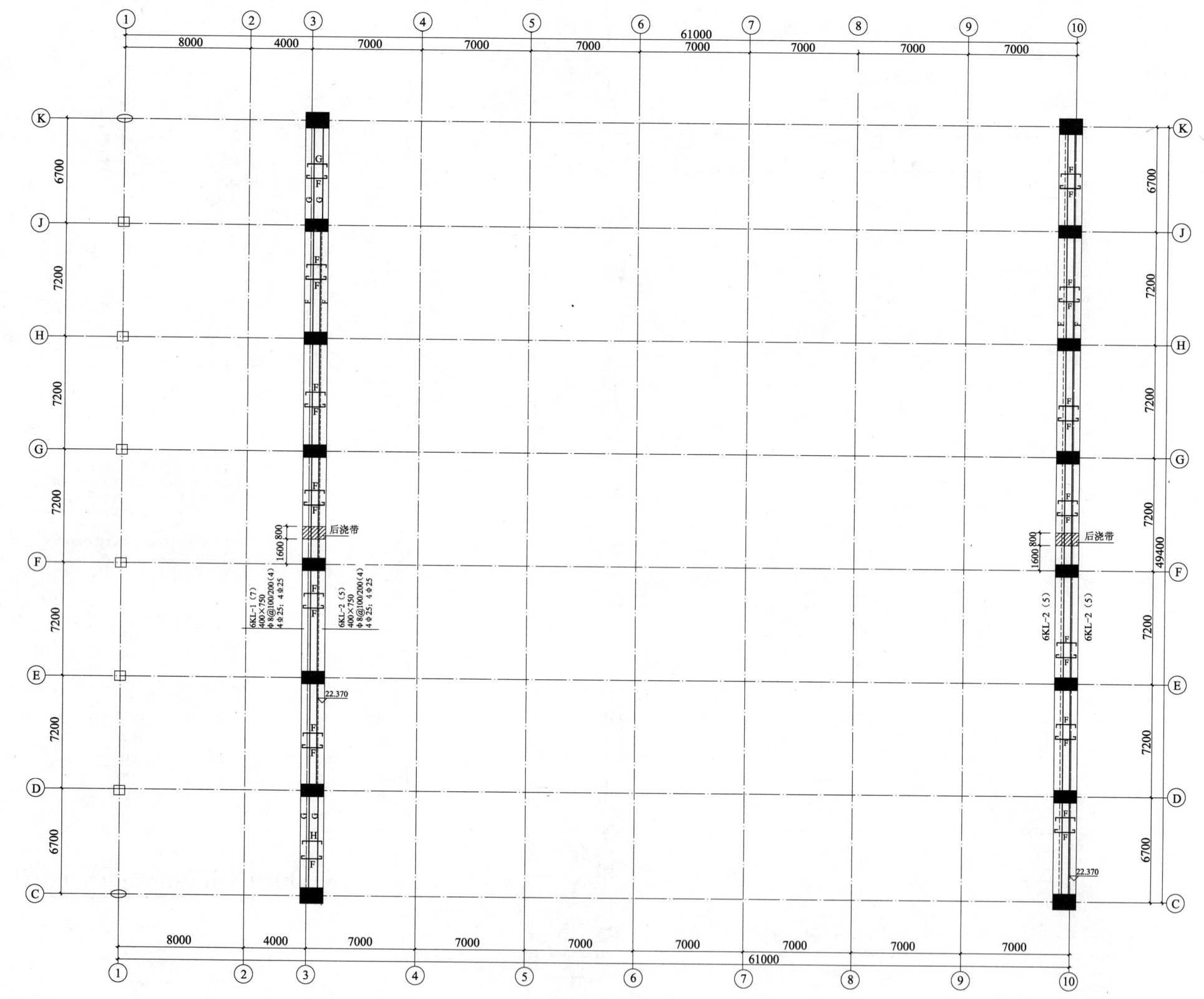

说明：
1. 梁板混凝土强度等级为C30。
2. 未注明的楼板厚度均为200mm。
3. 未定位的梁均为轴线居中或齐柱墙边。

板配筋表

钢筋代号	实配钢筋
A	φ6@200
B	φ6@150
C	φ8@200
D	φ8@150
E	φ10@200
F	φ10@150
G	φ12@200
H	φ12@150

22.370m标高平面图　1：100

工程名称	体育馆
图纸内容	22.370m 标高平面图
图纸编号	结施-15

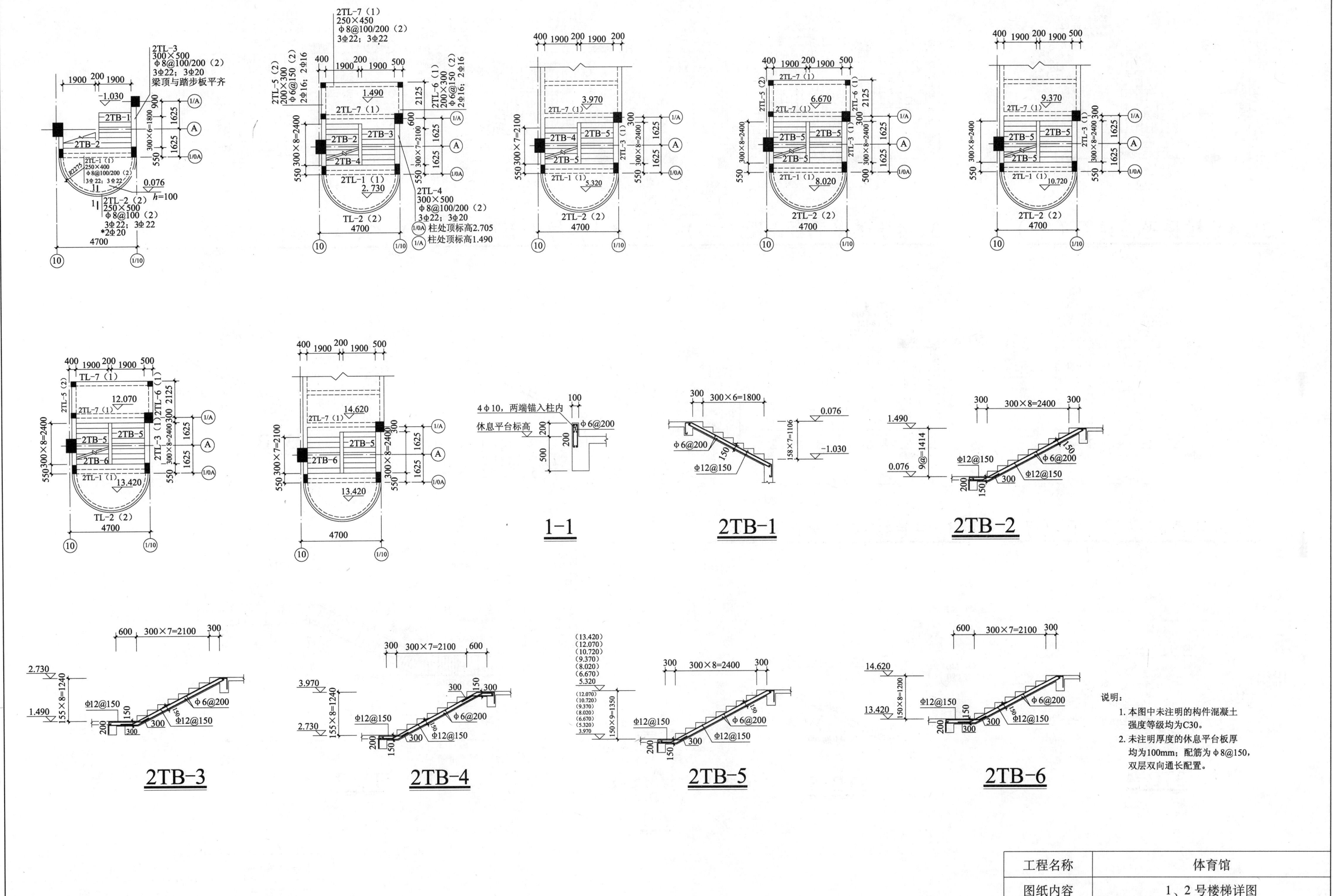

1-1

2TB-1

2TB-2

2TB-3

2TB-4

2TB-5

2TB-6

说明:
1. 本图中未注明的构件混凝土强度等级均为C30。
2. 未注明厚度的休息平台板厚均为100mm；配筋为Φ8@150，双层双向通长配置。

工程名称	体育馆
图纸内容	1、2号楼梯详图
图纸编号	结施-16

287

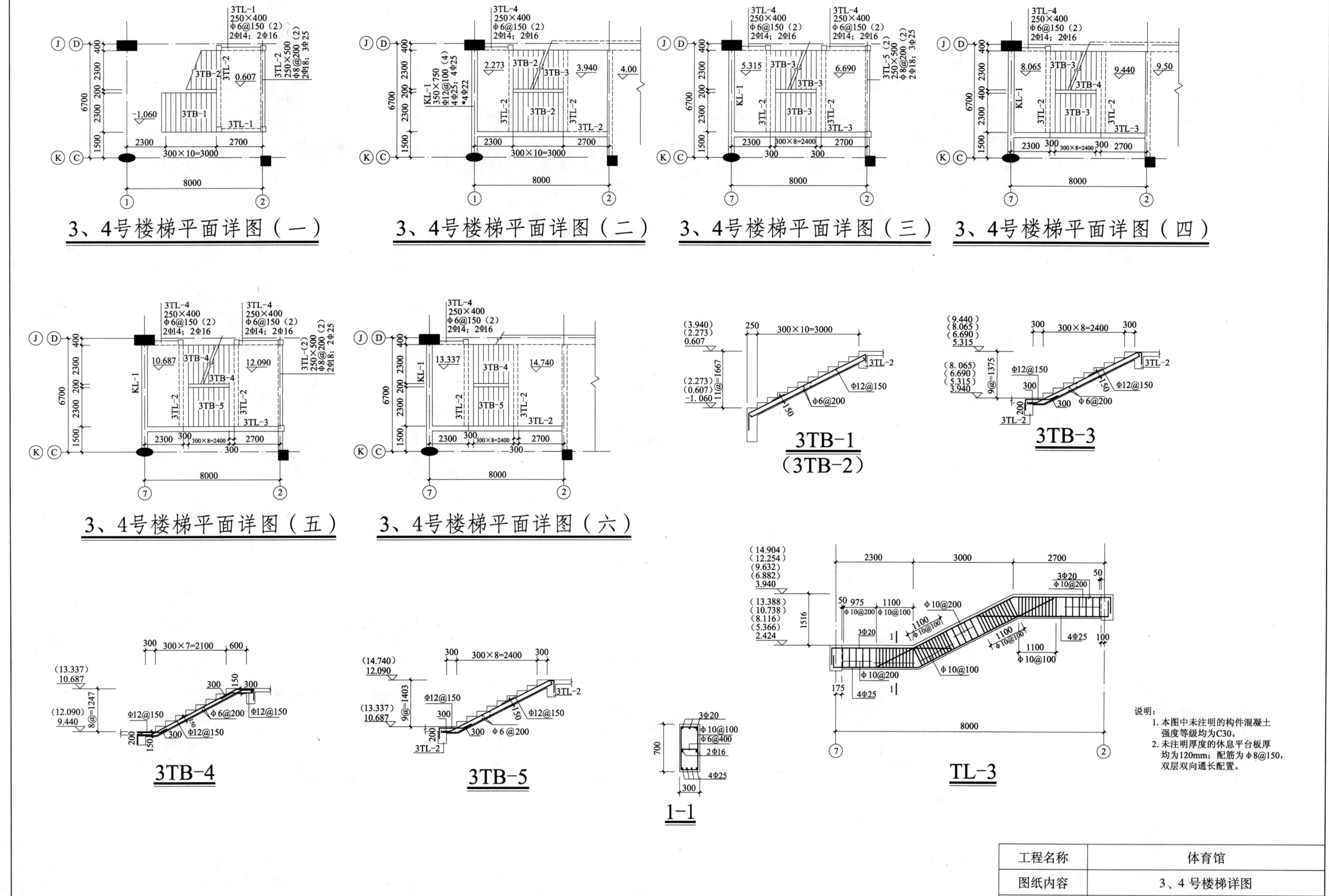

3、4号楼梯平面详图（一）

3、4号楼梯平面详图（二）

3、4号楼梯平面详图（三）

3、4号楼梯平面详图（四）

3、4号楼梯平面详图（五）

3、4号楼梯平面详图（六）

3TB-1
（3TB-2）

3TB-3

3TB-4

3TB-5

1-1

TL-3

说明：
1. 本图中未注明的构件混凝土强度等级均为C30。
2. 未注明厚度的休息平台板厚均为120mm；配筋为Φ8@150，双层双向通长配置。

工程名称	体育馆
图纸内容	3、4号楼梯详图
图纸编号	结施-17

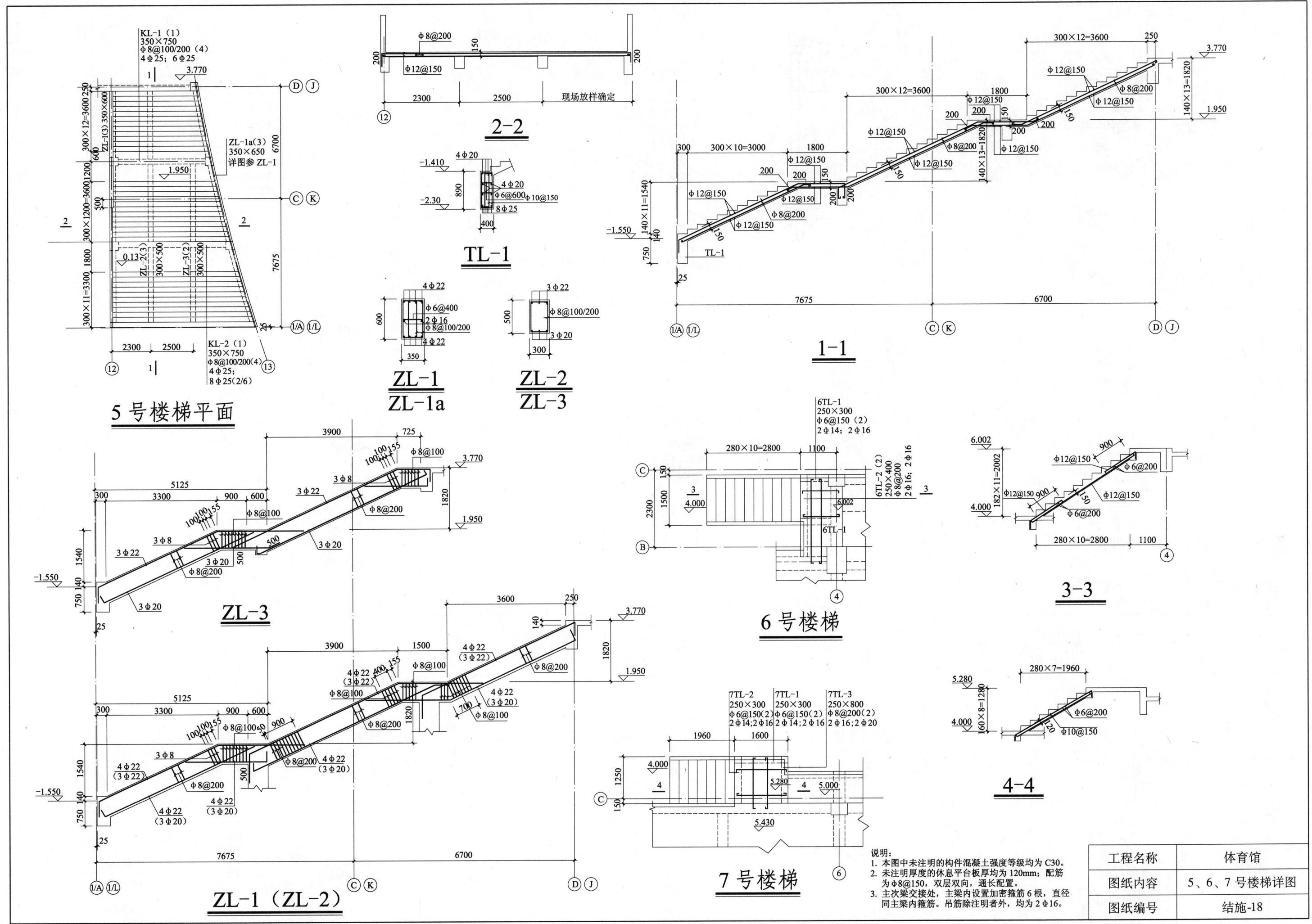

5号楼梯平面

KL-1（1）
350×750
Φ8@100/200（4）
4Φ25；6Φ25

ZL-1a(3)
350×650
详图参 ZL-1

ZL-1(3) 350×600

0.13

ZL-2(3) 300×500

ZL-3(2) 300×500

KL-2（1）
350×750
Φ8@100/200(4)
4Φ25；
8Φ25(2/6)

2-2
现场放样确定
Φ8@200
Φ12@150

TL-1
4Φ20
4Φ20
Φ6@600；Φ10@150
8Φ25

ZL-1
ZL-1a
4Φ22
Φ6@400
2Φ16
Φ8@100/200
4Φ22

ZL-2
ZL-3
3Φ22
Φ8@100/200
3Φ20

1-1

ZL-3

ZL-1（ZL-2）

6号楼梯
6TL-1
250×300
Φ6@150（2）
2Φ14；2Φ16
6TL-2（2）
250×400
Φ8@200
2Φ16；2Φ16
6TL-1

3-3

7号楼梯
7TL-2
250×300
Φ6@150(2)
2Φ14；2Φ16
7TL-1
250×300
Φ6@150（2）
2Φ14；2Φ16
7TL-3
250×800
Φ8@200（2）
2Φ16；2Φ20

4-4

说明：
1. 本图中未注明的构件混凝土强度等级均为C30。
2. 未注明厚度的休息平台板厚均为120mm；配筋
为Φ8@150，双层双向，通长配置。
3. 主梁交接处，主梁内设置加密箍筋6根，直径
同主梁内箍筋。吊筋除注明者外，均为2Φ16。

工程名称	体育馆
图纸内容	5、6、7号楼梯详图
图纸编号	结施-18

289

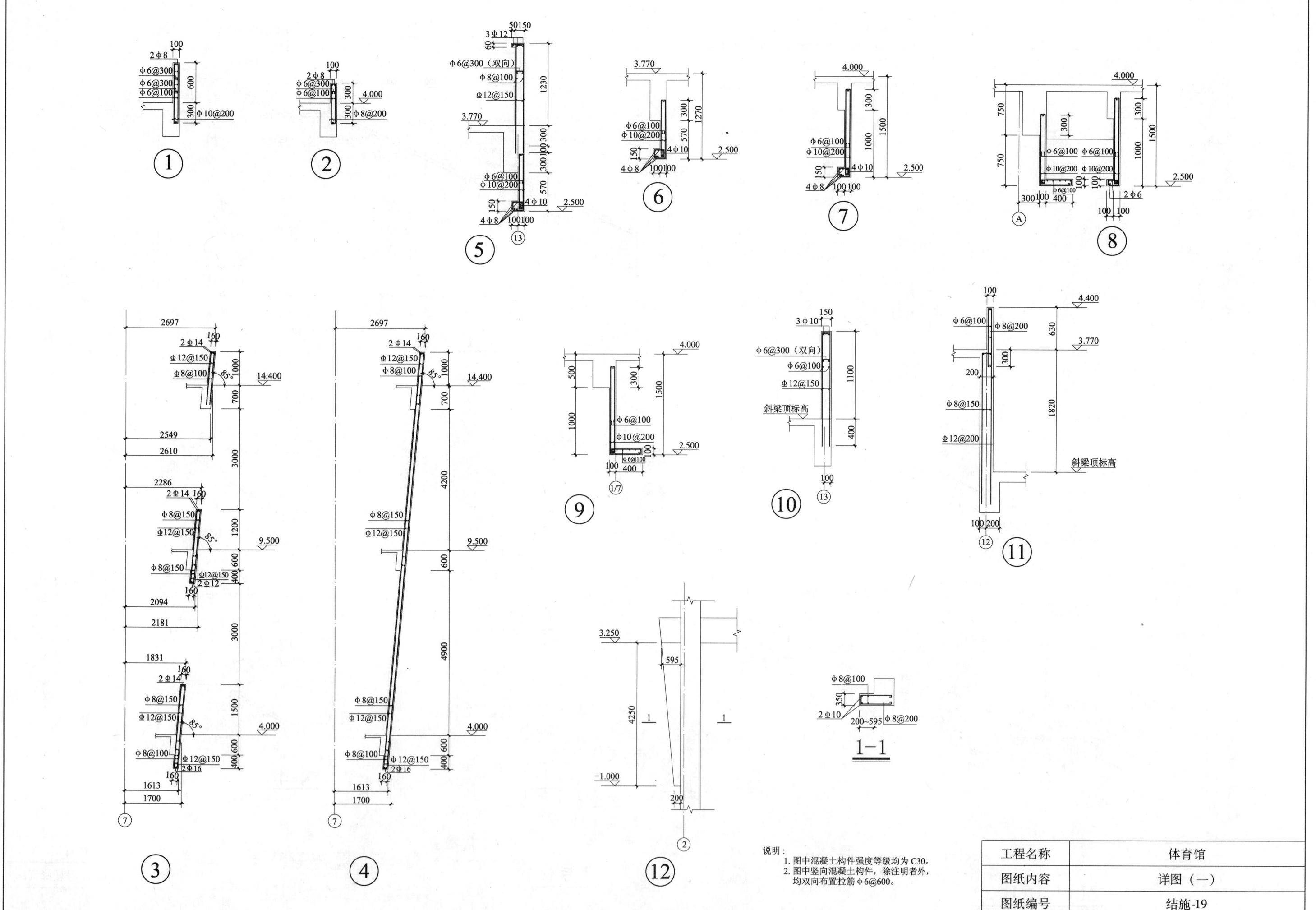

说明：
1. 图中混凝土构件强度等级均为C30。
2. 图中竖向混凝土构件，除注明者外，均双向布置拉筋Φ6@600。

工程名称	体育馆
图纸内容	详图（一）
图纸编号	结施-19

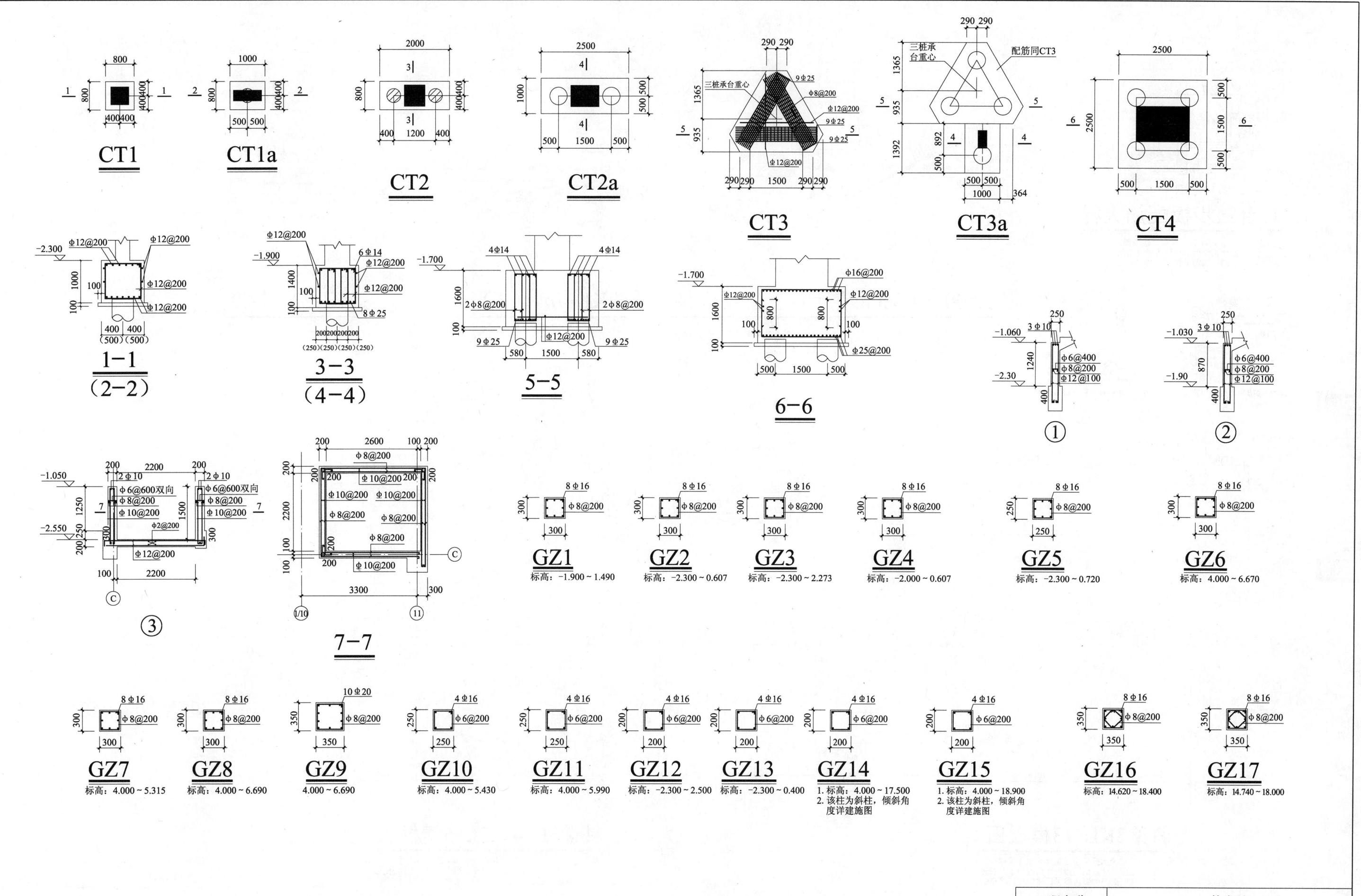

CT1

CT1a

CT2

CT2a

CT3

CT3a

CT4

1-1
(2-2)

3-3
(4-4)

5-5

6-6

①

②

③

7-7

GZ1
标高：-1.900～1.490

GZ2
标高：-2.300～0.607

GZ3
标高：-2.300～2.273

GZ4
标高：-2.000～0.607

GZ5
标高：-2.300～0.720

GZ6
标高：4.000～6.670

GZ7
标高：4.000～5.315

GZ8
标高：4.000～6.690

GZ9
4.000～6.690

GZ10
标高：4.000～5.430

GZ11
标高：4.000～5.990

GZ12
标高：-2.300～2.500

GZ13
标高：-2.300～0.400

GZ14
1. 标高：4.000～17.500
2. 该柱为斜柱，倾斜角度详建施图

GZ15
1. 标高：4.000～18.900
2. 该柱为斜柱，倾斜角度详建施图

GZ16
标高：14.620～18.400

GZ17
标高：14.740～18.000

工程名称	体育馆
图纸内容	承台详图 GZ1～GZ17 配筋图
图纸编号	结施-20

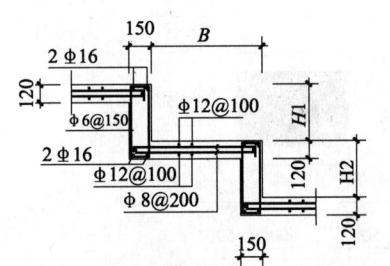

看台踏步板配筋大样

说明：1. 图中B和H及标高详建施图。
2. 侧板空调洞口位置详建施图，洞口加筋见结施-02图14。

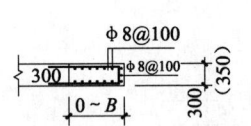

1—1

说明：图B为看台踏步宽度。

2—2

说明：图中H为看台踏步高度。

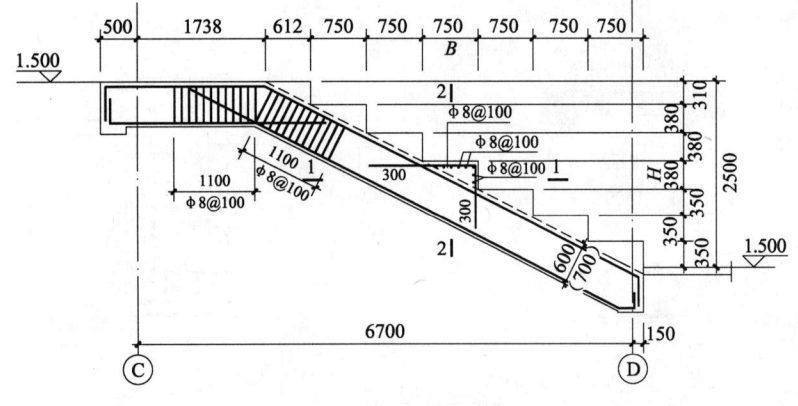

1.500~4.000m看台位置折梁大样

说明：1. 本图仅表示折梁顶标高尺寸及折角位置配筋方法和梁顶锯齿尺寸及配筋。
2. 梁截面尺寸及配筋参见平面图中梁配筋平面表示。
3. 未注明配筋的锯齿参见已注明配筋的锯齿。

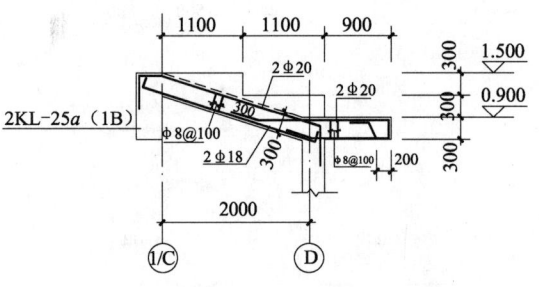

2KL-7a（1A）

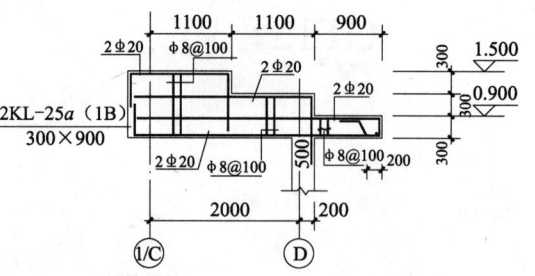

2KL-7（1A）

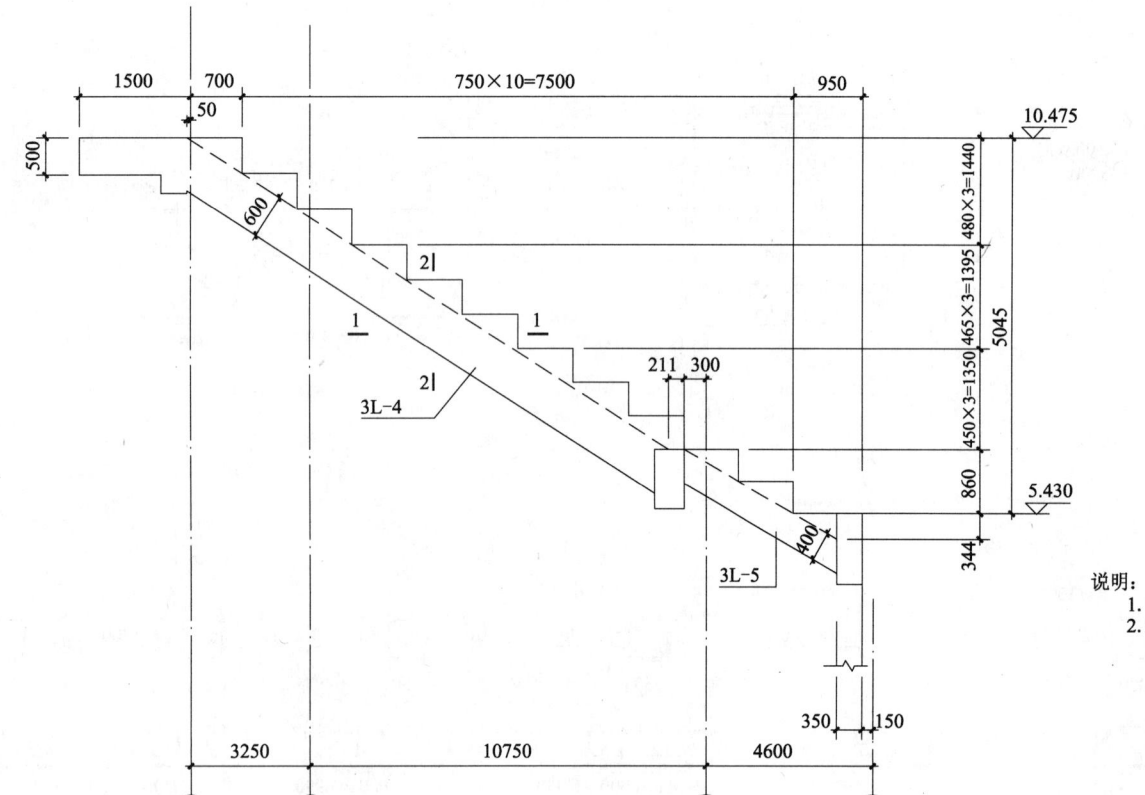

斜梁3KL-13模板图

说明：1. 本图仅表示折梁顶标高尺寸和梁顶锯齿尺寸。
2. 梁截面尺寸及配筋参见平面图中梁配筋平面表示。
3. 未注明配筋的锯齿参见已注明配筋的锯齿。

斜梁3L-4、3L-5模板图

说明：1. 本图仅表示折梁顶标高尺寸和梁顶锯齿尺寸。
2. 梁截面尺寸及配筋参见平面图中梁配筋平面表示。
3. 未注明配筋的锯齿参见已注明配筋的锯齿。

说明：
1. 图中混凝土构件强度等级均为C30。
2. 2KL-7、2KL-7a位置见结施8。

工程名称	体育馆
图纸内容	详图（二）
图纸编号	结施-21

6.4 电气施工图

电气设计说明

一、设计说明和依据

1. 设计依据：

上级主管部门批准的文件及甲方设计任务书，国家现行有关规范及标准，内部各工种提供的资料。

2. 设计范围：

高低压供配电系统；全楼电力、照明系统；防雷接地系统；综合布线系统；火灾自动报警及控制系统；有线电视系统；保安监控系统；体育馆传声系统；电子计分系统。

二、供电电源

1. 由市政提供一路 10kV 环网电源，送至本工程高压配电装置。高压配电系统采用环网开关柜，低压配电为单母线分段运行方式。

2. 设一台 400kW 的柴油发电机作应急备用电源，当正常电源断电时，柴油发电机将于 15s 内自起动，提供应急备用电源。

3. 变配电所：

变配电所设在一层，设有两台干式变压器，变压器总容量 1130kVA。

4. 负荷计算：

全楼总设备容量：1134kW   总生产容量：782kW

变压器选用：630 + 500kVA   平均变压器负荷率 80%。

5. 功率因数补偿：

采用低压集中补偿方式，补偿后功率因数大于 0.9。

6. 计费：

采用低压侧计量，各变压器低压出线柜上设专用计量小室。

三、配电系统

1. 低压配电系统采用三相五线制，~220/380V，50Hz，TN-S 系统。

2. 冷冻机组采用放射式供电，消防用电设备等采用双回路专用电缆供电，在最末一级配电箱处设自动切换，其他电力设备采用放射式或树干式方式供电。

3. 消防用电设备为二级负荷，场馆比赛及演出用电设备为二级负荷，其他用电设备为三级负荷，消防负荷为末端双电源供电，二级负荷为双电源供电。

四、设备选用与安装

1. 高压开关柜均落地安装，柜下设有电缆沟，详见变电所图纸。

2. 高低压开关柜、冷冻机房水泵启动柜均用 10 号槽钢垫起，电缆沟明露部分用花纹钢盖板满铺，柜前柜后均用 1200mm × 10mm（宽 × 厚）绝缘胶满铺。

3. 凡设有吊顶的房间，走道及其他场所的照明灯具采用嵌入式安装，具体灯位以建筑专业吊顶平面图为准。

4. 事故照明：

变配电所、楼梯、泵房等均需考虑事故照明，休息厅、门厅、走道照明及疏散指示灯均双电源供电。

5. 插座安装高度除注明外均为距地 0.3m。空调盘管风机控制器、灯开关及自动空气开关安装高度均为距地 1.4m。照明配电箱墙上暗装，底边距地 1.6m。各机房内控制箱及电气竖井内的配电箱明装，

底边距地 1.4m。

6. 场馆及观众席灯采用数字可编程灯光控制器控制。场馆灯一灯一控。

7. 照度计算结果：

场馆及观众席平均照度（选用 PHILIP1kW 金卤灯和 70W 金卤灯，70W 金卤灯为快速启动型可兼作应急照明）

全场平均照度：1326lx   观众席平均照度：478lx

篮球转播模式平均照度：2286lx   篮球国内比赛模式平均照度：2286lx

篮球专业训练模式平均照度：553lx

乒乓球馆平均照度（选用 PHILIP250W 金卤灯）

地面平均照度：400lx   桌面平均照度：550lx

前厅平均照度：230lx（选用 PHILIP100W 金卤灯）。

五、导线及敷设

1. 由变电所引出的低压电缆中，一般回路采用 VV-1KV 型塑料绝缘塑料护套铜芯电力电缆，消防设备用电回路采用耐火型电力电缆，所有引出电缆均设在低压柜后的桥架内，由变电所引至电气竖井，冷冻机房的电缆均沿电缆桥架空敷设。

2. 电力及照明主干线采用放射及树干式相结合的形式于电气竖井内敷设。

3. 所有导线均穿管暗敷或在线槽内敷设，当管线长度超过 30m 时，中间应做接线盒，接线盒规格由施工单位自行决定。

4. 所有与消防设备有关的线路均穿管暗敷在楼板及墙体内，若在线槽内敷设时，线槽应作防火处理。

5. 当有不同电压或不同种类导线在同一金属线槽中敷设时，应作金属分隔。

6. 所有电缆桥架的安装路径及高度，原则上如图所示，但需要在现场管道综合后确定，如发生碰撞，可根据实情适当调整，所有电缆桥架，线槽除竖井外均配以防护罩。

六、防雷及接地

1. 本工程按三类防雷建筑物设防雷设施，利用屋面钢板作防雷接闪器，所有突出屋面的金属管道、金属构件均应与钢板焊接。

2. 利用柱内两根不小于 φ16 主筋作防雷引下线并与柱基底盘钢筋连为一体，接地装置利用结构桩基，并在地下适当位置处甩出扁钢以备外引接地极，强弱电共用统一接地极，总接地电阻不应大于 1Ω。

3. 凡正常不带电，绝缘损坏时可能带电的电气设备的金属外壳、穿线钢管、电缆外皮、支架等均应与接地系统可靠连接，进出建筑物的各种金属管道及套管等均应与就近结构柱的预留钢筋接地端子可靠连接。

4. 竖井内通长敷设一条 -25 × 4 镀锌扁钢作接地干线。

5. 变电所内接地干线采用 -40 × 4 镀锌扁钢沿墙敷设。

6. 弱电设备用房需单独用 BV -25 穿 SC15 引至接地环上焊接。

7. 淋浴室须作局部等电位联结，详见 97SD 567。

七、弱电系统

（一）综合布线系统

1. 由于电话和网络较少，各房间功能固定，所以分别布线以节约成本，网络选用 5 类 UTP 双绞线，电话线选用 PVC -4 × 0.5，至双口插座的线路全选 5 类 UTP。

2. 在一层光节点机房设一只电话分线箱，市话电缆（50 对）穿管埋地引入大楼至该箱。本工程只设直拨电话。电传、传真等用线在电信线内调配。

3. 电话出线口距地 0.3m 暗装，分线箱落地安装。

工程名称	体育馆
图纸内容	电气设计说明（一）
图纸编号	电施-01

4. 由室外引至分线箱一段室内水平部分的引入电缆穿 SC50 管敷设；各层电话线穿 PC20 管暗敷至各电话出线口。

5. 在一层光节点机房设置配线架及 HUB，并在此处预留电源。各网口通过五类双绞线与配线架相连再通过光纤与校园网联网。

（二）火灾自动报警及控制系统

1. 本工程为二类低层建筑，采用场所保护方式，在重要及危险性高的部位设置火灾探测器，消防控制室设在首层，内设中央电脑、CRT、打印机、火灾报警控制器、手动控制盘、紧急广播系统、消防对讲电话、消防直通电话等。

2. 在办公室、机房、变配电室、走廊、楼梯间等场所设感烟探测器；在发电机房设感烟、感温探测器；在主要出入口、楼梯口等场所设手动报警器和警铃；感烟、感温探测器吸顶安装；手动报警器距地 1.5m 明装；警铃距顶 0.3m 明装，导线由设备生产商确定，穿 SC20 管暗敷。

3. 在主要出入口等场所设有消防对讲电话；电话插孔距地 1.4m 暗装；变配电室等场所设消防直通电话，电话出线口距地 1.4m 暗装。

4. 对防、排烟系统的控制：

由消防中心控制排烟风机的启、停；根据火灾信号打开相应排烟阀，280℃ 防火阀动作联锁停排烟风机，将风机的运行状态、故障及阀门动作信号反馈至消防中心。

5. 对消防栓系统的控制：

消防栓按钮动作后将信号反馈到消防控制室。

6. 对喷洒系统的控制：

（1）各层水流指示器、报警阀压力开关的动作信号在消防中心报警。

（2）水流指示器、报警阀前的检修阀的开关状态在消防中心显示。

7. 其他：

（1）发生火灾时，消防中心电脑向各设备控制室发出指令停止相应空调机组的运行。

（2）火灾自动报警及控制系统选 JB－QB－0ZH04 系统，消防控制室的设备由 ORAN 公司布置，并经由设计方认可后实施。

（3）发电机房 CO_2 灭火系统控制由 CO_2 系统设计承包商负责。

（三）有线电视系统

在贵宾室等场所安装电视插座，其他场所只预留四分支器，待需要时可从箱中引出。

（四）保安监控系统

本工程在各出入口设有摄像机及红外探头，值班人员可通过监视器监视出口人流，能有效防止恶性事件的发生。

（五）体育馆传声系统

传声系统包含两部分：比赛大厅的扩音和一般背景音乐。比赛大厅的音响效果除满足比赛的要求外还需满足文艺演出和开会的要求。

（六）电子计分系统

计时记分牌与裁判席连通，由裁判席的记分员控制。

八、其他

1. 施工做法参见《建筑电气安装工程图集》。

2. 未尽事宜由现场配合解决。

工程名称	体育馆
图纸内容	电气设计说明（二）
图纸编号	电施-01

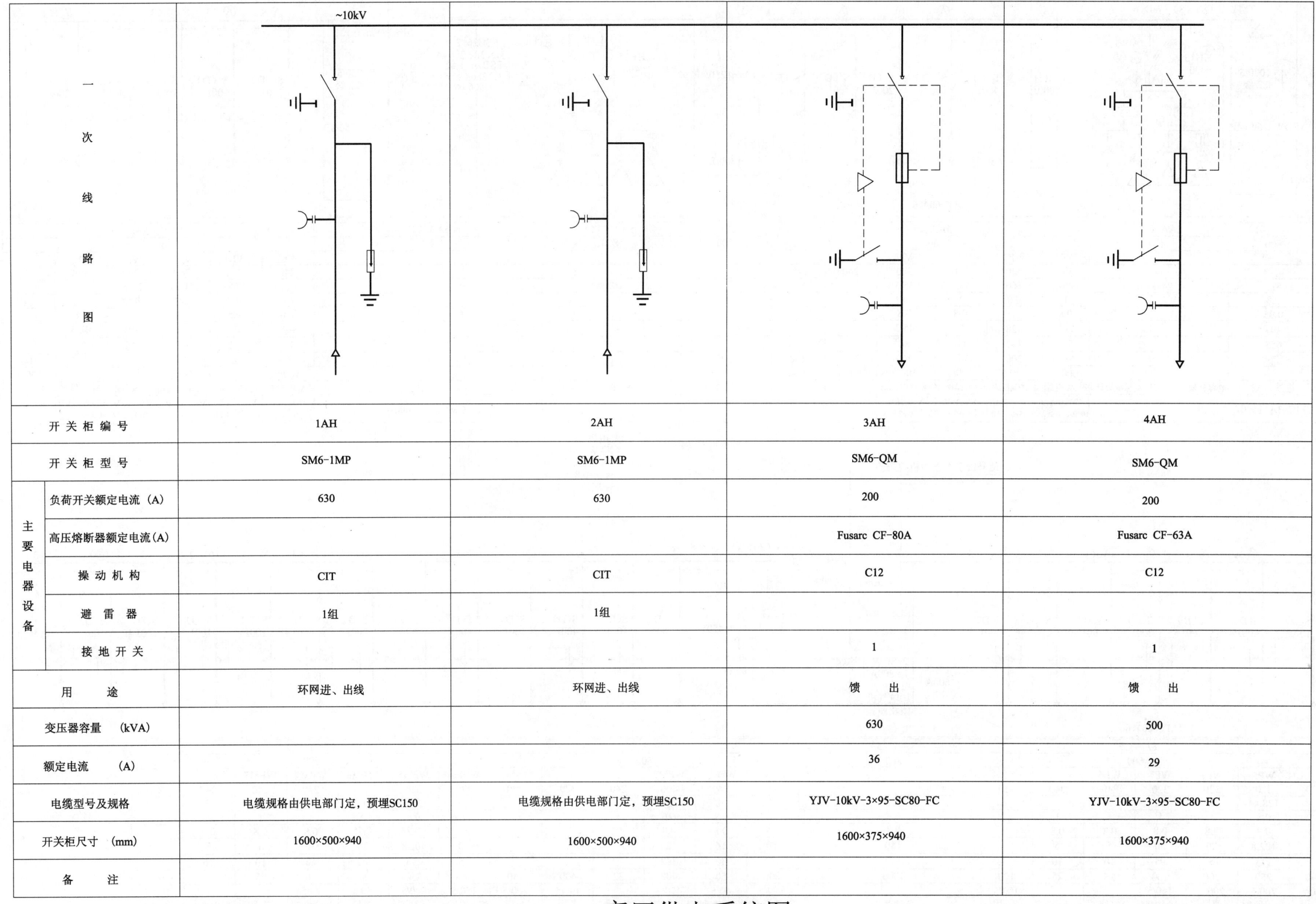

一次线路图		~10kV			
开 关 柜 编 号		1AH	2AH	3AH	4AH
开 关 柜 型 号		SM6-1MP	SM6-1MP	SM6-QM	SM6-QM
主要电器设备	负荷开关额定电流（A）	630	630	200	200
	高压熔断器额定电流(A)			Fusarc CF-80A	Fusarc CF-63A
	操 动 机 构	CIT	CIT	C12	C12
	避 雷 器	1组	1组		
	接 地 开 关			1	1
用 途		环网进、出线	环网进、出线	馈 出	馈 出
变压器容量 （kVA）				630	500
额定电流 （A）				36	29
电缆型号及规格		电缆规格由供电部门定，预埋SC150	电缆规格由供电部门定，预埋SC150	YJV-10kV-3×95-SC80-FC	YJV-10kV-3×95-SC80-FC
开关柜尺寸 （mm）		1600×500×940	1600×500×940	1600×375×940	1600×375×940
备 注					

高压供电系统图

工程名称	体育馆
图纸内容	高压供电系统图
图纸编号	电施-02

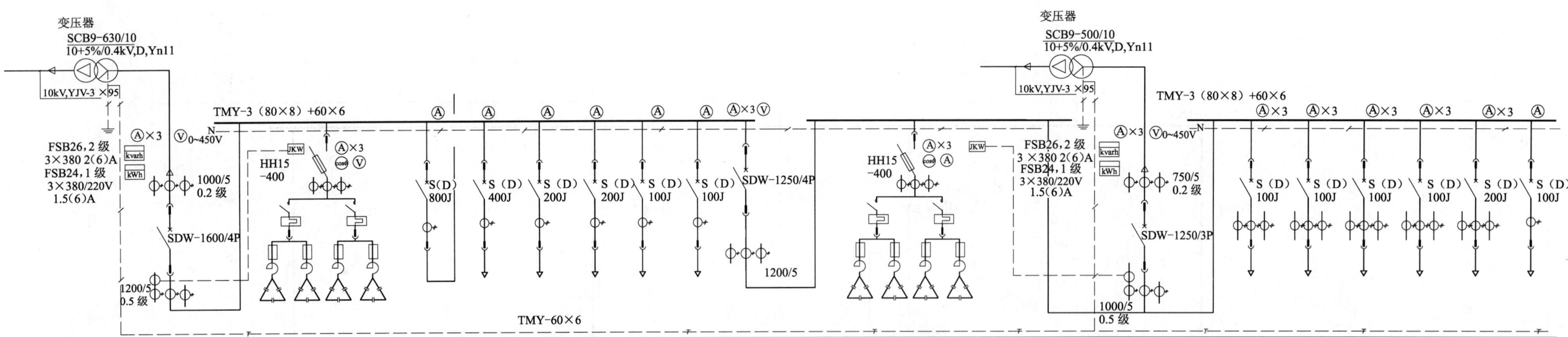

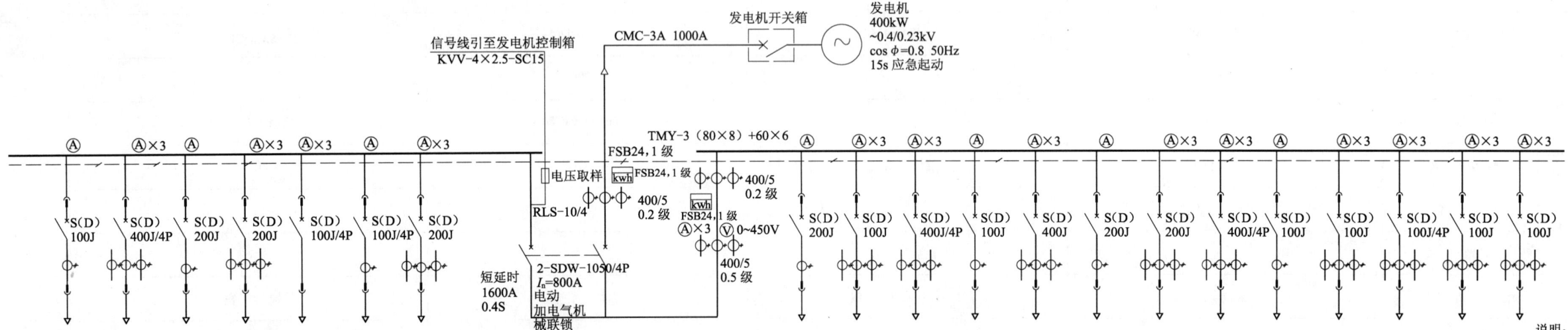

变压器 SCB9-630/10 10+5%/0.4kV,D,Yn11
10kV,YJV-3×95
变压器 SCB9-500/10 10+5%/0.4kV,D,Yn11
10kV,YJV-3×95

TMY-3（80×8）+60×6
TMY-60×6

发电机开关箱　CMC-3A 1000A
发电机 400kW ~0.4/0.23kV cosφ=0.8 50Hz 15s 应急起动
信号线引至发电机控制箱 KVV-4×2.5-SC15
电压取样 RLS-10/4
2-SDW-1050/4P 短延时 In=800A 电动 加电气机械联锁
0.4S

配电屏编号/方案号 GCK1	1AA（01）	2AA（14）	3AA（5）				4AA（5）	5AA（14）	6AA（01）	7AA（5）					
柜宽	800	800	600				800	800	800	600					
回路编号			WP1	WP2	WP3	WP4				WL1	WL2	WL3	WL4	WL5	
小室高			400	320	320	320	240	240		240	240	240	240	320	240
安装功率（kW）	537	240kvar	267	160	45.3	45.3		180kvar	655	55.86	33.84	21.64	23.22	50	
需要系数（Kx）/同时系数	0.8		1	0.8	1	1			0.6	0.8	0.8	0.85	0.85	0.85	
功率因数	0.95		0.8	0.8	0.8	0.8			0.95	0.8	0.8	0.8	0.8	0.8	
计算功率（kW）	407		267	128	45.3	45.3			393	44.7	27	23	19	42.5	
计算电流（A）	653		507	243	86	86			600	85	52	44	36	80	
自动开关脱扣器整定电流(A)	1250		800	300	160	160	100	100	800	1000	100	63	63	63	125	100
电流互感器变比 LMK3-0.5			600/5	300/5	100/5	100/5	100/5	100/5			100/5	75/5	50/5	50/5	100/5	100/5
用途	进线计量	电容补偿主柜(按厂家标准设计)	冷水机组	场馆空调控制屏	乒乓球室空调控制屏	临时装室空调控制屏		母联	电容补偿主柜(按厂家标准设计)	进线计量	左侧普通照明	左侧普通照明	乒乓球室等照明	乒乓球室等调明	附馆照明	备用
导线型号及规格	CMC-3A 1500A		CMC-3A组 1000A(五线)	2(VV-1kV 3×95+2×50)	VV-1kV 3×70+2×35	VV-1kV 3×70+2×35			CMC-3A 1000A	VV-1kV 4×50+1×25	VV-1kV 4×25+16	VV-1kV 4×25+16	VV-1kV 4×25+16	VV22-1kV 4×50+25	

配电屏编号/方案号 GCK1	8AA（5）						9AA（5）	10AA（5）					11AA（5）				
柜宽	600						800	600					600				
回路编号		WP5	WP6	WP7	WL6			WPM1	WPM2	WPM2			WPM4	WPM5	WPM6	WPM7	WPM7
小室高	240	320	320	320	240	240	320	320	240	400	240	320	320	320	320	240	240	240	240
安装功率（kW）		128.44	80	50	5	5	300	80	20	300			50	128.44	15	30	5	5
需要系数（Kx）/同时系数		0.8	1	1	1	1	0.6	1	0.8	0.6			1	0.8	1	1	1	1
功率因数		0.9	0.8	0.8	0.8	0.8	0.8	0.8	0.8	0.8			0.8	0.9	0.55	0.8	0.8	0.8
计算功率（kW）		102.8	80	50	5	5	180	80	16	180			50	102.8	15	30	5	5
计算电流（A）		173	151	95	10	10	342	151	30	342			95	173	42	58	10	10
自动开关脱扣器整定电流(A)	100	250	200	160	25	25	100	1000	200	40	400	180	150	200	50	80	25	25	100
电流互感器变比 LMK3-0.5	100/5	100/5	200/5	100/5		100/5		200/5	40/5	400/5	400/5	200/5	150/5	200/5	50/5	75/5		100/5
用途	备用	场馆照明	双速风机	综合控制室	公共照明	消防控制室	备用	自动互投	双速风机	变电室用电	演出灯光用电	备用	备用	综合控制室	场馆照明	电梯	演出音响用电	公共照明	消防控制室	备用
导线型号及规格		VV-1kV 4×120+1×70	VV-1kV 3×95+2×50	VV-1kV 4×70+1×35	BV-500 5×6	BV-500 5×6			NHVV-1kV 4×70+2×50	5×16	2(VV-1kV 4×70+1×70)			NHVV-1kV 4×70+1×35	NHVV-1kV 4×120+1×70	VV-1kV 3×25+2×16	VV-1kV 3×25+2×16	NHBV-500 5×6/SC25	NHBV-500 5×6/SC25

低压配电系统图（一）

说明：
1. 进线柜的计量表及互感器规格由供电部门确定。
2. 低压柜均为柜顶进出线。
3. 变压器设温度报警装置。
4. 二台变压器分列运行。
5. 二个进线柜的开关与联络柜的开关之间要加电气联锁，并设长延时和短路短延时两种保护。
6. 二个进线柜的开关加失压脱扣。

工程名称	体育馆
图纸内容	低压配电系统图（一）
图纸编号	电施-03

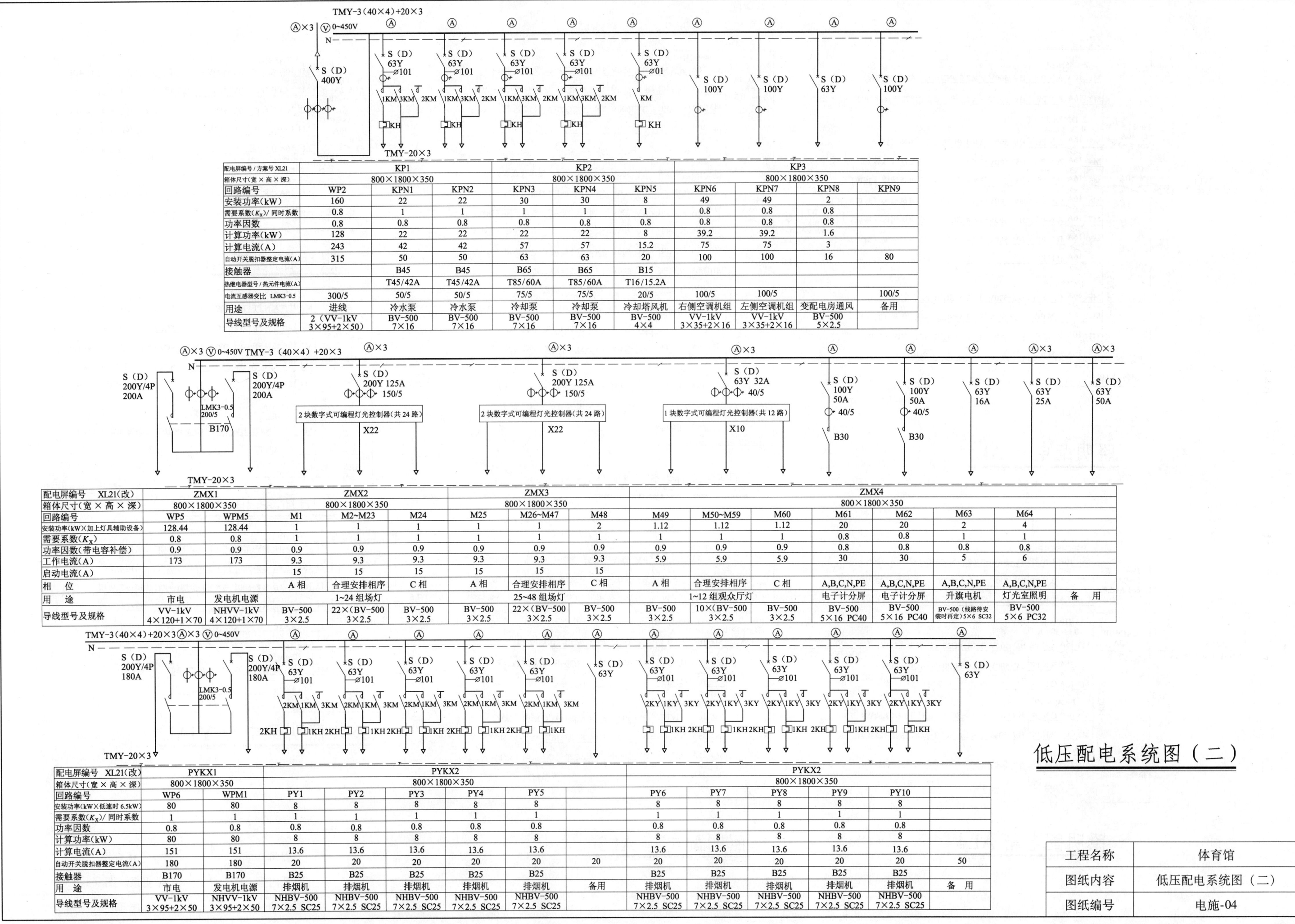

低压配电系统图（二）

配电屏编号 / 方案号 XL21		KP1			KP2			KP3		
箱体尺寸(宽×高×深)		800×1800×350			800×1800×350			800×1800×350		
回路编号	WP2	KPN1	KPN2	KPN3	KPN4	KPN5	KPN6	KPN7	KPN8	KPN9
安装功率(kW)	160	22	22	30	30	8	49	49	2	
需要系数(K_x)/ 同时系数	0.8	1	1	1	1	1	0.8	0.8	0.8	
功率因数	0.8	0.8	0.8	0.8	0.8	0.8	0.8	0.8	0.8	
计算功率(kW)	128	22	22	22	22	8	39.2	39.2	1.6	
计算电流(A)	243	42	42	57	57	15.2	75	75	3	
自动开关脱扣器整定电流(A)	315	50	50	63	63	20	100	100	16	80
接触器		B45	B45	B65	B65	B15				
热继电器型号/热元件电流(A)		T45/42A	T45/42A	T85/60A	T85/60A	T16/15.2A				
电流互感器变比 LMK3-0.5	300/5	50/5	50/5	75/5	75/5	20/5	100/5	100/5		100/5
用途	进线	冷水泵	冷水泵	冷却泵	冷却泵	冷却塔风机	右侧空调机组	左侧空调机组	变配电房通风	备用
导线型号及规格	2 (VV-1kV 3×95+2×50)	BV-500 7×16	BV-500 7×16	BV-500 7×16	BV-500 7×16	BV-500 4×4	VV-1kV 3×35+2×16	VV-1kV 3×35+2×16	BV-500 5×2.5	

配电屏编号 XL21(改)		ZMX1		ZMX2			ZMX3			ZMX4					
箱体尺寸(宽×高×深)		800×1800×350		800×1800×350			800×1800×350			800×1800×350					
回路编号	WP5	WPM5	M1	M2~M23	M24	M25	M26~M47	M48	M49	M50~M59	M60	M61	M62	M63	M64
安装功率(kW)(加上灯具辅助设备)	128.44	128.44	1	1	1	1	1	2	1.12	1.12	1.12	20	20	2	4
需要系数(K_x)	0.8	0.8	1	1	1	1	1	1	1	1	1	0.8	0.8	0.8	1
功率因数(带电容补偿)	0.9	0.9	0.9	0.9	0.9	0.9	0.9	0.9	0.9	0.9	0.9	0.8	0.8	0.8	0.8
工作电流(A)	173	173	9.3	9.3	9.3	9.3	9.3	9.3	5.9	5.9	5.9	30	30	5	6
启动电流(A)			15	15	15	15	15	15							
相 位			A 相	合理安排相序	C 相	A 相	合理安排相序	C 相	A 相	合理安排相序	C 相	A,B,C,N,PE	A,B,C,N,PE	A,B,C,N,PE	A,B,C,N,PE
用 途	市电	发电机电源	1~24组场灯			25~48 组场灯			1~12 组观众厅灯			电子计分屏	电子计分屏	升旗电机	灯光室照明	备用
导线型号及规格	VV-1kV 4×120+1×70	NHVV-1kV 4×120+1×70	BV-500 3×2.5	22×(BV-500 3×2.5)	BV-500 3×2.5	BV-500 3×2.5	22×(BV-500 3×2.5)	BV-500 3×2.5	BV-500 3×2.5	10×(BV-500 3×2.5)	BV-500 3×2.5	BV-500 5×16 PC40	BV-500 5×16 PC40	BV-500 (线路待安装时再定)5×6 SC32	BV-500 5×6 PC32

配电屏编号 XL21(改)		PYKX1		PYKX2					PYKX2					
箱体尺寸(宽×高×深)		800×1800×350		800×1800×350					800×1800×350					
回路编号	WP6	WPM1	PY1	PY2	PY3	PY4	PY5		PY6	PY7	PY8	PY9	PY10	
安装功率(kW)(低速时 6.5kW)	80	80	8	8	8	8	8		8	8	8	8	8	
需要系数(K_x)/ 同时系数	1	1	1	1	1	1	1		1	1	1	1	1	
功率因数	0.8	0.8	0.8	0.8	0.8	0.8	0.8		0.8	0.8	0.8	0.8	0.8	
计算功率(kW)	80	80	8	8	8	8	8		8	8	8	8	8	
计算电流(A)	151	151	13.6	13.6	13.6	13.6	13.6		13.6	13.6	13.6	13.6	13.6	
自动开关脱扣器整定电流(A)	180	180	20	20	20	20	20	20	20	20	20	20	20	50
接触器	B170	B170	B25	B25	B25	B25	B25		B25	B25	B25	B25	B25	
用 途	市电	发电机电源	排烟机	排烟机	排烟机	排烟机	排烟机	备用	排烟机	排烟机	排烟机	排烟机	排烟机	备用
导线型号及规格	VV-1kV 3×95+2×50	NHVV-1kV 3×95+2×50	NHBV-500 7×2.5 SC25	NHBV-500 7×2.5 SC25	NHBV-500 7×2.5 SC25	NHBV-500 7×2.5 SC25	NHBV-500 7×2.5 SC25		NHBV-500 7×2.5 SC25	NHBV-500 7×2.5 SC25	NHBV-500 7×2.5 SC25	NHBV-500 7×2.5 SC25	NHBV-500 7×2.5 SC25	

工程名称	体育馆
图纸内容	低压配电系统图（二）
图纸编号	电施-04

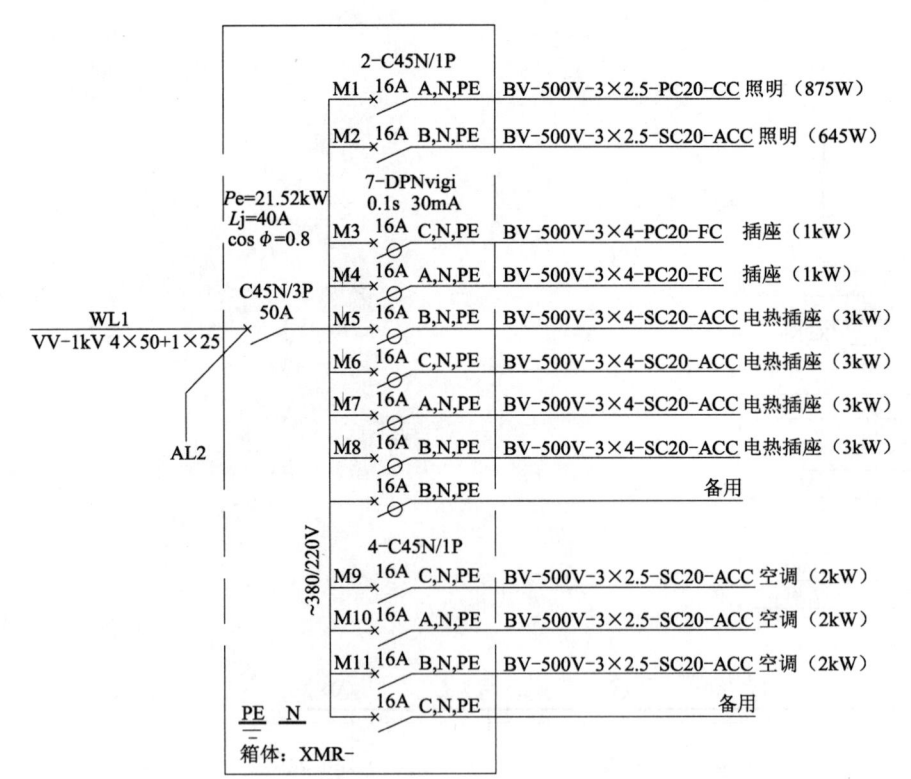

照明配电箱 AL1

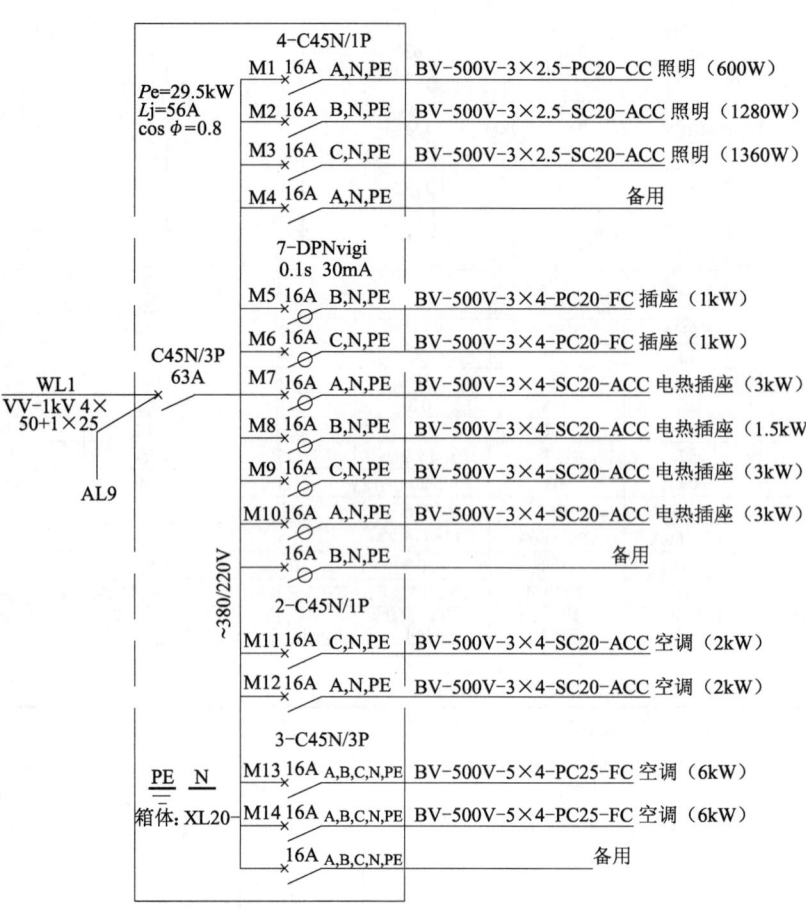

照明配电箱 AL2

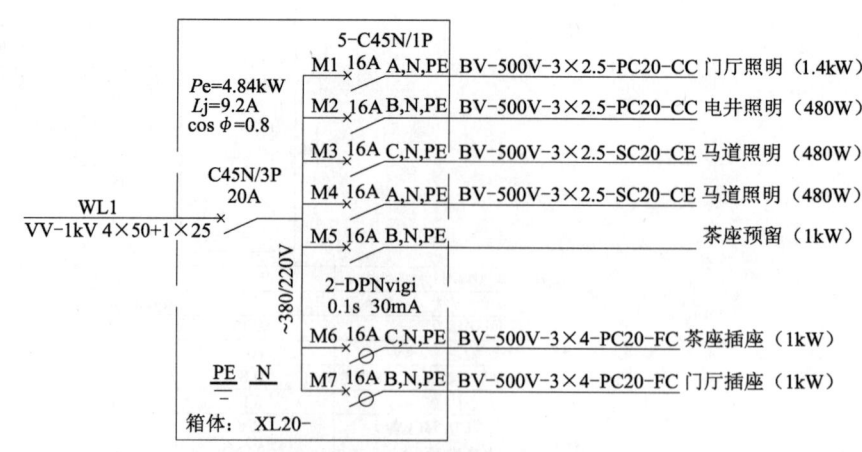

照明配电箱 AL9

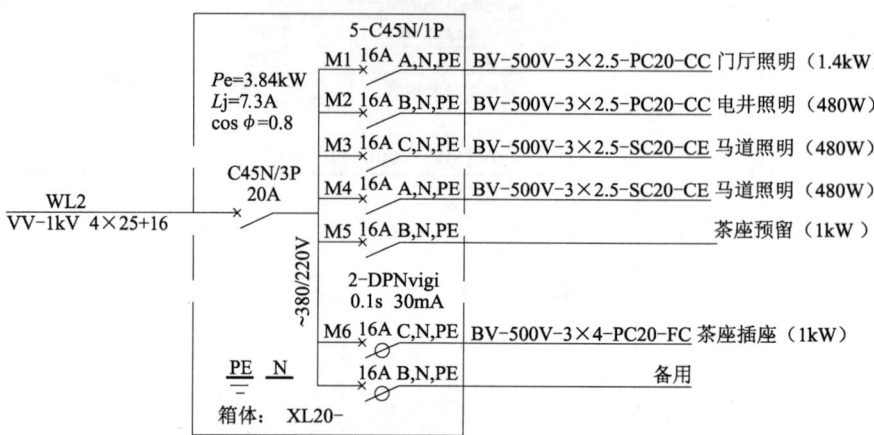

照明配电箱 AL10

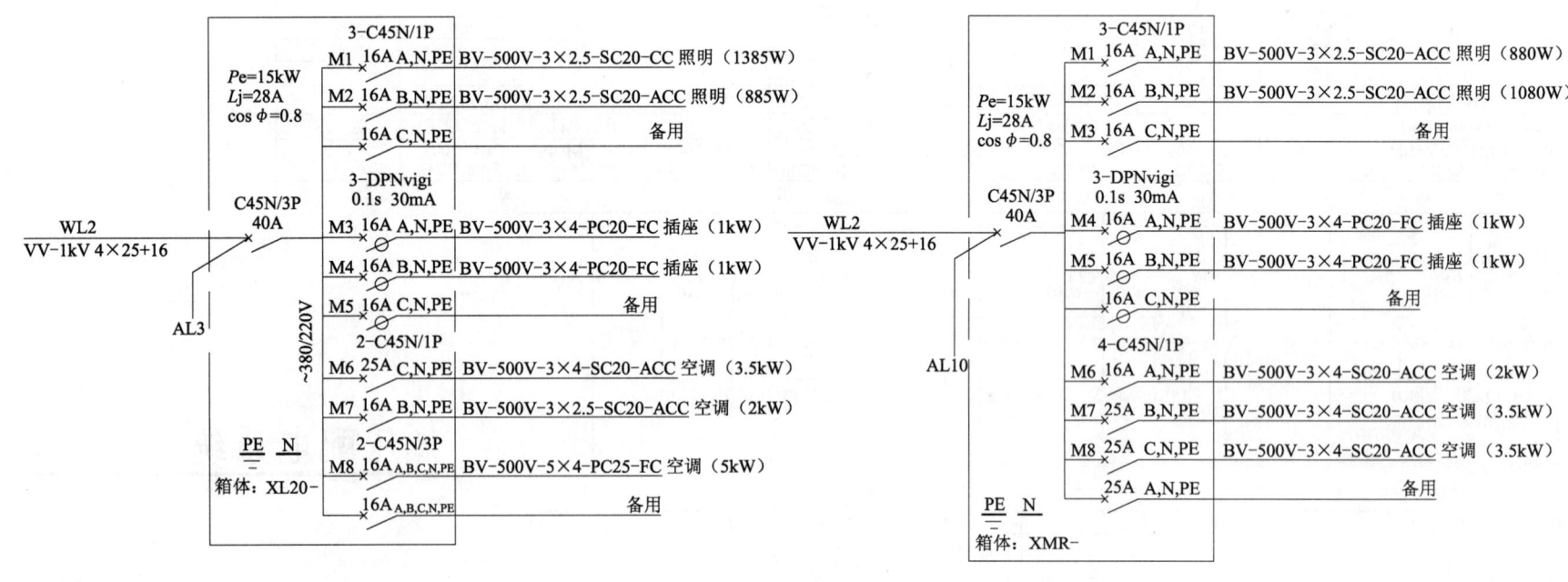

照明配电箱 AL4

照明配电箱 AL3

公共照明配电箱 YJAL

工程名称	体育馆
图纸内容	照明系统图（一）
图纸编号	电施-05

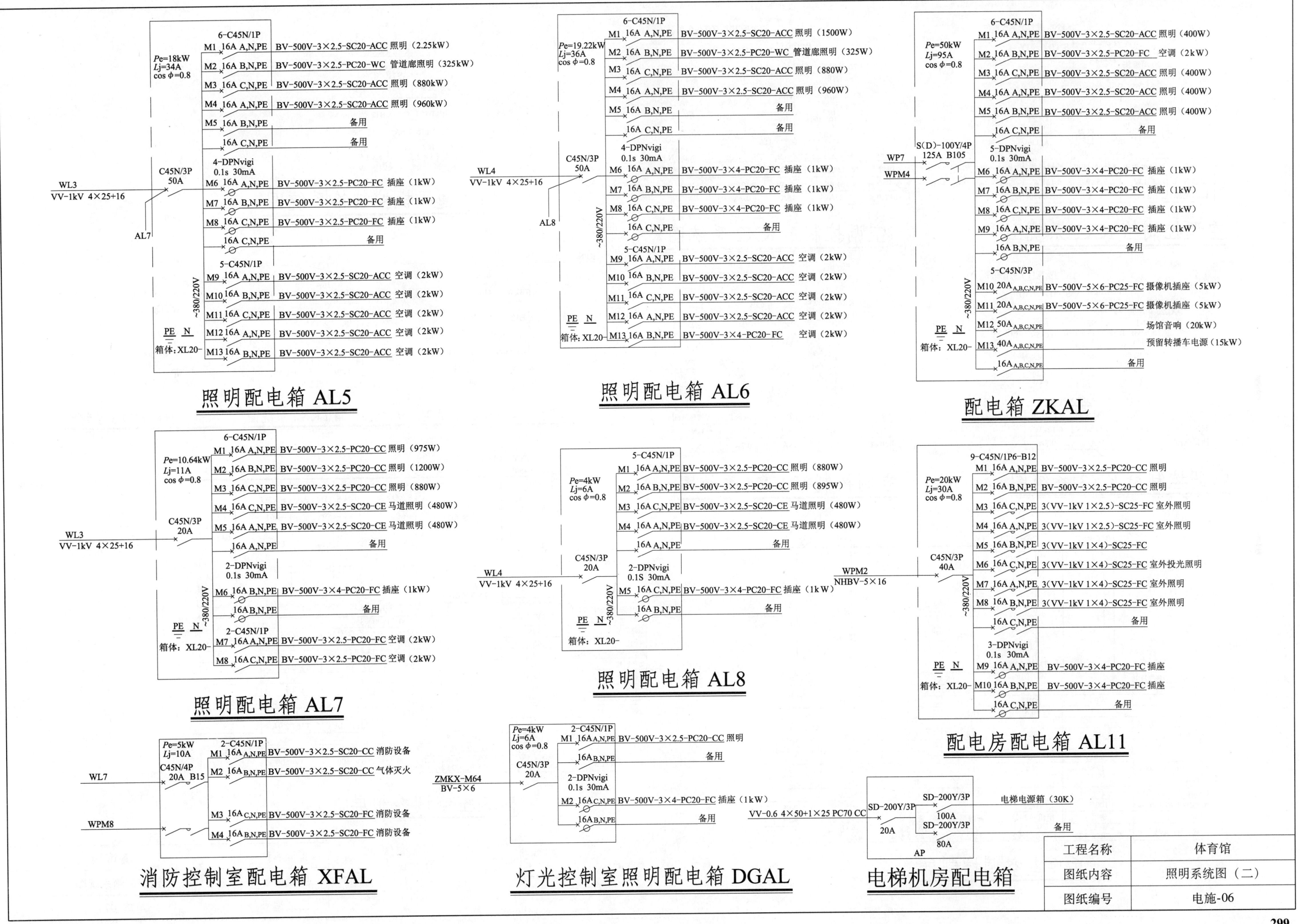

照明配电箱 AL5

照明配电箱 AL6

配电箱 ZKAL

照明配电箱 AL7

照明配电箱 AL8

配电房配电箱 AL11

消防控制室配电箱 XFAL

灯光控制室照明配电箱 DGAL

电梯机房配电箱

工程名称	体育馆
图纸内容	照明系统图（二）
图纸编号	电施-06

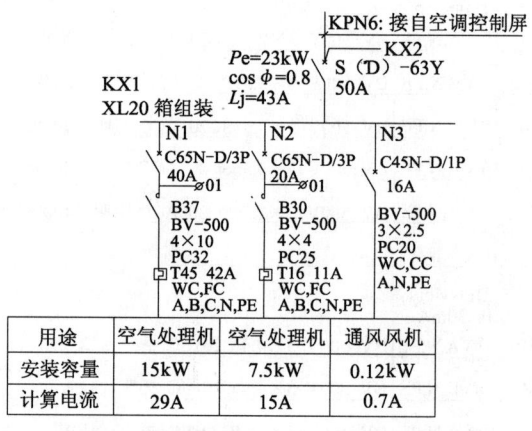

用途	空气处理机	空气处理机	通风风机
安装容量	15kW	7.5kW	0.12kW
计算电流	29A	15A	0.7A

空调控制箱 KX1 系统图

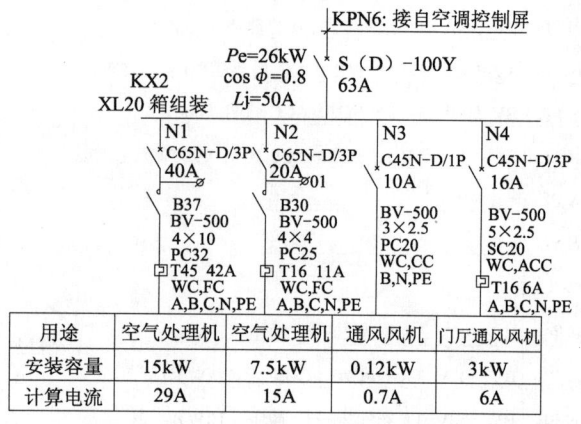

用途	空气处理机	空气处理机	通风风机	门厅通风风机
安装容量	15kW	7.5kW	0.12kW	3kW
计算电流	29A	15A	0.7A	6A

空调控制箱 KX2 系统图

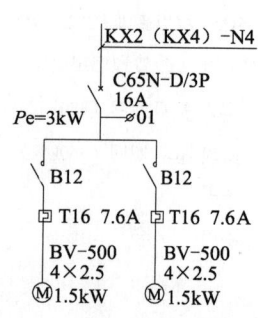

门厅通风机控制箱系统图

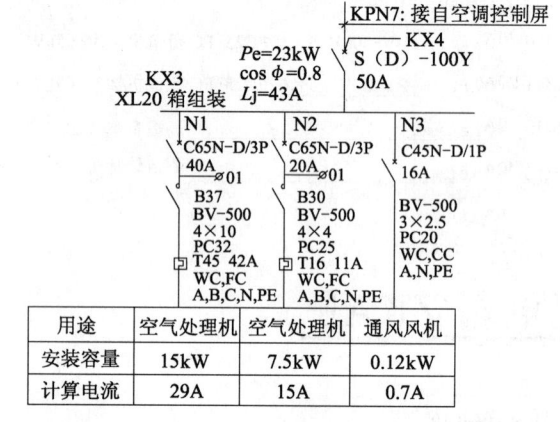

用途	空气处理机	空气处理机	通风风机
安装容量	15kW	7.5kW	0.12kW
计算电流	29A	15A	0.7A

空调控制箱 KX3 系统图

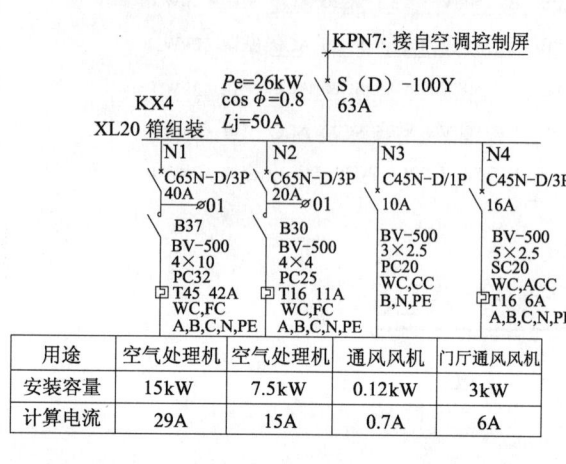

用途	空气处理机	空气处理机	通风风机	门厅通风风机
安装容量	15kW	7.5kW	0.12kW	3kW
计算电流	29A	15A	0.7A	6A

空调控制箱 KX4 系统图

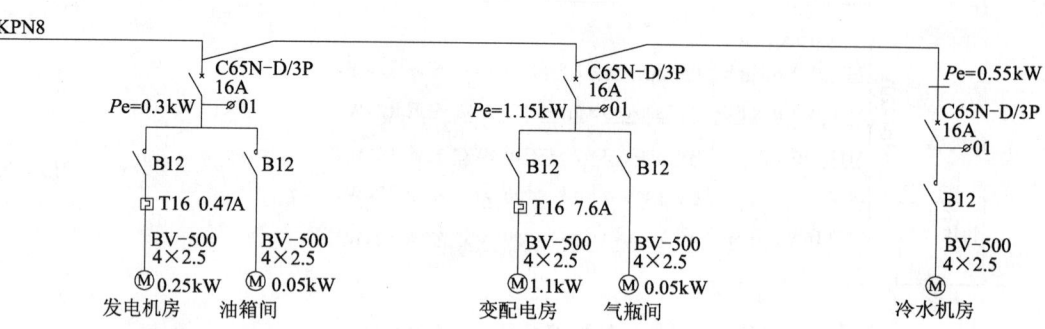

风机控制箱 FKX1 系统图　　风机控制箱 FKX2 系统图　　风机控制箱 FKX3 系统图

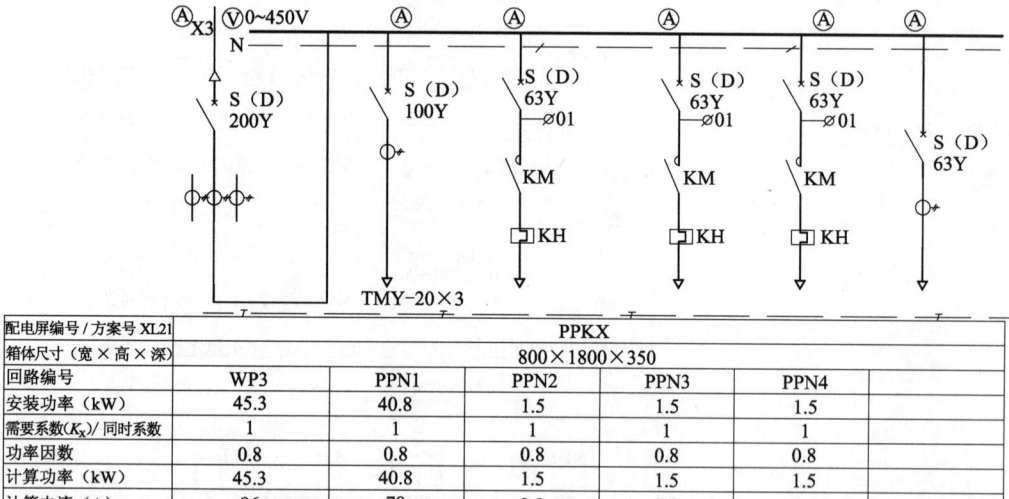

配电屏编号 / 方案号 XL21	PPKX					
箱体尺寸(宽×高×深)	800×1800×350					
回路编号	WP3	PPN1	PPN2	PPN3	PPN4	
安装功率(kW)	45.3	40.8	1.5	1.5	1.5	
需要系数(K_x)/同时系数	1	1	1	1	1	
功率因数	0.8	0.8	0.8	0.8	0.8	
计算功率(kW)	45.3	40.8	1.5	1.5	1.5	
计算电流(A)	86	78	2.9	2.9	2.9	
自动开关脱扣器整定电流(A)	125	100	16	16	16	63
接触器			B12	B12	B12	
热继电器型号/热元件电流(A)			T16/2.9A	T16/2.9A	T16/2.9A	
电流互感器变化 LMK3-0.5	100/5	100/5				100/5
用途	进线	柜机控制箱	管道泵	管道泵	冷却塔风机	备用
导线型号及规格	VV-1kV 3×70+2×35	VV-1kV 3×50+2×25	BV-500 4×2.5	BV-500 4×2.5		

乒乓室空调控制屏

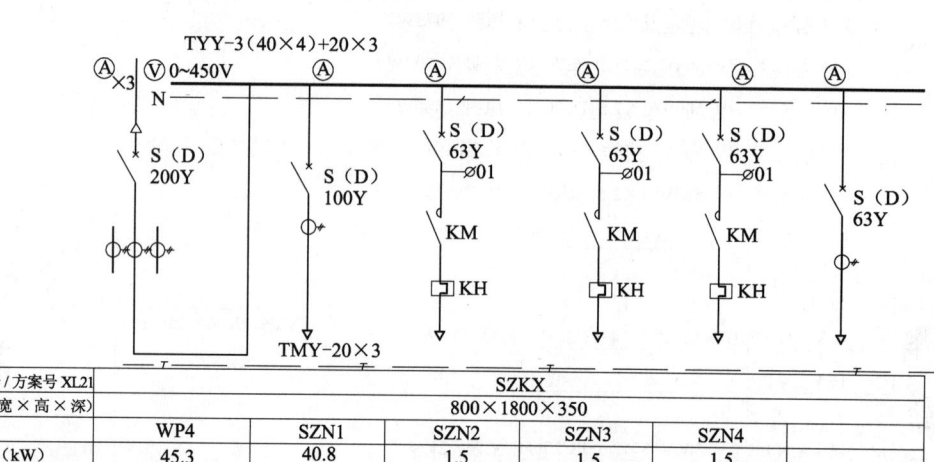

配电屏编号 / 方案号 XL21	SZKX					
箱体尺寸(宽×高×深)	800×1800×350					
回路编号	WP4	SZN1	SZN2	SZN3	SZN4	
安装功率(kW)	45.3	40.8	1.5	1.5	1.5	
需要系数(K_x)/同时系数	1	1	1	1	1	
功率因数	0.8	0.8	0.8	0.8	0.8	
计算功率(kW)	45.3	40.8	1.5	1.5	1.5	
计算电流(A)	86	78	2.9	2.9	2.9	
自动开关脱扣器整定电流(A)	125	100	16	16	16	63
接触器			B12	B12	B12	
热继电器型号/热元件电流(A)			T16/2.9A	T16/2.9A	T16/2.9A	
电流互感器变化 LMK3-0.5	100/5	100/5				100/5
用途	进线	柜机控制箱	管道泵	管道泵	冷却塔风机	备用
导线型号及规格	VV-1kV 3×70+2×35	VV-1kV 3×50+2×25	BV-500 4×2.5	BV-500 4×2.5		

时装室空调控制屏

工程名称	体育馆
图纸内容	空调控制箱系统图
图纸编号	电施-07

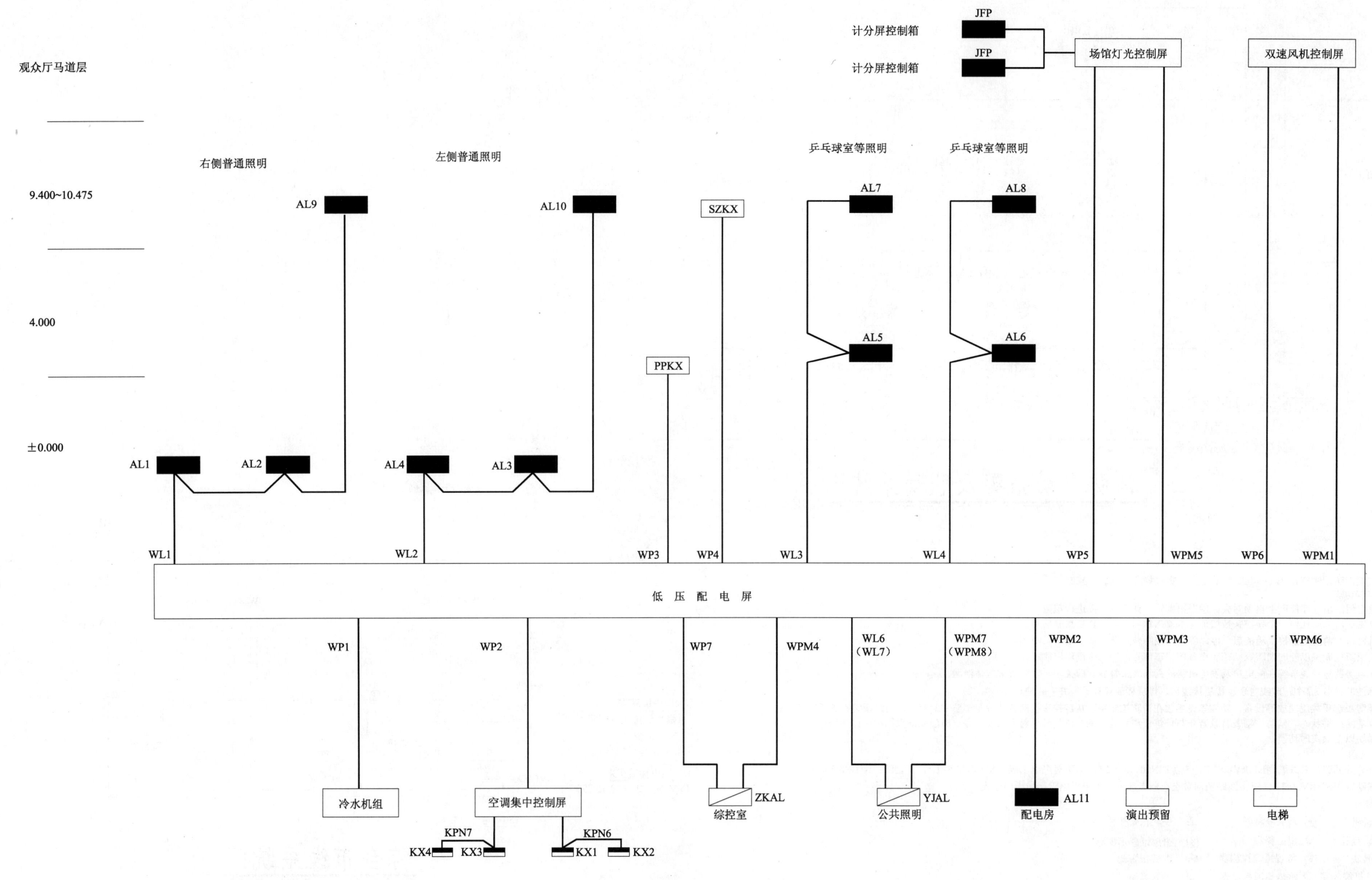

观众厅马道层

9.400~10.475

4.000

±0.000

右侧普通照明　　　　　　　左侧普通照明　　　　　　　　　　　乒乓球室等照明　　　乒乓球室等照明

计分屏控制箱　　JFP

计分屏控制箱　　JFP

场馆灯光控制屏　　　双速风机控制屏

AL9　　　　　　　AL10　　　SZKX　　　　AL7　　　　　AL8

AL5　　　　　AL6

PPKX

AL1　　AL2　　　AL4　　AL3

WL1　　　　　　　WL2　　　　　WP3　WP4　　WL3　　　　WL4　　　　WP5　　　WPM5　　WP6　WPM1

低 压 配 电 屏

WP1　　　　　WP2　　　　　WP7　　WPM4　　WL6　　WPM7　　WPM2　　　WPM3　　　WPM6
　　　　　　　　　　　　　　　　　　　（WL7）（WPM8）

冷水机组　　　空调集中控制屏　　　ZKAL　　　YJAL　　AL11

　　　　　　　　　　　　　　　综控室　　公共照明　　配电房　　演出预留　　电梯

KPN7　　　　KPN6

KX4　KX3　　KX1　KX2

低压配电网络图

工程名称	体育馆
图纸内容	低压配电网络图
图纸编号	电施-08

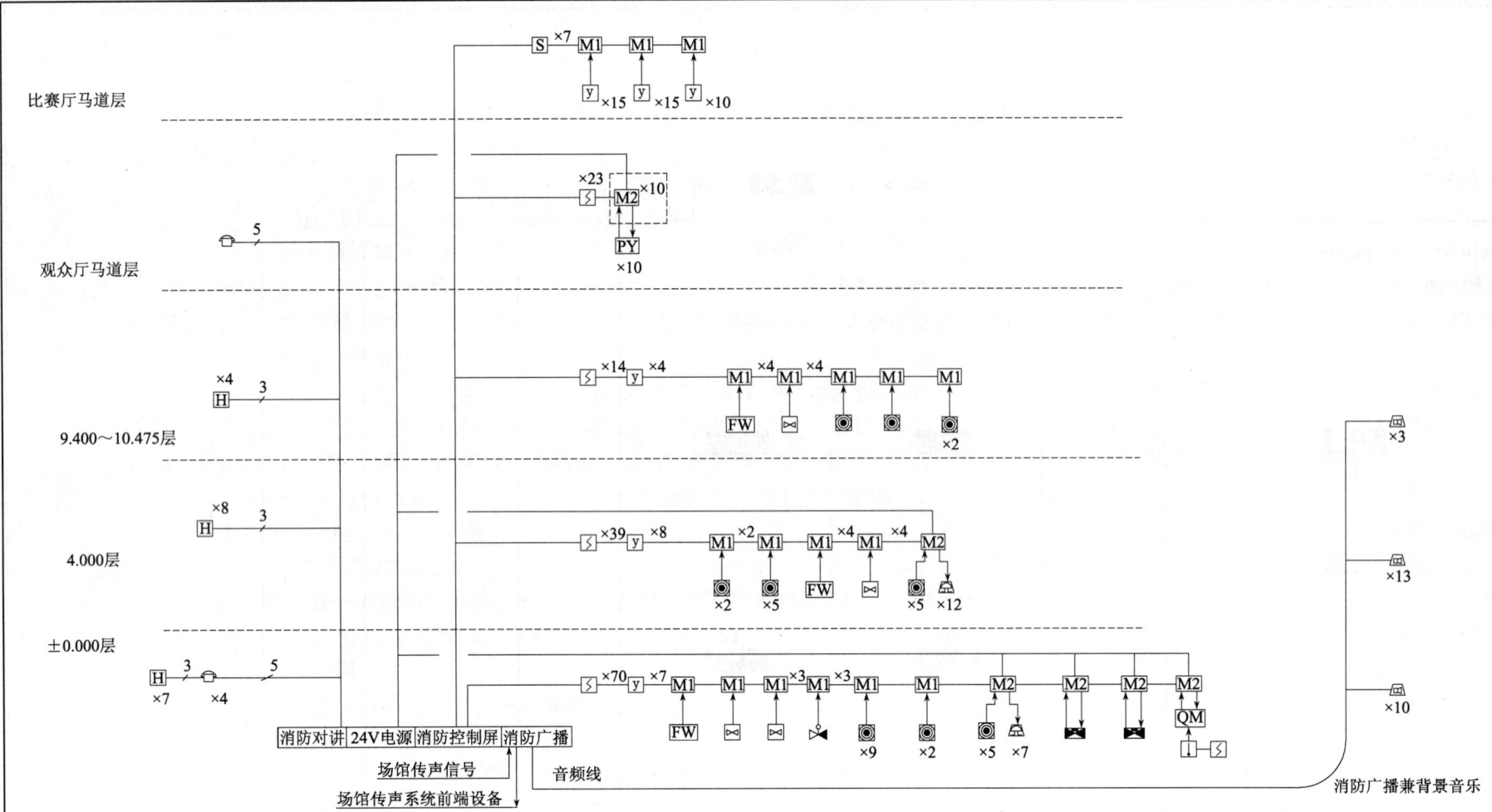

比赛厅马道层

观众厅马道层

9.400～10.475层

4.000层

±0.000层

消防对讲 24V电源 消防控制屏 消防广播

场馆传声信号

场馆传声系统前端设备

音频线

消防广播兼背景音乐

消防自动报警及联动系统图

说明：
1. 本工程在首层消防控制室设JB-QB-0ZH04扩展型火灾报警及灭火联动控制屏。
2. 消防联动控制功能
   （1）火灾发生后，由联动控制柜自动对失火层发出警铃，并打开广播进行疏散。
   （2）火灾发生后，只要任何一个喷淋头被熔掉，水流指示器动作，发生报警信号。
   （3）排烟风机，非消防电源控制箱的启、停，除自动控制外，还应能手动直接控制。
   （4）设置在消防控制室以外的消防联动控制设备的状态信号，均送至消防控制室。
   （5）设在配电房的电动调节阀在配电房及发电机房的探测器报警后立即关闭，以防灭火气体泄漏。
3. 图中未作标注的设备为1个，虚线内表示楼层接线箱，楼层接线箱设于电井中距地1.4m。
4. 消防广播及背景音乐共用功放等设备，功放等设备放在消防控制室，从综控室引两音频线至消防控制室（消防广播设有备用功放），
   火灾时强制消防广播状态。消防广播兼背景音乐与场馆传声系统各输一路信号至对方前端设备。时装表演室如利用已装扬声器须再
   接一联动模块以便火灾时切换。
5. 线路：
   系统共二条总线回路，总线选用NHRV-2×1.5，电源线NHRV-3×2.5，消防对讲电话线：NHRVV-5×1.5，广播线：NHRV-2×1.5，
   信号线及联动线用NHRV 2×1.5，以上线路竖向敷设在弱电井中，水平穿钢管在吊顶内敷设。
6. 图例：
   ☎ 消防对讲机　◉ 消防火栓按钮　Y 手动报警钮
   H 消防对讲插孔　⚏ 消防警铃　🚬 带地址感烟探测器
   ⚟ 安全信号阀　y 常规感烟探测器　🌀 湿式报警阀
   PY 排烟风机控制箱　▥ 常规感温探测器　M1 输入模块
   QM 气体灭火控制箱　🔊 扬声器（Pe=3W）　▨ 调节阀
   M2 控制模块　FW 水流指示器

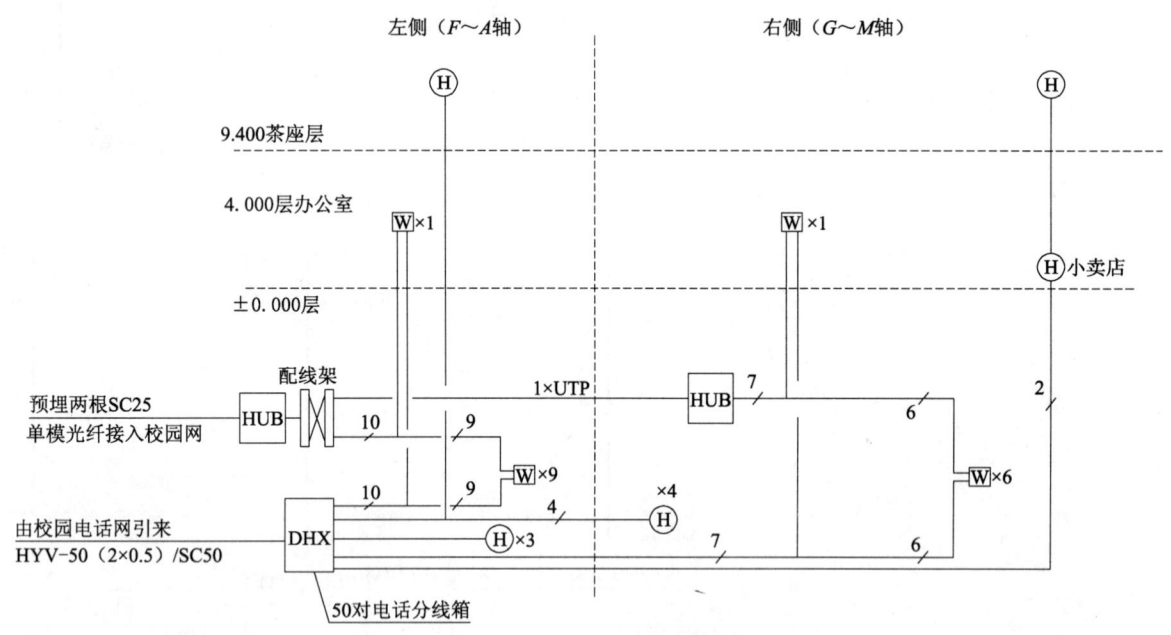

左侧（F～A轴）　　　右侧（G～M轴）

9.400茶座层

4.000层办公室

±0.000层

小卖店

配线架

预埋两根SC25
单模光纤接入校园网

由校园电话网引来
HYV-50（2×0.5）/SC50

50对电话分线箱

综合布线系统图

说明：
1. 由于电话和网络较少，各房间功能固定，所以分别布线以节约成本，网络选用5类UTP双绞线，电话线选用PVC-4×0.5
   （至双口插座的2线路全选5类UTP）。
2. 线路在吊顶及墙内穿管暗敷。4根UTP以下穿PVC20管，5根以上穿PVC25管，6根PVC-0.5以下穿PC20管，6根以上穿PC25管。
3. W——双口信息插座（办公室距地0.3m），H——电话插座（距地0.3m）。

工程名称	体育馆
图纸内容	消防自动报警及联动系统图、综合布线系统图
图纸编号	电施-09

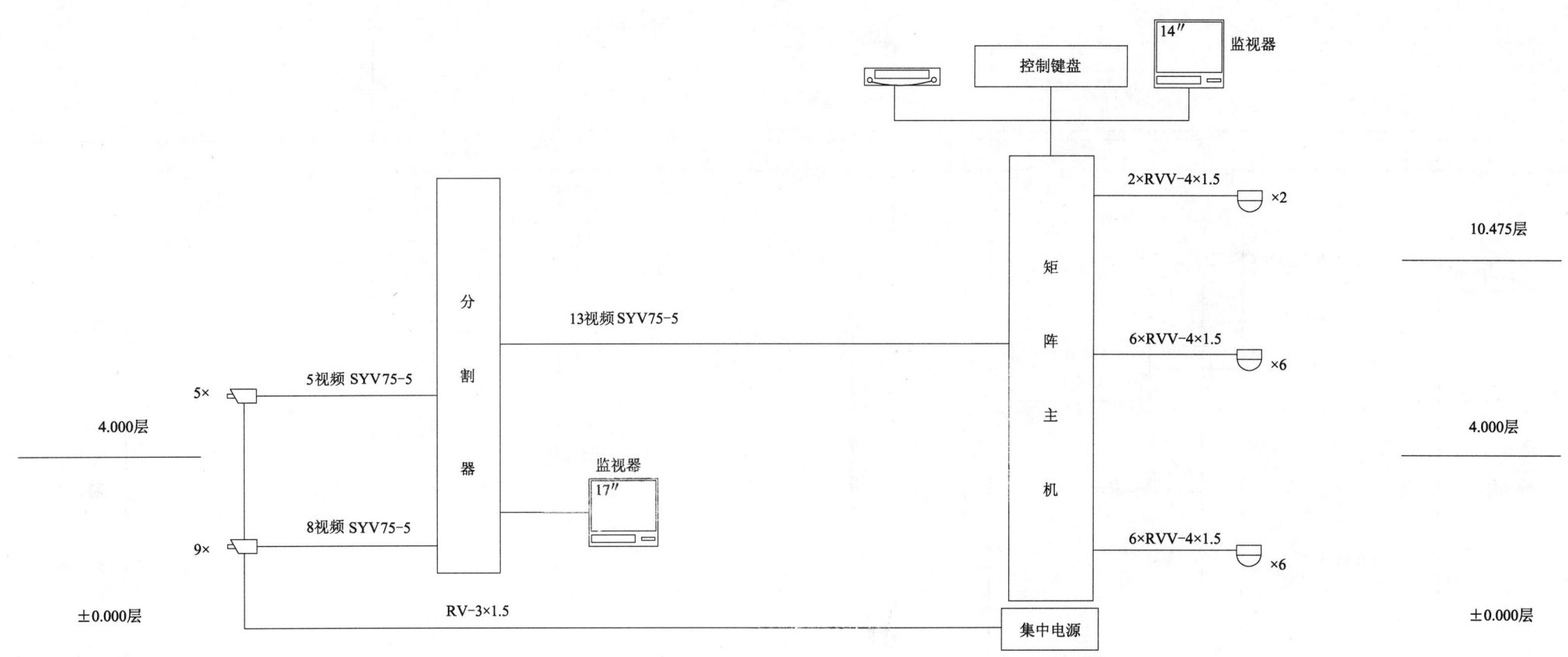

保安监控系统原理图

说明：

1. 控制中心
   控制中心由1台16画面图像分割器控制。控制室安排17英寸黑白监视器1台，总计14只摄像机的图像信号进入画面处理器，同时显示在17英寸黑白监视器上，以保证要害部位能够实时全面观察。控制中心安装1台24小时延时录像机，保证记录所有摄像机的图像。在控制中心再安装1台14英寸黑白监视器，用于自动切换所有路摄像机画面，同时可以追踪任何单一画面。

2. 监控现场
   （1）在±0.000层、4.000m层楼道内安装常规摄像机。
   （2）在±0.000层大堂及门厅内安装固定半球摄像机。
   （3）候梯厅内安装电梯专用摄像机。

3. 线路敷设
   同轴电缆沿200×100金属线槽，摄像机电源线由控制室配电箱引出也沿线槽敷设，下线槽分别穿SC20至摄像机处。垂直布线走弱电井，在200×100金属线槽中敷设，摄像机吊顶下安装不低于2.5m。走廊探头吸顶安装，走廊探头选用RVV4×1.0，摄像机电源线选用RV-3×1.5，同轴电缆选用SYV-75-5，以上线路均穿SC20管。

4. 摄像机电源由综控室集中电源供给，探头电源用12V电源。

5. 图例：

 红外线探头　　　摄像机

电视系统图

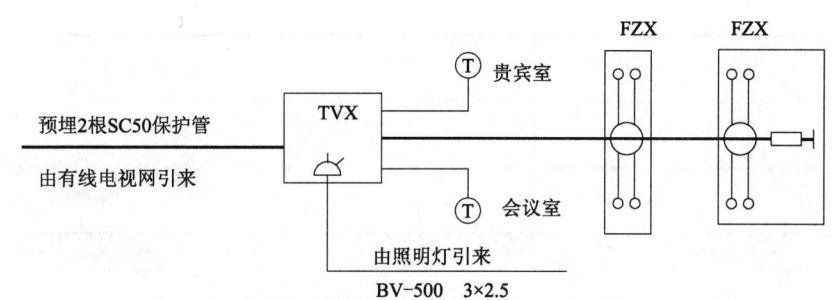

说明： 1. 电视箱中的设备及电视电缆的选择由有线电视部门定。
2. 在±0.000层的贵宾室等场所安装电视插座，其他场所只在前端箱中预留3个四分支器，待需要时可从箱中引出。
3. 干线电缆穿SC25管吊顶内敷设，分支电缆穿PC管暗敷。
4. 图例：
   Ⓣ　电视出线盒（距地0.3m）

工程名称	体育馆
图纸内容	保安监控系统原理图、电视系统图
图纸编号	电施-10

303

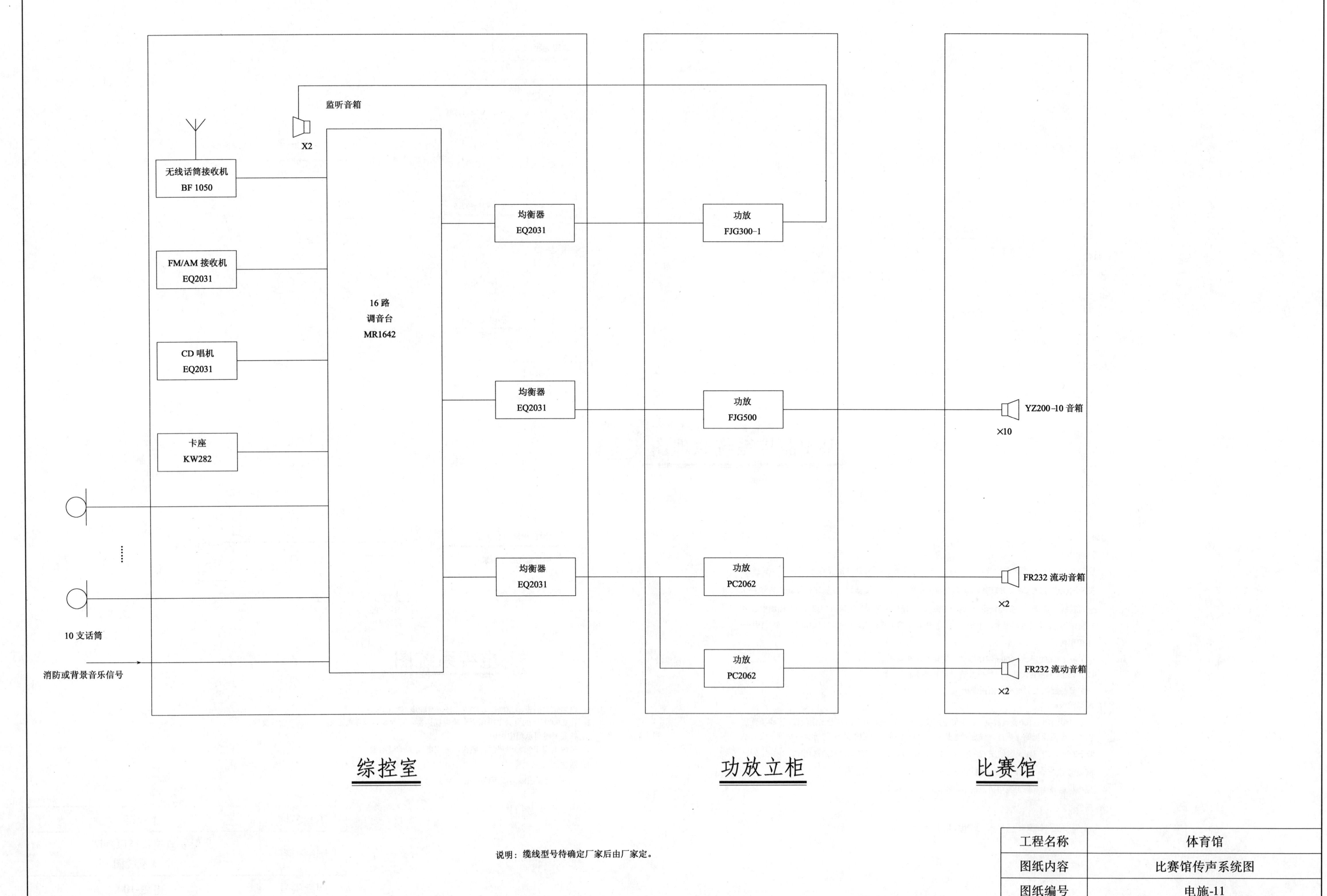

监听音箱

无线话筒接收机
BF 1050

FM/AM 接收机
EQ2031

CD 唱机
EQ2031

卡座
KW282

X2

16 路
调音台
MR1642

10 支话筒

消防或背景音乐信号

均衡器
EQ2031

均衡器
EQ2031

均衡器
EQ2031

功放
FJG300-1

功放
FJG500

功放
PC2062

功放
PC2062

YZ200-10 音箱
×10

FR232 流动音箱
×2

FR232 流动音箱
×2

综控室

功放立柜

比赛馆

说明: 缆线型号待确定厂家后由厂家定。

工程名称	体育馆
图纸内容	比赛馆传声系统图
图纸编号	电施-11

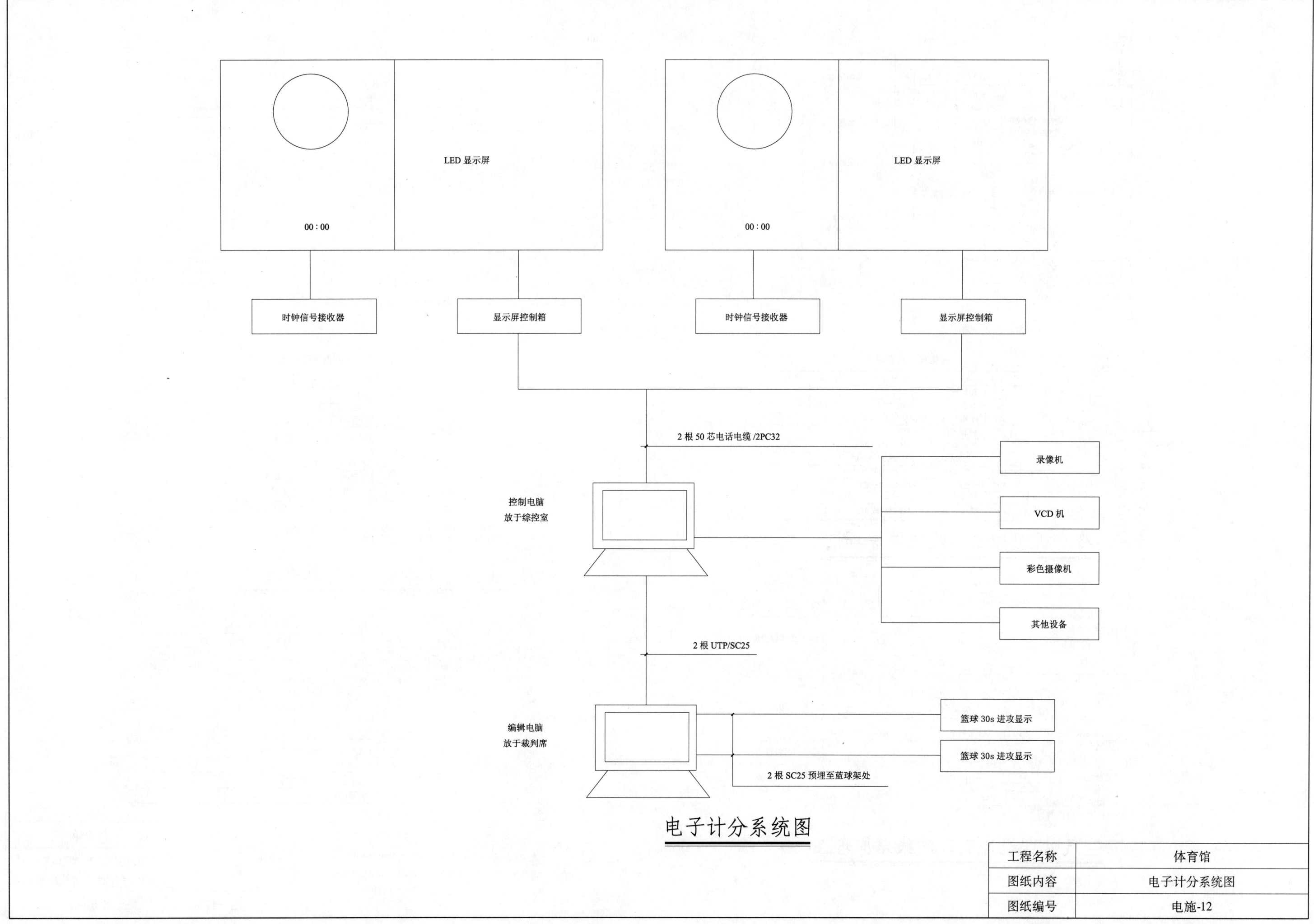

LED 显示屏

00：00

LED 显示屏

00：00

| 时钟信号接收器 | 显示屏控制箱 | 时钟信号接收器 | 显示屏控制箱 |

2 根 50 芯电话电缆 /2PC32

录像机

VCD 机

控制电脑
放于综控室

彩色摄像机

其他设备

2 根 UTP/SC25

编辑电脑
放于裁判席

篮球 30s 进攻显示

篮球 30s 进攻显示

2 根 SC25 预埋至蓝球架处

电子计分系统图

工程名称	体育馆
图纸内容	电子计分系统图
图纸编号	电施-12

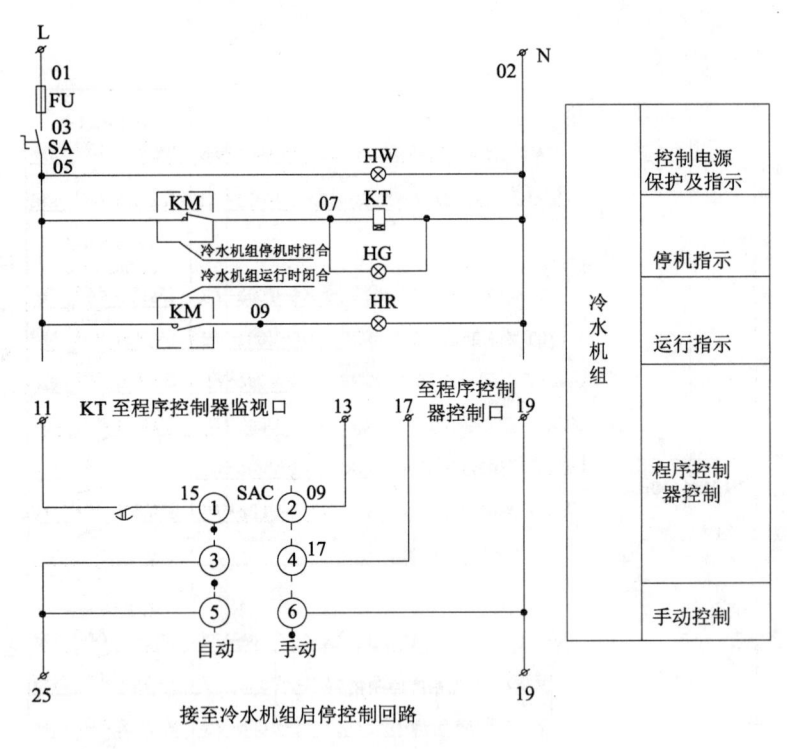

11 KT 至程序控制器监视口 13 17 至程序控制器控制口 19

接至冷水机组启停控制回路

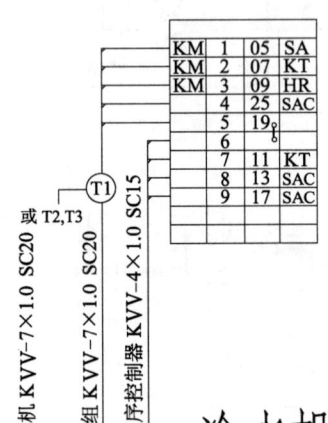

符号	名称	型号规格	数量	备注
SA	控制按钮	LA101Z-X-6	1	
FU	熔断器	LR6-25/4A	1	
KT	时间继电器	JS14A-220V 0~15min	1	
SF	控制按钮	LA19-11D（红）	1	
SS	控制按钮	LA19-11D（绿）	1	
HR	红色指示灯	AD1-25/31~220V	1	
HW	白色指示灯	AD1-25/31~220V	1	
HG	绿色指示灯	AD1-25/31~220V	1	
	接线端子	D1 系列	1	
SAC	转换开关	LW5-15N0616/2	1	

主要设备材料表

冷水机组控制二次线路原理图

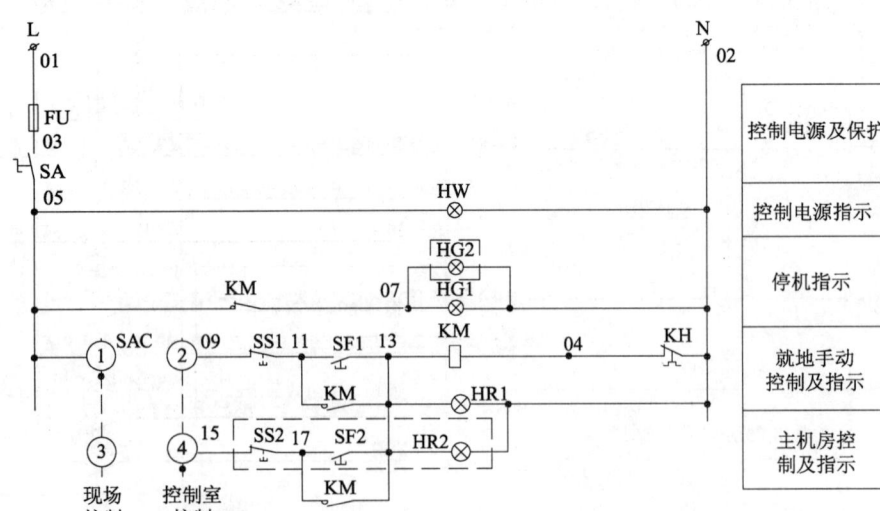

空气处理机控制二次线路原理图

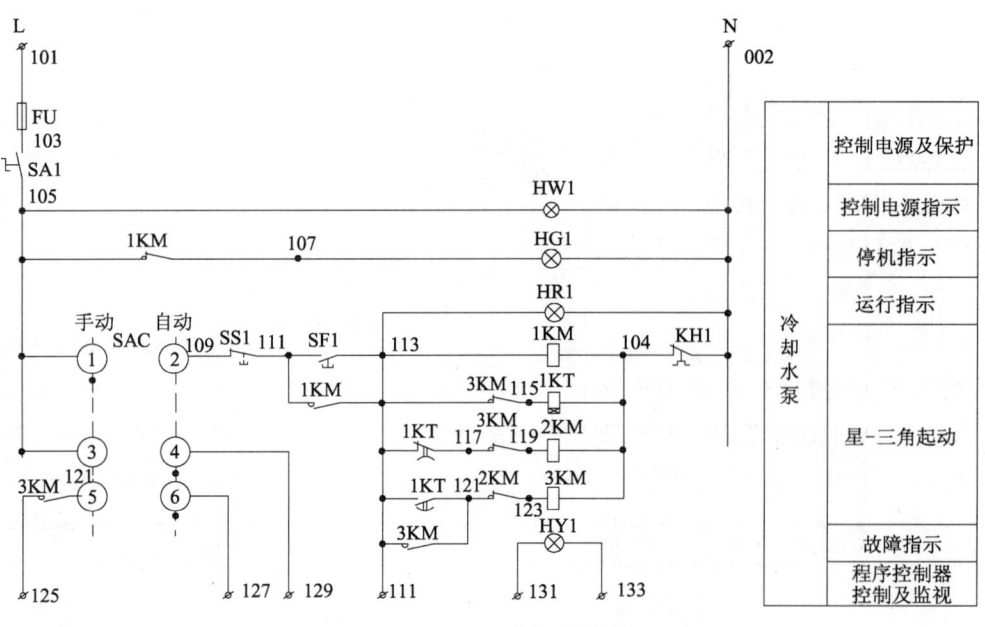

至程序控制器监视口　　至程序控制器控制口　　至程序控制器控制口

说明：
1. 其他冷却泵和冷冻泵的二次线路图均同于上图，不再画出。
2. 接触器、断路器、热继电器型号请参见一次线路图。

冷却(冻)泵控制二次线路原理图

符号	名称	型号规格	数量	备注
FU	熔断器	RL6-25/6	1	
KT	时间继电器	JS23-1/2 5S	1	
SF	控制按钮	LA19-11D（红）	1	
SS	控制按钮	LA19-11D（绿）	1	
HW	白色指示灯	AD1-25/31~220V	1	
HG	绿色指示灯	AD1-25/31~220V	1	
HR	红色指示灯	AD1-25/31~220V	1	
SA	控制按钮	LA101Z-X-6	1	
HY	黄色指示灯	AD1-25/31~220V	1	

主要设备材料表

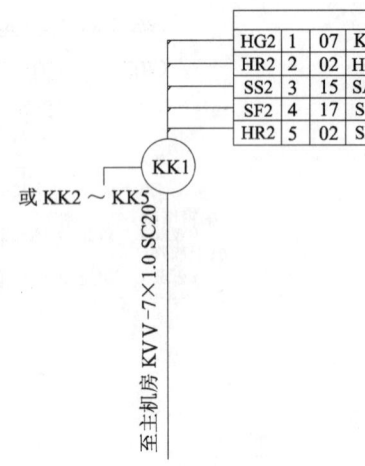

符号	名称	型号规格	数量	备注
KM	交流接触器		1	参见相应一次电路图
KH	热继电器		1	参见相应一次电路图
FU	熔断器	RL6-25/6	1	
SF1,2	控制按钮	LA19-11D（红）	1	
SS1,2	控制按钮	LA19-11D（绿）	1	
HW	白色指示灯	AD1-25/31~220V	1	
HG1,2	绿色指示灯	AD1-25/31~220V	2	
HR1,2	红色指示灯	AD1-25/31~220V	2	
SA	控制按钮	LA101Z-X-6	1	
	接线端子	D1 系列	1	
SAC	转换开关		1	

主要设备材料表

说明：
1. 风机可就地或主机房控制手动启停，各风机启停状态反馈主机房。
2. 上图仅为一台空气处理机的控制原理图，其他与此相同。

工程名称	体育馆
图纸内容	空气处理机、冷却（冻）泵、冷水机组控制二次线路原理图
图纸编号	电施-13

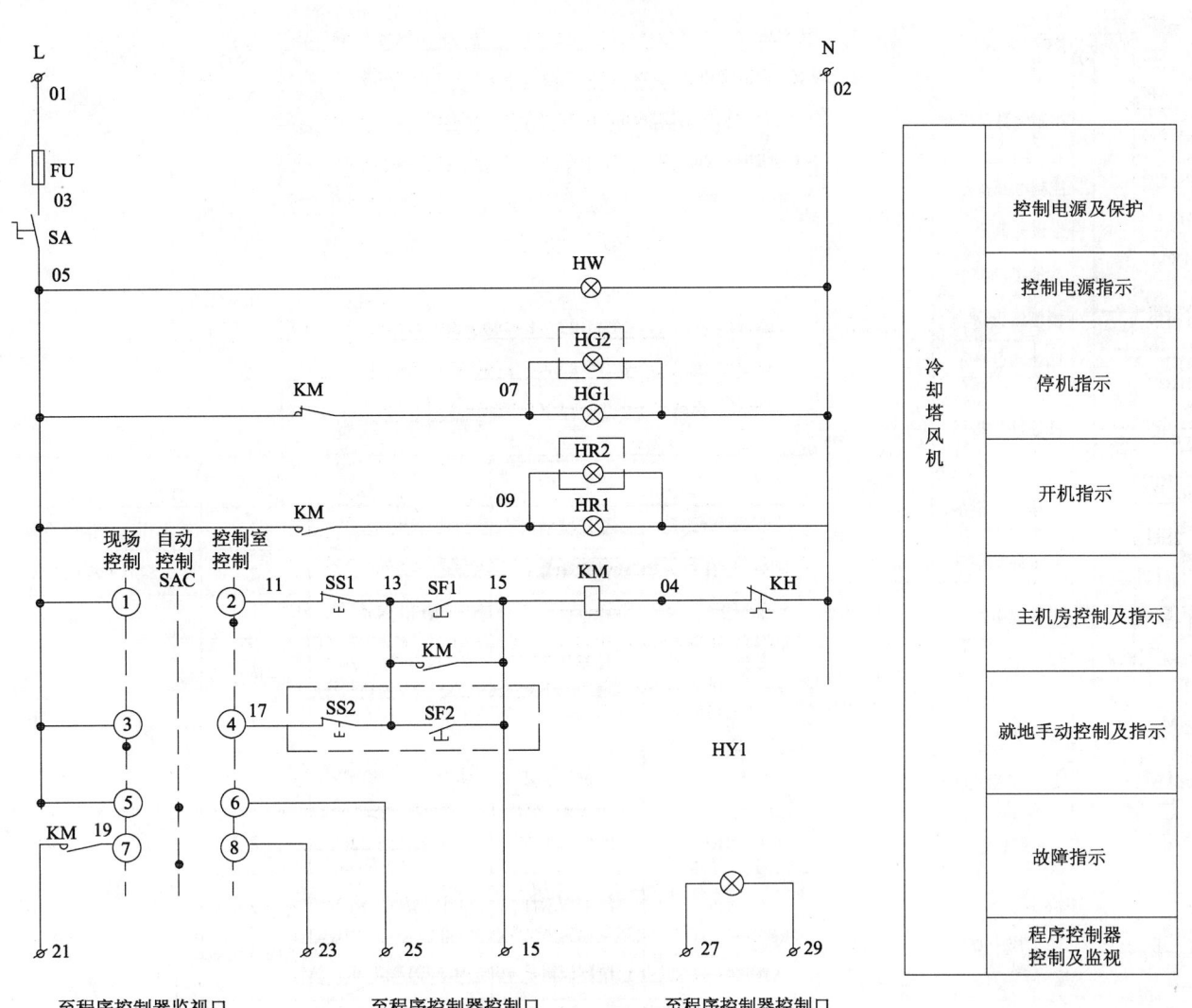

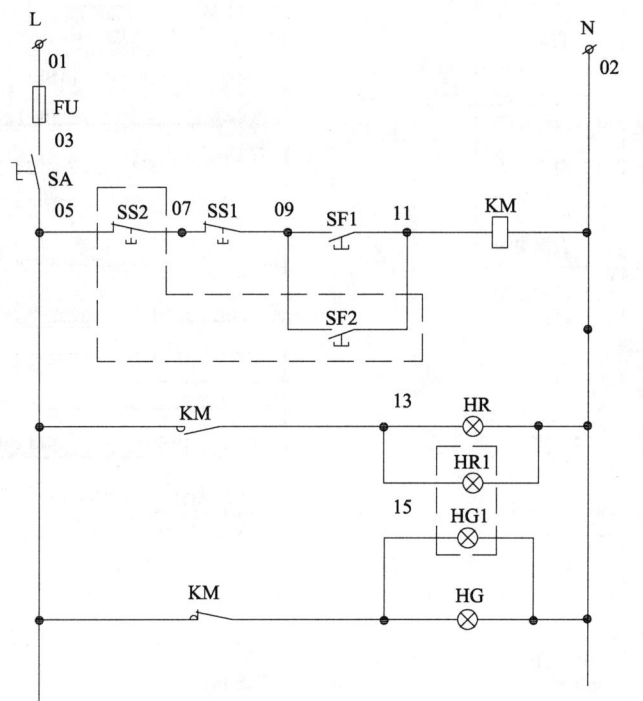

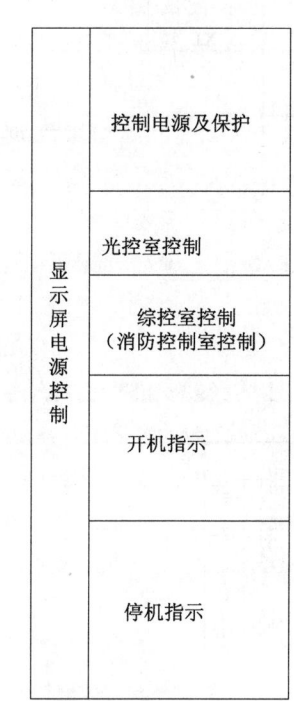

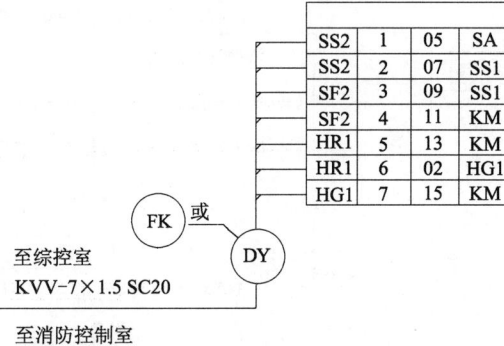

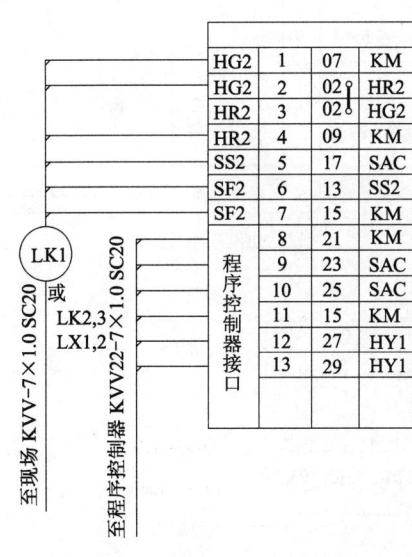

主要设备材料表

符号	名称	型号规格	数量	备注
KM	交流接触器		1	参见相应一次电路图
KH	热继电器		1	参见相应一次电路图
FU	熔断器	RL6-25/6	1	
SF1、2	控制按钮	LA19-11D（红）	1	
SS1、2	控制按钮	LA19-11D（绿）	1	
HW	白色指示灯	AD1-25/31~220V	1	
HG1、2	绿色指示灯	AD1-25/31~220V	2	
HR1、2	红色指示灯	AD1-25/31~220V	2	
SA	控制按钮	LA101Z-X-6	1	
	接线端子	D1 系列	1	
SAC	转换开关		1	
HY1	黄色指示灯	AD1-25/31~220V	1	

主要设备材料表

符号	名称	型号规格	数量	备注
KM	交流接触器		1	参见相应一次电路图
FU	熔断器	RL6-25/6	1	
SF1,2	控制按钮	LA19-11D（红）	1	
SS1,2	控制按钮	LA19-11D（绿）	1	
SA	控制按钮	LA101Z-X-6	1	
	接线端子	D1 系列	1	

说明：
1. 风机可就地或机房控制手动启停，
   各风机启停状态反馈机房。
2. 上图仅为一台风机的控制原理图，其他与此相同。

冷却塔风机二次线路原理图
（管道泵二次线路原理图）

显示屏电源控制二次线路图
（柴油机房风机控制二次线路图）

工程名称	体育馆
图纸内容	冷却塔风机二次线路原理图、显示屏电源控制二次线路图
图纸编号	电施-14

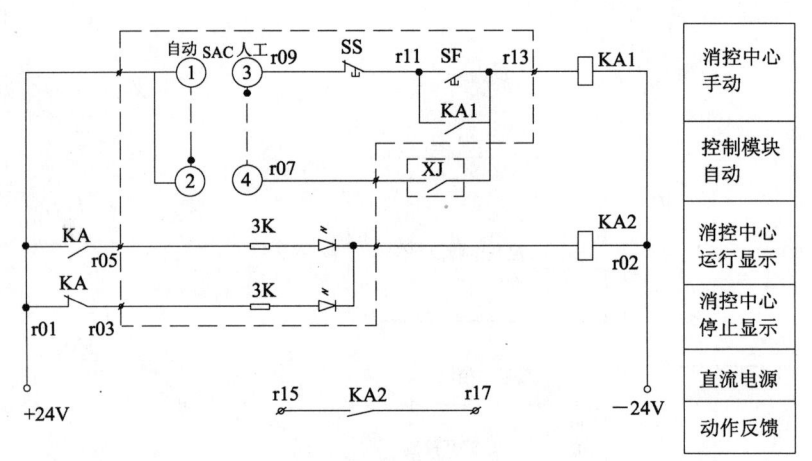

消控中心手动
控制模块自动
消控中心运行显示
消控中心停止显示
直流电源
动作反馈

+24V　　　−24V

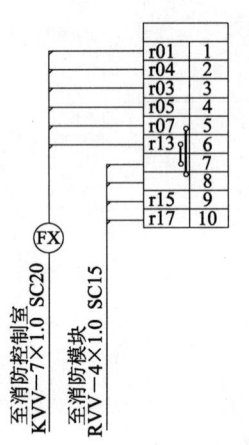

r01	1
r04	2
r03	3
r05	4
r07	5
r13	6
	7
r15	9
r17	10

至消防控制室 KVV-7×1.0 SC20 （FX）
至消防模块 RVV-4×1.0 SC15

主要设备材料表

符号	名称	型号规格	数量	备注
KA1、2	分励脱扣器线圈	开关附件	2	
SF	控制按钮	LA19-11D(红)		SF
SS	控制按钮	LA19-11D(绿)		SS

说明：
火灾时切除空调系列机组,相应主回路的断路器要加分励脱扣器。

切除非消防电源控制二次线路原理图

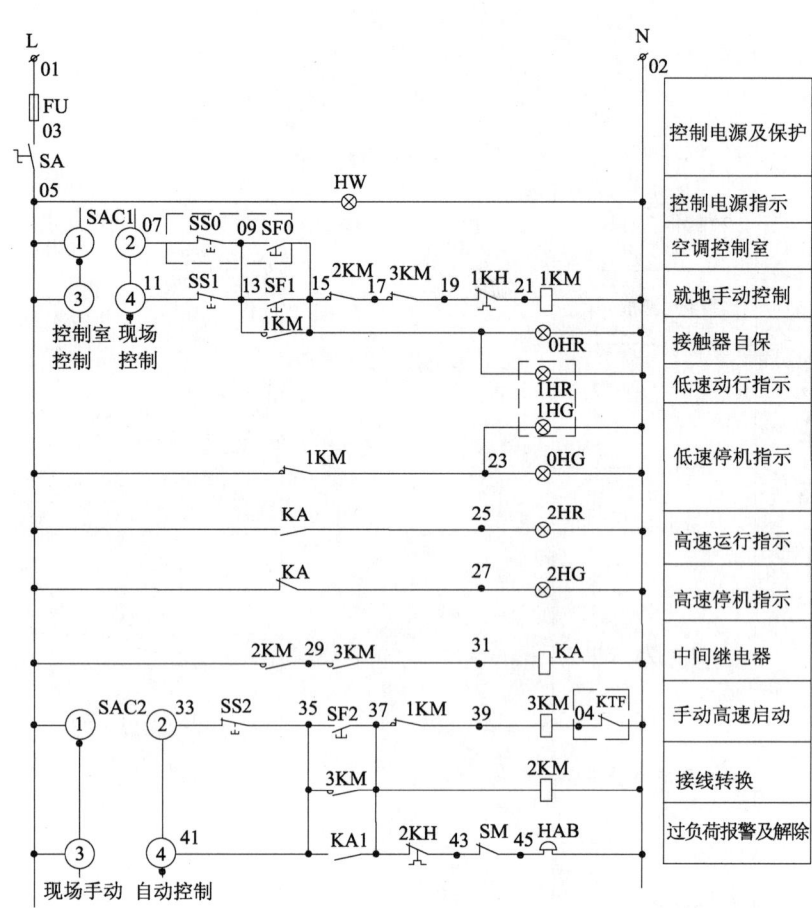

控制电源及保护
控制电源指示
空调控制室
就地手动控制
接触器自保
低速动行指示
低速停机指示
高速运行指示
高速停机指示
中间继电器
手动高速启动
接线转换
过负荷报警及解除

现场手动　自动控制

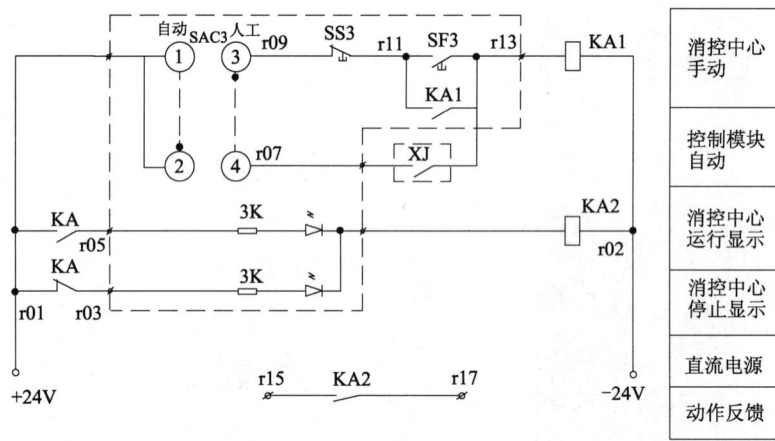

消控中心手动
控制模块自动
消控中心运行显示
消控中心停止显示
直流电源
动作反馈

+24V　　　−24V

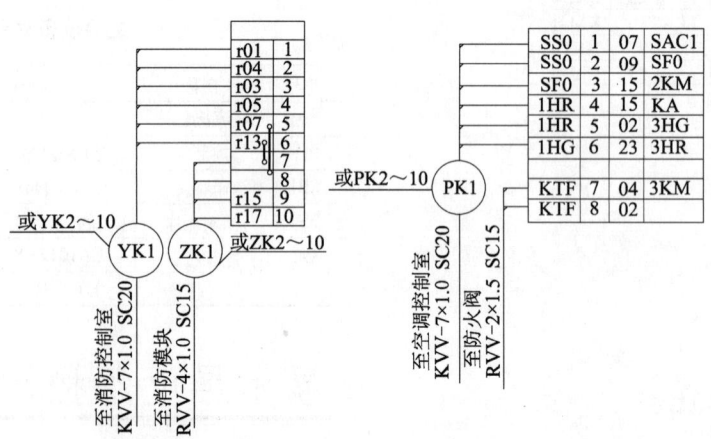

SS0	1	07	SAC1
SS0	2	09	SF0
SF0	3	15	2KM
1HR	4	15	KA
1HR	5	02	3HG
1HG	6	23	3HR
KTF	7	04	3KM
KTF	8	02	

或YK2～10　YK1　ZK1　或ZK2～10　　或PK2～10　PK1

至消防控制室 KVV-7×1.0 SC20
至消防模块 RVV-4×1.0 SC15

至空调控制室 KVV-7×1.0 SC20
至空防火阀 RVV-2×1.5 SC15

双速风机二次线路原理图

主要设备材料表

符号	名称	型号规格	数量	备注
1～3KM	交流接触器		3	参见相应一次电路图
1、2KH	热继电器		2	参见相应一次电路图
FU	熔断器	RL6-25/6	1	
SF0、1、2、3	控制按钮	LA19-11D（红）	1	
SS0、1、2、3	控制按钮	LA19-11D（绿）	1	
HW	白色指示灯	AD1-25/31～220V	1	
1、2HG	绿色指示灯	AD1-25/31～220V	2	
1、2HR	红色指示灯	AD1-25/31～220V	2	
SA	控制按钮	LA101Z-X-6	1	
	接线端子	D1系列	1	
SAC1、2、3	转换开关		3	
SM	控制按钮		1	
HAB	警铃		1	
KTF	280℃防火阀接点	随机带来	1	
3K	声光信号		2	

说明：
1. 排烟风机可就地或消防中心联动控制柜手动启停,或联动模块自动启停,各排烟风机启停状态反馈消防中心。
2. 排风机可就地或主机房控制手动启停,各排风机启停状态反馈主机房。
3. 上图仅为一台双速风机的控制原理图,其他与此相同。

工程名称	体育馆
图纸内容	切除非消防电源控制二次线路原理图、双速风机二次线路原理图
图纸编号	电施-15

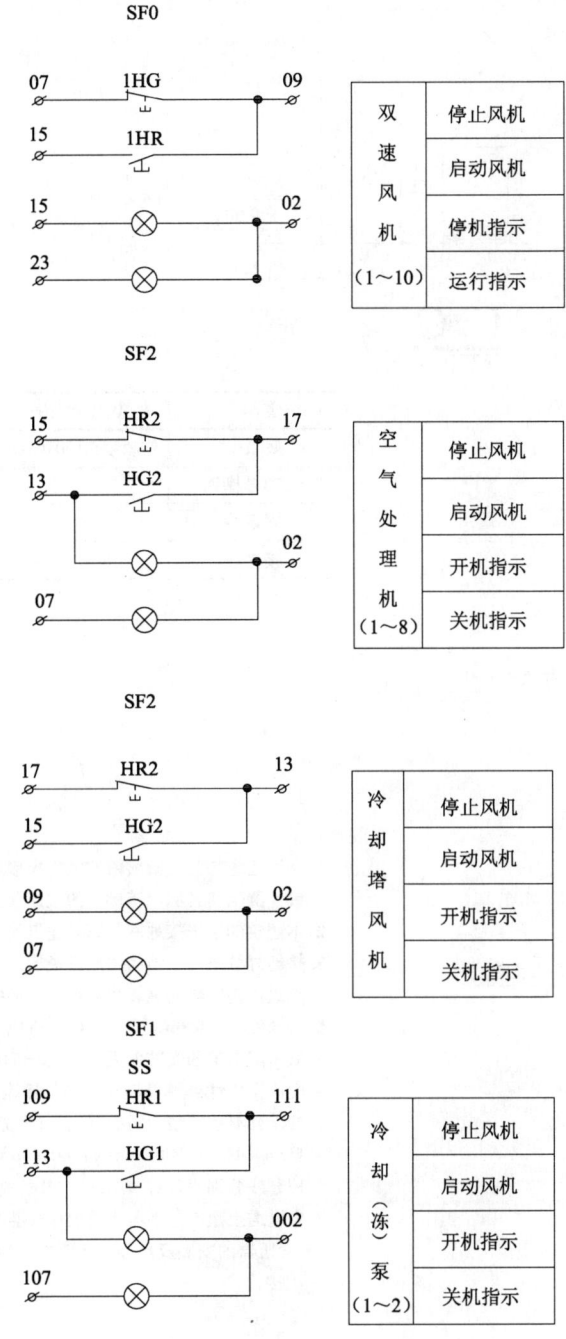

场馆空调机房控制屏接线原理图

说明:
1. 由于空调、通风系统的设备备用具有随意性,采取电气联锁较繁琐,暂考虑人手动启停设备,
   条件许可时可用程序控制器代替(图中已表示)。
2. 操作时应注意设备的启停顺序:冷却塔-冷却水泵-冷水泵-冷水机组。
3. 各设备的控制按钮及指示灯的编排、布置请厂家根据启停顺序自行处理。

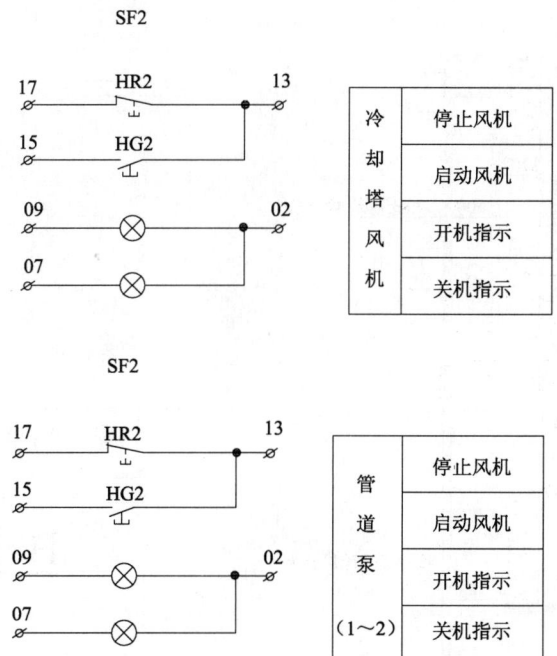

乒乓球室(时装室)空调控制屏接线原理图

说明:
1. 由于空调、通风系统的设备备用具有随意性,采取电气联锁较繁琐,暂考虑人手动启停设备,
   条件许可时可用程序控制器代替(图中已表示)。
2. 操作时应注意设备的启停顺序:冷却塔-管道泵-柜机。
3. 各设备的控制按钮及指示灯的编排、布置请厂家根据启停顺序自行处理。

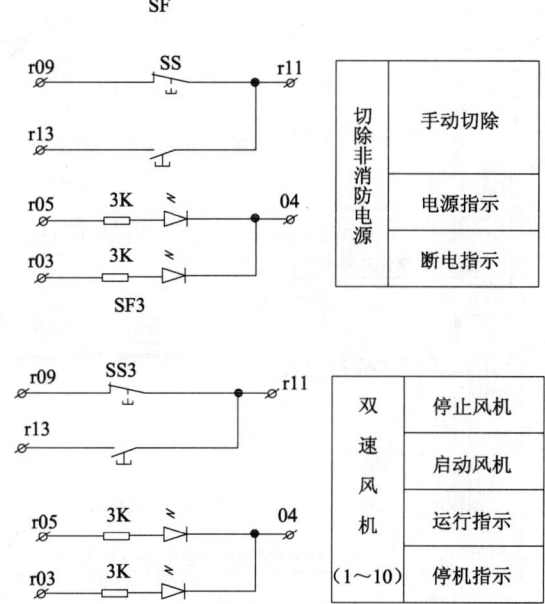

消防控制室手动控制屏接线原理图

说明:
控制按钮及指示灯的编排、布置请厂家根据原理图自行处理。

工程名称	体育馆
图纸内容	集中控制屏接线原理图
图纸编号	电施-16

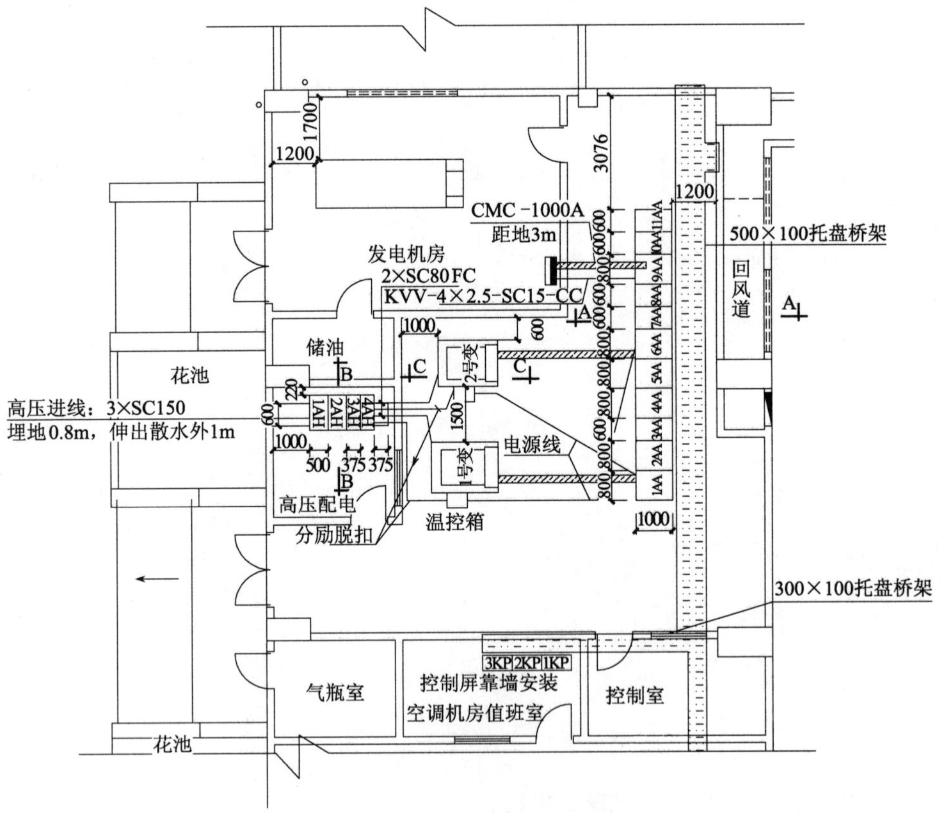

变配电室平面图 1:100

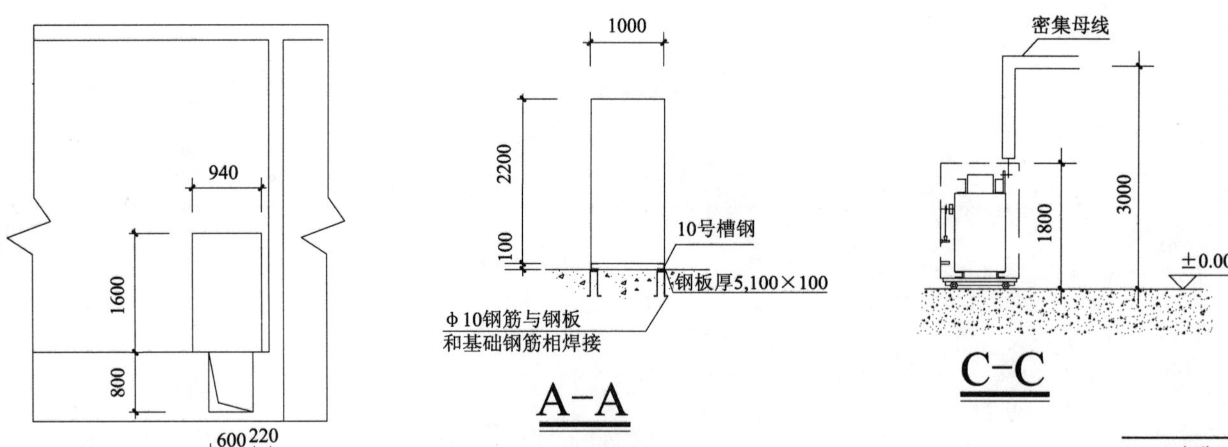

B-B

A-A

变配电室剖面图 1:50

C-C

高压进线：3×SC150
埋地0.8m，伸出散水外1m

花池
储油
发电机房
2×SC80FC
KVV-4×2.5-SC15-CC
CMC-1000A
距地3m
500×100托盘桥架
回风道
1号柜
电源线
温控箱
2号柜
高压配电
分励脱扣
300×100托盘桥架
气瓶室
控制屏靠墙安装
空调机房值班室
控制室
花池
3KP2KP1KP

940
1600
800
600 220

1000
2200
100

10号槽钢
钢板厚5,100×100
φ10钢筋与钢板
和基础钢筋相焊接

密集母线
3000
1800
±0.000

名称	型号及规格	单位	数量	备注
底板	钢板厚5,100×100	块	28	
10号槽钢		m	10	
固定钩		个	60	88D563-18
接地线	-40×4	m	60	88D563-18

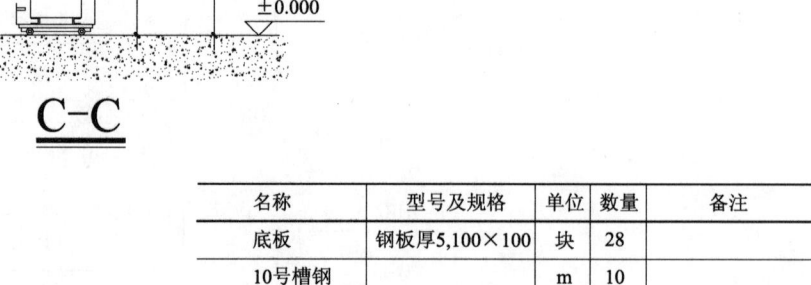

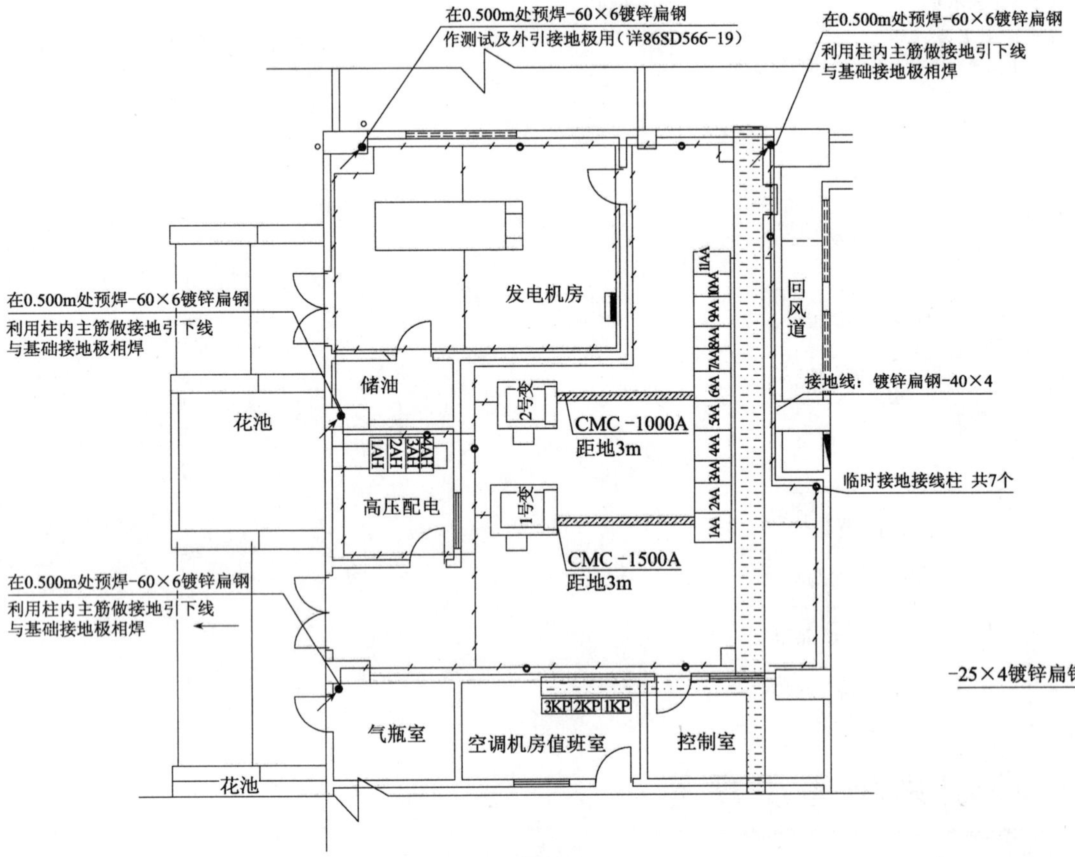

变配电室接地平面图 1:100

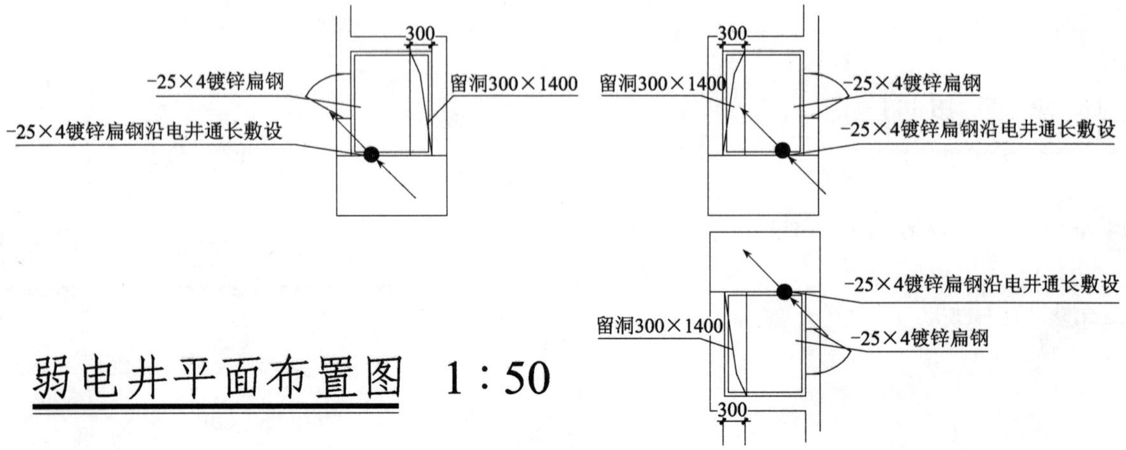

在0.500m处预焊-60×6镀锌扁钢
作测试及外引接地极用（详86SD566-19）

在0.500m处预焊-60×6镀锌扁钢
利用柱内主筋做接地引下线
与基础接地极相焊

在0.500m处预焊-60×6镀锌扁钢
利用柱内主筋做接地引下线
与基础接地极相焊

在0.500m处预焊-60×6镀锌扁钢
利用柱内主筋做接地引下线
与基础接地极相焊

接地线：镀锌扁钢-40×4
临时接地接线柱 共7个

花池
储油
发电机房
回风道
1号柜
2号柜
CMC-1000A
距地3m
高压配电
CMC-1500A
距地3m
气瓶室
空调机房值班室
控制室
花池
3KP2KP1KP

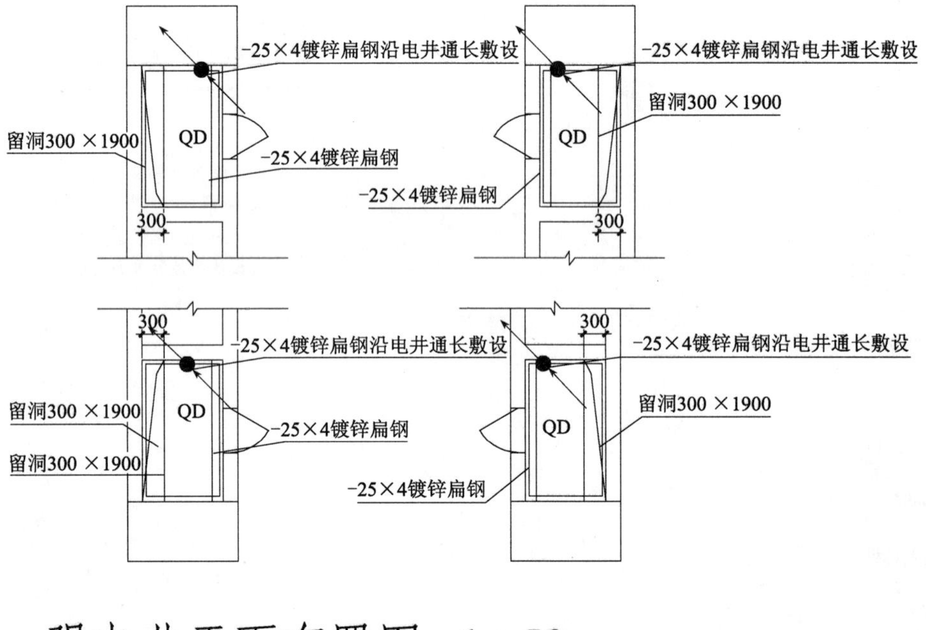

强电井平面布置图 1:50

-25×4镀锌扁钢沿电井通长敷设
-25×4镀锌扁钢沿电井通长敷设
留洞300×1900
QD
-25×4镀锌扁钢
300

-25×4镀锌扁钢沿电井通长敷设
-25×4镀锌扁钢沿电井通长敷设
留洞300×1900
QD
-25×4镀锌扁钢
300

弱电井平面布置图 1:50

-25×4镀锌扁钢
留洞300×1400
300

留洞300×1400
-25×4镀锌扁钢
-25×4镀锌扁钢沿电井通长敷设

-25×4镀锌扁钢沿电井通长敷设
-25×4镀锌扁钢
300

变配电房布置图

说明：
1. 利用建筑物的基础梁内的主筋焊接成环网接地体，无地梁处用φ12mm的镀锌圆钢将各独立基础内的主筋连接起来，形成可靠的电气通路。
2. 本建筑的水平接地网与邻近建筑的水平接地网相连通。
3. 接地焊缝不小于连接主筋直径的六倍且双面焊，焊缝露出部分须作防腐处理。
4. 凡进出建筑物的金属物体均与环形接地网相焊连。
5. 接地线距地0.3m，变电所所有电气设备金属外壳均须可靠接地。
6. 低压配电屏的安装参见88D263—110页。
7. 变压器中性点用TMY-40×5与接地体可靠焊接。
8. 变压器温控箱装于防护罩上，1号变压器温控箱的电源接自6AA柜，2号的接自1AA柜，主开关后用NT-00（10A）接出，YJV-3×2.5 SC20FC。控制线分别引入3，4AH柜，分励脱扣，KVV-4×1.5 SC20FC。
9. 电缆沟土建部分参考建筑配件标准图集《地沟及盖板》J306。
10. 变压器的安装及预埋件详图参见99D268—18和33页。

工程名称	体育馆
图纸内容	变配电房布置图
图纸编号	电施-17

310

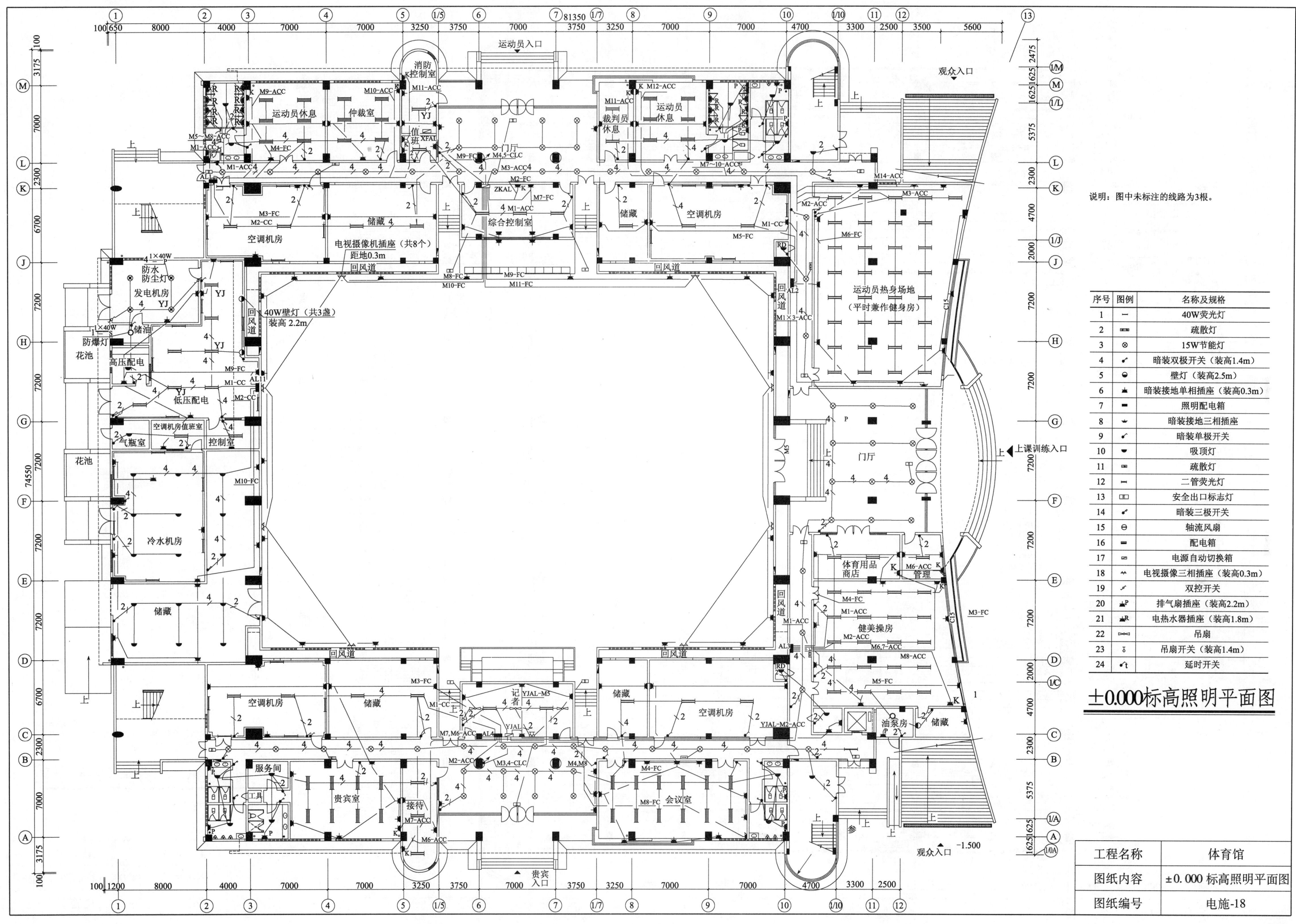

说明：图中未标注的线路为3根。

序号	图例	名称及规格
1	─	40W荧光灯
2		疏散灯
3	⊗	15W节能灯
4		暗装双极开关（装高1.4m）
5	⊖	壁灯（装高2.5m）
6		暗装接地单相插座（装高0.3m）
7	▬	照明配电箱
8		暗装接地三相插座
9		暗装单极开关
10	▼	吸顶灯
11		疏散灯
12	─	二管荧光灯
13	▭	安全出口标志灯
14		暗装三极开关
15	⊖	轴流风扇
16		配电箱
17	⊠	电源自动切换箱
18		电视摄像三相插座（装高0.3m）
19		双控开关
20	P	排气扇插座（装高2.2m）
21	R	电热水器插座（装高1.8m）
22	⊳⊲	吊扇
23	δ	吊扇开关（装高1.4m）
24		延时开关

±0.000标高照明平面图

工程名称	体育馆
图纸内容	±0.000 标高照明平面图
图纸编号	电施-18

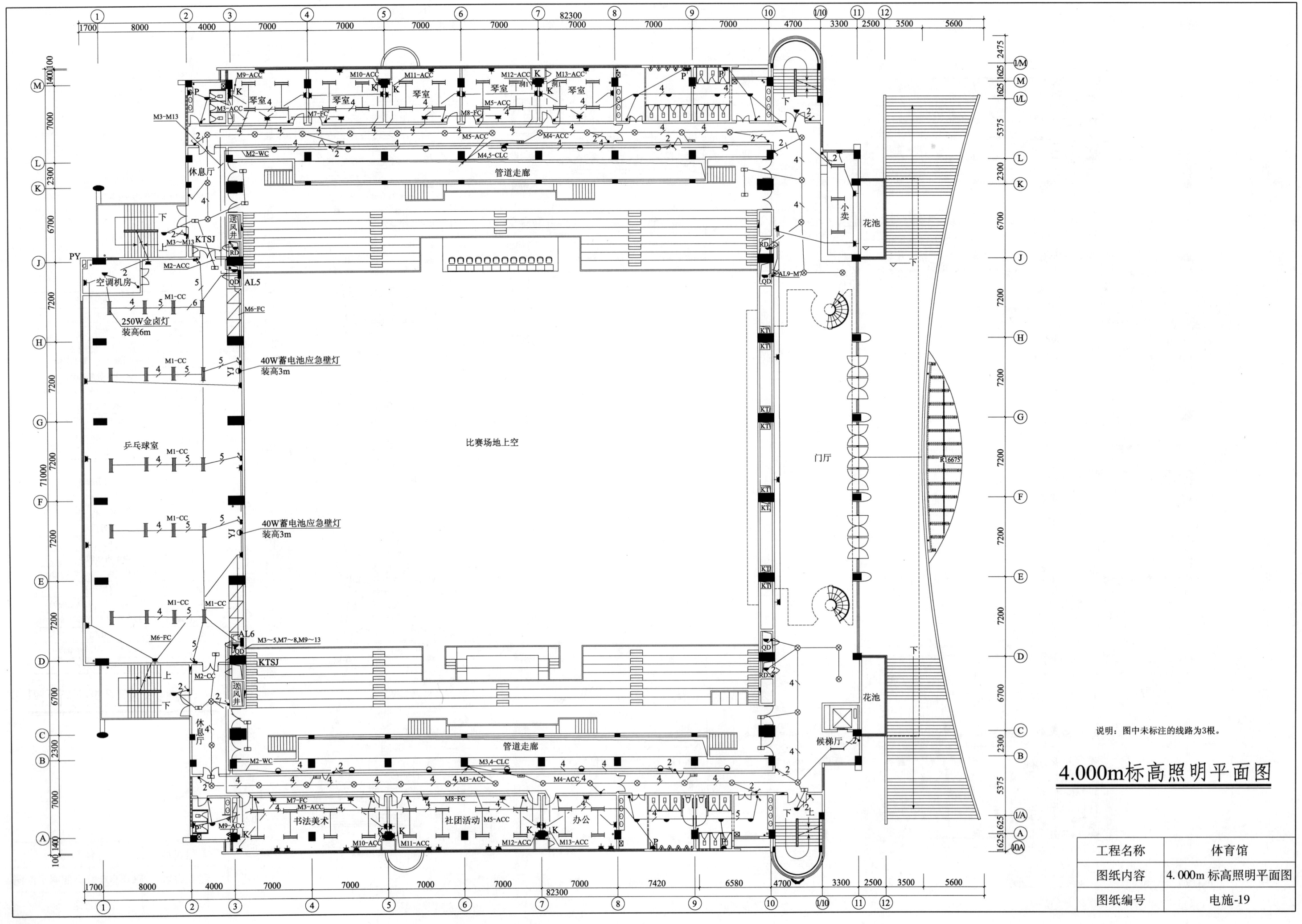

说明：图中未标注的线路为3根。

4.000m标高照明平面图

工程名称	体育馆
图纸内容	4.000m 标高照明平面图
图纸编号	电施-19

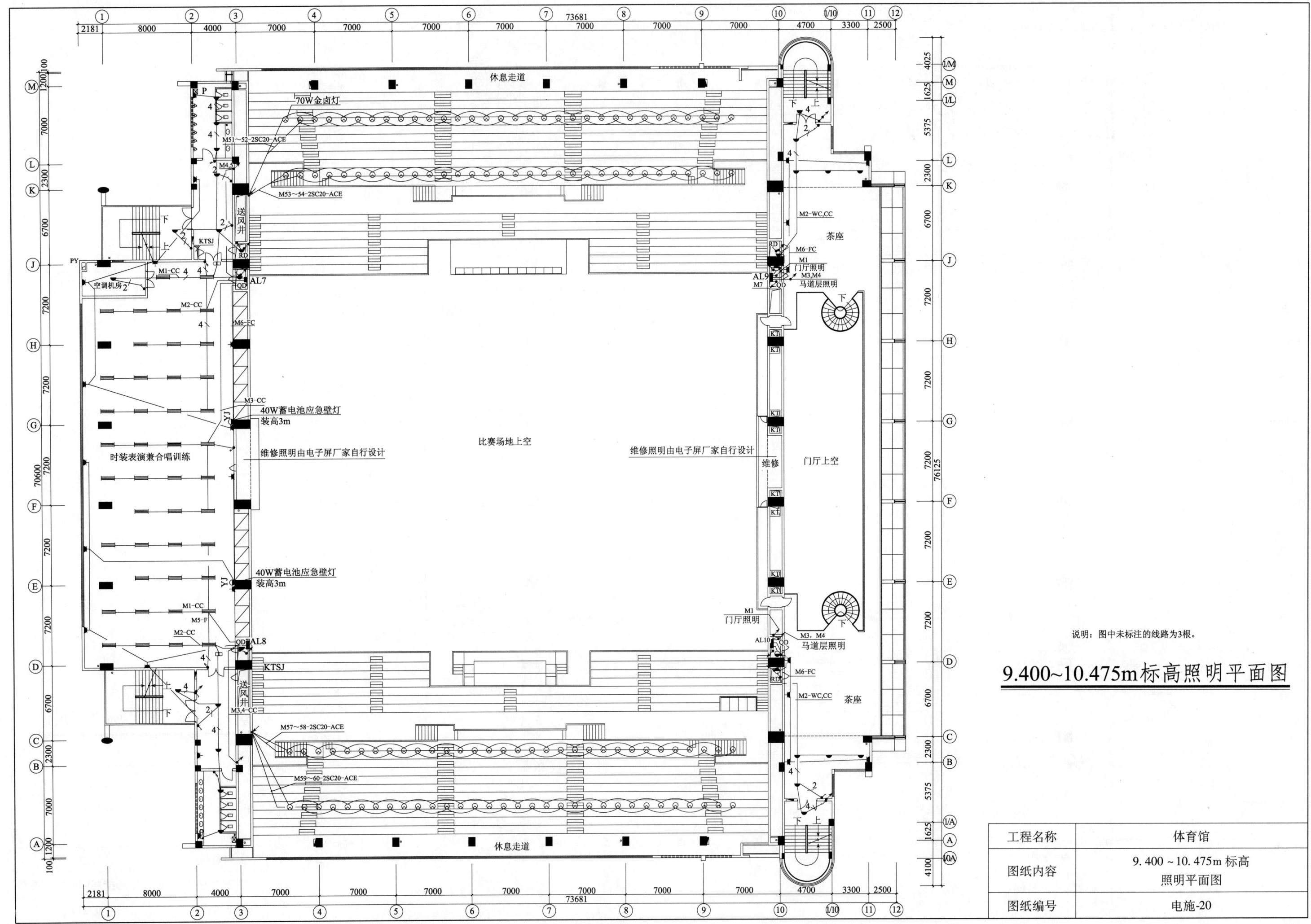

休息走道

70W金卤灯

M51~52-2SC20-ACE

M4-5

M53~54-2SC20-ACE

M2-WC,CC

送风井

KTSJ

茶座

RD

M6-FC

M1-CC

空调机房

M1
门厅照明
M3,M4
马道层照明

AL9

M7

AL7

M2-CC

M6-FC

比赛场地上空

维修照明由电子屏厂家自行设计

40W蓄电池应急壁灯
装高3m

M3-CC

YJ

维修照明由电子屏厂家自行设计

时装表演兼合唱训练

维修

门厅上空

40W蓄电池应急壁灯
装高3m

M1-CC

M5-F

M1
门厅照明

M2-CC

M3,M4
马道层照明

AL8

AL10

M6-FC

KTSJ

送风井

茶座

M2-WC,CC

M3,4-CC

M57~58-2SC20-ACE

RD

M59~60-2SC20-ACE

70W金卤灯

休息走道

说明：图中未标注的线路为3根。

9.400~10.475m标高照明平面图

工程名称	体育馆
图纸内容	9.400~10.475m 标高 照明平面图
图纸编号	电施-20

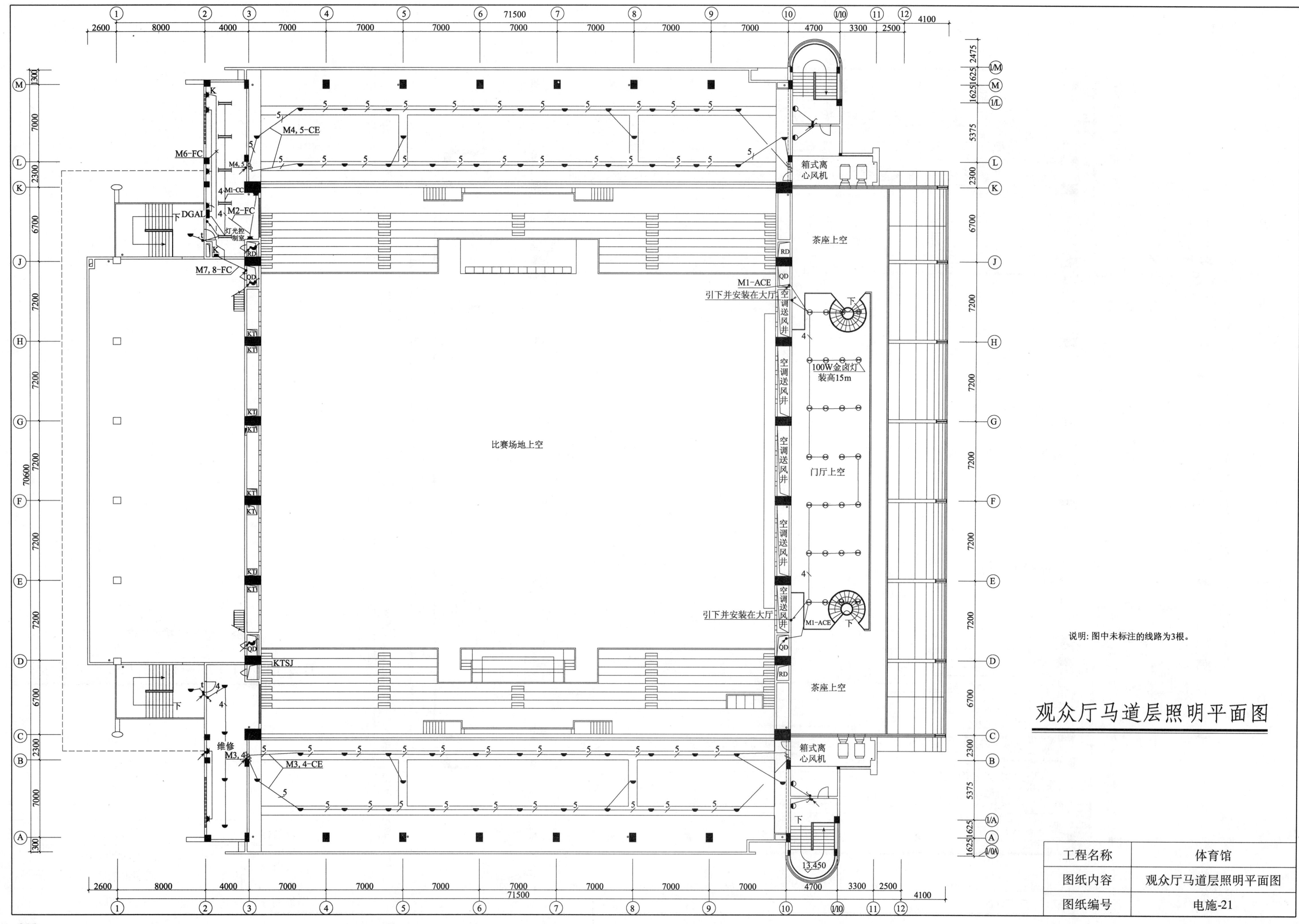

说明: 图中未标注的线路为3根。

观众厅马道层照明平面图

工程名称	体育馆
图纸内容	观众厅马道层照明平面图
图纸编号	电施-21

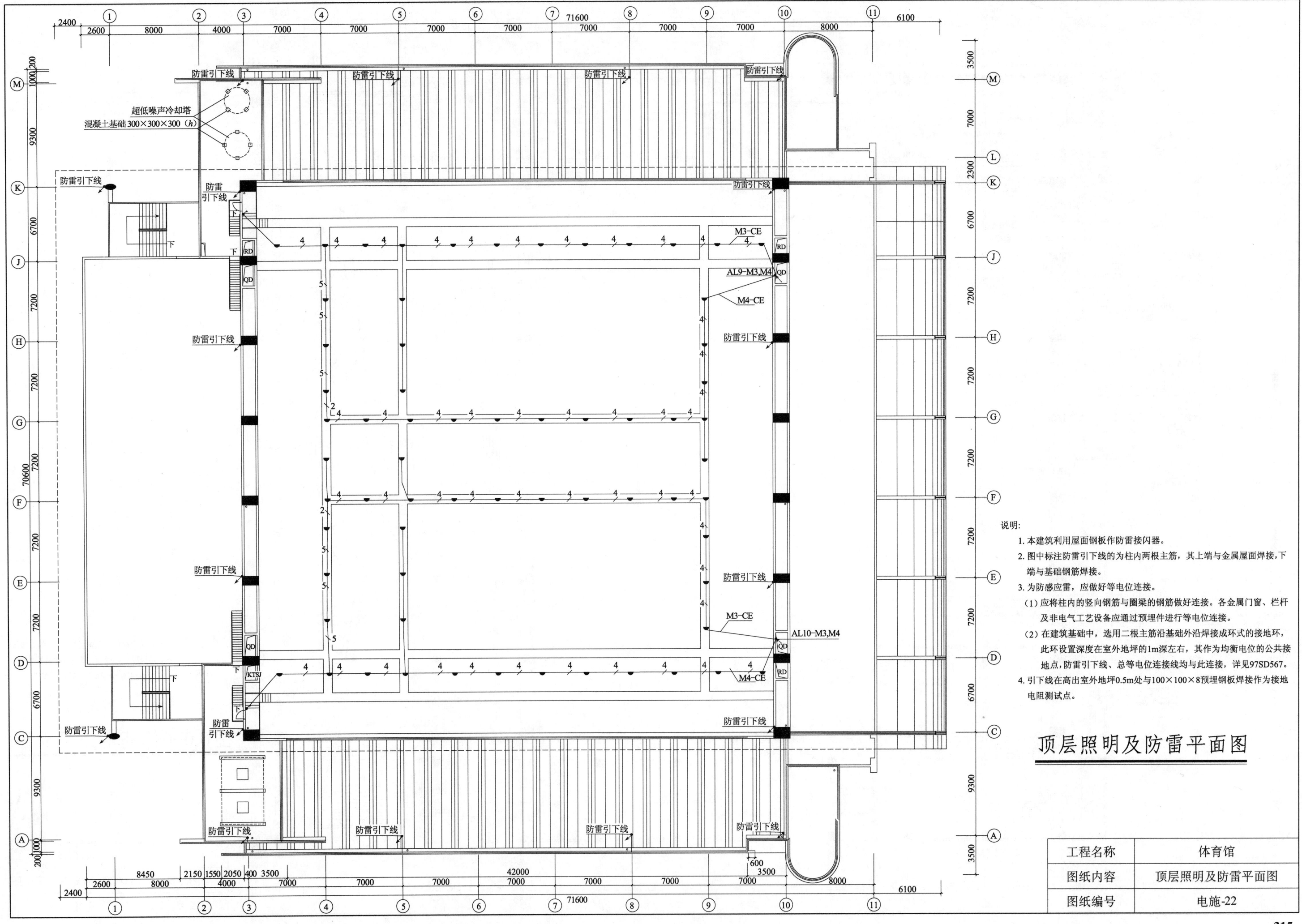

顶层照明及防雷平面图

说明:
1. 本建筑利用屋面钢板作防雷接闪器。
2. 图中标注防雷引下线的为柱内两根主筋, 其上端与金属屋面焊接, 下端与基础钢筋焊接。
3. 为防感应雷, 应做好等电位连接。
(1) 应将柱内的竖向钢筋与圈梁的钢筋做好连接。各金属门窗、栏杆及非电气工艺设备应通过预埋件进行等电位连接。
(2) 在建筑基础中, 选用二根主筋沿基础外沿焊接成环式的接地环, 此环设置深度在室外地坪的1m深左右, 其作为均衡电位的公共接地点, 防雷引下线、总等电位连接线均与此连接, 详见97SD567。
4. 引下线在高出室外地坪0.5m处与100×100×8预埋钢板焊接作为接地电阻测试点。

超低噪声冷却塔
混凝土基础300×300×300 (h)

防雷引下线
防雷引下线

工程名称	体育馆
图纸内容	顶层照明及防雷平面图
图纸编号	电施-22

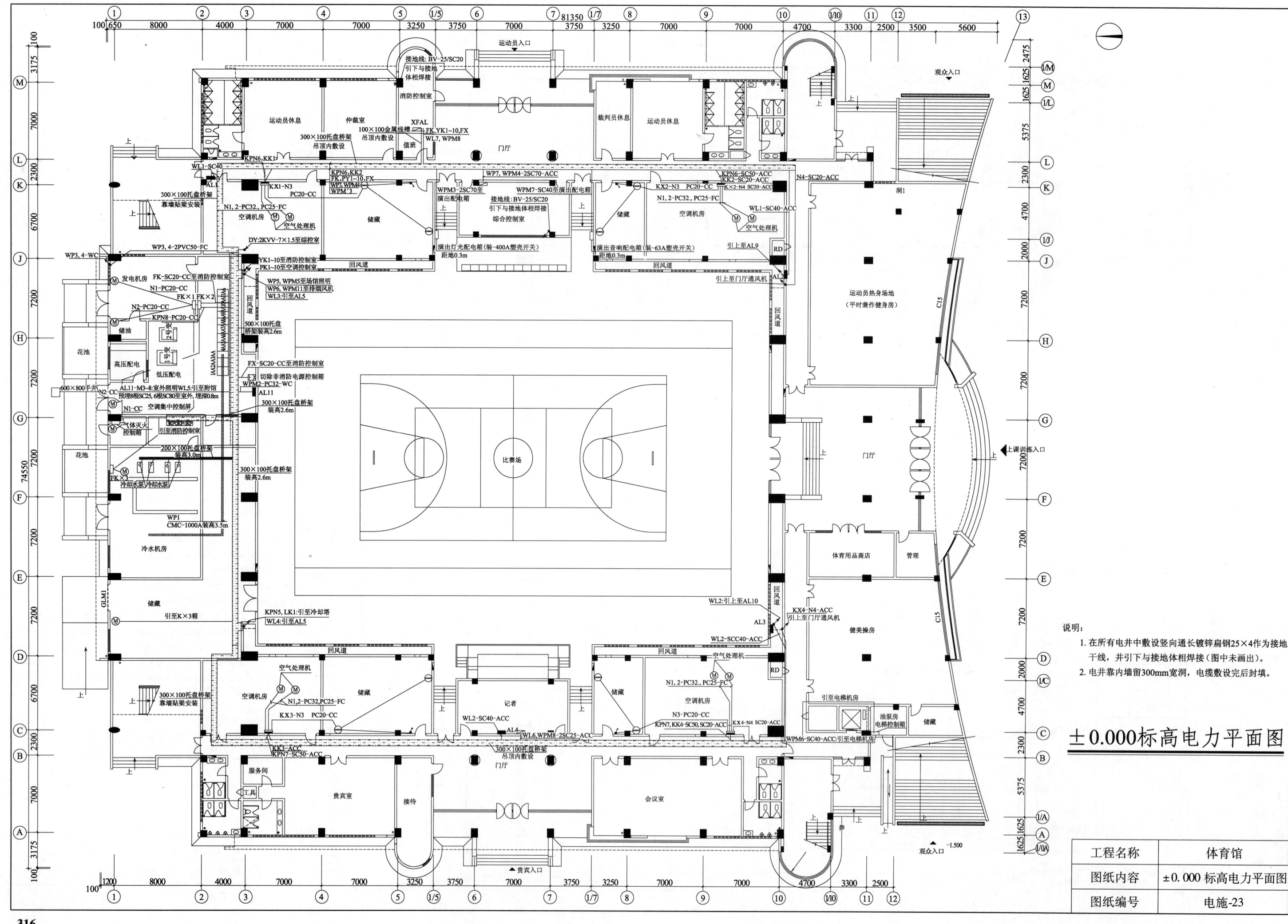

±0.000标高电力平面图

工程名称	体育馆
图纸内容	±0.000 标高电力平面图
图纸编号	电施-23

说明:
1. 在所有电井中敷设竖向通长镀锌扁钢25×4作为接地干线,并引下与接地体相焊接(图中未画出)。
2. 电井靠内墙留300mm宽洞,电缆敷设完后封填。

316

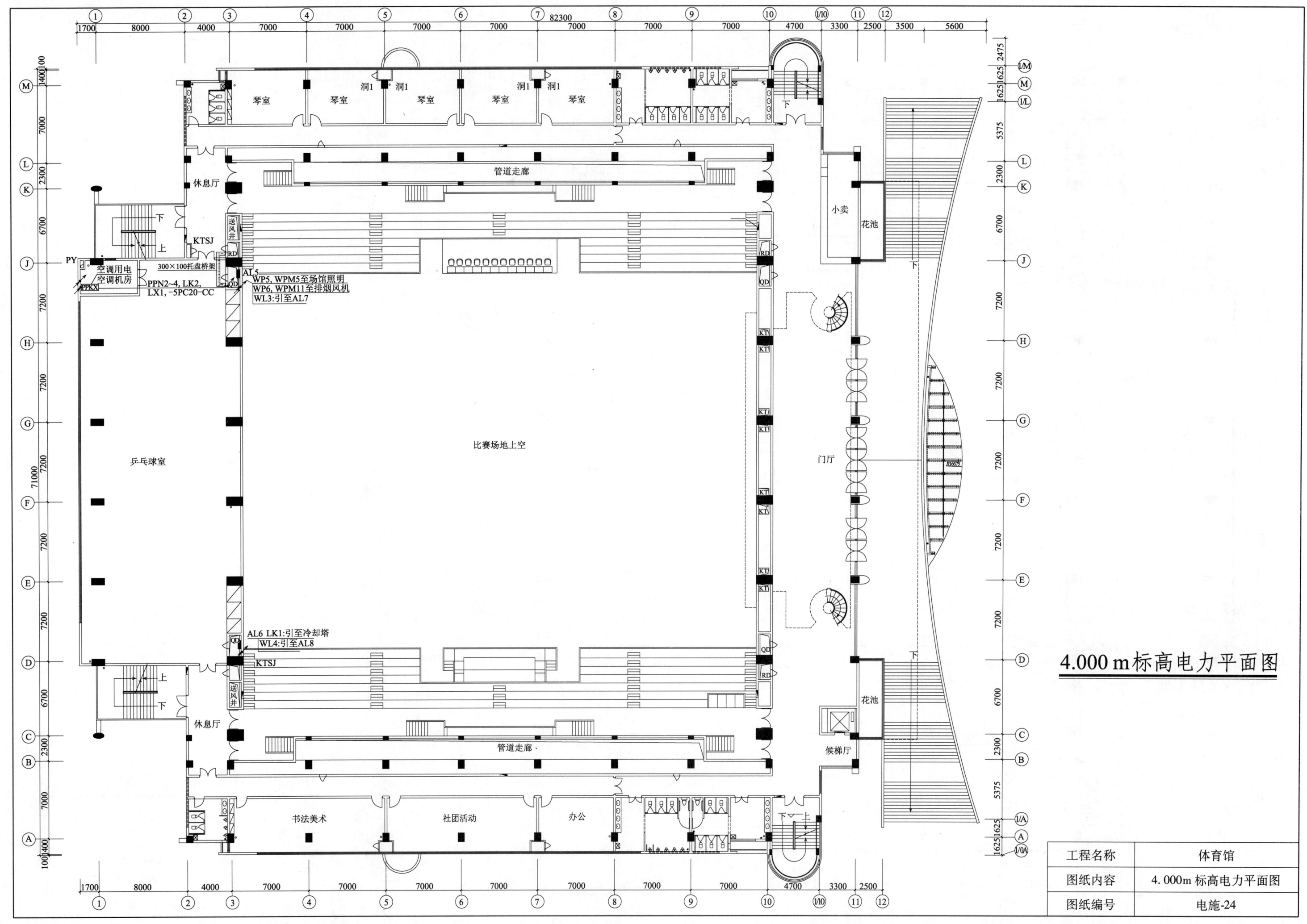

4.000m标高电力平面图

工程名称	体育馆
图纸内容	4.000m标高电力平面图
图纸编号	电施-24

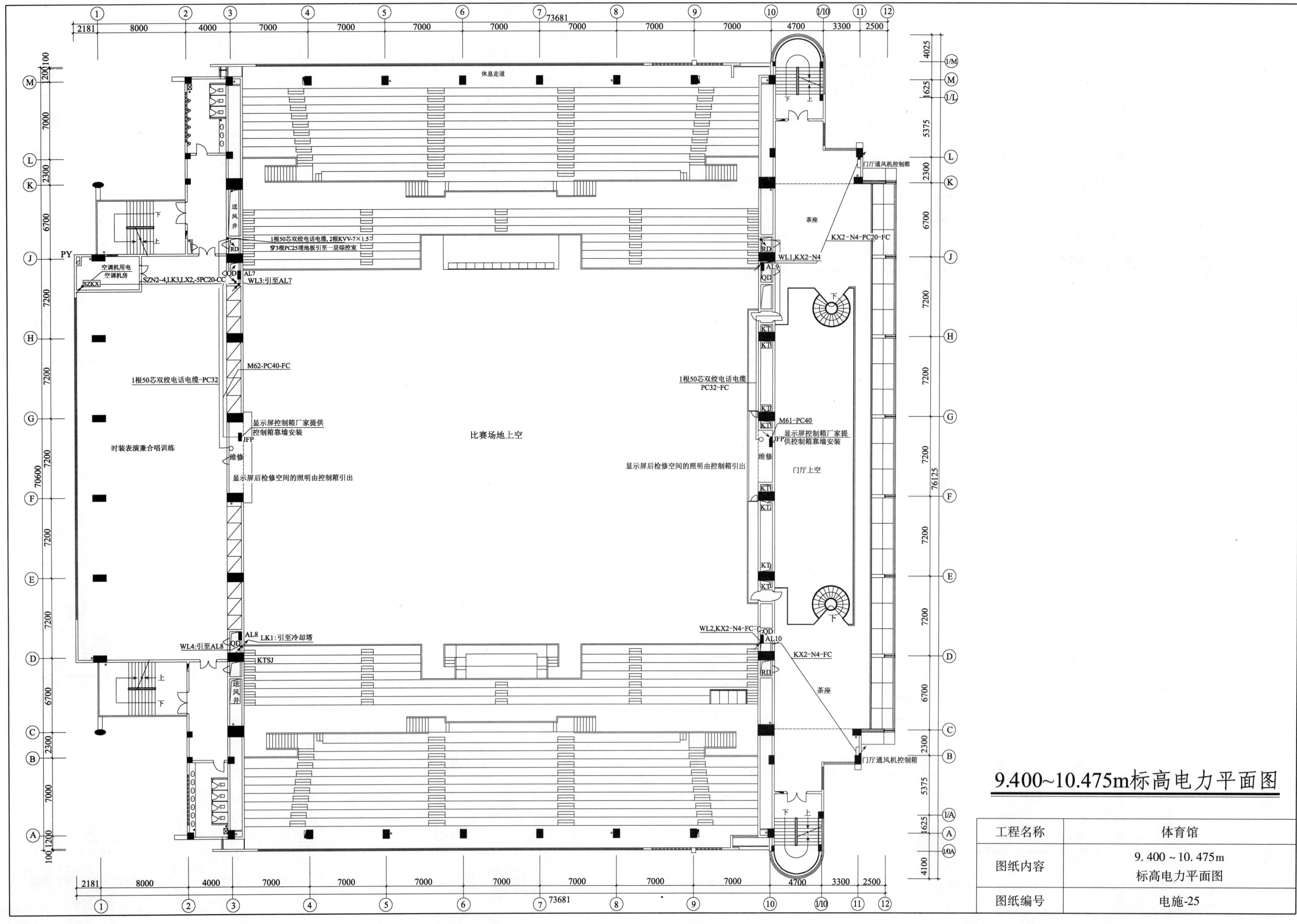

休息走道

送风井

空调机用电
空调机房

时装表演兼合唱训练

1根50芯双绞电话电缆，2根KVV-7×1.5
穿3根PC25埋地板引至一层综控室

SZN2-4,LK3,LX2,-5PC20-CC
WL3:引至AL7

1根50芯双绞电话电缆-PC32

M62-PC40-FC

显示屏控制箱厂家提供
控制箱靠墙安装

显示屏后检修空间的照明由控制箱引出

比赛场地上空

1根50芯双绞电话电缆
PC32-FC

显示屏控制箱厂家提
供控制箱靠墙安装

显示屏后检修空间的照明由控制箱引出

M61-PC40

M62-PC40-FC

WL4:引至AL8
LK1:引至冷却塔

KTSJ

送风井

门厅通风机控制箱

KX2-N4-PC20-FC

茶座

WL1,KX2-N4

门厅上空

WL2,KX2-N4-FC
KX2-N4-FC

茶座

门厅通风机控制箱

9.400~10.475m标高电力平面图

工程名称	体育馆
图纸内容	9.400 ~ 10.475m 标高电力平面图
图纸编号	电施-25

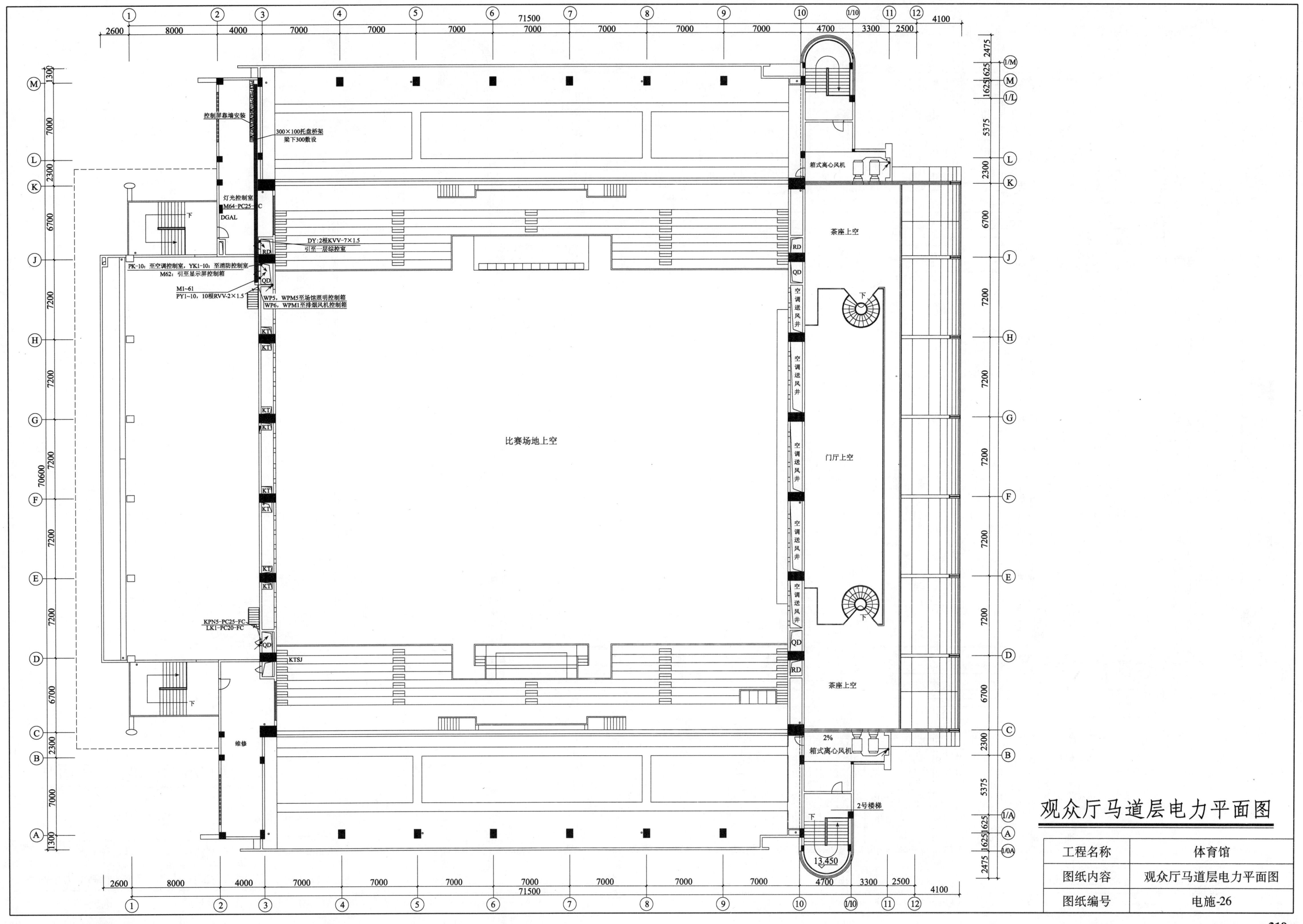

观众厅马道层电力平面图

工程名称	体育馆
图纸内容	观众厅马道层电力平面图
图纸编号	电施-26

319

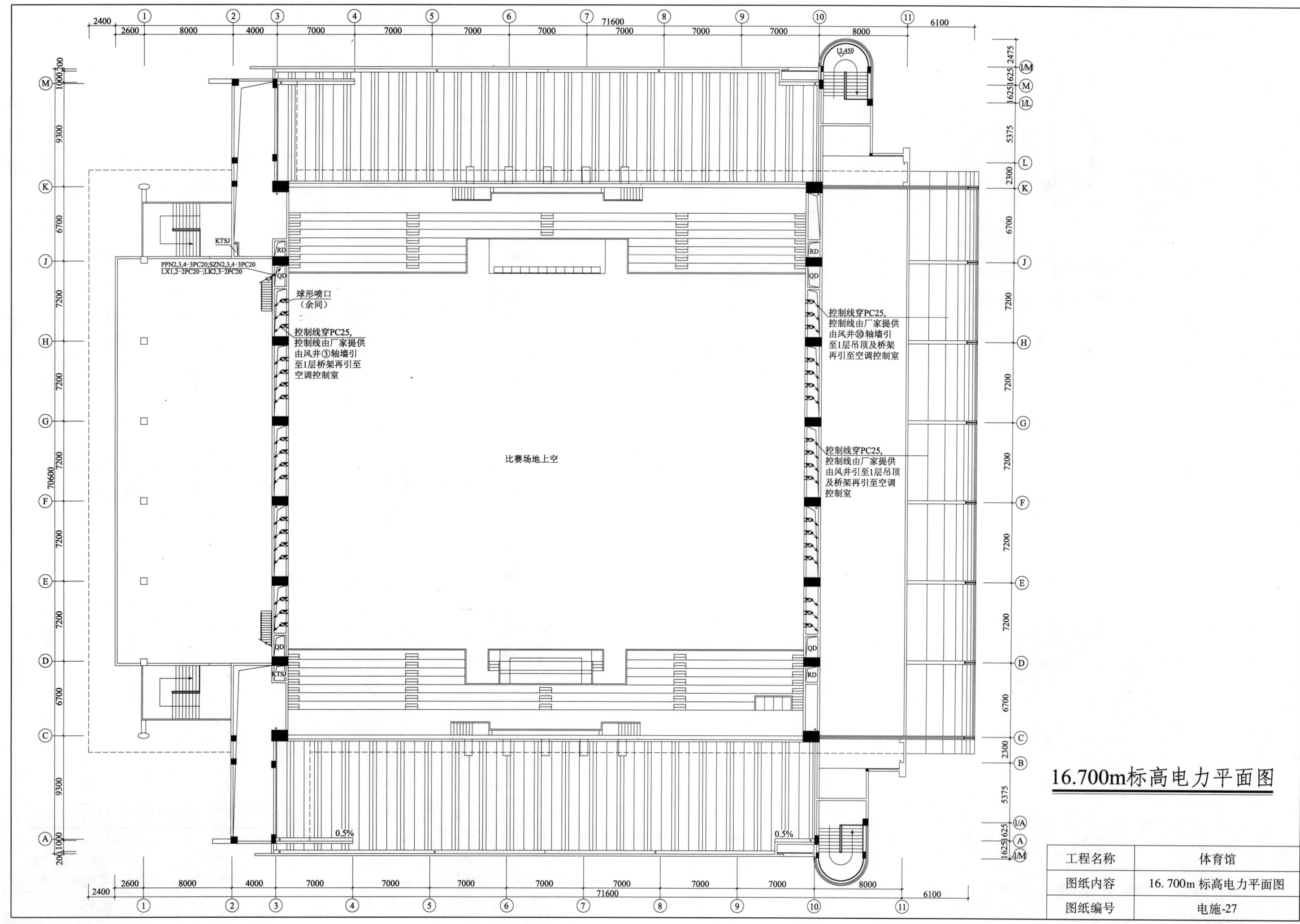

16.700m标高电力平面图

PPN2,3,4-3PC20;SZN2,3,4-3PC20
LX1,2-2PC20-;LK2,3-2PC20

球形喷口
(余同)

控制线穿PC25,
控制线由厂家提供
由风井③轴墙引
至1层桥架再引至
空调控制室

控制线穿PC25,
控制线由厂家提供
由风井⑩轴墙引
至1层吊顶及桥架
再引至空调控制室

控制线穿PC25,
控制线由厂家提供
由风井引至1层吊顶
及桥架再引至空调
控制室

比赛场地上空

0.5%

0.5%

工程名称	体育馆
图纸内容	16.700m 标高电力平面图
图纸编号	电施-27

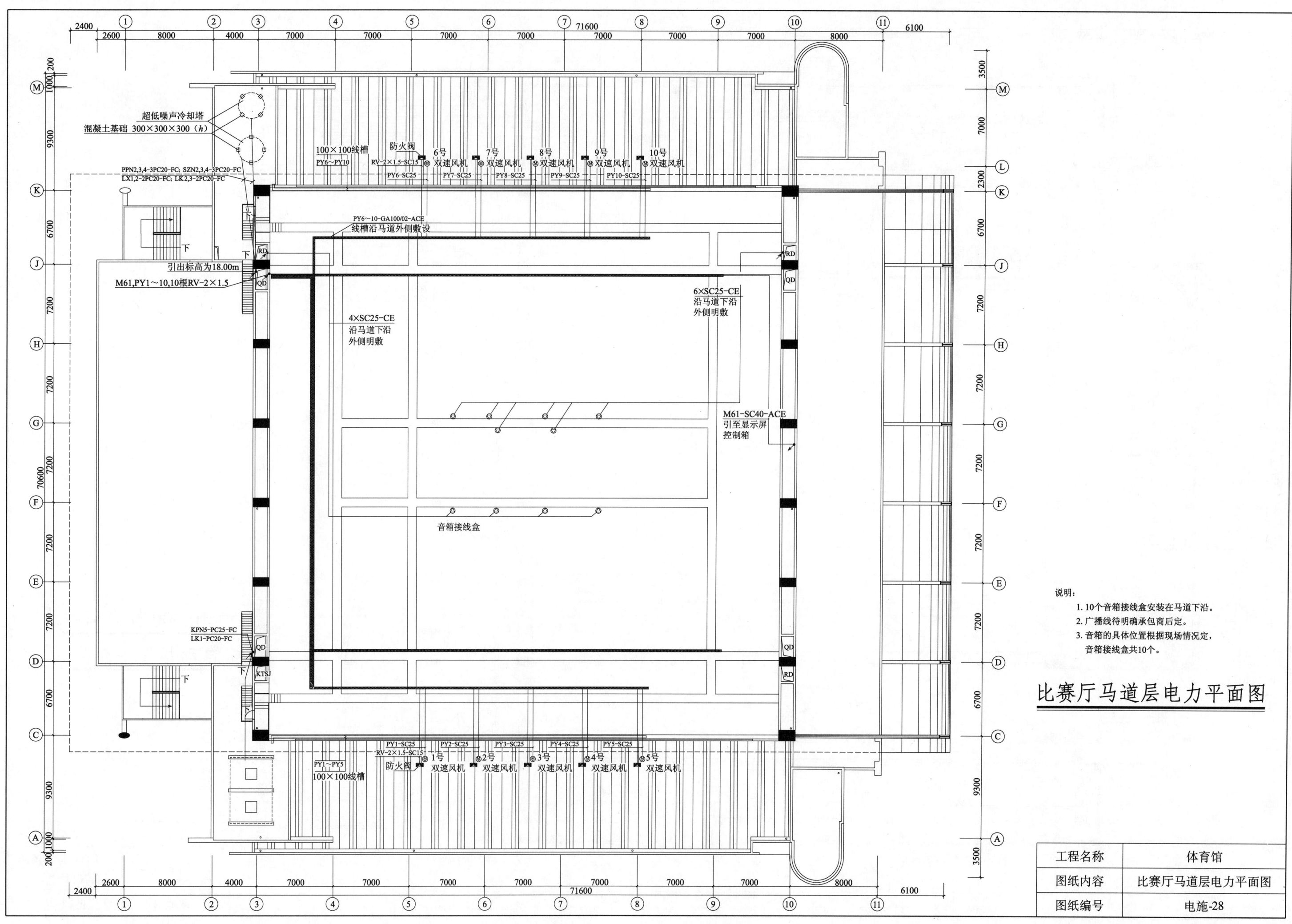

超低噪声冷却塔
混凝土基础 300×300×300（h）

PPN2,3,4-3PC20-FC; SZN2,3,4-3PC20-FC
LX1,2-2PC20-FC; LK2,3-2PC20-FC

100×100线槽   防火阀   6号   7号   8号   9号   10号
PY6～PY10   RV-2×1.5-SC15   双速风机 双速风机 双速风机 双速风机 双速风机
                      PY6-SC25 PY7-SC25 PY8-SC25 PY9-SC25 PY10-SC25

PY6～10-GA100/02-ACE
线槽沿马道外侧敷设

引出标高为18.00m

M61,PY1～10,10根RV-2×1.5

4×SC25-CE
沿马道下沿
外侧明敷

6×SC25-CE
沿马道下沿
外侧明敷

M61-SC40-ACE
引至显示屏
控制箱

音箱接线盒

KPN5-PC25-FC
LK1-PC20-FC

KTSJ

说明：
1. 10个音箱接线盒安装在马道下沿。
2. 广播线待明确承包商后定。
3. 音箱的具体位置根据现场情况定，
   音箱接线盒共10个。

PY1-SC25 PY2-SC25 PY3-SC25 PY4-SC25 PY5-SC25
RV-2×1.5-SC15 1号   2号   3号   4号   5号
防火阀   双速风机 双速风机 双速风机 双速风机 双速风机

PY1～PY5
100×100线槽

比赛厅马道层电力平面图

工程名称	体育馆
图纸内容	比赛厅马道层电力平面图
图纸编号	电施-28

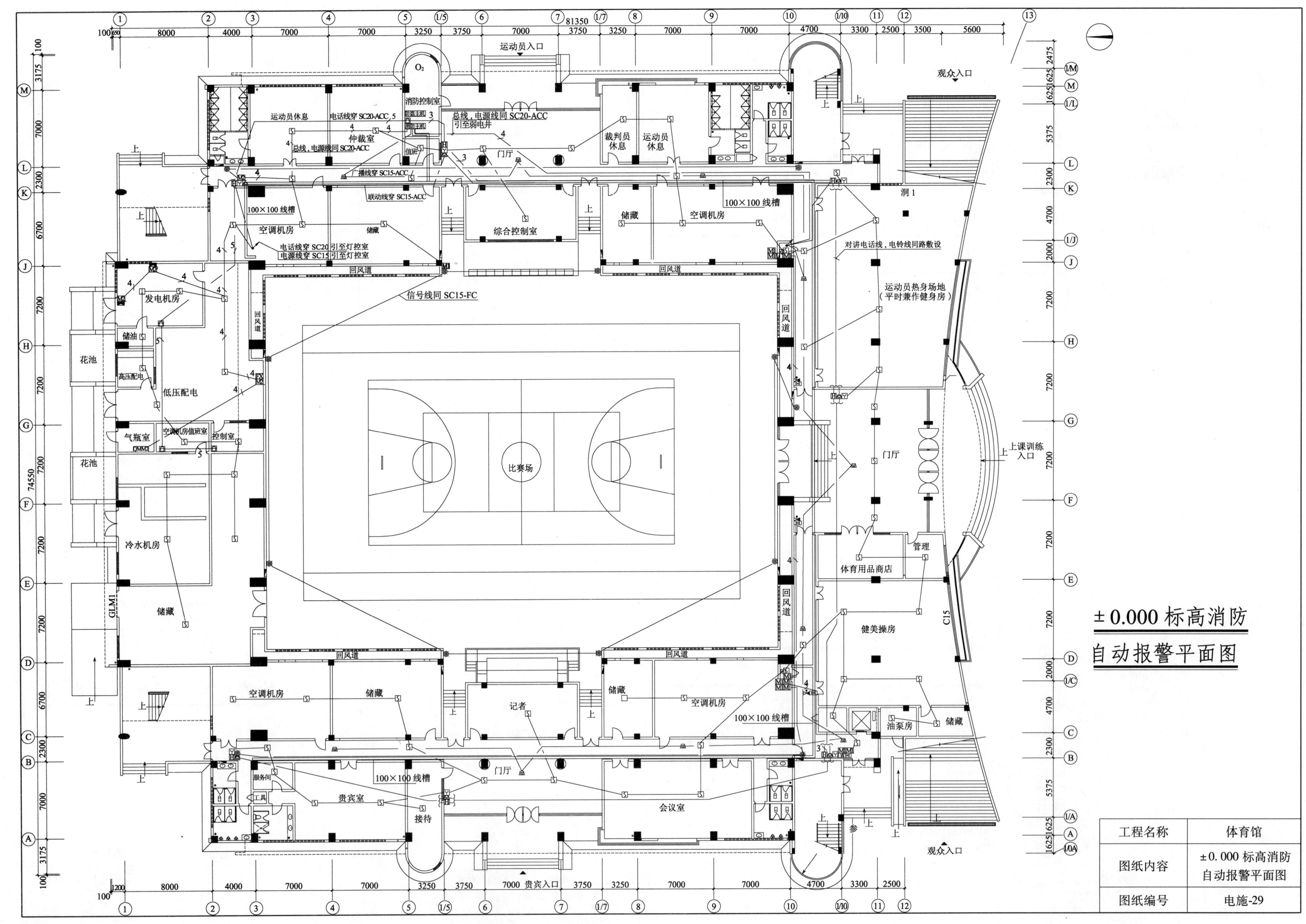

±0.000 标高消防
自动报警平面图

工程名称	体育馆
图纸内容	±0.000 标高消防自动报警平面图
图纸编号	电施-29

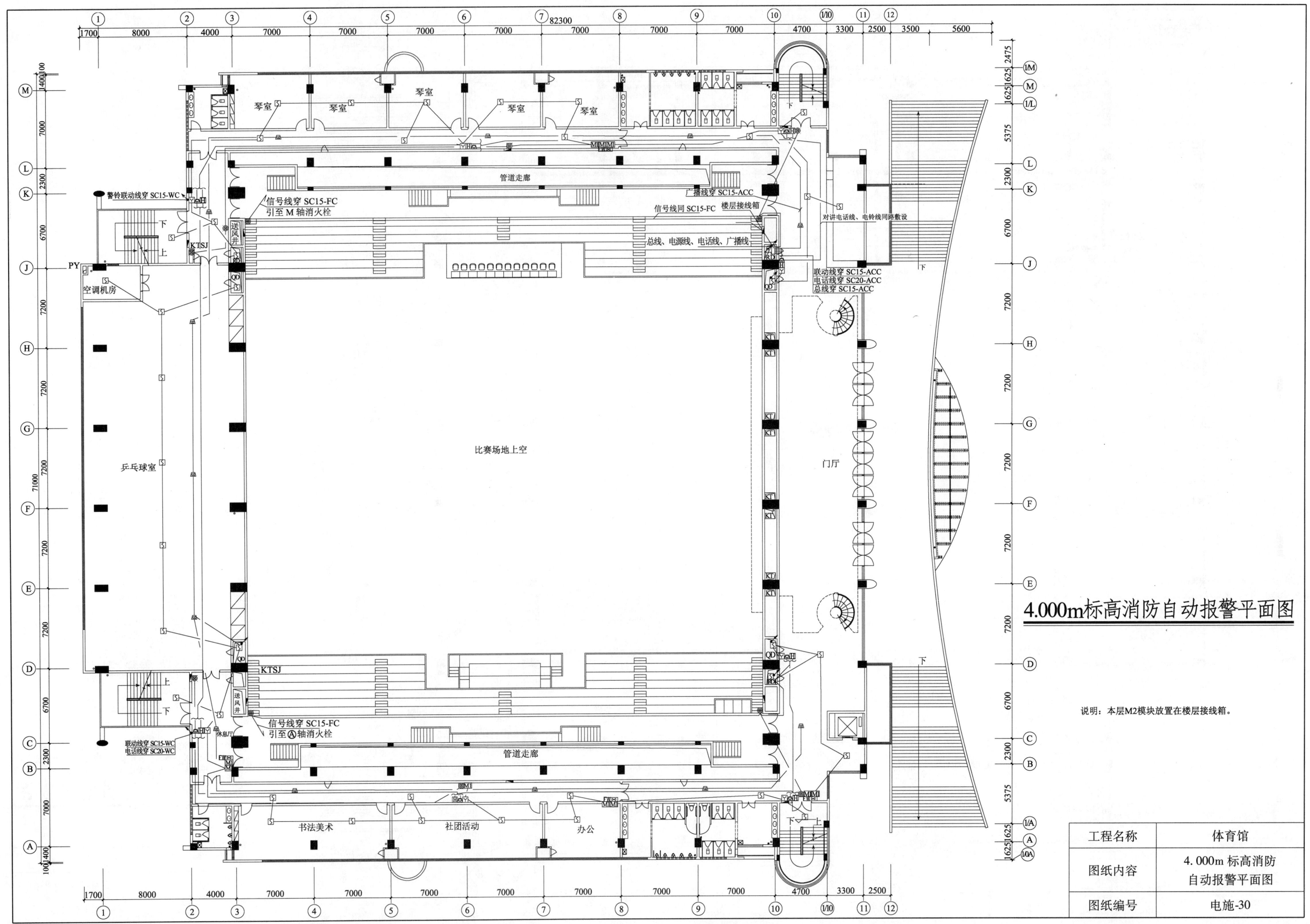

4.000m标高消防自动报警平面图

说明：本层M2模块放置在楼层接线箱。

工程名称	体育馆
图纸内容	4.000m标高消防自动报警平面图
图纸编号	电施-30

323

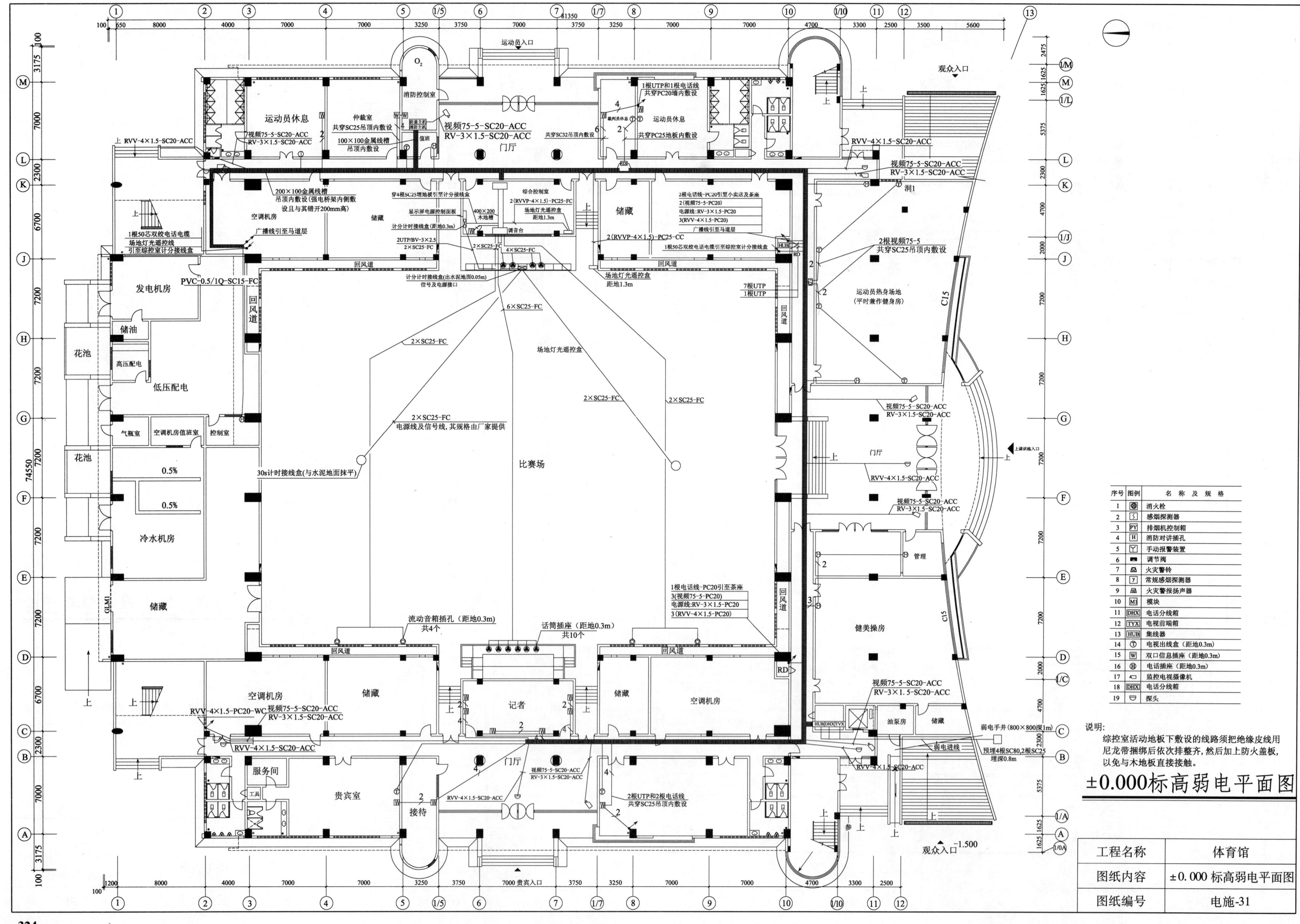

±0.000标高弱电平面图

序号	图例	名 称 及 规 格
1		消火栓
2	S	感烟探测器
3	PY	排烟机控制箱
4	H	消防对讲插孔
5	Y	手动报警装置
6		调节阀
7		火灾警铃
8	Y	常规感烟探测器
9		火灾警报扬声器
10	M	模块
11	DHX	电话分线箱
12	TYX	电视前端箱
13	HUB	集线器
14	TO	电视出线座（距地0.3m）
15	W	双口信息插座（距地0.3m）
16	TP	电话插座（距地0.3m）
17		监控电视摄像机
18	DHX	电话分线箱
19		探头

说明:
综控室活动地板下敷设的线路须把绝缘皮线用
尼龙带捆绑后依次排整齐,然后加上防火盖板,
以免与木地板直接接触。

工程名称	体育馆
图纸内容	±0.000 标高弱电平面图
图纸编号	电施-31

324

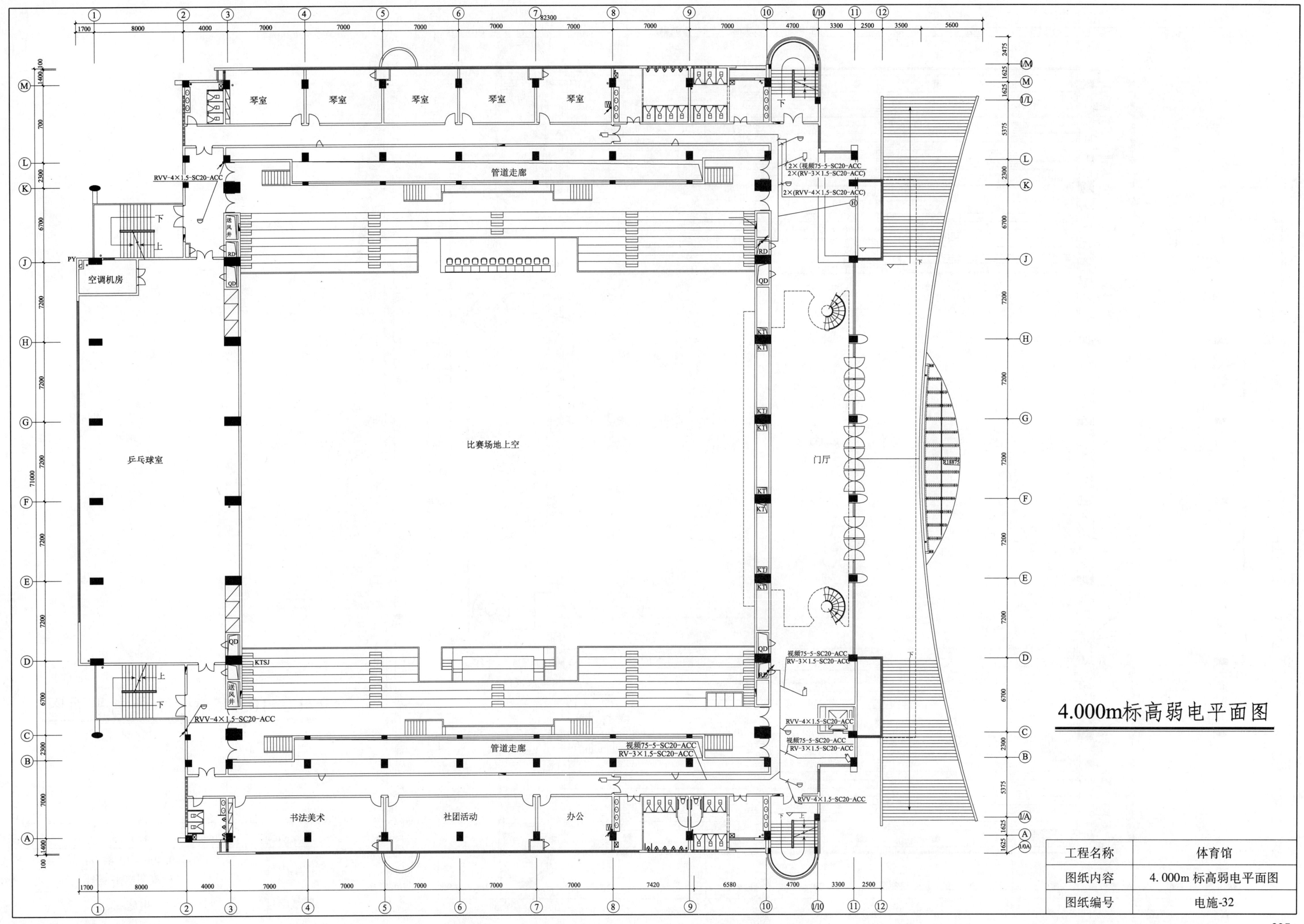

琴室　琴室　琴室　琴室　琴室

管道走廊

RVV-4×1.5-SC20-ACC

2×(视频75-5-SC20-ACC)
2×(RV-3×1.5-SC20-ACC)

2×(RVV-4×1.5-SC20-ACC)

空调机房

比赛场地上空

乒乓球室

门厅

KTSJ

RVV-4×1.5-SC20-ACC

视频75-5-SC20-ACC
RV-3×1.5-SC20-ACC

视频75-5-SC20-ACC
RV-3×1.5-SC20-ACC

RVV-4×1.5-SC20-ACC

管道走廊

视频75-5-SC20-ACC
RV-3×1.5-SC20-ACC

RVV-4×1.5-SC20-ACC

书法美术　　社团活动　　办公

4.000m标高弱电平面图

工程名称	体育馆
图纸内容	4.000m 标高弱电平面图
图纸编号	电施-32

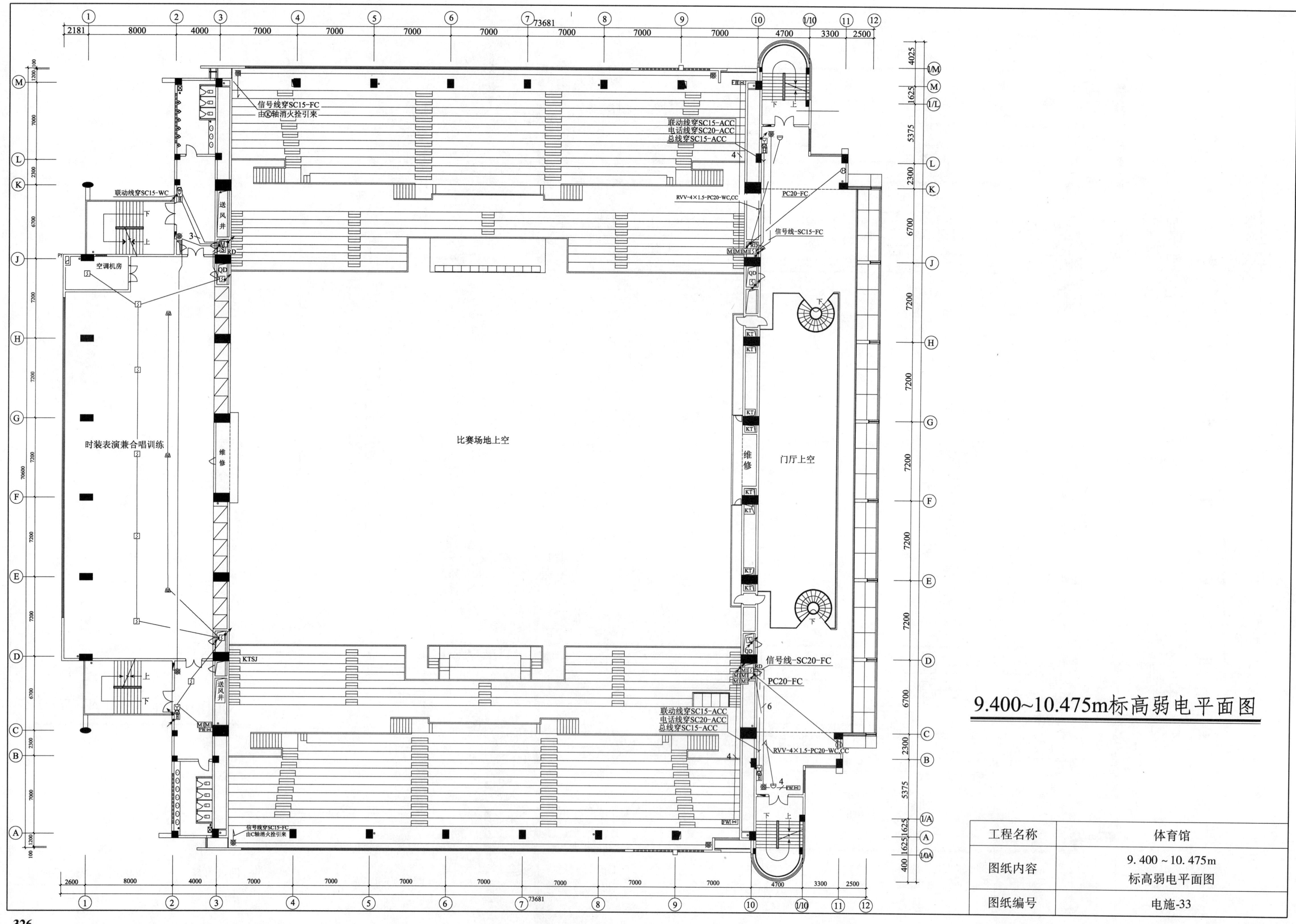

信号线穿SC15-FC
由⑧轴消火拴引来

联动线穿SC15-ACC
电话线穿SC20-ACC
总线穿SC15-ACC

联动线穿SC15-WC

RVV-4×1.5-PC20-WC,CC

PC20-FC

信号线-SC15-FC

空调机房

送风井

维修

时装表演兼合唱训练

比赛场地上空

门厅上空

维修

KTSJ

信号线-SC20-FC

PC20-FC

联动线穿SC15-ACC
电话线穿SC20-ACC
总线穿SC15-ACC

RVV-4×1.5-PC20-WC,CC

送风井

信号线穿SC15-FC
由⑥轴消火拴引来

9.400~10.475m标高弱电平面图

工程名称	体育馆
图纸内容	9.400~10.475m 标高弱电平面图
图纸编号	电施-33

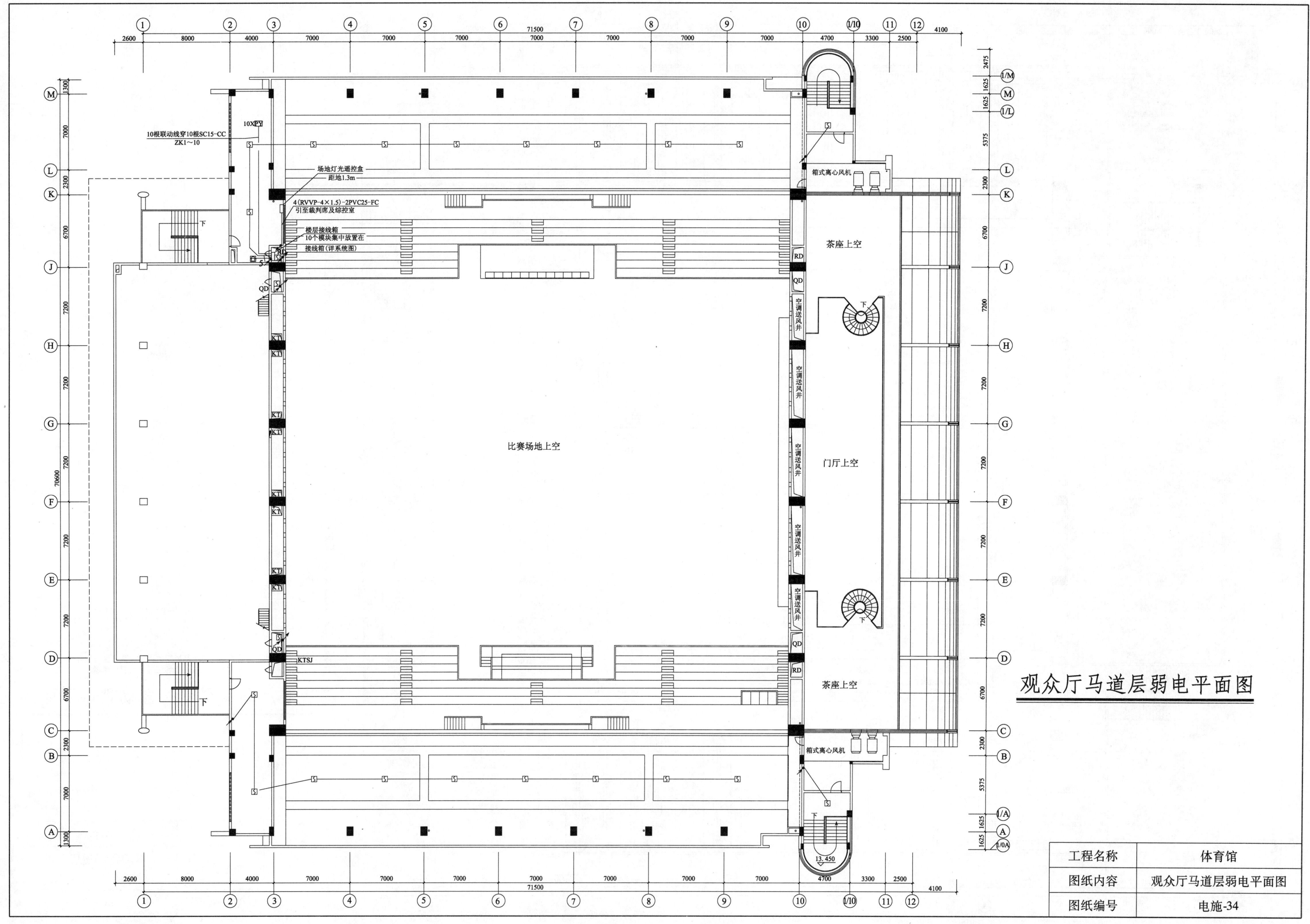

10根联动线穿10根SC15-CC
ZK1~10
10XPY

场地灯光遥控盒
距地1.3m

4(RVVP-4×1.5)-2PVC25-FC
引至裁判席及综控室

楼层接线箱
10个模块集中放置在
接线箱(详系统图)

箱式离心风机

茶座上空

空调送风井
空调送风井
空调送风井
空调送风井
空调送风井
空调送风井

门厅上空

比赛场地上空

茶座上空

箱式离心风机

13.450

观众厅马道层弱电平面图

工程名称	体育馆
图纸内容	观众厅马道层弱电平面图
图纸编号	电施-34

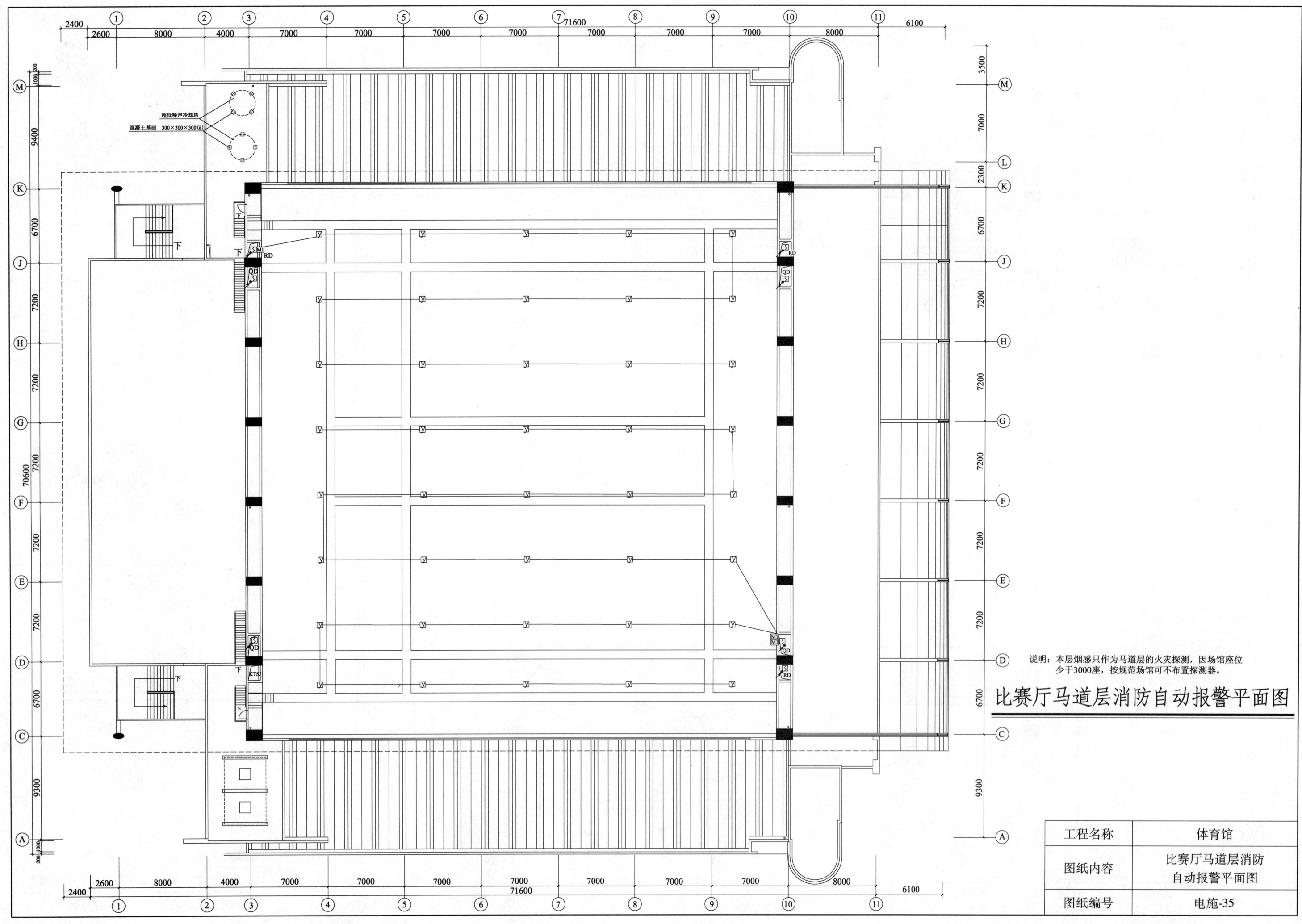

说明：本层烟感只作为马道层的火灾探测，因场馆座位
少于3000座，按规范场馆可不布置探测器。

比赛厅马道层消防自动报警平面图

工程名称	体育馆
图纸内容	比赛厅马道层消防 自动报警平面图
图纸编号	电施-35

超低噪声冷却塔
混凝土基础 300×300×300(h)

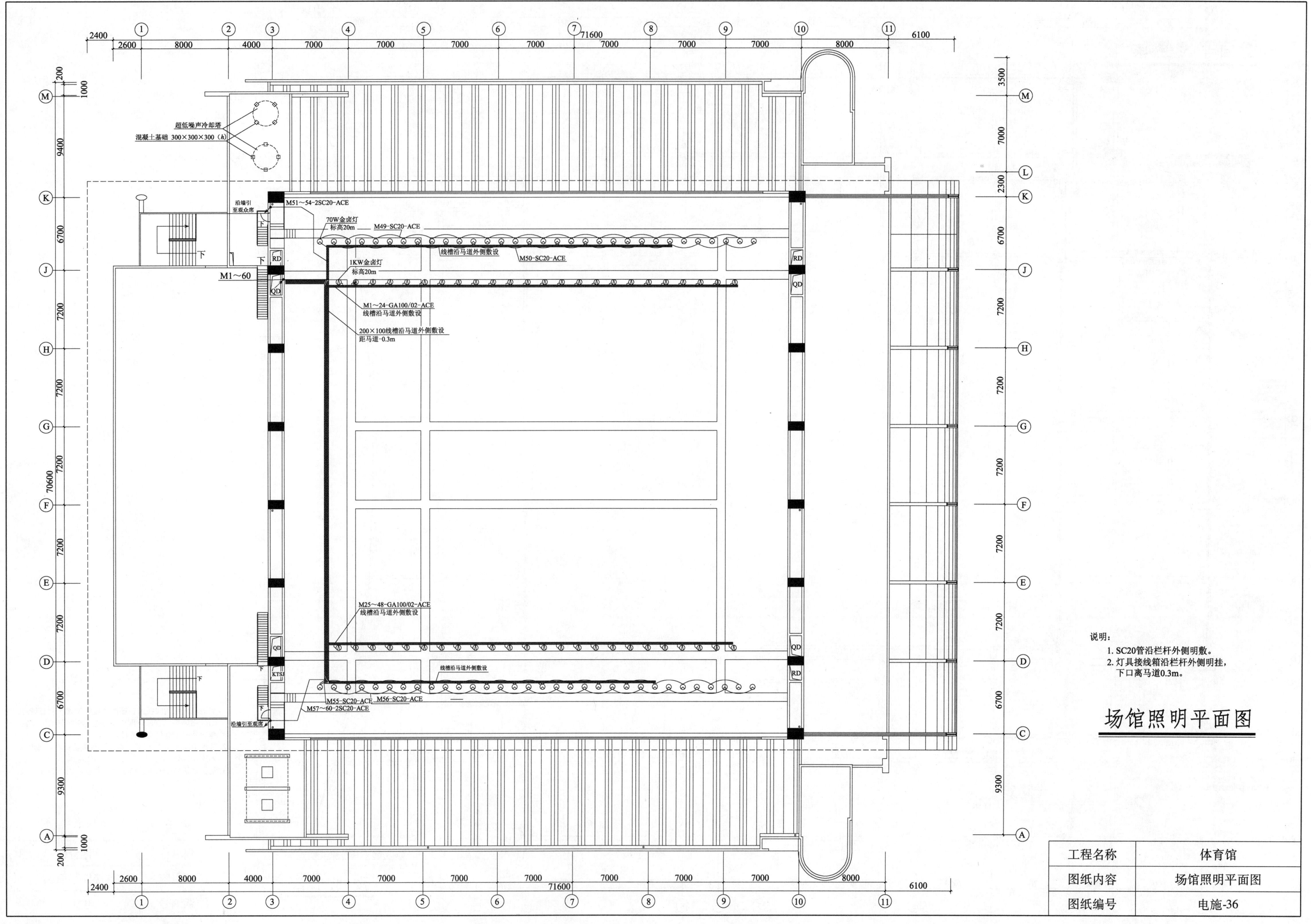

超低噪声冷却塔
混凝土基础 300×300×300(h)

沿墙引
至观众席

M51～54-2SC20-ACE

70W金卤灯
标高20m

M49-SC20-ACE

线槽沿马道外侧敷设

M50-SC20-ACE

M1～60

RD

QD

1KW金卤灯
标高20m

M1～24-GA100/02-ACE
线槽沿马道外侧敷设

200×100线槽沿马道外侧敷设
距马道-0.3m

RD

QD

M25～48-GA100/02-ACE
线槽沿马道外侧敷设

QD

线槽沿马道外侧敷设

QD

RD

KTSP

M55-SC20-ACE   M56-SC20-ACE

M57～60-2SC20-ACE

沿墙引至观众席

说明:
1. SC20管沿栏杆外侧明敷。
2. 灯具接线箱沿栏杆外侧明挂,
   下口离马道0.3m。

场馆照明平面图

工程名称	体育馆
图纸内容	场馆照明平面图
图纸编号	电施-36

329

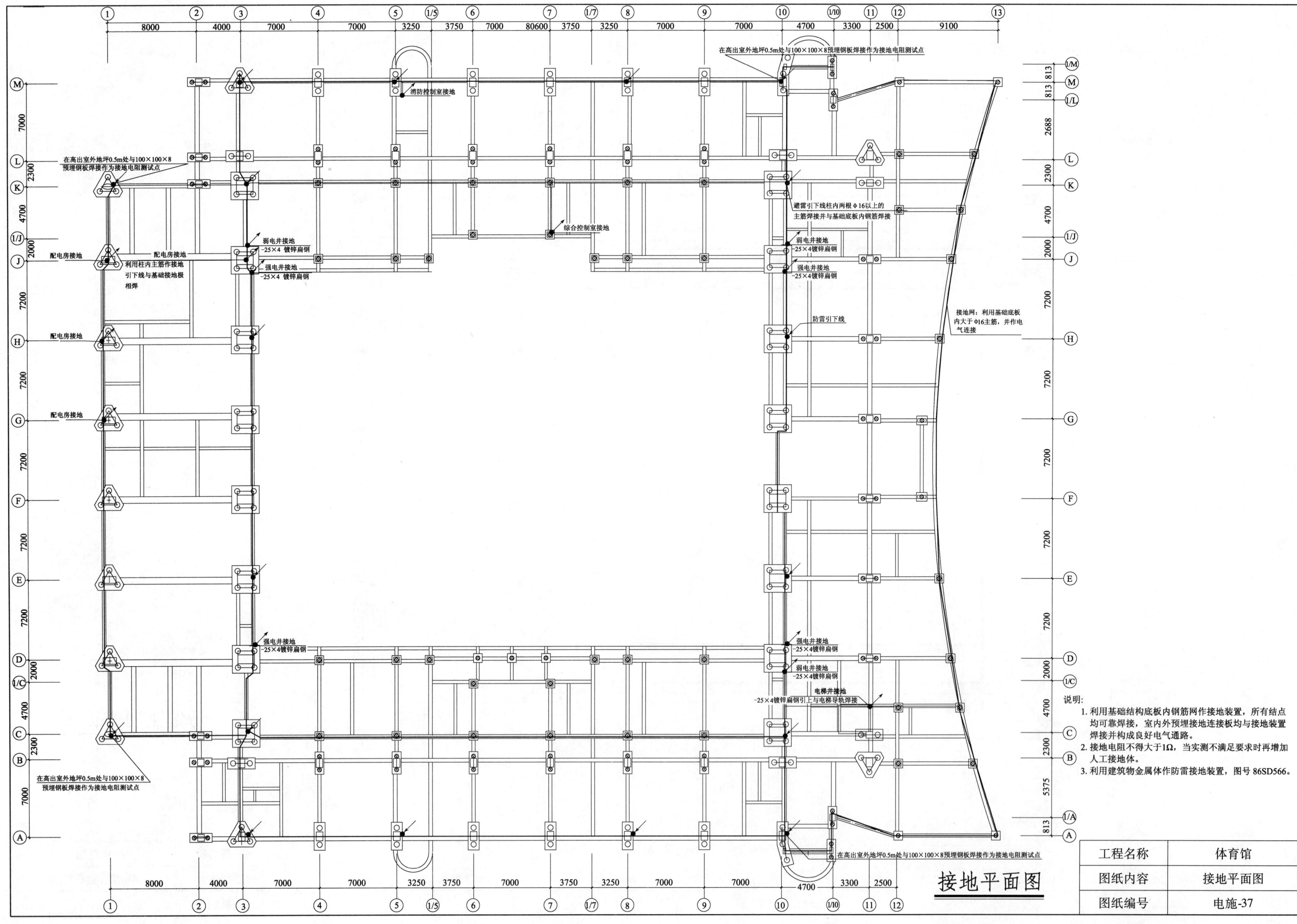

在高出室外地坪0.5m处与100×100×8预埋钢板焊接作为接地电阻测试点

消防控制室接地

在高出室外地坪0.5m处与100×100×8
预埋钢板焊接作为接地电阻测试点

综合控制室接地

避雷引下线柱内两根φ16以上的
主筋焊接并与基础底板内钢筋焊接

配电房接地
弱电井接地
-25×4镀锌扁钢

强电井接地
-25×4镀锌扁钢

配电房接地

利用柱内主筋作接地
引下线与基础接地极
相焊

弱电井接地
-25×4镀锌扁钢

强电井接地
-25×4镀锌扁钢

接地网:利用基础底板
内大于φ16主筋,并作电
气连接

配电房接地

防雷引下线

配电房接地

强电井接地
-25×4镀锌扁钢

强电井接地
-25×4镀锌扁钢

弱电井接地
-25×4镀锌扁钢

电梯井接地
-25×4镀锌扁钢引上与电梯导轨焊接

说明:
1. 利用基础结构底板内钢筋网作接地装置,所有结点
均可靠焊接,室内外预埋接地连接板均与接地装置
焊接并构成良好电气通路。
2. 接地电阻不得大于1Ω,当实测不满足要求时再增加
人工接地体。
3. 利用建筑物金属体作防雷接地装置,图号86SD566。

在高出室外地坪0.5m处与100×100×8
预埋钢板焊接作为接地电阻测试点

在高出室外地坪0.5m处与100×100×8预埋钢板焊接作为接地电阻测试点

接地平面图

工程名称	体育馆
图纸内容	接地平面图
图纸编号	电施-37

330

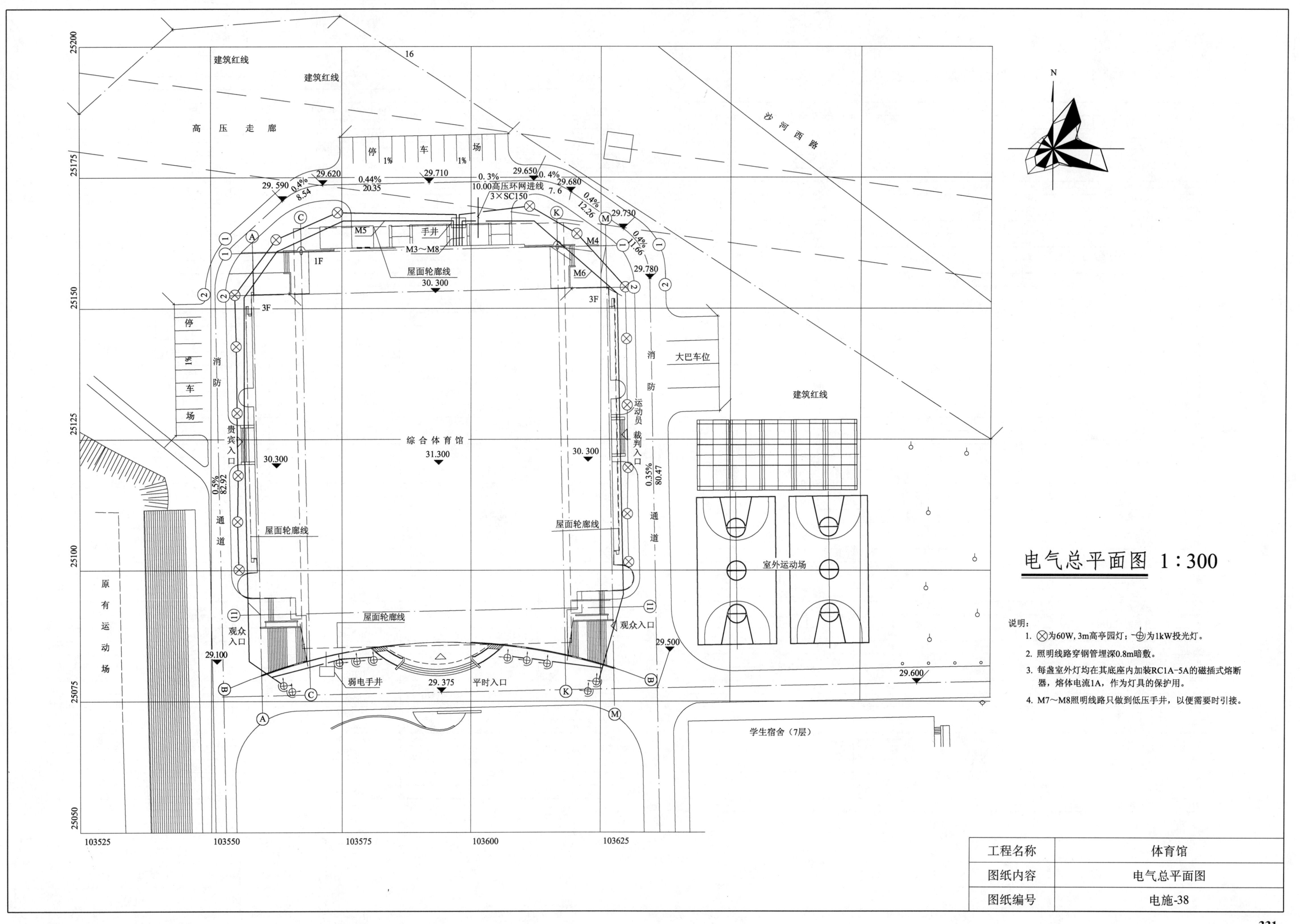

电气总平面图 1:300

说明:
1. ⊗为60W，3m高亭园灯；-⊙-为1kW投光灯。
2. 照明线路穿钢管埋深0.8m暗敷。
3. 每盏室外灯均在其底座内加装RC1A-5A的磁插式熔断器，熔体电流1A，作为灯具的保护用。
4. M7~M8照明线路只做到低压手井，以便需要时引接。

工程名称	体育馆
图纸内容	电气总平面图
图纸编号	电施-38

主要设备及材料表

序号	名　　称	型号及规格	单位	数量	备　注
	综合布线系统				
1	分线箱	50 对	个	1	
2	电话插头		个	7	
3	电话电缆	HYV－50（2×0.5）	m		
4	电话线	PVC-0.5/1Q 4×0.5	m		
5	阻燃塑料管	PVC20	m		
6	镀锌钢管	SC15	m		
7	镀锌钢管	SC50	m		
8	配线架	24 口	个	1	
9	HUB	24 口	个	1	
10	双口信息插座		个	14	
11	UTP		m		
	消防自动报警系统				
1	主控制屏	JB-QB-0ZH04	个	1	
2	智能烟感探测器		个	131	
3	火灾警铃		个	19	
4	扬声器		个	26	
5	手动报警按钮		个	19	
6	消防对讲电话		个	5	
7	消防对讲插孔		个	19	
8	消火栓按钮		个	26	
9	输入模块		个	17	
10	输入输出模块		个	16	
11	气体灭火控制箱		个	7	
12	感温探测器		个	1	
13	常规感烟探测器		个	40	
	评分及计分系统				
1	LED 显示屏		套	2	
2	屏幕信号收发器		台	15	
3	录像机	HD82	台	7	
4	电脑	586	台	2	
5	多媒体卡		块	2	
6	网卡		块	2	
7	彩色扫描仪	SANNMAKERLL	台	1	
	保安监控系统				
1	16 画面分割器		台	1	
2	14″监视器		台	1	
3	录像机		台	1	
4	矩阵主机		台	1	
5	红外探头		个	14	
6	摄像机		台	14	
	强电系统				
1	环网柜	SM6	台	4	
2	变压器	SCB9-500	台	1	
3	变压器	SCB9-630	台	1	
4	低压配电柜	GCK1	台	11	
5	照明配电箱	XRM1	台	13	
6	柴油发电机	400kW	台	1	
7	空调配电柜	XL21	台	4	

续表

序号	名　　称	型号及规格	单位	数量	备　注
8	动力配电柜	XL21	台	6	
9	比赛馆场地照明	PHILIP 金卤灯 1000W	套	48	斜照型
10	观众席照明	PHILIP 金卤灯 70W	套	192	深照型
11	乒乓球场地照明	PHILIP 金卤灯 250W	套	15	
12	大厅照明	PHILIP 金卤灯 100W	套	28	
13	场地照明智能控制器		套	5	
14	嵌入或荧光灯	220V 2×40W	个	275	
15	双联暗插座	C426/10US	个	275	
16	接线盒		个	2	见平面图
17	风机盘管		个	42	
18	调速开关		个	42	
19	照明配电箱		个	12	见系统图
20	配电箱		个	5	见系统图
21	控制箱		个	21	见系统图
22	电源自动切换箱		个	2	见系统图
23	二管荧光灯	220V 80W	个	174	
24	三相空调插座	380V 15A	个	17	
25	暗装双极开关		个	40	
26	一管荧光灯		个	3	
27	接地三相插座	380V 15A	个	8	电视摄像机用
28	疏散灯	220V 15W	个	11	
29	双控开关		个	12	
30	安全出口标志灯		个	30	
31	节能灯	220V 15W	个	76	
32	暗装接地单相插座		个	204	
33	防水防尘灯	220V 40W	个	4	
34	吸顶灯	220V 40W	个	174	
35	壁灯	220V 40W	个	6	
36	暗装单极开关		个	103	
37	防爆灯	220V 40W	个	2	
38	暗装三极开关		个	7	
	CATV 电视系统				
1	电视总箱		套	1	
2	四分支器		个	5	
3	电视出线盒		个	8	
4	电视电缆	F1160PVC	m		
5	电视电缆	SYPFV-75-5	m		
6	阻燃塑料管	PVC20	m		
	比赛传声系统				
1	16 路调音台	MR 1462	台	1	
2	无线话筒接收机	BF1050	台	2	
3	FM/AM 接收机	SONY	台	1	
4	均衡器	BF1050	台	4	
5	功放	FJG300-1	台	2	
6	功放	FJG500	台	16	
7	功放	PC2602	台	4	
8	音柱	YZ40-2	只	6	
9	音箱	YZ200-10	只	15	
10	流动音箱	FR-253	只	4	
11	监听音箱	PCR2602	只	2	
12	数字效果器	SPX 900	台	1	
13	动圈话筒	SHUR 14L	只	10	

工程名称	体育馆
图纸内容	主要设备及材料表
图纸编号	电施-39

6.5 空调施工图

施工图设计说明

一、设计说明

本工程为一座拥有2971座位的多功能综合体育馆，本专业设计范围包括比赛大厅以及乒乓球室、时装表演兼合唱训练厅的舒适性中央空调系统设计，以及全馆的通风、防排烟设计。

（一）设计计算参数

1. 设计室外计算参数：夏季

空调干球温度：33.0℃

空调湿球温度：27.9℃

空调日平均温度：30.0℃

通风干球温度：31.0℃

大气压力：1001hPa

2. 室内设计计算参数：

房间名称	温度（℃）	相对湿度（%）	每人新风量（m³/h）	风速（m/s）
观众席	25～27	55～65	17	0.23
比赛场地	25～27	55～65	17	高速：0.5 低速：0.2
乒乓球室合唱训练	24～26	60	25	

（二）空调设计

比赛场地和观众席采用集中制冷、双水管加末端组合式空调机组的中央空调系统，总冷负荷为365USRT。冷媒采用R134a。

1. 制冷系统：

（1）制冷设备：根据房间使用功能及负荷变化特点，选用一台350USRT四机头的螺杆式冷水机组，其配套的冷冻水泵、冷却水泵、冷却塔规格如下：

冷冻水泵	233m³/h×0.21MPa×22kW	2台（一用一备）
冷却水泵	291m³/h×0.20MPa×30kW	2台（一用一备）
冷 却 塔	350m³/h	1台

上述设备各自采用并联连接，其中冷水机组、冷冻水泵、冷却水泵设在一层的冷冻机房内，水路采用一级泵系统，冷却塔设在屋面。

（2）冷冻水系统：由冷水机组制备7℃的冷冻水，送至各末端的组合式空调机组，水温升至12℃再经冷冻水泵加压后返回冷水机组。

容积1.0m³的膨胀水箱设在屋面上。

（3）冷却水系统：来自冷水机组37℃的冷却水被送至屋面平台上的不锈钢方形低噪声冷却塔，水温降到32℃后再经冷却水泵加压返回冷水机组。

2. 气流组织设计：

比赛大厅采用全空气系统，分为比赛场地和观众席两个区，空调机房设在首层的四个角内。

（1）观众席区：利用固定座席看台下的风道送风，在座席下台阶侧壁上安装阶梯式旋流风口，回风30%通过设在大厅屋顶侧壁处的排风机排出室外，另外70%则利用设在比赛场地周边的土建回风道

集中回至各空调机房。

（2）比赛场地：利用风管上送至比赛场地上方两边集中送风，送风口为球形喷口，可通过电动控制喷口的送风角度或初调节设定风机的转速和档位，以调节场地内的风速，保证大球项目不超过0.5m/s，小球项目不超过0.2m/s，回风的处理方式与观众席区相同。

3. 辅助制冷系统：

根据使用的灵活性，乒乓球室、时装表演兼合唱训练厅采用水冷柜式空调系统。总冷负荷各为35.7USRT，各选用一台双压缩机的水冷空调机组，其配套的冷却水泵、冷却塔规格为（各用一套）：

冷却水泵	28m³/h×0.11MPa×1.5kW	2台（一用一备）
冷 却 塔	30m³/h	1台

来自柜机37℃的冷却水被送至设在室外的低噪声冷却塔，水温降到32℃后再经冷却泵加压返回柜机。其开机顺序为：冷却塔风机→水泵→柜机，停机顺序则相反。

4. 一层的冷冻机房内设有空调控制室，该室可根据冷水机组供应商的样本资料再行设计及布置。它应包括：

（1）冷水机组、水泵、冷却塔的电源箱及启动柜。

（2）冷水机组、水泵、冷却塔各自及彼此间群控程序的自动（手动）控制、联锁及各设备开、停状态指示灯。

（3）组合式空调机组除就地控制外，还可在空调控制室分回路集中控制。

（三）机械通风设计

1. 需设机械通风的房间有冷冻机房、水泵房、柴油发电机房、配电房（以上均大于6次/h）、变压器室（大于8次/h）、门厅（大于4次/h）、公共厕所、电梯机房（大于12次/h）。

2. 为排除观众大厅的高温热气和污浊空气、大厅屋顶侧壁处设有双速风机，平时低速开任意四台排风。

（四）防排烟设计

1. 体育馆观众厅属于大空间，净高超过12m，且人流密集，按每平方米不小于60m³/h设置机械排烟，双速排烟风机设在屋顶侧壁处。280℃时，防火阀关闭，联锁排烟机停转。

2. 柴油发电机房设有机械排风，发生火灾时，风机要停止运转，进行气体灭火，灭火完毕后再打开风机及电动密闭阀排除灭火后的有害气体。

3. 排烟风机需有备用电源且其启停状态和电动密闭阀的开关状态，在消防控制室可控制并有灯光显示。

4. 火灾发生时，除有关的排烟风机外，其余的通风、空调电源均需切断。

5. 一般通风、空调系统的防火阀或防火调节阀熔断温度为70℃，而与排烟有关的系统为280℃。

二、施工要求

1. 一层冷冻机房的设备、配件、管道及检、控仪表应照图纸要求施工，但考虑到设备定标后尺寸的差异，故设备基础、管道标高及走向可视当时具体情况与设计单位协商后做合理修改。

2. 冷冻机房、各空调机房四周墙壁及顶板应与土建配合作吸声处理。

3. $D \leqslant 80mm$的钢管用镀锌钢管（丝接，用DN表示），$D > 100mm$用无缝钢管（焊接，用D表示）。

4. 一般风管均用镀锌钢板制作，其厚度规定如下：

工程名称	体育馆
图纸内容	空调设计说明
图纸编号	设施-01

直径或风管大边长（mm）	100~500	530~1120	1180~2000	>2500
钢板厚度（mm）	0.5	0.75	1.0	1.2
支架间距（m）	3	2	2	1.5

排烟风管用1.2mm厚钢板制作，清污除锈后刷红色防锈漆二道，调合漆二道。

5. 所有水管在安装前需清除管内外污物，安装后整个系统需彻底清洗干净。

6. 冷冻水及冷却水系统（冷却水泵及冷冻水泵出口处）需用1.5MPa进行试压，10min内压力降不超过0.02MPa，进行外观检查，无渗漏为合格。

7. 冷冻水系统的无缝钢管、膨胀水箱应在清除表面铁锈、焊渣、毛刺、油渍等污物并在系统试压合格后刷二道防锈漆再行保温。冷却水系统的无缝钢管刷二道防锈漆后再刷二道调合漆。

8. 冷冻水管、冷凝水管、膨胀水管需用福乐斯作保温材料，其中冷冻水管 $D \leq 80mm$ 用厚19mm管材，$100mm < D < 273mm$ 用厚25mm板材，$D < 325mm$ 用厚32mm板材，所有冷凝水管用厚13mm管材进行保温，其导热系数不大于 $0.035W/(m \cdot K)$。

9. 输送经空调机组处理过的空气管，需用25mm厚带铝箔的玻璃棉毡（32K）保温，其导热系数不大于 $0.034W/(m \cdot K)$，用胶钉固定，接缝处用铝箔胶带密封。

10. 风柜出口的静压箱用1.2mm镀锌钢板作外壳，内部粘贴50mm厚超细玻璃纤维，饰面采用无纺玻璃布，再设一层穿孔率为30%的0.75mm的镀锌钢板（孔径为4mm），穿孔板与箱壳间用木条加自攻螺钉连接，木条间距约0.5m。

11. 水管支架和吊架做法参见国标图88R420（N112），保温管道与支架之间应垫一防腐处理垫木，垫木厚度与保温层厚度相同，水管支架和吊架的间距不应大于下表：

管径 DN（mm）	15	20	25	32	40	50	70	80	100	125	150	>150
保温管间距（m）	1.5	2	2	2.5	3	4	4	4	4.5	5	6	6
不保温管间距（m）	2.5	3	3.5	4	5	6	6	6.5	7	8	8	

风管支架和吊架做法参见国标图T616，消声器、防火阀、调节阀及风管转弯处应增设单独支架，水管转弯和阀门处应增设支架，设备进出口软管接头附近的管道采用弹簧支（吊）架。

12. 镀锌钢板风管制作安装要严密，系统漏风量应小于7%。砖风道要用实心砖砌筑，内外两面抹灰，内面边砌边抹，表面要光滑严密。

13. 膨胀水箱及屋顶部分的冷却水管用厚50mm自熄性聚乙烯保温板材保温，用钢丝网扎紧后再外抹15mm厚石棉水泥保护壳，保温管支架处需垫木码。

14. 通风机、空调机组出口均用帆布软接头连接，排烟风机的软接头需用石棉布外加涂两道油性防火漆的帆布。

15. 空调机组冷凝水均排至各空调机房。

16. 所有落地式风柜房均应留出一面墙后砌，安装完毕后再砌。

17. 工程安装完毕后不仅要做外观检查，施工单位还需做单机试运转和联合试运转（连续运行不小于8h），符合规范方可验收。

18. 安装单位应与土建配合施工，预留风、水管洞孔。风、水管及风口的安装应与装修配合好。

19. 所有用电设备之电源应符合50Hz，220V或380V，其动力线路及自控线路应按照电气专业施工图及有关样本资料施工。

20. 其余未说明者应参照《采暖通风与空气调节设计规范》GBJ 19—87、《通风与空调工程施工及验收规范》GB 50243—97、《通风与空调工程质量检验评定标准》GBJ 304—88 等国标进行施工及验收。

三、图例

图例表

图例	名称	图例	名称
——	冷冻供水管		水过滤器
——	冷冻回水管		压力表
——	冷却供水管		温度计
‑‑‑‑	冷却回水管		流水开关
——	自来水管		自动放气阀
——	冷凝水管		水泵
—P—	膨胀水管		蝶阀
—N—	止回阀		防火阀
—⋈—	截止阀		风量调节阀
—⊢—	橡胶避振接头		防火调节阀
—⋈—	电动阀		多叶送风口

工程名称	体育馆
图纸内容	空调设计说明
图纸编号	设施-01

主要设备及材料表

序号	名 称	型号及规格	单位	数量	备 注
1	螺杆式冷水机组	350USRT	台	1	
		冷冻水进出水温：12℃/7℃			
		冷却水进出水温：32℃/37℃			
		两回路，蒸发器，冷凝器，水管同侧连接			
		蒸发器压降不大于62kPa，流量：212m³/h			
		冷凝器压降不大于73kPa，流量：265m³/h			
		输入功率：252kW			
		冷媒：R134a，电源：380V，50Hz			
		附：动力起动配电箱、电脑监控及自动显示屏、蒸发器保温壳、水进出口接管法兰、机组减振器、与机组联锁之流水开关、工具箱			
2	冷冻水泵	233m³/h×0.21MPa×22kW	台	2	一用一备
		单吸离心式			
		电源：380V，50Hz			
		附：电动机及减振垫			
3	冷却水泵	291m³/h×0.20MPa×30kW	台	2	一用一备
		单吸离心式			
		其余同序号"2"			
4	超低噪声横流式冷却塔	350T/H	台	1	
		进出水温：37℃/32℃			
		空气湿球温度：27.9℃			
5	组合式空调机组	210kW×30000m³/h×750Pa×15kW	台	4	K-1~4
		进出水温：7℃/12℃			
		进风干湿球温度：26℃/21.9℃			
		机组包括：初效新回风段、表冷挡水段、顶出风风机段			
		附：风机变频调速装置、冷冻水比例式调节阀及其配套装置、机组减振段垫			
		外型尺寸：4100×2485×1930(h)			
6	组合式空调机组	110.7kW×15100m³/h×800Pa×7.5kW	台	4	K-5~8
		外型尺寸：4000×1570×1625(h)			
		其余同序号"5"			
7	水冷柜式空调机	125.6kW×20000m³/h×300Pa(余压)×40.8kW	台	2	GK-1,2
		进出水温：32℃/37℃			
		进风干湿球温度：25.0℃/19.5℃			
		附：温控器、空气过滤器及橡胶减振垫一套			
8	管道泵	28m³/h×0.11MPa×1.5kW	台	4	一用一备
		电源：380V，50Hz			
		附：电动机及减振垫			
9	超低噪声逆流式冷却塔	30T/H×1.5kW	台	1	
		进出水温：37℃/32℃			
		空气湿球温度：27.9℃			
10	高温双速排烟轴流风机	20580/13530m³/h×700/300Pa×816.5kW	台	10	P(Py)-1~10
11	箱式离心通风机	7050m³/h×150Pa×1.5kW，600rpm	台	4	
12	低噪声轴流通风机	5000m³/h×80Pa×0.55kW	台	1	
13	箱式离心通风机	5000m³/h×120Pa×1.1kW	台	1	
14	低噪声轴流通风机	1600m³/h×0.06kW	台	4	
15	低噪声轴流通风机	4000m³/h×0.25kW	台	1	
16	低噪声轴流通风机	1000m³/h×25Pa×0.05kW	台	1	

续表

序号	名 称	型号及规格	单位	数量	备 注
17	防爆型轴流通风机	1000m³/h×25Pa×0.05kW	台	1	
18	膨胀水箱	1000×1000×1000(h)	个	1	仿N101
19	压差旁通阀	D150	套	1	
20	压力表	0~1.6MPa	个	34	附关断阀
21	温度计	0~50℃	支	10	带不锈钢保护套
22	水过滤器	D250	个	2	
		DN80	个	2	
23	水止回阀	D250	个	4	
		DN80	个	4	
24	水蝶阀	D250	个	16	
		D150	个	4	
		DN80	个	8	
25	闸阀	DN80	个	6	
26	截止阀	DN80	个	2	
27	自动排气阀	DN20	个	4	
28	球形橡胶软接头	D250	个	12	
		D100	个	8	
		DN80	个	12	
		DN70		8	
29	顶棚式排气扇	450m³/h×30Pa×0.1kW，<38dBA	台	15	
		462m³/h×30Pa×0.1kW，<38dBA	台	1	
		600m³/h×30Pa×0.1kW，<38dBA	台	4	
30	方形散流器	250×250(颈)	个	38	均带人字闸
		300×300(颈)	个	2	
		325×325(颈)	个	28	
31	门铰式回风口	275×275	个	2	带过滤网
32	球形喷口	DUK-V-A-E4/400型，直径：D400	个	36	
33	防火阀280℃	D700	个	10	
34	阶梯式旋流风口	SD-Q-LQ-S/180型	个	1092	
		直径：D123			
35	消声静压箱	2000×2000×800(h)	个	4	
		2950×2800×1000(h)	个	4	
		2500×1500×800(h)	个	2	
		1800×1200×800(h)	个	2	
		2300×2000×2150(h)	个	1	
		2400×1800×1750(h)	个	1	
		2200×1100×1000(h)	个	2	
		3100×1100×1000(h)	个	2	
36	分水器	D550×L1800	个	1	
37	集水器	D550×L1800	个	1	
38	电子水处理仪	DN250	个	2	
		DN80	个	2	

工程名称	体育馆
图纸内容	主要设备及材料表
图纸编号	设施-02

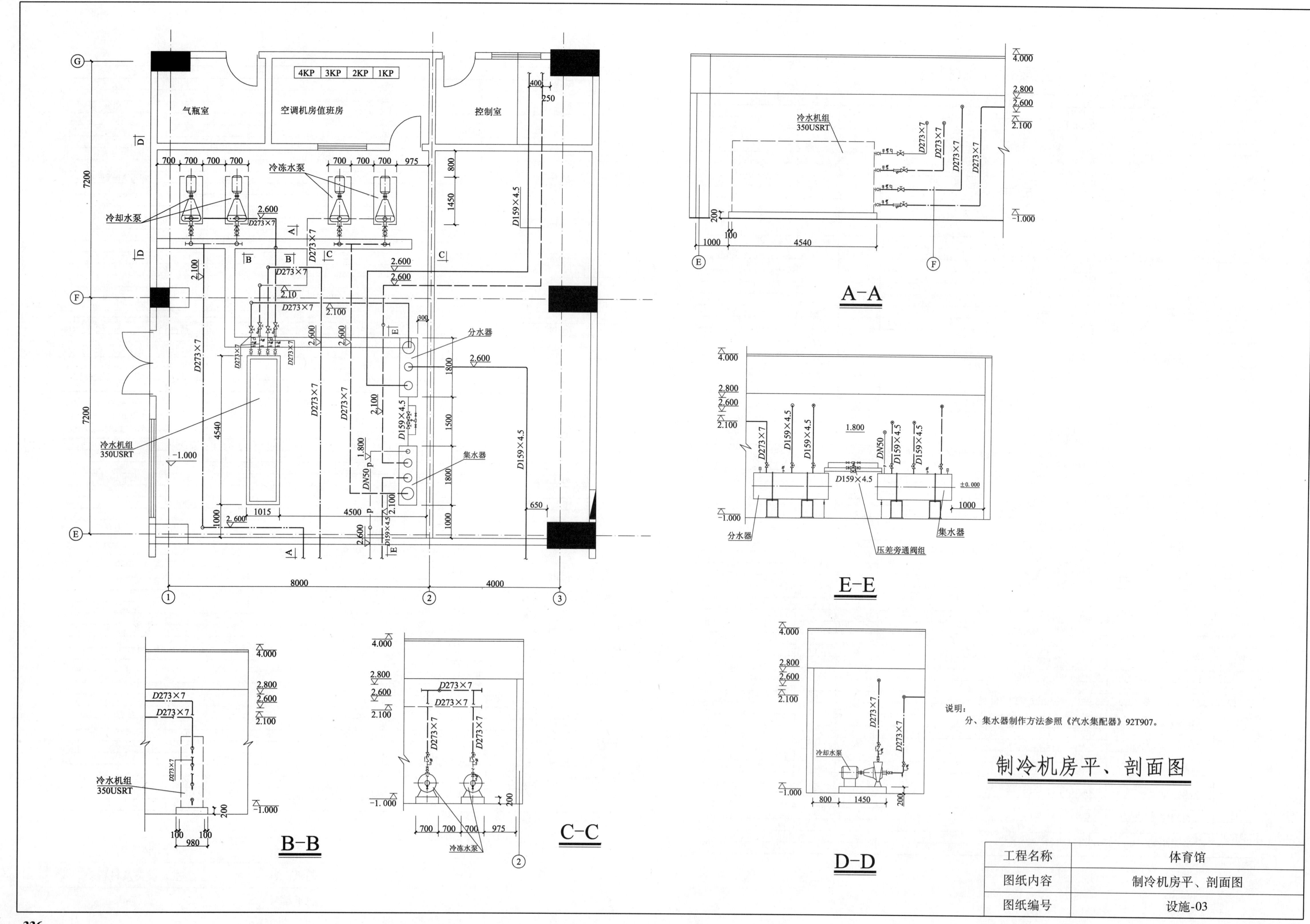

制冷机房平、剖面图

A-A

E-E

B-B

C-C

D-D

说明:
分、集水器制作方法参照《汽水集配器》92T907。

工程名称	体育馆
图纸内容	制冷机房平、剖面图
图纸编号	设施-03

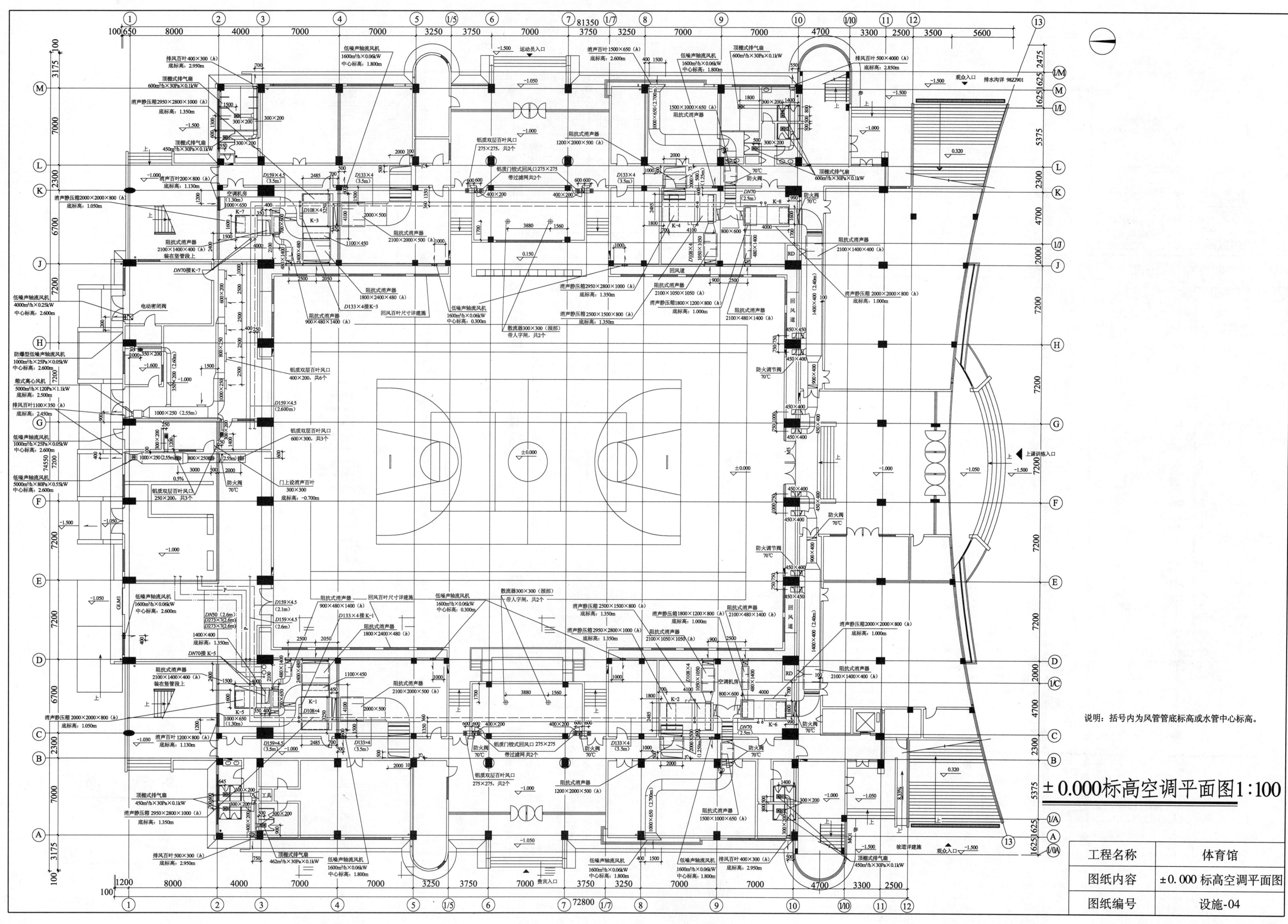

±0.000标高空调平面图1:100

说明：括号内为风管管底标高或水管中心标高。

工程名称	体育馆
图纸内容	±0.000 标高空调平面图
图纸编号	设施-04

337

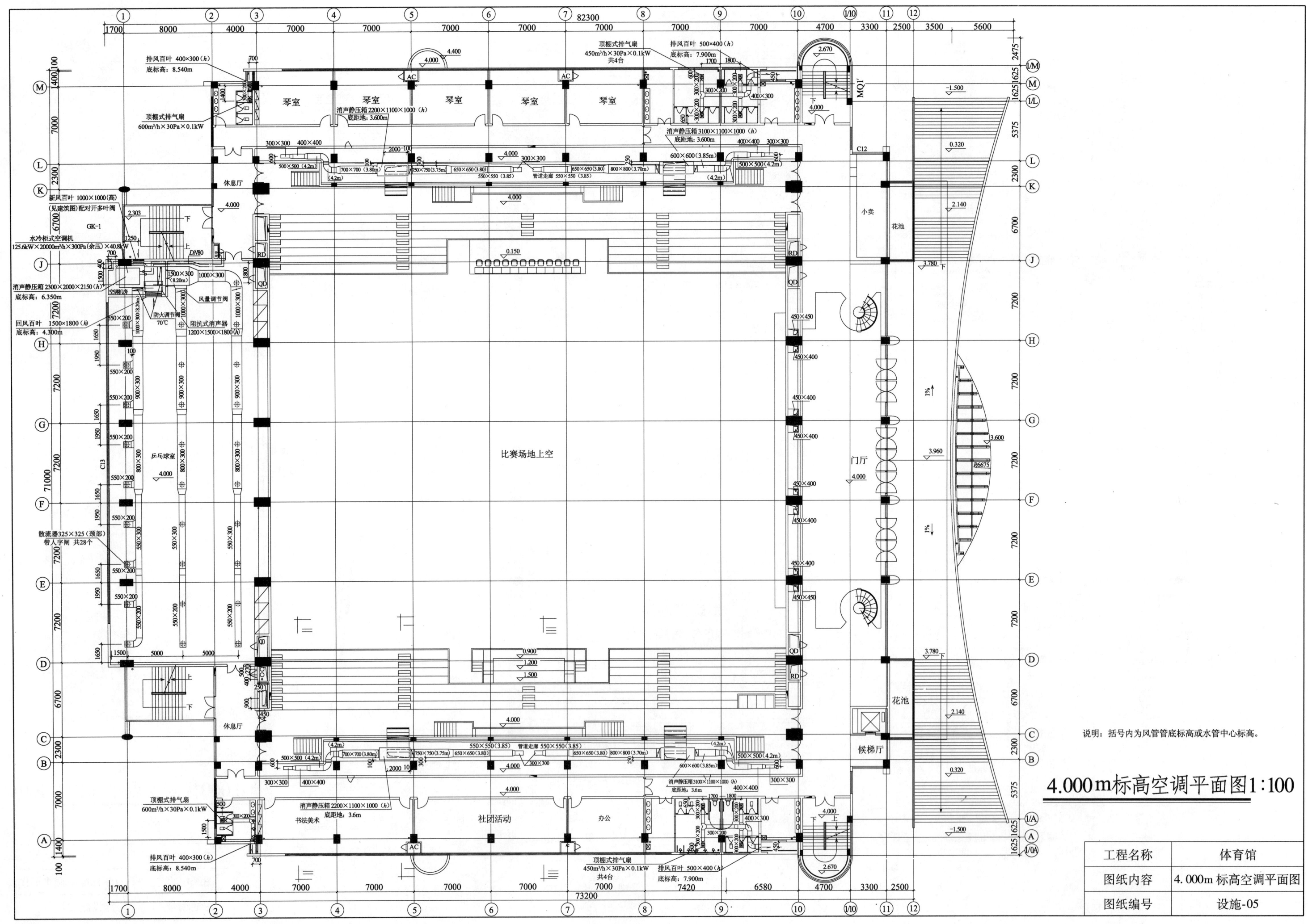

4.000m标高空调平面图1:100

说明：括号内为风管管底标高或水管中心标高。

工程名称	体育馆
图纸内容	4.000m标高空调平面图
图纸编号	设施-05

338

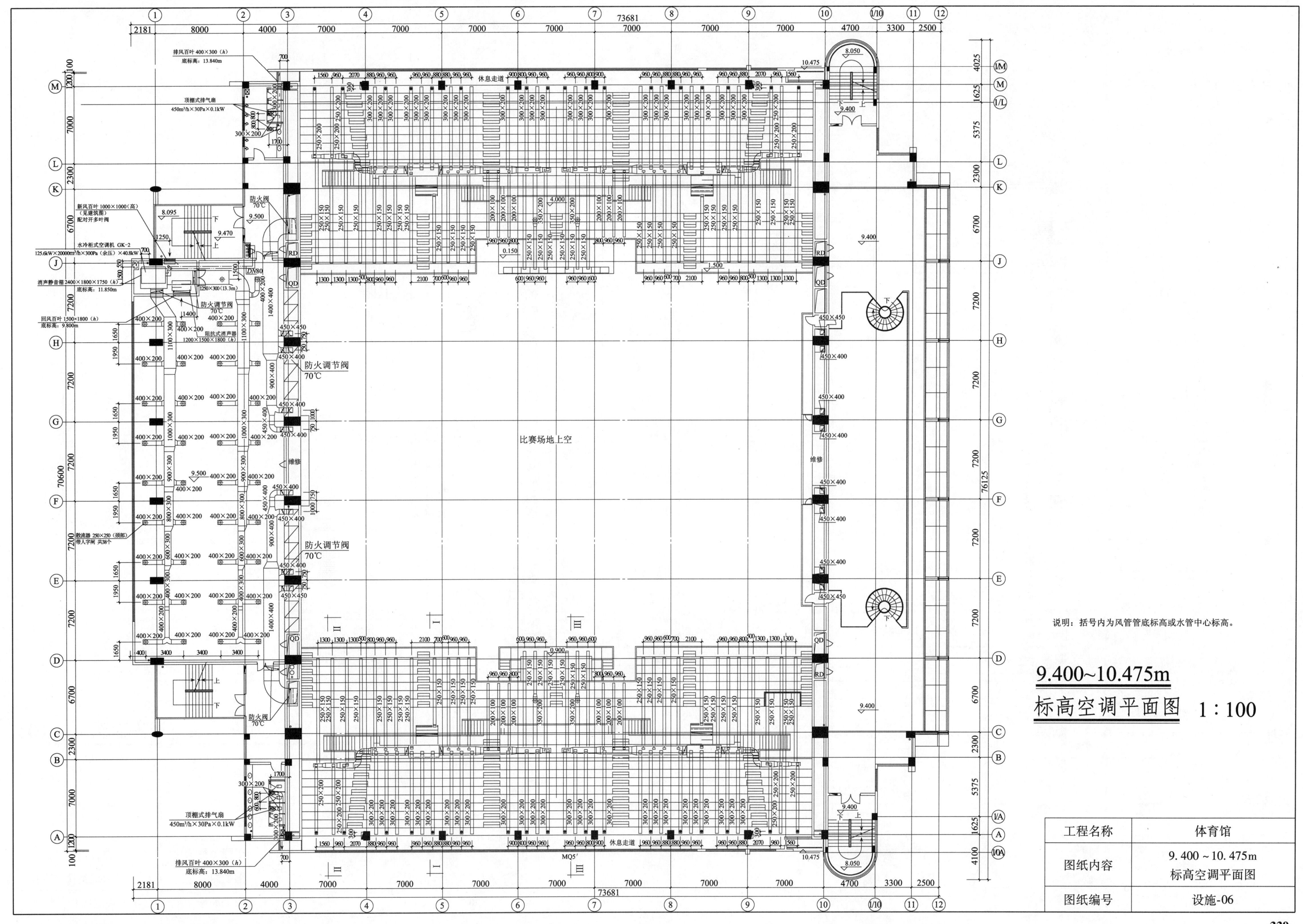

说明：括号内为风管管底标高或水管中心标高。

9.400~10.475m
标高空调平面图　1：100

工程名称	体育馆
图纸内容	9.400～10.475m 标高空调平面图
图纸编号	设施-06

339

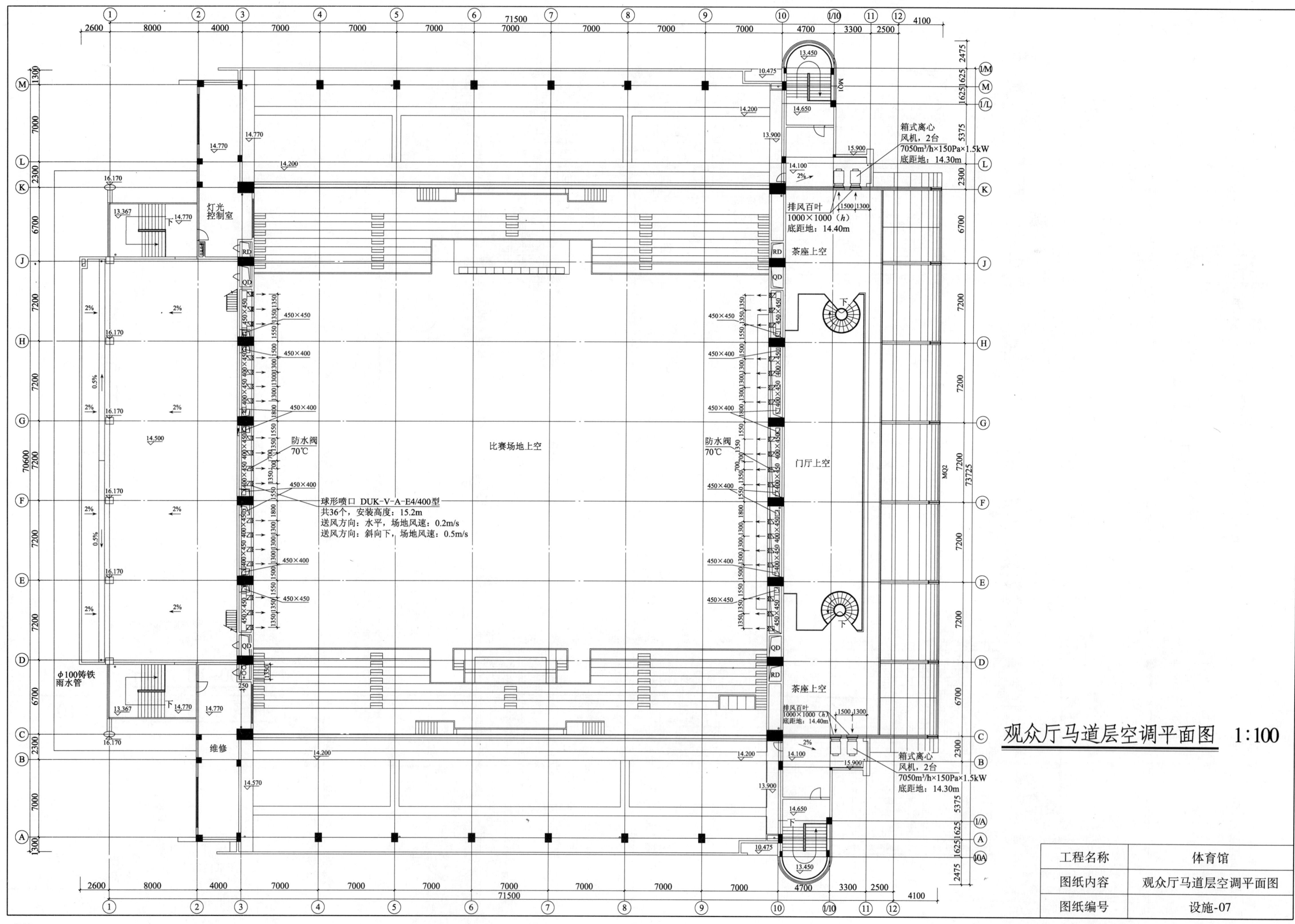

观众厅马道层空调平面图 1:100

箱式离心
风机，2台
7050m³/h×150Pa×1.5kW
底距地：14.30m

排风百叶
1000×1000（h）
底距地：14.40m

防水阀
70℃

比赛场地上空

门厅上空

茶座上空

灯光
控制室

球形喷口 DUK-V-A-E4/400型
共36个，安装高度：15.2m
送风方向：水平，场地风速：0.2m/s
送风方向：斜向下，场地风速：0.5m/s

φ100铸铁
雨水管

维修

箱式离心
风机，2台
7050m³/h×150Pa×1.5kW
底距地：14.30m

排风百叶
1000×1000（h）
底距地：14.40m

工程名称	体育馆
图纸内容	观众厅马道层空调平面图
图纸编号	设施-07

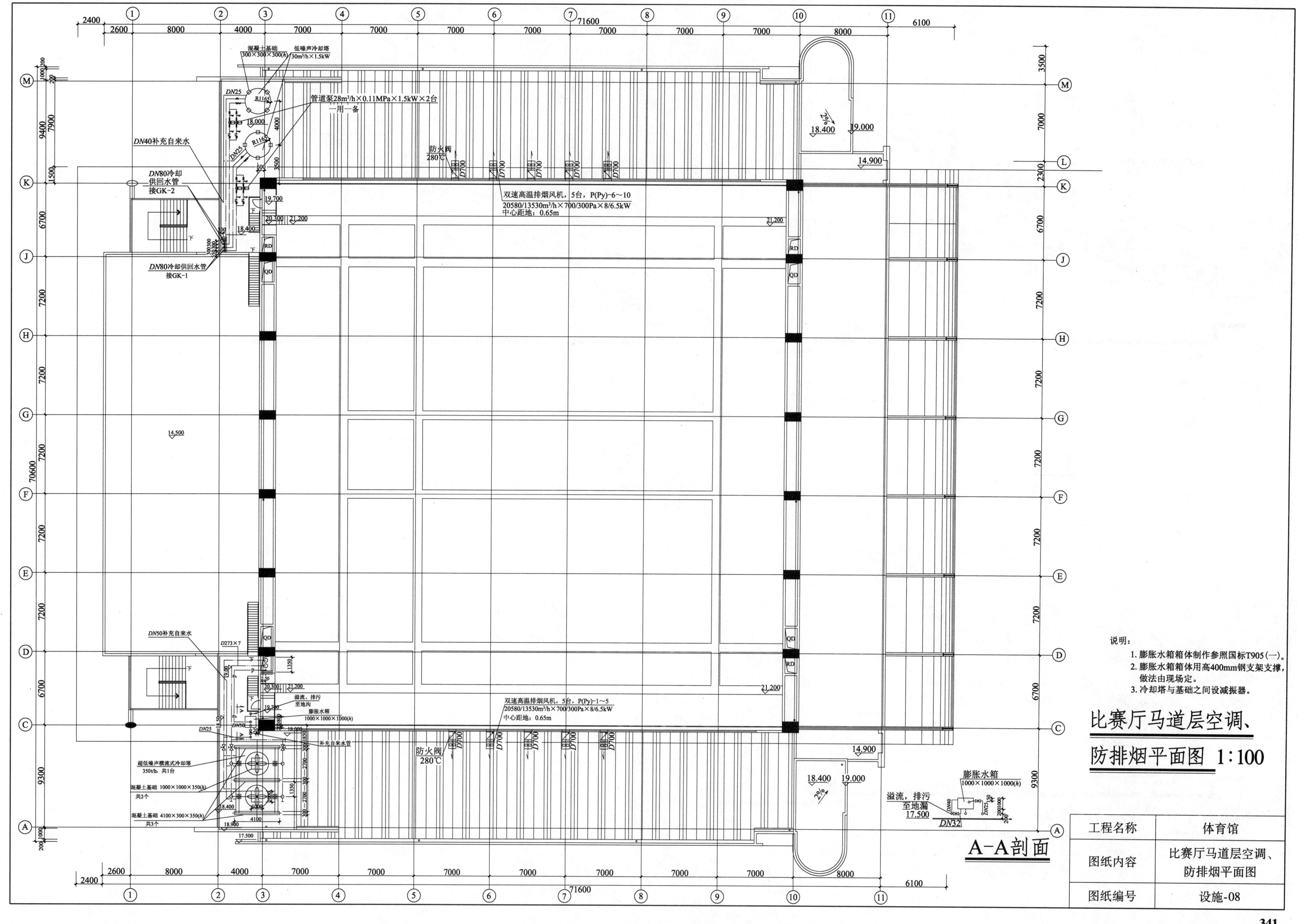

比赛厅马道层空调、
防排烟平面图 1:100

A-A剖面

说明：
1. 膨胀水箱箱体制作参照国标T905(一)。
2. 膨胀水箱箱体用高400mm钢支架支撑，做法由现场定。
3. 冷却塔与基础之间设减振器。

工程名称	体育馆
图纸内容	比赛厅马道层空调、防排烟平面图
图纸编号	设施-08

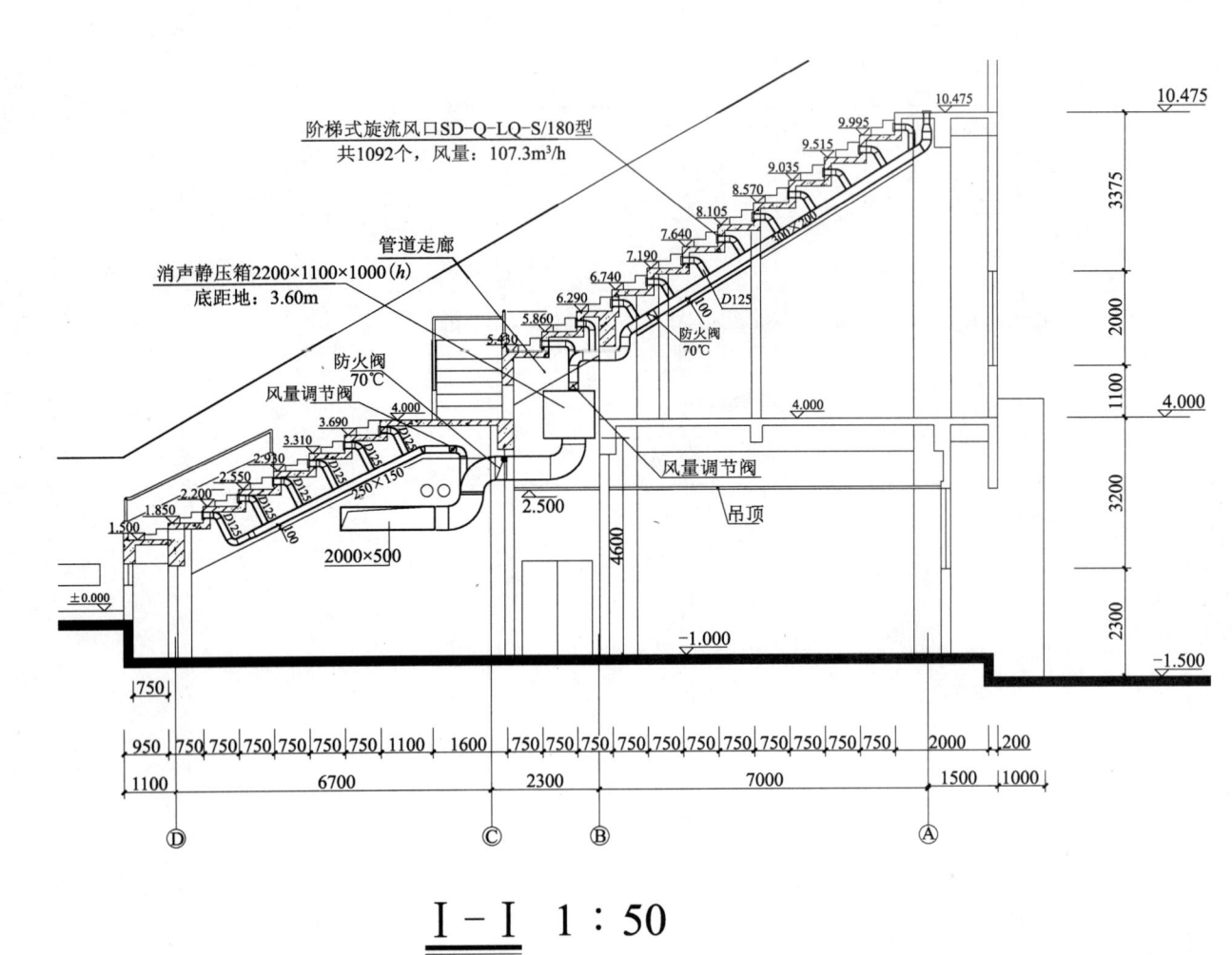

阶梯式旋流风口SD-Q-LQ-S/180型
共1092个,风量:107.3m³/h

管道走廊

消声静压箱2200×1100×1000(h)
底距地:3.60m

防火阀
70℃

风量调节阀

4.000

风量调节阀

吊顶

2000×500

$\underline{I - I}$ 1：50

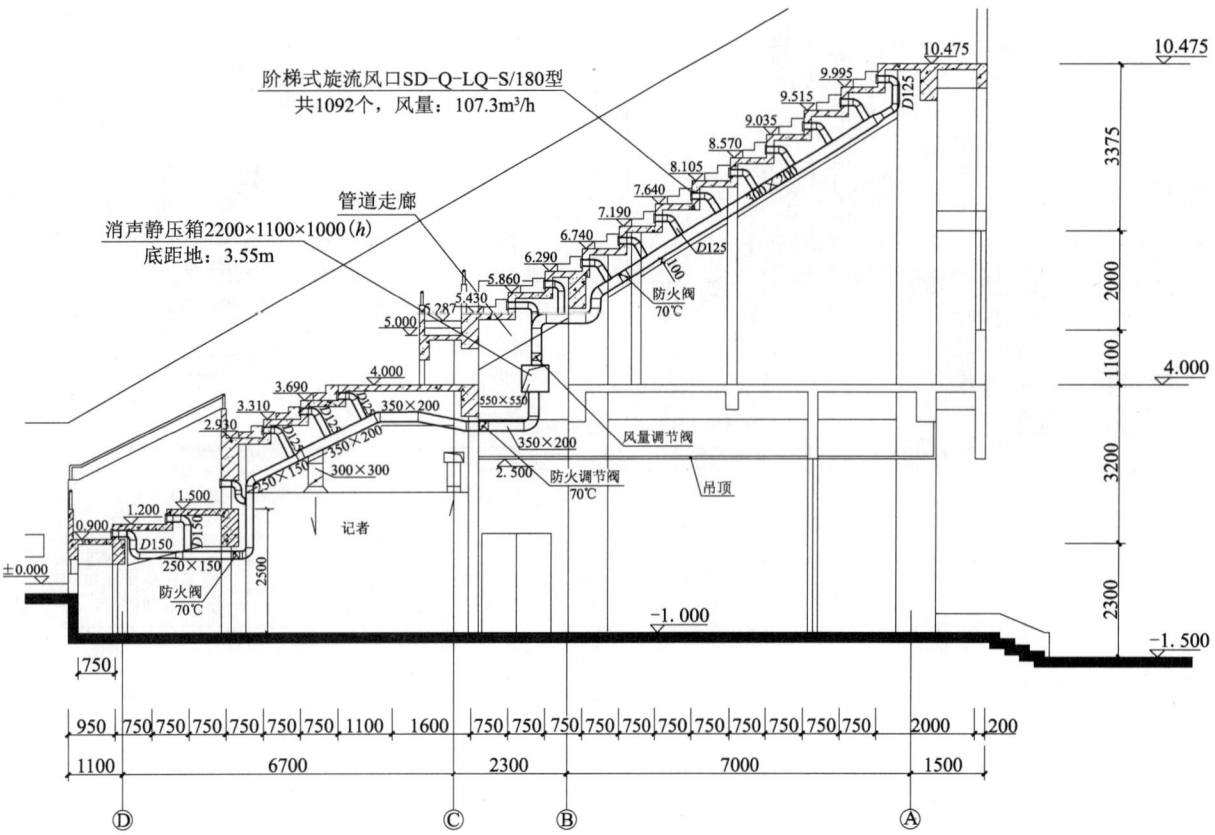

阶梯式旋流风口SD-Q-LQ-S/180型
共1092个,风量:107.3m³/h

管道走廊

消声静压箱2200×1100×1000(h)
底距地:3.55m

防火阀
70℃

风量调节阀

吊顶

250×150

防火阀
70℃

记者

$\underline{III - III}$ 1：50

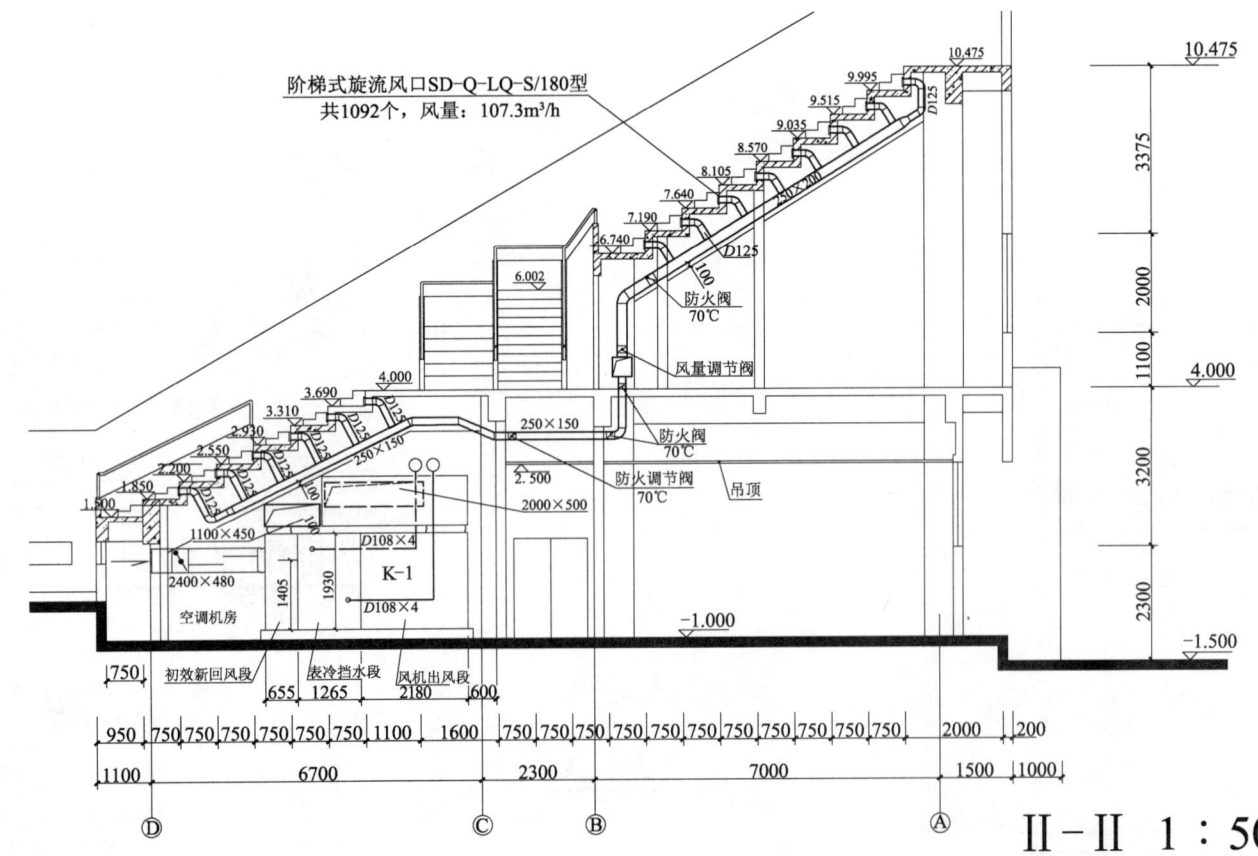

阶梯式旋流风口SD-Q-LQ-S/180型
共1092个,风量:107.3m³/h

防火阀
70℃

风量调节阀

250×150

防火阀
70℃

防火调节阀
70℃

吊顶

2000×500

1100×450

2400×480

K-1

D108×4

D108×4

空调机房

初效新回风段   表冷挡水段   风机出风段

$\underline{II - II}$ 1：50

说明:看台部分所注标高为结构顶面标高。

工程名称	体育馆
图纸内容	看台座位送风及空调机房剖面图
图纸编号	设施-09

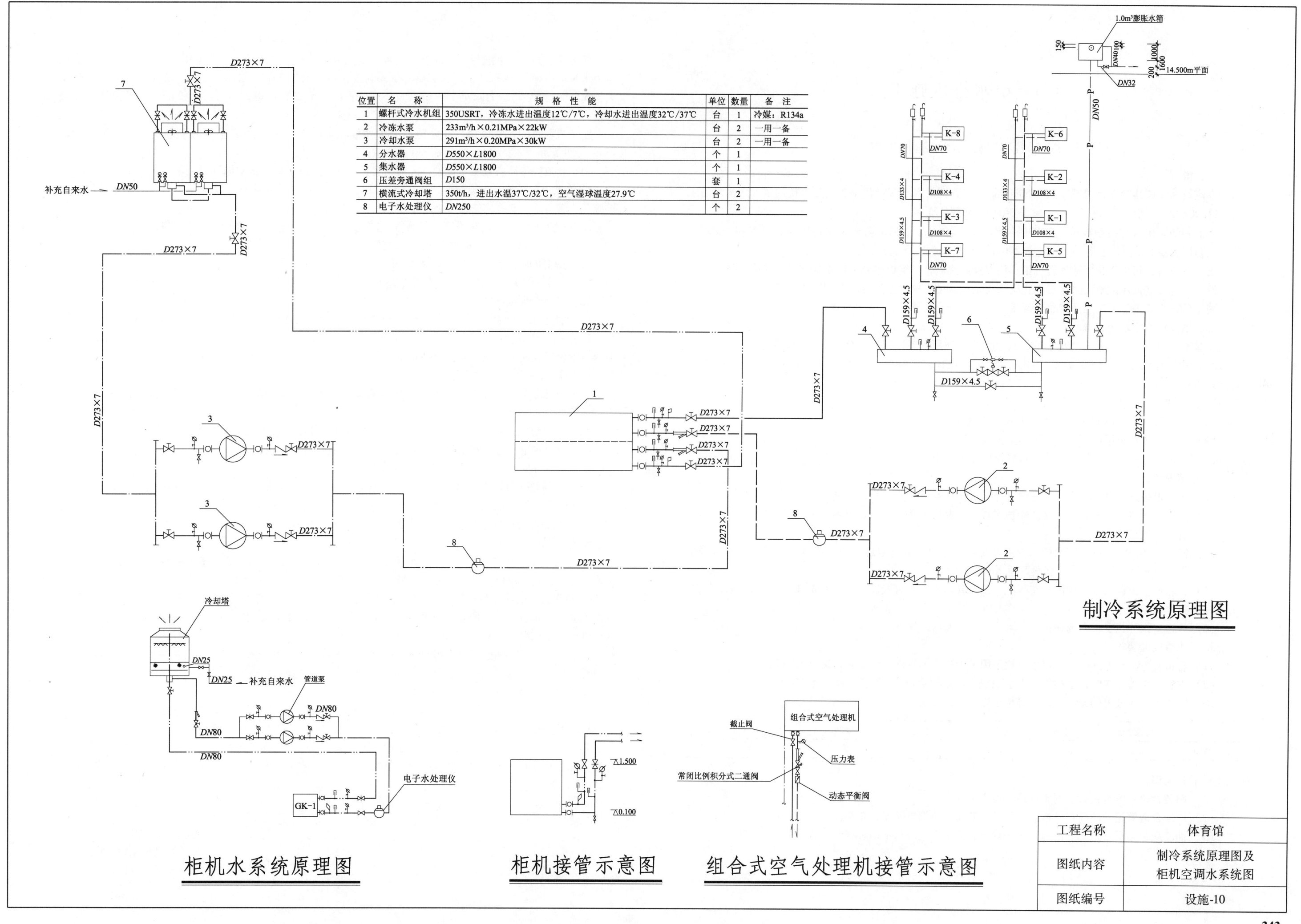

位置	名 称	规 格 性 能	单位	数量	备 注
1	螺杆式冷水机组	350USRT，冷冻水进出温度12℃/7℃，冷却水进出温度32℃/37℃	台	1	冷媒：R134a
2	冷冻水泵	233m³/h×0.21MPa×22kW	台	2	一用一备
3	冷却水泵	291m³/h×0.20MPa×30kW	台	2	一用一备
4	分水器	D550×L1800	个	1	
5	集水器	D550×L1800	个	1	
6	压差旁通阀组	D150	套	1	
7	横流式冷却塔	350t/h，进出水温37℃/32℃，空气湿球温度27.9℃	台	2	
8	电子水处理仪	DN250	个	2	

制冷系统原理图

柜机水系统原理图　　柜机接管示意图　　组合式空气处理机接管示意图

工程名称	体育馆
图纸内容	制冷系统原理图及柜机空调水系统图
图纸编号	设施-10

6.6 给水排水施工图

给水排水施工图设计说明

一、说明

本建筑为多层体育馆，建筑体积为50000m³，校方提供水压水量常年能保证该楼用水。用水量为生活：11.20m³/d；消防：室内15L/s，室外30L/s，喷淋12L/s。

生活和消防用水均由学校统一加压后供给。校园现有生活和消防合用水池两座，总容积1800m³，储备消防用水量576m³；水塔一座，容量200m³，储备消防用水量18m³。

雨、污分流，污水经化粪池处理，雨、污水经收集后，有组织地分别排入市政预留的检查井。

发电机房和高低压配电房采用二氧化碳灭火系统，由中标专业公司负责设计和施工。

竣工后按当地消防要求在适当位置配备手提式干粉灭火器。

二、室内给水排水施工说明

1. 室内给水排水管道的施工及验收，应遵照全国通用的现行有关标准、规范的要求进行。

2. 图中所注尺寸及管径以毫米（mm）计，标高及管长以米（m）计。给水管标高指管中心，排水管标高指管内底。

3. 管材选用：

（1）生活给水管采用PPR塑料管，专用管件连接。

（2）消防给水管采用镀锌钢管，钢质卡箍连接。

（3）排水管采用UPVC管，胶接，每层设伸缩节一个。

4. 管道安装：

（1）卫生设备连接管安装高度除注明者外，均按90S 342及96S 341施工。

（2）消火栓栓口中心安装高度（指距所在层地面高度）为1.10m，室内消火栓安装见S163。

（3）管道支架见S161。

（4）横管支架间距按室内给水排水管道及排水硬聚氯乙烯管道施工及验收规范确定。排水管每个接头处应设一个吊架，配件较多的管段可适当减少。

（5）在屋面上铺设的水平管段，在阀门、三通管、弯管及直线段适当间距的下部或端部应设支墩，用C10混凝土浇制。

（6）管道支架的位置首先选择在柱、墙、梁上，然后才是楼板上。

5. 排水管安装要求：

（1）管道转弯、三通连接处的存水弯均采用带清扫口的管件，管道安装见96S 341。

（2）支管与干管连接时，采用45°三通，横管与立管相接用Y形三通或四通。

（3）图中未注明坡度的排水管，不得小于以下标准坡度。

管径	标准坡度	管径	标准坡度	管径	标准坡度	管径	标准坡度
DN50	0.035	DN75	0.025	DN100	0.02	DN150	0.01

6. 管道防腐：

（1）明装管道：镀锌钢管，刷银粉漆一道。

（2）埋地金属管道的防腐：外壁刷冷底子油两道，热沥青两道，总厚度不小于3mm。

（3）面漆颜色根据管道功能由施工现场确定，面漆颜色应与室内装修颜色相适应。

7. 水压试验：

管道安装完毕后应进行水压试验。金属给水管道的试验压力不应小于0.6MPa。水泵扬水管试验压力为水泵扬程加0.5MPa。消防管道试验压力为工作压力的1.5倍。水压试验时，在10min内压力降不大于50kPa，然后将压力降至工作压力做外观检查，以不漏为合格。塑料给水管试压按有关技术规程进行。

明装或埋地的排水管道，在隐蔽前必须做灌水试验，其灌水高度应不低于底层地面高度，满水15min后再灌满延续5min，液面不下降为合格。

雨水管道安装后应做灌水试验，灌水高度必须到每根最上部的雨水漏斗，以不漏为合格。

8. 施工过程必须与土建配合，校正留洞及留套管尺寸。设备基础待设备到货后，校正基础尺寸后再施工。管道施工验收完毕需绘制竣工图与验收资料并存档备查。

9. 本说明中所采用的标准图图号凡带"S"者均为《全国通用给水排水标准图集》。

10. 进出户水管方向可根据水源进行调整。

11. 水箱防水套管做法见水 S312 8/8 Ⅳ型。

12. 塑料管施工验收按有关技术规程进行。

三、室外给水排水施工说明

1. 室外给水排水管道的施工及验收，应遵照全国通用的现行有关标准、规范的要求进行。

2. 图中所注管径以毫米（mm）计，标高、管长以米（m）计，管道与建筑物的距离是指管道中心与建筑物轴线之间的距离，管道标高是指管道内底标高。

3. 管材选用：

（1）给水管管径小于75mm的采用热镀锌钢管，丝扣连接；管径不小于75mm的采用给水铸铁管，石棉水泥接口。

（2）排水管采用钢筋混凝土管，水泥砂浆接口或橡胶圈、水泥抹带接口。

（3）建筑物进、出水管管材、接口与室内建筑物进、出水管相同。

4. 管道基础：

（1）金属给水管可敷设在未经扰动的原状土层上，当给水管敷设在基岩、多石土层上或有地下水时，管道下可铺厚度为100mm的粗砂或碎石垫层，参见图S222/30-5。

（2）钢筋混凝土排水管下做90°混凝土基础见S222/30-6。

5. 管道防腐：

埋地的金属管敷设前应进行防腐处理，先将管道除锈、除污垢后，管外壁再刷冷底子油一道，石油沥青两道，外包玻璃丝布保护层（铸铁管可不包玻璃布）。D≥75mm的给水铸铁管内涂水泥砂浆防腐。

6. 给水管一般埋深为0.7m（设计地面到管顶），非车道下室外给水管应在排水管上面。如排水管在上面时，给水管加保护套管，保护段长度为给水管外径加4m。水表井、阀门井处的井底适当加深，井内管底至井底高度一般为400mm。

7. 道路的井盖及井座采用φ700mm重型铸铁井盖及井座，其余采用轻型井盖及井座，见S147/17-3-6。道路上的井顶标高与设计地面平，其余的井顶高出附近地面50mm。

8. 边沟型雨水口采用500mm×300mm。

9. 室外地上式消火栓安装见88S162/4-7，根据管道实际埋深现场施工时自行选用。

10. 管道施工完毕后，压力管道应分段进行水压试验，试验压力为：镀锌钢管0.9MPa，给水铸铁管当工作压力不大于0.5MPa时，试验压力为2倍工作压力；当工作压力大于0.5MPa时，试验压力为工作压力加上0.5MPa。无压管道应做渗水试验，具体做法应按《采暖与卫生工程施工及验收规范》GBJ 242—82的要求进行。

工程名称	体育馆
图纸内容	给水排水设计说明、图例、材料表（一）
图纸编号	水施-01

11. 施工完毕应绘制管道竣工图与验收资料一并存档备查。
12. 本说明中采用的带"S"者为《全国通用给水排水标准图集》。

图例

1	存水弯		17	压力表	
2	检查口		18	室内消火栓	●单栓 ●双栓
3	地漏		19	水泵结合器	
4	洗衣机地漏		20	雨水斗	
5	侧墙式地漏		21	液位控制阀	
6	通气帽		22	清扫口	
7	洗涤盆/洗衣机		23	平算单算雨水口	
8	洗脸盆		24	边沟型单算雨水口	
9	大便器	坐式	25	室外消火栓	
10	止回阀		26	化粪池	[HC]
11	截止阀		27	生活给水管	—J—
12	蝶阀/闸阀		28	消防给水管	—X—
13	手提式磷酸铵盐灭火器		29	污水管	—W—
14	角阀		30	废水管	—F—
15	水龙头/洗衣机龙头		31	雨水管	—Y—
16	水表及水表组				

主要设备、材料表（数量仅作参考）

序号	名　称	型　号	规　格	单位	数量	备　注
1	塑料给水管		DN15/DN20/DN25/DN50	m	190/240/160/110	
2	镀锌钢管		DN50/DN70/DN100	m	60/400/120	
3	UPVC塑料管		DN32/DN50/DN100/DN150	m	80/250/160/30	
4	截止阀	J11T-10	DN15/DN20/DN25	个	36/12/12	
5	闸阀	明杆	DN50/DN70/DN100	个	4/4/12	
6	蝶阀		DN100	个	8	
7	自闭式冲洗阀	感光型	DN25	个	68	
8	洗脸盆	甲方定		套	37	90S342/29
9	止回阀	HC41X-1.0	DN100	个	3	
10	室内消火栓		铁箱铝框玻璃门带锁φ19水枪，栓口SN65 1.6MPa衬胶水带长25 箱800×650×240	套	40	87S163/16-2
11	试压用消火栓		DN65	个	1	
12	水泵接合器	SQ100-A	DN100	套	3	
13	地漏	UPVC	DN50	个	24	GS01/13
14	湿式报警阀	甲方定	DN100	套	1	GS01/13
15	水流指示器	甲方定	DN100	个	11	
16	水表	LXL	DN100	个	2	
17	坐式大便器	甲方定		套	3	90S342/48
18	信号蝶阀	甲方定	DN70	个	11	
19	水龙头		DN15	个	4	

续表

序号	名　称	型　号	规　格	单位	数量	备　注
20	蹲式大便器	甲方定		套	18	
21	小便斗	甲方定		套	23	90S342/29
22	雨水斗/侧墙式雨水斗		DN100/DN100	个	29	87S348/5-2

给水排水设计说明、图例、材料表

工程名称	体育馆
图纸内容	给水排水设计说明、图例、材料表（二）
图纸编号	水施-01

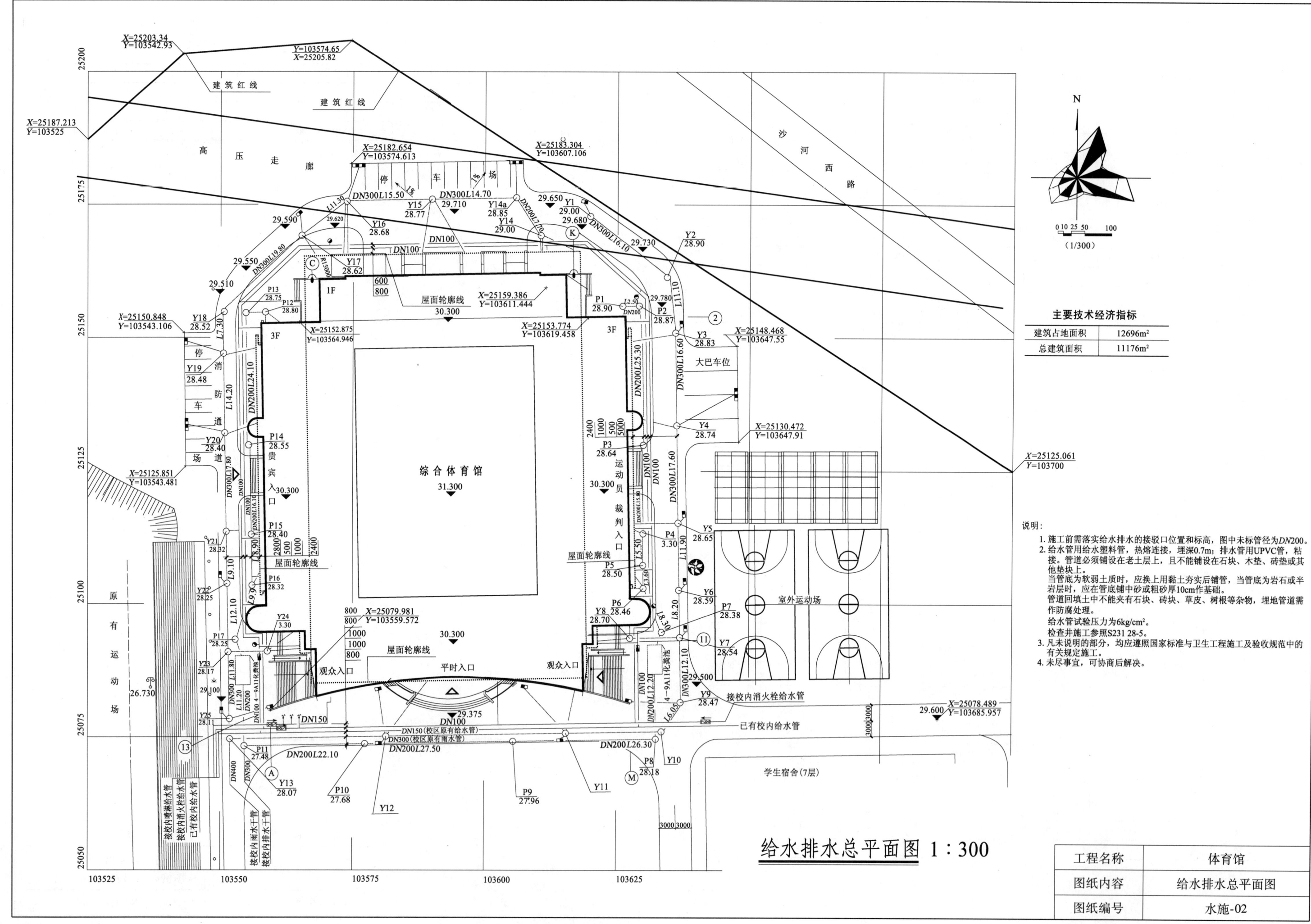

给水排水总平面图 1:300

主要技术经济指标

建筑占地面积	12696m²
总建筑面积	11176m²

说明:
1. 施工前需落实给水排水的接驳口位置和标高,图中未标管径为DN200。
2. 给水管用给水塑料管,热熔连接,埋深0.7m;排水管用UPVC管,粘接。管道必须铺设在老土层上,且不能铺设在石块、木垫、砖垫或其他垫块上。
   当管底为软弱土质时,应换土用黏土夯实后铺管,当管底为岩石或半岩层时,应在管底铺中砂或粗砂厚10cm作基础。
   管道回填土中不能夹有石块、砖块、草皮、树根等杂物,埋地管道需作防腐处理。
   给水管试验压力为6kg/cm²。
   检查井施工参照S231 28-5。
3. 凡未说明的部分,均应遵照国家标准与卫生工程施工及验收规范中的有关规定施工。
4. 未尽事宜,可协商后解决。

工程名称	体育馆
图纸内容	给水排水总平面图
图纸编号	水施-02

346

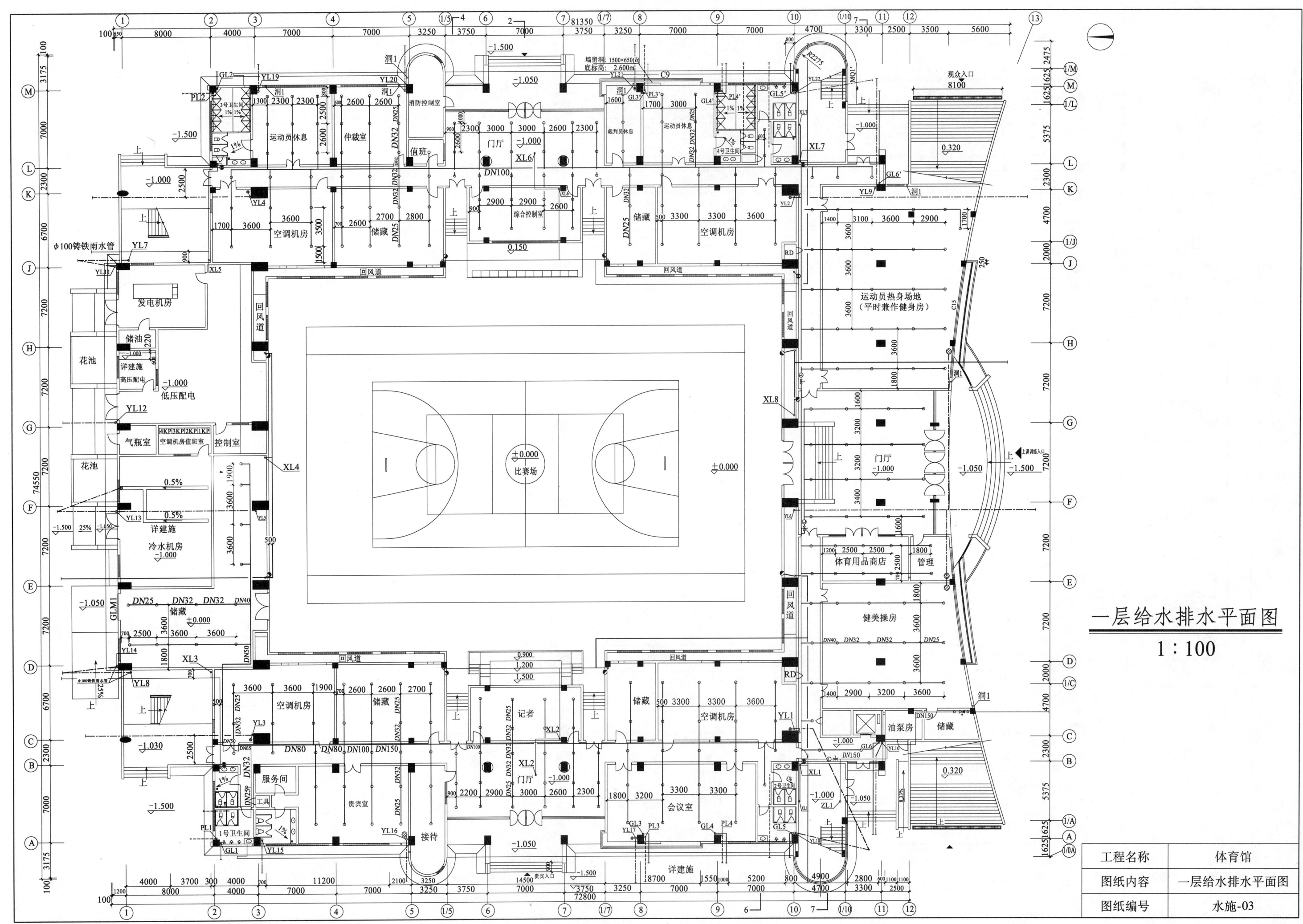

一层给水排水平面图
1：100

工程名称	体育馆
图纸内容	一层给水排水平面图
图纸编号	水施-03

347

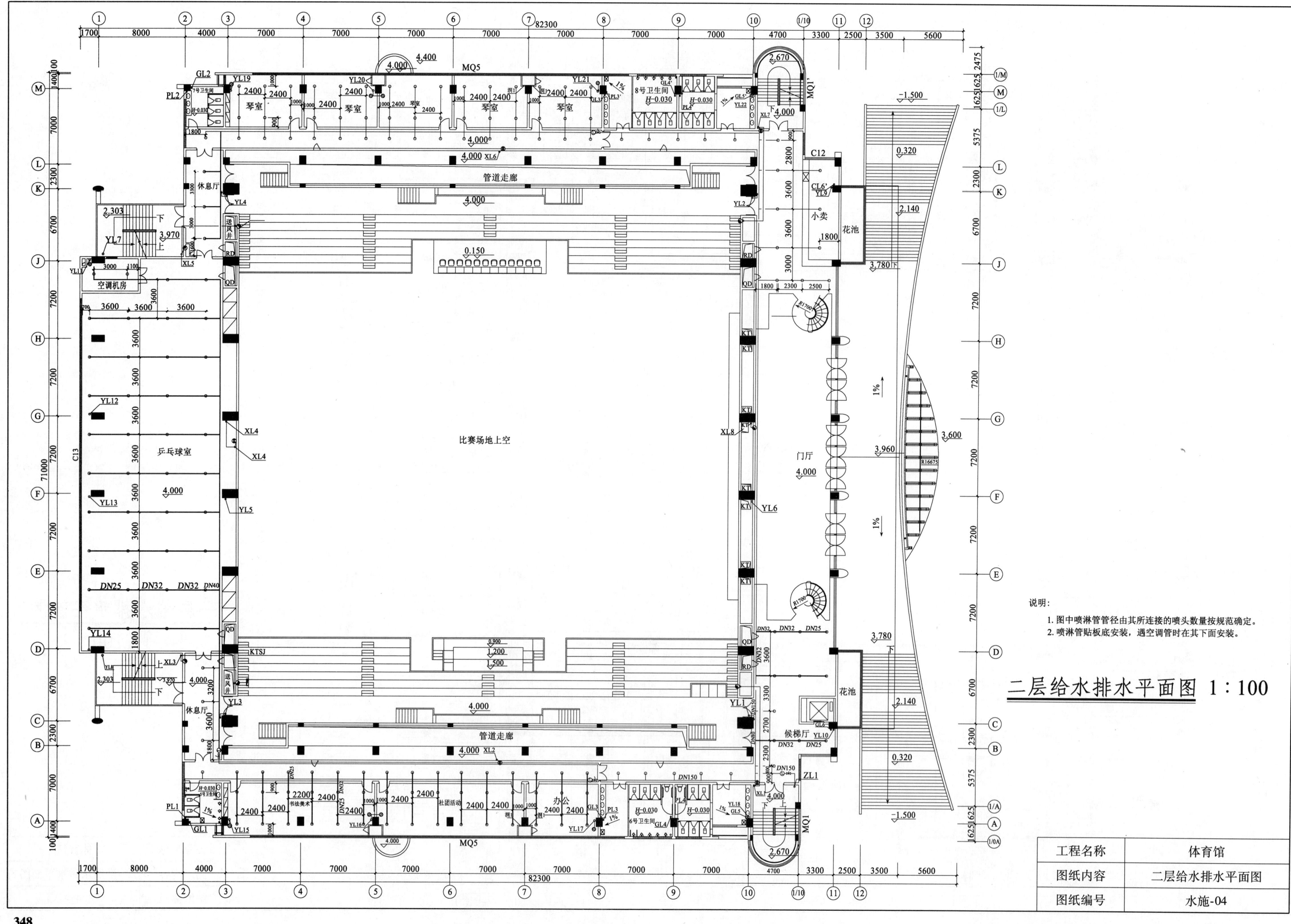

二层给水排水平面图 1:100

说明:
1. 图中喷淋管管径由其所连接的喷头数量按规范确定。
2. 喷淋管贴板底安装,遇空调管时在其下面安装。

工程名称	体育馆
图纸内容	二层给水排水平面图
图纸编号	水施-04

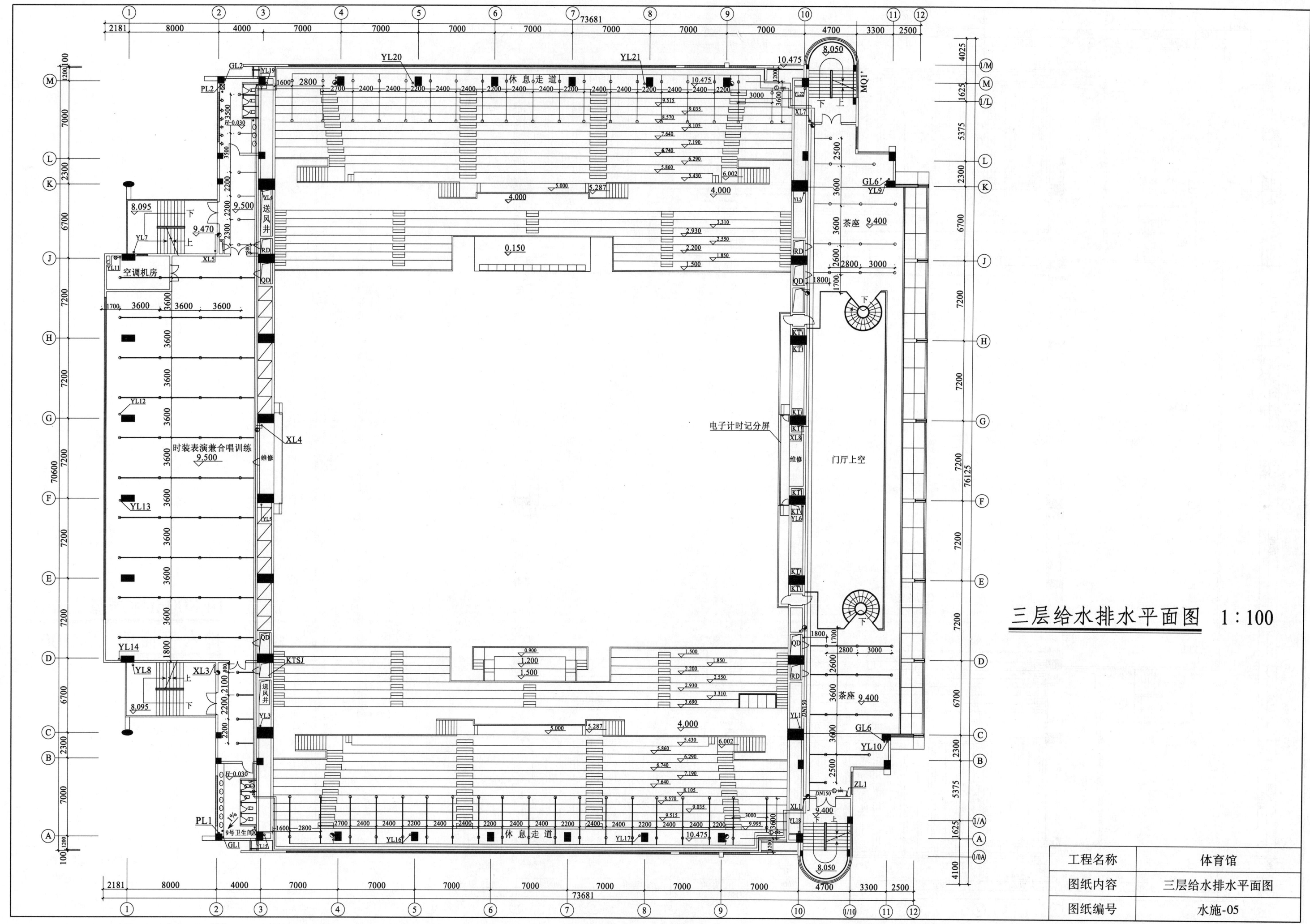

三层给水排水平面图 1:100

工程名称	体育馆
图纸内容	三层给水排水平面图
图纸编号	水施-05

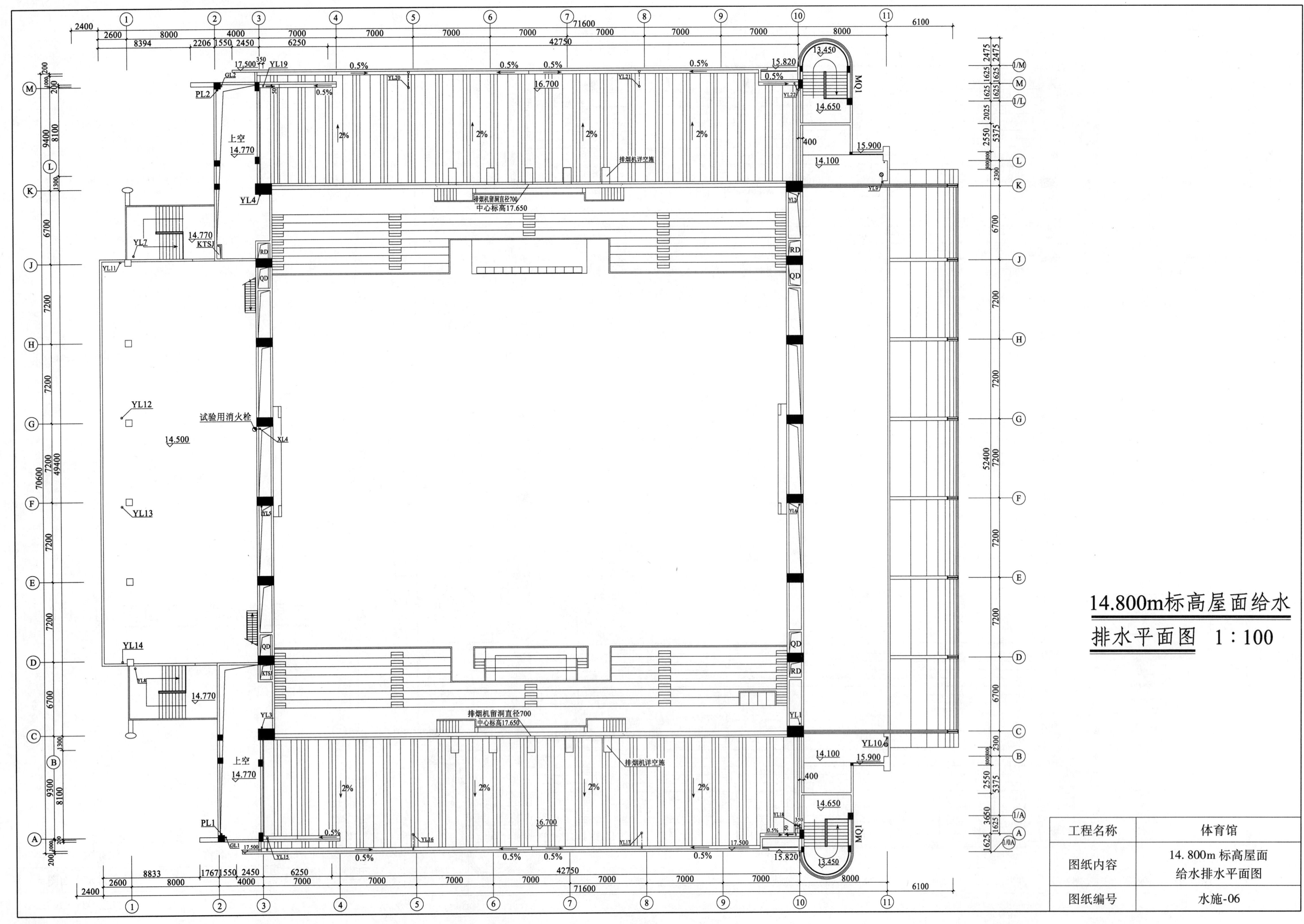

14.800m标高屋面给水
排水平面图 1:100

工程名称	体育馆
图纸内容	14.800m 标高屋面 给水排水平面图
图纸编号	水施-06

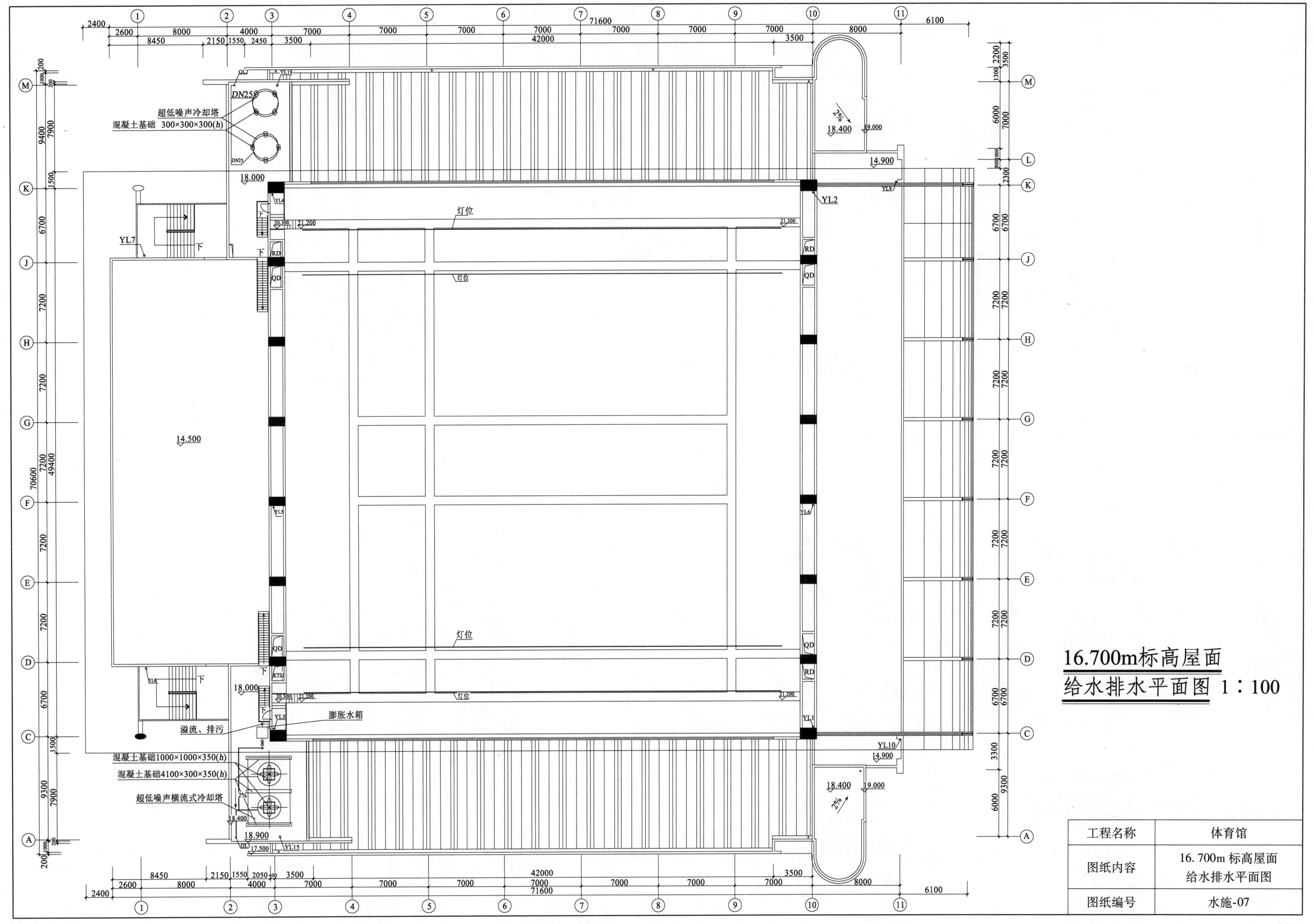

16.700m标高屋面
给水排水平面图 1：100

工程名称	体育馆
图纸内容	16.700m 标高屋面 给水排水平面图
图纸编号	水施-07

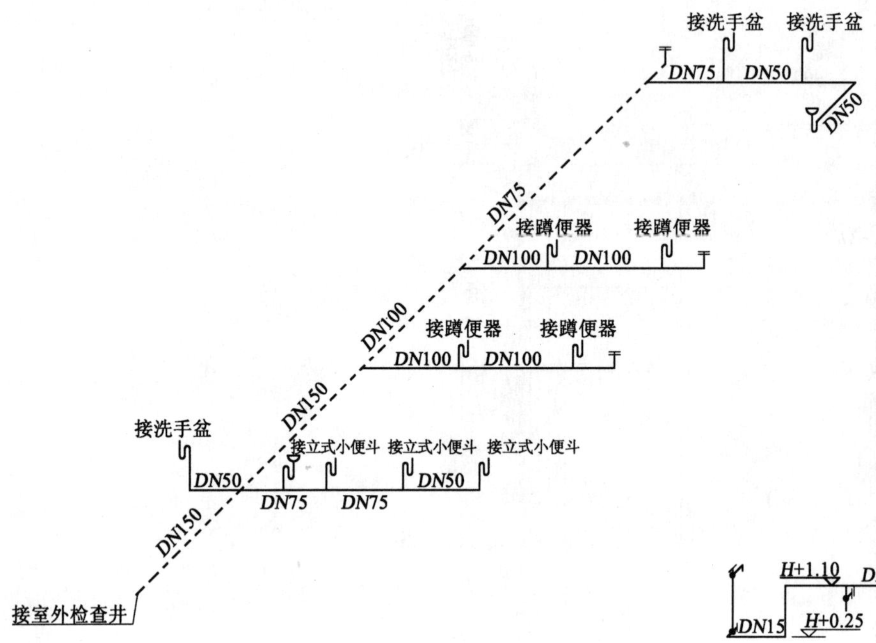

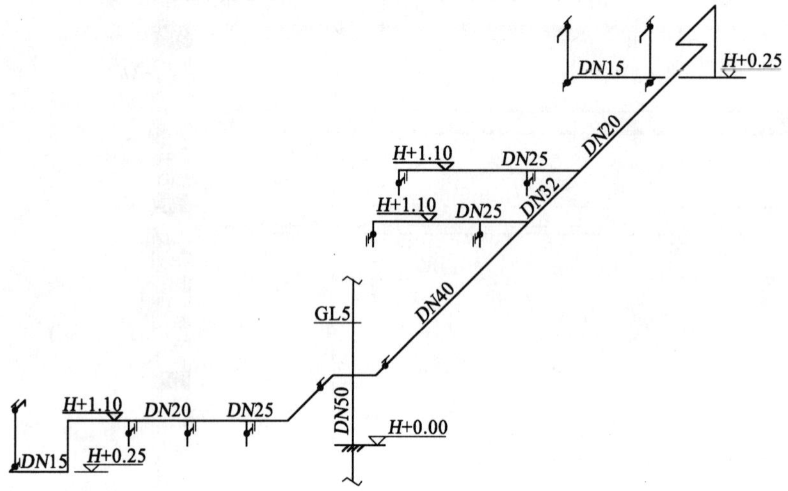

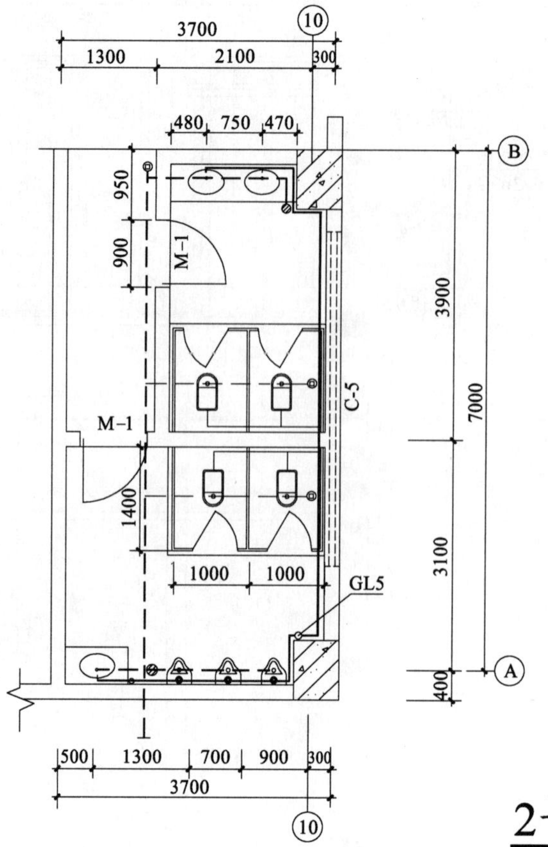

2号卫生间　1∶50

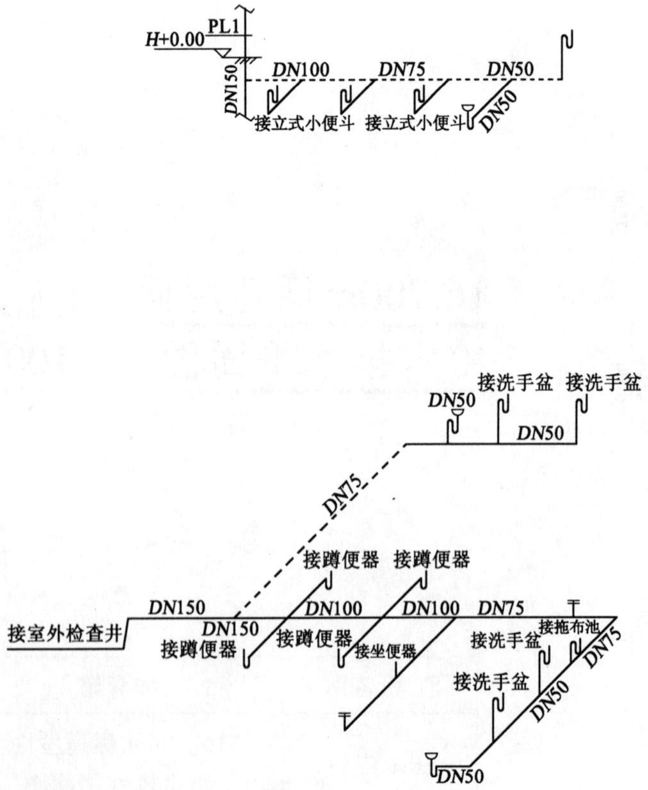

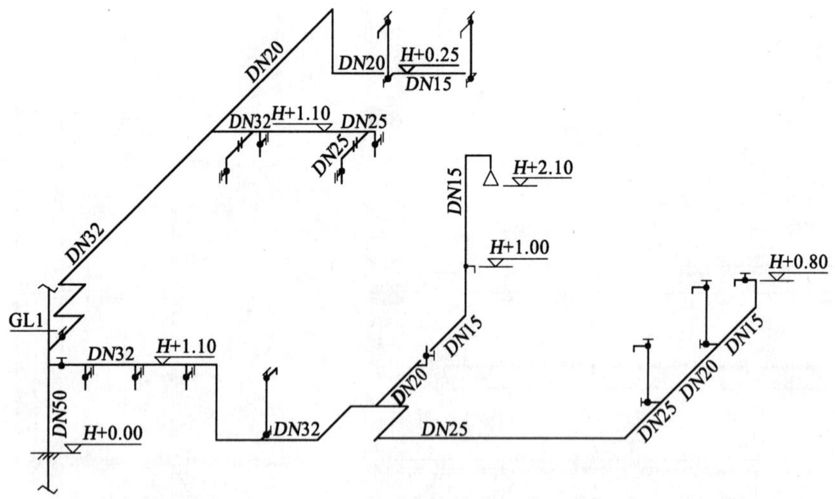

接洗手盆　接洗手盆
DN75　DN50　DN50

DN75
接蹲便器　接蹲便器
DN100　DN100

DN100
接蹲便器　接蹲便器
DN100　DN100

DN150
接洗手盆
接立式小便斗　接立式小便斗　接立式小便斗
DN50　DN75　DN75　DN50

DN150
接室外检查井

DN15　H+0.25
H+1.10　DN25　DN20
H+1.10　DN25　DN32
GL5　DN40
DN50
H+1.10　DN20　DN25　H+0.00
DN15　H+0.25

3700
1300　2100　300
480　750　470
950
900　M-1
M-1
3900
7000
C-5
1000　1000　GL5
3100
500　1300　700　900　300
3700
400

1号卫生间　1∶50

H+0.00　PL1
DN100　DN75　DN50
DN150　DN50
接立式小便斗　接立式小便斗

DN20　DN20　H+0.25
DN15
DN32　H+1.10
DN25　DN25
DN15　H+2.10
H+1.00
GL1　DN32
H+0.80
DN32　H+1.10
DN50　DN20　DN15
H+0.00　DN32　DN25　DN25　DN20　DN15

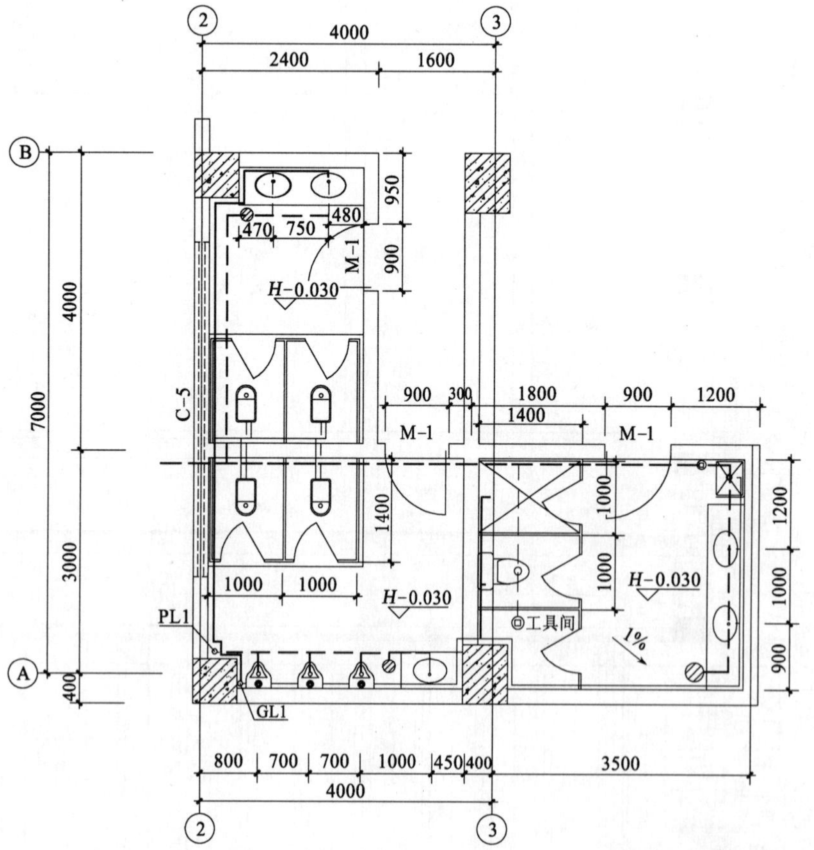

DN50
接洗手盆　接洗手盆
DN50

DN75
接蹲便器　接蹲便器
DN150　DN100　DN100　DN75
DN150　接拖布池
接室外检查井　接蹲便器　接蹲便器　接坐便器　接洗手盆　DN75
接洗手盆　DN50　DN50
DN50

说明：
1. 6号卫生间与8号卫生间对称。
2. 施工时务必与土建密切配合，预留好各种管线和管洞。没有水专业人员同意，土建不得隐蔽与水专业相关的任何部位。

2　4000　3
2400　1600
B
4000
470　750　480
950
900　M-1
H-0.030
C-5
7000
900　300　1800　900　1200
1400　M-1　M-1
1400
3000
1000　1000
H-0.030　1000
工具间　1000
PL1　H-0.030　H-0.030　1200
A　1%
GL1　900
800　700　700　1000　450　400　3500
4000
2　3

工程名称	体育馆
图纸内容	卫生间详图（一）
图纸编号	水施-08

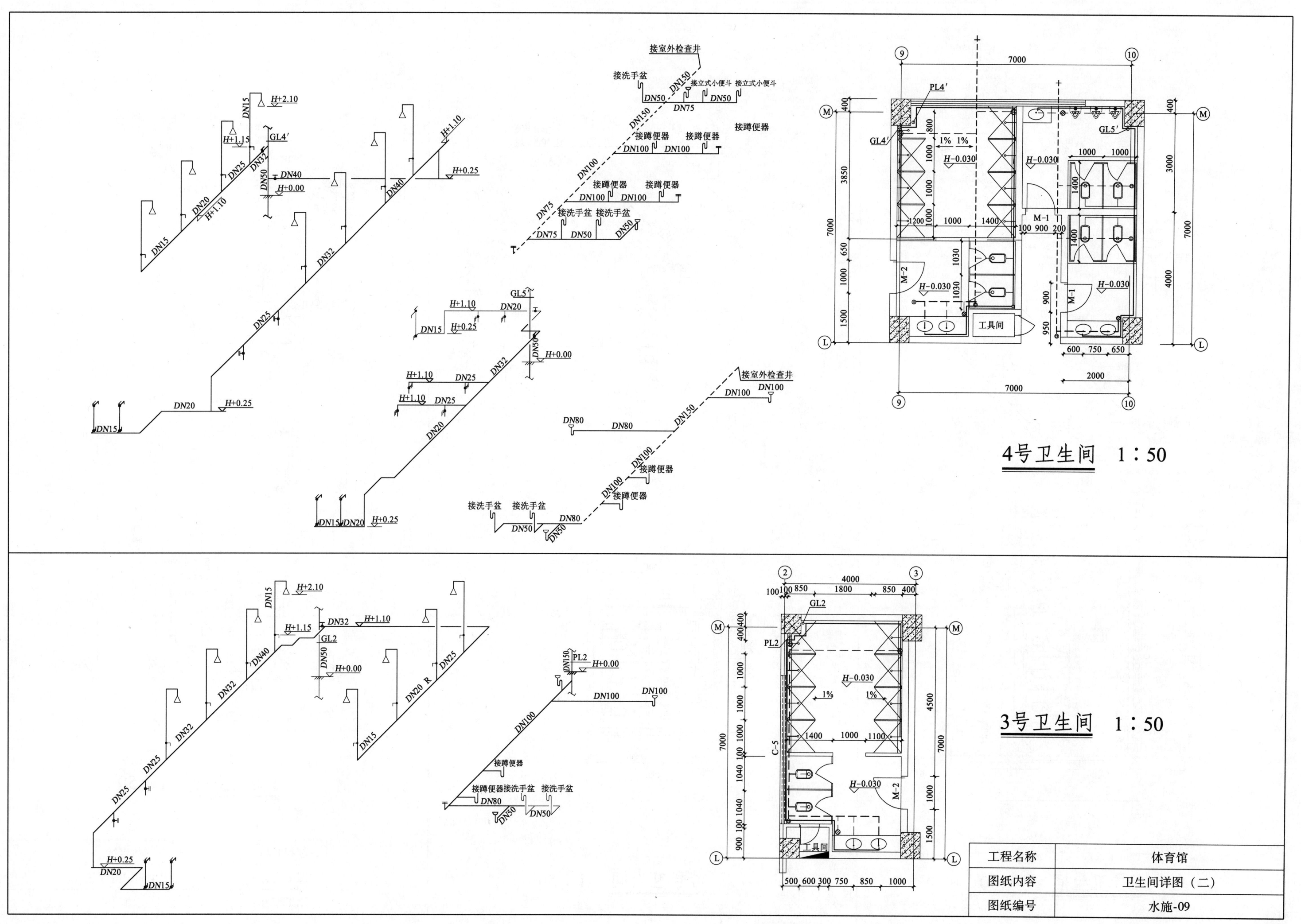

接室外检查井
接洗手盆 接立式小便斗 接立式小便斗
DN15 *H*+2.10 DN50 DN150 DN50
H+1.15 DN150 DN75
H+1.10 接蹲便器 接蹲便器 接蹲便器
GL4' DN100 DN100
DN20 DN25 DN100
DN50 DN40 *H*+0.25 接蹲便器 接蹲便器
H+0.00 DN100 DN100
H+1.10
DN75 接洗手盆 接洗手盆
DN15 DN75 DN50 DN50
DN25
接室外检查井
DN20 GL5' DN100 DN100
DN15 *H*+1.10 DN20
H+0.25 DN80 DN80 DN150
DN20 *H*+0.25 *H*+1.10 DN25 DN32
DN15 *H*+1.10 DN25 *H*+0.00 DN100
DN100 接蹲便器
DN25 DN100 接蹲便器
DN15 DN20 *H*+0.25 接洗手盆 接洗手盆 DN80
DN50 DN50

4号卫生间 1:50

H+2.10 DN15
H+1.15 DN32 *H*+1.10
GL2 DN100
DN40 DN50 *H*+0.00 DN150 PL2 *H*+0.00
DN32 DN20 R DN25 DN100
DN32 DN100 DN100
DN25 DN15
接蹲便器
接蹲便器 接洗手盆 接洗手盆
DN25 DN80 DN50 DN50
H+0.25
DN20
DN15

3号卫生间 1:50

工程名称	体育馆
图纸内容	卫生间详图（二）
图纸编号	水施-09

353

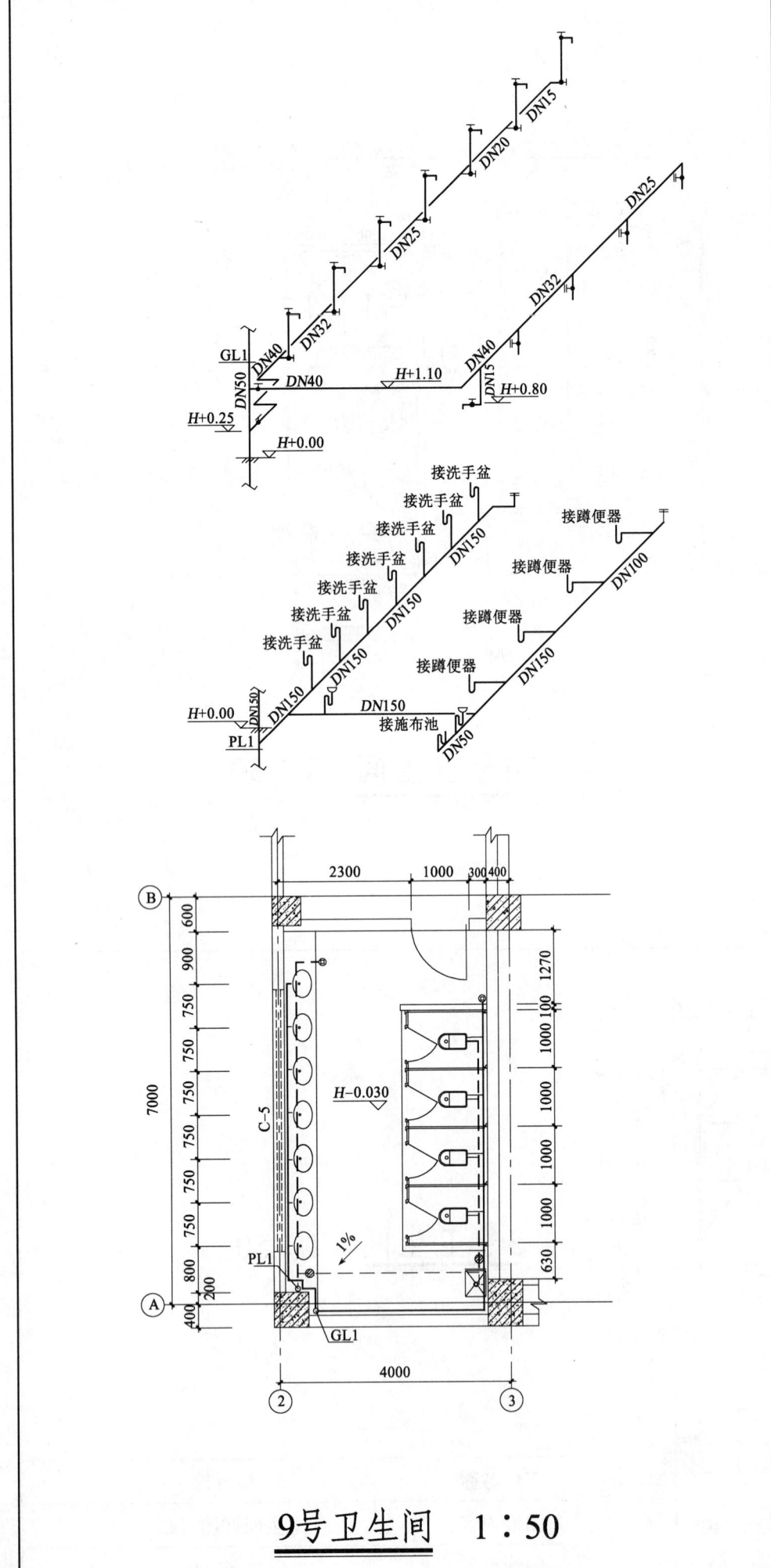

9号卫生间　1：50

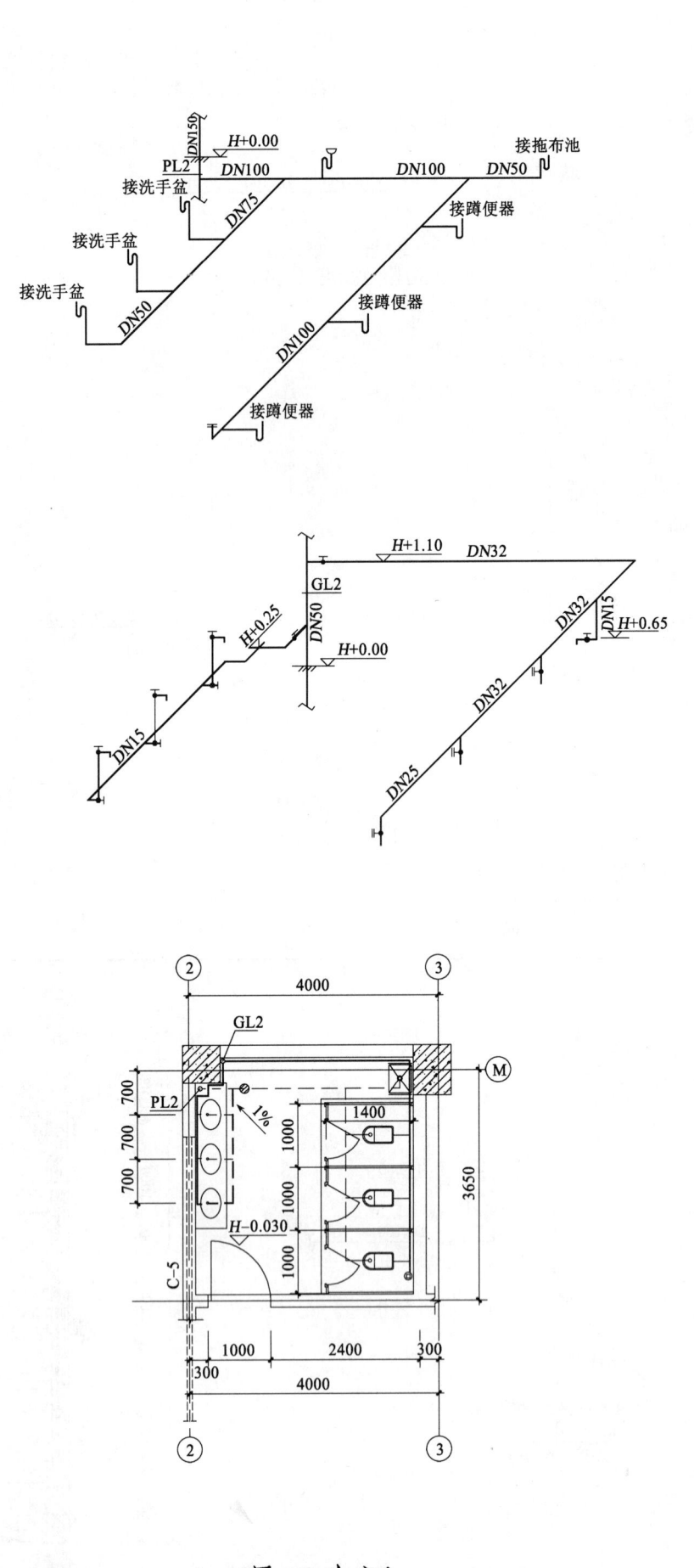

7号卫生间　1：50

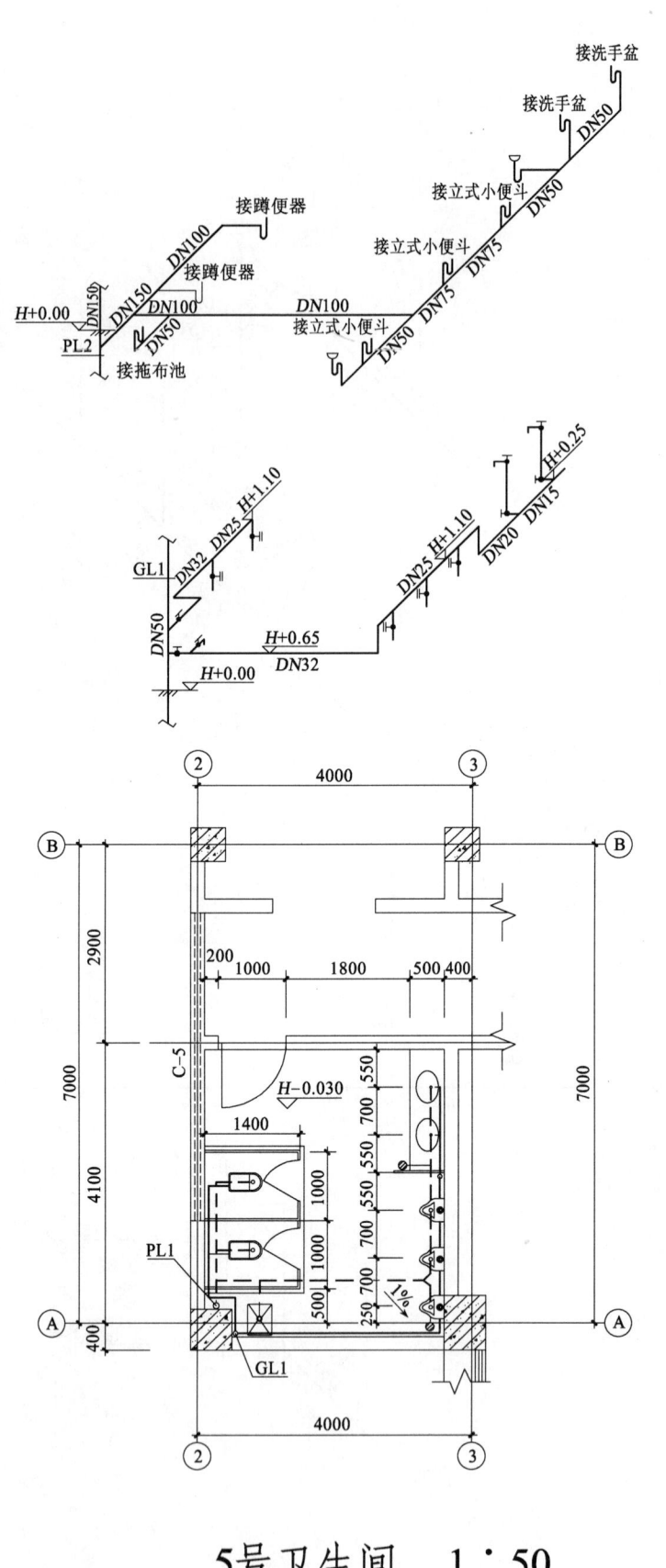

5号卫生间　1：50

工程名称	体育馆
图纸内容	卫生间详图（三）
图纸编号	水施-10

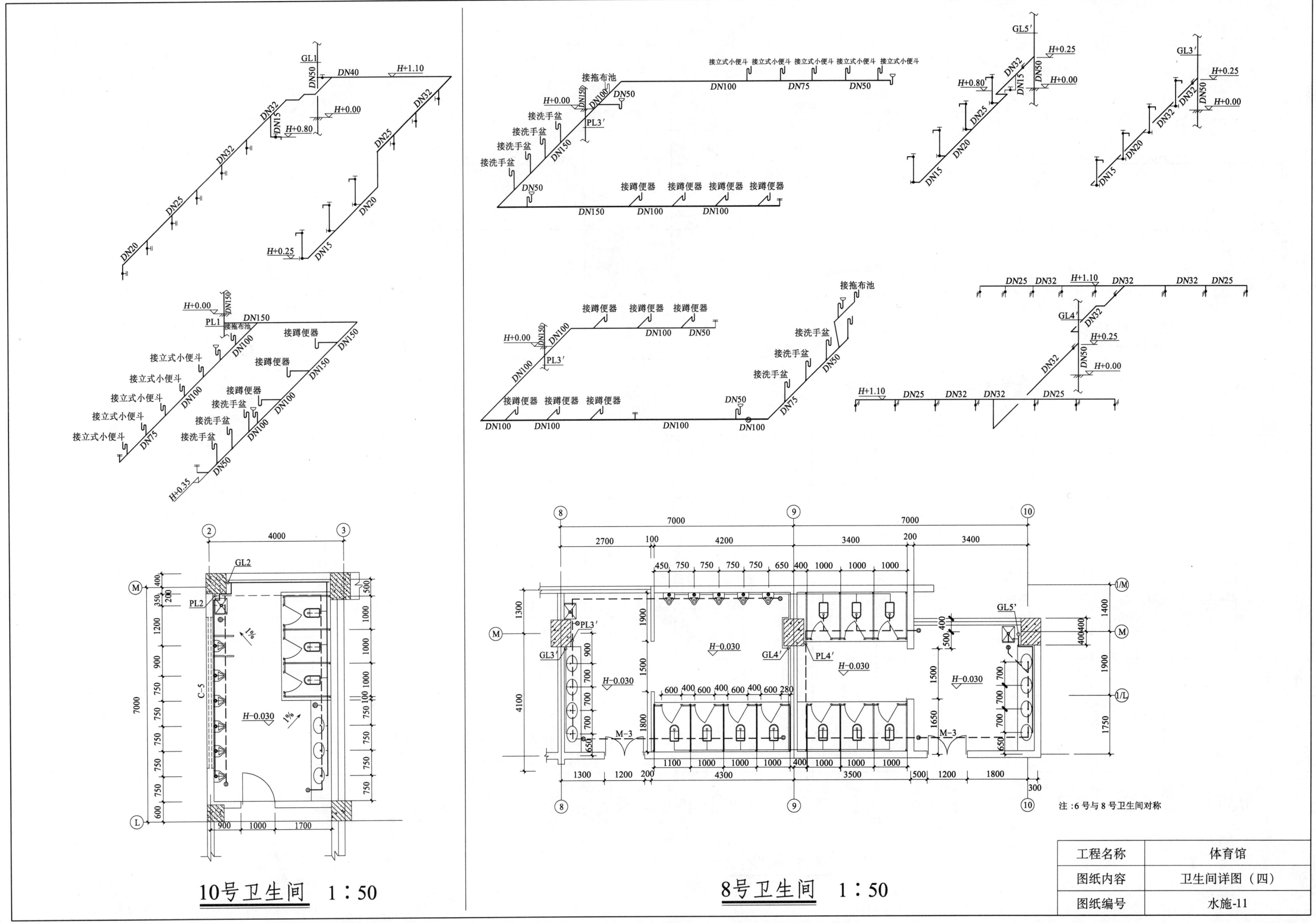

接立式小便斗 接立式小便斗 接立式小便斗 接立式小便斗 接立式小便斗

GL5′

H+0.25

GL1

DN50 DN40 H+1.10

接拖布池

DN100 DN75 DN50

DN32 DN50 H+0.00

H+0.80

DN32

H+0.00

GL3′

H+0.25

DN32 DN50

DN32

DN15 H+0.00

DN32 DN15 H+0.00

DN32 H+0.80

DN25 DN50 H+0.00

PL3′

DN32

DN150 DN50

DN15

DN20

DN25

DN25

DN50 DN25

DN32

H+0.80

接洗手盆

DN25

DN20

H+0.00

DN20

DN15

H+0.25

DN15

接洗手盆

DN150

DN50

DN20

接蹲便器 接蹲便器 接蹲便器 接蹲便器

DN15

接洗手盆

DN50

DN100 DN100

H+0.00 DN150

DN150 DN100

PL1

接拖布池

接立式小便斗 DN100

接立式小便斗 DN100

接蹲便器 DN150

接蹲便器 DN100 DN50

接拖布池

DN25 DN32 H+1.10 DN32 DN32 DN25

接蹲便器

接立式小便斗 DN75

接蹲便器 DN150

接蹲便器 DN100 DN100

H+0.00 DN150 DN100

PL3′

接洗手盆 DN50

GL4′ DN32

H+0.25

接立式小便斗 DN75 DN100 DN100

接洗手盆 DN50

接蹲便器 接蹲便器 接蹲便器 DN100 DN100

接洗手盆 DN75 DN50

DN32 DN50 H+0.00

接洗手盆

H+0.35

DN100 DN100 DN100 DN50 DN100

H+1.10 DN25 DN32 DN32 DN25

10号卫生间 1：50

8号卫生间 1：50

注：6号与8号卫生间对称

工程名称	体育馆
图纸内容	卫生间详图（四）
图纸编号	水施-11

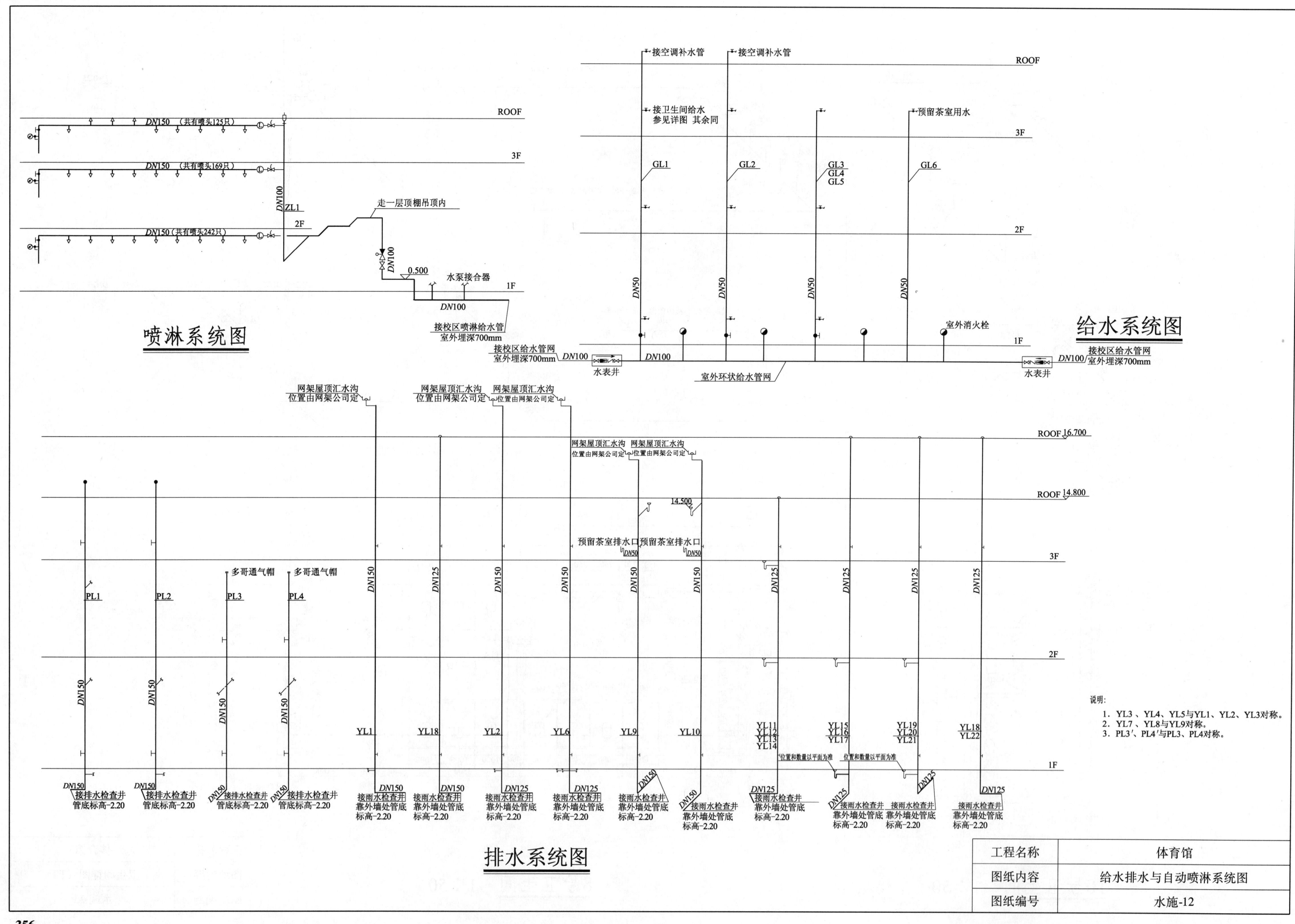

喷淋系统图

给水系统图

排水系统图

工程名称	体育馆
图纸内容	给水排水与自动喷淋系统图
图纸编号	水施-12

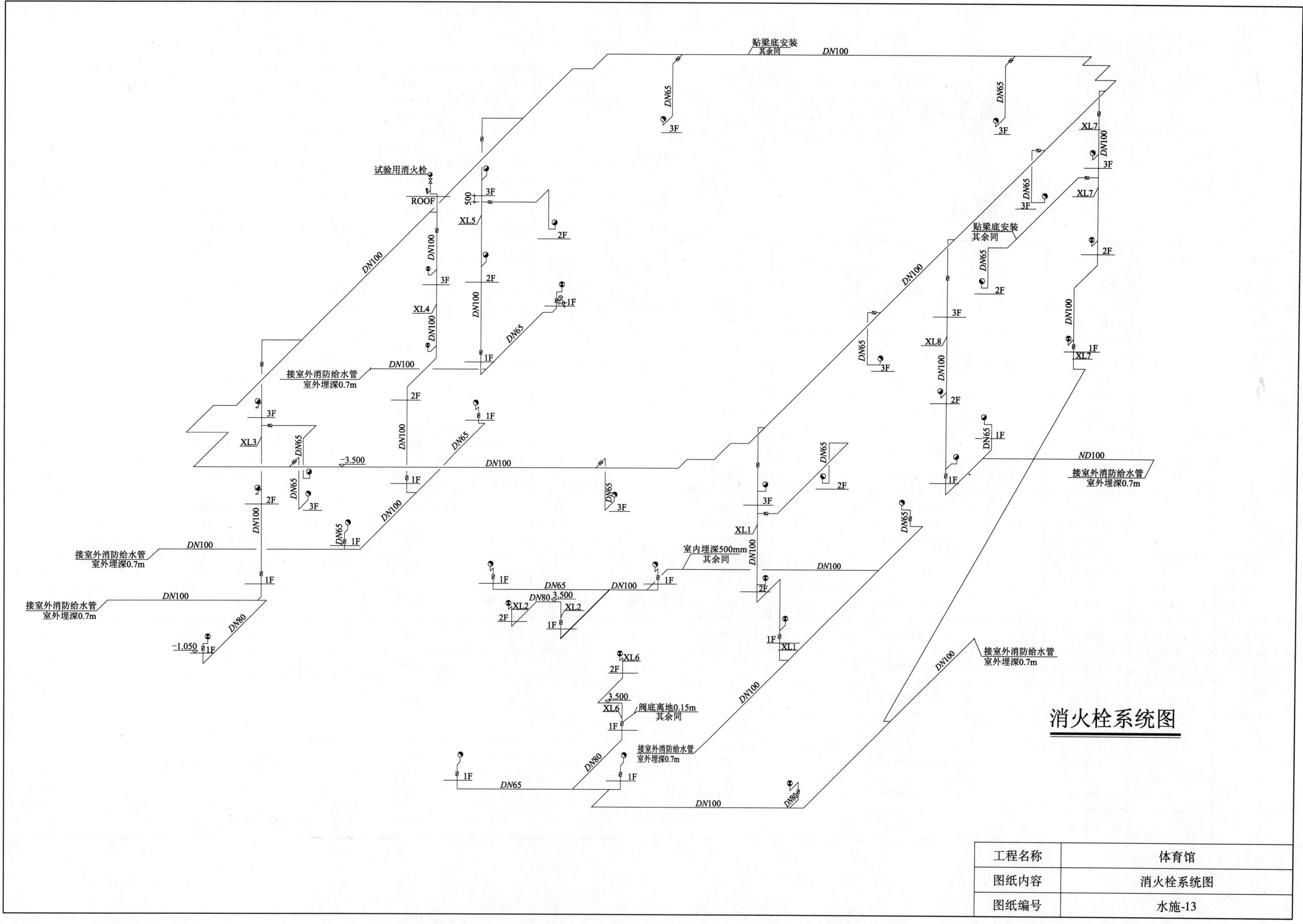

消火栓系统图

工程名称	体育馆
图纸内容	消火栓系统图
图纸编号	水施-13

7 道路工程

7.1 图纸目录

设计序号	× × ×	工程名称	道 路 工 程		单项名称	
设计阶段	施工图	结构类型		完成日期		
专业	序号	图纸编号	图 纸 内 容			页码
道路			道路设计说明、主要工程量表			358~361
	1	路施-01	设计平面图1			362
	2	路施-02	设计平面图2			363
	3	路施-03	设计平面图3			364
	4	路施-04	设计平面图4			365
	5	路施-05	设计平面图5			366
	6	路施-06	道路纵断图1			367
	7	路施-07	道路纵断图2			368
	8	路施-08	道路纵断图3			369
	9	路施-09	道路横断图1			370
	10	路施-10	道路横断图2			371
	11	路施-11	土方横断图1			372
	12	路施-12	土方横断图2			373
	13	路施-13	土方横断图3			374
	14	路施-14	土方横断图4			375
	15	路施-15	土方横断图5			376

续表

设计序号	× × ×	工程名称	道 路 工 程		单项名称	
设计阶段	施工图	结构类型		完成日期		
专业	序号	图纸编号	图 纸 内 容			页码
道路	16	路施-16	土方横断图6			377
	17	路施-17	土方横断图7			378
	18	路施-18	土方横断图8			379
	19	路施-19	土方横断图9			380
	20	路施-20	土方横断图10			381
	21	路施-21	土方横断图11			382
	22	路施-22	土方横断图12			383
	23	路施-23	雨水管道纵断图1			384
	24	路施-24	雨水管道纵断图2			385
	25	路施-25	雨水管道纵断图3			386
	26	路施-26	雨水管道纵断图4			387
	27	路施-27	雨水管线1土方计算表			388
	28	路施-28	雨水管线2土方计算表			389
	29	路施-29	承插管基础及接口图			390
	30	路施-30	玻璃钢夹砂管基础图			391
	31	路施-31	收水口图			392
	32	路施-32	检查井上部做法图、沟槽开挖图			393
	33	路施-33	井周结构图			394
	34	路施-34	边石、界石及结构图			395
	35	路施-35	无障碍通道图			396
	36	路施-36	新旧道路搭接处理图、砖抹面踏步大样图			397

358

7.2 道路施工图

道路设计说明

一、工程概述

本次规划路道路新建工程起点为长新街，终点为一匡街。道路设计长度784.95m，宽度为18m，道路横断为一块板形式，行车道宽9m，两侧方砖步道、绿化带及土路肩宽为4.5m×2，包括道路新建、边石、界石新建及雨水管线新建。

1. 道路工程

(1) 道路纵、横断测量；

(2) 既有道路、排水现状；

(3) 道路结构计算；

(4) 道路平面、横断面、纵断面设计，路基与路面设计；

(5) 设计文本编写，预算编制。

主要工程量：沥青混凝土铺装面积7554m²；方砖步道铺装面积4369m²；边石1556.24m；界石3194.92m。

2. 排水工程

(1) 雨水管线水力计算；

(2) 排水支线分布；

(3) 检查井及管道基础。

主要工程量：雨水管线799.1m。

3. 排迁工程

主要工程量：移栽树木50棵；电力排迁810m；拆除路灯2座；拆除挡土墙30.3m。

二、设计依据及技术标准

1. 设计依据

(1) 长春市政府投资建设管理中心委托的《设计委托书》；

(2) 《团山棚户区改造规划方案》长春市城乡规划设计研究院；

(3) 《城市建设标准强制性条文》城市建设部分建标〔2000〕202号；

(4) 《城市居住区规划设计规范》GB 50180—93；

(5) 《城市道路设计规范》CJJ 37—90；

(6) 《城市道路和建筑物无障碍设计规范》JGJ 50—2001；

(7) 《室外排水设计规范》GBJ 14—87；

(8) 《道路工程制图标准》GB 50162—92；

(9) 《吉林省市政工程工程量清单计价指引》JLQDZY—SZ—2004、《吉林省市政工程消耗量定额》JLXD—SZ—2004及《吉林省施工机械台班费用定额》JLJF—2006；

(10) 吉林省建设厅颁发的《吉林省市政工程消耗量定额基价表》JLXDJ—SZ—2006、2006年8月长春市工程造价信息网及《吉林省建设工程材料预算价格》JLYJ—2006、《关于2004年市政道路设计及采用材料施工机械

规定的通知》（长城建项技字〔2004〕1号）；

(11) 长春市测绘院1：500带状地形图；

(12) 关于发布《建设部推广应用和限制禁止使用技术》的公告（第218号）2004年3月23日印发；

(13) 《公路路基设计规范》JTGD 30—2004。

2. 施工及验收规范、标准

(1) 《市政道路工程质量检验评定标准》CJJ 1—2008；

(2) 《市政排水管渠工程质量检验评定标准》CJJ 3—90。

雨水排水工程：设计排水重现期为 $P=1$ 年，径流系数取 $\psi=0.46 \sim 0.7$（加权平均），汇水延时15min，降雨强度 $q=1600\ (1+0.81gP)/(T+15)^{0.76}$；$Q=\psi qF$。

三、工程地质

本次踏勘的最大深度为6m，此深度内地层为第四纪冲击黏性土层，杂填土层厚0.3~1.9m，粉质黏土为褐色、可塑状态，层厚：0~6m。

四、设计概要

1. 道路设计

(1) 平面线形及横断设计：依据规划要求，本次规划路道路工程的施工图设计是按规划道路线位及横断进行设计的。设计起点长新街，起点桩号为0+000；设计终点一匡街，终点桩号为K0+784.95。道路总长度784.95m，宽度18m，机动车道宽9m，一块板形式。横坡采用1.5%直线坡。道路外侧设2m宽绿化带及2m宽人行步道供行人通行，横坡坡度2%，人行步道外侧0.5m土路肩。

(2) 道路纵断设计：纵断以交叉路口及沿线建筑物确定纵断设计高程，详见纵断面图。

(3) 路面结构设计：根据岩土勘察报告数据，采用《沥青路面设计与验算系统》HPDS2003软件，以弯沉、拉应力为设计标准。路面结构设计年限为15年，荷载标准为双轮组单轴载BZZ—100，路面竣工后第一年日平均当量轴次为961。

路面允许弯沉值：$L_d=600N_e-0.2A_cA_sA_b=31.5$（0.01mm）

式中 L_d——路面允许弯沉值；

N_e——设计年限内一个车道上累计当量轴次，取 $N_e=401$ 万次；

A_c——道路等级系数，取 $A_c=1.1$；

A_s——面层类型系数，取 $A_s=1.0$；

A_b——基层类型系数，取 $A_b=1.0$。

结构层材料名称	厚度（m）	抗压模量（MPa）	容许应力（MPa）
中粒式沥青混凝土	4	1400	8
粗粒式沥青混凝土	6	1200	7
石灰粉煤灰碎石	20	1500	6
石灰土	20	500	14

处理后土基回弹模量为32，路面竣工弯沉值 $L_s=26.2$（0.01mm）。

(4) 路面结构组合：道路结构为4cm中粒式沥青混凝土（AC16—I型SBS），反击石材；6cm粗粒式沥青混凝土（AC25—I型），反击石材；喷洒乳化沥青慢裂快凝型100kg/100m²（撒钉子石15号）；25cm二灰碎石（8:17:75）；20cm石灰土（12:88）。

(5) 人行步道结构：6cm彩色方砖；3cm水泥砂浆（1:3）；10cm水泥稳定石屑（6%）；土基碾压。

（6）边石采用锯切石料立缘石，道路立缘石外露20cm，尺寸15cm×25cm×99cm，平界石采用石料平缘石，尺寸12cm×16cm×49cm。

（7）土基处理：60cm、8%生石灰处理土基。

（8）主要材料配比及要求：

①密级配沥青混凝土混合料矿料级配范围如下表：

级配类型		通过下列筛孔（mm）的质量百分率（%）												沥青用量（%）
		31.5	26.5	19.0	16.0	13.2	9.5	4.75	2.36	1.18	0.6	0.3	0.15	0.075	
粗粒	AC-25 I	100	90~100	75~90	65~83	57~76	45~65	24~52	16~42	12~33	8~24	5~17	4~13	3~7	4.0~6.0
中粒	AC-16 I			100	90~100	76~92	60~80	34~62	20~48	13~36	9~26	7~18	5~14	4~8	4.0~6.0

热拌石油沥青采用90号。聚合物改性沥青SBS采用I—B。

②二灰碎石（8∶17∶75）：石灰为钙质消石灰，有效钙加氧化镁含量不小于65%，含水量不大于4%，细度用0.125mm方孔筛的累计筛余为不大于13%，钙镁石灰的分类界限，氧化镁含量不大于4%。

粉煤灰中SiO_2、Al_2O_3和Fe_2O_3的总含量应大于70%，粉煤灰的烧失量不应超过20%；粉煤灰的比表面积宜大于$2500cm^2/g$（或90%通过0.3mm筛孔，70%通过0.075mm筛孔）。

轧制碎石的材料可以是各种类型的岩石（软质岩石除外）、圆石或矿渣。圆石的粒径应是碎石最大粒径的3倍以上；矿渣应是已崩解稳定的，其干密度和质量应比较均匀，干密度不小于$960kg/m^3$。碎石中针片状颗粒的总含量应不超过20%。碎石中不应用黏土块、植物等有害物质。

石灰粉煤灰碎石混合料中碎石级配范围如下表：

层　面	通过下列筛孔（mm）的质量百分率（%）					
	31.5	26.5	19.0	16.0	13.2	9.5
基层和底基层	100	55~85	35~65	20~50	—	0~20
中值	100	70	50	35		10

③混凝土路面砖要求如下表：

种　类	等　级	抗压强度（MPa）		抗折强度（MPa）		耐磨性	吸水率（%）	抗冻性
		平均值不小于	单块最小值不小于	平均值不小于	单块最小值不小于	磨坑长度不大于	吸水率不大于	
人行道砖	优等品	30.0	25.0	4.0	3.2	32.0	8.0	冻融循环试验后，外观质量须符合规范JC446 表3 的规定：强度损失不大于25%
	一等品	25.0	21.0	3.5	3.0	35.0	9.0	
	合格品	20.0	17.0	3.0	2.5	37.0	10.0	

矿渣硅酸盐水泥和火山灰质硅酸盐水泥都可以使用，宜采用强度等级较低（如32.5级）的水泥。

2. 排水设计

（1）雨水部分

雨水管线系统：本次设计雨水管线分两段，第一段K0+040~K0+380排入长新街既有管线；第二段K0+

440~K0+795.8排入一匡街既有管线。

· 排水水力验算

①取0+040断面验算。

计算雨水流量：$Q = \Psi qF = 89L/s$

$$q = 1600(1+0.81gP)/(T+15)^{0.76}$$

式中　　F——1.4hm^2；

Ψ——设计径流系数（综合），$\Psi = 0.5$；

q——降雨强度；

T——15min；

P——设计降雨重现期，$P=1$；

m——折减系数，$m=2$（暗管）。

设计雨水流量：$Q(n, D, i) = 170$

式中　　n——混凝土管道粗糙系数，$n=0.013$；

D——管径，$D=500$；

i——坡度，$i=0.0012$。

②取0+780断面验算。

计算雨水流量：$Q = \Psi qF = 89L/s$

$$q = 1600（1+0.81gP)/(T+15)^{0.76}$$

式中　　F——1.4hm^2；

Ψ——设计径流系数（综合），$\Psi = 0.5$；

q——降雨强度；

T——15min；

P——设计降雨重现期，$P=1$；

m——折减系数，$m=2$（暗管）。

设计雨水流量：$Q(n, D, i) = 170$

式中　　n——混凝土管道粗糙系数，$n=0.012$；

D——管径，$D=500$；

i——坡度，$i=0.0012$。

经计算及实际情况确定：雨水管径$D=500$，坡度$i=0.15\%~0.2\%$，连接管排水坡度$=0.3\%$。

③新建检查井22座、新建单算收水口38个、连接管采用钢筋混凝土承插管$D=400$。

五、施工注意事项

（1）二灰碎石碾压需采用18~21t振动式压路机。

（2）施工前应对道路中心线及高程、顺接交叉口路段等进行复测，确定正确无误时方可施工。

（3）施工时要求施工单位在施工前对该路地下管线进行详细调查，一旦既设管线在开挖时暴露，应立即与有关部门联系并及时采取合理措施，给予保护。

（4）新建道路与旧路相接处及门口要注意顺接平顺以利于排水及行车，必要时可适当调整道路横坡。

（5）雨水连接管在道路结构下必须用水沉石屑回填。

（6）道路与排水同期施工时，管沟回填土要严格按操作规程执行，以确保路基强度。

（7）新建雨水连接管若与其他市政管线相撞，请及时与设计单位联系解决。

（8）缘石砌筑应稳固，线直，无折角，顶面平整，无错牙，缘石勾缝严密，背后回填密实，各项允许偏差符合标准规定。

（9）盲道铺设遇到检查井、树木等障碍物时，可将盲道位置适当移动。

（10）路面及步道内，既有井盖有高低的应该进行调高处理。

（11）所有交通设施的定位及施工必须在当地公安交通管理局技术人员的指导下进行。

主要工程量表

序　号	项　　目		单　位	数　　量
1	道路部分	新建沥青路面	m²	7554
2		新建方砖步道	m²	4369
3		新建边石	m	1556.24
4		新建界石	m	3194.92
5		新建绿化	m²	2421
6	排水部分	新建 D500 雨水承插口管	m	799.1
7		新建雨水检查井	座	24
8		新建单算雨水收水口	座	48
9	拆迁工程	工程征地面积	m²	14400
10		拆除路灯	座	2
11		电力排迁	m	810
12		拆除挡土墙	m	30.3
13		树木移栽	棵	50

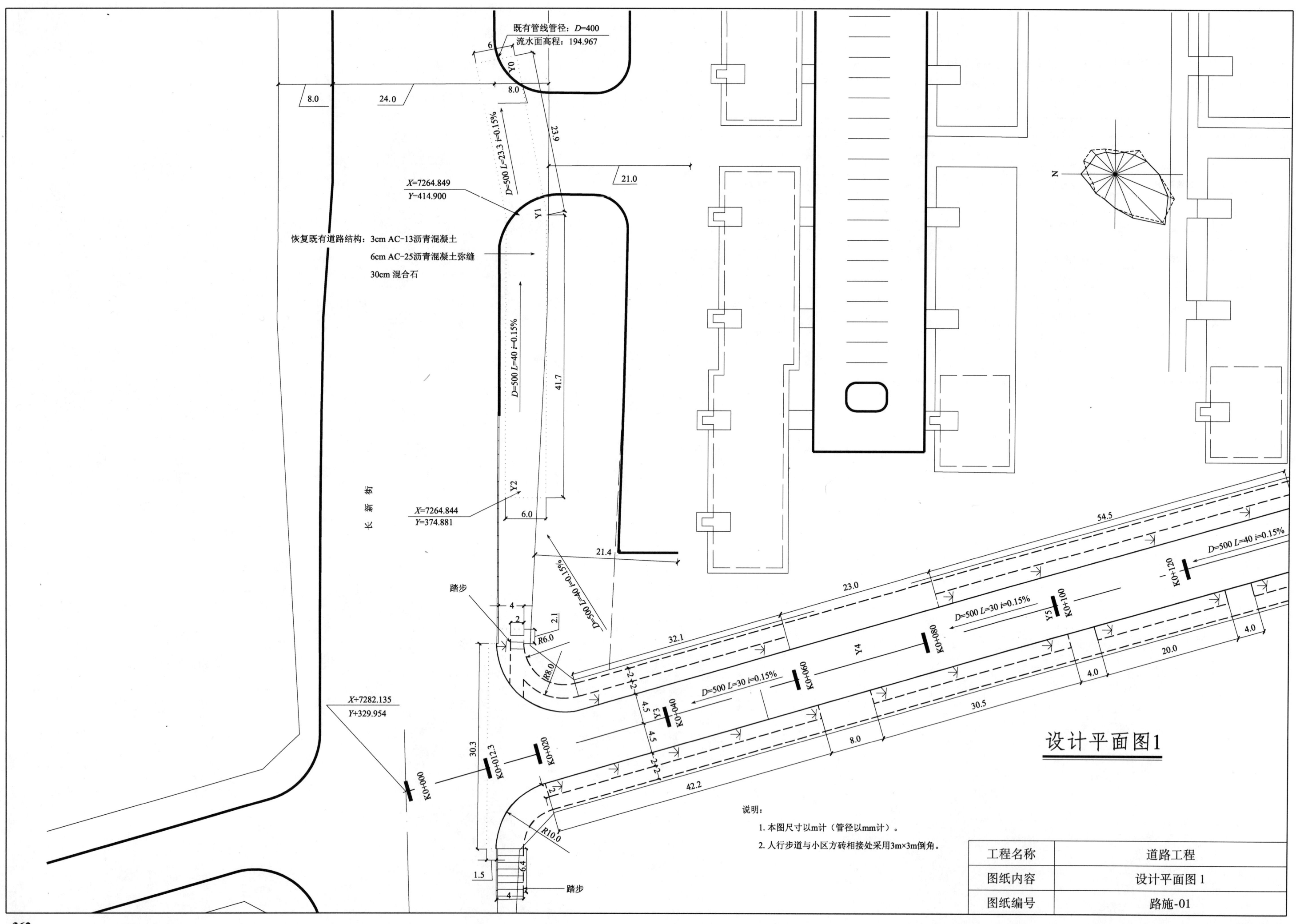

既有管线管径：D=400
流水面高程：194.967

8.0 24.0 8.0

X=7264.849
Y=414.900

恢复既有道路结构：3cm AC-13沥青混凝土
6cm AC-25沥青混凝土弥缝
30cm 混合石

23.9

21.0

D=500 L=23.3 i=0.15%

D=500 L=40 i=0.15%

41.7

长 新 街

X=7264.844
Y=374.881

6.0

21.4

54.5

D=500 L=40 i=0.15%

K0+120

踏步

4
2
2.1
R6.0

D=500 L=40 i=0.15%

23.0

D=500 L=30 i=0.15%

32.1

8.0

30.5

20.0

4.0

4.0

X+7282.135
Y+329.954

30.3

K0+012.3

K0+020

R8.0

4.5
4.5

D=500 L=30 i=0.15%

42.2

2.1

R10.0

1.5
6.4
4

踏步

说明：
1. 本图尺寸以m计（管径以mm计）。
2. 人行步道与小区方砖相接处采用3m×3m倒角。

设 计 平 面 图1

N

工程名称	道路工程
图纸内容	设计平面图1
图纸编号	路施-01

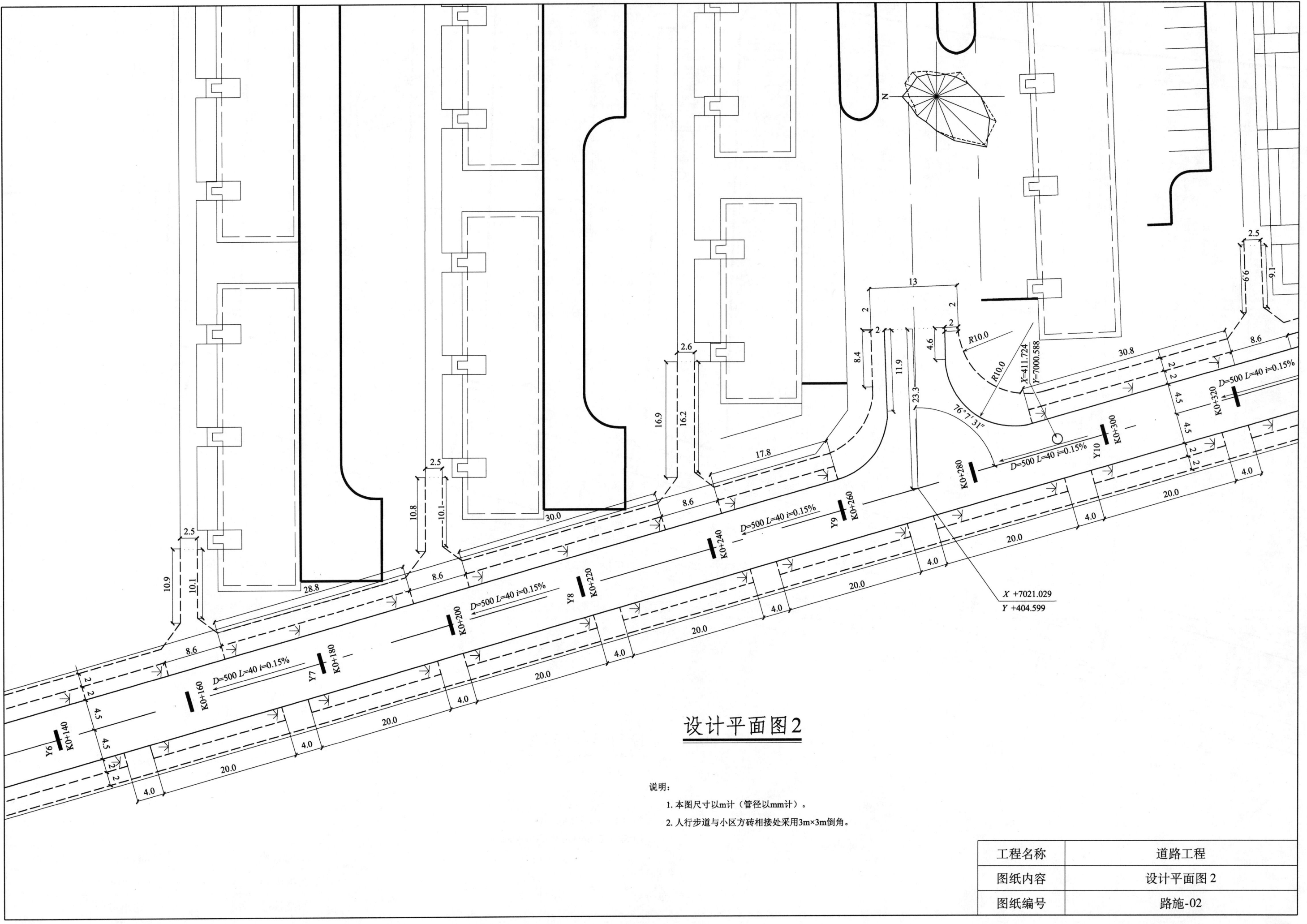

设 计 平 面 图 2

说明：

1. 本图尺寸以m计（管径以mm计）。

2. 人行步道与小区方砖相接处采用3m×3m倒角。

工程名称	道路工程
图纸内容	设计平面图2
图纸编号	路施-02

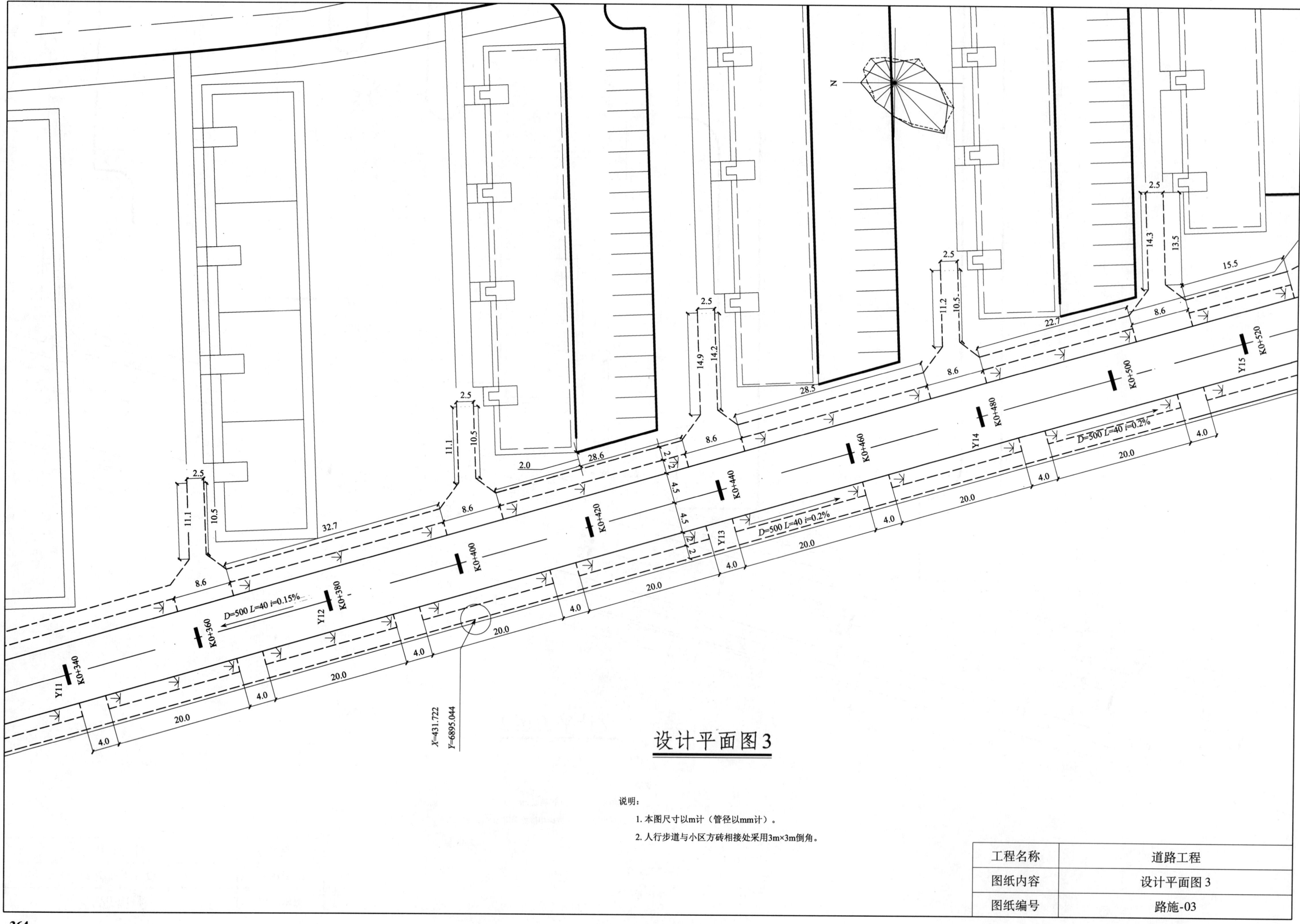

设计平面图3

说明:

1. 本图尺寸以m计（管径以mm计）。

2. 人行步道与小区方砖相接处采用3m×3m倒角。

工程名称	道路工程
图纸内容	设计平面图3
图纸编号	路施-03

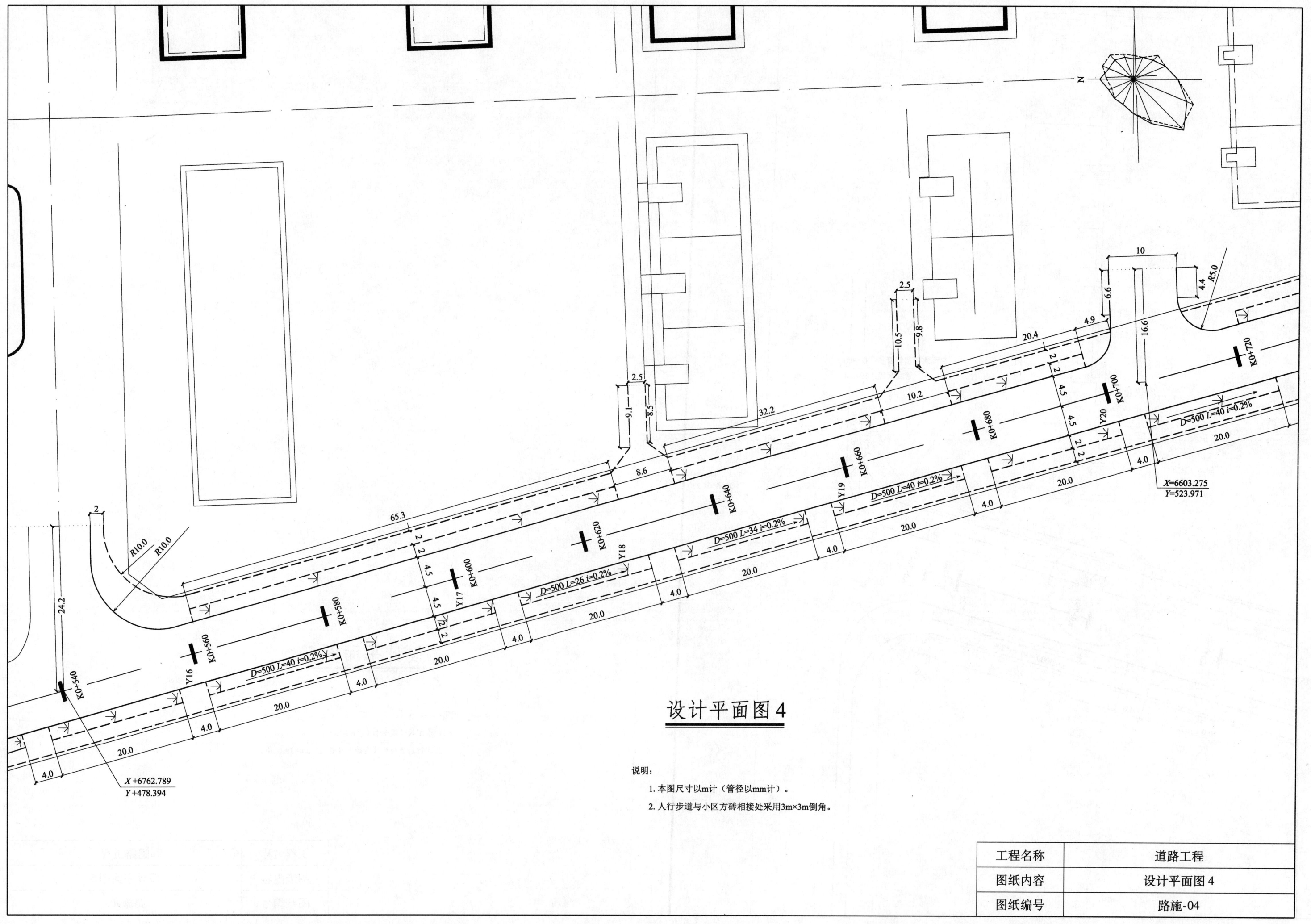

设计平面图4

说明:

1. 本图尺寸以m计（管径以mm计）。

2. 人行步道与小区方砖相接处采用3m×3m倒角。

工程名称	道路工程
图纸内容	设计平面图4
图纸编号	路施-04

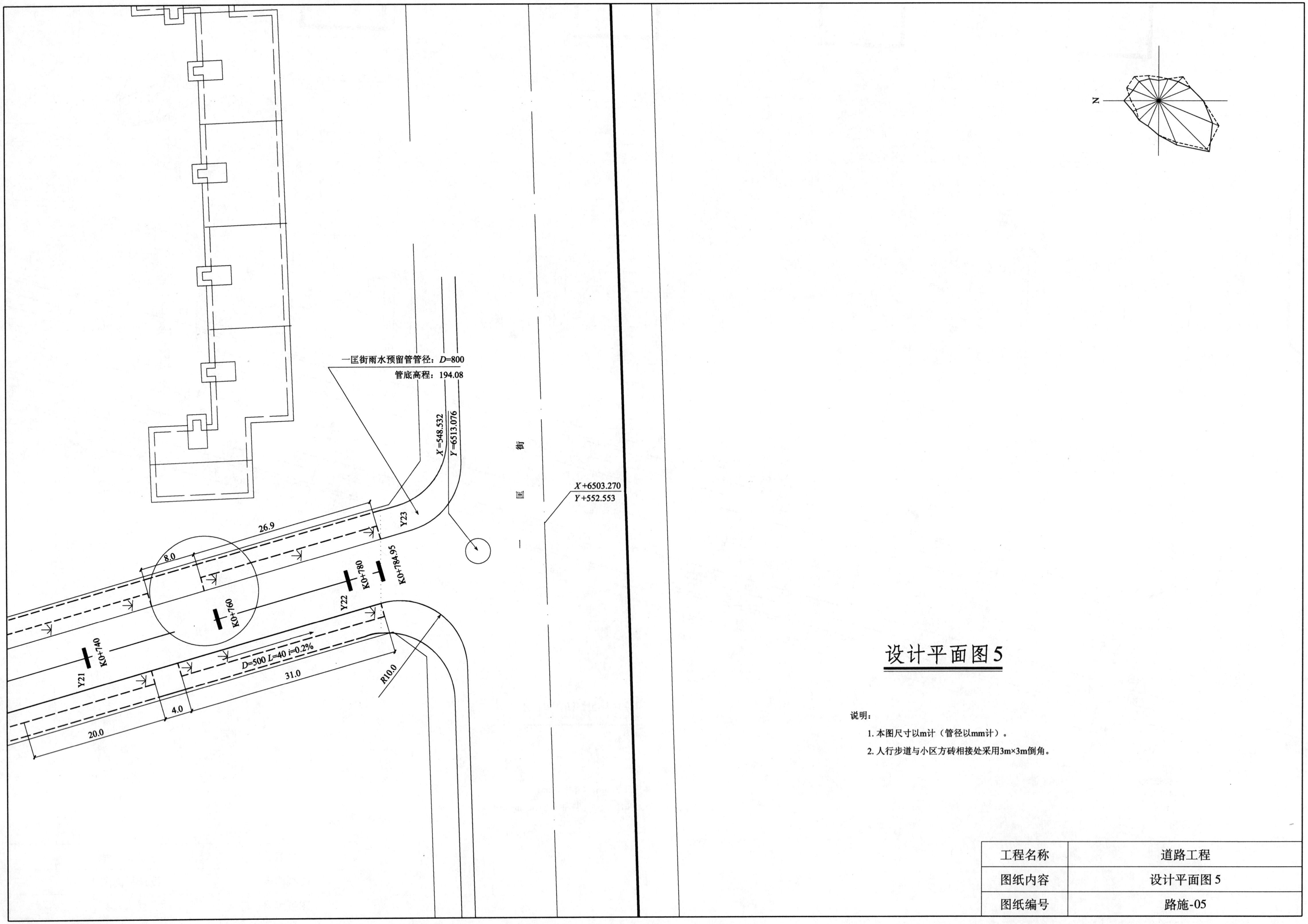

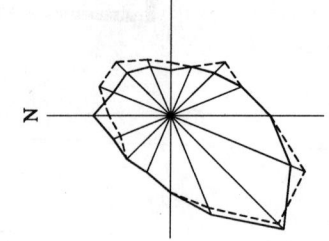

N

一匡街雨水预留管管径：D=800
管底高程：194.08

X=548.532
Y=6513.076

X+6503.270
Y+552.553

一　匡　街

26.9

8.0

Y23

K0+780

K0+784.95

K0+760

Y22

Y21

K0+740

D=500 L=40 i=0.2%

31.0

4.0

20.0

R10.0

设计平面图5

说明：

1. 本图尺寸以m计（管径以mm计）。

2. 人行步道与小区方砖相接处采用3m×3m倒角。

工程名称	道路工程
图纸内容	设计平面图5
图纸编号	路施-05

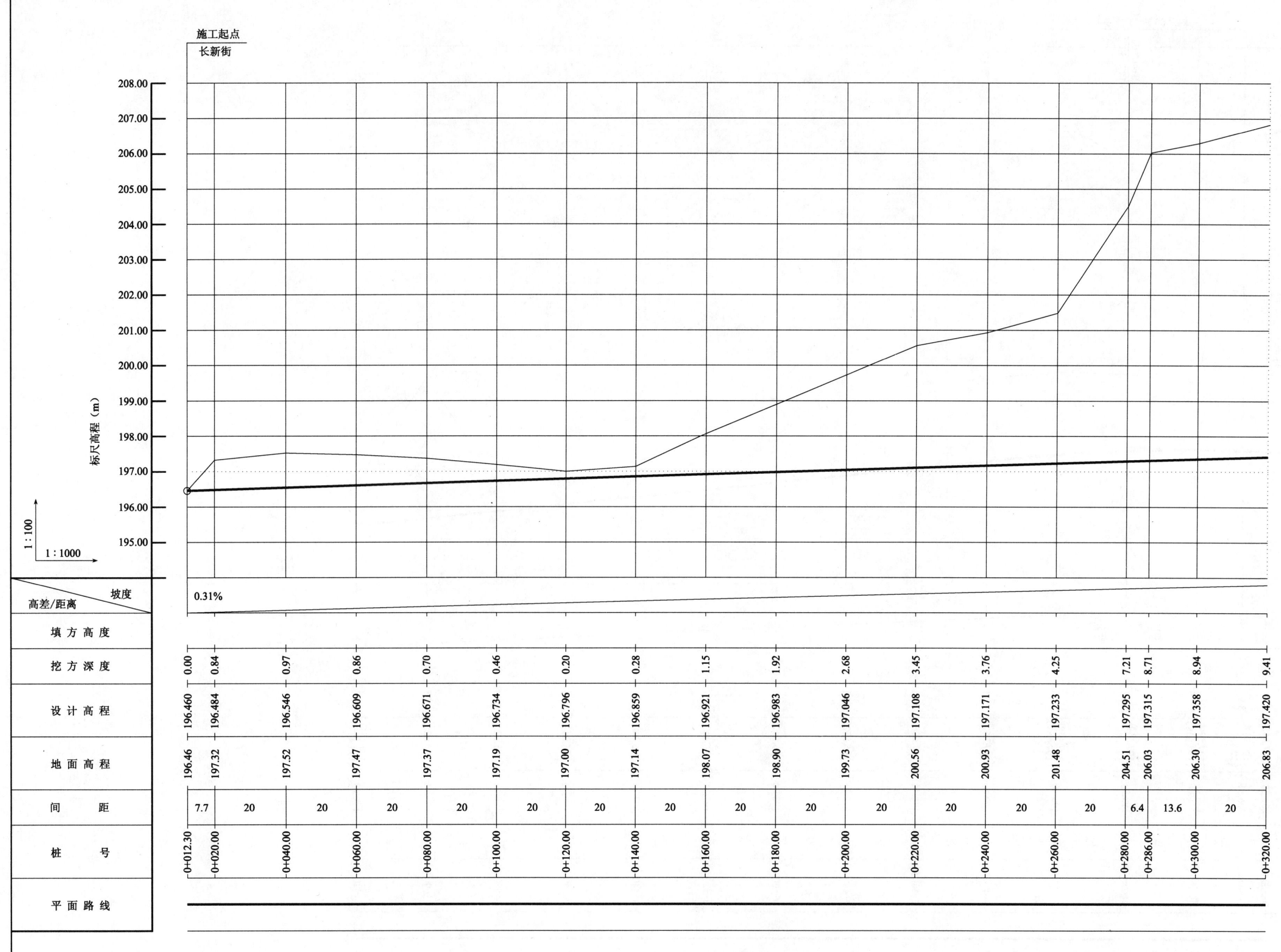

道路纵断图1

工程名称	道路工程
图纸内容	道路纵断图1
图纸编号	路施-06

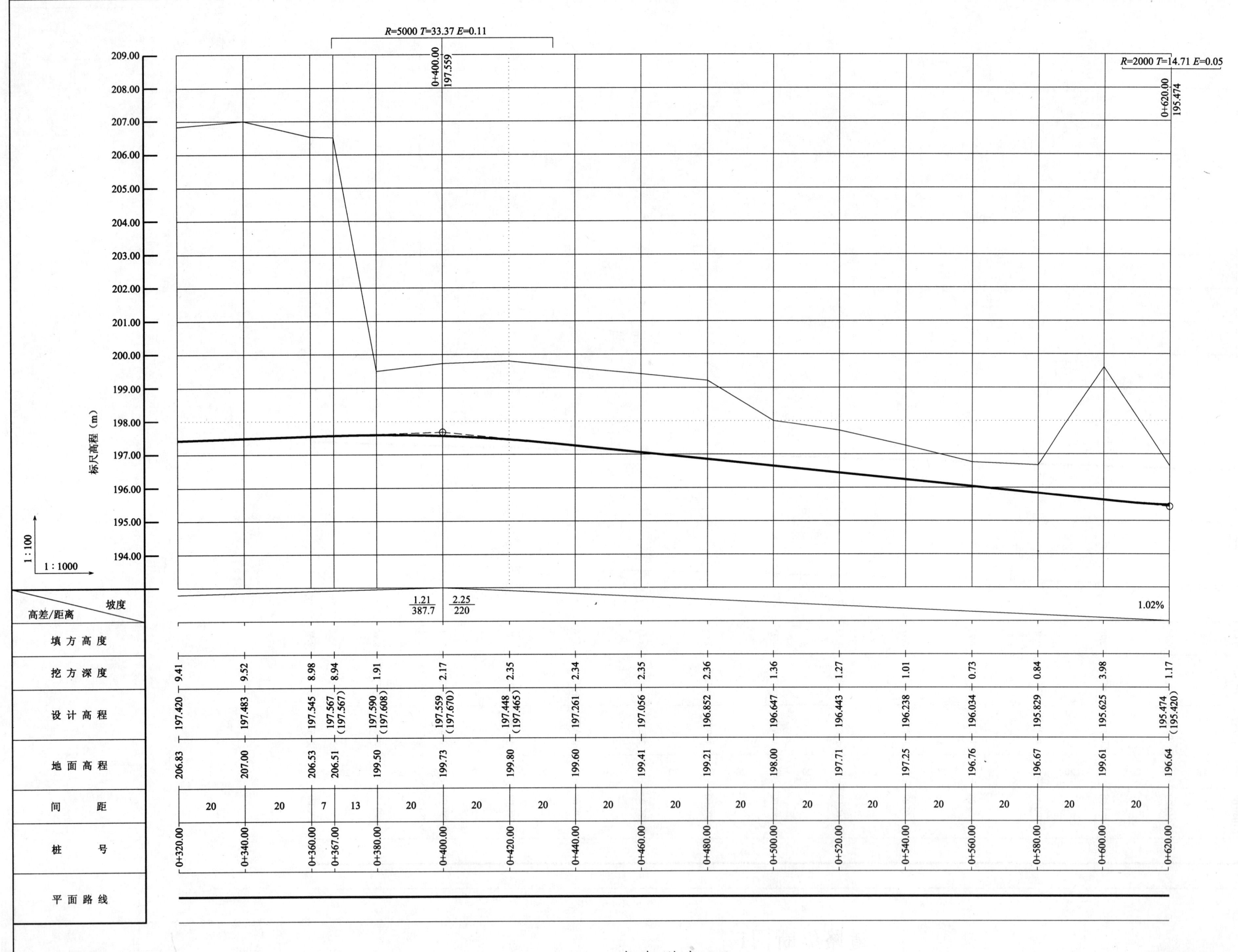

道路纵断图2

工程名称	道路工程
图纸内容	道路纵断图2
图纸编号	路施-07

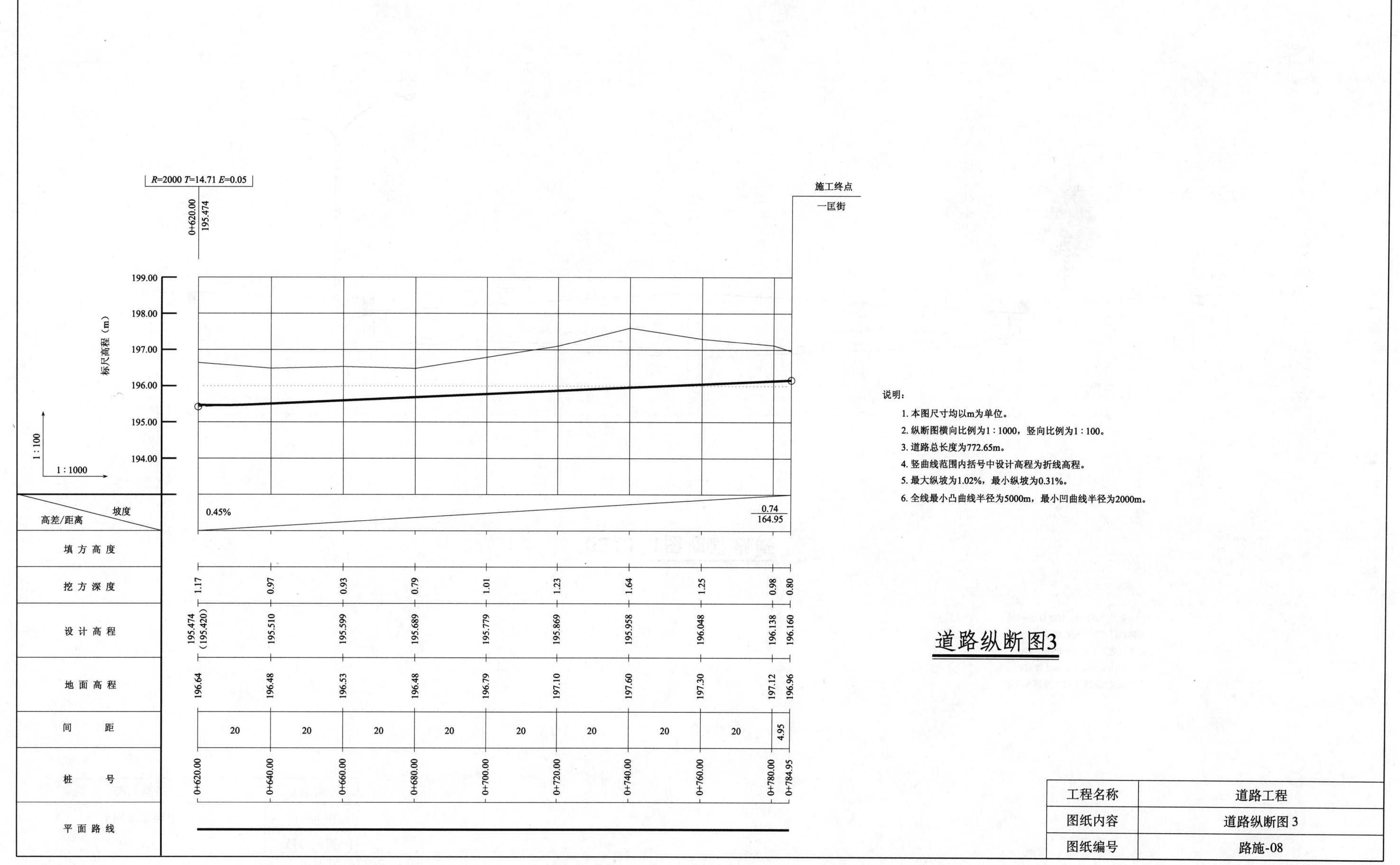

道路纵断图3

说明:
1. 本图尺寸均以m为单位。
2. 纵断图横向比例为1:1000,竖向比例为1:100。
3. 道路总长度为772.65m。
4. 竖曲线范围内括号中设计高程为折线高程。
5. 最大纵坡为1.02%,最小纵坡为0.31%。
6. 全线最小凸曲线半径为5000m,最小凹曲线半径为2000m。

工程名称	道路工程
图纸内容	道路纵断图 3
图纸编号	路施-08

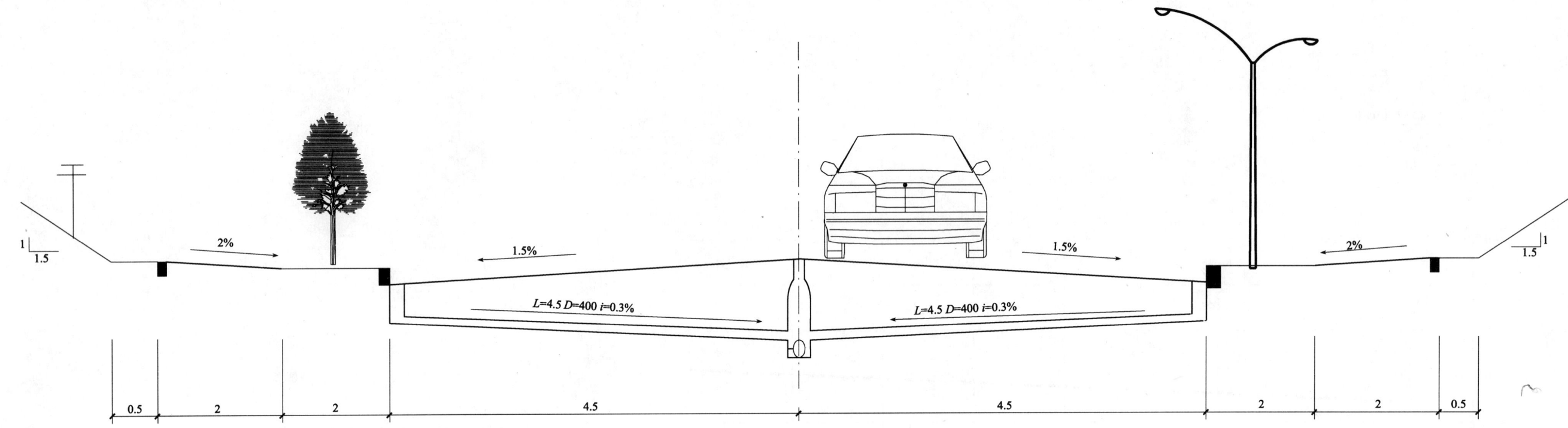

道路横断图1 1:20

说明:
1. 本图尺寸以m计(管径以mm计)。
2. 路口可不执行标准横坡度。
3. 本图适用于K0+000～K0+400。
4. 人行步道外侧设0.5m土路肩。
5. 边坡高度按路两侧实际情况确定。

工程名称	道路工程
图纸内容	道路横断图1
图纸编号	路施-09

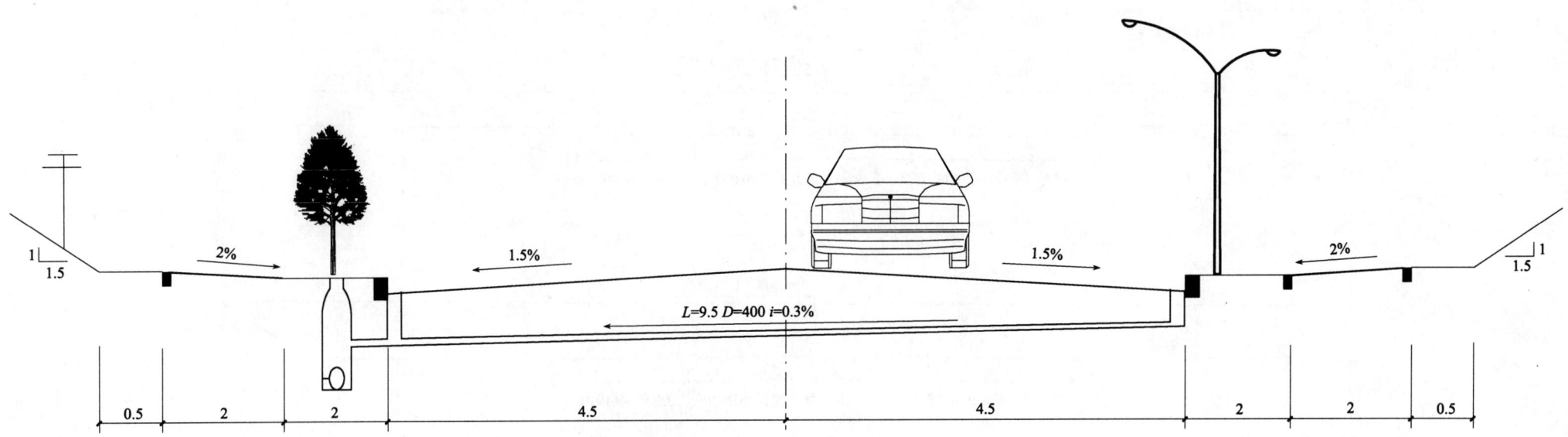

2%		1.5%			1.5%		2%	

L=9.5 D=400 i=0.3%

0.5	2	2	4.5	4.5	2	2	0.5

道路横断图2 1∶20

说明：
1. 本图尺寸以m计（连接管管径以cm计）。
2. 路口可不执行标准横坡度。
3. 方砖步道外侧设0.5m土路肩。
4. 本图适用于K0+400～K0+780。
5. 边坡高度按路两侧实际情况确定。

工程名称	道路工程
图纸内容	道路横断图2
图纸编号	路施-10

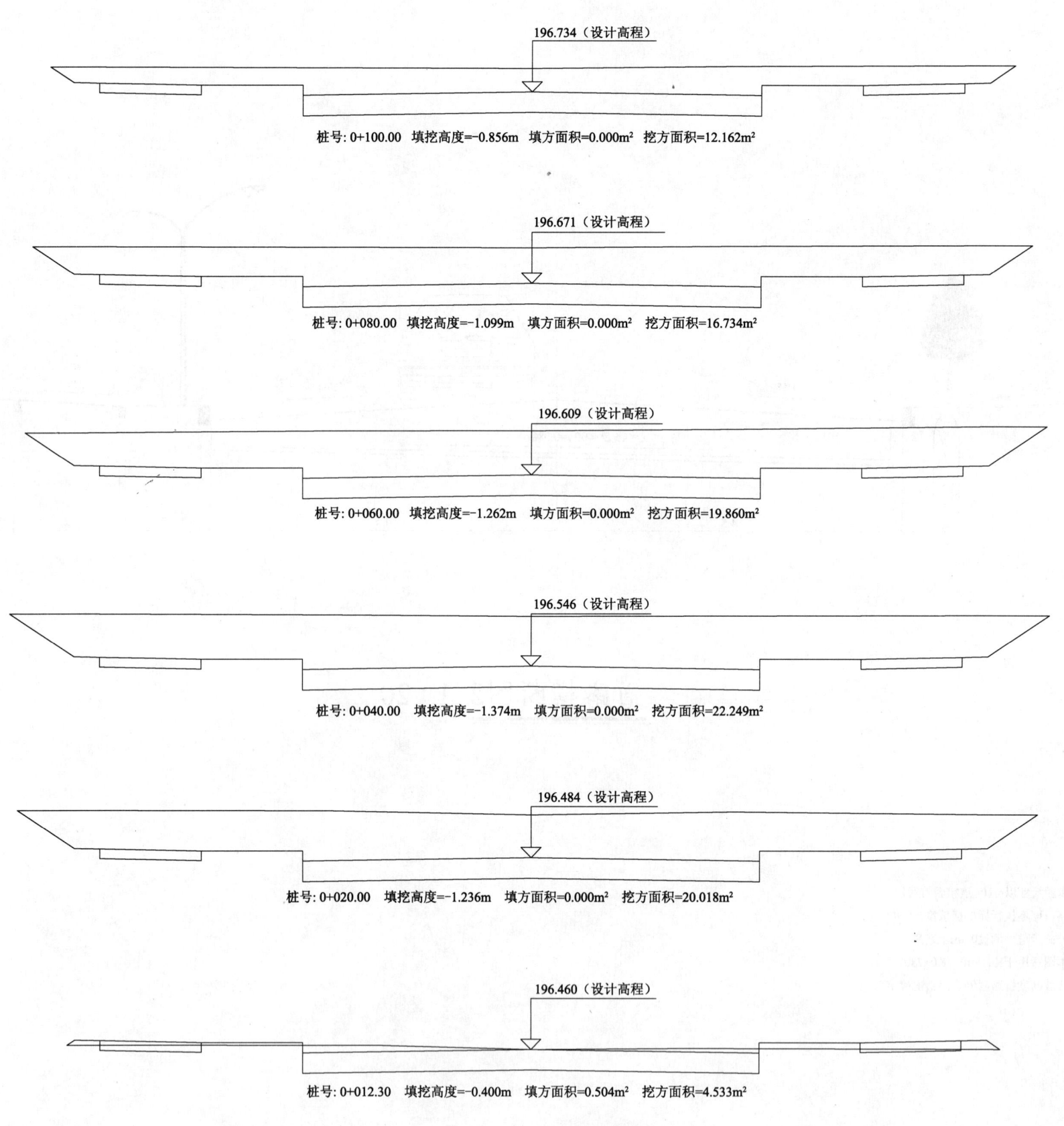

196.734（设计高程）

桩号: 0+100.00　填挖高度=-0.856m　填方面积=0.000m²　挖方面积=12.162m²

196.671（设计高程）

桩号: 0+080.00　填挖高度=-1.099m　填方面积=0.000m²　挖方面积=16.734m²

196.609（设计高程）

桩号: 0+060.00　填挖高度=-1.262m　填方面积=0.000m²　挖方面积=19.860m²

196.546（设计高程）

桩号: 0+040.00　填挖高度=-1.374m　填方面积=0.000m²　挖方面积=22.249m²

196.484（设计高程）

桩号: 0+020.00　填挖高度=-1.236m　填方面积=0.000m²　挖方面积=20.018m²

196.460（设计高程）

桩号: 0+012.30　填挖高度=-0.400m　填方面积=0.504m²　挖方面积=4.533m²

土方横断图1

工程名称	道路工程
图纸内容	土方横断图1
图纸编号	路施-11

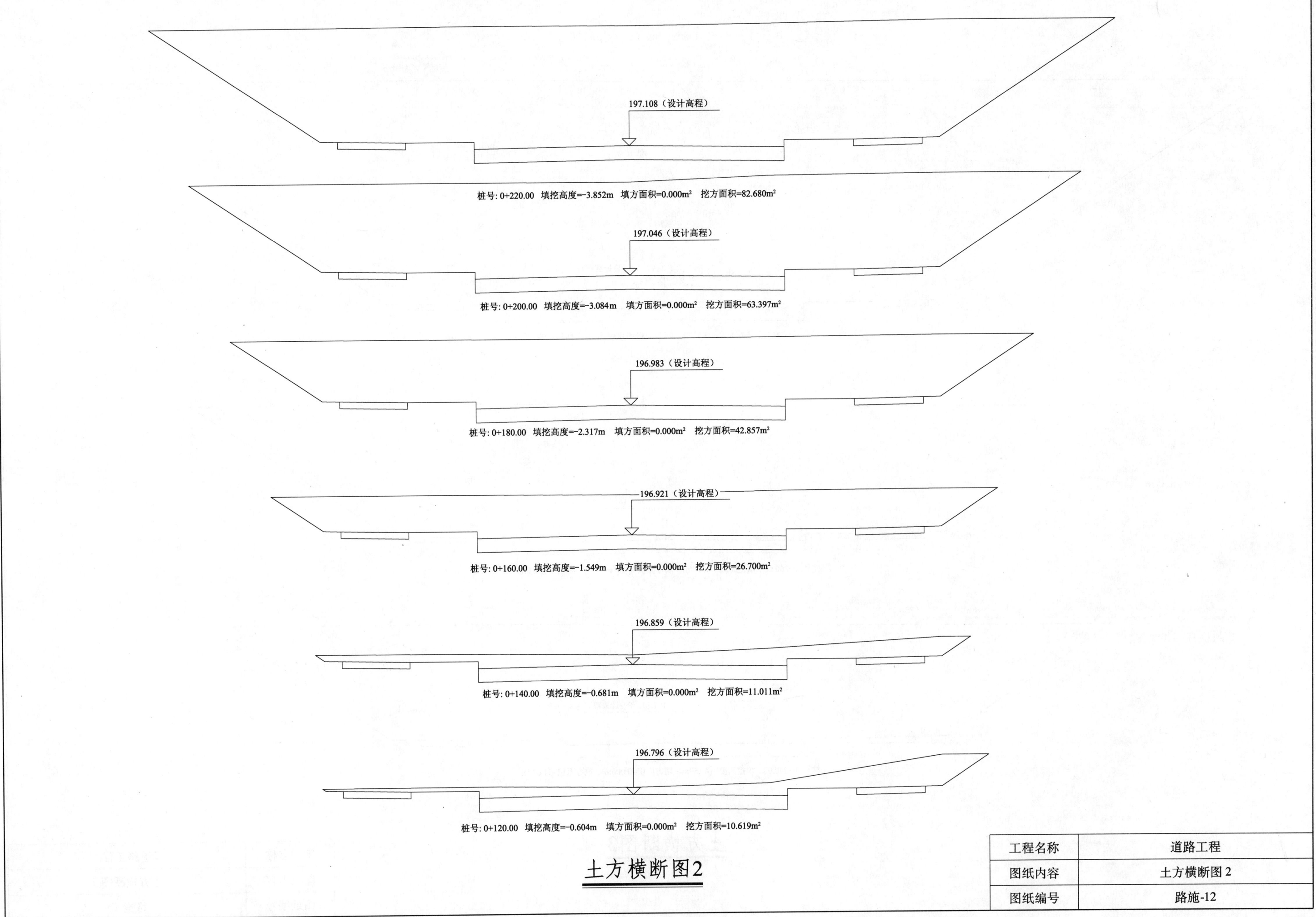

197.108（设计高程）

桩号: 0+220.00　填挖高度=-3.852m　填方面积=0.000m²　挖方面积=82.680m²

197.046（设计高程）

桩号: 0+200.00　填挖高度=-3.084m　填方面积=0.000m²　挖方面积=63.397m²

196.983（设计高程）

桩号: 0+180.00　填挖高度=-2.317m　填方面积=0.000m²　挖方面积=42.857m²

196.921（设计高程）

桩号: 0+160.00　填挖高度=-1.549m　填方面积=0.000m²　挖方面积=26.700m²

196.859（设计高程）

桩号: 0+140.00　填挖高度=-0.681m　填方面积=0.000m²　挖方面积=11.011m²

196.796（设计高程）

桩号: 0+120.00　填挖高度=-0.604m　填方面积=0.000m²　挖方面积=10.619m²

土方横断图2

工程名称	道路工程
图纸内容	土方横断图2
图纸编号	路施-12

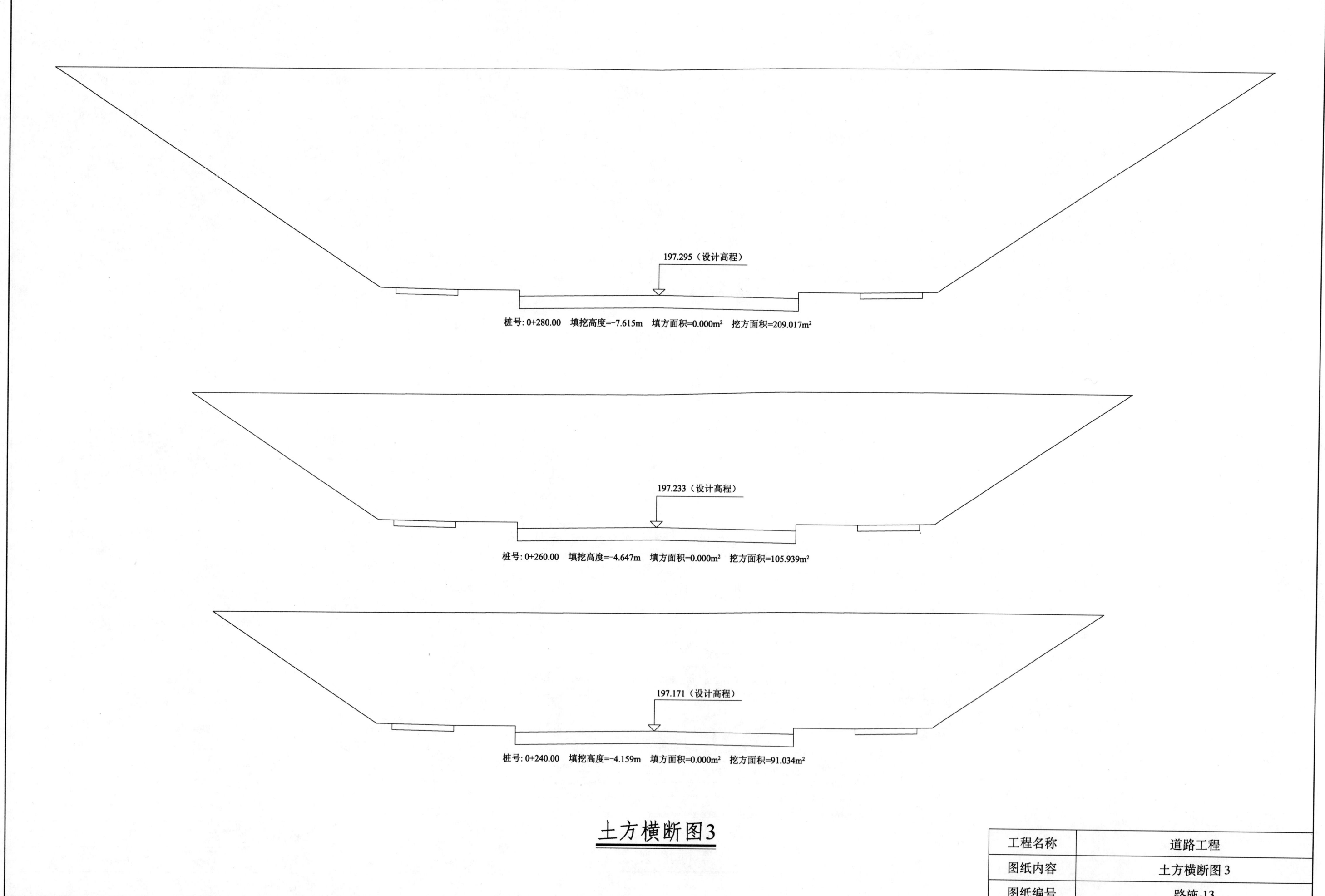

197.295（设计高程）

桩号: 0+280.00　填挖高度=-7.615m　填方面积=0.000m²　挖方面积=209.017m²

197.233（设计高程）

桩号: 0+260.00　填挖高度=-4.647m　填方面积=0.000m²　挖方面积=105.939m²

197.171（设计高程）

桩号: 0+240.00　填挖高度=-4.159m　填方面积=0.000m²　挖方面积=91.034m²

土方横断图3

工程名称	道路工程
图纸内容	土方横断图 3
图纸编号	路施-13

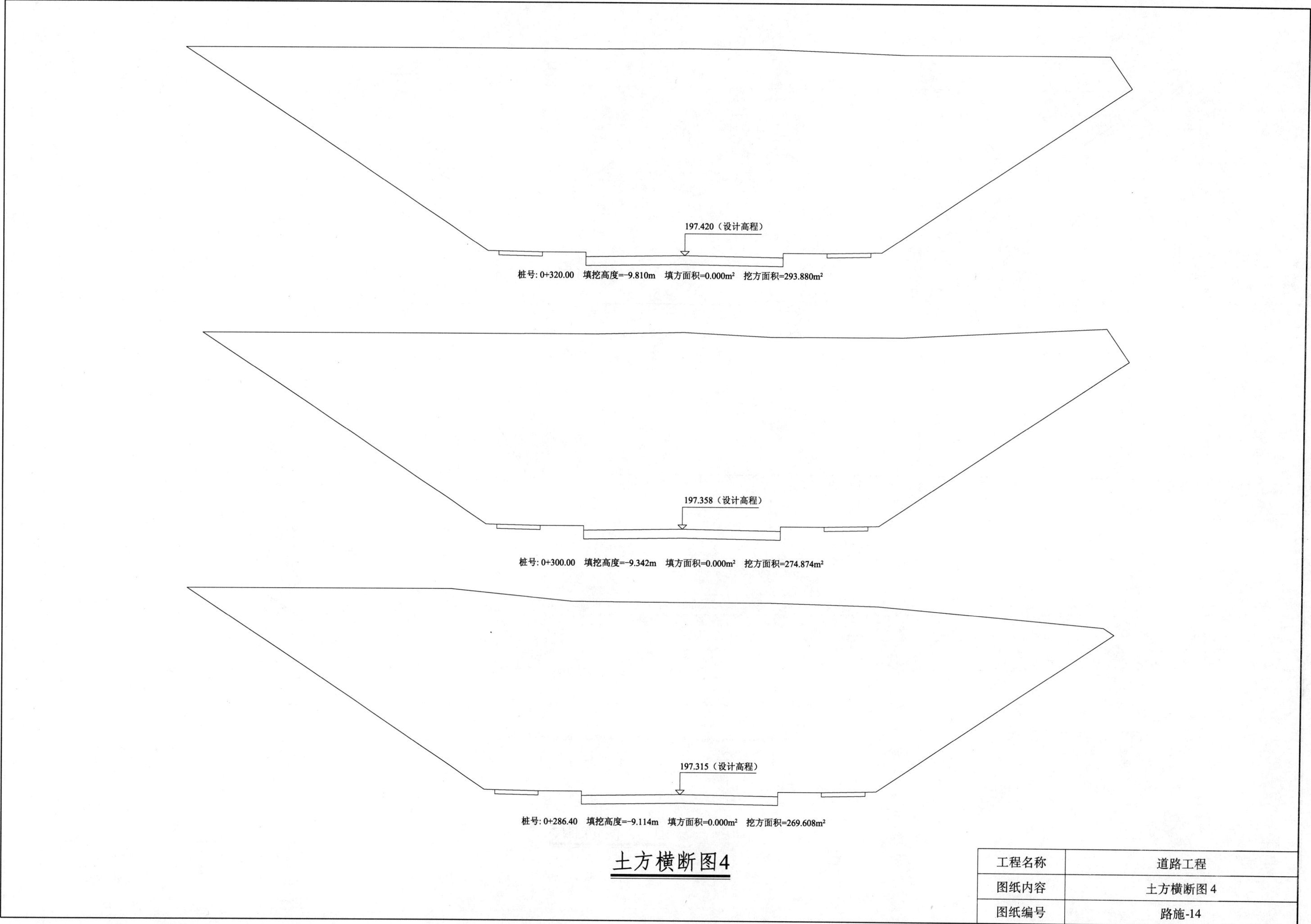

197.420（设计高程）

桩号: 0+320.00　填挖高度=-9.810m　填方面积=0.000m²　挖方面积=293.880m²

197.358（设计高程）

桩号: 0+300.00　填挖高度=-9.342m　填方面积=0.000m²　挖方面积=274.874m²

197.315（设计高程）

桩号: 0+286.40　填挖高度=-9.114m　填方面积=0.000m²　挖方面积=269.608m²

土方横断图4

工程名称	道路工程
图纸内容	土方横断图4
图纸编号	路施-14

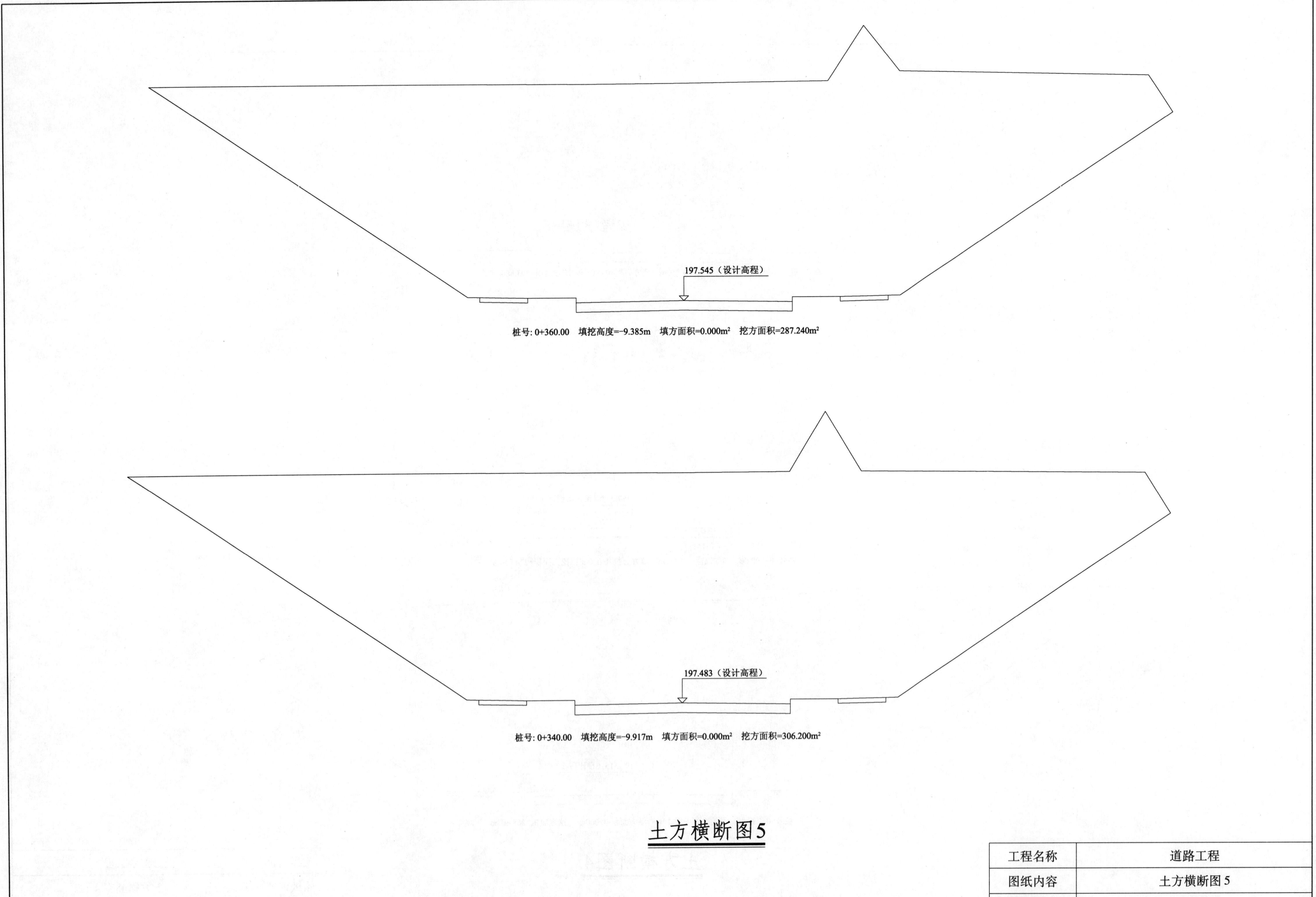

197.545（设计高程）

桩号:0+360.00　填挖高度=-9.385m　填方面积=0.000m²　挖方面积=287.240m²

197.483（设计高程）

桩号:0+340.00　填挖高度=-9.917m　填方面积=0.000m²　挖方面积=306.200m²

土方横断图5

工程名称	道路工程
图纸内容	土方横断图5
图纸编号	路施-15

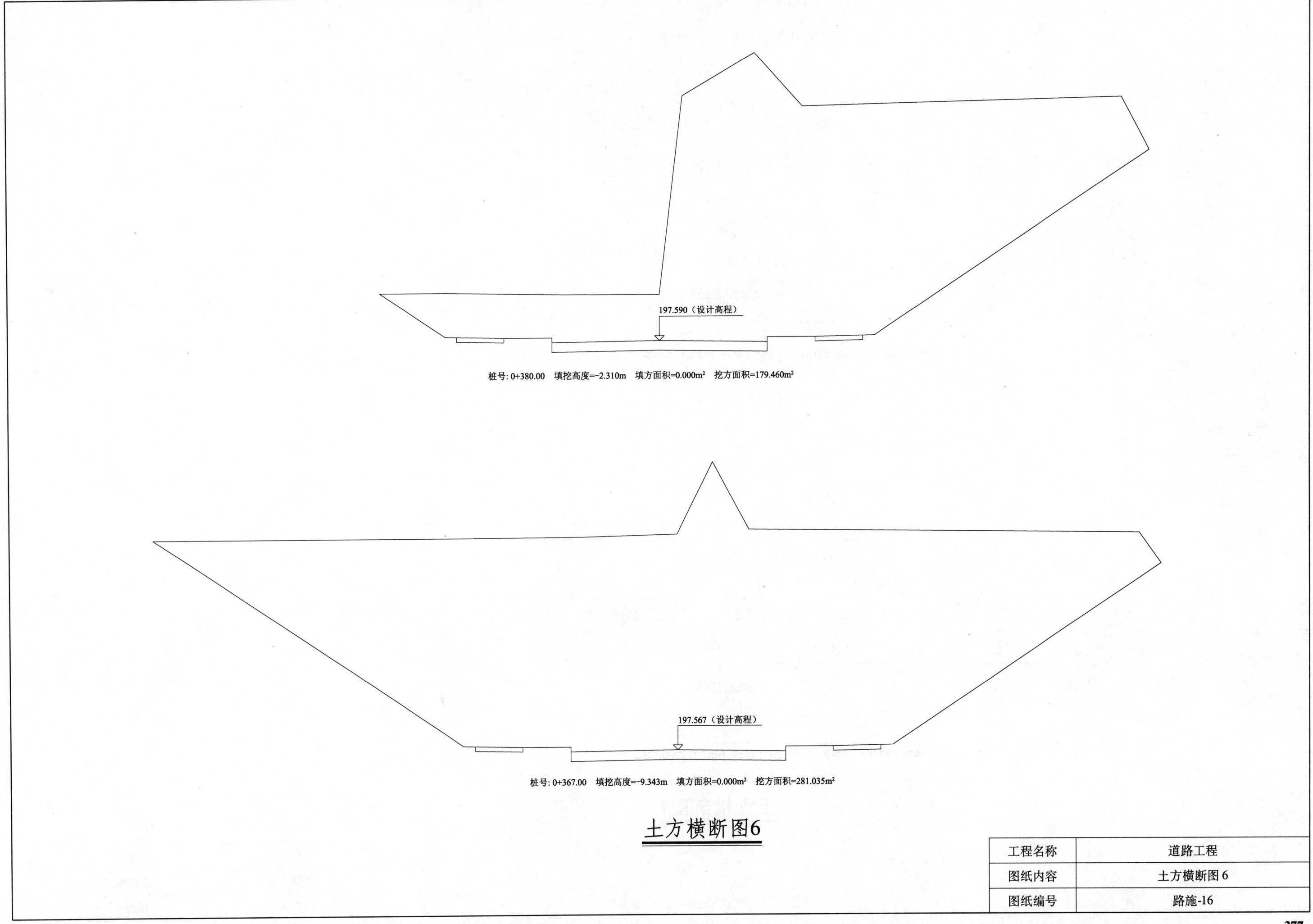

197.590（设计高程）

桩号: 0+380.00　填挖高度=-2.310m　填方面积=0.000m²　挖方面积=179.460m²

197.567（设计高程）

桩号: 0+367.00　填挖高度=-9.343m　填方面积=0.000m²　挖方面积=281.035m²

土方横断图6

工程名称	道路工程
图纸内容	土方横断图6
图纸编号	路施-16

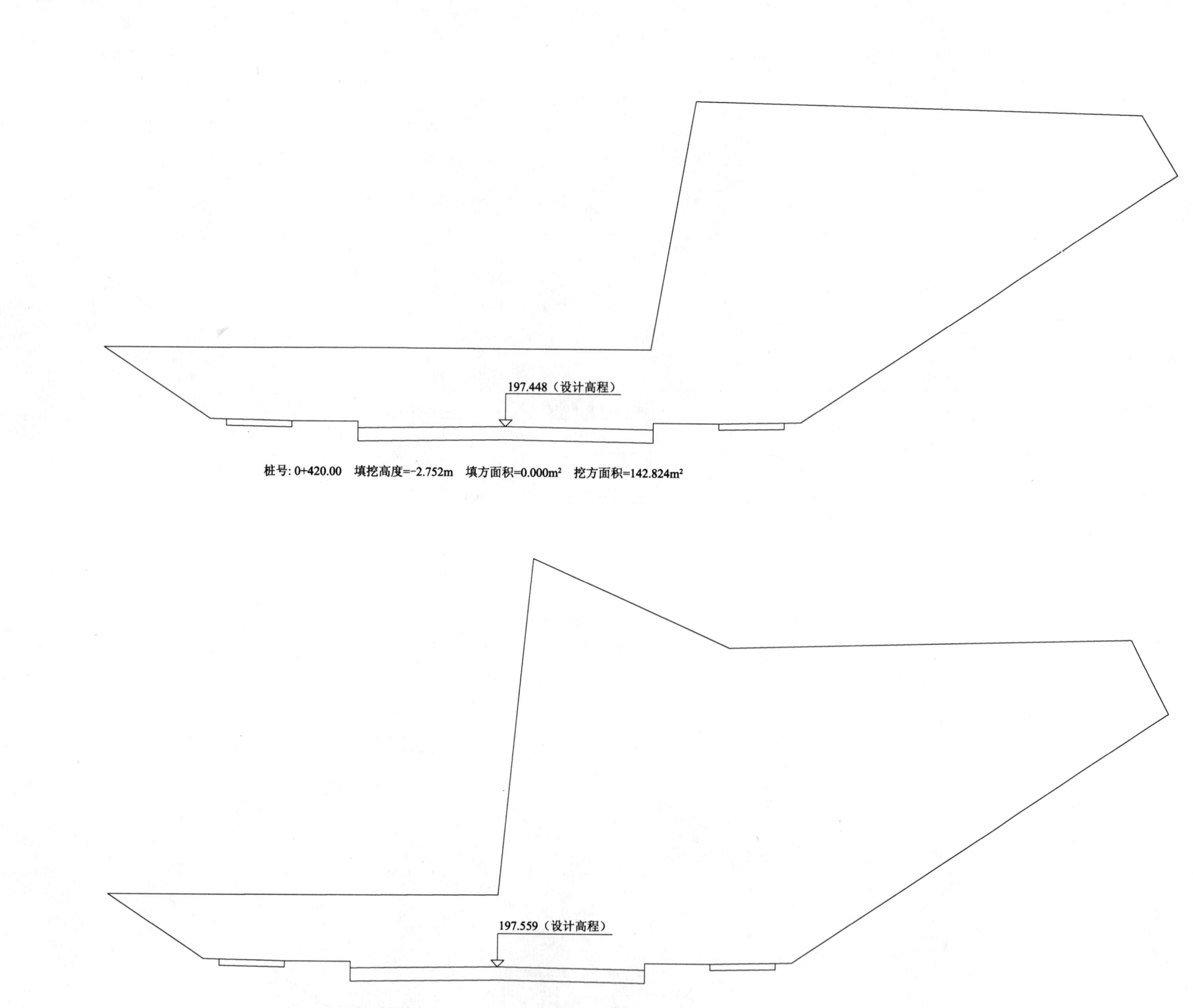

桩号: 0+420.00　填挖高度=-2.752m　填方面积=0.000m²　挖方面积=142.824m²

桩号: 0+400.00　填挖高度=-2.571m　填方面积=0.000m²　挖方面积=184.579m²

土方横断图7

工程名称	道路工程
图纸内容	土方横断图7
图纸编号	路施-17

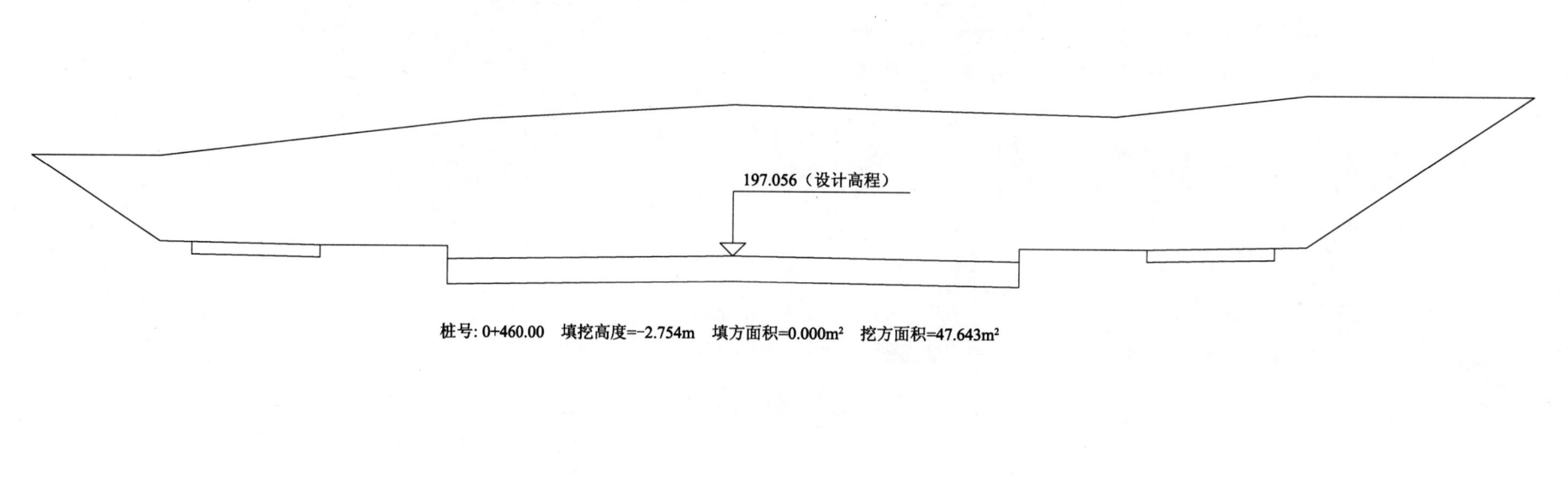

桩号: 0+460.00　填挖高度=-2.754m　填方面积=0.000m²　挖方面积=47.643m²

197.056（设计高程）

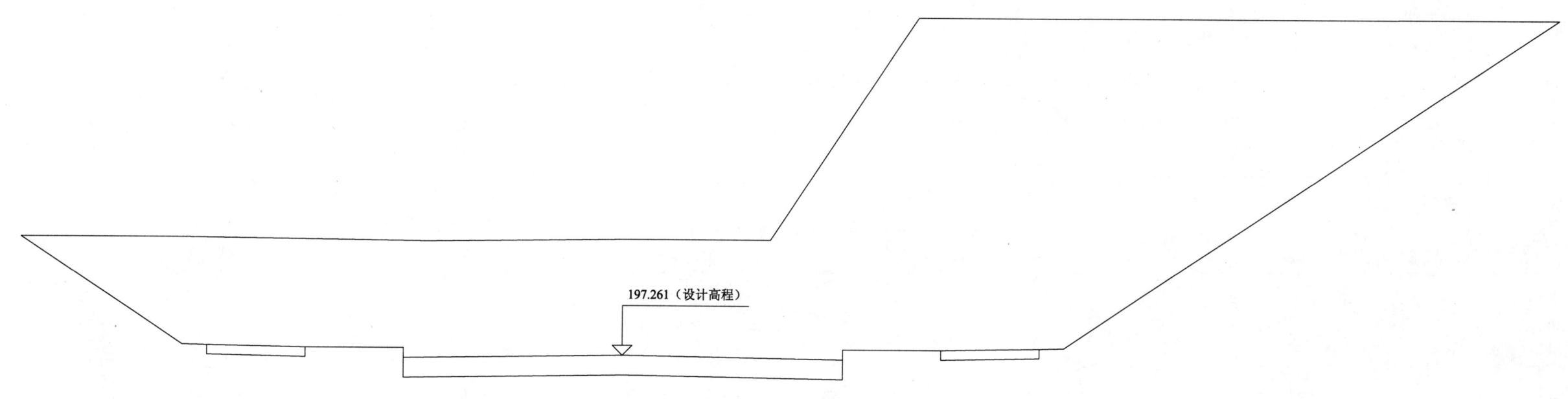

桩号: 0+440.00　填挖高度=-2.739m　填方面积=0.000m²　挖方面积=102.317m²

197.261（设计高程）

土方横断图8

工程名称	道路工程
图纸内容	土方横断图 8
图纸编号	路施-18

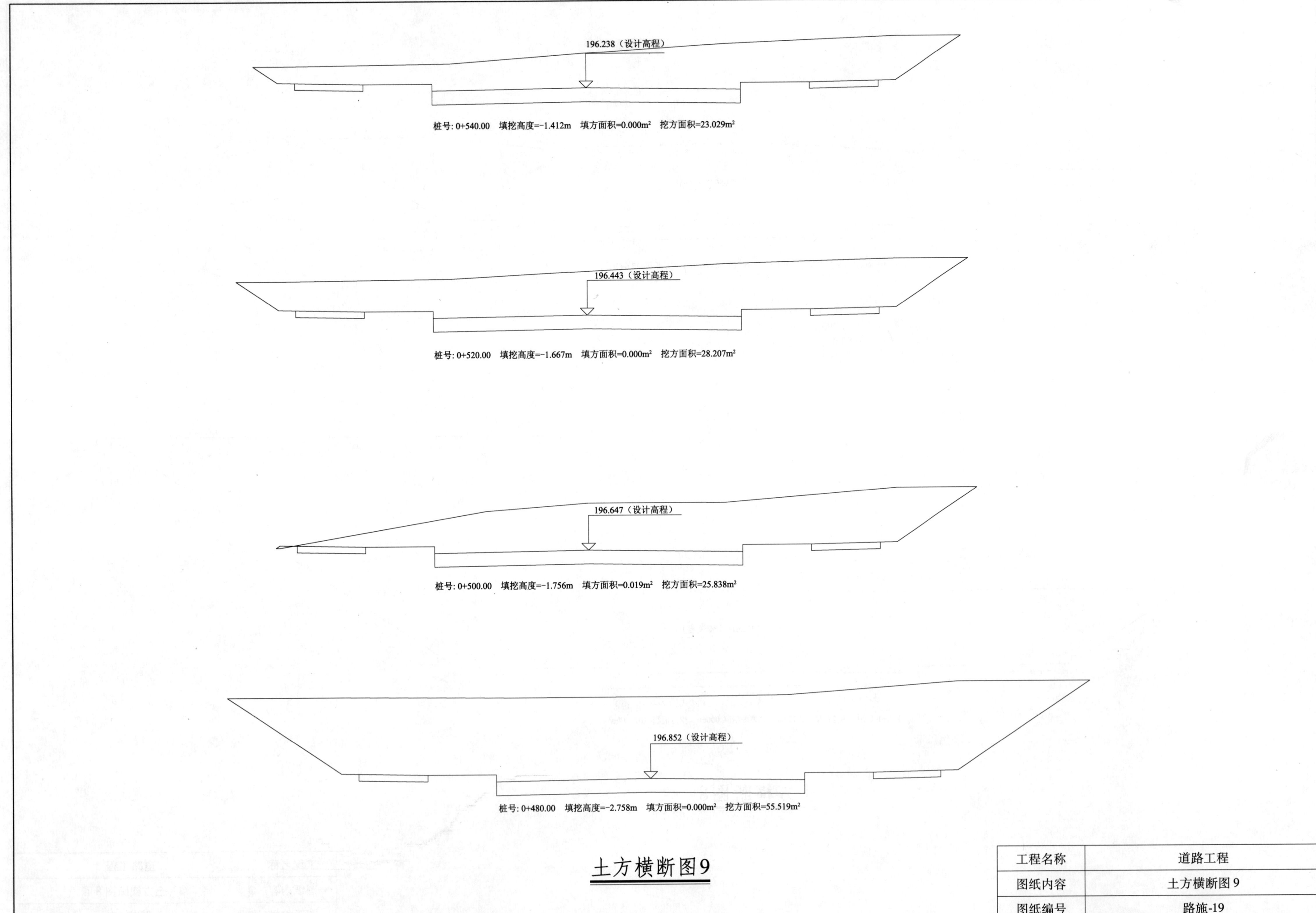

196.238（设计高程）

桩号: 0+540.00　填挖高度=-1.412m　填方面积=0.000m²　挖方面积=23.029m²

196.443（设计高程）

桩号: 0+520.00　填挖高度=-1.667m　填方面积=0.000m²　挖方面积=28.207m²

196.647（设计高程）

桩号: 0+500.00　填挖高度=-1.756m　填方面积=0.019m²　挖方面积=25.838m²

196.852（设计高程）

桩号: 0+480.00　填挖高度=-2.758m　填方面积=0.000m²　挖方面积=55.519m²

土方横断图9

工程名称	道路工程
图纸内容	土方横断图9
图纸编号	路施-19

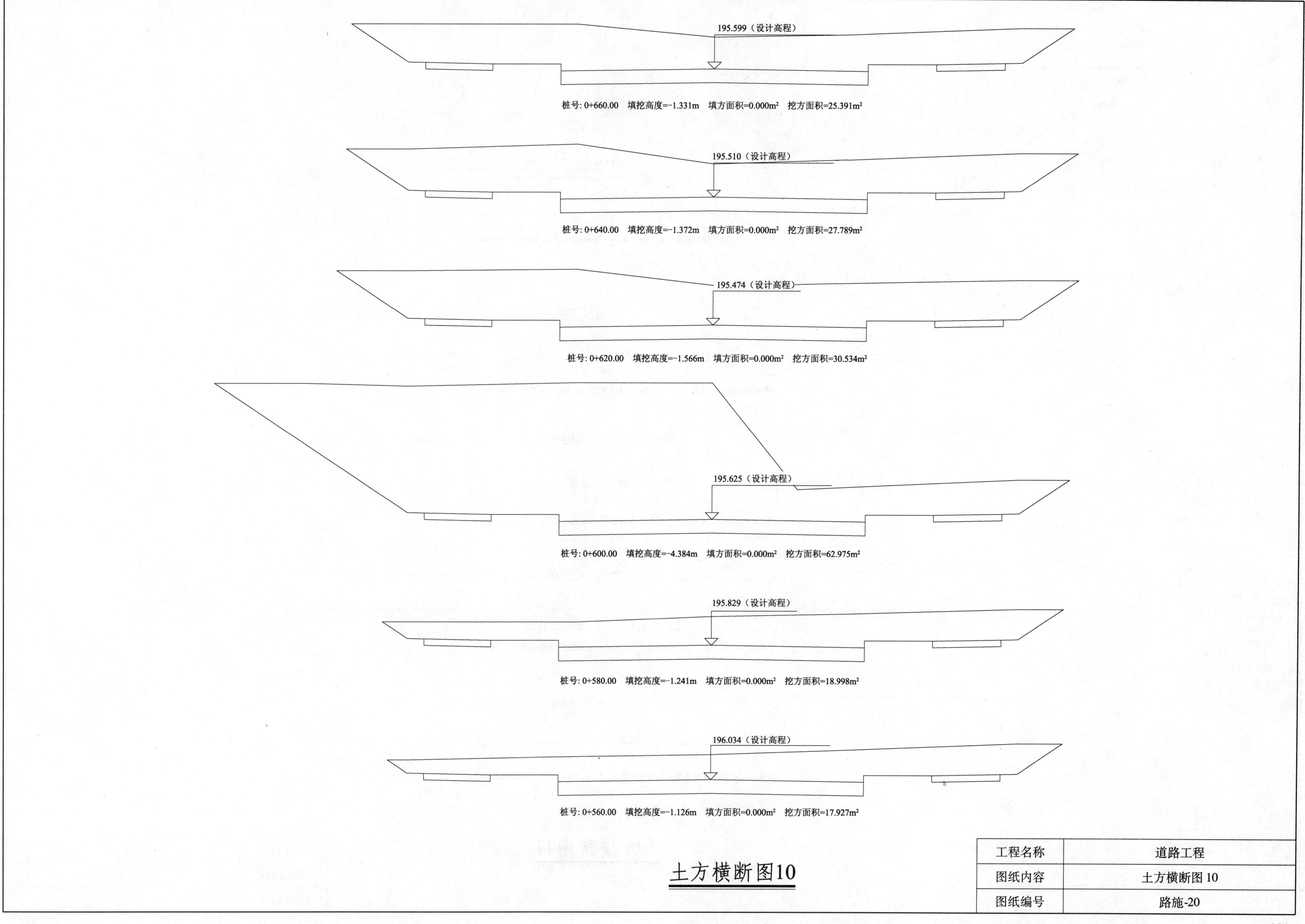

桩号: 0+660.00　填挖高度=-1.331m　填方面积=0.000m²　挖方面积=25.391m²

桩号: 0+640.00　填挖高度=-1.372m　填方面积=0.000m²　挖方面积=27.789m²

桩号: 0+620.00　填挖高度=-1.566m　填方面积=0.000m²　挖方面积=30.534m²

桩号: 0+600.00　填挖高度=-4.384m　填方面积=0.000m²　挖方面积=62.975m²

桩号: 0+580.00　填挖高度=-1.241m　填方面积=0.000m²　挖方面积=18.998m²

桩号: 0+560.00　填挖高度=-1.126m　填方面积=0.000m²　挖方面积=17.927m²

土方横断图10

工程名称	道路工程
图纸内容	土方横断图10
图纸编号	路施-20

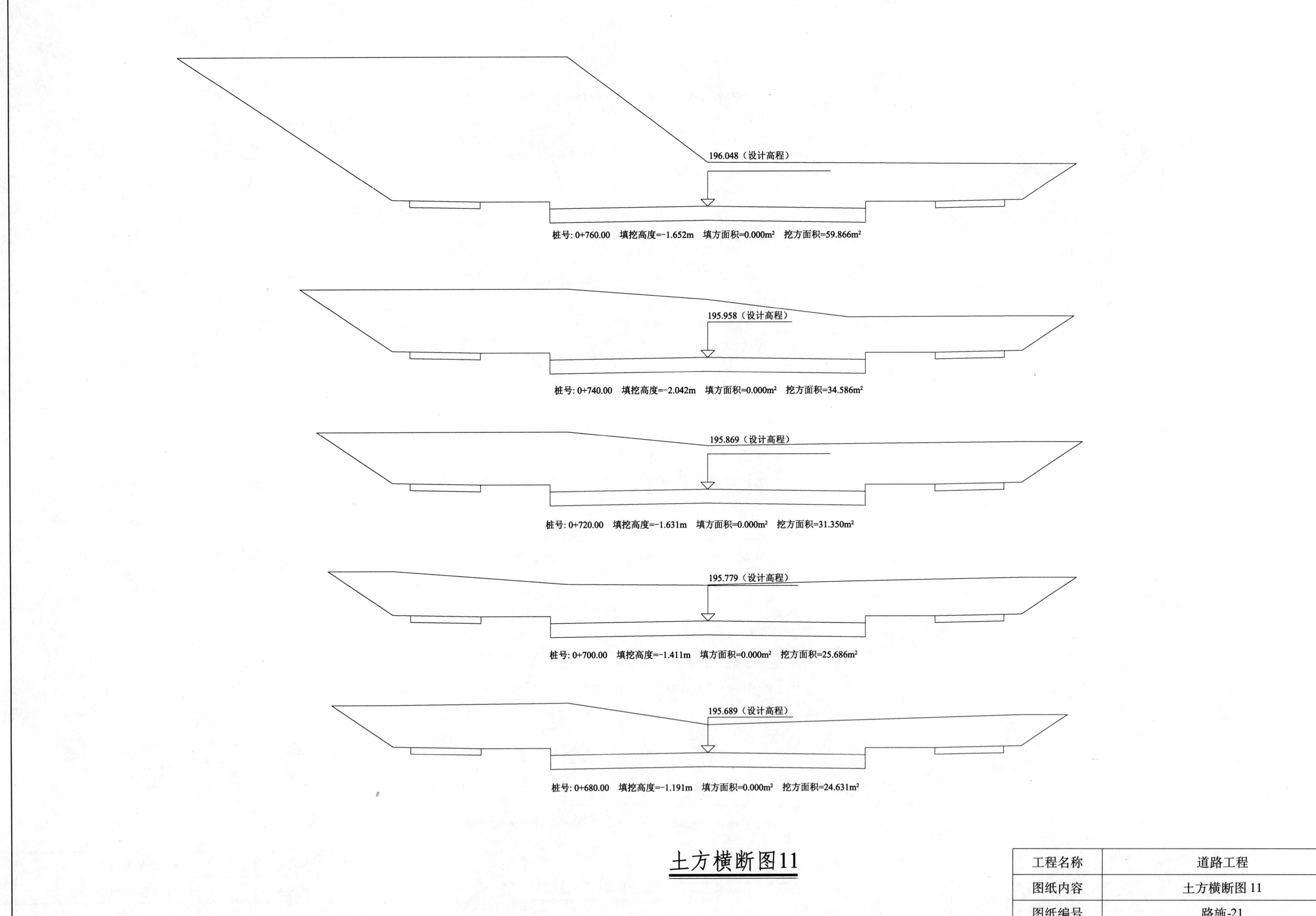

桩号: 0+760.00　填挖高度=-1.652m　填方面积=0.000m²　挖方面积=59.866m²

桩号: 0+740.00　填挖高度=-2.042m　填方面积=0.000m²　挖方面积=34.586m²

桩号: 0+720.00　填挖高度=-1.631m　填方面积=0.000m²　挖方面积=31.350m²

桩号: 0+700.00　填挖高度=-1.411m　填方面积=0.000m²　挖方面积=25.686m²

桩号: 0+680.00　填挖高度=-1.191m　填方面积=0.000m²　挖方面积=24.631m²

土方横断图11

工程名称	道路工程
图纸内容	土方横断图 11
图纸编号	路施-21

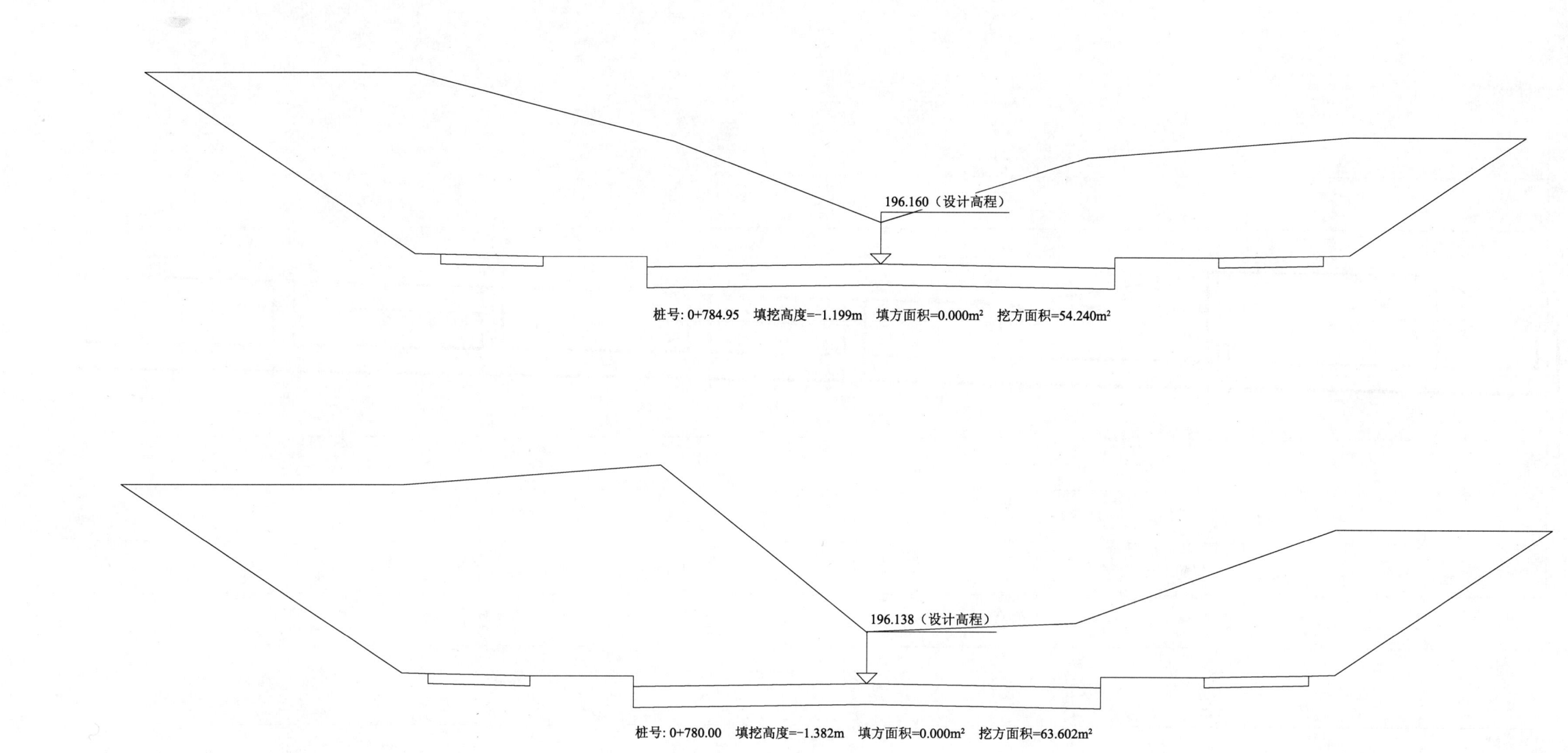

桩号: 0+784.95　填挖高度=-1.199m　填方面积=0.000m²　挖方面积=54.240m²

桩号: 0+780.00　填挖高度=-1.382m　填方面积=0.000m²　挖方面积=63.602m²

土方横断图12

说明:
    1. 本图尺寸均以m为单位。
    2. 绘图比例为1:100，横断面总数为43个。
    3. 填方总量为2.329m³，挖方总量为63487.825m³。
    4. 边坡按1:1.5计算。
    5. 图中所示填挖高度指路中心点高度。

工程名称	道路工程
图纸内容	土方横断图 12
图纸编号	路施-22

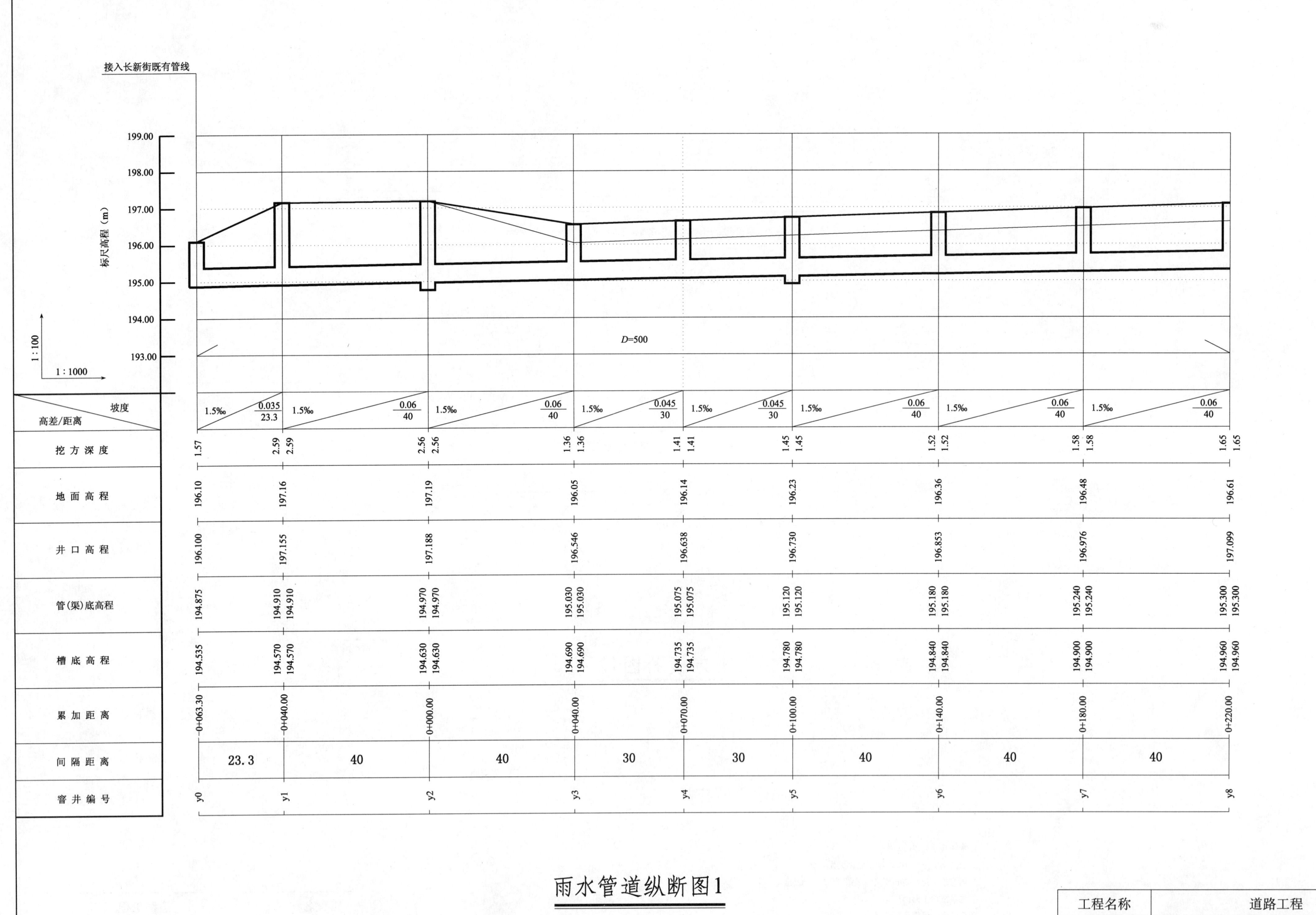

接入长新街既有管线

标尺高程（m）

199.00
198.00
197.00
196.00
195.00
194.00
193.00

1:100
1:1000

D=500

坡度	1.5‰	0.035/23.3	1.5‰	0.06/40	1.5‰	0.06/40	1.5‰	0.045/30	1.5‰	0.045/30	1.5‰	0.06/40	1.5‰	0.06/40	1.5‰	0.06/40
高差/距离																
挖方深度	1.57	2.59 / 2.59		2.56 / 2.56		1.36 / 1.36		1.41 / 1.41		1.45 / 1.45		1.52 / 1.52		1.58 / 1.58		1.65 / 1.65
地面高程	196.10	197.16		197.19		196.05		196.14		196.23		196.36		196.48		196.61
井口高程	196.100	197.155		197.188		196.546		196.638		196.730		196.853		196.976		197.099
管(渠)底高程	194.875	194.910 / 194.910		194.970 / 194.970		195.030 / 195.030		195.075 / 195.075		195.120 / 195.120		195.180 / 195.180		195.240 / 195.240		195.300 / 195.300
槽底高程	194.535	194.570 / 194.570		194.630 / 194.630		194.690 / 194.690		194.735 / 194.735		194.780 / 194.780		194.840 / 194.840		194.900 / 194.900		194.960 / 194.960
累加距离	0+063.30	0+040.00		0+000.00		0+040.00		0+070.00		0+100.00		0+140.00		0+180.00		0+220.00
间隔距离	23.3	40		40		30		30		40		40		40		
窨井编号	y0	y1		y2		y3		y4		y5		y6		y7		y8

雨水管道纵断图1

工程名称	道路工程
图纸内容	雨水管道纵断图1
图纸编号	路施-23

384

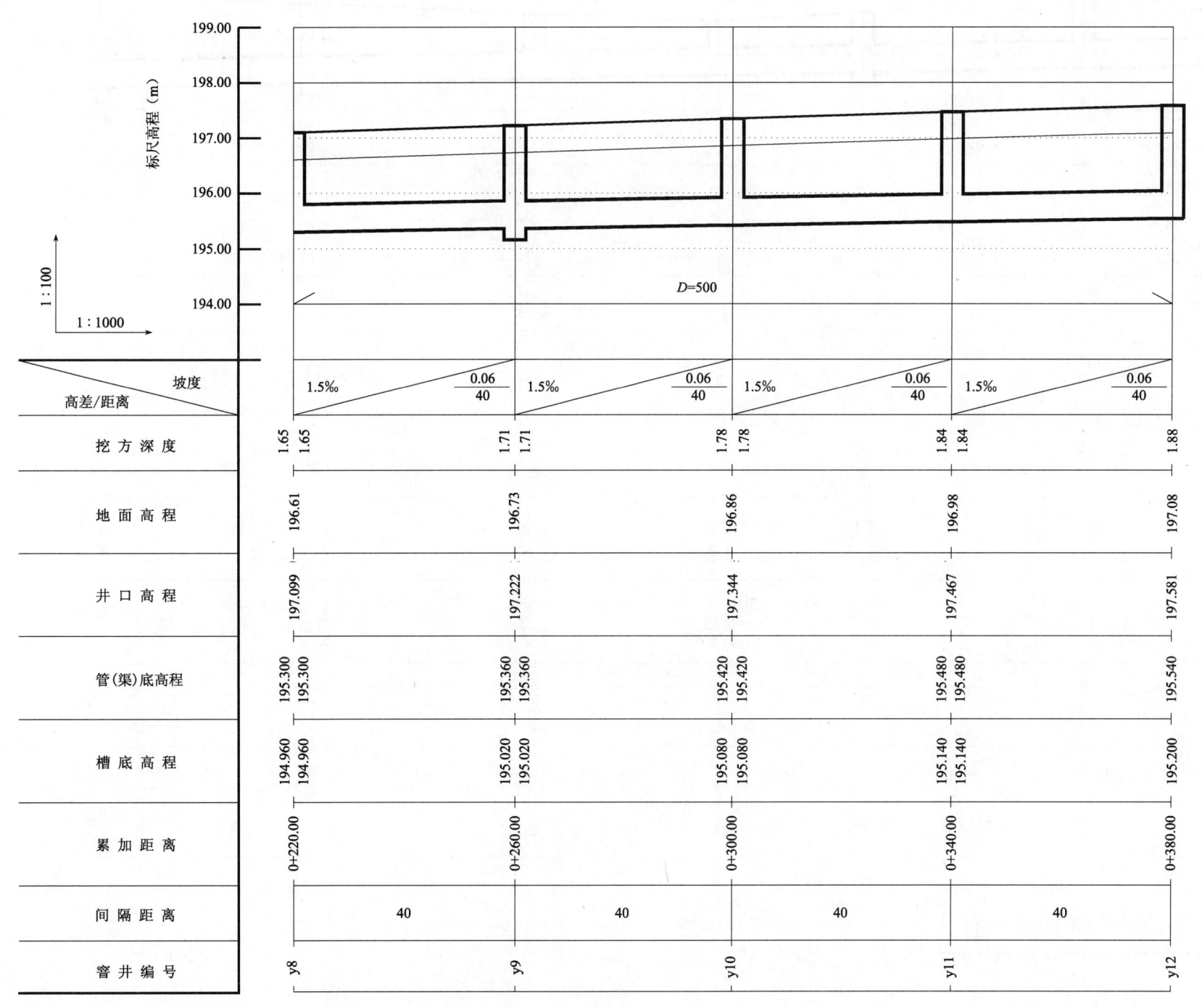

標尺高程（m）

199.00
198.00
197.00
196.00
195.00
194.00

1:100
1:1000

坡度	1.5‰	0.06/40	1.5‰	0.06/40	1.5‰	0.06/40	1.5‰	0.06/40

高差/距离

挖方深度	1.65 1.65	1.71 1.71	1.78 1.78	1.84 1.84	1.88
地面高程	196.61	196.73	196.86	196.98	197.08
井口高程	197.099	197.222	197.344	197.467	197.581
管(渠)底高程	195.300 195.300	195.360 195.360	195.420 195.420	195.480 195.480	195.540
槽底高程	194.960 194.960	195.020 195.020	195.080 195.080	195.140 195.140	195.200
累加距离	0+220.00	0+260.00	0+300.00	0+340.00	0+380.00
间隔距离	40	40	40	40	
窨井编号	y8	y9	y10	y11	y12

D=500

说明：

1.本图尺寸均以m为单位。

2.纵断图横向比例为1：1000，竖向比例为1：100。

3.管线总长度为443.3m。

4.检查井总数为13个，其中设置沉淀槽的有3个。

5.管(渠)底最大纵坡为1.5‰，最小纵坡为1.5‰。

6.变坡点检查井的数据为前后管道设计数据。

雨水管道纵断图2

工程名称	道路工程
图纸内容	雨水管道纵断图2
图纸编号	路施-24

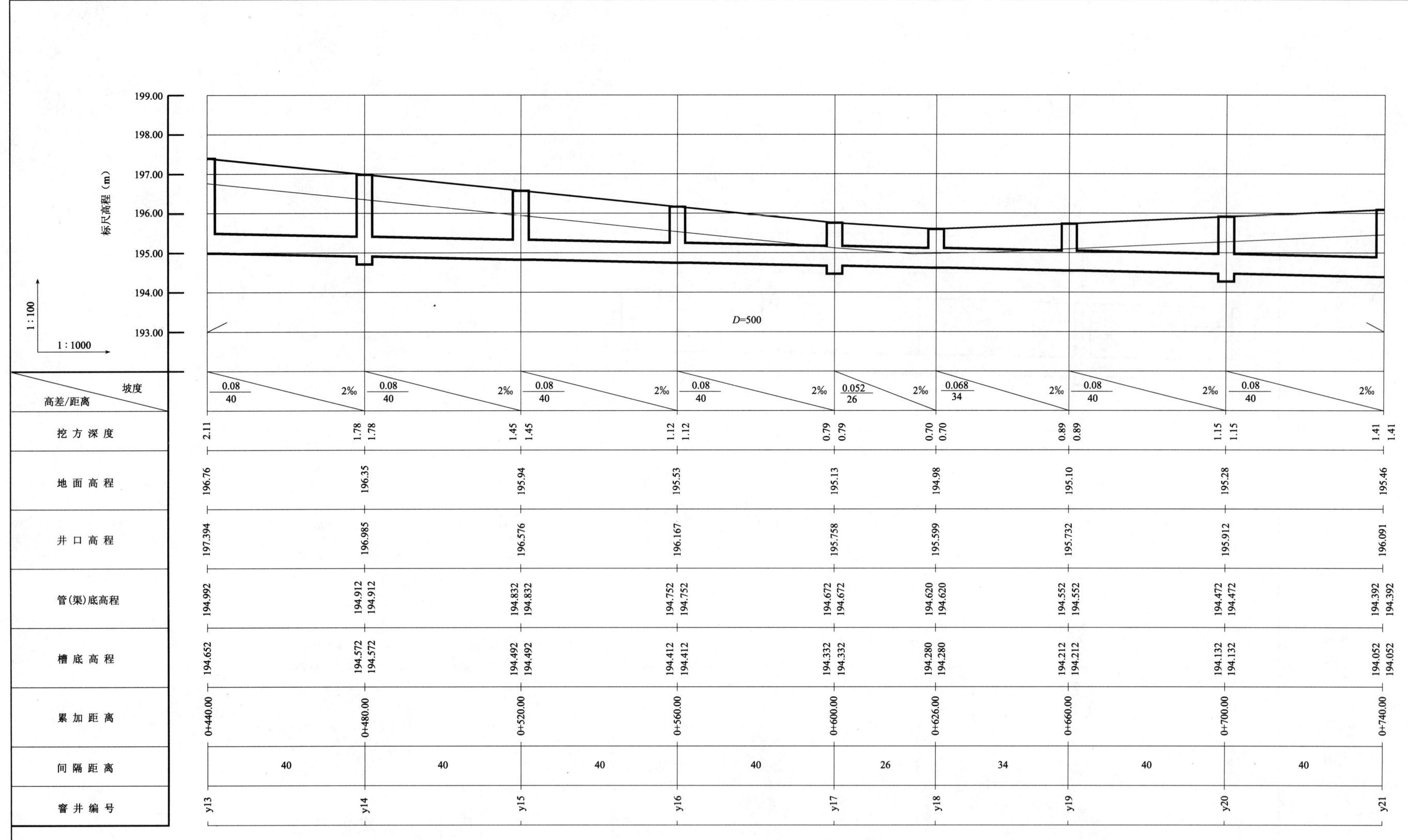

雨水管道纵断图3

工程名称	道路工程
图纸内容	雨水管道纵断图3
图纸编号	路施-25

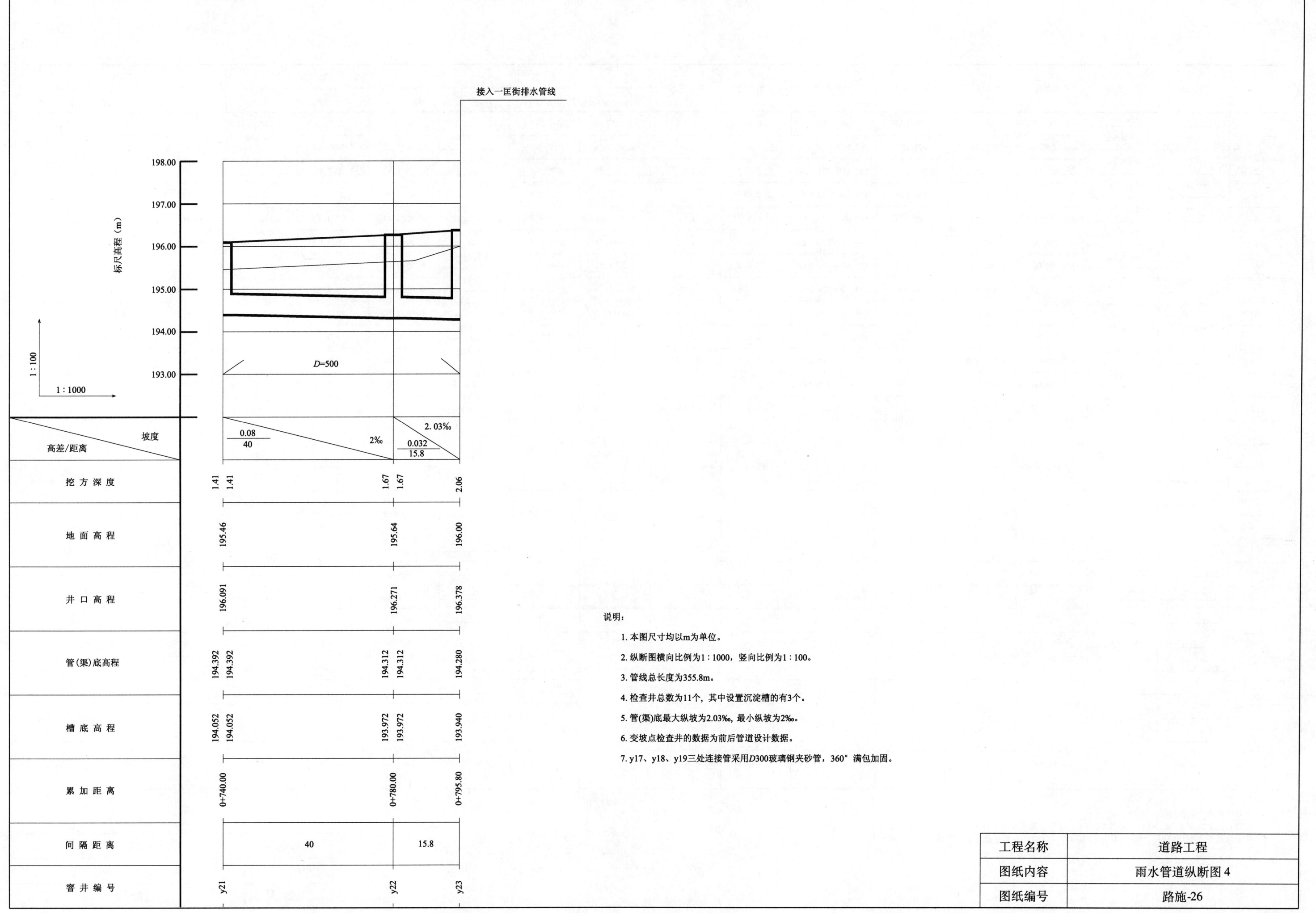

接入一匡街排水管线

标尺高程（m）

1:100

1:1000

坡度				2.03‰
高差/距离	$\frac{0.08}{40}$	2‰	$\frac{0.032}{15.8}$	
挖方深度	1.41 1.41		1.67 1.67	2.06
地面高程	195.46		195.64	196.00
井口高程	196.091		196.271	196.378
管(渠)底高程	194.392 194.392		194.312 194.312	194.280
槽底高程	194.052 194.052		193.972 193.972	193.940
累加距离	0+740.00		0+780.00	0+795.80
间隔距离	40		15.8	
窨井编号	y21		y22	y23

D=500

说明：

1. 本图尺寸均以m为单位。

2. 纵断图横向比例为1:1000，竖向比例为1:100。

3. 管线总长度为355.8m。

4. 检查井总数为11个，其中设置沉淀槽的有3个。

5. 管(渠)底最大纵坡为2.03‰，最小纵坡为2‰。

6. 变坡点检查井的数据为前后管道设计数据。

7. y17、y18、y19三处连接管采用D300玻璃钢夹砂管，360°满包加固。

工程名称	道路工程
图纸内容	雨水管道纵断图4
图纸编号	路施-26

土方计算表

编号	间距	管道类型	累加距离	地面高程	井口高程	槽底高程	开槽坡度	覆土边坡	挖土数据 深度	挖土数据 面积	挖土数据 体积	填土数据 高度	填土数据 面积	填土数据 体积	水沉石屑数据 高度	水沉石屑数据 面积	水沉石屑数据 体积
y0			−0＋063.30	196.100	196.100	194.535	1：0.675	1：0	1.57	5.55		0.66	2.74		0.91	2.24	
	23.30	d＝0.5m									192.193			126.806			52.129
y1			−0＋040.00	197.155	197.155	194.570/194.570	1：0.675	1：0	2.59/2.59	10.95/10.95		1.68/1.68	8.14/8.14		0.91	2.24/2.24	
	40.00	d＝0.5m									434.667			322.415			89.492
y2			0＋000.00	197.188	197.188	194.630/194.630	1：0.675	1：0	2.56/2.56	10.79/10.79		1.65/1.65	7.98/7.98		0.91	2.24/2.24	
	40.00	d＝0.5m									308.076			191.537			89.492
y3			0＋040.00	196.046	196.546	194.690/194.690	1：0.675	1：0	1.36/1.36	4.62/4.62		0.40/0.40	1.60/1.60		0.91	2.24/2.24	
	30.00	d＝0.5m									141.728			50.937			67.119
y4			0＋070.00	196.140	196.638	194.735/194.735	1：0.675	1：0	1.41/1.41	4.83/4.83		0.45/0.45	1.80/1.80		0.91	2.24/2.24	
	30.00	d＝0.5m									148.176			57.039			67.119
y5			0＋100.00	196.234	196.730	194.780/194.780	1：0.675	1：0	1.45/1.45	5.05/5.05		0.50/0.50	2.00/2.00		0.91	2.24/2.24	
	40.00	d＝0.5m									207.745			85.707			89.492
y6			0＋140.00	196.359	196.853	194.840/194.840	1：0.675	1：0	1.52/1.52	5.34/5.34		0.56/0.56	2.28/2.28		0.91	2.24/2.24	
	40.00	d＝0.5m									219.458			96.927			89.492
y7			0＋180.00	196.483	196.976	194.900/194.900	1：0.675	1：0	1.58/1.58	5.63/5.63		0.62/0.62	2.56/2.56		0.91	2.24/2.24	
	40.00	d＝0.5m									231.398			108.361			89.492
y8			0＋220.00	196.608	197.099	194.960/194.960	1：0.675	1：0	1.65/1.65	5.94/5.94		0.68/0.68	2.85/2.85		0.91	2.24/2.24	
	40.00	d＝0.5m									243.656			120.008			89.492
y9			0＋260.00	196.733	197.222	195.020/195.020	1：0.675	1：0	1.71/1.71	6.25/6.25		0.75/0.75	3.15/3.15		0.91	2.24/2.24	
	40.00	d＝0.5m									256.143			131.868			89.492
y10			0＋300.00	196.858	197.344	195.080/195.080	1：0.675	1：0	1.78/1.78	6.56/6.56		0.81/0.81	3.45/3.45		0.91	2.24/2.24	
	40.00	d＝0.5m									268.858			143.941			89.492
y11			0＋340.00	196.983	197.467	195.140/195.140	1：0.675	1：0	1.84/1.84	6.88/6.88		0.87/0.87	3.75/3.75		0.91	2.24/2.24	
	40.00	d＝0.5m									279.447			155.312			89.492
y12			0＋380.00	197.085	197.581	195.200	1：0.675	1：0	1.88	7.09		0.93	4.01		0.91	2.24	
合 计											2931.545			1590.857			991.791

说明：
1. 土方计算表中数据均以 m 为单位。
2. 管线总长度为 443.3m，检查井总数为 13 个，其中设置沉淀槽的有 3 个。
3. 挖方总量为 2931.545m³，填方总量为 1590.857m³，水沉石屑总量为 991.791m²。

工程名称	道路工程
图纸内容	雨水管线1土方计算表
图纸编号	路施-27

土方计算表

编 号	间 距	管道类型	累加距离	地面高程	井口高程	槽底高程	开槽坡度	覆土边坡	挖土数据 深度	面积	体积	填土数据 高度	面积	体积	撼砂数据 高度	面积	体积
y13			0+440.00	196.761	197.394	194.652	1:0.675	1:0	2.11	6.36		1.29	4.73		0.91	1.65	
	40.00	d=0.5m									226.490			160.803			65.837
y14			0+480.00	196.352	196.985	194.572/194.572	1:0.675	1:0	1.78/1.78	4.97/4.97		0.96/0.96	3.31/3.31		0.91	1.65/1.65	
	40.00	d=0.5m									173.942			106.765			65.837
y15			0+520.00	195.943	196.576	194.492/194.492	1:0.675	1:0	1.45/1.45	3.73/3.73		0.63/0.63	2.03/2.03		0.91	1.65/1.65	
	40.00	d=0.5m									127.239			58.576			65.837
y16			0+560.00	195.534	196.167	194.412/194.412	1:0.675	1:0	1.12/1.12	2.63/2.63		0.30/0.30	0.90/0.90		0.91	1.65/1.65	
	40.00	d=0.5m									86.381			17.972			65.668
y17			0+600.00	195.125	195.758	194.332/194.332	1:0.675	1:0	0.79/0.79	1.69/1.69		0.00/0.00	0.00/0.00		0.91	1.64/1.64	
	26.00	d=0.5m									40.837			0.000			42.332
y18			0+626.00	194.985	195.599	194.280/194.280	1:0.675	1:0	0.70/0.70	1.46/1.46		0.00/0.00	0.00/0.00		0.91	1.62/1.62	
	34.00	d=0.5m									57.755			3.101			55.498
y19			0+660.00	195.099	195.732	194.212/194.212	1:0.675	1:0	0.89/0.89	1.94/1.94		0.07/0.07	0.18/0.18		0.91	1.65/1.65	
	40.00	d=0.5m									93.063			23.252			65.833
y20			0+700.00	195.279	195.912	194.132/194.132	1:0.675	1:0	1.15/1.15	2.71/2.71		0.32/0.32	0.98/0.98		0.91	1.65/1.65	
	40.00	d=0.5m									125.633			56.979			65.837
y21			0+740.00	195.458	196.091	194.052/194.052	1:0.675	1:0	1.41/1.41	3.57/3.57		0.58/0.58	1.87/1.87		0.91	1.65/1.65	
	40.00	d=0.5m									161.847			94.347			65.837
y22			0+780.00	195.638	196.271	193.972/193.972	1:0.675	1:0	1.67/1.67	4.52/4.52		0.84/0.84	2.85/2.85		0.91	1.65/1.65	
	15.80	d=0.5m									84.307			68.345			26.006
y23			0+795.80	196.002	196.378	193.940	1:0.675	1:0	2.06	6.15		1.53	5.80		0.91	1.65	
合 计											1177.495			590.141			584.522

说明:
1. 土方计算表中数据均以 m 为单位。
2. 管线总长度为 355.8m,检查井总数为 11 个,其中设置沉淀槽的有 3 个。
3. 挖方总量为 1177.495m³,填方总量为 590.141m³,撼砂总量为 584.522m³。

工程名称	道路工程
图纸内容	雨水管线 2 土方计算表
图纸编号	路施-28

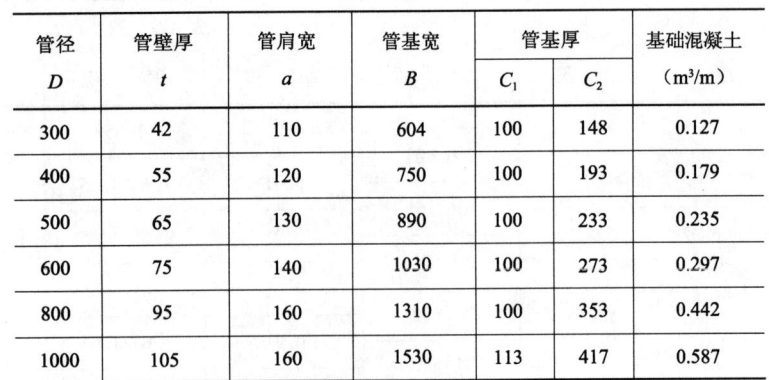

管径 D	管壁厚 t	管肩宽 a	管基宽 B	管基厚		基础混凝土 （m³/m）
				C_1	C_2	
300	42	110	604	100	148	0.127
400	55	120	750	100	193	0.179
500	65	130	890	100	233	0.235
600	75	140	1030	100	273	0.297
800	95	160	1310	100	353	0.442
1000	105	160	1530	113	417	0.587

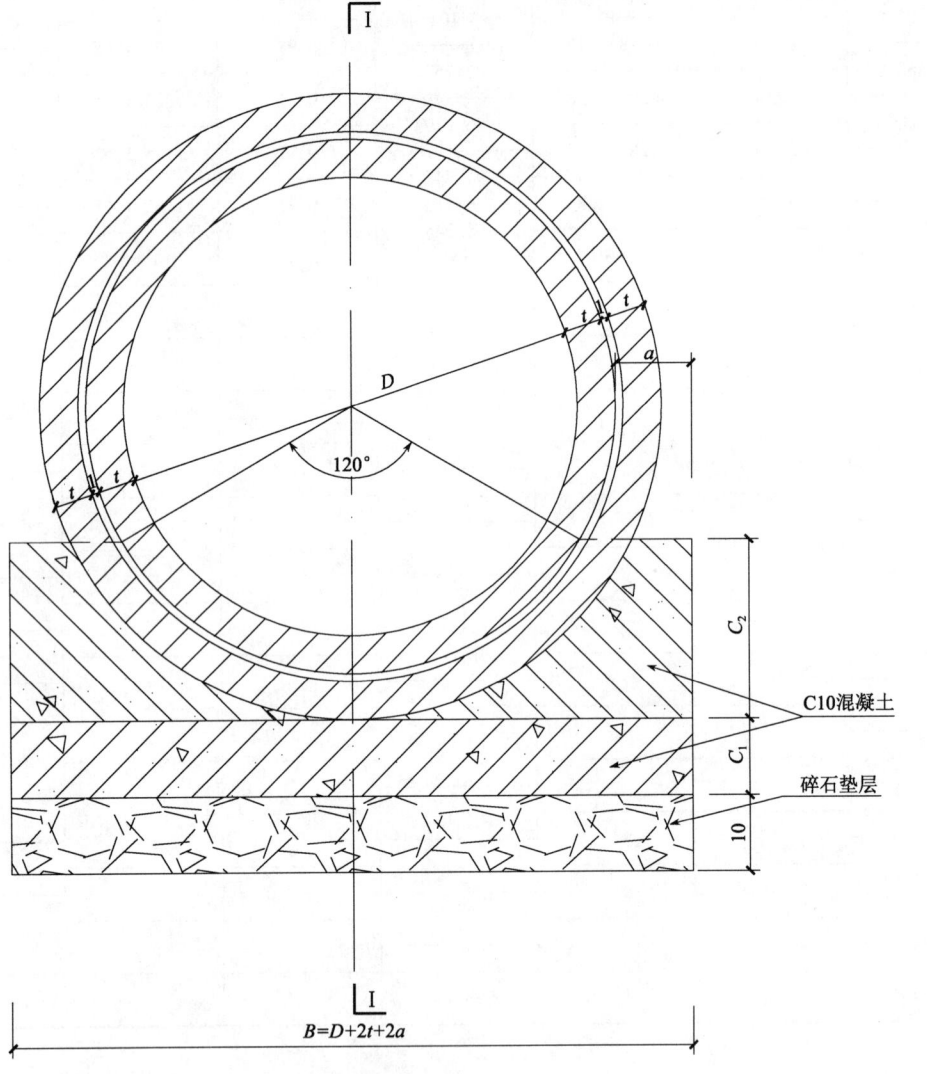

Ⅱ-Ⅱ断面图

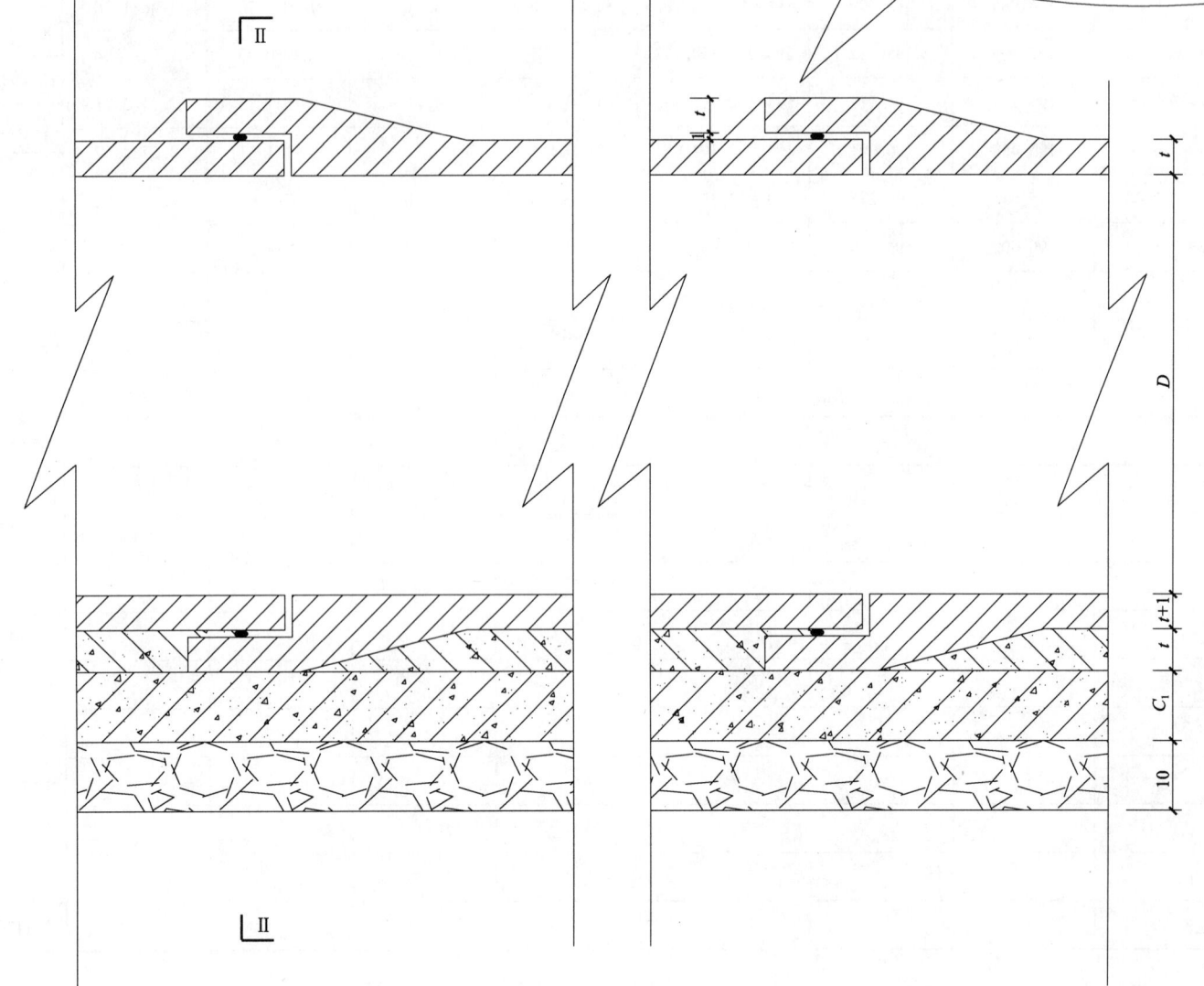

Ⅰ-Ⅰ断面图

说明：
1. 未特殊标明时，尺寸单位以mm计。
2. 本图用于承插管。
3. C_1、C_2分开浇筑时，C_1表面要求凿毛并冲洗干净。
4. 管壁厚度与实际有偏差时可根据实际情况调整。

工程名称	道路工程
图纸内容	承插管基础及接口图
图纸编号	路施-29

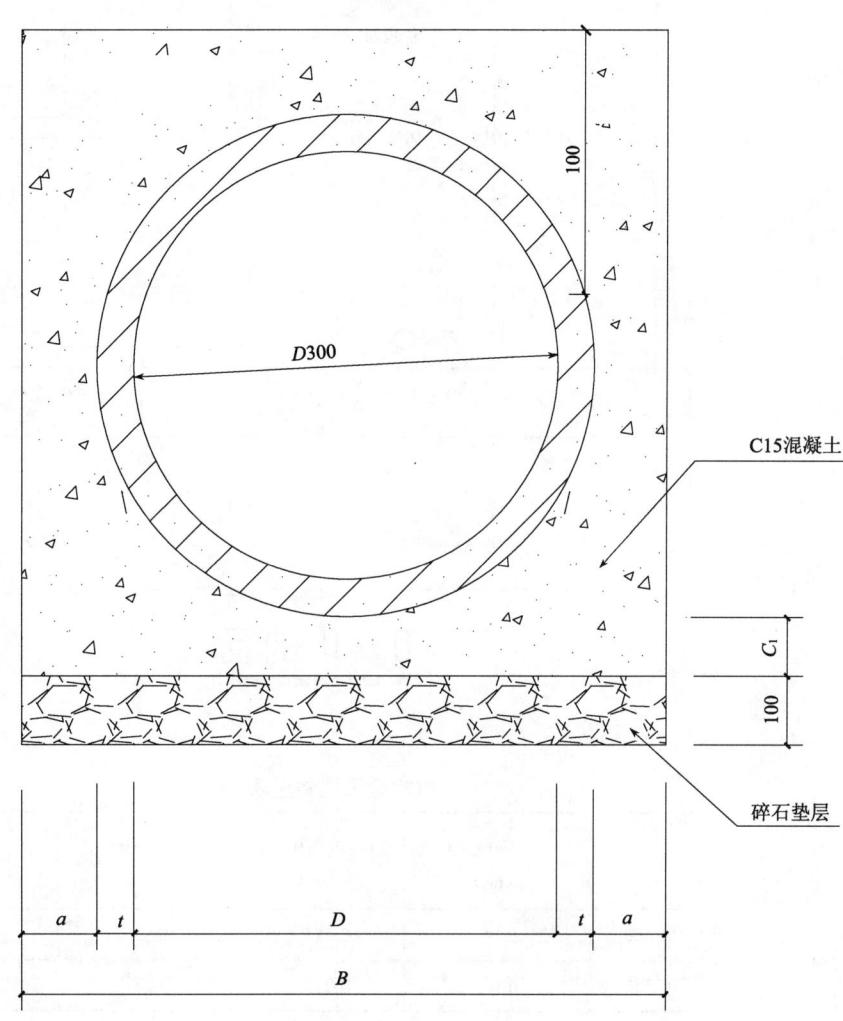

基础断面图

管内径 D300

C15混凝土

碎石垫层

管内径	管壁厚	管基尺寸			基础混凝土用量
D	t	a	B	C_1	（m³/m）
300	10	150	620	150	0.27
1200	120	180	1800	180	1.47
1500	150	225	2250	225	2.24

说明：

1. 未特殊标明时，尺寸单位以mm计。

2. 管壁厚度与实际有偏差时可根据实际情况调整。

工程名称	道路工程
图纸内容	玻璃钢夹砂管基础图
图纸编号	路施-30

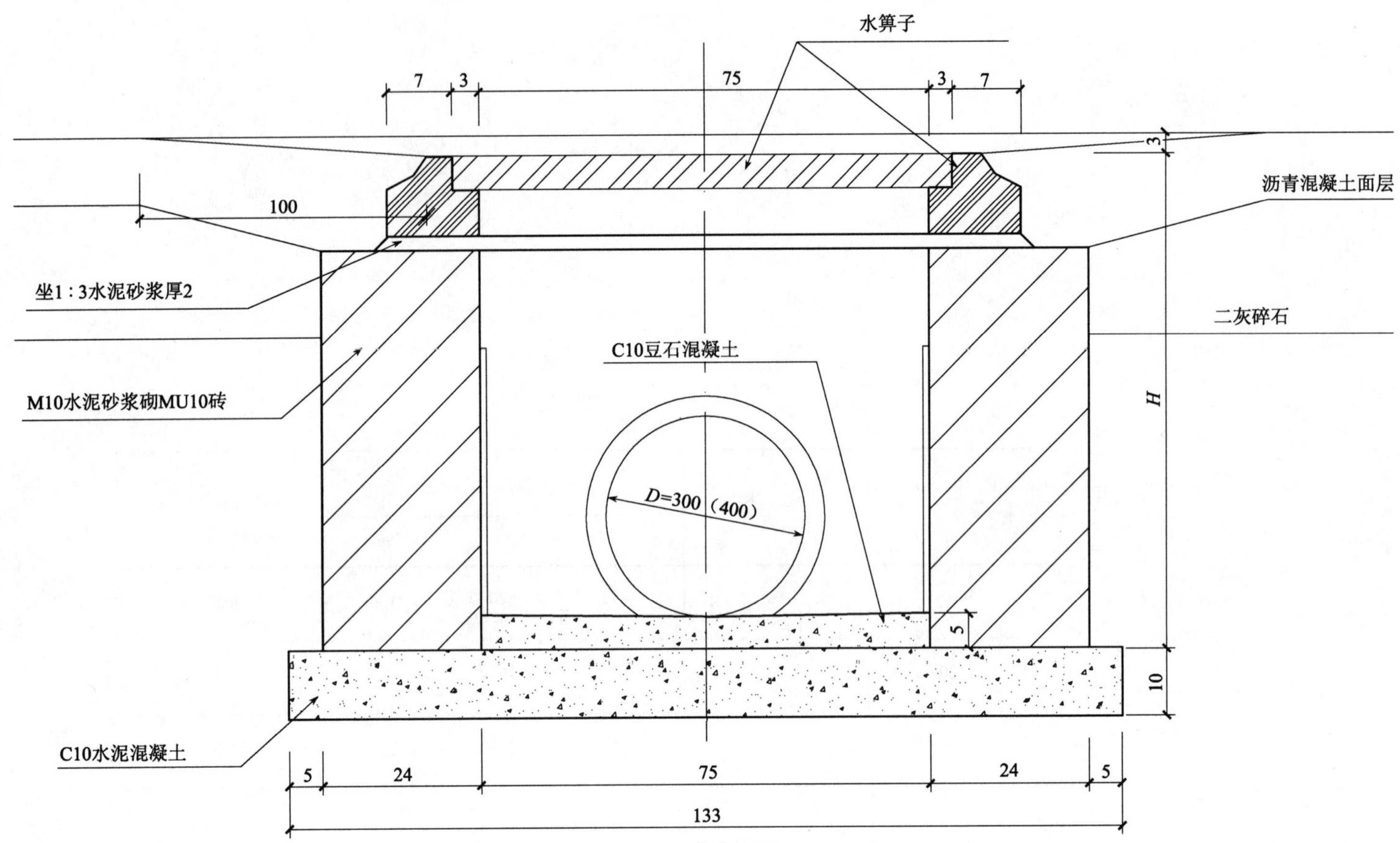

水箅子

沥青混凝土面层

二灰碎石

坐1:3水泥砂浆厚2

C10豆石混凝土

M10水泥砂浆砌MU10砖

H

$D=300$（400）

C10水泥混凝土

| 7 | 3 | 75 | 3 | 7 |

| 100 |

| 3 |

| 5 |

| 5 | 24 | 75 | 24 | 5 |

| 10 |

133

Ⅰ-Ⅰ 剖面

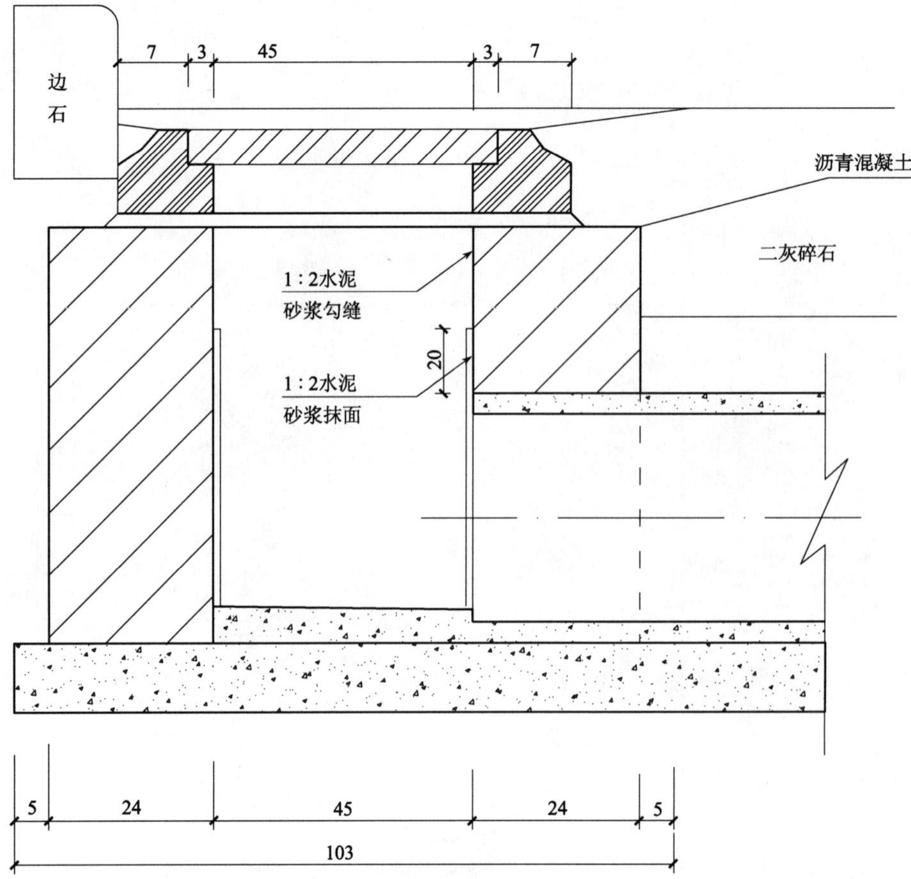

边石

沥青混凝土面层

二灰碎石

1:2水泥砂浆勾缝

1:2水泥砂浆抹面

| 7 | 3 | 45 | 3 | 7 |

| 20 |

| 5 | 24 | 45 | 24 | 5 |

103

Ⅱ-Ⅱ 剖面

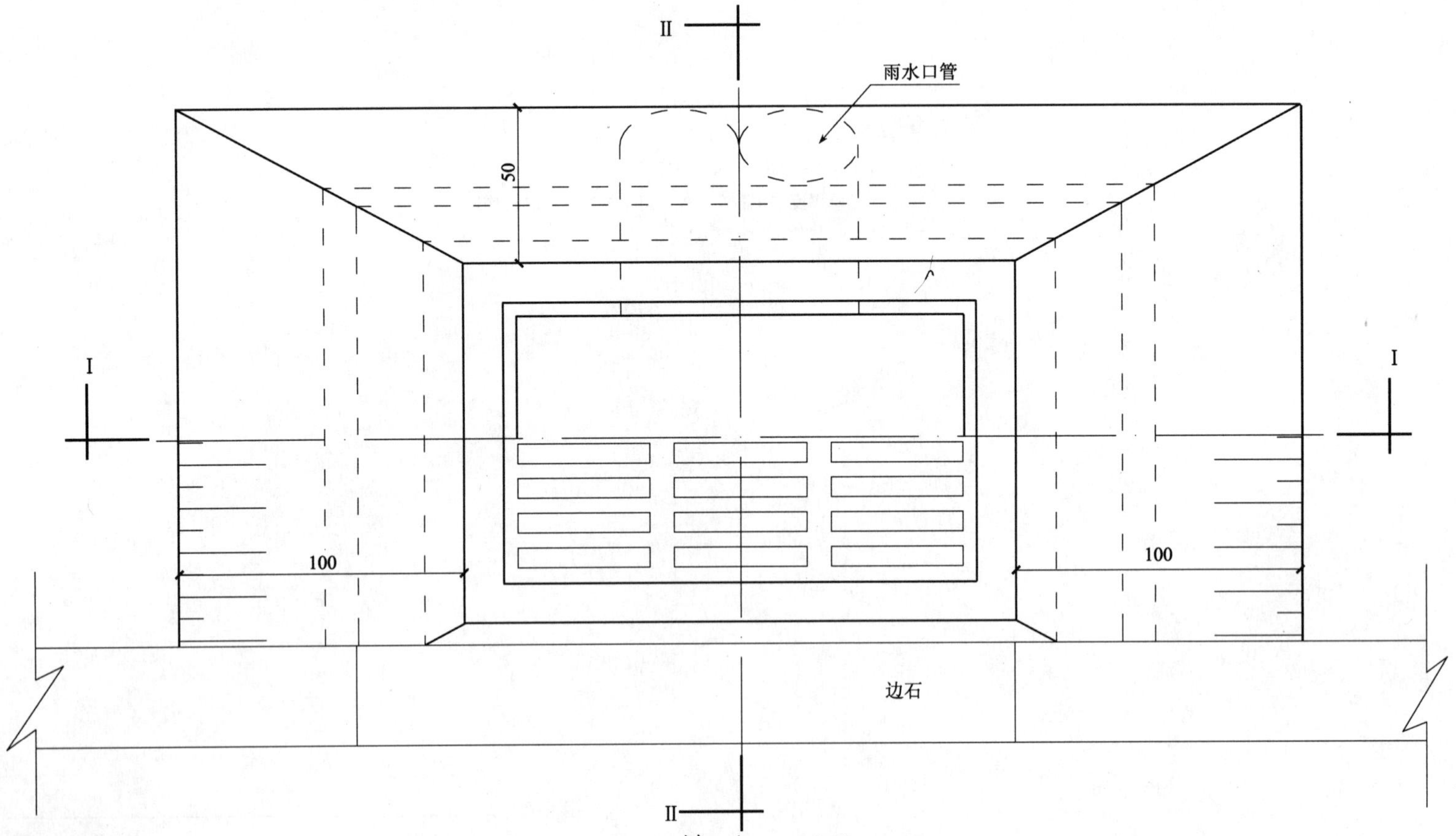

Ⅱ

雨水口管

50

Ⅰ

Ⅰ

100

100

边石

Ⅱ

收水口图

收水口工程数量表

H	混凝土C10 (m³)	豆石混凝土C10 (m³)	砖砌体 (m³)	水箅子 (个)
100	0.14	0.017	0.85	1
150	0.14	0.017	1.28	1

说明：

1. 本图尺寸以cm计。

2. 雨水井采用树脂混凝土箅子。

3. y17、y18、y19的连接管采用D300玻璃钢夹砂管，其余断面D400混凝土承插管。

4. 收水口平面尺寸可根据井箅子尺寸自行调整，但不宜小于38mm×50mm。

工程名称	道路工程
图纸内容	收水口图
图纸编号	路施-31

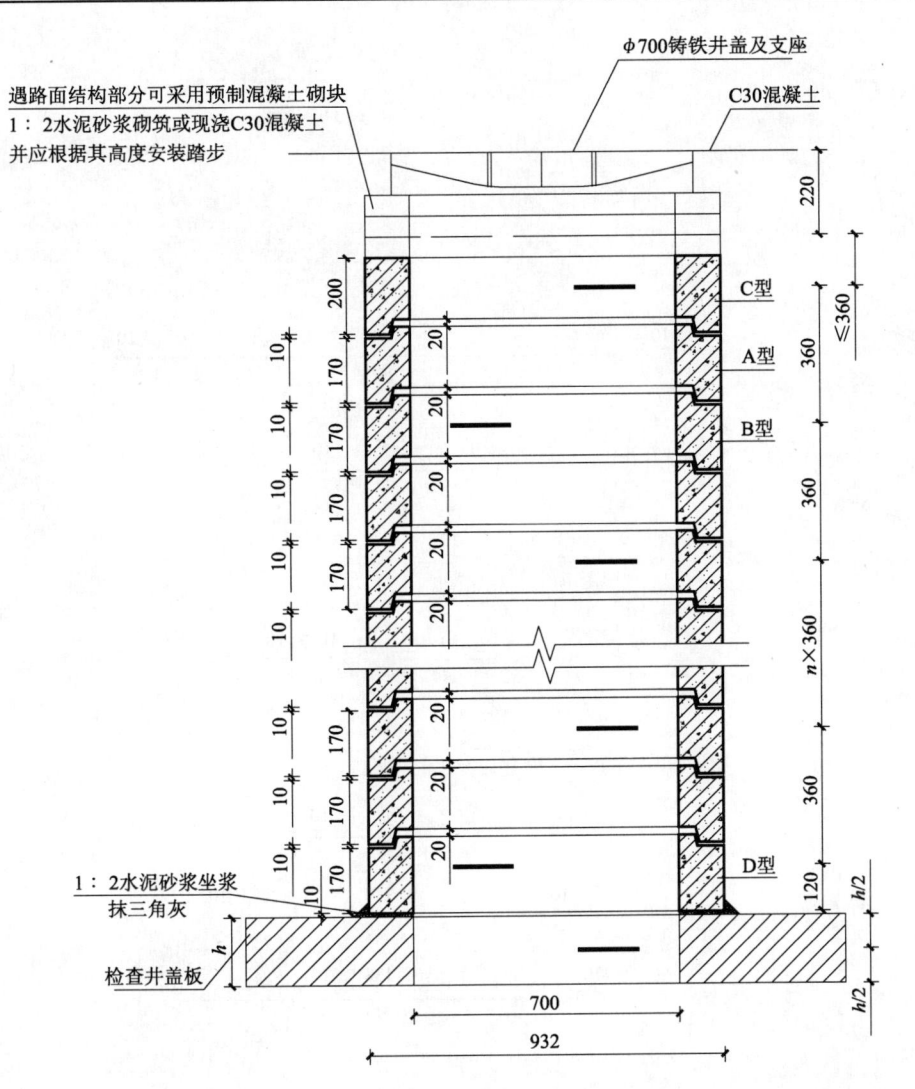

φ700铸铁井盖及支座

遇路面结构部分可采用预制混凝土砌块
1：2水泥砂浆砌筑或现浇C30混凝土
并应根据其高度安装踏步

C30混凝土

C型
A型
B型

220
200
170
20
10

≤360
360
360
360

n×360

360

120

1：2水泥砂浆坐浆
抹三角灰

检查井盖板

D型

700
932

h/2
h/2
h

预制井筒安装大样 1：20

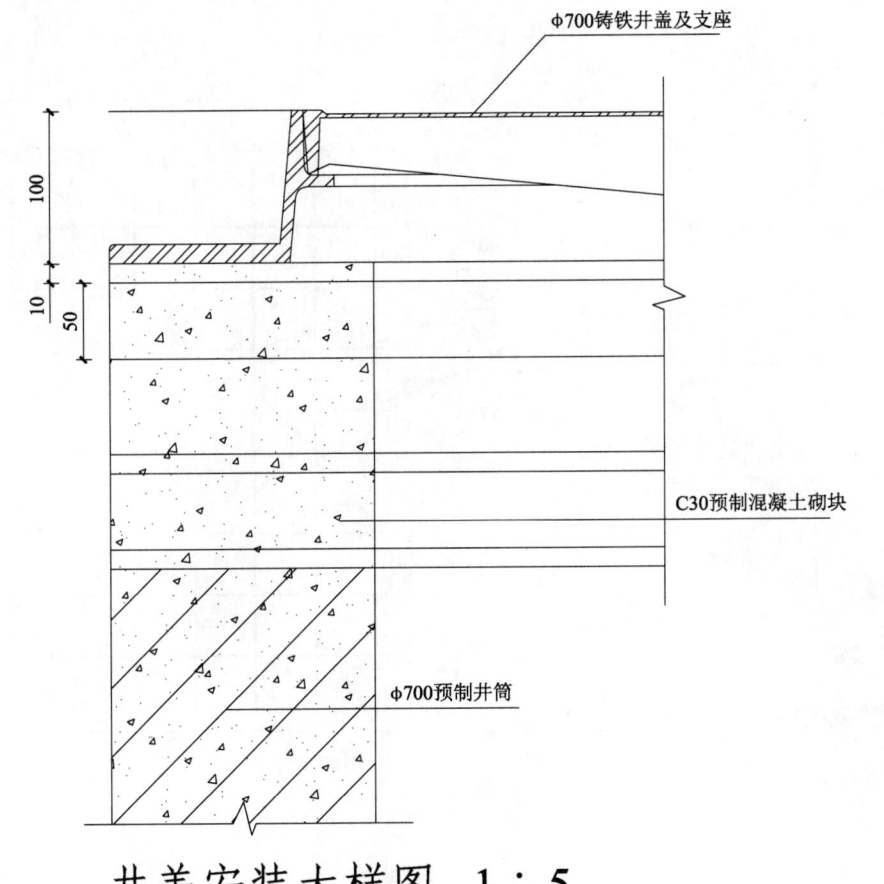

φ700铸铁井盖及支座

100
10
50

C30预制混凝土砌块

φ700预制井筒

井盖安装大样 1：5

井筒长度	型　号（JT）			
L（mm）	A	B	C	D
200	上下企口	上下企口	上平下企	上企下平
	安装踏步	不安装踏步	安装踏步	安装踏步

注：选用时可注型号，例如JT1440A
　　为长度1440mm的上下企口井筒。

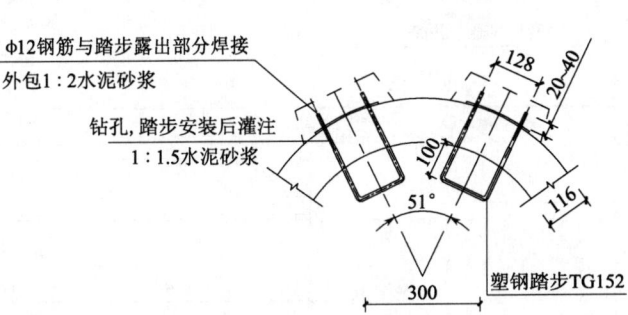

φ12钢筋与踏步露出部分焊接
外包1：2水泥砂浆

钻孔，踏步安装后灌注
1：1.5水泥砂浆

塑钢踏步TG152

128
20~40
116
100
51°
300

塑钢踏步安装大样 1：20

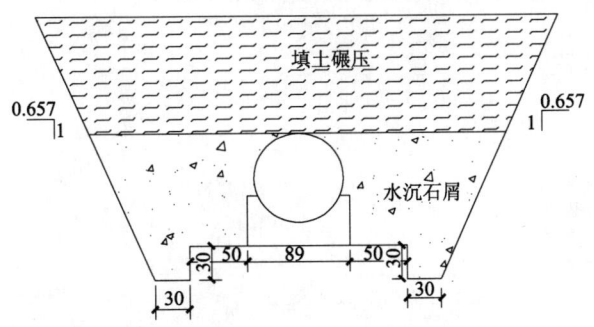

填土碾压

0.657
1
0.657
1

水沉石屑

30 50 89 50 30
30

说明：
1.本图尺寸以cm计。
2.具体填挖方量见雨水纵断土方量计算表。
3.先开挖井外运路基以上部分超高土及结构土，然后进行排水沟槽工序的施工。

沟槽开挖图

φ932
φ700

预制井筒大样 1：50

外侧10厚1：2水泥砂
浆坐浆，里侧勾缝

116
10 63
20
40
30
41 7
200
200
10

企口尺寸大样图 1：10

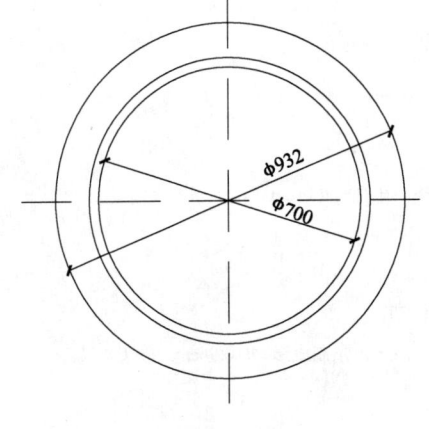

R350
R466
116

C30预制混凝土砌块大样图 1：20

（50厚，内弧长度为1/8圆弧-10=265mm）

说明：
1. 单位：mm。
2. 材料：混凝土C30。
3. 预制井筒可利用管厂模具及Ⅰ级管配筋生产，
　预制时构件上应设置吊环（孔）。
4. 塑钢踏步应安装在井筒上成套供应。
5. 最下一节井筒为JT180B或JT180D，
　最上节井筒为JT180C。
6. 当盖板厚度h≥160mm时，盖板中加一踏步。

工程名称	道路工程
图纸内容	检查井上部做法图、沟槽开挖图
图纸编号	路施-32

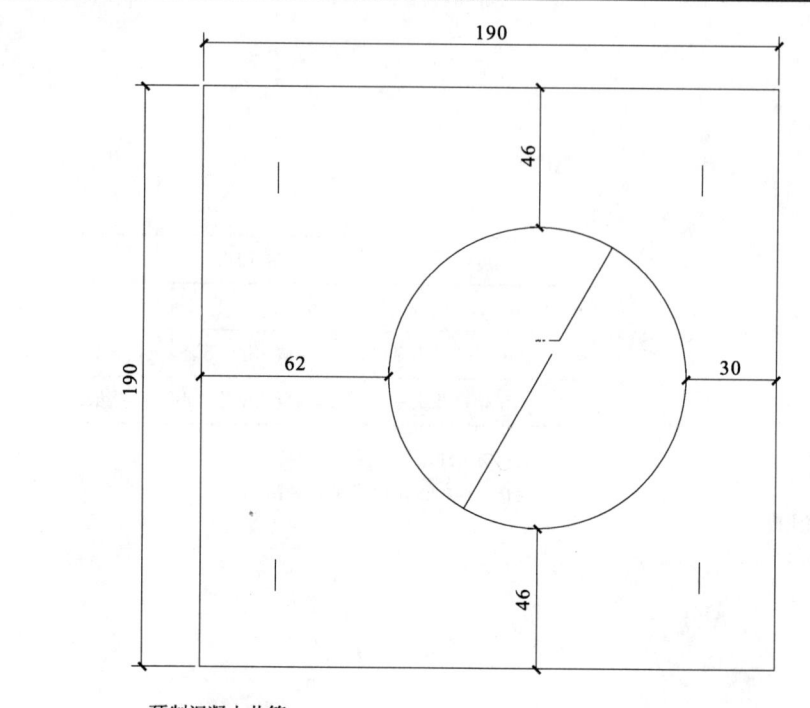

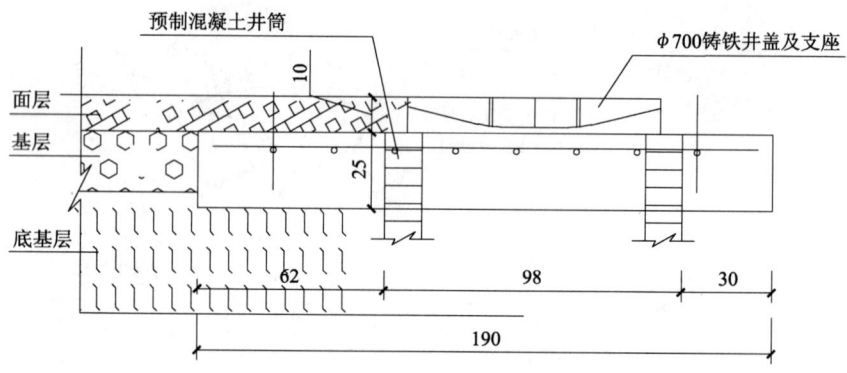

面层
基层
底基层
预制混凝土井筒
φ700铸铁井盖及支座

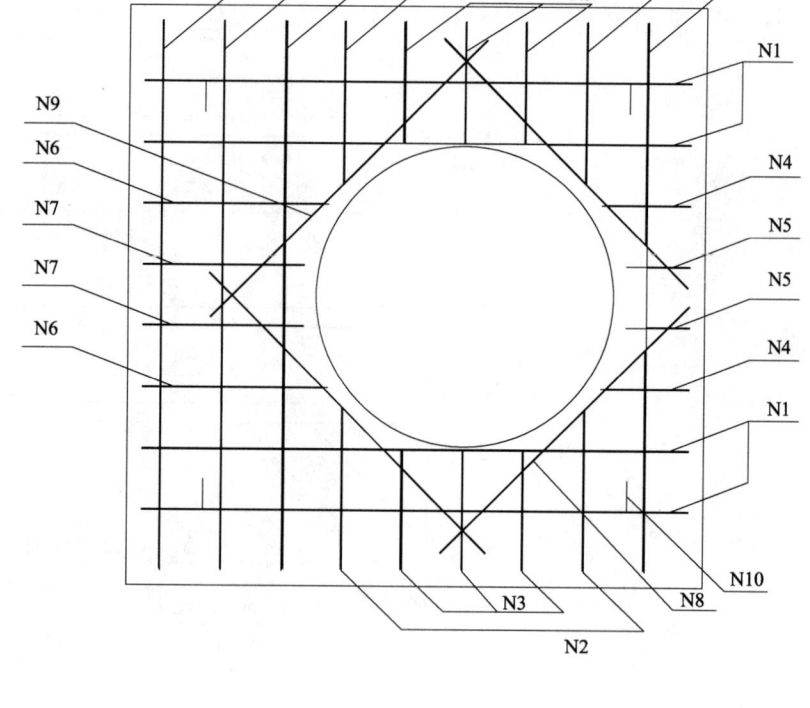

井周结构图

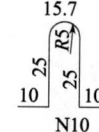

说明:

1. 本图尺寸除钢筋直径以mm计外,其他尺寸以cm计。
2. 混凝土强度等级为C15。
3. 钢筋网片靠上布置,保护层5cm。
4. 钢筋采用盘条Q235A.F-L8-GB 701。
5. 现浇成形时不需N10筋,D取93.2 cm。预制成形时D取96cm,砂浆勾缝。

一座井工程数量表

序号	直径	长度(cm)	数量	总长(m)	总重(kg)
N1	φ8	200	8	16	6.27
N2	φ8	73	4	2.92	1.14
N3	φ8	50	6	3	1.17
N4	φ8	49	2	0.98	0.38
N5	φ8	41	2	0.82	0.32
N6	φ8	81	2	1.62	0.63
N7	φ8	73	2	1.46	0.57
N8	φ8	134	2	2.68	1.05
N9	φ8	158	2	3.16	1.24
N10	φ8	86	4	3.44	1.35

合计: 钢筋总重量为14.15kg,混凝土为0.732m³。

工程名称	道路工程
图纸内容	井周结构图
图纸编号	路施-33

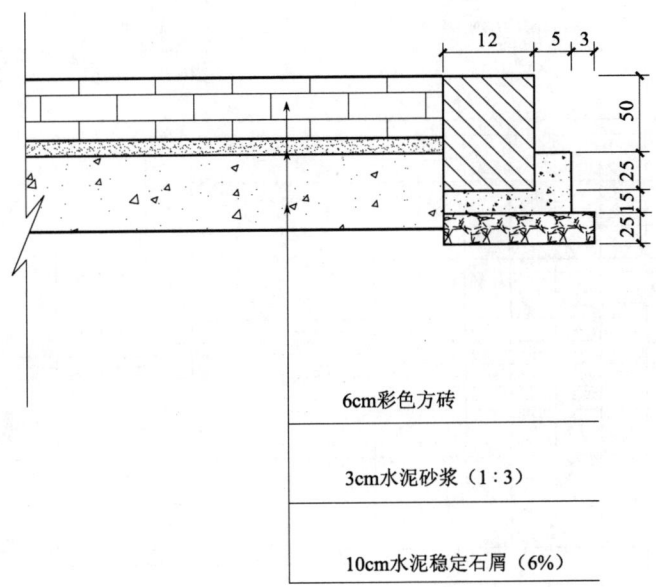

6cm彩色方砖

3cm水泥砂浆（1：3）

10cm水泥稳定石屑（6%）

界石及方砖结构图 1：10

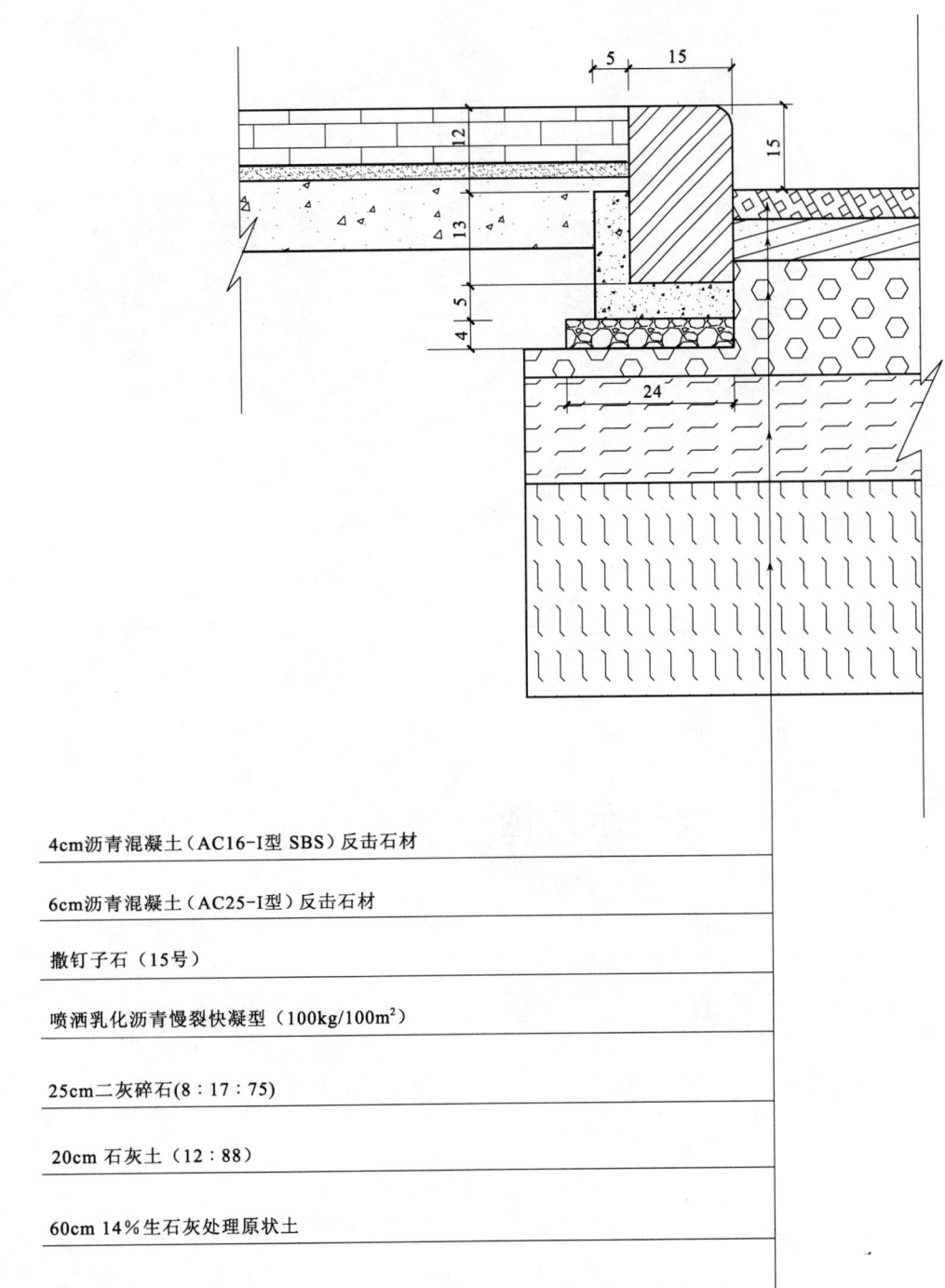

4cm沥青混凝土（AC16-I型 SBS）反击石材

6cm沥青混凝土（AC25-I型）反击石材

撒钉子石（15号）

喷洒乳化沥青慢裂快凝型（100kg/100m²）

25cm二灰碎石(8：17：75)

20cm 石灰土（12：88）

60cm 14％生石灰处理原状土

边石及道路结构图 1：10

说明：
1. 本图尺寸以cm计。
2. 边石、界石后背及垫层混凝土强度等级为C15。
3. 采用机锯切花岗石边石、界石。
4. 二灰碎石碾压需采用18~21t振动式压路机碾压。

工程名称	道路工程
图纸内容	边石、界石及结构图
图纸编号	路施-34

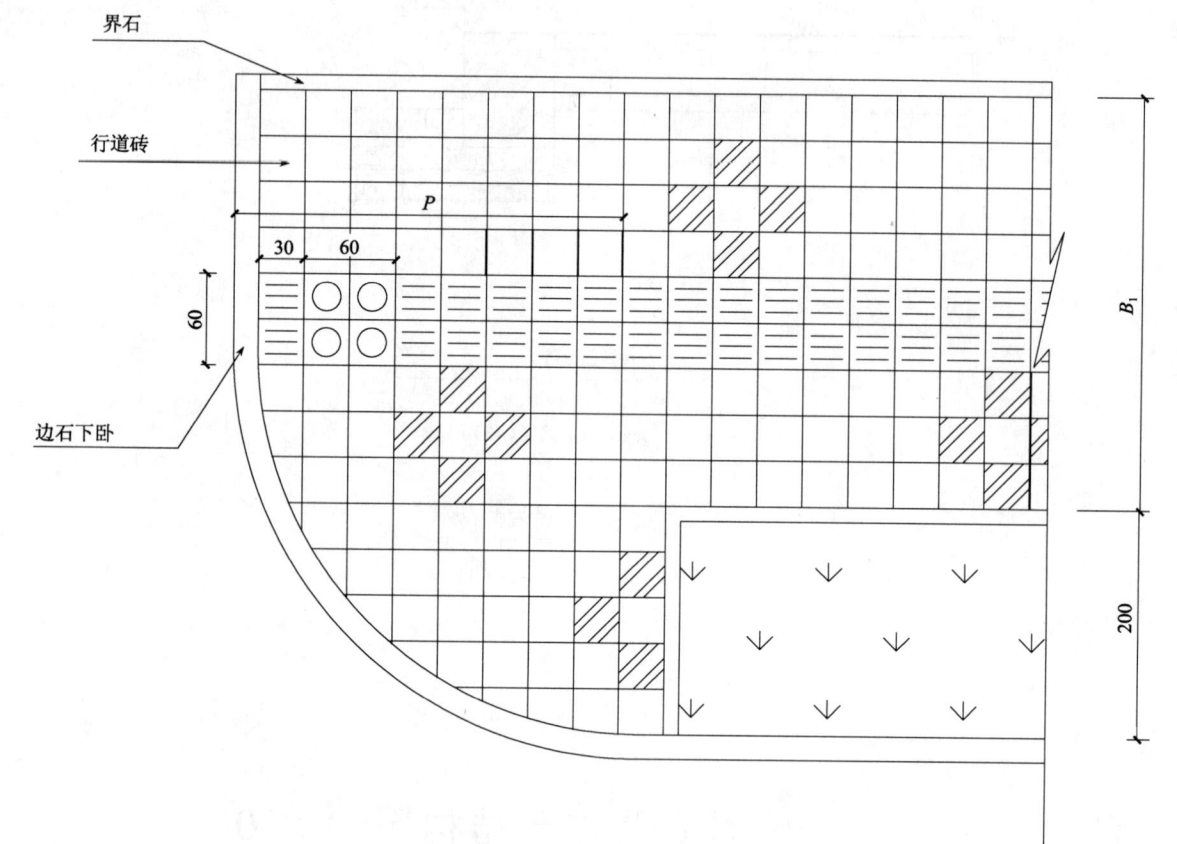

界石

行道砖

30 60

60

边石下卧

P

B₁

200

坡道平面图

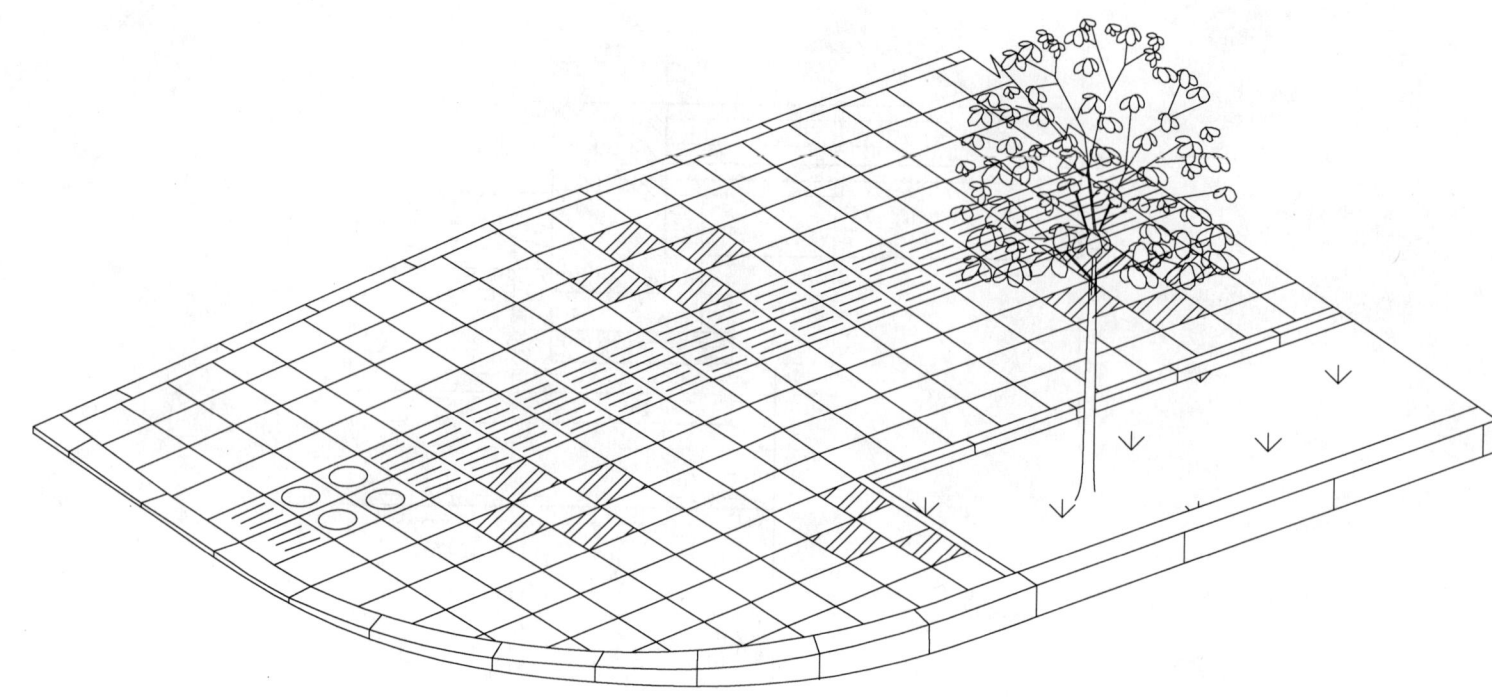

坡道示意图

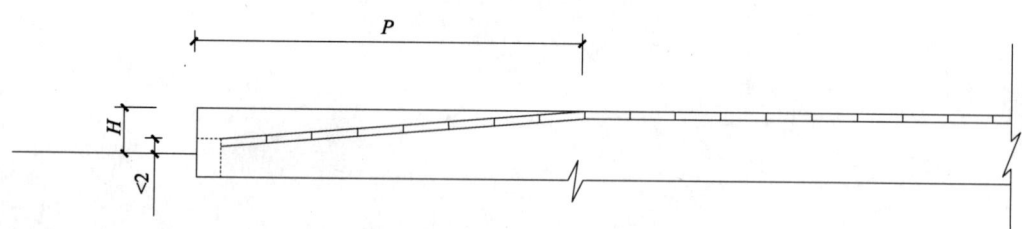

P

H

坡道剖面图

说明:
1. 本图尺寸以cm计。
2. 本坡道适用于半径小于9m的路口。
3. H为边石外露高度。
4. $P=(H-2)/(0.07-i)$,i为方砖路原纵坡度。

工程名称	道路工程
图纸内容	无障碍通道图
图纸编号	路施-35

（新建道路结构）

4cm细粒式沥青混凝土

6cm粗粒式沥青混凝土

二灰碎石

白灰土

60cm 8%生石灰处理土基

新旧道路结构相接处

既有道路结构

50 50 50

13cm×n

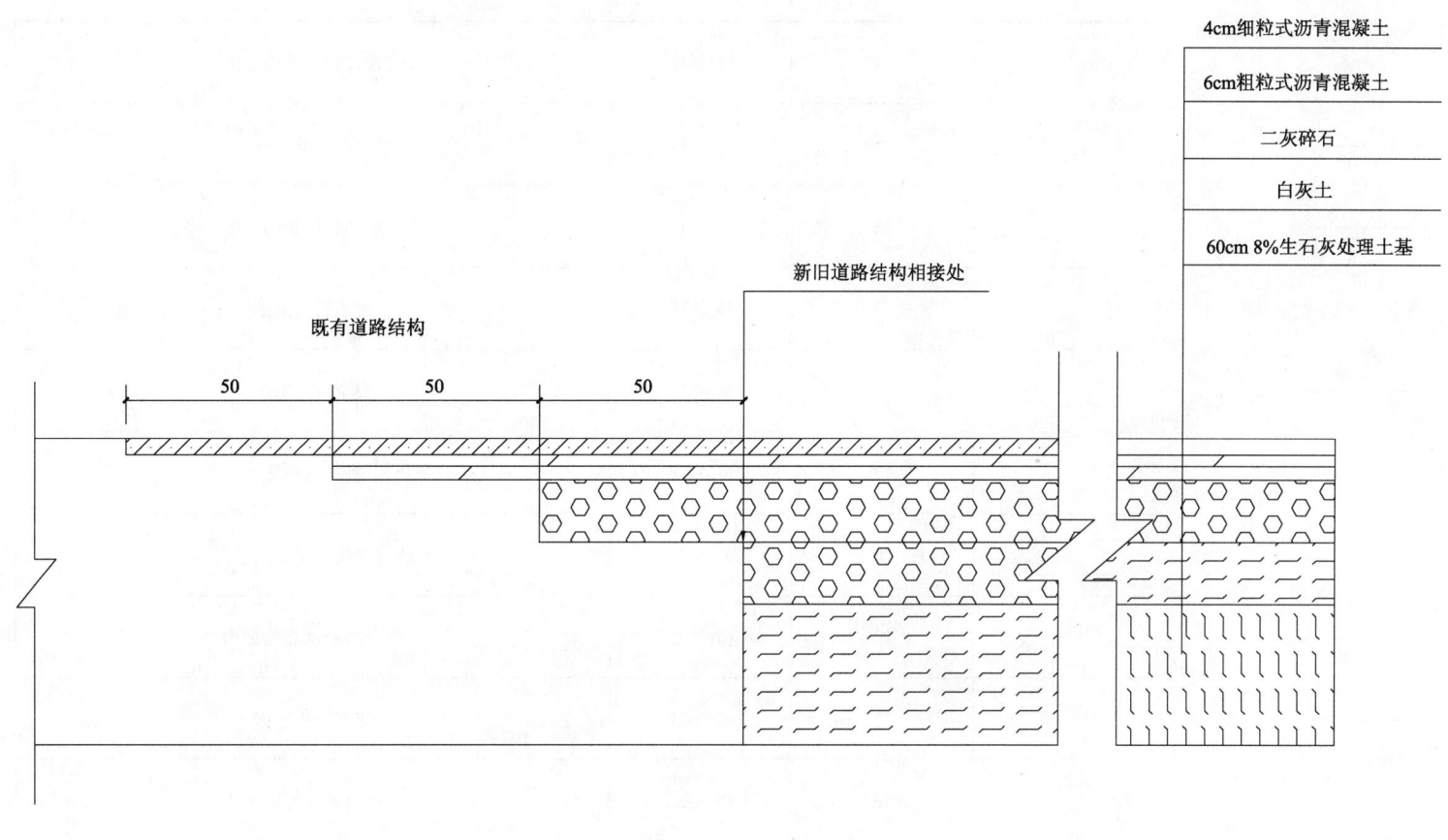

35cm×n

26cm×3

13cm×n

39cm

70cm×3 105cm

新旧道路搭接处理图

说明：本图尺寸以cm计。

砖抹面踏步大样图 1：50

说明：

1. 本图尺寸以cm计。

2. n为台阶数。

3. 1：2水泥砂浆抹面厚度2cm。

工程名称	道路工程
图纸内容	新旧道路搭接处理图、砖抹面踏步大样图
图纸编号	路施-36

8 桥梁工程

8.1 图纸目录

设计序号	×××	工程名称	桥 梁 工 程	单项名称	
设计阶段	施工图	结构类型		完成日期	
专 业	序 号	图纸编号	图 纸 内 容		页 码
桥梁工程	1		桥梁设计说明、工程数量表		399,400
	2	桥施-01	总体布置图		401
	3	桥施-02	桥台一般构造梁构造图		402
	4	桥施-03	桥台盖梁钢筋构造图		403
	5	桥施-04	桥台背墙钢筋构造图		404
	6	桥施-05	桥台耳墙钢筋构造图		405
	7	桥施-06	桥台桩、柱钢筋构造图		406
	8	桥施-07	系梁钢筋布置图		407
	9	桥施-08	桥台支座垫石构造图		408
	10	桥施-09	中板一般构造图		409
	11	桥施-10	边板一般构造图		410
	12	桥施-11	预应力钢筋构造图		411
	13	桥施-12	中板普通钢筋构造图		412

续表

设计序号	×××	工程名称	桥 梁 工 程	单项名称	
设计阶段	施工图	结构类型		完成日期	
专 业	序 号	图纸编号	图 纸 内 容		页 码
桥梁工程	14	桥施-13	边板普通钢筋构造图		413
	15	桥施-14	板端部钢筋构造图		414
	16	桥施-15	桥面铺装钢筋构造图		415
	17	桥施-16	泄水管构造图		416
	18	桥施-17	安全带构造图		417
	19	桥施-18	栏杆构造图		418
	20	桥施-19	桥台搭板、枕梁构造图		419
	21	桥施-20	桥台搭板钢筋构造图		420
	22	桥施-21	伸缩缝构造图		421
	23	桥施-22	桥台锥坡构造图		422
	24	桥施-23	中板、边板钢筋工程数量表		423

8.2 桥梁施工图

桥梁设计说明

一、设计依据

1. 中华人民共和国交通部部标准《公路工程技术标准》JTGB 01—2003。
2. 中华人民共和国交通部部标准《公路桥涵设计通用规范》JTJ 021—89。
3. 中华人民共和国交通部部标准《公路钢筋混凝土及预应力混凝土桥涵设计规范》JTJ 023—85。
4. 中华人民共和国交通部部标准《公路桥涵地基与基础设计规范》JTJ 024—89。
5. 中华人民共和国交通部部标准《公路砖石及混凝土桥涵设计规范》JTJ 022—85。

二、设计指标

1. 设计荷载：汽-20t，挂-100t；
2. 桥梁净宽：7 + 2 × 0.5m。

三、桥长孔径

该桥跨越的是农田排灌水渠，孔径计算时，结合桥位附近地形、水文条件等，通过水文计算，并充分考虑农田排、灌要求，确定该桥长 20m，桥面设计标高 100.1m。

四、结构形式

上部采用一孔 20m 无粘结预应力混凝土简支空心板梁；下部采用双柱式桥台，钻孔灌注桩基础。

五、设计要点

上部构造：主梁按极限状态设计。

主梁活载和不均匀恒载分布系数：在求力矩时按 G—M 法计算，在求梁端剪力时按杠杆法原理近似计算，在一端桥台与主梁连接处设置三元乙丙防寒型伸缩缝，在该桥台设置滑动支座，在另一端桥台设置固定支座，所有支座采用 F4 板式三元乙丙橡胶支座。按排水要求在跨中对称布置 2 个排水管。

桥面设 1.5% 的双向横坡，桥面铺装为 12 ~ 17cm 防水混凝土层，横坡由桥面铺装形成。

下部构造根据 JT/GQB 012—97 设计。

桥台盖梁计算：活载横向分布系数计算采用杠杆法，盖梁内力按双悬臂梁计算。

六、施工要点

1. 在后张法无粘结预应力混凝土空心板梁开始全面预制之前，应先预制 1 片进行试验，以确定其力学的可靠性、施工工艺、运输和安装方法等，如发现不符合设计要求的现象，应采取适当措施处理。
2. 预应力钢筋张拉时对一片空心板梁两个腹板上对应的两根钢束同时张拉，以免造成主梁梁体横向弯曲。
3. 无粘结预应力筋的钢丝线不应有死弯；当有死弯时必须切断，无粘结预应力筋中的每根钢丝应是通长的，严禁有接头。
4. 预制空心板梁混凝土立方体试验强度达到强度设计值的 100% 后，方可施加预加力。
5. 预制主梁的底模、底座应平整坚固，锚具垫板的位置、斜度要准确稳固，普通钢筋、预埋钢筋一般应采用点焊方式连接、以免振捣混凝土时移位。
6. 应严防氯化物对无粘结预应力筋的侵蚀，在混凝土施工中不得使用含有氯离子的外加剂，锚固区后浇混凝土或砂浆，不得含有氯化物。
7. 在预应力筋全长上及锚具与连接套管的连接部位、外包材料均应连续、封闭且能防水。
8. 无粘结预应力筋的锚具，全部涂以与无粘结预应力筋涂料层相同的防腐油脂，并用具有可靠防腐和防火

性能的保护套将锚具全部密闭。

9. 装卸吊装无粘结筋时，应保持在成盘或顺直状态下起吊、搬运，不得摔砸踩踏，严禁钢丝绳或其他坚硬吊具与无粘结筋的外包层直接接触，无粘结预应力筋应成盘或顺直地分开堆放在通风干燥处，露天堆放时，不得直接与地面接触，并采取覆盖措施。
10. 无粘结预应力筋允许采用与普通钢筋相同的绑扎方法，无粘结预应力筋位置的垂直偏差，在梁内为 ±10mm。
11. 混凝土浇筑时，严禁踏压撞碰无粘结预应力筋、支撑架及端部预埋部件。
12. 张拉后，宜采用砂轮锯或其他机械方法切断超长部分的无粘结预应力筋，严禁采用电弧切断，无粘结预应力筋切断后露出锚具夹片外的长度不得小于 30mm。
13. 无粘结预应力筋用的钢丝或钢绞线，其质量应符合 GB 5223 和 GB 5224 的规定，并应附有质量保证书。
14. 预制空心板梁的顶面必须凿毛处理，可采用垂直于跨径方向划槽，槽深 0.5 ~ 1cm，横贯桥面，每延米桥长不少于 10 ~ 15 道，严防板顶滞留油渍。
15. 桩基础钻孔和钢筋笼的定位要准确，不倾斜，钻孔桩的清孔、吊装钢筋笼、灌注水下混凝土各工序要连续，钻孔桩底沉淀厚度不得大于 0.2m，不得用增加深度的方法来代替清孔。
16. 桥台背填砂砾，分层用小型机具压实或夯实，压实度不低于 95%，桥台回填的砂性土，其内摩擦角不得小于 35°。
17. 在浇筑混凝土预制件之前，必须检查所有预埋件和预留孔是否齐全。

以上说明未尽事宜，遵照《无粘结预应力混凝土结构技术规程》JGT/T 92—93 第五章的规定，同时应严格遵照《公路桥涵施工技术规范》进行施工。

七、主要材料

1. 混凝土：主梁混凝土采用 C40 混凝土，桥面铺装为 C40 防水混凝土，台帽及前墙、耳墙、背墙、台柱、系梁、钻孔桩混凝土均采用 C25。
2. 钢筋：预应力钢筋为无粘结钢绞线，每束 7 丝，标准强度 $R_y^b = 1470$MPa，应符合国家标准《预应力混凝土用钢绞线》GB 5224—2003 规定。非预应力筋采用主筋为 HRB335 级钢筋，其余为 HPB235 级钢筋，应符合 GB 1499—97 的规定。
3. 水泥：强度等级应达到水泥混凝土强度等级。
4. 碎石：采用质地坚硬、耐冻、未风化的石料。

工程数量表

材料	部位	单位	上部构造 空心板	上部构造 支座及垫石	上部构造 桥面系 铺装	上部构造 桥面系 伸缩缝及泄水管	上部构造 桥面系 栏杆及安全带	上部构造 小计	下部构造 桥台 盖梁	下部构造 桥台 背墙	下部构造 桥台 耳墙	下部构造 桥台 桩柱	下部构造 桥台 系梁	下部构造 搭板	下部构造 锥坡	下部构造 小计	合计
混凝土	C40	m³	84.7		24.7			109.4									109.4
	C30																
	C25			0.24			2.3	2.54	28.0	3.2	17.6	137.8	5.4	137.8		329.8	332.34
	C20					4.7		4.7									4.7
	小计		84.7	0.24	24.7		7.0	116.64	28.0	3.2	17.6	137.8	5.4	137.8		329.8	446.44
M20 水泥砂浆							0.373	0.373								0.373
M40 水泥砂浆			0.11					0.11								0.11

续表

材料\部位		单位	上部构造 空心板	支座及垫石	桥面系 铺装	伸缩缝与泄水管	栏杆及安全带	小计	下部构造 桥台 盖梁	背墙	耳墙	桩柱	系梁	搭板	锥坡	小计	合计
钢铰线	14φ/15		3900.3×2					7800.6									7800.6
钢筋 HPB235级	φ6	kg					140.2	140.2									140.2
	φ8		2850		1214		278.1	4342.1		65.4	141.2	628	44.6			879.2	5221.3
	φ10		30.8	165.6			66.8	263.2	462.4							462.4	725.6
钢筋 HRB335级	φ12		1184.4					1184.4	101.3	235.6	323.4					660.3	1844.7
	φ16											131.8	149.6	1327.7		1609.1	1609.1
	φ20		4715.6					4715.6									4715.6
	φ22											6584	622.4	5618.9		12825.3	12825.3
	φ28								1600.3							1600.3	1600.3
	小计		16581.4	165.6	1214		485.1	18446.1	2164	301	464.6	7343.8	816.6	6946.6		18036.6	36482.7
钢板	δ=30	kg	368.4					368.4									368.4
	δ=6					132		132									132
螺栓组	M16	kg															
泄水管（铸铁）		kg				561.6		561.6									561.6
三元乙丙支座		个		24				24									24
TST碎石		m³				0.68		0.68									0.68
防震挡块（天然橡胶30×20×5）		个							4							4	4
砂粒垫层		m³													14.4	14.4	14.4
填土													1976.9			1976.9	1976.9
M7.5浆砌片石															77.8	77.8	77.8
挖基土方													2021.5			2021.5	2021.5

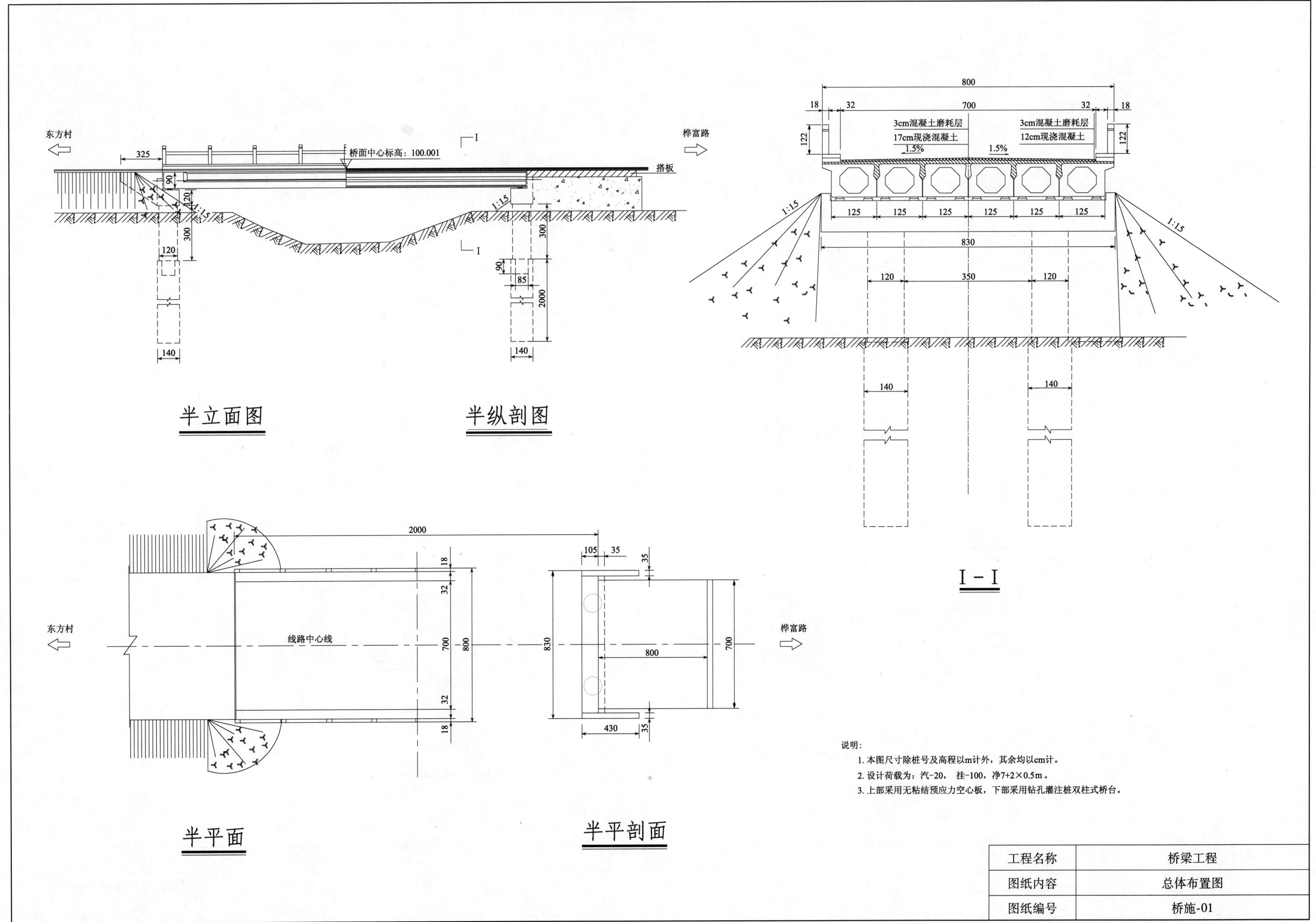

800

18 32 700 32 18

3cm混凝土磨耗层   3cm混凝土磨耗层
17cm现浇混凝土   12cm现浇混凝土
1.5%   1.5%

122   122

1:15   1:15

125 125 125 125 125 125

830

120 350 120

140 140

I - I

东方村

325

桥面中心标高：100.001

搭板

90
120

300

1:15

90
85

2000

300

120

140

140

半立面图   半纵剖图

2000

105 35
35

18

32

700   800   830

线路中心线

800

700

32

18

430 35

东方村   桦富路

半平面   半平剖面

说明：
1. 本图尺寸除桩号及高程以m计外，其余均以cm计。
2. 设计荷载为：汽-20，挂-100，净7+2×0.5m。
3. 上部采用无粘结预应力空心板，下部采用钻孔灌注桩双柱式桥台。

工程名称	桥梁工程
图纸内容	总体布置图
图纸编号	桥施-01

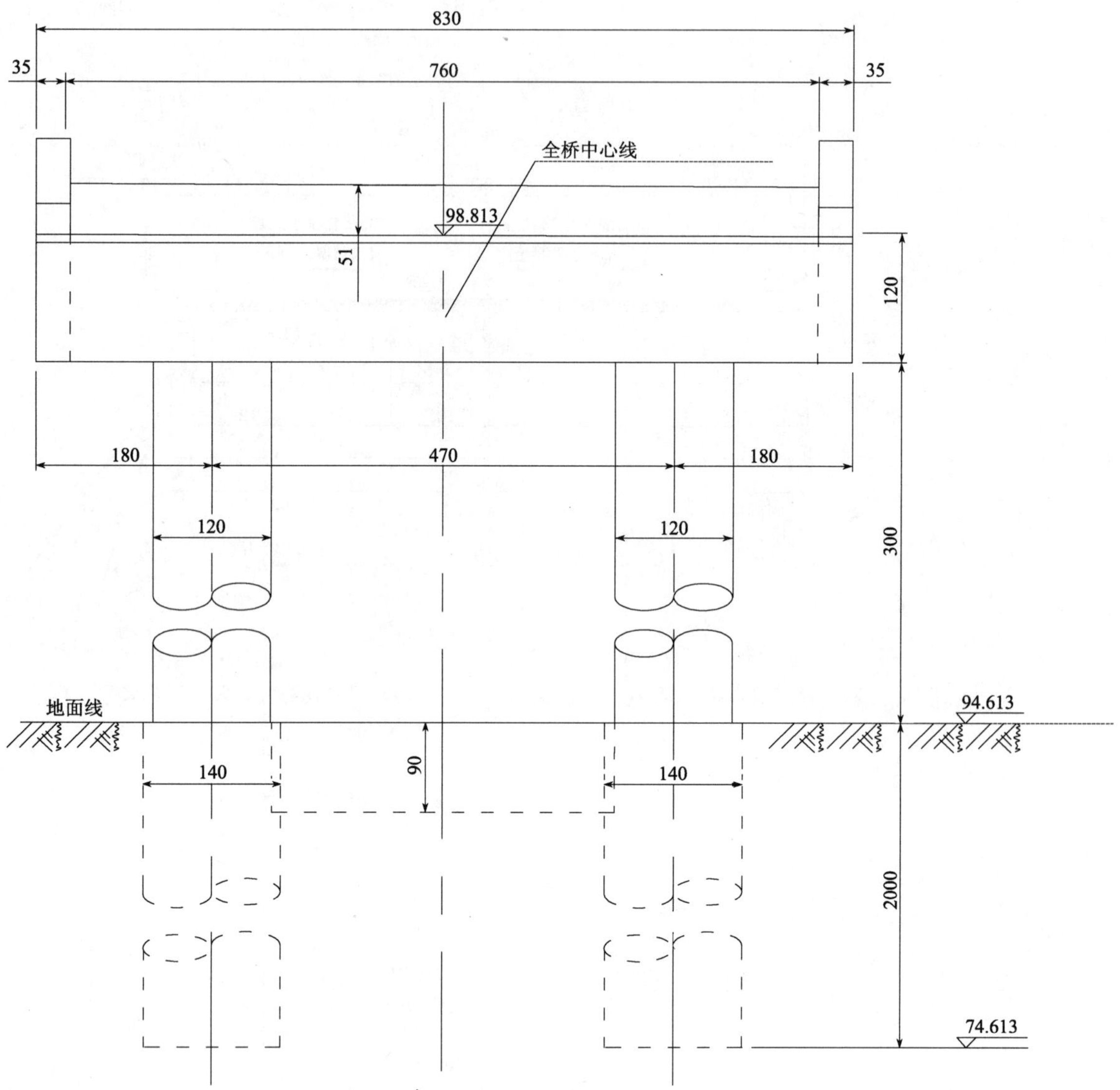

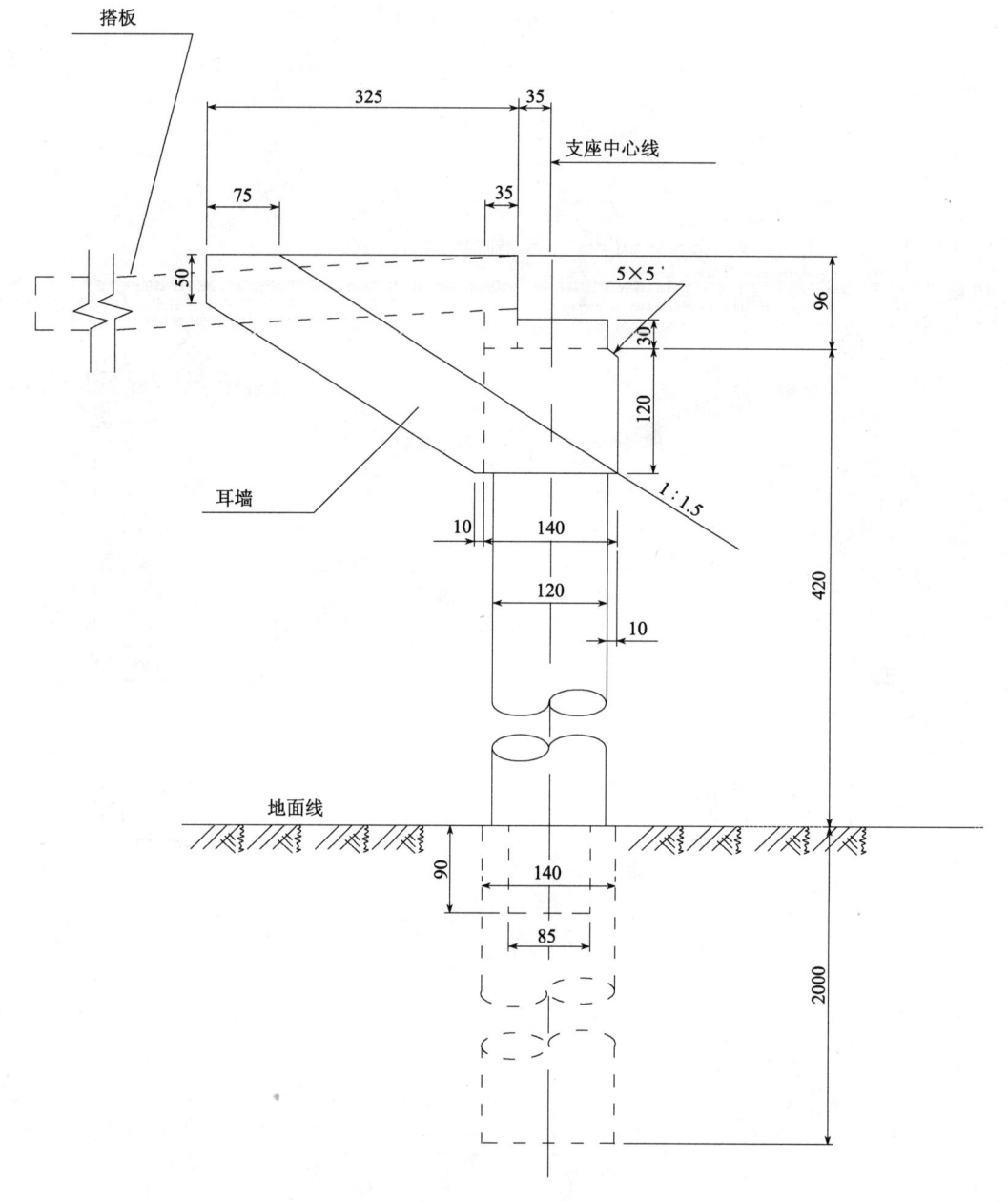

830
35   760   35
全桥中心线
98.813
51
120
180   470   180
300
120   120
地面线
94.613
140   90   140
2000
74.613

立面

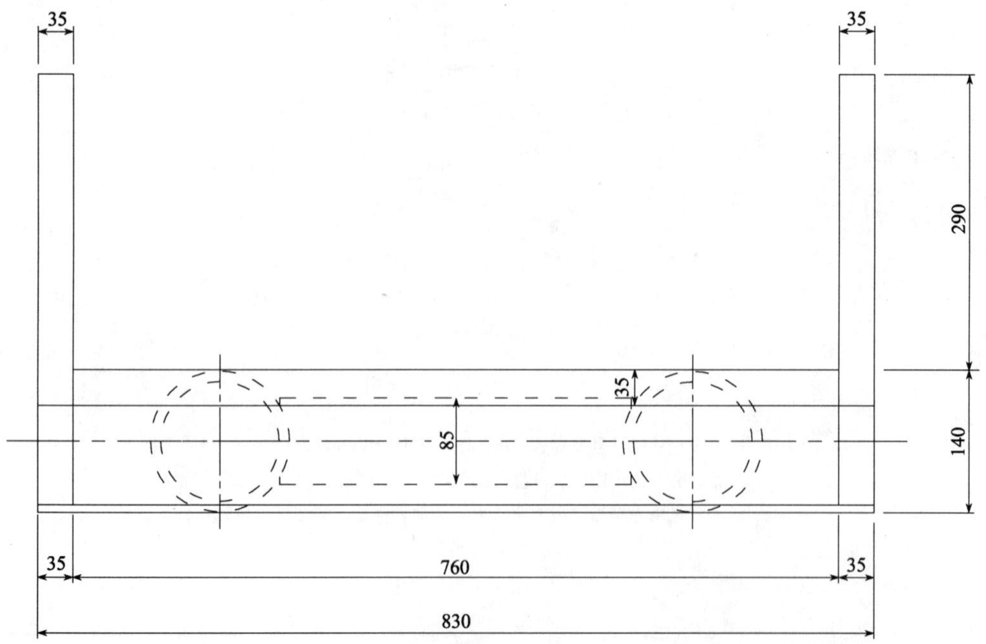

搭板
325   35
支座中心线
75   35
50
5×5
30
96
耳墙
120
1:1.5
10   140
120
10
地面线
90   140
85
2000
420

侧面

说明：本图尺寸均以cm计。

35   35
290
35
85   140
35   760   35
830

平面

工程名称	桥梁工程
图纸内容	桥台一般构造梁构造图
图纸编号	桥施-02

402

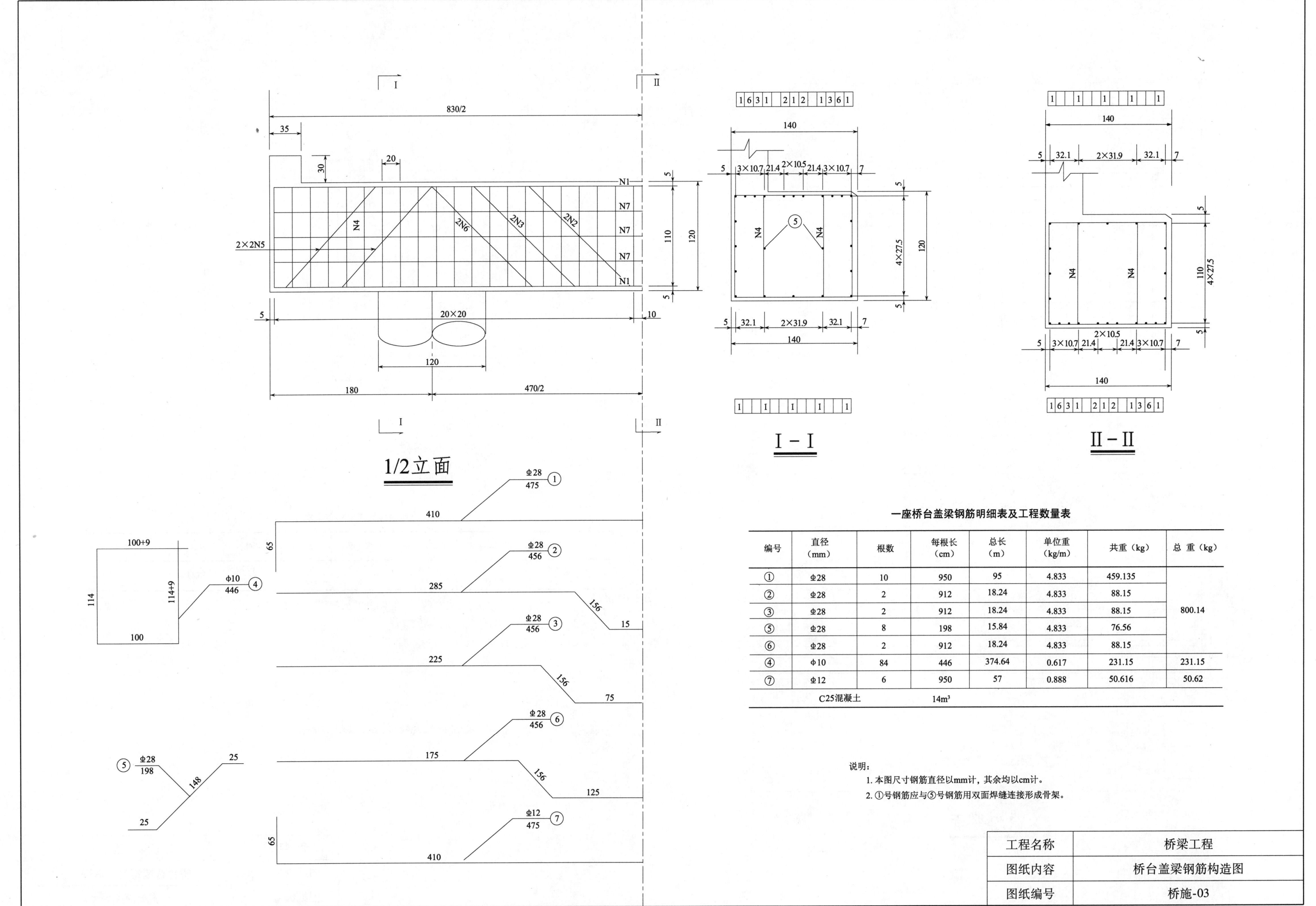

1/2立面

I－I

II－II

一座桥台盖梁钢筋明细表及工程数量表

编号	直径(mm)	根数	每根长(cm)	总长(m)	单位重(kg/m)	共重(kg)	总重(kg)
①	Φ28	10	950	95	4.833	459.135	
②	Φ28	2	912	18.24	4.833	88.15	
③	Φ28	2	912	18.24	4.833	88.15	800.14
⑤	Φ28	8	198	15.84	4.833	76.56	
⑥	Φ28	2	912	18.24	4.833	88.15	
④	Φ10	84	446	374.64	0.617	231.15	231.15
⑦	Φ12	6	950	57	0.888	50.616	50.62
C25混凝土		14m³					

说明:
1. 本图尺寸钢筋直径以mm计,其余均以cm计。
2. ①号钢筋应与⑤号钢筋用双面焊缝连接形成骨架。

工程名称	桥梁工程
图纸内容	桥台盖梁钢筋构造图
图纸编号	桥施-03

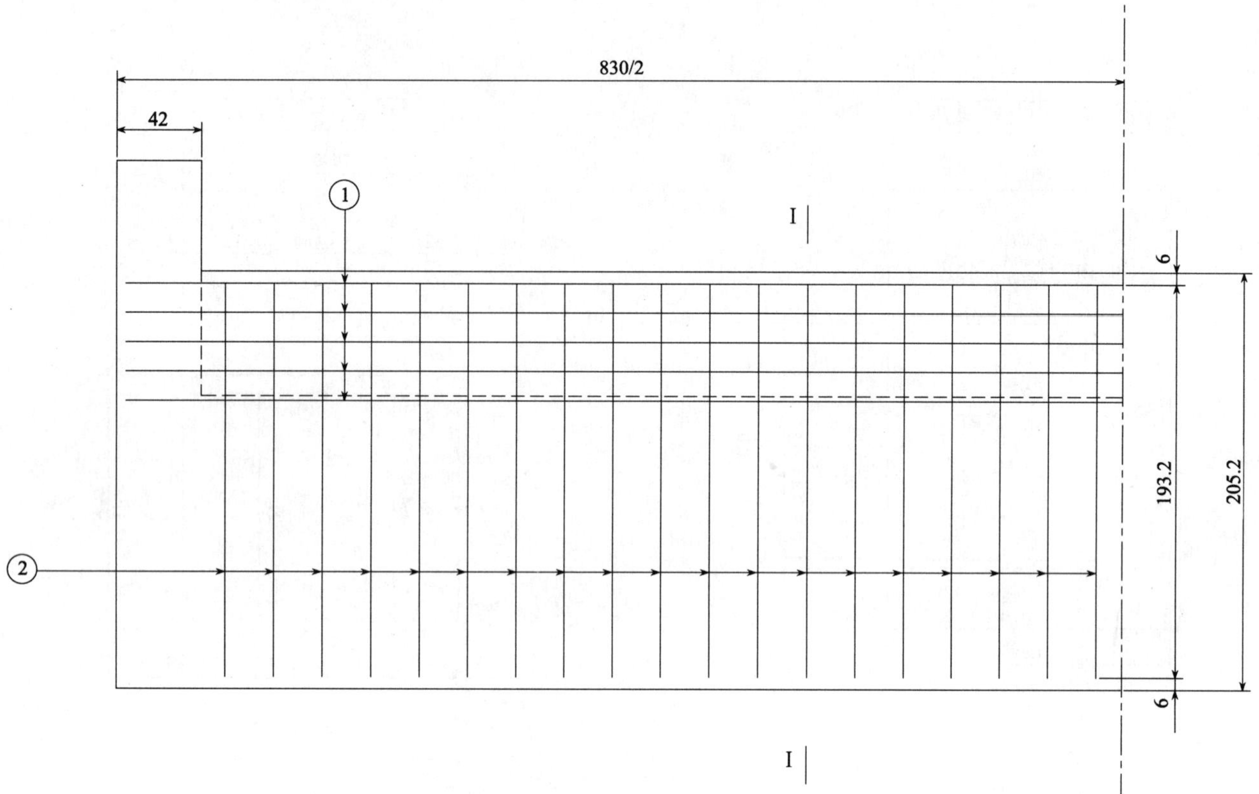

1/2立面

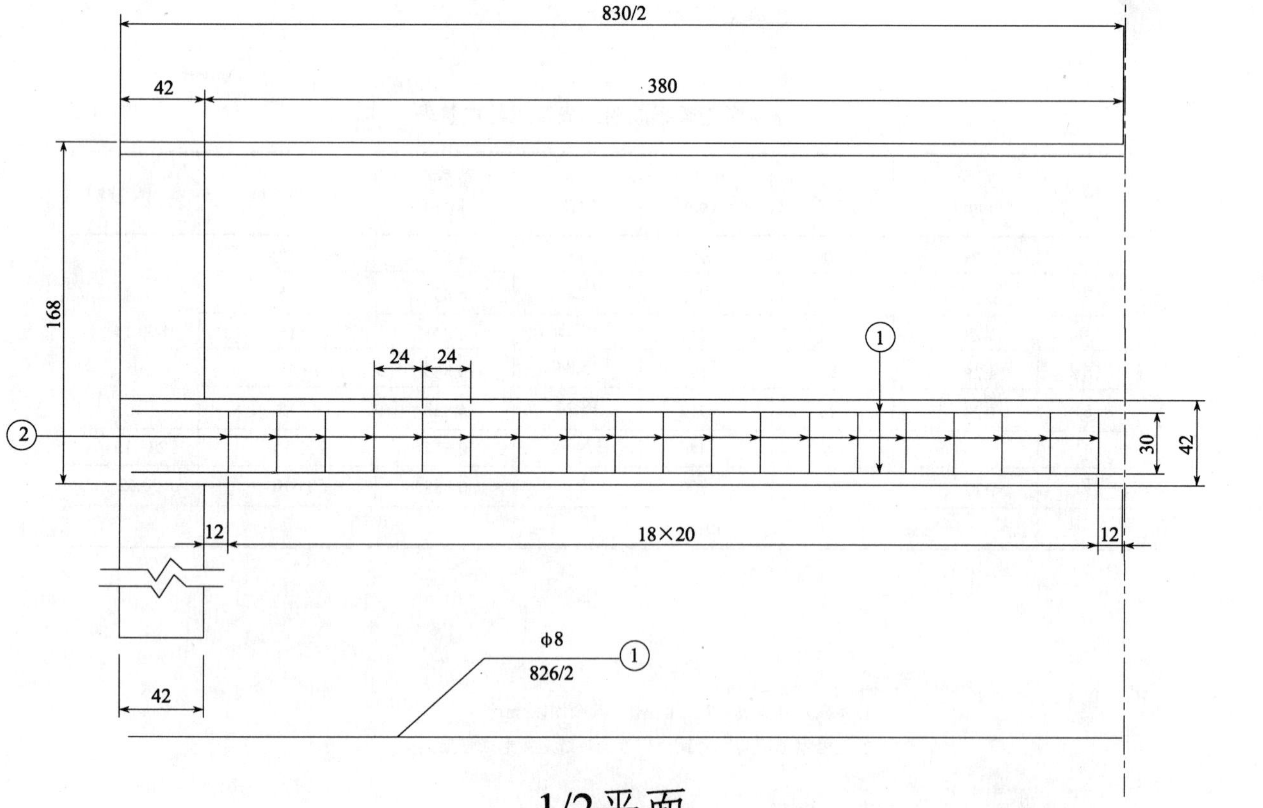

1/2平面

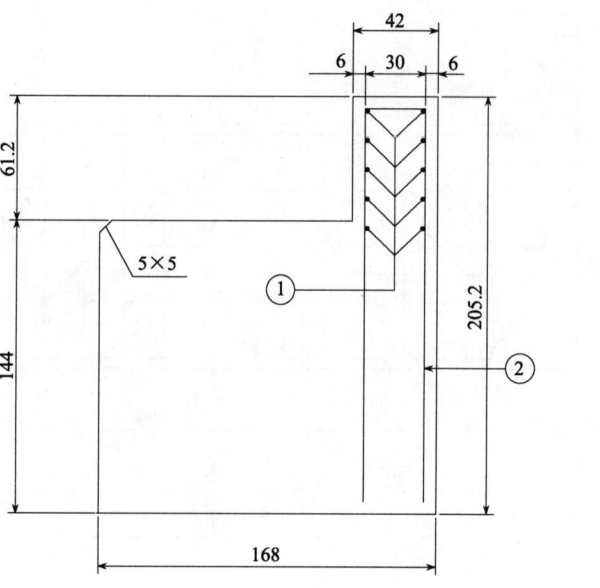

I-I

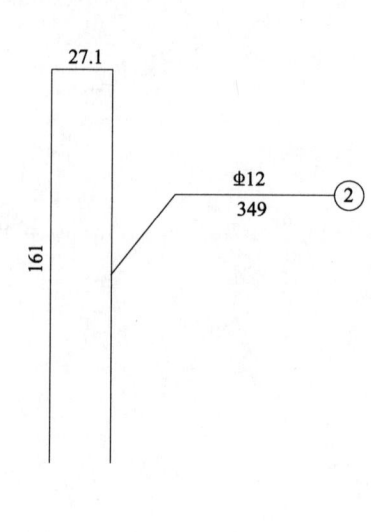

一座桥台背墙材料数量表

编号	直径（mm）	单位重（kg/m）	每根长（cm）	根数（根）	共长（m）	共重（kg）	总重（kg）	C25混凝土（m³）
1	Φ8	0.395	826	10	82.6	32.627	150.43	1.6
2	Φ12	0.888	349	38	132.66	117.8		

说明：本图尺寸除钢筋直径以mm计外，其余均以cm计。

工程名称	桥梁工程
图纸内容	桥台背墙钢筋构造图
图纸编号	桥施-04

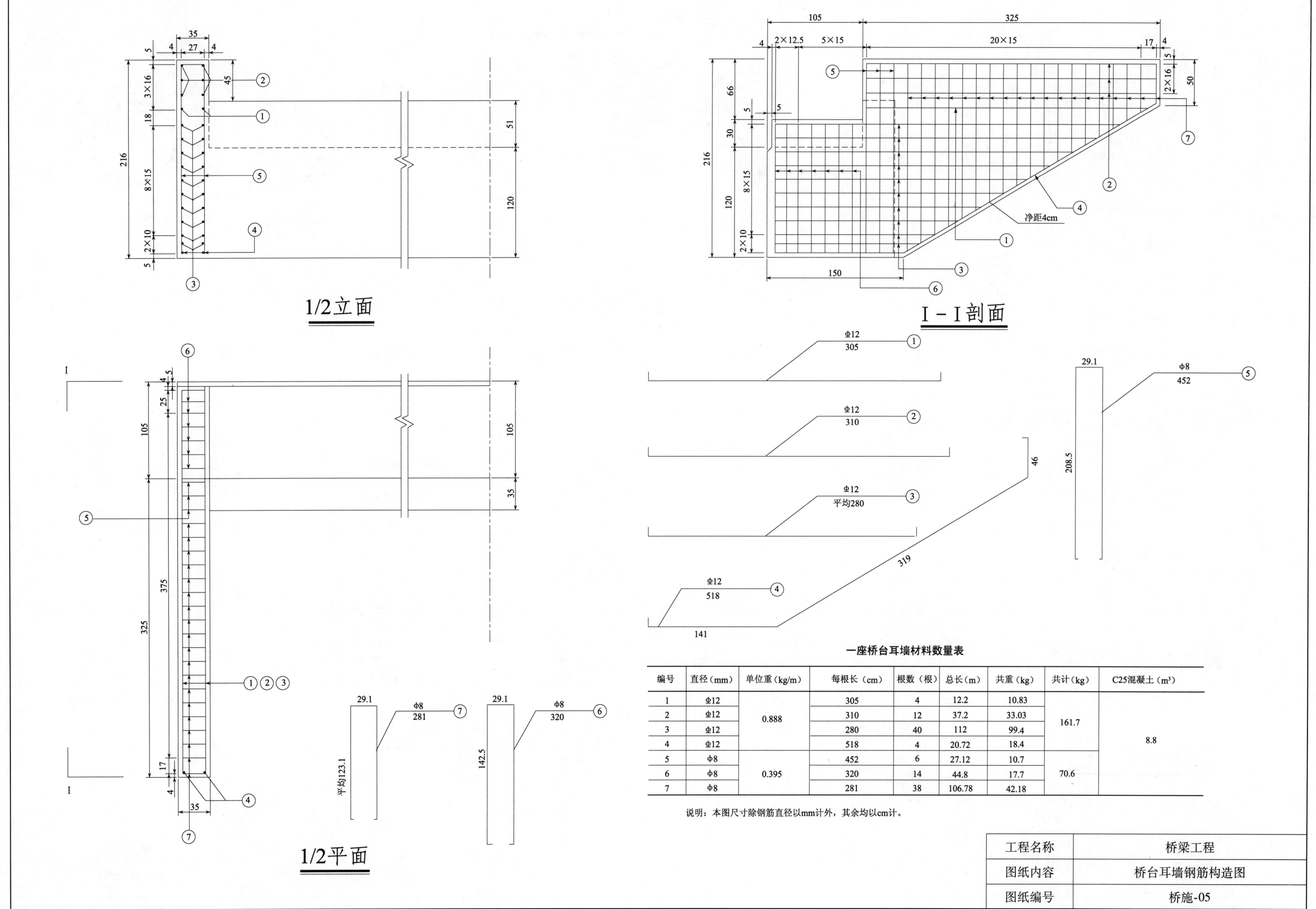

1/2立面

I－I剖面

净距4cm

1/2平面

一座桥台耳墙材料数量表

编号	直径（mm）	单位重（kg/m）	每根长（cm）	根数（根）	总长（m）	共重（kg）	共计（kg）	C25混凝土（m³）
1	Φ12		305	4	12.2	10.83		
2	Φ12	0.888	310	12	37.2	33.03		
3	Φ12		280	40	112	99.4	161.7	
4	Φ12		518	4	20.72	18.4		8.8
5	Φ8		452	6	27.12	10.7		
6	Φ8	0.395	320	14	44.8	17.7	70.6	
7	Φ8		281	38	106.78	42.18		

说明：本图尺寸除钢筋直径以mm计外，其余均以cm计。

工程名称	桥梁工程
图纸内容	桥台耳墙钢筋构造图
图纸编号	桥施-05

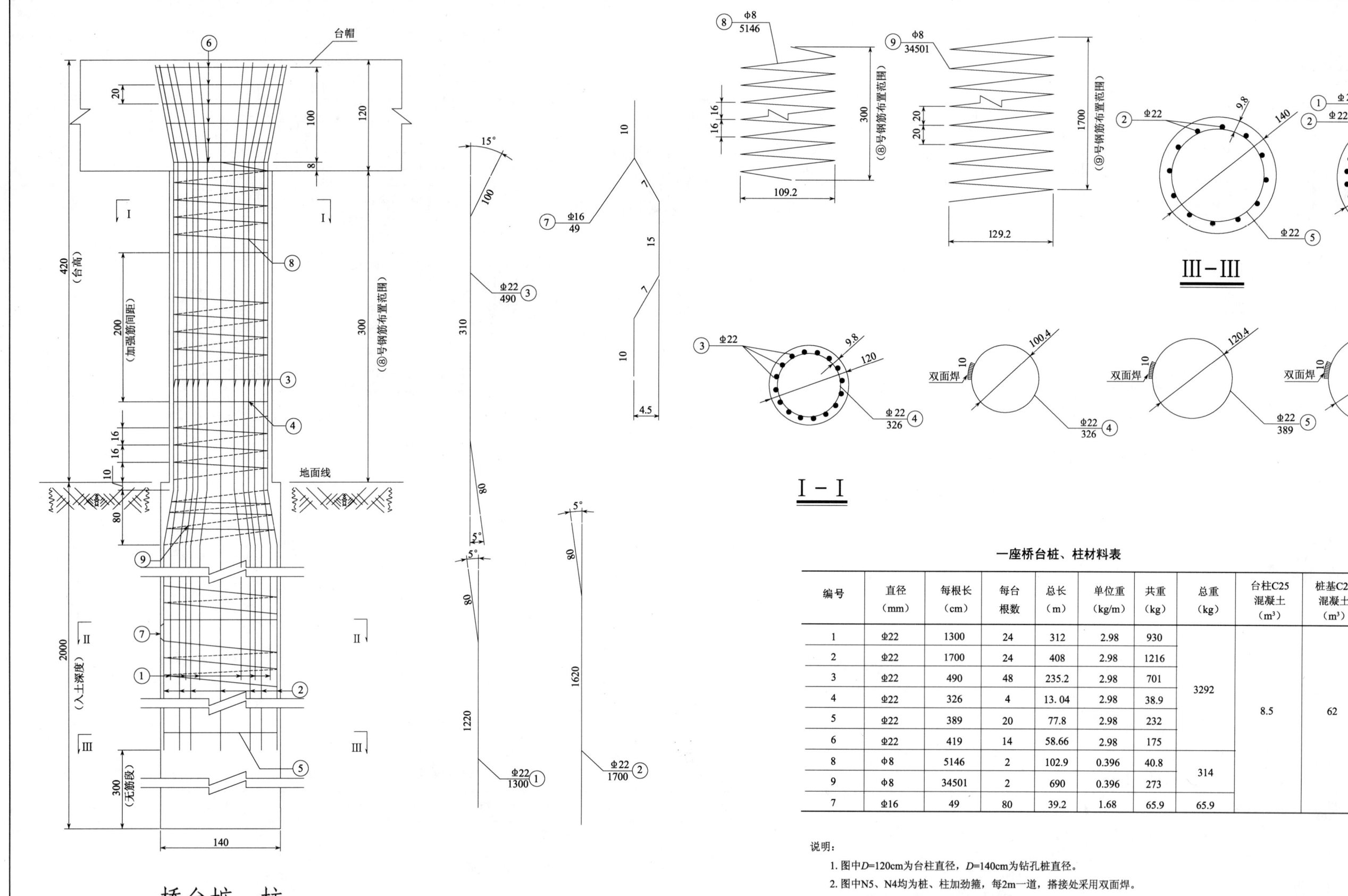

桥台桩、柱

I-I

III-III   II-II

一座桥台桩、柱材料表

编号	直径 (mm)	每根长 (cm)	每台根数	总长 (m)	单位重 (kg/m)	共重 (kg)	总重 (kg)	台柱C25 混凝土 (m³)	桩基C25 混凝土 (m³)
1	Φ22	1300	24	312	2.98	930	3292	8.5	62
2	Φ22	1700	24	408	2.98	1216			
3	Φ22	490	48	235.2	2.98	701			
4	Φ22	326	4	13.04	2.98	38.9			
5	Φ22	389	20	77.8	2.98	232			
6	Φ22	419	14	58.66	2.98	175			
8	Φ8	5146	2	102.9	0.396	40.8	314		
9	Φ8	34501	2	690	0.396	273			
7	Φ16	49	80	39.2	1.68	65.9	65.9		

说明:

1. 图中D=120cm为台柱直径, D=140cm为钻孔桩直径。

2. 图中N5、N4均为桩、柱加劲箍, 每2m一道, 搭接处采用双面焊。
   N7为定位筋, 每隔2m沿圆周等间距焊接4根。

3. 钻孔桩入土深度应从地面或局部冲刷线算起, 以确保桩基入土深度。

工程名称	桥梁工程
图纸内容	桥台桩、柱钢筋构造图
图纸编号	桥施-06

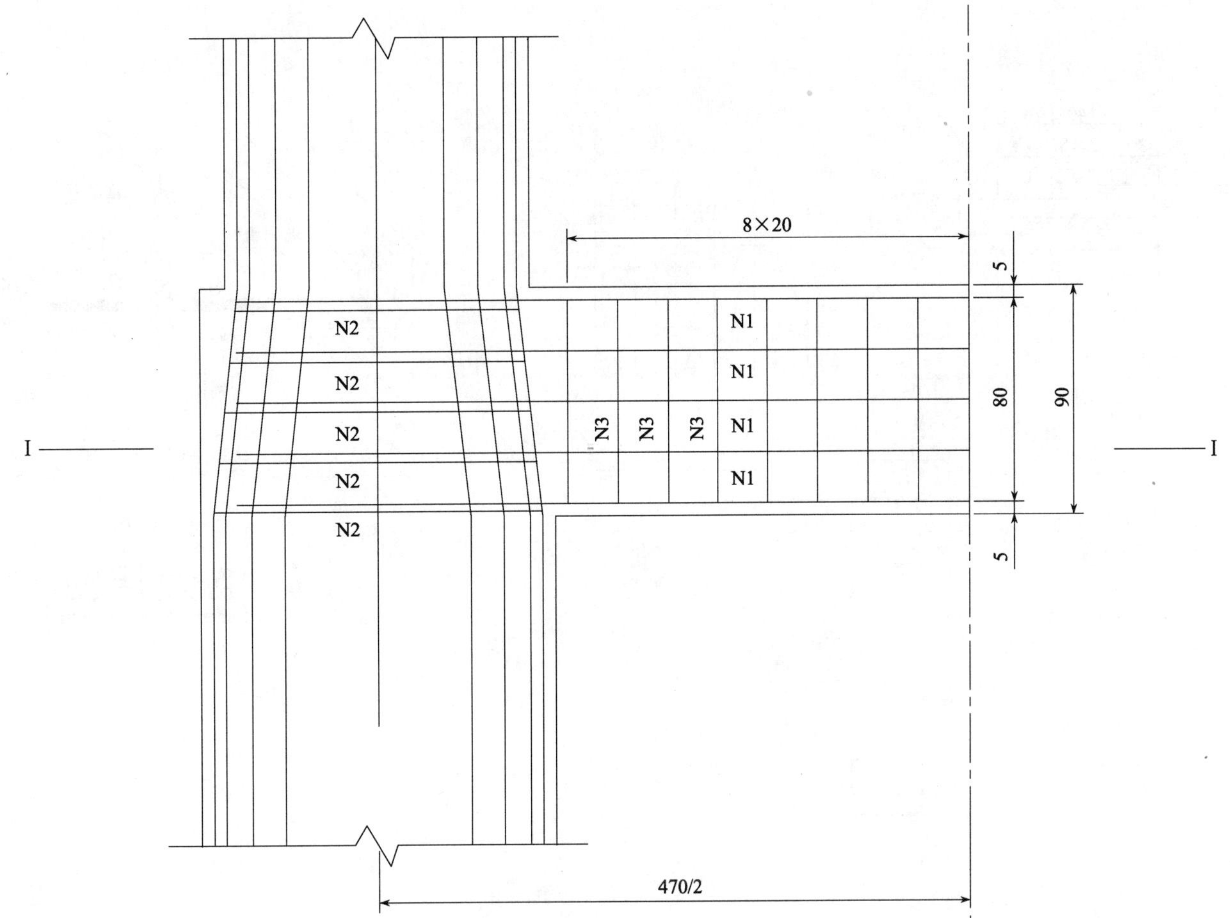

III–III

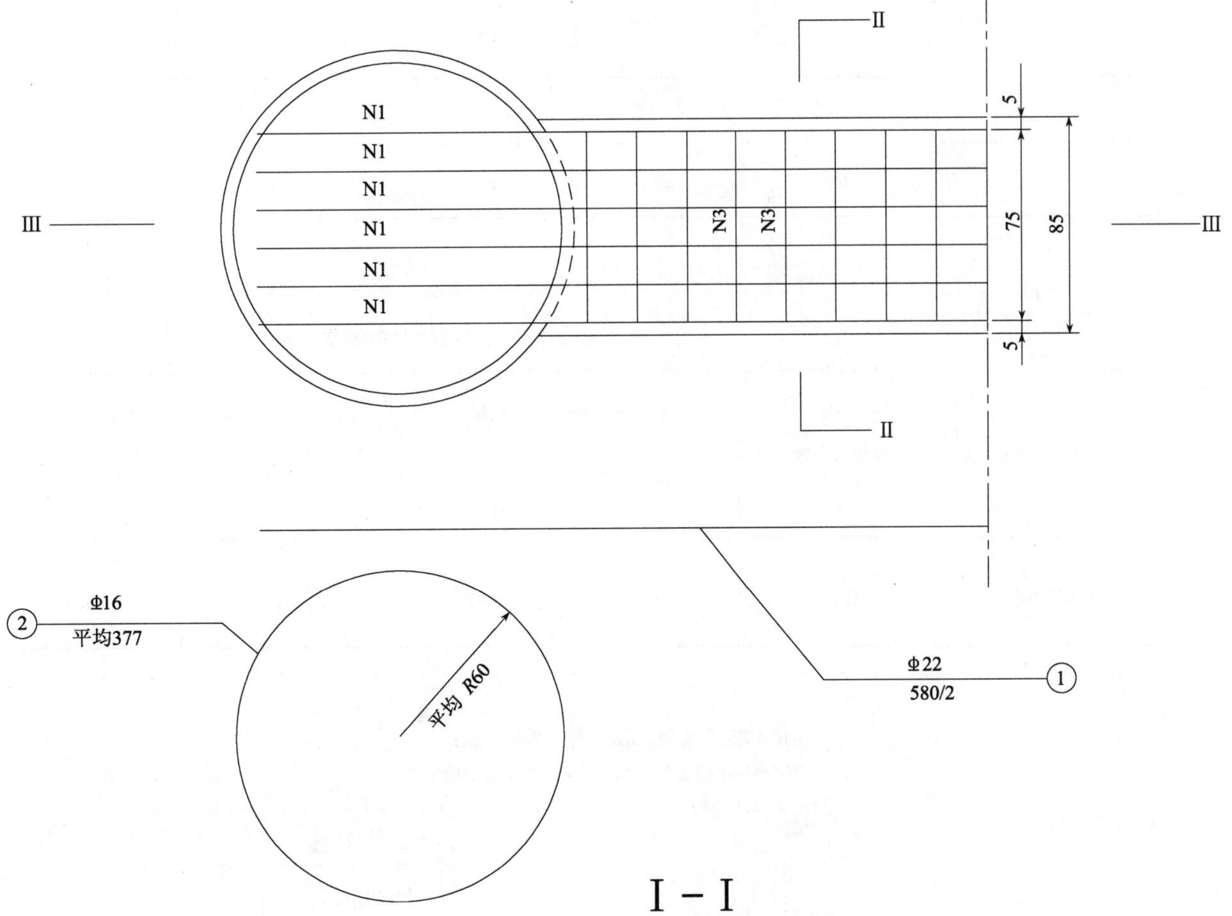

8×20

N2 N2 N2 N2 N2 N1 N1 N1 N1 N1 N3 N3 N3

5 80 90 5

I — I

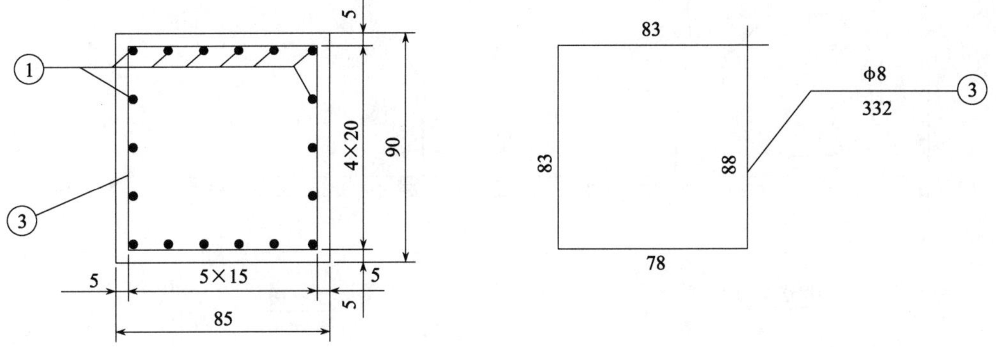

470/2

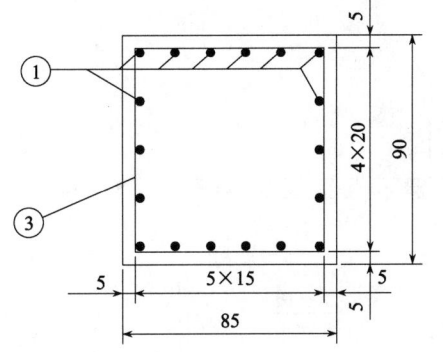

II–II

83 83 88 78

Φ8 / 332 ③

5 4×20 90 5 5×15 85 5

N1 N1 N1 N1 N1 N1 N3 N3

5 75 85 5

③ II–II

I — I

② Φ16 / 平均377

平均 R60

Φ22 / 580/2 ①

一个系梁钢筋明细表

编号	钢筋直径(mm)	每根长(cm)	根数	总长(m)
1	Φ22	580	18	104.4
2	Φ16	377	10	37.7
3	φ8	332	17	56.44

一个系梁材料数量表

编号	钢筋直径(mm)	总长(m)	总重量(kg)	C25混凝土(m³)
1	Φ22	104.4	311.2	
2	Φ16	37.7	74.8	2.7
3	φ8	56.44	22.3	

说明：本图尺寸除钢筋直径以mm计外，其余均以cm计。

工程名称	桥梁工程
图纸内容	系梁钢筋布置图
图纸编号	桥施-07

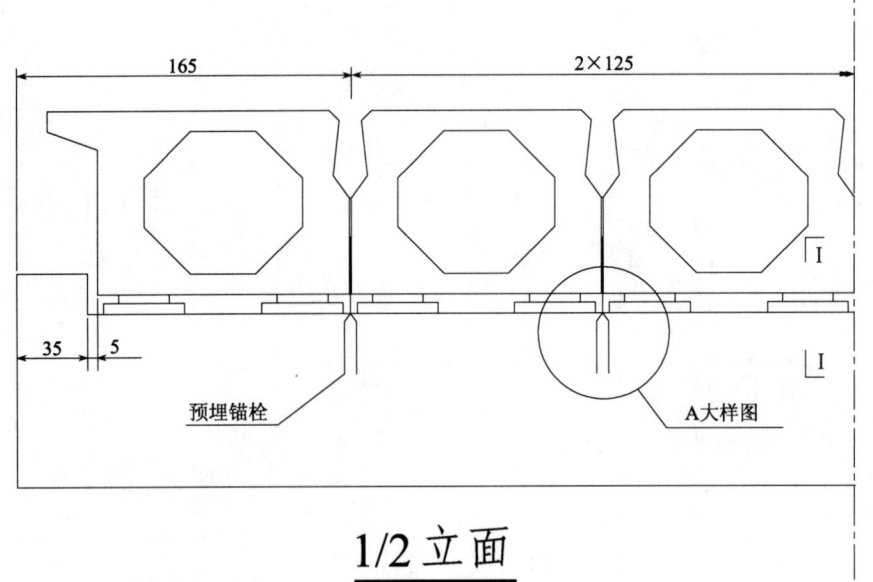

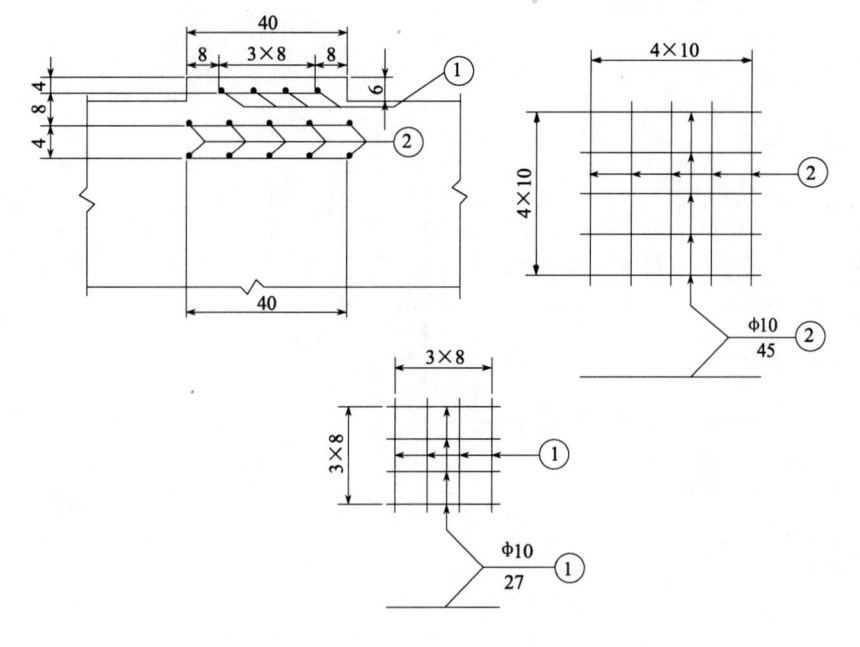

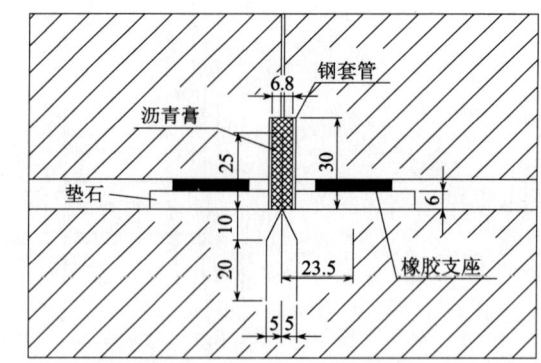

A大样图

预埋锚栓　　　　A大样图

钢套管
沥青膏
垫石
橡胶支座

1/2立面

I－I

Φ10
45 ②

Φ10
27 ①

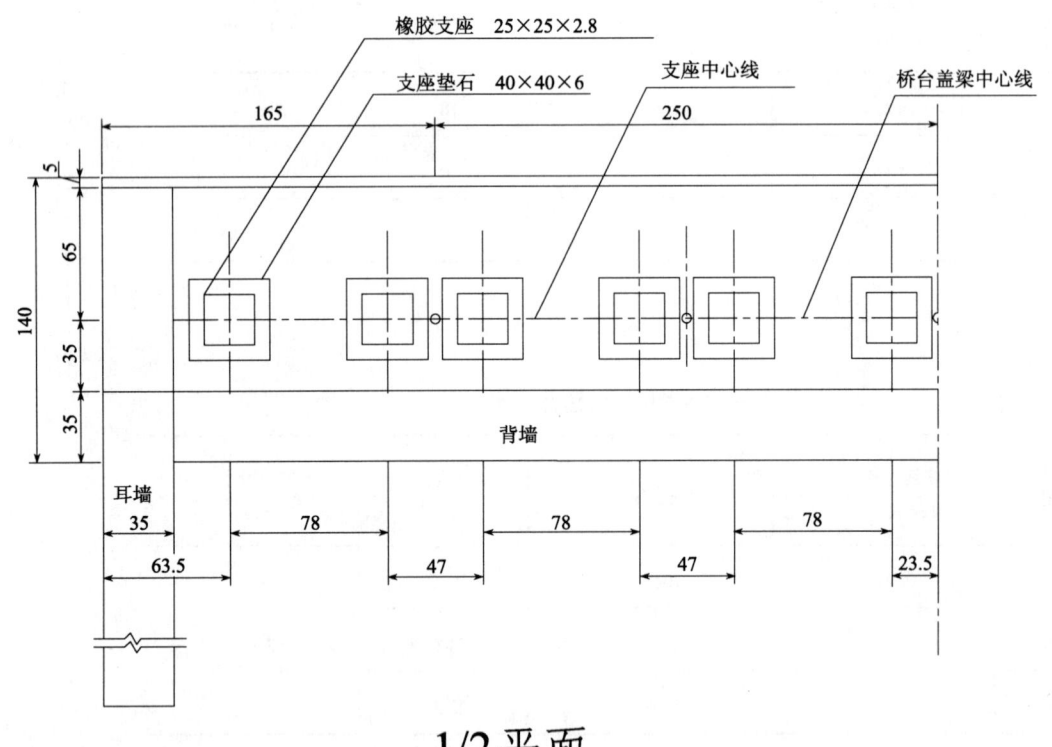

橡胶支座　25×25×2.8
支座垫石　40×40×6
支座中心线
桥台盖梁中心线

背墙

耳墙

1/2平面

一个支座垫石钢筋明细表

编号	直径 (mm)	单根长 (cm)	根数	总长 (m)	延米重 (kg/m)	重量 (kg)	共重 (kg)
1	Φ10	27	8	2.16	0.617	1.34	6.90
2	Φ10	45	20	9		5.56	

一座桥台支座垫石材料数量表

净宽	支座垫石个数	一个支座垫石材料数量		一座桥台支座垫石材料数量	
		钢筋 (kg)	C25混凝土 (m³)	钢筋 (kg)	C25混凝土 (m³)
净7+2×0.5	12	6.9	0.01	82.8	0.12

说明:
1. 本图尺寸除钢筋直径以mm计外，其余均以cm计。
2. 预埋锚栓所用钢筋为Φ25，每座桥台需用锚栓5个，
用钢量为21.63kg。

工程名称	桥梁工程
图纸内容	桥台支座垫石构造图
图纸编号	桥施-08

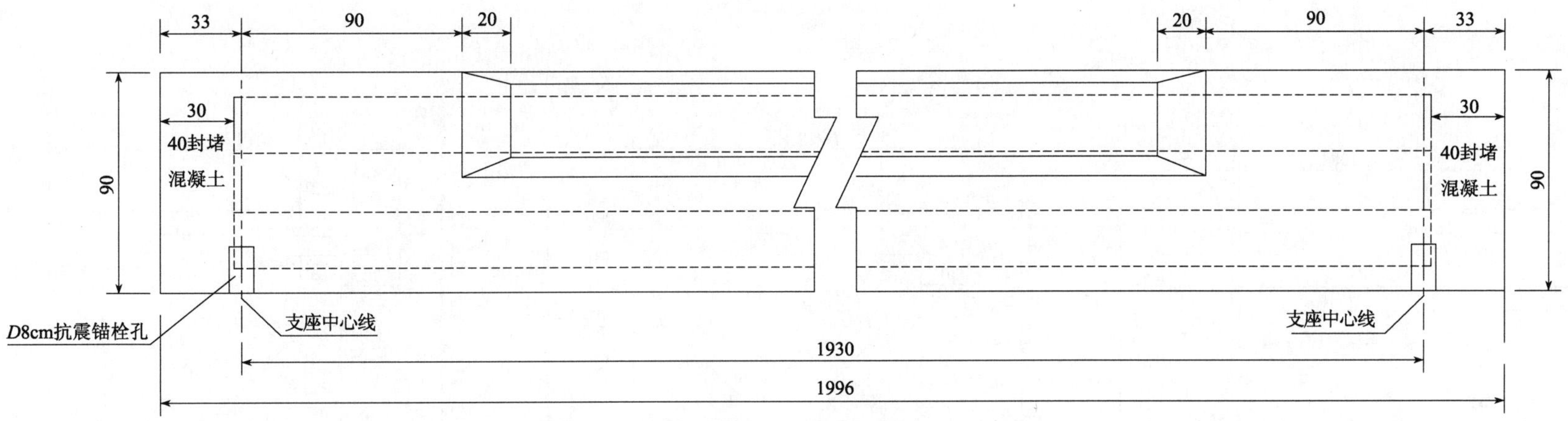

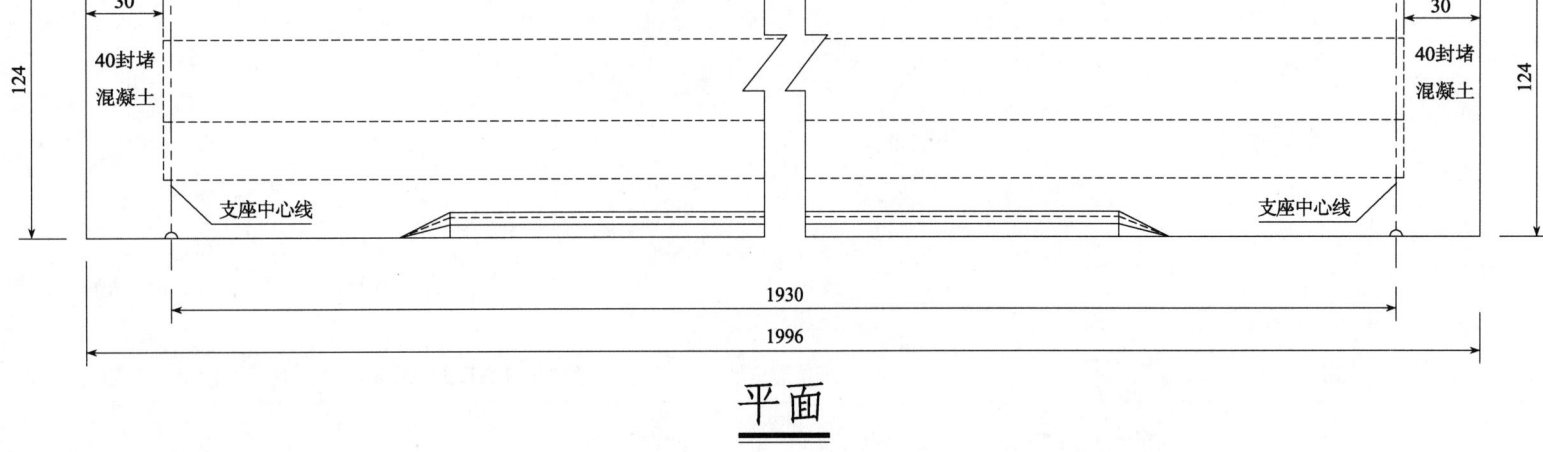

立面

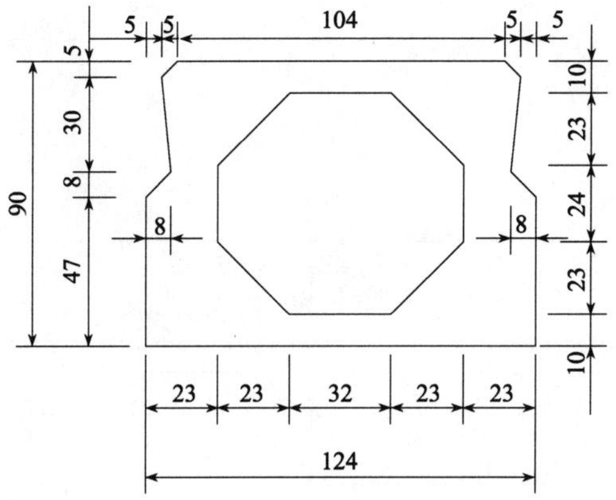

跨中

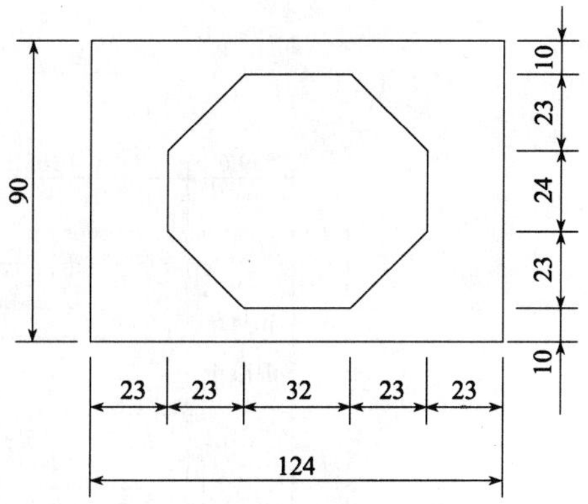

支点

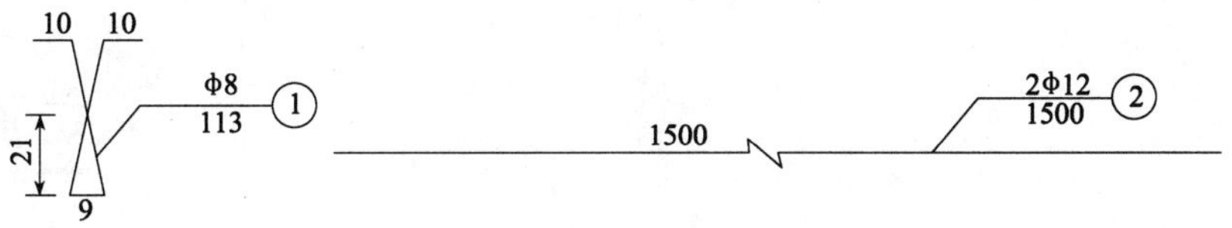

平面

一道铰缝工程数量表

编号	直径(mm)	根数	每根长度(cm)	总长(m)	单位重(kg/m)	总重(kg)	备注
①	Φ8	75	113	84.75	0.395	33.48	
②	Φ12	2	1500	30	0.888	26.64	
合计	Φ12	33.48kg	C40混凝土	1.073m³		钢筋工程量未计入搭接长度	
	Φ8	26.64kg	M40水泥砂浆	0.022m³			

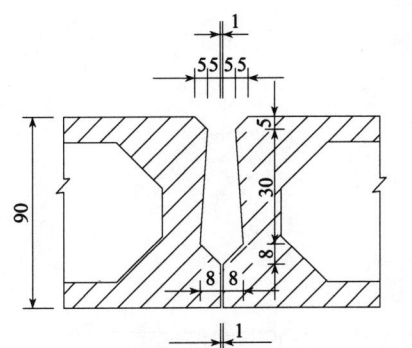

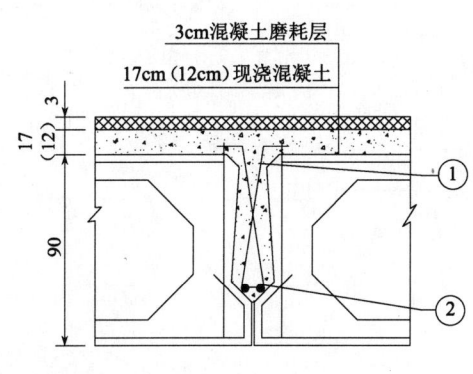

铰缝构造

说明:
1. 本图尺寸除钢筋直径以mm计，其余均以cm为单位。
2. 铰缝端部分(33+90cm)长度范围内采用M40水泥砂浆填筑，其余部分采用C40混凝土。
3. 铰缝内钢筋仅布置在跨中左右各一定长度内，施工中先形成骨架后整体放入铰内，并与预制板N9钢筋扎在一起。
4. N4钢筋间距为20cm。

工程名称	桥梁工程
图纸内容	中板一般构造图
图纸编号	桥施-09

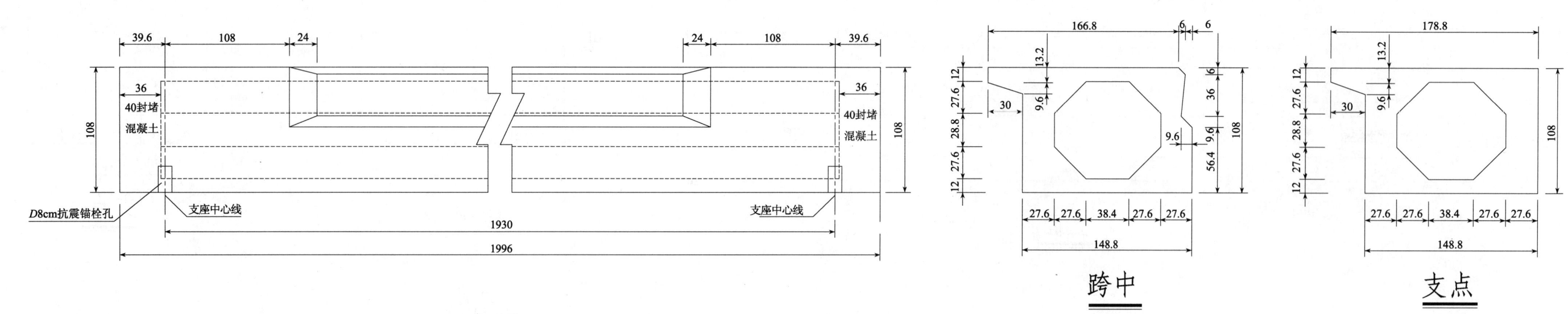

立面

跨中

支点

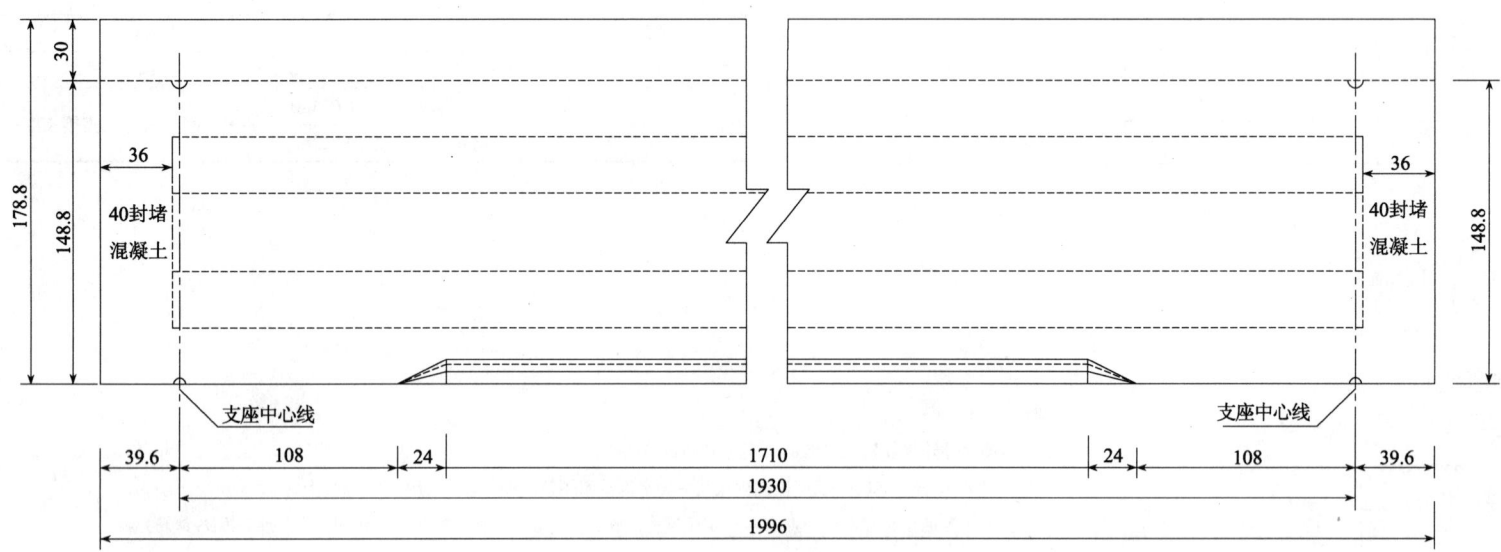

平面

说明：本图尺寸均以cm计。

工程名称	桥梁工程
图纸内容	边板一般构造图
图纸编号	桥施-10

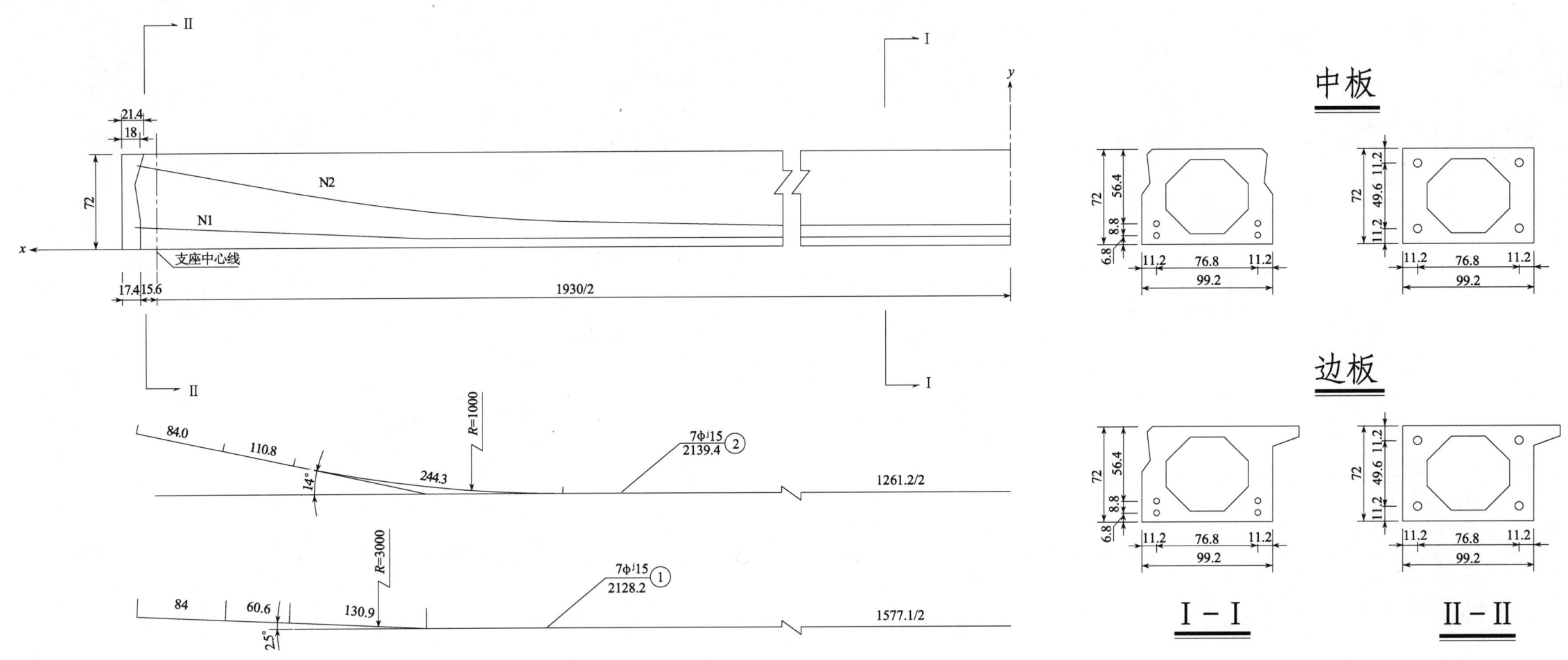

中板

边板

I - I

II - II

预应力钢束曲线坐标

钢束号	水平坐标 x 竖直坐标	0 跨中截面	50	100	150	200	250	300	350	400	450	500	550	600	650	700	750	800	850	900	950	980 锚固截面
1	y	8.5	8.5	8.5	8.5	8.5	8.5	8.5	8.5	8.5	8.5	8.5	8.5	8.5	8.5	8.5	8.5	8.5	9.1	10.6	12.7	14
2	y	19.5	19.5	19.5	19.5	19.5	19.5	19.5	19.5	19.5	19.5	19.5	19.5	19.5	19.7	21.9	26.7	34.0	43.9	56.1	68.5	76.0

一块板钢绞线材料数量表

钢绞线编号	直径（mm）	每根长（cm）	根数	共长（m）	单位重（kg/m）	共重（kg）
1	φ^j15	2128.2	14	297.95	1.088	650.0
2	φ^j15	2139.4	14	299.52		

说明:
1. 本图尺寸以 cm 为单位；钢绞线直径以 mm 为单位。
2. 预应力钢束曲线竖向坐标值为钢束重心至梁底距离。

工程名称	桥梁工程
图纸内容	预应力钢筋构造图
图纸编号	桥施-11

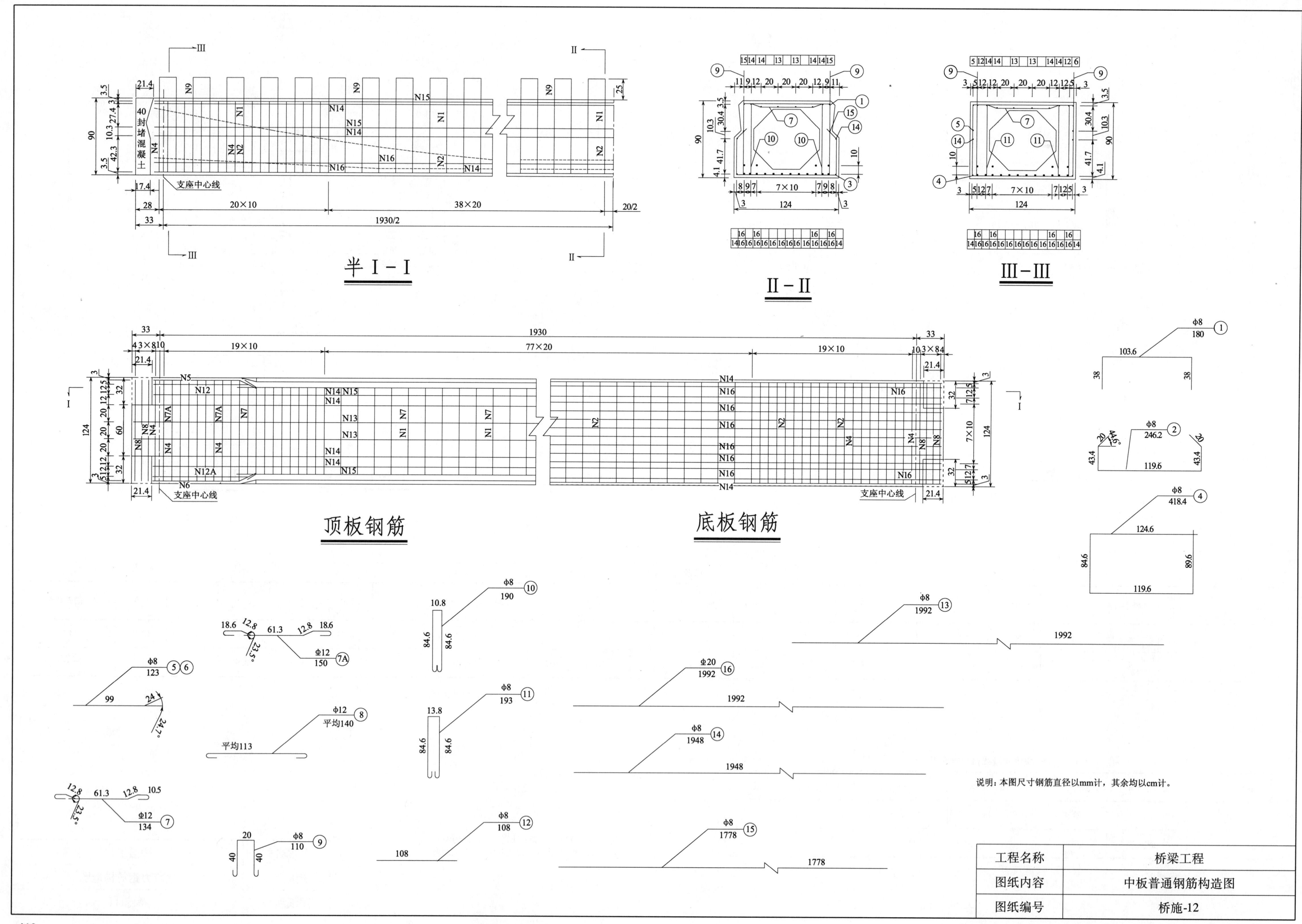

半 Ⅰ－Ⅰ

Ⅱ－Ⅱ

Ⅲ－Ⅲ

顶板钢筋

底板钢筋

说明：本图尺寸钢筋直径以mm计，其余均以cm计。

工程名称	桥梁工程
图纸内容	中板普通钢筋构造图
图纸编号	桥施-12

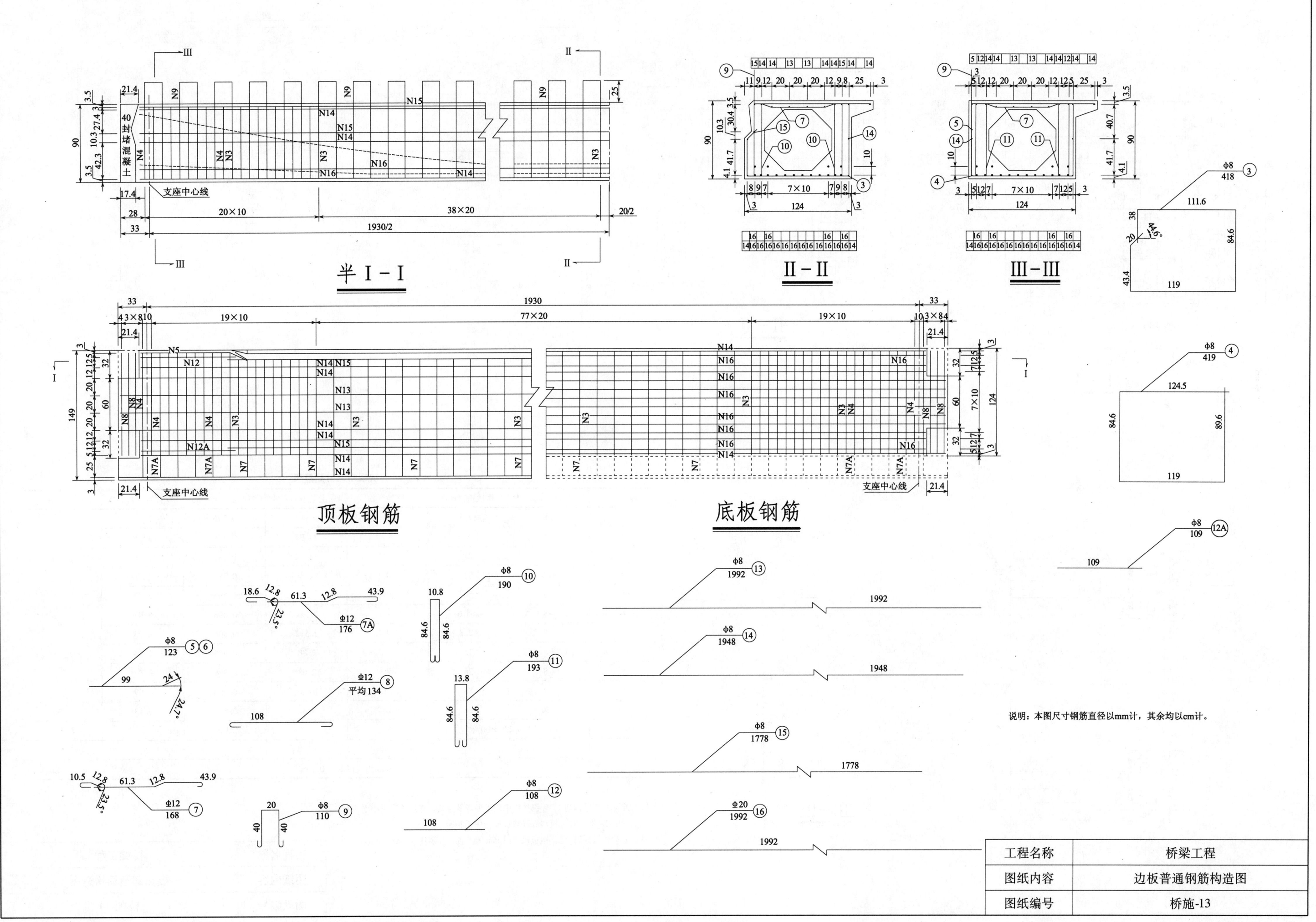

半 I - I

II - II

III - III

顶板钢筋

底板钢筋

说明：本图尺寸钢筋直径以mm计，其余均以cm计。

工程名称	桥梁工程
图纸内容	边板普通钢筋构造图
图纸编号	桥施-13

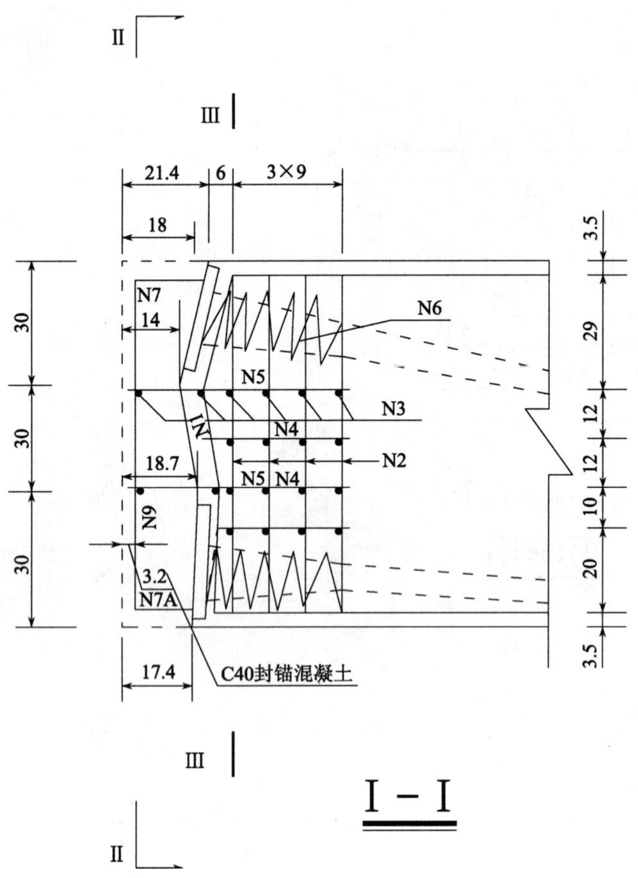

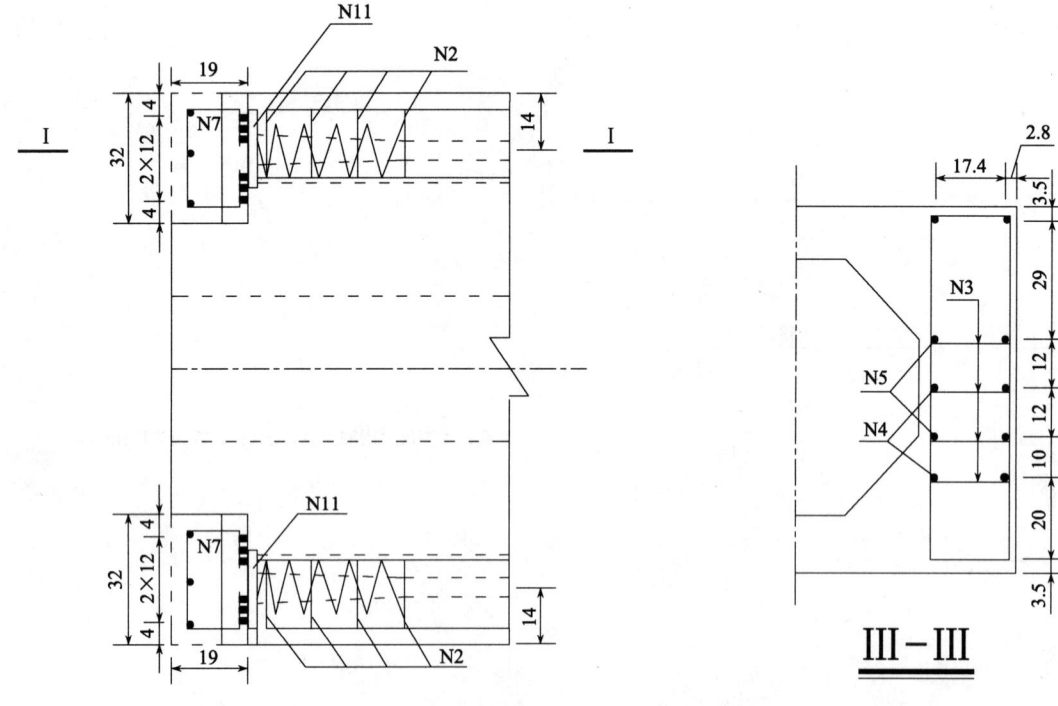

II-II

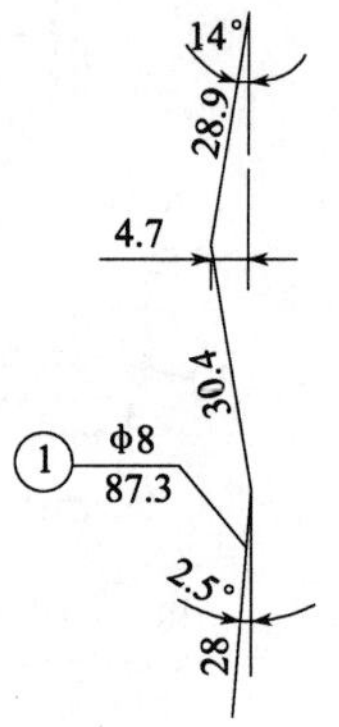

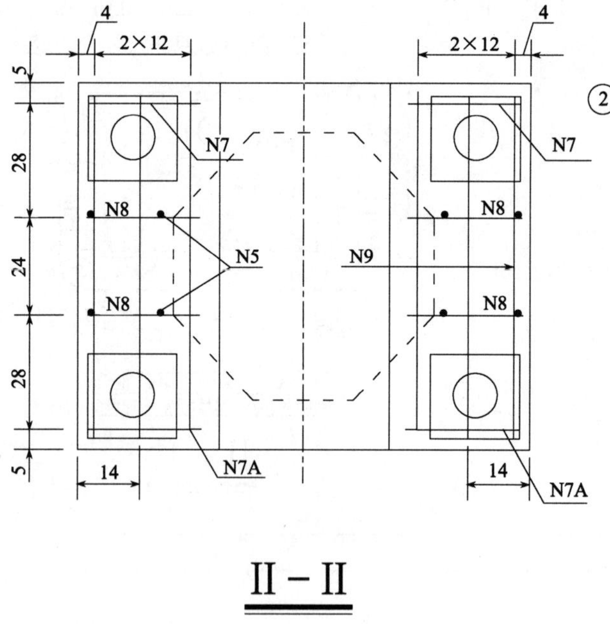

I-I

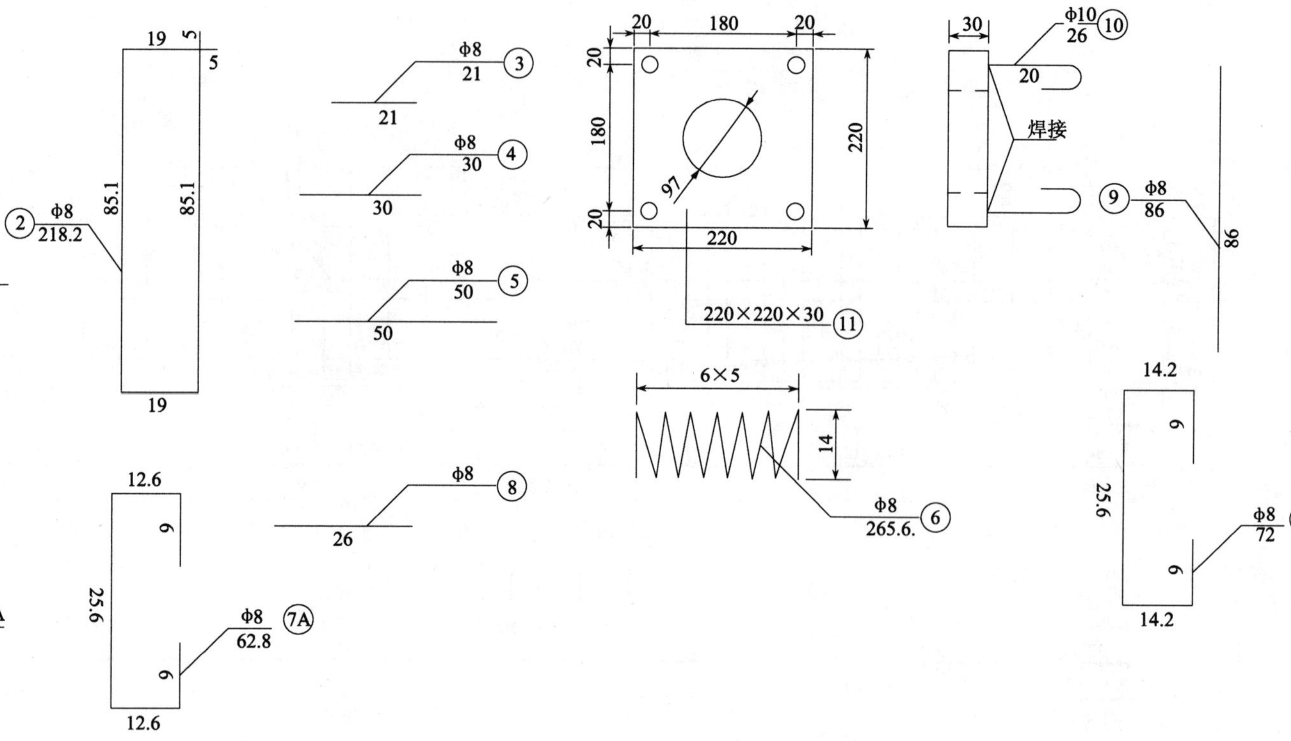

III-III

C40封锚混凝土

焊接

220×220×30 ⑪

6×5

一块板端钢材数量表

编 号	直径（mm）	每根长（cm）	根 数	总长（m）	单位重（kg/m）	共重（kg）	总重（kg）
1	φ8	87.3	8	6.984	0.396	2.77	
2	φ8	218.2	16	34.91	0.396	13.8	
3	φ8	21	72	15.12	0.396	5.99	
4	φ8	30	16	4.8	0.396	1.9	
5	φ8	50	16	8	0.396	3.17	43.1
6	φ8	265.5	8	21.24	0.396	8.41	
7A	φ8	62.8	4	2.512	0.396	0.99	
7	φ8	72	4	2.88	0.396	1.14	
8	φ8	26	8	2.08	0.396	0.82	
9	φ8	86	12	10.32	0.396	4.09	
10	φ10	26	32	8.32	0.617	5.13	5.133
11	220×220×30		8				61.4

C40 封头混凝土 0.24m³

说明：1. 7号钢筋11号钢垫板采用双面焊缝连接，焊接长度不小于4cm。

2. 带悬臂边板端部开口长度与中板相同。

3. 钢筋直径、钢板尺寸以 mm 为单位，其余均以 cm 为单位。

工程名称	桥梁工程
图纸内容	板端部钢筋构造图
图纸编号	桥施-14

414

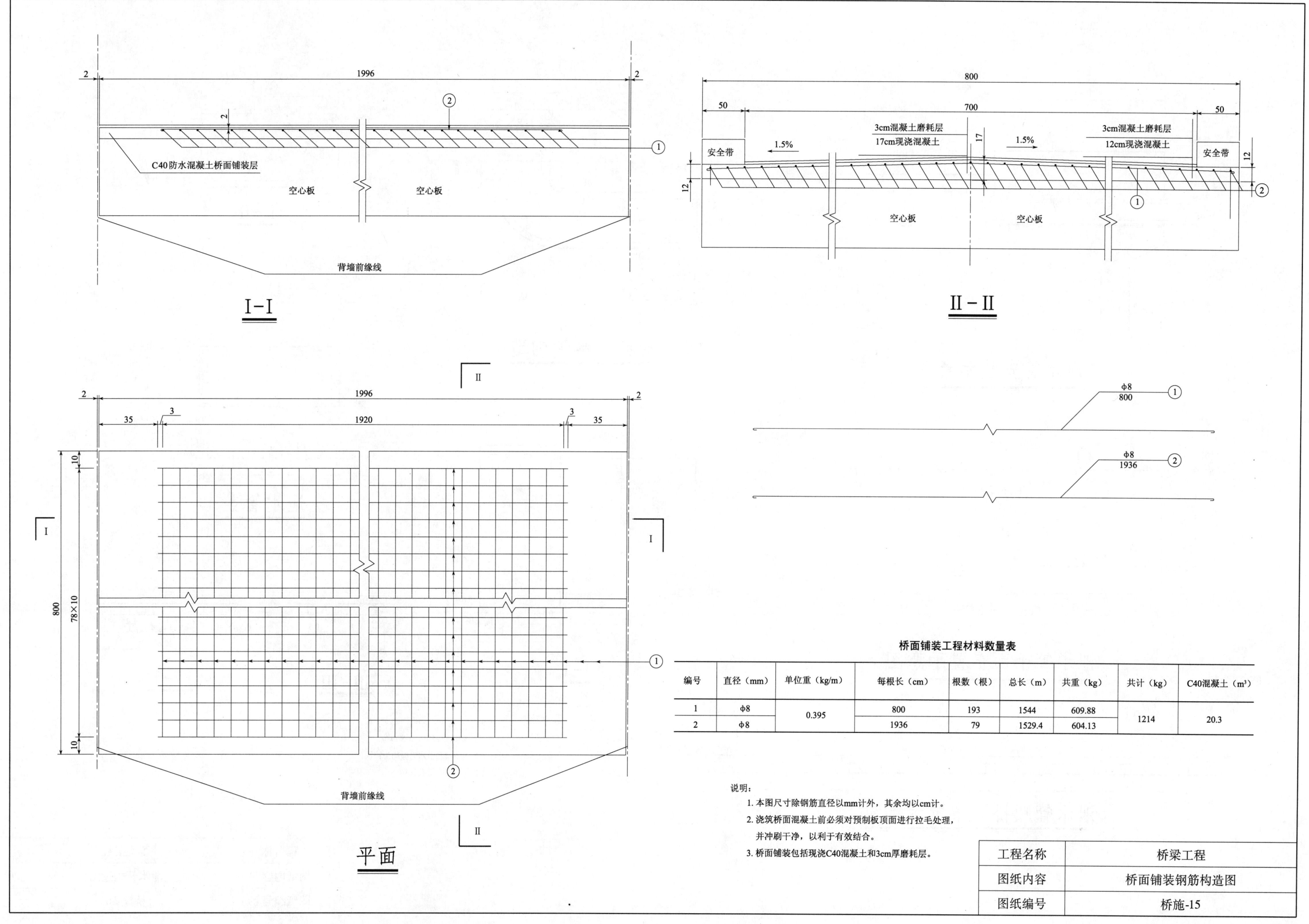

I-I

II-II

C40防水混凝土桥面铺装层

空心板   空心板

背墙前缘线

平面

3cm混凝土磨耗层
17cm现浇混凝土
1.5%

3cm混凝土磨耗层
12cm现浇混凝土
1.5%

安全带   空心板   空心板   安全带

φ8
800   ①

φ8
1936   ②

桥面铺装工程材料数量表

编号	直径（mm）	单位重（kg/m）	每根长（cm）	根数（根）	总长（m）	共重（kg）	共计（kg）	C40混凝土（m³）
1	φ8	0.395	800	193	1544	609.88	1214	20.3
2	φ8		1936	79	1529.4	604.13		

说明：
1. 本图尺寸除钢筋直径以mm计外，其余均以cm计。
2. 浇筑桥面混凝土前必须对预制板顶面进行拉毛处理，并冲刷干净，以利于有效结合。
3. 桥面铺装包括现浇C40混凝土和3cm厚磨耗层。

工程名称	桥梁工程
图纸内容	桥面铺装钢筋构造图
图纸编号	桥施-15

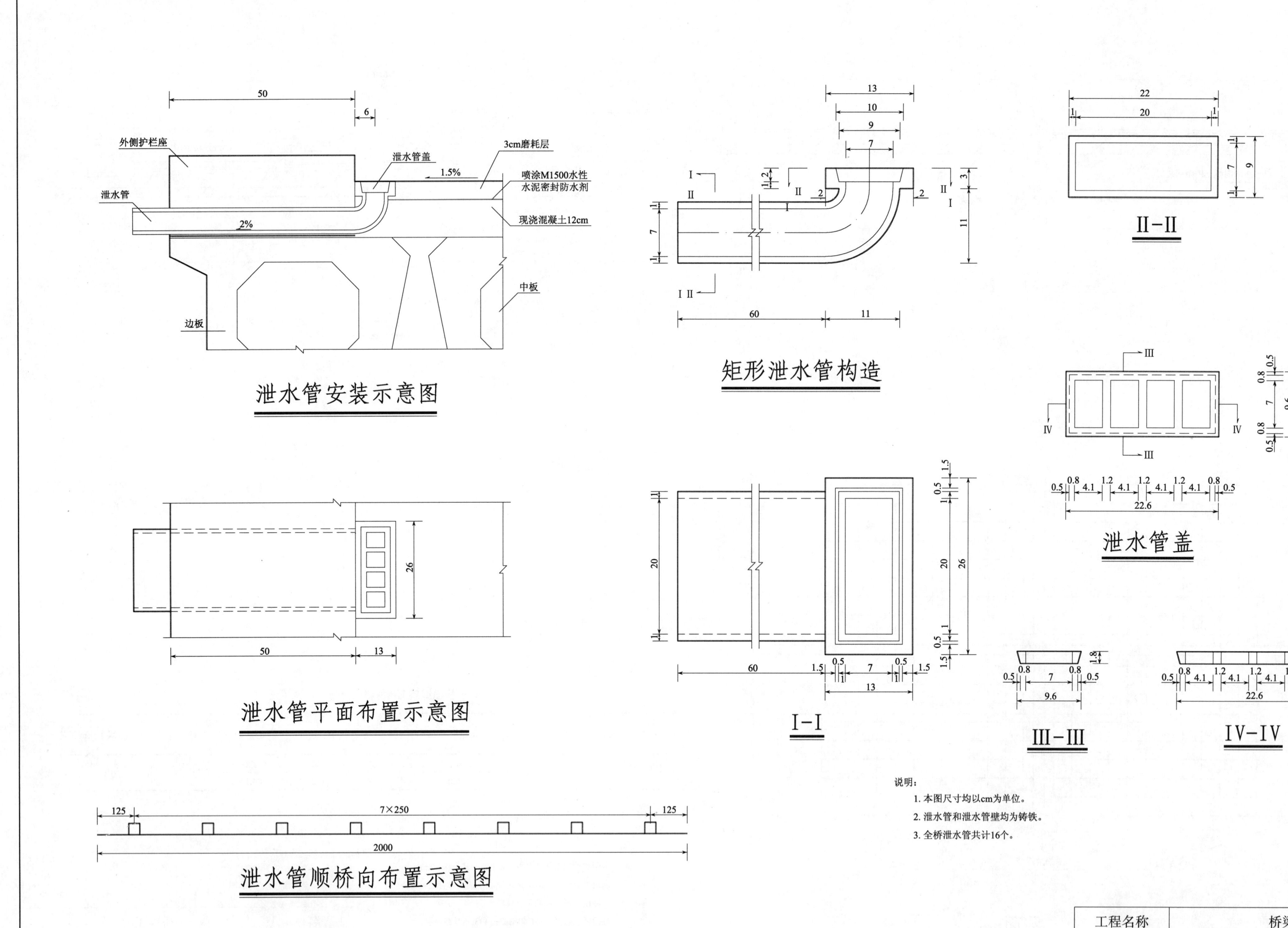

泄水管安装示意图

矩形泄水管构造

II－II

泄水管平面布置示意图

I－I

泄水管盖

III－III

IV－IV

泄水管顺桥向布置示意图

说明：
1. 本图尺寸均以cm为单位。
2. 泄水管和泄水管壁均为铸铁。
3. 全桥泄水管共计16个。

工程名称	桥梁工程
图纸内容	泄水管构造图
图纸编号	桥施-16

416

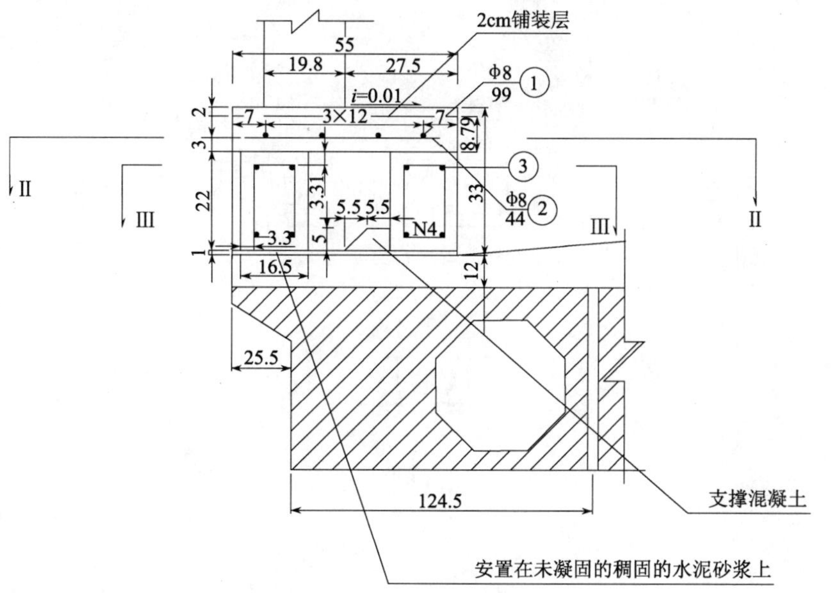

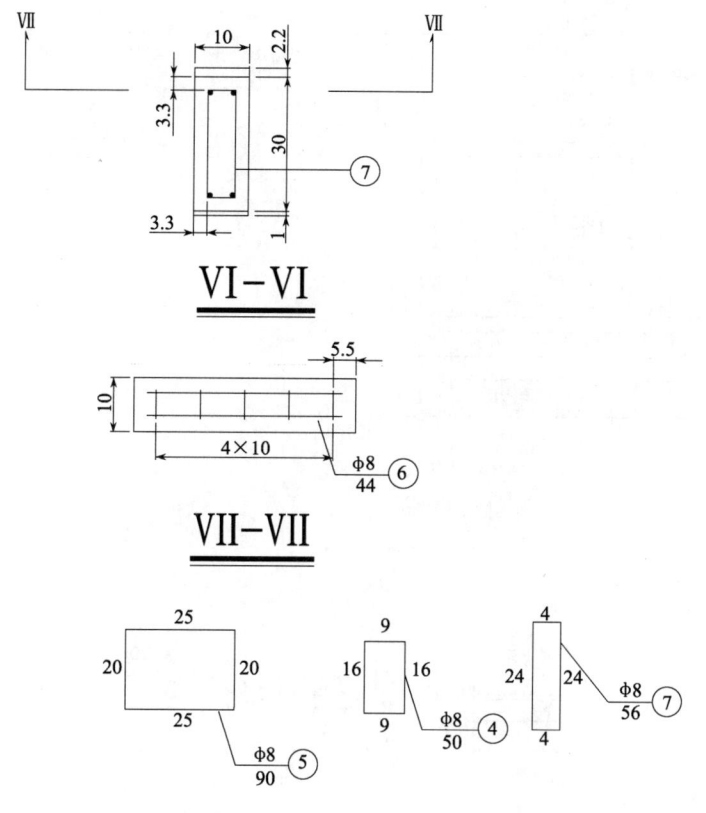

I - I

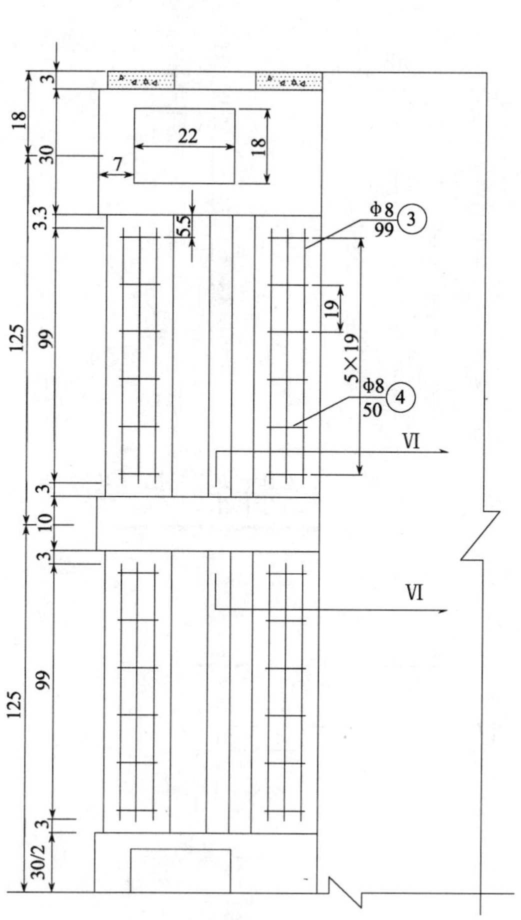

2cm铺装层
支撑混凝土
安置在未凝固的稠固的水泥砂浆上

II - II

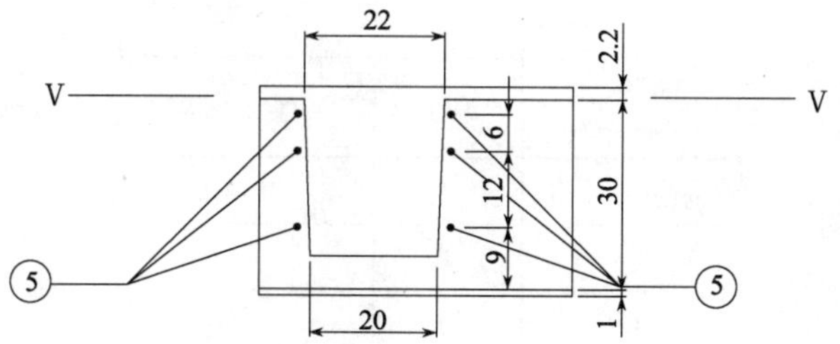

混凝土填空
安全带梁A
水泥砂浆填缝
支撑梁 15×22×105
水泥砂浆填缝
安全带梁B
支撑梁 15×22×105

III - III

V - V

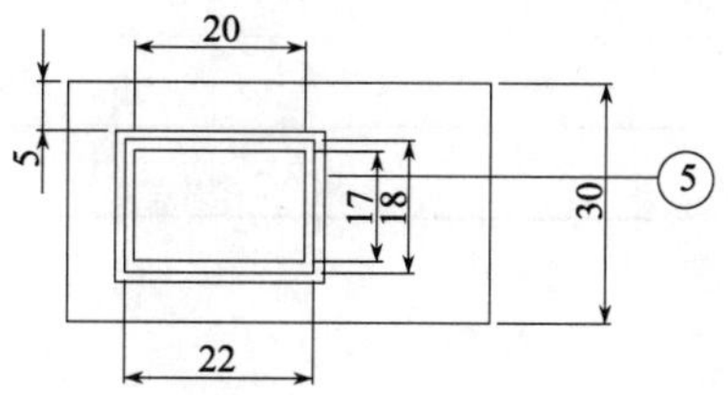

IV - IV

VI - VI

VII - VII

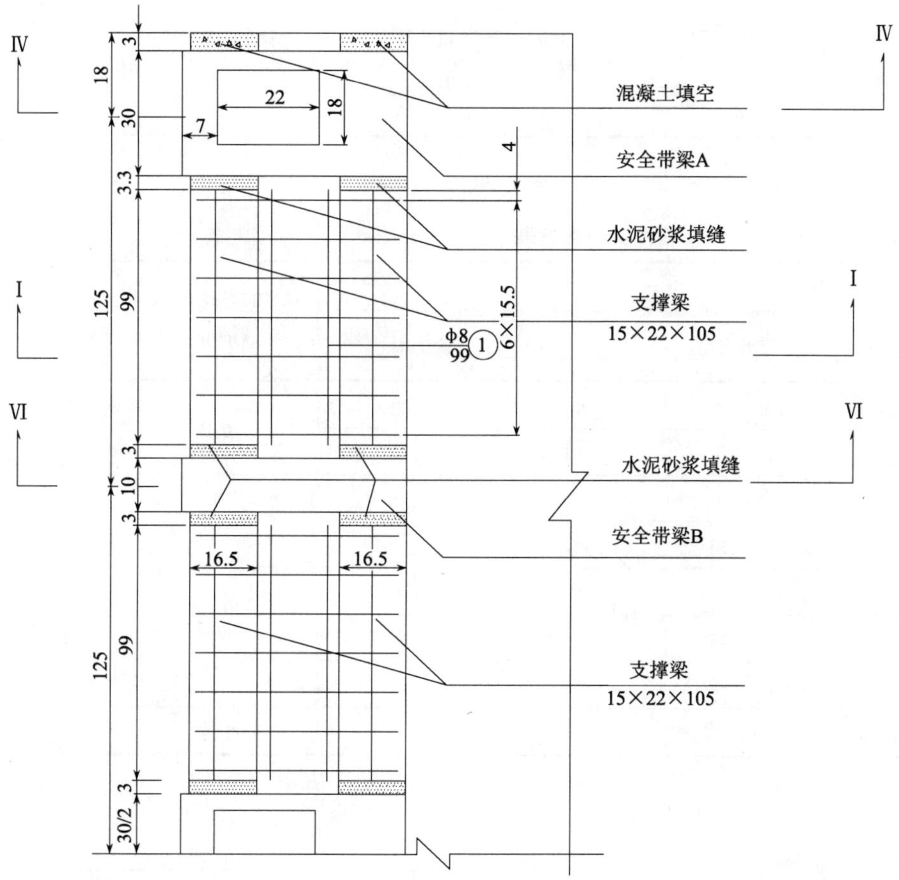

全桥安全带材料数量表

编号	直径 (mm)	每根长 (cm)	根数	总长 (m)	单位重 (kg/m)	共重 (kg)	总重 (kg)
1	Φ8	99	128	126.72	0.222	28.13	
2	Φ8	44	224	98.56	0.222	21.88	
3	Φ8	99	192	190.08	0.222	42.2	
4	Φ8	50	384	192	0.222	42.62	153.2
5	Φ8	90	27	24.3	0.222	5.4	
6	Φ8	44	32	14.08	0.222	3.126	
7	Φ8	56	80	44.8	0.222	9.946	
C20混凝土				4.25m³			
M20水泥砂浆				0.373m³			

说明:
1. 本图尺寸钢筋直径以mm为单位,其余以cm为单位。
2. 在填充支撑混凝土墙前,必须将行车道块件顶面琢毛。
3. 安全带A的坐浆必须结合牢靠,目的是为增强栏杆的抗覆稳定。
4. 靠桥头两侧的安全带级栏杆板块尺寸均向里缩进16cm。

工程名称	桥梁工程
图纸内容	安全带构造图
图纸编号	桥施-17

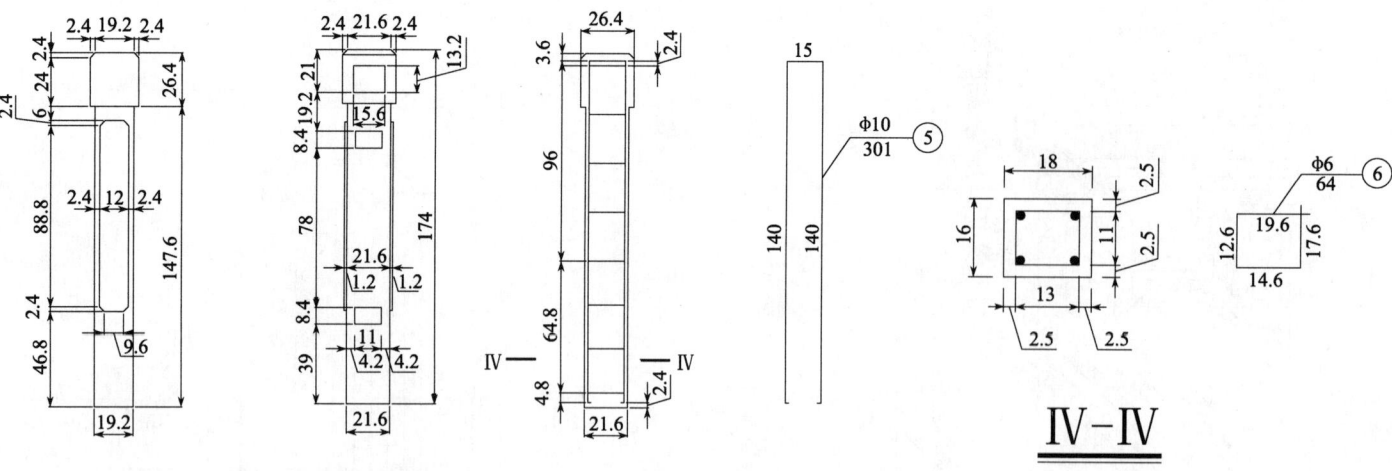

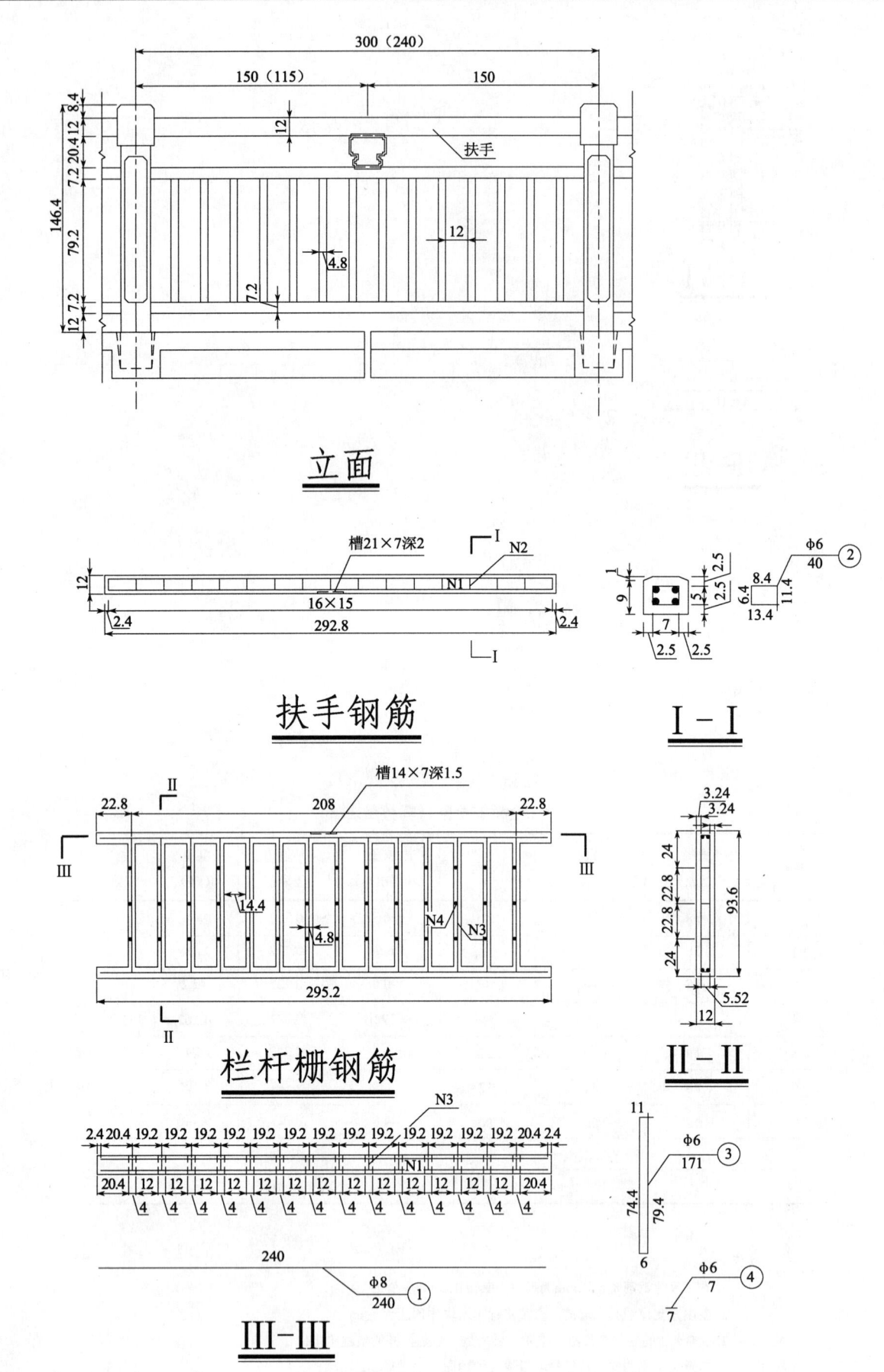

立面

扶手钢筋

Ⅰ-Ⅰ

栏杆栅钢筋

Ⅱ-Ⅱ

Ⅲ-Ⅲ

栏杆柱大样

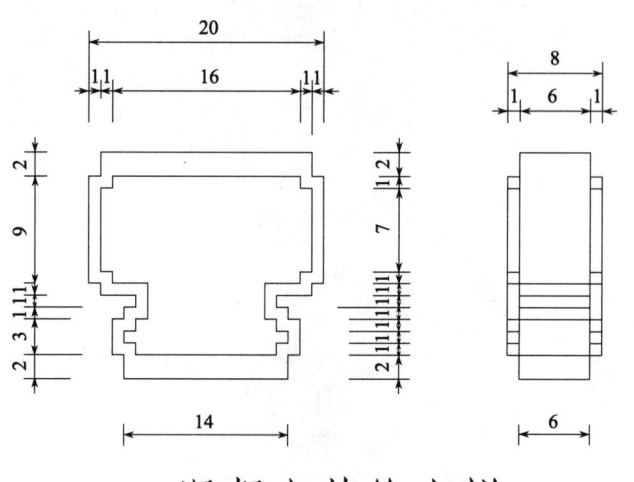

混凝土花饰大样

Ⅳ-Ⅳ

一孔栏杆材料数量表			
钢筋（kg）			C25混凝土（m³）
Φ6	Φ8	Φ10	
140.2	121.28	66.78	2.272

一孔桥块件数量表			
栏杆桩（根）	扶手（根）	栏杆栅（片）	混凝土花饰（个）
18	16	16	16

一个块件材料数量表

项目	编号	直径（mm）	长度（cm）	根数（根）	共长（m）	重量（kg）	C25混凝土（m³）
栏杆柱	5	Φ10	301	2	6.02	3.71	0.05
	6	Φ6	64	8	5.12	1.14	
扶手	1	Φ8	240	4	9.6	3.79	0.03
	2	Φ6	40	17	6.8	1.51	
栏杆栅	1	Φ8	240	4	9.6	3.79	0.06
	3	Φ6	171	14	23.94	5.32	
	4	Φ6	7	42	2.94	0.65	
混凝土花饰							0.002

说明：

1. 本图尺寸除钢筋直径以mm计外，其余均以cm计。

2. 立面图中括号内数据是桥头处四片栏杆中栏杆柱的间距。

工程名称	桥梁工程
图纸内容	栏杆构造图
图纸编号	桥施-18

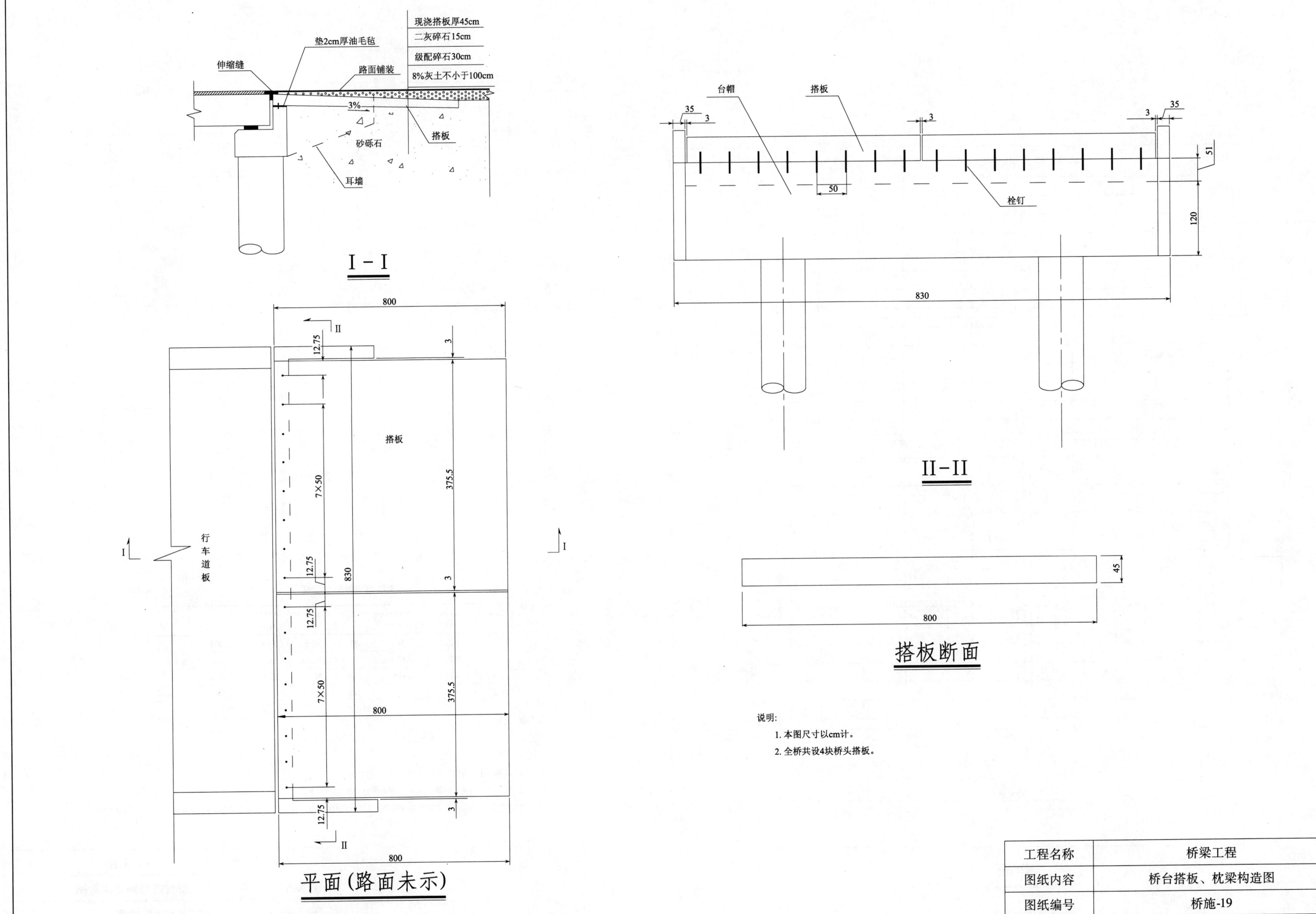

现浇搭板厚45cm
二灰碎石15cm
级配碎石30cm
8%灰土不小于100cm

垫2cm厚油毛毡
伸缩缝
路面铺装
3%
砂砾石
搭板
耳墙

I－I

台帽
搭板
35
3
3
35
50
栓钉
51
120
830

II－II

45
800

搭板断面

800
II
12.75
3
3
7×50
搭板
375.5
I
I
12.75
830
3
行车道板
12.75
7×50
375.5
800
3
12.75
II
3
800

平面(路面未示)

说明:
1. 本图尺寸以cm计。
2. 全桥共设4块桥头搭板。

工程名称	桥梁工程
图纸内容	桥台搭板、枕梁构造图
图纸编号	桥施-19

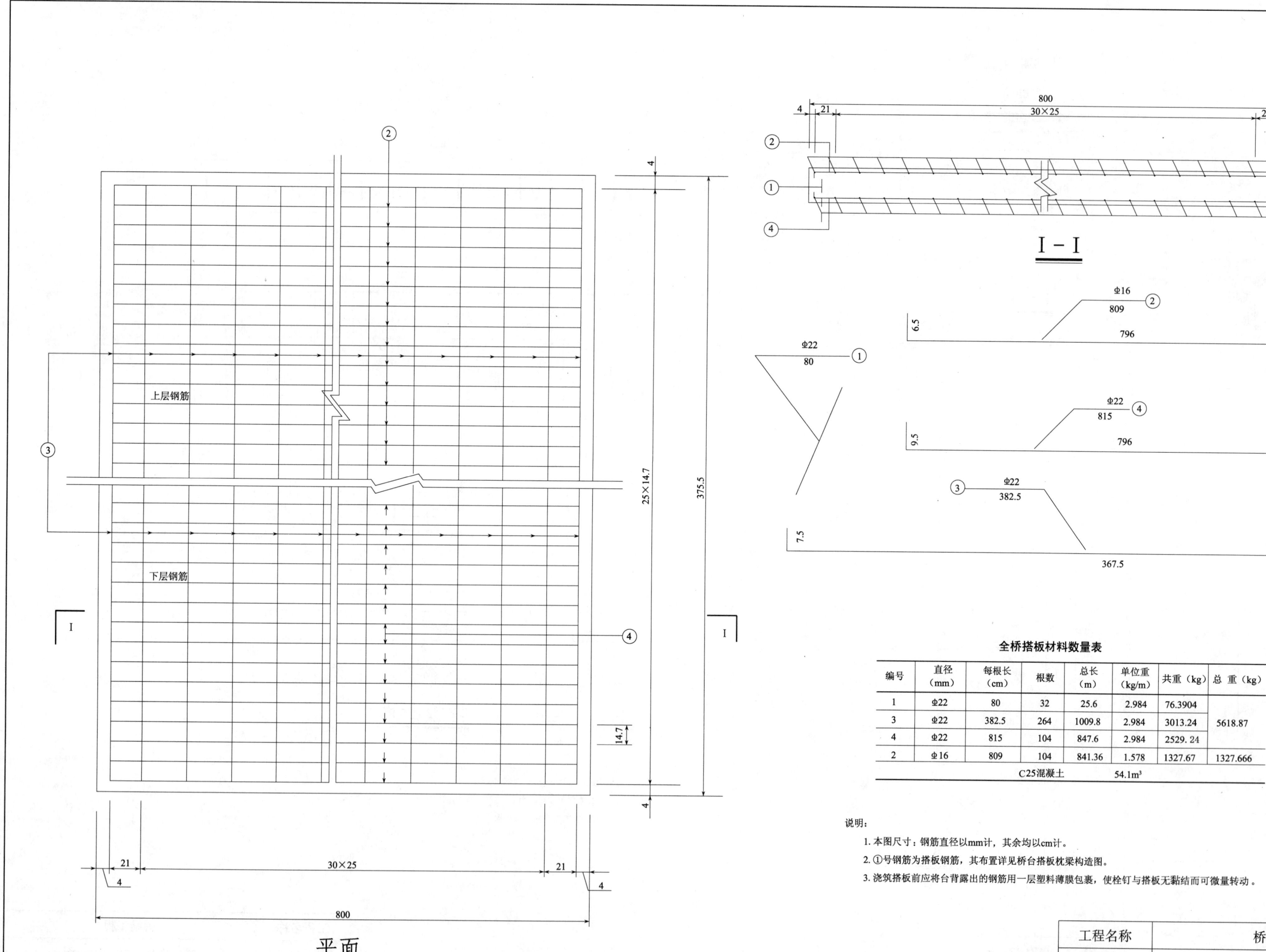

上层钢筋

下层钢筋

平面

I－I

全桥搭板材料数量表

编号	直径(mm)	每根长(cm)	根数	总长(m)	单位重(kg/m)	共重(kg)	总重(kg)
1	Φ22	80	32	25.6	2.984	76.3904	
3	Φ22	382.5	264	1009.8	2.984	3013.24	5618.87
4	Φ22	815	104	847.6	2.984	2529.24	
2	Φ16	809	104	841.36	1.578	1327.67	1327.666
C25混凝土		54.1m³					

说明:

1. 本图尺寸:钢筋直径以mm计,其余均以cm计。

2. ①号钢筋为搭板钢筋,其布置详见桥台搭板枕梁构造图。

3. 浇筑搭板前应将台背露出的钢筋用一层塑料薄膜包裹,使栓钉与搭板无黏结而可微量转动。

工程名称	桥梁工程
图纸内容	桥台搭板钢筋构造图
图纸编号	桥施-20

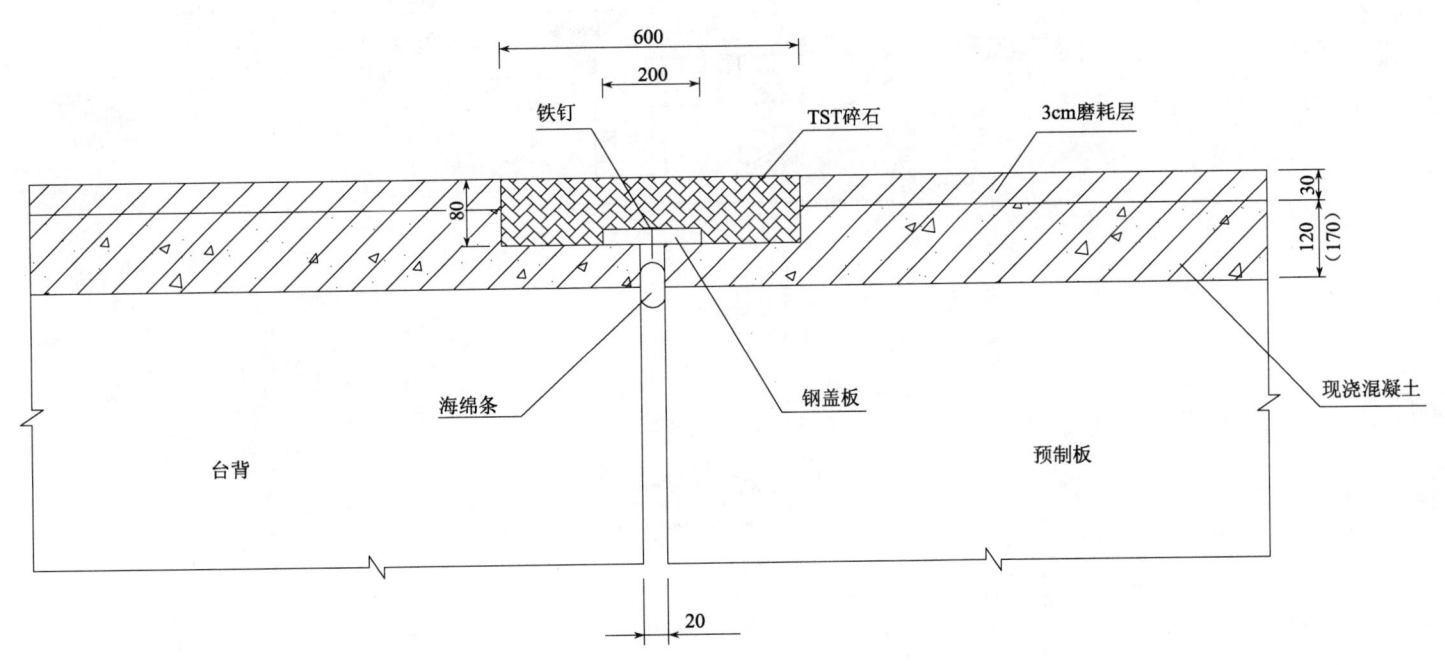

铁钉　　　　TST碎石　　　　3cm磨耗层

600
200

30
80
120
(170)

海绵条　　　　钢盖板　　　　现浇混凝土

台背　　　　　　　预制板

20

横断面

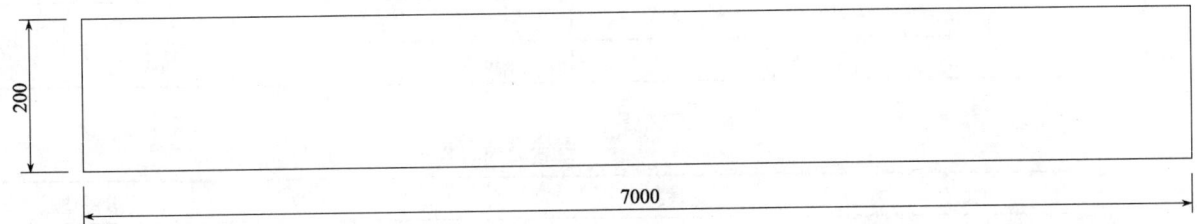

200

7000

钢盖板平面图

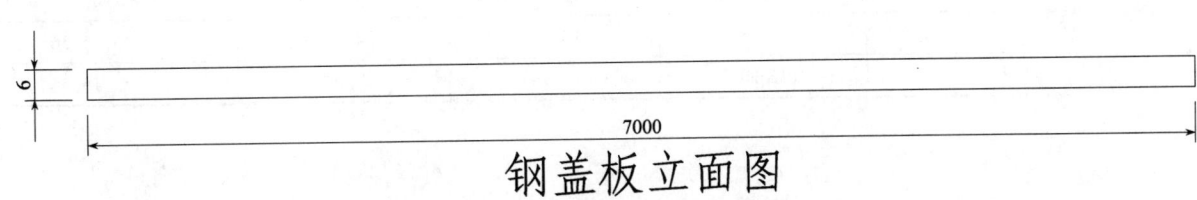

6

7000

钢盖板立面图

一道伸缩缝材料数量表

名　称	单　位	数　量
TST 碎石	m³	0. 34
钢盖板	kg	66. 0

全桥伸缩缝材料数量表

名　称	单　位	数　量
TST 碎石	m³	0. 68
钢盖板	kg	132. 0

说明：

1. 本图尺寸均以 mm 计。

2. 本桥在两座桥台处各设一道伸缩缝。

3. 钢盖板按 50cm 间距先钻钉孔，放盖板时铁钉插入板桥缝中，以防盖板移动。

4. TST 碎石中 TST 含量为 500kg/m。

5. 铺 TST 填料前，须将槽口内杂物等刷洗干净，并保持干燥，槽口底面及侧面涂 TST 专用胶粘剂，晾干后浇 TST 和铺碎石趁热压实。

6. 风力大于 3 级，温度低于 10℃的天气不宜施工。

7. TST 应在使用前 1h 开始加温，温度为 190～210℃，保温时间不超过 2h。

8. 石料在使用前 5min 加温，时间 5～8min，温度控制在 100～150℃，石料压碎值不大于 30%，扁平及细长石料含量少于 10%～20%，石子必须洗净，加热。

工程名称	桥梁工程
图纸内容	伸缩缝构造图
图纸编号	桥施-21

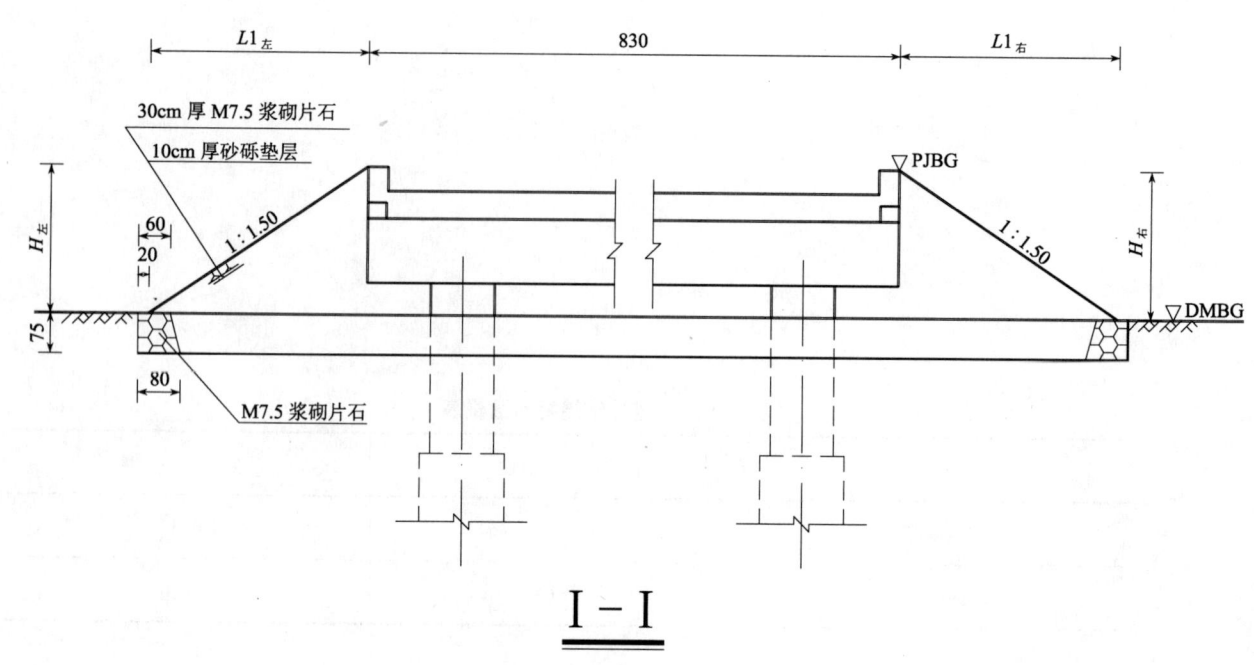

30cm 厚 M7.5 浆砌片石
10cm 厚砂砾垫层

▽PJBG

1 : 1.50
1 : 1.50

$H_左$ $H_右$

60
20
75

80

M7.5 浆砌片石

▽DMBG

I - I

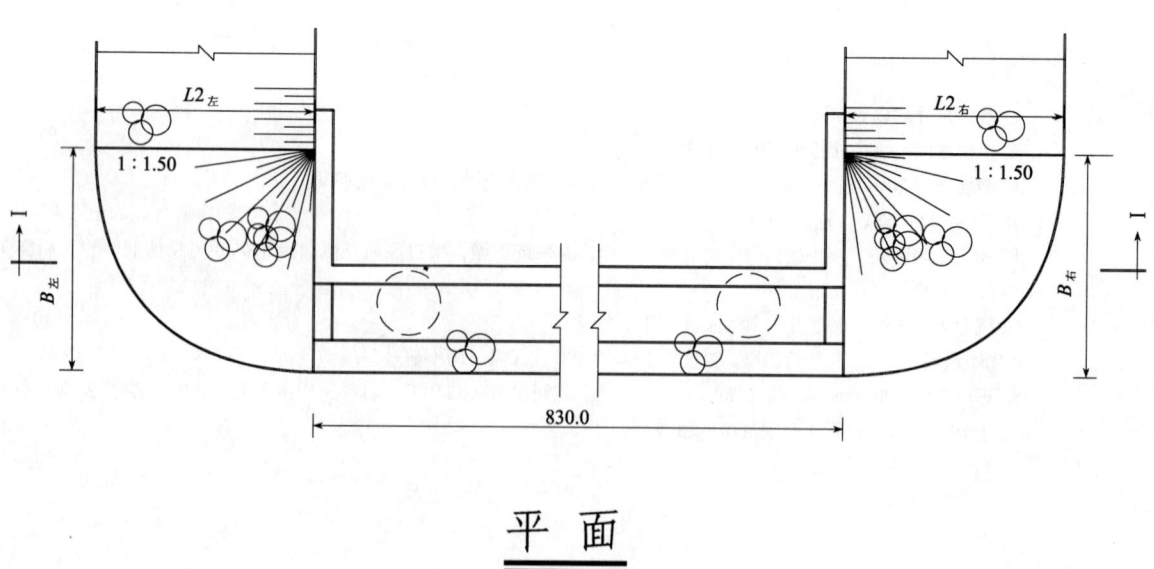

$L2_左$
1 : 1.50
1 : 1.50
$L2_右$

$B_左$ $B_右$

830.0

平 面

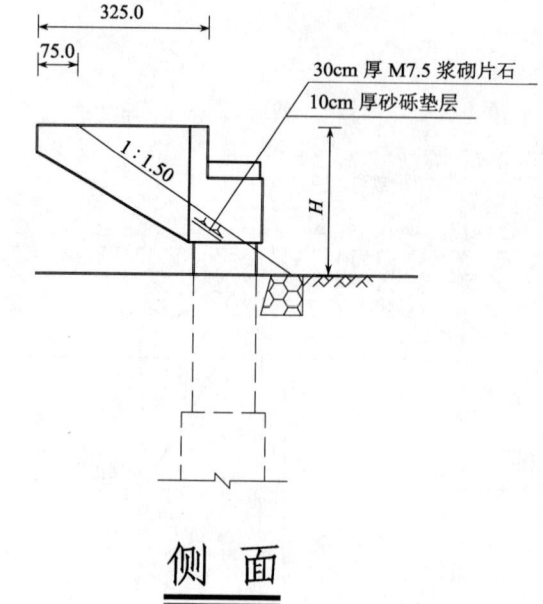

325.0

75.0

30cm 厚 M7.5 浆砌片石
10cm 厚砂砾垫层

1 : 1.50

H

侧 面

锥坡尺寸表

台 号		H（cm）	$L1$（cm）	$L2$（cm）	B（cm）	PJBG（m）	DMBG（m）
0	左	291.0	436.5	436.5	436.5	99.910	97.000
	右	291.0	436.5	436.5	436.5	99.910	
1	左	291.0	436.5	436.5	436.5	99.910	97.000
	右	291.0	436.5	436.5	436.5	99.910	

台后边坡工程量

台 号	边坡基础（m³）	护坡（m³）	砂砾垫层（m³）
0	4.73	9.44	3.15
1	4.73	9.44	3.15

锥坡工程量

台 号	锥坡基础（m³）	护坡（m³）	砂砾垫层（m³）	锥心填土（m³）
0	12.28	12.16	4.05	15.56
1	12.28	12.16	4.05	15.56

工程名称	桥梁工程
图纸内容	桥台锥坡构造图
图纸编号	桥施-22

一块中板钢筋明细表及工程数量表

编号	直径（mm）	根数	单根长（cm）	总长（m）	单位重（kg/m）	总重（kg）	备注
1	φ8	98	180	177.4	0.395	70.07	
2	φ8	98	246	241.08	0.395	95.3	
4	φ8	20	418.4	83.7	0.395	33.05	
5	φ8	4	123	4.9	0.395	1.94	
6	φ8	4	123	4.9	0.395	1.94	
7	Φ12	98	134	131.4	0.888	116.7	
7A	Φ12	20	150	30	0.888	26.64	
8	Φ12	12	140	16.8	0.888	14.9	平均长度
9	φ8	98	110	107.8	0.395	42.6	
10	φ8	68	190	129.2	0.395	51.04	
11	φ8	10	193	19.3	0.395	7.63	
12	φ8	4	108	4.32	0.395	1.7	
13	φ8	2	1992	39.84	0.395	15.74	
14	φ8	8	1948	155.84	0.395	61.56	
15	φ8	4	1778	71.12	0.395	28.1	
16	Φ20	16	1992	318.72	2.466	785.9	
合计	φ8：410.7kg；Φ12：158.24kg；Φ20：785.9kg；C40 混凝土：12.8m³						

一块边板钢筋明细表及工程数量表

编号	直径（mm）	根数	单根长（cm）	总长（m）	单位重（kg/m）	总重（kg）	备注
3	φ8	98	418	410.6	0.395	162.2	
4	φ8	20	419	83.8	0.395	33.10	
5	φ8	4	123	4.92	0.395	1.94	
7	Φ12	80	168	134.4	0.888	119.35	
7A	Φ12	10	176	17.6	0.888	15.6	
8	Φ12	12	134	16.08	0.888	14.3	
9	φ8	48	110	52.8	0.395	20.86	
10	φ8	90	190	171.0	0.395	67.5	
11	φ8	8	194	15.5	0.395	6.13	
12	φ8	4	108	4.32	0.395	1.7	
13	φ8	2	1992	39.84	0.395	15.74	
14	φ8	10	1948	194.8	0.395	77.0	平均长度
15	φ8	3	1778	53.34	0.395	21.07	
16	Φ20	16	1992	318.72	2.466	785.97	
合计	φ8：407.68kg；Φ12：149.25kg；Φ20：785.97kg；C40 混凝土：13.3m³						

工程名称	桥梁工程
图纸内容	中板、边板钢筋工程数量表
图纸编号	桥施-23